Dampferzeugung
Dampfkessel, Feuerungen
einschließlich Atomreaktoren

Von

o. Prof. Dipl.-Ing. Dr. techn.
Maximilian Ledinegg
Technische Hochschule Wien

Zweite,
neubearbeitete und erweiterte Auflage

Mit 357 Textabbildungen und 8 Ausschlagtafeln

1966
Springer-Verlag
Wien · New York

ISBN-13: 978-3-7091-8151-5 e-ISBN-13: 978-3-7091-8150-8
DOI: 10.1007/978-3-7091-8150-8

Alle Rechte,
insbesondere das der Übersetzung in fremde Sprachen, vorbehalten
Ohne schriftliche Genehmigung des Verlages
ist es auch nicht gestattet, dieses Buch oder Teile daraus
auf photomechanischem Wege (Photokopie, Mikrokopie)
oder sonstwie zu vervielfältigen
© 1952 and 1966 by Springer-Verlag/Wien
Softcover reprint of the hardcover 2nd edition 1966
Library of Congress Catalog Card Number 66-14962

Titel-Nr. 8470

Vorwort zur ersten Auflage

Die Entwicklung des modernen Kesselbaues, welche mit der Einführung des Hochdruckdampfes ihren Anfang nahm, ist seit damals ständig im Fluß. Der Krieg drosselte sie nicht, sondern trieb sie teilweise sogar beschleunigt vorwärts. Es entstanden als Wasserrohrgroßkessel die Strahlungskessel, welche eine beherrschende Stellung bis zu den höchsten Drücken einnahmen. Daneben machte auch die Entwicklung einiger Sonderkesselsysteme weitere bedeutende Fortschritte. Andere Typen, an welche ursprünglich höhere Erwartungen geknüpft waren, verloren ihre Bedeutung.

Auch die Erschließung der Vorgänge in Dampfkesseln durch die Theorie zeigte große Fortschritte. Die Methoden wurden verfeinert, viele neue Forschungsresultate geliefert. Fast kein Gebiet der Technik verfügte z. B. in Deutschland über so ausgedehnte und gut redigierte Fachzeitschriften wie gerade das Dampfkesselwesen. Fast jede neue Nummer brachte bemerkenswerte Arbeiten.

Im Hinblick darauf und auf die öfter geäußerten Wünsche aus Kreisen von Industrie und Technik wurde dieses Werk in Angriff genommen. Als Grundlage dienten meine langjährige praktische und wissenschaftliche Tätigkeit in der Industrie sowie die Vorlesungen, welche ich seit 1941 an der Technischen Hochschule Wien aus Dampfkesselbau halte. Der Stoff, welcher in einer, wenn auch viereinhalbstündigen, einsemestrigen Vorlesung gebracht werden kann, ist jedoch nicht immer ausreichend. Der Student benötigt eine Einführung in Theorie und Konstruktion. Der Konstrukteur wünscht Unterlagen, um möglichst schnell seine Aufgaben lösen zu können. Der wissenschaftlich arbeitende Student und Ingenieur will eingehender die Theorie der Vorgänge kennen lernen, um darauf weiter bauen zu können. Der Betriebsmann möchte erfahren, welche Gefahren seiner Anlage drohen und wie er ihnen begegnen soll. Schließlich beabsichtigen weitere Kreise, sich nur einen allgemeinen Überblick über dieses Fachgebiet zu verschaffen, ohne auf Einzelheiten einzugehen. Es wurde versucht, allen diesen Forderungen im Aufbau des Buches Rechnung zu tragen.

Die ersten Kapitel geben eine allgemeine Übersicht über die heutigen Systeme der Dampferzeuger für alle Verwendungszwecke, ebenso wie über die Feuerungen. Anschließend folgt ein Überblick über Brennstoffe und deren Eigenschaften, worüber in den letzten Jahren viel Neues erschienen ist. Nach Behandlung der Eigenschaften des Wasserdampfes und der Wärmeverluste in Dampfkesseln werden eingehend Wärmeübergang und Zugverlust behandelt. Der Wärmeübergang ist im Dampfkesselbau eines der wichtigsten Teilgebiete. Dementsprechend wird auf die Theorie eingehender eingegangen, es werden Rohre, Rippenrohre, Rohrbündel untersucht, die Strahlung wird behandelt, sowie der Wärmeübergang in Brennkammern von Kohlenstaub-, Rost- und Schmelzkammerkesseln. Kurventafeln sollen, wie im ganzen Buch so auch hier, mit geringem Zeitaufwand die Handhabung ermöglichen. Anschließend ist die wärmetechnische Durchrechnung von Naturumlaufkesseln und Sonderkesseln gebracht, wobei immer Wert darauf gelegt wurde, möglichst alle zum Entwurf erforderlichen Angaben zu liefern.

Der Wasserum- bzw. Durchlauf ist beim Wasserrohr- und Sonderkessel sehr wichtig, da viele Betriebsschwierigkeiten auf seine mangelhafte Beherrschung zurückzuführen sind. Es wurde daher auf eine möglichst ausgebaute Theorie dieser Vorgänge großer Wert gelegt. Auch die Trennung von Wasser und Dampf in Trommeln, ebenso die Anforderungen an das Speisewasser werden dargelegt. Ein Kapitel macht mit der Theorie der Verbrennungsvorgänge bei Kohlenstaub- und Rostfeuerungen bekannt. Für den Konstrukteur sind die Einzelteile der Dampfkessel behandelt, wobei außer Überhitzer, Wasser- und Luftvorwärmer auch Gerüst und Mauerung ausführlich einbezogen sind. Die letzten Kapitel sind den Werkstoffen und der Festigkeitsberechnung gewidmet.

Der Dampfkesselbau umfaßt viele Zweige der Technik. Außer dem eigentlichen Maschinenbau sowie Wärmelehre, Strömungslehre, Festigkeitslehre sind Chemie bei Brennstoffen und Wasser, Hochbau bei Gerüst und Einmauerung, Elektrotechnik bei Meßinstrumenten und Regulierung vertreten.

Um über den Dampferzeuger selbst in der eingangs geschilderten Form das Ausreichende zu bringen, war eine Beschränkung des Stoffes erforderlich. Manche Grenzgebiete konnten nur gestreift werden.

Daß eine vorwiegend empirische Behandlung des Dampfkesselwesens heute in der Praxis nicht ausreicht, wissen wohl bereits alle verantwortlichen Fachleute. Dem trägt auch das vorliegende Buch durch entsprechende Berücksichtigung der Theorie Rechnung.

Die Zeit des Entstehens des Buches war leider für die Abfassung eines technischen Werkes schwer. Der notwendige Kontakt mit vielen Fachstellen des Auslandes konnte infolge der Nachkriegsverhältnisse nur schwer und schleppend aufgenommen werden. Der Meinungsaustausch war gehemmt, der Zeitschriftenaustausch lag darnieder und ist auch heute noch nicht ganz befriedigend. Dem persönlichen Kontakt stellten sich Schwierigkeiten entgegen. Der Verfasser ist daher allen Stellen, welche durch Überlassung und Mitteilung neuen Unterlagenmaterials dieses Werk förderten, besonders zu Dank verpflichtet. Dies sind vor allem zahlreiche deutsche, englische, amerikanische und tschechische Firmen. Die inländische Dampfkesselindustrie hat sich in besonders dankenswerter Weise in den Dienst der Sache gestellt.

Zu großem Dank bin ich neben meinen sonstigen Mitarbeitern auch Herrn Dr. J. Fellner verpflichtet, welcher den Entwurf zahlreicher Tafeln durchführte und die Korrektur las, ebenso dem Verlag, dessen Initiative die Durchführung des Werkes ermöglichte.

Wien, Dezember 1951

M. Ledinegg

Vorwort zur zweiten Auflage

Die erste Auflage dieses Buches hat im In- und Ausland eine sehr gute Aufnahme gefunden. Sie ist inzwischen vergriffen und nunmehr tritt eine Neuauflage an ihre Stelle. Diese kommt den Wünschen der Leser dann am besten entgegen, wenn sie den Entwicklungsgang der Technik während der Laufzeit der ersten Auflage möglichst genau erfaßt und bearbeitet. Man könnte meinen, daß die Dampftechnik als ältester Zweig der thermischen Energieerzeugung und überhaupt des Maschinenbaues konservativ sei bzw. ihre Endentwicklung erreicht habe. Gerade das Gegenteil ist jedoch der Fall. Das letzte Jahrzehnt brachte die Entwicklung zu größten Leistungen, zu gewichtssparenden mauerwerkslosen Ausführungen, ferner ein zunehmendes Vordringen der Zwanglauf- und Sonderkessel. Es leitete eine weite Entwicklung der Öl- und Gasfeuerung ein und gab dem Atomkraftwerk die Marktreife.

Da die Kernenergie fast ausnahmslos auf dem Weg über die Dampfkraft nutzbar wird, stellt sie einen neuen Wärmeenergiespender für die Dampferzeugung dar. Dem wurde in der neuen Auflage durch ein umfangreiches neues Kapitel Rechnung getragen, welches sich mit Konstruktion und Theorie der Atomreaktoren befaßt. Hier ist die Stoffauswahl so getroffen, wie sie für einen Absolventen der Maschinenbaufakultät einer Technischen Hochschule als erwünscht erscheint.

Doch auch der Großteil der mit konventionellen Anlagen befaßten Abschnitte des Buches ist neu gestaltet. Das erste Kapitel, welches Dampfkessel betrifft, trägt den derzeitigen Konstruktionsformen im Text und in vielen neuen Bildern Rechnung. Entsprechend seiner Entwicklung wurde dem Zwangdurchlaufkessel ein weiterer Raum gewidmet. Das Kapitel über Feuerungen wurde entprechend ergänzt und vor allem die Öl- und Gasfeuerung neu hinzugebracht. Der Abschnitt über Brennstoffe erfuhr in mehreren Teilen eine Neubearbeitung, ebenso wie jener über Wirkungsgrade und Wärmeverluste bei Dampfkesseln. Das Kapitel über den Wärmeübergang ist entsprechend den Fortschritten im letzten Jahrzehnt ergänzt worden. Die Berechnung der Kohlenstaubfeuerung und Rostfeuerung wurde verbessert, sowie die Berechnung der Schottüberhitzer neu hinzugenommen. Das Kapitel über den Wasserumlauf wurde an mehreren Stellen neu bearbeitet, und zwar sowohl für Naturumlauf- als auch für Zwanglaufsysteme. Bei den Abschnitten über chemische Aufbereitung des Speisewassers und über Einzelteile im Dampferzeuger wurden die heute gültigen Richtlinien und Bauarten zugrunde gelegt. Die Kapitel über Werkstoffe sowie über Festigkeitsrechnung bei Dampfkesseln mußten eine Neubearbeitung erfahren. Der Umfang der neuen Auflage hat insbesondere infolge des Kapitels über Atomkraft etwas zugenommen.

Meinem langjährigen Mitarbeiter, Herrn Dr. J. Fellner, danke ich für die Neufassung des Abschnittes über Festigkeitsberechnung bei Dampfkesseln. Meinem Sekretariat, welches die umfangreichen Büroarbeiten pünktlich und exakt erledigte, bin ich ebenfalls sehr zu Dank verpflichtet. Dem Springer-Verlag danke ich besonders für die Ausstattung sowie die Initiative, die er bei der Herstellung der neuen Auflage an den Tag legte.

Wien, April 1966

M. Ledinegg

Inhaltsverzeichnis

I. Dampfkessel

II. Feuerungen

III. Brennstoffe

IV. Der Wasserdampf

V. Wirkungsgrade und Wärmeverluste bei Dampfkesseln

VI. Lehre vom Wärmeübergang

VII. Zugbedarf

VIII. Wärmetechnische Berechnung von Dampfkesseln

IX. Wasserumlauf

X. Speicherfähigkeit von Dampfkesseln

XI. Der notwendige Dampfraum

XII. Chemische Aufbereitung des Speisewassers

XIII. Theorie der Feuerungen

XIV. Einzelteile im Dampfkesselbau

XV. Werkstoff

XVI. Festigkeitsberechnung von Dampfkesseln

XVII. Reaktoren

I. Dampfkessel

Der Zweck des Dampfkessels, die Lieferung von Dampf, wird durch eine große Zahl verschiedener Bauarten erreicht. Die Wahl erfolgt nach Größe der Anlage, gefordertem Druck, vorhandenem Platz, vorliegenden Speisewasserverhältnissen und in Frage kommendem Brennstoff.

Man kann grundsätzlich eine Unterteilung nach Großwasserraumkessel, Wasserrohrkessel und Sonderkessel treffen. Erstere bestehen aus einer oder mehreren, meist zylindrischen Trommeln, in welchen je nach Bauart Feuerbüchsen, Flammrohre, Rauchrohre usw. eingebaut sind.

Bei Wasserrohrkesseln erfolgt die Dampferzeugung in Rohrbündeln oder Rohrreihen. In letzterem Fall kleiden diese die Innenseite der Einmauerung des Kessels und insbesondere der Brennkammer aus. Die Rohrbündel können schräg oder steil, bzw. vertikal verlegt sein. Man spricht dann von Schrägrohr- und Steilrohrkesseln.

Sowohl bei Großwasserraumkesseln als auch bei Wasserrohrkesseln ist das innerhalb der Heizfläche vorhandene Wasser im Umlauf. Dieser entsteht durch den Wichteunterschied des Dampfwassergemisches an den beheizten gegenüber den unbeheizten Stellen auf „natürliche" Weise. Der Wasserumlauf, bzw. seine Beherrschung ist für die Betriebssicherheit von größter Bedeutung.

Bei einem Großteil der Sonderkessel wird die Wasserbewegung „zwangsweise" mittels Pumpen aufrechterhalten, und es entstehen so die Zwangumlauf- und Zwangdurchlaufkessel. Bei anderen, wie beim Schmidt-Hartmann- und Löfflerkessel, erfolgt die Dampferzeugung indirekt. Vor allem der Zwangdurchlaufkessel hat in den letzten Jahren an Bedeutung außerordentlich zugenommen.

In engem Zusammenhang mit dem Kessel steht die Feuerung. Diese muß in solche für feste, flüssige und gasförmige Brennstoffe unterteilt werden. Hierzu kommt noch die Wärmezufuhr durch Atomzerfall. Bei den festen Brennstoffen kann die Verbrennung in Staub- oder Rostfeuerungen stattfinden.

Außer dem eigentlichen, der Dampferzeugung dienenden System ist meist ein Dampfüberhitzer, ferner vielfach Speisewasservorwärmer und Lufterhitzer vorgesehen. Kesselgerüst, Einmauerung, Armaturen, Rohrleitungen und Hilfsmaschinen vervollständigen den Dampferzeuger.

In der Folge werden die wichtigsten Vertreter der einzelnen Bauweisen behandelt. Historische Hinweise sind auf ein Mindestmaß beschränkt.

A. Großwasserraumkessel

1. Flammrohrkessel

Der Flammrohrkessel besteht aus einer zylindrischen Trommel, in welcher parallel zur Achse von Boden zu Boden ein, zwei oder früher auch drei Flammrohre eingenietet sind (Abb. 1). In der Regel werden Rostfeuerungen benützt. Der Rost ist gewöhnlich im Flammrohr eingebaut und kann von Hand oder automatisch beschickt werden.

Manchmal wird insbesondere bei heizwertarmen Brennstoffen die Feuerung vor dem Kessel angeordnet.

Zahlentafel 1. *Blockmaße und sonstige Angaben für Flammrohrkessel* (siehe Abb. 1)

Nenn-heiz-fläche	Block-Außenmaße			Mantel-Durch-messer	Mantel-länge	Wellrohr-Durchmesser (Fox)		Dampf-absperr-ventil Durch-messer	Speise- u. Rück-schlag-ventil Durch-messer	Ablaß-ventil Durch-messer	Sicher-heits-ventil Durch-messer	Rauchgas-kanal, lichte Weite
	Ges.-Länge	Breite	Höhe Vorder-front									
m²	mm	mm	mm	mm	mm	mm		mm	mm	mm	mm	mm
						Einflammrohrkessel						
20	5600	2800	1950	1500	4100	700	800	50	40	40	40	500/600
25	6500	2800	1950	1500	5000	700	800	50	40	40	40	500/600
30	7300	2800	1950	1500	5800	700	800	50	40	40	40	500/600
40	8300	2900	2000	1600	6800	800	900	50	40	40	40	600/800
50	10000	3150	2000	1600	8500	800	900	65	40	40	40	600/800
						Zweiflammrohrkessel						
50	7500	3500	2300	2000	5800	700	800	65	50	50	40	600/800
65	9100	3500	2300	2000	7400	700	800	80	50	50	40	600/800
80	10900	3500	2300	2000	9100	700	800	80	50	50	40	800/1000
100	12200	3700	2400	2200	10200	800	900	100	50	50	40	800/1000
125	13500	3900	2450	2400	11300	900	1000	125	65	50	40	1000/1200
150	14600	4100	2550	2600	12400	1000	1100	125	65	50	40	1000/1200

Falls überhitzter Dampf geliefert werden soll, liegt der Überhitzer rauchgasseitig hinter dem Flammrohr. Zur besseren Abgasausnützung kann auch ein Speisewasservorwärmer, kurz Eko genannt, vorgesehen werden. Abb. 1 zeigt den Kessel in eingemauerter Ausführung. Bei dieser werden die Rauchgase nach Durchströmen des Flammrohres und Überhitzers in einem zweiten Zug, seitlich, beiderseitig des Mantels nach vorne

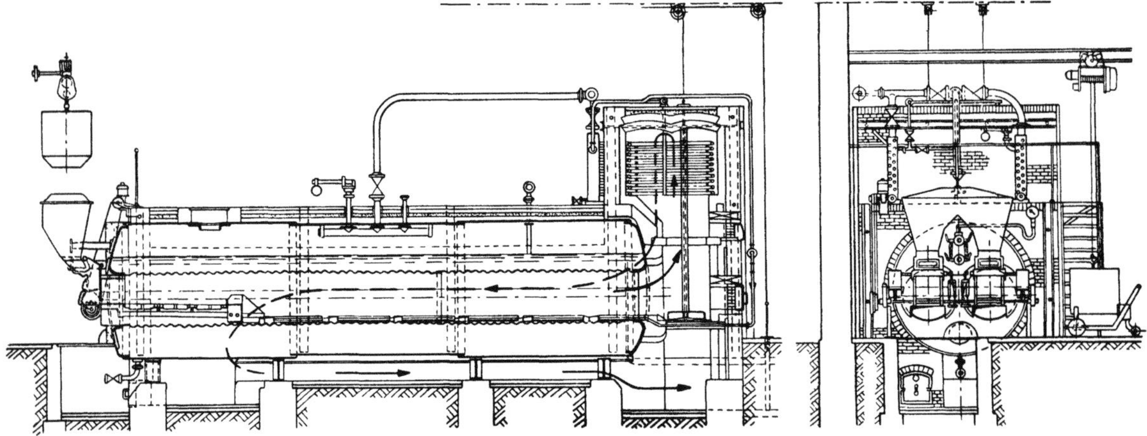

Abb. 1. Flammrohr-Einheitskessel mit Überhitzer und Einmauerung

geführt. Der Mantel darf nach der Dampfkesselverordnung[1] höchstens bis 100 mm unterhalb des niedrigsten Wasserstandes beheizt werden. Im dritten Zug werden die Rauchgase an der Mantelunterseite wieder nach rückwärts geleitet und schließlich in den Fuchs abgeführt.

Bei einer anderen Ausführungsart ist die Trommel lediglich wärmeisoliert und wird auf den zweiten und dritten Rauchgaszug verzichtet. Die Abgasverwertung erfolgt in einem entsprechend vergrößerten Eko. Der Entfall des Mauerwerkes wiegt hierbei den Mehrpreis des Ekos auf, die Abstrahlverluste sind meist kleiner. Allerdings entfällt beim Anfahren die Beheizung der Trommel von unten, wodurch das Wasser unter dem Flammrohr

[1] Dampfkesselverordnung für Österreich, Verordnung des Bundesministeriums für Handel und Wiederaufbau und des Bundesministeriums für Finanzen im Einvernehmen mit den beteiligten Bundesministerien vom 17. April 1948, betreffend Dampfkessel, Dampfgefäße, Druckbehälter und Wärmekraftmaschinen (DKV).

länger kalt bleibt, was zu Wärmespannungen und gegebenenfalls zu Undichtheit der Nietnähte führen kann. Es ist durch Führung einer Dampfleitung unter der Trommel, die mit ersterer zusammen isoliert ist, möglich, Abhilfe zu schaffen (Einzugkessel).

Der Kesselmantel ist aus einzelnen Blechschüssen zusammengesetzt, welche zusammengenietet werden. Die Flammrohrböden besitzen Ein- bzw. Aushalsungen zum Annieten der Flammrohre. Da diese unbedingt ganz von Wasser bedeckt sein müssen, weil sonst Ausglüh- und Einbeulgefahr besteht, ist der niedrigste Wasserspiegel nach den Angaben der Zahlentafel 2 über der Oberkante des Flammrohres festzusetzen.

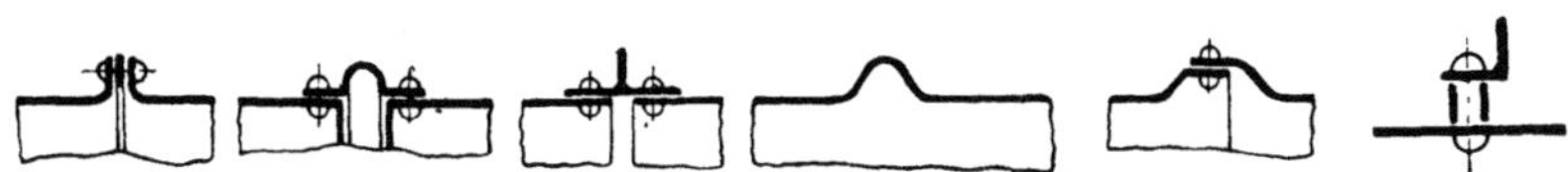

Abb. 2. Wirksame Versteifungen glatter Flammrohre

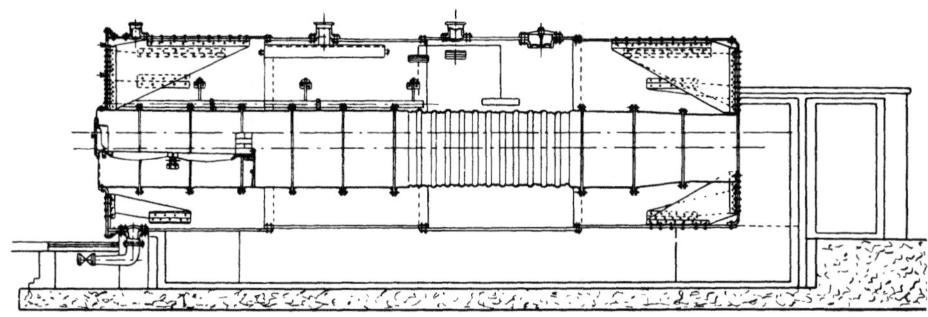

Abb. 3. Lancashire-Kessel mit zum Teil glattem Flammrohr

Die Speisung erfolgt über einen Speisestutzen und ein Speiserohr, die Dampfentnahme meist über einen Dampfdom. Zur Entschlämmung wird an der tiefsten Stelle des Kessels ein Rohr angeordnet. Die Abstützung erfolgt mittels gußeiserner Böcke, welche neben der Rundnaht unter dem Schuß mit dem größeren Durchmesser liegen sollen, um zusätzliche Beanspruchungen von den Nieten fernzuhalten.

In kleinen Betrieben, insbesondere bei stark wechselnder Dampfentnahme, werden oft Flammrohrkessel aufgestellt. Auch preislich stellen sie sich günstig. Die Vorteile sind vor allem Einfachheit im Aufbau und Anspruchslosigkeit in der Betriebsführung, d. h. relativ geringe Wartung und eine gewisse Unempfindlichkeit gegen schlechtes Speisewasser. Das große Speichervermögen gestattet, die Dampfentnahme-Spitzen ohne die Notwendigkeit einer dauernden Nachregulierung von Luft und Feuer zu nehmen.

Andererseits verhindert der große Wasserinhalt die Möglichkeit eines schnellen Anheizens und bedingt hierbei große Temperaturspannungen und ungleichmäßige Erwärmung. Daher muß man mit Anheizzeiten von 5 bis 8 Stunden rechnen.

Der Kessel besitzt nur einen trägen Wasserumlauf. Aus Festigkeitsgründen sind nur Betriebsdrücke von 16 bis 20 atü erreichbar. Der Platzbedarf ist mit Rücksicht auf die geringe Dampfentwicklung groß.

Die Flammrohre wurden ursprünglich glatt ausgeführt, was heute nur noch bei niedrigeren Drücken der Fall ist. Glatte Flammrohre müssen in regelmäßigen Abständen wirksame Versteifungen erhalten (Abb. 2)[1]. Diese Bauweise hat sich in England noch teilweise erhalten[2]. Flammrohrkessel werden dort als Lancashire-Kessel bezeichnet (Abb. 3).

[1] Technische Überwachung, Werkstoff- und Bauvorschriften für Landdampfkessel. Berlin: Technischer Verlag der Buch- und Tiefdruck G. m. b. H.

[2] WILLIAMS: Steam Generation. London: Evans Brothers Limited.

Gewellte Flammrohre werden nach der Bauart FOX, MORRISON, DEIGHTON ausgeführt (Abb. 4). Die Welltiefe, gemessen von Außenkante des vorspringenden bis Innenkante des rückspringenden Teiles, beträgt 50 mm. (Bei tiefgewellten Flammrohren Welltiefe 75 mm.)

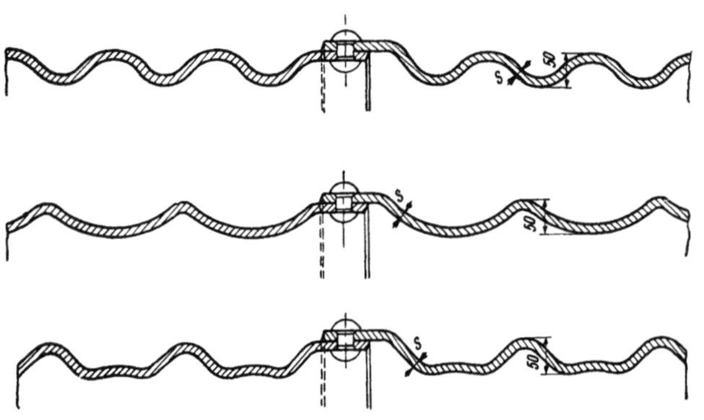

Abb. 4. Flammrohr nach FOX (oben), MORRISON (Mitte), DEIGHTON (unten)

Bei Flammrohrkesseln verwendet man flachgewölbte Böden, obwohl sonst im Wasserrohrkesselbau fast ausschließlich tiefgewölbte, S. 388, benutzt werden. Der Grund liegt darin, daß man bei ersteren, bei Wahrung eines genügenden Abstandes von der Krempe, mit dem Flammrohr näher zum Mantel rücken kann.

Außerdem sind die durch zusätzliche Wärmedehnungen des Flammrohres gegen den Mantel entstehenden Spannungen im flachgewölbten Boden niedriger als im tiefgewölbten.

Auch bei Flammrohrkesseln wurden, wie allgemein im Kesselbau, Einheitsbauarten vorgeschlagen[1]. Blockmaße und sonstige Angaben für dieses sind aus Zahlentafel 1 zu entnehmen.

Allgemeine Auslegungsdaten von Flammrohrkesseln[2] zeigt Zahlentafel 2.

Die Festigkeitsberechnung des Kessels erfolgt nach folgenden Angaben:

Mantel S. 379, Vernietung S. 382, Flammrohr S. 392, Böden S. 389, Anker S. 398, Überhitzerrohre S. 375.

Zahlentafel 2. *Allgemeine Auslegungsdaten von Flammrohrkesseln*[3]

		Einflammrohrkessel	Zweiflammrohrkessel
Heizfläche	m^2	20 bis 55	50 bis 150
Heizflächenbelastung[4]	kp/m^2h	25 (Einzugkessel 40)	25 (Einzugkessel 40)
Druck	atü	16 bis 20	16 bis 20
Kesseldurchmesser D	m	1,5 bis 1,8	2 bis 2,6
Kessellänge	m	4,1 bis 9	5,8 bis 12,4
Größter äußerer und kleinster innerer Flammrohrdurchmesser	m	0,8/0,7 bis 0,9/0,8	0,8/0,7 bis 1,1/1,0
Höhe des niedrigsten Wasserspiegels über Oberkante Flammrohr	m	$0{,}1 \cdot D + 0{,}01$	$0{,}1 \cdot D + 0{,}02$
Abstand von Flammrohr zu Kesselmitte: waagrecht	m	$0{,}1 \cdot D$	$0{,}25 \cdot D - 0{,}035$
Abstand von Flammrohr zu Kesselmitte: lotrecht	m	$0{,}1 \cdot D$	$0{,}1 \cdot D - 0{,}07$
Wassergewicht : Dampferzeugung	kp : kp/h	8 bis 10	7,2 bis 8,8
Wasserinhalt : Heizfläche	$m^3 : m^2$	0,2 bis 0,25	0,18 bis 0,22
Dampferzeugung	kp/h	1400	3500

[1] KÖHLER: Fortschritte bei Großwasserraumkesseln. Arch. Wärmewirtsch. 1943, S. 117.

[2] LOSCHGE: Die Dampfkessel, 8. Aufl. Berlin: Springer. 1937.

[3] Nach LOSCHGE. (Neu bearbeitet, ebenso die weiteren Zahlentafeln über allgemeine Auslegungsdaten von Kesseln.)

[4] Definition der Heizflächenbelastung auf S. 228.

2. Flammrohrheizrohrkessel

a) Hollandkessel

Es ist naheliegend, die aus dem Flammrohr eines Kessels austretenden Rauchgase mittels Heizrohren, in viele Einzelströme aufgeteilt, weiter durch die Trommel zu führen. Auf diese Weise kann die nötige Heizfläche untergebracht werden, ohne daß eine weitere Bestreichung des Kesselmantels durch Rauchgase nötig ist. Nach einem ähnlichen Prinzip

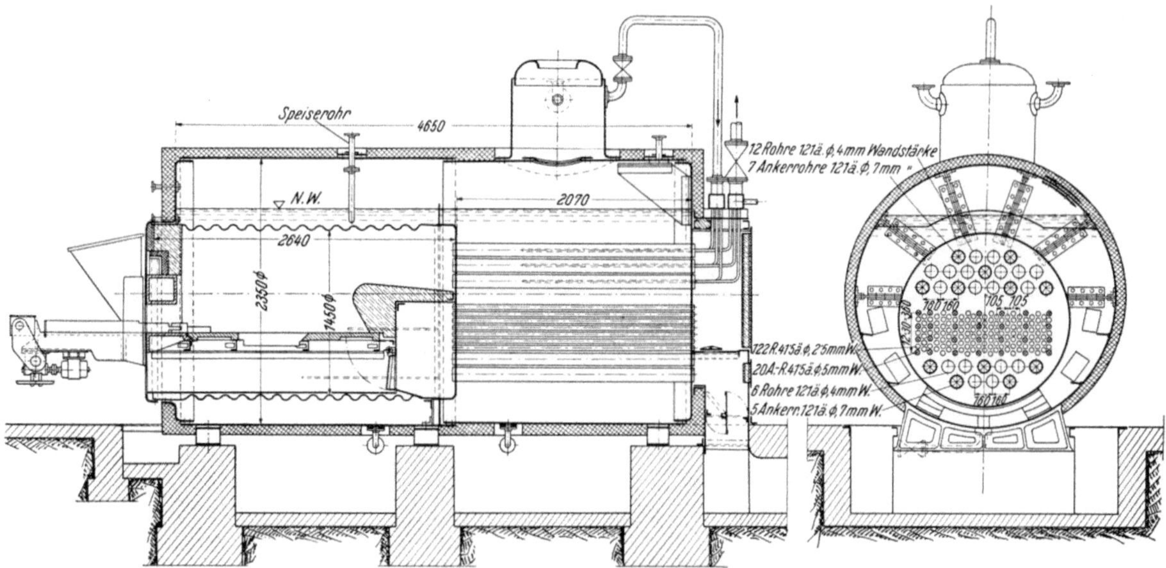

Abb. 5. Hollandkessel

arbeitet z. B. der Hollandkessel (Abb. 5). Das einen möglichst großen Durchmesser besitzende Flammrohr, in welchem die Feuerung untergebracht ist, wird ungefähr bei halber Kessellänge durch einen aufgeschweißten Boden verschlossen. Hier schließen die Heizrohre an, welche die Rauchgase zuerst an das Kesselende, dann zurück und schließlich nochmals an das Kesselende, also durch drei Züge führen. Dadurch wird in den Rohren

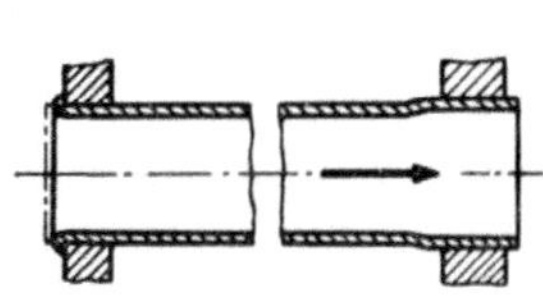

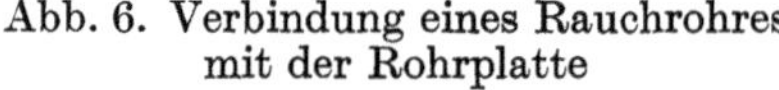

Abb. 6. Verbindung eines Rauchrohres mit der Rohrplatte

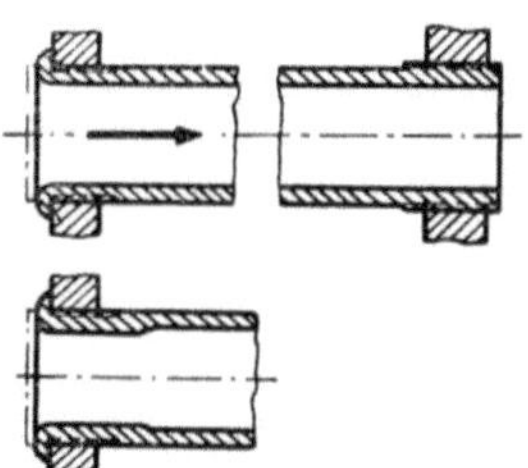

Abb. 7. Verbindung eines Ankerrohres mit der Rohrplatte

eine hohe Rauchgasgeschwindigkeit und ein guter Wärmeübergang erzielt. In die Rohre des ersten Zuges kann der Überhitzer eingebaut werden, in welchem Fall diese als Rauchrohre bezeichnet werden.

Um eine größere Sicherheit gegen das Ausziehen der Rohre aus der Walzverbindung durch den Dampfdruck zu erhalten, wird gewöhnlich bei Rauchrohrkesseln ein Teil der Rohre als Ankerrohre ausgeführt. Abb. 6 zeigt ein gewöhnliches Heizrohr und Abb. 7 ein Ankerrohr. Diese werden eingeschraubt und dann nachgewalzt. Am Rauchgaseintritt ist das aus der Rohrplatte vorstehende Rohrende umgebördelt, um den heißen Rauchgasen keine Angriffsmöglichkeit zu bieten. Um die Demontage eines Einzelrohres, welche nach rückwärts erfolgt, zu erleichtern, ist gewöhnlich das rückwärtige Rohrende aufgeweitet.

Die haarnadelförmigen Überhitzerrohre können in den Rohren des ersten Zuges eingebaut werden, welche dann Rauchrohre heißen.

Zur Verringerung des Zugbedarfes kann beim Anfahren in der rückwärtigen Rauchkammer ein Schieber geöffnet werden. Die vordere Umlenkkammer im Flammrohr zwischen zweitem und drittem Zug ist durch Schamotteverkleidung der Strahlungseinwirkung entzogen.

Der Wasserraum des Kessels ist manchmal durch ein Trennblech in zwei Teile geteilt. Im vorderen wird gespeist, während im rückwärtigen Teil das Wasser durch Überlaufen des Blechrandes eintritt. Auf diese Weise soll die Kesselsteinbildung auf den vorderen, leichter zu reinigenden Teil beschränkt werden.

Bei mechanischen Feuerungen sind Wirkungsgrade bis 90% erreichbar.

Größere Einheiten kann man mit Flammrohr und Heizrohren in je einer separaten Trommel ausführen, welche dann dampf- und wasserseitig durch Überströmrohre verbunden sind.

Die wichtigsten Daten bei Eintrommelkesseln können für mittlere Verhältnisse aus Zahlentafel 3 entnommen werden.

Zahlentafel 3. *Allgemeine Auslegungsdaten von Hollandkesseln*

Heizfläche	m^2	150 m^2 und darüber
Heizflächenbelastung	kp/m^2h	20 bis 27
Druck	atü	bis 15
Kesseldurchmesser	m	2,1 bis 2,85
Kessellänge	m	4 bis 5,5
Flammrohrdurchmesser[1]	m	1,25/1,35 bis 1,9/2
Rauchrohr	mm	108/100,5 bis 121/113 (Ankerrohre 7 mm Wandstärke)
Heizrohre	mm	44,5/39,5 bis 41,5/36,5 (Ankerrohre 5 bis 6 mm Wandstärke)
Dampferzeugung	t/h	bis etwa 4,1

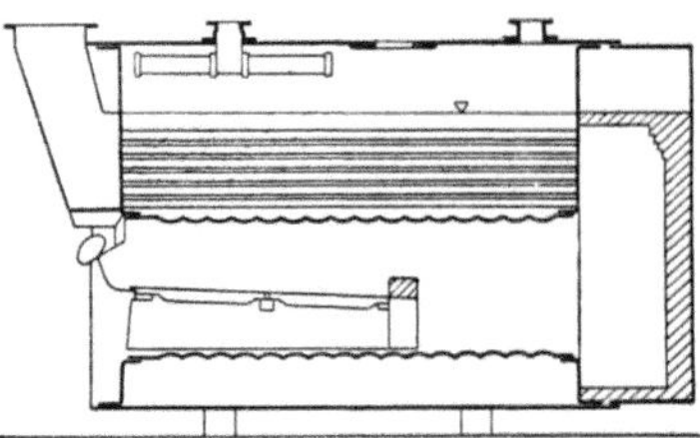

Abb. 8. Flammrohrkessel mit rückkehrenden Heizrohren (Combustion Engineering, Inc., New York)

Die Festigkeitsberechnung erfolgt nach folgenden Angaben:
Mantel S. 379, Boden der Trommel S. 394, Boden des Flammrohres S. 395, Anker S. 398, Ankerrohre S. 398.

b) Flammrohrkessel mit rückkehrenden Heizrohren

Man kann die Anordnung auch so treffen, daß sich Flamm- und Heizrohre über die ganze Kesseltrommel erstrecken. Die Rauchgase durchströmen dann zuerst das Flammrohr und anschließend die Heizrohre und werden vom vorderen Kesselende dem Schornstein zugeleitet (Abb. 8).

3. Feuerbüchs-Heizrohrkessel

Bei den Feuerbüchs-Heizrohrkesseln ist der Nachteil der Flammrohrkessel, nur eine beschränkte Rostgröße im Flammrohr unterzubringen, dadurch umgangen, daß dieses durch die Feuerbüchse ersetzt wird. Sie hat quaderförmige Gestalt und ihre Grundfläche wird gewöhnlich durch den Rost gebildet. Die Feuerbüchse wird durch den eigentlichen Kesselmantel unter Belassung eines Zwischenraumes für die Wasserfüllung umschlossen. Im Gebiet der Feuerbüchse paßt er sich der Form dieser an und heißt Stehkessel. Anschließend geht er in einen zylindrischen Teil, den Langkessel, über. Da die ebenen

[1] Tiefgewellte Flammrohre 1,25/1,4 bis 1,85/2.

Wandungen von Stehkessel und Feuerbüchse gegen den Dampfdruck nicht ausreichend widerstandsfähig wären, versteift man sie gegeneinander durch Stehbolzen. Der Langkessel ist von Heiz- und Rauchrohren durchzogen, welche einerseits in der Rückwand der Feuerbüchse, anderseits im rückwärtigen Boden eingewalzt sind.

Der Hauptvertreter dieser Kesseltype ist der Lokomotivkessel. Auch Lokomobilkessel sowie Kessel für Stabilanlagen und auch für Schiffe werden nach diesem Prinzip ausgeführt.

a) Lokomotivkessel

In Abb. 9 ist der Lokomotivkessel der Reihe 50 der Deutschen Reichsbahn dargestellt. Die Feuerbüchse und die Stehbolzen wurden früher aus Kupfer hergestellt, doch ging man in Deutschland und vielfach im übrigen Ausland während des Krieges durchgehend auf alterungsbeständigen Flußstahl über. Auch das Schweißen statt Nieten der Verbindungen wird in steigendem Maße angewendet. Die Stehbolzen, welche Stehkessel und Feuerbüchse gegeneinander versteifen, sind in Abb. 10 und 11 dargestellt. Der Stehbolzen

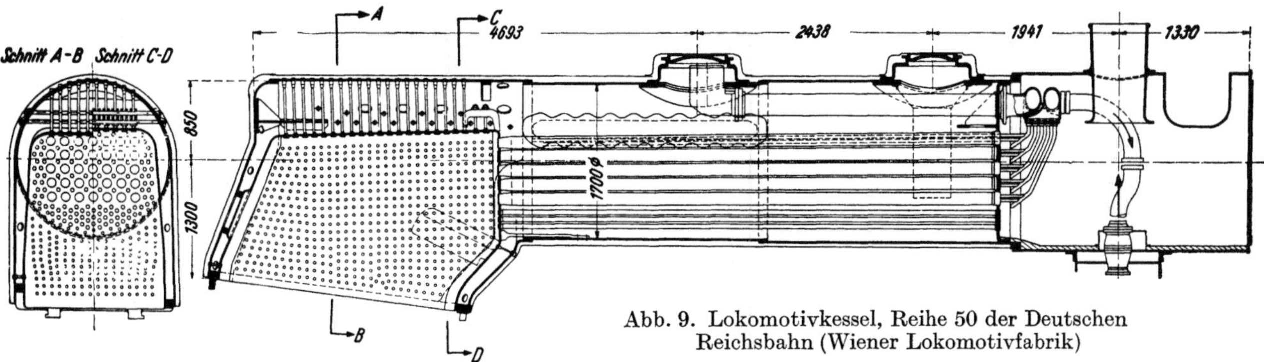

Abb. 9. Lokomotivkessel, Reihe 50 der Deutschen Reichsbahn (Wiener Lokomotivfabrik)

gemäß Abb. 10 ist im Blech eingeschraubt, aufgedornt und feuerseitig geschweißt. Er besitzt eine Bohrung, durch die im Bruchfall ein Wasserstrahl austritt und die Schadensfeststellung ermöglicht. An Stellen höherer Beanspruchung und wo infolge von Temperaturdifferenzen erhebliche Verschiebungen zwischen Stehkessel und Feuerbüchswand zu erwarten sind, werden nur einseitig eingespannte Stehbolzen nach Abb. 11 verwendet. Bei gleicher relativer Verschiebung in der Blechebene tritt in letzteren nur die halbe Spannung

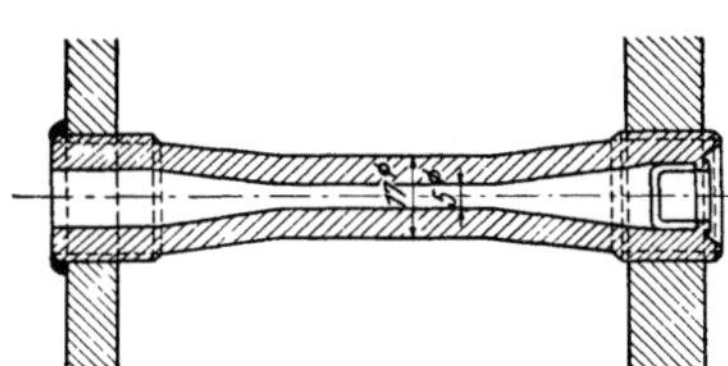
Abb. 10. Fester Stehbolzen (links Feuerseite)

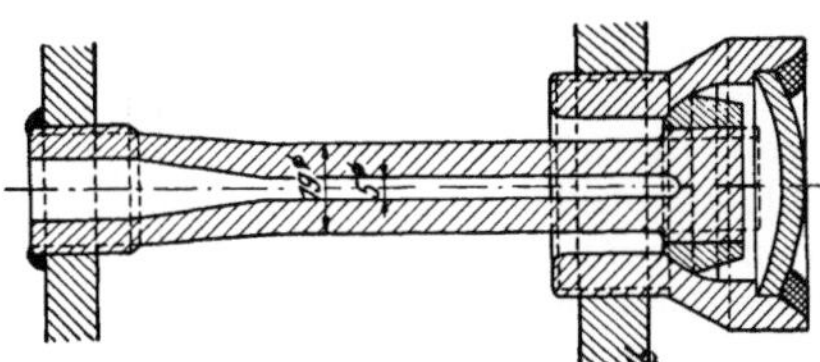
Abb. 11. Einseitig beweglicher Stehbolzen (links Feuerseite)

gegenüber den beiderseitig eingespannten auf. Der Abstand der Stehbolzen voneinander beträgt 80 bis 90 mm. Außer Stehbolzen werden zur Versteifung auch Träger (Abb. 9 und 12) benützt. Am unteren Ende sind Feuerbüchse und Stehkessel durch den Grundring verbunden.

Die untere Begrenzung der Feuerbüchse wird durch den Rost gebildet, von welchem ein Feld kippbar, zum Entschlacken, eingerichtet ist. Unterhalb des Rostes ist die Aschenkammer angeordnet, in welcher sich während der Fahrt die Schlacke sammelt.

Die Heiz- und Rauchrohre sind feuerbüchsseitig eingezogen, rauchkammerseitig aufgeweitet, wodurch der Einbau erleichtert wird und außerdem die thermisch hochbelastete rückwärtige Feuerbüchswand durch die Löcher eine geringere Schwächung erfährt.

In die Rauchrohre sind die Überhitzerschlangen eingeschoben. Diese besitzen Schmidtsche Umkehrenden und es sind je Rauchrohr zwei oder vier Rohre vorhanden. Die Sammelkammern für den Sattdampf und den Heißdampf liegen in der Rauchkammer. Der Dampf wird dem Dampfdom entnommen, in welchem gleichzeitig das Regelventil angeordnet ist und mittels eines durch den Kessel geführten Rohres der Sattdampf-Sammelkammer zugeführt. Ein zweiter, meist vorhandener Dampfdom enthält die Speisung und Rieselbleche, mit deren Hilfe eine Erwärmung des Speisewassers vor Vermischung mit dem Kesselwasser erfolgen soll, um die Karbonathärte wenigstens teilweise auszufällen und eine Entgasung zu erreichen. Vor Eintritt in den Dom wird das Speisewasser durch Abdampf bereits vorgewärmt.

Die Rauchkammer enthält zur Erzeugung des notwendigen Zuges ein Dampfstrahlgebläse, welches vom Auspuffdampf der Maschine durchströmt wird. Damit der periodische Auspuffstrahl nicht einen ständig wechselnden Zug erzeugt, ist die Rauchkammer geräumig ausgeführt.

Um die Feuerbüchse möglichst vollkommen durch die Flamme auszufüllen, wird in erstere ein Gewölbe eingebaut. Zweckmäßig ist eine Konstruktion, bei welcher die Zuglenkwand auf Siederohren liegt, welche diagonal die Feuerbüchse durchqueren.

Die hohe Dampfleistung eines Lokomotivkessels kann nur durch Zulassung hoher Abgastemperaturen von im Mittel 350 °C und hoher Strömungsgeschwindigkeiten der Rauchgase und damit erheblicher Zugverluste erreicht werden. Letztere betragen etwa 120 mm WS, wobei ein Drittel auf den Aschenkasten und das Brennstoffbett entfällt. Diese Werte gelten bei einer Heizflächenbeanspruchung von 55 bis 60 kp/m^2h, für welche Lokomotivkessel gewöhnlich ausgelegt werden. Der Kesselwirkungsgrad beträgt hierbei je nach der Bauart 65 bis 75%, die Verbrennungsverluste allein etwa 12%. Der CO_2-Gehalt ist bei Vollast etwa 14%.

Die hohe Belastung des Kessels bedingt in Hinblick auf den starren Aufbau hohe Reparaturkosten. Hierzu kommt noch die schlechte Reinigungsmöglichkeit und innere Zugänglichkeit. Schlammansätze werden durch Auswaschen des Kessels, bei schlechtem Speisewasser wöchentlich, beseitigt. Hierzu werden die Waschluken geöffnet, wovon je Kessel bis 32 Stück und allein im Stehkessel bis 24 Stück vorhanden sind.

Zahlentafel 4. *Allgemeine Auslegungsdaten von Lokomotivkesseln*

Heizfläche		m^2	310 (Deutschland), 750 (Amerika)
Heizflächenbelastung		kp/m^2h	55 bis 60 und darüber
Druck		atü	20, meist 16
Rauchrohrdimension		mm	133/125 und andere
Heizrohrdimension		mm	54/49 und andere
Überhitzerrohrdimension		mm	30/24, 38/30
Dampftemperatur		°C	bis 400 °C
Größte Dampfleistung		t/h	18 (Deutschland), 47 (Amerika)[1]
Wassergewicht : Dampferzeugung		kp : kp/h	0,7
Wasserinhalt : Heizfläche		$m^3 : m^2$	0,04
Zugbedarf		mm WS	120
Rostbelastung		$kcal/m^2h$	$2{,}3$ bis $3{,}5 \cdot 10^6$ und darüber
Kesselheizfläche : Überhitzerheizfläche		m^2/m^2	2,5 bis 3
Kesselheizfläche : Rostfläche		m^2/m^2	45 bis 70
Feuerraumbelastung		$kcal/m^3h$	$2 \cdot 10^6$
Stehkessel	Länge	m	0,6 bis 3,4
	Breite	m	0,7 bis 2,3
Feuerbüchse	Länge	m	0,45 bis 3,2 (amerik. Angabe 3,5)
	Breite	m	0,55 bis 2,1 (amerik. Angabe 2,44)
Langkessel	Länge	m	2 bis 6,8
	Durchmesser	m	0,7 bis 2

[1] The Pennsylvania Railroad Proves Efficiency of the Four Cylinder Duplex Locomotive. Zeitschr. Baldwin 1935.

Der Dampfdruck wurde bei Lokomotivkesseln der Regelbauart bis 25 at gesteigert, doch erwiesen sie sich für diesen Druck als nicht ausreichend betriebssicher. Daher wählt man derzeit den Druck nicht über 20 at.

Als Feuerung wird außer dem handbeschickten Rost, dessen Größe durch die Leistungsfähigkeit des Heizers mit 2400 kp/h Brennstoff im gemäßigten und 1500 kp/h im heißen Klima begrenzt ist, der Stoker, die Kohlenstaub- und Ölfeuerung verwendet.

Die Auslegungsdaten von Lokomotivkesseln sind aus Zahlentafel 4 zu entnehmen.

b) Lokomobilkessel mit Feuerbüchse

Auch Lokomobilkessel (Abb. 12) haben vielfach einen ähnlichen Aufbau wie Lokomotivkessel. Die Heizflächenbeanspruchung wird allerdings, da gewöhnlich nur Schornsteinzug zur Verfügung steht, erheblich kleiner, etwa 20 kp/m²h, gewählt. Die Feuerbüchse kann auch als Flammrohr ausgebildet werden.

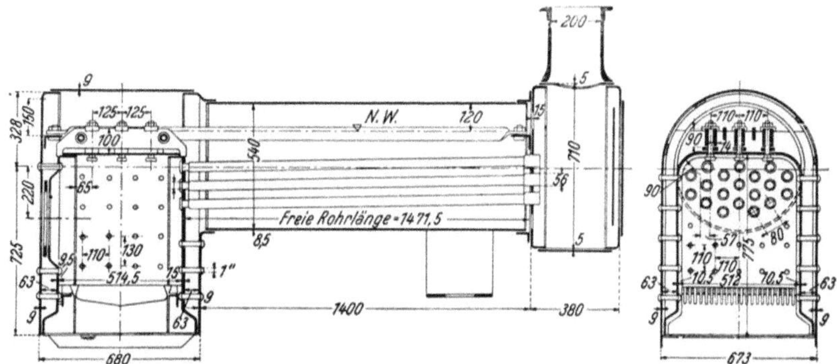

Abb. 12. Lokomobilkessel mit Feuerbüchse nach Spalckhaver

Die Festigkeitsrechnung erfolgt nach folgenden Angaben:
Mantel S. 379, Stehkesselwand mit Stehbolzenversteifung S. 394, Feuerbüchswand mit Stehbolzenversteifung S. 394, Rohrwand der Feuerbüchse S. 394, 395, Rohrwand des rückwärtigen Bodens S. 394. Übrige Teile des rückwärtigen Bodens S. 394. Vorderer Boden außerhalb des Stehbolzenfeldes S. 394, Feuerbüchsdecke S. 394, Anker S. 398, Deckenträger S. 400.

c) Sonstige Feuerbüchskessel

Eine amerikanische Kesselkonstruktion der Firma Kewanee zeigt Abb. 13. Hier stellt das Wasserrohrbündel gleichzeitig den Rost dar. Die Feuergase ziehen entgegen den

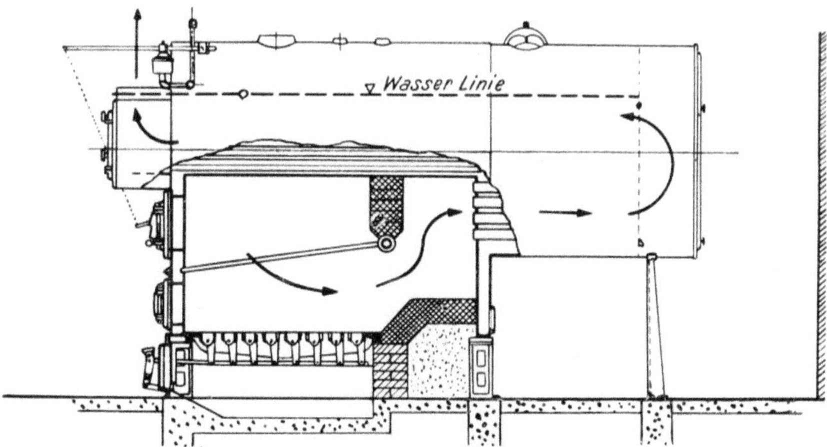

Abb. 13. Feuerbüchs-Rauchrohrkessel mit wassergekühltem Rohrrost und darunter angeordnetem Nachverbrennungsrost (Kewanee, USA)

üblichen Ausführungen nach abwärts zwischen den Rohren hindurch und gelangen nach einer Umlenkung in die Heizrohre. Nach Durchströmen dieser werden sie am Kesselende in einer Rauchkammer umgelenkt und durchströmen ein zweites Heizrohrbündel von rückwärts nach vorne. Aus der vorderen Rauchkammer werden sie schließlich in den Schornstein abgeführt. Unter dem als Rost dienenden Rohrbündel befindet sich ein normaler Nachverbrennungsrost für den Durchfall. Das Stehbolzenfeld zur Versteifung der Feuerbüchse ist nicht eingezeichnet. Kessel dieser Type werden für Heizflächen bis 230 m^2 und Drücke bis 11 at gebaut. Sie sind für eine Belastung von 16 kp/m^2h ausgelegt.

B. Wasserrohrkessel

1. Schrägrohrkessel

Schon zu Beginn des vorigen Jahrhunderts dachte man an die Möglichkeit, die Dampferzeugung statt in beheizten Trommeln in einer Vielzahl wassergefüllter Rohre durchzuführen, die auf geeignete Weise miteinander verbunden sind.

Wenn diese Kessel eigentlich erst spät richtig zur Entfaltung gelangten, so liegt dies hauptsächlich daran, daß die Werkstatt- und Materialschwierigkeiten in der ersten Hälfte des 19. Jahrhunderts für solche Bauarten noch unüberwindlich waren[1].

Der erste Schrägrohrkessel, der bereits viele Merkmale der heutigen Konstruktion zeigt, ist der Zweikammerkessel von Alban, welcher im Jahre 1847 gebaut wurde.

Im Jahre 1856 baute der Amerikaner Wilcox einen Kessel, welcher der Vorläufer des Babcock-Wilcox-Kessel wurde, welche Kesseltype in zahllosen Variationen in allen Ländern gebaut wird. Ähnliches gilt vom Steinmüllerkessel, welcher erstmalig 1874 ausgeführt wurde. Die Bauweise als Großkammerkessel ist heute vollkommen durch den Teilkammerkessel verdrängt.

a) Teilkammerkessel mit längsliegender Trommel

Beim Teilkammerkessel mit längsliegender Trommel besteht das Kesselsystem aus der Obertrommel, den Teilkammern mit den Verbindungsrohren zur Trommel und dem schrägen Heizflächenbündel (Abb. 14). Der dargestellte Kessel besitzt einen Wanderrost. Die Brennkammerwände sind je nach der Kohlenart und den Schlackeneigenschaften mehr oder weniger mit Kühlrohren ausgekleidet. Zur weiteren Abkühlung der Rauchgase, welche das Schrägrohrbündel mit etwa 350 °C verlassen, ist ein Rippenrohrvorwärmer, kurz Rivo genannt, vorgesehen. Die Abgastemperaturen werden meist mit 180 °C festgelegt.

Der Rivo wird, in letzter Zeit allerdings weniger häufig, mit einem Leerfuchs, der durch Klappen verschließbar ist, versehen. Die Klappe kann bei Anfahren geöffnet werden, um den Zugverlust zu verkleinern. So wird auch Taubildung der Rauchgase an der noch kalten Heizfläche, was zu Verkrustungen führen kann, verhindert. Ein Lufterhitzer wird, um den verhältnismäßig kleinen Kessel nicht zu komplizieren, besser vermieden.

Die Rauchgase werden in drei Zügen durch das Rohrbündel geführt, der Überhitzer ist nach dem ersten Zug eingebaut. Manchmal wird die Rückseite der Überhitzerkammern durch eine Lenkwand der direkten Beheizung entzogen, wie dies in der Abb. 14 dargestellt ist. Die Trommel ist auf den beiden Enden mittels U-förmig gebogener Rundeisen am Kesselgerüst aufgehängt. Das Schrägrohrbündel hängt frei an den Überströmrohren.

Unterhalb der rückwärtigen Teilkammern, durch kurze Rohre mit sämtlichen verbunden, verläuft quer zur Trommelachse eine Kammer, über welche abgeschlämmt wird.

[1] Münzinger: Dampfkraft, 3. Aufl. Berlin-Göttingen-Heidelberg: Springer. 1949.

Die Teilkammerzahl ist bei Eintrommelkesseln durch die Anschlußmöglichkeit der äußersten Kammer an die Trommel mit etwa vierzehn begrenzt. Dies entspricht einer Kesselheizfläche von etwa 250 m². Bei zwei Trommeln können diese Werte verdoppelt werden.

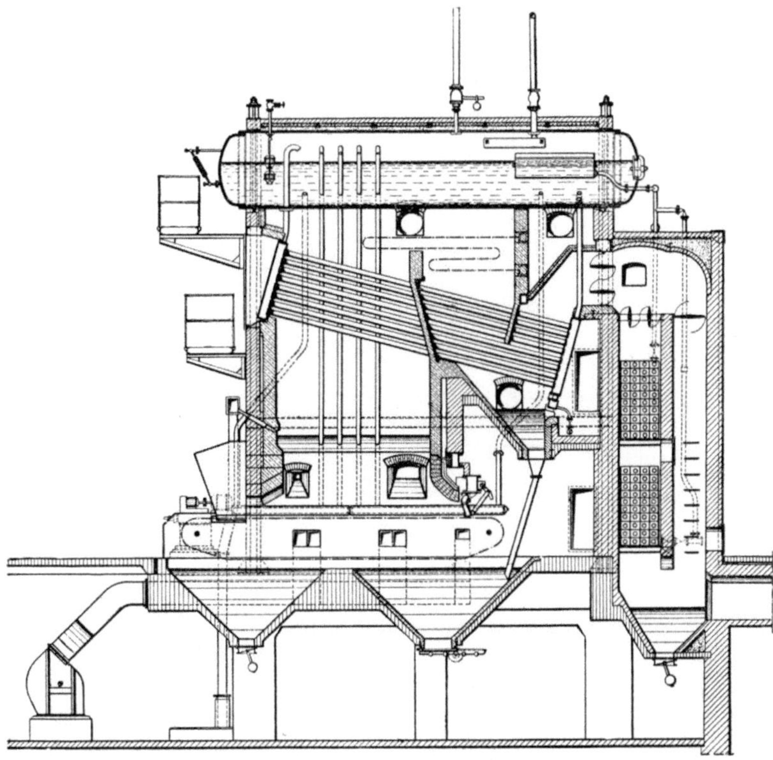

Abb. 14. Teilkammerkessel mit längsliegender Obertrommel (Walther & Cie., Köln)

Durch zahlreiche Schau- und Einsteigtüren kann der Rost und die Heizflächen besichtigt und befahren werden.

Die Teilkammern werden durch Pressen aus runden Rohren hergestellt. Anschließend werden sie ebenfalls durch Pressen gewellt, wodurch die einzelnen horizontalen Rohrreihen des Rohrfeldes gegeneinander versetzt werden. Neuerdings werden jedoch vielfach die einfacher herstellbaren geraden Teilkammern verwendet, ohne daß dadurch die Wärmeübergangsverhältnisse von Rauchgas an Rohr nennenswert verschlechtert werden. In Abb. 15 sind Teilkammern dargestellt. Die horizontale Teilung t in Millimeter wird nach DIN 2907 gemäß der Formel $t \geqq 150 + 2{,}5 \cdot s$ ermittelt, wobei s die Wandstärke in Millimeter ist. Als lichter Querschnitt der Kammern wird nach DIN 2906 115 × 140 oder 140 × 140 mm gewählt. Die Wandstärke wird in Abhängigkeit vom Druck aus Zahlentafel 102 oder 103 entnommen.

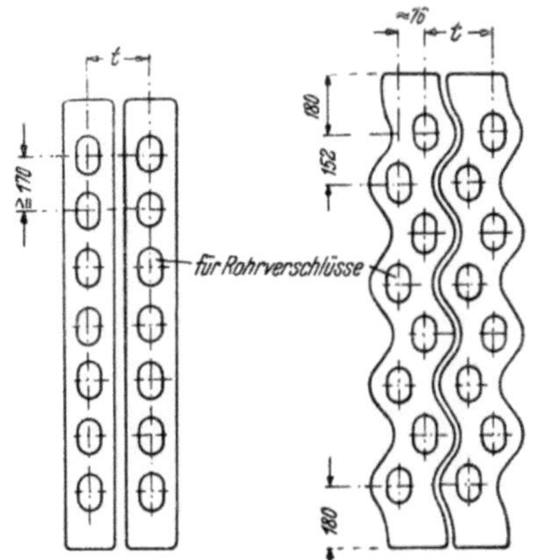

Abb. 15. Gerade und gewellte Teilkammer

Gegenüber der Einwalzstelle jedes Rohres befindet sich eine Öffnung, durch welche eingewalzt wird und die im Betrieb durch den Rohrlochverschluß verschlossen ist. Abb. 16 stellt eine gewellte Teilkammer mit drei bereits angebrachten Rohrlochverschlüssen dar. Die Rohrlochverschlüsse werden durch den Dampfdruck angepreßt und durch eine Schraube von außen angezogen. Abb. 17 zeigt, nach DIN 2908, einen ovalen Verschluß. Dieser kann ohne weiteres von außen eingebracht werden, indem der Deckel mit der kleinen Achse längs der großen Achse des Loches eingedreht wird. Im Gegensatz dazu können runde Verschlußdeckel nur durch ein größeres, zweckmäßigerweise elliptisches Loch eingebracht werden, wovon jedoch je Kammer nur eines vorhanden zu sein braucht. Letzteres besitzt einen elliptischen Deckel. Der Vorteil der runden Verschlüsse liegt in deren leichterer Herstellbarkeit, der Nachteil in der Notwendigkeit des Deckelausbaues durch ein anderes Loch. Bei Teilkammerkesseln werden gewöhnlich elliptische Verschlüsse verwendet.

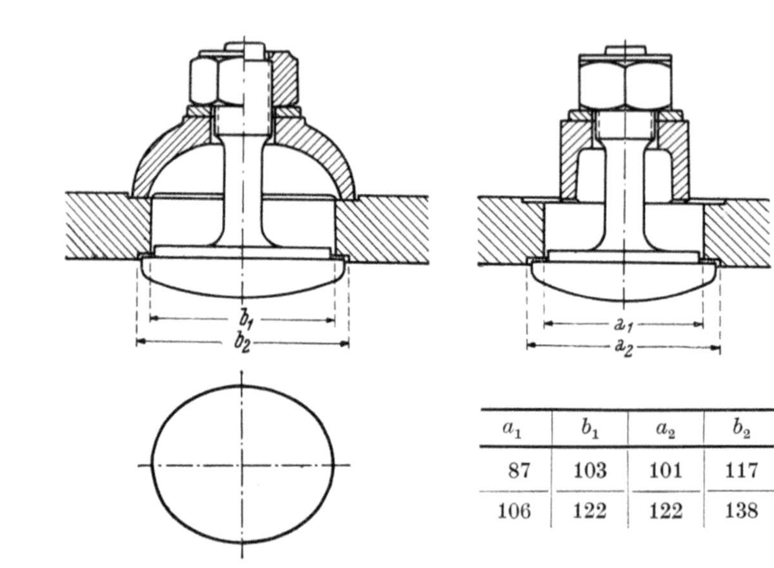

a_1	b_1	a_2	b_2
87	103	101	117
106	122	122	138

Abb. 17. Ovaler Rohrlochverschluß nach DIN 2908

Abb. 16. Gewellte Teilkammer (VKW, Düsseldorf)

Das zwischen den Teilkammern vorhandene Spiel dient zum Ausgleich der Herstellungsungenauigkeiten. Bei der Montage wird dieses durch einen Asbestzopf verschlossen. Der Zugang zu den vorderen Kammern ist durch eine Blechtüre, zu den rückwärtigen durch eine Einsteigtür gewahrt (Abb. 14).

Der Ausbau schadhafter Rohre kann durch Herausziehen nach vorne oder, wenn es die Platzverhältnisse gestatten, auch nach rückwärts erfolgen. In ersterem Fall ist zu beachten, daß der erforderliche Platz nicht durch den gewöhnlich vor dem Kessel angeordneten Kohlenbunker versperrt wird. Dieser muß entweder über, unter oder seitlich des die Dimension des Rohrbündels besitzenden Ausbauraumes angeordnet werden.

Die Festigkeitsberechnung erfolgt nach folgenden Angaben:

Trommel S. 379, Rohre S. 375, Böden S. 388, Überhitzerkammern S. 390.

Die wichtigsten Auslegungsdaten eines Teilkammerkessels mit längsliegender Trommel können aus Zahlentafel 5 entnommen werden.

Der Kessel mit längsliegender Trommel wird für kleine und mittlere Betriebe häufig ausgeführt. Er hat einen großen Wasser- und Dampfraum, nimmt daher gut Belastungsstöße ohne Gefahr des Wassermitreißens auf, muß jedoch längere Anheizzeiten in Kauf nehmen.

Bei Wahl der Belastung von Teilkammerkesseln soll beachtet werden, daß die Geschwindigkeit des Dampfwassergemisches im Überströmrohr zur Trommel nicht größer als etwa 5 m/s ist, da sonst Störungen des Wasserumlaufes möglich sind.

Zahlentafel 5. *Allgemeine Auslegungsdaten von Teilkammerkesseln mit längsliegender Trommel*

Heizfläche (mit einer Obertrommel)	m^2	50 bis 250
Heizflächenbeanspruchung	kp/m^2h	bis 50
Dampfdruck	atü	bis 40
Durchmesser der Trommel	mm	800 bis 1800
Länge der Trommel	m	bis 7
Dimension der Wasserrohre	mm	101,6/94,4, 82,5/76,1
Rohrlänge	m	bis 5,5
Kammerteilung	mm	$t \geqq 150 + 2{,}5 \cdot s$
Vertikale Rohrteilung gerade Kammer	mm	170
Vertikale Rohrteilung gewellte Kammer	mm	152
Kammerquerschnitt	mm	115 × 140, 140 × 140
Kammerwandstärke		Zahlentafel 90, 91 und 118 (S. 330, 392)
Kühlschirmrohre	mm	101,6, 82,5
Vierkantrohre für Kühlschirme		Angaben S. 390
Grundflächenausnützung (Heizfläche : Grundfläche)	m^2/m^2	8 bis 13
Wasserinhalt : Heizfläche	m^3/m^2	0,06 bis 0,1
Wassergewicht : Dampferzeugung	kp : kp/h	1,2 bis 2
Dampferzeugung	t/h	2 bis 12,5
Zahl der übereinanderliegenden Rohre gerade Kammer	—	8
Zahl der übereinanderliegenden Rohre gewellte Kammer	—	8 bis 10

b) Teilkammerkessel mit querliegender Trommel

Teilkammerkessel für höhere Leistungen, Belastungen und Drücke werden durchwegs mit querliegender Trommel ausgeführt. Der Kessel wird dadurch im Aufbau elastischer und die Breite ist nur durch die ausführbare Trommellänge begrenzt. Die Belastung kann erhöht werden, da die Zahl der Überströmrohre für das Dampfwassergemisch von den Kammern zur Trommel auf zwei und drei vergrößerbar ist. Auch der Druck kann bis 125 atü gesteigert werden. Allerdings erfordern dann die zahlreichen Verschlüsse große Sorgfalt in der Herstellung und Wahl des Dichtungsmaterials. Der Wasserumlauf findet von der Trommel über die rückwärtige Kammer, Schrägrohrbündel, vordere Kammer, Überströmrohre zur Trommel zurück statt. Über Störungen desselben s. S. 14.

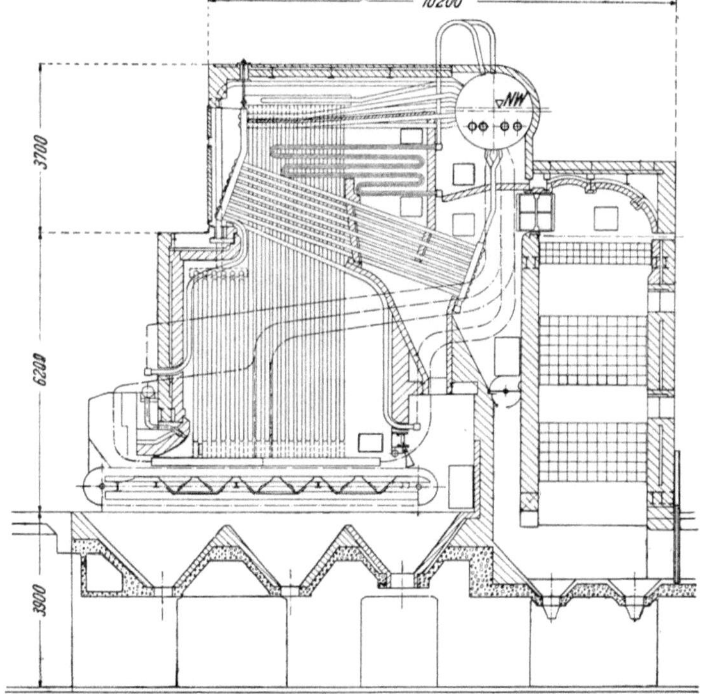

Abb. 18. Teilkammerkessel mit querliegender Obertrommel, drei Rauchgaszügen und zwei oberen Überströmrohren je Sektion (Paukerwerk der SGP AG., Wien)

Man kann die Kessel je nach der Rauchgasführung in Ein-, Zwei- und Drei-Zugkessel einteilen. Es kommen sowohl Rost- als Staubfeuerungen in Frage.

Drei-Zugkessel. Ein Beispiel des oft gebauten Drei-Zugkessels zeigt Abb. 18. Die Brennkammer ist weitgehend mit Kühlrohren ausgekleidet. Die erste Rohrreihe des Bündels ist nach abwärts gezogen, wodurch eine rückwärtige Kühlschirmwand gebildet wird. Von jeder vorderen Teilkammer führen zwei Überströmrohre zur Trommel, wobei erstere bis zu einem gewissen Grad auch die Funktion einer Trennung von Wasser und Dampf besitzen.

Der Überhitzer ist auf Laschen aus feuerfestem Material aufgehängt, seine Sammelkammern sind der Einwirkung der Rauchgase entzogen. Die Rauchgase, die den Kessel im Mittel mit etwa 400 bis 500 °C verlassen, werden in einem Stahlrippen- und anschließend in einem Gußrippeneko weiter ausgenützt. Der Kessel ist mit einem Zonenwanderrost ausgestattet.

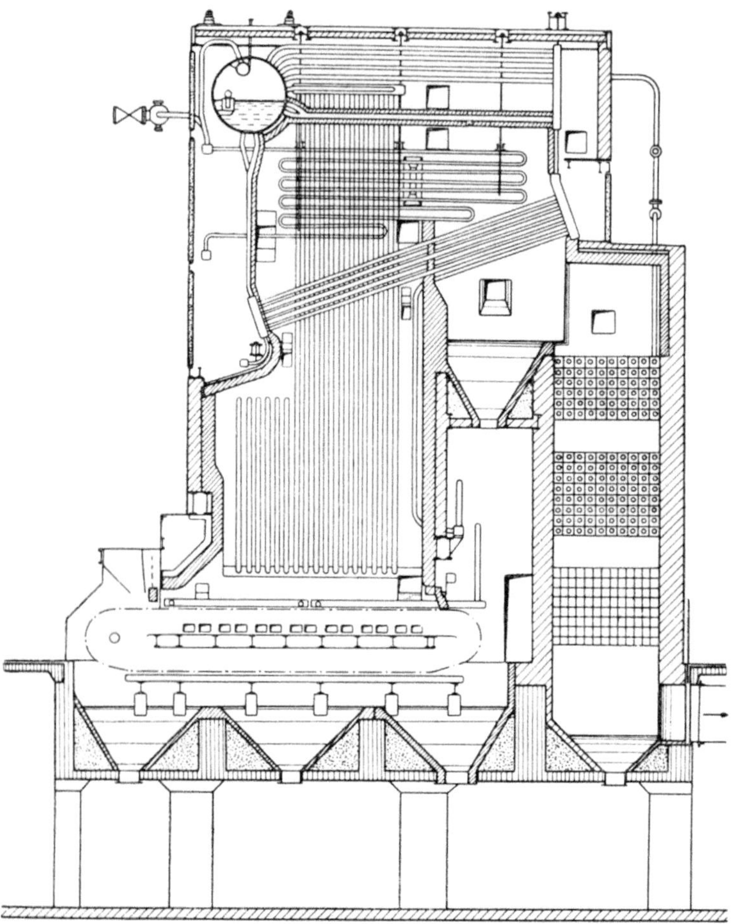

Abb. 19. Teilkammer mit zwei Rauchgaszügen und vorne angeordneter Obertrommel

Die Zahl der übereinander liegenden Rohrreihen wird bei Teilkammerkesseln mit acht bis zehn beschränkt, da sonst die Rauchgastemperatur vor dem Überhitzer zu niedrig würde. Außerdem besteht die Gefahr, daß sich sonst die Wasserströmung in den obersten Rohrreihen umkehrt, wodurch Dampfstau und Rohrschäden entstehen können. In diesem Zusammenhang wurde die Meinung vertreten, daß sich gerade Teilkammern ungünstiger als gewellte verhalten.

Die Heizflächenbelastung wird bei Drei-Zugkesseln mit 50 bis 70 kp/m^{2}h gewählt.

Als Vorteil des Drei-Zugkessels können genannt werden:

Niedrige Rauchgastemperatur hinter dem Kessel. Hohe Lage der Rauchgasaustrittsstelle aus dem Kessel, so daß die Nachheizfläche bequem in einem nach abwärts führenden Zug unterzubringen ist. Bei niedrigerer Belastung gegen ungünstiges Speisewasser weniger empfindlich (s. S. 306). Hohe Rauchgasgeschwindigkeiten. Der Kessel ist, wie alle Teilkammerkessel, gut reinigbar und besichtigbar und besonders für Industrieanlagen bis zu Leistungen von 50 t/h gut geeignet.

Seine Nachteile sind:

Relativ hoher Zugverlust infolge der drei Rauchgasumkehrungen um 180°. Etwas teuerer als die anderen Typen. Geringer Platz zur Unterbringung des Überhitzers bei höheren Überhitzungstemperaturen.

Zwei-Zugkessel. In Abb. 19 ist ein Zwei-Zugkessel dargestellt. Die Rauchgase werden in zwei Zügen, zwischen welchen der Überhitzer liegt, durch die Heizfläche geführt. Die

Überhitzersammler sind außerhalb des Rauchgasstromes verlegt. Bei der dargestellten Ausführung sind Seitenwände und Rückwand der Brennkammer mit Kühlschirmrohren versehen. Der Eko ist unter dem zweiten Zug angeordnet.

Der Kessel wird für Belastungen von 55 bis 70 kp/m²h ausgelegt. Die Rauchgastemperatur hinter dem zweiten Zug liegt zwischen 400 und 550 °C.

Die Vorteile dieser Ausführung sind:

Geringer Zugverlust, kleine Kesseltiefe wegen Anordnung des Eko unter der Nachheizfläche. Möglichkeit des Ausziehens der Siederohre nach rückwärts, so daß vorne der Bunker beliebig angeordnet werden kann. Günstige Anordnung der Überhitzerkammern.

Als Nachteile erscheinen:

Niedrige Höhenlage der Rauchgasaustrittsstelle aus dem Kessel, wodurch die Unterbringung der Nachheizfläche öfter schwierig ist. Manchmal zu kleine Rauchgasgeschwindigkeiten in der Kesselheizfläche.

Einzugkessel. Beim Einzugkessel (Abb. 20) wird das Kesselrohrbündel auf den ersten Zug beschränkt. Die Zahl der übereinander liegenden Rohrreihen wird meist geringer als bei den früheren Bauarten gewählt, um die Rauchgastemperatur vor dem Überhitzer zu heben. Die Rauchgastemperatur nach dem Überhitzer liegt zwischen 450 und 600 °C, so daß die Nachheizfläche eine größere Wärmespanne als früher verarbeitet und daher größer bemessen werden muß. Nähert sich die Aufwärmung des Speisewassers im Eko bis auf etwa 25 °C der Siedetemperatur, soll ganz allgemein eine weitere Aufwärmung nicht in gußeisernen Rippenrohren erfolgen, sondern in Vorverdampfern. Sie bestehen aus glatten, seltener gerippten Stahlrohren und es kann in diesen auch Dampfbildung zugelassen werden. Bei höheren Drücken wird der ganze Eko aus Stahlrohren ausgeführt.

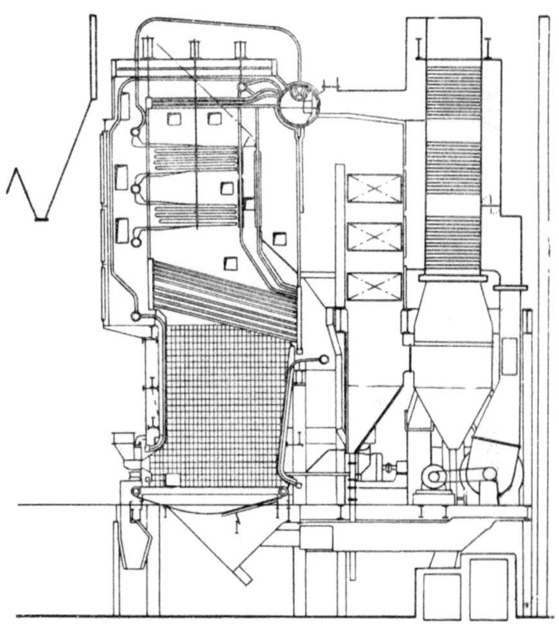

Abb. 20. Teilkammerkessel amerikanischer Ausführung mit weit herabgezogenem Rohrbündel für 73 t/h Dampferzeugung mit Wurfbeschickerfeuerung (Spreader Stoker)

Die Einzugtype ist auch bei Kohlenstaubfeuerungen am Platz, da die höhere Rauchgastemperatur vor der Nachheizfläche leichter die dann nötige höhere Lufterhitzung von 200 bis 400 °C zu erreichen gestattet. Bei Rostfeuerungen ist allerdings die Lufterhitzung mit 100 °C bei Steinkohle und mit 150 °C bei Braunkohle beschränkt.

Einzugkessel werden für eine Heizflächenbelastung von 65 bis 100 kp/m²h ausgeführt.

Die Vorteile des Einzugkessels sind:

Geringer Zugverlust. Hohe Austrittsstelle der Rauchgase aus dem Kessel, daher genügend Platz zur Anordnung der Nachheizfläche. Vermindertes Gewicht und niederer Preis der Kesselheizfläche.

Als Nachteile erscheinen:

Hohe Austrittstemperaturen der Rauchgase aus dem Kessel. Ausreichende rauchgasseitige Durchströmung des Überhitzers muß oft durch Abdecken von Kesselheizfläche erzwungen werden.

Einzugkessel wurden in den USA vielfach in „Doppeldeckerbauart" ausgeführt. Die größten dieser Art sind „Doppelender", d. h. sie besitzen einen Feuerraum und zwei spiegelbildlich angeordnete Kesselsysteme.

Während in Mitteleuropa der Teilkammerkessel für das Gebiet kleiner und mittlerer Leistungen Verwendung findet, wird er in den USA auch für größte Leistungen gebaut. Abb. 20 zeigt eine für die USA typische Bauweise.

Das Schrägrohrbündel ist gegenüber der Trommel weit heruntergezogen, wodurch der Wasserumlauf verbessert wird, was besonders bei hohen Drücken von Vorteil ist.

Die Ausbildung der Trennwände zwischen dem aufwärtsführenden Zug, in welchem der Überhitzer angeordnet ist, und dem abwärtsführenden erfolgt durch Auffädeln von Schamottesteinen auf vertikale Siedrohre, die an die Zirkulation angeschlossen sind. Die Nachheizfläche besteht aus einem Eko in einem abwärts- und einem Lufterhitzer in einem aufwärtsführenden Rauchgaszug. Oft wird der Eko auch innerhalb der Kesselheizfläche im abwärtsführenden Rauchgaszug eingebaut. Die Brennkammer ist allseits von Rohren umgeben, welche mit Baileyplatten (s. S. 23) verkleidet sind. Als Feuerung wird eine mit einem Wanderrost kombinierte Wurfbeschickerfeuerung verwendet (Spreader Stoker, S. 62).

Die wichtigsten Kennwerte sind aus Zahlentafel 6 zu entnehmen.

Zahlentafel 6. *Allgemeine Auslegungsdaten von Teilkammerkesseln mit querliegender Trommel*

			Ein-Zug	Zwei-Zug	Drei-Zug
Heizfläche		m^2		bis 2400[1]	
Heizflächenbeanspruchung		kp/m^2h	65 bis 100	60 bis 70	40 bis 68
Druck		atü	bis 125	bis 125	bis 125
Durchmesser der Trommel		m	1 bis 1,8	1 bis 1,8	1 bis 1,8
Länge der Trommel		m	bis 12	12	12
Außendurchmesser der Siederohre		mm	82,5, 101,6	82,5, 101,6	82,5, 101,6
Rohrlänge		m	5 bis 5,5	5 bis 6	5 bis 6,5
Außendurchmesser der Kühlschirmrohre		mm	82,5, 101,6	82,5, 101,6	82,5, 101,6
Sammelkammerdimension		mm		s. Zahlentafel 91, 92	
Zahl der übereinander liegenden Rohrreihen		—	4 bis 8	4 bis 10	6 bis 10
Teilkammer	Horiz. Teilung	mm		$t \geqq 150 + 2{,}5 \cdot s$	
	Querschnitt	mm^2		115 × 140 oder 140 × 140	
Vertikale Teilung des Rohrbündels	Gewellte Kammer	mm	152	152	152
	Gerade Kammer	mm	170	170	170
Grundflächenausnützung (Heizfläche: Grundfläche)		m^2/m^2		8 bis 20	
Wasserinhalt: Heizfläche		$m^3 : m^2$		0,05	
Wassergewicht: Dampferzeugung		kp : kp/h	0,8 bis 0,5	0,8 bis 0,7	1,2 bis 0,7
Dampferzeugung		t/h		bis 240[1]	

Zur Regelung der Überhitzertemperatur kann ein Teil der Rauchgase nach Betätigung einer Klappe in den Leerfuchs neben dem Überhitzer unter Umgehung dieses umgeleitet werden.

Zusammenfassend kann über die verschiedenen Typen des Teilkammerkessels gesagt werden, daß man die Wahl nach Druck, Überhitzertemperatur, Feuerung, Lufterhitzung, Kesselgröße, Speisewasserverhältnisse, Platzbedarf, Bunkerlage und Kesselpreis treffen wird.

Bei höheren Drücken und Temperaturen, Kohlenstaubfeuerung, guten Speisewasserverhältnissen wird der Einzugkessel in Frage kommen.

Für kleine und mittlere Leistungen und Drücke sowie bei Rostfeuerungen wird man gewöhnlich den Drei-Zugkessel ausführen. Bei diesem wählt man bei kleinen Ausführungen

---

[1] Als Zweiender doppelte Werte.

auch kleinere Belastungen, um den Wasserinhalt zu vergrößern. Der Zwei-Zugkessel kommt für Rost- und Kohlenstaubfeuerung in Frage, sofern sich nicht seine Anwendung infolge zu geringer verfügbarer Höhe für die Nachheizfläche ausschließt. Den Zwei- und Drei-Zugkessel verwendet man infolge seiner Robustheit sowie leichten Reinigungs- und Besichtigungsmöglichkeit bevorzugt in Industriebetrieben.

Die Festigkeitsberechnung von Teilkammerkesseln erfolgt nach folgenden Angaben: Trommel S. 379, Böden S. 388, Teilkammern S. 391, Siederohre S. 375, Sammelrohre S. 375, 390.

2. Steilrohrkessel

Wie die Schrägrohrkessel blicken auch die Steilrohrkessel auf eine alte Tradition zurück. Die erste als Steilrohrkessel anzusprechende Ausführung stammt aus dem Jahre 1825 und wurde von Josef Eve entworfen[1]. Diese besteht aus gußeisernen Trommeln, gußeisernen Fallrohren und gebogenen Siederohren und zeigt bereits klar die für einen gesicherten Wasserumlauf notwendigen Merkmale. Merklich in Erscheinung trat der Steilrohrkessel aber erst um die Jahrhundertwende. Wichtig war hierbei, daß er keine Kammerverschlüsse benötigte, sondern die Rohre unmittelbar vom Trommelinneren eingewalzt werden konnten.

Gegen gebogene Rohre bestanden damals allerdings noch Bedenken, da es schwierig war, diese zu besichtigen und zu reinigen. Bei geraden Rohrbündeln hätte man wieder auf die Anwendung radialer Rohrlöcher verzichten müssen. Hier fand Garbe einen Ausweg, indem er eine Rohrplatte stufenförmig preßte, wodurch es möglich war, gerade Rohre zu verwenden. Der Garbekessel hat eine sehr große Verbreitung gefunden, doch erwies sich die ganze Konstruktion, insbesondere die Stufenplatte, bei Drücken über 20 atü als zu steif.

Inzwischen hatte auch die Wasserchemie Fortschritte gemacht, das Speisewasser wurde enthärtet, so daß die Bedenken gegen gebogene Kesselrohre, ohne welche heute ein Großkessel undenkbar wäre, schwanden.

Die ersten Steilrohrkessel mit gebogenen Rohren hatten zur Unterbringung der notwendigen Heizfläche eine größere Anzahl von Trommeln, zwischen denen die Rohre eingewalzt waren. Der bekannteste dieser Art war der Stirling-Kessel. Dieser war infolge der gebogenen Rohre elastischer, wodurch die Wärmespannungen verringert wurden. Die Rohre durchdrangen die Trommel stets radial, was ein sicheres Einwalzen ermöglichte und den Aufbau vereinfachte.

a) Drei-Trommelkessel

In der Folge wurde die Trommelzahl weiter verringert und man gelangte so zum Drei-Trommelkessel. Dieser war ab 1925 die am meisten gebaute Steilrohrkesseltype und wird insbesondere im Ausland auch heute noch vielfach ausgeführt. Ein Beispiel zeigt Abb. 21. Der Kessel besteht aus einem vorderen Rohrbündel, welches nach innen eingezogen ist, um die Brennkammer zu vergrößern. Das vordere Bündel besitzt nur verhältnismäßig wenig Rohre, um die Rauchgastemperatur vor dem Überhitzer möglichst hochzuhalten. Das rückwärtige Bündel hat dagegen eine größere Heizfläche. Der hängende Überhitzer liegt vor diesem und wird von den Rauchgasen horizontal durchströmt.

Die Brennkammerseitenwände sind mit Kühlschirmen ausgekleidet. Als Feuerung dient ein Zonenwanderrost, welcher leicht geneigt eingebaut ist.

Die Rauchgase treten aus dem Kessel ungefähr mit 400 °C aus. Die weitere Abkühlung erfolgt in einem Eko und Luvo.

Der Wasserumlauf findet so statt, daß im vorderen Bündel eine Steig-, im rückwärtigen eine Fallströmung vorliegt. Die unter dem Wasserspiegel liegenden Überströmrohre führen die umlaufende Wassermenge, die darüber liegenden den erzeugten Dampf zur rück-

[1] Münzinger: l. c. S. 10.

wärtigen Obertrommel. Über dieser ist zur Feuchtigkeitsabscheidung ein Dampfsammler vorgesehen. Von hier wird der Dampf zum Überhitzer geführt.

Bis zu Drücken von 40 bis 45 atü findet der Wasserumlauf meist tatsächlich so statt, wie er vorstehend beschrieben wurde, da im rückwärtigen Bündel keine oder nur eine geringe Verdampfung erfolgen wird. Bei höheren Drücken oder zu hohen Speisewassertemperaturen ändert sich dies jedoch. Außerdem können auch Rohre des vorderen Bündels, z. B. die vor

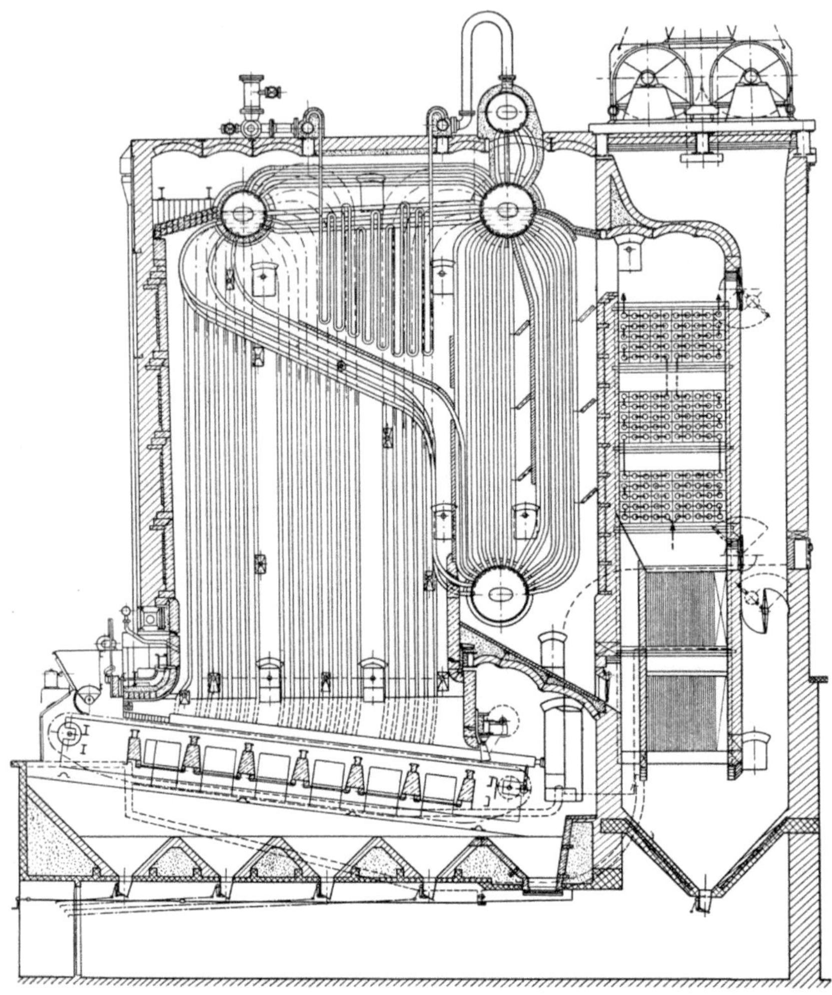

Abb. 21. Dreitrommel-Steilrohrkessel (Skoda-Werke, Pilsen)

dem Überhitzer liegenden, zu Fallrohren werden. Sofern Dampfbildung bei Fallströmung auftritt, liegt immer die Gefahr vor, daß die Dampfabfuhr behindert ist, was Werkstoffüberhitzung und Rohrschäden zur Folge haben kann. Man begrenzt daher den Druck bei Drei-Trommelkesseln mit 40 bis 50 atü. Die Belastung wird mit 35 bis 60, meist 55 kp/m^{2}h gewählt.

Drei-Trommelkessel werden in vielen Variationen, insbesondere auch in den USA gebaut. Bei manchen Ausführungen ist das Mittel der oberen Vordertrommel gegen jenes der rückwärtigen etwas gehoben, um die Wasserspiegeldifferenz, welche infolge des Wasserumlaufes vorhanden ist, auszugleichen. Bei anderen Ausführungen wird der umgekehrte Weg eingeschlagen und die Vordertrommel erheblich tiefer gesetzt, wobei auf eine Dampfraumbildung in dieser verzichtet wird.

Mit Rücksicht auf den Wasserumlauf kann auch das rückwärtige Bündel der Beheizung entzogen werden.

b) Zwei-Trommelkessel

Verlegt man die Wärmeaufnahme aus der eigentlichen Kesselheizfläche mehr auf Kühlschirme und Nachheizfläche, wird erstere kleiner und man kann mit zwei Trommeln das Auslangen finden. Abb. 22 zeigt eine solche Ausführung mit Kühlschirmauskleidungen. Der Überhitzer ist im zweiten Rauchgaszug untergebracht. In den Kühlschirmen und der vorderen Rohrreihe soll Steig-, im rückwärtigen Rohrbündel Fallströmung erfolgen. Um Dampfbildung in den beheizten Fallrohren und damit Umlaufstörungen zu vermeiden,

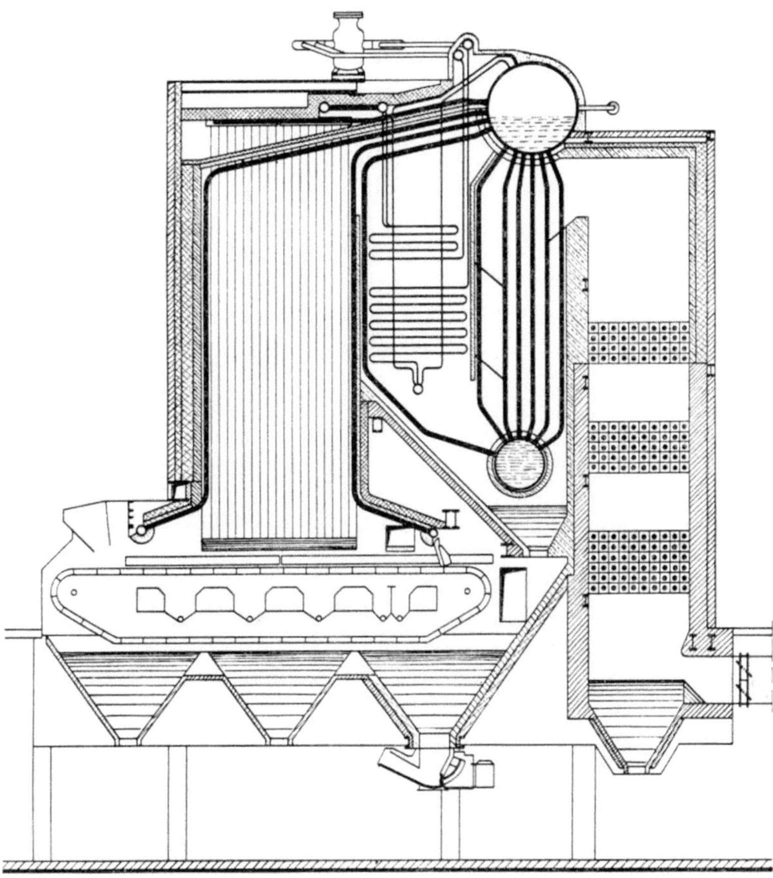

Abb. 22. Zweitrommelkessel mit Zonenwanderrost für 22 t/h Grenzleistung, 42 atü, 450 °C Überhitzung (Steinmüller, Gummersbach)

ist es auch hier zweckmäßig, den Betriebsdruck mit 40 atü zu begrenzen. Diese Beschränkung entfällt bei Ausführungen mit unbeheizten Fallrohren, deren Aufbau dann analog Abb. 23 ist. Durch Einführung aller Rohre des vorderen Bündels in den Dampfraum der Trommel kann eine rückläufige Wasserströmung, die bei den minderbeheizten Rohren desselben möglich ist, vermieden werden. Auch beim Kessel gemäß Abb. 22 sowie bei sämtlichen Bauarten mit Einmündungen von Siederohren unter dem Wasserspiegel ist es möglich, durch Aufsteckrohre, deren Mündung in den Dampfraum ragt, die gleiche Wirkung zu erreichen.

Die Heizflächenbelastung wählt man bei Zwei-Trommelkesseln von 50 bis 100 kp/m^{2}h.

c) Ein-Trommelkessel

Bei weiterer Vergrößerung der Nachheizfläche wird die Kesselheizfläche noch kleiner, so daß statt einer Untertrommel Sammelkammern genügen. Abb. 23 zeigt eine solche

Ausführung. Die eigentliche Kesselheizfläche wird nunmehr zum Großteil durch den aufgelockerten vorderen und rückwärtigen Kühlschirm gebildet. Da hier keine Lufterhitzung

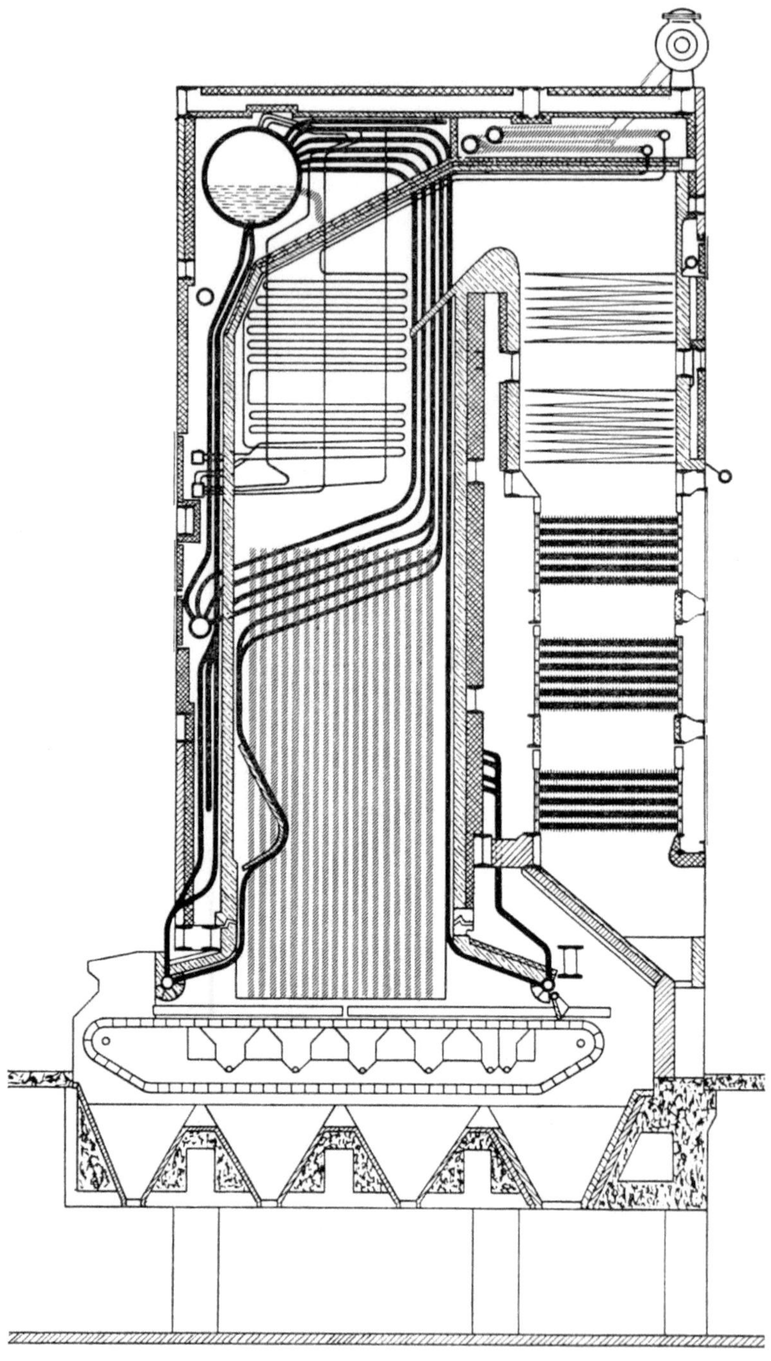

Abb. 23. Eintrommel-Steilrohrkessel von 64 t/h Grenzleistung, 42 atü und 475 °C Überhitzung mit Zonenwanderrost (Steinmüller, Gummersbach)

vorgesehen ist, hat ein entsprechend großer Eko und Vorverdampfer die Rauchgasabkühlung in der Nachheizfläche zu bewältigen. Demgemäß verdampft im Vorverdampfer etwa 10% der erzeugten Dampfmenge.

Man erkennt, daß die Entwicklung dahin führte, die Dampfentwicklung zum Großteil oder zur Gänze den Kühlschirmen zu übertragen. Da der Wärmeübergang in der Brennkammer hauptsächlich durch Strahlung erfolgt, spricht man dann auch von Strahlungskesseln.

d) Eckrohrkessel

Eine heute für kleinere und mittlere Leistungen öfter verwendete Type ist der Eckrohrkessel, Abb. 24. Hier handelt es sich um eine Bauweise, die unter Verzicht auf ein Kesselgerüst, die druckführenden Teile, inbegriffen die Trommel, durch Siederohre und

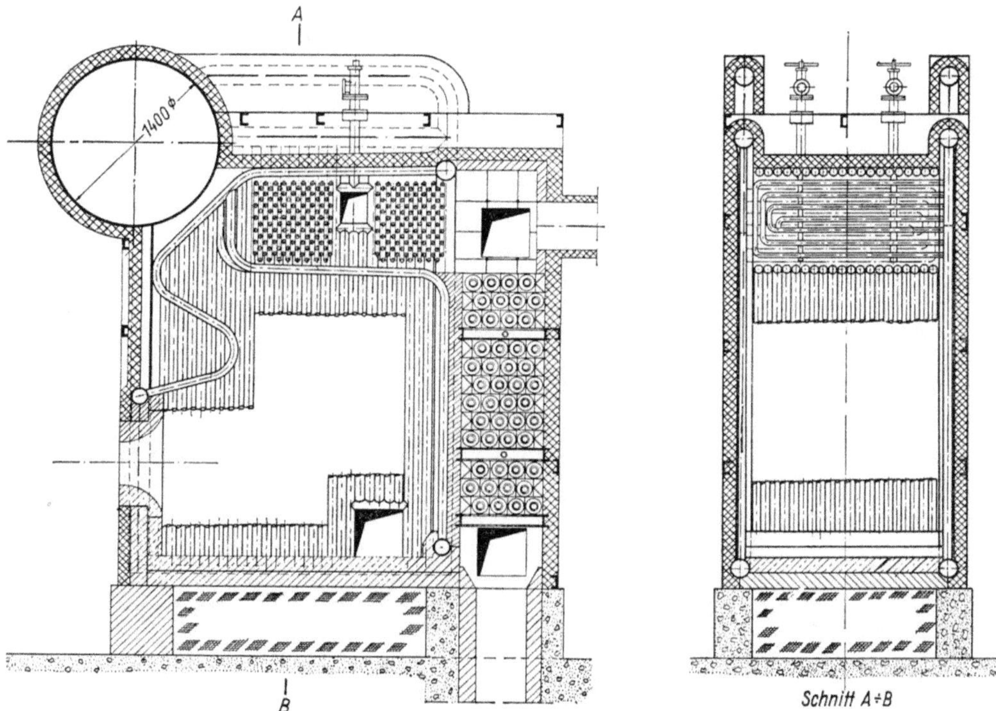

Abb. 24. Ölgefeuerter Eckrohrkessel für 4 t/h (ohne Überhitzung)[1]

Sammler gegen das Fundament zu abstützt. Als Fallrohre werden auch nur Sammler verwendet. Das System der Sammler bildet ein starres, tragfähiges Gebilde. Den Erfordernissen des Wasserumlaufes ist hier, insbesondere bei höheren Drücken, sorgfältig Rechnung zu tragen. Durch enge Rohrteilung bzw. Rohrwände wird auch eine Verringerung des erforderlichen Mauerwerks angestrebt.

3. Strahlungskessel

a) Kühlschirmausführungen

Das wichtigste Element des Strahlungskessels ist der Kühlschirm. Es hat zwischen solchen für die Auskleidung der Seitenwände und für die Vorder- bzw. Rückwand unterschieden zu werden. In Abb. 25 sind diese dargestellt. *a* zeigt die einfachste Anordnung eines Seitenwand-Kühlschirmes, welcher nur eine untere Sammelkammer besitzt. Der Anschluß der strichliert gezeichneten Fallrohre, ebenso wie die Einmündung der Kühlschirmrohre findet an den Trommelenden statt. Der Nachteil dieser Anordnung liegt außer

---

[1] G. Svensson: Neue Wege im Eckrohrkesselbau. Energie, Jahrg. 12, Nr. 12, Dez. 1960.

in der ungünstigen Einführung unter dem Wasserspiegel, was durch Aufsteckrohre verbessert werden könnte, in der hohen Dampfraumbelastung an den Trommelenden.

Die Ausführung nach *b* besitzt nicht die genannten Nachteile. Die Kühlschirmrohre sind oben und unten in Sammelkammern eingewalzt. Die obere ist durch unbeheizte Steigrohre, die untere durch unbeheizte Fallrohre mit der Trommel verbunden. Sowohl

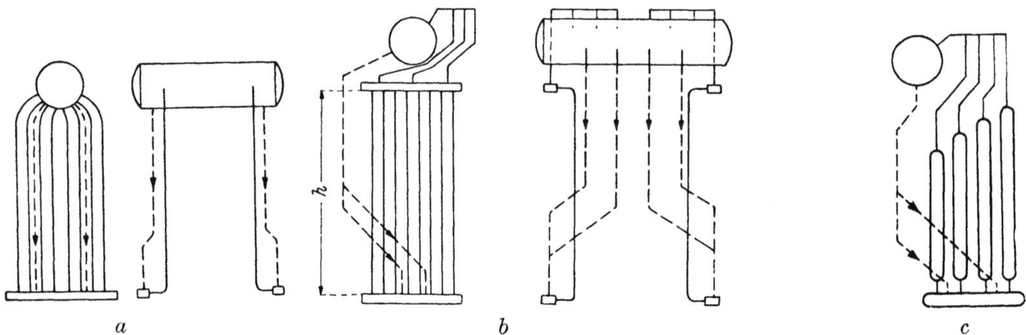

Abb. 25a, b, c. Kühlschirme bei Strahlungskesseln
a ohne obere seitliche Sammelkammer; *b* mit oberer seitlicher Sammelkammer; *c* mit Gabelrohren

der Anschluß der Steig- als auch der Fallrohre soll gleichmäßig über die Trommellänge verteilt erfolgen. Die Führung der Fallrohre erfolgt meist innerhalb des Mauerwerkes in einem Luftspalt.

Die Sammelkammern werden bei höheren Drücken auch durch Trennwände unterteilt, um Zirkulationsstörungen zu begegnen. Bei Kühlschirmen, die unter ungünstigen Umständen, d. h. hohen Drücken, großen Beheizungsunterschieden von Rohr zu Rohr, geringer Kühlschirm-Rohrlänge usw. (S. 273) in Betrieb stehen, werden auch manchmal am unteren Rohrende zur Vergleichmäßigung der Strömung Drosselblenden (S. 271) eingebaut. Statt der oberen Kammer kann man auch Gabelrohre verwenden wie Abb. 25c zeigt. Verwendet man sie auch am unteren Kühlschirmende, verringert man damit die Zahl der Kammeranschlüsse auf die Hälfte.

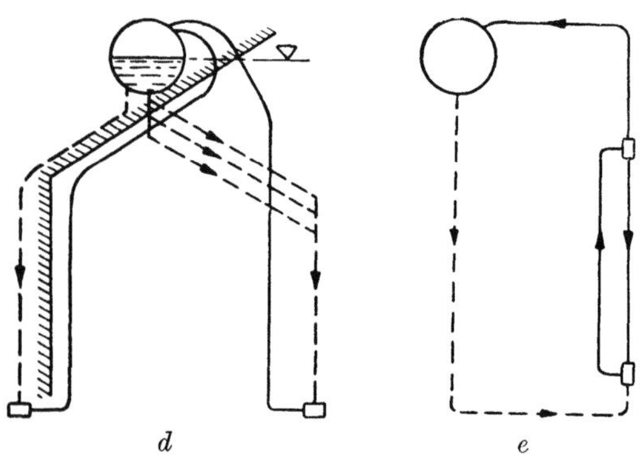

Abb. 25d, e. Kühlschirme bei Strahlungskesseln
d für die vordere und rückwärtige Brennkammerwand; *e* mit Kurzschlußrohren

In Abb. 25d ist die Anordnung des vorderen und rückwärtigen Kühlschirmes zu sehen, wobei auch hier der gleichmäßige Anschluß der Kühlschirm- und Fallrohre über die Trommellänge zu beachten ist.

Gewöhnlich haben Steig-, Fall- und Kühlschirmrohre den gleichen Durchmesser, und zwar kommen Außendurchmesser von 82,5. 70 und seltener 57, 51 mm in Frage. Doch wird zunehmend die Ausführung bevorzugt, Kessel nur mit einigen, meist 2, Fallrohren großen Durchmessers auszuführen, die nach abwärts bis zur Höhe der unteren Sammler geführt werden. Die Verbindung mit der Obertrommel und den unteren Kammern erfolgt über die ganze Länge dieser durch eine große Anzahl kleinerer Rohre oder durch direkten Anschluß. Eine solche Ausführung zeigt die Abb. 30b.

Um die Umlaufmenge in den Steig- und Fallrohren und damit den Querschnitt oder die Zahl dieser zu verringern, werden auch von einigen Firmen Kurzschlußrohre verwendet (Abb. 25e). Diese sind zwischen den beiden Sammelkammern des Kühlschirmes geschaltet und bringen einen Teil der Umlaufwassermenge direkt von der oberen zur unteren Kammer. Damit dieser Effekt wirklich eintritt, ist gemäß den Ausführungen auf S. 272 eine besonders sorgfältige Dimensionierung erforderlich.

Die Kühlschirmrohre sind vor der Brennkammermauer in einer Mittenentfernung von d bis $2d$ angeordnet, wenn der Rohrdurchmesser d genannt wird. Die größeren Werte kommen bei größeren Teilungen in Frage.

Eine Verkleinerung des Zwischenraumes ist nicht erwünscht, um die Rohre von eventuellen Schlackenansätzen an der Wand freizuhalten. Werte für die Rohrteilung können aus Zahlentafel 7 entnommen werden.

Zahlentafel 7. *Werte für die Rohrteilung bei Kühlschirmen*
(Gilt nicht bei mauerwerksarmer Ausführung)

Rohraußen-durchmesser	Teilung			
31,8	40	50	65	80
38	45	55	75	90
44,5	50	65	80	100
51	55	75	90	110
57	65	90	110	130
70	75	110	130	150
82,5	90	130	150	180
101,6	110	150	180	220

Ist die Teilung größer als der Rohrdurchmesser, wird Wärmestrahlung an das hinter dem Kühlrohr liegende Mauerwerk gelangen, welches, da es praktisch wärmeundurchlässig ist, diese wieder rückstrahlt, so daß auf diese Weise die Kühlschirmrohre auch von rückwärts beheizt werden. Je kleiner die Teilung ist, in um so geringerem Maße ist dies der Fall (S. 184).

Soll das Mauerwerk der Strahlungseinwirkung ganz entzogen werden, kann man außer der schon erwähnten Möglichkeit der Verlegung der Rohre ohne Zwischenraum auch Flossenrohre (Abb. 128) und Baileyplatten (Abb. 26a) verwenden. Erstere besitzen angeschweißte Flacheisen, welche zur Vermeidung der Auswirkung von Wärmespannungen unterteilt sind. Neuerdings werden auch Flossenrohre durch Walzen hergestellt und besitzen dann keine Schweißnaht mehr. Durch Zusammenschweißen von nebeneinander liegenden Flossenrohren an deren Stoßkante entstehen gasdichte Rohrwände und bilden so ein Bauelement für Brennkammer und Kesselwände (Membranwände, s. S. 357).

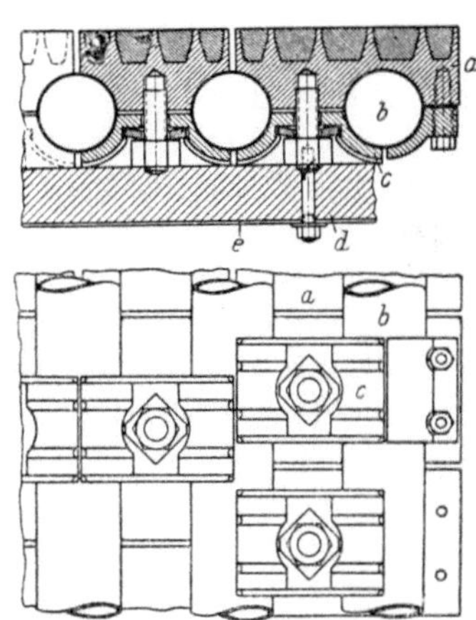

Abb. 26a. Kühlschirmrohre mit Baileyplatten

a Baileyplatte; *b* Kühlschirmrohr; *c* Befestigungsschelle; *d* Isolierung; *e* Blechverschalung nach MÜNZINGER

In allen Fällen, wo die Rohrauskleidung so ausgebildet ist, daß zur dahinter befindlichen Mauer keine Wärmestrahlung gelangt, hat diese nur mehr die Funktion der Wärmeisolierung der Rohrrückseite gegen außen, sowie der Abdichtung gegen den äußeren Luftdruck zu erfüllen. In diesem Fall wird sie vielfach nur als eine gegen innen isolierte Blechverschalung ausgeführt, die vom äußeren Kesselgerüst getragen wird.

Bei Rohrwänden mit enger Teilung kann man eine gasdichte Wand auch auf die Weise erzielen, daß man unmittelbar hinter derselben eine Blechwand anordnet, die in geschweißter Konstruktion ausgeführt ist. Hinter dieser ist dann noch eine Isolierschicht angeordnet und gegen außen zum Abschluß gegebenenfalls noch eine zweite Blechwand.

Die Baileyplatten sind aus Gußeisen und werden feuerseitig an die Rohre angelegt und von rückwärts angeschraubt, wodurch die Brennkammerwand eine ebene Fläche wird. Manchmal erhalten die Platten feuerseitig ein Futter aus Schamotte oder Karborundmasse. In Abb. 89 ist ein Kessel für Ölfeuerung dargestellt, bei welchem nicht nur die Wände der Brennkammern, sondern auch des zweiten Rauchgaszuges durch gasdichte Flossenrohre gebildet sind. Der Anschluß an den Rauchgaskanal ist wegen der Wärmedehnungen durch einen Faltenkompensator durchgeführt.

Grundsätzlich kann die Schlacke aus der Brennkammer in fester oder flüssiger Form abgezogen werden. In ersterem Fall wird durch weitgehende Auskleidung der Kammer mit Kühlschirmen getrachtet, die Flammentemperatur unter der Schmelztemperatur der Schlacke zu halten, so daß diese in granulierter Form zur Abscheidung gelangt.

In diesem Falle bildet die Auskleidung der Wände mit glatten Kühlschirmen oder Flossenrohren die häufigste Ausführungsart. In den USA werden auch Baileyplatten verwendet.

Bei Schmelzkammern muß die Verbrennungstemperatur über der Schlackenschmelztemperatur liegen, was durch Verringerung der Abstrahlmöglichkeit in der Brennkammer erreicht wird. Die einfachste Wärmeisolierung ist die Schlacke selbst, die sich feuerseitig an die Rohre ansetzt. Es muß jedoch die Möglichkeit zur Bildung eines haftfähigen Schlackenbelages vorliegen, was erst bei Wandtemperaturen von über etwa 600 °C der Fall ist. Da die normale Rohrwandtemperatur viel tiefer liegt, wurden zuerst vor den Rohren Baileyplatten angeordnet und später Stiftrohre verwendet. Diese bestehen aus Rohren, an welche feuerseitig Stifte von etwa 8 mm Durchmesser, etwa 25 mm Länge, bei einer Teilung von etwa 30 mm angeschweißt werden (Abb. 26b). Die Rohre bilden das Haltesystem für eine Chromerz- oder Karborund-Auftragsmasse. Bei der Ausführung der Skoda-Werke Pilsen werden statt der Stifte entsprechend gebogene Plättchen verwendet. An die Auftragsmasse setzt sich im Betrieb eine Schlackenschicht an.

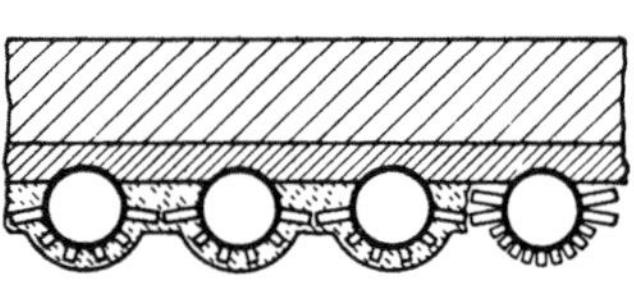

Abb. 26b. Stiftrohre nach Münzinger

Um die Störungsanfälligkeit des Wasserumlaufes in Kühlschirmen zu verringern, sind einige Punkte zu beachten. So sind große Rohrlängen und kleinere Rohrdurchmesser günstig, ebenso wie gleichmäßige Beheizung der einzelnen parallel geschalteten Rohre. Sonst ist die Sammelkammer zu unterteilen. Die Gemischabführung aus der oberen sowie die Wasserzufuhr zur unteren Kammer hat gleichmäßig verteilt über die ganze Länge dieser zu erfolgen. Die Einmündung der Fall- und Steigrohre in die Sammelkammern darf nicht mit der Mündung der Kühlschirmrohre fluchten. Während des Betriebes soll ein Abschlämmen der Kammern nicht erfolgen. Einmündung der Kühlschirmrohre bzw. Steigrohre in den Dampfraum ist zweckmäßig. Der Gesamtquerschnitt der Fallrohre wird mit $^1/_{2,5}$ bis $^1/_4$, jener der Steigrohre mit $^1/_2$ bis $^1/_3$ des Kühlschirmquerschnittes ausgeführt. (Siehe auch S. 273, 274.)

Die größte ausgeführte Kühlschirmrohrlänge ist etwa 25 m. Die Fallrohre sind möglichst kurz zu halten und steil zu führen, damit bei schroffen Drucksenkungen Verdampfung in diesen möglichst vermieden wird. Günstig ist in Hinblick darauf das Führen der Fallrohre zu einer im tiefsten Punkt des ganzen Systems liegenden Sammelkammer, von welcher dann steigend Verbindungsrohre zu den eigentlichen Kühlschirmkammern führen.

b) Strahlungskessel mit trockenem Schlackenabzug

In Deutschland führte die Notwendigkeit der Typenbeschränkung während des Zweiten Weltkrieges zur Entwicklung des Einheitskessels, welcher für Dampfleistungen von 20, 30, 50, 80, 125 t/h für Drücke von 40, 80, 125 atü für Steinkohle und Braunkohle entwickelt wurde. Die Kessel für 20 und 30 t/h wurden für Rostfeuerung, jene für 80 und 125 t/h für Kohlenstaubfeuerung ausgelegt. Bei 50 t/h kann wahlweise eine der beiden Feuerungsarten verwendet werden (Zahlentafeln 8 und 9).

Die weitere Entwicklungsrichtung des Strahlungskessels ab 1938 in Mitteleuropa zeigt das Bestreben, durch Vergrößerung der Brennkammer, d. h. Senkung der Flammentemperatur, Auflockerung der Nachheizfläche, gegebenenfalls Anwendung von Schottüberhitzern die Verschlackung zu verringern und damit die Zeit zwischen zwei Reinigungsperioden zu vergrößern (Abb. 27 bis 30a). Die rückwärtige Brennkammerwand wird am oberen Ende oft nach vorne gezogen, wodurch eine Einschnürung entsteht. Bei Großkesseln wurde außer in Amerika auch in Deutschland versucht, durch Zweiteilung der

Zahlentafel 8. *Blockmaße von Strahlungskesseln (Einheitskesseln)*

Leistung	Druck	Temperatur	Feuerung		Speisewassertemperatur	Heißlufttemperatur		Abgastemperatur		Höhe		Breite		Tiefe ohne Rostvorbau		Tiefe mit Rostvorbau	
t/h	atü	°C	Steinkohle	Braunkohle	°C	°C		°C		m		m		m		m	
						Steinkohle	Braunkohle	Steinkohle	Braunkohle	Steinkohle	Braunkohle	Steinkohle	Braunkohle	Steinkohle	Braunkohle	Steinkohle	Braunkohle
20	40	450	WR[1]	MR[2]	150	100	100	160	180	18,5	19,5	4,4	4,9	9	8,25	10,5	10,25
32	40	450	WR	MR	150	100	100	160	180	18,5	19,5	5,35	6,1	9	9	11	12
50	40	450	WR	MR	150	100	200	160	180	18,5	19,5	6,8	7,7	9	9	11,5	12,3
50	40	450	St.F.[3] Eck.	St.F. Frontal	150	300	400	160	180	21	22	6,1	6,1	10,5	11,6	—	—
80	80	500	St.F. Eck.	St.F. Frontal	190	300	400	160	180	23	25,5	7,5	7,5	12,2	13	—	—
125	125	500	St.F. Eck.	St.F. Eck.	200	300	400	160	180	25,2	26	8,7	9,5	15	15,2	—	—

Die wichtigsten Auslegungsdaten sind aus Zahlentafel 9 zu entnehmen.

Zahlentafel 9. *Allgemeine Auslegungsdaten von Steilrohr- und Strahlungskesseln*

		Drei- und Zweitrommelkessel	Eintrommel- und Strahlungskessel
Heizfläche	m²	100 bis 8500 und darüber	
Heizflächenbelastung	kp/m²h	35 bis 50 bis 70 (Dreitrommelkessel) 50 bis 80 (Zweitrommelkessel)	80 bis 180
Druck	atü	8 bis 40 (auch höher)	32 bis 160
Überhitzungstemperatur	°C	450	450 bis 550 (vereinzelt bis 600° und darüber)
Trommeldurchmesser	m	1,2 bis 1,9	1,2 bis 1,9
Trommellänge	m	bis 16	bis 16
Äußerer Siederohrdurchmesser	mm	70, 82,5	51, 57, 70, 82,5
Bei Kühlschirmen: Siederohrqu. : Fallrohrqu.	—	2,5 bis 4 : 1	
Bei Kühlschirmen: Siederohrqu. : Steigrohrqu.	—	2 bis 3 : 1	
Bei Kühlschirmen: Teilung	mm	s. Zahlentafel 7	
Äußerer Überhitzerrohrdurchmesser	mm	38, 31,8	
Äußerer Vorverdampferrohrdurchmesser	mm	38, 31,8	
Wasserinhalt je Quadratmeter Heizfläche	m³/m²	0,08 bis 0,05	0,042
Wasserinhalt : Dampferzeugung	kp : kp/h	1,6 bis 0,63	0,3
Dampferzeugung	t/h	5 bis 300 und darüber	10 bis 1500 und darüber
Brennkammerbelastung bei Kohlenstaubfeuerung	kcal/m³h	140000 bis 220000	

[1] WR = Wanderrost. — [2] MR = Mulden- oder Vorschubrost. — [3] St.F. = Kohlenstaubfeuerung.

Brennkammer die Abstrahlfläche dieser zu vergrößern und damit die Flammentemperatur zu senken. Doch kommt man bei günstigem Brennstoff auch bei Leistungen bis 500 t/h und darüber mit einer ungeteilten Brennkammer aus.

Je größer die Leistung der Kessel ist, desto niedriger wird sein Erstellungspreis je kW und desto leichter kann man durch weitgehende Anzapfvorwärmung, hohe Drücke, Temperaturen sowie Zwischenüberhitzung die Gesamtwirtschaftlichkeit heben. Die Entwicklung der letzten Jahre führte daher sowohl bei Natur- als auch bei Zwanglaufkessel zu möglichst großen Einheitsleistungen[1]. Eine obere Begrenzung der Leistung gibt es nicht, doch wird in den USA für die Erstgenannten 1500 t/h, für die Letztgenannten ca. 3000 t/h als praktische Grenze angesehen.

Abb. 27 stellt einen kleinen Strahlungskessel für eine Leistung von 35 t/h und einen Betriebsdruck von 45 at dar. Durch die nach vorne gezogene rückwärtige Rohrreihe wird eine Einschnürung oberhalb der Brennkammer gebildet, die der besseren Durchwirbelung der Rauchgase dient.

Die Brennkammer ist mit Rohren ausgekleidet, deren Teilung zwischen 1,4 und $2d$ liegt, so daß eine Schamotteauskleidung erforderlich ist. Anschließend folgt eine Isolierschicht und rotes Mauerwerk. Die Abstützung erfolgt auf Konsolen bzw. auf den Unterbau des Kesselgerüstes. Die Fallrohre haben den gleichen Durchmesser wie die Siederohre und sind in ausgesparten Kanälen zwischen der Schamotte und dem Ziegelmauerwerk nach abwärts geführt. Die Nachheizfläche besteht aus hängendem Überhitzer, Stahlrohr-Eko, Taschen- und Gußluvo. Letzteres wurde im Hinblick auf die Gefahr einer Taupunktunterschreitung der sehr feuchten Rauchgase gewählt.

Geht man von der Anwendung von Ziegelmauerwerk ab und ersetzt dieses durch eine luftdichte Blechverschalung, wird die ganze Tragkonstruktion leichter. Ein solcher Kessel ist in Abb. 28 gezeigt. Er ist für 272 t/h Leistung, 130 atü Druck und 540 °C Überhitzungstemperatur ausgelegt. Als Brennstoff dient Kohlenstaub sowie wahlweise Öl und Gas. Schamotte und Isolation sowie die Blechverschalung werden vom Gerüst getragen und stützt sich dieses gegen eine Fundamentplatte ab. Die Fallrohre vom Siederohrdurchmesser sind in einem Luftspalt der Stirnwand nach unten geführt und werden in Aschentrichterhöhe den unteren Sammlern zugeleitet. Der Kessel hat im oberen Teil der Stirnwand sowie an der Hängedecke einen Strahlungsüberhitzer, der den Zweitüberhitzer des insgesamt dreiteiligen Überhitzers darstellt. Der Erstüberhitzer ist im linken Kanal des fallenden Rauchgaszuges, der Endüberhitzer im horizontalen Rauchgaszug untergebracht. Hinter dem Erstüberhitzer, ebenso wie im zweiten Kanal des fallenden Rauchgaszuges, ist der Eko angeordnet. Durch Klappen am unteren Ende dieses Rauchgaszuges kann die Rauchgasmenge auf die beiden parallelgeschalteten Kanäle beliebig aufgeteilt werden und wird auf diese Weise die Überhitzungstemperatur geregelt. Über eine Umlenkung gelangen die Rauchgase in einen Ljungströmluvo.

Einen weiteren Strahlungskessel zeigt Abb. 29. Hier besteht der Wärmeschutz aus einer 60 mm dicken Schamottewand, an welche eine Thermalitisolierung von 125 mm anschließt. Die Rohrwand einschließlich der genannten Isolierung ist am Gerüst oben aufgehängt. Eine weitere Isolierung erfolgt durch Schlackenwolle von 300 mm Dicke und schließlich wieder durch Thermalit von 60 mm Dicke. Den Abschluß nach außen bildet eine Blechwand. Die letztgenannten Isoliermassen stützen sich unmittelbar auf das Gerüst. Die Fallrohre gleichen Durchmessers wie die Siederohre werden in einem Luftspalt hinter der Schamotte nach abwärts geführt. Der Kessel ist für Eckenfeuerung ausgelegt. Die Überhitzung erfolgt in zwei Stufen, und zwar zunächst in einem hängenden Überhitzer im horizontalen Rauchgaszug. Nach einer Temperaturregelung findet die Enderwärmung in einem Schottüberhitzer statt (s. S. 332).

Ein auf Vorwärmerohren aufgehängter Eko sowie ein Ljungströmluvo führen die weitere Abkühlung der Rauchgase durch.

---

[1] Trends in Modern Boiler Design. Power Engr. April 1962, S. 43.

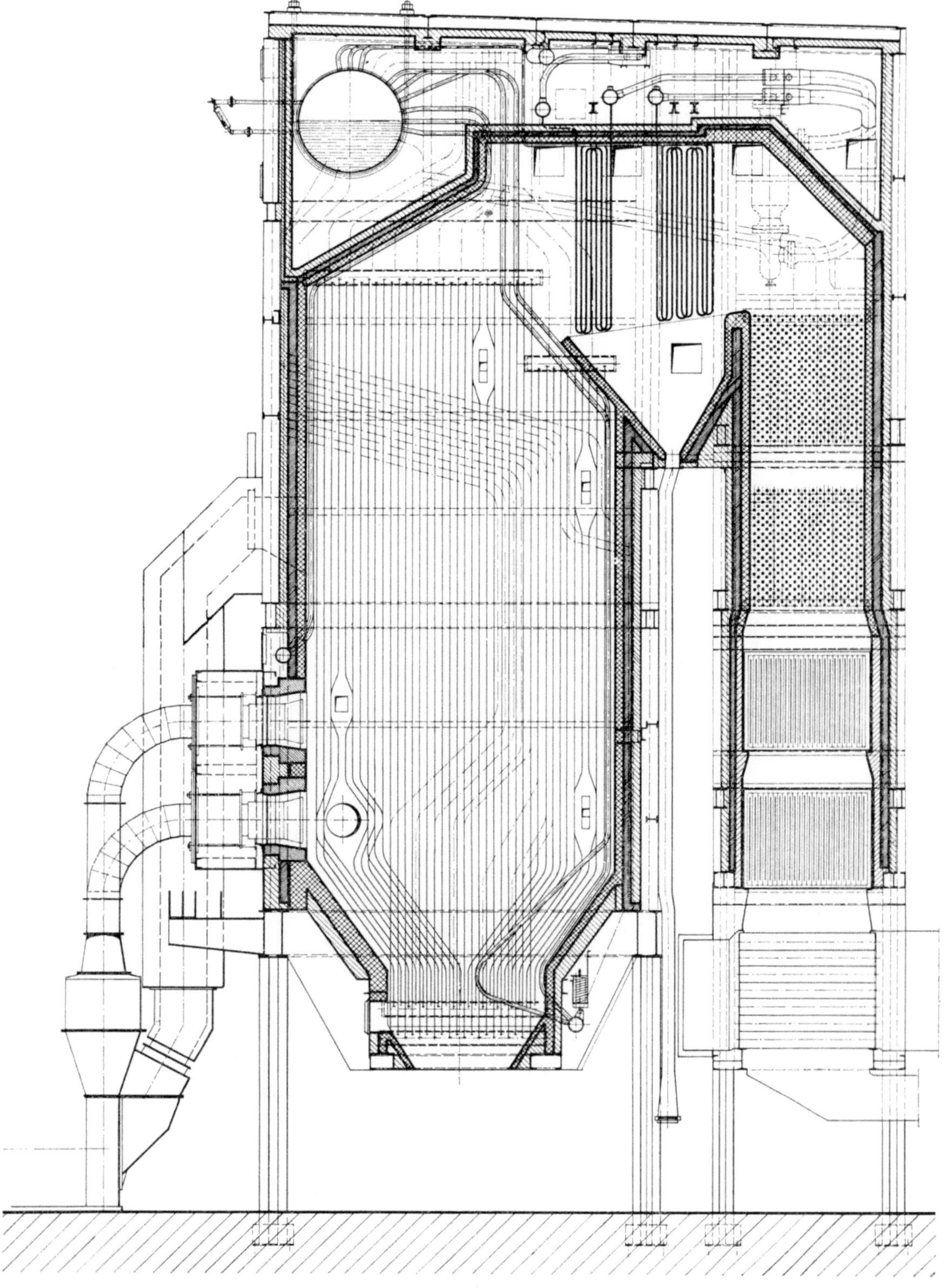

Abb. 27. Strahlungskessel für Braunkohlenfeuerung für 35 t/h, 45 atü, 450 °C, mit Stirnwand-Wirbelbrennern (Simmering-Graz-Pauker AG., Wien)

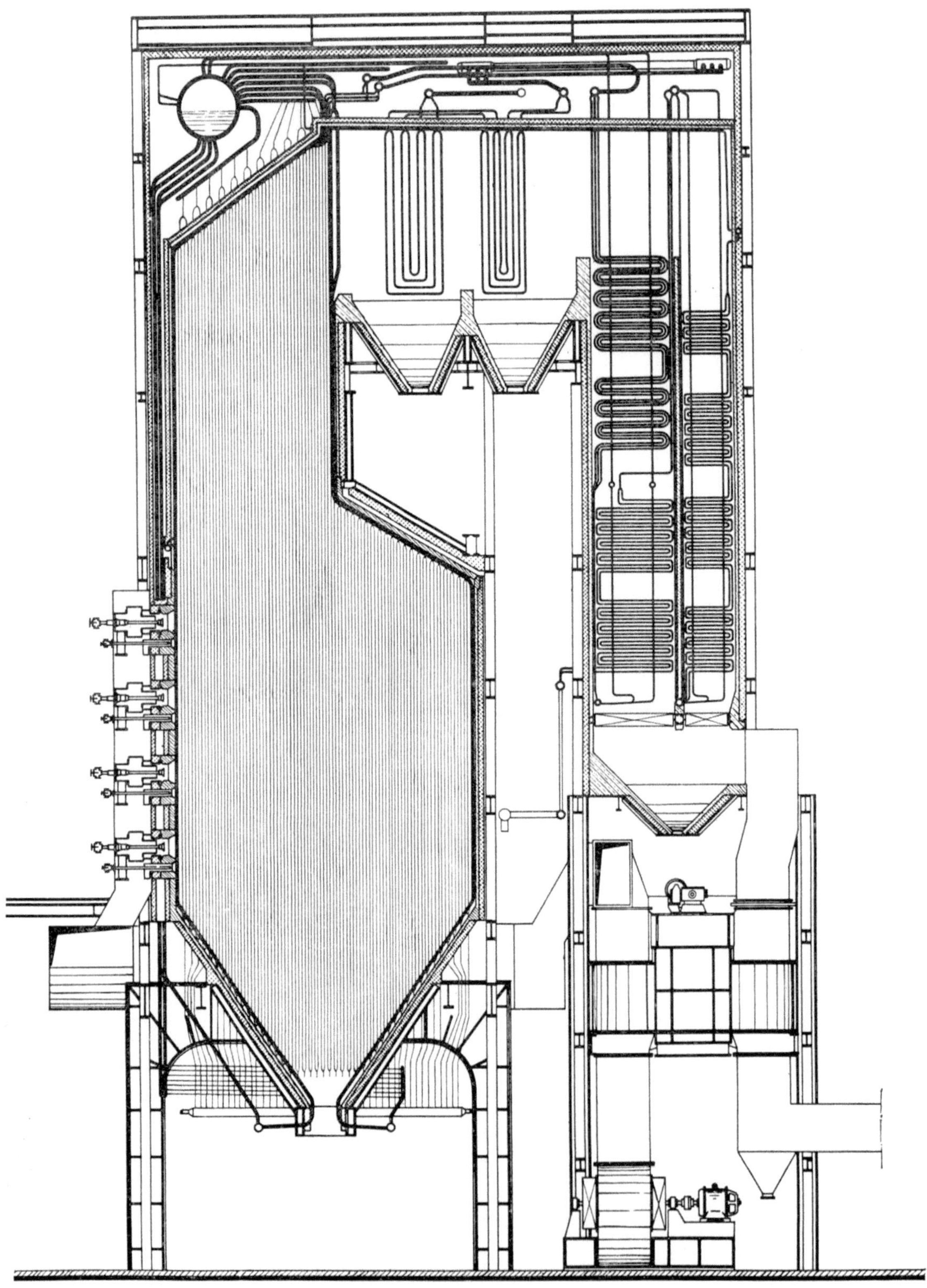

Abb. 28. Eintrommel-Strahlungskessel von 272 t/h Grenzleistung, 110 atü, 513 °C Überhitzung, mit kombinierten Stirnwandbrennern für Kohlenstaub, Öl und Gas (Steinmüller, Gummersbach)

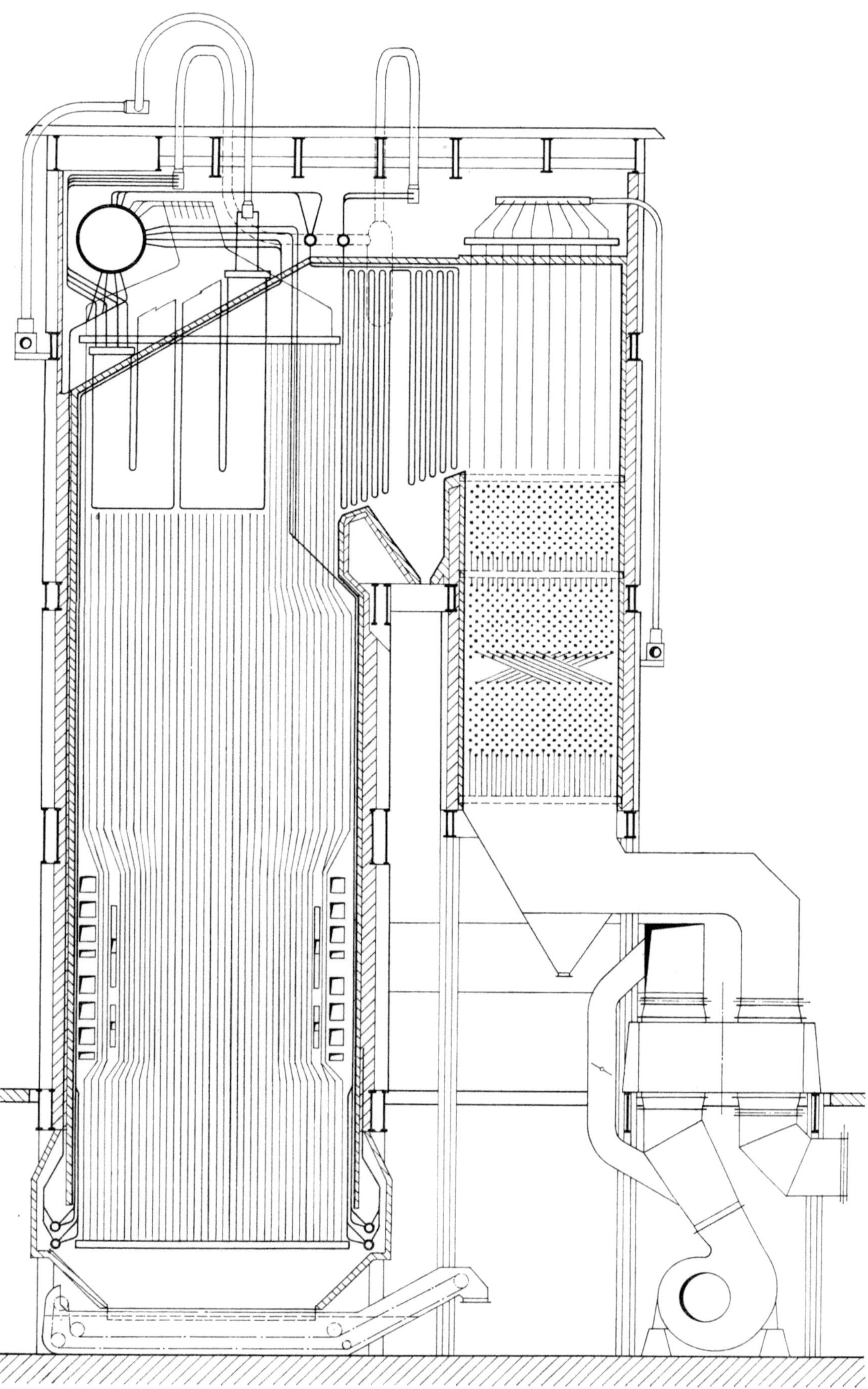

Abb. 29. Strahlungskessel mit Eckenfeuerung für 261 t/h, 130 atü, 540 °C (Simmering-Graz-Pauker AG., Wien)

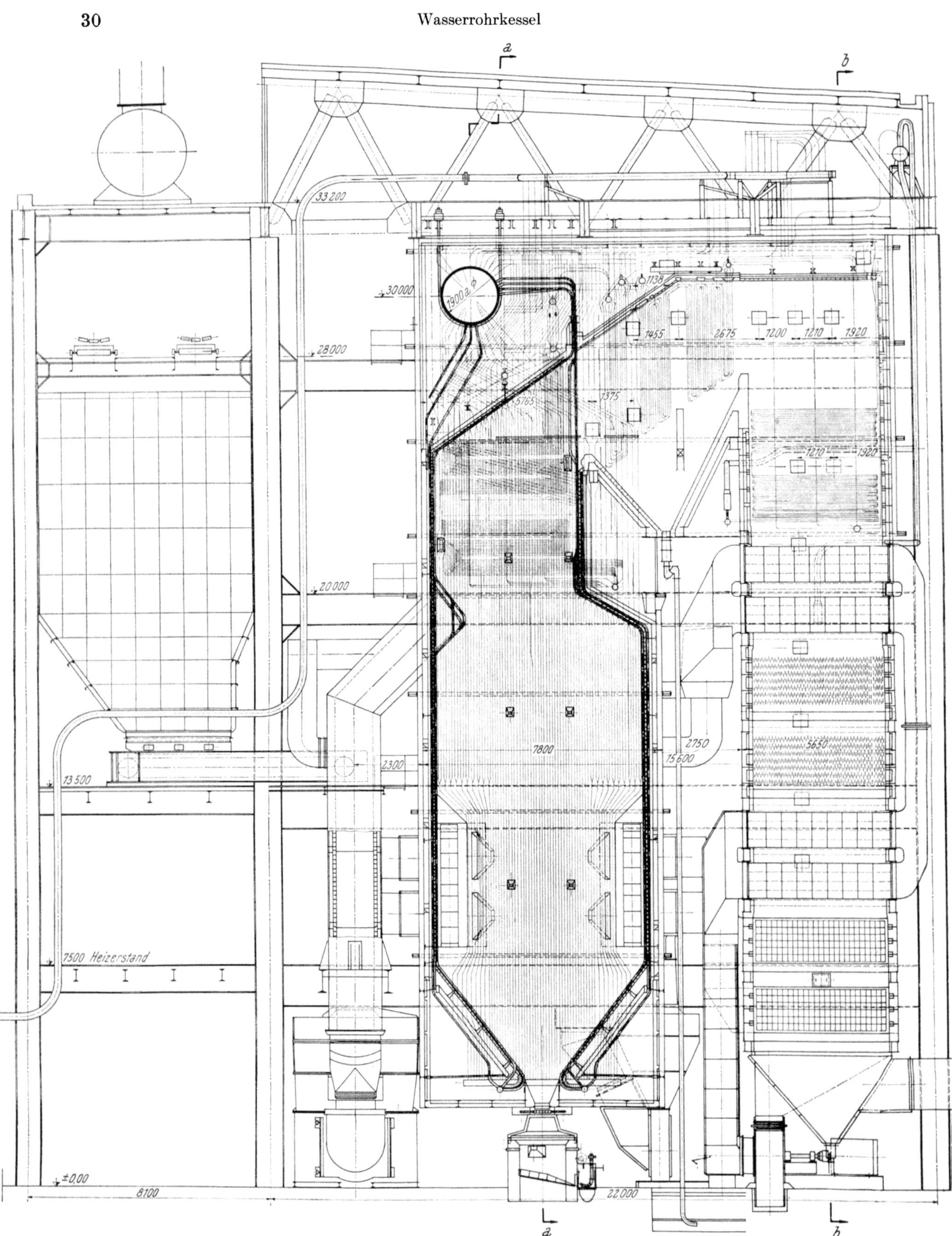

Abb. 30a. Strahlungskessel für 170 t/h, 112 atü, 530 °C für Braunkohle bei $H_u = 1800$ kcal/kg (Waagner-Biró AG., Graz)

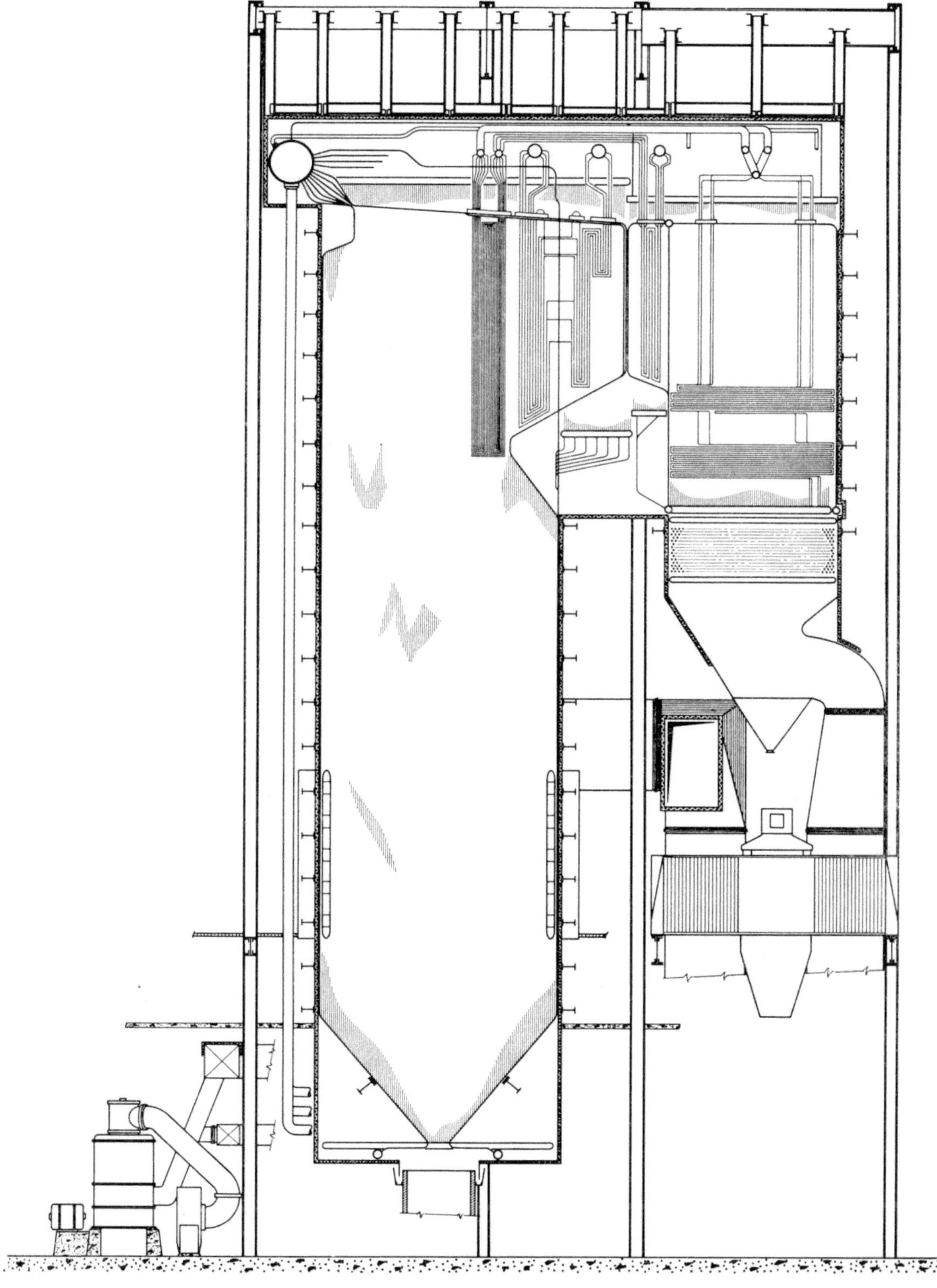

Abb. 30b. Strahlungskessel mit Eckenfeuerung und Zwischenüberhitzung für 800 t/h, 127 atü, 620 °C, ZwÜ 617 °C (Combustion Engineering, Inc., New York)

Einen Kessel für 170 t/h, 112 atü und 530°C zeigt Abb. 30a. Dieser ist in oben am Kesselgerüst hängender, mauerwerksarmer Bauweise ausgeführt. Die Isolierung der Brennkammer besteht aus 7 cm Schamotte, 7 cm Thermalit, 7 cm Silanplatten (Isoliermatten), 1,5 cm Vermikulite. Die äußere Umhüllung wird aus 3 mm dickem dichtgeschweißtem Blech durchgeführt. Der ebenfalls aufgehängte zweite Rauchgaszug hat 12,5 cm Schamotte, 12,5 cm Isoliersteine und 10 cm Glaswollmatten. Im unteren Teil dieses Zuges wird statt dessen 10 cm Rotmauerwerk, 10 cm Hüttenbims und 10 cm Rotmauerwerk verwendet. Im Bereich des Gußluvo befindet sich lediglich 30 cm Rotmauerwerk.

Der Überhitzer besteht aus 3 Gruppen, und zwar im Sinne der Dampfströmung aus dem rückwärts liegenden Konvektionsüberhitzer, anschließend dem Schottüberhitzer und schließlich dem hängenden Endüberhitzer. Im Nachheizflächenzug sind außer dem Konvektionsüberhitzer und einem Schlangenrohrvorwärmer der gußeiserne Lufterhitzer situiert. Unterhalb des obersten Lufterhitzerpaketes ist ebenfalls ein Schlangenrohrvorwärmer angeordnet.

Auch in den USA führte die Entwicklung zum Strahlungskessel. Einen Kessel dort oft verwendeten Aufbaues für 800 t/h, 127 atü, 620°C (Zwischenüberhitzung 617°C) zeigt Abb. 30b. Derselbe ist ebenfalls in oben am Gerüst hängender und mauerwerksloser Bauweise ausgeführt. Bei Kesseln dieser Type ist Brennkammer und erster Rauchgaszug mit Rohren enger Teilung ausgekleidet. Diese können auch als Flossenrohre ausgebildet sein. Stets ist hinter den Wandrohren eine Wärmeisolation vorgesehen. Den Luftabschluß bildet, wenn die Rohrwand als solche nicht verschweißt ist, eine luftdichte Blechverschalung, sonst bildet sie den Abschluß der Isolierschicht nach außen und verleiht dem Kessel ein architektonisch günstiges Bild. Die Aufhängung aller Rohre mit ihrer Isolation und Verschalung, der Fallrohre, der Nachheizfläche usw. an der höchsten Gerüstplattform ermöglicht dem gesamten System eine ungestörte Wärmedehnung nach unten, so daß Wärmespannungen vermieden werden. Auch die Gefahr des Verwerfens von Rohrwänden wird kleiner. Das Rücklaufwasser wird durch acht große Fallrohre von der Obertrommel nach unten geleitet. Der Überhitzer besteht aus drei Teilen, und zwar dem Erstüberhitzer im fallenden Rauchgaszug, dem Zweitüberhitzer, der schottwandartig in die Brennkammer eingehängt ist, und dem Endüberhitzer im horizontalen Rauchgaszug. Zwischen diesem und dem Zweitüberhitzer ist in hängender Bauweise der Zwischenüberhitzer angeordnet. Außerdem besitzt der Kessel noch einen Eko sowie einen Ljungströmluvo. Dieser stützt sich unten an den Gerüstsäulen ab (Blechverschalung, s. S. 356).

Die Festigkeitsberechnung der druckführenden Teile von Steilrohr- und Strahlungskesseln erfolgt nach folgenden Angaben:

Trommel S. 379, Beheizte Siederohre S. 375, Unbeheizte Siederohre S. 375, Vierkant-Sammler S. 390, Runde Sammler S. 375, Überhitzerrohre S. 375.

c) Schmelzkammerkessel

Ebenso wie beim Kessel mit trockenem Schlackenabzug gilt auch beim Schmelzkammerkessel die Forderung, die Eintrittstemperatur der Rauchgase in den Konvektionsteil unter dem Erweichungspunkt der Schlacke (S. 101) zu halten.

Die Brennkammer hat hier also die doppelte Aufgabe zu erfüllen, zunächst die Flammentemperatur über der Schmelztemperatur der Schlacke zu halten, um den flüssigen Schlackenabzug zu ermöglichen und anschließend die Gase soweit abzukühlen, damit der Erweichungspunkt unterschritten wird. Je nach der Spanne zwischen Schmelz- und Erweichungstemperatur, die 100 bis 600°C betragen kann, sowie nach der absoluten Höhe der Schmelztemperatur selbst, führt man Schmelzkammern nach dem Ein- und Zweikammersystem aus.

Einkammersystem. Bei diesem bestehen die seitlichen Kammerbegrenzungen aus glatten Kühlschirmrohren oder aus Rohrwänden mit gußeisernen Baileyplatten. Die den Boden bildenden Rohre sind zumeist auch mit Baileyplatten bedeckt oder als Stiftrohre mit Auftragsmasse ausgeführt. Der Schlackenauslauf ist im Boden, seltener knapp über diesem an der Seitenwand angeordnet. Die Brenner liegen seitlich, knapp über dem Boden, so daß unmittelbar darüber die höchsten Flammentemperaturen auftreten. Diese müssen ausreichen, um die Schlacke am Boden zum Schmelzen zu bringen. Im oberen Teil der Kammer erfolgt dann die Abkühlung der Flammengase unter die Erweichungstemperatur der Schlacke. Da hier weder höchste Kammertemperaturen noch starke Abkühlungen bis Brennkammerende erzielbar sind, wird die Einkammerbauweise bei niedrigen Schlackenschmelztemperaturen und kleinen Differenzen zwischen Schmelz- und Erweichungstemperatur angewendet.

Einen amerikanischen Einkammerkessel für eine Dampferzeugung von 473 t/h stellt Abb. 31 dar. Die Beheizung erfolgt durch Brennergruppen, die in den vier Ecken der Kammer möglichst nahe beim Boden angeordnet sind. Hinter der Kesselnachheizfläche sind Klappen angeordnet, durch welche die Überhitzungstemperatur geregelt werden kann.

Hinter der Nachheizfläche ist ein Schlangeneko vorgesehen. Anschließend werden die Rauchgase durch die Überströmrohre zwischen den beiden Obertrommeln geleitet, wodurch auch deren Heizfläche ausgenützt wird, und gelangen schließlich in einen Ljungströmluvo.

Die Schlackenauslauföffnung liegt im Boden. Dadurch ist sie stets ausreichend der Flammenstrahlung ausgesetzt, so daß ein Einfrieren dieser Stelle, insbesondere bei Teillast, vermieden wird.

Die kontinuierlich auslaufende Schlacke wird durch Einleiten in einen Wasserbehälter oder durch Abschreckung mittels Wasserstrahlen granuliert.

Die Fallrohre für die Kühlschirme gehen von der Untertrommel aus.

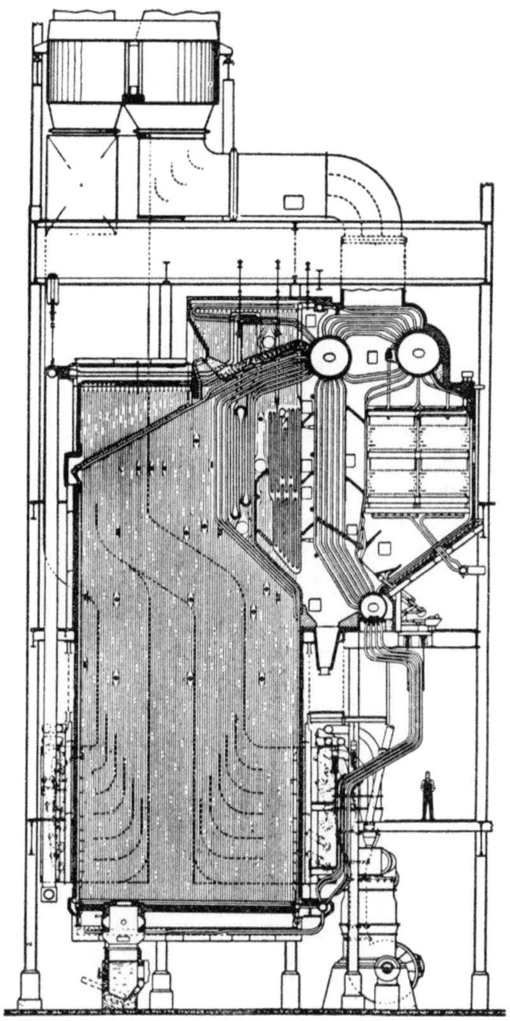

Abb. 31. Schmelzkammerkessel in Einkammerbauweise für 473 t/h Dampfleistung (Combustion Engineering, Inc., New York)

Die Seitenwandrohre der Brennkammer eines Einkammerkessels sind nur bis zu einer gewissen Höhe mit Schlacke überzogen. Die Schicht ist unregelmäßig und brüchig, was jedoch hier, im Gegensatz zum Zweikammerkessel, keine Rolle spielt, da sowieso eine starke Abstrahlung in Rechnung gezogen ist.

Die Berechnung eines Einkammerkessels erfordert besondere Sorgfalt, wenn mit der vorgesehenen Kohle keine Erfahrungen vorliegen, da sonst leicht, besonders bei Teillast, die Schlacke nicht mehr schmilzt (S. 211). In Deutschland wurden während des Krieges mehrere Granulierkessel auf flüssigen Schlackenabzug und Einkammersystem umgestellt. Hier handelte es sich um sogenannte Schmelztrichterkessel. Durch Tiefersetzung der Brenner und Konzentrierung der Flamme im Trichter bei gleichzeitiger Isolierung dessen feuerseitiger Rohrwände mit Auftragmasse wird hier der Schmelzvorgang verbessert.

Zweikammersystem. Bei hohen Schlackenschmelztemperaturen kommt die Zweikammerausführung mit Primär- und Sekundärkammer in Frage. In der Primärkammer findet die Verbrennung bei möglichst hohen Temperaturen statt, um den flüssigen Schlackenabzug zu ermöglichen. Anschließend gelangen die Rauchgase in die Sekundärkammer, wo sie unter die Schlackenerweichungstemperatur abgekühlt werden.

Damit die Primärkammer ihre Aufgabe erfüllen kann, werden hohe Brennkammerbelastungen von 600000 bis 1000000 kcal/m³h gewählt, sowie die Abstrahlmöglichkeit in dieser auf ein Minimum reduziert. Die Versuche, letztere Bedingung durch Ausführung der Wände aus Schamotte ohne Kühlrohre zu erreichen, schlugen fehl, da der chemische Angriff der flüssigen Schlacke auf erstere zu stark ist. Es werden daher die Begrenzungswände wieder aus Kühlschirmrohren gebildet, die entweder mit Stiften zur Stützung einer Auftragsmasse oder mit Baileyplatten versehen sind. Dadurch wird das Ansetzen eines dauerhaften Schlackenbelages ermöglicht. Dieser erfüllt zwei Zwecke: Einerseits schützt er die Auftragsmasse oder die Baileyplatten vor der an der Innenseite der Brennkammer filmartig herabfließenden flüssigen Schlacke, andererseits unterstützt er dank seiner geringen Wärmeleitzahl die hier besonders wichtige Aufgabe der Wärmedämmung.

Chromerz-[1] oder Karborundmassen sind als Auftragsmassen besonders geeignet, da sie infolge ihrer relativ hohen Wärmeleitzahl von 8 bis 10 kcal/mh °C eine nicht zu hohe Wandtemperatur annehmen, so daß eine feste Schlackenschicht sich immer, ohne abzuschmelzen, bilden kann. Wäre dies z. B. infolge kleinerer Wärmeleitzahlen nicht der Fall, würde entlang der Oberfläche der Auftragsmasse flüssige Schlacke herabfließen, wodurch erstere bald zerstört würde.

Die sich einstellende Schichtdicke des festen Schlackenüberzuges ist lastabhängig, derart, daß sie bei Teillast größer wird, womit auch die Wärmedämmwirkung zunimmt. Diese günstige Eigenschaft des Schmelzkammerkessels wird „Selbstregelung" genannt[2].

Aus der Primärkammer treten die Rauchgase über ein Rohrgitter[3] in die Sekundärkammer über. Dieses schirmt mittels seiner bestifteten und mit Auftragsmasse versehenen Rohre so weit als möglich die Strahlung der Primärkammer ab.

Den Querschnitt durch ein Rohrgitter zeigt Abb. 34. Die Rohre sind an der Unterseite bestiftet und mit Auftragsmasse versehen. Mit Ausnahme des Randes sind je drei Rohre zusammengefaßt. Der an der Unterseite sich bildende Schlackenfilm wird durch seine Klebrigkeit im Rauchgasstrom schwebende Schlackentröpfchen zurückhalten und abscheiden, sofern sie dagegen prallen. Dies wird durch die versetzte Anordnung gefördert, ebenso wie die Abschirmwirkung gegenüber der Strahlung aus der Primärkammer.

Die Begrenzungswände der Sekundärkammer sind dicht mit glatten Rohren ausgekleidet. Diese Kammer wird so ausgelegt, daß die geforderte Abkühlung tatsächlich bis unter die Schlackenerweichungstemperatur erfolgt. Die Brennkammerbelastung, bezogen auf das Summenvolumen von Primär- und Sekundärkammer, entspricht ungefähr jener bei Kesseln mit trockenem Schlackenabzug.

Die flüssige Schlacke wird in einen unter der Kammer angeordneten Wasserbehälter eingeleitet, welcher oft mit unter Wasser arbeitenden Brechwalzen ausgestattet ist. Der Schlackenstrahl erstarrt manchmal beim Auftreffen auf dem Wasserspiegel zu einer tuffartigen blasigen Masse, welche schwimmt. Hier sind zusätzliche Maßnahmen erforderlich, um das Absinken zu bewirken.

Bei Dimensionierung der Entschlackungseinrichtung hat beachtet zu werden, daß der Anfall an flüssiger Schlacke kurzzeitig etwa das Zweifache des stationären Betriebes erreichen kann. Dies ist bei plötzlicher Laststeigerung der Fall, wenn in kurzer Zeit die Dicke der festen Schlackenschicht an den Wandungen der Primärkammer vom Wert bei tieferer auf jenen bei höherer Last abschmilzt.

---

[1] Zusammensetzung: $FeO + Fe_2O_3$ 20 bis 37%, Cr_2O_3 41 bis 56%, Al_2O_3 10 bis 12%, SiO_2 6 bis 8%, Rest MgO, MnO. Nach Heinrich: Erfahrungen mit dem Bau und Betrieb von Schmelzkammer-Kesseln. Mitt. VGB 1948, Nr. 1, S. 2.

[2] Fehling: Die thermodynamischen Grundlagen der Schmelzkammerfeuerung. Feuerungstechn. 1937, S. 1.

[3] Auch Schlackenfanggitter genannt.

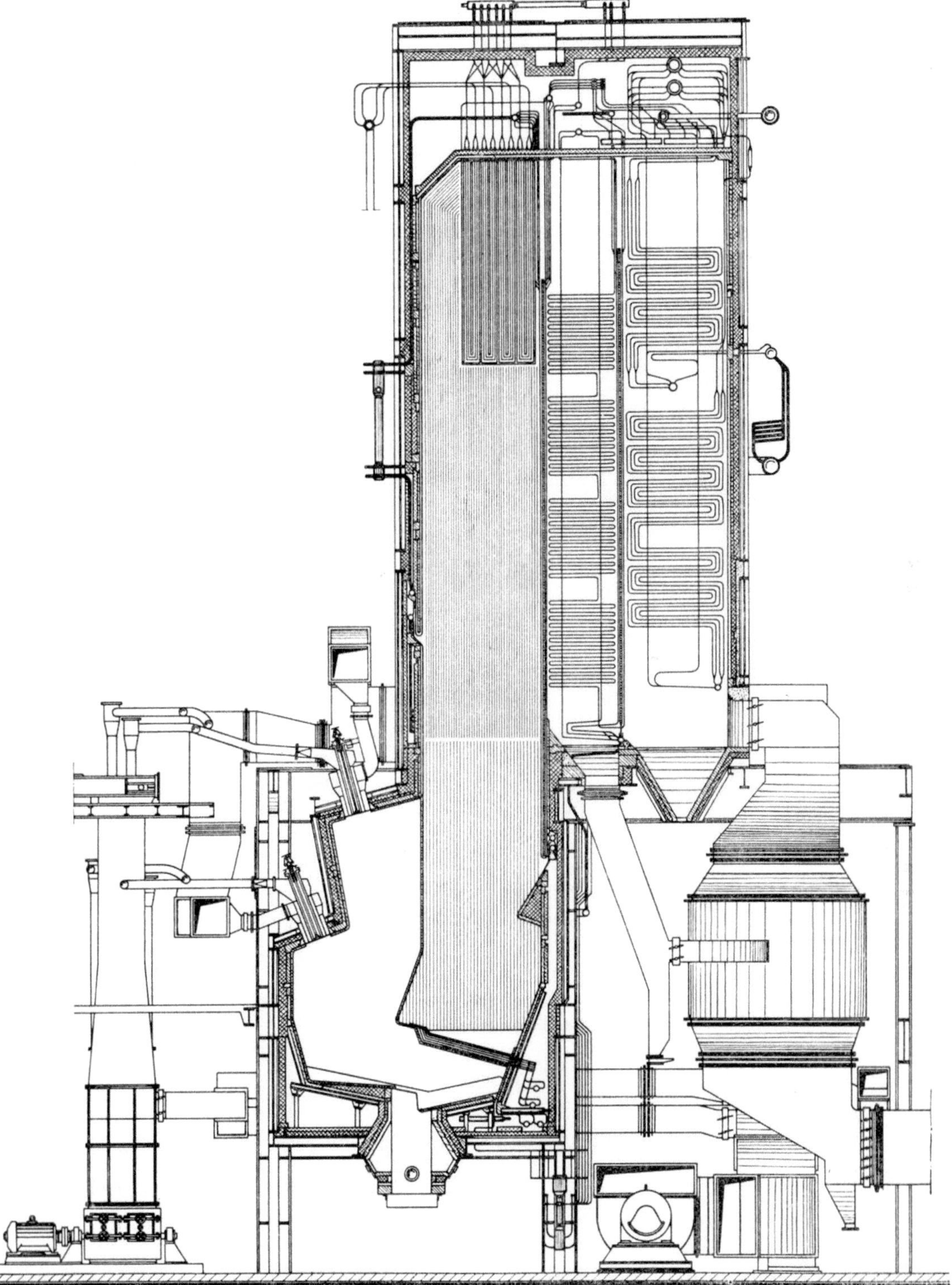

Abb. 32. Bensonkessel Bauart Steinmüller von 260 t/h Grenzleistung, 207 atü, 535 °C Überhitzung; Zwischendampf 56 atü, 535 °C; Steinmüller Stufen-Schmelzkammer- und Ölzusatzfeuerung (Steinmüller, Gummersbach)

Abb. 32 zeigt einen Schmelzkammerkessel in Zweikammerbauweise, wobei die Primärkammer in Stufen ausgeführt ist. Dadurch ist es möglich, niedrigere Teillasten zu erzielen als bei Situierung aller Brenner in gleicher Höhe. Bei schwächerer Last unter etwa 60%

der Nennlast, wird nur die tieferliegende Brennerdecke in Betrieb gehalten. Dadurch sind Teillasten bis zu 20% der Nennlast möglich. Die Primärkammer ist durch ein bestiftetes Rohrgitter von der Sekundärkammer geschieden. Die Sekundärkammer hat die Aufgabe, die Rauchgase so weit abzukühlen, daß am Eintritt in die Konvektionsheizfläche keine Schlackenansätze mehr auftreten können. Dem selben Zweck dienen auch Bauweisen, bei welchen die Sekundärkammer durch sogenannte Gardinenheizflächen in Schotten

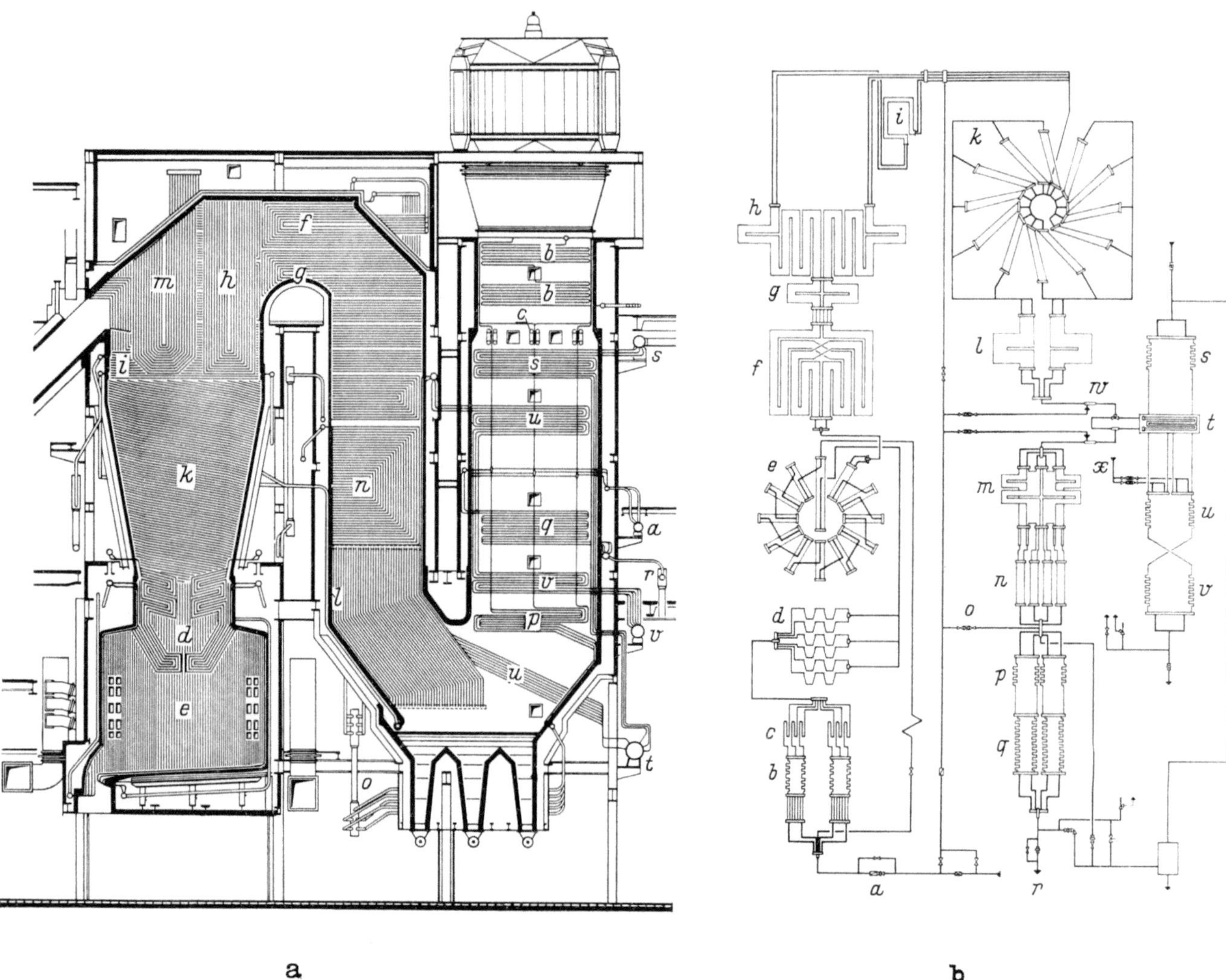

a b

Abb. 33a, b. a) Bensonkessel für 160 t/h, 190 atü, 530 °C; b) Schaltung der Heizflächen[1]

a Speisewassereintritt
b Speisewasservorwärmer
c waagrechte Tragrohre
d Strömungsgitter
e Schmelzkammer
f Verdampfer I
g Sattel
h Verdampfer II mit Schotten
i Kühlgürtel
k Diffusor
l Strahlungsüberhitzer Vorderwand zweiter Zug
m Strahlungsüberhitzer mit Schotten
n Strahlungsüberhitzer Seitenwände zweiter Zug
o Einspritzung III
p Endüberhitzer
q Endüberhitzer
r Heißdampf-Austritt
s Zwischenüberhitzer erster Teil
t Wärmetauscher
u Zwischenüberhitzer zweiter Teil
v Zwischenüberhitzer dritter Teil
w Einspritzung I } im Schnittbild
x Einspritzung II } nicht enthalten

[1] Modern German Boiler Practice, Januar 1963, Nr. 17, S. 32/33.

unterteilt ist. Zur Regelung der Zwischenüberhitzungstemperatur ist der zweite Zug in zwei parallelgeschaltete Schächte unterteilt, deren Durchströmungsgrad durch Klappen geregelt werden kann.

In amerikanischen Großkesseln findet man zur Vergrößerung der Abstrahlfläche die Sekundärkammer mit einer mittleren Rohrwand und zwei Rauchgasabzügen ausgeführt (Abb. 33a, b).

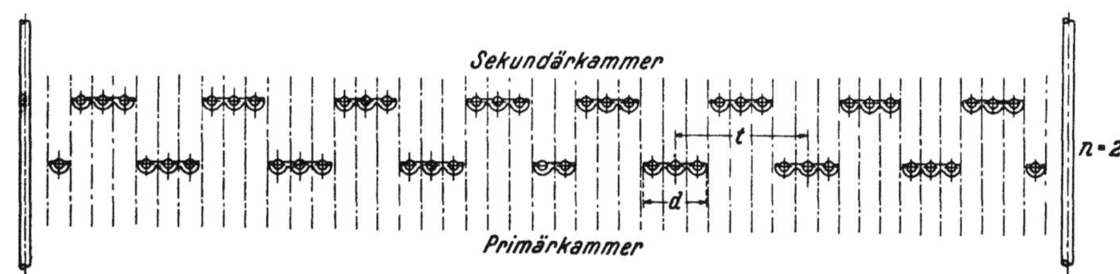

Abb. 34. Querschnitt durch das zwischen Primär- und Sekundärkammer angeordnete Rohrgitter Teilung t, Gruppenbreite d, Reihenzahl n

Eine wichtige Aufgabe der Primärkammer ist ferner, eine möglichst hohe Schlackenausscheidung zu bewirken. Während sich bei Granulierkesseln in der Brennkammer nur etwa 15% der in der Kohle vorhandenen Asche abscheidet, kommt man bei Zweikammerkesseln auf 60 bis 70%.

Nach russischen Forschungen[1] kann man, wenn im vertikalen Teil der Primärkammer Flammengeschwindigkeiten von etwa 20 m/s zugrunde gelegt werden, Abscheidegrade bis 95% erzielen. Ferner wurde auch unternommen, durch Einziehung eines Rohrgitters in eine Brennkammer ähnlicher Art wie bei Granulierkesseln einen oberen und unteren Teil zu bilden und letzteren nach Bestiftung als Schmelzkammer zu betreiben. Die Brenner sind dann bei schrägem Rohrgitter in den Ecken oder frontal, bei zweistufig treppenförmigem Gitter an den beiden Seiten gegeneinander blasend[2] angeordnet.

Zahlentafel 10 gibt Daten über einige ausgeführte mitteleuropäische Schmelzkammerkessel nach dem Zweikammersystem.

In Abb. 35 ist ein Schmelzkammerkessel dargestellt, der außer einer Primär- und Sekundärkammer noch eine Zyklonvorkammer besitzt. Die Vermahlung darf bei Zyklon-

Zahlentafel 10. *Daten über ausgeführte mitteleuropäische Schmelzkammerkessel*

Dampfleistung	t/h	60 bis 500 und darüber
U. Heizwert der Kohle	kcal/kg	4000 bis 6500
Heißlufttemperatur	°C	280 bis 400
Primärkammerbelastung, bezogen auf gesamte Wärmezufuhr einschließlich Heißluft	kcal/m³h	600000 bis 1000000
Verbrennungstemperatur in Primärkammer	°C	1600 bis 1800
Aufenthaltszeit des Staubes in Primärkammer	sec	0,4 bis 0,85
Brennkammeroberfläche ohne Boden: insgesamt zugeführte Wärme	m² : 10⁶ kcal/h	1,5 bis 1,85
Wärmeaufnahme der Primärkammerwand	kcal/m²h	40000 bis 80000
Rohraußendurchmesser in der Primär- und Sekundärkammer d	mm	70, 82,5
Rohrteilung in der { Primärkammer		$t = 2d$ bis d
Rohrteilung in der { Sekundärkammer		$t = d$
Bestiftung { Teilung	mm	30
Bestiftung { Höhe	mm	25
Bestiftung { Durchmesser	mm	8
Volumverhältnis Primärkammer : Sekundärkammer	—	~ 1 : 3
Austrittstemperatur aus der Sekundärkammer	°C	1000 bis 1200

[1] MARSHAK: The Engineers Digest, Sept. 1947, und Maschinenbau u. Wärmewirtsch. 1948, S. 42.

[2] ENGLER: Entwicklung der Schmelzfeuerung. BWK 1951, S. 3.

kesseln wesentlich gröber sein, als bei sonstigen Schmelzkammerkesseln. Dies liegt darin begründet, daß einerseits die gröberen Teilchen an den durch die flüssige Schlacke klebrigen Wänden des Zyklons haften bleiben, andererseits infolge der Sichteigenschaft des

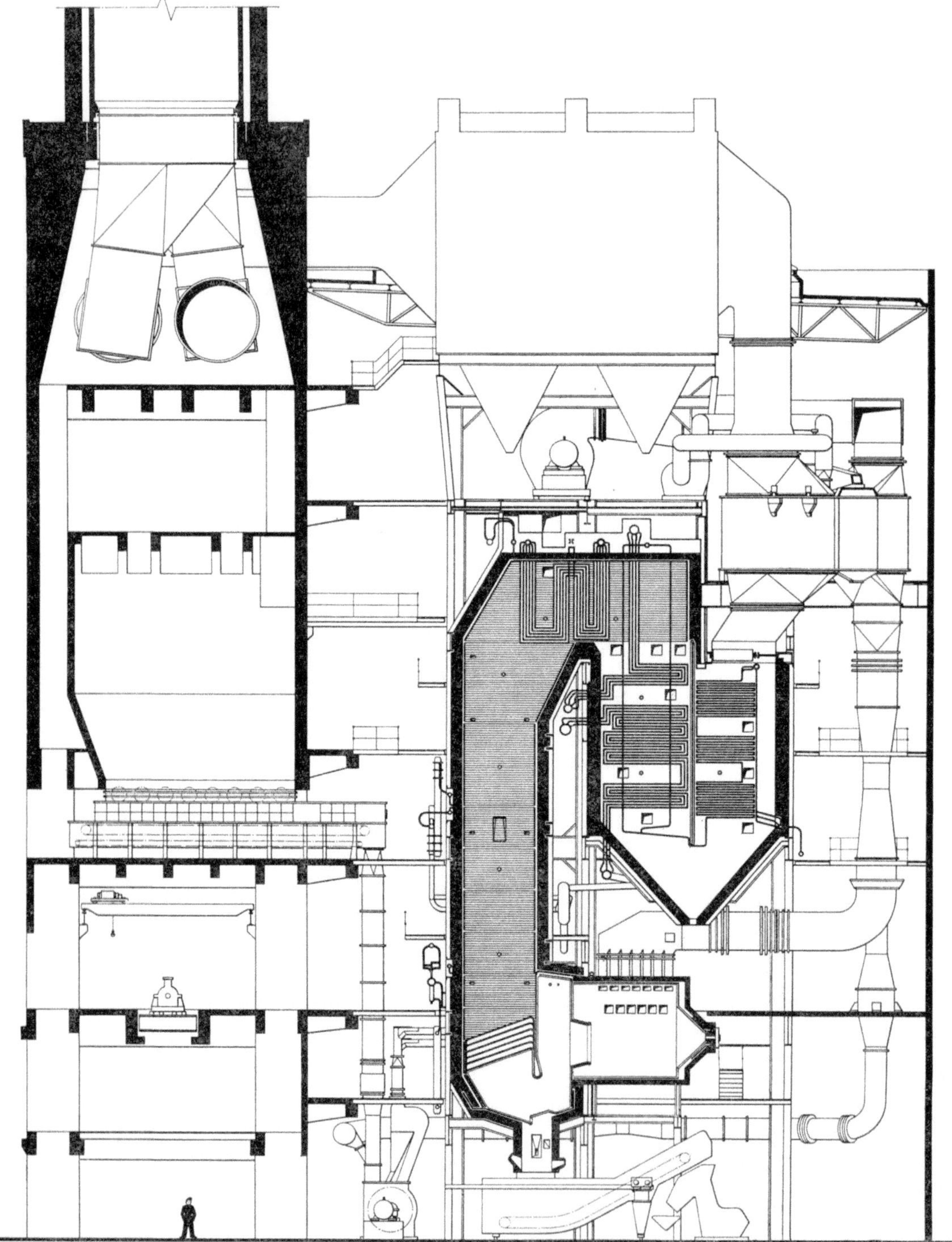

Abb. 35. Bensonkessel mit Zwei-Zyklonfeuerung für 240 t/h, 207 atü, 535 °C, ZwÜ 42 atü, 532 °C. Brennstoff: Steinkohle $H_u = 5300$ kcal/kg, $a = 26\%$, $w = 10\%$ (Deutsche Babcock & Wilcox Dampfkessel-Werke AG., Oberhausen)

Zyklons (Sperrkreiswirkung) nicht aus der Austrittsöffnung herausgelangen können. Die Begrenzungswände sind aus bestifteten Rohren gebildet. Bei Naturumlaufkesseln sind sie an die Kesselzirkulation angeschlossen. Bei Zwangsumlaufkesseln, wie in Abb. 35, bilden sie einen Teil des Rohrsystems des Verdampfers. Die Sekundärluft wird tangential eingeblasen und durch Zungenklappen geregelt. Die Strahlrichtung des Kohlenstaub-Primärluftgemisches ist hingegen eine Sekante (Abb. 36). Dadurch wird eine gute Durchmischung von Staub und Sekundärluft erstrebt. Die letzte Staubdüse soll vom Rauchgaskragen noch eine bestimmte Entfernung haben. Eine Zyklonfeuerung kann auch zusätzlich oder gänzlich mit Öl als Brennstoff betrieben werden. Die flüssige Schlacke gelangt aus dem Zyklon durch eine Öffnung in die Primärkammer und wird von dort gemeinsam mit der

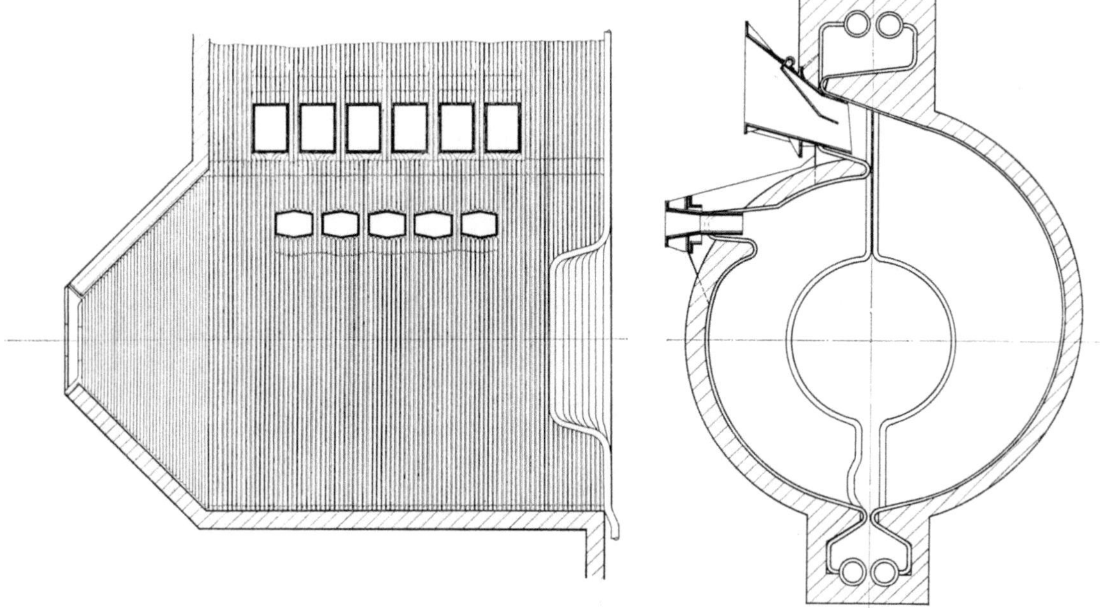

Abb. 36. Zyklonfeuerung mit Sekanteneinblasung
(Deutsche Babcock & Wilcox Dampfkessel-Werke AG., Oberhausen)

übrigen Schlacke kontinuierlich abgelassen. Der Gasaustritt aus der Primärkammer (Abb. 35) erfolgt im rückwärtigen Teil durch ein Schlackenfanggitter. Die Feuerraumbelastung des Zyklons hängt von der Größe desselben ab und liegt bei größeren etwa bei 2×10^6, bei kleineren 4×10^6 kcal/m³h, der Abscheidegrad bei 80 bis 90%.

Zyklonkessel werden auch mit vertikalem Zyklon ausgeführt, wie Abb. 33a zeigt. Die Wirbelkammer besitzt Tangential- oder bei anderen Ausführungen Deckenbrenner. Um den Drall der Rauchgase nicht bis zum Sekundärteil gelangen zu lassen, sind am Eintritt in denselben aus Rohren gebildete Leitflächen angeordnet. Gleichzeitig wird dadurch auch eine Strähnenbildung unterbunden. Die Belastung beträgt 0,8 bis $1{,}2 \cdot 10^6$ kcal/m³h, der Abscheidegrad 80%.

Die Vorteile des Schmelzkammerkessels gegenüber der normalen Bauart sind folgende: Besserer Ausbrand auch bei ungünstigem Brennstoff, Möglichkeit der Einhaltung eines hohen CO_2-Gehaltes, gute Zündung und Verbrennung auch bei Teillast, Möglichkeit der Verwendung billiger Staubabscheider, Verwendungsmöglichkeit der abgezogenen Schlacke.

Dem stehen naturgemäß auch einige Nachteile gegenüber, wie vor allem höhere Anschaffungskosten, gewisse betriebliche Anforderungen durch die flüssige Schlackenabfuhr, Wärmeverlust durch die fühlbare Wärme der flüssigen Schlacke u. a. m.[1]

---

[1] RAMMLER: Entwicklungsstand und Zukunftsaussichten der Schmelzkammerfeuerung. Arch. Wärmewirtsch. 1942, S. 151.

4. Abhitzekessel

Abhitzekessel dienen dazu, um die von beliebigen Industrieöfen anfallenden Abgase. welche gewöhnlich eine Temperatur von etwa 600 °C besitzen, abzukühlen. Dies erfolgt mittels Wasserrohr- oder Rauchrohrkessel. Erstere können als Steil- oder Schrägrohrkessel gebaut werden. Als erste Heizfläche im Sinne der Rauchgasströmung wird gewöhnlich der Überhitzer, anschließend der Kessel und schließlich der Eko angeordnet. Wenn die Rauchgase staubhältig sind, hat auf gute Reinigungsmöglichkeit durch Rußbläser und Selbstreinigung der Heizflächen durch vertikale Rohranordnung und hohe Rauchgasgeschwindigkeiten Wert gelegt zu werden. Gute Wärmeisolierung und Vermeidung von Falschlufteintritt ist erforderlich.

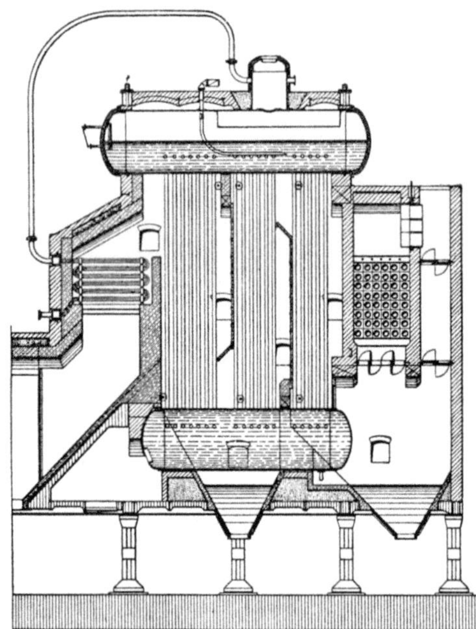

In Abb. 37 ist ein Steilrohr-Abhitzekessel dargestellt. Die Rauchgase werden durch das Steilrohrbündel dreimal geführt. Bei jeder Umlenkung findet eine Staubabscheidung statt. Rußbläser unterstützen die Reinhaltung der Heizflächen. Vor dem Kessel ist ein Überhitzer, nach diesem ein Eko angeordnet.

Abb. 37. Steilrohr-Abhitzekessel für staubhaltige Gase (Dürr, Ratingen)

C. Sonderkessel

Etwa ab 1925, als sich allgemein die Erkenntnis Bahn brach, daß eine weitere Verringerung des Wärmeverbrauches von Dampfkraftanlagen nur durch Steigerung von Druck und Temperatur möglich sei, waren die damals üblichen Kesseltypen nicht imstande, diese Forderung zu erfüllen. Dies lag am verwendeten Werkstoff, an der Konstruktion der Einzelteile, wie Walzstellen, Flanschen, Trommeln usw. und an nicht ausreichender Kenntnis des Wasserumlaufes und der Speisewasserchemie.

Man fand daher neue Wege zur Dampferzeugung, die von den üblichen vollkommen abweichen, und es entstanden die Sonderkessel. Die Entwicklung dieser wurde mit einem großen Aufwand an finanziellen Mitteln, Zeit und Ingenieurarbeit durchgeführt. Sie befruchtete jedoch auch gleichzeitig die Entwicklung der Naturumlaufkessel, so daß diese, als die Sonderkessel marktfähig wurden, ebenfalls bereits für hohe Drücke geeignet waren.

Die meisten Sonderkessel sind ihrer Bauart nach vor allem für hohe Drücke geeignet. Vor allem die Zwangdurchlaufkessel sind in den letzten Jahren bei Neubauten stark in den Vordergrund getreten.

1. Zwangumlaufkessel

Beim Zwangumlauf- oder La-Mont-Kessel wird die Wasserzirkulation nicht durch den Gewichtsunterschied einer Wasser- und Gemischsäule, sondern durch eine Umwälzpumpe aufrechterhalten. Diese ist für die fünf- bis siebenfache Umwälzmenge bei einem Differenzdruck von 2,5 bis 3 at ausgelegt. Hierbei ergibt sich für deren Antrieb, auf Maximallast bezogen, ein Kraftbedarf von etwa 0,6% der mit dem Kessel erzeugbaren Energie (S. 249).

Die Kesselheizfläche besteht aus einer entsprechenden Anzahl parallel geschalteter Rohre (Abb. 38), aus welchen die gesamte Brennkammerauskleidung und die gegebenenfalls vorhandene nachgeschaltete Verdampferheizfläche gebildet wird.

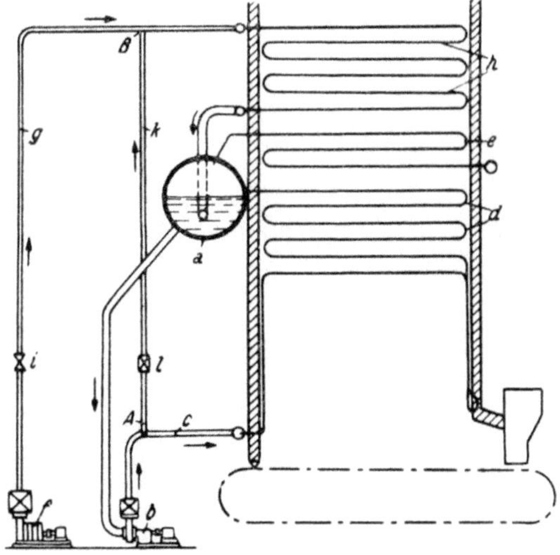

Abb. 38. Schema eines Zwangumlaufkessels mit selbsttätiger Einschaltung des Ekos in den Umwälzkreislauf bei Teillast

a Kesseltrommel; *b* Umwälzpumpe; *c* Druckleitung; *d* Verdampferschlangen; *e* Überhitzer; *f* Speisepumpe; *g* Speiseleitung; *h* Speisewasservorwärmer; *i* Absperrventil; *k* Zusatzleitung für Teillastbetriebe; *l* Rückschlagventil (Leitung *k* kann fallweise ausgeführt werden)

Das gebildete Dampfwassergemisch wird in eine Trommel geführt. In dieser scheidet sich der Dampf ab und wird zum Überhitzer abgeleitet, während das Wasser durch ein Rohr der aus Ansaugegründen entsprechend tiefer gelagerten Umwälzpumpe zugeleitet wird. Von hier gelangt es über eine oder mehrere Druckleitungen zu den Sammelkammern, von welchen die Heizflächenrohre ausgehen, und schließlich wieder in die Trommel. Damit ist der Kreislauf geschlossen.

Außerdem besitzt der Kessel auf übliche Weise einen Eko und, wenn nötig, einen Luvo.

Beim La-Mont-Kessel kann der Eko eine Einrichtung erhalten, um bei Ausbleiben oder Abstellen der Speisung, z. B. beim Anfahren, automatisch in die Zirkulation eingeschaltet zu werden. Dies erfolgt mittels der Leitung mit Rückschlagventil *AB*. Bei abgestellter Speisung sinkt der Druck bei *B* unter jenen bei *A*, wodurch der Eko in den Kesselkreislauf einbezogen wird.

Aus Abb. 39a, b ist die Ausbildung der Kühlschirme sowie der Verdampfernachheizfläche zu ersehen. Manchmal erfolgt auch die Abführung des Dampfwassergemisches aus den seitlichen Kühlschirmen zur Trommel unter Zwischenschaltung eines Sammlers sowie von Überströmrohren.

Abb. 40 zeigt einen Zwangumlaufkessel für die sehr hohe Leistung von 1950 t/h bei einem Betriebsdruck von 169 at und einer Überhitzungstemperatur von 620 °C.

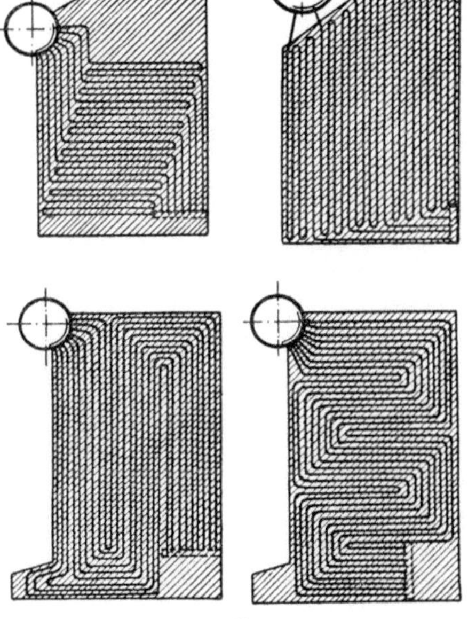

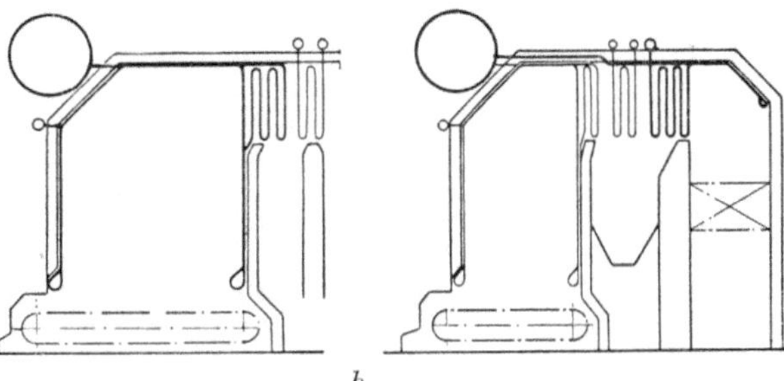

Abb. 39. Ausbildung der Heizfläche von Zwangumlaufkesseln

a seitliche Kühlschirmwand; *b* vordere und rückwärtige Kühlschirmwand sowie Nachheizfläche nach Vorkauf

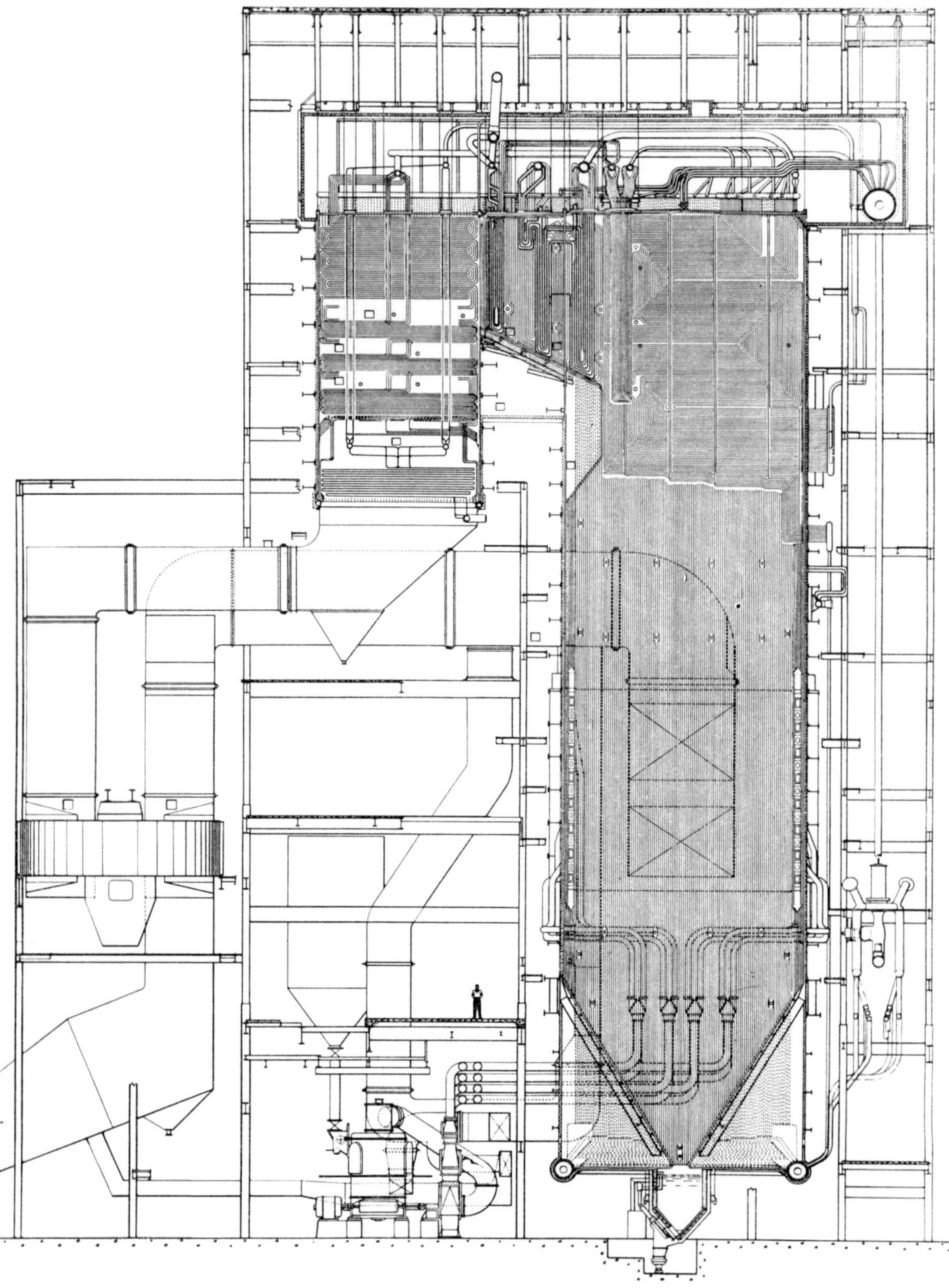

Abb. 40. Zwangumlaufkessel 1950 t/h, 169 atü, 620 °C, ZwÜ 620 °C (Combustion Engineering, Inc., New York)

Der Kessel ist mit einem Zwischenüberhitzer ausgestattet, wobei neuerlich auf 620 °C überhitzt wird. Die Brennkammer ist mit dichtliegenden Rohren ausgekleidet, die äußere Umhüllung besteht aus wärmeisolierender Masse und einer Blechverkleidung. Die Umwälzpumpe ist in Heizerstandshöhe angeordnet. Aus Reservegründen wird stets noch eine zweite Pumpe vorgesehen, bei großen Kesseln sind 3 Pumpen vorhanden.

Der La-Mont-Kessel wurde nicht nur für große, sondern auch kleine Leistungen bis zu etwa 2 t/h ausgeführt. Bei kleinen Leistungen wird man allerdings die durch die Umwälzpumpe bedingte Komplikation nur in Sonderfällen in Kauf nehmen.

Infolge seines durch den kleinen Rohrdurchmesser bedingten geringen Gewichtes eignet sich der La-Mont-Kessel auch gut als Schiffskessel.

Trotzdem das Kesselsystem im Prinzip aus parallel geschalteten beheizten Schlangen zwischen zwei Sammelkammern besteht, zeigt sich, daß, sofern Verdampfung stattfindet, die Wasserströmung durch die einzelnen Schlangen recht verschieden ist. Daher werden bei Zwangdurchlaufkesseln zum Vergleichmäßigen der Strömung Drosselblenden (Abb. 41) benützt, die mit einem Durchmesser von etwa 8 bis 12 mm ungefähr den gleichen Druckverlust wie das nachgeschaltete Rohr haben. Sind zwischen den gleichen Sammlern auch kürzere Rohre mit kleinerem Druckabfall geschaltet, müssen deren Blenden entsprechend mehr drosseln, da die Summe des Druckabfalles von Blende und Rohr konstant ist. Die maximale Rohrlänge wird so bemessen, daß deren Druckabfall 1 at nicht übersteigt. Der eigentlichen Blende ist ein Siebkorb mit vielen Öffnungen kleineren Durchmessers, als die Blende besitzt, vorgelagert, um Verunreinigungen von dieser fernzuhalten. Vielfach wird auch in der Druckleitung der Pumpe ein Hauptsieb angeordnet[1].

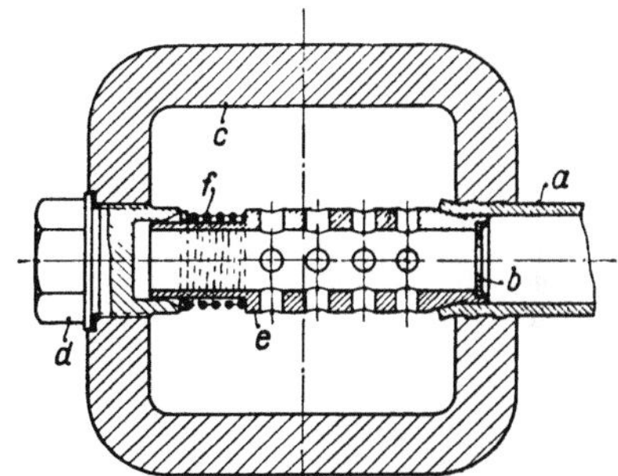

Abb. 41. Drosseleinsätze in der Sammelkammer
a La Mont-Rohr; *b* Düse bzw. Blende; *c* Verteilerkammer; *d* Verschlußstopfen; *e* Düsenhalter; *f* Druckfeder

Außer einer Zusetzung der Blenden durch Kesselsteinbildung (s. S. 294) kann eine Verschmutzung der Siebkörbe vorkommen. In letzterem Fall hat sich Rückblasen von Dampf bei geschlossenen Ventilen an der Umwälzpumpe und geöffnetem Ablaßventil des Sammlers bei herabgesetzter Feuerung bewährt.

Die Erfordernisse an das Speisewasser sind beim Zwangdurchlaufkessel normaler Ausführung dieselben wie beim Naturumlaufkessel, d. h. Steinbildung darf nicht eintreten. Tritt infolge Unachtsamkeit oder Bedienungsfehler bei der Speisewasserreinigung trotzdem eine solche ein, kann die Entfernung nur auf chemischem Wege erfolgen. Hier hat sich 3%ige Salzsäure bewährt[1]. Gegebenenfalls wird ihr ein Schutzkolloid beigemischt. Ein solches Reinigungsmittel ist z. B. Sozonit der Baumann A. G. Düsseldorf, Unterrath.

Die Umwälzpumpe wird einstufig mit fliegender horizontaler Welle ausgeführt. Die Pumpe kann sowohl mittels Elektromotor als auch Dampfturbine angetrieben werden. Bei Großkesseln wird aus Platzgründen die Pumpe auch mit vertikaler Welle ausgeführt. Stopfbüchsenlose Ausführungen mit Motor und Pumpe in einem Druckgehäuse sind heute die Regel.

Als Vorteile des La-Mont-Kessels erscheinen:

Gewichtsersparnis. Freiheit in der Kesselgestaltung entsprechend dem vorhandenen Raum, da nicht die Erfordernisse des Natur-Wasserumlaufes zu berücksichtigen sind. Kürzeste Anfahrzeiten.

---

[1] Bei höheren Drücken werden die Blenden mit Siebkorb eingeschweißt.

Nachteile sind:

Schwierigere innere Besichtigbarkeit und Reinigungsmöglichkeit der Rohre. Notwendigkeit der Verwendung von Drosselblenden. Kraftbedarf der Umwälzpumpe. Ansaugschwierigkeiten bei schneller Drucksenkung. Auslegungsdaten von La-Mont-Kesseln können aus Zahlentafel 11 entnommen werden.

Zahlentafel 11. *Auslegungsdaten von La-Mont-Kesseln*

Dampfleistung	t/h	2 bis 300
Heizfläche	m^2	bis 1500 und darüber
Heizflächenbelastung	kp/m^2h	40 bis 170
Druck	atü	10 bis 130
Überhitzungstemperatur	°C	bis 520
Äußerer Siederohrdurchmesser	mm	32, 38
Länge je Siederohr	m	20 bis 40
Überhitzerrohrdurchmesser	mm	32, 38
Wasserinhalt : Dampferzeugung	kp : kp/h	0,2
Umwälzzahl	—	5 bis 8
Differenzdruck	kp/cm^2	2,5 bis 3,0
Eintrittswassergeschwindigkeit	m/s	1 bis 1,5
Geschwindigkeit im Saugrohr	m/s	4 bis 5
Geschwindigkeit im Druckrohr	m/s	3 bis 4
Geschwindigkeit im Überströmrohr	m/s	10 bis 12
Blendendurchmesser	mm	8 bis 12
Maximaler Druckabfall im Rohr	kp/cm^2	nicht über 1
Drosselung in der dazugehörigen Blende	kp/cm^2	mindestens gleicher Druckabfall wie in der Schlange

2. Zwangdurchlaufkessel

Bei den Zwangdurchlaufkesseln erfolgt Vorwärmung, Verdampfung und Überhitzung fortlaufend in einer bzw. einem System parallel geschalteter Schlangen. An einem Ende dieser wird das Speisewasser eingepumpt, am anderen der überhitzte Dampf entnommen, welcher demnach in einmaligem Durchgang erzeugt wird. So einfach dieses Prinzip erscheint, waren trotzdem bei der Verwirklichung zahlreiche Schwierigkeiten zu überwinden. Hierbei kann man verschiedene Wege einschlagen, so daß es auch mehrere Systeme von Zwangdurchlaufkesseln, und zwar Benson-, Sulzer-, Ramsin-, Steamotive-Kessel u. a., gibt.

Heute hat der Zwangdurchlaufkessel sehr an Bedeutung zugenommen. Bereits im Jahre 1959 waren in Deutschland von der bestellten Gesamtleistung an Dampfkesseln über 60 t/h 60% Zwangdurchlaufkessel. In den USA ist zwar derzeit bei großen Anlagen der Naturumlaufkessel weitaus in der Mehrheit, aber auch dort nimmt die Zahl der Zwangdurchlaufkessel schnell zu. Als wirtschaftliches Optimum wird in Mitteleuropa heute ein Druck von etwa 180 atü und 530 °C Dampftemperatur angesehen, mit Zwischenüberhitzung auf neuerlich 530 °C.

a) Bensonkessel

Zuerst hielt man es für erforderlich, die Dampferzeugung bei kritischem Druck durchzuführen und erst den bereits vorüberhitzten Dampf auf den Betriebsdruck zu drosseln. Doch erwies sich dies als unnötig, und es kann der Druck ganz beliebig gewählt werden. Heute wird verschiedentlich wieder überkritischer Betriebsdruck bis etwa 350 kp/cm^2 verwendet. Die Gründe liegen im damit noch geringfügig steigerbaren thermischen Wirkungsgrad der Gesamtanlage, im Vermeiden von Schwierigkeiten, die durch Dampfentmischung in Sammlern und Rohren gegeben sind, und im Entfallen des Restverdampfers (s. S. 47). Andererseits müssen größere Rohrwandstärken und höhere Pumpendrücke in Kauf genommen werden.

Das Schema eines Bensonkessels zeigt Abb. 42. Das Wasser durchläuft zuerst den Eko, dann die Strahlungsheizfläche, wo die Verdampfung zum größten Teil erfolgt. Die Endverdampfung sowie Vorüberhitzung wird im Restverdampfer, die weitere Überhitzung im Überhitzer durchgeführt.

Man kann auch bei dem gleichen Kessel je nach Bedarf den Druck verändern. Es ist manchmal zweckmäßig, den Kessel für einen höheren Druck auszulegen, als für mittlere Verhältnisse erforderlich erscheint, damit man in der Lage ist, Lastspitzen durch Druckerhöhung und damit Vergrößerung der Schluckfähigkeit der Turbine aufzunehmen (Gleitdruckverfahren).

Während bei allen bisher beschriebenen Kesseln die Überhitzungstemperatur belastungsabhängig ist, also zur Konstanthaltung besondere Regeleinrichtungen erfordert, kann sie beim Bensonkessel beliebig eingestellt bzw. konstant gehalten werden, da sie sich lediglich aus dem Verhältnis von Wasserdurchsatz zu Wärmezufuhr ergibt.

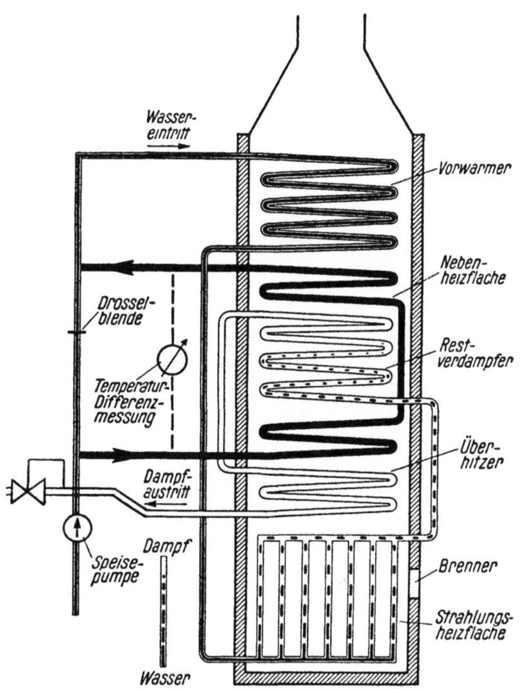

Abb. 42. Schema eines Bensonkessels

Die Regelung des Kessels wird demnach in der richtigen Einstellung des Brennstoff-Wasser-Verhältnisses bestehen. Dies geschieht beim Übergang von einer Last zur anderen durch gleichzeitiges Verstellen der Wasser- und Brennstoffmenge, d.h. durch Konstanthalten des Verhältnisses beider. Zufällige oder ungewollt auftretende Verschiebungen dieses Verhältnisses, etwa durch Änderung des Brennstoffheizwertes, können jedoch als starke Temperaturschwankungen unangenehm in Erscheinung treten, wenn nicht rechtzeitig nachreguliert wird. Nun benötigt aber die Auswirkung eines Reguliereingriffes, z.B. Veränderung der Brennstoffmenge, infolge der langen Durchlaufzeit durch den Kessel mehrere Minuten. Es muß daher eine Störung des richtigen Brennstoff-Wasser-Verhältnisses schon möglichst frühzeitig erkannt werden. Eine Ableitung des Regelimpulses aus der Enddampftemperatur kommt erfahrungsgemäß zu spät. Eine erhebliche Verbesserung brachte hier die sogenannte Nebenheizfläche (Abb. 42). Sie besteht aus einem der Beheizung durch die Rauchgase ausgesetzten dünnen Rohr von der Dimension 16/10 und 15 bis 20 m Länge, durch welches Wasser strömt. Die durch die Nebenheizfläche fließende Wassermenge ist verhältnisgleich der Gesamtwassermenge. Erstere wird nicht verdampft, sondern nur erwärmt. Diese Erwärmung ist ein Maß für die Dampftemperatur, nur mit dem Unterschied, daß jetzt eine Änderung der Beheizung viel früher, längstens in einer Minute, erkannt werden kann, so daß eine befriedigende Beherrschung der Dampftemperatur möglich wird.

Auf Grund der Temperaturanzeige der Nebenheizfläche wird automatisch oder von Hand die Brennstoffmenge zusätzlich, nach erfolgter Grobregulierung, eingestellt.

Die Nebenheizfläche ergibt jedoch den Nachteil, daß die dort stattfindende Aufwärmung, auch bei unverändertem Brennstoff-Wasser-Verhältnis, von der Last und dem CO_2-Gehalt, wenn auch geringfügig, abhängt. Die Nebenheizfläche wird daher entweder nicht mehr verwendet, oder neben ihrer Anzeige andere Impulsgeber, wie weiter unten angeführt, benützt.

Grundsätzlich kann ein Bensonkessel entweder nach Fahrplanbetrieb oder nach Regellastbetrieb gefahren werden. Im ersteren Fall erfolgt die Dampfabgabe des Kessels nach

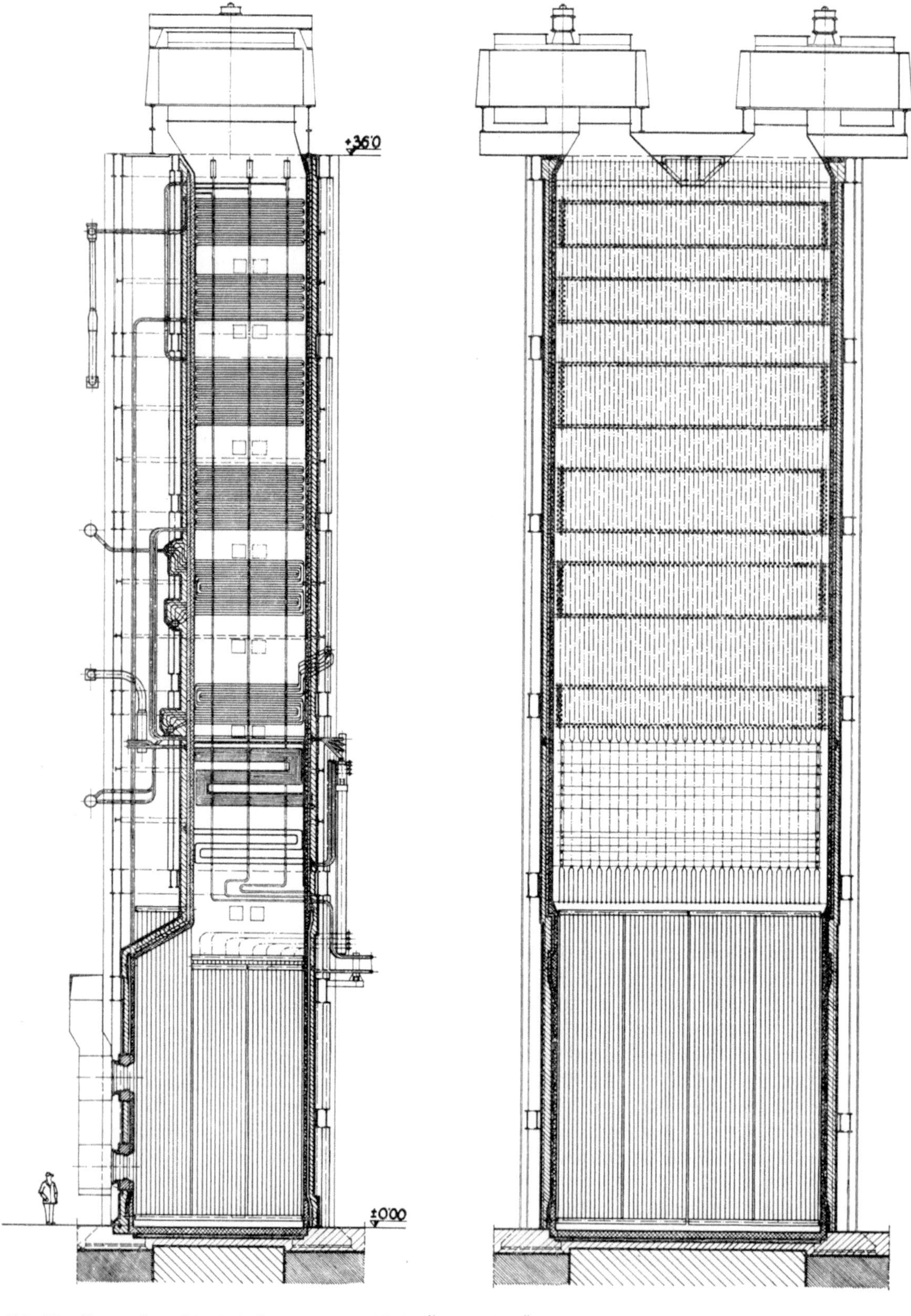

Abb. 43a. Bensonkessel für 240 t/h, 145 atü, 535 °C, ZwÜ 530 °C für Ölfeuerung (Simmering-Graz-Pauker AG., Wien)

einem vorbestimmten Programm. Die Druckhaltung vor der Turbine findet hierbei mittels eines Vordruckreglers statt. Die Leistung der Turbine ist immer proportional der eingestellten Brennstoffmenge. Hier ist auch Gleitdruckbetrieb möglich, wobei der Vordruckregler festgestellt wird.

Beim Regellastbetrieb ist die Turbine an der Frequenzhaltung des Netzes beteiligt. Hier ist es zweckmäßig, den Dampfdruck vor ersterer konstant zu halten, so daß gewöhnlich dieser gemeinsam mit dem Leistungs-Sollwert des Generators die Impulsgeber für die Brennstoffregelung sind. An Stelle des Leistungsregler-Sollwertes kann als Impulsgeber auch die Ventilstellung der Turbine oder die erzeugte sekundliche Dampfmenge dienen[1]. Die Frischluftmenge wird von den gleichen Impulsgebern geregelt.

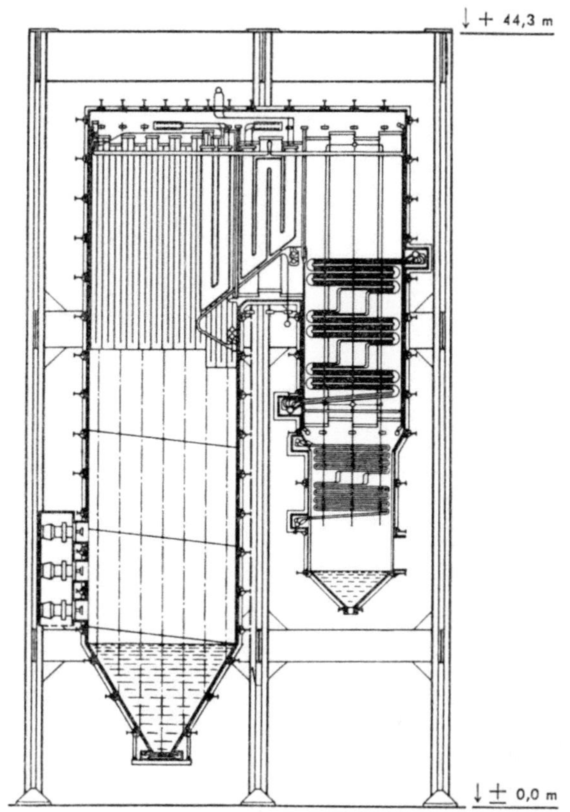

Abb. 43b. Bensonkessel für 830 t/h, 210 atü, 540°C, ZwÜ 540°C[1]

Die Speisewassermenge soll proportional der Brennstoffmenge sein. Daher wird jene meist von den gleichen Impulsen wie die Brennstoff- und Luftmenge gesteuert. Die Korrektur kann entweder von einer Dampftemperatur im Vorüberhitzer oder von einer Temperaturdifferenz zwischen Vorüberhitzer und Verdampfer abgeleitet werden (statt von der Nebenheizfläche). Auch das Verhältnis Speise- zu Einspritzwassermenge wird hierzu verwendet.

Die Dampftemperaturregelung erfolgt bei größeren Kesseln in der Regel durch zwei Einspritzregler, die insgesamt 5% der gesamten Wassermenge einbringen. Die erste nach dem Vorüberhitzer angeordnete Einspritzstelle erhält ihren Impuls einerseits vom Leistungs-Sollwert, andererseits von der Temperatur hinter der Einspritzstelle. Die zweite, in höherem Temperaturbereich liegende Einspritzstelle erhält die Impulse von der Dampftemperatur nach der Einspritzung sowie von der Enddampftemperatur. Zwischen den letztgenannten beiden Impulsgebern liegt der Endüberhitzer.

Die Leistungsregelung des Saugzugventilators wird von dem Unterdruck in der Brennkammer abgeleitet und hält diesen konstant.

Die im Speisewasser enthaltenen Salze setzen sich beim Bensonkessel im Restverdampfer ab, d. h. im Gebiete, wo die Endverdampfung in die Anfangsüberhitzung übergeht. Man setzt den Restverdampfer nur einer mäßigen Beheizung durch die Rauchgase aus, um eine Gefährdung der Rohre zu vermeiden. Das Salz wird in regelmäßigen Intervallen durch Spülen mit Wasser wieder entfernt (Rauchgastemperatur $< 800\,°C$).

Von den im Speisewasser vorhandenen Salzen scheiden sich während des Betriebes ungefähr 50 bis 85% im Restverdampfer aus, der übrige Anteil wird mit dem Dampf aus dem Kessel herausgetragen (S. 298).

Aus den genannten Gründen eignet sich zur Speisung am besten Kondensat, welches leicht zu alkalisieren ist. Der p_H-Wert soll über 8 liegen. Der Salzgehalt ist zu beschränken,

[1] Michel: Gegenwärtiger Entwicklungsstand des Bensonkessels. Energie 1963, Nr. 5, S. 190.

da auch bei regelmäßigem Spülen örtlich gesteigerte Salzansätze möglich sind[1]. Feste Zusätze zum Alkalisieren, wie Natronlauge oder Phosphate, sollen daher vermieden werden. Günstiger ist NH_3 oder Hydrazinzusatz. Mit ersterem wird gleichzeitig CO_2, mit letzterem O_2 gebunden. Karbonate sind aus dem Speisewasser möglichst weitgehend zu entfernen[2]. Nichteinhaltung dieser Richtlinien führt zu Korrosionsschäden im Strahlungsteil und im Restverdampfer. Bei Kesseln, welche Abscheidetrommeln besitzen (Schiffskesseln), entfällt die Restverdampferzone [s. auch b) Sulzerkessel und d) Ramsinkessel]. Das gleiche könnte durch Zyklone (Konejung) erreicht werden, die vor Erreichen der Restverdampferzone Wasser und Dampf trennen. Das abgeschiedene Wasser wird neuerlich zum Teil verdampft und das Gemisch wieder in Zyklonen separiert, der Dampf wird dem Überhitzer zugeleitet.

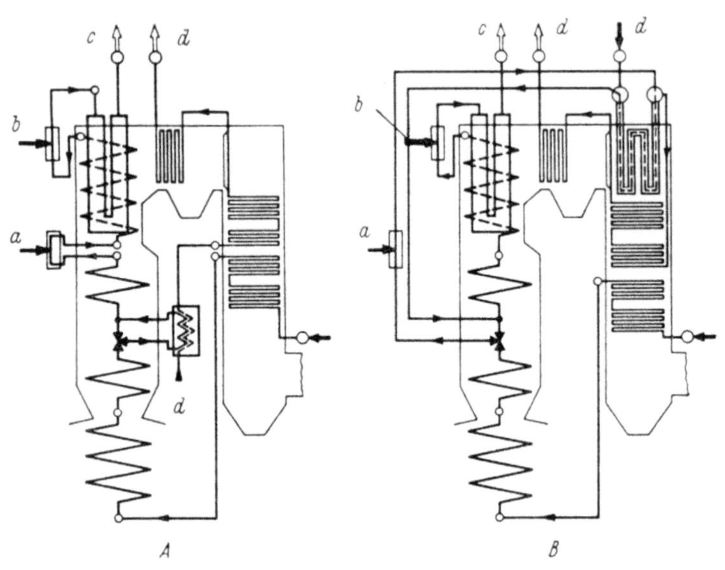

Abb. 44a. Regelungsverfahren für die Zwischenüberhitzungstemperatur bei Zwangdurchlaufkesseln[3]
A Schaltung mit außenliegendem Wärmetauscher zwischen Hochdruckdampf und Zwischendampf; *B* Schaltung mit rauchgasbeheiztem Wärmetauscher (Triflux) zwischen Hochdruckdampf und Zwischendampf
a Einspritzkühler I; *b* Einspritzkühler II; *c* Hochdruckdampf; *d* Zwischendampf

Bei neueren Ausführungen wird öfters das Kondensat praktisch vollkommen salzfrei gehalten, d. h. der Salzgehalt des Speisewassers ist kleiner als 0,2 mg/l. Hier kann auf den Restverdampfer verzichtet werden.

Die Speisewasserfrage ist schwieriger zu lösen, wenn ein Teil des Kondensates verlorengeht oder verunreinigt wird, wie dies bei Industriebetrieben oft der Fall ist. Hier verwendet man Dampfumformer. Diese werden mit der für die Fabrikation hinter der Turbine abgezweigten Dampfmenge beheizt, die hierbei kondensiert und das Speisewasser für den Hochdruckkessel liefert. Sekundärseitig wird aus chemisch aufbereitetem Wasser neuer Dampf erzeugt, der in die Fabrikation gelangt. Das Temperaturgefälle zwischen Primär- und Sekundärseite beträgt etwa 10 °C. Das Kondensat des Hochdruckdampfes bleibt also dem Hochdruckkreislauf erhalten.

Die Brennkammerauskleidung wird beim Bensonkessel so ausgeführt, daß in beheizten Rohren gewöhnlich Steigströmung vorliegt. Die Auskleidung besteht daher aus einer Reihe von Elementen, deren jedes aus der erforderlichen Anzahl parallel geschalteter Siederohre sowie einer unteren und oberen Sammelkammer oder Sammelflasche gebildet wird. Die obere Sammelflasche ist jeweils mit der unteren des nächsten Elementes durch unbeheizte Rohre verbunden. Die Zwischenschaltung der Sammler sowie die Aufwärtsführung des Dampf-Wasser-Gemisches in den beheizten Rohren genügen gewöhnlich zum Erzielen einer gleichmäßigen Strömung in den Rohren.

Es muß jedoch beachtet werden, daß das Dampf-Wasser-Gemisch in den Flaschen stark zur Entmischung neigt. Daher sind Heizflächen-Rohranschlüsse an Flaschen möglichst in gleicher Höhe zu legen. Weitere Maßnahmen zur Vergleichmäßigung der Strömung

[1] Werner, Tietz und List: Bensonkesselschäden. Mitt. VGB 1948, Nr. 4, S. 1.
[2] Weyrauch: Korrosionsschäden an Bensonkesseln. Mitt. VGB 1948, Nr. 4, S. 34.
[3] Modern German Boiler Practice, Januar 1963, Nr. 17, S. 5 und 6.

sind, wenn erforderlich, Blenden und Bypassventile (Abb. 44b). Letztere sind parallel zu einer Drosselstrecke von etwa 10 mm Durchmesser und 2 m Länge geschaltet, die beim Schließen der Ventile, ab 50% Last, allein für die Strömung freibleibt und die erforderliche Drosselung bewerkstelligt.

Um die Kühlung des Verdampfers auch bei Teillast zu gewährleisten, werden bei Bensonkesseln auch Schaltungen mit Zwischenabscheider angeordnet, Abb. 44b, rechtes Bild. Während im höheren Lastbereich die Umwälzpumpe *d* außer Betrieb bleibt, wird sie ab einer Last von etwa 60% in Betrieb genommen, wodurch im Strahlungsverdampfer auch bei niedrigeren Lasten ausreichende Strömungsgeschwindigkeiten vorliegen. Der amerikanische Kesselbau verwendet ebenfalls bei Zwangdurchlaufkesseln ähnliche Schaltungen; ein solcher Dampferzeuger wird „Combined Circulation Steam Generator" genannt. Kessel dieser Konstruktion wurden in den USA bis zu einer Leistung von 2400 t/h errichtet und sind bis 2900 t/h in Bestellung (s. S. 52).

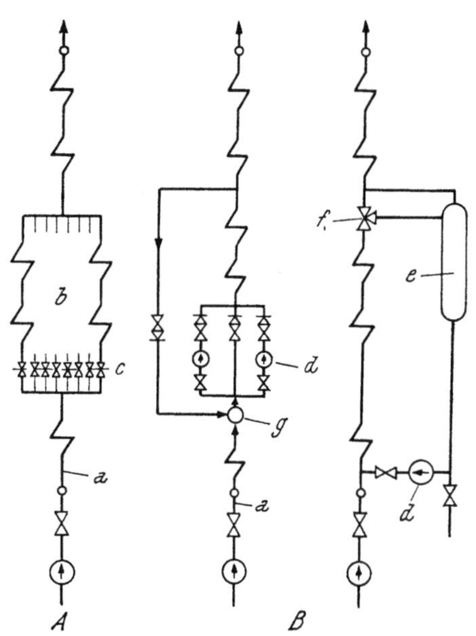

Abb. 44b. Einrichtungen für Schwachlastbetrieb bei Durchlaufkesseln[1]
A mit Strangabgleichventilen
B mit Umwälzpumpe
a Hauptstrang; *b* Teilstränge; *c* Abgleichventile; *d* Umwälzpumpe; *e* Flasche; *f* Dreiwegventil

Da die Zwangdurchlaufkessel vor allem bei großen Dampfleistungen verwendet werden, ist gewöhnlich auch ein Zwischenüberhitzer vorhanden. Die gewählte Endtemperatur des Dampfes ist oft gleich der Frischdampftemperatur und soll, so wie diese, möglichst lastunabhängig sein. Dies kann durch alle bei Naturumlaufkesseln verwendeten Regelsysteme, vor allem durch Einspritzregelung, erreicht werden, die aber wärmewirtschaftlich ungünstig ist, da die Verdampfung des Einspritzwassers beim Zwischenüberhitzerdruck statt beim Frischdampfdruck erfolgt. Daher werden auch Reguliersysteme verwendet, wo der größere relative Wärmebedarf des Zwischenüberhitzers bei Teillast durch Wärmeabgabe von überhitztem Hochdruckdampf an ersterem zusätzlich mittels eines Wärmetauschers gedeckt wird. Dieser Wärmetauscher kann vor den Zwischenüberhitzer geschaltet sein oder in diesem in Form einer im rauchgasbeheizten Rohr eingebauten hochdruckseitig durchströmten Schlange eingebaut werden (Triflux), Abb. 44a. Letztere Bauart wird allerdings bei Sulzerkesseln angewendet.

In Abb. 43a ist ein Bensonkessel für eine Leistung von 240 t/h mit Ölfeuerung in Turmbauweise dargestellt. Die Ölbrenner sind in zwei Reihen an der Stirnseite angeordnet. Oberhalb der Brennkammer sind fortlaufend Überhitzer, Zwischenüberhitzung, Restverdampfer und Ljungströmluvo angeordnet. Einen Bensonkessel für flüssigen Schlackenabzug mit vertikaler Zyklonfeuerung stellt Abb. 33a dar. Gleichzeitig zeigt Abb. 33b das Schaltschema.

Bei größeren Kesseln ist es auch hier wie bei Naturumlaufkesseln erwünscht, das Mauerwerk gänzlich in Wegfall zu bringen. Dies erfolgt durch Zusammenschweißen der Rohrwände. Sie erhalten dann rückwärts lediglich eine Isolierung und sind oben am Gerüst aufgehängt, so daß eine weitere Aufstützung gegen unten zu entfällt. Der Temperaturunterschied benachbarter Rohre soll wegen Rißbildungsgefahr 25 °C nicht überschreiten. Die Rohrführung in der Brennkammer ist hierbei mäanderartig oder längs der Wände gleichmäßig steigend (Abb. 43b). Zwischensammler werden dann innerhalb des Strahlungsverdampfers nicht eingebaut.

[1] Modern German Boiler Practice, Januar 1963, Nr. 17, S. 5 und 6.

Der Gesamtdruckabfall beim Durchlauf durch den Kessel ist etwa 30 atü, so daß der Druck um diesen Wert beim Ekoeintritt höher als beim Heißdampfaustritt ist.

Während des Anfahrens muß bereits die Speisung in Betrieb sein. Hierbei tritt aus dem Kessel zunächst Wasser, dann Dampf-Wasser-Gemisch und schließlich Dampf aus.

Zahlentafel 12. *Allgemeine Auslegungsdaten von Bensonkesseln*

Dampfleistung	t/h	20 bis 1000 und darüber
Druck	atü	40 bis 350
Überhitzungstemperatur	°C	bis 650
Rohraußendurchmesser	mm	32, 38
Wasserinhalt: stündliche Dampferzeugung	kp : kp/h	0,1
Druckdifferenz des Kessels	at	30 bis 45
Rauchgastemperatur vor Restverdampfer	°C	800
Wärmeinhalt des Gemisches vor dem Restverdampfer	kcal/kg	i'' — (60 bis 70) [i'' = Wärmeinhalt des Sattdampfes in kcal/kg]
Wärmeinhalt des Gemisches nach dem Restverdampfer	kcal/kg	i'' + (40 bis 70)
Nebenheizfläche Rohrdimension	mm	16/10
Nebenheizfläche Rohrlänge	m	15 bis 20
Einbaustelle der Nebenheizfläche	—	vor und nach Restverdampfer

Zur Ableitung dieses ist eine eigene Anfahrleitung vorhanden, die in einen Speisewasserbehälter geführt wird. Für das Spülen ist eine eigene Ableitung, die Spülleitung, vorzusehen.

Die Vorteile des Bensonkessels sind:

Niedriges Gewicht, da keine Trommeln vorhanden sind. Schnelle Anfahrmöglichkeit. Leichtes Anpassen an Belastungsänderungen. Geringe Explosionsgefahr.

Als Nachteile können angeführt werden:

Empfindlichkeit gegen Speisewasser. Hohe Ansprüche an Regulierung. Mehrverbrauch an Speiseleistung wegen des Druckabfalles im Kessel.

Die wichtigsten Auslegungsdaten sind aus Zahlentafel 12 zu entnehmen.

b) Sulzerkessel

Das Schema eines Sulzerkessels zeigt Abb. 45. Die Zone, wo hauptsächlich Salzabscheidung stattfindet, d. h. jene der Restverdampfung, wird beim Sulzerkessel durch Anordnung einer Abscheidetrommel umgangen. Diese liegt vor der erwähnten Zone und scheidet die dort vorhandene Feuchtigkeit aus. Die Abschlämmenge wird entsprechend der Last geregelt. Die Regelung der Speisewassermenge findet zunächst grob so statt, daß sie proportional zur Dampfmenge (Dampfmengenmesser *11*, Abb. 45) über das Regelventil *9* eingestellt wird. Die Feinregelung erfolgt mittels des Multithermostates *10*. An und für sich strömt an der Einbaustelle desselben Sattdampf mit einem gewissen Feuchtegehalt. Von den aus der Brennkammer austretenden parallelen Strängen wird jedoch einer etwas gedrosselt, so daß dieser an der Meßstelle leicht überhitzten Dampf führt. Dessen Überhitzungstemperatur ist demnach ein Maßstab für den Feuchtegehalt der übrigen Stränge. Um nicht ständig das gleiche Rohr der Überhitzung bzw. einer eventuellen Salzabscheidung auszusetzen, gestattet der Multithermostat, das zu messende Rohr zu wechseln. Dies kann in einer bestimmten zeitlichen Reihenfolge durchgeführt werden. Die Temperatur des überhitzten Dampfes wird durch Einspritzregler konstant gehalten. Die Brennstoff-Luft-Regelung ist ähnlich jenen bei a). Der Kessel besitzt von Eintritt in den Eko bis zum Austritt aus dem Verdampfer durchlaufende Rohrstränge, ohne Zwischensammler. Die Zahl der Rohrstränge richtet sich nach der Kesselgröße. Jeder Strang kann aus einem oder mehreren parallel geschalteten Rohren bestehen. So kann z.B. der Strang im Eko (Abb. 46b) drei parallele Rohre 38/27,5 besitzen. In einem weiteren Ekoteil können sie auf ein Rohr 57/45 und im Verdampfer auf zwei Rohre 57/45 übergehen. Um die Strömung zu stabilisieren, wird der Druckabfall des Stranges im Vorwärmerteil verhältnismäßig groß gehalten, wodurch ein ähnlich stabilisierender Effekt auftritt wie durch die Blenden des La-Monte-Kessels.

Abb. 45. Regelschema eines Einrohrdampferzeugers mit Triflux-Zwischenüberhitzer (Sulzer, Winterthur)

1 Ekonomiser
2 Verdampfer
3 Überhitzer
4 Triflux-Zwischenüberhitzer
5 Endüberhitzer
6 Speisepumpe
7 Druckdifferenzempfänger
8 Druckdifferenzventil
9 Speiseregelventil
10 Mehrfachthermostat
11 Druckdifferenzempfänger
12 Isothermregler
13 Wasserabscheider
14 Wasserstandsempfänger
15 Abschlämmventil
16, 17 Thermostate
18, 19 Isothermregler
20 Einspritzventile
21 Dampfdruckempfänger
22 Dampfabgabeventil
23 Bypassventil
24 Anfahrkühler
25 Wasserstandsempfänger
26 Abschlämmventil
27 Hochdruckturbine
28 Mitteldruckturbine
29 Niederdruckturbine
30, 31 Dampfdruckempfänger
32 Überströmventil
33 Einspritzventil
34 Entspanner/Kühler
35 Kondensator
36 Kondensatpumpe
37 Anfahrgefäß

Abb. 46a zeigt schematisch die Rohrführung in einem 430 t/h-Kessel mit Zwischenüberhitzer. Danach wird das Speisewasser nach Austritt aus dem Eko durch die Tragrohre des ersten und zweiten Kesselzuges geführt, bevor es in den Verdampfer gelangt. Nach Austritt aus diesem wird die restliche Feuchtigkeit im Abscheider zum Großteil abgeschieden, und der Dampf gelangt in die Überhitzersysteme. Außerdem ist der Aufbau des Zwischenüberhitzers *15* zu ersehen, wobei die Dampftemperatur des zwischenüberhitzten Dampfes durch ein Trifluxsystem *11* konstant gehalten wird.

In Abb. 47 ist der konstruktive Aufbau eines Sulzerkessels für gleiche Leistung, Druck und Überhitzungstemperatur wie früher dargestellt.

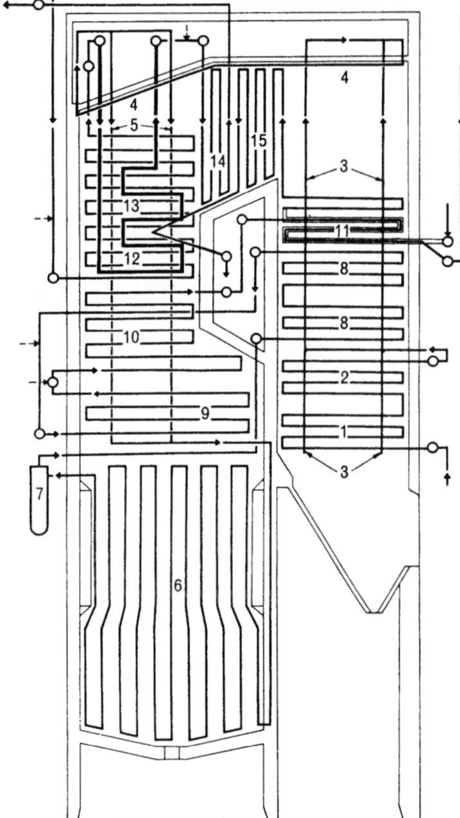

Abb. 46a. Schaltschema eines Sulzerkessels für 430 t/h, 190 kp/cm², 535 °C, ZwÜ 40 kp/cm², 535 °C (Sulzer, Winterthur)

1 Ekonomiser I
2 Ekonomiser II
3 Tragrohre
4 Deckenrohre
5 Verdampfer-Tragrohre
6 Verdampfer
7 Wasserabscheider
8 Berührungsüberhitzer
9 Strahlungsüberhitzer IIa
10 Strahlungsüberhitzer IIb
11 kombinierter Zwischenüberhitzer I (Triflux)
12 Strahlungsüberhitzer IIIa
13 Schottenüberhitzer IIIb
14 Endüberhitzer IV
15 Zwischenüberhitzer II

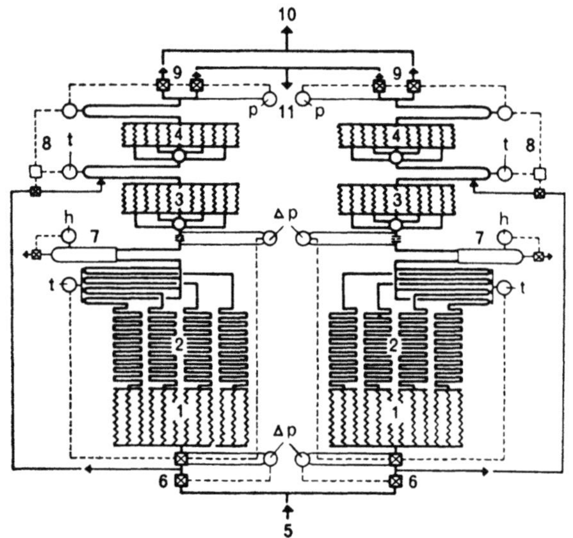

Er ist jedoch für Kohlenstaubfeuerung ausgelegt. Die Führung der Kühlschirmrohre erfolgt nach aufwärts und abwärts nur gemäß den Erfordernissen der Auskleidung der Wände. Allerdings muß auch ein größerer Druckabfall im Kessel, und zwar etwa 80 at, in Kauf genommen werden.

Abb. 46b. Schaltschema eines Sulzerkessels mit 2 parallel geschalteten Dampferzeugersystemen[1]

1 Ekonomiser
2 Verdampfer
3 Berührungsüberhitzer
4 Strahlungsüberhitzer
5 Speisewassereintritt
6 Speisewasserregler
7 Wasserabscheider
8 Überhitzer-Regelsystem
9 Dampf- und Bypassventile
10 Dampfaustritt
11 Bypassaustritt

Zahlentafel 13. *Vergleich von Benson- und Sulzerkessel*

	Benson	Sulzer
Rohrführung in Brennkammer	Steig-Fall bei $p > p_K$ Mäander	Mäander
Abscheideflasche	nein	ja
Restverdampfer	ja, wenn Salzgehalt $< 0{,}2$ mg/l, dann nein	nein
Einspritzung zur Regelung	ja	ja
Rohr-Außendurchmesser in mm	32	57
Strömungsgeschwindigkeit auf kaltes Wasser bez. m/s	1 bis 1,5 Schmelzkammer 2	2
Druckabfall kp/cm²	30 Schmelzkammer 45	80
Stabilisierung der Strömung	Steig-Fallrohr, Blenden, Bypass unter 50% Last	Strangdrosselventile, vorgeschalteter Eko, Blenden
Temperaturmessung bei parallel geschalteten Schlangen am Austritt	nein	ja
Zwischensammler	ja, bei mehreren Anlagen auch nein	nein
Temperaturregelung durch Brennstoff-Wasser-Gleichgewicht und Ortsveränderlichkeit des Verdampfungsendes	ja	nein
Verwendung einer Nebenheizfläche	ja, in letzter Zeit auch nein	nein
Gleitdruck	wird mehrfach angewendet	nein

Beim „Combined Circulation“ Kessel der Combustion Engineering[2] ist die Pumpe *d*, Abb. 44b, *B*, nicht im Rückführstrang, sondern im Hauptstrang zwischen Eko und Ver-

[1] Profos: Die Regelung des Sulzer-Einrohrkessels. Techn. Rundschau Sulzer 1952, Nr. 2, S. 13.

[2] Schützendübel: Einige Konstruktionseinzelheiten des überkritischen Dampferzeugers für La Spezia. Energie 1966, S. 99.

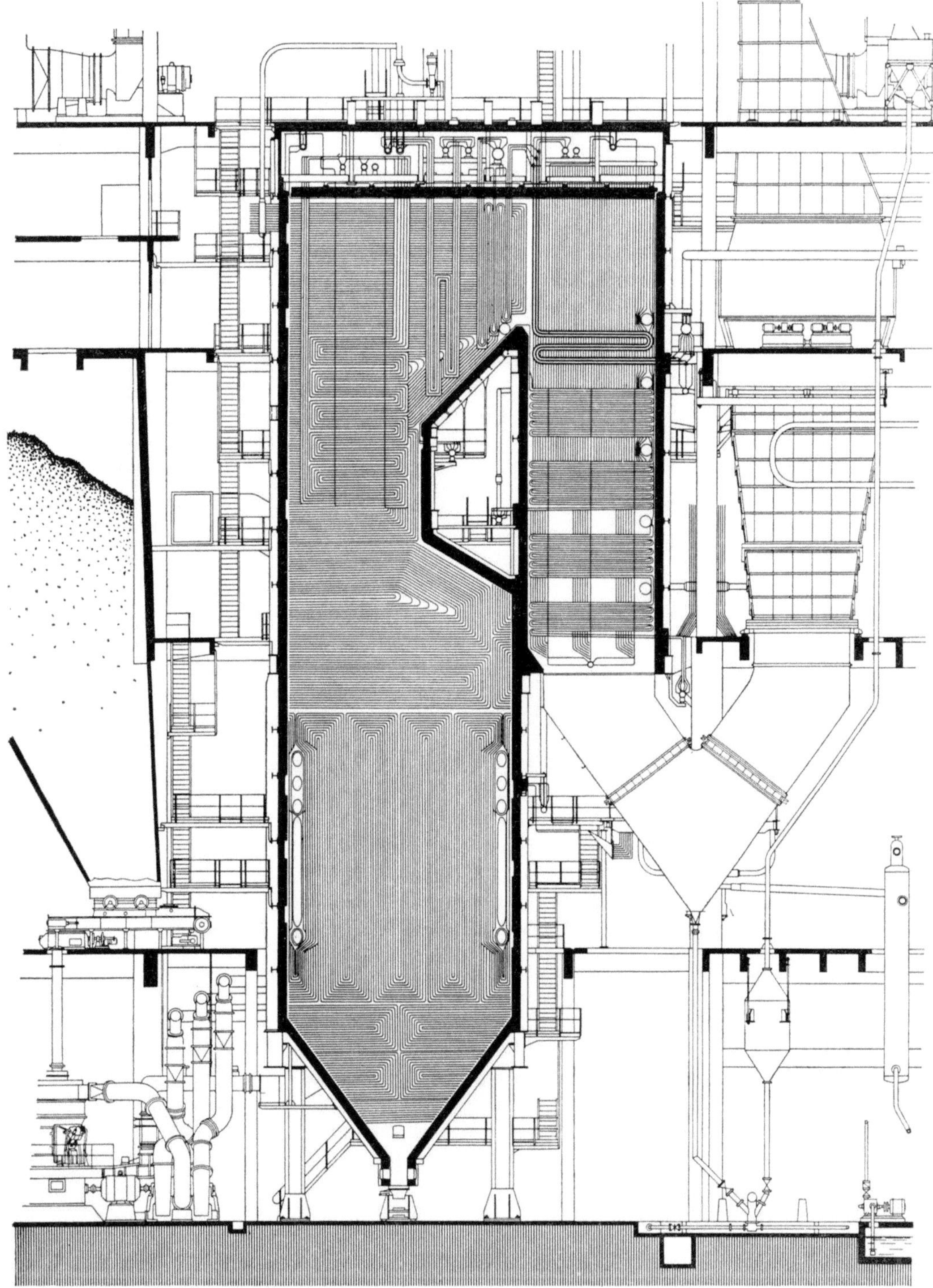

Abb. 47. Sulzerkessel für 430 t/h, 190 kp/cm², 530 °C, ZwÜ 42 kp/cm², 540 °C (Sulzer, Winterthur)

dampfer angeordnet. Sie erniedrigt, wenn sie bei Teillast in Betrieb genommen wird, den Druck bei *g*, wodurch der Umlauf in Gang kommt. Einen Vergleich zwischen Benson- und Sulzerkessel zeigt Zahlentafel 13.

c) Ramsinkessel

Der in Rußland entwickelte Ramsinkessel ist ebenfalls ein reiner Zwangdurchlaufkessel. Das Speisewasser durchläuft zunächst die Tragkonstruktion der Brennkammer, gelangt dann in den Eko, anschließend in die Brennkammer, wo die Verdampfung stattfindet, und schließlich in den Überhitzer. Die Brennkammerrohre sind im Bereich geringen Dampfgehaltes im Gegenstrom schraubenförmig nach aufwärts gewickelt, um das Aufsteigen der Dampfblasen nicht zu behindern.

Bei großen Einheiten wird die Berohrung so verlegt, daß Schottwände entstehen, wodurch die Brennkammer in Abteilungen geteilt wird. Auf diese Weise ist die Abstrahlfläche und damit die Wärmeaufnahme der Kammer stark vergrößert.

Bei der Ausführung nach Abb. 48 wird an Stelle einer gewöhnlichen Abscheidetrommel eine solche mit einer daran angeschlossenen kleinen Kesselheizfläche mit Naturumlauf geschaltet. Die Trommel übernimmt die Funktion des Wasserabscheiders. Der Wassergehalt des Gemisches am Ende der Verdampferschlange kann wegen der

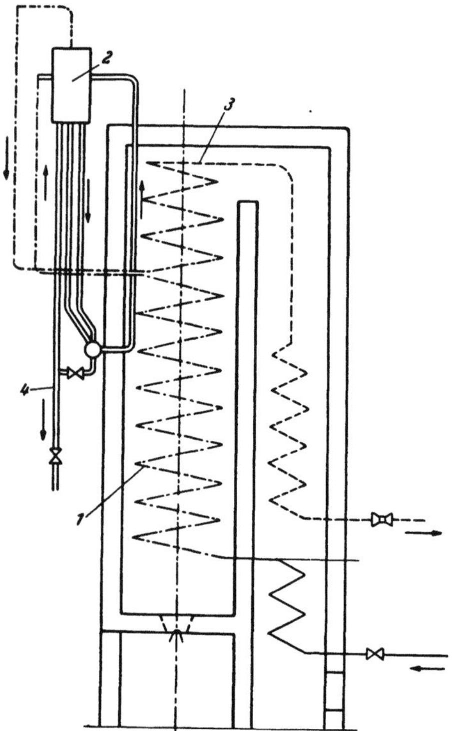

Abb. 48. Zwangdurchlaufkessel mit Naturumlaufkessel an Stelle der Restverdampferzone nach RODDATIS, ROMM, SEMENENKO, USENKO, ZIGANKOFF

1 Verdampfer; *2* Naturumlaufkessel; *3* Überhitzer; *4* Abschlämmung

Verdampfung im Naturumlaufkessel nunmehr größer als die Abschlämmenge sein. Die Sicherheit gegen Salzansätze am Ende der Verdampferschlange wird dadurch erhöht.

Auch die Möglichkeit des Rückpumpens eines Teiles des Abschlämmwassers vor den Strahlungsverdampfer mittels einer Umwälzpumpe kommt in Frage.

3. Schmidt-Hartmann-Kessel

Beim Schmidt-Hartmann-Kessel erfolgt die Dampferzeugung mittelbar. Er besteht aus einem Primär- und einem Sekundärsystem. Das erstere ist ein normaler Naturumlaufdampferzeuger, welcher durch Rauchgas beheizt wird (Abb. 49). Der gebildete Dampf wird in einen Wärmeaustauscher geleitet und kondensiert. Mittels der freigewordenen Wärme wird Sekundärdampf erzeugt, anschließend durch Rauchgase überhitzt und dann dem Verbraucher zugeleitet. Das Kondensat des Primärdampfes fließt durch die eigene Schwere wieder in den Primärdampfkessel zurück. Daher muß der Wärmeaustauscher über dem Primärkessel angeordnet sein. Dieser hat also immer dieselbe Wasserfüllung und braucht bis auf gelegentlichen Ersatz von Leckverlusten nicht von außen gespeist zu werden.

Die Speisung erfolgt lediglich in die Trommel des Sekundärteiles, in deren Wasserraum die Wärmeaustauscherelemente angeordnet sind.

Der Überhitzer und Eko stehen unter dem Sekundärdruck.

Die Siedetemperatur und der Druck müssen, damit ein Wärmetransport vom Primär- zum Sekundärteil stattfinden kann, im ersteren höher sein. Die Temperaturdifferenz wird mit etwa 45 °C festgelegt, wobei bereits 15 °C als Reserve für Verschlechterung der Wärmeübergangszahl durch sekundärseitige Kesselsteinbildung berücksichtigt ist. Demnach würde bei sauberen Heizflächen bereits eine Temperaturdifferenz von 30 °C zum Transport der Wärmemenge ausreichen. Soll z. B. sekundärseitig Dampf von 100 atü (Sattdampftemperatur 310 °C) erzeugt werden, ist primärseitig bei sauberen Heizflächen 150 atü (Sattdampftemperatur 340 °C) nötig. Bei Kesselsteinansatz kann der Druck bis 180 atü (Sattdampftemperatur 355 °C) ansteigen, ohne daß die Kesselleistung sinkt. Wenn man den Druck des Primärsystems mit 180 atü beschränkt, kann bei weiterer Verschmutzung nicht mehr die volle Dampfleistung abgegeben werden. Nunmehr muß eine Reinigung der Heizfläche des Wärmeaustauschers erfolgen, wozu diese leicht ausbaubar angeordnet ist.

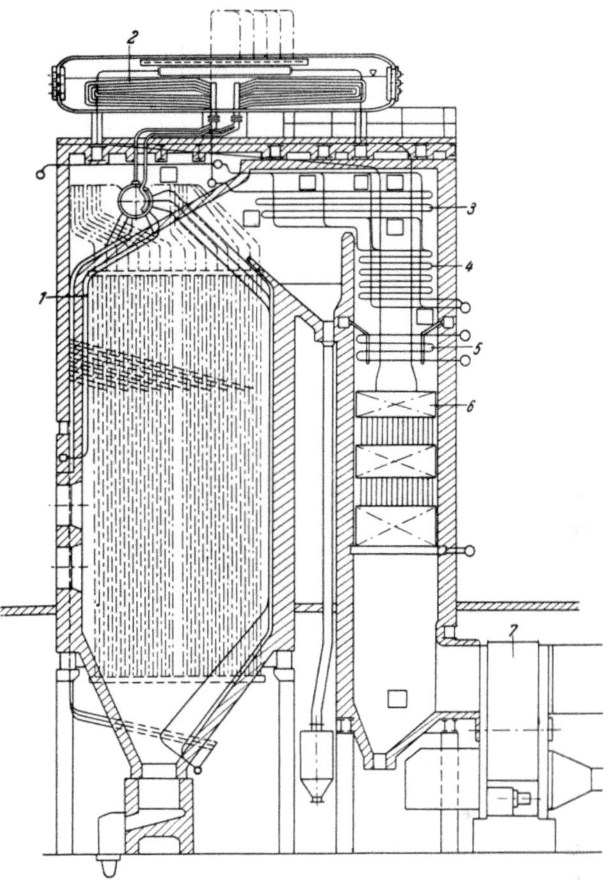

Abb. 49. Schmidt-Hartmann-Strahlungskessel

1 Siederohr des Primärkessels; *2* Wärmeaustauscher; *3* Vorüberhitzer; *4* Nachüberhitzer; *5* Zwischenüberhitzer; *6* Speisewasservorwärmer; *7* Ljungström-Lufterhitzer

Die Vorteile des Schmidt-Hartmann-Kessels liegen vor allem in seiner geringen Empfindlichkeit gegen Speisewasser. Eine Kesselsteinbildung kann nur in der Austauscherheizfläche auftreten, während in den feuerbeheizten Rohren des Primärsystems immer die gleiche Wassermenge zirkuliert. So tritt auch bei einem eventuellen Ausbleiben der Speisung lediglich Wassermangel in der Sekundärtrommel ein. Dies wirkt sich, wenn die Austauscherheizfläche nicht mehr ausreichend bespült ist, in einer Steigerung des Primärdruckes und schließlich Abblasens der Primärsicherheitsventile aus, wenn nicht früher eine Zurücknahme der Feuerung erfolgt.

Die Nachteile sind:

Größerer Baustoffaufwand. Vom Standpunkt der Energieerzeugung unausgenützter Druck des Primärteiles. Geringere Freizügigkeit im Aufbau wegen der Rücksichtnahme auf Wasserumlauf und Kondensatrücklauf. Geringere Elastizität bei Belastungsänderung, da bei gleichbleibendem Sekundärdruck der Primärdruck von der Last abhängt und die Wasser- und Eisenmassen des Primärteiles auf die dem neuen Druck entsprechende Temperatur zu bringen sind.

Die wichtigsten Auslegungsdaten sind aus Zahlentafel 14 ersichtlich.

Zahlentafel 14. *Allgemeine Auslegungsdaten von Schmidt-Hartmann-Kesseln*

Druck im Primärteil	atü	bis 180
Druck im Sekundärteil	atü	bis 100
Überhitzungstemperatur	°C	bis 540
Dampfleistung	t/h	bis 150
Heizflächenbelastung	kp/m²h	bis 150
Lichter Trommeldurchmesser	m	1,5 bis 1,7
Wärmeaustauscherfläche je Tonne Dampf	m² : t/h	7 bis 10
Außendurchmesser der Rohre im Wärmeaustauscher	mm	44,5

4. Löfflerkessel

Auch beim Löfflerkessel findet die Dampferzeugung mittelbar statt. Hier ist jedoch die rauchgasbeheizte Heizfläche innen von Dampf durchströmt (Abb. 50). Dieser wird aus dem Dampfraum einer Trommel von einer Umwälzpumpe abgesaugt und im Kessel überhitzt. Anschließend wird etwa ein Drittel der umlaufenden Menge abgezweigt und dem Verbraucher zugeführt, während etwa zwei Drittel zur Trommel zurückgeführt und in deren Wasserraum eingeblasen werden. Der eingeblasene Dampf kühlt sich beim Durchtritt durch den Wasserraum auf Sattdampftemperatur ab, wodurch neuer Dampf gebildet wird. Die ganze Dampfmenge wird von der Pumpe wieder angesaugt, womit der Kreislauf geschlossen ist. Die Speisung erfolgt in die Trommel, nachdem das Speisewasser vorher einen Eko durchlaufen hatte.

Auch hier ist die gesamte Dampfbildung in die Trommel verlagert, so daß Kesselsteinbildung oder Salzabscheidung im beheizten Teil, d. h. den Überhitzerrohren, normalerweise nicht erfolgen kann, es sei denn, daß unbeabsichtigterweise Wassermitreißen aus den Trommeln stattfindet.

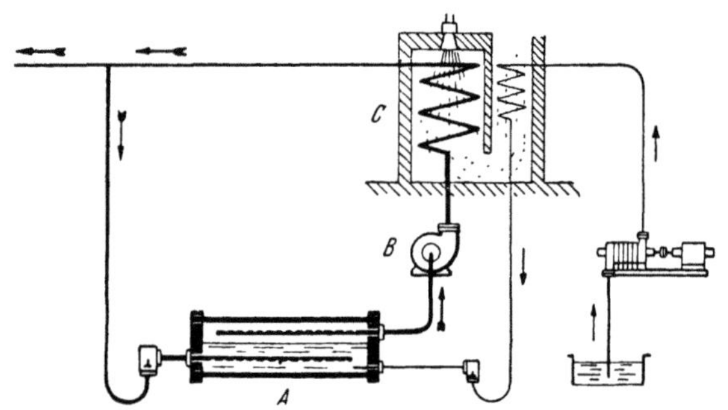

Abb. 50. Schema eines Löfflerkessels
A Verdampfertrommel; *B* Umwälzpumpe; *C* Überhitzer

Allerdings hat sich gezeigt, daß die ursprünglich angenommene Unempfindlichkeit des Löfflerkessels gegenüber dem Speisewasser nicht ganz zutrifft, denn der Hochdruckdampf selbst löst Salze (s. S. 296), welche sich dann in der Turbine niederschlagen.

Durch Änderung der Drehzahl der Umwälzpumpe bzw. des der Drehzahl proportionalen Umwälzvolumens bei konstanter Beheizung kann die Überhitzung beliebig eingestellt bzw. unabhängig von der Last konstant gehalten werden. Die Geschwindigkeit des Dampfes im Überhitzer wird so gewählt, daß die zulässige Rohrwandtemperatur nicht überschritten wird. Der Druckabfall des ganzen Systems ist dann etwa 3,5 bis 4,5 at. Die Antriebsleistung der Umwälzpumpe beträgt etwa 3% der möglichen Leistung des Kessels. Erstere nimmt allerdings bei Verringerung der Last mit der dritten Potenz derselben ab. Der Wärmewert des Arbeitsaufwandes der Umwälzpumpe bleibt dem System erhalten.

Das Anfahren des Löfflerkessels erfolgt durch Füllen mit Dampf aus einem anderen Kessel oder einem eigenen „Anfahrkessel", bis ein Druck von etwa 12 atü erreicht ist. Nun wird Feuerung und Umwälzpumpe eingesetzt, wodurch eine rasche Drucksteigerung stattfindet.

Die Umwälzpumpe gestattet durch rasche Erhöhung ihrer Drehzahl, zusätzliche Wärme aus den Eisenmassen der Heizfläche zur Überbrückung kurzzeitiger Belastungsspitzen heranzuziehen. Man kommt in solchen Fällen ohne Nachregulierung der Feuerung aus.

Infolge des starken Anstieges der Umwälzpumpenleistung mit sinkendem Druck ist der Löfflerkessel nur für Höchstdruck über 100 at geeignet. Heute hat dieses System infolge des verhältnismäßig großen Aufwandes an Sonderwerkstoff keine Bedeutung mehr.

Die Vorteile des Löfflerkessels sind:

Konstante Überhitzungstemperatur. Geringe Empfindlichkeit gegen Speisewasser. Geringe Explosionsgefahr. Ausnutzung der Speicherwärme des Eisens zur Überbrückung kurzzeitiger Spitzen.

Als Nachteile erscheinen:

Hohe Temperaturen im ganzen System, daher Sonderwerkstoff erforderlich. Hohe Dampfraumbelastung der Trommeln infolge der dreifachen Umwälzmenge. Kraftbedarf der Umwälzpumpe. Komplizierte Rohrführungen zu und von der Umwälzpumpe und den Trommeln. „Kippen“ der Umwälzpumpe, d. h. Unmöglichkeit, bei abgesunkenem Druck die der Leistung entsprechende Dampfmenge umzuwälzen.

Die wichtigsten Anhaltswerte über Löfflerkessel können aus der Zahlentafel 15 entnommen werden.

Zahlentafel 15. *Allgemeine Auslegungsdaten von Löfflerkesseln*

Druck	atü	100 bis 140
Überhitzungstemperatur	°C	540
Dampfleistung	t/h	150
Erforderliche Leistung der Umwälzpumpe in % der Kesselleistung	%	3
Druckabfall des Systems	at	3,5 bis 4,5
Umwälzzahl	—	3 bis 3,5
Rohraußendurchmesser des Strahlungsüberhitzers	mm	41,5 bis 51
Rohraußendurchmesser des Nachüberhitzers	mm	41,5 bis 70
Trommelvolumen je Tonne erzeugten Dampfes	m^3 : t/h	2 bis 3
Dampfgeschwindigkeit im Strahlungsüberhitzer (Eintritt)	m/s	12
Dampfgeschwindigkeit im Nachüberhitzer (Eintritt)	m/s	8
Dampfgeschwindigkeit in den außenliegenden Umwälzleitungen — Sattdampf	m/s	14
Dampfgeschwindigkeit in den außenliegenden Umwälzleitungen — Heißdampf	m/s	20

5. Dampferzeuger mit Überdruckfeuerungen

Beim Veloxkessel erscheint ein neues Prinzip im Kesselbau, nämlich den Druck der Verbrennungsgase, welcher üblicherweise nahe dem Atmosphärendruck liegt, auf einen Wert von mehreren at zu erhöhen. Dadurch können die Brennkammerbelastung und die Wärmeübergangszahlen außerordentlich gesteigert werden. Um die Druckerhöhung nicht mit einem zu großen Energieaufwand erkaufen zu müssen, wird eine Gasturbine im Prozeß eingeschaltet. Dieser verläuft dann so, daß ein Turbokompressor die Luft auf etwa 3 ata, entsprechend etwa 160 °C, komprimiert, mit welchem Druck sie in die Brennkammer gelangt und die Verbrennung vor sich geht. Die Rauchgase kühlen sich im Kessel zunächst auf etwa 500 bis 600 °C ab, wobei der Druck infolge der Strömungsverluste auf etwa 2,6 ata absinkt. Damit treten sie in eine Gasturbine, welche mit dem Kompressor direkt gekuppelt ist und bei einer Expansion auf etwa 1,1 ata gerade die Kompressorleistung liefert. Infolge der Expansion haben sich die Gase gleichzeitig auf etwa 400 °C abgekühlt. Nun werden sie noch durch einen Eko geleitet, wo die Restabkühlung stattfindet. Hierbei werden tiefe Abgastemperaturen, etwa 140 °C, zugrunde gelegt, da die zur Verfügung stehende Druckdifferenz von 0,5 at außerordentlich hohe Rauchgasgeschwindigkeiten zwischen 100 und 200 m/s und damit hohe Wärmeübergangszahlen gestattet.

Dieses Prinzip der Dampferzeugung mit Gasturbine und Turbokompressor wird Veloxprinzip genannt. Natürlich kann es im Zusammenhang mit jedem Kesselsystem verwendet werden. Die Brown-Boveri-Werke, Schweiz, Baden, welche dieses Verfahren entwickelt haben, vereinen es mit einem Zwangumlaufkessel, wobei die Druckverbrennung eine besondere Konstruktion desselben bedingt.

Veloxkessel wurden bisher für Heizöl- oder Gasfeuerung ausgeführt. Bei Benutzung von Dampfdrücken über 80 at wurde gegenüber früher die Bauart etwas modifiziert, Abb. 51. In der Brennkammer strömen die Rauchgase in einem Zug von oben nach unten und werden nicht wie früher in Doppelverdampferrohren wieder heraufgeführt. Sie treten aus dem Unterteil der Brennkammer aus und gelangen in einen Verdampfer und anschließend in zwei parallel geschaltete Züge, deren einer wieder einen Verdampfer, der andere den Überhitzer enthält. Durch wahlweises Einstellen des Gasdurchsatzes in diesen kann die Überhitzungstemperatur geregelt werden. Anschließend gelangen die Gase in die Gasturbine und schließlich in den Eko. Die vom Verdichter geförderte Luft wird dem im Oberteil der Brennkammer angeordneten Brenner zugeteilt. Das Kesselwasser wird

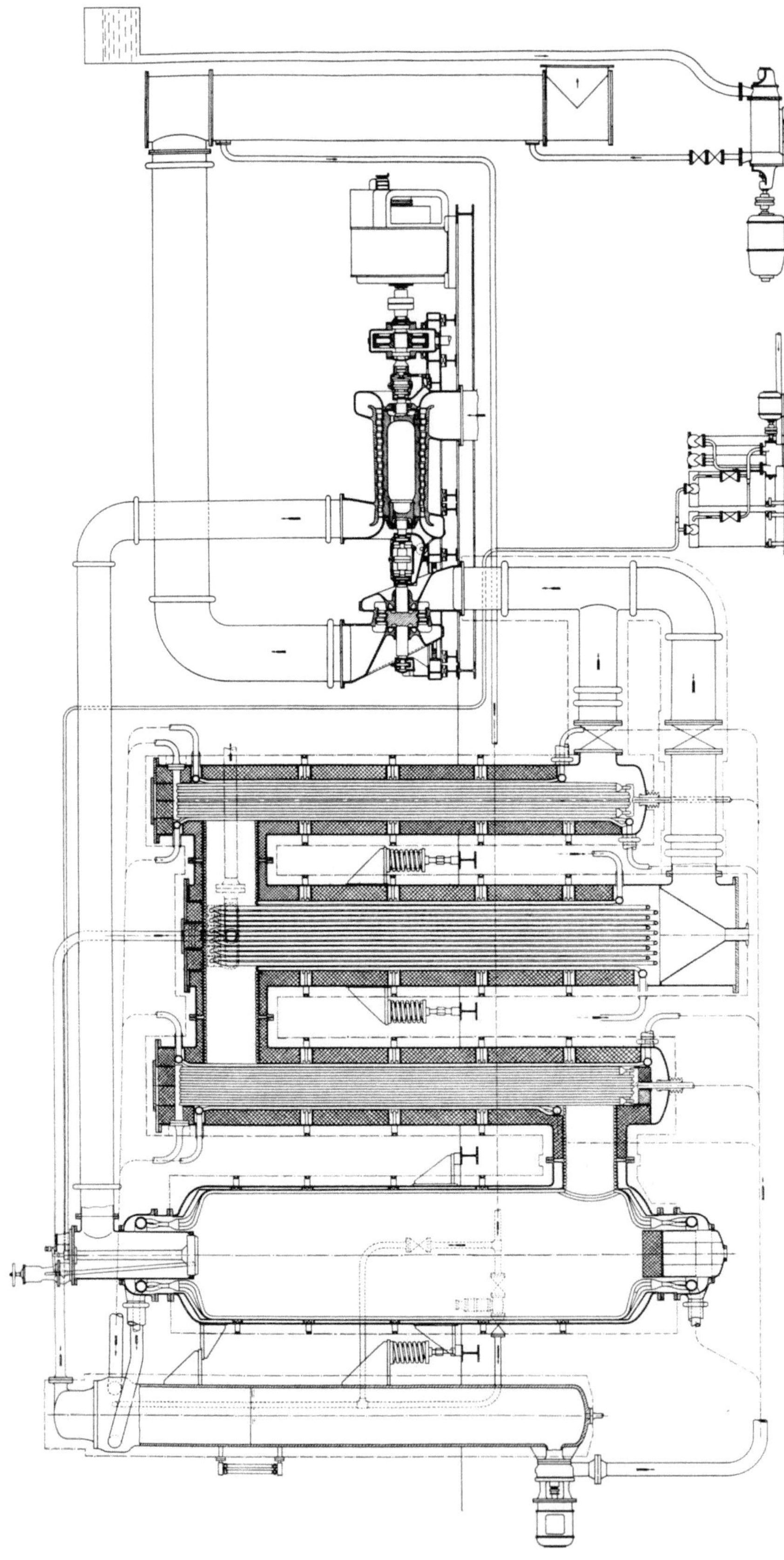

Abb. 51. Veloxkessel mit rauchgasseitig regelbarem Überhitzerzug (Brown-Boveri, Baden)

mittels der angeflanschten Umwälzpumpe am Unterteil der stehenden Verdampfertrommel in Umlauf gehalten (in Abb. 51, ganz links). Das aus den Verdampfern austretende Dampf-Wasser-Gemisch wird im oberen Teil der Verdampfertrommel tangentiell eingeführt, was eine wirksame Dampfabscheidung ergibt.

Um mit dem Kessel anzufahren, was in der sehr kurzen Zeit von etwa sieben Minuten möglich ist, befindet sich auf der Welle der Ladegruppe noch ein Anlaßelektromotor *13*. Dieser setzt die Ladegruppe zunächst in Bewegung bzw. unterstützt den Betrieb bei eventuellem Leistungsunterschuß der Gasturbine. Insbesondere soll er auch bei Lastanstieg das Turboaggregat beschleunigen.

Abb. 52. Ansicht einer Velox-Kesselanlage (Brown-Boveri, Baden)

Die Druckverbrennung gestattet eine Erhöhung der Brennkammerbelastung auf etwa $10{,}0 \cdot 10^6$ kcal/m^{3}h, während bei Atmosphärendruck und Ölfeuerung für normale Verhältnisse höchstens Werte von $1{,}5 \cdot 10^6$ kcal/m^{3}h in Frage kommen. Die Heizflächenbelastung des Kessels beträgt etwa 500 kp/m^{2}h, was der dreifache Wert eines normalen Strahlungskessels ist.

Ein anschauliches Bild der mit einem Velox-Kessel möglichen gedrängten Bauweise liefert Abb. 52. Die dargestellte Anlage ist im Maschinenhaus situiert, wodurch ein eigenes Kesselhaus entfällt.

Für Sonderzwecke, z. B. Torpedoboote, wo besonders beschränkte Platzverhältnisse herrschen, werden auch ähnliche Bauweisen verwendet.

Als Speisewasser ist Kondensat am günstigsten. Doch werden auch Veloxanlagen erfolgreich ausschließlich mit chemisch aufbereitetem Wasser betrieben. Hierbei wurden p-Werte (S. 307) bis 25 mval/l im Dauerbetrieb ohne Versalzungen im Überhitzer oder in der Turbine erreicht[1]. Dieser Erfolg wurde durch Einbau eines besonderen Wasserabscheiders am Trommelaustritt erzielt. Derselbe besteht aus einer Schraubenfläche aus Blech, die vom Dampf mit großer Geschwindigkeit durchströmt wird. Die abgeschiedenen Wasserteilchen kriechen die Flächen entlang und fließen durch ein Entwässerungsrohr ab. Für gewöhnlich wird jedoch die Natronzahl mit 200 mg/l beschränkt.

In der Trommel, wo der Wasserinhalt in schneller Rotation begriffen ist, sind Unebenheiten zu vermeiden, da diese sonst Aufsprühen und Wassermitreißen bewirken.

Rauchgasseitig auftretende Ansätze durch Asche im Heizöl, durch welche eine Verengung der Querschnitte erfolgt, werden bei abgestelltem Kessel ausgewaschen. Die Ansatz- und Nesterbildung tritt nur auf, wenn Aufprall der flüssigen Schlackenteilchen

[1] NOACK: Die heutige Veloxbauweise als Ergebnis mehrjähriger Betriebserfahrungen. Brown-Boveri-Mitteilungen August, September **1941**, S. 221.

mit großer Geschwindigkeit gegen die Rohrwände erfolgt. Hohe Geschwindigkeit bei Strömung parallel zum Rohr bedingt jedoch keine Ansätze.

Lufterhitzer sind nicht anwendbar, da durch den Turbokompressor bereits eine Luftaufwärmung stattfindet. Die starke Rauchgasabkühlung verlangt daher niedrige Speisewassereintrittstemperaturen bis etwa 100 °C, so daß weitgehende Vorwärmung durch Anzapfdampf nicht möglich ist, was den Gesamtwirkungsgrad der ganzen Anlage etwas vermindert. Der hohe Kesselwirkungsgrad bis etwa 0,93 und darüber sowie ein eventueller Energieüberschuß der Ladegruppe wirken kompensierend. Wird die Eintrittstemperatur des Gases in der Gasturbine so hoch gewählt, wie dies im Gasturbinenbau üblich ist (730 bis 750 °C), spielt der Energieüberschuß der Ladegruppe bereits eine wichtige Rolle und kann bis 5% der mit dem Dampf erzielbaren elektrischen Nutzleistung ausmachen.

Zahlentafel 16. *Allgemeine Auslegungsdaten von Veloxkesseln*

Druck	atü	bis 75
Überhitzungstemperatur	°C	bis 500
Dampfleistung	t/h	10 bis 150
Heizflächenbelastung	kp/m²h	bis 500
Gewicht je Kilogramm erzeugten Dampfes	kp : kp/h	1 bis 1,5
Brennkammerbelastung	kcal/m³h	bis 10 · 10⁶
Rauchgasgeschwindigkeit	m/s	100 bis 200
Druck nach Turbokompressor	ata	2,6 bis 3,4
Druck vor Gasturbine	ata	2,3 bis 3,0
Temperatur vor Gasturbine	°C	500 bis 600
Abgastemperatur	°C	130 bis 140

Die Vorteile des Velox-Kessels sind:

Geringes Gewicht von 1 bis 1,5 kp je Kilopond erzeugten Dampfes. Kleinster Platzbedarf. Kurze Anheizdauer. Hoher Kesselwirkungsgrad.

Als Nachteile sind zu nennen:

Eignung nur für Heizöl oder Gas. Sperrung der Anzapfvorwärmung. Vorhandensein zusätzlicher rotierender Maschinen (Ladegruppe). Empfindlich gegen Speisewasser.

Die wichtigsten Auslegungsdaten sind aus Zahlentafel 16 zu entnehmen.

Weitere Entwicklungsrichtungen im Kesselbau gehen ebenfalls den Weg der Überdruckfeuerung. Während der Hochgeschwindigkeitskessel von MÜNZINGER (S. 215) noch sehr geringe Überdrücke verwendet, wurde vorgeschlagen, in Verbindung mit einer Zyklonvorfeuerung (S. 39) den Rauchgasdruck auf etwa 4 atü zu erhöhen. Das ganze Kesselsystem ist innerhalb zylindrischer druckfester Gehäuse. Anschließend gelangen die Rauchgase in eine Gasturbine, welche die Kompressorleistung und Überschußenergie liefert und in welcher erstere auf Atmosphärendruck expandieren. Schließlich durchlaufen die Rauchgase einen Kohlentrockner[1].

6. Sonstige Anlagen

Mit Gasturbinen kombinierte Dampferzeuger können den Wärmeverbrauch des Kraftwerkes um 5 bis 6,5% senken[2]. Insbesondere bei Verwendung von flüssigen oder gasförmigen Brennstoffen, welche wegen der Gasturbine vor allem in Frage kommen, ergibt dies Möglichkeiten, von denen in zunehmendem Maße Gebrauch gemacht wird.

Kombinierte Anlagen kann man unterteilen in solche,

a) bei denen die Abgase einer normalen Gasturbinenanlage, die stets sehr hohen Luftüberschuß haben, als Verbrennungsluft für eine nachgeschaltete, rauchgasseitig unter Atmosphärendruck stehende Dampfkesselanlage dienen (Abgasprozeß);

b) bei welchen die Verbrennung unter höherem Druck in einer Dampfkesselbrennkammer erfolgt und die Gasturbine, ähnlich wie beim Veloxkessel, zwischengeschaltet ist. Hier

[1] QUACK: Betriebs- und Konstruktionsfragen des Schnellbereitschafts-Großkessels. Mitt. VGB 1951, S. 238.
[2] SCHRÖDER: Das neue Dampfkraftwerk. BWK 1963, Nr. 3, S. 133.

sind bei Wahl hoher Gastemperaturen von etwa 800 °C und darüber die höheren Werte der weiter oben genannten Ersparnisziffern möglich (Aufladeprozeß).

Doch auch reine Gasturbinenanlagen, die ohne Kombination mit einem Dampferzeuger arbeiten, haben viele Elemente des letzteren in Verwendung. Beim offenen Gasturbinenprozeß ist dies die Brennkammer und der Regenerator, beim geschlossenen die Lufterhitzeranlage. Letztere stellt im Prinzip einen Kessel dar, bei welchem im Rohrsystem statt Wasser Luft, die unter einem Druck von maximal 40 bis 60 kp/cm^2 steht, von etwa 400° auf 660 °C, erwärmt wird. Die hohe Temperatur der Luft stellt an die Konstruktion eines „Luftkessels" Anforderungen, die ähnlich jenen bei Hochtemperatur-Dampfüberhitzern sind.

Bei reinen Dampfanlagen wurde als Arbeitsmittel nicht ausschließlich Wasserdampf, sondern vereinzelt auch Hg-Dampf verwendet. Allerdings ist die Zahl dieser als Emmet-Anlagen bekannten Wärmekraftwerke wegen der Giftigkeit und des hohen Preises von Hg beschränkt. Die Hg-Kessel stellen an die Konstruktion neue Anforderungen. Zu einem zufriedenstellenden Betrieb war es auch erforderlich durch geringen Zusatz von Magnesium und Titan dem Hg eine Benetzungsfähigkeit zu verleihen.

II. Feuerungen

Die Feuerung führt die chemisch gebundene Wärme des Brennstoffes in fühlbare Wärme der Rauchgase über und kann in solche für feste, flüssige und gasförmige Brennstoffe eingeteilt werden. Bei den erstgenannten kann es sich um Rost- und Kohlenstaubfeuerungen handeln.

A. Rostfeuerungen

1. Planrost

a) Handbeschickte Roste für stationäre Kessel und Lokomotiven

Die Planrostfeuerung (Abb. 53) stellt die einfachste Feuerung dar. Sie besteht aus den Roststäben, welche auf den Roststabträgern liegen, die sich ihrerseits auf den Rostankern abstützen. Vor dem Rost liegt die Schürplatte, den Abschluß gegen außen bildet das Feuergeschränk. In diesem ist die Feuertür mit einem Strahlungsschutz, dem Schutzkasten, sowie die Aschenfalltüre angeordnet. Den rückwärtigen Abschluß des Rostes bildet die gemauerte Feuerbrücke, welche eine Durchwirbelung der Rauchgase bewirken soll.

Die Beschickung kann von Hand aus erfolgen oder mit Wurfbeschickern. Der größte Teil der Verbrennungsluft wird dem Rost von unten zugeführt, wobei die Rostspalten durchströmt und die Roststäbe gekühlt werden. Diese Luft wird auch Primärluft genannt. Vielfach ist es, besonders bei mechanischen Rosten, zur besseren Durchwirbelung, bzw. um Luftmangel an bestimmten Stellen zu beheben, erforderlich, Oberluft, sogenannte Sekundärluft, einzublasen.

Der gesamte, für den Durchtritt der Primärluft zur Verfügung stehende Spaltquerschnitt heißt freie Rostfläche. Diese wird je nach Körnung, Heizwert, Backfähigkeit und Art des Brennstoffes zu 20 bis 50% der Gesamtrostfläche gewählt. Die Spaltbreite wird nach ähnlichen Gesichtspunkten festgesetzt und beträgt 6 bis 10 mm.

Die Roststäbe haben gewöhnlich angenähert flachtrapezförmigen Querschnitt und ebene seitliche Begrenzungsflächen. Manchmal sind diese auch gewellt. Als Kühlverhältnis eines Roststabes wird der Wert $\frac{2h}{b}$ bezeichnet, wobei h die Höhe des Stabes und b seine Breite, an der Brennbahn gemessen, ist. Die Breite b beträgt gewöhnlich 10 bis 20 mm. Das Kühlverhältnis ist ein Maßstab für die Lebensdauer des normalerweise aus Gußeisen hergestellten Stabes. Je höheren Heizwert der Brennstoff besitzt, um so größer ist das Kühlverhältnis zu wählen. Für Planroste beträgt es etwa 12, sofern Steinkohle verheizt wird.

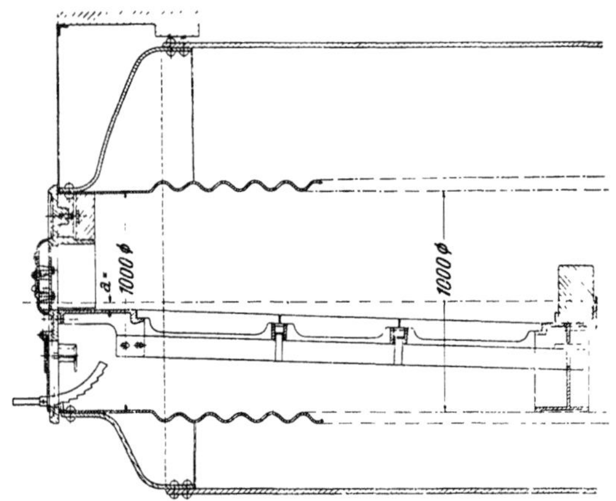

Abb. 53. Einbau eines Planrostes in einem Flammrohrkessel (Paukerwerk der SGP AG., Wien)

Die Größe eines Planrostes ist durch die Leistungsfähigkeit des Heizers mit etwa 2,5 m² begrenzt. Handbeschickte Lokomotivroste haben eine Größe bis zu 5 m², doch tritt die Höchstlast hier immer nur kurzzeitig auf.

Die Entschlackung eines Planrostes findet durch Herausziehen der Schlacke aus der Feuertüre mittels Schüreisen statt. Der Lokomotivrost besitzt ein eigens nach unten aufklappbares Feld, ungefähr in der Mittes des Rostes, den Entschlackungsrost, auf den der Heizer die Schlacke vor dem Entschlacken schieben muß.

Die Rostbelastung wird beim Planrost mit 0,6 bis $0{,}9 \cdot 10^6$ kcal/m²h gewählt, während bei Lokomotivrosten bis auf $3{,}6 \cdot 10^6$ kcal/m²h gegangen wird. Als Brennstoff kommt in beiden Fällen vor allem Steinkohle in Frage, in letzterem Fall zur Verringerung des Flugkoksverlustes in Stückgrößen bis etwa 70 mm.

b) Wurfbeschicker

In Verbindung mit Wurfbeschickern ist die Rostleistung stark steigerbar. Während erstere in Mitteleuropa nur für kleine Roste angewendet werden, führt man sie in den USA auch für Feuerungen großer Leistung aus (Abb. 54). Um auch die Beschickung der Rostseiten zu ermöglichen, sind die Wurfschaufeln abwechselnd nach rechts und links geneigt. Die gleichmäßige Beschickung über die Rostlänge erfolgt von selbst durch die verschiedene Wurfweite des gröberen und feineren Brennstoffkornes. Die Regulierung wird mittels einer Speisewalze durchgeführt. Bei großen Rosten müssen für die Entschlackung besondere Maßnahmen getroffen werden. Entweder besitzt der Planrost entlang seiner ganzen Länge aufklappbare Felder oder er ist als Wanderrost ausgebildet (Abb. 55). Die Bewegung derselben ist umgekehrt als üblich, und zwar im oberen Teil gegen den Heizer zu. Auf diese Weise wird die Schlacke ausgetragen.

Da die Verbrennung zum Teil im Feuerraum stattfindet, kann die Rostbelastung etwas höher, die Brennkammerbelastung dagegen niedriger, und zwar zu etwa 75% des Wertes eines normalen Wanderrostes angenommen werden (S. 67). Die Flugaschenverluste sind gegenüber diesem etwas höher. Hier ist die stets richtige Einstellung des Brennstoff-Luftverhältnisses wichtig. Die geschilderten Feuerungen werden bei intermittierender Entschlackung für Dampfleistungen bis 60 t/h, bei kontinuierlicher mit Wanderrost bis 90 t/h ausgeführt.

Der Wanderrost wird auf diese Weise gegenüber der normalen Ausführung stark entlastet, insbesondere wenn es sich um backende Kohle mit großem Staubanteil handelt. Die Kohle wird auf das bereits brennende Brennstoffbett aufgeworfen, d. h. die Zündung erfolgt von unten, außerdem wird der ganze Verbrennungsvorgang über die Rostfläche besser verteilt, wodurch örtliche Verschlackungen vermieden werden.

Der Brennstoff kann außer aufgeworfen auch aufgeblasen werden, in welchem Fall das schwerste Korn den kürzesten Flugweg hat. In diesem Fall ist die Rostumlaufrichtung wie beim normalen Wanderrost. Letztere Ausführung wurde auch für das Zweischichtverfahren bei Wanderrosten zur Aufbringung der oberen Brennstoffschicht vorgeschlagen[1].

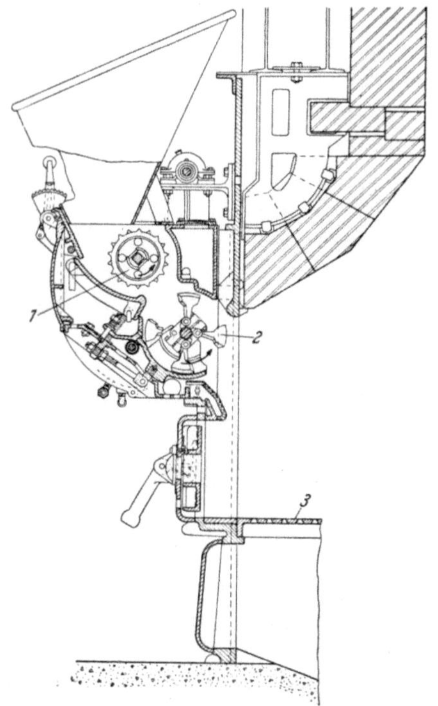

Abb. 54. Wurfbeschicker für große Leistungen (Spreader Stoker der Combustion Engineering, Inc., New York)
1 Speisewalze; *2* Wurfbeschickerrad; *3* Vorrost

Abb. 55. Dampferzeuger für 60 t/h Stundenleistung mit Wurfbeschicker und Wanderrost zur Schlackenausbringung (Combustion Engineering, Inc., New York)

c) Mechanische Planroste

Beim wassergekühlten mechanischen Planrost von Steinmüller erfolgt Vorschub und Schürung dadurch, daß der gesamte Rostwagen etwa alle zwei Minuten einer durch eine Exzenterwelle hervorgerufenen Schüttelbewegung von etwa 5 s Dauer, bei einem Hub von 5 mm, unterworfen wird.

2. Schrägrost

Im Bestreben, die Heizerarbeit zu erleichtern, entstand der Schrägrost. Bei diesem werden die Stäbe unter 40 bis 45° geneigt und gewöhnlich über die ganze Rostlänge in einem Stück ausgeführt. Der Rost wird für Steinkohlen in Größen bis $2 \times 2 = 4\ m^2$ verwendet, bzw. bei Doppelrosten mit dem zweifachen Wert. Die Rostbelastung wird mit etwa $0{,}9 \cdot 10^6\ kcal/m^2h$ gewählt.

3. Treppenrost

Der Treppenrost ist eine für Braunkohle geeignete Abart des Schrägrostes. Er besteht aus mehreren, in etwa 500 mm Abstand verlegten schrägen Wangen (Abb. 56), zwischen welchen die Roststäbe treppenförmig eingelegt sind.

[1] Schwarz: Die Verbrennung in der Wanderrostfeuerung. BWK 1950, S. 119.

Den Abschluß bildet ein kippbarer Ausbrennrost. Die Neigung soll etwas kleiner als der Schüttwinkel sein und beträgt für Torf 30°, Braunkohle 32 bis 34°, Holz und Lohe 40°. Die Neigung der Rostwangen ist verstellbar, um Brennstoffänderungen Rechnung zu tragen. Die Braunkohle würde infolge ihrer mulmigen oder erdigen Beschaffenheit und fehlenden Backfähigkeit in einem gewöhnlichen Rost große Durchfallverluste haben, während diese beim Treppenrost entfallen (Abb. 57). Andererseits wird die schlechte Zündwilligkeit des meist sehr feuchten Brennstoffes durch Zündnesterbildung verbessert. Diese entstehen in den nicht an der Abrutschbewegung teilnehmenden Teilen des Brennstoffbettes, zwischen den Roststäben. Das schlechte Kühlverhältnis eines Schrägroststabes, welches nahe bei 1 liegt, spielt hier infolge des geringen Heizwertes von Braunkohle keine nachteilige Rolle.

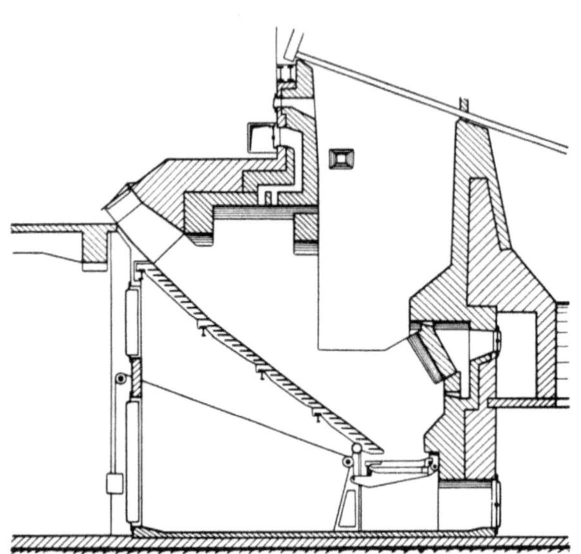

Abb. 56. Treppenrost (Steinmüller, Gummersbach)

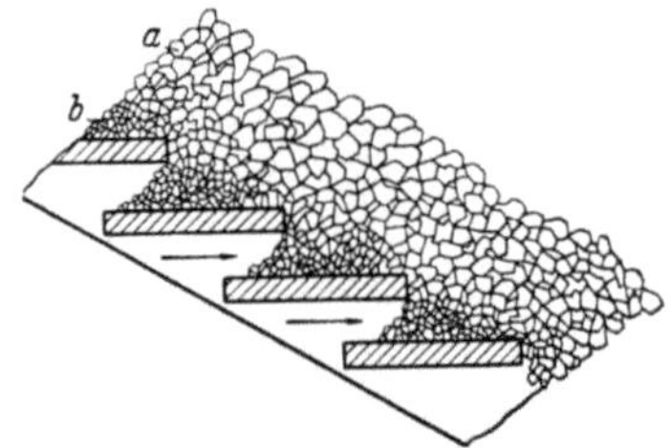

Abb. 57. Kohlenbett beim Treppenrost
a Brennstoffbett; *b* Zündnester

Größere Treppenroste erhalten noch einen Vorrost mit stärkerer Neigung als der Hauptrost. Auch Vortrocknungsschächte werden vorgesehen. Die Länge des Vorrostes beträgt bis 2 m, des Hauptrostes bis 4 m, des Ausbrennrostes etwa 1 m. Die Rostbreite wird bis 1,5 m ausgeführt, doch werden mit niedrigen Zwischenmauern bis fünf Roste bei einem Kessel nebeneinander gelegt. Die Rostbelastung wählt man bis $0{,}6 \cdot 10^6$ kcal/m^{2}h.

4. Wanderrost

Beim Wanderrost wird der kettenartig zusammengesetzte Rostbelag über zwei Rollen zu einem endlosen Band geschlossen. Von der Vorderrolle aus angetrieben, fördert dieses den Brennstoff in den Brennraum, während rückwärts die Schlacke abfällt.

Die ursprüngliche Ausführung war der Kettenrost. Die Luft trat von unten ein und durchströmte das Brennstoffbett am intensivsten an den Stellen kleinsten Widerstandes. Dies ist rückwärts der Fall, da dort die Schichthöhe der Kohle wegen der fortgeschrittenen Verbrennung bereits klein ist. So ergab sich vorn Mangel und rückwärts Überschuß an Luft. Der erste Kettenrost stammt von JUCKES, 1841[1].

Aus dem Kettenrost entwickelte sich der Wanderrost, der jedoch auch noch den Nachteil der ungleichen Luftverteilung aufwies. Von einer rauchfreien oder raucharmen Verbrennung konnte hier noch keine Rede sein. Erst der Zonenwanderrost brachte diesbezüglich eine entscheidende Verbesserung. Er verbessert die Luftzufuhr dadurch, daß der Rost in der Längsrichtung in Zonen eingeteilt ist und die Luftzufuhr zu jeder einzeln geregelt werden kann. Die Zahl der Zonen beträgt je nach der Größe des Rostes vier bis sieben. Abb. 58 zeigt einen Zonenwanderrost mit fünf Zonen. Die Luft wird seitlich dem Rost zugeführt und gelangt zunächst über Regelklappen in Luftkästen, die quer zum

[1] MARCARD: Rostfeuerungen. Berlin: VDI-Verlag.

Rost die beiden Rostwangen verbinden. Die Kästen besitzen Schlitze, durch welche die Verbrennungsluft in die betreffende Zone gelangt. Diese ist gegen oben durch den Rost, gegen unten durch ein Blech, die Zonenmulde, abgeschlossen. Durch den Rost tritt die Luft in das Brennstoffbett. Der Rostdurchfall sammelt sich auf der Zonenmulde. Er wird bei der Steinmüllerausführung durch Schnecken an die Rostseiten gebracht und dann in die Aschentrichter entleert, bei anderen Ausführungen durch Öffnen von Klappen oder Schiebern entfernt. In diesem Falle gelangt die Asche erst nach Durchfall durch die rücklaufende Kette in die Aschentrichter.

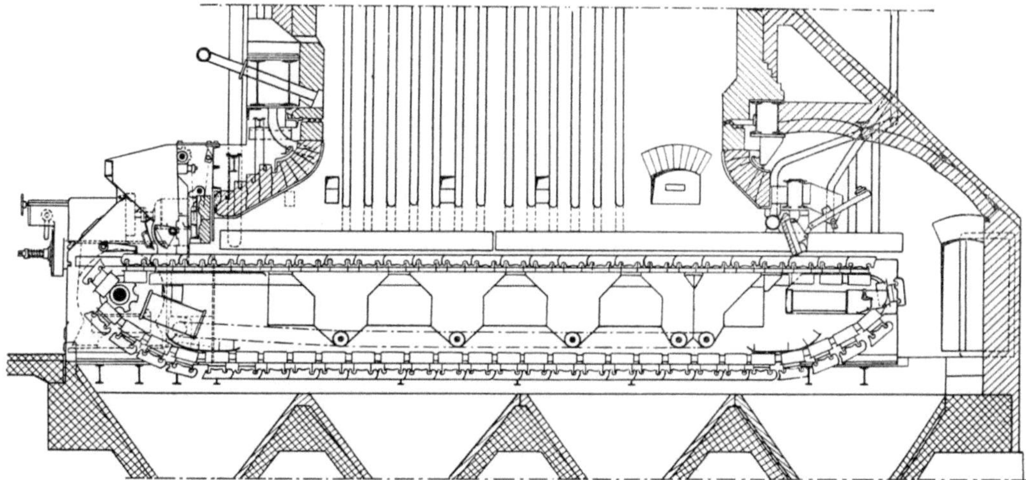

Abb. 58. Zonenwanderrost (Steinmüller, Gummersbach)

Die Roststäbe sind auf den Roststabträgern, welche quer zum Rost verlaufen, aufgefädelt, wodurch leichte Auswechselbarkeit möglich ist. Abb. 59 zeigt dies sowie den seitlichen Luftabschluß bei einem Zonenwanderrost. Die Enden der Roststabträger sind auf den beiderseitig am Rand angeordneten Rostketten befestigt, welche auf Rollen geführt werden und in einer an die Rostwangen angeschlossenen Bahn umlaufen. Vorn greifen in die Rostketten die Antriebszahnräder ein (Abb. 58), welche durch die Rostwelle verbunden sind.

Das Spannen des Rostes erfolgt durch Verschieben der rückwärtigen Welle mittels einer Spannvorrichtung. Der Kettenzug beträgt etwa 1200 kg je Quadratmeter nutzbarer Rostfläche R.

Die Rostantriebsleistung in Kilowatt ist $N = 0{,}5 + R/10$, wenn R in Quadratmeter eingesetzt wird. Erstere wird vom Antriebsmotor über ein fünf- bis zehnstufiges Schaltgetriebe oder ein stufenloses Getriebe auf den Rost übertragen. Im Getriebe ist auch ein Schnellgang und ein Rücklauf eingebaut. Die Vorschubgeschwindigkeit beträgt bei Vollast etwa 30 cm/min, bei Schnellgang 65 cm/min.

Die Regulierung der Schichthöhe der eingebrachten Kohle erfolgt mit dem Schichtregler. Die Schichthöhe wird je nach dem Brennstoff zwischen 6 und 20 cm eingestellt. Die größeren Werte gelten für gröbere Körnung und ungünstigere Zündeigenschaften. Die in Frage kommenden Körnungen liegen zwischen Staub und etwa 40 mm Korngröße. Am günstigsten sind Korngrößen zwischen 2 und 10 mm.

An den Schichtregler schließt das Zündgewölbe an, welches im Gegensatz zu älteren Ausführungen nur kurz gemacht wird, um die Zustrahlung aus dem Feuerraum nicht zu behindern. Diese soll etwa 15000 bis 30000 kcal/m²h betragen[1], um die Zündung zu gewährleisten. Oberhalb des Zündgewölbes ist gewöhnlich eine Sekundärluftzufuhr vorgesehen, wobei die Düsen mit etwa 200 mm Teilung angeordnet sind. Die Luftgeschwin-

[1] Englische Forschung über Verbrennung auf dem Wanderrost. Arch. Wärmewirtsch. 1939, S. 183.

digkeit soll 50 bis 60 m/s betragen, die Luftmenge etwa 10 bis 15% der Gesamtluft. Die Sekundärluft bewirkt eine Durchmischung der strähnenartig aus dem vorderen Teil des Brennstoffbettes aufsteigenden Entgasungsprodukte und ist gleichzeitig eine Luftzufuhr für diese. Dies ist erwünscht, da im vordersten Teil des Rostes meist der Primärluftdurchtritt gedrosselt ist, um die Zündung nicht durch Kühlung zu verzögern.

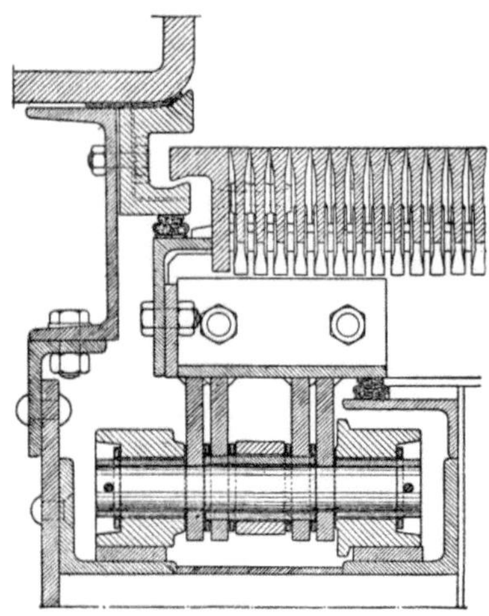

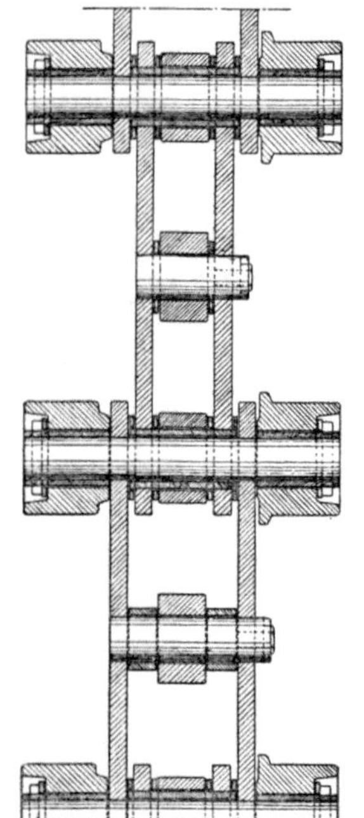

Abb. 59. Rostkette und Rostbelag bei Zonenwanderrosten (Babcock und Wilcox, Oberhausen)

Die seitliche Begrenzung des Brennstoffbettes bilden, um ein Anbacken der Schlacke zu verhindern, die Kühlkammern. An diese sind gewöhnlich die Rohre des seitlichen Kühlschirmes angeschlossen, so daß sie in die Kesselzirkulation eingeschaltet sind. Die Kammern werden meist auf jeder Seite zweiteilig ausgeführt, um eine eventuelle, durch Hitzeeinwirkung hervorgerufene bleibende Deformation gegen das Brennstoffbett zu beschränken. In Zusammenhang damit soll auch die Wandstärke der Kammer nicht über etwa 28 mm gewählt werden.

Den rückwärtigen Abschluß des Rostes bildet die Feuerbrücke mit dem Pendelstauer. Die Pendel sind aus Gußeisen, vielfach mit Schamotteschutz. Sie können dem sich anschiebenden Schlackenkuchen ausweichen. Man kann jedoch auch die Pendel feststellen und so die Schlacke anstauen, wodurch die Aufenthaltszeit des Brennstoffes am Rost verlängert wird. Die von vorne nach rückwärts, entsprechend der fortschreitenden Verbrennung, abnehmende Schichtdicke wird dadurch gegen Rostende wieder erhöht, was auch für die Lebensdauer der Roststäbe günstig ist. Auch luftgekühlte Schlackenstauer werden ausgeführt.

Der Feuerraum soll mindestens 4 bis 6 m hoch sein und es wird dieser je nach den Zündeigenschaften der Kohle ganz oder teilweise mit Kühlschirmrohren ausgekleidet.

Unterhalb des Rostes sind die meist aus Beton mit Schamottefutter ausgeführten Aschentrichter angeordnet. Während der rückwärtige die Schlacke aufnimmt, gelangen in die vorderen vorwiegend der Rostdurchfall, welcher zum Großteil aus verkokter Kohle besteht. Bei starkem Durchfall wird dieser mittels eines Luftejektors aus dem Aschentrichter abgesaugt und in die Brennkammer zurückgeblasen. Auf ähnliche Weise wird auch bei starker Flugkoksbildung dieser von den Stellen im Kesselsystem, wo er sich absetzt, abgezogen und wieder über den Rost eingeblasen.

Der Wanderrost ist zur Verfeuerung von Steinkohlen zwischen $H_u = 4500$ bis 7500 gut geeignet. Ungünstig ist ein zu hoher Wassergehalt über 20% und ein zu kleiner Gehalt an flüchtigen Bestandteilen (schlechte Zündung), starker Staubanteil im Brennstoff (hoher Flugkoksverlust und Durchfall), stark backende Kohle (schlechter Ausbrand) und hoher Aschengehalt (hohe Ausbrandverluste).

Das Kühlverhältnis wird in Abhängigkeit des Heizwertes wie folgt gewählt:

Heizwert	4000	6000	8000
Kühlverhältnis[1]	3 bis 6	7 bis 11	14 bis 20

[1] Kühlverhältnis $K = \frac{2H}{s}$ (H = Roststabhöhe, s = Breite des Roststabes).

Der Zonenwanderrost wird in Zwei-Kettenausführung bis zu Breiten von 3 bis 3,5 m ausgeführt. Darüber kommen bis 6 m drei- und darüber vier-Ketten-Ausführungen oder Doppelroste in Frage. Die Rostlänge, welche vom Schichtregler bis zum Pendelstauer gemessen wird, beträgt bei Zweikettenrosten 4 bis 6 m, bei drei und mehr Ketten bis 8,5 m. Die Rostbelastung wird zwischen 0,7 und $1{,}3 \cdot 10^6$ kcal/m²h, in den USA bis $1{,}7 \cdot 10^6$ kcal/m²h angenommen (s. S. 324).

Die Feuerraumbelastung wird bei den deutschen Ausführungen 0,15 bis $0{,}3 \cdot 10^6$ kcal/m³h, die Gestalt des Feuerraumes quaderförmig gewählt. Die Flamme füllt diesen jedoch

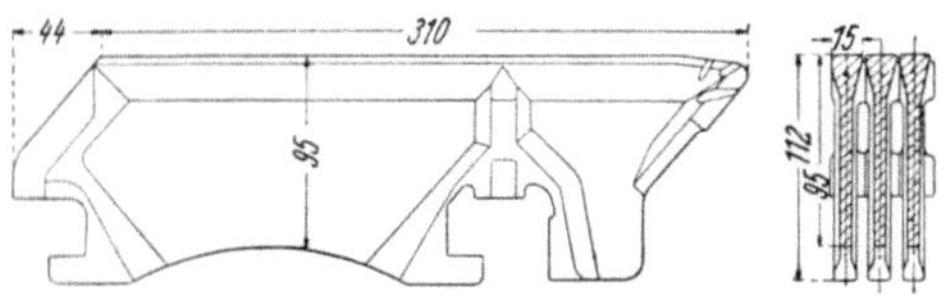

Abb. 60. Roststab für Wanderroste (Paukerwerke, Wien)

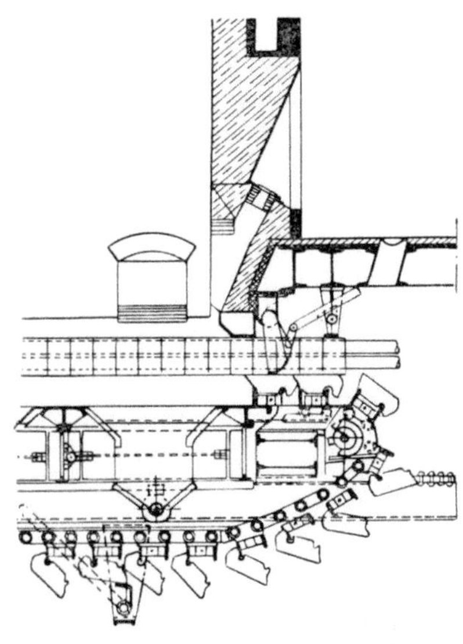

Abb. 61. Rückwärtiges Ende eines Zonenwanderrostes mit Klapprostbelag

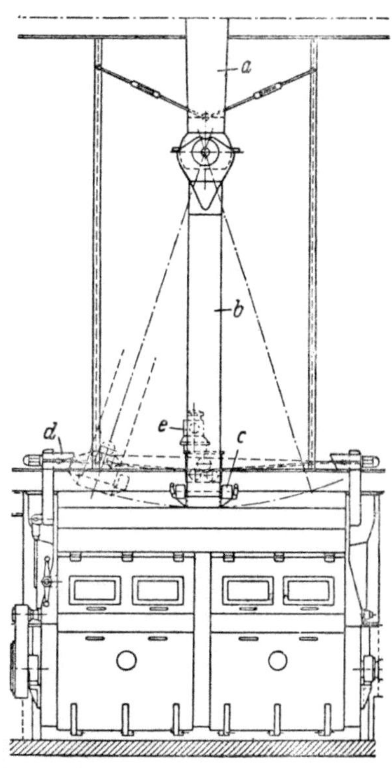

Abb. 62. Pendelschurre mit unterem Antrieb durch Kette und mitlaufenden Motor

a Zuteilschurre; *b* Pendelschurre; *c* Umschalter; *d* Anschlag für Umschalter; *e* Elektromotor

nur zu einem Bruchteil aus. Die amerikanischen Brennkammern sind meist eingezogen, die Brennkammerbelastungen betragen bis $0{,}4 \cdot 10^6$ kcal/m³h.

Die größten Ausführungen am Kontinent besitzen etwa 70 m² Rostfläche, in den USA 62 m², allerdings bei höherer Rostbelastung.

Die Roststäbe sollen von wenig gegliederter, im Querschnitt gleichmäßig verjüngter Form (Abb. 60) sein. Die Breite des Stabes an der Rostbahn ist 10 bis 25 mm, meist etwa 18 mm, die Höhe 50 bis 120 mm, meist etwa 100 mm. Das Kühlverhältnis liegt je nach dem Heizwert zwischen 6 und 20. Außer dem festen Rostbelag werden Klapproststäbe, Schwingroststäbe und Schuppenroststäbe ausgeführt. Die freie Rostfläche beträgt bei Zonenwanderrosten 3 bis 10%, die Spaltbreite etwa 2 mm. Kleine freie Rostflächen vergleichmäßigen den Luftdurchtritt, insbesondere bei ungleichmäßiger Brennstoffschichte.

Abb. 61 zeigt einen Klapprostbelag. Der Zweck dieser Ausführungen ist die selbsttätige Reinigung des Luftspaltes beim Ausklappen. Ähnliche Zwecke verfolgt der KSG-Schuppenrostbelag. Bei festem Belag ist hierfür manchmal eine eigene Kopfvorrichtung angeordnet.

Der Rost entnimmt die Kohle dem vorne angeordneten Kohlentrichter. Dieser kann durch einen Rundschieber (Abb. 58) verschlossen werden. Ebenso ist der vorne geschlossene Rostvorbau bei einem Zonenwanderrost ersichtlich. Die Kohlenzufuhr aus den Hochbunkern erfolgt durch schräge Schurren. Um hierbei einer Entmischung der Kohle vorzubeugen, werden sie auch mit kegelförmigen Begrenzungsflächen, als sogenannte Kegelschurren, oder wirksamer als Pendelschurren[1] mit elektrischem Antrieb ausgeführt (Abb. 62).

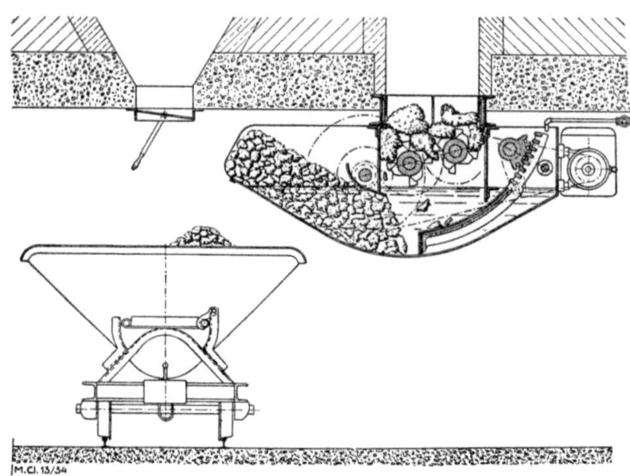

Abb. 63. Entschlacker (Martin, München)

Die anfallende Schlacke wird entweder mittels Walzen vorgebrochen oder gelangt direkt in den Entschlacker. In Abb. 63 ist ein solcher von Martin mit Brechwalzen dargestellt. Der Trog besitzt Wasserfüllung, wodurch ein luftdichter Abschluß erreicht ist. Die Schlacke wird durch einen hin- und hergehenden Stößel herausgefördert und dann mit Kippwagen weggeführt. Ferner gibt es auch hydraulische und pneumatische Entaschungen.

Bei kleinen Kesseln wird meist keine besondere Entschlackungseinrichtung vorgesehen. Die Schlacke wird direkt in einen unter den Auslauf gebrachten Kippwagen entleert, was allerdings mit starker Staubentwicklung verbunden ist.

Handelt es sich um schlecht zündende Brennstoffe, kommen Zündhilfen in Frage. So arbeitet die Einrichtung von Arbatsky mit Rauchgasrücksaugung aus der Brennkammer. Einen ähnlichen Zweck verfolgt der Bessert-Vorroststab, welcher ein Grundfeuer unter der vom Kohlentrichter auf den Rost gelangenden Kohle halten soll.

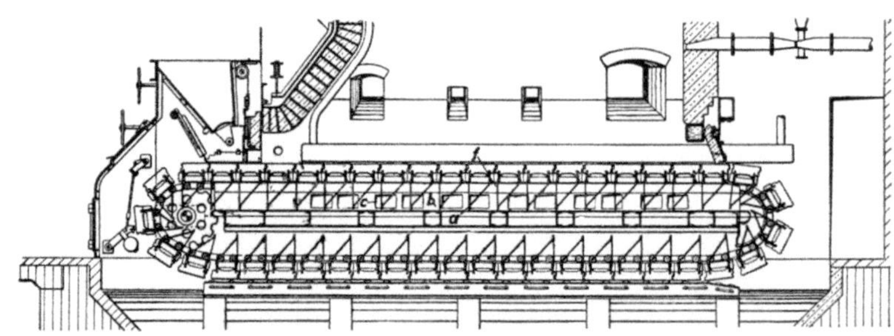

Abb. 64. Wanderzonenrost (Dürr, Ratingen)

Auch Vortrocknungsschächte werden, z. B. für Torf, bei der Makarieffeuerung verwendet[2, 3, 4].

Nach einem anderen Prinzip arbeitet das Doppelschichtverfahren, bei welchem zwei Kohlentrichter vorhanden sind. Im ersten wird der schlechter, im zweiten der besser zündende Brennstoff aufgegeben. Es entstehen dann zwei Kohlenschichten am Rost, die Zündung geht von der oberen, besser zündenden aus. So können auch besonders ungünstige Brennstoffe, wie z. B. Lokomotivlösche, verbrannt werden.

[1] Lenhart: Pendelschurren für Wanderroste. Feuerungstechn. 1940, S. 201.
[2] Nerger: Torffeuerungen für große Leistungen. Feuerungstechn. 1935, S. 65.
[3] Rüter: Das Torfkraftwerk Hakengraben. Arch. Wärmewirtsch. 1930, S. 87.
[4] Bartel: Erfahrungen mit der Verfeuerung von Torf. Mitt. VGB 1948, Nr. 1, S. 41.

Beim Überschleifen der Rostkette über die Zonensättel ist an diesen Stellen die Luftzufuhr zum Roststab gedrosselt. Diese Nachteile vermeidet der Dürr-Wanderzonenrost (Abb. 64). Die Unterteilungsbleche der Zonen wandern mit der Kette mit, die Zonenzahl kann der Anzahl der im Verbrennungsbereich befindlichen Rostglieder gleichgemacht werden.

In England und in den USA wird neben dem Rost mit Roststabträgern auch vielfach der Kettenrost verwendet.

5. Vorschubrost

Bei den Vorschubrosten wird die Bewegung des Brennstoffbettes durch eine hin- und hergehende Bewegung der Roststäbe bewirkt.

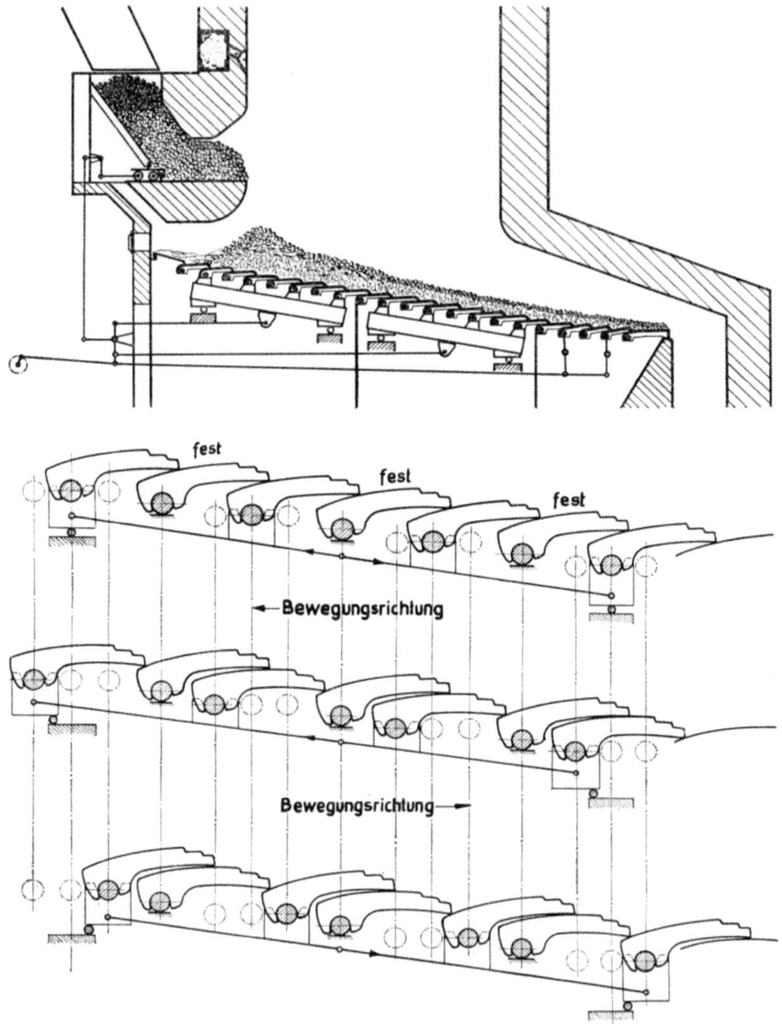

Abb. 65. Zonenvorschubrost mit gleichläufiger Roststabbewegung (Steinmüller, Gummersbach)

Die Roststäbe sind meist in senkrecht zur Längsrichtung des Rostes liegenden Reihen angeordnet (Abb. 65). Bei den verschiedenen Bauarten macht entweder jede oder jede zweite Reihe eine hin- und hergehende Bewegung.

Bei anderen Ausführungen erstrecken sich die Roststäbe über die ganze Länge des Rostes und führen eine gegenläufige Bewegung aus. Bei manchen Ausführungen wird nur jeder zweite Stab bewegt.

Infolge der Überdeckung der Roststäbe wird bei Vorschubrosten nach Abb. 65 der Durchfall verringert. Die Schürbewegung mischt den Brennstoff und begünstigt Zündnesterbildung. Diese Eigenschaften machen den Vorschubrost für Braunkohle besonders geeignet. Andererseits ist die Kühlziffer eines Vorschubroststabes meist gering, so daß bereits aus diesem Grund höherwertige Brennstoffe über $H_u = 5000$ kcal/kg ausscheiden. Einen Vorschubroststab zeigt Abb. 66.

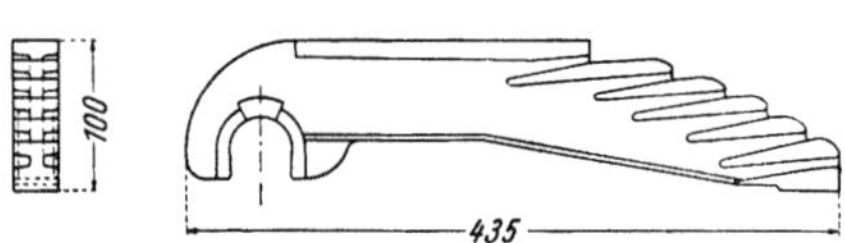

Abb. 66. Roststab für Vorschubrost (Paukerwerk der SGP AG., Wien)

Der Rost in Abb. 65 besteht aus dem Haupt- und dem Nachverbrennungsrost. Ersterer besitzt zwei Luftzonen, der ganze Rost drei. Die beweglichen Roststäbe sind auf Rahmen befestigt, welche ihrerseits auf Rollen laufen. Die Zahl der Rahmen entspricht jener der Zonen, so daß am Hauptrost zwei, am ganzen Rost drei Vorschubgeschwindigkeiten eingestellt werden können. Auf diese Weise hat man die Möglichkeit, die durch den Abbrand verringerte Schichthöhe beim Übergang in die nächste Zone durch Herabsetzung der Vorschubgeschwindigkeit wieder zu erhöhen. Der Antrieb der Rahmen findet über ein Hebelsystem mit verstellbarer Übersetzung durch einen Elektromotor statt. Entweder ist zur Drehzahlregelung ein Wechselgetriebe oder ein Ölgetriebe zwischengeschaltet. Auf diese Weise kann sowohl die Hubzahl je Zeiteinheit als auch der Hub selbst eingestellt werden. In letzter Zeit durchgeführte Verbesserungen betreffen die Brennstoffaufgabe, wodurch Leistungssteigerungen möglich waren. Der Nachverbrennungsrost besitzt über seine ganze Länge reichende Roststäbe, wobei jeder zweite hin- und herbewegt wird.

Die Brennkammerwände werden bei niedrigen Heizwerten nur zum Teil mit Kühlschirmrohren ausgekleidet, damit die Verbrennungstemperatur nicht zu stark absinkt. Die seitliche Rostbegrenzung wird auch hier durch gekühlte Balken oder Rohre durchgeführt. Deren Anschluß an die Kesselzirkulation ist erwünscht.

Vorschubroste werden für Längen von etwa 5,7 bis 6 m und Breiten bis 10 m ausgeführt. Die Rostbelastung wird mit $0{,}7 \cdot 10^6$ bis $1 \cdot 10^6$ kcal/m^{2}h, die Lufttemperatur bis 150 °C gewählt. Geeignete Brennstoffe für den Vorschubrost sind: Rohbraunkohlen, Braunkohlen, Brikett, Schwelkoks, Torf, also Brennstoffe mit einem Heizwert von 2500 bis 5000 kcal/kg und Aschengehalten von 25 bis 50%.

Die Anordnung einer Stufe bei Vorschubrosten, was bereits 1927 vorgeschlagen wurde[1], erweist sich als günstig und wird bei einigen Bauarten angewendet. Es tritt dadurch eine Vermischung der Kohle und Grundfeuerbildung auf, so daß kurz nach der Stufe die Verbrennung intensiv einsetzt.

Beim Muldenrost (Abb. 67) erfolgt der Brennstoffvorschub quer zur Kesselachse. Die Feuerung ist in Einzelroste aufgelöst. Diese erhalten den Brennstoff aus Schamotteschächten, welchen durch die Feuergase Wärme zugeführt wird, so daß eine gewisse Vortrocknung stattfindet. Ein Schamottepilz am Rostende unterstützt die Mischung der gebildeten Gase, die infolge der kurzen Rostlänge an und für sich gut ist.

6. Doppelvorschubrost

Die Rostleistung eines Vorschubrostes durch weitere Verlängerung über 6 m zu steigern, erwies sich als nicht zweckmäßig. Die Schichtdicke wird am Anfang zu groß, wodurch die Durchzündung leidet. Ferner ist die Bewegung des Brennstoffbettes in verschiedenen Schichthöhen ungleich. Bei schrägen Rosten rutscht die obere Schicht schneller ab[2], was schließlich zu unvollkommenem Ausbrand führt.

---

[1] GUCZKY: Verfeuern von Braunkohle auf Vorschub-Treppenrosten. Arch. Wärmewirtsch. 1931, S. 301.

[2] SCHWARTZ: Die Verheizung geringwertiger wasserreicher Kohlen auf dem Pluto-Stoker-Spezialrost. Zeitschrift der Dampfkesseluntersuchungs- und Versicherungs-A.G., Wien, 1927, Nr. 5.

Diese Schwierigkeiten werden durch den Doppelvorschubrost von Steinmüller umgangen. Dieser besteht (Abb. 68) aus einem Vorrost und anschließend, nach Zwischenschaltung einer Stufe, einem Hauptrost. Jeder hat seine eigene Brennstoffzufuhr. Die Gase des Vorrostes treten durch Öffnungen zwischen den Kohlenzufuhrschächten des Hauptrostes in den Hauptfeuerraum. Die Glut des Vorrostes kommt unter die auf dem Hauptrost aufgegebene Kohle, wodurch ein kräftiges Grundfeuer entsteht. Dadurch wird die Zündzeit stark gekürzt und die Leistung des Rostes erhöht.

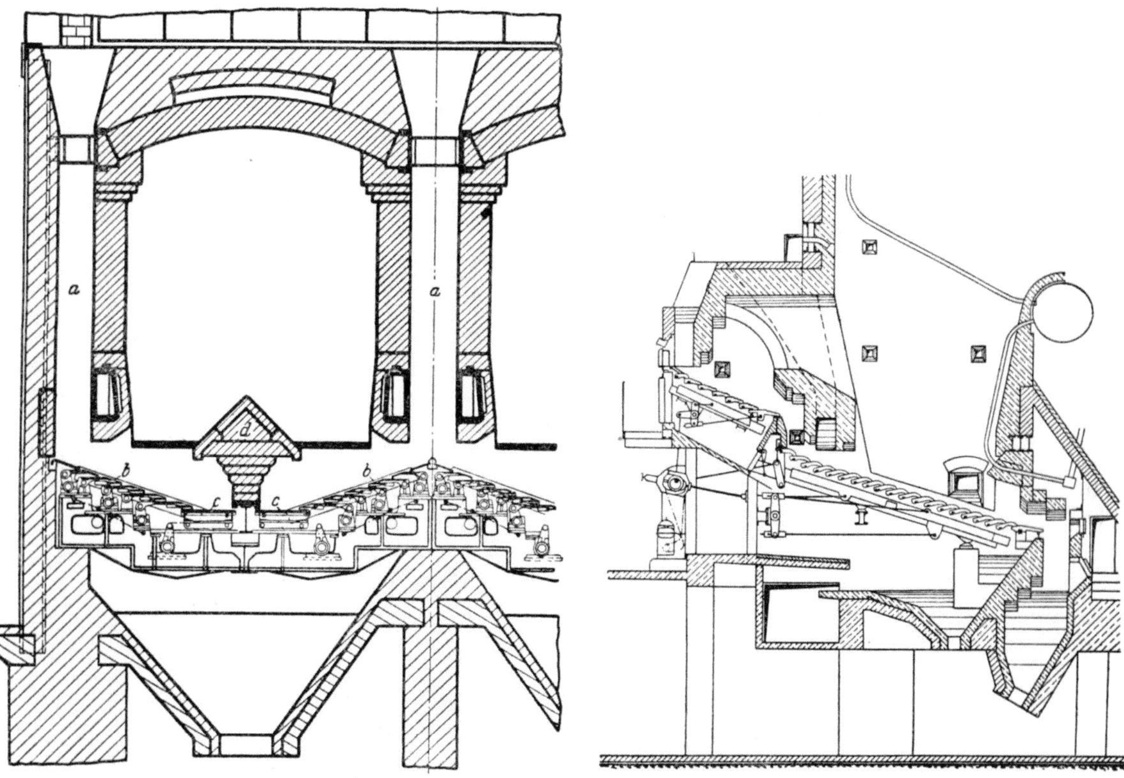

Abb. 67. Muldenrost (Seitschrägrostfeuerung)
a Kohlenzuführungsschacht; *b* Schrägrost; *c* Planrost; *d* Pilzeinbau nach Otte

Abb. 68. Doppelvorschubrost (Steinmüller, Gummersbach)

Die Rostlänge konnte beim Doppelvorschubrost bis über 8 m erhöht werden. Die größte Ausführung besitzt 84,4 m². Die Rostbelastung wird mit etwa $0{,}85 \cdot 10^6$ kcal/m²h gewählt.

7. Schürrost

Bei den Vorschubrosten ist Schürung und Vorschub einander zugeordnet. Die Steigerung ersterer ohne Vergrößerung letzterer ist nicht möglich. Dies ist ein Nachteil bei stark aschenhaltigen Brennstoffen. Es wurden daher die Schürroste entwickelt, welche infolge stärkerer Neigung der Roststäbe für den gleichen Vorschub eine größere Hubzahl benötigen, wodurch die Schürwirkung steigt. Außerdem wird aus dem gleichen Grund jede Roststabreihe gegenläufig zur nächsten bewegt.

In Abb. 69 ist ein Schürrost dargestellt. Er besitzt vier Luftzonen und ebenso viele Vorschubzonen. Zur Verbesserung der Rauchgasmischung und Zündung sowie Vermeidung zu starker Abkühlung am Rostende ist das rückwärtige Gewölbe stark vorgezogen. Die Kohlenzufuhr erfolgt durch einen Stößel oberhalb des Rostes.

Der Rost ist für aschenreiche Brennstoffe (Mittelprodukte, Schlammkohle, Rauchkammerlösche, Ölschiefer u. a.) bis 50% Aschengehalt bei Heizwerten zwischen 2500 und 5000 kcal/kg brauchbar. Die Rostbelastung wird mit $1 \cdot 10^6$ kcal/m²h und darüber gewählt. Nach dem Schürrostprinzip arbeiten zahlreiche Rostsysteme, welche je nach der

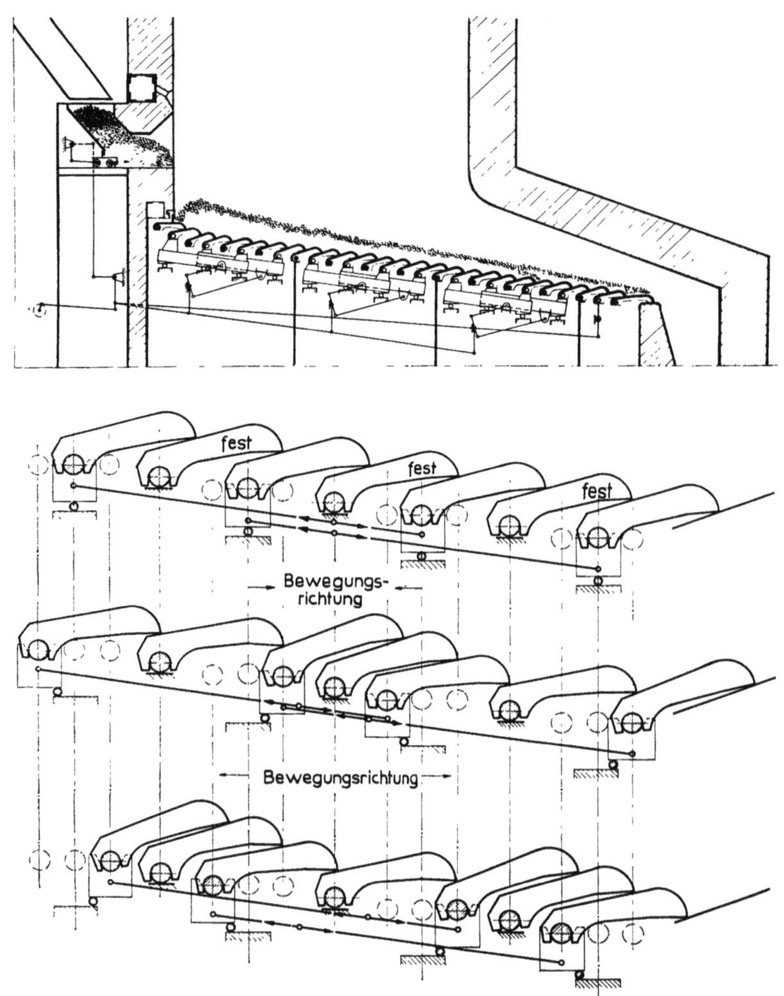

Abb. 69. Zonenschürrost mit gegenläufiger Roststabbewegung (Steinmüller, Gummersbach)

erzeugenden Firma verschiedene Bezeichnungen haben. Bei manchen Ausführungen wird, um den Vorschub noch weiter zurückzuhalten, d. h. die Schichthöhe zu vergrößern, der Rost gegen rückwärts zu leicht ansteigend ausgeführt.

8. Rückschubrost

Bei Rückschubrosten, welche vor allem für besonders heizwertarme und aschenreiche Brennstoffe geeignet sind, wird die Schürwirkung bei gleichem Vorschub noch weiter verstärkt. Dies erfolgt beim Martin-Rückschubrost (Abb. 70) durch gegenläufige Bewegung der Roststäbe, welche schräg gegen den Rostanfang gerichtet sind. Die Roststäbe sind hier nicht mehr Förderorgane, sondern erzeugen lediglich eine dauernde Bewegung und Unruhe im Brennstoffbett, welches dadurch unter dem Einfluß der Schwere eine resultierende Bewegung nach abwärts ausführt.

Die gegenläufigen Roststabreihen sind auf Rahmen montiert, deren Seitenwangen eine zickzackförmige Gestalt haben. Auf diese Weise führen diese immer eine Bewegung senkrecht zu den Zonenbegrenzungsblechen aus. Der dargestellte Rost besitzt fünf Zonen, die Schlackenaustragung erfolgt mit einer Walze. Die Zufuhr des Brennstoffes bewirkt eine Schnecke.

Die Zündung findet infolge der Mischbewegung und Durchsetzung des Brennstoffes mit Zündkernen sehr schnell statt. Die Schichthöhe des Brennstoffbettes wird mit abnehmendem Heizwert höher eingestellt und liegt zwischen 150 und 400 mm, wodurch die notwendigen großen Aufenthaltszeiten des Brennstoffes am Rost ermöglicht werden (S. 323). Der Martin-Rückschubrost ist außer für Kohle für Kohlenschlamm, Mittelgut, Waschberge bis 65% Aschengehalt und Rohbraunkohle bis 60% Wassergehalt geeignet. Nachteilig ist in manchen Fällen eine Klumpenbildung der Schlacke am Brennstoffbett. Der Rost wurde bis 10 m Breite, 9,5 m Länge, bzw. 95 m² Rostfläche ausgeführt. Die Lufterhitzung wird bis 130 °C bei Steinkohle, bzw. deren Abfällen und bis 160 °C bei Braunkohle gewählt. Als Rostbelastung wird 1,1 bis $1{,}5 \cdot 10^6$ kcal/m²h und darüber zugrunde gelegt.

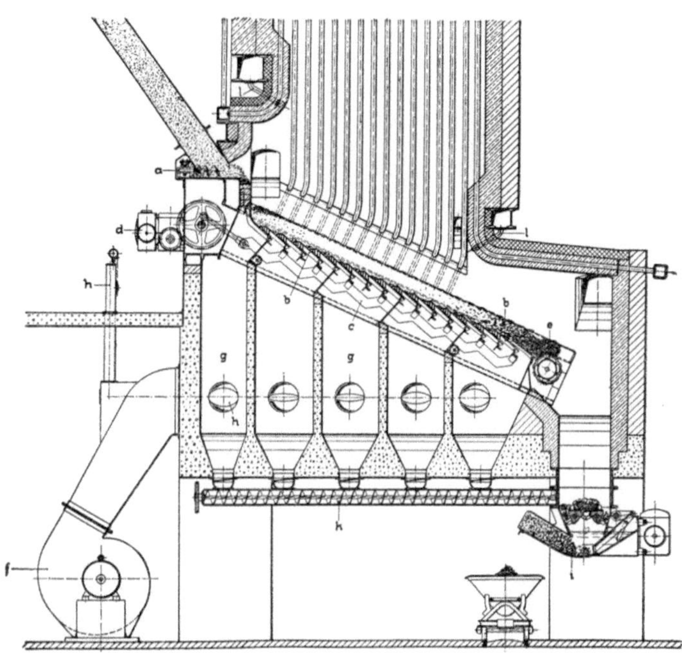

Abb. 70. Rückschubrost

a Beschickung; *b* Schürroststäbe; *c* Schürrostträger; *d* Rostantrieb; *e* Schlackenaustragwalze; *f* Unterwindgebläse; *g* Zone; *h* Regulierklappen; *i* Entschlacker; *k* Rostdurchfallschnecke; *l* Zweiluftzufuhr (Martin, München)

9. Unterschubrost

Bei den bisher besprochenen Feuerungen gelangt der Brennstoff von oben auf den Rost. Die Zündung findet hauptsächlich durch Strahlung aus dem Feuerraum und durch Zündkerne im Brennstoffbett statt.

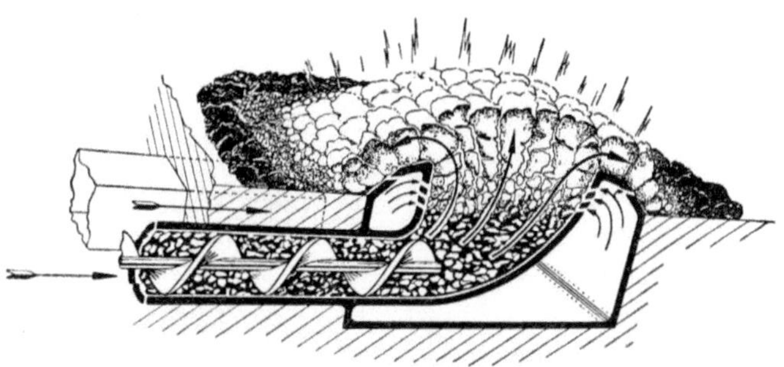

Abb. 71. Schematische Darstellung einer Unterschubfeuerung nach WILLIAMS

Bei den Unterschubfeuerungen erfolgt hingegen die Brennstoffzufuhr von unten. Das Idealbild einer solchen Feuerung ist demnach ein von unten nach oben gleichmäßig aufsteigender Brennstoffstrom, welcher in einer gedachten Ebene durch Wärmeleitung aus dem darüber liegenden glühenden Brennstoff zündet, so daß schließlich die Oberfläche des Brennstoffbettes eine gleichmäßig brennende Fläche ist. Die Schwelgase und Entgasungsprodukte müssen die glühende Brennstoffschicht durchstreichen, wodurch eine sehr gute Durchmischung aller gebildeten Verbrennungsgase stattfindet.

Das Prinzip der Unterschubfeuerung bei Zufuhr der Kohle mittels einer Schnecke zeigt Abb. 71.

In Wirklichkeit wird die Aufstiegsgeschwindigkeit des Brennstoffes infolge der einseitigen Brennstoffzufuhr nicht ganz gleichmäßig sein. In ungünstigen Fällen kann es dann zu einem Durchbruch ungezündeter Kohle zur Oberfläche kommen, deren Zündung dann durch Strahlung aus dem Feuerraum erfolgen muß.

Bei größeren Rosten erfolgt die Kohlenzufuhr durch Stößel, wie Abb. 72 bei einem Taylorstoker zeigt. Dieser besteht, je nach der Größe, aus einer bestimmten Anzahl nebeneinanderliegender Rostbahnen oder Retorten. Letztere sind muldenförmig, die aufsteigenden Seiten werden von den übereinanderliegenden Roststäben gebildet. Die Roststäbe sind beim Taylorstoker unbeweglich, bei anderen Ausführungen, wie z. B. dem

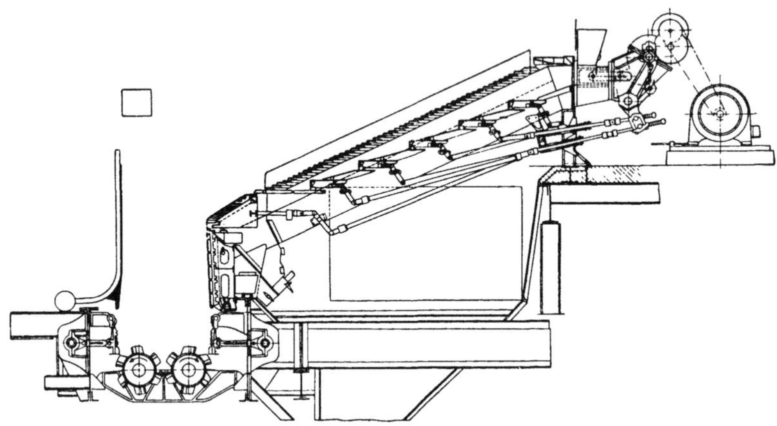

Abb. 72. Taylorstoker

Rileystoker, bewegt. Das Maß von Mitte zu Mitte zweier benachbarter Retorten beträgt etwa 500 bis 600 mm. Um die am Anfang der Mulde eintretende Kohle gleichmäßig über die Länge derselben zu verteilen, sind in ersterer noch weitere Stößel untergebracht. Der Hub und die Hubzahl aller bewegter Teile ist verstellbar. Am Ende der Retorte ist ein gleichfalls bewegter Ausbrennrost und schließlich ein Ausbrennschacht mit Brechwalzen vorhanden. Letzterer verlängert die Aufenthaltszeit der Kohle um 10 bis 12 Stunden, wodurch das Brennbare in den Rückständen bis auf 4% abnimmt[1]. Die Länge der Retorte beträgt bis 5,5 m, jene des Ausbrennrostes etwa 1,5 m. Am Boden der Mulde findet keine Luftzufuhr statt, sondern nur durch die jeweils auf beiden Seiten angeordneten Roststabgruppen. Der Rost besitzt sowohl in der Längs- als auch in der Querrichtung Luftzonen. Trotz der am Boden der Mulde vorhandenen Stößel ist bei langen Mulden vorne ein starkes Hochquellen des Brennstoffes nicht zu vermeiden, während hinten mehr ein Schieben in der Rostebene eintritt, so daß der Rost dann nicht mehr nach dem reinen Unterschubprinzip arbeitet. Die Aufstiegsgeschwindigkeit des Brennstoffes, auf die projizierte Muldenfläche bezogen, soll nicht 0,6 bis 0,8 m/h übersteigen[2].

Der Verschleiß der Roststäbe ist infolge ihrer niedrigen Kühlziffer von 1 bis 3 verhältnismäßig hoch. Als Brennstoff kommt wegen der Flugkoksbildung leicht backende Steinkohle mit über 14% flüchtigen Bestandteilen, Feuchtigkeit unter 15% und Aschengehalt unter 20% in Frage[3]. Auch gasarme Brennstoffe kann man verfeuern, wenn sie ausreichend backen und wegen des Stabverschleißes nicht zu hart sind. Schlackenreiche Kohle ist wegen Kuchenbildung ungünstig, besonders bei Aschenschmelzpunkten unter 1200 °C. Als Rostbelastung wird etwa $1{,}5 \cdot 10^6$ kcal/m^{2}h zugrunde gelegt, wobei man als Rostlänge die Summe der Länge der Retorte und des Ausbrennrostes (über die eventuelle Krümmung gemessen) einsetzt[1]. Die Zahl der Retorten beträgt 20 und mehr, die Schichthöhe des

[1] Loschge: l. c. S. 4.
[2] Gumz: Kurzes Handbuch der Brennstoff- und Feuerungstechnik. Berlin: Springer. 1942.
[3] Münzinger: l. c. S. 10.

Brennstoffes 400 bis 700 mm. Daher ist auch eine hohe Unterwindpressung, bis 200 mm WS, erforderlich. Die verwendeten Lufttemperaturen liegen bei 200 °C, bzw. 250 °C. Der Rost wurde in Deutschland bis zu einer Rostgröße von 73,5 m^2 (Dampferzeugung 150 t/h), in den USA bis Dampfleistungen von 285 t/h ausgeführt. Große Roste werden in Zweienderausführung mit gemeinsamem Ausbrennschacht gebaut.

Der Vorteil des Stokers liegt in schneller Belastbarkeit, der Möglichkeit, längere Zeit mit Mindestlast gebänkt zu fahren, in der Unempfindlichkeit gegen Körnung und Staubgehalt, da fast kein Rostdurchfall entsteht, sowie in niedrigen Feuerungsverlusten bei Teillast.

Dagegen ist der Verschleiß der Roststäbe groß, das Brennstoffprogramm begrenzt, aufmerksame Bedienung erforderlich. Die Anwendung hoher Feuerräume bis 8 m ist zum Ausbrand des Flugkokses erwünscht.

Außer den bereits beschriebenen gibt es noch zahlreiche weitere Stokerbauarten. Sofern es sich um Kleinkessel handelt, erfolgt die Einführung des Brennstoffes zwangsläufig mit Schnecke oder Stößel, die Verteilung auf dem Rost lediglich durch die schiebende Wirkung des nachdrängenden Brennstoffes. Die Rostfläche wird muldenförmig oder eben ausgeführt.

B. Kohlenstaubfeuerungen

Bei der Kohlenstaubfeuerung wird der Brennstoff in gemahlenem Zustand in die Brennkammer eingeblasen. Die Zündung findet infolge der Zustrahlung aus der Flamme und durch Mischung mit rückzirkulierenden Gasen aus ersterer statt. Durch hohe Lufttemperaturen wird diese unterstützt. Anschließend erfolgt die Verbrennung. Die Aufenthaltsdauer der Hauptmasse der Staubteilchen in der Brennkammer muß mindestens so groß sein, als die Verbrennungszeit beträgt. Da die Korngröße zwischen 0 und einem Höchstwert liegt, dieser aber nur von einem kleinen Gewichtsprozentsatz erreicht wird, wäre es unwirtschaftlich, die Kammergröße nach der Verbrennungszeit der größten Teilchen zu bemessen. Es wird vielmehr mit einer kleineren, „gerade ausbrennenden“ Teilchengröße gerechnet und ein kleiner Verlust durch Unverbranntes in Kauf genommen.

Die Staubgröße wird mittels Sieben verschiedener Maschengröße bestimmt. Diese sind beim Siebvorgang übereinander angeordnet. Aus Zahlentafel 17a sind die nach DIN 4188 genormten Siebgrößen ersichtlich.

Zahlentafel 17a. *Siebgrößen nach DIN 4188*

Siebbezeichnung = Lichte Maschenweite mm	Alte Sieb-Nr.	Maschenzahl M/cm^2	Drahtstärke mm
0,3	20	400	0,2
0,2	30	900	0,13
0,15	40	1600	0,10
0,12	50	2500	0,080
0,10	60	3600	0,065
0,09	70	4900	0,055
0,075	80	6400	0,050
0,06	100	10000	0,040

Die Verteilung der Mahlfeinheit kann nach Rosin und Rammler durch die Gleichung $R = 100\, e^{-\left(\frac{d}{d_m}\right)^n}$ beschrieben werden. Es ist R der Rückstand in Gew.-% bei der lichten Maschenweite d. Die mittlere Korngröße[1] ist d_m und n eine Konstante, welche „Gleichmäßigkeitszahl“ heißt. Je kleiner d_m ist, um so feiner ist die Mahlung und je größer n, um so gleichmäßiger das Korngemisch, d. h. es liegt ein bestimmter Gewichtsprozentsatz innerhalb eines immer kleineren Durchmesserbereiches. Durch Auftragung in einem Koordinatensystem, in welchem die Einheiten auf der Ordinate $\log\log\left(\frac{100}{R}\right)$ und auf der

[1] Da diese bei $d = d_m$ vorliegt, ist hierbei nach der Gleichung von Rosin und Rammler $R = 36 \cdot 8\%$.

Abszisse log d sind, erscheint obige Gleichung als Gerade (Rosin, Rammler-Körnungsnetz). In der Praxis ist es normalerweise ausreichend die Mahlfeinheit durch 2 Siebrückstände, z. B. auf Siebgröße 0,2 und 0,09 zu kennzeichnen. Zahlentafel 17b zeigt in der Praxis übliche Werte bei Kesseln mit trockenem Schlackenabzug.

Allerdings wird die notwendige Mahlfeinheit stark von der Art der Feuerung beeinflußt. Bei Schmelzkammerfeuerungen darf der Rückstand auf Sieb 0,09 etwa das 1,3fache, bei Senkrecht- und Waagrecht-Zyklonfeuerungen etwa das 1,8- bzw. 3,0fache (bei 25% Gasgehalt) der in Zahlentafel 17b angegebenen Werte sein[1].

Zahlentafel 17b. *Erforderlicher Siebrückstand bei trockenem Schlackenabzug*

	Steinkohle Gasgehalt %			Braunkohle Gasgehalt %		
	4	25	45	45	53	60
Rückstand auf Sieb 0,2	2	3	6	10	15	25
Rückstand auf Sieb 0,09	7	18	35	45	50	60

Die Vermahlung der Kohle erfolgt in Mühlen. Der Kohlenstaub wird aus denselben mittels eines Luftstromes herausgetragen und entweder direkt in die Brennkammer eingeblasen (direkte Einblasung) oder zuerst gebunkert und dann erst dem Kessel zugeführt (Zwischenbunkerung und Zentralmahlanlage). Vor der Mahlung oder während dieser muß die Kohle, sofern sie höhere Wassergehalte hat, getrocknet werden. Dies erfolgt in eigenen Trocknern durch Rauchgase[2] oder Dampf oder in der Mühle selbst (Mahltrocknung). In diesem Falle kann man die Trocknung entweder durch Heißluft, welche gleichzeitig den Kohlenstaub aus der Mühle herausträgt, oder durch Rauchgase, welche aus der Brennkammer rückgesaugt werden, durchführen. Die Trocknung erfolgt bis auf einen Wassergehalt von 1 bis 30%[3]. Die Einblasung des Brennstaubes in die Brennkammer findet durch Brenner statt, welche entweder an der Stirn- und Rückwand oder in den Ecken angeordnet sein können. Eine Einblasung des Kohlenstaubes von der Decke der Brennkammer nach unten, wobei die Flamme, einen U-förmigen Weg beschreibend, oben wieder aus der Kammer austritt, wurde früher vielfach ausgeführt. Doch wird die Einblasung des Kohlenstaubes von oben auch heute manchmal gewählt[4], um die Aufenthaltszeit der heißeren Flammensträhnen in der Brennkammer infolge Auftriebswirkung zu verlängern und damit die Verschlackung der Nachheizfläche hintanzuhalten (s. S. 101). In Zweizugkammern, z. B. nach Abb. 33 tritt im zweiten Zug ebenfalls eine Bremsung der heißeren Strähnen auf.

Die Brennkammertemperatur kann entweder so tief gehalten werden, daß die Schlacke in fester, granulierter Form trocken im Aschentrichter anfällt, oder so hoch, daß flüssiger Schlackenabzug möglich ist. Im ersteren Fall handelt es sich um eine Granulierkammer, in letzterem um eine Schmelzkammer.

Die Gründe, die für die Wahl einer Kohlenstaubfeuerung statt einer Rostfeuerung sprechen, sind:

Möglichkeiten der Einhaltung eines höheren CO_2-Gehaltes und damit Brennstoffersparnis von etwa 1%. Besserer Ausbrand bei hohem Aschengehalt. Geringe Flugkoksverluste. Bessere Regulierfähigkeit. Kleinerer Platzbedarf bei großen Leistungen. Großes Brennstoffprogramm. Ausführbar für größte Leistungen.

Gegen die Wahl einer Kohlenstaubfeuerung kann angeführt werden:

Kraftverbrauch der Mühlen (5 bis 25 kWh/t Kohle). Dieser macht die oben angeführte Brennstoffersparnis oft wieder wett. Verschleiß der Mühlen. In ungünstigen Fällen Verschlackungen in Brennkammer und Kessel. Begrenzung der Teillast nach unten (unter 30% Last ist eine befriedigende Zündung bei Granulierkesseln meist nicht mehr

[1] Boese: Beitrag zur Frage des Eigenbedarfs der Kesselanlagen in großen Dampfkraftwerken. AEG Mitt. 50. Jg. 1960, Heft 6/7, S. 245.

[2] Zum Beispiel Braunkohlen-Trocknungsanlage nach Rema-Rosin. BWK 1951, S. 7.

[3] Siehe S. 322,

[4] Konejung: Der heutige Stand des Verschlackungs-Problems. Mitt. VGB 1948, Nr. 2/3.

möglich). Bei kleineren Anlagen verhältnismäßig größerer Aufwand an Bedienung als bei Rosten. Größerer Flugaschenauswurf.

Zusammenfassend kann man sagen, daß bei kleineren Leistungen bis 40 t/h meist eine Rostfeuerung am Platz ist, außer es spricht die Ungewißheit des zur Verfügung stehenden Brennstoffes für die Wahl der universelleren Kohlenstaubfeuerung. Zwischen 40 bis 70 t/h sind beide Feuerungen möglich. Oberhalb 70 t/h kommt hauptsächlich die Kohlenstaubfeuerung in Frage, während große Leistungen über 125 t/h deren ausschließliche Domäne sind.

1. Kohlenstaubmühlen

Die Kohlenstaubmühlen werden wie folgt unterteilt:

Schwerkraftmühlen. Schlägermühlen. Federkraftmühlen. Fliehkraftmühlen. Prallmühlen.

a) Schwerkraftmühlen

Bei den Schwerkraftmühlen erfolgt die Mahlung durch Druck oder Stoß, welcher auf Grund von Schwerewirkung erfolgt. Der wichtigste Vertreter dieser Mahlart ist die Rohrmühle, welche in Abb. 73 dargestellt ist. Sie besteht aus einer rotierenden Trommel und ist etwa zu einem Drittel mit Stahlkugeln verschiedener Größe gefüllt. Durch die Drehung mit etwa = 30 U/min werden die Kugeln zum Teil mitgenommen, fallen zurück und zermahlen auf diese Weise die dazwischen befindliche Kohle. Das Austragen dieser aus dem Mahlraum erfolgt durch Luft, die im Bedarfsfalle eine entsprechend hohe Anfangstemperatur hat, um das Mahlgut gleichzeitig zu trocknen. Um der Explosionsgefahr, besonders bei gasreichen Kohlen, zu begegnen, wird der Luft auch Rauchgas beigemischt. In diesem Falle begrenzt man den O_2-Gehalt des Gemisches mit 10 bis 11%[1]. Es ist bei allen Mühlen unvermeidlich, daß die Luft mit dem feinvermahlenen Gut auch gröbere Teilchen, Grieß genannt, mitreißt. Dessen Abscheidung erfolgt in regelbarem Ausmaße in einem nachgeschalteten Sichter, von wo der Grieß mit einer Schnecke zur Kohlenaufgabe, vor die Mühle, zurückgeführt wird. Der Vorteil der Rohrmühle ist große Betriebssicherheit, hohe Mahlfeinheit, Eignung für Mahlgut mit starker Verschleißwirkung, der Nachteil Nichteignung für direkte Einblasung (S. 86) und fast keine Abnahme des Kraftbedarfes mit sinkender Last.

b) Schlägermühlen

Schläger-Sichtermühlen. Bei den Schlägermühlen erfolgt die Zerkleinerung der Kohle hauptsächlich durch Zusammenprall der radial eintretenden Kohle mit den eine Umfangsgeschwindigkeit von 50 bis 90 m/s besitzenden Schlagköpfen, bzw. Platten. Bei den Schlägermühlen (Abb. 74) sind die Schläger gelenkig am Rotor befestigt, welcher mit 750 bis 1500 U/min umläuft. Die Zufuhr der Heißluft zum Trocknen und Sichten erfolgt tangential. Auf der anderen Mühlenseite wird das gemahlene Gut ausgeschleudert und über einen Sichter den Brennern zugeführt. Der Grieß wird in die Mühle zurückgefördert. Im einfachsten Fall ist der Sichter nur ein über der Mühle angeordneter Schacht, welcher durch eine seitliche Öffnung direkt mit der Brennkammer in Verbindung steht. Dann handelt es sich um die Mühlenfeuerung nach Krämer. Hier ist Mühle, Sichter und Brenner zu einem Aggregat vereinigt (Abb. 81e).

Meist besitzt der Schacht jedoch Einbauten, um die Sichterwirkung zu verbessern.

---

[1] Bosse: Die Explosion in der Mahlanlage Zeitz-Tröglitz. Mitt. VGB 1950, Nr. 8, S. 39.

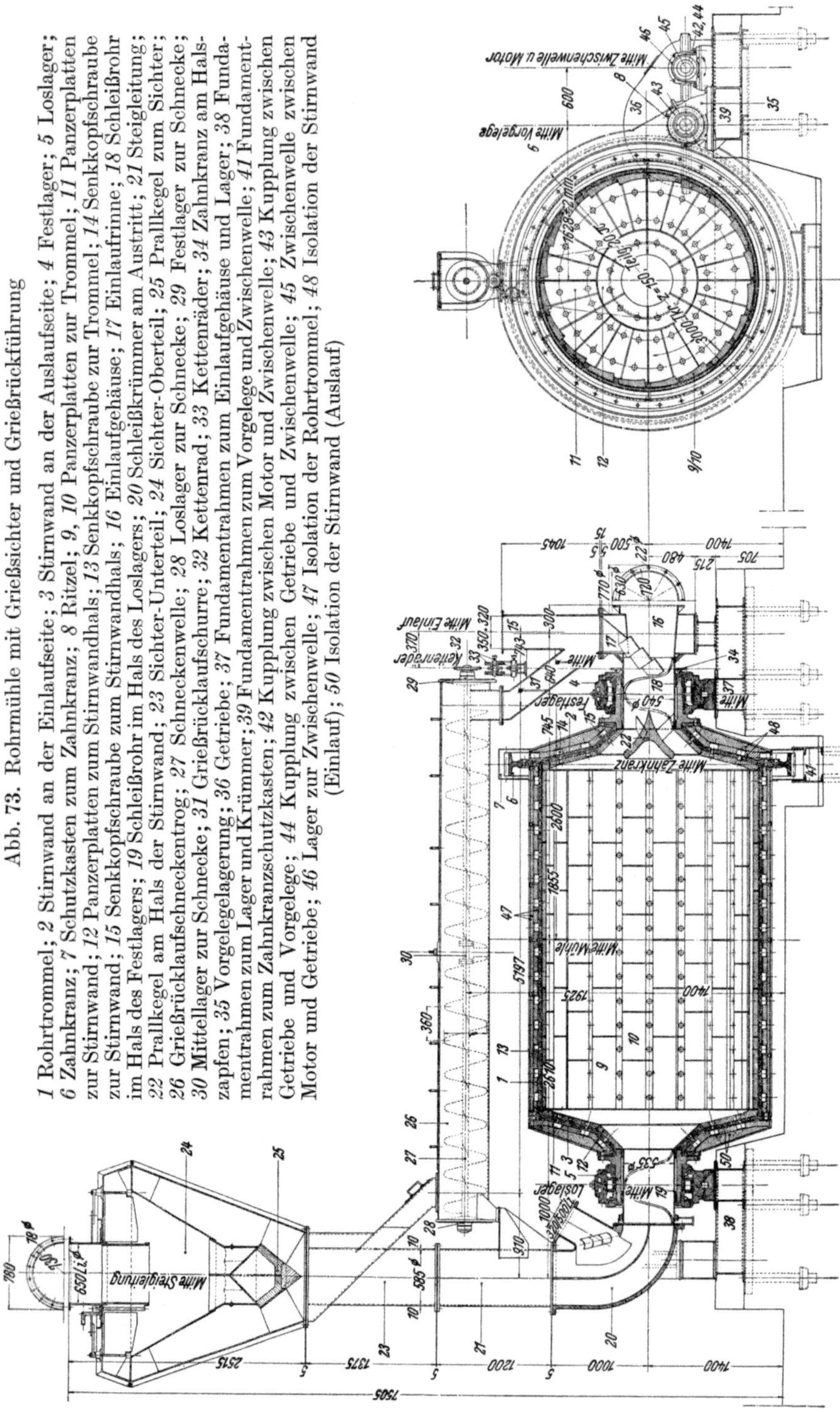

Abb. 73. Rohrmühle mit Grießsichter und Grießrückführung

1 Rohrtrommel; *2* Stirnwand an der Einlaufseite; *3* Stirnwand an der Auslaufseite; *4* Festlager; *5* Loslager; *6* Zahnkranz; *7* Schutzkasten zum Zahnkranz; *8* Ritzel; *9, 10* Panzerplatten zur Trommel; *11* Panzerplatten zur Stirnwand; *12* Panzerplatten zum Stirnwandhals; *13* Senkkopfschraube zur Trommel; *14* Senkkopfschraube zur Stirnwand; *15* Senkkopfschraube zum Stirnwandhals; *16* Einlaufgehäuse; *17* Einlaufrinne; *18* Schleißrohr im Hals des Festlagers; *19* Schleißrohr im Hals des Loslagers; *20* Schleißkrümmer am Austritt; *21* Steigleitung; *22* Prallkegel am Hals der Stirnwand; *23* Sichter-Unterteil; *24* Sichter-Oberteil; *25* Prallkegel zum Sichter; *26* Grießrücklaufschneckentrog; *27* Schneckenwelle; *28* Loslager zur Schnecke; *29* Festlager zur Schnecke; *30* Mittellager zur Schnecke; *31* Grießrücklaufschurre; *32* Kettenrad; *33* Kettenräder; *34* Zahnkranz am Halszapfen; *35* Vorgelegelagerung; *36* Getriebe; *37* Fundamentrahmen zum Einlaufgehäuse und Lager; *38* Fundamentrahmen zum Lager und Krümmer; *39* Fundamentrahmen zum Vorgelege und Zwischenwelle; *41* Fundamentrahmen zum Zahnkranzschutzkasten; *42* Kupplung zwischen Motor und Zwischenwelle; *43* Kupplung zwischen Getriebe und Vorgelege; *44* Kupplung zwischen Getriebe und Zwischenwelle; *45* Zwischenwelle zwischen Motor und Getriebe; *46* Lager zur Zwischenwelle; *47* Isolation der Rohrtrommel; *48* Isolation der Stirnwand (Einlauf); *50* Isolation der Stirnwand (Auslauf)

Da im Sichter ungefähr der Brennkammerdruck, also Unterdruck, herrscht, ist demnach in der Mühle ebenfalls Unterdruck. Dies ist für die Vermeidung des Staubens aus undichten Stellen, z. B. bei der Kohlenaufgabe, von Bedeutung. Wird die Mühle jedoch als „Überdruckmühle" gebaut, hat auf gute Dichtheit des Gehäuses sowie der angeschlossenen Einrichtungen, wie z. B. der Kohlenzuteilung, Wert gelegt zu werden.

Die Mahlfeinheit kann man durch Änderung der durchgesetzten Luftmenge beeinflussen. Verkleinert man diese, wird die Mahlfeinheit verbessert. Gleichzeitig steigt der Kraftbedarf der Mühle. Zahlentafel 18 gibt die Leistungen an.

Der Mühlenquerschnitt in der Achsenebene wird aus der „Querschnittsbelastung" bestimmt, die angibt, wieviel Tonnen pro Stunde je Quadratmeter Querschnitt vermahlen werden können. Dieser Wert beträgt 4 bis 7 t/h m², je nachdem, ob Stein- oder Braunkohle vorliegt. Die Luftdurchsatzmenge wird nach den nicht immer übereinstimmenden Erfordernissen der Trocknung und Sichtung gewählt und beträgt 30 bis 60% der Verbrennungsluftmenge. Wäre z. B. zum Trocknen eine größere Luftmenge als zum Sichten

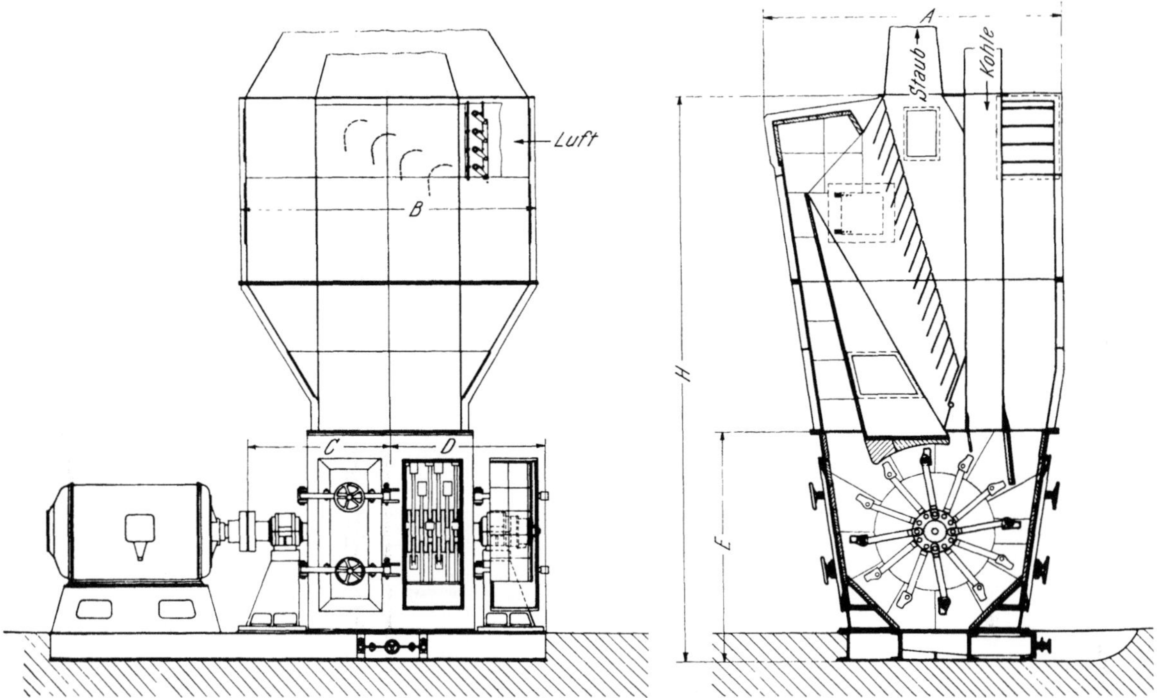

Abb. 74. Schlägermühle mit Grobsichter und tangentieller Luftzufuhr (Steinmüller, Gummersbach)

erforderlich, hat man diese zugrunde zu legen und muß durch wirksamere Sichtereinbauten den erhöhten Grießanfall verringern. Hierbei soll im Mahlschacht eine Temperatur von 80 bis 130 °C herrschen. Etwa 30% der Luftmenge gelangen als Sekundärluft durch Düsen oberhalb und unterhalb des Brennermaules in die Kammer. Der Rest ist Rück- und Unterluft sowie Falschluft, die durch Undichtheiten eintritt.

Eine Schlägermühle mit Rauchgasrücksaugung aus der Brennkammer zu Trocknungszwecken zeigt Abb. 79.

HS-Mühlen. Führt man den Sichter als Zyklon aus, gelangt man zur HS-Mühle von Babcock (Abb. 75). Diese ist für Stein- und Braunkohle geeignet. Aus Zahlentafel 18 sind die Leistungen ersichtlich. Die Mühle arbeitet unter Überdruck. Dieser soll im Eintrittsstutzen etwa 60 mm WS betragen. Die Lufteinströmung ist achsial.

Die Auswechslung von Schlägerköpfen kann bei Schlägermühlen in kurzer Zeit erfolgen. Vielfach ist der ganze Rotor, nach Lösen der Kupplung nach vorne, parallel zu sich ausziehbar. Man verschiebt dann die Lager auf eigens hierfür vorgesehenen Linealen.

Die Kombination einer Schläger- und Schlagradmühle zeigt Abb. 76. Es handelt sich um die DSG-Mühle von Babcock für ballastreiche Rohbraunkohle, die gleichzeitig am Mühlenaustritt einen Überdruck gegenüber dem Eintritt erzeugt, also Ventilatorwirkung

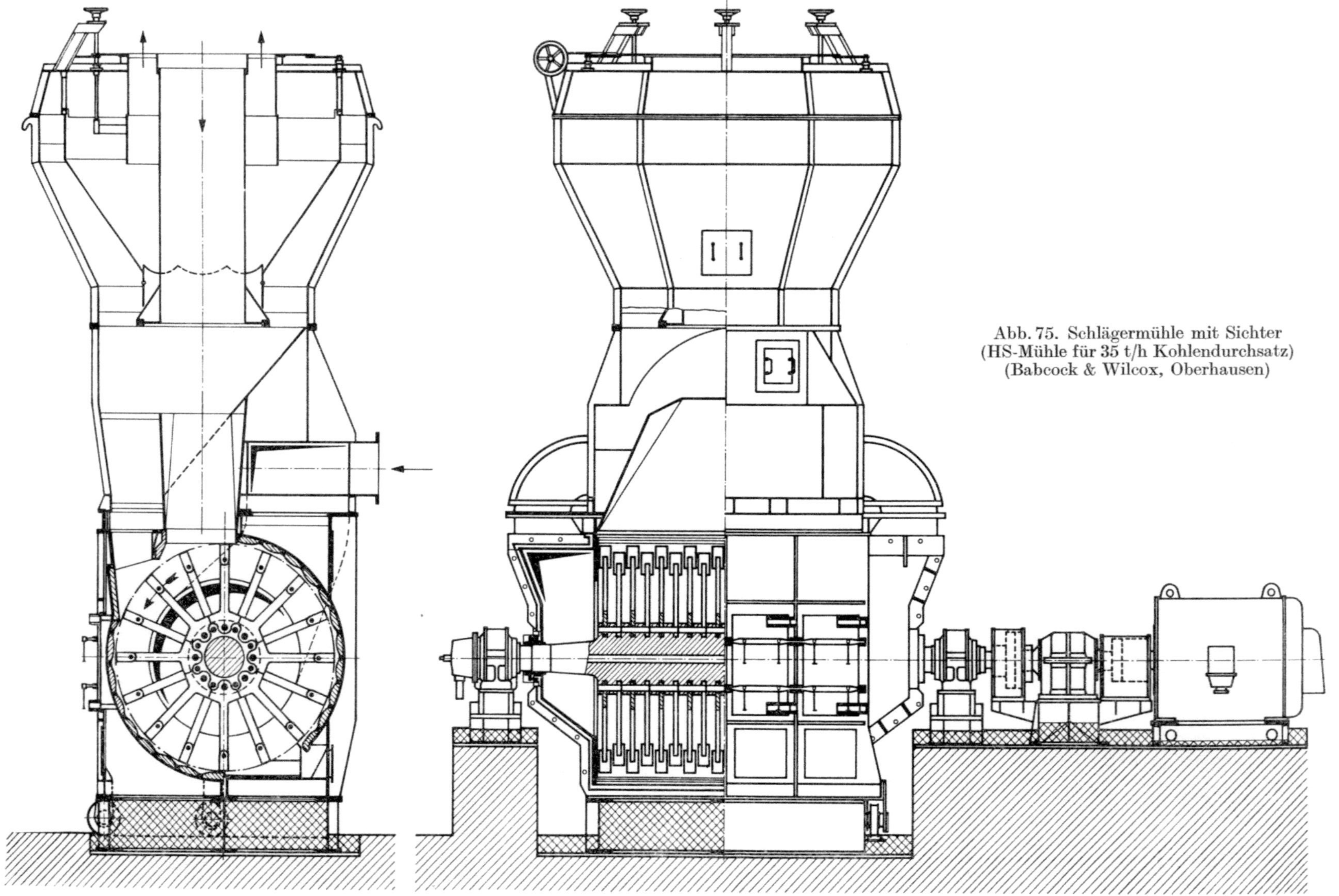

Abb. 75. Schlägermühle mit Sichter (HS-Mühle für 35 t/h Kohlendurchsatz) (Babcock & Wilcox, Oberhausen)

aufweist. Die Schlägermühle der Firma Keller, Abb. 79, hat ebenfalls eine Ventilatorwirkung, was dadurch erreicht wird, daß die Einströmung der Gase achsial erfolgt. Wie die Abbildung zeigt, werden zum Trocknen heiße Gase aus der Brennkammer rückgesaugt, denen weiter unten Heißluft beigemischt werden kann. Die Rohkohle wird ebenfalls dem

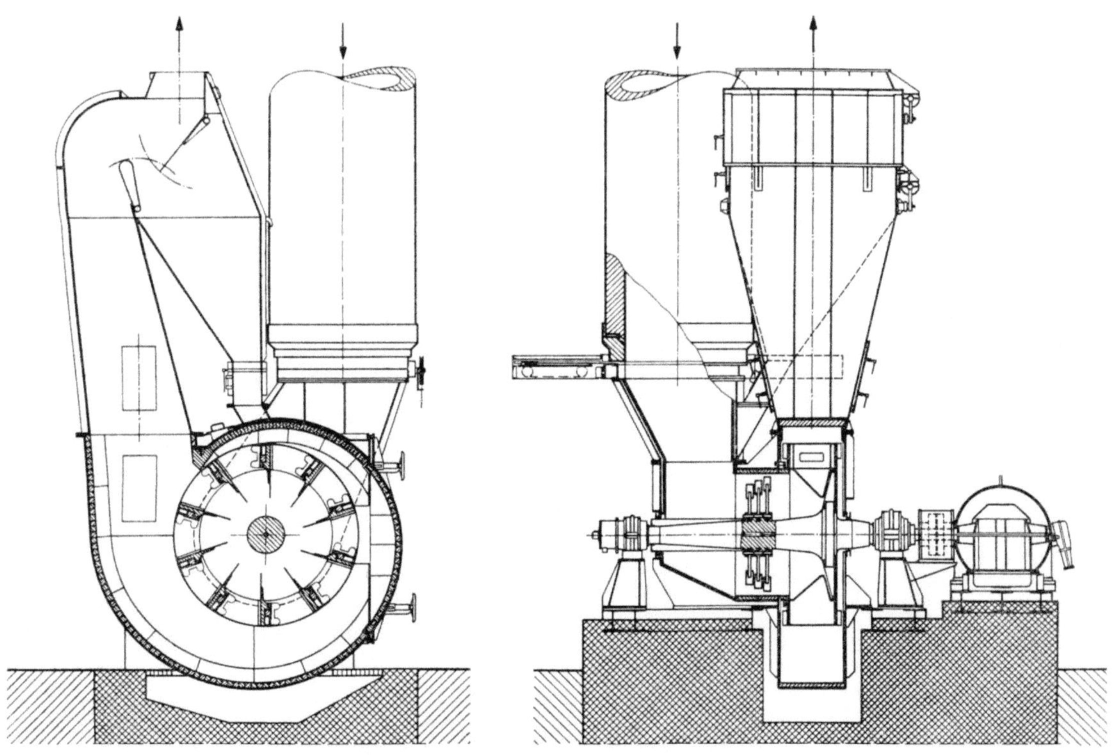

Abb. 76. Schlagradmühle mit vorgeschalteten Schlägern (Babcock & Wilcox, Oberhausen)
Durchsatz etwa 80 t/h Rohbraunkohle mit $H_u = 1650$ kcal/kp

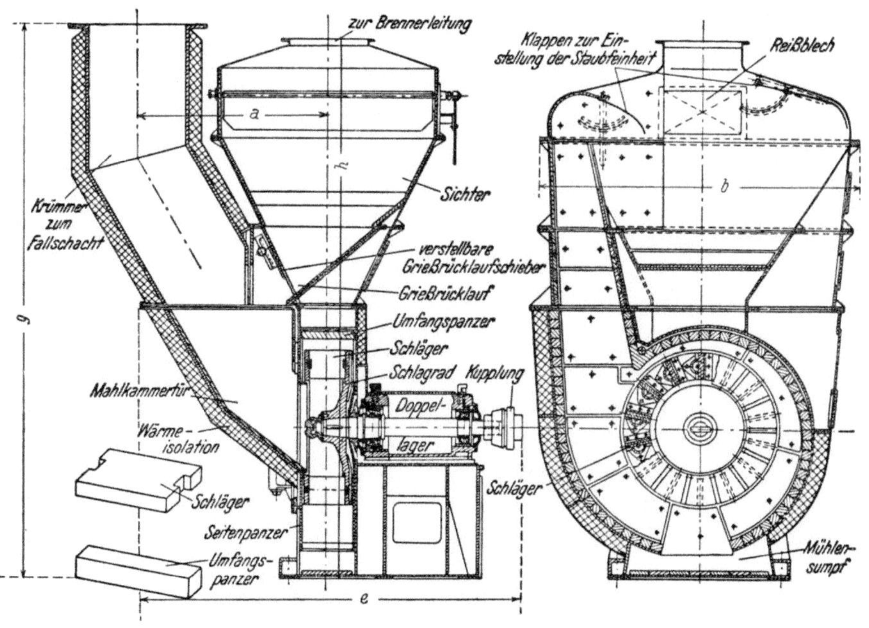

Abb. 77. KSG-Mühle (KSG, Berlin)

Rücksaugeschacht zugeführt und fällt durch diesen auf das Schlagrad. Die Ventilatorleistung der Mühle ist ausreichend, um die gesamten Strömungswiderstände im Rücksaugeschacht, im Sichter und im Brenner zu überwinden (etwa 80 mm WS).

KSG-Mühlen. Bei der Schlagradmühle (KSG) tritt an Stelle der Schläger ein ventilatorartiges Laufrad mit auswechselbaren Schlagplatten. Über der Mühle ist ein Sichter angeordnet, so daß die Mahlfeinheit einstellbar ist. Der Grießrücklauf erfolgt in den Saugstutzen. Die Drehzahl wird je nach der Mühlengröße zwischen 750 und 1500 U/min, bei kleinen Mühlen bis 3000 U/min, die Umfangsgeschwindigkeit bis 90 m/s gewählt (Abb. 77).

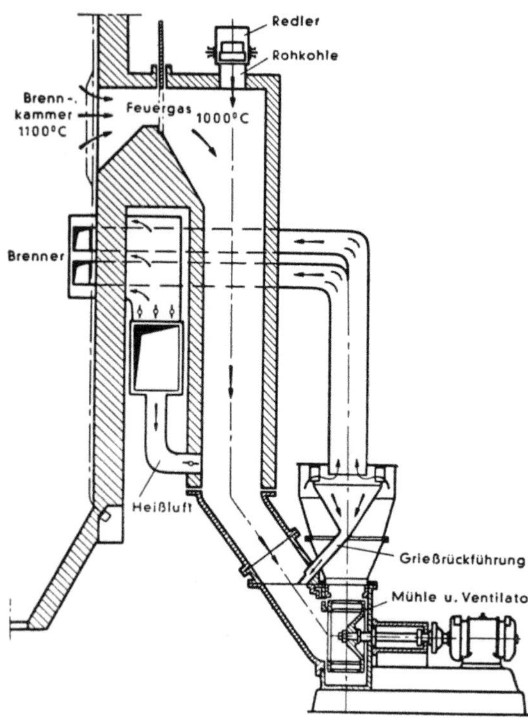

Abb. 78. Anordnung einer KSG-Mühle mit Feuergasrücksaugung (Naßkohlenmühle)

Die Gesamtanordnung einer KSG-Feuerung mit Rauchgasrücksaugung aus der Brennkammer (Naßkohlenfeuerung) zeigt schematisch Abb. 78. Diese wird dann angewendet, wenn infolge hoher Brennstofffeuchtigkeit die Lufttemperatur nicht zum Trocknen ausreicht oder infolge ungünstiger Schlackenverhältnisse die Lufterhitzung und damit die Brennkammertemperatur mit Absicht niedrig gehalten werden soll. Die Brennstoffaufgabe erfolgt in den Ansaugeschacht, um eine Vortrocknung zu erzielen. Der Anteil des Schachtes an der Trocknung beträgt bis etwa 12%, jener der Mühle 88%. Die Mühle erzeugt infolge der ventilatorähnlichen Ausbildung selbst die Druckdifferenz, die zur Überwindung der Strömungswiderstände in Ansaugleitung, Mühle, Sichter und der Zuführung zu den Brennern nötig ist.

Die Gehäusedimensionen sind erheblich kleiner als bei den Mühlen mit beweglichen Schlägern, so daß die KSG-Mühle infolge des geringen Kohleninhaltes Belastungsänderungen schnell folgt. Dagegen ist sie im Betrieb etwas empfindlicher. Die Auswechslung der Schlagplatten erfolgt nach Ausbau des Laufrades und Ersatz desselben durch ein Reserverad. Der Austausch erfordert weniger als eine Stunde Arbeitszeit.

Die Mühlen werden für Steinkohle bis 15% Feuchtigkeit als KSG-Mühlen, für Braunkohle bis 65% Feuchtigkeit in ähnlicher Ausführung, jedoch mit Rauchgasrücksaugung, als Naßkohlenmühlen gebaut.

c) Federkraftmühlen

Bei den Federkraftmühlen erfolgt die Mahlung zwischen zwei durch Federkraft zusammengepreßten, aufeinander abrollenden Flächen. Hierzu gehört die in den USA gebaute Bow Mill (Schüssel-Mühle) sowie die Lösche-Mühle. Letztere zeigt Abb. 80. Der horizontale Teller rotiert mit einer Umfangsgeschwindigkeit von etwa 3 m/s. Über der Mühle ist wieder ein Sichter angeordnet. Die Mühle ist vorwiegend für Steinkohle geeignet. Mühlendurchsatz und Leistung gibt Zahlentafel 18. Es empfiehlt sich, vor der Aufgabe einen Abscheider für unabsichtlich in die Kohle gelangte Eisenstücke (Magnetabscheider) vorzusehen. Vorschläge, die Anpreßkraft durch einen zweiten Druckring bei Vermeidung der Walzeninnenlager zu erzeugen, wurden ebenfalls gemacht[1].

[1] Siehe Fußnote [2], S. 37.

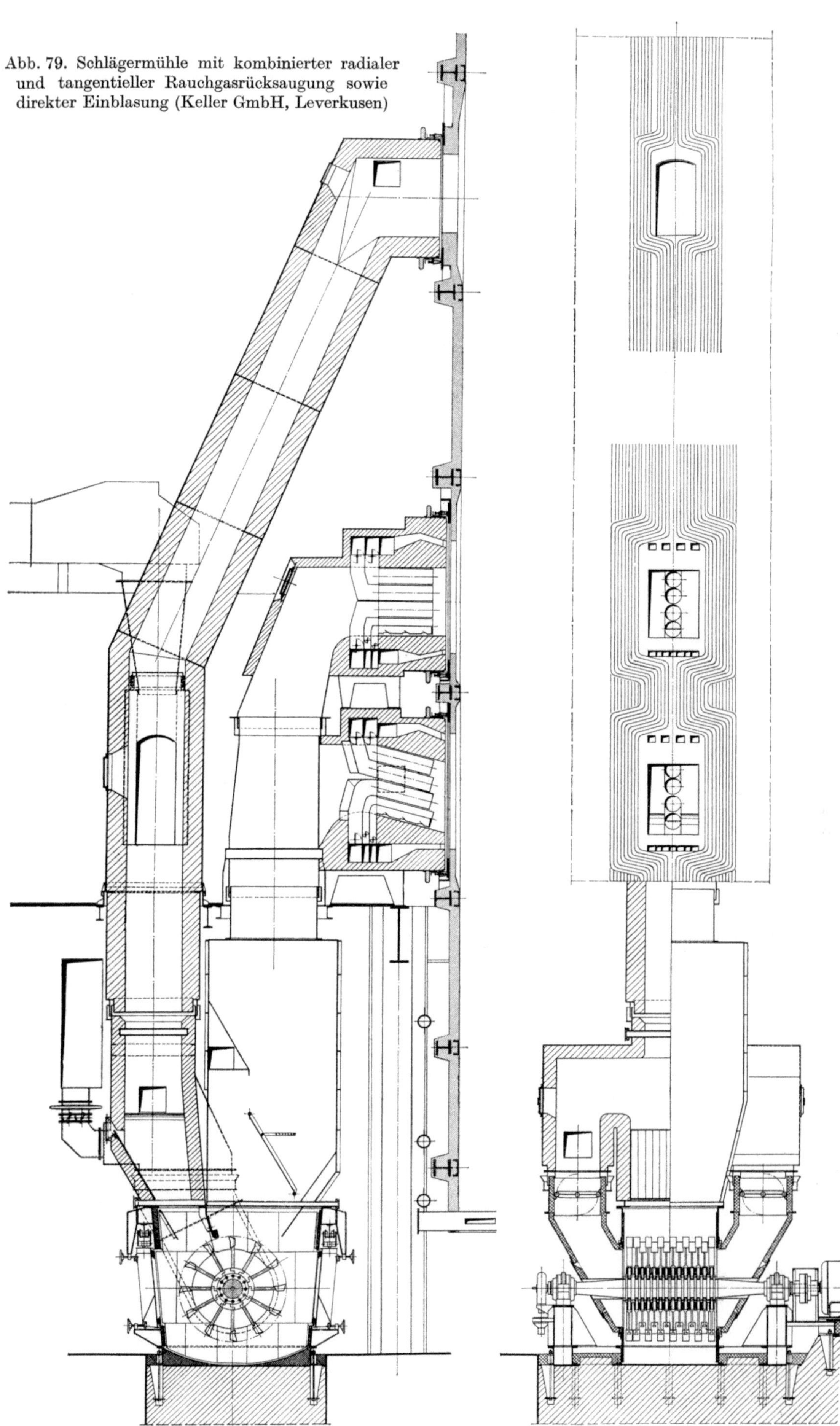

Abb. 79. Schlägermühle mit kombinierter radialer und tangentieller Rauchgasrücksaugung sowie direkter Einblasung (Keller GmbH, Leverkusen)

d) Fliehkraftmühlen

Bei den Fliehkraftmühlen, als deren Vertreter die Fuller-Kugelmühle erwähnt sei, erfolgt die Mahlung durch einen Kranz rotierender Kugeln, welche durch die Fliehkraft mit Unterstützung einer Feder gegen eine Mahlbahn gepreßt werden.

Zahlentafel 18. *Anhaltswerte für die üblichen Mühlentypen*

		Rohrmühle St.K. (einschließlich Ventilator)	Schlägermühle		Schlagradmühle (KSG)		Walzen- und Kugelmühle St.K. (einschließlich Gebläse)
			Br.K.	St.K.	Br.K.	St.K.	
Spez. Kraftbedarf	kWh/t	Gasgehalt 20 bis 3% 18 bis 38	Gasgehalt 60 bis 40% 7 bis 12	Gasgehalt 40 bis 10% 14 bis 25	4 bis 12	11 bis 25	10 bis 14[5]
Für Ausmahlung auf R 25% 0,09 bei 70° H[1] ist der spez. Kraftbedarf	kWh/t	—	—	17	—	17	13[6]
Feinheitsfaktor[2] bei Steinkohlen f_1	—	—	—	Rückst. auf Normsieb 0,09 in % 10 20 25 30 40[6]; $f_1 =$ 0,65 0,9 1 1,08 1,25			
Mahlbarkeitsfaktor[3] f_2 bei Steinkohlen	—	—	—	Mahlbarkeit Grad-Hardgrove 40 60 70 80 100[6]; $f_2 =$ 0,65 0,9 1 1,08 1,18			
Luftmenge	Nm³/kp	1,4 bis 2	—	2	—	—	1 bis 3
	% der ges. Luft	—	30 bis 80	—	12 bis 15		—
Drehzahl	$\frac{1}{\text{Min}}$	15 bis 30	750 bis 1500		600 bis 3000	450 bis 1500	60
Umfangsgeschwindigkeit	$\frac{\text{m}}{\text{s}}$	—	60 bis 90				—
Kohlenmenge: lichter Mühlenquerschnitt (bei Schlagradmühlen-Mühlenvolumen)	$\frac{\text{t}}{\text{m}^2\text{h}}$; $\frac{\text{t}}{\text{m}^3\text{h}}$	—	4 bis 7		1,26 bis 0,47		—
Durchsatz	t/h	bis 60	bis 50	bis 15	3,5 bis 100	0,2 bis 32	1,6 bis 100
Verschleiß (Gesamtverschleiß)	g/t	Gasgehalt 35 bis 5%	Gasgeh. 80 bis 15%				Gasgehalt 40 bis 10%[4]
		130 bis 180	30 bis 160		65	—	30 bis 130

[1] Die Mahlbarkeit in °H wird aus $6{,}4 D + 11$ berechnet. Hier ist D der Durchgang durch das DIN-Sieb 0,09 gemessen in Gramm, wenn die Einsatzmenge in die Testmühle 50 g war. (Mahlzeit in Testmühle 3 min bei 20 U/min.) Die Testmühle ist eine Kugelmühle mit 29 kp Vorspannung.

[2] Der Durchsatz einer Mühle ist proportional, der spezifische Kraftbedarf umgekehrt proportional den Faktoren f_1 und f_2.

[3] Abhängigkeit der Mahlbarkeit in °Hardgrove vom Gasgehalt in %

Mahlbarkeit in °Hardgrove	15 bis 65	50 bis 90	75 bis 115	60 bis 110	20 bis 90	10 bis 60
Gasgehalt in %	5	10	20	30	40	50

[4] HENNECKE: Entwicklungsstand der Babcock-Kohlenmühlen. Babcock-Mitt. April 1959. (Die Werte dieser Spalte werden noch vom Aschengehalt beeinflußt.)

[5] SEIDL 1948.

[6] BOESE: Beitrag zur Frage des Eigenbedarfes der Kesselanlagen in großen Dampfkraftwerken. AEG-Mitt. Juni/Juli 1960, S. 245.

e) Prallmühlen

Bei den Prallmühlen wird das Mahlgut in einen mit hoher Geschwindigkeit bewegten Luftstrahl, welcher gegen eine Prallplatte bläst, gebracht. Die Kohle wird dagegen geschleudert und hierbei zerkleinert.

f) Zusammenfassung

Einen Überblick über einige wichtige Anhaltswerte der üblichen Mühlentypen gibt Zahlentafel 18. Als sehr grober Richtwert für die notwendige Mahlfeinheit dient die Regel, daß der Rückstand auf dem Sieb 0,09 DIN 4188, gleich dem Gasgehalt, auf Reinkohle bezogen, sein soll.

2. Gesamtanordnung der Mahlanlage

Bei der Zentralmahlanlage ist der Mahl- und Kesselbetrieb vollkommen getrennt. Man kann daher zu dem betrieblich günstigsten Zeitpunkt in Belastungstälern der Anlage mahlen. Die Mühlen können die Mahlperiode mit Vollast durchlaufen, was den niedrigsten Stromverbrauch je Tonne vermahlener Kohle ergibt. Der Kohlenstaub wird mittels eigener Staubpumpen (Kinyonpumpen) ins Kesselhaus geführt. Eine Mahltrocknung ist bei Zentralmahlanlagen meist nicht durchführbar, da die Zufuhr von Heißluft oder heißen Rauchgasen aus den Kesseln aus räumlichen Gründen Schwierigkeiten bereitet. Daher kommen Zentralmahlanlagen nur bei Steinkohle in Frage.

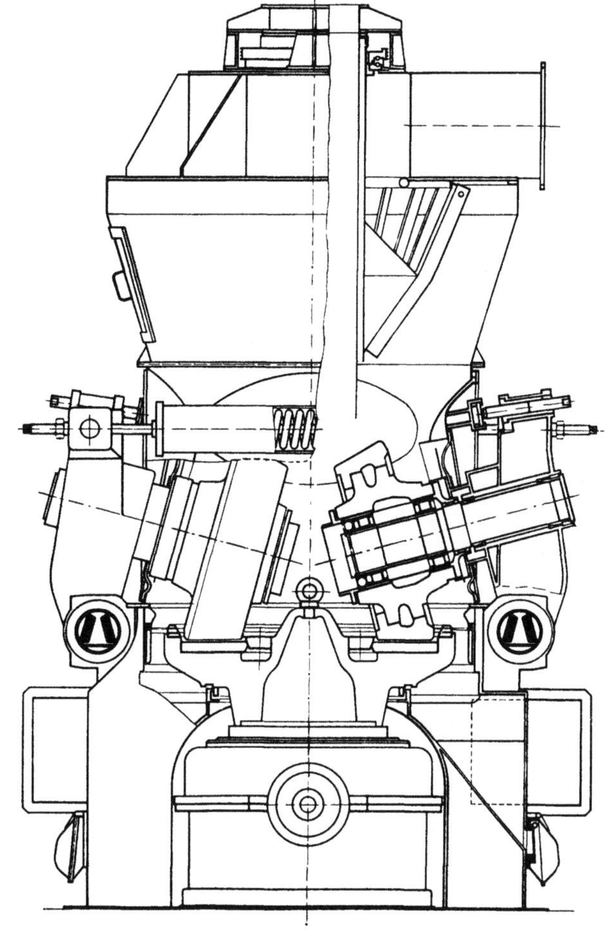

Abb. 80. Loesche-Mühle

Das Schema einer Mahlanlage mit Zwischenbunkerung zeigt Abb. 81a. Nach Austritt aus der Mühle und Durchströmen des Sichters wird das Luftkohlenstaubgemisch durch einen Zyklon geführt, wo sich das Mahlgut ausscheidet und in einen darunter angeordneten Bunker gelangt. Von diesem wird der Kohlenstaub mittels einer regelbaren Zuteilvorrichtung den Brennern zugeführt. Die aus dem Zyklon austretende Luft, die immer noch etwas Kohlenstaub enthält, wird gleichfalls zum Brenner geleitet, so daß keinerlei Verluste entstehen.

Ist bei trockenerer Kohle (Abb. 81b) nur eine geringe Heißluftzufuhr bei LZ nötig, wird, um trotzdem das nötige Durchsatzvolumen zum Sichten zu erhalten, ein Teil der Luft umgewälzt. Zur Verminderung der Explosionsgefahr wird auch Rauchgas statt Luft verwendet.

Man kann solche Anlagen ebenso wie Zentralmahlanlagen im betrieblich günstigsten Zeitpunkt und mit Vollast betreiben, unabhängig von der jeweiligen Last des Kessels.

Die Regelung der Brennstoffzufuhr zum Kessel ist praktisch trägheitslos, da sie direkt über den Zuteiler erfolgt.

Andererseits sind bei Anlagen mit Zwischenbunkerung die Anlagekosten höher als bei solchen mit direkter Einblasung.

Das Schema einer direkten Einblasung zeigt Abb. 81c, d, e. Das Luftstaubgemisch wird nach Durchströmen des Sichters entweder über einen Ventilator oder direkt, wie bei der KSG- und der Krämer-Mühle, in die Brennkammer eingeführt. Die Anordnung ist billiger und einfacher als jene mit Zwischenbunkerung. Die Regelung der Kohlenzufuhr

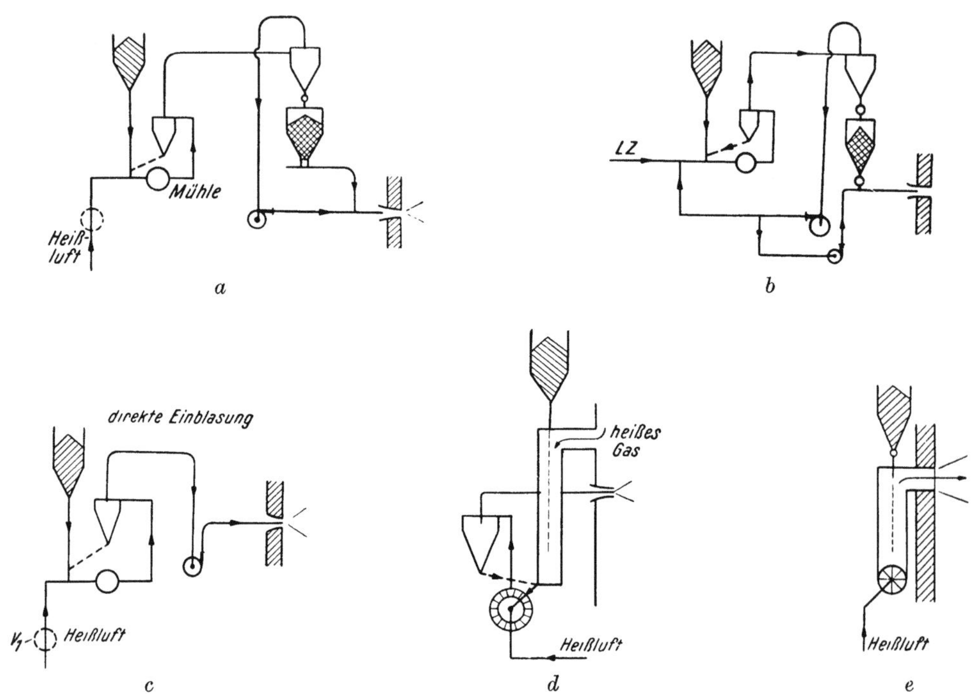

Abb. 81. Anordnung der Mahlanlage

a mit Zwischenbunkerung; *b* mit Luft- bzw. Rauchgasumwälzung; *c* mit direkter Einblasung; *d* mit direkter Einblasung und Feuergasrücksaugung; *e* nach Krämer

zum Kessel erfolgt über den Zuteiler zur Mühle. Diese Regelung kann allerdings nur elastisch sein, wenn das in den Mühlen gespeicherte Kohlengewicht klein ist. Am ungünstigsten ist in diesem Sinne die Rohrmühle, besser die Krämer- und Lösche-Mühle, am besten die KSG-Mühle. Rohrmühlen werden daher vorwiegend bei Anlagen mit Zwischenbunkerung angewendet. Bei direkter Einblasung muß der Kohlendurchsatz durch die Mühle der Kesselleistung entsprechen, so daß bei Teillast ein größerer spezifischer Kraftbedarf in Kauf genommen werden muß.

Die Anordnung des Ventilators V hinter der Mühle (Abb. 81c) gestattet die Einhaltung eines Unterdruckes in derselben, doch muß ein höherer Verschleiß des Ventilators in Kauf genommen werden, da er Kohlenstaubluftgemisch fördert.

Setzt man hingegen den Ventilator nach V_1, ist dieser Nachteil behoben, die Mühle muß jedoch als Überdruckmühle betrieben werden. Beide Ausführungen sind üblich.

Die Anordnung der Brenner kann entweder an der Stirnseite der Brennkammer erfolgen (L-Flamme, Abb. 20) oder an der Stirnwand und Rückseite sowie schließlich in den Ecken (Abb. 82). In diesem Falle bilden die Brennerstrahlen Tangenten an einen gedachten Kreis (KSG) oder sie kreuzen sich paarweise. Bei Brennerneigung kann der gedachte Kreis auch unter der Brennerebene liegen. Ist er gleichzeitig groß, entsteht eine sogenannte Ringflamme, welche die Bildung eines heißen Flammenkernes vermeidet und gleichmäßigere Temperaturen ergibt[1].

Sind bei der Eckenfeuerung mehrere Brennerreihen übereinander, können die Brennerachsen jeder Reihe Tangenten an einen anderen Kreis sein, wodurch die Wirkung der Ringflamme noch verbessert wird (Mehrkreisfeuerung). Nimmt der Durchmesser der Kreise von unten nach oben zu, spricht man von einer Tulpenfeuerung.

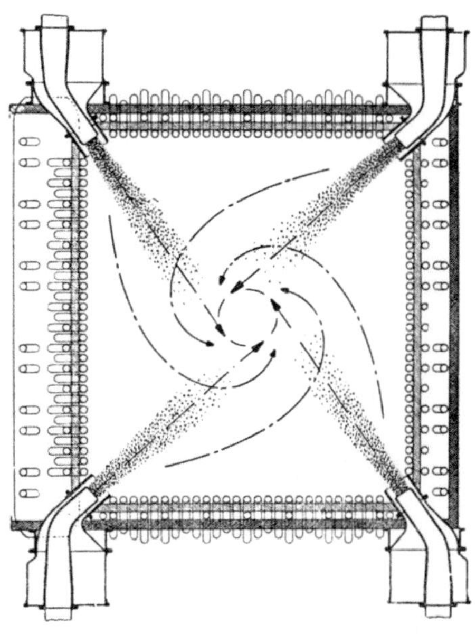

Abb. 82. Grundriß einer Eckenfeuerung (KSG, Berlin)

3. Kohlenstaubbrenner

Die Brenner dienen zur Einführung des Kohlenstaubes sowie eines Teiles oder der ganzen Verbrennungsluft in die Brennkammer. Sie haben eine gute Durchmischung des Brennstoffes mit der Luft zu ermöglichen, sowie die weitere Durchmischung in der Brennkammer einzuleiten. Sie müssen so eingerichtet sein, daß die Luftzufuhr regelbar ist, während die Regelung der Brennstoffmenge durch einen Zuteiler erfolgt. Anzustreben ist, daß die Flamme die Brennkammer möglichst weitgehend ausfüllt. Wenn man sich den Unterschied des Brenner- und Brennkammerquerschnittes vor Augen hält, sieht man, daß die Erfüllung dieser Forderung nicht einfach ist.

Hier sind mehrere Wege möglich. Bei der früher üblichen U-förmigen Flamme wird diese zweimal, und zwar zunächst abwärts und dann nach einer Umlenkung um 180° aufwärts durch die Kammer geführt, um diese möglichst auszufüllen. Heute führt man die Brenner bei Anordnung derselben an der Vorder- oder Rückwand der Kammer als Wirbelbrenner aus (Mischbrenner), wodurch die gewünschte bauschige Flamme entsteht, oder es wird Eckenfeuerung (Strahlbrenner) verwendet. In letzterem Fall sind Mischbrenner nicht nötig, da die erforderliche Wirbelung der Flamme durch den Zusammenprall der Brennerstrahlen entsteht.

Einen Wirbelbrenner (Mischbrenner) zeigt Abb. 83. Das Gemisch: Kohlenstaub-Primärluft tritt tangentiell ein, wodurch es einen Drall erhält. Die Sekundärluft wird als Kernluft zentral eingeführt und erhält einen entgegengesetzten Drall. Die Mantelluft stellt nur einen geringen Anteil der Gesamtluftmenge dar. Der dargestellte Brenner ist auch für Öl verwendbar.

Einen Strahlbrenner für Eckenfeuerung zeigt Abb. 84. Die Zufuhr des Kohlenstaub-Luftgemisches (Primärluft) findet mit verhältnismäßig mäßiger Geschwindigkeit (10 bis 15 m/s) durch zwei Düsen statt. Die Sekundärluft hingegen wird mit größerer Geschwindigkeit (40 bis 60 m/s) eingeblasen und soll die große Relativgeschwindigkeit der Strahlen gegeneinander die Mischung ermöglichen. Im Idealfall wird der Primärluftstrahl von der schnell strömenden Sekundärluft ,,aufgesogen". Vorher soll die Zündung des Kohlenstaubes eingesetzt haben. Diese erfolgt einerseits durch Rückstrahlung aus dem Feuerraum, andererseits durch zur Brennermündung rückgesaugte heiße Gase aus der Flamme. Die Einblaserichtung ist zufolge Anordnung eines Kugelgelenkes sowohl in der horizontalen als auch vertikalen Ebene verstellbar. Durch letztere Verstellung kann mit der Flammenlage auch die Überhitzungstemperatur beeinflußt werden.

---

[1] ROSAHL: Strömung, Zündung und Verbrennung in den Feuerräumen neuzeitlicher Großdampferzeuger. VDI 1951, S. 25.

Die Combustion Eng. Corp. führt Eckenbrenner mit Ölzündeinrichtung sowie elektrischer Funkenstrecke zur Zündung des Öles aus. Eckenbrenner können bei Brennkammern sowohl mit trockenem als mit flüssigem Schlackenabzug verwendet werden.

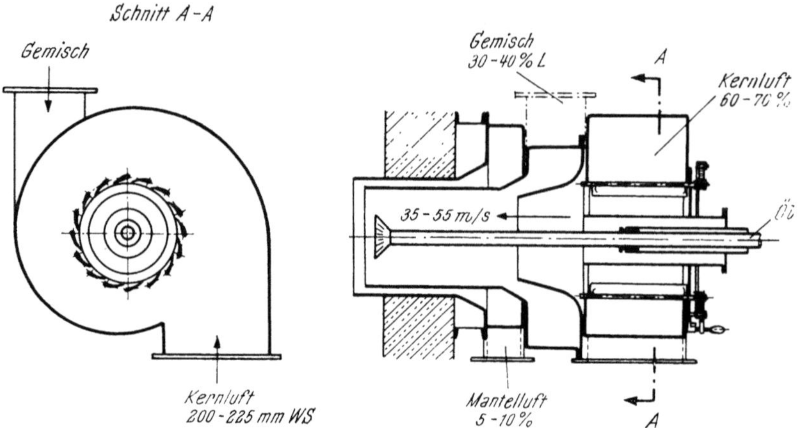

Abb. 83. Wirbelbrenner für Steinkohle und Öl (VKW, Düsseldorf)

In letzterem Fall werden auch Flachbrenner (Abb. 85) benützt, die eine Zufuhr von Luft und Kohle zwischen den Kühlschirmrohren ohne Ausbiegung letzterer gestatten. Zur besseren Mischung sind gegenüber der Mündungsstelle der Primärluft dachartige Leitvorrichtungen vorgesehen. Gewöhnlich sind eine Anzahl solcher Brenner nebeneinander angeordnet.

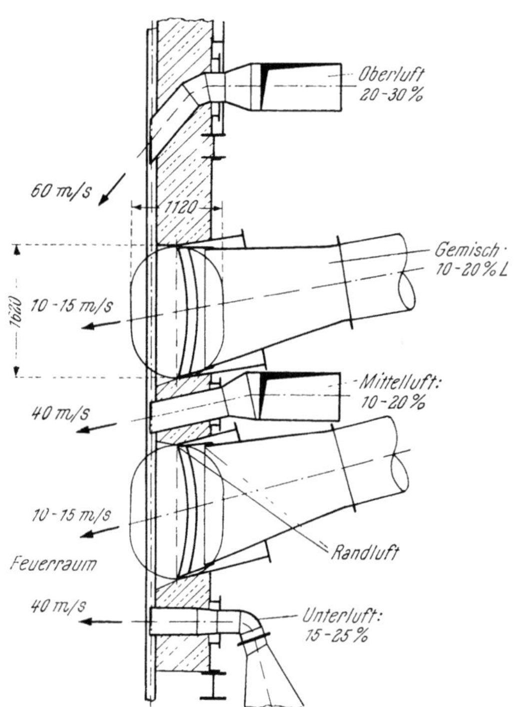

Abb. 84. Eckenbrenner für große Leistungen (Babcock & Wilcox, Oberhausen)

Bei flüssigem Schlackenabzug nach dem Zweikammersystem werden, wie Abb. 32 zeigt, Flachbrenner an der Decke angeordnet.

Der einfachste Brenner ist das Mühlenmaul einer Krämerfeuerung. Hier wird die Sekundärluft als Seiten-, Ober- und Unterluft zugeführt. Außerdem findet, falls als Abschluß des Schlackentrichters ein Ausbrennrost vorhanden ist, zu diesem auch eine Luftzufuhr statt. Ebenso wird oft Rückluftzufuhr etwa in zwei Dritteln der Brennkammerhöhe angewendet. Durch die Sekundärluftzufuhr wird bei der Krämerfeuerung eine Durchwirbelung und Mischung erreicht. Außerdem kann man durch Veränderung ihrer Anteile eine Verschiebung der Flammenlage in vertikaler Richtung bewirken.

Es ist bei Strahlbrennern in Eckenanordnung ungünstig, Brenneröffnungen so auszuführen, daß die Primärluft mit dem Kohlenstaub ringförmig von Sekundärluft umgeben ist. Hierbei wird der Zutritt von Flammengasen zur Primärluft und damit ihre schnelle Erwärmung und die Zündung behindert. Besser ist die Verwendung von nur einem oder zwei Sekundärluftstrahlen je Primärluftdüse, wobei erstere infolge ihrer hohen Geschwindigkeit die Mischwirkung zwischen Luft und Kohlenstaub und damit vollkommene Verbrennung ermöglichen. Der Treffpunkt der Primär- und Sekundärluftstrahlen soll in der

Brennkammer so weit entfernt liegen, daß die Zündung des Kohlenstaubes vorher erfolgen konnte und die erwähnte Ansaugung von heißen Flammengasen nicht behindert war. Bei Mischbrennern wird dieser Effekt meist durch eine kegelförmige Umlenkplatte am Primärrohraustritt angestrebt.

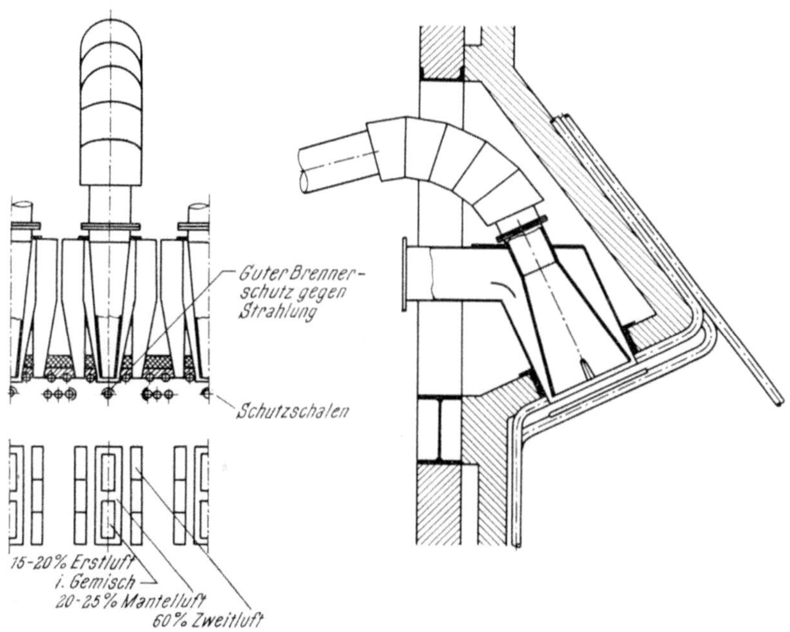

Abb. 85. Decken-Prallbrenner für Steinkohle (Walther & Cie., Köln)

Die Luftgeschwindigkeiten in Kohlenstaubbrennern sollen genügend hoch sein, um Rückzündung zu vermeiden, dagegen nicht zu hoch, um den Zünd- und Verbrennungsweg nicht unnötig zu verlängern. Übliche Geschwindigkeiten sind aus Zahlentafel 19 zu entnehmen. Im Mühlenmaul einer Krämerfeuerung ist oft die Geschwindigkeitsverteilung sehr ungleichmäßig, was sogar bis zu einer stellenweisen Rücksaugung führen kann. Dem wird durch Einbau von Leitblechen im Sichterschacht entgegengewirkt.

Zahlentafel 19.
Geschwindigkeit in Kohlenstaubbrennern in m/s

	Primärluft	Sekundärluft
Wirbelbrenner	15	20 und darüber
Eckenbrenner	20 bis 30	30 bis 50
Flachbrenner	15 bis 20	20
Mühlenfeuerung: Frontal	10 bis 12	40 und darüber
Mühlenfeuerung: Ecken	15 bis 20	40 und darüber

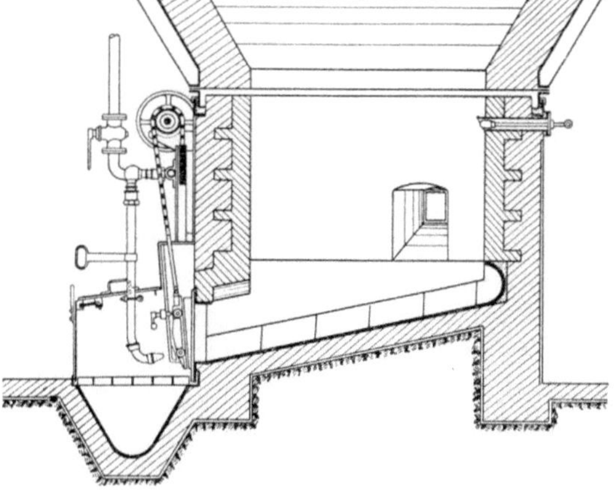

Abb. 86. Entschlackungsanlage mit Wasserspülung für Brennkammern (Rothstein)

Die Entschlackung der Brennkammer bei trockenem Schlackenabzug findet gewöhnlich aus einem unterhalb dieser angeordneten Schacht (Abb. 86) statt. Die Abfuhr der Schlacke erfolgt hier durch Wasserspülung, bei anderen Systemen auch pneumatisch oder mechanisch. Manchmal sind hinter dem Schacht Brechwalzen angeordnet. Bei kontinuierlichem, flüssigem Schlackenabzug wird die Schlacke gewöhnlich in einen mit Wasser gefüllten Behälter eingeleitet, wo die Granulierung erfolgt (S. 34).

Um beim Anfahren des Kessels die Verbrennung einzuleiten, sind Zündbrenner erforderlich. Diese sind als Öl- oder Gasbrenner ausgeführt und es werden je nach der Kesselgröße einer oder zwei vorgesehen. Sie werden so eingebaut, daß ihr Flammenstrahl jenen der Kohlenstaubbrenner kreuzt oder direkt in ihrer Achse liegt. Das Zünden des Zündbrenners selbst erfolgt von Hand mit einer Fackel oder elektrisch mittels eingebauter Zündkerze. Es wurden auch kleine Kohlenstaubbrenner, welche mit einer leichter zündenden oder besser gemahlenen Kohle beschickt werden, als Zündbrenner ausgebildet. Diese sitzen dann in einer kleinen zylindrischen, schamottegefütterten Vorkammer, welche in die Brennkammer mündet.

C. Öl- und Gasfeuerungen

1. Ölfeuerungen

Das bei Kesselanlagen verwendete Heizöl ist bei 15 °C gewöhnlich eine zähe Flüssigkeit welche, um entsprechend zerstäubt zu werden, erst auf 120 bis 140 °C erwärmt werden muß. Die Zerstäubung selbst kann durch entsprechenden Öldruck (Druckzerstäuber), durch Dampf- oder Luftdruck (Dampf- oder Luftzerstäuber) oder mechanisch durch Fliehkraftwirkung erfolgen (Saacke-Brenner u. a.).

Die Druckzerstäuber haben bei Kesselanlagen die größte Verbreitung gefunden. Aus Gründen der Regelfähigkeit können der Öldruck, der Durchflußquerschnitt oder beide veränderlich bzw. einstellbar sein. Außerdem kann Ölrücklauf verwendet werden, wobei der Brenner nicht die ganze zugeführte Ölmenge verbraucht, sondern ein lastabhängiger Bruchteil rückgeführt wird, d. h. sich im Umlauf befindet. Der Vorteil dieser Einrichtung ist gute Regulierfähigkeit des Brenners. In Abb. 87 ist eine Brennerlanze mit Ölrücklauf dargestellt, wobei mit Veränderung des Voröldruckes gleichzeitig eine axiale Verschiebung eines Kolbens gegen eine Federkraft stattfindet. Dies bewirkt einerseits, daß der Ölquerschnitt zur Wirbelkammer z. B. bei Druckanstieg vergrößert, andererseits der Ablaufquerschnitt für das Rücklauföl an der Stelle x verringert wird. Hierbei findet eine Steigerung der aus der Düse in die Brennkammer austretenden Ölmenge bei gleichzeitiger Verringerung des Rücklaufes statt. So bedingt z. B. eine Steigerung des Vordruckes von 15 auf 35 kp/cm^2 eine Änderung der zerstäubten Ölmenge im Verhältnis 1 : 5.

Bei anderen Bauweisen wird der Durchsatz bei konstantem Düsenquerschnitt lediglich durch Veränderung des Öldruckes reguliert. Da dieser aber mit dem Quadrat des Durchsatzes zunimmt, sind je nach dem höchsten zulässigen Öldruckverhältnis (etwa 3 bis 10) der Regulierfähigkeit Grenzen gesetzt. Bei kleineren Anlagen verwendet man auch Brennerlanzen, bei denen bei Erreichen der oberen Druckgrenze ein Austausch des Düsenplättchens durch eines mit größerem Öffnungsquerschnitt stattfindet. Zu diesem Zweck wird der betreffende Brenner abgestellt und herausgenommen. Die Lanze ist im Brenner, Abb. 88, untergebracht. Die Regelung der Luftmenge findet durch den Luftkonus *7* sowie durch Drallschaufeln *10* statt. Bei kleinen Brennern wird die Luftgeschwindigkeit *15*, bei großen bis zu 60 m/s gewählt. (Bezüglich Luftüberschuß s. S. 113 und 342.)

Bei der Zerstäubung durch Dampfdruck ist nur ein geringer Öldruck erforderlich und die Regulierung einfach. Der notwendige Dampfbedarf (Preßluft) beschränkt aber die Verwendung auf kleine Anlagen.

Die Zerstäubung durch Fliehkraft hat sich als sehr wirksam gezeigt. Hier wird das Öl zentral in einen schnell rotierenden, gegen die Brennkammer zu offenen schüsselförmigen Brenner gebracht, am Umfang abgeschleudert und so durch Fliehkraft zerstäubt (Saacke Brenner).

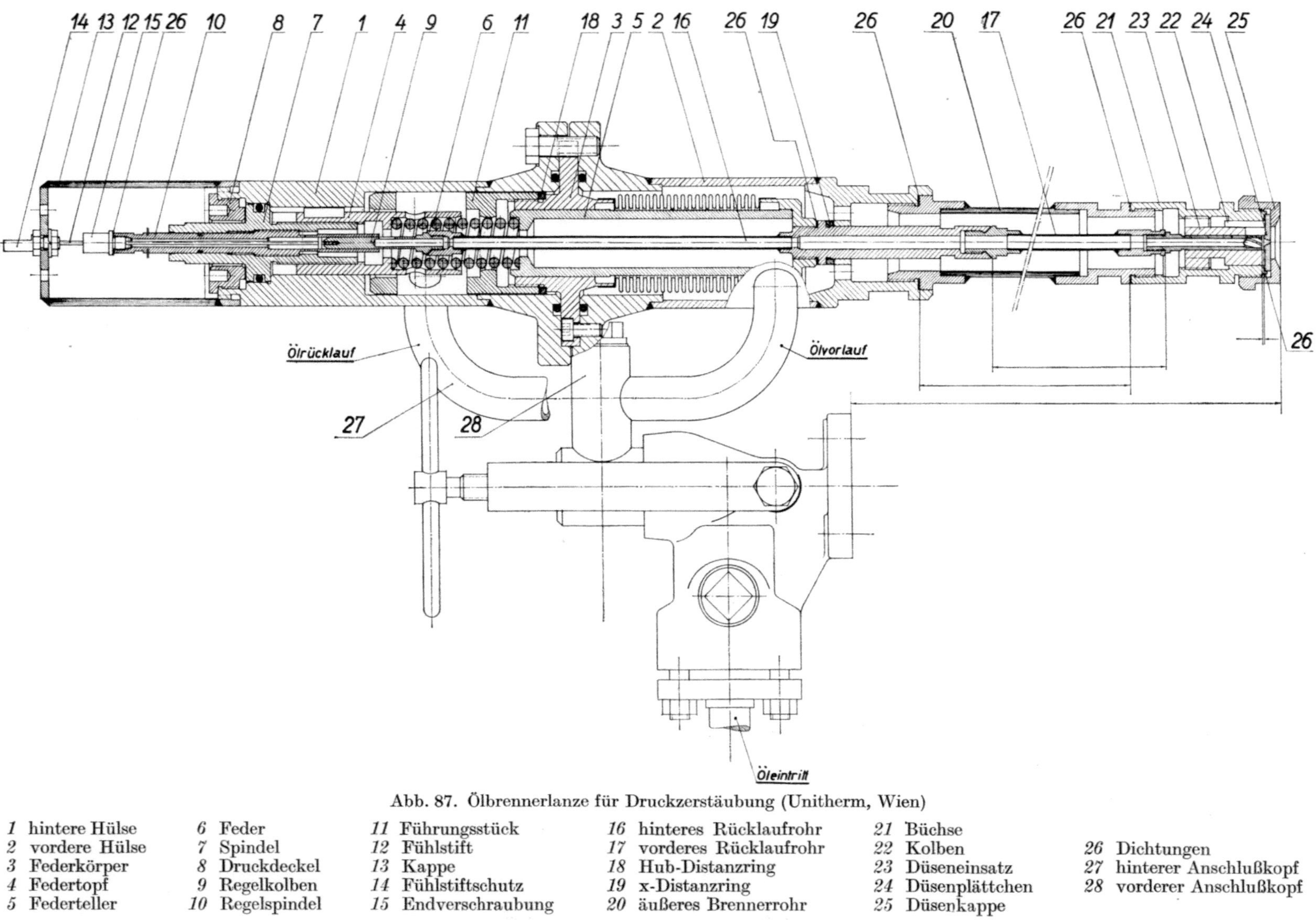

Abb. 87. Ölbrennerlanze für Druckzerstäubung (Unitherm, Wien)

1 hintere Hülse
2 vordere Hülse
3 Federkörper
4 Federtopf
5 Federteller
6 Feder
7 Spindel
8 Druckdeckel
9 Regelkolben
10 Regelspindel
11 Führungsstück
12 Fühlstift
13 Kappe
14 Fühlstiftschutz
15 Endverschraubung
16 hinteres Rücklaufrohr
17 vorderes Rücklaufrohr
18 Hub-Distanzring
19 x-Distanzring
20 äußeres Brennerrohr
21 Büchse
22 Kolben
23 Düseneinsatz
24 Düsenplättchen
25 Düsenkappe
26 Dichtungen
27 hinterer Anschlußkopf
28 vorderer Anschlußkopf

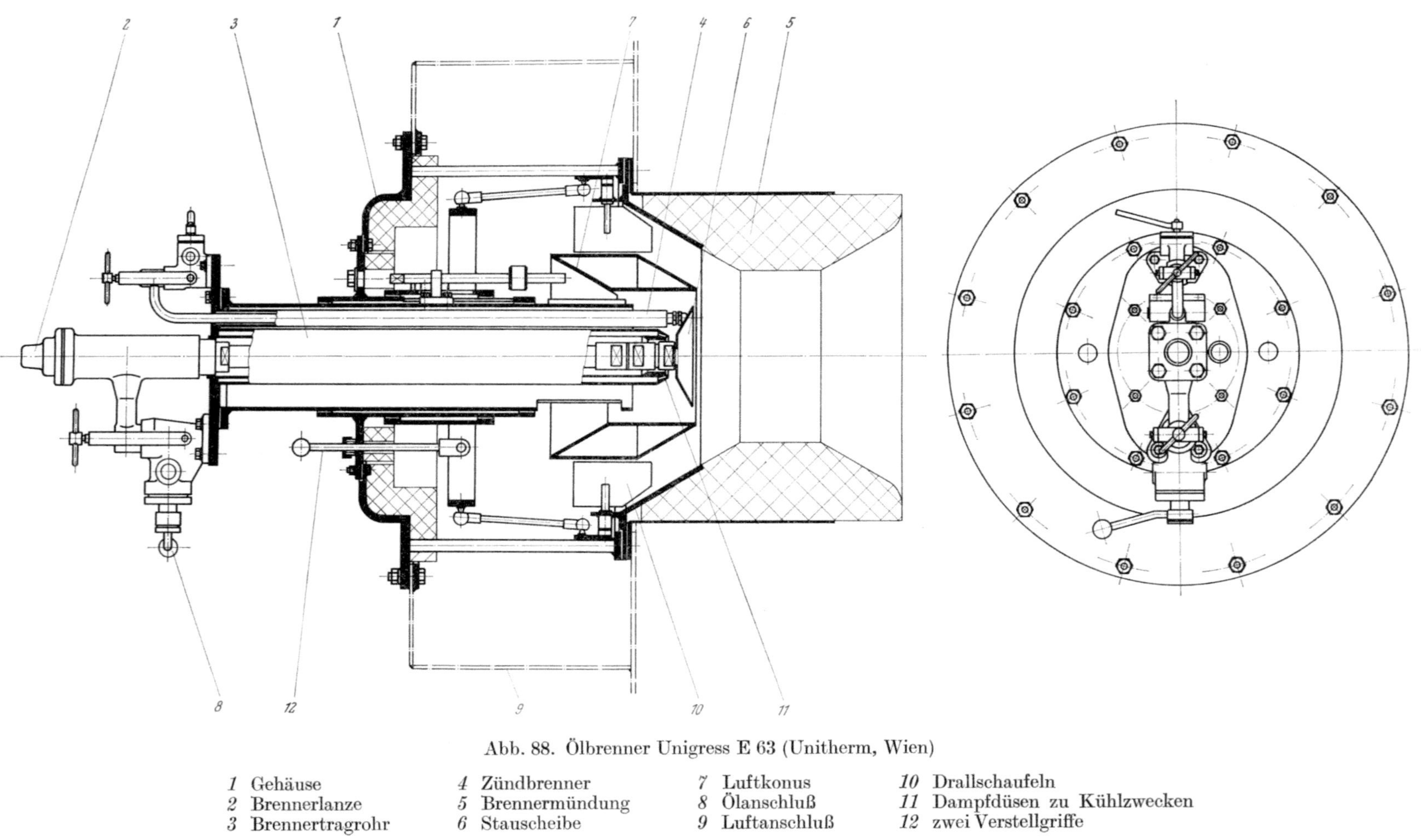

Abb. 88. Ölbrenner Unigress E 63 (Unitherm, Wien)

1 Gehäuse
2 Brennerlanze
3 Brennertragrohr
4 Zündbrenner
5 Brennermündung
6 Stauscheibe
7 Luftkonus
8 Ölanschluß
9 Luftanschluß
10 Drallschaufeln
11 Dampfdüsen zu Kühlzwecken
12 zwei Verstellgriffe

Zu einer Ölfeuerung gehören außer der Ölentladeanlage und den Lagerbehältern mit Beheizungseinrichtungen, Zubringerpumpen, Druckölpumpen, Ölfilter und Ölvorwärmer sowie Mengen-, Druck- und Temperaturmeßgeräte. Die Brenner werden bei Ölfeuerungskessel meistens an der Vorderseite der Brennkammern angeordnet. Der Boden derselben kann flach sein. Abb. 89 zeigt einen solchen Kessel mit gasdicht geschweißten Flossenrohrwänden. Da hinter diesen nur eine Isolierschicht nötig ist, entfällt jedwedes Mauerwerk. Der Kessel ist dank seiner Gasdichtheit geeignet, als Überdruckkessel betrieben zu werden, wobei ein Teil der Saugzugleistung eingespart wird. Die gesamte Aufhängung erfolgt oben am Gerüst, so daß jedwede zusätzliche Abstützung nach unten entfällt.

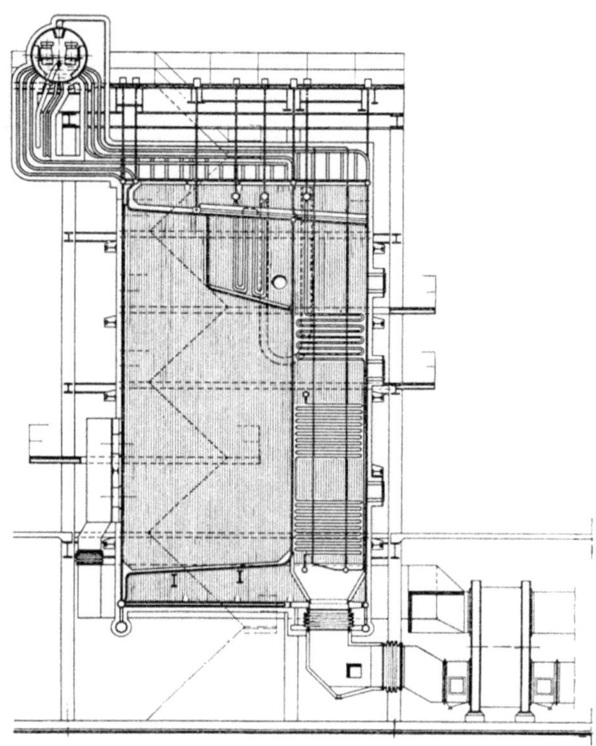

Abb. 89. Kessel für Ölfeuerung mit zusammengeschweißten Flossenrohren[1]

2. Gasfeuerungen

Als Brenngas für Dampfkessel kommt hauptsächlich Gichtgas und Erdgas in Frage. Die Aufgabe des Brenners ist, die Luft und das Brenngas möglichst gut zu mischen und damit die Brennkammer von dieser Aufgabe, wenigstens zum Teil, zu entlasten. Zu diesem Zweck führt man das Brenngas in möglichst viel Strähnen aufgelöst, der Luft in der Brennermündung zu. Der in Abb. 90 dargestellte Brenner ist nach diesem Prinzip konstruiert.

Eine Erdgasbrenneranlage erfordert eine Anzahl Nebeneinrichtungen. Zunächst muß das ankommende Gas vom Zuleitungsdruck auf den erwünschten Brennereintrittsdruck gedrosselt werden, wozu je nach Anfangsdruck eine oder zwei in Serie geschalteten Drosselstationen nötig sind. Schnellschluß- und Regulierorgane, Filter, Meßeinrichtungen und Vorwärmeranlagen ergänzen die Anlage, Abb. 91.

Die Zündung erfolgt bei Öl- und Gasbrennern entweder mit Lunte oder zweckmäßiger mit einem Zündbrenner, der bei Ölfeuerung mit Leichtöl be-

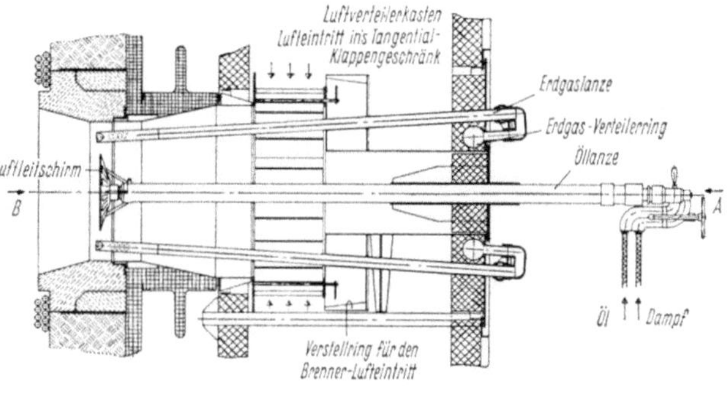

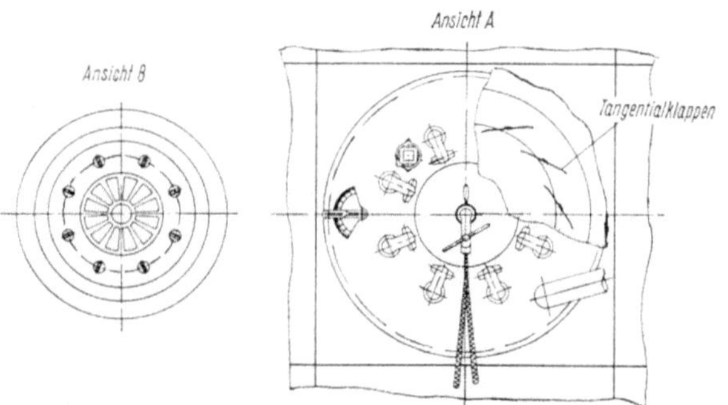

Abb. 90. Erdgasbrenner[2]

[1] Rosahl: Die Flossenwand, ein neues Bauelement für den modernen Hochleistungs-Dampferzeuger. Mitt. VGB 1963, Heft 83, S. 125.

[2] Niepenberg: Erdgas als Brennstoff für Dampfkesselfeuerungen. Energie 1962, Heft 11.

schickt werden kann. Diese werden wieder elektrisch durch eine Funkenstrecke gezündet. Die maximale Ölmenge je Brenner beträgt etwa 2500 kp/h. Bei Nennleistungen über 100 kp/h ist ein eigener Zündbrenner zweckmäßig.

Der Betrieb von Öl- und Gasbrennern macht Sicherheitsvorrichtungen erforderlich. Dies sind Explosionsklappen in den Rauchgaszügen und Flammenwächter, die bei unabsichtlichem Verlöschen der Feuerung Alarm geben bzw. die Brennstoffzufuhr absperren. Bei Gasfeuerungen geschieht dies bei unzulässigem Absinken des Brenngasdruckes. In solchen Fällen müssen vor Wiederzünden die Kesselzüge ausgiebig mit Luft durchgespült werden, um Explosionen zu vermeiden.

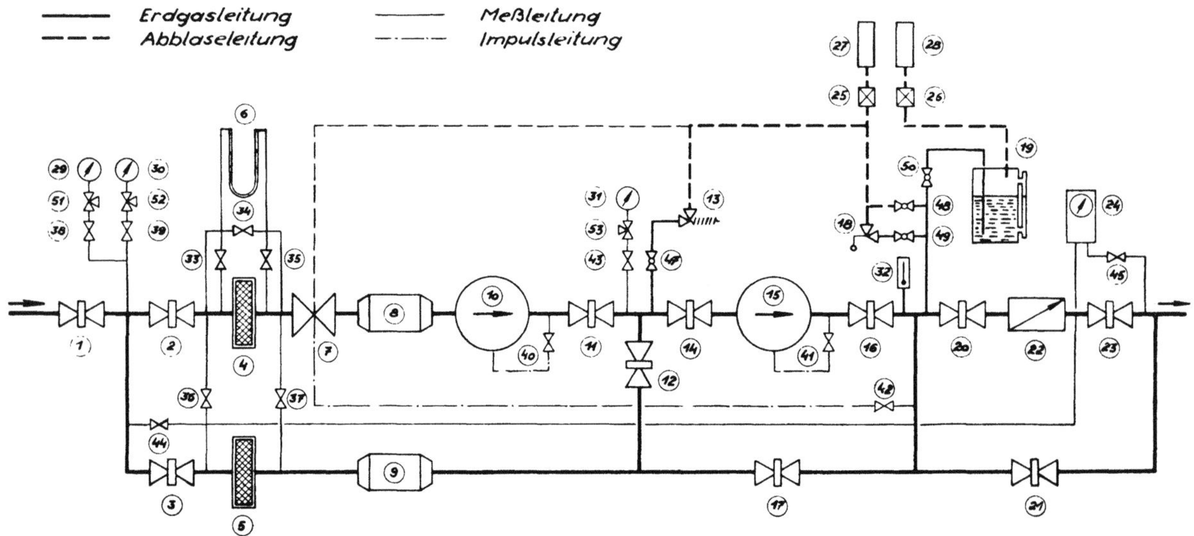

Abb. 91. Schaltschema einer Erdgas-Druckregelstation (Unitherm, Wien)

1, 2, 3, 12, 17 Absperrschieber NW 50
11, 14 Absperrschieber NW 80
16, 20, 21, 23 Absperrschieber NW 200
4, 5 Erdgasfilter NW 80
6 Differenzdruck-Manometer
7 Sicherheitsabsperrventil NW 80
8, 9 Erdgasvorwärmer
10 Vordruckregler NW 80
13 federbelastetes Abblaseventil $1^1/_4$ Zoll
15 Ausgangsdurchdruckregler NW 150
18 gewichtsbelastetes Abblaseventil $1^1/_2$ Zoll
19 Wassertopf 450 mm WS
22 Gaszähler
24 Druckschreiber 80 atü/500 mm WS
25, 26 Rückschlagsicherung $1^1/_2$ Zoll bzw. $2^1/_2$ Zoll
27, 28 Abblasepfeife $1^1/_2$ Zoll bzw. $2^1/_2$ Zoll
29 Manometer 0 bis 10 atü
30, 31 Manometer 0 bis 80 atü
32 Thermometer -30 °C bis $+40$ °C
33–45 Absperr-Kleinventile
47 Absperrhahn $1^1/_4$ Zoll
48–50 Absperrhahn $1^1/_2$ Zoll
51–53 Entlüftungsdreiweghahn

III. Brennstoffe

Die Brennstoffe zerfallen in drei große Gruppen, und zwar in feste, flüssige, gasförmige. Die festen Brennstoffe sind vor allem Kohle, Koks, Briketts, weiters Holz und Torf.

Flüssige Brennstoffe sind das Erdöl, bzw. die Raffinationsprodukte des Erdöles und die Rückstände aus der Raffinerie, wie z. B. Masut und Pakura. Weiters gehören hierzu die bei der Veredelung der Kohle gewonnenen Produkte, wie Teeröl usw.

Die gasförmigen Brennstoffe entstehen in erster Linie als Hauptprodukte bei der Leuchtgasfabrikation, bzw. Generatorgaserzeugung und als Nebenprodukte bei der Eisenverhüttung und der Kokserzeugung. Ein Naturprodukt ist Erdgas.

Zahlentafel 20. *Zusammensetzung und Heizwerte fester Brennstoffe (Deutschland) sowie von Holz und Torf*[1]

Revier		Brennstoff	Im Verwendungszustand			Bezogen auf Reinkohle						$(CO_2 + SO_2)_{max}$
			Asche %	Wasser %	Heizwert kcal/kg H_u	flüss. Best. %	C —	H_2 —	O_2 —	N_2 —	S —	
		Holz, frisch	0,1 bis 0,5	40 bis 60	2006	>70	50,43	6,17	43,28	0,12	0,00	20,22
		Holz, lufttrocken	0,2 bis 0,8	12 bis 25	3657							
		Torf, frisch	0,1 bis 1,8	80 bis 90	236	70	58,8	5,7	33,4	1,7	0,4	19,69
		Torf, lufttrocken	0,4 bis 9,0	20 bis 35	3566							
Rheinland		Braunkohle	1,8 bis 3,5	55 bis 60	2014	54 bis 55	68,13	5,25	25,12	1,00	0,50	19,48
		Brikett	—	—	4814							
Mitteldeutschland		Braunkohle	3 bis 6	42 bis 54	2652	56 bis 58	68,78	5,82	21,71	1,01	2,68	18,91
		Brikett	8 bis 14	12 bis 17	5020							
Lausitz		Braunkohle	2 bis 3	45 bis 56	2486	40 bis 55	66,66	5,37	26,15	1,05	0,77	19,46
		Brikett	5 bis 6	10 bis 17	4909							
Oberbayern		Pechkohle	7 bis 12	6 bis 10	5850	50 bis 55	73,18	5,48	15,42	1,41	4,51	18,78
Ruhr und Aachen (Steinkohle)	Gas- u. Gasflammkohle	Nußkohle	3 bis 7	3 bis 5	7270	35	84,66	5,41	7,26	1,60	1,07	18,55
	Fettkohle	Nußkohle	3 bis 7	3 bis 5	7530	25	88,55	5,00	3,83	1,57	1,05	18,64
	Eßkohle	Nußkohle	3 bis 7	3 bis 5	7580	16	90,26	4,38	2,95	1,40	1,01	18,91
	Magerkohle	Nußkohle	3 bis 7	3 bis 5	7570	11	91,18	4,00	2,50	1,41	0,91	19,06
	Anthrazit	Nußkohle	3 bis 8	0,5 bis 2,5	7776	9,5	90,62	3,97	3,06	1,27	1,08	19,11
	Zechenkoks		7 bis 9	0 bis 5	7060	1	97,0	0.40	0,60	1,00	1,00	20,72
Saar (Steinkohle)	Flammkohle	Nußkohle	3 bis 7	3 bis 5	6965	39,3	81,70	5.34	11,01	1,20	0,75	18,75
	Fettkohle	Nußkohle	3 bis 7	3 bis 5	7490	34,6	86,02	5,49	6,73	1,10	0,66	18,53
Niederschlesien (Steinkohle)	Gasflammkohle	Nußkohle	5 bis 7	3 bis 5	7270	32	84	5	9	1,1	0,9	18,85
	Fettkohle	Nußkohle	5 bis 7	3 bis 5	7400	25	89	5	4	1,1	0,9	18,67
	Magerkohle	Nußkohle	5 bis 7	3 bis 5	7310	16	86	5	7	1,1	0,9	18,77
Sachsen (Steinkohle)	Gasflammkohle	Stückkohle	1 bis 4	5 bis 12	6858	35 bis 40	81,41	5,48	10,37	1,79	0,95	18,63

[1] Zahlentafeln 20, 21, 27, 29, 30, 34, Auszug aus GUMZ: Kurzes Handbuch der Brennstoff- und Feuerungstechnik. Berlin: Springer. 1942.

Zahlentafel 21. *Zusammensetzung und Heizwerte ausländischer fester Brennstoffe*

Herkunft		Brennstoffart	Im Verwendungszustand			Bezogen auf Reinkohle		$(CO_2 + SO_2)_{max}$
			Asche	Wasser	H_u	fl. Best.	S	
Australien	Yallourn, Victoria	Braunkohle	0,87	63,50	1746	53,3	0,25	20,22
Bulgarien	Pernik	Braunkohle	16,27	15,93	4814	47,24	2,40	18,98
	Zentral-Balkan	Gaskohle	—	—	—	35,10	2,99	18,70
	Zentral-Balkan	Kokskohle	—	—	—	21,68	2,97	18,83
Canada	Alberta	Braunkohle	7,81	22,90	4388	44,80	0,45	19,37
	Vancouver Island	Bitum.	10,38	1,95	6600	43,01	0,97	18,77
Chile	Lebu	—	7,66	2,96	6846	40,2	3,07	18,43
ČSSR	Nordböhmen							
	Tiefbau	Braunkohle	5,1	19	5260	—	0,7	18,84
	Tagebau	Braunkohle	7,7	30,2	4124	—	0,7	18,88
	Ostrau Karwin	Steinkohle	5,5	4,0	7385	—	0,52	—
	Handlova	Pechkohle	4,90	12,62	5927	—	1,18	19,03
Groß-britannien	Yorkshire	Bitum. (B_3)	4,7	2,5	7542	34,94	1,39	18,63
	Durham	Bitum. (B_4)	4,46	1,27	7836	32,89	1,03	18,58
	Süd-Wales	Anthrazit	2,30	1,72	8131	5,74	0,93	19,26
	Schottland	Bitum. (B_2)	4,57	8,83	6478	37,9	0,4	18,12
	Lancashire	Bitum. (B_2)	3,9	2,3	7559	37,1	2,03	18,54
	North-Staffordshire	Bitum. (B_2)	5,98	3,60	6584	36,9	0,92	18,67
	Warwickshire	Bitum.	2,24	8,50	6726	40,7	0,76	18,67
	North-Wales	Bitum.	2,45	3,10	7410	39,9	1,25	18,66
	Leicestershire	Bitum. (B_1)	4,86	9,76	6443	39,81	0,99	18,87
	Cumberland	Bitum.	4,55	3,12	7527	36,8	0,82	18,59
Indien	Bengalen	—	9,21	2,53	(7123)	—	0,60	18,62
Indochina	Dong-Trieux	Anthrazit	4,03	2,20	7450	2,78	0,65	20,07
Iran	Abijek-Feschend	—	11,23	0,94	7239	—	1,07	19,04
Italien	Perugia (Umbrien)	Torfiger Lignit	15,0	50,0	1688	56,3	1,54	19,68
	Valdarno (Toscana)	Lignit	7,6	35,0	3206	55,0	1,12	19,70
	Arsa (Venezia Giulia)	Pechkohle	13,55	2,58	6544	52,9	11,70	17,97
	Bacu Abis (Sardinien)	—	17,9	4,0	5729	—	10,36	18,62
	Sulcis (Sardinien)	—	18,7	2,9	5775	49,9	7,68	18,41
Japan	Ishikari, Yubari	—	3,64	1,0	(7595)	44,9	1,86	18,48
Mandschuko	Penhsihu	Fettkohle	9,95	0,45	6747	25,1	1,54	18,72
	Peipiau	—	22,95	1,45	(5653)	49,2	1,38	18,73
	Fushun	—	5,0	6,91	6383	45,21	0,65	18,18
	Fushun	—	4,0	7,21	(6405)	43,6	1,01	18,92
Marokko	Djerade	Anthrazit	6,72	3,09	7369	3,86	2,36	19,81
Rumänien	Comanesti-Vermesti	Lignit	14,04	12,03	5008	45,75	2,54	19,03
	Baia Noua	Anthrazit	6,29	1,00	7899	—	0,56	19,21

Fortsetzung der Zahlentafel 21

Herkunft		Brennstoffart	Im Verwendungszustand			Bezogen auf Reinkohle		$(CO_2 + SO_2)_{max}$
			Asche	Wasser	H_u	fl. Best.	S	
Rußland	Moskau	Braunkohle	19,0	31,0	2965	45,0	5,70	19,24
	Tscheljabinsk (Ural)	Braunkohle	12,5	17,0	4600	44,0	1,2	19,30
	Donez	Gasflammkohle	10,7	11,0	5635	45,0	5,0	18,62
		Fettkohle	12,5	4,0	6795	30,5	3,0	18,55
		Kokskohle	13,1	3,0	6930	23,0	3,0	18,65
		Anthrazit	5,7	5,0	7170	4,0	1,70	20,06
	Kusnetzk	Fettkohle	10,0	8,5	6525	28,0	0,8	18,77
Spanien	Mieres, Asturien	Steinkohle	7,13	6,17	7147	39,31	1,67	18,35
	Teruel	Braunkohle	8,3	24,6	(4864)	—	5,8	18,55
Südafrika	Transvaal	Bitum.	12,13	2,16	7072	32,2	1,32	18,67
	Natal	Bitum.	10,80	1,56	7481	25,7	1,25	18,59
Türkei	Eregli	Gasflammkohle	11,79	0,82	7094	33,54	0,43	18,62
Ungarn	Totis	Braunkohle	6,62	13,73	5810	—	8,34	18,88
	Tatabánya	Braunkohle	8,53	12,30	5626	—	2,54	18,73
	Dórog	Steinkohle	4,40	14,43	5515	—	3,57	18,87
	Pécs (Fünfkirchen)	Steinkohle	15,68	1,44	6744	29,0	4,07	18,58
USA	Schuylkill (Pa.)	Anthrazit	10,76	2,80	7062	2,45	0,89	19,87
	Logan (Ark.)	Semi-bitum.	11,43	2,70	7202	16,48	3,02	18,96
	Jefferson (Ala.)	Bitum.	5,25	2,91	7709	28,37	0,83	18,56
	Fayette (Pa.)	Bitum.	9,45	3,87	7171	33,44	1,46	18,61
	Clinton (Ill.)	Bitum.-(low grade)	12,46	12,83	5605	46,01	5,48	18,62
	Chouteau (Mon.)	Subbitum.	11,23	22,30	4200	48,54	1,06	19,39
	Houston (Tex.)	Lignit	8,79	33,16	3764	51,49	1,32	19,12

A. Feste Brennstoffe

1. Lagerstätten und Aufbereitung von Kohle

Die wichtigsten Steinkohlengebiete Mitteleuropas sind das Ruhrkohlenbecken, Saarkohlenbecken, Oberschlesische Kohlenbecken und Ostrauer Kohlenrevier.

Die wichtigsten Braunkohlengebiete sind am Niederrhein, in Sachsen, Schlesien, Nordböhmen. Auch in Österreich gibt es Kohlenvorkommen, die jedoch hinter den eben genannten stark zurückstehen. Als Steinkohlenrevier gelten das Grünbacher und Lunzer Revier. Braunkohlenfundorte sind: Köflach, Wolfseck-Trauntal, Fohndorf, Seegraben, Tauchen, Parschlug usw.

In Zahlentafel 20 (s. S. 95) und 21 sind nach Gumz die wichtigsten Kohlenfundstätten angeführt[1]. Außerdem ist für diese Kohlen der Heizwert, Aschen- und Wassergehalt und maximaler CO_2-Gehalt der Rauchgase (s. S. 118) angegeben.

Über die in Österreich vorhandenen Brennstoffe und deren Eigenschaften gibt Zahlentafel 22 Aufschluß; in dieser ist außer dem Heizwert und Schwefelgehalt auch der Aschenschmelzpunkt ersichtlich.

[1] Gumz: Kurzes Handbuch der Brennstoff- und Feuerungstechnik. Berlin: Springer. 1942.

Zahlentafel 22. *Zusammensetzung und Heizwerte inländischer fester Brennstoffe*

Revier	Max. CO_2 %	Aschen-schmelzpunkt °C	Korngröße mm	Im Verwendungszustand: Feuchtigkeit %	Asche %	Schwefel %	Flüchtige Bestandteile %	Unterer Heizwert kcal/kg	Theoretischer Luftbedarf Nm³/kg	Theoretischer trockene Rauchgasmenge Nm³/kg	Theoretische feuchte Rauchgasmenge Nm³/kg
Hart, Lignit	19,7	1150 bis 1190	über 60	26 bis 29	5 bis 6	1,0 bis 0,9	32,0 bis 30,0	4100 bis 3850	4,5 bis 4,2	4,4 bis 4,2	5,2 bis 4,9
			60 bis 45	26 bis 29	5 bis 9	1,0 bis 0,9	31,5 bis 28,5	4100 bis 3650	4,4 bis 4,1	4,3 bis 4,0	5,1 bis 4,7
			15 bis 6	26 bis 29	8 bis 10	0,9 bis 0,8	30,5 bis 27,0	3950 bis 3500	4,3 bis 3,9	4,2 bis 3,8	5,0 bis 4,5
Wolfsegg-Trauntal, Lignit	19,2	1260 bis 1290	über 75	36 bis 38	5 bis 7	0,23 bis 0,22	31,0 bis 29,0	3350 bis 3150	4,0 bis 3,7	3,9 bis 3,7	4,7 bis 4,4
			75 bis 20	36 bis 39	5 bis 9	0,23 bis 0,21	31,0 bis 27,5	3350 bis 2950	4,0 bis 3,5	3,9 bis 3,5	4,7 bis 4,3
			20 bis 7	37 bis 39	8 bis 11	0,22 bis 0,20	29,0 bis 26,5	3150 bis 2800	3,7 bis 3,4	3,7 bis 3,3	4,4 bis 4,1
Marienschacht (Köflach), Braunkohle	19,4	1100 bis 1240	über 45	34 bis 36	4 bis 7	0,1 bis 0,15	32,8 bis 30,2	3800 bis 3450	4,2 bis 3,9	4,2 bis 3,8	4,9 bis 4,6
			45 bis 20	35 bis 37	6 bis 8	0,1 bis 0,15	32,3 bis 29,1	3600 bis 3300	4,0 bis 3,7	4,0 bis 3,7	4,8 bis 4,5
			20 bis 5	35 bis 37	7 bis 12	0,1 bis 0,15	30,7 bis 27,0	3530 bis 3050	4,0 bis 3,5	3,9 bis 3,4	4,7 bis 4,2
Piberstein-Lankowitz, Lignit	19,2	1210 bis 1260	über 55	28 bis 30	4 bis 8	0,2 bis 0,18	36,1 bis 32,7	4300 bis 3900	4,7 bis 4,3	4,7 bis 4,3	5,4 bis 5,0
			55 bis 25	29 bis 31	7 bis 9	0,19 bis 0,18	33,8 bis 31,9	4000 bis 3750	4,5 bis 4,2	4,4 bis 4,1	5,1 bis 4,9
			25 bis 7	26 bis 31	7 bis 14	0,20 bis 0,16	35,5 bis 29,1	4250 bis 3400	4,7 bis 3,8	4,6 bis 3,7	5,3 bis 4,5
Sankt Kathrein, Lignit	19,5	1170 bis 1230	über 50	35 bis 37	6 bis 9	0,23 bis 0,20	30,2 bis 28,6	3500 bis 3200	3,9 bis 3,6	3,9 bis 3,5	4,7 bis 4,3
			50 bis 25	35 bis 37	7 bis 9	0,23 bis 0,30	30,7 bis 28,6	3450 bis 3200	3,9 bis 3,6	3,8 bis 3,6	4,6 bis 4,3
			25 bis 5	36 bis 38	8 bis 14	0,22 bis 0,20	29,7 bis 25,9	3300 bis 2800	3,7 bis 3,2	3,7 bis 3,2	4,4 bis 3,9
Seegraben, Braunkohle	19,0	1130 bis 1220	über 40	7 bis 9	5 bis 8	0,6 bis 0,55	35,0 bis 33,0	6000 bis 5750	6,4 bis 6,1	6,3 bis 6,0	6,9 bis 6,6
			40 bis 15	8 bis 9	6 bis 8	0,6 bis 0,55	34,5 bis 33,0	6000 bis 5750	6,3 bis 6,1	6,2 bis 6,0	6,8 bis 6,6
			15 bis 0	8 bis 12	7 bis 15	0,6 bis 0,55	34,0 bis 29,0	5950 bis 5000	6,3 bis 5,4	6,1 bis 5,2	6,7 bis 5,8
Fohnsdorf, Braunkohle	18,7	1120 bis 1210	über 40	7 bis 10	10 bis 22	2,9 bis 2,1	36,0 bis 32,5	5600 bis 5000	6,1 bis 5,4	5,9 bis 5,3	6,5 bis 5,8
			40 bis 15	8 bis 11	15 bis 18	2,3 bis 2,1	34,0 bis 32,5	5250 bis 5000	5,7 bis 5,4	5,6 bis 5,3	6,1 bis 5,9
			15 bis 0	9 bis 14	13 bis 16	2,4 bis 2,1	35,0 bis 32,0	5400 bis 4900	5,9 bis 5,4	5,7 bis 5,2	6,3 bis 5,8
Tauchen, Lignit	19,4	1240 bis 1280	über 75	38 bis 40	5 bis 8	0,9 bis 0,7	28,5 bis 25,5	3300 bis 3050	3,8 bis 3,5	3,8 bis 3,5	4,5 bis 4,3
			75 bis 40	38 bis 41	6 bis 8	0,9 bis 0,7	28,0 bis 25,5	3250 bis 2900	3,7 bis 3,4	3,7 bis 3,4	4,5 bis 4,2
			40 bis 5	38 bis 41	6 bis 10	0,8 bis 0,7	26,0 bis 24,0	3230 bis 2700	3,5 bis 3,2	3,4 bis 3,1	4,2 bis 3,9
Grünbach, Steinkohle	18,6	1200 bis 1240	über 30	4 bis 6	4 bis 7	1,2 bis 1,15	38,5 bis 36,5	6600 bis 6300	7,2 bis 6,8	7,1 bis 6,7	7,7 bis 7,3
			30 bis 15	4 bis 6	10 bis 14	1,15 bis 1,1	36,0 bis 33,5	6100 bis 5800	6,8 bis 6,4	6,6 bis 6,1	7,2 bis 6,7
			15 bis 0	4 bis 6	10 bis 15	1,15 bis 1,0	36,0 bis 33,0	6000 bis 5500	6,8 bis 6.2	6,6 bis 6,1	7,2 bis 6,6

Die Steinkohle wird gewöhnlich nicht in dem Zustand, wie sie aus den Gruben gefördert wird, verwendet. Sie durchläuft zuerst umfangreiche Aufbereitungsanlagen, welche meist gleich an die Bergwerke angeschlossen sind. In diesen erfolgt eine Separation, Klassierung und Waschung der Kohle. Bei letzterer werden die unverbrennlichen Bestandteile, die sogenannten „Berge", von der Kohle mit Hilfe ihrer verschiedenen Wichten getrennt.

Das Waschwasser trägt erhebliche Mengen von Feinkohle mit sich fort. Dieses gelangt in sogenannte „Sümpfe", wo sich der Kohlenschlamm abscheiden und nach Trocknung verwertet werden kann.

2. Beurteilung von Stein- und Braunkohlen

Die Beurteilung einer Kohle muß nach zahlreichen Gesichtspunkten erfolgen. In der Folge mögen die wichtigsten besprochen werden.

a) Preis

Der Preis hängt vom Heizwert, der Körnung, dem Aschen- und Wassergehalt, den Transportkosten usw. ab. Es ist üblich, diesen auf die Tonne oder auf 10^6 kcal zu beziehen.

b) Heizwert

Es hat zwischen oberem und unterem Heizwert unterschieden zu werden. Die Ermittlung bzw. Berechnung erfolgt nach den Angaben auf S. 109.

Der Heizwert von Steinkohle liegt etwa von 5000 bis 7800 kcal/kg, jener von Braunkohle von 2000 bis 5000 kcal/kg (Zahlentafel 20, 21, 22).

c) Körnung

Aus Zahlentafel 23 ist die Bezeichnung der verschiedenen Körnungen ersichtlich. Stückkohle ist überhaupt für eine Feuerung ungeeignet und muß sowohl für mechanische Roste als auch Kohlenstaubfeuerungen vorgebrochen werden. Die benützbare Korngröße für Wanderroste liegt von 40 mm nach abwärts. Grundsätzlich sind die kleineren Nußkohlensorten mehr für Rostfeuerungen, die Fein- und Staubkohlen für Kohlenstaubfeuerungen geeignet.

Zahlentafel 23. *Bezeichnung von Körnungen*

Stückkohle	über 120 mm	Nußkohle IV	10 bis 18 mm
Würfelkohle	80 bis 120 mm	Nußkohle V	6 bis 10 „
Nußkohle I	50 bis 80 „	Feinkohle I	0 bis 10 „
Nußkohle II	30 bis 50 „	Feinkohle II	0 bis 6 „
Nußkohle III	18 bis 30 „	Staubkohle	0 bis 1 „

d) Gasgehalt

Die Kohle gibt beim Erhitzen unter Luftabschluß eine gewisse Gasmenge ab. Dieser Vorgang wird Entgasung genannt. Die ausgetriebenen Bestandteile heißen flüchtige Bestandteile. Zu diesen wird der mitausgetriebene Wasserdampf nicht dazugezählt. In Abb. 92 wird dies schematisch dargestellt. Die Figur links zeigt die ursprünglich in der Rohkohle vorhandenen Bestandteile, und zwar Wasser, Asche, H, O und C. Die Kohle ohne Wasser und Asche heißt Reinkohle. Die Verhältnisse nach der Entgasung zeigt die rechte Figur. Die flüchtigen Bestandteile enthalten den Wasserstoff, Sauerstoff und einen Teil des Kohlenstoffes. Der im Koks verbliebene Kohlenstoff wird fixer Kohlenstoff genannt. Der Koks selbst beinhaltet außer dem fixen Kohlenstoff die Asche. Bei Angabe des Gehaltes an flüchtigen Bestandteilen (Strecke a) werden diese auf Trockenkohle (Strecke b) oder auf Reinkohle (Strecke c) bezogen.

Die Verbrennung geht mit steigendem Gasgehalt zunächst mit kleiner, kurzer, blau brennender Flamme, dann mit kurzer, hellbrennender Flamme, mit langer, hellbrennender Flamme und schließlich mit langer, trübbrennender Flamme vor sich (Zahlentafel 24).

Die chemische Zusammensetzung der ausgetriebenen Gase ist je nach dem Gasgehalt sehr verschieden, doch auch bei gleichem Gasgehalt von Kohle zu Kohle verschieden. Bei geringen Gasgehalten bestehen die ausgetriebenen Gase hauptsächlich aus CO und H_2, bei mittleren Gasgehalten kommen auch noch höhere Kohlenwasserstoffe hinzu. Diese bewirken bei ihrem Abbau das Leuchten der Flamme. Hierbei scheidet sich vorübergehend Kohlenstoff in der Flamme aus, dessen Glühen das Leuchten verursacht. Je größer der Anteil an Kohlenstoff in den flüchtigen Bestandteilen ist, um so leuchtendere Flammen und höhere Heizwerte besitzen sie. Bei größeren Gasgehalten der Kohle nimmt die Güte des Gases wieder ab, da dessen CO_2-Gehalt zunimmt. Der Anteil der flüchtigen Bestandteile bei Braunkohle ist im allgemeinen sehr hoch und mehr als 40%, doch haben sie keinen hohen Heizwert. Es sind Armgase, welche Wasserstoff, Kohlenoxyd und Kohlensäure enthalten.

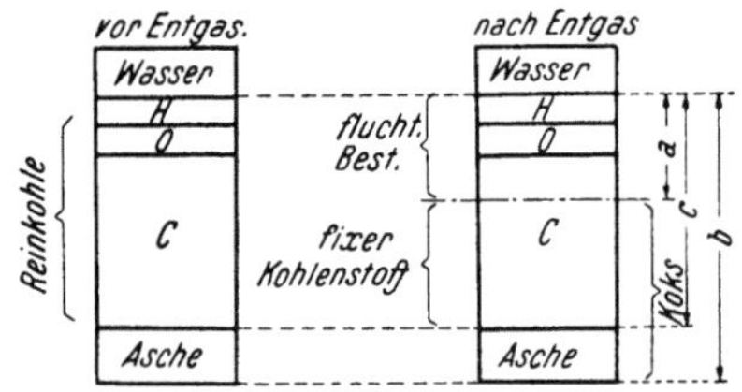

Abb. 92. Zusammensetzung der Kohle vor und nach der Entgasung

Tatsächlich sind flüchtige Bestandteile von Braunkohle oft auch schwer zu zünden, was auf Mangel an höheren Kohlenwasserstoffen hindeutet. Dies gilt insbesondere auch für die österreichischen Braunkohlensorten.

Zahlentafel 24

Gasgehalt %	Bezeichnungen		Koksbeschaffenheit	Flammenart	Verwendungszweck
0		Koks 0 bis 4%			
10	Anthrazit Magerkohle 4 bis 15%	Steinkohle 4 bis 50%	Sandkoks 5 bis 8% Sinterkoks 8 bis 15%	kurz, blau 5 bis 10%; kurz, leuchtend 10 bis 18%	Hausbrand 5 bis 10%; Dampfkessel 10 bis 15%
20	Eßkohle 11,5 bis 20%		Backkoks 15 bis 35%	kurz, stark leuchtend 18 bis 26%; verhalten, langflammig, stark leucht. 20 bis 32%	Verkokung 11,5 bis 20%
30	Kokskohle 18 bis 26%; Schmiedekohle 20 bis 32%				Leuchtgas 20 bis 33%
40	Gas-Flammkohle 32 bis 40%		Sinterkoks 35 bis 45%	langflammig, stark leuchtend 32 bis 36%	Dampfkessel über 33%
50	Sinter- oder Sandkohle 40 bis 50%	Braunkohle 40 bis 60%	Sandkoks 45 bis 50%	langflammig, matt, rußend über 40%	
60			bei Braunkohle, Torf, Sandkoks		
70		Torf 65 bis 70%			

e) Koksbeschaffenheit

Aus der Zahlentafel 24 ist ersichtlich, daß auch die Koksbeschaffenheit vom Gasgehalt abhängig ist. Mit zunehmendem Gasgehalt bildet sich zuerst Sandkoks, Sinterkoks und dann Backkoks. Steigt der Gasgehalt weiter an, ändert sich die Koksbeschaffenheit in umgekehrter Reihenfolge. Braunkohle backt gewöhnlich nicht. Wie bei Besprechung der Dampfkesselverluste gezeigt wird, ist die Koksbeschaffenheit zur Abschätzung der Feuerungsverluste auf Rosten wichtig.

Die Beschaffenheit des Kokses wird im Laboratorium beim Erhitzen unter Luftabschluß festgestellt. Sandkoks hat eine nur lose zusammenhängende Masse. Sinterkoks besteht aus mehr oder weniger zusammengefritteten kleinen Stücken. Backkoks ist gut zusammengeschmolzen und teilweise aufgebläht.

f) Analyse der Kohle

Die Analyse des Brennstoffes umfaßt gewöhnlich die Bestimmung des Wasser- und Aschengehaltes, der flüchtigen Bestandteile, des Kohlenstoff-, Wasserstoff-, Schwefel-, Sauerstoff- und Stickstoffanteiles. Der Wasser- und Aschengehalt sind unerwünschte Bestandteile. Ihre Summe soll bei guten Steinkohlen 10% nicht übersteigen. Bei minderwertigen, jedoch noch verwendungsfähigen Braunkohlen kann der Wassergehalt bis zu 50% und stellenweise auch noch mehr ansteigen, während der Aschengehalt 5 bis 10% beträgt. Abfallkohlen haben oft einen hohen Aschengehalt bis 50%. Die chemische Analyse gibt nur Aufschluß über die Gewichtszusammensetzung, ohne über die Art der chemischen Verbindungen Aussagen zu machen. Auf welche Weise der Schwefel, Wasserstoff und Sauerstoff miteinander verbunden sind, bleibt offen. Doch wird angenommen, daß der Sauerstoff mit dem entsprechenden Wasserstoffanteil als Wasser chemisch gebunden ist.

Der Schwefelgehalt gibt einen Hinweis auf die korrosiven Eigenschaften der Rauchgase, die insbesondere bei Abkühlung unter den Taupunkt in Erscheinung treten. Auch die Selbstentzündlichkeit der Kohle wird durch den Schwefelgehalt ungünstig beeinflußt. Das Wasser kann als Grubenfeuchtigkeit vorhanden sein, welche bei Lagerung in der Luft verdunstet bzw. abtropft, oder als hygroskopische Feuchtigkeit, welche nur durch Erwärmen der Kohle über 100° ausgetrieben werden kann. In diesem Falle bleibt ein hygroskopischer Körper übrig, welcher bei nächster Gelegenheit wieder Feuchtigkeit aufnimmt.

3. Erweichungs- und Schmelzpunkt der Schlacke

Eine wichtige Bestimmungsgröße der Kohle im Dampfkesselbau ist der Schmelzpunkt ihrer Asche. Das nicht genügende Vertrautsein mit den Schmelzeigenschaften hat zu großen betrieblichen Anständen bei Kesselanlagen geführt. Diese Schwierigkeiten treten vor allem dann auf, wenn der Erweichungspunkt der Asche tiefer als die Flammenendtemperatur ist. Mit dieser verlassen die Rauchgase die Brennkammer und gelangen in das Kesselrohrbündel. Führen die Rauchgase hierbei teigige oder flüssige Aschenteilchen mit sich, werden diese beim Anprallen auf die Rohroberflächen erstarren und kleben bleiben. Dies führt in krassen Fällen bereits nach Tagen zu einem vollständigen Zuwachsen der Berohrung und zur Notwendigkeit, den Kessel abzustellen. Das Säubern der Kesselrohre von diesen oft sehr harten Schlackenschichten ist schwierig.

Besonders ungünstig sind diese Verhältnisse, wenn die Brennkammer nicht zur Gänze mit Rohren ausgekleidet ist, sondern auch unberohrte Schamottebegrenzungsflächen aufweist. An diesen fließt dann die Schlacke herunter, erstarrt an Stellen niedriger Temperatur, und es bilden sich Ansätze, welche eine solche Brennkammer fast als Tropfsteingrotte erscheinen lassen.

Wird jedoch die Flammenendtemperatur so gehalten, daß sie sowie die Schamottetemperatur unter dem Erweichungspunkt der Schlacke liegt, ist eine Hauptursache dieser Unannehmlichkeiten ausgeschaltet. Es ist daher beim Entwurf einer Brennkammer die Kenntnis des Erweichungspunktes der Schlacke unerläßlich.

Als hoher Erweichungspunkt kann etwa 1400 °C, als tiefer 1000 °C gelten. Es kommen jedoch bei gewissen Kohlen auch Erweichungspunkte bis zu 850 °C vor. Diese machen dann besondere Maßnahmen (s. S. 103) zur Beherrschung erforderlich, da ein Herabsetzen der Verbrennungstemperatur unter diese Werte nicht in Frage kommt. Auf alle Fälle wird eine Brennkammer zwecks Temperatursenkung um so mehr mit Kühlfläche versehen und größer gebaut werden müssen, je niedriger der Schlackenerweichungspunkt ist. Leider ergibt dies aber z. B. bei Kohlenstaubfeuerung gleichzeitig schlechtere Zündbedingungen, so daß bei zu starker Kühlung die Zündung abreißen kann. Man kommt hier manchmal zu stark widersprechenden Forderungen an die Konstruktion.

Um dann trotzdem zu einem Ziel zu gelangen, ist zuerst in den USA der Weg der Schmelzkammer beschritten worden.

Insbesondere in den letzten Jahren wurden die Ansprüche an Dampfkesselfeuerungen, was das Verfeuern minderwertiger, ballastreicher Brennstoffe anlangt, noch wesentlich gesteigert.

Die Erfahrungen in zahlreichen Großkesselanlagen haben gezeigt, daß für das Entstehen der Verschlackung in Brennkammern und Nachheizflächen nicht allein der Erweichungspunkt der Schlacke maßgebend ist. Es traten auch vielfach Betriebsstörungen in Fällen auf, wo die Brennkammeraustrittstemperatur niedriger als der Erweichungspunkt war. Die Ursache hierfür lag darin, daß sich bereits unterhalb des Erweichungspunktes teigige, klebrige Schmelzen in der Schlacke bilden, die ein Haftenbleiben an den Rohrreihen verursachen.

Den Vorgang der Erweichung und des Schmelzens der Schlacke studiert man auf die Weise, daß man das Zusammensinken eines Probekörpers, welcher aus dem gleichen Material wie die Schlacke besteht, bei schrittweise gesteigerter Temperatur beobachtet. In Deutschland hat sich besonders die Probe nach Bunte-Baum eingebürgert, bei welcher ein kleiner Versuchszylinder von 10 mm Höhe und Durchmesser mit 25 g/cm² belastet wird. Es wird dann in reduzierender Atmosphäre seine Stauchung bei steigender Temperatur in Abhängigkeit von der Zeit beobachtet. Den typischen Verlauf eines Bunte-Baum-Diagrammes zeigt Abb. 93. Vielfach wird als Schmelztemperatur jene angegeben, bei welcher der Körper auf 3 mm Höhe eingesunken ist. Diese Definition ist nicht immer richtig, da zu diesem Zeitpunkt keineswegs alle Komponenten der Schlacke geschmolzen sein müssen. Die Kennzeichnung des Erweichungspunktes *c* erfolgt durch den Knick, der den endgültigen Abfall der Kurve einleitet, während vielfach bereits vorher einige Knicke, *a*, *b*, festzustellen sind.

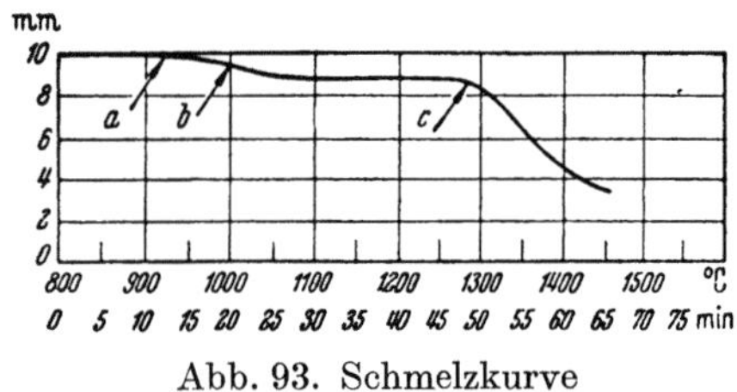

Abb. 93. Schmelzkurve nach Bunte-Baum

Einen wesentlichen Beitrag zur Deutung der verschiedenen Knicke in einer Bunte-Baum-Kurve und des Erkennens ihres Einflusses auf den Kesselbetrieb hat Zinzen[1, 2] geliefert. Danach kann eine Bunte-Baum-Kurve bis zu 3 Knicke, d. h. Sinterstufen, zeigen, bevor der eigentliche Erweichungspunkt eintritt. Je nach der Zusammensetzung der Asche können auch eine oder zwei Sinterstufen fehlen oder mit einer anderen bzw. dem Erweichungspunkt selbst, zusammenfallen.

Zur Unterscheidung der verschiedenen Schlackensorten teilt Zinzen das Feld der Kohlenschlacken in fünf Gebiete, a, b, c, d, e, ein, wobei jedes ein verschiedenes Verhalten zeigt.

---

[1] Zinzen: Ursachen der Aschenansätze an Kesselheizflächen. VDI 1944, S. 171.

[2] Zinzen: Bekämpfung der Verschlackung von Dampfkesseln. BWK 1950, S. 63.

Die Kennzeichnung der Schlacke erfolgt durch ihre chemische Zusammensetzung. Es erweist sich als günstig, den Gehalt an

$SiO_2 + Al_2O_3$
$Fe_2O_3 + FeO$ und
$CaO + SO_3 + MgO +$ Rest

jeweils zusammenzufassen und in einem Dreiecks-Koordinatensystem aufzutragen. Die Summe der perzentuellen Anteile aller Komponenten muß 100% ergeben. In Abb. 94

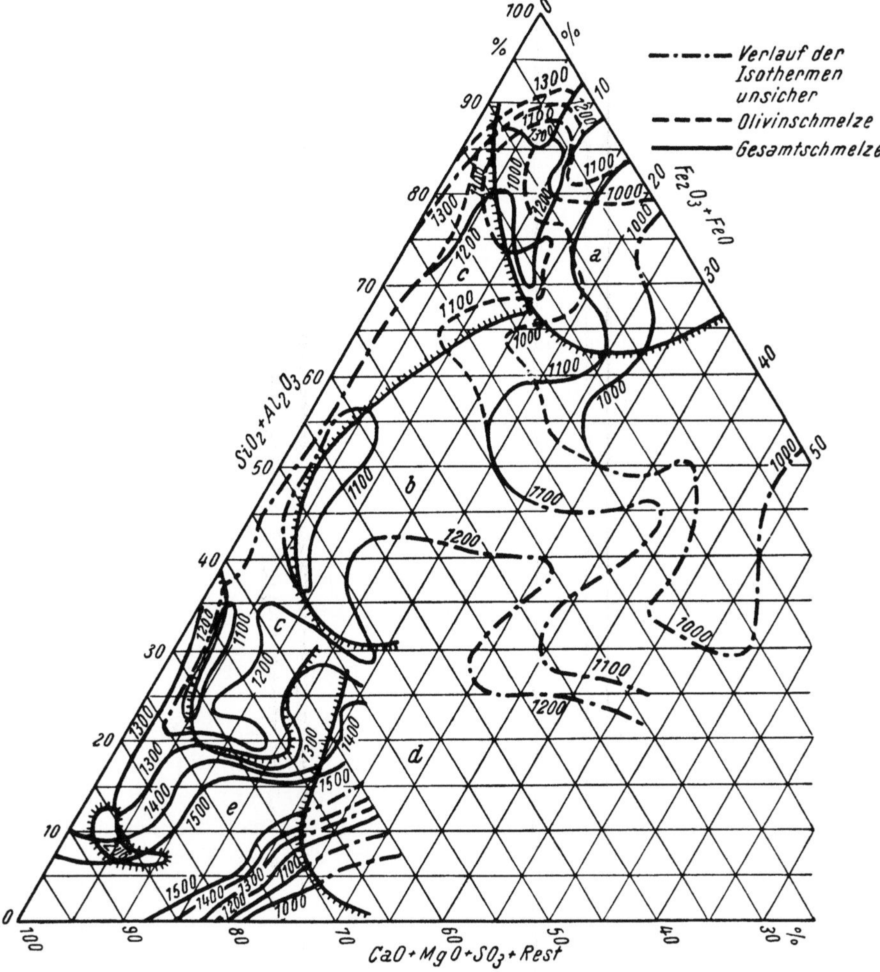

Abb. 94. Allgemeines Schmelzdiagramm für Brennstoffaschen

sind nach ZINZEN die Erweichungspunkte der Schlacke und die niedrigsten Sintertemperaturen, welche Ablagerungen an Kesselrohren verursachen können, als Isothermen dargestellt. Für den Konstrukteur ist dieses Diagramm von Wichtigkeit, weil es ungefähr angibt, wie weit die Austrittstemperatur der Rauchgase aus der Brennkammer zu senken ist, damit störende Schlackenansätze nicht auftreten.

Allerdings gibt es auch Gebiete, wo die gefährliche Temperatur unter 900 °C liegt. Eine Senkung der Brennkammertemperatur unter diesen Wert ist aber kaum möglich. Man muß daher hier Möglichkeiten zum leichten Reinigen der Kesselheizfläche vorsehen, sowohl durch reichliche Anordnung von Rußbläsern als auch durch starkes Auflockern des Rohrabstandes. Einblasen von Wirbelluft etwa im letzten Drittel der Brennkammer verringert gemeinsam mit großem Luftüberschuß die Ansatzbildung. Die Brennkammer ist in solchen Fällen möglichst groß auszuführen, um die Verbrennung der klebrigen Schmelzen vor Erreichen des Brennkammerendes zu ermöglichen. Weitere Maßnahmen sind Rauchgasrücksaugung für die Mahltrocknung, damit die Heißlufttemperatur niedrig gehalten werden kann (s. S. 82, 83), Anordnung von Schottheizflächen in der Brennkammer, zusätzlich Wirbelung der Rauchgase durch Lenkwände und Einschnürungen in der Brennkammer (s. a. S. 28). Manchmal wird Abgasrückführung in die Brennkammer, insbesondere zur Kühlung des Schlackentrichterraumes, vorgesehen. Da die Art des Brennstoffes meist überhaupt nicht vorauszusehen ist, wurde vorgeschlagen[1], die Temperatur der Rauchgase

Zahlentafel 25. *Sinterstufen in den Feldern a bis e*

Feld	a	b	c	d	e
1. Sinterstufe	selten: CaS-Schmelze	fehlt meist	CaS-Schmelze (klebrig) (830 bis 1200°)	fehlt	CaS-Schmelze (klebrig) (830 bis 1200°)
2. Sinterstufe	Fe_2O_3-Redukt. (trocken)	fehlt meist	SO_2-Abgabe trocken und Gesamt-Schmelze	SO_2-Abgabe trocken	SO_2-Abgabe trocken
3. Sinterstufe	Olivin-Schmelze (klebrig) (980 bis 1150°) seltener Gesamt-Schmelze	Olivin-Schmelze (klebrig) (980 bis 1150°) meist Gesamt-Schmelze	—	Gesamt-Schmelze	Gesamt-Schmelze
4. Sinterstufe	Gesamt-Schmelze	—	—	—	—

vor dem Überhitzer bei Steinkohle mit 950 °C, bei Braunkohle mit 850 °C zu beschränken. Immer ist gute Zündung (S. 88), gute Mischung von Luft und Brennstoff und zweckmäßige Brenneranordnung (S. 87) besonders wichtig.

Die Vorgänge bei den einzelnen Sinterstufen sind nach Zinzen in Zahlentafel 25 zusammengestellt.

Leider treten noch weitere chemische Vorgänge in den Schlacken auf, welche im Schmelzdiagramm Abb. 93 nicht zum Ausdruck kommen, gleichfalls jedoch die Ursache unangenehmer Ansätze sind. Dazu gehört bei Schlacken aus dem Feld b Silizium-Sulfid-Bildung in gasförmiger Form (Sublimationstemperatur 940°), welches sich an den Kesselheizflächen wieder niederschlägt. Jedoch ist auch in den anderen Feldern dieser Vorgang bei hohen Brennkammertemperaturen möglich.

Bei Steinkohlenaschen haben Alkalien einen ungünstigen Einfluß. So kann in bestimmten Fällen Kaliumoxyd in gasförmiger Form aus der Schmelze bei Temperaturen über 1300 °C entweichen und schlägt sich dann bei sinkender Temperatur an Kessel und Überhitzerheizflächen wieder nieder, so daß sich schalenförmige Schichten um die Rohre bilden.

Bei Braunkohlenschlacken sind Alkalien besonders schädlich. Dort sind sie vor allem als $NaCl$ und Na_2SO_4 vorhanden. Dann sind Schmelzen bereits bei Temperaturen von 600 °C aufwärts möglich. Bei solchen Schlacken müssen die weiter oben gemachten Ausführungen bezüglich größerer Rohrteilung, leichter Reinigungsmöglichkeit usw. besonders beachtet werden.

Die dargelegten Untersuchungen über die Schlackeneigenschaften reichen nicht aus, wenn es sich um Schmelzkammerkessel handelt. Bei diesen ist die Kenntnis der Zähigkeitseigenschaften der Schlacke notwendig. Vor allem ist von Interesse, bei welchen Temperaturen die Schlacke tropffähig und schließlich dünnflüssig wird. Die Temperatur, bei

[1] Konejung: Der heutige Stand des Verschlackungs-Problems. Mitt. VGB 1948, Nr. 2/3, S. 21.

welcher der Probekörper nach BUNTE-BAUM auf 3 mm Höhe zusammengesunken ist, und jene, bei welcher die Schlacke als Ganzes tatsächlich flüssig geworden ist, fallen keineswegs zusammen, sondern können unter Umständen auch mehrere hundert Grade auseinanderliegen, wie Abb. 95 zeigt. Die Kurve *2*, welche die Zähigkeit darstellt, hat einen hyperbelähnlichen Verlauf[1]. Erst bei einer Zähigkeit von 0,8 kgs/m² wird die Schlacke tropffähig, während gutes Fließen unterhalb von 0,35 kgs/m² auftritt. Die Temperatur, welche durch die Asymptote der Kurve *2* gegeben ist, werde in der Folge als Schmelztemperatur ϑ_S angesehen.

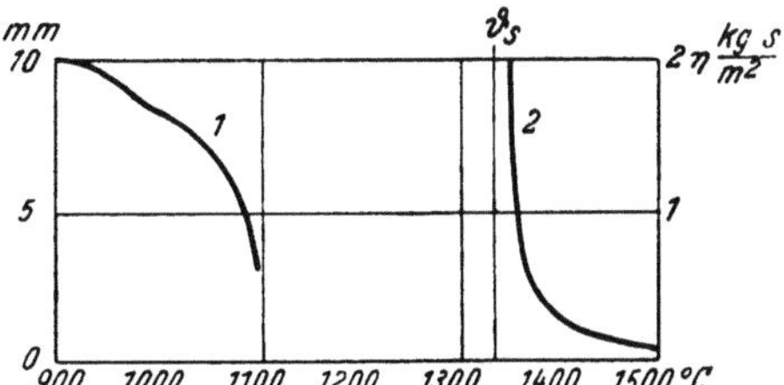

Abb. 95. Schmelzkurve nach BUNTE-BAUM (*1*) und Verlauf der Zähigkeit (Kurve *2*)

Um die Schmelztemperatur versuchsmäßig zu finden, wurden verschiedene Methoden vorgeschlagen. Zum Beispiel kann durch eine Lupe der Übergang vom scharfkantigen in den tropfenförmigen flüssigen Zustand bei kleinen erhitzten Schlackenteilchen beobachtet werden (Schmelzpunkt-Bestimmungsapparat von W. C. Heraeus, Hanau). Ähnliche Verfahren wurden von M. DOLCH und E. PÖCHMÜLLER sowie ŠIMEK, COUFALIK und BERANEK vorgeschlagen[2].

Auch die Erhitzung einer kleinen Schlackenprobe in einem Platintiegel zeigt nach GALLE beim Erreichen des flüssigen Zustandes ein verändertes Bild (Meniskusbildung). ENDELL, A. ZINZEN, M. VON ARDENNE haben den Schmelzpunkt mit einem Erhitzungs-Elektronen-Mikroskop bestimmt[3].

Die in der Schlacke enthaltenen Oxyde wirken auf den Schlackenschmelzpunkt zum Teile erniedrigend und zum Teile erhöhend. Es kann u. a. nach TEUNE[4] der Schlackenschmelzpunkt als Funktion eines Bruches dargestellt werden, dessen Zähler den Prozentsatz der den Schmelzpunkt erhöhenden und dessen Nenner jenen der erniedrigenden Oxyde umfaßt. ($K = 2$, bzw. 9 entspricht einem Schmelzpunkt von 1150 bzw. 1350 °C, dazwischen linear interpolieren.)

$$K = \frac{SiO_2 + Al_2O_3}{Fe_2O_3 + MgO + CaO}$$

4. Zähigkeit von flüssigen Schlacken

Für den Schmelzkammerkessel ist der Verlauf der Zähigkeit in dem über dem Schmelzpunkt gelegenen Temperaturbereich von Interesse. ENDELL und ZAULEK stellen fest, daß die Zähigkeit bei einer bestimmten Temperatur hauptsächlich von einer Zähigkeitskennzahl abhängt, welche vereinfacht $K_2 = 0{,}5(Fe + CaO) + MgO$ in Gew.-% lautet.

Trägt man auf der Ordinate die von den genannten Verfassern für verschiedene Schlacken versuchsmäßig gefundene Zähigkeit (Abb. 96, stark ausgezogen) und auf der Abszissenachse die Übertemperatur über den Schmelzpunkt auf, so haben alle Kurven die gleichen Asymptoten. Ersetzt man nun diese Kurven angenähert durch Hyperbeln, lautet deren Gleichung:

$$(\vartheta - \vartheta_S)\eta = n. \tag{1}$$

Die Konstante n ist je nach der Art der Schlacke verschieden.

---

1 ENDELL und WENS: Über Temperatur-Zähigkeitsbeziehungen von Steinkohlenschlacken. Zeitschr. f. angew. Chemie 1935, S. 76.

2 DOLCH und PÖCHMÜLLER: Über eine einfache Form der Aschenschmelzpunktbestimmung. Feuerungstechnik 1930, S. 149. — ŠIMEK, COUFALIK und BERANEK: Über die Bestimmung und Bewertung der Aschenschmelzpunkte. Feuerungstechn. 1930, S. 149.

3 ENDELL, ZINZEN und v. ARDENNE: Über das Sintern und Schmelzen von Kohlenaschen im Erhitzungsübermikroskop, sowie die Bedeutung der Schlackenviskosität für die Schmelzkammerfeuerung. Feuerungstechn. 1943, S. 73.

4 TEUNE: Gas. Haag 1912, Heft 11, S. 506.

In Zahlentafel 26 ist sie für die in Abb. 96 dargestellten Schlacken angegeben.

Sind zwei Punkte der Zähigkeits-Temperatur-Kurve bekannt, kann nach Gl. (1) angenähert die Schmelztemperatur bestimmt werden. Manchmal liegt die Schmelztemperatur höher, wenn sie durch Erhitzen einer kalten statt durch Abkühlen einer bereits flüssigen Probe bestimmt wird[1]. Für die Berechnung ist der höchste Wert maßgebend.

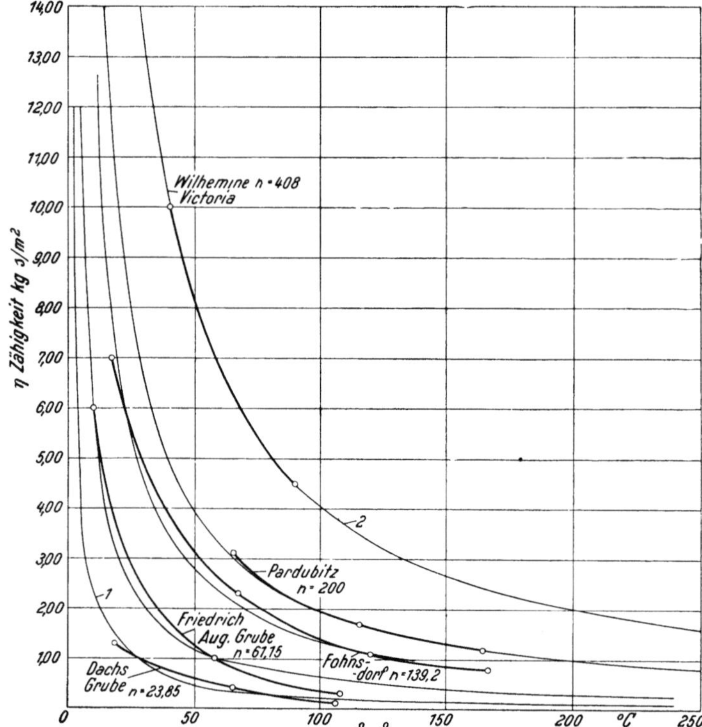

Abb. 96. Annäherung der Zähigkeitskurven flüssiger Schlacken durch Hyperbeln für verschiedene Konstanten

Zahlentafel 26. *Konstante „n"*

	n
Dachsgrube	23,85
Friedrich-August-Grube	61,15
Fohnsdorf	139,2
Pardubitz	200
Grube Wilhelmine-Viktoria	408

Was die Betriebseigenschaften der flüssigen Schlacke anlangt, müssen sogenannte „kurze" und „lange" Schlacken unterschieden werden.

Erstere sind solche, die aus dem dünnflüssigen Zustand bei verhältnismäßig geringer Temperatursenkung infolge Kristallausscheidung bereits fest werden, also einfrieren. Bei letzteren nimmt die Zähigkeit dagegen mit sinkender Temperatur verhältnismäßig wenig zu. In Abb. 96 zeigt Kurve *1* den Typus einer kurzen, Kurve *2* jenen einer langen Schlacke. Der Bereich ersterer liegt bei $Fe_2O_3 + FeO > 12\%$.

Welche Zähigkeit die Schlacke im Moment des Ausfließens aus der Schmelzkammer noch haben soll, hängt in hohem Maße davon ab, ob es sich um kurze oder lange Schlacken handelt. Sinkt nämlich die Feuerraumtemperatur in beiden Fällen aus irgendeiner Betriebsursache um den gleichen Betrag, friert in ersterem Falle der Schlackenausfluß bereits ein, während in letzterem Falle lediglich die Zähigkeit der Masse gestiegen ist. So erklärt sich auch, daß die Angaben, welche für die notwendige Zähigkeit am Schlackenauslauf gemacht wurden, stark, und zwar zwischen 0,5 und 5 kgs/m², schwanken. Näheres darüber wird auf S. 206 im Kapitel Schmelzkammerfeuerungen ausgeführt.

5. Zündpunkt

Für die Verfeuerung des Brennstoffes ist dessen Zündpunkt von Interesse. In Zahlentafel 27 werden die Zündpunkte einiger fester, flüssiger und gasförmiger Brennstoffe angegeben.

Auch bei niedrigen Temperaturen kann unter Umständen der Brennstoff durch Sauerstoffaufnahme zünden. Es ist daher bei Lagerung von Kohle zu beachten:

[1] HEINRICH: Erfahrungen mit dem Bau und Betrieb von Schmelzkammerkesseln. Mitt. VGB 1948, Nr. 1, S. 2.

Zahlentafel 27. *Zündpunkte fester, flüssiger und gasförmiger Brennstoffe nach Gumz*

Brennstoff	Zünd-temperatur °C	Brennstoff	Zünd-temperatur °C	
a) *Feste Brennstoffe*:		b) *Flüssige Brennstoffe*:		
Holz, Weichholz	220	Benzin	330 bis 520	
„ Hartholz	300	Benzol	520 bis 600	
Torf, lufttrocken	225 bis 280	Gasöl	230 bis 242	
Rohbraunkohle	135 bis 174	Heizöl	212	
„	230 bis 240	Braunkohlenteeröl	260	
Böhmische Braunkohle	208 bis 218	Steinkohlenteeröl	315	
Steinkohle:				
Gasflammkohle (O. S.)	214 bis 230			
Fettkohle (Ruhr)	243 bis 248	c) *Gase*:		
Eßkohle (Ruhr)	260		in Luft	in Sauerstoff
Magerkohle (Ruhr)	339	Kohlenoxyd (CO)	590	610
Anthrazit (Donez)	485	Wasserstoff (H_2)	450	530
Grudekoks	205	Methan (CH_4)	645	645
Steinkohlenschwelkoks	395 bis 420	Äthylen (C_2H_4)	485	540
Hochtemperaturkoks	505 bis 560	Leuchtgas	450	560

Vermeidung der Möglichkeit von Luftzirkulation im Kohlenhaufen. Vermeidung eines Temperaturanstieges der Kohle über 60 °C. Lagerung, getrennt nach verschiedenen Korngrößen. Beschränkung der Höhe der Stapel mit 4 bis 6 m, Lagerung unter Dach, insbesondere bei leicht zündenden Brennstoffen (Braunkohlenbriketts, Schwelkoks).

6. Aus Steinkohle erzeugte Brennstoffe

Steinkohle wird nicht nur in unveredeltem Zustande verwendet, sondern ist der Ausgangspunkt für zahlreiche weitere Brennstoffe, vor allem für Koks und Brikett.

Außer der Verkokung wird die Steinkohle auch geschwelt, wodurch Halbkoks entsteht. Aus den Schwelgasen wird Teer erzeugt. Bei der Koksherstellung entstehen das Leuchtgas oder Koksofengas bzw. bei der Schwelung das Schwelgas.

Während diese Produkte durch Entgasung des Brennstoffes gebildet werden, entstehen durch Vergasung desselben Luftgas, Wassergas, Mischgas usw.

Was die Brikettierung anlangt, so wird hierzu nur Kohlenstaub bzw. Feinkohle verwendet, welche mit Pech oder Teer gemischt wird. Erst dadurch erhält das Brikett seine Festigkeit, welche unbedingt für den Transport erforderlich ist, um Abriebverluste klein zu halten.

Gelegentlich kommt als Brennstoff Rauchkammerlösche in Frage. Dies sind Koksteilchen, welche sich in der Rauchkammer von Lokomotiven sammeln und dort von Zeit zu Zeit entfernt werden. Es ist einleuchtend, daß es sich hierbei um einen schwer brennlichen Brennstoff handelt. Es kann mit einem Heizwert desselben von 4000 bis 6000 kcal/kg gerechnet werden (S. 68).

7. Aus Braunkohle erzeugte Brennstoffe

Um die Braunkohle transportfähig zu machen, wird sie brikettiert, was hier leichter als bei Steinkohle möglich ist, da sie wesentlich mehr Bitumen besitzt und daher keinen Pech- oder Teerzusatz benötigt. Selbstverständlich wird die Braunkohle vor der Brikettierung getrocknet.

Braunkohle wird auch vielfach geschwelt, wobei bei der Trockendestillation Braunkohlen-Teeröl erhalten wird, welches zu Benzin verarbeitet werden kann. Der Rückstand der Schwelung von Braunkohle heißt Grudekoks.

8. Torf

In Mitteleuropa sind größere Moorflächen vorhanden, welche eine Torfgewinnung lohnend machen. Durch Trocknung des Torfes erhält man die sogenannte Trockenmasse, welche ungefähr 15% des Gewichtes des nassen Torfes hat. Die Verwendung von Torf beschränkt sich naturgemäß auf die nähere Umgebung der Fundstelle. Insbesondere in Rußland wird der Torf auch zur Beheizung von Großkraftwerken verwendet.

Die Verbrennung erfolgt auf Wanderrosten, welche Sondereinrichtungen haben, um den Torf vorzutrocknen (S. 68).

Bei Entwurf solcher Feuerungen ist vor allem zu beachten, daß Torf sehr langflammig brennt und sich die Flammen oft bis hinter den Überhitzer des Kessels ziehen.

Der untere Heizwert von frischem Torf ist infolge eines Wassergehaltes von 80 bis 90% praktisch gleich Null, aber bereits lufttrockener Torf, mit einem Wassergehalt von 20 bis 35%, hat einen unteren Heizwert von 3500 kcal/kg. Weitere Angaben finden sich in Zahlentafel 20.

B. Flüssige Brennstoffe

Die flüssigen Brennstoffe sind für Dampfkessel das idealste Heizmittel, welches denkbar ist. Ihre Verwendung hat in den letzten Jahren außerordentlich zugenommen, da viele neue Ölvorkommen beschlossen wurden. Bei großen Schiffsanlagen werden fast ausschließlich Ölfeuerungen verwendet.

Heizöl hat einen Heizwert von 9500 bis 10000 kcal und besteht aus etwa 80 bis 86% Kohlenstoff und 10 bis 13% Wasserstoff. Sein chemischer Aufbau folgt der Formel C_nH_{2n+2}.

Die flüssigen Brennstoffe, welche für Feuerungen in Frage kommen, entstammen entweder dem Erdöl oder dem Teer. Ersteres ist ein Naturprodukt, letzteres entsteht aus der Kohle als Nebenprodukt der Schwelung oder Trockendestillation.

Die aus Erdöl und Steinkohlenteer erzeugten verschiedenen Brennstoffe sind in Zahlentafel 28 mit Angaben ihres Siedepunktes angeführt.

Zahlentafel 28. *Flüssige Brennstoffe aus Erdöl und Steinkohlenteer*

Erdöl	Benzin bis 150°C	Leuchtöl 150 bis 250°C	Gasöl 250 bis 350°C	Heizöl (Masut, Pakura)
Steinkohlenteer	Leichtöl bei 170°C	Mittelöl 170 bis 230°C Schweröl 230 bis 270°C	Anthrazenöl 270 bis 350°C	Pech

Zahlentafel 29. *Heizwert und Analyse verschiedener Heizöle*

Bezeichnung	Litergewicht kg/l	Zusammensetzung C	H_2	$O_2(+N_2)$	S	Heizwerte kcal/kg H_o	H_u	CO_{2max} %	Sonstige Kennzeichen
Heizöl (Pennsylvanien)	0,89	84,90	13,70	1,40	—	10670	9940	15,23	
Heizöl (Kalifornien)	0,95	86,37	11,30	1,14	0,60	10400	9800	16,03	
Heizöl (Mexiko)	0,91	82,80	12,19	2,15	2,83	10270	9620	15,44	15,64% $(CO_2 + SO_2)_{max}$
Braunkohlenteeröl	0,925	84,0	11,0	4,3	0,7	10200	9610	16,16	Siedegrenzen 200/360°C
Steinkohlenteeröl	1,08	89,5	6,5	3,4	0,6	9350	9000	18,06	Siedegrenzen 210/360°C
Dünnteer	1,12	90,4	6,0	3,2	0,4	9300	8980	18,25	
Heizöl (Zistersdorf)	0,925	90,2	6,1	3,4	0,3	—	9240	18,20	Zündpunkt 185°C

Für Kesselfeuerungen kommen nur Produkte mit höheren Siedetemperaturen in Frage, und zwar Gasöl, Heizöl (Pakura, Masut) sowie Anthrazenöl. Unter Umständen werden auch dünnflüssige Rohteere verwendet.

Heizwert, Analyse und sonstige charakteristische Daten verschiedener Heizöle sind in der Zahlentafel 29 zusammengestellt.

C. Gasförmige Brennstoffe

Gasförmige Brennstoffe werden im allgemeinen aus Kohle oder Koks erzeugt. An gewissen Stellen der Erde treten sie auch als Erdgas direkt aus, stellenweise in so großen Mengen, daß eine industrielle Verwertung in Frage kommt. Auch in Amerika gibt es Erdgasquellen größeren Umfanges.

Gasförmige Brennstoffe sind Leuchtgas, Schwelgas und Koksofengas (Entgasungsprodukte) und Luftgas, Wassergas, Mischgas (Vergasungsprodukte).

Die Vergasung erfolgt in Gasgeneratoren. Diese sind schachtförmige Öfen, die mit dem Brennstoff gefüllt werden. Durch diese wird beim Luftgasprozeß Luft, beim Wassergasprozeß Wasserdampf geleitet.

Chemische Zusammensetzung, Heizwert und sonstige Eigenschaften verschiedener Gase sind in der Zahlentafel 30 zusammengestellt.

Zahlentafel 30. *Heizwert und Analyse verschiedener Brenngase*

	Bezeichnung	Molekulargewicht	Normkubikmetergewicht kp/Nm³	Bez. Dichte (Luft = 1)	Zusammensetzung										Heizwerte kcal/Nm³		CO_{2max} %
					CO	H_2	CH_4	C_2H_6	C_2H_4	H_2S	CO_2	N_2	O_2	Sonstige Best.	H_o	H_u	
	Naturgas (Marchfeld)	15,66	0,76	0,589	—	—	97,0	—	—	—	0,6	1,3	—	1,1 C_nH_m	9200	8670	11,80
	Naturgas (USA), methanreich	17,28	0,7730	0,5980	—	—	90,5	2,5	—	—	0,4	6,6	—	—	9036	8122	11,78
	Naturgas (USA), äthanhaltig	19,52	0,8756	0,6773	—	—	75,0	24,0	—	—	—	1,0	—	—	11177	10101	12,28
Entgasung	Koksofengas (Ruhrgas)	10,95	0,4883	0,3777	5,4	56,8	23,9	—	1,6	—	2,2	9,3	0,4	0,4 C_6H_6	4555	4029	10,03
Entgasung	Stadtgas (Mischgas)	13,22	0,5912	0,4573	21,5	51,5	17,0	—	2,0	—	4,0	4,0	—	—	4144	3713	13,78
Entgasung	Stadtgas, entgiftet	11,48	0,5145	0,3980	1,0	63,6	17,6	—	1,9	—	13,2	2,7	—	—	3936	3442	11,38
Entgasung	Braunkohlenschwelgas (Borsig-Geissen-Ofen)	33,33	1,5994	1,2372	13,6	5,5	11,9	5,2	6,1	6,0	48,0	2,9	0,8	—	3887	3582	25,45
Entgasung	Steinkohlenschwelgas (Krupp-Lurgi-Ofen)	17,72	0,8598	0,6650	3,2	23,8	46,1	13,6	0,8	—	4,5	5,0	0,5	2,5 C_nH_m	8229	7415	12,36
Vergasung	Wassergas	15,77	0,7047	0,5451	40,0	50,0	0,3	—	—	—	5,0	4,7	—	—	2762	2519	20,48
Vergasung	Doppelglas (O.-S.-Steink.)	23,88	1,0682	0,8263	37,3	47,8	6,7	—	1,2	—	3,4	3,5	0,1	—	3406	3100	18,01
Vergasung	Generatorgas (Koks)	25,92	1,1574	0,8953	29,0	11,0	0,3	—	—	—	5,0	54,7	—	—	1240	1184	20,60
Vergasung	Gichtgas	28,82	1,2874	0,9959	31,0	2,3	0,3	—	—	—	9,0	57,4	—	—	1035	1021	24,78

D. Ermittlung des Heizwertes

Der Heizwert ist jene Wärmemenge, welche bei vollkommener Verbrennung von 1 kg Brennstoff frei wird. Es wird unterschieden zwischen oberem und unterem Heizwert. Der obere ergibt sich, wenn das Wärmeäquivalent der gesamten im Brennstoff zur Verfügung stehenden chemischen Energie gemessen wird. Beim unteren Heizwert wird hiervon die Verdampfungswärme des im Rauchgas vorhandenen Wassers abgezogen.

1. Versuchsmäßige Bestimmung

Soll der Heizwert versuchsmäßig bestimmt werden, erfolgt dies durch Verbrennung einer bestimmten Brennstoffmenge in einer Bombe.

Hier gibt es mehrere Verfahren, bei welchen etwa 1 g des Brennstoffes in Sauerstoff verbrannt wird. Am bekanntesten sind die Verfahren von BERTHELOT oder von MAHLER-KROEKER.

Selbstverständlich ist vor Durchführung des Versuches zu beachten, daß die Brennstoffprobe wirklich einem mittleren Wert des untersuchten Brennstoffes entspricht, da sonst große Fehler möglich sind.

Auch soll die Versendung der Proben in luftdicht verschlossenen Gefäßen vor sich gehen, da der Feuchtigkeitsgehalt des Brennstoffes sich durch Lagern, insbesondere in beheizten Räumen oder in der Nähe von Heizkörpern, stark ändern kann.

In der Bombe setzt sich die chemische Energie des Brennstoffes in fühlbare Wärme der Verbrennungsprodukte um. Kühlt man diese anschließend auf 0° ab, wird hierbei auch der bei der Verbrennung gebildete Wasserdampf praktisch zur Gänze kondensiert. Mißt man die gesamte vom Kühlmittel aufgenommene Wärmemenge, erhält man auf diese Weise den oberen Heizwert H_o.

Wird jedoch die Abkühlung der Verbrennungsprodukte, d. i. der Rauchgase, wie dies bei Kesselanlagen im allgemeinen der Fall ist, nicht bis zum Taupunkt getrieben, kommt der Wasserdampf bei der Abkühlung nicht zur Kondensation und kann daher auch nicht seine Verdampfungswärme nutzbar abgeben.

Daraus folgt die Berechtigung, von einem unteren Heizwert H_u zu sprechen, der sich aus dem oberen durch Subtraktion des Wärmeinhaltes des Wasserdampfes ergibt.

In den USA wird gewöhnlich der obere Heizwert bei Ermittlung des Kesselwirkungsgrades zugrunde gelegt, während es in Europa üblich ist, mit dem unteren Heizwert zu rechnen.

Aus der Definition des Heizwertes ergibt sich die Beziehung, die zwischen oberem und unterem Heizwert besteht:

$$H_o = H_u + 600(W + 9h) \tag{2}$$

W ist der Wassergehalt, h der Wasserstoffgehalt des Brennstoffes in kg/kg. Infolge der Verbrennungsreaktion $H_2 + O = H_2O$ (2 kp + 16 kp = 18 kp) bilden sich, wie aus den daneben angeschriebenen Molmengen ersichtlich ist, aus 2 kp Wasserstoff 18 kp Wasser, daher aus h kp Wasserstoff $9h$ kp Wasser. Der Ausdruck $(W + 9h)$ ist dann die gesamte nach der Verbrennung vorhandene Wasserdampfmenge. Wird diese mit dem Wärmeinhalt des Wasserdampfes von rund 600 kcal/kp multipliziert, erhält man so den Betrag, der die Differenz von oberem und unterem Heizwert bedingt.

2. Berechnung des Heizwertes fester und flüssiger Brennstoffe

Der Heizwert kann auch rechnungsmäßig aus der chemischen Analyse des Brennstoffes bestimmt werden. Dann geht man von den Heizwerten der Elementarbestandteile aus. Die Analyse umfaßt normalerweise folgende Komponenten, welche in Kilopond je kp Brennstoff angegeben seien.

Kohlenstoff	c	Stickstoff	n
Wasserstoff	h	Wasser	W
Schwefel	s	Asche	a
Sauerstoff	o		

Nur bei Stoffen, welche bei der Verbrennung Wasserdampf bilden, muß zwischen dem oberen und unteren Heizwert unterschieden werden. So ist der untere Heizwert von 1 kp H_2 28570 kcal/kp. Der obere Heizwert ergibt sich nach Gl. (2) zu $H_o = 28570 + 600 \cdot 9 \triangleq 34000$ kcal/kp.

Bei Kohlenstoff und Schwefel gibt es nur einen Heizwert. Dieser ist für 1 kp C 8100 kcal, für 1 kp S 2500 kcal.

Dann ergibt sich durch Zusammensetzung, z. B. nach der sogenannten Verbandsformel, der Heizwert des Brennstoffes selbst. Diese lautet, wenn die Anteile der einzelnen Bestandteile in kp/kp eingesetzt werden:

$$H_u = 8100 \cdot c + 34000\left(h - \frac{o}{8}\right) + 2500 \cdot s - 600(W + 9h) \qquad (3)$$

Wie aus dem ersten Klammerausdruck ersichtlich ist, wird der Wasserstoffgehalt h abgemindert, und zwar um jene Wasserstoffmenge, welche der in der Kohle vorhandene Sauerstoff in Form von Wasser binden kann. Nach der auf S. 113 angeführten stöchiometrischen Gleichung bindet 1 kp Sauerstoff $^1/_8$ kp Wasserstoff, daher o kp Sauerstoff $\frac{o}{8}$ kp Wasserstoff, so daß für die Verbrennung tatsächlich nur eine Wasserstoffmenge $\left(h - \frac{o}{8}\right)$ zur Verfügung steht. Diese wird disponibler Wasserstoff genannt. Im zweiten Klammerausdruck hat das aus der Oxydation des Wasserstoffes stammende Wasser zum ursprünglichen Wassergehalt W zugeschlagen zu werden, um die gesamte Wasserdampfmenge, wie in Gl. (2) zu erhalten.

Der obere Heizwert ergibt sich nach Gl. (2) und (3) zu

$$H_o = 8100c + 34000\left(h - \frac{o}{8}\right) + 2500 \cdot s \qquad (4)$$

Der untere Heizwert von Holz und Holzabfällen kann nach folgender Formel errechnet werden:

$$H_u = 4590 - 5190\,W \qquad (5)$$

Die Heizwerte verschiedener fester Brennstoffe sind aus Zahlentafel 20, 21, 22, jene flüssiger Brennstoffe aus Zahlentafel 29 ersichtlich.

3. Berechnung des Heizwertes gasförmiger Brennstoffe

Bei gasförmigen Brennstoffen kann der Heizwert wieder versuchsmäßig (Junkers-Kalorimeter, Methode Junkers-Strache-Glaser, usw.) oder rechnerisch bestimmt werden. In letzterem Falle seien die Bestandteile des Gases in Nm^3/Nm^3 gegeben. Es ist zu beachten, daß sich die Angaben stets auf 1 Nm^3 trockenes Gas beziehen, da bei der Probeentnahme der vorhandene Wasserdampf kondensiert.

Die normalerweise in brennbaren Gasen enthaltenen Bestandteile sind CO, CO_2, H_2, CH_4, C_2H_4, C_2H_6, N_2, O_2, W. Eine Zusammenstellung des Heizwertes verschiedener Brenngase gibt Zahlentafel 30.

Zahlentafel 31. *Heizwerte verschiedener Gase*

	Heizwert in			
	kcal/kp		kcal/Nm^3	
	H_o	H_u	H_o	H_u
Kohlenoxyd CO	2420	2420	3020	3020
Wasserstoff H_2	33910	28570	3050	2570
Methan CH_4	13280	11930	9520	8550
Äthylen C_2H_4	12130	11360	15290	14320
Äthan C_2H_6	12410	11330	16820	15370

Die Heizwerte der Einzelbestandteile sind in Zahlentafel 31 angegeben. Der Heizwert ist sowohl auf 1 kp als auf 1 Nm^3 bezogen.

Bedeutet in der Folge die Klammer den Volumenanteil in Nm^3/Nm^3, ergibt sich für den unteren Heizwert von 1 Nm^3 Brenngas in kcal/Nm^3:

$$H_u = 3020\,(CO) + 2570\,(H_2) + 8550\,(CH_4) + 14320\,(C_2H_4) + 15370\,(C_2H_6) \qquad (6)$$

Der obere Heizwert beträgt in kcal/Nm^3:

$$H_o = 3020\,(CO) + 3050\,(H_2) + 9520\,(CH_4) + 15290\,(C_2H_4) + 16820\,(C_2H_6) \qquad (7)$$

E. Ermittlung des Luftbedarfes

1. Feste und flüssige Brennstoffe

Die chemische Reaktion des Luftsauerstoffes mit einem brennbaren Stoff unter Feuererscheinungen heißt Verbrennung. Die hierbei freiwerdende Energie findet sich, soweit sie während des Vorganges nicht in die Umgebung abgestrahlt wurde, als fühlbare Wärme im gebildeten Rauchgas wieder. Bei den in der Folge behandelten festen und flüssigen Brennstoffen ist Kohlenstoff, Schwefel und Wasserstoff brennbar.

Zahlentafel 32. *Molvolumina und Wichten*

	Molvolumen Nm^3/Mol	Wichte in Normalzustand kp/m^3
O_2	22,39	1,4289
CO_2	22,26	1,9768
SO_2	21,89	2,9263
N_2	22,4	1,2505
H_2O	22,4	0,804
CO	22,4	1,25
H_2	22,43	0,0899
Luft	22,4	1,2928

Zur Berechnung der Gasvolumina ist es zweckmäßig, den Begriff des Molgewichtes zu benützen. Darunter versteht man diejenige Gewichtsmenge eines Stoffes, die gleich dem Molekulargewicht, ausgedrückt in Kilopond, ist. Aus dem Gesetz von Avogadro wird abgeleitet, daß das von einem Mol eingenommene Volumen für alle Gase gleich ist. Dies gilt mit der Einschränkung, daß sich diese wie ideale Gase verhalten. Das genannte Volumen wird Mol-Volumen genannt und beträgt für den Normalzustand (0 °C, 760 Torr) 22,414 Nm^3/Mol. Die Abweichungen der bei der Verbrennung in Frage kommenden Gase hiervon sind geringfügig. Zahlentafel 32 zeigt die Mol-Volumina und Wichten bei 0 °C.

Die Angabe für Wasserdampf ist nur ein hypothetischer Wert, da ersterer im Normalzustand bei 0 °C und 1 ata nicht bestehen kann. Dividiert man das Kilomol eines Stoffes durch sein Molvolumen, erhält man die Wichte. So ergäbe sich z. B. für Wasserdampf der oben angeführte Wert aus 18/22,4 = 0,804 kp/m^3.

Der Kohlenstoff verbrennt nach folgender Reaktionsformel:

$$\begin{array}{lcl} C & + \quad O_2 & = \quad CO_2 \\ 12{,}01\ kp & + \quad 32\ kp & = 44{,}01\ kp \\ 0 & + 22{,}39\ Nm^3 & \rightarrow 22{,}26\ Nm^3 \end{array} \tag{8}$$

Die zweite Zeile der obigen Gleichung gibt die Bilanz der an der Reaktion beteiligten Gewichte, die dritte Zeile die Volumina vor und nach dem Vorgang. Hier ist das Volumen des Kohlenstoffes als klein gegenüber dem Volumen der Gase vernachlässigt.

Man ersieht, daß 1 kp C zur Verbrennung 22,39/12,01 = 1,864 Nm^3 oder 32/12,01 = 2,664 kp O_2 benötigt. Aus 1 kp C bilden sich ferner 22,26/12,01 = 1,8535 Nm^3 CO_2 oder 44,01/12,01 = 3,664 kp/CO_2.

Die Verbrennung des Schwefels kann analog betrachtet werden.

Die Verbrennungsgleichung lautet:

$$\begin{array}{lll} S & + O_2 & = SO_2 \\ 32{,}06\ kp & + 32\ kp & = 64{,}06\ kp \\ 0 & + 22{,}39\ Nm^3 & \rightarrow 21{,}89\ Nm^3 \end{array} \tag{9}$$

Es benötigt demnach 1 kp S 22,39/32,06 = 0,697 Nm^3 O_2 oder
32/32,06 = 0,998 kp O_2

Es bildet sich je Kilopond S 21,89/32,06 = 0,683 Nm^3 SO_2 oder
64,06/32,06 = 1,996 kp SO_2

Die Verbrennungsreaktion für Wasserstoff lautet:

$$\begin{array}{lll} H_2 & + {}^1/_2\, O_2 & = H_2O \\ 2{,}016\ \text{kp} & + 16\ \text{kp} & = 18{,}016\ \text{kp} \\ 22{,}43\ \text{Nm}^3 & + 11{,}195\ \text{Nm}^3 & \rightarrow 22{,}4\ \text{Nm}^3 \end{array} \tag{10}$$

1 kp Wasserstoff benötigt $11{,}195/2{,}016 = 5{,}56\ \text{Nm}^3\ O_2$ oder
$16/2{,}016 = 7{,}94\ \text{kp}\ O_2$

Es bildet sich je Kilopond H_2 $22{,}4/2{,}016 = 11{,}11\ \text{Nm}^3$ Wasserdampf bzw.
$18{,}016/2{,}016 = 8{,}94$ kp Wasserdampf.

Zur Berechnung des Sauerstoffbedarfes von 1 kp Kohle wird von dem Bedarf der einzelnen Komponenten ausgegangen.

Das Sauerstoffvolumen in Nm^3/kp, welches zur vollständigen Verbrennung von 1 kp Kohle erforderlich ist, ergibt sich demnach zu:

$$O_{\min} = 1{,}864c + 5{,}56\left(h - \frac{o}{8}\right) + 0{,}697 \cdot s \tag{11}$$

Die Sauerstoffmenge in kp/kp findet sich zu

$$O_{\min}^{\text{kp}} = 2{,}664c + 7{,}94\left(h - \frac{o}{8}\right) + 0{,}998 \cdot s \tag{12}$$

In der Luft sind 21% O_2, 78,05% N_2, 0,92% Ar und 0,03 CO_2 enthalten. Das Argon und das Kohlendioxyd möge in der Folge immer zum Stickstoffgehalt zugeschlagen werden, so daß mit 79 Volumprozenten desselben zu rechnen ist. Der Luftbedarf für vollkommene Verbrennung in Nm^3/kp ist dann:

$$L_{\min} = \frac{100}{21} O_{\min} = 8{,}877c + 26{,}443h + 3{,}326 \cdot s - 3{,}309 \cdot o \tag{13}$$

Den Luftbedarf in kp/kp erhält man aus:

$$L_{\min}^{\text{kp}} = L_{\min} \cdot 1{,}2928 \tag{14}$$

wobei 1,2928 kp/m^3 die Wichte der Luft im Normalzustand ist.

Die effektive Luftmenge, die einem Kilopond Brennstoff zuzuführen ist, um eine vollkommene Verbrennung zu erhalten, muß jedoch in technischen Feuerungen größer als $L_{\min}$ sein. Bezeichnet L die effektive Luftmenge, wird das Verhältnis $\frac{L}{L_{\min}} = \varepsilon$ die Luftüberschußzahl genannt. Der Grund, der einen Luftüberschuß notwendig macht, ist, daß Luft und Brennstoff in einer technischen Feuerung nie gleichmäßig gemischt sind. Es werden immer, wenn auch im Mittel genügend Luft vorhanden wäre, Zonen mit Luftüberschuß und solche mit Luftmangel abwechseln. Nur durch Beimischung von Luft im Überschuß ist es dann möglich, auch den Mangelzonen noch die erforderliche Luftmenge zuzuteilen.

In Zahlentafel 33 sind die notwendigen Luftüberschußzahlen verschiedener Feuerungen angegeben.

Zahlentafel 33. *Luftüberschußzahlen*

	ε	CO_2%
Anthrazit, Koks	1,4 bis 1,5	14 bis 13
Planrost, handbeschickt	1,7 „ 2	11 „ 9,5
Steinkohle, Planrost, mechanisch beschickt	1,4 „ 1,7	13,5 „ 11
Wanderrost	1,35 „ 1,55	13,8 „ 12
Braunkohle, Treppen-, Muldenrost	1,3 „ 1,4	14 „ 13
Staubfeuerung	1,25 „ 1,5	15 „ 12,5
Ölfeuerungen	1,01 „ 1,2	16 „ 13,2
Gasfeuerungen	1,1 „ 1,2	Je nach Gas

Die Luft besitzt stets eine gewisse Feuchtigkeit. Diese vergrößert das Volumen der trockenen Luftmenge um einen gewissen Betrag, so daß die wirkliche Luftmenge L_W in Nm³/kp nach folgender Formel ermittelt werden kann[1]:

$$L_W = L \cdot f. \tag{15}$$

Bezeichnet φ die relative Feuchtigkeit der Luft (im Mittel 0,8), p_s den Partialdruck des Wasserdampfes im Sättigungszustand und p den Luftdruck, ergibt sich der Faktor f zu:

$$f = 1 + \frac{\varphi p_s}{p - p_s \cdot \varphi} \tag{16}$$

Zahlentafel 34. *Berücksichtigung des Wasserdampfes in der Luft mit einer relativen Luftfeuchtigkeit $\varphi = 0{,}8$ nach* GUMZ

Temperatur	Faktor f
0 °C	1,0049
10 °C	1,0098
20 °C	1,019
30 °C	1,035
40 °C	1,063

Dieser ist allerdings nur wenig von 1 verschieden. Er kann aus Zahlentafel 34 für $\varphi = 0{,}8$ entnommen werden. Werden an die Rechnung nicht besondere Genauigkeitsansprüche gestellt, kann hier und in der Folge $f = 1$ gesetzt werden.

Fragt man nach dem Luftvolumen bei anderen Drücken p in at und Temperaturen T in °K, als dem Normalzustand, ergibt sich unter Beachtung, daß 1 phys. at = 1,03 techn. at ist

$$L'_W = L_W \cdot \frac{T \cdot 1{,}03}{273 \cdot p} \tag{17}$$

2. Gasförmige Brennstoffe

Um den Luftbedarf gasförmiger Brennstoffe zu berechnen, geht man wieder von dem Luftbedarf der einzelnen brennbaren Bestandteile aus. Diese sind (CO), (H_2), (CH_4) und (C_2H_4) in Nm³/Nm³. Außerdem ist im Gas noch N_2, O_2 und H_2O vorhanden. Man bezieht stets die Bestandteile auf 1 Nm³ trockenes Gas, da bei jeder Probeentnahme etwa vorhandener Wasserdampf kondensiert.

Folgende Verbrennungsgleichungen gelten:

$$\begin{array}{l} CO + {}^1/_2\, O_2 = CO_2 \\ 22{,}4 + 11{,}195 \rightarrow 22{,}26\ \text{Nm}^3. \end{array} \tag{18}$$

Man sieht, daß 1 Nm³ CO etwa ½ Nm³ O_2 benötigt und 1 Nm³ CO_2 bildet, wenn man hier und in den folgenden Rechnungen die kleinen Unterschiede in den Molvolumen der einzelnen Gase vernachlässigt.

$$\begin{array}{l} CH_4 + 2\,O_2 = CO_2 + 2\,H_2O \\ 22{,}36 + 44{,}78 \rightarrow 22{,}26 + 44{,}8\ \text{Nm}^3 \end{array} \tag{19}$$

1 Nm³ CH_4 benötigt, immer abgerundet, 2 Nm³ O_2 und bildet 1 Nm³ CO_2 und 2 Nm³ H_2O

$$\begin{array}{l} C_2H_4 + 3\,O_2 = 2\,CO_2 + 2\,H_2O \\ 22{,}24 + 67{,}17 \rightarrow 44{,}52 + 44{,}8 \end{array} \tag{20}$$

1 Nm³ C_2H_4 benötigt 3 Nm³ O_2 und bildet 2 Nm³ CO_2 und 2 Nm³ H_2O.
Die Verbrennung von H_2 wird durch Gl. (10) dargestellt.
1 Nm³ H_2 benötigt ½ Nm³ O_2 und bildet 1 Nm³ H_2O.

Demnach ergibt sich der Sauerstoffbedarf in Nm³ je Nm³ trockenen Brenngases abgerundet bei analoger Berücksichtigung von C_2H_6 zu

$$O_{\min} = 0{,}5[(CO) + (H_2)] + 2(CH_4) + 3(C_2H_4) + 3{,}5\,C_2H_6 - (O_2) \tag{21}$$

[1] GUMZ: Kurzes Handbuch der Brennstoff- und Feuerungstechnik. Berlin: Springer. 1942.

Die theoretische Luftmenge $L_{\min}$ ist dann:

$$L_{\min} = \frac{O_{\min}}{0{,}21}. \tag{22}$$

Die Berechnung der wirklichen Luftmenge sowie Berücksichtigung der Luftfeuchtigkeit erfolgt wie früher durch Multiplikation mit ε und f.

F. Ermittlung des Rauchgasvolumens

1. Feste und flüssige Brennstoffe

Auch das Rauchgasvolumen setzt sich aus jedem der einzelnen Bestandteile zusammen. Die Verbrennungsreaktionen sind durch die Gl. (8), (9), (10) dargestellt. Berechnet man zunächst die Mindestgasmenge $v_{\min}$ in Nm³/kp, welche sich ohne Luftüberschuß ergibt, erhält man folgende Beziehung

$$v_{\min} = \underbrace{\overbrace{1{,}8535 \cdot c}^{CO_2} + \overbrace{0{,}683 \cdot s}^{SO_2} + \overbrace{0{,}8 \cdot n + L_{\min}\, 0{,}79}^{N_2}}_{v_{\min}^{tr}} + \underbrace{(9h + W)\,1{,}24 + (f-1) \cdot L_{\min}}_{v_W} \tag{23}$$

Bezüglich des im Brennstoff enthaltenen Stickstoffes wird angenommen, daß derselbe nach der Verbrennung als Gas vorhanden ist, wobei sein spezifisches Volumen 0,8 m³/kp ist.

Der erste durch die untere Klammer gekennzeichnete Ausdruck ist die trockene Mindestgasmenge $v_{\min}^{tr}$, der zweite die Wasserdampfmenge v_W. Der aus dem Brennstoff stammende Gewichtsanteil des Wasserdampfes $9h + W$ ist zur Berechnung des Volumens mit dem spezifischen Volumen von 1,24 zu multiplizieren. Hierzu kommt die bereits in der Luft enthaltene Feuchtigkeit $(f-1)\, L_{\min}$.

Ist die Luftüberschußzahl $\varepsilon > 1$, erhält man für die Rauchgasmenge in Nm³/kp

$$v = v_{\min} + (\varepsilon - 1) \cdot L_{\min} \cdot f \tag{24}$$

Der zweite Term ist die Luftüberschußmenge mit der in dieser enthaltenen Luftfeuchtigkeit. Das Rauchgasgewicht kann ebenfalls aus der Analyse des Brennstoffes ermittelt werden. Einfacher ergibt es sich aus der Summe des Luftgewichtes plus verbrannten Brennstoffgewichtes unter Benützung der Wichte von Luft und H_2O gemäß Zahlentafel 32

$$\underbrace{v^{kp} = \varepsilon \cdot L_{\min} \cdot 1{,}2928}_{\text{Trock. Luftgew.}} + \underbrace{\varepsilon (f - 1)\, L_{\min}\, 0{,}804}_{\text{Gew. d. Wasserdampfes in der Luft}} + \underbrace{1 - a}_{\text{Gasbildend}} \tag{25}$$

Aus v^{kp}/v ist dann die Wichte der Rauchgase berechenbar und es hängt diese vor allem vom H_2O- und CO_2-Anteil ab. Im Mittel beträgt sie 1,34 kp/m³.

2. Gasförmige Brennstoffe

Zur Berechnung der gebildeten Gasmenge wird von den Gl. (10), (18), (19), (20) ausgegangen. Auf ähnliche Weise wie früher ergibt sich die Rauchgasmenge für $\varepsilon = 1$ in Nm³/Nm³ (je Nm³ trockenes Brenngas) zu:

$$v_{\min} = \underbrace{(CO) + (CH_4) + 2(C_2H_4) + 2(C_2H_6) + (CO_2)}_{CO_2} +$$

$$+ \underbrace{(H_2O) + (H_2) + 2(C_2H_4) + 3(C_2H_6) + L_{\min}(f-1)}_{H_2O} + \underbrace{L_{\min} \cdot 0{,}79 + (N_2)}_{N_2} \tag{26}$$

Für $\varepsilon > 1$ gilt Gl. (24).

G. Luft- und Rauchgasmenge bei unvollkommener Verbrennung

Als unvollkommene Verbrennung bezeichnet man einen Vorgang, bei welchem der Kohlenstoff nur zu CO, die übrigen brennbaren Bestandteile aber vollkommen verbrennen. Da der Sauerstoffbedarf der Verbrennung zu CO nur die Hälfte jenes zu CO_2 ist, lautet die Gleichung für $O'_{\min}$ in Nm³/kp, wenn der Strich die unvollkommene Verbrennung andeutet:

$$O'_{\min} = 0{,}932 \cdot c + 5{,}56\left(h - \frac{o}{8}\right) + 0{,}697 \cdot s \tag{27}$$

Die entsprechende Luftmenge ist

$$L'_{\min} = \frac{O'_{\min}}{0{,}21} \tag{28}$$

Wird der Feuerung eine Luftmenge entsprechend $\varepsilon = 1$, bezogen auf vollkommene Verbrennung, zugeführt, findet aber trotzdem unvollkommene Verbrennung des C statt, ist die gebildete trockene Rauchgasmenge in Nm³/kp

$$v'^{\,\mathrm{tr}}_{\min} = \overbrace{1{,}866 \cdot c}^{\mathrm{CO}} + \overbrace{0{,}683 \cdot s}^{\mathrm{SO_2}} + \overbrace{0{,}8 \cdot n + L'_{\min} \cdot 0{,}79}^{\mathrm{N_2}} + \overbrace{L_{\min} - L'_{\min}}^{\text{Luftüberschuß}} \tag{29}$$

Diese Gasmenge ist infolge des nicht ganz verbrauchten Sauerstoffanteiles etwas größer als die entsprechende Menge bei vollkommener Verbrennung.

H. Näherungsweise Bestimmung von Luft- und Gasmengen

Die Mindestluftmenge $L_{\min}$ und die Mindestgasmenge $v_{\min}$ können nach Rosin[1] auch mit befriedigender Genauigkeit aus statistischen Untersuchungen abgeleitet werden. Es zeigt sich, daß beide Werte nur vom Heizwert des Brennstoffes abhängig sind. Es ergibt sich in Nm³/kp für feste und flüssige Brennstoffe[2]:

$$L_{\min} = \frac{H_u + 550}{990}$$

$$v_{\min} = \frac{0{,}898 \cdot H_u + 1634}{990} \tag{30a}$$

für Öl bzw. Heizöl:

$$L_{\min} = \frac{H_u - 1115}{808}$$

$$v_{\min} = \frac{1{,}25 \cdot H_u - 3052}{808} \tag{30b}$$

für Hochofengas (bei Gasen Nm³/Nm³, H_u in kcal/Nm³):

$$L_{\min} = 0{,}866 \cdot \frac{H_u}{1000} - 0{,}0614$$

$$v_{\min} = 0{,}929 + 0{,}715 \cdot \frac{H_u}{1000} \tag{30c}$$

---

[1] Rosin: Das JT-Diagramm der Verbrennung. Berlin: VDI-Verlag.

[2] Boie: Graphische Verbrennungsrechnung. Wärme 1943, Nr. 19.

für Generatorgas:

$$L_{\min} = 0{,}996 \cdot \frac{H_u}{1000} - 0{,}173$$

$$v_{\min} = 0{,}7575 + 0{,}9026 \cdot \frac{H_u}{1000}. \quad (30\text{d})$$

für Koksofengas:

$$L_{\min} = 1{,}088 \cdot \frac{H_u}{1000} - 0{,}239$$

$$v_{\min} = 0{,}486 + 1{,}085 \cdot \frac{H_u}{1000} \quad (30\text{e})$$

für Erdgas:

$$L_{\min} = 1{,}142 \cdot \frac{H_u}{1000} - 0{,}251$$

$$v_{\min} = 0{,}526 + 1{,}173 \cdot \frac{H_u}{1000} \quad (30\text{f})$$

Die Luftmenge für $\varepsilon > 1$ ergibt sich nach S. 113

$$L = \varepsilon L_{\min}$$

desgleichen die Gasmenge aus Gl. (24), mit $f = 1$

$$v = v_{\min} + (\varepsilon - 1) L_{\min}$$

Diese Abhängigkeiten sind in Abb. 97 für feste Brennstoffe und in Abb. 98 für flüssige und gasförmige Brennstoffe dargestellt.

Eine eventuelle Berücksichtigung der Luftfeuchtigkeit kann wieder nach Gl. (15) erfolgen.

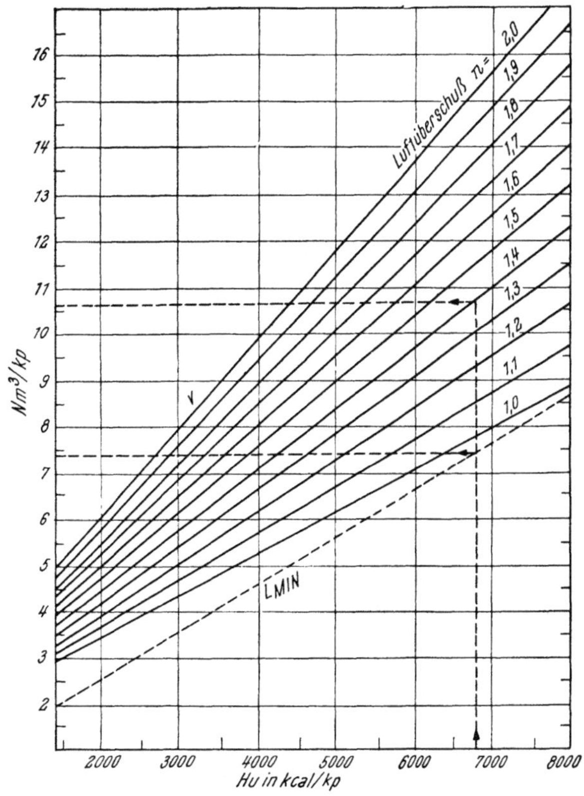

Abb. 97. Luft- und Rauchgasmengen für feste Brennstoffe[1]
Beispiel: $H_u = 6800$, $n = 1{,}4$, $V_{Lo} = 7{,}4$
$V_L = 1{,}4 \cdot 7{,}4 = 10{,}3$, $V_g = 10{,}7$

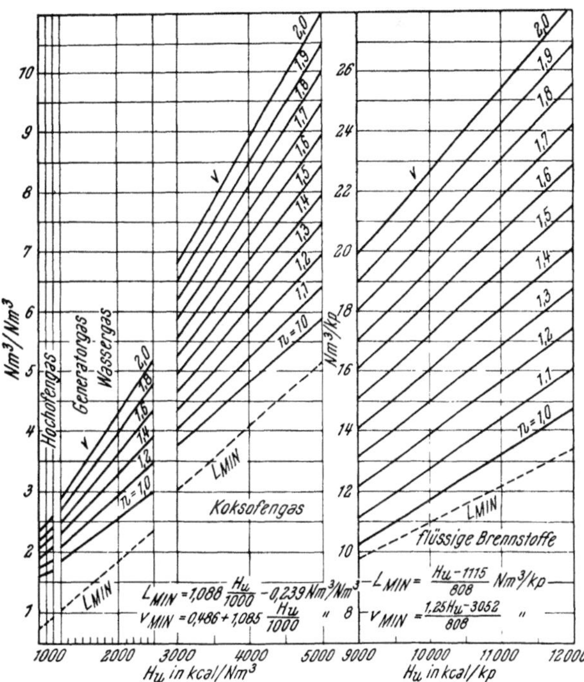

Abb. 98. Luft- und Rauchgasmengen für flüssige und gasförmige Brennstoffe[1]

J. Der Kohlensäure- und Sauerstoffgehalt der Rauchgase

Als Hauptumsetzungsprodukt tritt bei der Verbrennung die Kohlensäure auf. Der Kohlensäuregehalt der Rauchgase am Schluß der Verbrennung ist um so höher, je geringer der Luftüberschuß war. Der CO_2-Gehalt ist daher ein wichtiges Hilfsmittel, um den Luftüberschuß einer Feuerung zu beurteilen.

Der Volumsanteil von CO_2 in Nm^3/Nm^3 in der trockenen Rauchgasmenge ergibt sich bei festen und flüssigen Brennstoffen aus

$$(CO)_2 = \frac{C \cdot 1{,}8535}{v_{\min}^{\text{tr}} + (\varepsilon - 1) L_{\min}} \quad (31)$$

[1] Steinmüller, Gummersbach: Wärmetechnische Tabellen 1958, S. 44 und 45.

Der Zähler stellt nach Gl. (8) das aus 1 kp Kohle gebildete CO_2-Volumen, der Nenner bei sinngemäßer Anwendung von Gl. (24) das trockene Gasvolumen $v_{\min}^{\text{tr}}$ dar.

Der höchstmögliche CO_2-Gehalt findet sich, wenn in dieser Gleichung $\varepsilon = 1$ gesetzt wird, zu

$$(CO_2)_{\max} = \frac{C \cdot 1{,}8535}{v_{\min}^{\text{tr}}}. \tag{32}$$

Der maximale CO_2-Gehalt hängt demnach von der Brennstoffart ab und ist für verschiedene Brennstoffe aus Zahlentafel 35 zu entnehmen.

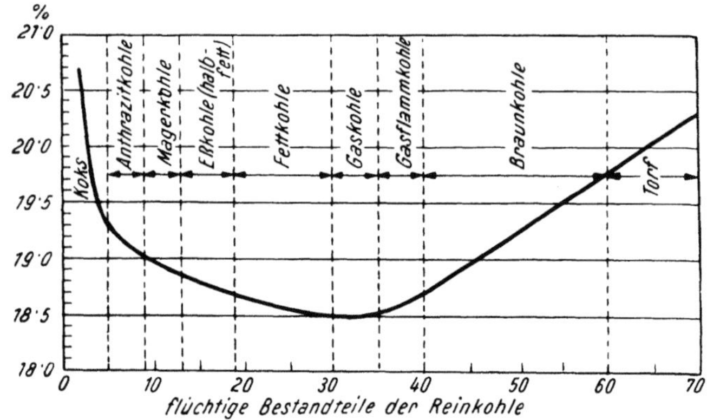

Abb. 99. Maximaler CO_2-Gehalt der Rauchgase in Abhängigkeit vom Gehalt der Reinkohle an flüchtigen Bestandteilen

Zahlentafel 35. *Maximaler CO_2-Gehalt in % für verschiedene Brennstoffe*

	$(CO_2)_{\max} \cdot 100$
Koks	20,5
Steinkohle	19,3 bis 18,5
Braunkohle	19,7 bis 18,5
Teeröl	18
Heizöl	15,8
Gichtgas	24,8
Stadtgas	13,2
Koksgas	10

In Abb. 99 ist die Abhängigkeit des maximalen CO_2-Gehaltes vom Anteil an flüchtigen Bestandteilen bei Kohle dargestellt.

Dividiert man Gl. (32) durch Gl. (31) erhält man

$$\frac{(CO_2)_{\max}}{(CO_2)} = \frac{v_{\min}^{\text{tr}} + (\varepsilon - 1) L_{\min}}{v_{\min}^{\text{tr}}} \tag{33}$$

Wenn berücksichtigt wird, daß normalerweise $v_{\min}^{\text{tr}} \doteq L_{\min}$ ist, ergibt sich weiter:

$$\frac{(CO_2)_{\max}}{(CO_2)} = \varepsilon \tag{34}$$

Es ist also die Luftüberschußzahl näherungsweise gleich dem Verhältnis vom maximalen zum tatsächlichen CO_2-Gehalt. Bei stark wasserstoffhaltigen Brennstoffen führt jedoch die getroffene Vernachlässigung bereits zu ungenauen Ergebnissen und es hat dann der Zusammenhang zwischen (CO_2), $(CO_2)_{\max}$ und ε nach Gl. (33) berechnet zu werden.

Bei der praktischen Betriebsführung wird die Luftzufuhr zur Feuerung noch vielfach nach dem CO_2-Gehalt eingestellt. Dabei darf nicht übersehen werden, daß damit in Wirklichkeit die Einhaltung eines bestimmten Luftüberschusses beabsichtigt ist. Hat ein neuer Brennstoff etwa einen niedrigeren maximalen CO_2-Gehalt, wird bei gleichem Luftüberschuß auch der einzuhaltende CO_2-Gehalt gesenkt werden müssen. Daraus darf natürlich nicht der Schluß gezogen werden, daß die Feuerung jetzt ungünstiger arbeitet.

Besser ist daher die an Verbreitung gewinnende Regelung nach dem O_2-Gehalt der Rauchgase. Diese ist von der Art des Brennstoffes gänzlich unabhängig. Der Sauerstoffgehalt ergibt sich aus

$$(O_2) = \frac{(\varepsilon - 1) \cdot L_{\min} \cdot 0{,}21}{v_{\min}^{\text{tr}} + (\varepsilon - 1) L_{\min}} \tag{35}$$

Wenn auch hier, wie oben $v_{\min}^{\text{tr}} = L_{\min}$ gesetzt wird, folgt

$$\varepsilon = \frac{0{,}21}{0{,}21 - (O_2)} \tag{36}$$

Diese Gleichung verknüpft, unabhängig vom Brennstoff, den gemessenen Volumanteil des Sauerstoffüberschusses (O_2) mit der Luftüberschußzahl ε. Soll letztere genauer bestimmt werden, ist eine vollständige Rauchgasanalyse, umfassend (O_2), (CO_2) und (CO), erforderlich und die Berechnung erfolgt nach Gl. (37).

K. Berechnung der Luftüberschußzahl aus der Rauchgasanalyse

Es soll nunmehr der Luftüberschuß aus einer genaueren Rauchgasanalyse, die den (CO_2)-Gehalt, (CO)-Gehalt und den (O_2)-Gehalt umfaßt, bestimmt werden. Ergänzt man die Summe der obigen drei Analysenwerte auf 1, ist die so gefundene Zahl der Stickstoffgehalt (N_2). Durch Aufstellung einer Stickstoffbilanz kann nun die Luftüberschußzah- ermittelt werden. Die zur Luftüberschußmenge gehörige Stickstoffmenge ist bei Annahme, daß das vorhandene CO ebenfalls verbrannt wäre:

$$(N_2) - \frac{(N_2)}{\varepsilon} = (N_2)\,\frac{(\varepsilon - 1)}{\varepsilon}$$

Andererseits müßte wieder unter der gleichen Annahme der dann noch vorhandene Sauerstoffanteil betragen: $(O_2) - \frac{(CO)}{2}$. Die dazugehörige Stickstoffmenge findet sich durch Multiplikation mit 79/21.

Die auf beide Weisen gefundenen Stickstoffmengen sind identisch und man erhält durch Gleichsetzen:

$$(N_2)\,\frac{(\varepsilon - 1)}{\varepsilon} = \frac{79}{21}\left[(O_2) - \frac{(CO)}{2}\right]$$

Daraus ergibt sich die Luftüberschußzahl

$$\varepsilon = \frac{(N_2)}{(N_2) - \frac{79}{21}\left[(O_2) - \frac{(CO)}{2}\right]} \qquad (37)$$

L. Durchführung der Rauchgasanalyse

Es muß, um die Güte einer Verbrennung zu beurteilen, der Gehalt der Rauchgase an CO_2, CO und O_2 gemessen werden. Das verbreitetste Instrument hierzu ist der Orsat-Apparat. Er beruht auf dem Prinzip, in einem geschlossenen Rauchgasvolumen, welches den Kesselzügen entnommen wurde, durch geeignete Chemikalien jeweils Kohlensäure, Sauerstoff und Kohlenoxyd zu absorbieren. Die Differenz der Volumen vor und nach der Absorption gestattet, unmittelbar den Gehalt an dem betreffenden Stoff zu ermitteln. Als Absorptionsflüssigkeit dient für die Kohlensäure Kalilauge, für den Sauerstoff Pyrogallussäure und für das Kohlenoxyd Kupferchlorürlösung[1]. Die Bestimmung von H_2, CH_4, C_mH_n s. VDI 1937, S. 373.

Der Orsat-Apparat kann nur für intermittierende Messungen benützt werden. Er ist deshalb weiter entwickelt worden, und zwar unter anderem von den Firmen Ados (Simplex) und Mono (Duplex), welche selbsttätig arbeitende Apparate herausbrachten, die laufend Anzeigen in Intervallen von 2 bis 4 Minuten liefern. Die Apparate sind allerdings ziemlich kompliziert und müssen genau instandgehalten werden.

---

[1] Kalilauge (100 g Ätzkali auf 200 cm³ Wasser).

Pyrogallussäure in alkalischer Lösung (200 g Ätzkali in 150 cm³ Wasser, der man 15 g Pyrogallussäure zusetzt. Ätzkali und Wasser in Bürette ansetzen und Pyrogallussäure in flüssigem Zustand beigeben; Bürette sofort verschließen!).

Kupferchlorür (250 g Ammoniumchlorid und 200 g Kupferchlorür in 750 cm³ Wasser. Drei Raumteilen dieser Lösung wird ein Raumteil Ammoniak vom spezifischen Gewicht 0,910 (25%) zugesetzt).

Es gibt auch Kohlensäure-, bzw. Kohlenoxyd- und Wasserstoff-Meßapparate, welche nicht auf chemischer, sondern auf physikalischer Grundlage arbeiten. Große Verbreitung hat der Siemens-Apparat gefunden, bei welchem die Anzeige kontinuierlich auf einer Skala erfolgt. Das Prinzip der Kohlensäuremessung beim Siemens-Apparat beruht auf der Tatsache, daß Kohlensäuregas nur etwa 60% der Wärmeleitzahl von Stick- und

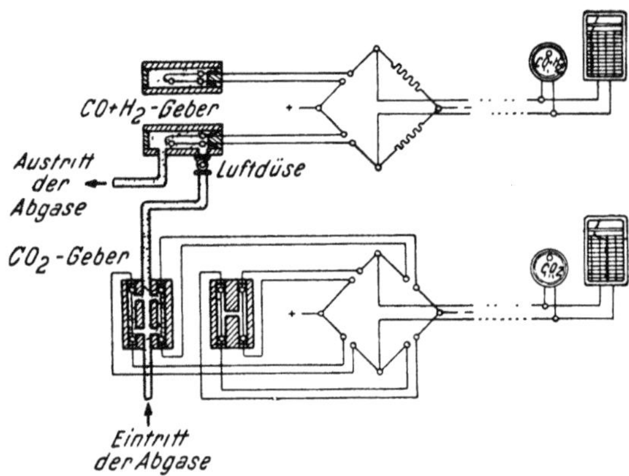

Abb. 100. Siemens-Rauchgasprüfer. Ein Teilstrom des zu analysierenden Gases wird durch den CO_2-Geber und anschließend durch den CO + H_2-Geber angesaugt. Die Wärmeleitzahl des Gases hängt vom CO_2-Gehalt ab. Daher erhitzt sich der von einem elektrischen Strom konstanter Spannung durchflossene Platindraht im CO_2-Geber je nach dem CO_2-Gehalt verschieden. Der elektrische Widerstand des Drahtes ist stark temperaturabhängig, so daß schließlich die gemessene Strommenge ein Maßstab für den CO_2-Gehalt ist. Zur Verstärkung des Effektes ist eine Wheatstonesche Brücke zwischengeschaltet. Die CO + H_2-Messung findet ebenfalls infolge Temperatur- bzw. elektrischer Widerstandsänderung eines Platindrahtes im CO + H_2-Geber statt, wobei erstere durch katalytische Verbrennung der brennbaren Gase bedingt ist. Jeweils ein Geber für CO_2 und CO + H_2 ist von Rauchgas, der benachbarte von Außenluft gleicher Temperatur durchströmt, um Temperatureinflüsse auszuschalten

Sauerstoff hat. Es wird demnach ein dünner, elektrisch geheizter Draht (Abb. 100) durch das zu messende Gas, welches kontinuierlich aus dem Kessel abgesaugt wird, gespannt. Entsprechend dem Kohlensäuregehalt erwärmt sich der Draht immer so weit, daß die elektrisch zugeführte Energie abgeleitet wird. Dies kann z. B. bei sinkender Wärmeleitfähigkeit der Umgebung, d. h. steigendem Kohlensäuregehalt, nur dann erfolgen, wenn die Temperaturspanne zwischen Draht und Umgebung ebenfalls steigt. Der Draht ist aber aus einem solchen Material hergestellt, welches eine starke Änderung der elektrischen Leitfähigkeit mit der Temperatur aufweist. Damit ändert sich der Stromdurchfluß, was auf einem Milliamperemeter abgelesen werden kann. Dieses zeigt gleichzeitig den CO_2-Gehalt an. Um die Empfindlichkeit zu erhöhen, ist eine Wheatstonesche Brückenschaltung gewählt, welche als Vergleichswiderstand einen weiteren Meßdraht in einem Luftstrom besitzt.

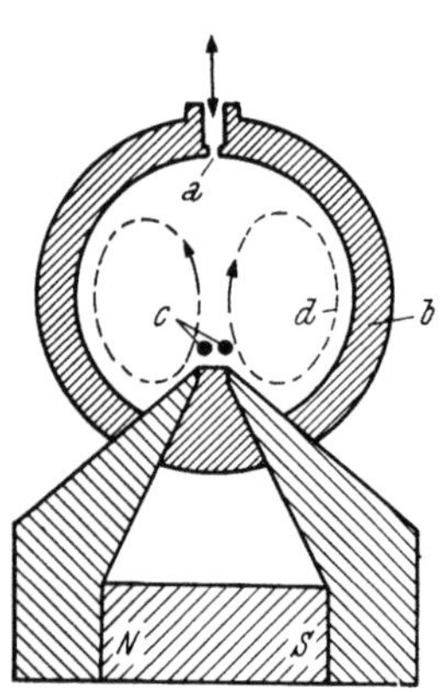

Abb. 101. Schema eines O_2-Meßgerätes[1]

a Diffusionsschlitz für den Gas-Ein- und Ausgang
b Gehäuse aus unmagnetischem Material
c Hitzdrahtschleife
d Zirkulationsströmung

Auf einem anderen Prinzip beruht der Ranarex-Apparat der AEG. Durch zwei Ventilatorrädchen wird je ein Rauchgas- und Luftstrom angesaugt. Jeweils gleichachsig sind zwei ähnliche Rädchen angeordnet, die miteinander durch eine Stange gekuppelt sind. Die aus den Ventilatorrädchen austretenden Gas- und Luftströme übertragen einen Teil ihres entgegengerichteten Dralles auf die nachgeschalteten Rädchen, die sich dadurch gegen eine Feder verdrehen. Je höher der CO_2-Gehalt im Rauchgasstrom ist, um so mehr überwiegt infolge seines höheren spezifischen Gewichtes sein Drall und um so stärker verdrehen sich die Rädchen, dies auf eine Anzeigeskala übertragend.

Die gefundenen Volumanteile beziehen sich infolge der Kondensation des Wasserdampfes auf trockenes Rauchgas.

Die geschilderten Apparate messen gleichzeitig mit dem CO_2- auch den normalerweise sehr geringen SO_2-Gehalt. Dies hat bei genauen Bestimmungen beachtet zu werden.

---

[1] Sturm: Neuzeitliche physikalische Gasanalysengeräte. BWK, Bd. 3, Nr. 11, 1951.

Die Apparate zur direkten Bestimmung des Sauerstoffgehaltes beruhen meist auf der Erscheinung, daß die magnetische Suszeptibilität des O_2 etwa 100fach größer ist als die der übrigen Bestandteile des Rauchgases. Eine beispielsweise Ausführung zeigt Abb. 101. Zwei über den Polen eines Magneten gespannte dünne Drähte werden von einem Strom durchflossen und hierbei erwärmt. Durch den gleichen Raum wird auch Rauchgas geleitet, das sich in der Umgebung der Drähte erwärmt und hochsteigt. An der Wand kühlt es sich aber wieder ab und sinkt nach abwärts. Die so entstehende Zirkulation wird dadurch stark angefacht, daß der heißere O_2-Anteil im Rauchgas vom Magnet weniger angezogen wird als der in Wandnähe befindliche kältere. Die Intensität des entstandenen „magnetischen Windes" hängt demnach vom Sauerstoffgehalt ab und beeinflußt die Gleichgewichtstemperatur der beheizten Drähte. Diese bestehen, ähnlich wie beim CO_2-Messer, aus einem Werkstoff, dessen elektrische Leitfähigkeit stark von seiner Temperatur abhängt, so daß letzten Endes der Stromdurchfluß in mA ein Maß für den O_2-Gehalt ist.

M. Verbrennungsdreiecke

Eine Überprüfung der gemessenen Rauchgasanalysenwerte kann mit Hilfe des Verbrennungsdreieckes erfolgen. Mißt man nämlich z. B. (CO_2) und (O_2), ist daraus, wie weiter unten gezeigt wird, (CO) bereits bestimmt. Andererseits kann man aus dem Verbrennungsdreieck entnehmen, ob die Feuerung richtig geführt ist, d. h. ohne CO-Bildung arbeitet.

Um zum Verbrennungsdreieck zu gelangen, möge zunächst von Gl. (31) ausgegangen werden. Diese lautet mit $(\varepsilon - 1) \cdot L_{\min} = v_{O_2} \cdot \frac{100}{21}$, wenn v_{O_2} das Sauerstoffvolumen je Kilopond Kohle in Nm³/kp ist: (bei $(CO) = o$)

$$(CO_2) = \frac{c \cdot 1{,}8535}{v_{\min}^{tr} + v_{O_2} \cdot \frac{100}{21}}. \tag{38}$$

Andererseits ist der Volumanteil von $(O_2) = \frac{v_{O_2}}{v_{\min}^{tr} + v_{O_2} \cdot \frac{100}{21}}$. Dividiert man dies durch Gl. (38), ergibt sich

$$\frac{(O_2)}{(CO_2)} = \frac{v_{O_2}}{c \cdot 1{,}8535}$$

Wird diese Gleichung in (38) unter Elimination von v_{O_2} eingesetzt, erhält man nach einigen kleinen Umformungen

$$(CO_2) v_{\min}^{tr} + \frac{100}{21} (O_2)\, c \cdot 1{,}8535 = c\, 1{,}8535$$

Dividiert man diese Gleichung durch $v_{\min}^{tr}$ ergibt sich schließlich mit Berücksichtigung von Gl. (32)

$$(CO_2) + \frac{100}{21} (O_2)\, (CO_2)_{\max} = (CO_2)_{\max} \tag{39}$$

Wie man sieht, hängen unter Voraussetzung vollkommener Verbrennung der CO_2-Gehalt und der O_2-Gehalt linear voneinander ab. Wird dies in einem Achsenkreuz dargestellt (Abb. 102), schneidet die Gerade die Ordinate in der Entfernung $(CO_2)_{\max}$ die Abszisse in der Entfernung $(O_2) = 0{,}21$ vom Nullpunkt. Falls keine CO-Bildung stattfindet, muß der Betriebspunkt immer auf der genannten Geraden liegen. Wird auf derselben in gleichen Abschnitten $\frac{1}{\varepsilon}$ beginnend von 1 bis 0, aufgetragen, ist dadurch der Luftüberschuß, welcher zum Betriebspunkt gehört, bestimmbar.

Liegt der Betriebspunkt nicht auf der Geraden, sondern innerhalb des Dreieckes, hat auch eine CO-Bildung stattgefunden. Die Größe derselben wird nach OSTWALD folgendermaßen bestimmt. Man berechnet gemäß nachstehender Gleichung die Sauerstoffüberschußmenge gegenüber unvollkommener Verbrennung:

$$(O_2)' = \frac{O_{min} - O'_{min}}{v'^{tr}_{min}} \tag{40}$$

O_{min} ist nach Gl. (11), O'_{min} nach Gl. (27) und v'^{tr}_{min} nach Gl. (29) zu ermitteln. Der gefundene Sauerstoffanteil $(O_2)'$ wird auf der Abszissen-Achse aufgetragen und man gelangt z. B. zum Punkt D. Von hier wird eine Senkrechte bis zur Geraden BC gezogen. Nunmehr wird der bei unvollkommener Verbrennung auftretende höchste CO-Gehalt berechnet, welcher $(CO)'_{max} = 2(O_2)'$ ist. Dies ergibt sich daraus, daß der Überschußsauerstoff $O_{min} - O'_{min}$ gerade zur nochmaligen Verbrennung des bereits verbrannten C-Gewichtes zu CO ausreicht, wobei das Doppelte des ersteren Volumens entsteht. $(CO)'_{max}$ wird nun bei E mit 0 beginnend auf ED zu gleichen Teilen aufgetragen. Durch die einzelnen Skalenabschnitte auf ED werden parallel

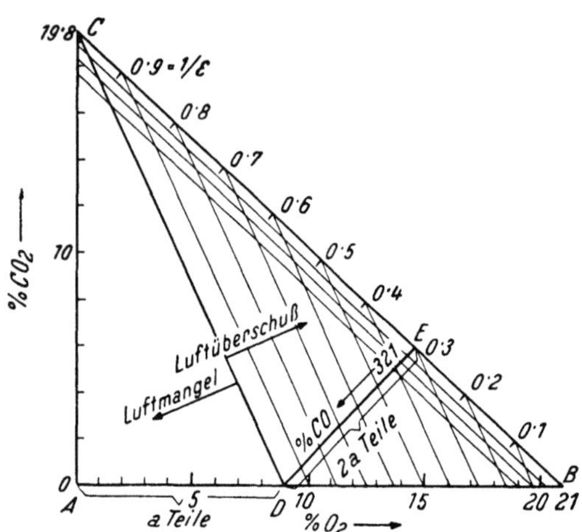

Abb. 102. Ostwaldsches Verbrennungsdreieck. Z. B. sei bei einer Kohle der maximale CO_2-Gehalt 19,8%. Dann ist nach Abb. 103 $(O_2)' = 0{,}0895 = 8{,}95\% = a$ und $(CO)'_{max} = 0{,}179 = 17{,}9\% = 2a$, womit nach Übertragen in Abb. 102 das Verbrennungsdreieck gezeichnet werden kann. Im Gegensatz zum Text sind in den Abb. 102, 103, 104 die Volumenanteile nicht in Bruchteilen von 1, sondern in % eingetragen nach MÜLLER-GRAF

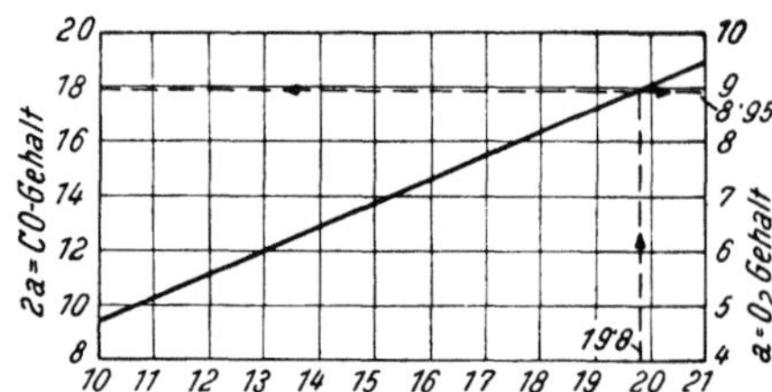

Abb. 103. Beziehung zwischen dem maximalen CO_2-Gehalt, der Sauerstoffüberschußmenge und dem maximalen CO-Gehalt bei unvollkommener Verbrennung nach MÜLLER-GRAF. Volumenanteile in %

zu BC Gerade gelegt, welche die CO-Gehalte kennzeichnen. Anschließend wird die Gerade CD gezeichnet, welche den Zustand $\varepsilon = 1$ darstellt. Verlängert man diese nach unten, muß sie, wie sich zeigen läßt, einen Punkt mit den Koordinaten $(O_2) = 1$, $(CO_2) = -2$ treffen. Durch diesen gehen dann nach KRAUS auch sämtliche Gerade $\frac{1}{\varepsilon} = 0{,}9,\ 0{,}8$ usw. Für praktische Anwendungen genügt es zumeist, sie parallel zu CD zu zeichnen.

Liegt der Betriebspunkt innerhalb des Dreieckes DBC, hat eine unvollkommene Verbrennung trotz Luftüberschuß stattgefunden. Punkte links von CD deuten auf Luftmangel, rechts von BC auf Meßfehler und sind nicht möglich.

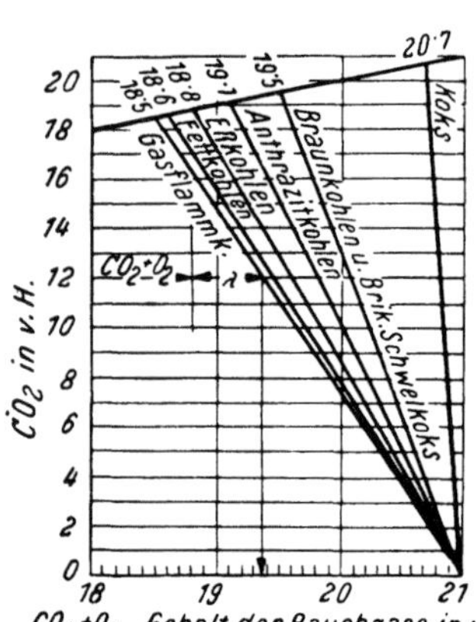

Abb. 104. Bunte-Dreieck. Bei vollkommener Verbrennung muß $\lambda = 0$ sein. Bei Vorhandensein von CO ist $(CO) \cdot 100 = 1{,}6 \cdot \lambda$ (Wärmetechnische Tabellen von Steinmüller)

Zum Beispiel $CO_2 + O_2 = 18{,}8\%$, $CO_2 = 12\%$ ergibt $\lambda = 0{,}57$, bzw. $CO = (CO) \cdot 100 = 1{,}6 \cdot 0{,}57 = 0{,}912\%$ (nicht eingeklammert in Vol.-%)

Das Diagramm ist von Brennstoff zu Brennstoff verschieden und muß jeweils für die verwendete Kohle konstruiert werden. Zur vereinfachten Bestimmung des Verbrennungsdreieckes möge die Abb. 103 dienen[1], die in Abhängigkeit von $(CO_2)_{max}$ den $(O_2)'$-Gehalt zur Bestimmung des Punktes D in Abb. 102 zu entnehmen gestattet.

Auch bei Brenngasen ist das Ostwaldsche Verbrennungsdreieck verwendbar. Hier liegt allerdings der Punkt A nicht mehr bei $(CO_2) = 0$, sondern entsprechend dem ursprünglichen, bereits im Gas vorhandenen CO_2-Gehalt höher. Während die $1/\varepsilon$-Skala hier nicht mehr gleiche Abschnitte besitzt, bleibt die (CO)'-Skala gleichmäßig geteilt.

Überschlägig können Verbrennungsvorgänge auch mittels des Bunte-Dreieckes (Abb. 104) verfolgt werden[2].

N. Der Wärmeinhalt der Rauchgase

1. Spezifische Wärme

Um die Erwärmungs- und Abkühlungsvorgänge in festen, flüssigen und gasförmigen Stoffen zu berechnen, ist die Kenntnis der betreffenden spezifischen Wärme erforderlich. Diese ist jene Wärmemenge, die notwendig ist, um die Temperatur eines Kiloponds oder Nm³ eines Stoffes um 1 °C zu erhöhen. Bei festen Stoffen wird der Vorgang auf 1 kp, bei Gasen auf 1 Nm³ bezogen. Bei festen Körpern und bei Gasen hängt die spezifische Wärme von der Temperatur ab. Bei Gasen kommt auch noch eine Druckabhängigkeit hinzu, die aber bei den Druckverhältnissen in technischen Feuerungen nicht in Erscheinung tritt.

Bei Gasen kann Wärme bei konstantem Druck und bei konstantem Volumen zugeführt werden. Bei technischen Feuerungen kommt ersterer Fall in Frage, so daß sich, wenn die zugehörige spezifische Wärme mit c_p bezeichnet wird, die Änderung des Wärmeinhaltes bei einer differentiellen Temperatursteigerung zu

$$di = c_p d\vartheta \tag{41}$$

ergibt.

Die Integration liefert, wenn als Ausgangspunkt 0 °C genommen wird

$$i = \int_0^\vartheta c_p \, d\vartheta$$

Dieser Wärmeinhalt kann auch mit Hilfe einer mittleren spezifischen Wärme zwischen den Temperaturen ϑ und 0° ausgedrückt werden.

$$i = c_{pm} \Big|_0^\vartheta \cdot \vartheta \tag{42}$$

Der Wert $c_{pm} \Big|_0^\vartheta$ heißt mittlere spezifische Wärme, zwischen den Temperaturen ϑ und 0, der Wert c_p wahre spezifische Wärme bei der Temperatur ϑ.

Soll z. B. die Wärmeabgabe von M Nm³/h bei Abkühlung von ϑ_1 auf ϑ_2 °C berechnet werden, ergibt sich

$$Q = M \left(c_{pm} \Big|_0^{\vartheta_1} \cdot \vartheta_1 - c_{pm} \Big|_0^{\vartheta_2} \cdot \vartheta_2 \right) \tag{43}$$

Die spezifische Wärme fester Stoffe und Gase ist in Zahlentafel 36 und 37a ersichtlich. Für Gase wird in der Folge vereinfacht lediglich c_{pm} geschrieben.

---

[1] Müller und Graf: Kurzes Lehrbuch der Technologie der Brennstoffe. Wien: F. Deuticke. 1945.

[2] Steinmüller: Wärmetechnische Tabellen.

Ist die spezifische Wärme eines Gasgemisches, wie z. B. Rauchgas, zu berechnen, wird diese aus den Anteilen der einzelnen Bestandteile zusammengesetzt.

$$c_{pm} = (N_2)_F c_{pm}^{N_2} + (CO_2)_F c_{pm}^{CO_2} + (O_2)_F c_{pm}^{O_2} + (H_2O)_F c_{pm}^{H_2O} + \cdots. \tag{44}$$

Zahlentafel 36. *Spezifische Wärme fester Stoffe in kcal/kp °C*

Stoff	Temperatur °C	Spezifische Wärme	Stoff	Temperatur °C	Spezifische Wärme
Asche (Kohlen-)	20	0,16 bis 0,19	Kohle mit 20% Asche	20 bis 500	0,287
Eisen (Stahl)	0	0,112	„ „ 20% „	20 bis 1000	0,340
„	0 bis 200	0,117	„ „ 20% „	20 bis 1200	0,352
„	0 bis 400	0,125	Quarz	20 bis 100	0,190
„	0 bis 600	0,136	„	20 bis 500	0,235
„	0 bis 800	1,171	„	20 bis 1000	0,256
„	0 bis 1200	0,170	Sandstein	0 bis 100	0,22
Eisenoxyd	0	0,16	Kohle, bituminös mit 5%		
Gußeisen	0 bis 300	0,13	H_2O	20	0,28
Holz	20	0,50 bis 0,65	dgl. mit 10% H_2O	20	0,32
„ Eiche	20	0,57	dgl. mit 15% H_2O	20	0,36
„ Fichte	20	0,65	Steinkohlenteer	40	0,36
Holzsägespäne, trocken	20	0,35	„	200	0,45
Holzkohle	20	0,16 bis 0,17	Zement	20	0,26
„	0 bis 225	0,31	Beton	0 bis 100	0,27
Koks mit 10% Asche	20 bis 100	0,193	Ziegel	0 bis 100	0,22
„ „ 10% „	20 bis 500	0,294	Schamottesteine	0 bis 25	0,19
„ „ 10% „	20 bis 1000	0,351	„	0 bis 400	0,23
„ „ 10% „	20 bis 1200	0,363	„	0 bis 800	0,27
Kohle mit 20% Asche	20 bis 100	0,192	„	0 bis 1200	0,30

Die Anteile beziehen sich nicht wie bisher auf 1 Nm³ trockenes, sondern feuchtes Rauchgas. Zur Unterscheidung soll dies durch einen Index F gekennzeichnet sein. Diese Werte sind demnach nicht genau mit jenen identisch, die sich bei der Gasanalyse ergeben würden.

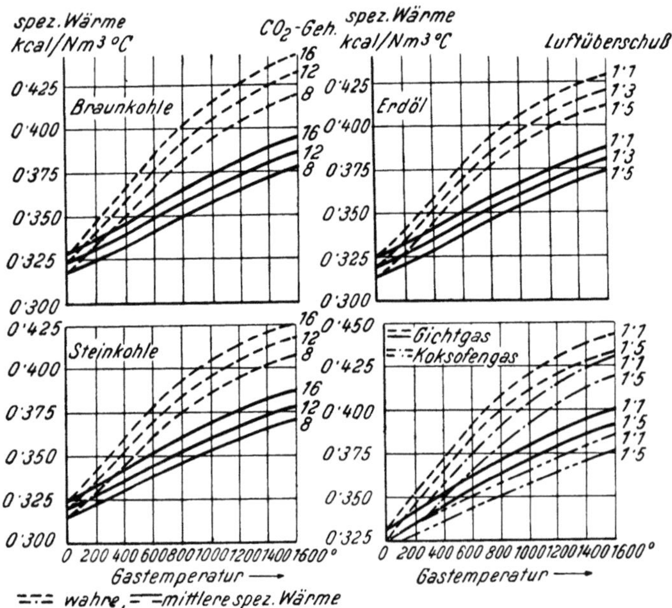

Abb. 105. Schaubild für die wahre spezifische Wärme c_p und die mittlere spezifische Wärme c_{pm} für Rauchgase von Atmosphärendruck (Wärmetechnische Tabellen von Steinmüller)

Die mittlere und wahre spezifische Wärme von Rauchgasen aus Steinkohlen, Braunkohlen, Erdöl und Gichtgas, bzw. Koksofengas zeigt für mittlere Verhältnisse Abb. 105. Man ersieht, daß die spezifische Wärme der Rauchgase mit steigender Temperatur und zunehmendem CO_2-Gehalt größer wird.

Bei Temperaturen über etwa 1500 °C beginnen sich insbesondere die Kohlensäure und der Wasserdampf teilweise zu zerlegen. Dieser Vorgang heißt Dissoziation. Durch diese wird gleichzeitig Wärme gebunden, welche bei entsprechender Abkühlung wieder frei wird. Man kann die zusätzliche Wärme-

Zahlentafel 37a. *Mittlere spezifische Wärme von Gasen bei konstantem Druck (O ata) kcal/Nm³ °C*

t °C	H_2	N_2	CO	O_2	H_2O	CO_2	Luft
0	0,310	0,310	0,310	0,312	0,354	0,382	0,311
200	0,310	0,311	0,313	0,319	0,362	0,429	0,313
400	0,310	0,315	0,318	0,329	0,372	0,464	0,318
600	0,311	0,321	0,325	0,337	0,384	0,491	0,324
800	0,313	0,327	0,331	0,344	0,396	0,512	0,330
1000	0,315	0,333	0,337	0,350	0,409	0,530	0,336
1200	0,318	0,338	0,342	0,355	0,421	0,543	0,341
1400	0,321	0,343	0,346	0,359	0,432	0,553	0,346
1600	0,325	0,347	0,350	0,363	0,443	0,563	0,350
1800	0,328	0,351	0,354	0,366	0,453	0,572	0,354
2000	0,331	0,354	0,357	0,368	0,462	0,579	0,357
3000	0,344	0,365	0,368	0,378	0,497	0,600	0,368

aufnahme im c_p berücksichtigen, wodurch dieser Wert dann etwas größer erscheint. Es sei jedoch die Dissoziation nicht hier, sondern bei Berechnung des Wärmeinhaltes der Rauchgase auf S. 128 behandelt. Die c_p-Werte der Zahlentafel 37a gelten ohne Dissoziation.

2. Das $i\vartheta$-Diagramm von Rosin

Der Wärmeinhalt von 1 Nm³ eines Gases möge mit i bezeichnet werden und es ist $i = c_{pm}\vartheta$. Setzt sich das Rauchgas aus mehreren Komponenten zusammen, so findet sich der Wärmeinhalt zu

$$i = (N_2)_F i_{N_2} + (CO_2)_F i_{CO_2} + \\ + (O_2)_F i_{O_2} + (H_2O)_F i_{H_2O} + \cdots \quad (45)$$

Trägt man in einem Diagramm den Wärmeinhalt i über der Temperatur für Rauchgase verschiedener Brennstoffe auf, erkennt man, sofern man Punkte gleichen Luftgehaltes betrachtet, daß diese nur sehr wenig streuen und sich gut durch eine Kurve verbinden lassen. Wählt man daher als Parameter den Luftgehalt der Rauchgase, welcher sich in Vol.-% aus

$$p_L = \frac{(\varepsilon - 1) \cdot L_{\min} \cdot 100}{v_{\min} + (\varepsilon - 1) \cdot L_{\min}}$$

ergibt, gelangt man zu dem $i\vartheta$-Diagramm von Rosin (Abb. 106).

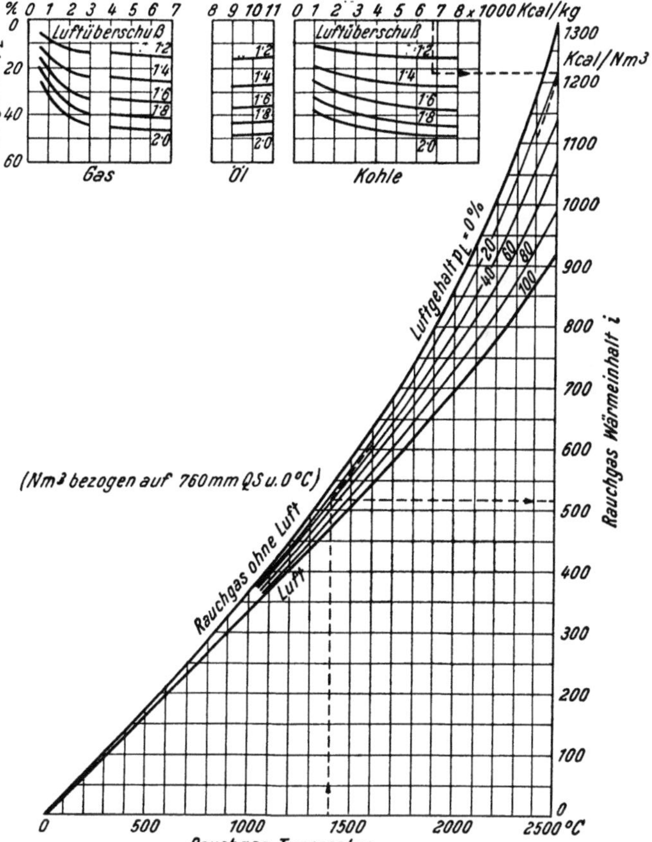

Abb. 106. Wärmeinhalt-Temperatur-($i\vartheta$-)Diagramm für Rauchgase. Z. B. H_u = 6800 kcal/kg. Luftüberschußzahl ε = 1,3, Rauchgastemperatur ϑ = 1400° ergibt Wärmeinhalt i = 515 kcal/Nm³

Da mit dem Luftgehalt der Rauchgase unbequem zu rechnen ist, kann in der Abb. 106 durch das oben liegende Hilfsdiagramm festgestellt werden, welchen Luftgehalt die Rauchgase bei einer bestimmten Luftüberschußzahl haben.

In diesem Diagramm ist von ROSIN die Dissoziation berücksichtigt, was sich in einem steileren Anstieg der Kurven über 1500 °C auswirkt, als sonst der Fall wäre. Bezüglich der Dissoziation möge auf die Ausführungen S. 128 verwiesen werden.

Die Anwendung des Diagrammes sei an folgendem Beispiel gezeigt:

Vor einer Heizfläche sei die Temperatur des Rauchgases ϑ_1, der Wärmeinhalt i_1, die Rauchgasmenge M_1.[1] Wie bei jeder eingemauerten Heizfläche möge auch hier infolge Porosität des Mauerwerkes die Falschluftmenge M_L[1] einströmen, so daß das Rauchgasvolumen nach Verlassen der Heizfläche $M_2 = M_1 + M_L$ sei. In der Heizfläche kühlen sich die Rauchgase auf ϑ_2, Wärmeinhalt i_2 ab. Gefragt sei, welche Wärmemenge Q[1] die Rauchgase an die Heizfläche abgeben. Bildet man die Bilanz der zu- und abgeführten Wärmen, erhält man

$$M_L i_L + M_1 i_1 = M_2 i_2 + Q$$

Der Wärmeinhalt i_L der Falschluft errechnet sich aus der Temperatur der Umgebungsluft, ist daher klein und kann neben den anderen Gliedern vernachlässigt werden. Man erhält also:

$$Q = M_1 i_1 - M_2 i_2 \tag{46}$$

Hier kann i_1 und i_2 dem Rosin-Diagramm entnommen werden. Obwohl das Diagramm, abgesehen von kleinen Streuungen, universell für sämtliche Brennstoffsorten gilt, erscheint es als nachteilig, daß die Wärmemenge Q nicht direkt als Strecke entnommen werden kann, sondern erst aus obiger Gleichung berechnet werden muß.

3. Das $J\vartheta$-Diagramm

In diesem wird der letztgenannte Mangel dadurch beseitigt, daß die Wärmemenge auf eine für einen bestimmten Betriebszustand konstante Größe bezogen wird. Dies ist die Brennstoffmenge. Man trägt über der Temperatur ϑ den Wärmeinhalt der aus 1 kg Brennstoff entstandenen Rauchgase auf. Wird dieser J genannt, erhält man $J = c_{pm} \cdot v \cdot \vartheta$, wobei v die Rauchgasmenge je Kilopond Brennstoff ist. Setzt sich ein Gas aus mehreren Komponenten zusammen, findet sich

$$J = (N_2)_F J_{N_2} + (CO_2)_F J_{CO_2} + (O_2)_F J_{CO_2} + (H_2O)_F J_{H_2O} + \cdots \tag{47}$$

Das $J\vartheta$-Diagramm ist von Brennstoff zu Brennstoff verschieden, entsprechend dessen veränderter Zusammensetzung. Als Parameter wird in diesem Diagramm zweckmäßig die Luftüberschußzahl ε gewählt. Im Anhang am Buchende sind rechts $J\vartheta$-Diagramme für Brennstoffe mit Heizwerten von H_u = 10082 kcal/kp (Heizöl)

7092 ,,	(Steinkohle)
6449 ,,	
5523 ,,	(Braunkohle)
4515 ,,	
3772 ,,	
3141 ,,	
1890 ,,	

dargestellt. Im niedrigeren Temperaturbereich ist aus Genauigkeitsgründen der Maßstab für ϑ größer als im höheren, was durch einen Knick der J-Kurven zum Ausdruck kommt. Auf das i—p-Schaubild von Wasserdampf auf der linken Seite wird bei Besprechung der wärmetechnischen Durchrechnung von Dampfkesseln auf S. 239 näher eingegangen. In allen Diagrammen ist die Dissoziation berücksichtigt und es zeigt sich deren Einfluß durch steileres Ansteigen der Kurven über 1500 °C. Unter dem $J\vartheta$-Diagramm für Rauchgas ist ein kleineres für Verbrennungsluft gezeichnet.

[1] Rauchgas-, Luft- und Wärmemenge auf Zeiteinheit bezogen.

Soll an Hand eines $J\vartheta$-Diagrammes wieder die Wärmeabgabe einer Rauchgasmenge mit den Anfangswerten $\vartheta_1 M_1$ und Endwerten ϑ_2, M_2 ermittelt werden und entspricht der Menge[1] M_1 eine Luftüberschußzahl ε_1 und M_2, ε_2, so ergibt hier bereits der vertikale Abstand q_1 (Abb. 107) die je Kilopond Brennstoff abgegebene Wärmemenge[1]. Die gesamte abgegebene Wärmemenge Q findet sich durch Multiplikation der aus dem Diagramm entnommenen Strecke q_1 mit der Brennstoffmenge B.

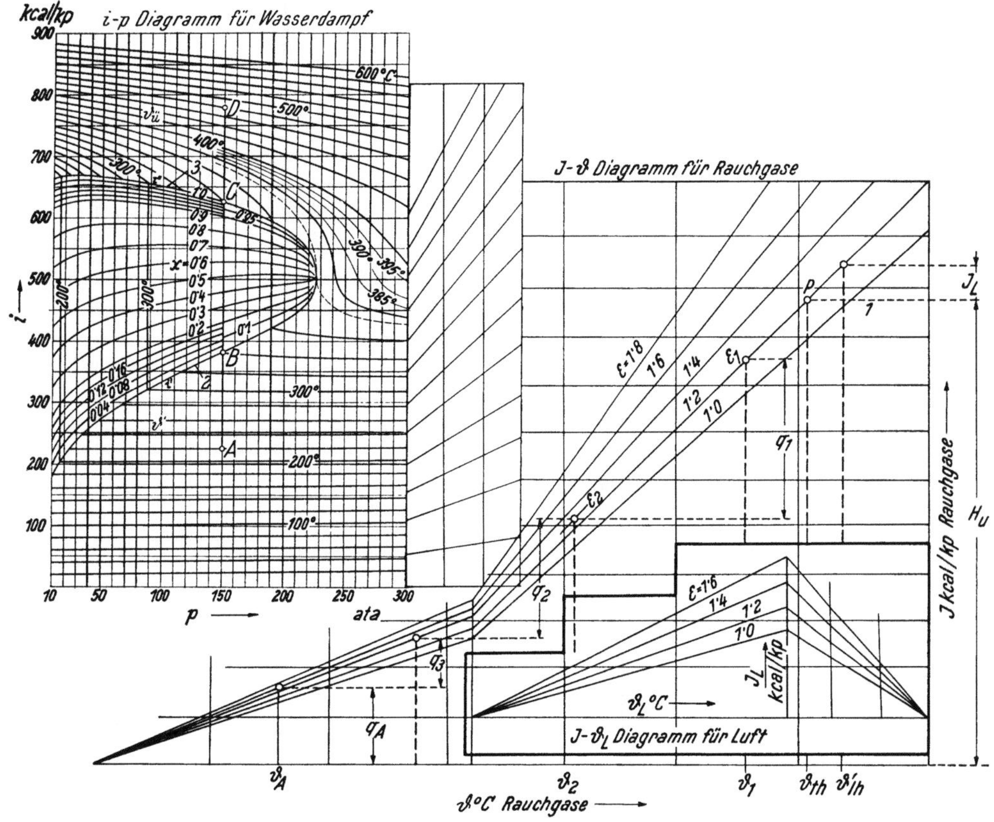

Abb. 107. Temperaturverlauf in einem Kessel, dargestellt im ip-$J\vartheta$-Diagramm

Wird eine zweite Heizfläche angeschlossen, ist die je Kilopond abgegebene Wärmemenge durch die Strecke q_2 dargestellt usw., so daß der ganze Temperaturverlauf des Kessels im Diagramm aufscheint.

Ist ϑ_A die Abgastemperatur, stellt die Strecke q_A die je Kilopond Brennstoff mit den Rauchgasen abgeführte Wärmemenge dar.

Setzt sich die gesamte im unteren Heizwert des Brennstoffes enthaltene Wärme verlustlos in fühlbare Wärme der Rauchgase um, nehmen diese die theoretische Feuerraumtemperatur an. Trägt man, sofern die Lufttemperatur 0 °C beträgt, H_u im Diagramm auf der Ordinatenachse auf, zieht die Horizontale bis zu der gewählten ε-Kurve, gelangt man zum Punkt P. Das Herunterloten liefert bereits die theoretische Feuerraumtemperatur ϑ_{th}.

Wird dagegen die Verbrennung mit vorgewärmter Luft von der Temperatur ϑ_L durchgeführt, führt diese je Kilopond Kohle einen Wärmeinhalt von $J_L = c_{pm} \cdot \vartheta_L \cdot L$ mit sich, wobei L die Luftmenge je Kilopond Brennstoff bedeutet. J_L ist zum Heizwert zu addieren, um J_{th} zu erhalten:

$$J_{th} = H_u + J_L \tag{48}$$

[1] Rauchgas- und Wärmemenge auf Zeiteinheit bezogen.

In der Abb. 107 äußert sich dies so, daß die Horizontale 1 um den Betrag J_L höher rückt. Damit wird auch die theoretische Feuerraumtemperatur entsprechend höher (ϑ'_{th}). J_L ist aus dem unteren Diagramm zu entnehmen. Das rechts hiervon nach unten zusammenlaufende Geradenbüschel ist ein Verjüngungsmaßstab, der später besprochen wird (S. 240).

Das $J\vartheta$-Diagramm hat, wie schon erwähnt, jeweils für den in Frage kommenden Brennstoff entworfen zu werden. Wenn man über eine Anzahl Diagramme für Brennstoffe mit nicht zu großem Heizwertunterschied verfügt, kann man damit bereits das Auslangen finden, indem bei zwischenliegenden Fällen das Diagramm mit dem nächstgelegenen Heizwert benützt wird.

MÜNZINGER hat vorgeschlagen, die $J\vartheta$-Diagramme fester Brennstoffe zu einem einzigen zusammenzufassen[1].

Allerdings muß dann, wenn dieses auf andere Kohlen als wie ausgelegt angewendet wird, eine Umrechnung mit Hilfe von Beiwerten erfolgen, die Hilfskurven zu entnehmen sind.

Schließlich besteht auch die Möglichkeit der Benützung von J,ε-Diagrammen, wobei die Temperatur ϑ als Parameter erscheint[2].

4. Dissoziation der Rauchgase

Wie bereits erwähnt, zerlegen sich bestimmte Bestandteile der Rauchgase bei höheren Temperaturen in Molekülgruppen und Moleküle bzw. Atome. Dieser Vorgang wird als Dissoziation bezeichnet und beginnt für Rauchgase bei Temperaturen über 1500 °C in merklichem Maße einzusetzen. Vor allem sind hiervon Kohlensäure und Wasserdampf betroffen. Die Kohlensäure dissoziiert nach folgender Formel:

$$CO_2 \rightleftarrows CO + {}^1/_2 O_2 \tag{49}$$

Die Reaktion verläuft mit steigenden Temperaturen von links nach rechts, mit fallenden umgekehrt.

Der Wasserdampf dissoziiert nach folgenden zwei Formeln:

$$H_2O \rightleftarrows H_2 + {}^1/_2 O_2 \tag{50}$$

$$H_2O \rightleftarrows {}^1/_2 H_2 + OH \tag{51}$$

Beide Gleichungen treten gleichzeitig auf.

Außerdem tritt bei höheren Temperaturen noch eine Dissoziation des Sauerstoffes und des Wasserstoffes nach folgenden Gleichungen auf:

$$O_2 \rightleftarrows 2\,O$$

$$H_2 \rightleftarrows 2\,H$$

Dieser Vorgang findet jedoch in geringem Maße und erst bei sehr hohen Temperaturen statt, so daß er bei Untersuchung der Vorgänge in Feuerungen außer Betracht bleiben kann.

Im Rauchgas sind vor der Dissoziation die Partialdrücke p'_{H_2O}, p'_{CO_2}, p'_{O_2}, p'_{N_2}, nach derselben folgende vorhanden:

$$p_{H_2O},\ p_{H_2},\ p_{O_2},\ p_{OH},\ p_{CO_2},\ p_{CO},\ p_{N_2}$$

[1] MÜNZINGER: $J\vartheta$-Tafeln zum schnellen Ermitteln des Verlaufes der Rauchgastemperatur in Dampfkesselanlagen. Berlin: Springer. 1939.

[2] SCHMIDT: Das J,λ- und S,λ-Diagramm für Verbrennungsgase, ein neues Hilfsmittel für die Berechnung thermodynamischer Prozesse, insbesondere bei Gasturbinen. Forsch. Ing. Wes. 1949, S. 19.

Die Summe der Partialdrücke vor und nach der Dissoziation muß gleich bleiben bzw. den Außendruck p ergeben. Man erhält also als erste Bestimmungsgleichung

$$p = p'_{H_2O} + p'_{CO_2} + p'_{O_2} + p'_{N_2} = p_{H_2O} + p_{H_2} + p_{O_2} + p_{OH} + p_{CO_2} + p_{CO} + p_{N_2}. \quad (52)$$

Die gestrichelten Drücke sind aus dem Zustand des Verbrennungsgases vor dem Vorgang bekannt. Drei weitere Bestimmungsgleichungen für die sieben unbekannten Partialdrücke liefern die chemischen Gleichgewichtsbedingungen

$$K_1 = \frac{p_{CO}\sqrt{p_{O_2}}}{p_{CO_2}} \quad (53)$$

$$K_2 = \frac{p_{H_2}\sqrt{p_{O_2}}}{p_{H_2O}} \quad (54)$$

$$K_3 = \frac{p_{OH}\sqrt{p_{H_2}}}{p_{H_2O}} \quad (55)$$

K_1, K_2, K_3 sind die lediglich von der Temperatur abhängigen Gleichgewichtskonstanten, die wie folgt berechnet werden können[1].

$$\log K = A - \frac{B}{T} + C \log T \quad (56)$$

Die Konstanten A, B und C können der Zahlentafel 37b entnommen werden.

Weitere Bestimmungsgleichungen liefert die Bedingung, daß die Atomzahl der Elemente C, O, N, H vor und nach der Dissoziation unverändert geblieben ist.

Zahlentafel 37b. *Konstanten der Gl. (56)*

	A	B	C	Gütigkeits-bereich °K
K_1	5,81479	14899,97	−0,37114	1000 bis 1750
K_1	8,22525	15391,9215	−1,02773	1750 bis 2500
K_1	7,82476	15321,07	−0,91821	2500 bis 3500
K_2	1,86167	12881,574	−0,31842	1000 bis 3000
K_3	3,15521	15017,2893	−0,15402	1000 bis 3000

Diese Stoffbilanz benützt die für Gemische idealer Gase geltende Beziehung

$$p_1 : p_2 : p_3 = m_{Z1} : m_{Z2} : m_{Z3}$$

Die Partialdrücke verhalten sich wie die Molzahlen der einzelnen Gase (Molzahl = Gewicht des vorhandenen Gases in kp : Molekulargewicht in kp/kmol).

Bildet man z. B. p'_{CO_2}/p'_{N_2} so ist dies gleichzeitig das Verhältnis der Molzahlen m'_{Z,CO_2}: m'_{Z,N_2} bzw., da die Molzahl 1 für jedes Gas die gleiche Molekelanzahl bedeutet, ein Verhältnis der Molekelanzahlen. Analog bedeutet $2p'_{CO_2}/2p_{N_2}$ das Verhältnis der Zahl der Sauerstoffatome des CO_2 zu der Zahl der Atome des N_2. (Je Molekel 2 Atome.)

Die Sauerstoffbilanz lautet also

$$\frac{2p'_{CO_2} + p'_{H_2O} + 2p'_{O_2}}{2p'_{N_2}} = \frac{2p_{CO_2} + p_{CO} + 2p_{O_2} + p_{OH} + p_{H_2O}}{2p_{N_2}} \quad (57)$$

Analog folgt für die Wasserstoffbilanz

$$\frac{2p'_{H_2O}}{2p'_{N_2}} = \frac{2p_{H_2O} + 2p_{H_2} + p_{OH}}{2p_{N_2}} \quad (58)$$

Schließlich liefert die Kohlenstoffbilanz

$$\frac{p'_{CO_2}}{2p'_{N_2}} = \frac{p_{CO_2} + p_{CO}}{2p_{N_2}} \quad (59)$$

[1] GUMZ: Kurzes Handbuch der Brennstoff- und Feuerungstechnik, 3. Aufl. Berlin-Göttingen-Heidelberg: Springer. 1962.

Die Lösung des Gleichungssystems (52) bis (55) und (57) bis (59) mit den sieben Unbekannten erfolgt durch möglichste Reduktion der Zahl der Gleichungen mittels entsprechenden Substitutionen z. B. auf 3, bis die Lösung z. B. durch Probieren möglich ist. Es gibt jedoch mehrere Verfahren, die sich mit Lösungsmethoden befassen, worauf aber hier nicht eingegangen werden möge[1]. Soll bei weiterer Temperatursteigerung die Dissoziation der Elemente O_2, H_2, N_2 Berücksichtigung finden, erfolgt die Rechnung grundsätzlich auf die gleiche Weise.

Wird nach beendigter Berechnung das gebildete dissoziierte Gesamtvolumen v in Nm^3/kp Brennstoff berechnet, so ist dieses, wenn v' der analoge Wert vor der Dissoziation war

$$v = v' \frac{p'_{N_2}}{p_{N_2}}$$

Das gebildete OH—CO- H_2-Volumen ist in Nm^3/kp

$$v_{OH} = v \cdot \frac{p_{OH}}{p}, \quad v_{CO} = v \cdot \frac{p_{CO}}{p} \quad \text{und} \quad v_{H_2} = v \cdot \frac{p_{H_2}}{p}$$

Diese Volumina kann man auf 1 Nm^3 undissoziiertes Gas beziehen und schreiben $(v_{OH}) = \frac{v_{OH}}{v'}$, $(v_{CO}) = \frac{v_{CO}}{v'}$ und $(v_{H_2}) = \frac{v_{H_2}}{v'}$.

Durch die Dissoziation wurde je Nm^3 undissoziierten Rauchgases folgende zusätzliche Wärme aufgenommen, wenn $H'_{u_{H_2}}$, H_{CO}, $H_{u_{H_2}}$ die Heizwerte von H'_2, CO, H_2 in $kcal/Nm^3$ sind[2] (Prozesse gemäß Gl. (51), (49), (50)):

$$q = (v_{CO}) H_{CO} + \left[(v_{H_2}) - \left(\frac{v_{OH}}{2}\right)\right] H_{u_{H_2}} + \left(\frac{v_{OH}}{2}\right) H'_{u_{H_2}} \tag{60}$$

Diese wird bei Abkühlung wieder frei. Die entsprechende Wärmemenge je Kilopond Brennstoff ist, wenn v' das Rauchgasvolumen in Nm^3/kp bedeutet:

$$q_B = q \cdot v' \tag{61}$$

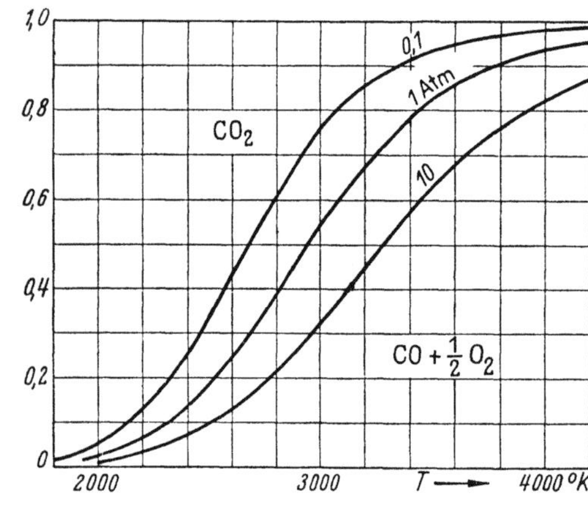

Abb. 108a. Dissoziation von CO_2[3]

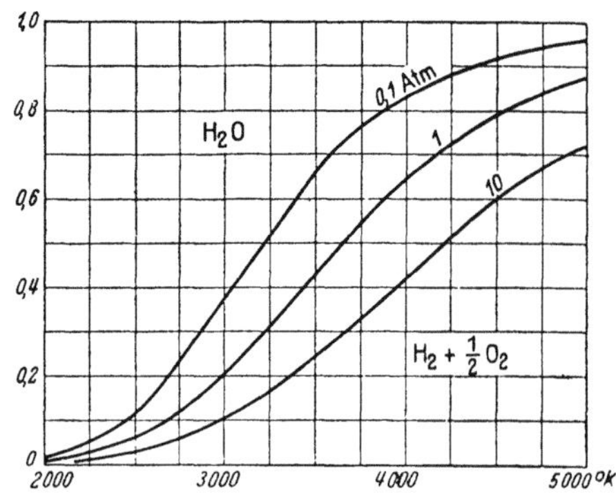

Abb. 108b. Dissoziation von H_2O[3]

[1] Baehr und Schmidt: Die Berechnung der Gleichgewichtszusammensetzung chemisch reagierender Gasgemische, insbesondere dissoziierender Verbrennungsgase. BWK 1964, Nr. 1, S. 8.

[2] $H_{u_{H_2}}$ und H_{CO} nach Zahlentafel 31, $H'_{u_{H_2}} = 6000\ kcal/Nm^3$ (Mitt. a. d. Forsch. f. Phys. d. Strahlantriebe April 1957) bei Berücksichtigung, daß der Wasserstoffanteil $\left(\frac{v_{OH}}{2}\right)$ nach Gl. (51) verbrennt.

[3] E. Schmidt: Thermodynamik, 10. Aufl., S. 492. Berlin-Göttingen-Heidelberg: Springer. 1963.

Man kann diese Wärme auf den Heizwert des Brennstoffes beziehen, worauf man erhält:

$$p = \frac{q_B}{H_u} \tag{62}$$

Es setzt sich demnach bei Verbrennung von 1 kg Kohle, sofern die Verbrennungstemperatur genügend hoch ist, der Anteil $(1 - p)$ in fühlbare Wärme der Rauchgase um, während der Anteil p als Dissoziationswärme gebunden wird.

Für Rauchgase ist p bei 1500 °C ~0, bei 1700 °C ~2,5%, bei 2000 °C ~7%.

Wie obige Zahlenwerte und Abb. 108a und b zeigen, spielt die Dissoziation erst bei Temperaturen eine Rolle, die normalerweise im Kesselbau nur ausnahmsweise erreicht werden. Dies ist etwa bei Schmelzkammerkesseln oder aufgeladenen Feuerungen der Fall.

Addiert man die Dissoziationswärme zur fühlbaren Wärme eines Gases, ergibt sich dessen gesamter Wärmeinhalt, welcher „wirksame Molwärme" genannt wird[1]. Das $i\vartheta$-Diagramm (Abb. 106) sowie die $J\vartheta$-Diagramme (Abb. 106 und Abbildungen in der Beilage am Buchende) beinhalten die Dissoziationswärme.

IV. Der Wasserdampf

A. Zustandsgrößen

Der Wasserdampf vermittelt im Dampfkraftwerk die Umwandlung der Brennstoffwärme in mechanische Energie. Vereinzelt wird statt Wasserdampf Quecksilberdampf bzw. seltener Diphenyloxyd $[(C_6H_5)_2O + (C_6H_5)_2]$ benützt. Die Krafterzeugung mittels ersterem hat insbesondere in den Vereinigten Staaten von Amerika eine gewisse Bedeutung erlangt und es wurden einige größere Anlagen ausgeführt. Eine weitere Verbreitung hat die Verwendung des Quecksilbers nicht gefunden. Hauptsächlich ist sein hoher Preis und seine Giftigkeit der Grund hierfür.

Der Wasserdampf, welcher in der Technik verwendet wird, ist nicht chemisch rein. Er besitzt immer, wenn auch in kleinstem Ausmaße, Beimengungen von Salzen, Kesselsteinbildner und sonstigen Stoffen, welche in fester, flüssiger oder gasförmiger Form in ihm enthalten sind.

Die Größenordnung dieser Beimengungen schwankt je nach der Art der Anlage etwa zwischen 1 und 12 mg je Liter Dampfkondensat. Sie sollen bei höheren Drücken möglichst gering sein.

Es ist klar, daß diese kleinen Beimengungen bei den physikalischen bzw. thermodynamischen Zustandswerten des Wasserdampfes keine Rolle spielen. Auf die Betriebsführung und zum Teil auf die Konstruktion gewisser Teile des Kessels sind sie jedoch unter Umständen von großem Einfluß.

Die wichtigsten Zustandsgrößen sind: Druck, Temperatur und spezifisches Volumen. Die Messung von Druck und spezifischem Volumen erfolgt in Einheiten, die entweder vom technischen Maßsystem oder vom internationalen Maßsystem (MKSA) abgeleitet sind. Im ersteren ist die Masse, im letzteren die Kraft eine abgeleitete Größe[2]. Zahlentafel 38 zeigt eine Gegenüberstellung, wobei auch das physikalische Maßsystem angefügt ist[3].

---

[1] Breinl: Berechnung von Flammentemperaturen. VDI 1941, S. 259.

[2] In vorliegendem Buch findet normalerweise, um den Gepflogenheiten der Praxis entgegenzukommen, das technische Maßsystem Verwendung. Bei dem Kapitel über Kernenergie wird auch das internationale und physikalische Maßsystem benützt.

[3] E. Schmidt: Thermodynamik, 10. Aufl., S. 492. Berlin-Göttingen-Heidelberg: Springer. 1963.

Zahlentafel 38 (Zahlenwerte abgerundet)

	Länge	Zeit	Masse	Kraft	Elektr. Strom	Stoff-menge	Energie	Leistung
Techn. Maßsystem	m	s	$\frac{kp\,s^2}{m}$	kp	—	kp	kpm 472 kpm = 1 kcal	$\frac{kpm}{s}$ $102\,\frac{kpm}{s} = 1\,kW$
Intern. Maßsystem	m	s	kg	Newton $= \frac{mkg}{s^2}$	Ampere	kg	Joule $= \frac{m^2kg}{s^2}$ 1 kcal = 4186 J	Watt $= \frac{J}{s} = \frac{m^2kg}{s^3}$ $1\,kW = 860\,\frac{kcal}{h}$
Physikal. Maßsystem	cm	s	g	dyn = g cm/s²	—	g	erg = g cm²/s²	erg/s

Demgemäß gelten im internationalen Maßsystem als Druckeinheit der Wert $\frac{N}{m^2}$, oder da es sich hierbei um eine sehr kleine Einheit handelt, das bar $= 10^5 \cdot \frac{N}{m^2}$ und das centibar $= 10^3 \cdot \frac{N}{m^2}$. Im technischen Maßsystem ist das kp/m² die Druckeinheit. Außerdem wird verwendet:

kp/cm² (Techn. Atmosphäre, at), mm Quecksilbersäule (Torr), mm Wassersäule. Angelsächsische Länder benützen lbs/sq. inch.

Es ist hierbei:

$$\begin{aligned} 1\,\text{at} &= 1\,\text{kp/cm}^2 = 1\,\text{Kilopond/cm}^2 = 0{,}98\,\text{bar} = 0{,}98 \cdot 10^5 \left(\frac{N}{m^2}\right)^1 \\ &= 10\,000\,\text{kg/m}^2 = 10\,000\,\text{mm Wassersäule} \\ &= 735{,}5\,\text{mm Quecksilbersäule} = 735{,}5\,\text{Torr} \\ &= 14{,}2\,\text{lbs/sq.inch.} \end{aligned}$$

Der Druckbegriff 1 at wird auch in der Physik angewendet, doch ist im Gegensatz zur technischen Atmosphäre eine physikalische Atmosphäre 760 mm Quecksilbersäule und entspricht dem mittleren Barometerdruck.

Der absolute Druck, d. h. der Überdruck über dem absoluten Vakuum, wird mit at bezeichnet. Handelt es sich jedoch um den Überdruck über dem Luftdruck, ist die Bezeichnung atü üblich. Jedes normale Manometer zeigt naturgemäß den Druck in atü an.

Für das spezifische Volumen gilt im technischen Maßsystem die Dimension $\frac{m^3}{Kp}$, für das spezifische Gewicht der Kehrwert $\frac{kp}{m^3}$.

Im internationalen System tritt an Stelle letzteren die Dichte $\frac{kg}{m^3}$. Ihr Zahlenwert ist der gleiche wie jener des spezifischen Gewichtes im technischen Maßsystem.

Für die Temperatur gibt es mehrere Meßskalen. Normalerweise wird sie in Europa in Grad Celsius, in den angelsächsischen Ländern in Grad Fahrenheit gemessen.

Um die bei der Skala vorhandene Abhängigkeit vom 0-Punkt zu vermeiden, wurde die thermodynamische Temperaturskala eingeführt. Diese bezeichnet mit 0° den absoluten Nullpunkt. Das Intervall von Grad zu Grad ist gleich groß wie bei der Skala nach Celsius. Dann ist 0 °C identisch mit + 273,15° absolut. Die absolute Temperatur wird mit Grad Kelvin (°K) bezeichnet.

In der Wärmetechnik ist es üblich, alle Zustände, welche sich auf Wasser von Sattdampftemperatur beziehen, mit ′, jene auf Dampf von Sattdampftemperatur mit ″ zu bezeichnen.

Das spezifische Volumen von Wasser bei Siedetemperatur nimmt erst bei höheren Drücken und Temperaturen merklich zu. Im kritischen Punkt bei einem Druck von

[1] STULLA: Maßeinheiten. Zeitschr. d. österr. Ing.- u. Arch.-Vereines 1947, S. 148.

225,6 at und einer Temperatur von 374,2 °C ist es gleich jenem des Dampfes ($v' = v'' = 0{,}00318$ m³/kp). Das spezifische Volumen des Dampfes verändert sich ungefähr umgekehrt proportional dem Druck.

B. Wärmeinhalt

Um Wasser von Kesseldruck von 0 °C in überhitzten Dampf überzuführen, hat dieses zunächst auf Siedetemperatur erwärmt zu werden, wobei die Flüssigkeitswärme q zuzuführen ist. Es ergibt sich

$$q = c_m \vartheta',$$

wobei c_m die mittlere spezifische Wärme des Wassers zwischen ϑ' und 0 °C ist. Anschließend muß das Wasser verdampft werden, wobei die Temperatur konstant bleibt und die Verdampfungswärme r zugeführt wird. Diese setzt sich aus der inneren und äußeren Verdampfungswärme zusammen. Letztere ist die Arbeit, die der Dampf gegen den Druck p der Umgebung leisten muß, um sich vom ursprünglich vorhandenen Wasservolumen auf jenes des Dampfes zu dehnen und beträgt $\frac{p(v'' - v')}{427}$ in kcal/kp. $\frac{1}{427} = A$ ist das mechanische Wärmeäquivalent. Mit der inneren Verdampfungswärme ϱ ergibt sich

$$r = \varrho + \frac{p(v'' - v')}{427}$$

Nach Erreichen des Sattdampfzustandes führt eine weitere Wärmezufuhr, immer bei konstantem Druck, zu einer Temperatursteigerung. Um die gewünschte Überhitzungstemperatur $t_ü$ zu erreichen, ist dem Sattdampf noch eine Wärmemenge $q_ü$ zuzuführen:

$$q_ü = c_{pm}(\vartheta_ü - \vartheta')$$

Hier bezeichnet c_{pm} die mittlere spezifische Wärme des Heißdampfes zwischen den Temperaturen $\vartheta_ü$ und ϑ'. Diese ist von Druck und Temperatur abhängig und liegt im technisch in Frage kommenden Bereich zwischen 0,5 bis 1 kcal/kp °C.

Die gesamte Wärme, die nötig ist, um Wasser von 0 °C in Heißdampf von $\vartheta_ü$ °C zu überführen, ist:

$$q = c_m \vartheta' + \overbrace{\varrho + \frac{p(v'' - v')}{427}}^{r} + c_{pm}(\vartheta_ü - \vartheta')$$

Es ist jedoch in der Dampftechnik nicht üblich, mit den Wärmemengen q, wie jetzt beschrieben, zu rechnen, sondern mit dem Wärmeinhalt i (Enthalpie). Dies ist jene Wärmemenge, die einem Kilopond des Mediums zugeführt werden muß, um es bei gleichbleibendem Druck, ausgehend vom Anfangsvolumen 0, auf den gewünschten Zustand zu bringen.

Der Wärmeinhalt setzt sich aus der inneren Wärmemenge u, welche zur Temperaturerhöhung oder zur Aufbringung der inneren Verdampfungswärme erforderlich ist, sowie aus der äußeren Wärmemenge zusammen.

Es ist also:

$$i = u + A p v$$

Würde dieser Gleichung das internationale Maßsystem zugrunde liegen, entfiele A. i und u ist dann in J/kg, p in N/m² und v in m³/kg einzusetzen. Es kann auch, um die Unbequemlichkeit zu kleiner Einheiten zu vermeiden, in den 10³mal größeren Einheiten KJ/kg und centibar gerechnet werden.

Die zuzuführende Flüssigkeitswärme des Wassers folgt bei einer Eintrittsenthalpie desselben von i_{we} zu

$$q = i' - i_{we} \tag{63}$$

Die Verdampfungswärme ist

$$r = i'' - i' \tag{64}$$

und die Überhitzungswärme mit dem Wärmeinhalt $i_ü$ des überhitzten Dampfes

$$q_ü = i_ü - i'' \tag{65}$$

Der Verlauf der Zustandsgrößen und Wärmeinhalte für Wasser und Dampf kann u. a. aus den VDI-Wasserdampftafeln entnommen werden.

C. Einfluß der Speisearbeit auf die Vorwärmung

Das spezifische Volumen vor der Speisepumpe werde v_0 genannt, das angesaugte Wasser habe Siedetemperatur.

Die verlustlose Speisearbeit je Kilogramm Wasser in kcal/kp ist :

$$L_0 = \frac{v_0(p_1 - p_0)}{427}$$

Durch diese findet keine Erwärmung des Wassers statt. Die tatsächliche Speisearbeit mit dem Pumpenwirkungsgrad η_p ist

$$L = \frac{v_0(p_1 - p_0)}{427\eta_p}$$

Der Arbeitsverlust in der Pumpe beträgt demnach in kcal/kp

$$V = L - L_0 = \frac{v_0(p_1 - p_0)}{427}\left(\frac{1}{\eta_p} - 1\right)$$

und erscheint als Temperatursteigerung des Wassers. Es hätte auch L aus

$$L = i_1 - i_0$$

berechnet werden können, wobei i_1 der Wärmeinhalt nach und i_0 vor der Pumpe ist.

Der Verlauf der Zeitstandsgrößen des Wasserdampfes kann übersichtlich graphisch in Diagrammen dargestellt werden.

Hier kommen das Druck-Volumen, Temperatur-Entropie, Wärmeinhalt-Entropie-, Wärmeinhalt-Temperatur-, Wärmeinhalt-Druck-Diagramm neben anderen Möglichkeiten in Frage. Das erstgenannte Diagramm ist zur Darstellung der Zustandsänderung in der Dampfmaschine gut geeignet. Das zweite wird zur Veranschaulichung verschiedener thermodynamischer Prozesse, das dritte hauptsächlich zur Darstellung des Zustandsverlaufes in Dampfturbinen und sonstigen Strömungsmaschinen benützt. Das letztgenannte Diagramm zeigt deutlich den Dampferzeugungsvorgang im Dampfkessel, da dieser angenähert auf einer $p = \text{const}$ Linie, die als Gerade erscheint, verläuft.

Ein solches i—p-Diagramm ist in Abb. 107 sowie in den Tafeln am Buchende dargestellt. Unterhalb der unteren Grenzkurve *2*, Abb. 107, ist Wasser, zwischen unterer und oberer Grenzkurve Naßdampf, oberhalb letzterer überhitzter Dampf vorhanden. Die obere Grenzkurve *3* hat bei etwa 30 at ein Maximum, d. h. der Wärmeinhalt von Sattdampf ist bei diesem Druck am höchsten. Die Isothermen sind gleichfalls eingezeichnet.

Im Naßdampfgebiet sind auch die Linien konstanten Dampfgehaltes eingetragen, was für die wärmetechnische Durchrechnung eines Dampfkessels von Vorteil ist.

Soll z. B. 1 kg Wasser bei 100 at von 100 °C in Heißdampf von 500 °C überführt werden, ist dies durch die Strecke AD dargestellt. AB ist die erforderliche Vorwärmung, BC die Verdampfungs- und CD die Überhitzungswärme. Der Zweck der rechts vom i—p-Diagramm gezeichneten Geradenschar wird später besprochen.

D. Normaldampf

Manchmal wird auch die Dampferzeugung eines Kessels in kp/h „Normaldampf“ angegeben, um die Leistung verschiedener Anlagen, welche für ungleiche Verhältnisse ausgelegt sind, vergleichen zu können. Die einem Kilopond Normaldampf zuzuführende Wärmemenge wurde mit 639,2 kcal/kp festgesetzt und ist gleich dem Wärmeinhalt von Sattdampf bei einem Druck von 760 mm Hg-Säule.

V. Wirkungsgrade und Wärmeverluste bei Dampfkesseln

Folgende Verluste treten bei Dampfkesseln auf: Abgasverlust, Verlust durch Unverbranntes, Strahlungsverlust, Verlust durch fühlbare Wärme in der Schlacke und Verlust durch ungenügende Beharrung.

A. Abgasverlust

Der Abgasverlust ist gewöhnlich der größte Verlust in einer Dampfkesselanlage. Er entsteht dadurch, daß die Abgase den Kessel mit einer Temperatur, die höher als die der Umgebung ist, verlassen. Dadurch entsteht ein Verlust in kcal/h.

$$Q_A = (1 - \sigma_u') \, B (J_A - J_L) \tag{66}$$

Hier ist B die Brennstoffmenge in kp/h, $J_A = c_{pA} v_A \vartheta_A$ der Wärmeinhalt der Rauchgase je Kilopond Brennstoff bei Abgastemperatur, $J_L = C_{pL} L \vartheta_L$ der Wärmeinhalt der Luft bei Außentemperatur. Allerdings findet gewöhnlich im Zuge des Durchströmens des Kesselhauses eine Aufwärmung der Luft infolge rückgewonnener Verluste statt. Diese können entweder einzeln berücksichtigt werden [s. Gl. (81)], oder es wird die Lufttemperatur ϑ_L um die durch den Rückgewinn bedingte Aufwärmung erhöht. J_A und J_L können direkt dem $J\vartheta$-Diagramm (s. Tafeln) entnommen werden. Die Rauchgas- und Luftmenge v und L in Nm³/kp ist für den am Kesselende vorhandenen Luftüberschuß einzusetzen. Der Faktor $(1 - \sigma_u')$ berücksichtigt, daß zufolge der Feuerungsverluste nicht aus dem ganzen Kilopond Brennstoff Rauchgase gebildet werden.

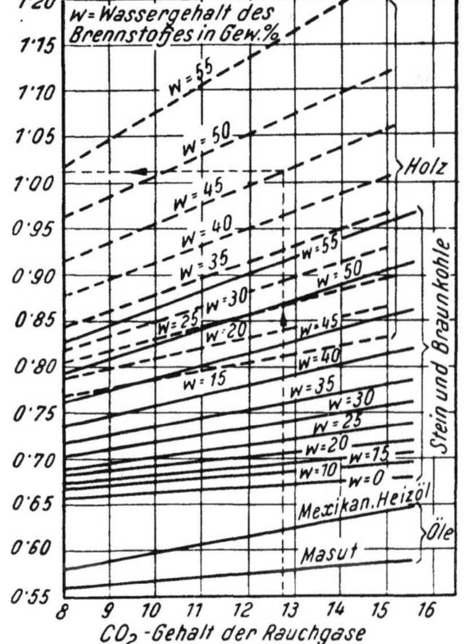

Abb. 109. Faktor K (Ordinate) für die Siegertsche Formel abhängig vom CO_2-Gehalt in %

σ_u' umfaßt bei Kohlenstaubfeuerungen den Verlust durch Brennbares in der Schlacke σ_s und im Flugkoks σ_F, bei Rostfeuerungen noch zusätzlich den Verlust durch Rostdurchfall σ_D. Das hierdurch bedingte Unverbrannte ist nicht rauchgasbildend. Es entsteht demnach je Kilopond zugeführten Brennstoffes eine Rauchgasmenge nur aus $(1 - \sigma_u')$ kp.

Die Kesselverluste und damit auch Q_A werden üblicherweise auf die zugeführte Wärme bezogen. Diese ist die Brennstoffwärme BH_u. Hierzu haben, falls vorhanden, Fremdwärmen Q_F zugeschlagen zu werden. Sie werden der Luft oder dem Brennstoff zugeführt und stammen aus Wärmequellen außerhalb des Kessels. Im ersteren Fall sei die Fremdwärme mit Q_{FL}, im letzteren mit Q_{FB} bezeichnet. Eine Fremdwärmezufuhr findet z. B. bei einem dampfbeheizten Luvo, bei Brennstoffvorwärmung durch Dampf (Heizöl) usw. statt. Es sei betont, daß noch eine weitere Erwärmung von Luft und Brennstoff außerhalb des Kessels, jedoch im Kesselhaus durch zurückgewonnene Strahlungsverluste stattfinden kann. Die zugehörige Wärmemenge gehört nicht zur Fremdwärme (s. Abschnitt F, S. 142).

Ist keine Fremdwärme vorhanden, liefert die Division von Q_A durch BH_u den Verlustanteil σ_A in kcal/kcal.

$$\sigma_A = \frac{(1 - \sigma_u')(J_A - J_L)}{H_u} \tag{67}$$

Andernfalls erscheint im Nenner hier und in den folgenden Gleichungen statt H_u der Ausdruck $H_u \left[1 + \frac{Q_{FL} + Q_{FB}}{BH_u}\right]$.

Wie ersichtlich, vergrößert eine hohe Abgastemperatur und ein großer Luftüberschuß den Abgasverlust.

Da das Unverbrannte trocken ausfällt, vergrößert die fühlbare Wärme der davon stammenden Brüden den Abgasverlust. Dieser Zusatzverlust ist jedoch normalerweise vernachlässigbar.

Setzt man angenähert bei den J-Werten in Gl. (67) $c_{pA} v_A = c_{pL} L$, benützt $L = L_{\min} \cdot \varepsilon$, setzt $L_{\min}$ proportional dem Heizwert der Kohle und führt schließlich für ε Gl. (34) ein, so kann der Abgasverlust auch geschrieben werden:

$$\sigma_A = \frac{K(\vartheta_A - \vartheta_L)}{(CO_2) \cdot 10000} \tag{68}$$

Im Faktor K sind die wenig veränderlichen Beiwerte zusammengefaßt und die vereinfachenden Annahmen korrigiert. Er kann aus Abb. 109 entnommen werden. Die Abgas- und Lufttemperatur ϑ_A und ϑ_L ist in Grad Celsius, der Volumsanteil von CO_2 in Nm^3/Nm^3, der Abgasverlust σ_A in kcal/kcal einzusetzen. Der obige Ausdruck heißt Siegertsche Formel und wird oft für überschlägige Rechnungen verwendet. Bei Kohle liegt K etwa zwischen 0,67 und 0,95.

B. Verlust durch Unverbranntes

Das Unverbrannte kann bei Feuerungen einen erheblichen Verlust bedingen. Es handelt sich hierbei um Unverbranntes des Brennstoffes oder seiner Ent- und Vergasungsprodukte. In letzterem Falle tritt in den Rauchgasen CO und H_2 auf.

Das Unverbrannte entsteht dadurch, daß der Brennstoff entweder die Feuerung vorzeitig verläßt oder diese nicht Zeit zum vollständigen Ausbrand bietet oder durch Behinderung der Mischung von Luft und Brennstoff. Ein Beispiel für den ersten Fall sind Durchfall- und Flugkoksverluste auf Rosten, für den zweiten Fall zu kleine Dimensionierung von Rosten bzw. von Brennkammern bei Kohlenstaubfeuerungen und für den dritten Fall die Verluste, welche durch Schlackeneinschluß von Brennbarem entstehen.

Das Wesen der Verbrennung bringt es mit sich, daß die auftretende Stoffumsetzung zu Beginn sehr intensiv erfolgt, dann abklingt und schließlich gegen das Ende des Vorganges schleppend verläuft. Es können aus diesem Grunde Roste oder Brennkammern meist nie genügend groß gemacht werden, um auch unter sonst günstigsten Bedingungen vollkommenen Ausbrand zu erzielen. Man wird daher stets einen gewissen Verlust durch Unverbranntes in Kauf nehmen, um innerhalb ausführbarer Dimensionen zu bleiben.

Den Grad der ,,Belastung“ kennzeichnet man bei Rosten durch den Begriff der Rostbelastung q_R in kcal/m²h bei Kohlenstaub-, bei Öl- und Gasfeuerungen durch jenen der

Brennkammerbelastung q_B in kcal/m³h. Es ist

$$q_R = \frac{BH_u}{R} \tag{69}$$

$$q_B = \frac{BH_u}{V_B} \tag{70}$$

wobei R die nutzbare Rostfläche und V_B das Brennkammervolumen bedeutet. Der Ausbrandverlust wird vor allem von q_R und q_B abhängen, da in diesen Werten die Aufenthaltszeit in der Feuerung implizite enthalten ist (S. 323, 310).

1. Vorausberechnung des Verlustes durch Unverbranntes

a) Rostfeuerungen

Die Verluste, die hier auftreten können, werden in ihrer Gesamtheit Q_u genannt und entstehen infolge unvollkommener Verbrennung der brennbaren Gase, Rostdurchfall, Brennbares in der Schlacke und im Flugkoks.

Der erstgenannte Verlust entsteht durch Vorhandensein von CO und H_2 in den Abgasen. Der Heizwert von CO ist 3020 kcal/Nm³, von H_2 2570 kcal/Nm³. Ist (CO) der beispielsweise mittels einer Orsatanalyse bestimmte Volumsanteil des betreffenden Gases in Nm³/Nm³, so sind hiervon je Kilopond zugeführten Brennstoffes $(1 - \sigma_u')$ (CO) v_{tr} Nm³/kp vorhanden, wobei σ_u' die gleiche Bedeutung wie unter A und v_{tr} die gesamte gebildete Gasmenge einschließlich CO bedeutet. Sie kann jedoch immer angenähert gleich der bei vollkommener Verbrennung entstehenden Gasmenge gesetzt werden. Der Verlust, bezogen auf die Brennstoffwärme, ist dann in kcal/kcal

$$\sigma_{CO} = \frac{(CO) \cdot v_{tr}\, 3020 (1 - \sigma_u')}{H_u} \tag{71}$$

Der analoge Verlust infolge H_2 ist:

$$\sigma_{H_2} = \frac{(H_2)\, v_{tr}\, 2570 (1 - \sigma_u')}{H_u} \tag{72}$$

Legt man Steinkohle zugrunde und setzt übliche Verhältnisse voraus, ergibt sich bei einem Volumsanteil von 0,01 eines der beiden Gase bereits ein Verlust von 0,04 bis 0,06. Man ersieht daraus den außerordentlich schädlichen Einfluß bereits geringer Mengen von CO oder H_2 in den Rauchgasen. Der (H_2)-Gehalt ist allerdings meist vernachlässigbar. Laut VDI-Dampferzeugerregeln kann näherungsweise statt Gl. (71) geschrieben werden:

$$\sigma_{CO} = \frac{3020\,(CO)}{H_u} \cdot \frac{C}{0{,}536\,[(CO_2) + (CO)]}$$

Der Verlust σ_{CO} kann aus Abb. 110 für $\sigma_u' = 0$ entnommen werden.

Der Rostdurchfall entsteht dadurch, daß ein Teil des Brennstoffes durch die Rostspalten fällt. Wird der Durchfall nicht verwendet, ist der Verlust σ_D in kcal/kcal gleich dem durchgefallenen Gewichtsanteil der Kohle. Bei mechanischen Rosten tritt der Durchfall hauptsächlich am Rostanfang ein, da dort noch kein Backen stattgefunden hat. Handelt es sich um nennenswerte Mengen, werden diese wieder aufgegeben.

Den Verlust durch Brennbares in der Schlacke σ_S für Zonenwanderroste zeigt Abb. 111 als Funktion von Rostbelastung und Aschengehalt. Ist in der Kohle ein Staubanteil vorhanden, müssen die Ergebnisse aus a mit einem Faktor multipliziert werden, den Tafel b liefert. Hier zeigt sich ein Unterschied, ob es sich um einen Brennstoff mit backender oder sandiger Koksbeschaffenheit handelt. Ersterer ist ungünstiger, da wegen des Zusammenbackens der Körner der Luftzutritt verschlechtert wird.

Auch Kohle mit großer Stückgröße, etwa über 40 mm, zeigt eine starke Verschlechterung wegen ihrer erheblich längeren Ausbrandzeit. Der Faktor wird dann etwa zwei. Hat der Brennstoff einen Wassergehalt über 15%, handelt es sich also hauptsächlich um Braunkohlen, steht nicht die ganze Rostfläche für den Verbrennungsprozeß zur Verfügung. Ein Teil dient der Vertrocknung. Daher hat in diesem Falle bei Wanderrosten die in *a* zugrunde zu legende Rostbelastung mit einem Faktor vergrößert zu werden, den *c* liefert.

Abb. 110. Ermittlung des Verlustes durch CO-Gehalt der Rauchgase. CO—CO_2-Gehalt sowie -Verlust in %

Bei hohen Aschengehalten sind die Verluste so hoch, daß sich die Ausführung eines Wanderrostes verbietet. Hier kommen Schürroste zum Einsatz. Auch dann können die Kurven *a*, *b*, *c* benützt werden, der Verlust ermäßigt sich jedoch infolge der Schürwirkung auf ungefähr den halben abgelesenen Wert.

Der Verlust durch Brennbares im Flugkoks σ_F entsteht dadurch, daß die den Rost durchströmende Verbrennungsluft einen Teil des Brennstoffes mitreißt. Zum Teil setzt sich dieser in den Kesselzügen nieder und kann gegebenenfalls wieder aufgegeben werden. Es handelt sich dann um eine Flugkoksrückführung. Der sich nicht absetzende

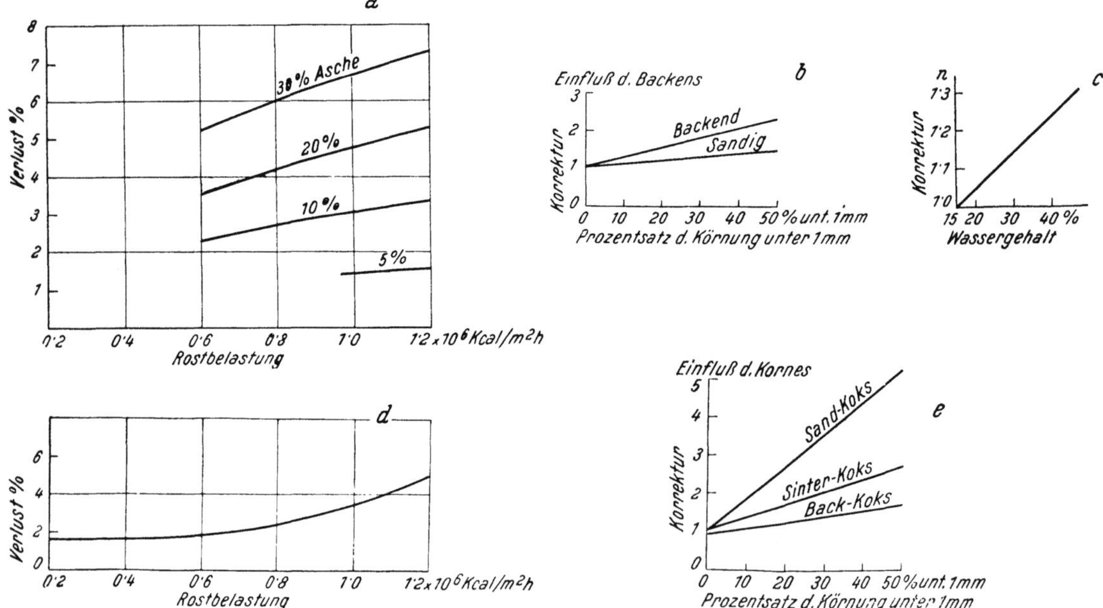

Abb. 111. Ermittlung der Verluste durch Unverbranntes bei Wanderrosten und sonstigen mechanischen Rosten
a Rückstandsverlust bei Wanderrosten (Schürroste halber Wert); *b* Korrekturfaktor zu *a*; *c* Faktor zur Vergrößerung der einzusetzenden Rostbelastung bei Wassergehalten über 15%; *d* Flugkoksverlust bei Wanderrosten und sonstigen mechanischen Rosten; *e* Korrekturfaktor zu *d*

Teil wird durch den Schornstein ins Freie abgeführt. Mitgerissen wird hauptsächlich Staub. Während des Schwebevorganges können die mitgerissenen Teilchen weiterbrennen. Daher haben die gröberen Teilchen, die sich in den Kesselzügen nahe der Feuerung abscheiden, einen größeren Gehalt an Brennbarem als die feineren, sich später absetzenden. Der Gehalt an Brennbarem in der Flugasche, die aus dem Schornstein herausgetragen wird, ist gewöhnlich nur ganz gering.

In Abb. 111 zeigt d den Flugkoksverlust bei Wanderrosten und anderen mechanischen Rosten in Abhängigkeit von der Rostbelastung. Ist Staub beigemengt, haben die Ergebnisse von d mit einem Faktor multipliziert zu werden, den e liefert. Dieser ist bei sandiger Koksbeschaffenheit am größten, bei backender am kleinsten. Dies erklärt sich durch die Verhinderung des Mitreißens beim Backen. Bei Wanderrosten und einem Wassergehalt über 15% ist, wie bereits früher beschrieben, c entsprechend mitzubenützen.

Bei Vorhandensein einer Flugkoksrückführung können die abgelesenen Werte auf etwa zwei Drittel verringert werden.

Der Gesamtverlust σ_u durch Unverbranntes ist dann

$$\sigma_u = \sigma_{CO} + \sigma_{H_2} + \overbrace{\sigma_D + \sigma_S + \sigma_F}^{\sigma'_u} \tag{73}$$

In einer richtig gebauten und ordnungsgemäß geführten Feuerung müssen die drei erstgenannten Verluste Null sein.

b) Kohlenstaubfeuerungen

Bei Kohlenstaubfeuerungen können alle genannten Verluste mit Ausnahme von σ_D auch auftreten. Unter σ_S ist hier der Verlust durch Unverbranntes der in der Brennkammer anfallenden Schlacke zu verstehen. Da deren Anteil gewöhnlich nicht mehr als 15% der gesamten Aschenmenge ist, wird auch dieser Verlust meist gering bleiben. Aber auch bei Schmelzkammerkesseln, wo der Abscheidegrad bis 75% und mehr ist, kann normalerweise mit einem fast vollständigen Ausbrand gerechnet werden. Bei schlecht gewarteten Feuerungen mit hohem Aschengehalt kann jedoch σ_S unter Umständen auch beträchtliche Werte annehmen.

Der Verlust σ_F hängt von der Brennkammerbelastung, Mahlfeinheit, Flammenführung, Aschengehalt ab, hält sich aber, sofern damit innerhalb üblicher Grenzen geblieben wird, verhältnismäßig niedrig (S. 314).

Es kann normalerweise für σ_u mit 0,02 bis 0,04 gerechnet werden. Bei Schmelzkammerkesseln gilt der niedrigere Wert.

Bei Öl- und Gasfeuerungen kann man 0,005 bis 0,01 annehmen.

2. Versuchsmäßige Ermittlung des Verlustes durch Unverbranntes

Bei ausgeführten Anlagen tritt oft die Forderung heran, den Verlust durch Unverbranntes versuchsmäßig zu bestimmen.

Zu diesem Zwecke wird über die ganze Versuchsdauer die Kohlenmenge, ferner die in der Feuerung und in den Rauchgaszügen abgeschiedene Schlacken- bzw. Aschenmenge gemessen. Die Schlackenmenge sei sowohl bei Rost- als bei Kohlenstaubkesseln, auf eine Stunde bezogen A_1, die Aschenmenge A_2. Ferner werde der Anteil an Kohlenstoff in A_1, A_2 sowie in der durch den Kamin abgeführten Flugasche mittels chemischer Analyse bestimmt. Dieser sei in der genannten Reihenfolge u_1, u_2, u_3. Stellt man die Aschenbilanz auf, wobei a der Reinaschenanteil je Kilopond Kohle laut Analyse und B die Kohlenmenge in kp/h ist, folgt

$$B \cdot a = A_1(1 - u_1) + A_2(1 - u_2) + A_3(1 - u_3). \tag{74}$$

A_3 ist das im Kamin abgeführte Flugaschengewicht und kann aus obiger Gleichung berechnet werden.

Hierbei wird ein Aschenschwund, welcher z. B. infolge Vergasung[1] eintreten kann, nicht berücksichtigt. Ist ein Rauchgasfilter vorhanden, was heute bei größeren Kesseln die Regel ist, bedeutet A_2 die in den Kesselzügen und im Filter abgeschiedene Aschenmenge. Ersterer Anteil ist nur gering. Die Menge A_3 ist durch den Abscheidegrad des Filters bestimmt. Da dieser, je nach Bauart, etwa zwischen 90 bis 99% liegt, ist auch A_3 klein.

Der Verlust $\sigma_F + \sigma_S$ selbst ergibt sich zu

$$\sigma_F + \sigma_S = \frac{(A_1 u_1 + A_2 u_2 + A_3 u_3) \cdot 8100}{H_u B} \tag{75}$$

Es wird hierbei angenommen, daß das Brennbare in der Schlacke Kohlenstoff ist, dessen Heizwert 8100 kcal/kp beträgt. Der erste Summand im Zähler obiger Formel kennzeichnet den Verlust durch Brennbares in der Schlacke σ_S, die weiteren jenen durch Flugkoks σ_F.

Wäre der mittlere Kohlenstoffanteil u in Schlacke und Asche bekannt, folgt

$$\sigma_F + \sigma_S = \frac{u a\, 8100}{(1 - u) H_u} \tag{76}$$

Nennt man wie früher die Kohlenstoffanteile u_1, u_2, u_3, ferner das Gewichtsverhältnis der Schlacke, bzw. Asche zur gesamten Aschen- plus Flugaschen- plus Schlackenmenge Φ_1, Φ_2, folgt:

$$u = \Phi_1 (u_1 - u_3) + \Phi_2 (u_2 - u_3) + u_3 .$$

Wäre in den Rauchgasen auch CO vorhanden, hätte dessen Ermittlung nach den Ausführungen des vorigen Abschnittes zu erfolgen. Der Gesamtverlust ergibt sich dann aus Gl. (73), wobei bei Rostkesseln noch σ_D zu berücksichtigen wäre.

C. Strahlungsverlust

Der Strahlungsverlust Q_{St} tritt dadurch auf, daß die äußere Umkleidung des Dampfkessels, die aus Mauerwerk, Isoliermasse oder Blech bestehen kann, infolge der Beheizung von innen gegen die Umgebung eine Übertemperatur annimmt. Die Wärme wird nach außen durch Konvektion, Strahlung und Leitung übertragen. Nach Messung der Oberflächentemperaturen an verschiedenen Stellen der Umkleidung kann die abgegebene Wärme [Gl. (140), (227)] berechnet oder mit Anlegepyrometern direkt gemessen werden, sofern es sich um eine ausgeführte Anlage handelt.

Aus Messungen an ausgeführten Anlagen ist für übliche Ausführungen die Größe des auf die zugeführte Brennstoffwärme bezogenen Verlustes σ_A bekannt. Er zeigt sich praktisch als nur von der Kesselgröße abhängig, welche durch die Dampferzeugung in t/h gekennzeichnet wird. Zahlentafel 39a zeigt den erfahrungsmäßigen Zusammenhang.

Die Zunahme von σ_S' bei abnehmender Kesselgröße rührt daher, daß in diesem Fall die äußere Oberfläche weniger als proportional mit der Dampferzeugung abnimmt.

Die Werte der Zahlentafel 39a gelten für Maximallast. Es ist die Frage von Interesse, wie der Abstrahlverlust von der Belastung abhängt. Ist D' die Dampferzeugung bei Teillast und D jene bei Maximallast, kann der Lastzustand durch den Belastungsfaktor $\varphi = \frac{D'}{D}$ gekennzeichnet werden.

In Zahlentafel 39b ist der Strahlungsverlust in Abhängigkeit von φ dargestellt. Der absolute Wert der Verlustwärme nimmt mit der Last ab, da auch die Rauchgastemperaturen im Kessel selbst mit der Last absinken.

[1] Engel: Die Ursache von Unstimmigkeiten im Rückstands-Ausbrand und Reinaschenbilanzen bei Verdampfungsversuchen. Wärme 1942, S. 329.

Ein weiterer Strahlungsverlust Q_{St}', der in den Werten von Zahlentafel 39a nicht enthalten ist, kann bei Kohlenstaub- und Schmelzkammerkessel durch die Schlackenabzugöffnungen stattfinden. Er ist aus der Größe der Öffnung und der Strahlungsintensität zu berechnen.

Steht der Kessel innerhalb eines Kesselhauses und findet die Absaugung der Verbrennungsluft aus dem oberen Raum des letzteren statt, kann ein Teil des Strahlungsverlustes rückgewonnen werden. Diese Wärme werde $Q'_{St,R}$ genannt. Sie kann nach den

Zahlentafel 39a. *Strahlungsverlust in Abhängigkeit von der stündlichen Dampferzeugung*[1]

Dampferzeugung in t/h	Strahlungsverlust in kcal/kcal
20	0,02
40	0,012
80	0,008
120	0,007
200	0,005

Zahlentafel 39b. *Strahlungsverlust in Abhängigkeit vom Belastungsfaktor*

Lastfaktor φ	Strahlungsverlust bezogen auf $\varphi = 1$
1,0	1,0
0,8	1,1
0,6	1,25
0,5	1,35
0,3	1,6

VDI-Dampferzeugerregeln[1] bis 70,0% von Q_{St} betragen. Bei praktischen Versuchen ergibt sich manchmal, daß dieser Prozentsatz noch höher, gelegentlich auch über 100% ist. Dann ist meist der wirkliche Strahlungsverlust größer als Zahlentafel 39a angibt.

Es ist noch ein weiterer Rückgewinn von Wärme möglich, und zwar von den Oberflächen sonstiger Teile, die nicht zum Verband des Kessels gehören, aber im Kesselhaus situiert sind, z. B. Elektrofilter, Rohrleitungen oder Elektromotoren. Dieser „unabsichtliche" Rückgewinn werde $Q''_{St,R}$ genannt.

D. Verlust durch den Wärmeinhalt der Schlacke

Die aus dem Kessel austretende Asche und Schlacke ist noch heiß und verursacht einen Wärmeverlust. Andererseits wird auch der eingebrachte Brennstoff einen bestimmten Wärmeinhalt haben, wodurch der Wärmeverlust verringert wird. Er möge mit Q_w bezeichnet werden. Zunächst werde der durch den Schlackenabzug aus der Brennkammer bedingte Verlust berechnet. Ist a der Aschenanteil des Brennstoffes, u_1 der Gewichtsanteil des Unverbrannten in der Schlacke, x der Abscheidegrad der Feuerung, $c = 0{,}19$ kcal/kp °C die spezifische Wärme, $\varrho \doteq 100$ kcal/kp die Schmelzwärme (nur bei Schmelzkammerkesseln zu berücksichtigen, sonst $\varrho = 0$) der Schlacke und ϑ die Temperatur letzterer, ergibt sich der auf den zugeführten Brennstoff bezogene Verlust.

$$\sigma_w' = \frac{a x [c\vartheta/(1 - u_1) + \varrho]}{H_u} \tag{77}$$

Für Rostfeuerung ist $x \doteq 0{,}8$, für Kohlenstaubfeuerung 0,2 einzusetzen. Die Temperatur ϑ beträgt $\sim 500\,°C$. Bei Kesseln mit trockenem Schlackenabzug spielt dieser Verlust nur eine untergeordnete Rolle. Bei Schmelzkammerkesseln ist $x \doteq 0{,}7$, $\vartheta \doteq 1200\,°C$. Handelt es sich außerdem, wie es häufig der Fall ist, um eine stark aschenhaltige Kohle, kann hingegen σ_w' bereits ins Gewicht fallen.

Wird angenommen, daß die nicht aus der Brennkammer abgezogene Asche einen Anteil an Unverbranntem u_2 hat und den Kessel mit Abgastemperatur ϑ_A verläßt, entsteht ein Verlust

$$\sigma_w'' = \frac{a(1 - x) c \vartheta_A}{H_u(1 - u_2)} \tag{78}$$

[1] Abnahmeversuche an Dampferzeugern (VDI Dampferzeugerregeln), DIN 1942.

Normalerweise kann u_1 und u_2 gleich 0 gesetzt werden. Der Rückgewinn durch die fühlbare Brennstoffwärme bei Umgebungstemperatur ϑ_L beträgt

$$\sigma_w''' = \frac{c\vartheta_L}{H_u} \tag{79}$$

Der Gesamtverlust ist Q_w, bzw. bezogen auf die zugeführte Brennstoffwärme

$$\sigma_w = \sigma_w' + \sigma_w'' - \sigma_w''' . \tag{80}$$

E. Verlust durch ungenügende Beharrung

Der Verlust durch ungenügende Beharrung σ_H entsteht dadurch, daß bei einem Lastanstieg ein Teil der zugeführten Wärme zum Aufheizen der Mauerwerksmassen auf die neue Gleichgewichtstemperatur dient und daher nicht für die Dampferzeugung nutzbar ist. Hat das Mauerwerk seinen neuen Gleichgewichtszustand erreicht, wird $\sigma_H = 0$. Insbesondere tritt der Verlust beim Anfahren in Erscheinung. Man nimmt den Höchstwert dieser Verluste zu 0,02 an. Hält man etwa 8 Stunden die Last konstant, sinkt der Verlust auf 0.

F. Kesselwirkungsgrad

Die Wärmebilanz des Dampferzeugers umfaßt sämtliche zu- und abgeführte Wärmemengen und lautet:

$$Q_B + Q_{FL} + Q_{FB} = Q_D + Q_A + Q_{St} + Q_{St}' - [Q_{StR}' + Q_{StR}'' + L_{iv}] + Q_u \pm Q_w + Q_H - L_{iM} \tag{81}$$

Es bedeutet:

$Q_B = BH_u$ Brennstoffwärme (sämtlich in kcal/h),

Q_{FL} Fremdwärmezufuhr an die Verbrennungsluft,

Q_{BF} Fremdwärmezufuhr an den Brennstoff,

Q_D erzeugte Nutzwärme,

Q_A Gl. (66) Differenz von Abgaswärme und Luftwärme bei Umgebungstemperatur,

Q_{StR}' rückgewonnener Strahlungsverlust,

Q_{StR}'' rückgewonnener Wärmeverlust im Kesselhaus befindlicher, aber nicht zum Kesselverband gehöriger Teile,[1]

$\frac{M_L \Delta p}{\eta_i\, 427} = L_{iv}$ innere Ventilatorleistung in kcal/h mit geförderter Luftmenge M_L in m^3/h, Druckdifferent Δp in kp/m^2 und innerer Ventilatorwirkungsgrad η_i,

Q_{St} Strahlungsverlust der Kesseloberfläche,

Q_{St}' Strahlungsverlust durch Öffnungen in der Brennkammer (Entaschung),

Q_u Verlust durch Unverbranntes,

Q_w fühlbare Schlacken- und Aschenwärme minus fühlbare Brennstoffwärme bei Umgebungstemperatur,

$L_m \cdot \eta_m \cdot 860 = L_{iM}$ innere Mühlenleistung in kcal/h, mit Wellen-Leistung des Motors L_m in kW, mechanischer Wirkungsgrad der Mühle mit eventuellem Getriebe η_m,

Q_H Verlust durch ungenügende Beharrung.

[1] Äußert sich als Temperaturerhöhung der Luft bis Eintritt in den Kessel und desgleichen des Brennstoffes bis Eintritt in die Mühle.

Die Nutzwärme Q_D ergibt sich aus dem Aufwand zur Dampferzeugung und zur Zwischenüberhitzung. Wie weit die durch Abschlämmung abgeführte Wärme als Nutzwärme gilt, ist Vereinbarungssache. Wird die Abschlämmwärme rückgewonnen, wäre es begründet, sie als Nutzwärme anzusehen. Abnahmeversuche werden jedoch gewöhnlich ohne Abschlämmung gefahren. Es ist

$$Q_D = (i_ü - i_{WE}) \cdot (D - E) + (i_{ZA} - i_{ZE}) \cdot D' + (i' - i_{WE}) \cdot A + E(i_ü - i_E) \quad (82)$$

Hier bedeutet:

$i_ü$ Wärmeinhalt des Dampfes beim Überhitzeraustritt,
i_{WE} Wärmeinhalt des Speisewassers beim Eintritt Eko,
i_{ZA} Wärmeinhalt des Dampfes beim Austritt Zwischenüberhitzer,
i_{ZE} Wärmeinhalt des Dampfes beim Eintritt Zwischenüberhitzer,
i_E Wärmeinhalt des Einspritzwassers (meist $= i_{WE}$),
i' Wärmeinhalt des Wassers bei Solldampftemperatur,
D Dampfmenge Austritt Kessel,
D' Dampfmenge im Zwischenüberhitzer[1],
E Einspritzwassermenge,
A Abschlämmenge.

Der Kesselwirkungsgrad wird als Verhältnis von Nutzwärme zu Aufwand definiert und ist

$$\eta_K = \frac{Q_D}{Q_B + Q_{FL} + Q_{FB}} \quad (83)$$

Eliminiert man damit Q_D in Gl. (81) folgt

$$\eta_K = 1 - \frac{Q_A + Q_{St} + Q'_{St} + Q_u \pm Q_w + Q_H}{Q_B + Q_{FL} + Q_{FB}} + \frac{Q'_{StR} + Q''_{StR} + L_{iv} + L_{iM}}{Q_B + Q_{FL} + Q_{FB}} \quad (84)$$

Der die Rückgewinne darstellende 3. Term kann unter Umständen den Kesselwirkungsgrad merklich verbessern. Laut VDI-Dampferzeugerregeln soll Q'_{StR} höchstens zu $0{,}7 \cdot Q_{St}$ eingesetzt werden, wenn die Bestimmung von Q_{St} nach Zahlentafel 39a erfolgt. Eine Berücksichtigung von Q''_{StR}, L_{iv} und L_{iM} sehen erstere hingegen nicht vor. Wie weit dies im Rahmen von genauen Abnahmeversuchen trotzdem erfolgen soll, ist Vereinbarungssache und hängt auch davon ab, wie genau Q_{St} meßbar ist.

Werden die im 3. Term von Gl. (84) angeführten Rückgewinne nicht berücksichtigt, folgt, wenn $Q'_{St} = 0$ ist

$$\eta_K = 1 - \sigma_A - \sigma_{St} - \sigma_u \pm \sigma_w - \sigma_H . \quad (85)$$

Der Kesselwirkungsgrad ist auch nach Gl. (82) und (83) mit $A = 0$

$$\eta_K = \frac{(D - E)(i_ü - i_{WE}) + D'(i_{ZA} - i_{ZE}) + E(i_ü - i_E)}{BH_u + Q_{FL} + Q_{FB}} \quad (86)$$

Ist keine Zwischenüberhitzung vorhanden und $i_{WE} = i_E$ und fehlt eine Fremdwärmezufuhr ist

$$\eta_K = \frac{D(i_ü - i_{WE})}{BH_u} \quad (87)$$

Er liegt bei Dampfkesseln üblicher Ausführung bei Maximallast zwischen 0,8 bis 0,91. Bei ungünstigen Brennstoffen, alten Kesseln, Handbeschickung u. dgl. ist er tiefer, bei Öl- oder Gasfeuerung und Sonderausführungen unter Umständen höher.

Es ist wichtig, den Verlauf des Kesselwirkungsgrades in Abhängigkeit von der Last zu kennen, da die Teillast-Betriebsstundenzahl oft größer als jene bei Vollast ist.

[1] Wird auch im Zwischenüberhitzer Einspritzwasser zugeführt, berücksichtigt man dies wie bei der Erstdampfmenge.

Der Kesselwirkungsgrad ergibt sich bei Teillast aus den Einzelverlusten. Diese sind in Abb. 112a in Abhängigkeit des Belastungsgrades dargestellt. Beim Abgasverlust σ_A muß beachtet werden, daß die Abgastemperatur mit sinkender Last abnimmt, der O_2-Gehalt jedoch zunimmt. Letzteres folgt aus der schlechteren Rostbedeckung bzw. relativ größeren Falschluftaufnahme des Kessels bei Teillast. So ergibt sich für σ_A eine Kurve, die meist mit sinkender Last zunächst ab- und dann zunimmt.

Das Absinken ist weniger ausgeprägt oder tritt überhaupt nicht ein, wenn die Abgastemperatur bereits von Haus aus niedriger war.

Der Verlust σ_u kann für Rostfeuerungen bei Teillast auf die gleiche Weise wie bei Maximallast bestimmt werden. Dadurch würde sich eine Abnahme von σ_u mit abnehmender Last ergeben. Bei kleinen Lasten kommen jedoch neue Einflüsse hinzu, die wieder ein Ansteigen bewirken. Diese rühren u. a. von der abgesunkenen Feuerraumtemperatur und damit verschlechtertem Ausbrand sowie von ungleicher Rostbedeckung her. Bei überdimensionierten Rosten wirken sich die letztgenannten Einflüsse so aus, daß bereits von Maximallast nach abwärts ein Anstieg von σ_u erfolgt. Bei Kohlenstaubfeuerungen ergibt sich ein ähnliches Bild.

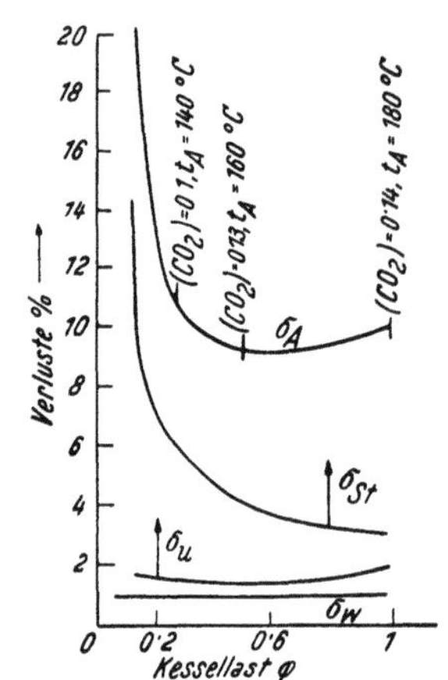

Abb. 112a. Kesselverluste in Abhängigkeit von der Belastung

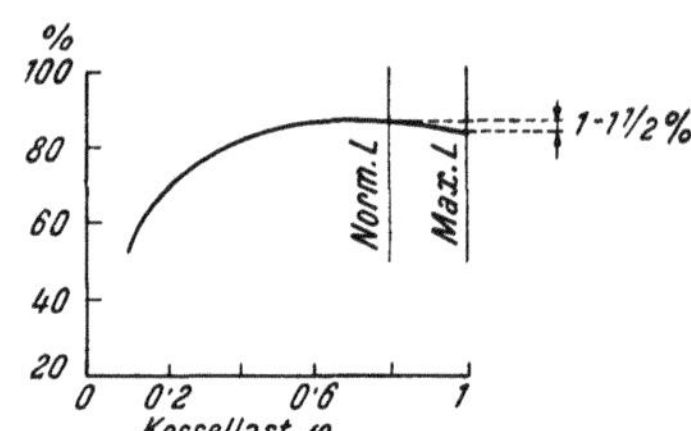

Abb. 112b. Kesselwirkungsgrad in Abhängigkeit von der Belastung

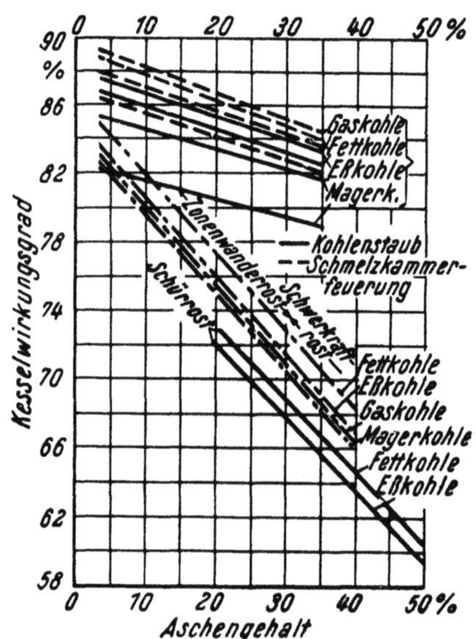

Abb. 112c. Kesselwirkungsgrad in Abhängigkeit vom Aschengehalt der Kohle

Der Verlauf von σ_{St} bei Teillast wurde bereits weiter oben diskutiert. Die entsprechende Kurve ist gleichfalls dargestellt.

Der Verlust σ_w kann als unabhängig von der Last, σ_B wegen vorausgesetztem Beharrungszustand als Null angesehen werden.

Dann folgt gemäß Gl. (85) der Verlauf von η_K nach Abb. 112b. Gewöhnlich ist dies eine mit abnehmender Last zuerst leicht ansteigende, dann langsam und in weiterer Folge schneller abfallende Kurve. Das Maximum liegt meist bei ungefähr $\varphi = 0{,}8$, welcher Lastzustand als Normallast bezeichnet wird. Der Wirkungsgrad bei letzterer ist gewöhnlich um etwa 0,01 bis 0,015 höher als bei Maximallast. Den Verlauf des Kesselwirkungsgrades in Abhängigkeit vom Aschengehalt für die in Frage kommenden Feuerungen zeigt für Steinkohle[1] Abb. 112c.

[1] LENT: Die Verbrennung von Steinkohle hohen Aschen- und Wassergehaltes in Kesselfeuerungen. Z. VDI 1943, S. 241.

VI. Lehre vom Wärmeübergang

A. Der Wärmeübergang durch Leitung und Konvektion

Ist ein strömendes Medium durch eine Wand begrenzt und herrscht zwischen beiden eine Temperaturdifferenz, entsteht ein Wärmedurchfluß. Die Bewegung des Mediums kann durch ein etwa durch eine Pumpe erzeugtes Druckgefälle erzwungen werden. Man spricht dann von erzwungener Strömung. Ist jedoch das Medium allein durch Dichteunterschiede, z. B. infolge Erwärmung, d. i. durch Auftriebswirkung, in Bewegung, handelt es sich um freie Strömung.

Sowohl die erzwungene als die freie Strömung kann laminar oder turbulent sein. Der Übergang von laminarer zu turbulenter Strömung erfolgt bei Überschreiten eines bestimmten Wertes einer Kennziffer, der Reynoldsschen Zahl $R_e = \frac{wd}{\nu}$. Hier ist w die Geschwindigkeit, d eine charakteristische Längendimension, z. B. in einem Rohr dessen Durchmesser, und ν die kinematische Zähigkeit. Bei $\mathrm{Re} > 3000$ handelt es sich bei Rohren um turbulente, bei $\mathrm{Re} < 2320$ um laminare Strömung. Dazwischen kann, je nach den Störungseinflüssen, sowohl die eine als die andere Strömungsart bestehen.

Der Wärmetransport vom Medium an die Wand oder umgekehrt kann durch Wärmeleitung, Konvektion und Strahlung erfolgen. Im ersteren Falle wird die Wärme von Schicht zu Schicht durch Vermittlung der Wärmeleitzahl λ geleitet, und zwar sowohl bei Vorhandensein laminarer als auch turbulenter Strömung. Beim Wärmeübergang durch Konvektion, der nur bei turbulenter Strömung möglich ist, findet der Wärmetransport vermittels des hierbei auftretenden Stoffaustausches statt. Die durch Wärmeleitung und Konvektion je Zeiteinheit übergehende Wärmemenge in kcal/h wird aus

$$Q = F\alpha(\vartheta_1 - \vartheta_2) \tag{88}$$

berechnet. Es ist F die Wandfläche in m², α die Wärmeübergangszahl in kcal/m²h °C, ϑ_1 und ϑ_2 in der Reihenfolge ihres absoluten Betrages die Medium- und Wandtemperatur in °C. Dadurch ist das Problem des Wärmeüberganges auf die Ermittlung der Wärmeübergangszahl α zurückgeführt, und es wird in der Folge die zugehörige Theorie behandelt. Auf den Wärmeübergang durch Strahlung wird in den Abschnitten VI C, D, E näher eingegangen.

1. Allgemeine Grundgleichungen

Allgemein gesprochen, wird die Lösung des Problems ein Gleichungssystem sein, welches die gesuchten Bestimmungsgrößen als Funktion der Ortskoordinaten x, y, z erscheinen läßt. Gesucht sind die Geschwindigkeitskomponenten w_x, w_y, w_z, die Temperatur ϑ und der Druck p.

Um zu der Lösung zu gelangen, stehen als Ausgangspunkte folgende Differentialgleichungen zur Verfügung:

a) die Navier-Stokessche Gleichung, welche für inkompressible Medien in Komponentendarstellung lautet[1,2,3]:

$$\begin{aligned}
\varrho\left(\frac{\partial w_x}{\partial t} + w_x\frac{\partial w_x}{\partial x} + w_y\frac{\partial w_x}{\partial y} + w_z\frac{\partial w_x}{\partial z}\right) &= g\varrho\beta\vartheta - \frac{\partial p}{\partial x} + \eta\left[\frac{\partial^2 w_x}{\partial x^2} + \frac{\partial^2 w_x}{\partial y^2} + \frac{\partial^2 w_x}{\partial z^2}\right]\\
\varrho\left(\frac{\partial w_y}{\partial t} + w_x\frac{\partial w_y}{\partial x} + w_y\frac{\partial w_y}{\partial y} + w_z\frac{\partial w_y}{\partial z}\right) &= -\frac{\partial p}{\partial y} + \eta\left[\frac{\partial^2 w_y}{\partial x^2} + \frac{\partial^2 w_y}{\partial y^2} + \frac{\partial^2 w_y}{\partial z^2}\right]\\
\varrho\left(\frac{\partial w_z}{\partial t} + w_x\frac{\partial w_z}{\partial x} + w_y\frac{\partial w_z}{\partial y} + w_z\frac{\partial w_z}{\partial z}\right) &= -\frac{\partial p}{\partial z} + \eta\left[\frac{\partial^2 w_z}{\partial x^2} + \frac{\partial^2 w_z}{\partial y^2} + \frac{\partial^2 w_z}{\partial z^2}\right]
\end{aligned} \tag{89}$$

[1] SCHACK: Der industrielle Wärmeübergang, 3. Aufl. Düsseldorf: Stahleisen. 1948.
[2] GRÖBER und ERK: Die Grundgesetze der Wärmeübertragung, 2. Aufl. Berlin: Springer. 1933.
[3] TEN BOSCH: Die Wärmeübertragung, 3. Aufl. Berlin: Springer. 1936.

Es ist ϱ die Dichte, g die Erdbeschleunigung und η die Zähigkeit.

Die Gl. (89) sagt aus, daß die Beschleunigungskräfte gleich der Summe aus Auftrieb, Druckgefälle und Zähigkeitskräften sind. Das Auftriebsglied wirkt nur in der x-Richtung, d. h. nach aufwärts, und besagt, daß 1 m³ des Mediums eine Auftriebskraft von $g\varrho\beta\vartheta$ in kp/m³ erfährt. Hierbei ist β die Volumsdehnungszahl je °C und ϑ der Temperaturunterschied zwischen dem betrachteten Punkt und der noch die ursprüngliche Temperatur besitzenden Umgebung. Dieses Glied spielt nur bei freier Strömung eine Rolle und ist bei erzwungener Strömung vernachlässigbar. Die Schwere selbst ist ohne Einfluß, denn die Strömung erfolgt lediglich unter dem Einfluß einer aufgeprägten Druckdifferenz.

b) Die Energiegleichung, welche aussagt, daß in einem festgehaltenen, etwa durch ein Kantengitter umschlossenen Volumen im Zeitelement die Änderung des Energieinhaltes gleich der mit der Strömung zugeführten plus der durch Wärmeleitung durch die Begrenzungsflächen gelangenden Energie ist.

$$\frac{\partial\vartheta}{\partial t} + w_x\frac{\partial\vartheta}{\partial x} + w_y\frac{\partial\vartheta}{\partial y} + w_z\frac{\partial\vartheta}{\partial z} = a\left(\frac{\partial^2\vartheta}{\partial x^2} + \frac{\partial^2\vartheta}{\partial y^2} + \frac{\partial^2\vartheta}{\partial z^2}\right) \tag{90}$$

Hierbei wird die Druckenergie gegenüber der fühlbaren Wärme vernachlässigt. Es bedeuten $a = \frac{\lambda}{c_p\gamma}$ die Temperaturleitfähigkeit, λ die Wärmeleitzahl, c_p die spezifische Wärme und γ die Wichte.

c) Die Kontinuitätsgleichung, die für inkompressible Flüssigkeiten wie folgt lautet:

$$\frac{\partial w_x}{\partial x} + \frac{\partial w_y}{\partial y} + \frac{\partial w_z}{\partial z} = 0 \tag{91}$$

Es sind demnach fünf Gleichungen vorhanden, welche gemeinsam mit den Randbedingungen w_x, w_y, w_z, ϑ, p als Funktionen von x, y, z zu ermitteln gestatten, sofern nicht mathematische Schwierigkeiten dies vereiteln. Dies ist in der Tat bei den meisten Anwendungsbeispielen der Fall, und es sind Lösungen nur mit vereinfachten Annahmen und in besonderen Fällen möglich, so z. B. für laminare Strömung im Kreisrohr[1] oder für freie Konvektion an einer senkrechten ebenen Platte[2].

2. Anwendung der Ähnlichkeitstheorie

Die Wärmeübergangszahl α wird außer von der Geschwindigkeit w, dem Druck p der Temperatur ϑ, einer charakteristischen Längsdimension L auch von den in den Gl. (89) und (90) vorkommenden Stoffkonstanten ϱ, η, c_p, λ abhängen. Durch Ähnlichkeitsbetrachtungen kann man jedoch die Zahl der Veränderlichen erheblich verkleinern.

Es werde z. B. ein Wärmeaustauschvorgang zwischen einem strömenden Gas und einer Wand an einer „Hauptausführung" und einem „Modell" betrachtet. In letzterem sollen alle Längsdimensionen L_M gegenüber der Hauptausführung L in einem bestimmten Verhältnis verringert sein, so daß gilt:

$$f_L = \frac{x}{x_M} = \frac{y}{y_M} = \frac{z}{z_M} = \frac{L}{L_M}. \tag{92}$$

Stehen auch die übrigen Bestimmungsgrößen der Hauptausführung und des Modells in einem bestimmten und für die betreffende Bestimmungsgröße überall gleichen Verhältnis, heißen beide Vorgänge „ähnlich". Es ist dann

$$\begin{gathered}\frac{p}{p_M} = f_p, \quad \frac{w_x}{w_{xM}} = \frac{w_y}{w_{yM}} = \frac{w_z}{w_{zM}} = f_w, \quad \frac{\varrho}{\varrho_M} = f_\varrho, \quad \frac{\nu}{\nu_M} = f_\nu, \quad \frac{c_p}{c_{pM}} = f_{cp}, \\ \frac{\lambda}{\lambda_M} = f_\lambda, \quad \frac{\vartheta}{\vartheta_M} = f_\vartheta, \quad \frac{a}{a_M} = f_a\end{gathered} \tag{93}$$

[1] GRAETZ: Ann. Physik 1883, S. 79, und 1885, S. 337. — NUSSELT: VDI 1910, S. 1154. — GRÖBER: Grundgesetze.

[2] SCHMIDT und BECKMANN: Techn. Mech. Thermodynamik 1930, S. 341.

Betrachtet man Gl. (90) für den stationären Fall, d. i. $\frac{\partial \vartheta}{\partial t} = 0$, so lautet sie für das Modell

$$w_{xM} \frac{\partial \vartheta_M}{\partial_{xM}} + w_{yM} \frac{\partial \vartheta_M}{\partial y_M} + w_{zM} \frac{\partial \vartheta_M}{\partial z_M} = a_M \left(\frac{\partial^2 \vartheta_M}{\partial x_M^2} + \frac{\partial^2 \vartheta_M}{\partial y_M^2} + \frac{\partial^2 \vartheta_M}{\partial z_M^2} \right) \tag{94}$$

Man kann jedoch den Vorgang für das Modell auch beschreiben, wenn Gl. (92) und (93) in (90) eingesetzt wird, so daß für den stationären Fall folgt

$$\frac{f_\vartheta f_w}{f_L} \left(w_{xM} \frac{\partial \vartheta_M}{\partial x_M} + w_{yM} \frac{\partial \vartheta_M}{\partial y_M} + w_{zM} \frac{\partial \vartheta_M}{\partial z_M} \right) = \frac{f_a f_\vartheta}{f_L^2} a_M \left(\frac{\partial^2 \vartheta_M}{\partial x_M^2} + \frac{\partial^2 \vartheta_M}{\partial y_M^2} + \frac{\partial^2 \vartheta_M}{\partial z_M^2} \right) \tag{95}$$

Für den Vorgang im Modell muß nun sowohl die Differentialgleichung (94) als auch (95) gelten, was nur möglich ist, wenn sich in obiger Gleichung die zusätzlichen Faktoren kürzen, d. h. wenn gilt:

$$\frac{f_\vartheta f_w}{f_L} = \frac{f_a f_\vartheta}{f_L^2} \tag{96}$$

Nach Streichen gleicher Werte und Umstellung folgt:

$$\frac{f_L f_w}{f_a} = 1 \tag{97}$$

Setzt man wieder die Werte aus Gl. (93) ein, ergibt sich weiter:

$$\frac{Lw}{a} = \frac{L_M w_M}{a_M} = \text{const} = \text{Pe} \tag{98}$$

Wenn der mit Pe bezeichnete Ausdruck, welcher Pécletsche Kennzahl genannt wird, in der Hauptausführung und im Modell gleich ist, verlaufen demnach thermische Vorgänge in strömenden Medien ähnlich. Allerdings gilt noch die zusätzliche Forderung, daß auch die Strömung selbst ähnlich ist.

Damit dies der Fall ist, wird von Gl. (89) ausgehend eine analoge Betrachtung angestellt. Dies führt zur Reynoldsschen Kennzahl

$$\text{Re} = \frac{wL}{\nu} \tag{99}$$

Hier bedeutet ν die kinematische Zähigkeit in m^2/s, welche nach der Formel

$$\nu = \frac{\eta g}{\gamma} \tag{100}$$

mit der Zähigkeit η in $\frac{\text{kp s}}{\text{m}^2}$ zusammenhängt.

Es liegt demnach thermische Ähnlichkeit von Hauptausführung und Modell vor, wenn beide gleiche Kennzahlen Pe und desgleichen Re besitzen. Es ist hierbei gleichgültig, welche Werte die einzelnen Bestimmungsgrößen der Kennzahl haben, sofern nur diese selbst gleich bleibt.

Die thermische Ähnlichkeit bezieht sich auf das Temperaturfeld. Dieses ist demnach so lange unverändert, als Pe und Re gleichgehalten wird, oder, mit anderen Worten, es hängt nur von Pe und Re ab.

Es ist jedoch nicht nur das Temperaturfeld, sondern die Wärmeübergangszahl von Interesse. Um diese miteinander zu verknüpfen, wird davon ausgegangen, daß die Geschwindigkeit des strömenden Mediums auch bei turbulenter Strömung in Wandnähe abnimmt, um unmittelbar an der Wand Null zu werden. Es bildet sich nach Prandtl eine „Grenzschichte". Der Wärmefluß im strömenden Medium, in unmittelbarer Nähe der Wand, ergibt sich in kcal/m²h

$$q = \frac{\lambda \partial \vartheta}{\partial s} \tag{101}$$

wobei s die Richtung senkrecht zur Wand kennzeichnet. Ist andererseits ϑ_m die mittlere Temperatur des Mediums und ϑ_w jene der Wand, ist auch

$$q = \alpha (\vartheta_m - \vartheta_w) \tag{102}$$

Nach Gleichsetzung von Gl. (101) und (102) und Multiplikation beider Seiten mit L folgt

$$\mathrm{Nu} = \frac{\alpha L}{\lambda} = \frac{\partial \vartheta}{\partial s} \frac{L}{(\vartheta_m - \vartheta_w)} \tag{103}$$

Rechts stehen nur Größen, die vom Temperaturfeld ableitbar sind, links eine nach NUSSELT benannte Kennzahl, die daher auch nur vom Temperaturfeld abhängt, jedoch die Wärmedurchgangszahl α enthält.

Gemäß den Bemerkungen weiter oben wird daher auch Nu eine Funktion von Re und Pe sein müssen:

$$\mathrm{Nu} = F(\mathrm{Re}, \mathrm{Pe}). \tag{104}$$

Damit ist die Wärmeübergangszahl in Verbindung mit Re und Pe gebracht. Der Vorteil dieser Gleichung ist, daß nunmehr nur der Einfluß von zwei Veränderlichen experimentell untersucht werden muß, anstatt der Werte ϱ, η, c_p, λ, w, p, ϑ und der Längendimension L.

Für Gase ist gemäß der kinetischen Gastheorie λ und η proportional. Da $\mathrm{Re} = \frac{wL}{\nu} = \frac{wL\gamma}{\eta g}$ und $\mathrm{Pe} = \frac{wL}{a} = \frac{wLc_p\gamma}{\lambda}$ ist, wird auch Re und Pe proportional, so daß für diesen Fall Gl. (104) auch als Funktion nur einer der beiden Kennziffern dargestellt werden kann:

$$\mathrm{Nu} = F_1(\mathrm{Re}) = F_2(\mathrm{Pe}) \tag{105}$$

Aus Pe und Re kann durch Division eine neue Kennzahl, nach PRANDTL genannt, gebildet werden:

$$\mathrm{Pr} = \frac{\mathrm{Pe}}{\mathrm{Re}} = \frac{\nu}{a} \tag{106}$$

Um die freie Strömung zu behandeln, werden die Gl. (89) und (90) auf den Fall kleiner Geschwindigkeiten, sogenannter „schleichender Strömungen", angewendet. Es kann abgeleitet werden, daß Nu eine Funktion nachstehenden Ausdruckes sein muß:

$$\mathrm{Nu} = F\left(\frac{L^3 g \cdot \Theta \beta}{\nu^2} \cdot \frac{\nu}{a}\right) \tag{107}$$

Hier ist $\Theta = \vartheta_w - \vartheta$ die Temperaturdifferenz zwischen der Wand und dem Medium in °C und β die Volumdehnungszahl bei der Temperatur ϑ. Letztere versteht sich bei einer genügend großen Wandentfernung, so daß eine Beeinflussung durch die Wandtemperatur nicht mehr erfolgt. Beispielsweise ist β für Gase

$$\beta = \frac{v_{\vartheta+1} - v_\vartheta}{v_\vartheta} \tag{108}$$

wobei v_ϑ das spezifische Volumen bei der Gastemperatur ϑ, $v_{\vartheta+1}$ jenes bei einer um 1 °C höheren Temperatur bedeutet. Die zu ϑ gehörige absolute Temperatur sei T. Setzt man $v_{\vartheta+1} = v_\vartheta \cdot \frac{T+1}{T}$, ergibt sich

$$\beta = \frac{1}{T} \tag{109}$$

Der erste Term im Klammerausdruck von Gl. (107) heißt Grashofsche Kennziffer, der zweite ist Pr, so daß folgt:

$$\mathrm{Nu} = F(\mathrm{Gr} \cdot \mathrm{Pr}). \tag{110}$$

3. Anwendung der Impulstheorie

Der turbulente Stoffaustausch bedingt sowohl den Druckverlust als auch den Wärmeübergang bei der erzwungenen Strömung im Rohr. Nach vereinfachten Annahmen entsteht der Druckverlust dadurch, daß eine Flüssigkeitsmenge G in kp/s, die je Meter

Rohrlänge eine radiale turbulente Mischbewegung von und zur Rohrachse ausführen möge, hierbei die axiale mittlere Geschwindigkeit w und den dazugehörigen Impuls $\frac{G}{g} w$ aufbringen muß. Nach dem Impulssatz entspricht dem eine Kraftwirkung, welche, wenn Δp der Druckverlust je Meter Rohrlänge und $\frac{d^2\pi}{4}$ der Rohrquerschnitt ist, sich zu $\Delta p \frac{d^2\pi}{4}$ ergibt. Es ist demnach

$$\frac{d^2\pi}{4} \Delta p = \frac{G}{g} w \tag{111}$$

Andererseits transportiert G auch je Meter Rohrlänge eine Wärmemenge Q zur Rohrwand

$$Q = G c (\vartheta_m - \vartheta_w), \tag{112}$$

wobei ϑ_m die mittlere Flüssigkeitstemperatur und ϑ_w die Wandtemperatur ist. Eliminiert man aus (111) und (112) den unbekannten Wert G, folgt

$$\frac{c g \Delta p d}{4 \cdot w} = \frac{Q}{(\vartheta_m - \vartheta_w) d \pi}$$

Die rechte Seite der Gleichung ist identisch mit der Wärmeübergangszahl α, s. z. B. Gl. (88). Setzt man ferner für Δp die Gleichungen für den Druckverlust durch Reibung je Meter Rohrlänge

$$\Delta p = \frac{\xi}{2g} \frac{w^2 \gamma}{d} \tag{113}$$

ein, wobei ξ die Rohrreibungsziffer bedeutet, folgt schließlich

$$\alpha = \frac{\xi w \gamma c}{8} \tag{114}$$

Dies ist die einfachste Form für die aus der Impulstheorie abgeleitete Wärmeübergangszahl α. Diese Gleichung wird dann weiter entwickelt, indem für ξ die aus der Hydrodynamik bekannte Abhängigkeit von der Reynoldsschen Zahl eingeführt wird, ferner durch getrennte Berechnung des Wärmeüberganges durch Flüssigkeitskern und Grenzschicht. Es ergibt sich dann nach Prandtl:

$$\mathrm{Nu} = \frac{0{,}0396 \,\mathrm{Pr}\, \mathrm{Re}^{0{,}75}}{1 + 1{,}74\, \mathrm{Re}^{-0{,}125} \cdot (\mathrm{Pr} - 1)} \tag{115}$$

Bei Anwendung auf Gase, Dämpfe, Flüssigkeiten und Zusammenfassung der einzelnen Bestimmungsgrößen gelangt man dann zu Beziehungen, welche die Form der Gl. (104) haben. Weitere Beiträge zur Theorie des Wärmeüberganges lieferten Hofmann, Mattioli und Reichhardt[1].

4. Berechnungsformeln für die Wärmeübergangszahl

Die Formeln für den Wärmeübergang kann man entweder unter Benützung der Kennziffern oder „aufgelöst" schreiben. Der erstere Fall bedingt eine kurze Schreibweise, die allerdings für die praktische Benützung weniger bequem ist, da erst das Einsetzen der Bestimmungsgrößen erfolgen muß. Im letzteren Fall ist dies bereits erfolgt, doch bleibt immer noch die Aufgabe bestehen, die Veränderlichkeit der Stoffwerte zu berücksichtigen. Diese ist meist eine Temperaturabhängigkeit. Sie wurde von Schack für zahlreiche Fälle in Näherungsformeln erfaßt und in die Beziehungen für α eingesetzt, wodurch das Nachschlagen der Stoffwerte entfällt. Um die Rechenarbeit noch zu kürzen, werden vielfach auch Kurventafeln verwendet.

---

[1] Hofmann: Über die Gesetzmäßigkeit der Wärme- und Stoffübertragung auf Grund der Strömungsvorgänge im Rohr. Forsch. Ing.-Wes. 1940, S. 159. — Reichhardt: Die Wärmeübertragung in turbulenten Reibungsschichten. Zeitschr. f. angew. Math. Mech. 1940, S. 297. — Mattioli: Theorie der Wärmeübertragung in glatten und rauhen Rohren. Forsch. Ing. Wes. 1940, S. 149.

a) Erzwungene Strömung

Strömung im Rohr. Diese kann turbulent oder laminar sein. Letzterer Fall tritt im Kesselbau kaum ein, es sei denn bei Heizölvorwärmern oder dergleichen. Die Wärmeübergangszahl ist sowohl bei laminarer als bei turbulenter Strömung am Rohranfang am höchsten und nimmt nach Durchlaufen einer Anlaufstrecke einen konstanten Wert an. Für laminare Strömung erhält man[1]

$$\mathrm{Nu} = 3{,}65. \tag{116}$$

Nu ist nach Gl. (103) einzusetzen, wobei hier als Längendimension L der Rohrdurchmesser d aufscheint, so daß obige Gleichung auch geschrieben werden kann:

$$\alpha = \frac{\lambda}{d} \cdot 3{,}65 \tag{117}$$

Dieser Wert wird nach einer Anlaufstrecke

$$l' = 0{,}05 \cdot \mathrm{Pe} \cdot d \tag{118}$$

bis auf 1% erreicht.

Bei turbulenter Strömung ergibt sich nach Hausen[2]

$$\mathrm{Nu} = 0{,}037\,[\mathrm{Re}^{0{,}75} - 180]\,\mathrm{Pr}^{0{,}42}\left[1 + \left(\frac{d}{L}\right)^{2/3}\right]\left(\frac{\eta_F}{\eta_W}\right)^{0{,}14} \tag{119}$$

Die Stoffwerte sind bei mittlerer Mediumtemperatur, η_W bei Wandtemperatur einzusetzen. Diese Formel ist, bei Vergleich mit Versuchsresultaten, für Flüssigkeiten genauer zutreffend als für Gase.

. In Gl. (119) ist L die Rohrlänge, deren Einfluß Zahlentafel 40 zeigt.

Zahlentafel 40. *Einfluß der Rohrlänge auf die mittlere Wärmeübergangszahl*

d/L	1	10	100	1000
$1 + \left(\frac{d}{L}\right)^{2/3}$	2	1,21	1,04	1,02

Eine einfachere Formel, die meist genügt, ist jene von Kraussold. Wird für $L/D > 200$ angenommen, so lautet sie

$$\mathrm{Nu} = 0{,}023 \cdot \mathrm{Re}^{0{,}8} \cdot \mathrm{Pr}^{0{,}4} \tag{120}$$

Wird diese Formel für Wasser verwendet, ist es in der Nähe des kritischen Druckes zweckmäßig, den Exponenten von Pr mit 0,8 anzunehmen. Die Formel gilt dann im Druckbereich von 100 kp/cm² aufwärts, auch im überhitzten Dampfgebiet. Für $\mathrm{Pr}^{0{,}8}$ ist die Flüssigkeits- oder Wandtemperatur zu nehmen, je nachdem welche den niedrigeren Wert ergibt. Die Stoffwerte können für Luft ebenso für Wasserdampf sowie Wasser aus den Zahlentafeln 45, 46, 47 entnommen werden[3]. Der Einfluß des Druckes bei angenähert idealem Gaszustand ist nur gering. Zum Beispiel steigt für Luft bei 100°C und 50 at λ, η, c_p auf das 1,08-, 1,05-, 1,06fache der Werte bei 1 at. Bei Wasserdampf ist der Einfluß des Druckes aus Zahlentafel 46a, b, c ersichtlich.

Nach Schack ergibt sich bei Luft[4]

$$\alpha = \left[3{,}55 + \frac{0{,}2\,\vartheta}{100} - 0{,}0066\left(\frac{\vartheta}{100}\right)^2\right]\frac{w_0^{0{,}75}}{d^{0{,}25}} \tag{121}$$

[1] Kraussold: Wärmeübergang bei zähen Flüssigkeiten in Rohren. Mitt. Forschungsarbeit VDI, Heft 351.

[2] Hausen: Neue Gleichung für die Wärmeübertragung bei freier oder erzwungener Strömung. Allgem. Wärmet. Bd. 9 (1958/60), S. 75.

[3] Siehe Fußnote[2], S. 152.

[4] Schack: Der industrielle Wärmeübergang, 6. Aufl. Düsseldorf: Stahleisen. 1962.

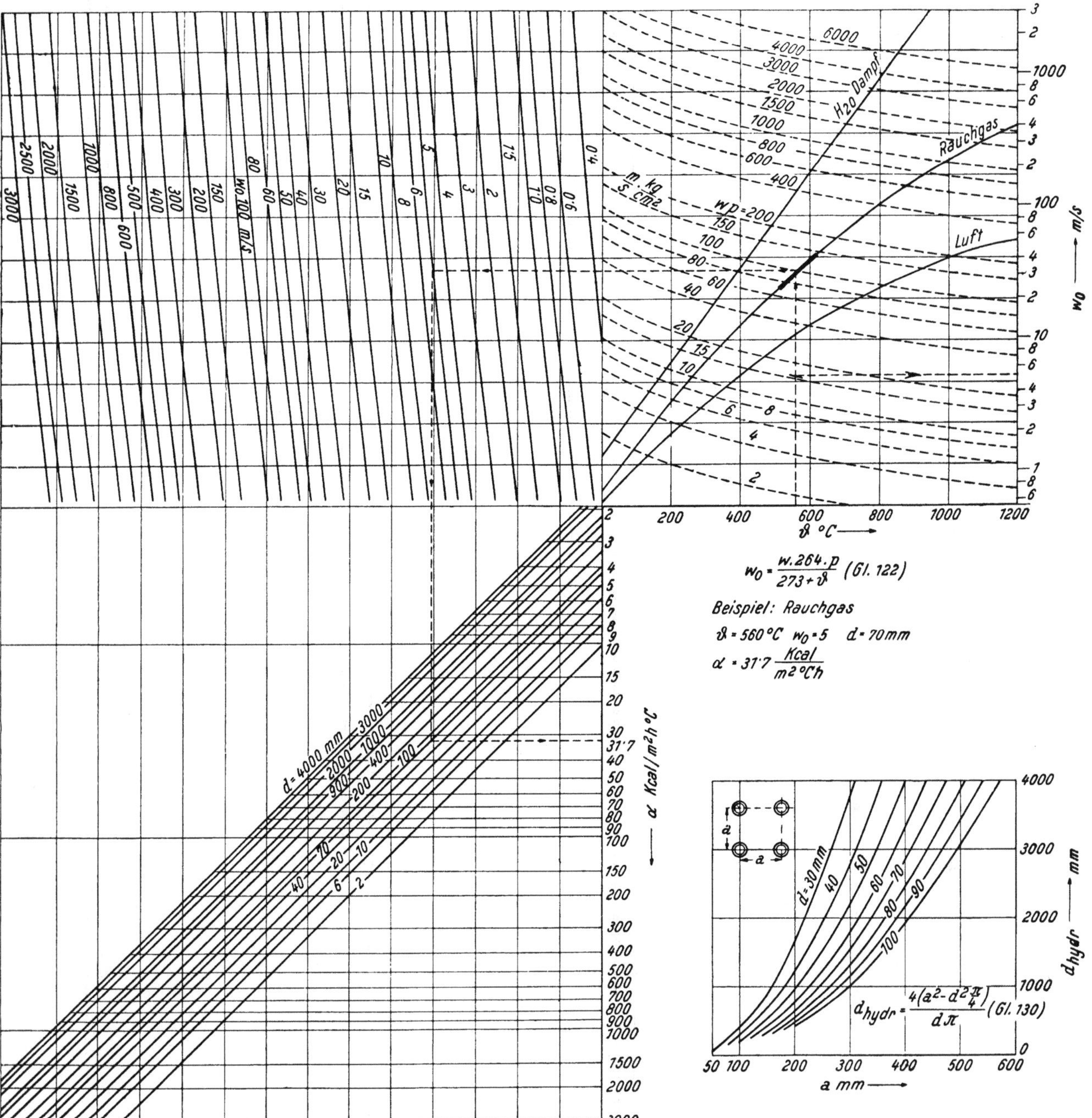

Abb. 113. Wärmeübergangszahl α für Strömung in Rohren und um Rohre bei achsparalleler Strömung, für Luft, Rauchgas und Wasserdampf. Rechts oben: Bestimmung von w_0 nach Gl. (122), z. B. $\vartheta = 560\,°C$, $w \cdot p = 16\,\frac{m}{s} \cdot \frac{kp}{cm^2}$ ergibt $w_0 = 5$ m/s. Rechts unten: Hydraulischer Durchmesser von Rohrbündeln bei quadratischer Rohrausteilung

Es ist ϑ die Lufttemperatur in °C, w_o die Geschwindigkeit in m/s auf 0° und 760 mm Quecksilbersäule bezogen und d der Rohrdurchmesser in Meter. Ist w die tatsächliche Geschwindigkeit beim Druck p in kp/cm² und bei der Temperatur ϑ in °, ergibt sich

$$w_o = \frac{w 264 \cdot p}{273 + \vartheta} \tag{122}$$

Die Abb. 113 gestattet, α direkt abzunehmen.

Ferner ist für Rauchgase (Abb. 113):

$$\alpha = \left[3{,}6 + \frac{0{,}26\vartheta}{100} - 0{,}0076\left(\frac{\vartheta}{100}\right)^2\right]\frac{w_o^{0,75}}{d^{0,25}} \tag{123}$$

Für Wasserdampf unterhalb 100 at und mindestens 100° oberhalb der Sattdampftemperatur (Abb. 113) [sonst Gl. (120)]:

$$\alpha = \left[3{,}8 + \frac{0{,}26\,\vartheta}{100}\right]\frac{w_o^{0,75}}{d^{0,25}} \tag{124}$$

Die auf 0° und 760 mm Hg bezogene Geschwindigkeit w_0, die bei Wasserdampf nur ein fiktiver Wert ist, ergibt sich wieder aus Gl. (122), oder aus[1] $w_0 = 1{,}24$ D/F.

Für Wasser ist (Abb. 116):

$$\alpha = 2900 \cdot w^{0,85}(1 + 0{,}014\vartheta_{fl}) \tag{125}$$

Handelt es sich um verdampfendes Wasser, ist eine zusätzliche Erscheinung zu berücksichtigen. Es zeigt sich, daß die Oberflächentemperatur der Heizfläche ab einer gewissen Wärmebelastung plötzlich stark ansteigt und damit oft eine für die Werkstofffestigkeit zulässige Grenze überschreitet. Man erkannte, daß diese Erscheinung auf das Entstehen eines Dampffilmes zurückzuführen ist, der sich unmittelbar an der vorher wasserberührten Heizfläche bildet und, wenn auch sehr dünn, den Wärmeübergang erheblich herabsetzt. Dieser Film kann sich bereits bilden, ehe die Flüssigkeit, außer in Wandnähe, Siedetemperatur erreicht hat.

Die Filmverdampfung tritt insbesondere in der Nähe des kritischen Druckgebietes leicht auf und kann so den Betrieb von Zwangsdurchlaufkessel, die für diesen Druckbereich ausgelegt sind, auf ungünstige Weise beeinflussen. Über dem kritischen Druck entfällt jedwede Blasenbildung, das Wasser geht stetig vom flüssigen in den gasförmigen Zustand über, so daß von einer Filmverdampfung wie bei unterkritischen Drücken nicht mehr gesprochen werden kann.

In Abb. 114 ist der Vorgang dargestellt, wie er in einem beheizten, wasserdurchflossenen Rohr bei unterkritischem Druck auftreten kann. Die Eintrittstemperatur des Wassers liege unter der Siedetemperatur, der austretende Dampf sei überhitzt. Die Temperatur des Wassers nehme nach Linie *1* zu, die zugehörige Wandtemperatur ist gleichfalls eingezeichnet. Im Abschnitt I ist bis zu Punkt *A* die Wärmeübergangszahl α wie bei strömendem Wasser, also z. B. nach Gl. (120) zu rechnen. Oberhalb 350 °C ist der Exponent von Pr 0,8[2]. Am Ende des I. Teilabschnittes kann bereits an der Wand Verdampfung beginnen, so daß im Abschnitt II Sieden an der Wand bei Aufwärmung des Flüssigkeitskernes auf Siedetemperatur erfolgen wird. Im folgenden Teilabschnitt III hat die Verdampfung den ganzen Querschnitt erfaßt. Infolge der Rührwirkung der Dampfblasen ist hier die Wärmeübergangszahl höher als die von strömendem Wasser allein. Als Anhalt dient folgende Formel:

$$\alpha = 6150 \cdot \alpha_f\left(\frac{q}{wr\gamma''}\right)^{0,7} \cdot \left(\frac{r}{C_pT'}\right)^{0,23} \cdot \left(\frac{\gamma''}{\gamma'}\right) \tag{126}$$

Es ist α_f die Wärmeübergangszahl von Wasser (s. oben), q die Wärmebelastung, w die Geschwindigkeit, r die Verdampfungswärme, γ' und γ'' die spezifischen Gewichte von Wasser und Dampf und T' die Siedetemperatur[3].

In Punkt *B* seien gerade die Bedingungen für den Beginn der Filmverdampfung erreicht. Die beginnende Dampfschliere wirkt isolierend, die Wärmeübergangszahl sinkt,

---

[1] Dampfmenge D in Kp/s und Rohrquerschnitt F in m².

[2] Styrikowitsch, Miropolskij und Schitzmann: Wärmeübergang im kritischen Druckgebiet. Mitt. VGB 1959, Nr. 61, S. 288.

[3] q im kcal/m² s, w bez. auf Wasser in m/s, T' in °K, Cp für Dampf in kcal/kg °C.

die Temperaturdifferenz steigt. In diesem mit IV bezeichneten Abschnitt wird die Wandtemperatur daher zunächst infolge fortschreitender Schlierenbildung ansteigen, anschließend allerdings wieder sinken, da mit fortschreitender Verdampfung die Bedingungen für das Entstehen einer Schliere, nämlich Vorhandensein von Wasser in Rohrwandnähe, verschwindet und sich die Schliere mit dem Dampf im Rohrinnern vermischt. An dieser

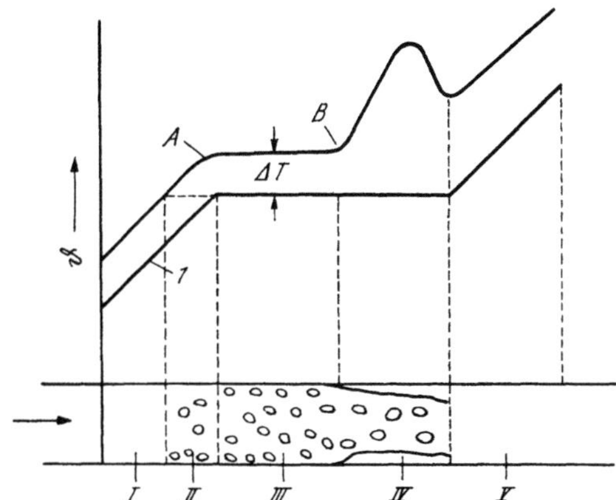

Abb. 114. Verlauf der Innenwandtemperatur (obere Kurve) und der Wassertemperatur (untere Kurve) in einem beheizten Rohr bei Auftreten von Filmverdampfung (nur der Zustand „Blasen in Wasser" dargestellt)

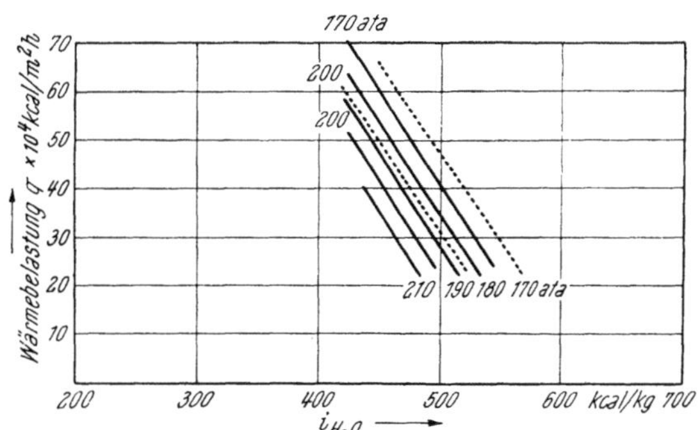

Abb. 115. Beginn der Filmverdampfung in einem horizontalen Rohr von 10,5 mm Durchmesser[1]

——— 0,7 m/s Wassergeschwindigkeit

...... 1,2 m/s Wassergeschwindigkeit

Stelle nähert sich die Wärmeübergangszahl jenem Wert, der strömendem Dampf entspricht. Im nunmehr folgenden Teilabschnitt V, wo Überhitzung erfolgt, gilt[2] wieder Gl. (120). Hat in einem Dampfwassergemisch das Dampfvolumen das halbe Gemischvolumen erreicht oder überschritten, geht das Strömungsbild von „Blasen in Wasser" über in „Tropfen oder Nebel in Dampf". Außerdem bleibt an der Rohrwand ein dünner, axial strömender Wasserring bestehen, der sich schließlich mit fortschreitender Verdampfung auflöst. Bei Filmverdampfung kann sich eine Dampfschliere zwischen Wasserring und Rohrwand bilden bzw. wird ersterer vorzeitig zerstört. (Austrocknungspunkt.)

Über die Stelle des Beginnes der Filmverdampfung existieren Versuchsunterlagen[3]. Ebenso kann die Bestimmung nach theoretischen Gesichtspunkten erfolgen[4].

In Abb. 115 ist nach Schmidt die Zusammenfassung seiner Versuchsergebnisse mit beheizten Rohren dargestellt[3]. Die Ordinatenachse zeigt die kritische Wärmebelastung bei Beginn der Filmverdampfung, auf der Abszissenachse ist der jeweilige Wärmeinhalt des Gemisches dargestellt. Der Parameter für die voll ausgezogene Kurvenschar ist der Druck, wobei die Kaltwassergeschwindigkeit 0,7 m/s beträgt. Die punktierte Schar gilt für 1,2 m/s. Diese Versuche zeigen, daß bei gleichem Druck die kritische Belastung mit steigendem Dampfgehalt stark abnimmt. Denselben Effekt zeitigt eine Steigerung des Druckes. Die Geschwindigkeit hat einen verhältnismäßig geringen Einfluß und verursacht, sofern sie zunimmt, eine Steigerung der kritischen Wärmebelastung. Die Wärmeübergangszahl α im Bereich der Filmverdampfung hat an der Stelle, wo dieselbe voll ausgebildet ist, einen Mindestwert[5]. Ihre Größe zeigt Zahlentafel 41, die aus den Versuchsergebnissen

[1] K. R. Schmidt: Wärmetechnische Untersuchungen an hochbelasteten Kesselheizflächen. Mitt. VGB 1959, Nr. 63, S. 399.

[2] Siehe Fußnote [2], S. 152.

[3] Schmidt: Wärmetechnische Untersuchungen an hochbelasteten Kesselheizflächen. Mitt. VGB 1959, Nr. 63, S. 391.

[4] Ledinegg: Die Filmverdampfung. Forschung im Ingenieurwesen 64, Heft 4, S. 97.

[5] Theoretische Ermittlung von α siehe Ledinegg: Bestimmungsgrößen für die Bremskammerbelastung bei Kohlenstaub-, Öl- und Gasfeuerungen. Mitt. VGB 1965, Nr. 98. Mit dem spezifischen Durchsatz M in kp/m²s der Zähigkeit des Dampfes η_D in kps/m², seiner Wärmeleitzahl λ_D in kcal/mhgr und der Erdbeschleunigung g folgt α in kcal/m²hgr zu: $\alpha = 7 \cdot 10^{-4} \lambda_D M/\eta_D g$.

Zahlentafel 41. *Wärmeübergangszahl im Bereich der ausgebildeten Filmverdampfung*[1]

p kp/cm²	Wärmebelastung in kcal/m²h × 10⁶ 0,8	0,7	0,6	0,5	0,4	0,3	0,25
$W_K = 0{,}7$ m/s							
170	—	—	1600	1850	2350	2730	5000
180	—	—	1620	1785	2285	2730	5000
200	—	—	1580	1850	2220	2730	4170
220	—	2860	2855	2940	3330	—	5000
250	—	5830	6660	7140	8000	—	10000
$W_K = 1{,}2$ m/s							
170	—	—	3160	3700	4710	—	12500
200	—	—	3160	3570	5000	—	12500
220	4000	4670	5210	7140	10000	—	12500

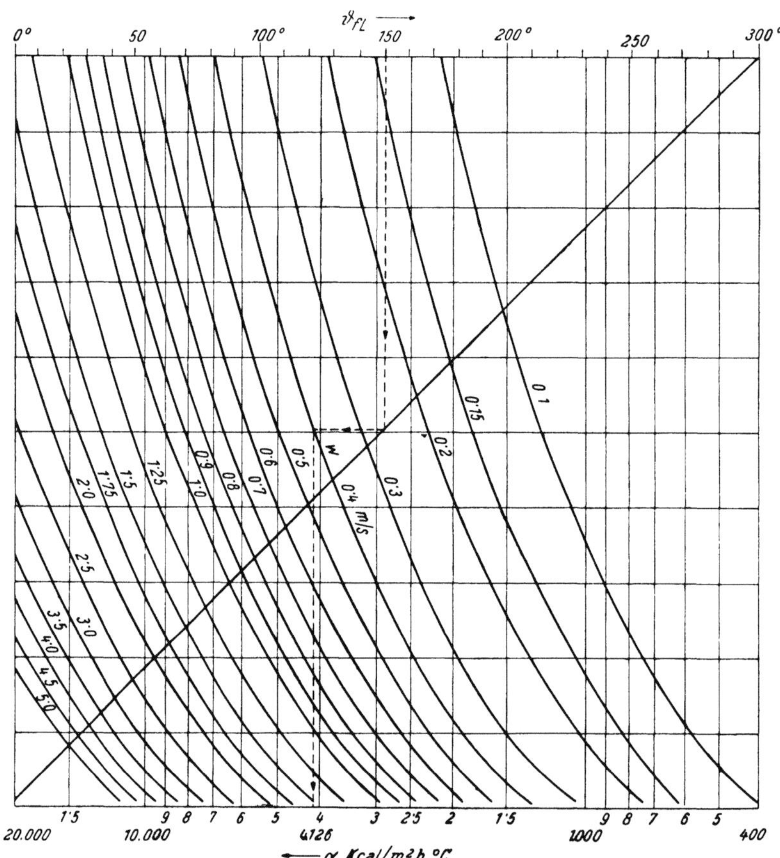

Abb. 116. Wärmeübergangszahl für Strömung von Wasser in Rohren, z. B. Wassertemperatur $\vartheta_{fl} = 150$ °C, Leitlinie $w = 0{,}4$ m/s, ergibt $\alpha = 4126$ kcal/m² h °C

von SCHMIDT ermittelt wurde. Man ersieht im Bereich der Meßergebnisse, daß die Filmverdampfung um so gefährlicher wird, je höher die Wärmebelastung und je kleiner die auf kaltes Wasser bezogene Strömungsgeschwindigkeit W_K ist.

[1] Die Wärmebelastungen bei beginnender und ausgebildeter Filmverdampfung unterscheiden sich etwa um den Faktor 2. Der Unterschied kann unter Umständen auch verschwinden.

Für turbulent strömendes Öl sind die Werte der Gl. (125) mit 0,1 zu multiplizieren. Doch ergibt dies nach SCHACK je nach Ölsorte, Temperatur und Geschwindigkeit Werte, die mit etwa 0,65 bis 5 multipliziert werden müssen, um mit den Meßwerten übereinzustimmen. Wesentlich besser ist die Gl. (119) von HAUSEN, wo der analoge Faktor nur 0,86 bis 1,9 beträgt [Stoffwerte Zahlentafel 46d].

Flüssige Metalle wie z. B. Na oder K werden bei Reaktoren zur Kernkühlung verwendet. Anschließend gibt dann dieses Metall in einem Wärmetauscher oder Dampfkessel die Wärme wieder ab. Auch Hg kann hier zum Einsatz kommen, u. a. als Wärmeträger zwischen dem Na und H_2O Kreislauf, um bei einem Schaden die Berührung dieser zwei heftig miteinander reagierenden Stoffe zu verhindern. Bei flüssigen Metallen und Kreisrohren kann die Formel

$$\mathrm{Nu} = 7 + 0{,}025\,\mathrm{Pe}^{0,8} \tag{127}$$

benützt werden [Stoffwerte Zahlentafel 46d].

Bei Ringspalten ist der erste Zahlenwert durch 5,8, der zweite durch 0,02 zu ersetzen. Flüssige Metalle ergeben, besonders bei kleinen Geschwindigkeiten, einen erheblich größeren Wärmeübergang als Wasser. Zahlentafel 42 zeigt dies.

Zahlentafel 42. *Wärmeübergangszahl bei Wasser und flüssigem Na*

Geschwindigkeit m/s	α bei	
	H_2O	Na
1	10000	46000
10	62000	86000

Hat das Rohr nicht kreisrunden Durchmesser, tritt in die Wärmeübergangsformel an Stelle von d der hydraulische Durchmesser d_H, welcher gemäß

$$d_H = \frac{4F}{U} \tag{128}$$

berechnet wird. Es ist hierbei F der Rohrquerschnitt und U der wärmeabführende Umfang. Für rechteckige Kanäle mit den Seitenlängen a und b ist

$$d_H = \frac{2ab}{a+b} \tag{129}$$

Sind diese langgestreckt, d. h. $a \gg b$, ist $d_H \doteq 2b$. Bei einem Ringquerschnitt mit den Durchmessern d_1 und d_2 und Wärmedurchgang durch beide Begrenzungsflächen ist

$$d_H = \frac{d_1^2 - d_2^2}{d_1 + d_2} = d_1 - d_2 \tag{130}$$

Findet der Wärmedurchgang nur durch die äußere Begrenzungsfläche statt, ist

$$d_H = \frac{d_1^2 - d_2^2}{d_1} \tag{131}$$

Bei einem parallel zur Rohrachse durchströmten Rohrbündel ist

$$d_H = \frac{4f}{d\pi} \tag{132}$$

wobei f die schraffierte Fläche nach Abb. 117 bedeutet.

Strömung um Rohre und Rohrbündel. Die Strömung um Rohre und Rohrbündel, senkrecht zur Achse, ist wegen ihrer Bedeutung für den Kesselbau schon Gegenstand zahlreicher Untersuchungen gewesen.

Lange Zeit waren die Versuche von Reiher[1] in ihrer Bearbeitung durch Münzinger[2] für Rauchgase und Luft die Grundlage für Wärmeübergangsrechnungen. Spätere Versuche von Pierson[3] und Huge[4], die von Grimison[5] bearbeitet wurden, zeigten jedoch, daß einige Einflüsse, wie vor allem der Rohrteilung, früher nicht ausreichend berücksichtigt erscheinen. Eine Zusammenstellung der letztgenannten Versuche stammt von Hofmann[6].

Betrachtet man zunächst ein Einzelrohr, zeigt eine ideale Flüssigkeit bei Umströmung im Zu- und Ablauf dasselbe Stromlinienbild. Die Geschwindigkeit an den Rohrseiten hat stark zugenommen und erreicht an der Rohrwand den doppelten Wert der Zuströmgeschwindigkeit. Nach der Bernoullischen Gleichung hat dort eine entsprechende Abnahme des Druckes stattgefunden, während dieser hinter dem Rohr wieder auf den Anfangswert ansteigt. Bei der wirklichen Strömung (Abb. 118) ist dies infolge der Bremsung an der Wand durch die Zähigkeit nicht möglich. Es entsteht hinter dem Rohr ein Unterdruckgebiet, in welches die Stromfäden eingesaugt werden, wodurch Wirbelbildung stattfindet.

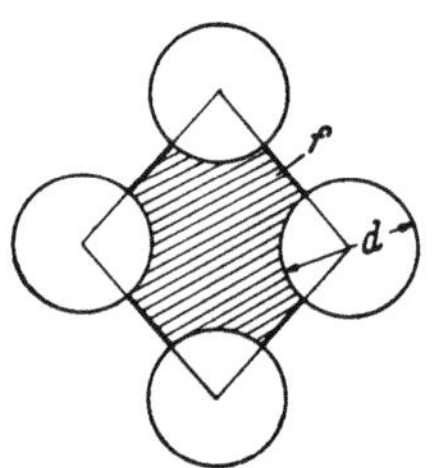

Abb. 117. Querschnitt durch ein Rohrbündel

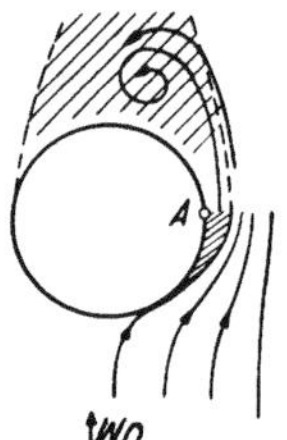

Abb. 118. Strömung um ein Rohr

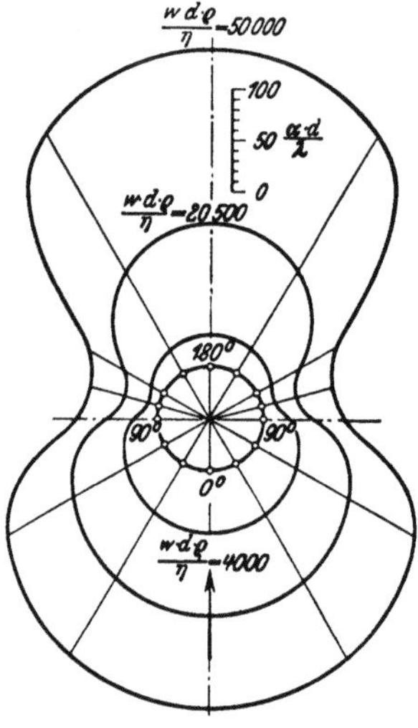

Abb. 119. Polardiagramm über die Wärmeübergangszahl am Rohrumfang nach Ten Bosch

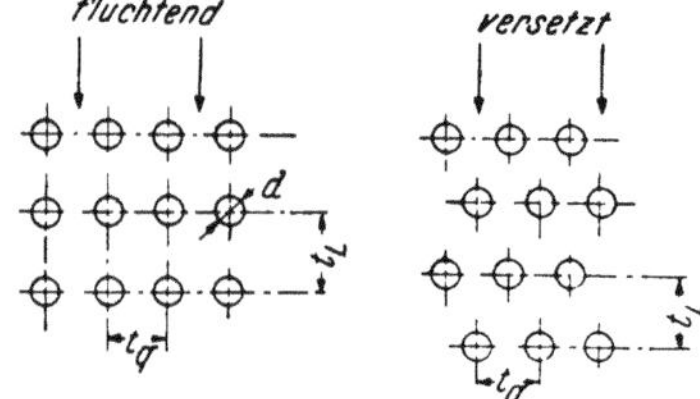

Abb. 120. Fluchtende und versetzte Rohranordnung

Wie bei jeder Strömung entlang von Wänden bildet sich auch hier an der Wand eine Grenzschicht, die sich an den Rohrseiten wieder ablöst. Entsprechend der Bremsung immer neuer Flüssigkeitsteilchen nimmt die Schichtdicke der Grenzschichte in der Strömungsrichtung bis zur Ablösestelle A zu. Andererseits wird die Wärmeübergangszahl α mit zunehmender Dicke der Grenzschicht kleiner, da die Wärme durch dieselbe nur durch Leitung transportiert werden kann. Es ist daher verständlich, daß α über den Rohrumfang stark veränderlich ist. Dies ist in Polarkoordinaten in Abb. 119 dargestellt. Die Wärmeübergangszahl nimmt von einem Höchstwert im Staupunkt auf einen Mindestwert an den Seiten ab, um rückwärts infolge des Einflusses der Wirbelung wieder anzusteigen. Der absolute Höchstwert von α liegt bei kleineren Reynoldsschen Zahlen vorn, bei größeren rückwärts.

Rohrbündel können entweder fluchtend oder versetzt ausgeführt sein (Abb. 120). Nach Reiher gilt für Rohrbündel

$$\mathrm{Nu} = C \cdot \mathrm{Re}^m \tag{133}$$

Nach den bereits erwähnten amerikanischen Versuchen[3, 4, 5] kann die Gl. (133) für Luft und Rauchgase weiterhin benützt werden, wenn man den Einfluß des Längs- und

[1] Reiher: VDI Forschungsheft 269. Berlin 1925.
[2] Münzinger: Dampfkraft, 2. Aufl. Berlin: Springer. 1933.
[3] Pierson: Trans. Amer. Soc. Mech. Engrs. 1937, S. 563.
[4] Huge: Trans. Amer. Soc. Mech. Engrs. 1937, S. 573.
[5] Grimison: Trans. Amer. Soc. Mech. Engrs. 1937, S. 583.
[6] Hofmann: Wärmeübergang und Druckverlust bei Querströmung durch Rohrbündel. VDI 1940, S. 97.

Querteilungsverhältnisses $a_L = \frac{t_L}{d}$ und $a_q = \frac{t_q}{d}$ auf C und m berücksichtigt. Letztere Werte sind in den Zahlentafeln 43a und b angegeben, welche für zehn und mehr hintereinander geschaltete Rohrreihen gelten.

Zahlentafel 43a. *Beiwerte C und m für fluchtende Rohranordnung*

a_L	$a_q = 1{,}25$		1,5		2		3	
	C	m	C	m	C	m	C	m
1,25	0,348	0,592	0,275	0,608	0,100	0,704	0,0633	0,752
1,5	0,367	0,586	0,250	0,620	0,101	0,702	0,0678	0,744
2	0,418	0,57	0,299	0,602	0,229	0,632	0,198	0,648
3	0,29	0,601	0,357	0,584	0,374	0,581	0,286	0,608

Zahlentafel 43b. *Beiwerte C und m für versetzte Rohranordnung*

a_L	$a_q = 1{,}25$		1,5		2		3	
	C	m	C	m	C	m	C	m
0,6	—	—	—	—	—	—	0,213	0,636
0,9	—	—	—	—	0,446	0,571	0,401	0,581
1	—	—	0,497	0,558	—	—	—	—
1,125	—	—	—	—	0,478	0,565	0,518	0,560
1,25	0,518	0,556	0,505	0,554	0,519	0,556	0,522	0,562
1,5	0,451	0,568	0,460	0,562	0,452	0,568	0,488	0,568
2	0,404	0,572	0,416	0,568	0,482	0,556	0,449	0,570
3	0,310	0,592	0,356	0,580	0,440	0,562	0,421	0,574

Ist die Zahl der Rohrreihen kleiner als 10, wird dies durch Multiplikation mit einem Faktor ξ gemäß Zahlentafel 44 berücksichtigt.

Zahlentafel 44. *Berücksichtigung einer unter 10 liegenden Rohrreihenzahl*

n	ξ	
	versetzt	fluchtend
2	0,68	0,9
3	0,77	0,93
4	0,84	0,96
5	0,89	0,97
10	1	1

Als Geschwindigkeit w ist in Rohrbündeln stets die zwischen den Rohren an der engsten Stelle auftretende zu nehmen.

Die Bestimmung von α kann aus Abb. 121a und 121b erfolgen. Hierbei wurden die Werte der Zahlentafeln 43a und b benützt.

In Abb. 121a und b sind nach HOFMANN bzw. GRIMISON Geschwindigkeit und spezifisches Gewicht[1] mit der Gastemperatur ϑ_G, Zähigkeit[1] und Wärmeleitzahl mit dem Mittelwert ϑ_m zwischen Gas- und Wandtemperatur berechnet.

Es zeigt sich, daß, im Gegensatz zur früheren Ansicht, unter sonst gleichen Bedingungen nur mehr ein kleiner Unterschied zwischen fluchtender und versetzter Rohranordnung besteht. Lediglich bei kleineren Re-Zahlen und kleinen Längsteilungen ist die fluchtende Anordnung erheblich ungünstiger. Bei großem t_L kann sie hingegen unter Umständen höhere α-Werte als die versetzte Anordnung ergeben. Es sei noch die Formel von SCHACK erwähnt[1]. Diese geht gleichfalls von den Versuchen der weiter oben genannten amerikanischen Forscher aus (Fußnoten [3,4,5] auf S. 156) und bringt das Ergebnis für Rauchgase auf die Formel

$$\alpha = 1{,}48 \cdot T^{1/4} \cdot f_a \frac{w_0^{0,61}}{d^{0,39}} \tag{134}$$

[1] In $\mathrm{Re} = \frac{w d \gamma}{\eta g}$.

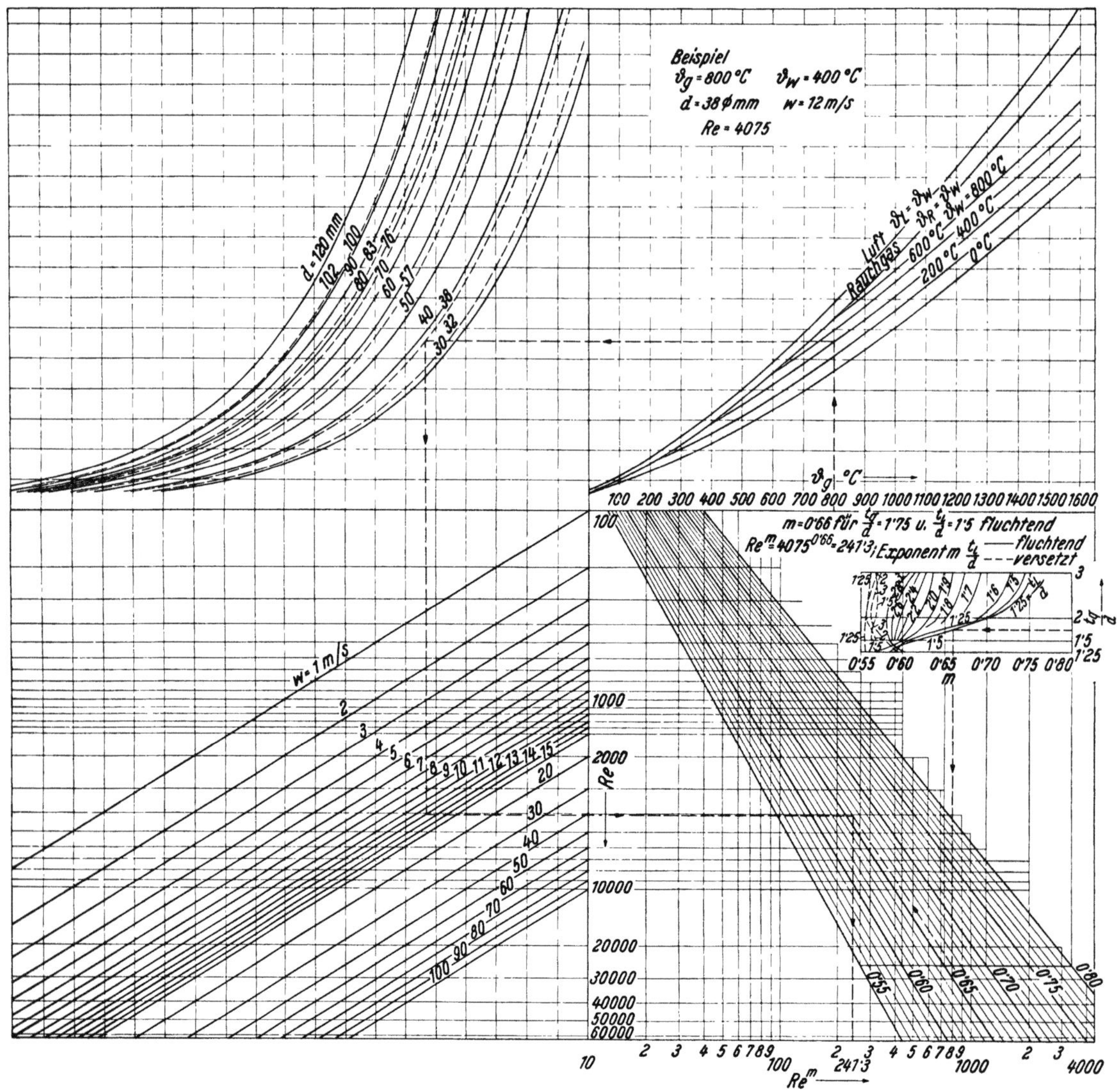

Abb. 121a. Bestimmung von Re^m zur Ermittlung der Wärmeübergangszahl α für Luft und Rauchgas bei Strömung senkrecht zur Rohrachse (Exponent m aus Hilfsdiagramm)

wobei f_a vom Längs- und Querverteilungsverhältnis und von Re abhängt. Er liefert hierfür eine Zahlentafel[1], wobei grob angenähert bei fluchtender Anordnung $f_a = 0{,}9$, bei versetzter $f_a = 1{,}1$ ist [w_0 nach Gl. (122)].

Der Wärmeübergang bei Strömung parallel zur Rohrachse wird nach MÜNZINGER so wie bei Strömung im Rohr gerechnet, wobei für d der äquivalente Durchmesser nach Gl. (132) eingesetzt wird. Aus Abb. 113 ist α zu entnehmen. Bei großen Teilungen wird diese Formel zu kleine Werte ergeben, so daß dann die Wärmeübergangszahl wie bei einer ebenen Platte von Rohrlänge zu berechnen ist (S. 160).

Man darf keineswegs erwarten, daß die auf die geschilderte Weise für senkrecht oder parallel durchströmte Rohrbündel ermittelten Werte für α genau mit solchen übereinstimmen, die aus Versuchen an Dampfkesseln stammen. Bei letzteren treten noch viele zusätzliche Faktoren auf, die einen Unterschied bedingen. Diese sind:

[1] SCHACK: Der industrielle Wärmeübergang, 6. Aufl. Düsseldorf: Stahleisen. 1962.

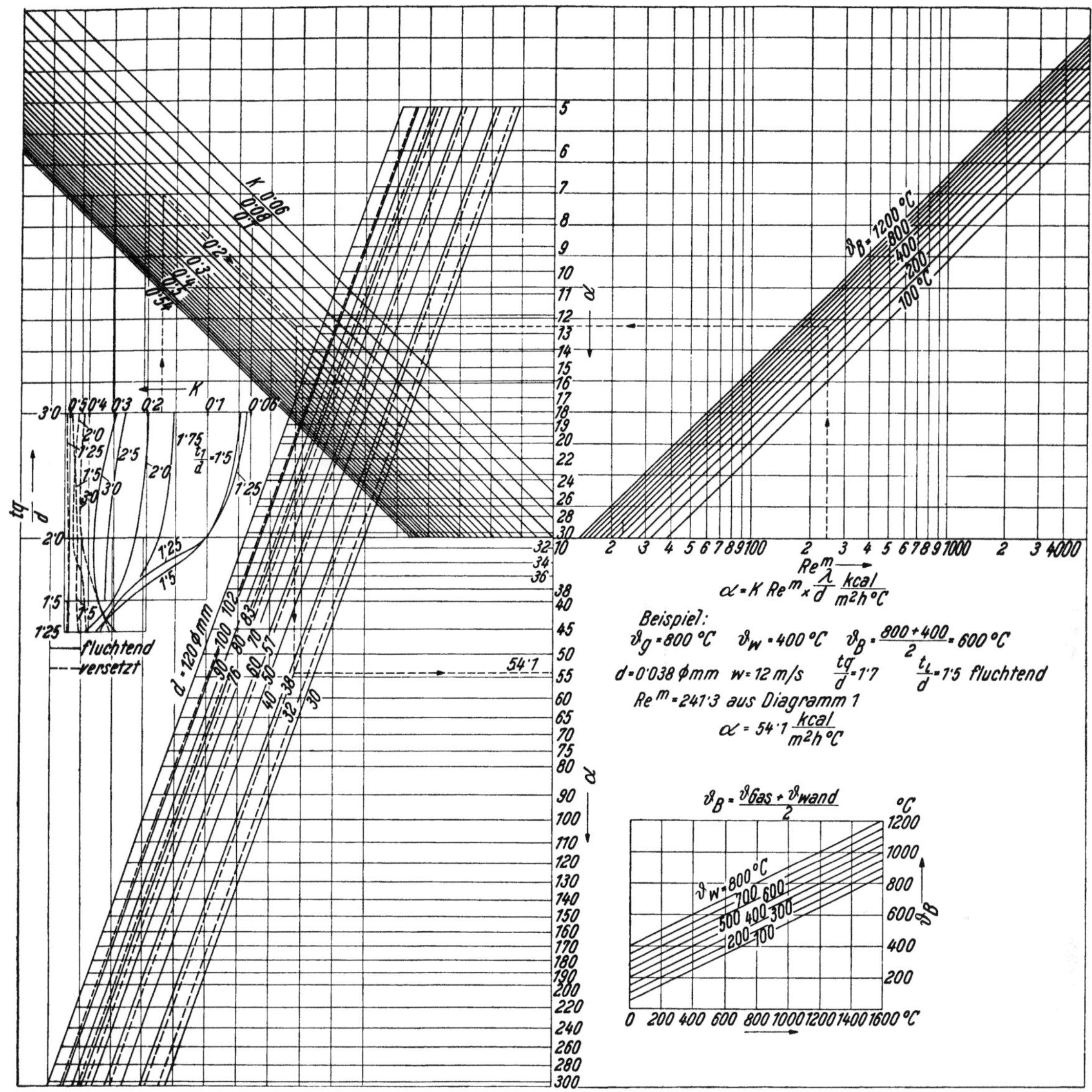

Abb. 121 b. Ermittlung von α mit Re^m aus Abb. 121 a und Bezugstemperatur ϑ_B sowie Faktor K aus Hilfsdiagrammen (bei anderen Drücken ist der für 1 ata abgelesene Wert mit p^m zu multiplizieren)

Verlegung durch Asche.
Teilweise Durchströmung der Heizfläche wegen toter Ecken u. dgl.
Ungleiche Geschwindigkeiten im Rauchgasquerschnitt.
Kurzschlußströmung um das Rohrbündel.
Schräge Ausströmrichtung.

Die Verlegung durch Asche wird durch Multiplikation der gefundenen Wärmeübergangszahl mit 0,7 bis 0,9 berücksichtigt. Der niedrigere Wert gilt bei Rauchgasgeschwindigkeiten von etwa 5 m/s, der höhere bei 10 m/s. Die geringere Abminderung bei höherer Geschwindigkeit hat ihre Ursache in der „Selbstreinigung" durch die Rauchgase.

Die Berücksichtigung der übrigen Punkte möge an dem in Abb. 122 dargestellten Beispiel gezeigt werden. Das Rohrbündel wird nur am Eintritt und Austritt senkrecht, überall anders schräg und oberhalb der Zugscheidewand parallel durchströmt. Außerdem ist oberhalb des Bündels eine Kurzschlußströmung vorhanden. Man kann hier die Heizfläche F in F_1, F_2, F_3 teilen. Für F_1 und F_3 ist α bei senkrechter Rohranordnung zu bestimmen ($\alpha_{\perp}$). Für F_2 gilt α bei Strömung parallel zur Rohrachse ($\alpha_{\parallel}$), wobei zur Berücksichtigung des Kurzschlusses eine Geschwindigkeit zugrunde gelegt wird, die aus dem ganzen Querschnitt q nach Abzug der Rohrquerschnitte ermittelt wurde. Es ist dann

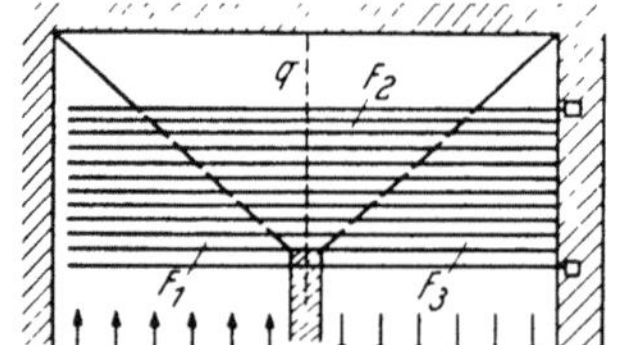

Abb. 122. Wärmeübergang in einem Rohrbündel, wobei die Strömung zum Teil senkrecht, zum Teil parallel zu diesem erfolgt

$$\alpha = \alpha_{\perp} \frac{F_1 + F_3}{F} + \alpha_{\parallel} \frac{F_2}{F} \tag{135}$$

Tote Ecken, ungleiche Geschwindigkeiten und dergleichen können bei Ermittlung der Heizfläche durch Einführung eines kleinen Zuschlages Berücksichtigung finden.

Strömung entlang von Platten. Handelt es sich um eine parallel zur Strömung liegende Platte von der Länge L, ergibt sich bei Luft, sofern die Geschwindigkeit größer als 5 m/s ist, nach Hütte

$$\mathrm{Nu} = 0{,}075 \cdot \mathrm{Pe}^{0{,}75} \tag{136}$$

Hier ist Nu und Pe mit der Plattenlänge L zu bilden, die Stoffwerte für das Mittel von Platten- und Lufttemperatur einzusetzen. Bei Rauchgas ist der Zahlenfaktor 0,077, bei Wasserdampf 0,09. Der Wärmeübergang wird mit zunehmender Plattenlänge wegen der zunehmenden Grenzschichtdicke kleiner. Naturgemäß gilt dies auch nur bis zu einer Grenze, worüber jedoch noch keine genaueren Anhaltswerte vorliegen.

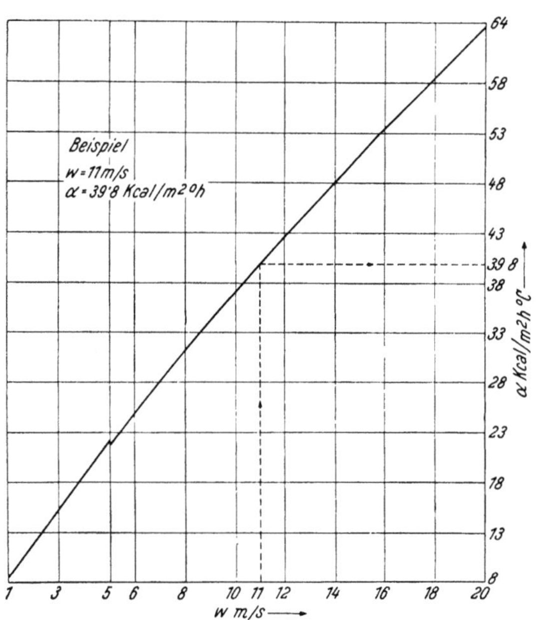

Abb. 123. Wärmeübergangszahl α für Luft bei Strömung entlang von Platten

Nach Schack ist bei $w > 5$ m/s und Luft

$$\alpha = 6{,}14\, w^{0{,}78} \tag{137}$$

bei $w < 5$ m/s

$$\alpha = 5 + 3{,}4 \cdot w \tag{138}$$

w ist die auf 20 °C bezogene Luftgeschwindigkeit. Aus Abb. 123 ist α gemäß den Gleichungen von Schack zu entnehmen.

b) Freie Strömung

Vertikale Platte. Bei Luft ergibt sich nach Ten Bosch

$$\mathrm{Nu} = 0{,}48 \sqrt[4]{\mathrm{Gr}} \tag{139}$$

Es ist $\mathrm{Gr} = \frac{g H^3 \Theta}{\nu^2 T}$, mit der Plattenhöhe H, der Temperaturdifferenz zwischen Wand und Luft Θ, der kinematischen Zähigkeit ν und der absoluten Lufttemperatur T, gemessen außerhalb des Einflußgebietes der Platte. Die Stoffwerte sind bei Plattentemperatur einzusetzen. Nach Schmidt und Beckmann[1], bzw. Schack erhält man mit p in kg/cm² als Luftdruck für technisch rauhe Wände

$$\alpha = 6 \cdot \sqrt[4]{\frac{\Theta \cdot p}{T H}} \tag{140}$$

Für normalen Außendruck ist $p = 1$.

[1] Schmidt und Beckmann: Das Temperatur- und Geschwindigkeitsfeld vor einer wärmeabgebenden senkrechten Platte bei natürlicher Konvektion. Techn. Mech. Thermodynamik Bd. 1, 1930, S. 341 und 391.

Ab $\mathrm{Gr\,Pr} > 2 \cdot 10^7$ (ca. $H = 0{,}5$ m) nimmt α mit der Höhe nicht weiter ab[1]. Es gilt dann statt Gl. (139): $\mathrm{Nu} = 0{,}122\,(\mathrm{Gr})^{1/3}$.

Horizontale Platte. Handelt es sich um horizontale Platten, sind die Werte aus vorstehenden Formeln mit 1,2 zu multiplizieren.

Horizontales Rohr. Für das horizontale Rohr in Luft[2] ergibt sich

$$\mathrm{Nu} = 0{,}372\sqrt[4]{\mathrm{Gr}} \tag{141}$$

wobei Gr die gleiche Bedeutung wie bei der vertikalen Platte hat, wenn statt H der Rohrdurchmesser genommen wird.

Schack gibt hier die Formel

$$\alpha = 8{,}2 + 0{,}00733\,\vartheta\sqrt[3]{\vartheta} \tag{142}$$

In dieser Gleichung ist in α ausnahmsweise auch der Einfluß der Strahlung enthalten. Will man ihn ausscheiden, ergibt sich α_k, welches nunmehr nur den Wärmeübergang durch Konvektion umfaßt aus

$$\alpha_k = \alpha - \frac{4\left[\left(\frac{T}{100}\right)^4 - \left(\frac{T_0}{100}\right)^4\right]}{T - T_0} \tag{143}$$

wobei T die absolute Temperatur der Rohroberfläche und T_0 jene der Umgebung ist. Für Durchmesser kleiner als 100 mm ist die Formel (142) nicht mehr genau gültig.

Vertikales Rohr. Nach Schack kann in erster Annäherung mit den gleichen Werten wie für das horizontale Rohr gerechnet werden.

Luftspalt. Handelt es sich um einen am Rand geschlossenen und durch parallele Platten von der Länge L begrenzten horizontalen Luftspalt mit einer Plattenentfernung s, erfolgt nach Ten Bosch die Berechnung von α aus:

$$\mathrm{Nu} = \frac{\alpha s}{\lambda} = 0{,}12 \cdot \mathrm{Gr}^{0,3} \tag{144}$$

Hierbei ist $\mathrm{Gr} = \frac{g(\vartheta_1 - \vartheta_2)\,s^3\beta}{\nu^2}$, ϑ_1 und ϑ_2 sind die Plattentemperaturen.

Die kinematische Zähigkeit ν und die Volumsdehnungszahl β ist bei der mittleren Temperatur $\vartheta_m = \frac{\vartheta_1 + \vartheta_2}{2}$ zu berechnen, so daß bei Luft nach Gl. (109) $\beta = \frac{1}{273 + \vartheta_m}$ ist. Die übergehende Wärme in kcal/m²h folgt aus

$$Q = (\vartheta_1 - \vartheta_2)\alpha.$$

Bei vertikalen, am Rand geschlossenen Luftspalten ergibt sich mit einer Plattenhöhe L in Metern nach Ten Bosch

$$\alpha = 0{,}88\sqrt[4]{\frac{\vartheta_1 - \vartheta_2}{L}} \tag{145}$$

sofern die Spaltweite größer als rund 1 cm ist. Ist s kleiner als der angegebene Wert, findet man sowohl für den horizontalen als vertikalen Spalt α aus

$$\alpha = \frac{\lambda}{s} \tag{146}$$

Dann tritt praktisch keine Konvektion mehr auf.

[1] Michejew: Grundlagen der Wärmeübertragung. Berlin: VEB Verlag Technik. 1961.

[2] Jodelbauer: Forschung Bd. 4, 1933, S. 157. — Hermann: Wärmeübergang bei freier Strömung am waagrechten Zylinder in zweiatomigen Gasen. Habilitationsschrift, Aachen 1935.

Zahlentafel 45. *Stoffwerte für trockene Luft bei 1 ata = 735,5 mm Hg*

ϑ °C	$\eta \cdot 10^6$ kp s/m²	γ kp/m³	ν cm²/s	c_p $\frac{\text{kcal}}{\text{kp °C}}$	λ $\frac{\text{kcal}}{\text{mh °C}}$	$a = \frac{\lambda}{c_p \cdot \gamma}$ cm²/s
−190					0,0065	
−150	0,876	2,817	0,0305		0,010	
−100	1,21	1,984	0,0598		0,014	
− 50	1,51	1,534	0,0973		0,017	
− 20	1,66	1,365	0,1193		0,0194	
0	1,78	1,252	0,1396	0,241	0,0204	0,1878
10	1,82	1,206	0,1482	0,2413	0,0210	0,201
20	1,86	1,164	0,1568	0,2416	0,0216	0,2133
30	1,905	1,127	0,1660	0,2419	0,0222	0,226
40	1,95	1,092	0,1752	0,2422	0,0228	0,2394
50	1,99	1,057	0,1847	0,2426	0,0234	0,2535
60	2,03	1,025	0,1943	0,2429	0,0240	0,2678
70	2,08	0,996	0,2045	0,2432	0 0246	0,2827
80	3,12	0,968	0,215	0,2435	0,0252	0,2958
90	2,165	0,942	0,2258	0,2438	0,0258	0,3125
100	2,21	0,916	0,237	0,2441	0,0264	0,3281
120	2,30	0,870	0,259	0,2447	0,0275	0,3589
140	2,38	0,827	0,282	0,2453	0,0286	0,3917
160	2,46	0,789	0,306	0,2460	0,0296	0,4236
180	2,54	0,755	0,330	0,2466	0,0307	0,4581
200	2,62	0,723	0,356	0,2472	0,0318	0,4942
250	2,81	0,653	0 422	0,249	0,0344	0,588
300	2,99	0,596	0,492	0,250	0,0369	0,687
350	3,16	0,549	0,565	0,252	0,0393	0,789
400	3,34	0,508	0,645	0,253	0,0417	0,901
500	3,65	0,442	0,810	0,257	0,0464	1,135
600	3,94	0,391	0,989	0,260	0,050	1,363
800	4,45	0,318	1,37	0,266	0,0575	1,89
1000	4,94	0,268	1,81	0,272	0,0655	2,496
1200	5,37	0,232	2,27	0,278	0,0727	3,13
1400	5,79	0,204	2,78	0,284	0,080	3,835
1600	6,16	0,182	3,32	0,291	0,087	4,577
1800	6,51	0,165	3,87	0,297	0,094	5,34

Zahlentafel 46a. *Stoffwerte für Wasserdampf*[1]

$$Cp \, \frac{\text{kcal}}{\text{kpgr}}$$

Temperatur °C	Druck in kp/cm²												
	1	20	40	50	60	80	100	120	150	200	225	250	300
100	0,496	—	—	—	—	—	—	—	—	—	—	—	—
200	0,474	—	—	—	—	—	—	—	—	—	—	—	—
300	0,48	0,55	0,66	0,75	0.85	1,1	—	—	—	—	—	—	—
400	0,48	0,51	0,56	0,57	0,58	0,67	0,748	0,828	0,98	1,5	2,04	2,8	6,9
500	0,5	0,513	0,526	0,535	0,548	0,577	0,605	0,63	0,69	0,79	0,84	0,905	1,02
600	0,52	0,527	0,535	0,54	0,548	0,56	0,573	0,588	0,62	0,65	0,68	0,705	0,755
650	0,52	0,528	0,537	0,541	0,545	0,555	0,565	0,576	0,605	0,63	0,64	0,66	0,69

[1] CHAPMAN: Heat Transfer. New York: The Macmillan Company. — MAYENGES und GRIGULL: Wärmeleitfähigkeit und Viskosität des Wasserdampfes. BWK 1965, S. 53.

Zahlentafel 46b

$\lambda \cdot 10^2 \frac{\text{kcal}}{\text{mh gr}}$

Temperatur °C	Druck in kp/cm²									
	1	20	40	50	60	80	100	120	150	200
100	2,236	—	—	—	—	—	—	—	—	—
200	2,752	—	—	—	—	—	—	—	—	—
300	3,612	3,87	4,386	4,558	4,816	5,848	—	—	—	—
400	4,644	4,816	4,988	5,16	5,332	5,59	5,848	6,364	7,052	9,202
500	5,762	5,934	6,02	6,106	6,192	6,45	6,622	6,794	7,224	7,998
600	6,88	7,052	7,224	7,31	7,482	7,568	7,74	7,912	8,17	8,6
650	7,396	7,568	7,74	7,912	8,084	8,17	8,256	8,428	8,686	9,202

Zahlentafel 46c

$\eta \cdot 10^6 \frac{\text{kps}}{\text{m}^2}$

Temperatur °C	1	20	40	50	60	80	100	120	150	200
100	1,2	—	—	—	—	—	—	—	—	—
200	1,62	—	—	—	—	—	—	—	—	—
300	2,02	2,02	2,02	2,03	2,0	2,0	—	—	—	—
400	2,425	2,45	2,458	2,5	2,51	2,556	2,558	2,61	2,67	2,86
500	2,83	2,84	2,86	2,89	2,91	2,92	2,95	2,98	3,01	3,12
600	3,249	3,25	3,26	3,29	3,31	3,33	3,35	3,37	3,4	3,46
650	3,45	3,451	3,46	3,49	3,51	3,548	3,549	3,557	3,559	3,65

Zahlentafel 46d. *Eigenschaften von Heizölen*

	Spez. Gew. bei 15 °C kp/m³	t °C	γ kp/m³	λ kcal/mh grd	c kcal/kg grd	$10^4\eta$ kps/m²
extraleicht	830—860	0	855	0,120	0,436	16,5
		50	822	117	480	4,2
		100	788	114	524	2,0
		150	754	111	568	1,0
		200	721	107	612	0,6
leicht	860—890	0	885	0,116	0,429	34,3
		50	852	113	472	6,1
		100	820	110	516	2,3
		150	787	107	559	1,1
		200	755	103	602	0,7
mittelschwer	900—940	0	930	0,111	0,419	2400
		50	899	108	461	69
		100	868	105	504	12
		150	837	102	546	4,7
		200	806	098	589	2,5
schwer	950—970	0	970	0,105	0,414	—
		50	939	102	454	380
		100	909	099	495	37
		150	878	096	535	9
		200	848	093	576	3,6
Steinkohlenteeröl IV	1040—1150	0	1105	0,092	0,384	84
		50	1080	090	422	13
		100	1055	087	461	4,3
		150	1030	085	499	1,9
		200	1005	082	538	1,2

Zahlentafel 46e. *Eigenschaften von flüssigen Metallen*

	Temp. °C	γ kp/m³	λ kcal/m grd h	c kcal/kp grd	$10^4\eta$ kps/m²
Na	100 °C	928	74,0	0,331	0,728
	200	903	70,2	317	466
	300	878	64,9	306	352
	400	854	59,1	304	287
	500	829	54,9	304	243
	600	805	52,1	305	211
	700	780	50,8	305	184
K	100 °C	818	40,0	0,195	0,468
	200	795	39,5	189	346
	300	773	37,3	185	277
	400	750	34,0	183	227
	500	727	30,0	182	190
	600	704	26,6	184	158
	700	681	24,3	185	142
25% Na	120 °C	872	19,0	0,310	0,827
75% K	100	852	20,0	273	527
	200	828	21,1	256	381
	300	803	22,2	248	299
	400	778	23,3	240	244
	500	753	24,4	231	205
	600	729	25,5	223	176
	700	704	26,6	215	154

Wärmeübergang an nicht siedendes Wasser. Hier hängen die Verhältnisse erheblich davon ab, wie weit sich eine Strömung einstellen kann. Die Wärmeübergangszahl ist höher, je mehr dies der Fall ist und liegt zwischen 200 bis 3000 kcal/m²h °C. Bei Vorhandensein von Rührwerken kann man mit 2000 bis 4000 kcal/m²h °C rechnen.

Wärmeübergang an siedendes Wasser. Auch bei siedendem Wasser kann, sofern lediglich freie Strömung vorliegt, bei hohen Wärmebelastungen Filmverdampfung einsetzen. Hier haben drei Zonen, und zwar das Gebiet der Konvektionsströmung[1] bis zu einer Wärmebelastung von etwa 12000 kcal/m²h, jenes der Rührwirkung durch die Dampfblasen und jenes der Filmverdampfung unterschieden zu werden[2]. Während in den ersten zwei Zonen die Wärmeübergangszahl mit zunehmender Wärmebelastung sehr stark bis etwa $\alpha = 23000$ kcal/m²h °C zunimmt[3], findet in der dritten Zone ein sehr starker Abfall von α statt (Zahlentafel 48). Die Wärmeübergangszahl nähert sich hier asymptotisch einem Wert von ungefähr 1200. Das Wasser besitzt im Mittel eine Übertemperatur von einigen Zehntel Graden über der Sattdampftemperatur.

Demgemäß findet die Dampfbildung nicht ausschließlich an der Heizfläche statt, sondern in das Volumen der aufsteigenden Dampfblase tritt eine weitere Verdampfung ein, so daß dieses während des Durchlaufens durch das Wasser erheblich zunimmt. Die Aufsteigegeschwindigkeit liegt, wie auf S. 258 ausführlich dargelegt ist, je nach Druck und spezifischem Gewicht des Dampfwassergemisches zwischen 0,2 und 2,5 m/s.

Kondensierender Dampf. Nach NUSSELT bildet sich bei der Kondensation an der Heizfläche ein Wasserfilm, durch den die übergehende Wärme durch Leitung transportiert wird und der die Größe der Wärmeübergangszahl α bedingt. Je dicker dieser Film im Mittel ist, um so kleiner wird α.

[1] FRITZ: VDI Beihefte, Verfahrenstechnik 1938, Nr. 2, S. 61; Nr. 4, S. 125; Nr. 6, S. 186.

[2] Die Vorgänge sind analog jenen bei erzwungener Strömung im Rohr, Abb. 114.

[3] Nach MICHEJEW (siehe Fußnote[2] auf S. 161) gilt in den ersten zwei Zonen $\alpha = 3\,q^{0,7}\,p^{0,15}$ mit der Heizflächenbelastung q in kcal/m² h und dem Druck p in kp/cm².

Zahlentafel 47. *Stoffwerte für Wasser*

Temperatur °C	c_p $\frac{\text{kcal}}{\text{kp °C}}$	γ kp/m³	λ $\frac{\text{kcal}}{\text{m h °C}}$	$\eta \cdot 10^6$ $\frac{\text{kp} \cdot \text{s}}{\text{m}^2}$	$a = \frac{\lambda}{c_p \cdot \gamma}$ cm²/s	$\nu = \frac{\eta}{\varrho}$ cm²/s	β 1/°C Volumdehnungszahl
0	1,0093	999,8	0,480	182,9	0,001322	0,01794	
5	1,0047	1000,0	0,488	156,5	0,001352	0,01535	0,000015
10	1,0019	999,6	0,496	132,2	0,001377	0,01297	0,000090
15	1,0000	999,1	0,505	115,8	0,011403	0,01137	0,000154
20	0,9988	998,2	0,513	101,3	0,001430	0,00996	0,000208
25	0,9980	997,1	0,521	89,8	0,001457	0,00884	0,000256
30	0,9975	995,6	0,529	80,8	0,001480	0,00796	0,000302
35	0,9973	994,1	0,537	73,4	0,001505	0,00724	0,000344
40	0,9973	992,2	0,544	67,1	0,001529	0,00663	0,000386
45	0,9975	990,2	0,550	61,7	0,001550	0,00611	0,000422
50	0,9978	988,0	0,556	56,6	0,001568	0,00562	0,000457
55	0,9982	985,7	0,561	52,0	0,001585	0,00518	0,000490
60	0,9978	983,2	0,566	48,1	0,001604	0,00480	0,000522
65	0,9993	980,5	0,570	44,4	0,001618	0,00444	0,000554
70	1,0000	977,7	0,574	41,2	0,001633	0,00413	0,000584
75	1,0008	974,9	0,577	38,4	0,001645	0,00386	0,000614
80	1,0017	971,8	0,579	35,9	0,001655	0,00362	0,000642
85	1,0026	968,7	0,581	35,5	0,001665	0,00339	0,000670
90	1,0036	965,3	0,583	31,5	0,001675	0,00320	0,000697
95	1,0046	961,9	0,585	29,8	0,001685	0,00304	0,000723
100	1,0057	958,3	0,586	28,3	0,001690	0,00290	0,000749
120	1,0108	943,1	0,589	24,0	0,001707	0,00250	0,000850
140	1,0167	926,1	0,588	20,5	0,001719	0,00217	0,000966
160	1,0234	907,4	0,585	17,5	0,001720	0,00189	0,001098
180	1,050	886,9	0,579	15,5	0,00172	0,00172	0,001256
200	1,075	864,7	0,572	14,2	0,00172	0,00161	0,001451
220	1,10	840,3	0,561	12,7	0,00169	0,00149	
240	1,13	813,6	0,545	11,6	0,00165	0,00141	
260	1,19	748,0	0,527	10,7	0,00159	0,00140	
280	1,25	750,7	0,506	10,0	0,00151	0,00135	
300	1,36	712,5	0,485	9,4	0,00140	0,00138	
325	1,60	638,6	0,425	9,1			
350	2,22	572,4	0,369	8,8			
374		358,4		8,5			

Zahlentafel 48. *Wärmeübergangszahl von siedendem Wasser (bei 60 °C)*

	Übertemperatur der Wand	Wärmeübergangszahl α kcal/m²h °C	Heizflächenbelastung kcal/m²h
	5	1600	8000
Rühr-wirkung	10	5000	50000
	15	13000	200000
	20	23000	460000
	30	21000	630000
Film-verd.	40	10250	410000
	60	3300	198000
	80	1870	150000
	160	1220	195000

Bei glatten Oberflächen, insbesondere wenn sie leicht eingefettet sind, tritt jedoch keine Filmbildung, sondern Tropfenkondensation auf. Die Heizfläche ist mit Tropfen verschiedener Größen übersät, welche nach Erreichen einer bestimmten Größe abfließen, auf ihrer Bahn eine tropfenlose Gasse hinterlassend, die sich dann wieder beschlägt. In diesem Falle zeigen sich erheblich höhere Wärmeübergangszahlen als bei Filmkondensation, so daß folgende Formeln, die für letztere gelten, Mindestwerte sind.

Kondensation von Sattdampf. Für die mittlere, an einer vertikalen Platte von der Höhe H auftretende Wärmeübergangszahl ergibt sich nach NUSSELT

$$\alpha = \frac{4}{3} \sqrt[4]{\frac{r \gamma^2 \lambda^3}{4 \eta H (\vartheta' - \vartheta_w)}} \tag{147a}$$

wobei r die Verdampfungswärme, γ die Wichte, λ die Wärmeleitzahl und η die Zähigkeit des Wassers ist. Ferner ist ϑ' die Temperatur des Sattdampfes und ϑ_w jene der Wand. Die Stoffwerte sind bei $\frac{\vartheta' + \vartheta_w}{2}$ einzusetzen. SCHACK faßt wieder deren Temperaturabhängigkeit zusammen und erhält:

$$\alpha = \frac{5800 + 23(\vartheta' - \vartheta_w)}{\sqrt[4]{H(\vartheta' - \vartheta_w)}} \tag{147b}$$

Handelt es sich um die Kondensation auf der Oberfläche eines horizontalen Rohres mit dem Durchmesser d, erhält man α_R durch Multiplikation von Gl. (147a) bzw. (147b) mit 0,77, wobei statt H der Rohrdurchmesser einzusetzen ist.

Sind mehrere Rohrreihen übereinander, verschlechtert sich infolge Tropfens von Kondensat von den oberen auf die unteren Reihen der Wärmeübergang. In diesem Falle ist die mittlere Wärmeübergangszahl des Bündels, wenn n die Zahl der übereinanderliegenden Rohrreihen ist:

$$\alpha_B = \frac{\alpha_R}{\sqrt[4]{n}} \tag{147c}$$

Bei Filmkondensation liegt α bei 5000 kcal/m²h °C, bei Tropfenkondensation werden auch 50000 kcal/m²h °C und darüber erreicht. Ist der Dampf lufthältig, verschlechtert sich α sehr stark. Bei einem Verhältnis der Teildrücke Luft zu Dampf von 1, 2, 4 ergibt sich α zu 170, 100, 45 kcal/m²h °C [1]. Bei Dampfgeschwindigkeiten über 40 m/s kann α nach folgender empirischen Formel mit L als Rohrlänge berechnet werden:

$$\alpha = (3400 + 100 w) \left(\frac{1{,}21}{L}\right)^{1/3} \tag{147d}$$

Kondensation von Heißdampf. Von kondensierendem Heißdampf spricht man dann, wenn Heißdampf von einer Heizfläche gekühlt wird, deren Temperatur ϑ_w tiefer als die Sattdampftemperatur ϑ' des Dampfes ist. Ist jedoch $\vartheta_w > \vartheta'$, findet keine Kondensation statt, und der Wärmeübergang hat z. B. bei Rohren nach den auf S. 150 angegebenen Formeln ermittelt zu werden. Im ersteren Fall ist

$$\alpha_{\ddot{u}} = \alpha \sqrt[4]{\frac{i_{\ddot{u}} - i'}{r}} \tag{148}$$

wobei $i_{\ddot{u}}$ den Wärmeinhalt des überhitzten Dampfes i' jenen vom Kondensat bei Sattdampftemperatur, r die Verdampfungswärme und α die Wärmeübergangszahl für Sattdampf darstellt. Es wird demnach bei Heißdampf der Wärmeübergang etwas besser. Für die übertragene Wärme in kcal/m²h folgt mit der Sattdampftemperatur ϑ' und der Wandtemperatur ϑ_w

$$Q = \alpha_{\ddot{u}} \cdot (\vartheta' - \vartheta_w). \tag{149}$$

[1] KRAUSSOLD: Der konvektive Wärmeübergang. Die Technik 1948, S. 205.

B. Der Wärmedurchgang

1. Die Wärmedurchgangszahl *K*

Beim Wärmeaustausch liegen gewöhnlich die Verhältnisse so, daß Wärme, die auf der einen Seite einer Wand durch ein Medium herangebracht wird, auf ein zweites Medium übertragen werden soll, welches sich auf der anderen Seite der Wand befindet. Auf der einen Seite ist beim Dampfkessel z. B. das heizende Rauchgas, auf der anderen das siedende Wasser. Die Wand kann hierbei eben, zylindrisch oder gerippt sein.

Es werde nun die Aufgabe gestellt, den Wärmedurchgang durch ein zylindrisches Rohr zu berechnen. Gegeben sind alle Maße, die Wärmeleitzahl des Rohrwerkstoffes sowie die Temperaturen und Wärmeübergangszahlen außen und innen. Erstere werden mit dem Index 1, letztere mit 2 gekennzeichnet (Abb. 124).

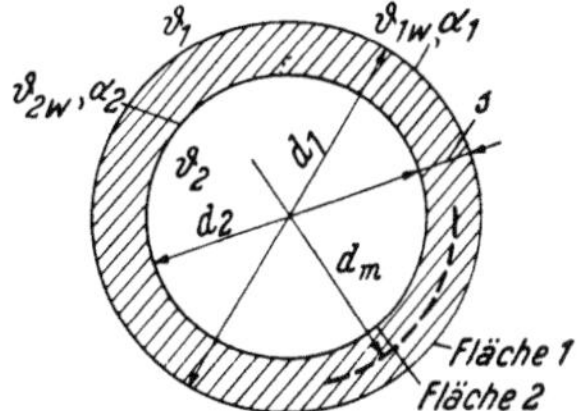

Abb. 124. Bezeichnungen bei einem Rohr

ϑ_1 Temperatur des Mediums außerhalb des Rohres;
ϑ_2 Temperatur des Mediums im Rohr;
ϑ_{1w} Rohrwandtemperatur außen;
ϑ_{2w} Rohrwandtemperatur innen

Da es sich um einen stationären Vorgang handelt, muß die Wärme, die durch Konvektion an die Fläche 1 gelangt, durch die Wand des Rohres durchgeleitet und schließlich von der Fläche 2 wieder mittels Konvektion abgegeben werden.

Betrachtet man ein Rohrstück von 1 m Länge, folgt nach Gl. (88) für die Wärme, die an die Fläche 1 gelangt:

$$Q' = \alpha_1 d_1 \pi (\vartheta_1 - \vartheta_{1w}) \tag{150}$$

Die Wärmeleitung durch die Wand folgt nach der für zylindrische Wandungen geltenden Formel[1]

$$Q' = \frac{(\vartheta_{1w} - \vartheta_{2w}) \pi d_1}{\frac{d_1}{2\lambda} \ln \frac{d_1}{d_2}} \tag{151}$$

Nähme man die Wand als von zwei planparallelen Ebenen begrenzt an, ist die Wärmeleitung je m² einer solchen:

$$q = \frac{\lambda(\vartheta_{1w} - \vartheta_{2w})}{s} \quad \text{bzw.} \quad Q' = \frac{\lambda(\vartheta_{1w} - \vartheta_{2w}) d_m \pi}{s}$$

Es ist s die Wandstärke und d_m der mittlere Durchmesser. Von dieser bei dünnwandigen Rohren zulässigen Vereinfachung wird später Gebrauch gemacht.

Die Fläche 2 gibt ab:

$$Q' = \alpha_2 d_2 \pi (\vartheta_{2w} - \vartheta_2). \tag{152}$$

In den Gl. (150), (151), (152) ist ϑ_{1w}, ϑ_{2w} und Q' unbekannt. Berechnet man letzteres durch Elimination von ϑ_{1w} und ϑ_{2w}, erhält man

$$Q' = \frac{\pi d_1 (\vartheta_1 - \vartheta_2)}{\frac{d_1}{d_2 \alpha_2} + \frac{d_1}{2\lambda} \ln \frac{d_1}{d_2} + \frac{1}{\alpha_1}} \tag{153}$$

---

[1] Siehe z. B. Ten Bosch (Fußnote [3], S. 145).

Der Ausdruck

$$K = \frac{1}{\frac{d_1}{d_2 \alpha_2} + \frac{d_1}{2\lambda} \ln \frac{d_1}{d_2} + \frac{1}{\alpha_1}} \tag{154}$$

heißt Wärmedurchgangszahl und hat die Dimension kcal/m²h °C.

Betrachtet man nicht mehr nur 1 m des betreffenden Rohres, sondern die ganze Heizfläche F_1, welche mit dem äußeren Durchmesser ermittelt wurde, so folgt die oft benötigte Beziehung:

$$Q = F_1(\vartheta_1 - \vartheta_2) \cdot K \tag{155}$$

Wichtig ist der Fall des Wärmeverlustes eines isolierten Rohres. Hier strömt die Wärme von innen nach außen. Sind d_1 der Isolierungsaußen-, d_2 der Rohraußen-, d_3 der Rohrinnendurchmesser, λ_1 die Wärmeleitzahl der Isolierung und λ_2 jene des Stahles, ergibt sich

$$Q' = \frac{\pi d_1 (\vartheta_3 - \vartheta_1)}{\frac{d_1}{d_3 \alpha_3} + \frac{d_1}{2}\left(\frac{1}{\lambda_1} \ln \frac{d_1}{d_2} + \frac{1}{\lambda_2} \ln \frac{d_2}{d_3}\right) + \frac{1}{\alpha_1}} \tag{156}$$

Q' ist die übergehende Wärme je Meter Rohrlänge, α_1 und α_3 die Wärmeübergangszahlen gegen die Außenluft sowie im Rohrinneren. Die zugehörigen Temperaturen sind ϑ_1 und ϑ_3.

Ist, wie es normalerweise bei Wärmeübergangsrechnungen in Dampfkesseln vorausgesetzt werden kann, der Außen- und Innendurchmesser des Rohres nur wenig verschieden, kann der Logarithmus in Gl. (154) durch folgende Reihe ersetzt werden, die bereits nach dem ersten Glied abgebrochen wird:

$$\ln \frac{d_1}{d_2} = \frac{2\left(\frac{d_1}{d_2} - 1\right)}{\frac{d_1}{d_2} + 1} + \cdots \doteq \frac{(d_1 - d_2) \cdot 2}{d_1 + d_2} = \frac{2s}{d_m} \tag{157}$$

Man erhält dann:

$$K = \frac{1}{\frac{d_1}{d_2 \alpha_2} + \frac{d_1}{d_m} \frac{s}{\lambda} + \frac{1}{\alpha_1}} \tag{158}$$

Setzt man schließlich $d_1 \doteq d_2 \doteq d_m$, kommt man zu der für die planparallele Platte gültigen Form, die durchwegs auch für das normalerweise im Dampfkesselbau verwendete dünnwandige Rohr benützt wird. Es ist dann:

$$K = \frac{1}{\frac{1}{\alpha_1} + \frac{s}{\lambda} + \frac{1}{\alpha_2}} \tag{159}$$

Der Ausdruck $\frac{s}{\lambda}$ kann gewöhnlich beim dünnwandigem Stahlrohr neben den anderen Summanden vernachlässigt werden.

Soll im besonderen der Wärmeübergang von Rauchgasen berechnet werden, so liegt α_1 größenordnungsmäßig zwischen 15 bis 60 kcal/m²h °C. Befindet sich im Rohrinneren gleichzeitig siedendes Wasser, ist $\alpha_2 \doteq 5000$ kcal/m²h °C, so daß auch $\frac{1}{\alpha_2}$ vernachlässigbar ist. Es ergibt sich dann statt Gl. (158) bzw. (159):

$$K \doteq \alpha_1 \tag{160}$$

Setzt man diesen Wert in Gl. (155) ein, sieht man, daß als Heizfläche jene Rohrseite mit der kleineren Wärmeübergangszahl aufscheint.

Das entsprechende Ergebnis hätte man erhalten, wenn es sich um Heizrohre handelt, bei welchen die Rauchgase durch das Rohr strömen und außen von Wasser umspült sind, wo also $\alpha_2 \ll \alpha_1$ ist. Hier ergäbe sich aus Gl. (158) $K \doteq \frac{d_2 \alpha_2}{d_1} = \frac{F_2 \alpha_2}{F_1}$ oder nach Einführung in Gl. (155), wenn nun $\vartheta_2 > \vartheta_1$ ist,

$$Q = F_2(\vartheta_2 - \vartheta_1)\alpha_2 \tag{161}$$

Auch hier liegt die maßgebende Heizfläche auf der Seite des kleineren α.

Es zeigt sich daher die Regel, die Heizfläche mit der Rohrseite zu berechnen, welche die kleinere Wärmeübergangszahl hat. Sind jedoch beide Wärmeübergangszahlen größenordnungsmäßig gleich, ist die Heizfläche mit dem Mittelwert von Rohraußen- und Innendurchmesser zu ermitteln.

Will man den Raumbedarf einer Heizfläche durch Anordnung von Rippen verkleinern und ist wieder α_1 sehr verschieden von α_2, haben diese nur dann einen Zweck, wenn sie auf der Seite des kleineren α angeordnet sind, da als Heizfläche nur diese Seite in Erscheinung tritt. So ordnet man bei einem Rippenrohreko die Rippen nur rauchgasseitig, nie aber wasserseitig an.

Handelt es sich aber um ein Lufterhitzerrippenrohr, wo die Wärmeübergangszahlen auf beiden Seiten ungefähr gleich sind, ist die Anordnung von Rippen entweder auf beiden Seiten oder auf keiner zweckmäßig. Dies kann leicht nachgewiesen werden, wenn man auf Gl. (158) zurückgreift. Ist λ sehr groß, gilt diese nicht nur für ein Kreisrohr, sondern auch, wenn eine beliebig geformte äußere und innere Begrenzungsfläche F_1 und F_2, z. B. infolge von Rippen, vorhanden wäre. Es ist nur in diesem Falle statt d_1/d_2 F_1/F_2 zu setzen, so daß mit $\alpha_1 \doteq \alpha_2$ und $s/\lambda \doteq 0$ folgt:

$$K = \frac{\alpha_1}{\frac{F_1}{F_2} + 1} \tag{162}$$

Setzt man dies in Gl. (155) ein, ergibt sich:

$$Q = \frac{F_1 F_2 (\vartheta_1 - \vartheta_2)\alpha_1}{F_1 + F_2} \tag{163}$$

Ist nun die Frage gestellt, bei welchem F_1 die übertragene Wärme Q ein Maximum wird, wenn die Summe der äußeren und inneren Heizfläche $F_1 + F_2$ unverändert bleibt, welche ungefähr dem Werkstoffaufwand der Rippen verhältnisgleich ist, so ergibt sich sofort, daß dies bei $F_1 = F_2$ der Fall ist. Es sind also gleichartige Rippen beiderseitig vorzusehen.

2. Der Temperaturverlauf

Bisher wurde stets angenommen, daß die Temperaturen auf beiden Seiten der Heizfläche konstant sind. Dies trifft jedoch nur zu, sofern es sich um siedendes Wasser oder kondensierenden Dampf handelt. Sonst bedingt jeder Wärmetransport eine Temperaturzunahme des beheizten und eine Temperaturabnahme des heizenden Mediums. Es tritt nun in diesem Falle die Frage auf, welche Temperaturdifferenz nunmehr in Gl. (155) einzusetzen ist.

Die beiden Medien können die Heizfläche entweder gleich-, entgegengesetzt oder senkrecht zueinander gerichtet durchströmen. Es handelt sich hierbei um Gleichstrom, Gegenstrom und Kreuzstrom.

Den Temperaturverlauf bei Gleichstrom entlang der Heizfläche zeigt Abb. 125. Das heizende Medium, dessen stündliches Durchsatzgewicht G_1 sei, kühlt sich von ϑ_{1E} auf ϑ_{1A} ab, während sich das beheizte Medium mit dem Durchsatzgewicht G_2 von ϑ_{2E} auf ϑ_{2A} aufwärmt. Es muß hier stets $\vartheta_{2A} < \vartheta_{1A}$ sein.

Die Verhältnisse bei Gegenstrom sind in Abb. 126 dargestellt. Hier kann die Aufwärmung des beheizten Mittels auf eine höhere Temperatur erfolgen, als das heizende abgekühlt wurde, also $\vartheta_{2A} > \vartheta_{1A}$ sein. Schließlich zeigt Abb. 127 den Kreuzstrom. Hier ist die Austrittstemperatur beider Medien über den Strömungsquerschnitt ungleich. Erst die Mittelwertbildung liefert die Endtemperaturen ϑ_{1A} und ϑ_{2A}. Beim Medium 1 wird der Randfaden a am meisten abgekühlt, beim Medium 2 b am meisten erwärmt.

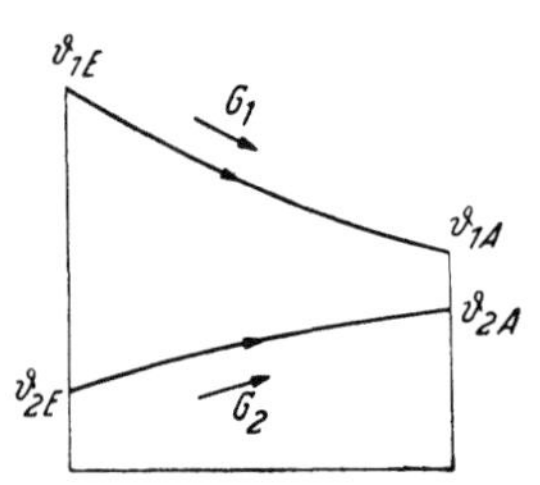

Abb. 125. Temperaturverlauf längs einer Heizfläche bei Gleichstrom

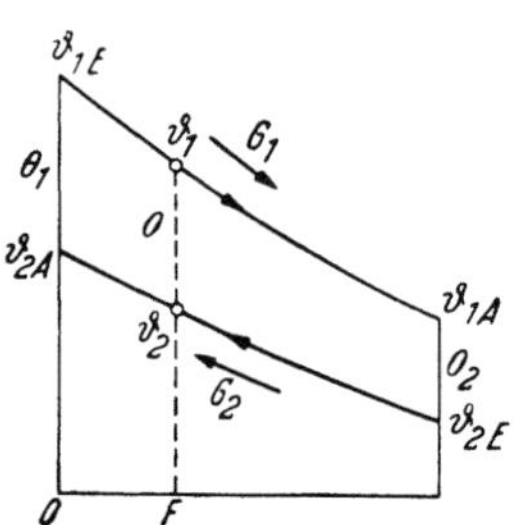

Abb. 126. Temperaturverlauf längs einer Heizfläche bei Gegenstrom

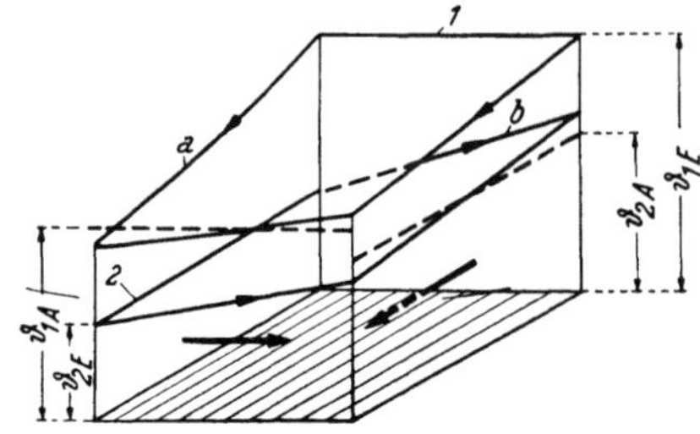

Abb. 127. Temperaturverlauf längs einer Heizfläche bei Kreuzstrom

Es werde nun die Berechnung des Temperaturverlaufes für Gegenstrom und Gleichstrom nach TEN BOSCH durchgeführt. Nimmt man in Abb. 126 für die Heizfläche in 0 den Nullpunkt an und seien an der Stelle F die entsprechenden Temperaturen der Medien 1 und 2, ϑ_1 und ϑ_2, ergibt sich die von F übertragene Wärmemenge Q für Medium 1 zu $Q = (\substack{+\\+}\vartheta_{1E} \substack{-\\-} \vartheta_1)G_1c_1$ und für Medium 2: $Q = (\pm\vartheta_{2A} \mp \vartheta_2)G_2c_2$.

Die oberen Zeichen gelten für Gegen-, die unteren für Gleichstrom. c_1 und c_2 sind die spezifischen Wärmen der beiden Medien. Durch Differenzieren folgt für die Medien 1 und 2:

$$dQ = \substack{-\\-}\, G_1c_1d\vartheta_1, \tag{164a}$$

$$dQ = \mp\, G_2c_2d\vartheta_2. \tag{164b}$$

Bezeichnet man gemäß Abb. 126 die Temperaturdifferenzen mit Θ, so ist

$$\Theta = \vartheta_1 - \vartheta_2 \tag{165}$$

bzw.

$$d\Theta = d\vartheta_1 - d\vartheta_2 \tag{166}$$

Führt man Gl. (164a) und (164b) ein, folgt

$$-dQ\left(\substack{+\\+}\frac{1}{G_1c_1} \mp \frac{1}{G_2c_2}\right) = d\Theta = -dQ\mu \tag{167}$$

wenn der Klammerausdruck abgekürzt mit μ bezeichnet wird. Die Integration liefert mit der Integrationskonstanten C_1

$$Q = -\frac{\Theta}{\mu} + C_1 \tag{168}$$

Für $Q = 0$ ist $\Theta = \Theta_1$. Setzt man ferner für $Q = Q_g$, $\Theta = \Theta_2$, folgt

$$Q_g = \frac{\Theta_1 - \Theta_2}{\mu} \tag{169}$$

Andererseits kann man die Gl. (155) auf ein Flächenelement dF anwenden, innerhalb welchem Θ als konstant anzusehen ist. Es ergibt sich

$$dQ = \Theta K dF \tag{170}$$

Durch Zusammenfassung mit Gl. (167) folgt

$$\frac{d\Theta}{\Theta} = -K\mu dF \tag{171}$$

Die Integration liefert

$$\ln \Theta = -K\mu F + C. \tag{172}$$

Die Integrationskonstante C folgt aus der Bedingung, daß für $F = 0$, $\Theta = \Theta_1$ ist. Setzt man außerdem für $F = F_g$, $\Theta = \Theta_2$, folgt

$$K\mu F_g = \ln \frac{\Theta_1}{\Theta_2} \tag{173}$$

oder

$$\Theta_2 = \Theta_1\,\mathrm{e}^{-K\mu F_g} \tag{174}$$

Diese Gleichung liefert die Temperaturdifferenz am Heizflächenende, wenn jene zu Beginn gegeben ist. Daraus kann auch bereits unmittelbar die Endtemperatur ϑ_{1A} berechnet werden, wenn die Temperatur ϑ_2 des Mediums 2 konstant ist, es sich also z. B. um siedendes Wasser handelt. Hier ist $G_2 = \infty$ zu setzen, so daß $\mu = \frac{1}{G_1 c_1}$ wird. Es folgt:

$$\vartheta_{1A} = (\vartheta_{1E} - \vartheta_2)\,\mathrm{e}^{-\frac{KF_g}{G_1 c_1}} + \vartheta_2 \tag{175}$$

Diese Beziehung wird als Redtenbachersche Gleichung bezeichnet.

Ist die Temperatur beider Medien veränderlich und soll wieder die Austrittstemperatur ϑ_{1A} des Mediums 1 bei gegebenen Eintrittstemperaturen ϑ_{1E}, ϑ_{2E} ermittelt werden, schreibt man Gl. (174) durch Subtrahieren von Θ_1 auf beiden Seiten in der Form:

$$\Theta_1 - \Theta_2 = \Theta_1(1 - \mathrm{e}^{-\mu K F_g}) \tag{176}$$

Ferner ist

$$Q_g = (\vartheta_{1E} - \vartheta_{1A})G_1 c_1 \tag{177a}$$

$$Q_g = (\vartheta_{2A} - \vartheta_{2E})G_2 c_2. \tag{177b}$$

Ersetzt man in Gl. (176) $\Theta_1 - \Theta_2$ mittels Gl. (169), folgt:

$$Q_g \cdot \mu = \Theta_1(1 - \mathrm{e}^{-\mu K F_g}) \tag{178}$$

Nun kann hier Q_g aus Gl. (177b) eingesetzt werden, und man erhält z. B. bei Gegenstrom mit $\Theta_1 = \vartheta_{1E} - \vartheta_{2A}$ nach einigen kleinen Umformungen

$$\vartheta_{2A} = \frac{\vartheta_{2E}\left(\frac{c_2 G_2}{c_1 G_1} - 1\right) + \vartheta_{1E}\left(1 - e^{-K\mu F_g}\right)}{\frac{c_2 G_2}{c_1 G_1} - e^{-\mu K F_g}} \tag{179}$$

Setzt man die Gl. (177a) und (177b) gleich und ϑ_{2A} aus obiger Beziehung ein, folgt schließlich:

$$\vartheta_{1A} = \frac{(G_2 c_2 - G_1 c_1)\vartheta_{1E} e^{-\mu K F_g} + G_2 c_2 \vartheta_{2E}(1 - e^{-\mu K F_g})}{G_2 c_2 - G_1 c_1\, e^{-\mu K F_g}} \tag{180}$$

Der Wert ϑ_{1A} ist jetzt nur noch durch bekannte Größen ausgedrückt und kann berechnet werden.

Es möge nun die in einer gegebenen Heizfläche übertragbare Wärmemenge berechnet werden. Der Ausdruck hierfür gemäß Gl. (169) kann umgeformt werden, wenn μ mittels Gl. (173) eliminiert wird. Es folgt:

$$Q_g = \left(\frac{\Theta_1 - \Theta_2}{\ln \frac{\Theta_1}{\Theta_2}}\right) F_g K = \Theta_m F_g K \tag{181}$$

Der eingeklammerte Ausdruck wird „mittlere logarithmische Temperaturdifferenz" genannt und beantwortet die anfangs gestellte Frage, wie die Temperaturdifferenz zu ermitteln ist, wenn eines oder beide Medien veränderliche Temperaturen haben.

Ist $\frac{\Theta_1}{\Theta_2}$ nur wenig von 1 verschieden, kann der Logarithmus ähnlich wie bei Gl. (157) in eine Reihe entwickelt werden, welche nach dem ersten Glied abgebrochen wird. Dann folgt:

$$\Theta_m \doteq \frac{(\Theta_1 - \Theta_2)\left(\frac{\Theta_1}{\Theta_2} + 1\right)}{2\left(\frac{\Theta_1}{\Theta_2} - 1\right)} = \frac{\Theta_1 + \Theta_2}{2} \tag{182}$$

Für diesen Fall zeigt sich also, daß Θ_m identisch mit dem arithmetischen Mittel der Temperaturdifferenz am Anfang und Ende der Heizfläche ist. Dieses einfache Ergebnis veranlaßt, Θ_m, auch wenn $\frac{\Theta_1}{\Theta_2}$ erheblich von 1 abweicht, durch das arithmetische Mittel darzustellen und das Ergebnis durch einen Faktor b zu korrigieren[1]. Es ist also

$$\Theta_m = \frac{\Theta_1 + \Theta_2}{2} \cdot b \tag{183}$$

wobei b lediglich von $\frac{\Theta_1}{\Theta_2}$ abhängt.

Zahlentafel 49. *Mittlere logarithmische Temperaturdifferenz*

Θ_1/Θ_2	b
1	1
1,2	0,998
1,4	0,991
1,8	0,971
2	0,962
3	0,91
4	0,867
5	0,829
10	0,71

Zur Vereinfachung der Berechnung von b kann Zahlentafel 49 benützt werden. Diese gilt sowohl für Gegen- als Gleichstrom und haben immer die Temperaturdifferenzen am Heizflächenanfang und -ende gebildet und so durcheinander dividiert zu werden, daß der größere Wert im Zähler steht.

Die Gl. (181) ist auch zu benützen, wenn bei gegebenen Anfangs- und Endtemperaturen sowie zu übertragender Wärmemenge Q_g die vorzusehende Heizfläche gefragt ist. Dann ist:

$$F_g = \frac{Q_g}{\Theta_m K} \tag{184}$$

Diese Beziehung ist für die Bemessung der Heizflächen in Dampfkesseln von größter Wichtigkeit.

Ist eine Heizfläche zu berechnen, wenn bei beiderseits veränderlichem Temperaturverlauf nur die Eintrittstemperaturen ϑ_{1E} und ϑ_{2E} gegeben sind, kann dies nach L. RICHTER[2] unter Umgehung der Berechnung von ϑ_{1A} und ϑ_{2A} gemäß Gl. (185) erfolgen. Der Beiwert ξ ist für Gleichstrom, Gegenstrom und Kreuzstrom aus Zahlentafel 50 zu entnehmen.

$$F_g = \frac{Q_g}{K(\vartheta_{1E} - \vartheta_{2E})\xi} \tag{185}$$

Bei Ableitung der Gl. (175) bzw. (180) für die Austrittstemperatur ϑ_{1A} wurde stillschweigend vorausgesetzt, daß c_1, c_2, G_1, G_2 unveränderlich sind. Dies trifft jedoch bei c_1 und c_2 in Wirklichkeit nicht zu. Auch G_1 ist, sofern es sich um einen Rauchgasstrom im Dampfkessel handelt, wegen der Falschluftzufuhr keine Konstante. Der Fehler, der auf diese Weise entsteht, fällt, obwohl mit abnehmender Temperatur G_1 zu- und c_1 abnimmt und beide als Produkt vorkommen, trotzdem oft bereits ins Gewicht. Es empfiehlt sich daher, für praktische Rechnungen nicht die Gl. (175) bzw. (180) zu benützen, sondern folgenden Weg einzuschlagen, bei welchem auch die Strahlungsverluste berücksichtigt werden können.

---

[1] MERKEL: Die Grundlagen der Wärmeübertragung. Dresden: Th. Steinkopff.

[2] RICHTER: Motortechn. Zeitschr. 1943, S. 152.

Zahlentafel 50. *Berechnung des Beiwertes* ξ

$\frac{KF_g}{G_1 c_1}$		= 0	0,2	0,5	1	2	3	4
Gleichstrom								
$\frac{KF_g}{G_2 c_2} =$	0	1,000	0,907	0,787	0,632	0,432	0,317	0,245
	0,2	0,907	0,824	0,719	0,582	0,405	0,300	0,235
	0,5	0,787	0,719	0,631	0,518	0,372	0,277	0,220
	1	0,632	0,582	0,518	0,432	0,317	0,245	0,195
	2	0,432	0,405	0,372	0,317	0,245	0,195	0,166
	3	0,317	0,300	0,277	0,245	0,195	0,166	0,143
	4	0,245	0,235	0,220	0,195	0,166	0,143	0,125
Kreuzstrom								
$\frac{KF_g}{G_2 c_2} =$	0	1,000	0,907	0,787	0,632	0,432	0,317	0,245
	0,2	0,907	0,830	0,729	0,597	0,419	0,312	0,244
	0,5	0,787	0,729	0,655	0,547	0,398	0,309	0,240
	1	0,632	0,597	0,547	0,476	0,366	0,289	0,234
	2	0,432	0,419	0,398	0,366	0,307	0,258	0,218
	3	0,317	0,312	0,309	0,289	0,258	0,227	0,199
	4	0,245	0,244	0,240	0,234	0,218	0,199	0,182
Gegenstrom								
$\frac{KF_g}{G_2 c_2} =$	0	1,000	0,907	0,787	0,632	0,432	0,317	0,245
	0,2	0,907	0,833	0,737	0,605	0,424	0,314	0,244
	0,5	0,787	0,737	0,667	0,565	0,411	0,310	0,243
	1	0,632	0,605	0,565	0,500	0,387	0,302	0,241
	2	0,432	0,424	0,411	0,387	0,333	0,279	0,232
	3	0,317	0,314	0,310	0,302	0,279	0,250	0,218
	4	0,245	0,245	0,241	0,241	0,232	0,218	0,200

Die von 2 aufgenomme Wärme Q_g ist

$$Q_g = G_2(c_{2A}\vartheta_{2A} - c_{2E}\vartheta_{2E}) \tag{186}$$

Von 1 wird unter Berücksichtigung des Strahlungswirkungsgrades η (s. auch S. 243) nutzbar abgegeben

$$Q_g = (G_{1E}c_{1E}\vartheta_{1E} - G_{1A}c_{1A}\vartheta_{1A})\eta. \tag{187}$$

Hier ist G_{1E} das Rauchgasgewicht am Beginn, G_{1A} am Ende der Heizfläche. Außerdem ist nach Gl. (184) und Abb. 126

$$Q_g = \frac{KF_g b}{2}(\vartheta_{1E} - \vartheta_{2A} + \vartheta_{1A} - \vartheta_{2E}) \tag{188}$$

In den Gl. (186), (187), (188) ist G_{1E}, G_{1A}, G_2, ϑ_{1E}, ϑ_{2E}, c_{1E}, c_{2E}, η, K, F_g bekannt. Die temperaturabhängigen Größen c_{1A}, c_{2A}, b können ermittelt werden, sofern ϑ_{1A} und ϑ_{2A} zunächst geschätzt wurden. ϑ_{1A}, ϑ_{2A}, Q_g sind unbekannt. Die Auflösung der drei Gleichungen liefert für ϑ_{1A}:

$$\vartheta_{1A} = \frac{\vartheta_{1E}(A + C - 1) + \vartheta_{2E}\left(1 + \frac{c_{2E}}{c_{2A}}\right)}{B + D + 1} \tag{189}$$

wobei

$$A = \frac{2\eta G_{1E}c_{1E}}{KFb}, \quad B = \frac{2\eta G_{1A}c_{1A}}{KFb}$$

$$C = \frac{\eta G_{1E}c_{1E}}{G_2 c_{2A}}, \quad D = \frac{\eta G_{1A}c_{1A}}{G_2 c_{2A}}$$

bedeutet.

Die Temperatur ϑ_{2A} wird durch Gleichsetzung von Gl. (186) und (187) berechnet, wobei dann auch festgestellt werden kann, ob die ursprüngliche Schätzung von ϑ_{1A} und ϑ_{2A} ausreichend war. Eine nochmalige Rechnung ist nur selten wegen des kleinen Einflusses der geschätzten Werte nötig.

Handelt es sich um den weitaus häufigeren Fall, daß das Medium 2 konstante Temperatur hat, also $\vartheta_{2E} = \vartheta_{2A} = \vartheta_2$ ist, ergibt sich

$$\vartheta_{1A} = \frac{\vartheta_{1E}(A - 1) + 2\vartheta_2}{B + 1} \tag{190}$$

In Lufterhitzern tritt bei Undichtheiten Luft in das Rauchgas über.

Nimmt man am Ende des Lufterhitzers gleichbleibende Luftmenge, ebenso wie am Eintritt desselben gleichbleibende Gasmenge und Temperatur an, so nimmt mit steigender Undichtheit die erreichbare Lufterwärmung ab, die Wirkung des Luvos wird also schlechter.

3. Wärmedurchgang bei Rippenrohren und Lufterhitzern

Die Wärmeleitung in Rohren wurde, soweit sie für den Dampfkesselbau von Wichtigkeit ist, bereits in Zusammenhang mit dem Wärmedurchgang, Gl. (151), behandelt.

Eine Komplikation erfahren die Wärmeübergangsfragen, wenn bei Rohren mit Rippen, Flossen u. dergleichen die Wärmeleitung im Werkstoff zu berücksichtigen ist. Die Anwendung von Rippenrohren in größerem Ausmaß erfolgt bei Wasservorwärmern und Lufterhitzern von Dampfkesseln. Die Rohre können statt Rippen auch Zapfen erhalten, in welchem Fall man von Nadelrohren spricht. Sofern es sich um Wasservorwärmer handelt, bleibt im Hinblick auf die Ausführungen auf S. 169 das Rohr innen glatt. Bei Lufterhitzern können Rippenrohre oder Nadeln innen und außen angeordnet werden. Auch Kesselrohre werden manchmal mit Rippen versehen.

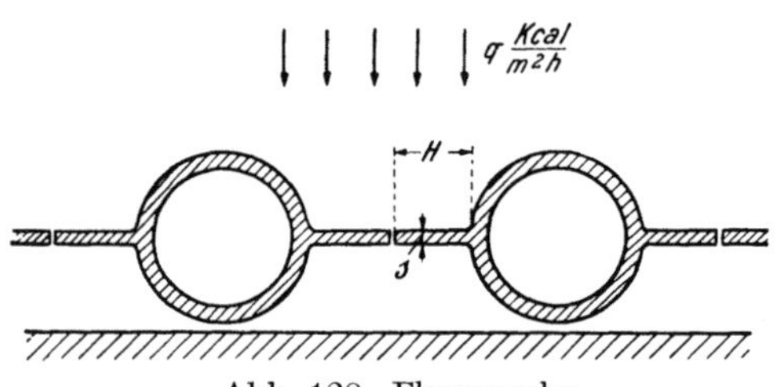

Abb. 128. Flossenrohr

Bei Flossenrohren handelt es sich um Brennkammerauskleidungsrohre, welche entlang zweier diametral gegenüberliegender Erzeugenden Flossen besitzen (Abb. 128). Auf diese Weise wird die durch ein Rohr abgeschirmte Schamottefläche vergrößert. Hier erfolgt die Wärmezufuhr zur Flosse durch Strahlung. Diese kann, da die Rückstrahlung vernachlässigbar ist, über die ganze Flossenfläche als konstant angenommen werden und sei q kcal/m²h. Die rechnerische Behandlung führt zu nachstehender Gleichung für die Temperaturdifferenz zwischen Flossenspitze und Fuß:

$$\vartheta_s - \vartheta_F = \frac{H^2 q}{2\lambda s} \tag{191}$$

Es bedeuten ϑ_s und ϑ_F die Temperaturen an Flossenspitze und Fuß, H die Höhe der Flosse, λ die Wärmeleitzahl des Werkstoffes und s die Stärke der Flosse.

Bei einer Wärmezufuhr $q = 200\,000$ kcal/m²h, einer Höhe $H = 0{,}04$ m, einer Stärke $s = 0{,}007$ m, folgt mit $\lambda = 40$ kcal/mh °C bereits eine Temperaturdifferenz von 575 °C.

Beim Rippenrohr (Abb. 257) hat zwischen dem Wärmeübergang an die Rippe und jenem an das Kernrohr unterschieden zu werden. Der Wärmeübergang erfolgt hauptsächlich durch Konvektion.

In einer beheizten Rippe findet gegen die Spitze zu ein Temperaturanstieg statt, so daß dort die Wärmeaufnahme abnimmt. Die Gesamtwärmeaufnahme der Rippe ist demnach kleiner, als wenn sie durchwegs die Temperatur des Rippenfußes hätte. Dies wäre nur bei einer unendlich großen Wärmeleitzahl des Rippenwerkstoffes der Fall. Das Verhältnis der Wärmeaufnahmen im ersteren zu jener im letzteren Fall heißt Rippenwirkungsgrad η_R.

Bei geraden Rippen und konstanter Rippenstärke s oder angenähert bei Rippenrohren mit im Verhältnis zur Rippenhöhe großem Durchmesser liefert die Theorie für die je Meter Rippenlänge aufgenommene Wärmemenge Q_0 folgende Formel:

$$Q_o = \frac{\lambda s \beta (\vartheta_G - \vartheta_F)(e^{2b\beta} - 1)}{e^{2b\beta} + 1} \tag{192}$$

Hierbei ist $\beta = \sqrt{\frac{2\alpha}{\lambda s}}$, wobei α die Wärmeübergangszahl bedeutet, b die Rippenhöhe, ϑ_G die Temperatur des heizenden Mediums und ϑ_F die Temperatur am Rippenfuß. Für den Rippenwirkungsgrad ergibt sich

$$\eta_R = \frac{Q_o}{2b\alpha(\vartheta_G - \vartheta_F)} = \frac{1}{b\beta} \cdot \frac{e^{2b\beta} - 1}{e^{2b\beta} + 1} \tag{193}$$

Bei Rippen mit dreieckförmigem Querschnitt, bzw. Kreisrippen mit konstanter oder linear abnehmender Stärke, führt die Theorie bereits zu verhältnismäßig komplizierten Ausdrücken. Es zeigt sich jedoch, daß sich der Rippenwirkungsgrad auch hierfür als Funktion des Ausdruckes $b \cdot \beta$ darstellen läßt. Ersterer wurde für den Fall des geraden und dreieckigen Querschnittes, sowie der Kreisrippe mit rechteckigem Querschnitt von HAUSEN[1] ermittelt und ist in Abb. 129 dargestellt.

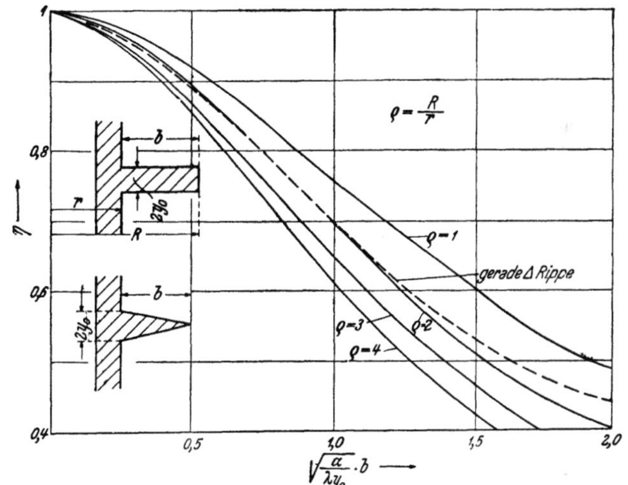

Abb. 129. Rippenwirkungsgrad für rechteckförmige und dreieckförmige Rippenquerschnitte nach HAUSEN

Ist F_R die Rippen-, F_K die Kern- und F_1 die Gesamtheizfläche eines Rippenrohres, mit $F_R + F_K = F_1$, kann der Wärmeübergangskoeffizient α_1 unter Berücksichtigung der höheren Wandtemperatur der Rippe wie folgt berechnet werden:

$$\alpha_1 = \left(\frac{F_R}{F_1}\alpha_R \eta_R \varphi_1 + \frac{F_K}{F_1}\alpha_K\right)\varphi_2 \tag{194}$$

φ_1 und φ_2 sind erfahrungsgemäße Abminderungsfaktoren, wobei der erste den „Strömungsschatten" des Rohres auf der Rippe, der zweite Aschenansätze usw. berücksichtigt. Es ergibt sich $\varphi_1 \doteq 0{,}8$, $\varphi_2 \doteq 0{,}65$. Der Wärmeübergangskoeffizient α_K an das Kernrohr ist hierbei nach Gl. (133), α_R an die Rippe nach Gl. (123) zu rechnen. In letztere Gleichung ist der hydraulische Durchmesser, gleich dem doppelten Rippenabstand, einzusetzen. Die Gasstrahlung, welche nur geringfügig am Wärmeübergang beteiligt ist, sei in Gl. (194) bereits durch φ_2 berücksichtigt.

Den Wärmedurchgangskoeffizienten kann man aus Gl. (158) ableiten, wobei zu beachten ist, daß im Wert α_1 der Wärmetransport bis zum Rippenfuß enthalten ist. Es ist daher nur noch der Wärmetransport durch das Kernrohr zu berücksichtigen. Dies kann angenähert durch Gl. (158) erfolgen, wobei sinngemäß statt des Durchmessers d_1 die Rippenrohrheizfläche F_1 und statt d_2 und d_m die Rohrinnenfläche F_2 einzusetzen ist. Es folgt

$$K = \frac{1}{\frac{F_1}{F_2\alpha_2} + \frac{F_1 s}{F_2 \lambda} + \frac{1}{\alpha_1}} \tag{195}$$

[1] HAUSEN: Wärmeübertragung durch Rippenrohre. VDI Beihefte Verfahrenstechnik 1940, Nr. 2, S, 55.

Es bedeutet α_2 die Wärmeübergangszahl an Wasser und s die Wandstärke des Kernrohres. Die Berechnung der übertragenen Wärmemenge erfolgt mit der Rippenrohrheizfläche.

Obiger Ausdruck für K umfaßt bei entsprechender Anwendung alle möglichen Rippenrohrformen. In der Praxis werden vielfach Kurvenblätter benützt, die für das jeweilige Erzeugnis der betreffenden Firma versuchsmäßig bestimmt wurden, wie Abb. 130 zeigt.

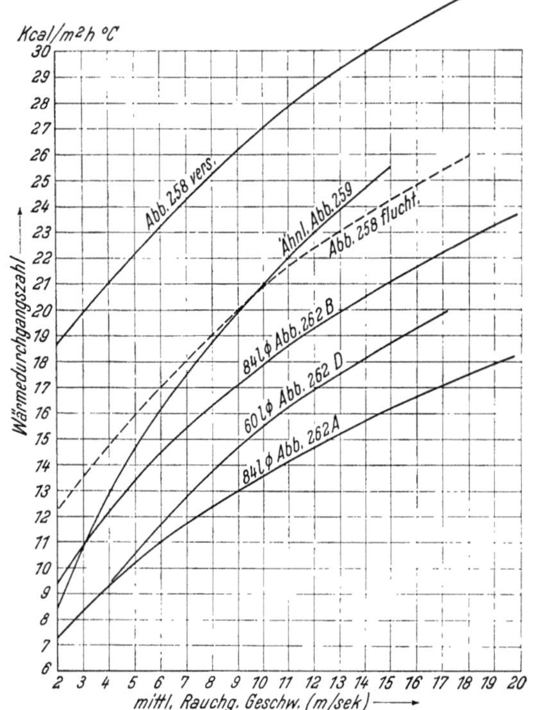

Abb. 130. Wärmedurchgangszahl bei Ekos mit verschiedenen Rippenrohrformen

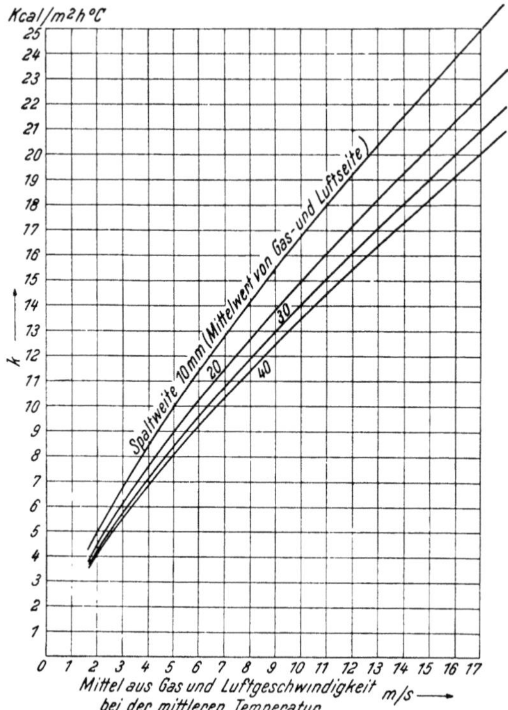

Abb. 131. Wärmedurchgangszahl bei Taschenlufterhitzern. Die Tafel gilt für ein Temperaturmittel aus mittlerer Gas- und Lufttemperatur von 250°. Bei anderen Werten sind die K-Werte mit folgendem Faktor zu multiplizieren:

ϑ_m	
$= 150°$	1,13
200°	1,06
250°	1
300°	0,99
350°	0,9

Ein besonderer Temperatureinfluß wird meist nicht berücksichtigt, und es gelten die Kurven für mittlere Verhältnisse.

Sind außen und innen Rippen oder Nadeln vorhanden, wie das für Lufterhitzer öfter ausgeführt wird, ist Gl. (194) für die äußere Heizfläche F_1 und sinngemäß für die innere F_2 anzuwenden. Die sich ergebenden Wärmeübergangskoeffizienten seien α_1 und α_2. Die Gl. (158) lautet dann

$$K = \frac{1}{\frac{F_1}{F_2 \alpha_2} + \frac{F_1 s}{F_m \lambda} + \frac{1}{\alpha_1}} \tag{196}$$

Hier ist F_m die mittlere Kernrohrfläche. Die übertragene Wärmemenge wird unter Zugrundelegung von F_1 berechnet.

Die Berechnung von Lufterhitzern erfolgt in der Praxis ebenfalls an Hand vereinfachter Diagramme (Abb. 131).

C. Strahlung

1. Strahlung von Flächen

a) Strahlung von Einzelflächen

Der Wärmetransport durch Strahlung spielt im Kesselbau keine geringere Rolle als jener durch Konvektion. In Rohrbündeln macht bei höheren Gastemperaturen die Strahlung mehr als die Hälfte des ganzen Wärmeüberganges aus, während in Brennkammern praktisch die ganze Wärme durch Strahlung übertragen wird.

Zahlentafel 51. *Wellenlänge verschiedener Strahlungen*

Art der Strahlung	Wellenlänge
Höhenstrahlung (Weltraumstrahlung)	$< 0{,}05$ mμ
Gamma-Strahlen	0,5 mμ bis 10 mμ
Röntgenstrahlen	1 mμ bis 20 mμ
Ultraviolette Strahlen	20 mμ bis 0,35 μ
Licht	0,35 μ bis 0,75 μ
Wärmestrahlen	0,8 μ bis 0,4 mm
Elektrische Wellen	$> 0{,}1$ mm

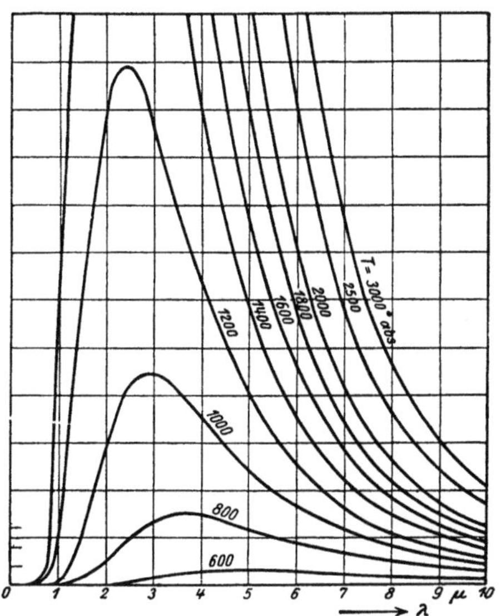

Abb. 132. Strahlung je Wellenlängeneinheit $J_{\lambda,s}$ gemäß dem Planckschen Gesetz

Der Strahlungsübergang von Körper zu Körper findet im Gegensatz zu jenem durch Konvektion ohne Zwischenschaltung von Materie durch Ätherwellen statt. Die Wellenlänge dieser kann je nach der Art der Strahlung zwischen 0 und ∞ liegen und gibt Zahlentafel 51 darüber Aufschluß.

Die Gesamtstrahlung setzt sich aus Einzelstrahlungen mit sämtlichen möglichen Wellenlängen zusammen. Ist die je Meter Wellenlänge ausgesandte Einzelstrahlung in kcal/m²hm $J_{\lambda\,s}$, so hängt diese von der Wellenlänge und der Temperatur T in °K ab. Den Zusammenhang gibt das Plancksche Strahlungsgesetz

$$J_{\lambda,s} = \frac{2C_1}{\lambda^5 (e^{c_2/\lambda T} - 1)} \tag{197}$$

C_1 und C_2 sind hierbei Konstante.

In Abb. 132 ist diese Gesetzmäßigkeit dargestellt. Das Maximum von $J_{\lambda,s}$ verschiebt sich mit steigender Temperatur nach links, wobei der Anteil der Lichtenergie an der Gesamtemission steigt. Ist die zum Größtwert von $J_{\lambda,s}$ gehörige Wellenlänge $\lambda_{\max}$, wird dies durch das Wiensche Verschiebungsgesetz $\lambda_{\max} \cdot T = \text{const}$ beschrieben.

Die Gesamtemission E_s in kcal/m²h bei einer bestimmten Temperatur T ergibt sich durch Bildung des Integrales

$$E_s = \int_0^\infty J_{\lambda s}\, d\lambda \tag{198}$$

Setzt man Gl. (197) ein und führt die Integration durch, folgt:

$$E_s = C \left(\frac{T}{100}\right)^4 \tag{199}$$

Zahlentafel 52. *Strahlungszahlen*
Absolut schwarzer Körper $C = 4{,}96$

	$\frac{\text{kcal}}{\text{m}^2\,\text{h}\,(°\text{K})^4}$	Temperaturbereich °C
Metalle		
Aluminium		
Blech, roh	0,35	18 bis 30
„ poliert, leicht oxydiert	0,26	
Eisen		
Gußeisen, rauh, stark oxydiert	4,6	40 bis 250
Gußhaut, rauh	4,06	18 bis 30
„ glatt	3,98	
„ frisch abgedreht	2,16	
Schmiedeeisen, matt oxydiert	4,5	20 bis 360
„ glatt gezogen	3,7	
„ blank	1,7	
„ hochpoliert	1,3	40 bis 250
Blech, frisch abgeschmirgelt	1,2	
„ blank, geätzt, dann rot angerostet	3,04	
„ ganz rot verrostet	3,4	
„ mit starker, rauher Oxydschicht	3,98	
„ mit dichter, glänzender Oxydschicht	4,06	
„ blank verzinkt	0,945	
„ verzinkt, stark oxydiert	1,13 bis 1,37	
Walzhaut	3,3	
Kupfer		
rauh	3,6	
gewalzt	3,1	
gezogen, oxydiert	1,8	
matt	1,1	50 bis 280
schwach poliert	0,8	
poliert	0,6	
hochglanzpoliert	0,2	
Nichtmetalle		
Kalkmörtel, rauh, weiß	4,5	40 bis 250
Ruß, Lampenruß	4,6	
Ziegelstein, rot, rauh	4,61	18 bis 30
Schamottestein	3,7	1000

Die Emission ist demnach proportional der vierten Potenz der absoluten Temperatur und es stellt Gl. (199) das Stefan-Boltzmannsche Strahlungsgesetz dar. Für den schwarzen Körper ist die Konstante $C = 4{,}96 \frac{\text{kcal}}{\text{m}^2\text{h}\,(°\text{K})^4}$. Hat der strahlende Körper eine Oberfläche F und eine Temperatur T_1 in °K, die Umgebung eine solche von T_2 °K, ist der Wärmetransport in kcal/h

$$Q = F \cdot 4{,}96 \left[\left(\frac{T_1}{100}\right)^4 - \left(\frac{T_2}{100}\right)^4\right] \tag{200}$$

Den zur Gänze „schwarzen Körper" gibt es in der Natur kaum. Die Strahlung erfolgt entweder „grau" oder „selektiv". Bei der grauen Strahlung wird in jedem Wellenlängenbereich der gleiche Bruchteil der schwarzen Strahlung emittiert. Ist J_λ die bei grauer und $J_{\lambda s}$ bei schwarzer Strahlung emittierte Energie, folgt:

$$\frac{J_\lambda}{J_{\lambda_s}} = A = \frac{E}{E_s} \tag{201}$$

A heißt Schwärzegrad. Dieser gibt wegen seiner Unabhängigkeit von der Wellenlänge auch das Verhältnis der Gesamtemission von grauem und schwarzem Körper an.

Die Strahlungszahl eines grauen Strahlers ist dann $4{,}96 \cdot A$ (Zahlentafel 52). Bei selektiver Strahlung hängt A noch von der Wellenlänge ab (S. 188).

Schreibt man den rechten Teil der Gl. (201) für verschiedene graue Strahler mit den Schwärzegraden A_I, A_{II} usw. an, folgt das Kirchhoffsche Gesetz:

$$E_s = \frac{E_I}{A_I} = \frac{E_{II}}{A_{II}} = \text{const.} \tag{202}$$

Da der Schwärzegrad oder das „Absorptionsverhältnis" gleichzeitig angibt, welchen Anteil ein Körper aus einer ihn treffenden schwarzen Strahlung absorbiert, besagt demnach das Kirchhoffsche Gesetz, daß das Verhältnis von Emission zu Absorptionsverhältnis für alle Körper bei einer bestimmten Temperatur konstant ist. Ein Körper, der stark absorbiert, wird also auch stark strahlen, umgekehrt etwa ein Spiegel praktisch nichts absorbieren und strahlen.

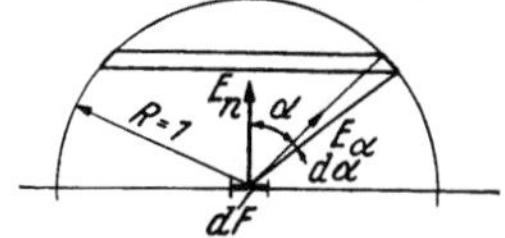

Abb. 133. Strahlung eines Flächenelementes auf die Oberfläche einer umschriebenen Einheitskugel

Wird von einer ankommenden Strahlung der Teil A absorbiert, muß, falls sonst keine Wärmeableitung stattfindet, der Teil $1 - A$ reflektiert werden. Der letztere Ausdruck ist das Reflexionsverhältnis.

Sendet ein Flächenelement dF Strahlung aus und setzt man über dieses eine Halbkugelschale mit dem Radius 1 derart, daß sie ihren Mittelpunkt in dF hat (Abb. 133), wird normalerweise die Verteilung der die Schale treffenden Strahlung E_α in kcal/m²h dem Lambertschen Gesetz gehorchen. Es ist

$$E_\alpha = E_n \cos\alpha \tag{203}$$

Es ist hierbei E_n die den Scheitel der Halbkugel treffende Strahlung in kcal/m²h. Die gesamte Strahlung, welche dF aussendet und die zur Halbkugelschale gelangt, ist $E\,dF$. Zerlegt man die Halbkugelschale in ringförmige Flächenelemente der Größe $2\pi \sin\alpha\, d\alpha$, wird unter Benützung von Gl. (203) die Zustrahlung zu ersterer

$$E\,dF = dF \int_0^{\pi/2} E_n \cos\alpha \; 2\pi \sin\alpha\, d\alpha \tag{204}$$

Die Integration ergibt

$$E_n = \frac{E}{\pi} \tag{205}$$

so daß das Lambertsche Gesetz auch lautet

$$E_\alpha = \frac{E}{\pi} \cos\alpha \tag{206}$$

Die vorangehende Darlegung über die Wärmestrahlung von Flächen setzt die Gültigkeit des Lambertschen Gesetzes voraus, was aber nicht für alle Stoffe zutrifft. Beim Lambertschen Gesetz ist der Schwärzgrad A vom Einfallswinkel α_1 unabhängig. Beispielsweise für Wismut, Aluminium sowie bei glatten, nicht oxydierten Oberflächen von Metallen nimmt A mit steigendem α zu, für viele Nichtleiter, wie z. B. Glas, Papier, Holz, Ton, ab. In beiden Fällen wird A, wenn sich α 90° nähert, d. h. streifender Einfall vorliegt, Null. Für technische Rechnungen wird normalerweise das Lambertsche Gesetz zugrunde gelegt, da es sich um rauhe und bei Metallen um oxydierte Oberflächen handelt.

b) Strahlung zwischen zwei Flächen

Es möge nun das Lambertsche Gesetz zur Berechnung der Strahlung verwendet werden, die ein Flächenelement dF_1 auf ein zweites dF_2 sendet. Bei beiden sei der Schwärzegrad $A = 1$. Die Ausstrahlung von dF_1 ist $E_{1s}dF_1$, die Temperatur von dF_2

sei zunächst mit 0 °K angenommen, so daß auch $E_{2s} = 0$ ist. Die weiteren Bezeichnungen sind aus Abb. 134 zu entnehmen. Eine durch dF_2 mit dem Mittelpunkt in dF_1 gelegte Kugelfläche mit dem Radius r erhält je Quadratmeter an der durch den Winkel α_1 gekennzeichneten Stelle folgende Wärmemenge zugestrahlt:

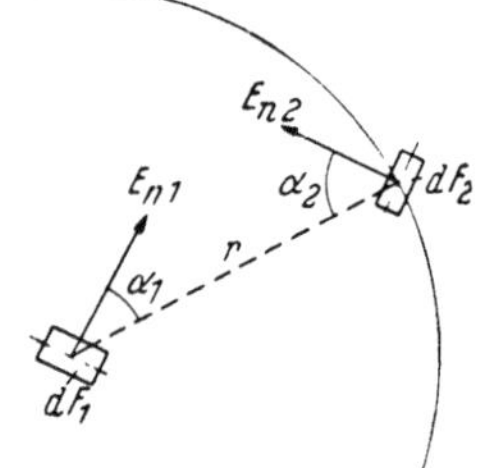

Abb. 134. Gegenseitige Bestrahlung zweier Flächenelemente

$$\frac{dF_1 E_{1s} \cos\alpha_1}{\pi r^2}$$

Die Projektion von dF_2 auf die Kugelschale ist $dF_2 \cos\alpha_2$, so daß auf dF_2 selbst die Wärmemenge

$$d(dQ_{1,2}) = \frac{E_{1s} \cos\alpha_1 \cos\alpha_2 \, dF_1 \, dF_2}{\pi r^2} \tag{207}$$

entfällt.

Ist die Fläche 2 von endlicher Größe, folgt

$$dQ_{1,2} = \frac{E_{1s} dF_1}{\pi} \int^{F_2} \frac{\cos\alpha_1 \cos\alpha_2 \, dF_2}{r^2} \tag{208}$$

Der Anteil der gesamten Strahlung von 1, welche nach 2 gelangt, wird „Winkelverhältnis" $\varphi_{1,2}$ genannt. In vorliegendem Fall ist dieses:

$$\varphi_{1,2} = \frac{dQ_{1,2}}{E_{1s} dF_1} = \frac{1}{\pi} \int^{F_2} \frac{\cos\alpha_1 \cos\alpha_2 \, dF_2}{r^2} \tag{209}$$

Nach NUSSELT ist für dieses eine einfache Konstruktion möglich (Abb. 135), wenn beachtet wird, daß $\frac{\cos\alpha_2 \, dF_2}{r^2} = d\omega$ die Abbildung des Flächenelementes dF_2 auf der Einheitskugel ist (räumlicher Winkel). Es ist also[1]:

$$\varphi_{1,2} = \frac{1}{\pi} \int^{F_2} \cos\alpha_1 \, d\omega \tag{210}$$

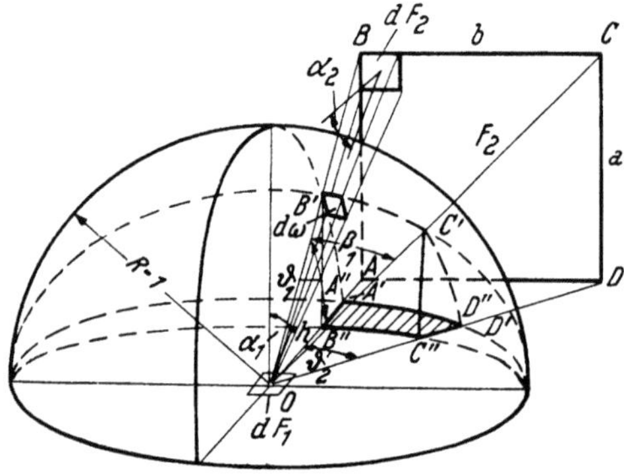

Abb. 135. Strahlung des Flächenelementes dF_1 auf die Fläche F_2

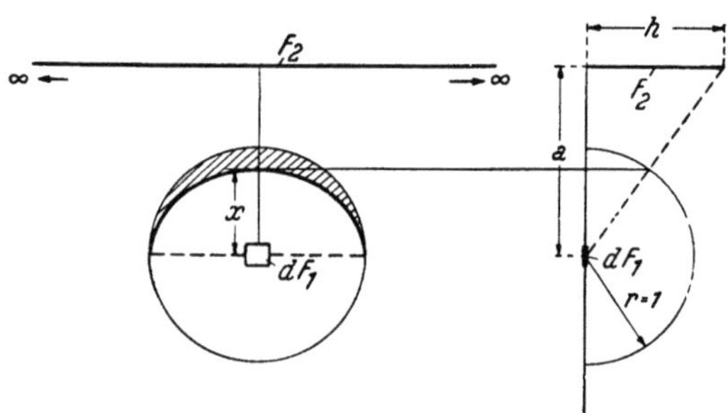

Abb. 136. Strahlung des Flächenelementes dF_1 auf die Fläche F_2 ($b \to \infty$)

Dieses Integral ist nichts anderes als die Projektion des räumlichen Winkels $A'B'C'D'$ auf die Grundfläche, geteilt durch den Flächeninhalt des Einheitskreises π. Die Projektion sei $A''B''C''D''$, deren Flächeninhalt p_1, demnach das gesuchte Winkelverhältnis

$$\varphi_{1,2} = \frac{p_1}{\pi}. \tag{211}$$

[1] ECKERT: Technische Strahlungsrechnungen.

Oft ergibt sich so die Möglichkeit, für p_1 sofort den mathematischen Ausdruck anzusetzen. Ist z. B. die Fläche 2 beiderseits unendlich ausgedehnt, folgt aus Abb. 136 für die kleine Achse der Ellipse $x = \frac{a}{\sqrt{a^2+h^2}}$, daher für die schraffierte Fläche $\frac{\pi}{2} - \frac{a\pi}{2\sqrt{a^2+h^2}}$ und schließlich für

$$\varphi_{1,2} = \frac{1}{2}\left(1 - \frac{a}{\sqrt{a^2+h^2}}\right) \tag{212}$$

Will man umgekehrt die Strahlung der Fläche 2 nach 1 berechnen, ist zu beachten, daß

$$dF_1\varphi_{1,2} = F_2 d\varphi_{2,1} \tag{213}$$

ist. Die gesuchte Strahlung wäre bei einer Emission E_2 (kcal/m²h) von F_2:

$$dQ_{2,1} = E_2 F_2 d\varphi_{2,1} \tag{214}$$

Beachtet man Gl. (213), folgt:

$$\frac{dQ_{2,1}}{dF_1} = E_2\varphi_{1,2} = q \tag{215}$$

Diese Gleichung ergibt demnach die Intensität q der die Fläche 1 treffenden Strahlung in kcal/m²h. Handelt es sich z. B. bei 2 um die glühende Kohlenschicht eines Rostes, ergäbe sich so die Intensität der Strahlung auf die Seitenflächen der Brennkammern. Den Verlauf dieser in Abhängigkeit von der Rostentfernung a zeigt nach Gl. (215) und (212) Abb. 137. Die Intensität bei P ist 0,5 E_2 ($a = 0$).

Wird in Abb. 135 auch die Fläche dF_1 von endlicher Größe, erhält man für die Strahlung von 1 nach 2 gemäß Gl. (208)

$$Q_{1,2} = \frac{E_{1s}}{\pi}\int_{F_1}\int_{F_2}\frac{\cos\alpha_1\cos\alpha_2\,dF_1\,dF_2}{r^2} \tag{216}$$

Das Winkelverhältnis ist

$$\varphi_{1,2} = \frac{1}{\pi F_1}\int_{F_1}\int_{F_2}\frac{\cos\alpha_1\cos\alpha_2\,dF_1\,dF_2}{r^2} \tag{217}$$

Auch hier gilt analog zu Gl. (213):

$$\varphi_{1,2}F_1 = \varphi_{2,1}F_2. \tag{218}$$

Die Integration der Gl. (217) führt bereits in einfachen Fällen zu komplizierten Ausdrücken.

Nach Eckert ist z. B. die Lösung für zwei sich berührende, senkrecht aufeinander stehende Platten mit den Bezeichnungen der Abb. 138

$$\varphi_{1,2} = \operatorname{arc\,tg}\frac{b}{h} + \frac{a}{h}\operatorname{arc\,tg}\frac{b}{a} - \frac{\sqrt{a^2+h^2}}{h}\operatorname{arc\,tg}\frac{b}{\sqrt{a^2+h^2}} + \frac{h}{2b}\ln\frac{(a^2+b^2+h^2)h^2}{(a^2+h^2)(b^2+h^2)} + \\ + \frac{a^2}{4bh}\ln\frac{(a^2+b^2+h^2)a^2}{(a^2+b^2)(a^2+h^2)} - \frac{b}{4h}\ln\frac{(a^2+b^2+h^2)b^2}{(a^2+b^2)(h^2+b^2)} \tag{219}$$

Für zwei parallele, in der Entfernung h liegende Platten (Abb. 139) folgt

$$\varphi_{1,2} = \frac{2}{ab\pi}\Big[b\sqrt{a^2+h^2}\operatorname{arc\,tg}\frac{b}{\sqrt{a^2+h^2}} + a\sqrt{b^2+h^2}\operatorname{arc\,tg}\frac{a}{\sqrt{b^2+h^2}} - bh\operatorname{arc\,tg}\frac{b}{h} - \\ - ah\operatorname{arc\,tg}\frac{a}{h} - \frac{h^2}{2}\ln\frac{(h^2+a^2+b^2)h^2}{(a^2+h^2)(b^2+h^2)}\Big] \tag{220}$$

Auch hier kann die Methode von NUSSELT angewendet werden, wenn F_1 in eine genügende Anzahl von Teilflächen F_n zerlegt wird und für jede graphisch das Winkelverhältnis $\varphi_{n\,2}$ zur Fläche F_2 bestimmt wird (Abb. 140). Das gesuchte Winkelverhältnis φ_{12} ist dann

$$\varphi_{12} = \frac{\Sigma \varphi_{n2} F_n}{\Sigma F_n} \tag{221}$$

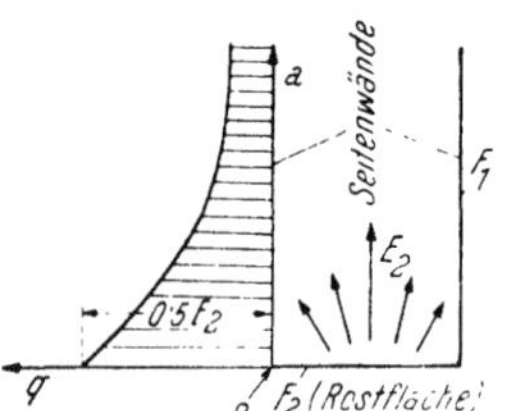

Abb. 137. Strahlung einer Kohlenschicht am Rost F_2 auf die Seitenwände der Brennkammer F_1

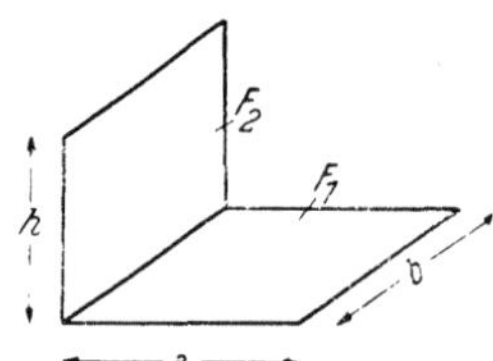

Abb. 138. Strahlung der Fläche F_1 auf die hierzu senkrechte Fläche F_2

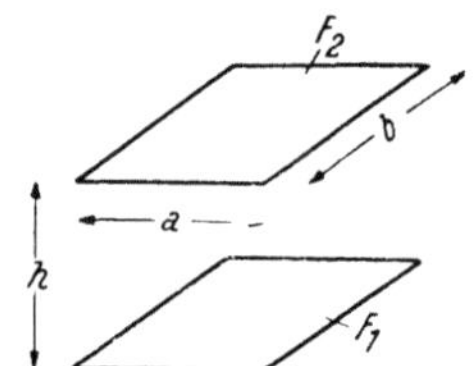

Abb. 139. Strahlung der Fläche F_1 auf die hierzu parallele Fläche F_2

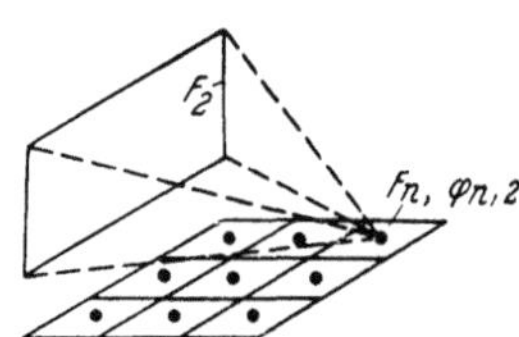

Abb. 140. Bestimmung des Winkelverhältnisses zweier Flächen

c) Berücksichtigung des Schwärzegrades

Die bisherigen Ausführungen über die Strahlung von Flächen setzten angenähert schwarze Strahlung voraus. Ist hingegen der Schwärzegrad einer oder beider Flächen erheblich kleiner als 1, muß dies Berücksichtigung finden.

Die strahlende Fläche sei I, die bestrahlte Fläche II. Dann wird von der Strahlung, die von I auf II gelangt, nur ein Teil absorbiert, der Rest reflektiert. Dieser gelangt wieder zu I und wird zum Teil absorbiert, zum Teil reflektiert. Der letztere Anteil kommt wieder zu II, usw. Der Einfluß dieser vielfachen Reflexionen muß entsprechend verfolgt werden.

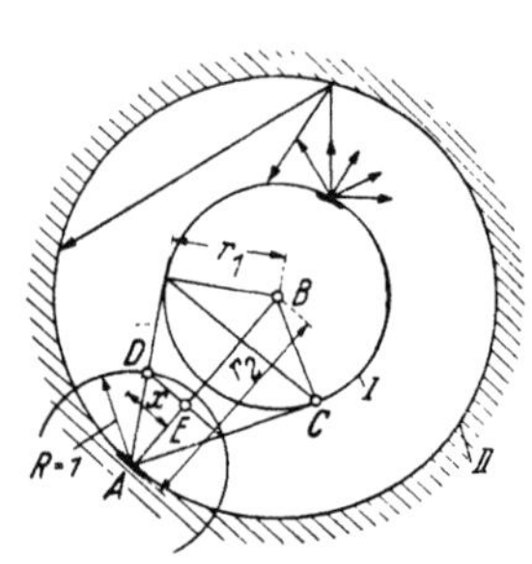

Abb. 141. Strahlungsaustausch zwischen einer Kugel I und einer Hohlkugel II

Handelt es sich nicht um parallele, ebene Flächen, sondern um einen strahlenden Körper I (Abb. 141), der in einer bestimmten Entfernung von einer Schale II umschlossen ist, sind die Verhältnisse etwas komplizierter, da die Reflexion von II nicht zur Gänze nach I gelangt, sondern zum Teil an I vorüber wieder andere Punkte der Schale trifft. Sofern I eine Kugel und II eine konzentrische Kugelschale ist, kann dieser Fall leicht behandelt werden. Die Kugel I habe den Schwärzegrad A_1, die Oberfläche F_1 den Radius r_1 und die Emission $E_1 = E_{1s} A_1$, wenn E_{1s} jene des schwarzen Körpers ist. Die Bezeichnungen der Kugelschale II sind analog.

Die Gesamtstrahlung, die F_1 aussendet, d. h. Wärmestrahlung zusätzlich der Reflexion aller ankommenden Strahlen sei S_1 (kcal/h). Nimmt man zunächst an, daß F_2 keine Eigenstrahlung aussende, d. h. eine Temperatur von 0°K habe, umfaßt der analoge Wert S_2 (kcal/h) nur reflektierte Strahlen.

Das Winkelverhältnis eines beliebigen Flächenelementes von II zu I ist mit den Bezeichnungen der Abb. 141 nach Gl. (211) $\varphi_{2,1} = \frac{x^2 \pi}{\pi}$. Aus der Ähnlichkeit der Dreiecke ABC und ADE folgt $\frac{r_1}{r_2} = \frac{x}{1}$ oder eingesetzt

$$\varphi_{2,1} = \left(\frac{r_1}{r_2}\right)^2 = \frac{F_1}{F_2} \tag{222}$$

Die Gesamtstrahlung S_1 ist

$$S_1 = F_1 E_{1s} A_1 + S_2 \varphi_{2,1} (1 - A_1) \tag{223}$$

da von der zu I gelangenden Strahlenmenge $S_2\varphi_{2\,1}$ der Teil A_1 absorbiert und $(1 - A_1)$ reflektiert wird.

Die Strahlenmenge, die II erhält, ist $S_1 + S_2(1 - \varphi_{2\,1})$, wobei das zweite Glied die Strahlen umfaßt, die II auf sich selbst wirft, ohne I zu treffen. Von der genannten Strahlenmenge wird der Teil A_2 absorbiert, so daß II insgesamt aussendet:

$$S_2 = [S_1 + S_2(1 - \varphi_{2,\,1})]\,(1 - A_2) \tag{224}$$

Insgesamt absorbiert II:

$$Q = [S_1 + S_2(1 - \varphi_{2,\,1})]\,A_2. \tag{225}$$

Dies ist demnach die tatsächlich von 1 nach 2 übertragene Wärmemenge. Ermittelt man aus den beiden Gl. (223) und (224) die beiden Unbekannten S_1 und S_2 und setzt diese in Gl. (225) ein, folgt nach einigen Zwischenrechnungen, wenn auch für $\varphi_{2,\,1}$ Gl. (222) eingesetzt wird:

$$Q = \frac{F_1\,E_{1s}}{\frac{1}{A_1} + \frac{F_1}{F_2}\left(\frac{1}{A_2} - 1\right)} \tag{226}$$

Hat die Fläche II gleichfalls eine Emission $E_2 = E_{2s}A_2$ und führt man für E_s das Boltzmannsche Gesetz gemäß Gl. (199) ein, folgt schließlich für die übertragene Wärme in kcal/h

$$Q = \frac{F_1 \cdot 4{,}96}{\frac{1}{A_1} + \frac{F_1}{F_2}\left(\frac{1}{A_2} - 1\right)} \cdot \left[\left(\frac{T_1}{100}\right)^4 - \left(\frac{T_2}{100}\right)^4\right] \tag{227}$$

Diese Beziehung wird auch bei von der Kugelform abweichenden Körpern angenähert verwendet. Zum Beispiel ist sie der Ausgangspunkt für Brennkammertemperaturberechnungen, wobei bei einer Kohlenstaubfeuerung I die Flamme und II die Brennkammerwände sind.

Handelt es sich um zwei parallele Flächen oder ist der Körper I ohne Spiel von II umschlossen, folgt unmittelbar aus Gl. (227), in kcal/h

$$Q = \frac{F_1 \cdot 4{,}96\left[\left(\frac{T_1}{100}\right)^4 - \left(\frac{T_2}{100}\right)^4\right]}{\frac{1}{A_1} + \frac{1}{A_2} - 1} \tag{228}$$

d) Schwärzegrad von Brennkammerwänden

Bei Strahlungsrechnungen für Brennkammern von Dampfkesseln taucht eine Schwierigkeit auf, da die Begrenzungswände gewöhnlich nicht homogen sind, sondern aus Schamotte und Kühlschirmrohren gebildet werden. Letztere können mit einer bestimmten Teilung (S. 23) verlegt sein oder Rohr an Rohr liegen. Es fragt sich nun, wie der Schwärzegrad der Wand in Hinblick auf die verschiedenen Materialien und Temperaturen von Wand und Rohr zu ermitteln ist.

Hier ist es zweckmäßig, einen „rechnungsmäßigen“ Schwärzegrad einzuführen[1], im Gegensatz zum „wirklichen“, den das betreffende Material tatsächlich hat. Betrachtet man zunächst eine Kühlschirmwand, welche Rohr an Rohr verlegt ist, so wird diese infolge ihres wirklichen Schwärzegrades $A_R \doteq 1$ praktisch die gesamte Zustrahlung aus der Brennkammer absorbieren. Im Vergleich dazu wird ihre Eigenstrahlung, welche in die Brennkammer zurückgelangt, infolge ihrer niedrigen Oberflächentemperatur vernachlässigbar klein sein. Die Rohrwand nimmt demnach den Teil A_R der Zustrahlung auf, so daß hier auch der „rechnungsmäßige“ Schwärzegrad A_R beträgt.

[1] HOTTEL: Radiant Heat Transmission. Engineering 1931 und Mech. Engineering 1930, S. 699.

Wird nun eine Schamottefläche ohne Berohrung untersucht, so hat diese auch einen wirklichen Schwärzegrad von angenähert 1. Sie strahlt jedoch, sofern die Wärmeleitung nach außen vernachlässigbar ist, im stationären Zustand die gesamte erhaltene Wärme wieder in die Brennkammer zurück. Dem Endeffekt nach verhält sie sich also wie ein Spiegel, hat demnach einen „rechnungsmäßigen" Schwärzegrad von 0.

Setzt sich die Oberfläche einer Kammer aus mehreren Kühlschirmflächen, F_R in m², und mehreren Schamotteflächen, F_S in m², zusammen, ist der mittlere „rechnungsmäßige" Schwärzegrad, mit $\Sigma F_R + \Sigma F_S = F_2$

$$\bar{A}_{2m} = \frac{\Sigma F_R A_R}{F_2} \tag{229}$$

Hier und in der Folge mögen „rechnungsmäßige" Schwärzegrade zur besonderen Kennzeichnung einen Querstrich erhalten.

Der Zähler ist die „rechnungsmäßige" schwarze Fläche, der Nenner die gesamte Oberfläche der Kammer. Die Rohrfläche F_R ist hierbei „projiziert", d. h. von Achse zu Achse verlaufend zu rechnen.

Ist die Teilung t der Kühlschirmrohre, wie vielfach üblich, $t > d$ (Abb. 142), strahlt die hinter der Rohrreihe liegende Schamottewand einen Teil der Wärme, welche durch die Rohrlücke auf sie gelangt, wieder in die Flamme zurück. Versteht man wieder unter F_R die Fläche des gesamten von den Kühlschirmrohren besetzten Wandteiles, ist nunmehr dessen rechnungsmäßiger Schwärzegrad kleiner als A_R. Er findet sich leicht folgendermaßen: Von der je Quadratmeter und Stunde erfolgenden Zustrahlung Q gelangt im Mittel der Anteil $Q\left(1 - \frac{d}{t}\right)\varepsilon$ an die hinter den Rohren liegende Schamottewand. ε ist ein Korrekturfaktor, der 1 wäre, wenn die Absorption statt durch Rohre durch parallel zur Schamottewand liegende Streifen mit einer Breite gleich dem Rohrdurchmesser erfolgen würde. Diese sind in Abb. 142 durch die dick ausgezogenen Strecken angedeutet. Infolge der zylindrischen Form der Rohre ist, wie der Vergleich der Winkel φ und φ_1 zeigt, die wirkliche Absorption durch die Rohre größer, so daß ε je nach Teilung und Wandabstand zwischen 0,8 bis 1 liegt. Bei großen Teilungen gelten die höheren Werte.

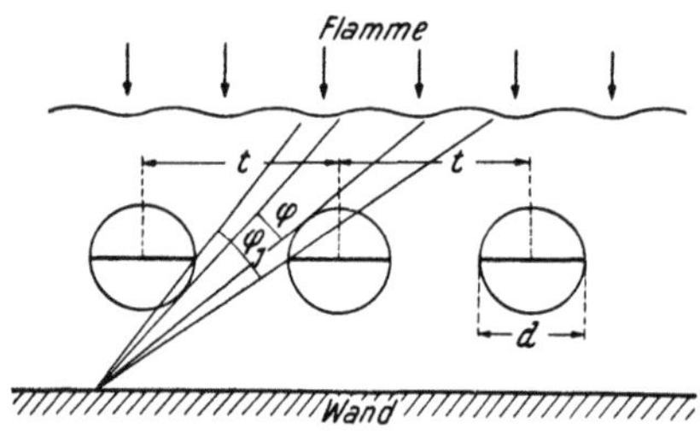

Abb. 142. Wärmeaufnahme einer Kühlschirmwand durch Strahlung

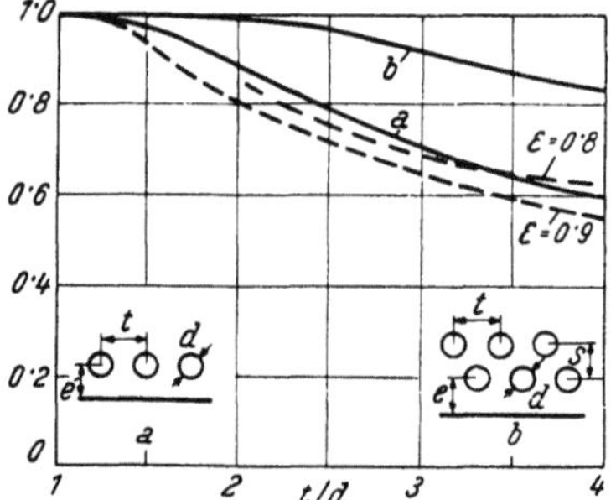

Abb. 143. Rechnungsmäßiger Schwärzegrad $\bar{A}_R$ einer Kühlschirmwand mit dem Teilungsverhältnis t/d. Voll ausgezogen nach ECKERT (bei $e \geqq t$, $s \geqq t$), strichliert nach Gl. (231)

Da die Schamottewand die erhaltene Strahlung rückstrahlt, gelangt nach neuerlichem Passieren der Rohrlücken der Teil $Q\left[\left(1 - \frac{d}{t}\right)\varepsilon\right]^2$ in die Flamme zurück. Die Rohrwand hat demnach, wenn der wirkliche Schwärzegrad des Rohrmaterials A_R sei, aufgenommen:

$$Q' = Q \cdot A_R\left[1 - \left(1 - \frac{d}{t}\right)^2 \varepsilon^2\right] \tag{230}$$

Der „rechnungsmäßige" Schwärzegrad der Rohrwand ist dann

$$\bar{A}_R = \frac{Q'}{Q} = A_R\left[1 - \left(1 - \frac{d}{t}\right)^2 \varepsilon^2\right] \tag{231}$$

Haben die einzelnen Begrenzungswände der Brennkammer Kühlschirme mit verschiedenen rechnerischen Schwärzegraden $\bar{A}_R$, bzw. auch unberohrte Flächen mit $\bar{A}_R = 0$, ist der mittlere rechnungsmäßige Schwärzegrad der Kammer analog zu Gl. (229)

$$\bar{A}_{2m} = \frac{\Sigma F_R \bar{A}_R}{F_2} \tag{232}$$

Das Produkt $\bar{A}_{2m} \cdot F_2$ ist die „schwarze Auskleidungsfläche" der Brennkammer.

Die Gl. (231) ergibt Näherungswerte. ECKERT hat für verschiedene Fälle die auftretenden rechnungsmäßigen Schwärzegrade von Kühlschirmen ausgemittelt und gelangt zu den in Abb. 143 dargestellten Kurven. Der Verlauf gemäß Gl. (231) ist ebenfalls eingezeichnet. Die Näherung ist ausreichend.

Es braucht demnach bei Brennkammerberechnungen die Temperatur der Schamottewände nicht besonders berücksichtigt zu werden. Deren Eigenstrahlung ist implizite im „rechnungsmäßigen" Schwärzegrad enthalten. Die Rohrwandtemperaturen kann man gewöhnlich vernachlässigen, so daß sich für die abgestrahlte Wärme gemäß Gl. (227) ergibt:

$$Q = \frac{F_1}{\frac{1}{A_1} + \frac{F_1}{F_2}\left(\frac{1}{\bar{A}_{2m}} - 1\right)} \cdot \left(\frac{T_1}{100}\right)^4 \cdot 4{,}96 \tag{233}$$

Es ist A_1 der Schwärzegrad der Flamme, F_1 deren Oberfläche, $F_2 = \Sigma F_R + \Sigma F_S$ die Brennkammeroberfläche, $\bar{A}_{2m}$ deren rechnungsmäßiger Schwärzegrad und T_1 die Flammentemperatur.

2. Strahlung von Räumen

a) Absorptionszahl und Schwärzegrad

Außer Flächen können auch Räume, die mit Gasen oder fein verteilten Partikeln gefüllt sind, Strahlung aussenden.

Die Intensität der aus der Hüllfläche des Raumes austretenden Strahlung wird von der Gestalt, Schichtdicke, Zusammensetzung und Temperatur abhängen. Sie kann im Grenzfall die Strahlung des schwarzen Körpers erreichen.

Es ist naheliegend, die aus der Oberfläche austretende Strahlung mit jener des schwarzen Körpers zu vergleichen und auch hier von Schwärzegraden bzw. Absorptionsvermögen zu sprechen.

Um den Schwärzegrad eines strahlenden Volumens, kurz Gaskörpers, zu berechnen, werde der Durchgang eines Strahles durch denselben verfolgt. Der Körper wird durch zwei parallele Ebenen begrenzt, seine Schichtstärke sei x_1. Der senkrecht zur Begrenzungsebene eintretende Strahl habe die Intensität S_1, an einer beliebigen Stelle sei sie S, am Austritt S_2. Je Meter durchlaufenen Weges verliert der Strahl durch Absorption eine Energie, welche proportional der Strahlungsintensität S an dieser Stelle und einer Stoffkonstanten, der Absorptionszahl a, ist. Je durchlaufenes Wegelement dx ist dann die absorbierte Energie $aS\,dx$, welche proportional der Änderung $-dS$ ist. Man erhält:

$$S a\,dx = -dS \tag{234}$$

Das negative Vorzeichen gilt, da S mit zunehmendem x abnimmt. Die Absorptionszahl a hat die Dimension $\frac{1}{m}$. Die Integration liefert:

$$ax = -\ln S + C \tag{235}$$

Die Integrationskonstante C wird bestimmt, indem für $x = 0$, $S = S_1$ gesetzt wird.

Führt man noch $S = S_2$ bei $x = x_1$ ein, folgt $a x_1 = \ln \frac{S_1}{S_2}$ bzw.

$$e^{-a x_1} = \frac{S_2}{S_1} \tag{236}$$

Der Schwärzegrad A einer Gasschicht von der Stärke x_1 im Hinblick auf den senkrecht durchtretenden Strahl ist dann:

$$A = \frac{S_1 - S_2}{S_1} = 1 - e^{-a x_1} \tag{237}$$

Hängt a, wie dies bei selektiver Strahlung der Fall ist, von der Wellenlänge ab, gilt die Gl. (237) nur für die dazugehörige Wellenlänge.

b) Gleichwertiger Radius

Nun möge die Strahlung eines Gases berechnet werden. Als einfacher Fall sei zunächst ein halbkugelförmiger Gaskörper (Abb. 144) angenommen. Gefragt sei die Strahlung, welche ein im Mittelpunkt liegendes Flächenelement in kcal/m²h erhält.

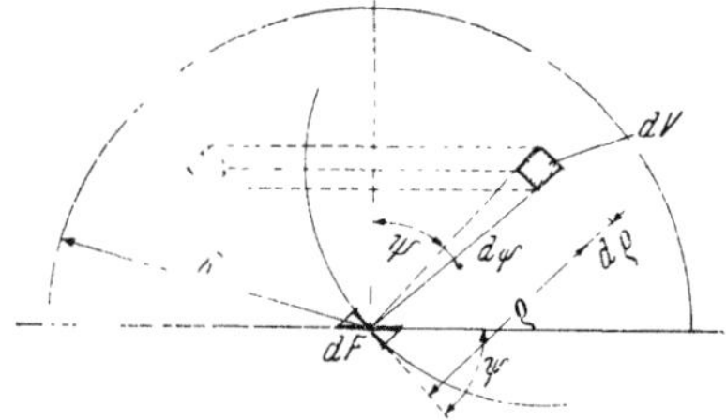

Abb. 144. Strahlung eines halbkugelförmigen Gasvolumens zu seinem Mittelpunkt

Ein beliebiges Volumselement dv strahlt eine Wärmemenge $m a E_s dv$ ab. Diese ist proportional der Absorptionszahl a, der Größe des Volumselementes dv, der schwarzen Strahlung E_s und einer noch unbekannten Konstanten m. Folgende Wärmemenge gelangt von dv zum Flächenelement dF:

$$d(dQ) = \frac{m a E_s dv}{4 \varrho^2 \pi} e^{-a\varrho} \cos \psi \, dF \tag{238}$$

Dieser Ausdruck entsteht so, daß zunächst die Strahlung von dv durch Division mit $4\varrho^2\pi$ auf die Oberfläche einer Kugel (Abb. 144) mit dem Radius ϱ bezogen wird. Durch Multiplikation mit $e^{-a\varrho}$ wird der auf dem Wege ϱ durchgelassene Strahlungsanteil $1 - A$ gemäß Gl. (237) erhalten. Multipliziert man noch mit $\cos \psi dF$, erhält man schließlich die Strahlung, welche auf dF gelangt.

Dividiert man Gl. (238) durch dF, berechnet also die Strahlungsdichte in kcal/m²h an der Stelle dF und integriert über die Halbkugel, folgt

$$q = \frac{dQ}{dF} = \frac{m a E_s}{4\pi} \int^{v} \frac{e^{-a\varrho} \cos \psi \, dv}{\varrho^2} \tag{239}$$

Infolge der allseits vorhandenen Symmetrie kann man für dv das Volumen eines Ringelementes $\varrho^2 \sin \psi \, 2\pi d\psi$ einsetzen und schreiben

$$q = \frac{m a E_s}{4\pi} \int_{\varrho=0}^{R} \int_{\psi=0}^{\pi/2} \frac{\cos \psi e^{-a\varrho} \varrho^2 \sin \psi \, 2\pi \, d\psi \, d\varrho}{\varrho^2} = \frac{m a E_s}{4} \int_0^R e^{-a\varrho} \, d\varrho \int_0^{\pi/2} d(\sin^2 \psi)$$

Die Ausführung ergibt

$$q = \frac{m E_s}{4} \left(1 - e^{-aR}\right) \tag{240}$$

Handelt es sich um eine Halbkugel mit $R = \infty$, muß $q = E_s$ sein. Dies ist in Gl. (240) bei $R = \infty$ nur mit $m = 4$ möglich, so daß die eingangs angeführte Strahlung eines Volumselementes $4 a E_s dv$ beträgt. Gl. (240) lautet dann endgültig:

$$q = E_s (1 - e^{-aR}) \tag{241}$$

und liefert einen sehr einfachen Ausdruck zur Berechnung der Strahlungsdichte.

Allerdings ist der Ausdruck nur für den Fall der Strahlung einer Halbkugel zu ihrem Mittelpunkt so einfach.

Die eigentlich im Dampfkesselbau in Frage kommenden Formen wie Quader, Zylinder usw. führen bei Berechnung der Strahlungsdichte auf komplizierte mathematische Formen, bzw. lassen sie sich überhaupt nicht geschlossen darstellen. Die Integration wurde hierfür näherungsweise von HOTTEL durchgeführt und durch Einführung des „gleichwertigen Radius" auf den einfachen Fall der Halbkugel zurückgeführt. Dies ist der Radius jener Halbkugel, welche die gleiche Strahlung auf das betrachtete Oberflächenelement ergibt wie der in Frage stehende Gaskörper. Das Verhältnis von gleichwertigem Radius zu einer kennzeichnenden Längendimension des Gaskörpers bleibt für alle geo-

Zahlentafel 53. *Gleichwertiger Radius*

Form des Gaskörpers	Abbildungen	Strahlungsdichte bezogen auf	Gleichwertiger Radius R
Kreiszylinder $h = d$	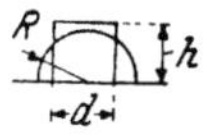	Mitte Grundfläche	$R = 0{,}77 \cdot d$
Kreiszylinder $h = \infty$	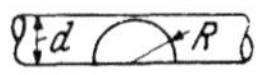	Mantel	$R = 0{,}95 \cdot d$
Halbkreiszylinder $h = \infty$		Mitte ebener Begrenzungsfläche	$R = 0{,}63 \cdot d$
Kugel		Mantel	$R = 0{,}65 \cdot d$
Schicht zwischen zwei unbegrenzten parallelen Ebenen	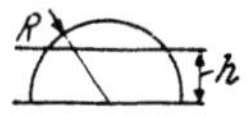	Begrenzungsebene	$R = 1{,}8 \cdot h$
Kreiszylinder $h = \infty$	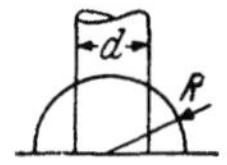	Mitte Grundfläche	$R = 0{,}9 \cdot d$
Würfel	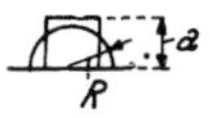	Gesamte Würfelfläche	$R = 0{,}66 \cdot a$
Quader	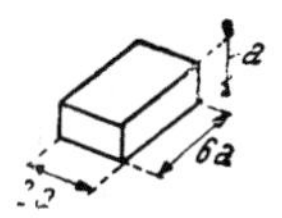	Gesamte Grundfläche	$R = 1{,}3a$
Rohrbündel	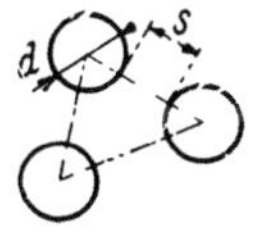		
$s = d$		Gesamte Rohroberfläche	$R = 3s$
$s = 2d$		Gesamte Rohroberfläche	$R = 3{,}8s$
$s = d$	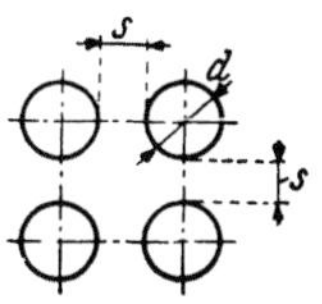	Gesamte Rohroberfläche	$R = 3{,}5s$

metrisch ähnlichen Fälle fast dasselbe. Der gleichwertige Radius R kann aus Zahlentafel 53 entnommen werden. Nach HAUSEN[1] kann R, angenähert bei allen Körperformen für die Strahlung zum Mantel, gleich $\frac{CV}{F}$ gesetzt werden, wobei V das Volumen und F die Oberfläche des Körpers ist. Die Konstante C liegt zwischen 3,6 und 4, wobei letzterer Wert für quaderförmige Körper gilt.

c) Strahlungsarten

Die Medien, welche in Dampfkesseln die Volumina erfüllen und strahlen, sind Rauchgase, Flammen und schwebende Partikeln, wie Kohlenstaub, Asche usw. Bei Rauchgasen ist praktisch ausschließlich der CO_2- und H_2O-Anteil an der Strahlung beteiligt. Diese ist selektiv und wird ,,Gasstrahlung" genannt. Bei Flammen ist der während des Verbrennungsprozesses (S. 100) vorübergehend sich bildende und feinst verteilt auftretende Kohlenstoff die Strahlungsursache. Auch diese Strahlung ist selektiv und heißt ,,Flammenstrahlung". Bei Kohlenstaubflammen senden auch die Kohlenstaubteilchen bzw. die nach der Verbrennung verbleibenden Ascheteilchen Strahlung aus. Diese werde als ,,Staubstrahlung" bezeichnet.

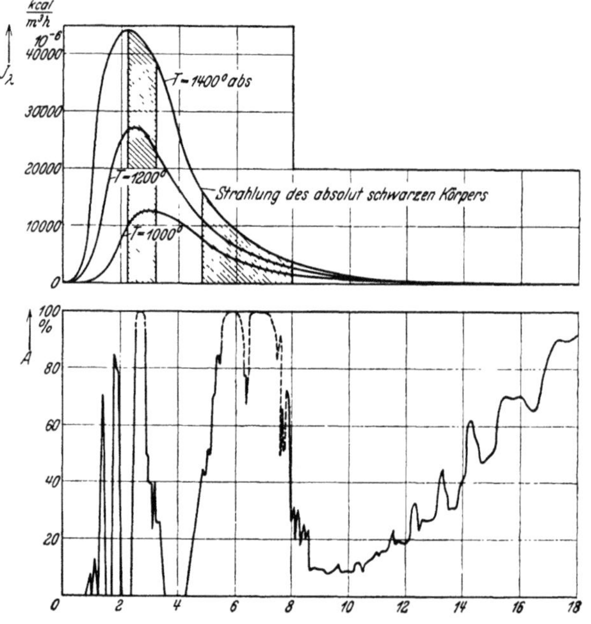

Abb. 145. Schwarze Gasstrahlung (oben, schraffierter Teil) und Schwärzegrad von Wasserdampf bei 127 °C und 1 m Schichtdicke in Abhängigkeit von der Wellenlänge λ in μ (unten)

Zahlentafel 54.
Strahlungsbereiche von CO_2 und H_2O

Gas	Bereich	von μ	bis μ
CO_2	I	2.36	3,02
	II	4,01	4,8
	III	12,5	16,50
H_2O	I	2,24	3,27
	II	4,8	8
	III	12	25

Gasstrahlung. Mißt man die Strahlung von CO_2 und H_2O, sieht man, daß jeder dieser Stoffe hauptsächlich in drei Wellenbereichen oder ,,Banden" strahlt. Diese Bereiche sind aus Zahlentafel 54 zu entnehmen.

Wie diese zeigt, überdecken sich zum Teil alle Bereiche von CO_2 und H_2O. Der Schwärzegrad ist in den Banden sehr stark und scheinbar regellos von Wellenlänge zu Wellenlänge schwankend, wie z. B. Abb. 145 für H_2O-Strahlung zeigt. Dementsprechend ist gemäß Gl. (237) auch die Absorptionsziffer stark veränderlich. Die Strahlung eines Gaskörpers im Wellenlängenbereich zwischen λ_1 und λ_2 folgt mit Benützung der Gl. (241) zu

$$\Delta q = \int_{\lambda_1}^{\lambda_2} J_{\lambda s}\left(1 - e^{-a_\lambda R}\right) d\lambda \tag{242}$$

Hierbei wurde Gl. (241) auf den Wellenlängenbereich λ und $\lambda + d\lambda$ angewendet, so daß statt E_s die Emission $J_{\lambda s} d\lambda$ im Wellenlängenintervall $d\lambda$ tritt. $J_{\lambda s}$ ist gemäß Gl. (197) einzusetzen. a_λ bedeutet die von der Wellenlänge abhängige Absorptionszahl, R den gleichwertigen Radius gemäß S. 186.

[1] HANSEN: Wärmeübergang im Gegenstrom, Gleichstrom, Kreuzstrom. Berlin 1950.

Infolge der unregelmäßigen Verteilung von a_λ ist eine Integration der Gl. (242) nur mit bestimmten Hilfsvorstellungen näherungsweise möglich[1]. Es wurde daher bezüglich der Strahlung q_{CO_2} und q_{CO_2} von CO_2 und H_2O auf Messungen zurückgegriffen. Dann ist der Schwärzegrad aus $A_{CO_2} = \frac{q_{CO_2}}{E_s}$ und $A_{H_2O} = \frac{q_{H_2O}}{E_s}$ leicht zu ermitteln. Das Ergebnis zeigt nach ECKERT[2] Abb. 146, wo A_{CO_2} und A_{H_2O} in Abhängigkeit der Temperatur sowie des Produktes aus gleichwertigem Durchmesser R und Partialdruck p entnommen werden können.

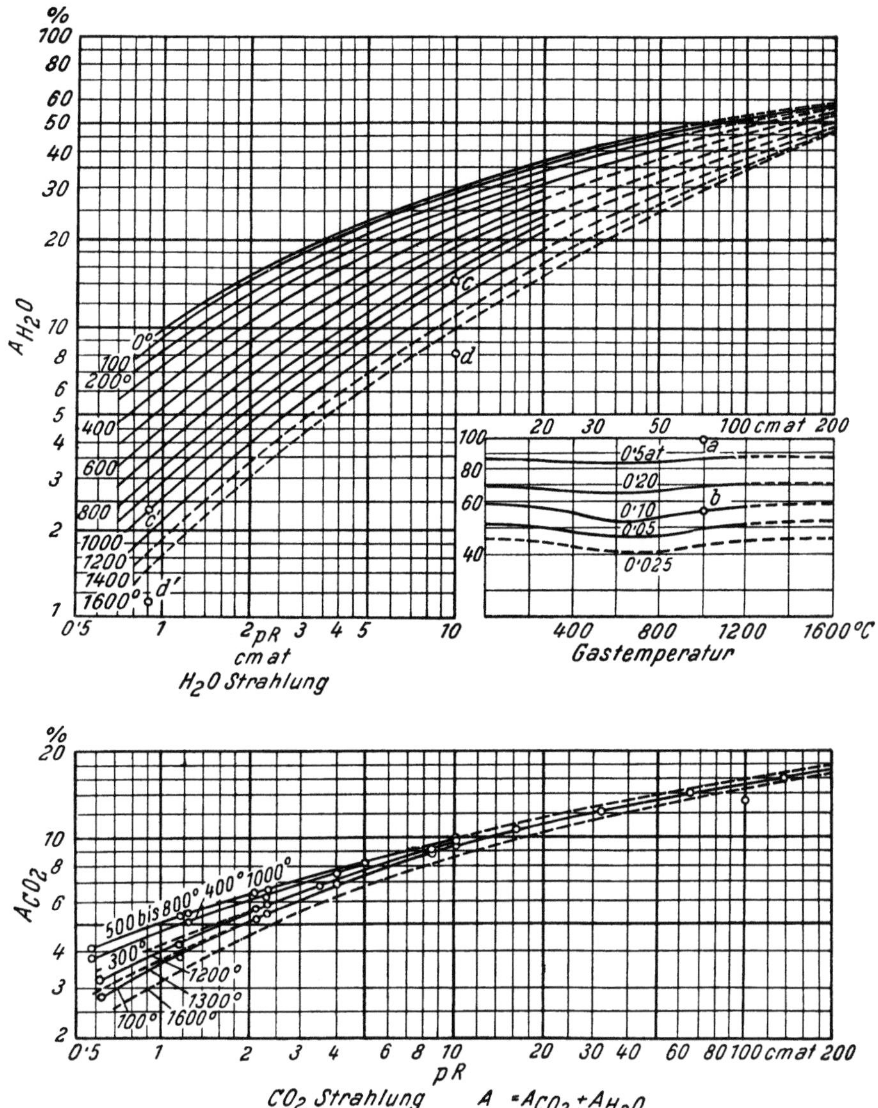

Abb. 146. Schwärzegrad bei Wasserdampf (oben) und bei Kohlensäurestrahlung (unten). Ist bei Wasserdampf der Partialdruck desselben kleiner als 1 ata, erfolgt die Ablesung unter Zuhilfenahme der rechts gezeichneten Hilfstafel. Wäre z. B. das Produkt Partialdruck × gleichwertiger Radius $p\,R = 10$ cm at und der Partialdruck $= 0{,}1$ at, wird bei z. B. 1000 °C Gastemperatur die Strecke $a\,b$ in den Zirkel genommen und von c abwärts aufgetragen (Strecke $c\,d$). Der Endpunkt d liefert den gesuchten Schwärzegrad $A_{H_2O} = 8\% = 0{,}08$.
Bei CO_2 erfolgt die Ablesung einfach in Abhängigkeit vom Produkt Partialdruck von CO_2 × gleichwertiger Radius mit der Gastemperatur als Parameter nach ECKERT. Schwärzegrade in der Abb. in %, im Text im Bruchteilen von 1

[1] SCHACK: Zeitschr. Technische Physik 1924, S. 267.
[2] ECKERT: VDI-Forschungsheft 387. Berlin: VDI-Verlag. 1937.

Die einfache Addition der Schwärzegrade von CO_2 und H_2O ist nur bedingt zulässig, denn in größeren Wellenlängenbereichen strahlen beide gleichzeitig. Ist etwa bei der Wellenlänge λ und dem vorliegenden Partialdruck die Absorptionszahl von CO_2 a_{CO_2} und jene von H_2O a_{H_2O}, so sind die Schwärzegrade der einzelnen Strahlungen nach Gl. (237)

$$A'_{CO_2} = 1 - e^{-a_{CO_2} \cdot R} \tag{243}$$

$$A'_{H_2O} = 1 - e^{-a_{H_2O} \cdot R} \tag{244}$$

Der Schwärzegrad der Gesamtstrahlung ist aber

$$A'_G = 1 - e^{-(a_{CO_2} + a_{H_2O}) \cdot R} \tag{245}$$

Nur wenn der Exponent klein ist, kann man nach Entwicklung obigen Ausdruckes in einer Reihe nach dem ersten Glied abbrechen und erhält, wenn die gleiche Entwicklung auch für Gl. (243) und (244) durchgeführt wird:

$$A'_G = (a_{CO_2} + a_{H_2O}) \cdot R = A'_{CO_2} + A'_{H_2O}$$

Nur in diesem Falle dürfen also die Schwärzegrade einfach addiert werden. Gl. (245) kann auch in der Form

$$A'_G = 1 - e^{-a_{CO_2} R} \cdot e^{-a_{H_2O} \cdot R}$$

geschrieben werden. Setzt man Gl. (243) und (244) ein, folgt nach einigen Umformungen

$$A'_G = A'_{CO_2} + (1 - A'_{CO_2})\, A'_{H_2O} \tag{246}$$

Nach dieser Formel wären demnach Schwärzegrade zusammenzusetzen, sofern die Komponenten mit gleicher Wellenlänge strahlen.

Bei praktischen Anwendungen wird jedoch gewöhnlich die Formel $A'_G = A'_{CO_2} + A'_{H_2O}$, bzw. für die Gesamtstrahlung

$$A_G = A_{CO_2} + A_{H_2O} \tag{247}$$

benützt. Der Korrekturwert ΔA, der bei genauerer Rechnung abzuziehen ist, findet sich nach ECKERT in Zahlentafel 55:

Zahlentafel 55. *Korrekturbeiwert ΔA*

Gastemperatur °K	cm at CO_2	cm at H_2O		
		5	30	100
400		0,000	0,014	0,034
800	5	0,003	0,012	0,018
1200		0,007	0,020	0,035
400		0,000	0,017	0,043
800	30	0,008	0,024	0,032
1200		0,018	0,047	0,052
400		0,000	0,017	0,043
800	100	0,013	0,025	0,033
1200		0,030	0,049	0,054

Ist der Schwärzegrad A_G der Gesamtstrahlung aus Abb. 146 bzw. Gl. (247) ermittelt, folgt die abgestrahlte Wärmemenge zu (kcal/m²h)

$$q_G = A_G\, 4{,}96 \left(\frac{T}{100}\right)^4 \tag{248}$$

Handelt es sich um die Berechnung des Wärmeaustausches eines Gases von einer Temperatur T_1 mit einer Wand, welche eine Temperatur T_2 und einen wirklichen Schwärzegrad A_R nahe bei 1 haben möge, folgt angenähert:

$$q_G = \left[A_{G1} \left(\frac{T_1}{100}\right)^4 - A_{G2} \left(\frac{T_2}{100}\right)^4\right] A_R\, 4{,}96 \tag{249}$$

Das zweite Glied stellt die Absorption der Wandstrahlung durch das Gas dar. Der Schwärzegrad A_{G2} ist ebenfalls aus Abb. 146 bei Wandtemperatur zu entnehmen.

Wird $R = \infty$, erreicht der Schwärzegrad seinen Höchstwert. Man spricht in diesem Falle von schwarzer Gasstrahlung, der zugehörige Schwärzegrad wird $A_{G,\,S}$ genannt.

Findet in einer Kammer Gasstrahlung an die Wände statt, die zum Teil aus Schamotteflächen bestehen mögen, so strahlt die Schamotte die erhaltene selektive Strahlung „grau" zurück. Es ermittelt sich dann die übertragene Wärme nach Gl. (233) mit Hilfe des rechnungsmäßigen Schwärzegrades $\bar{A}_{2m}$. Man erhält mit $F_1 = F_2$ und $E_{1,s} = 4{,}96\left(\frac{T_1}{100}\right)^4$

$$Q = \frac{F_1 E_{1,s}}{\frac{1}{A_G} + \frac{1}{\bar{A}_{2m}} - 1} \tag{250}$$

Die Gleichung gilt nur näherungsweise, da zur Berechnung der Absorption der Wandstrahlung der Schwärzegrad bei Gastemperatur eingesetzt ist.

Ist die Reflexion der Kammerwandungen ebenfalls selektiv, was z. B. dann der Fall ist, wenn erstere ganz aus Kühlfläche mit einem wirklichen Schwärzegrad $A_R < 1$ bestehen, gilt obige Gleichung nicht mehr genau. Es hat dann beachtet zu werden, daß sich der ganze Vorgang nur innerhalb bestimmter Wellenlängenbereiche abspielt. Man muß nunmehr in Gl. (228) im Zähler die Gesamtstrahlung durch die schwarze Gasstrahlung $(A_{GS,1}E_{1,S} - A_{GS,2}E_{2,S})$ ersetzen, wobei $E_{2,S} = 4{,}96\left(\frac{T_2}{100}\right)^4$ die Emission bei Wandtemperatur bedeutet.

$A_{GS,1}$ und $A_{GS,2}$ sind die Schwärzegrade des Gases bei ∞ großer Schichtdicke und der Temperatur T_1 und T_2.

Ferner hat im Nenner der Schwärzegrad des strahlenden Gases A_1 (hier A_G) statt auf 1 auf A_{GS} bezogen zu werden. Es ergibt sich dann nach ECKERT

$$Q = \frac{F_1 A_{GS,1} E_{1,S}}{\frac{A_{GS,1}}{A_{G,1}} + \frac{1}{A_R} - 1} - \frac{F_1 A_{GS,2} E_{2,S}}{\frac{A_{GS,2}}{A_{G,2}} + \frac{1}{A_R} - 1} \tag{251}$$

A_R ist der wirkliche Schwärzegrad der Kammerwandung.

Dort wo der Wärmetransport durch Gasstrahlung q in kcal/m²h gegenüber jenem durch Konvektion zurücktritt, also vor allem bei kleinen Schichtdicken in den Rohrbündeln von Kesseln, ist es zur Vereinfachung der Rechnung üblich, eine fiktive Wärmeübergangszahl α_{ST} einzuführen. Ist Θ_m die mittlere logarithmische Temperaturdifferenz zwischen Gas- und Wandtemperatur, folgt in kcal/m²h

$$q_G = \alpha_S \Theta_m,$$

woraus sich

$$\alpha_S = \frac{q_G}{\Theta_m} \tag{252}$$

ergibt. q_G ist hierbei aus Gl. (248) oder (249) zu berechnen. Man kann α_{ST} nach B. KOCH auch direkt aus Abb. 147 entnehmen.

Tritt Konvektion und Gasstrahlung gleichzeitig auf, ist dann die Gesamtwärmeübergangszahl $\alpha = \alpha_K + \alpha_S$.

Flammenstrahlung. Da die Verbrennung der C- und H_2-Bestandteile des Brennstoffes gleichzeitig erfolgt, letztere aber eine größere Affinität zum Sauerstoff haben und diesen zuerst binden, wird vorübergehend C in feinstverteilter Form in der Flamme frei, d. h. es tritt Bildung von Ruß ein. Dessen Glühen in der Flamme bedingt das Leuchten. Nach SCHACK strahlt auch Ruß selektiv, wobei für die Absorptionszahl a_λ versuchsmäßig folgende Beziehung gefunden wurde:

$$a_\lambda = \frac{K}{\lambda^{0,9}} \tag{253}$$

K ist ein Wert, der der Zahl der Rußteilchen je Kubikmeter Flammenvolumen proportional ist. Obige Gleichung zeigt, daß die Absorptionszahl mit abnehmender Wellenlänge steigt, so daß gute Lichtstrahler keineswegs auch gute Wärmestrahler sein müssen. Setzt man in Gl. (242) für $J_{s\lambda}$ das Plancksche Strahlungsgesetz, Gl. (197), für a_λ Gl. (253) ein, folgt bei Integration über den gesamten Wellenlängenbereich die Emission durch Flammenstrahlung:

$$E_F = 2\,C_1 \int_0^\infty \frac{(1 - e^{-KR/\lambda^{0,9}})\,d\lambda}{\lambda^5\,(e^{c_2/\lambda T} - 1)} \tag{254}$$

Dieses Integral ist geschlossen nicht lösbar. Die graphische Integration ergibt nach SCHACK[1] die Kurven der Abb. 148, welche den Schwärzegrad $A_F = \frac{E_F}{E_S}$ in Abhängigkeit von $K \cdot R$ zeigen.

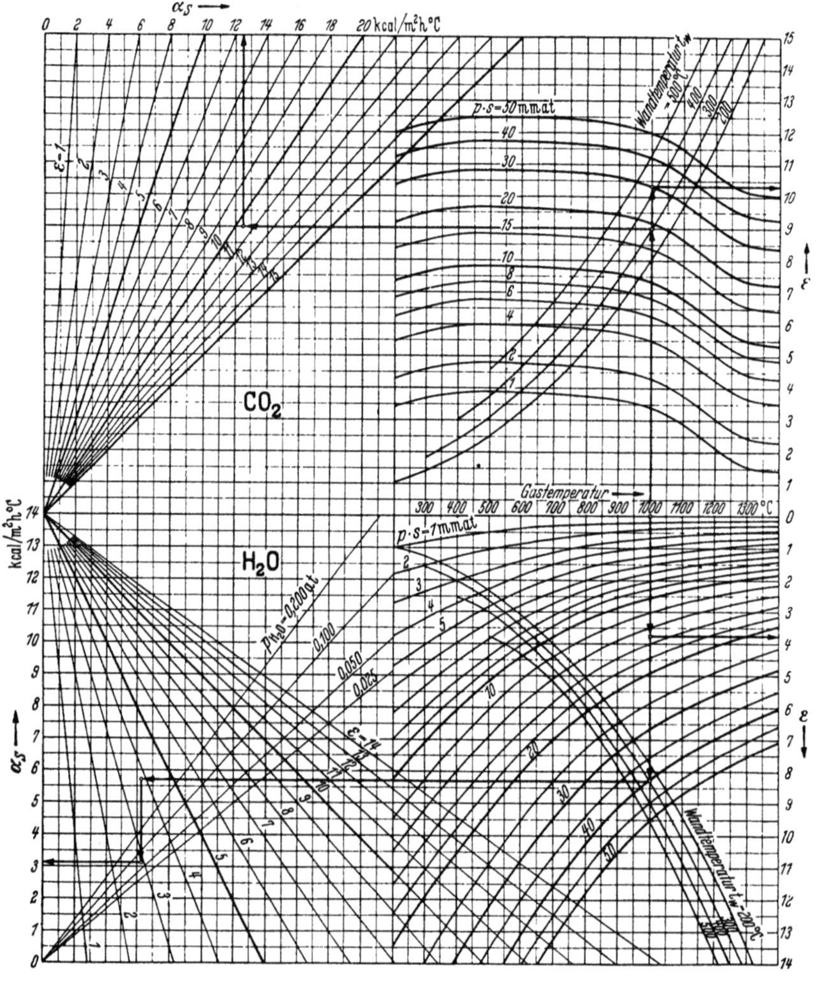

Abb. 147. Wärmeübergangszahl durch Gasstrahlung bei Kohlensäure (oben) und Wasserdampf (unten) nach B. KOCH[2]. Ausgehend von der Gastemperatur wird zunächst, abhängig vom Produkt Partialdruck × gleichwertiger Radius (mm at), ε entnommen (z. B. CO_2 1000 °C, $p \cdot s = 30$ mm at, $\varepsilon = 10{,}3$; Wand 300°, $\varepsilon = 10{,}3$ ergibt $a_s = 12{,}5$ kcal/m² h °C). Bei CO_2 wird a_s über Wandtemperatur und ε abgelesen. Bei H_2O erfolgt dies über Wandtemperatur, ε und Partialdruck des H_2O-Dampfes (z. B. H_2O 1000 °C, $p \cdot s = 15$ mm at, $\varepsilon = 3{,}8$; Wand 300°, $\varepsilon = 3{,}8$, $P_{H_2O} = 0{,}07$ at ergibt $a_s = 3{,}2$ kcal/m²h °C)

[1] SCHACK: Zeitschr. Technische Physik 1925, S. 533.

[2] KOCH: Zur Berechnung des Wärmeüberganges durch die Gasstrahlung. Feuerungstechnik 1939, S. 136.

Da die Größe von K nicht ausreichend festliegt, wurde versucht, die Kurven der Abb. 148 durch das einfache Absorptionsgesetz zu ersetzen unter Annahme eines von der Wellenlänge unabhängigen Mittelwertes a_F für die Absorptionszahl. Ersteres lautet:

$$A_F = 1 - e^{-a_F R} \tag{255}$$

Zeichnet man die Werte dieser Gleichung so in Abb. 148 ein, so daß sie möglichst gut das schraffierte Feld umfaßt, gelangt man zu der dort eingezeichneten Kurve. Man sieht, daß auch unter Annahme einer nicht selektiven Absorptionszahl eine ausreichende Näherung vorliegt.

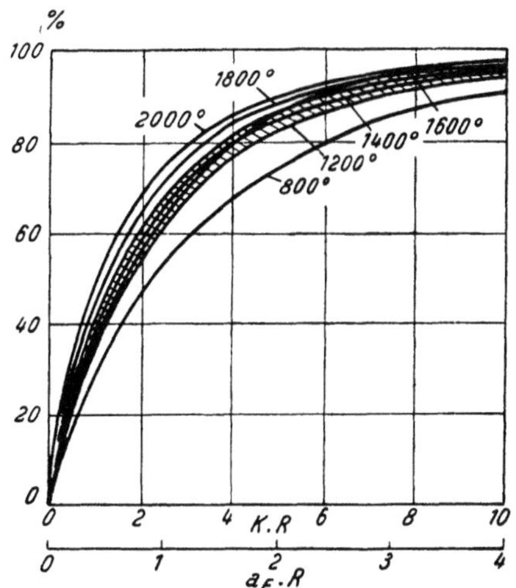

Abb. 148. Schwärzegrad A_F der Flammenstrahlung in %

Andererseits zeigen Versuche, daß a_F proportional der Flammenbelastung H gesetzt werden kann, welche die je Kubikmeter Flammenvolumen freiwerdende Wärme darstellt. Wird diese in kcal/m³h eingesetzt, findet man

$$a_F = \frac{0{,}027}{10^5} H \tag{256}$$

Der Schwärzegrad laut Gl. (255) ist dann

$$A_F = 1 - e^{-0{,}027 HR/10^5} \tag{257}$$

oder näherungsweise, falls der Exponent kleiner als 0,2 ist,

$$A_F = 0{,}027 HR/10^5 \tag{258}$$

Staubstrahlung. Die Staubteilchen, welche in der Flamme verteilt sind, senden graue Strahlung aus. Zur Berechnung der zugehörigen Absorptionszahl a_K nimmt man an, daß in 1 m³ Flammenvolumen wahllos z Teilchen verteilt seien. Im erwähnten Volumen möge parallel zu einer Kante des Kubikmeters ein Wärmestrahl verlaufen. Die Absorption, welche er auf einer Wegstrecke dx erfährt, ist, wenn seine Intensität an der betrachteten Stelle S sei, $SF_K z dx$, wenn F_K der mittlere Querschnitt eines Teilchens ist. Man erhält demnach für die Änderung der Strahlintensität dS

$$SF_K z dx = -dS \tag{259}$$

Vergleicht man diese Beziehung mit Gl. (234), folgt

$$a_K = F_K \cdot z \tag{260}$$

Das je Kilogramm Kohle gebildete Gasvolumen ist in m³/kg $\frac{vT}{273}$, wenn v das Gasvolumen in Nm³/kg und T die Verbrennungstemperatur in °K bedeutet. In 1 m³ sind dann $\frac{273}{vT}$ kg Kohle. Nimmt man das Staubkorn kugelförmig mit einem Halbmesser vor Beginn der Verbrennung von r_0 an, ist sein Gewicht $\frac{4 r_0^3 \gamma_K \pi}{3}$, wenn γ_K die Wichte der Kohle ist. Die Zahl der Staubteilchen je Kubikmeter ist dann:

$$z = \frac{273 \cdot 3}{vT\, 4 r_0^3 \pi \gamma_K} \tag{261}$$

In einem bestimmten Stadium der Verbrennung möge der Teilchenradius von r_0 auf r abgenommen haben. Dann ist $F_K = r^2 \pi$ und gemäß Gl. (260) und (261)

$$a_K = \frac{273 \cdot 3\, r^2}{vT\, 4 r_0^3 \gamma_K} \tag{262}$$

Die Absorptionszahl a_K nimmt demnach im Laufe der Verbrennung stark ab. Sie ist zu Beginn am größten, und zwar

$$a_{KO} = \frac{273 \cdot 3}{vT\, 4 r_0 \gamma_K} \tag{263}$$

am Ende am kleinsten, wobei sich dort der Teilchenradius aus dem Aschengehalt ergibt.

Bei Braunkohle kann man nicht mehr kugelförmige Gestalt der Staubteilchen voraussetzen, sondern es sind dies eher Plättchen[1]. Dies bedeutet, daß die Absorptionszahl größer wird, wenn die größte Kantenlänge des Plättchens gleich dem Durchmesser der ursprünglichen Kugel bleibt. Nimmt man für die Plättchen die Gestalt von beliebig im Raum liegenden flachen Umdrehungsellipsoiden an, folgt genügend genau für die Absorptionszahl:

$$a_{KO} = \frac{273 \cdot 3}{vT\, 4 r_0 \gamma_K} \left(\frac{\frac{1}{\beta} + 3}{4}\right) \tag{264}$$

Hier bedeutet β das Verhältnis der Höhe H zum Durchmesser $2r_0$ des Umdrehungsellipsoides. Nimmt man $\beta = \frac{H}{2r_0} = 0{,}5$ an, folgt für den Klammerausdruck 1,25.

Der Schwärzegrad der Staubstrahlung ergibt sich aus Gl. (237) zu

$$A_K = 1 - e^{-a_K R}. \tag{265}$$

Die Zusammensetzung der Schwärzegrade A_G, A_F, A_K erfolgt angenähert nach der sinngemäß angewendeten Gl. (246). Wäre nur Staub und Flammenstrahlung vorhanden, ergäbe sich der resultierende Schwärzegrad:

$$A_{K,F} = A_K + (1 - A_K) A_F \tag{266}$$

Sind alle drei Strahlungsarten vertreten, erhält man

$$A_{G,F,K} = A_{K,F} + (1 - A_{K,F}) A_G \tag{267}$$

D. Wärmeübergang durch Strahlung in strömenden Medien

Findet eine Strömung heißer Gase durch Rohre statt, wobei im erweiterten Sinne darunter auch Kanäle, Brennkammern usw. zu verstehen sind, kommt zum Wärmeübergang durch Konvektion jener durch Strahlung dazu. Es muß demnach Gl. (90), die nur für Leitung und Konvektion gilt, durch Glieder ergänzt werden, welche die Strahlung berücksichtigen. Außerdem findet, wenn es sich um Flammen handelt, eine Wärmeentwicklung statt, welche gleichfalls zu berücksichtigen ist.

Schreibt man die Gl. (90) für stationäre Strömung an, setzt $a = \frac{\lambda}{c_p \gamma}$ und multipliziert mit dem Volumselement dv, folgt:

$$dv \left(w_x \frac{\partial \vartheta}{\partial x} + w_y \frac{\partial \vartheta}{\partial y} + w_z \frac{\partial \vartheta}{\partial z}\right) c_p \gamma = \lambda \left(\frac{\partial^2 \vartheta}{\partial x^2} + \frac{\partial^2 \vartheta}{\partial y^2} + \frac{\partial^2 \vartheta}{\partial z^2}\right) dv \tag{268}$$

Wenn x die Richtung der Hauptströmung sei, setzt sich w_x aus einem Mittelwert w und einer überlagerten, durch die Turbulenz hervorgerufenen, um den Wert 0 schwankenden Zusatzgeschwindigkeit zusammen. w_y und w_z sind ausschließlich durch die Turbulenz hervorgerufene, um 0 schwankende Geschwindigkeiten. Die Gleichung sagt aus, daß die Änderung des Wärmeinhaltes eines Volumselementes in der Hauptströmungsrichtung durch turbulenten Stoffaustausch und durch Wärmeleitung bewirkt wird.

[1] Hinz: Über wärmetechnische Vorgänge der Kohlenstaubfeuerung. Berlin: Springer. 1928.

Es möge nun die Änderung des Wärmeinhaltes durch Strahlung untersucht werden[1]. Nach den Ausführungen auf S. 186 emittiert ein als Aufpunkt gedachtes, inmitten eines strahlenden Volumens liegendes Volumselement (Abb. 149) die Strahlung

$$dQ_I = 4aE_s dv \tag{269}$$

Von der Zustrahlung eines beliebigen anderen Volumselementes dv' absorbiert dv bei Benützung der Bezeichnungen der Abb. 149

$$d(dQ_{II}) = \left(\frac{4aE_s\,dv'\,e^{-a\varrho}}{4\varrho^2\pi}\right) a\,dv \tag{270}$$

Der rechts eingeklammerte Ausdruck ist die Strahlungsdichte der von dv' ausgesandten Wärme auf einer Kugelfläche mit dem Mittelpunkt in dv' und dem Radius ϱ. Durch Multiplikation mit $a\,dv$ ergibt sich die von dv absorbierte Strahlungsmenge, wenn beachtet wird, daß $dv = dF\,d\varrho$ ist. Von der Strahlung des gesamten Volumens v absorbiert dann dv

$$dQ_{II} = dv \int^{v} \frac{a^2 E_s e^{-a\varrho}\,dv'}{\varrho^2\pi} \tag{271}$$

Auch die Wandungen, welche den Gaskörper umschließen, strahlen, sofern sie erwärmt sind, zu dv. Ist die Emission der Wand E_w, jene eines Flächenelementes derselben $E_w dF_w$, so wird hiervon von dv absorbiert:

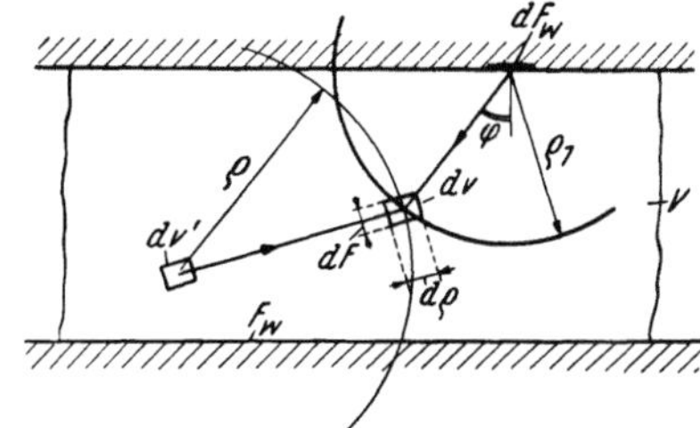

Abb. 149. Strahlung eines Raumes

$$d(dQ_{III}) = \left(\frac{E_w dF_w \cos\varphi\; e^{-a\varrho_1}}{\varrho_1^2\pi}\right) a\,dv \tag{272}$$

Von der Strahlung der ganzen Wandung wird absorbiert

$$dQ_{III} = dv \int^{F_w} \frac{E_w \cos\varphi\; e^{-a\varrho_1}\,a\,dF_w}{\pi\varrho_1^2} \tag{273}$$

Durch die Verbrennung möge je Kubikmeter und Zeiteinheit eine Wärmemenge H frei werden. Dieser Wert wird „Flammenbelastung" genannt. Für das Volumenselement gilt dann:

$$dQ_{IV} = H\,dv \tag{274}$$

Die allgemeine Beziehung für die Temperatur in strömenden, strahlenden Medien ist dann mit Benützung von Gl. (268) sowie (269), (271), (273) und (274)[2].

$$\left(w_x \frac{\partial\vartheta}{\partial x} + w_y \frac{\partial\vartheta}{\partial y} + w_z \frac{\partial\vartheta}{\partial z}\right) c_p\gamma = \lambda\left(\frac{\partial^2\vartheta}{\partial x^2} + \frac{\partial^2\vartheta}{\partial y^2} + \frac{\partial^2\vartheta}{\partial z^2}\right) - 4aE_S$$
$$+ \int^{v} \frac{a^2 E_S e^{-a\varrho}\,dv'}{\varrho^2\pi} + \int^{F_w} \frac{E_w \cos\varphi\; e^{-a\varrho_1} a\,dF_w}{\pi\varrho_1^2} + H \tag{275}$$

Für c_p ist die wahre spezifische Wärme einzusetzen.

In Gl. (275) kommt die Gastemperatur außer in den Differentialquotienten unter dem Integral vor, denn es ist $E_S = 4{,}96\left(\frac{\vartheta + 273}{100}\right)^4$. Auch E_w, für welches eine eigene Gleichgewichtsbedingung der Wand aufgestellt werden muß, beinhaltet implizit ϑ. Die Gleichung ist demnach eine Differential-Integralgleichung und ihre Behandlung ist nur näherungsweise möglich.

[1] Nusselt: Der Wärmeübergang in der Verbrennungskraftmaschine. Mitt. über Forschungsarbeiten, Heft 264.

[2] Ledinegg: Theorie der Wärmestrahlung in Dampfkesseln. Dissertation Technische Hochschule Wien 1933.

Es zeigt sich, daß an der Zustrahlung zum Aufpunkt dv vor allem die Punkte der näheren Umgebung beteiligt sind, so daß man erstere mit der Temperatur des Aufpunktes selbst berechnen kann. Dies bedeutet, daß man im Volumsintegral E_S vor dieses setzen kann, ebenso im Flächenintegral E_w, falls es von ϑ abhängt, was fast immer der Fall ist. Das gleiche gilt von der ebenfalls veränderlichen Absorptionszahl a.

Dann stellen aber die drei Strahlungsglieder in der Gl. (275) nichts anderes dar als den Wärmeaustausch des Aufpunktes von der Temperatur ϑ mit der Wandung, bezogen auf 1 m³ seines Volumens. Angenähert wurde statt dessen nach Gl. (233) die mittlere Wärmeabgabe des ganzen Gaskörpers je Kubikmeter, immer noch mit Temperatur und Absorptionszahl des Aufpunktes gerechnet, gesetzt:

$$-4aE_S + a^2E_S\int\limits^{v}\frac{e^{-a\varrho}dv'}{\varrho^2\pi} + aE_w\int\limits^{F}\frac{\cos\varphi\, e^{-a\varrho_1}dF_w}{\pi\varrho_1^2} = \frac{-F_1E_S}{\left[\frac{1}{A_1}+\frac{F_1}{F_2}\left(\frac{1}{A_{2m}}-1\right)\right]V_F} \tag{276}$$

Es bedeutet (Abb. 150), wenn eine Kohlenstaubbrennkammer zugrunde gelegt werde, A_1 den Schwärzegrad der Oberfläche F_1 der Flamme, gerechnet für Temperatur und Absorptionszahl des Aufpunktes, A_{2m} den rechnungsmäßigen Schwärzegrad und F_2 die Oberfläche der Wandung. Das Flammenvolumen V_F wird, in Übereinstimmung mit der Wirklichkeit, nicht als die ganze Brennkammer ausfüllend angenommen.

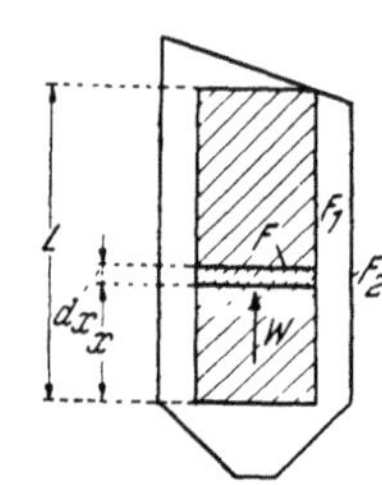

Abb. 150. Strahlung der Flamme in einer Brennkammer

Der Schwärzegrad A_1 ist, entsprechend dem jeweiligen Wert der Absorptionsziffer a, über der Flammenlänge veränderlich.

Berechnet man für einen senkrecht zur Strömungsrichtung liegenden Flammenquerschnitt F die mittlere Geschwindigkeit w, nimmt innerhalb von F Absorptionszahl a und Flammenbelastung H als konstant an, drückt den Wärmedurchgang durch Konvektion und Leitung mit Hilfe des Wärmedurchgangskoeffizienten K aus, folgt aus Gl. (275) mit $V_F = F \cdot L$ für den Temperaturverlauf in der Richtung x

$$w\frac{d\vartheta}{dx}c_p\gamma = -\frac{F_2K(\vartheta-\vartheta_w)}{F\cdot L} - \frac{F_1E_S}{\left[\frac{1}{A_1}+\frac{F_1}{F_2}\left(\frac{1}{A_{2m}'}-1\right)\right]F\cdot L} + H \tag{277}$$

Da der konvektive Wärmeübergang bereits durch K erfaßt ist, bleibt vom linken, die Turbulenz beinhaltenden Klammerausdruck der Gl. (275) lediglich $w\frac{d\vartheta}{dx}$ bestehen. ϑ hängt nur mehr von x ab. Mit der Wandtemperatur ϑ_w, der Rauchgasmenge M in Nm³/h und der wahren spezifischen Wärme c_p in kcal/Nm³ °C folgt[1]:

$$Mc_pd\vartheta = -\left[F_2K(\vartheta-\vartheta_w) + \frac{F_1\cdot 4{,}96}{\frac{1}{A_1}+\frac{F_1}{F_2}\left(\frac{1}{A_{2m}}-1\right)}\left(\frac{\vartheta+273}{100}\right)^4\right]d\left(\frac{x}{L}\right) + HV_Fd\left(\frac{x}{L}\right) \tag{278}$$

Gewöhnlich kann die Konvektion vernachlässigt werden oder durch einen Faktor von etwa 1,05 im Strahlungsausdruck Berücksichtigung finden. In Gl. (278) sind A_1 und H Funktionen von x. A_1 ist aus Gl. (267) für Staub-, Flammen- und Gasstrahlung zu ermitteln und nimmt von einem Höchstwert am Flammenanfang auf den Wert der Gasstrahlung bei Flammenende ab. Die Wärmeentwicklung H nimmt auch von einem Höchstwert am Anfang auf 0 am Ende ab. Die Theorie darüber ist auf S. 312 dargelegt, der Verlauf von H folgt aus Gl. (522).

[1] LEDINEGG: Berechnung des Temperaturverlaufes bei Kohlenstaub- und Ölfeuerungen. Wärme 1937, S. 359.

Die Lösung der Gl. (278) kann nur nach numerischen Verfahren durchgeführt werden. Sie wurde in Kurventafeln zusammengestellt und liefert den Temperaturverlauf über der Flammenlänge und damit die maximale Flammentemperatur und die den Konstrukteur interessierende Flammenendtemperatur. Für praktische Zwecke wurde diese Berechnung vereinfacht und ist auf S. 198 dargelegt.

Es tritt auch manchmal die Frage nach der Abkühlung bereits ausgebrannter Gase in Rauchgaszügen auf, wobei der Wärmeübergang durch Strahlung die Hauptrolle spielt. Es kann dann in Gl. (278) für den Ausdruck $\dfrac{4{,}96}{\dfrac{1}{A_1} + \dfrac{F_1}{F_2}\left(\dfrac{1}{A_{2m}} - 1\right)}$ ein Mittelwert, die Strahlungsziffer C, eingesetzt werden. Ferner wird $F_1 = F_2$ sein, da das strömende Gas den ganzen Raum ausfüllt.

Reflektieren die Wandungen selektiv, folgt C aus Gl. (251), wobei $E_{2,s}$ gewöhnlich vernachlässigt werden kann. Die Wärmeentwicklung H ist, da es sich um ausgebrannte Gase handelt, $= 0$. Unter Vernachlässigung der Konvektion folgt:

$$M c_p d\vartheta = -\,C F_1 \left(\frac{\vartheta + 273}{100}\right)^4 d\left(\frac{x}{L}\right)$$

Mit der Temperatur T_1 in °K zu Beginn, also bei $x = 0$ und T_2 am Ende, bei $x/L = 1$, ergibt die Integration

$$T_2 = \frac{100}{\sqrt[3]{\dfrac{3 F_1 C}{M c_p 100} + \left(\dfrac{100}{T_1}\right)^3}} \tag{279}$$

Es ist oft bequemer, die Rechnung unter Zugrundelegung eines Mittelwertes $T_m = \dfrac{T_1 + T_2}{2}$ für die Abstrahltemperatur durchzuführen und das Ergebnis mittels eines Korrektionsfaktors ξ in Übereinstimmung mit Gl. (279) zu bringen. Es ist dann

$$\xi = \frac{M c_p (T_1 - T_2)}{C F_1 \left(\dfrac{T_m}{100}\right)^4}$$

oder nach Einsetzen von Gl. (279)

$$\xi = \frac{48\left(1 - \dfrac{T_2}{T_1}\right)}{\left[\left(\dfrac{T_1}{T_2}\right)^3 - 1\right] \cdot \left[1 + \dfrac{T_2}{T_1}\right]^4} \tag{280}$$

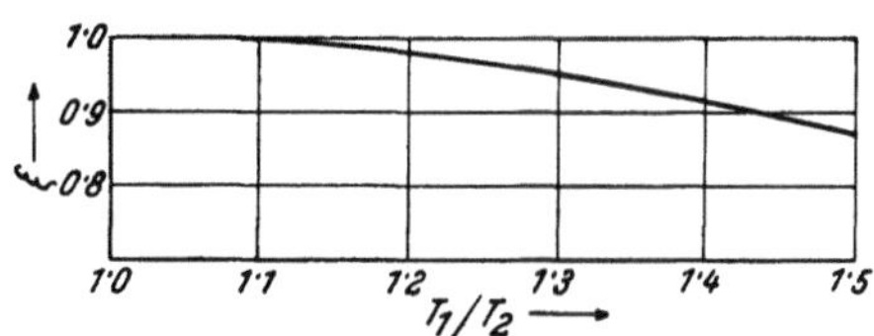

Abb. 151. Korrektionsfaktor ξ

Der Verlauf dieser Funktion, welche ein Analogon zum logarithmischen Korrekturkoeffizienten Gl. (183) ist, kann aus Abb. 151 entnommen werden. Nun kann auch in komplizierten Fällen, wenn die Veränderlichkeit der spezifischen Wärme, der Einfluß der Konvektion und eine eventuelle geringe Nachverbrennung Berücksichtigung finden soll, die Rechnung leicht durchgeführt werden. In einem solchen Fall findet sich die Endtemperatur aus

$$M(\vartheta_1 c_{p1} - \vartheta_2 c_{p2}) = C F_1 \xi \left(\frac{\vartheta_m + 273}{100}\right)^4 + F_1 K (\vartheta_m - \vartheta_w) - B H_u \cdot p \tag{281}$$

Hier sind c_{p1} und c_{p2} die mittleren spezifischen Wärmen bei den Temperaturen ϑ_1 und ϑ_2. Rechts bedeutet das erste Glied den Wärmeübergang durch Strahlung, wobei $\vartheta_m = \dfrac{\vartheta_1 + \vartheta_2}{2}$ ist, das zweite jenen durch Konvektion, das dritte die Wärmeentwicklung durch Nachverbrennung, wobei p deren Anteil an der Gesamtwärmezufuhr BH_u sei, wenn B die Brennstoffmenge in kg/h und H_u der untere Heizwert ist.

Die Berechnung der gesuchten Endtemperatur ϑ_2 aus Gl. (281) hat durch Probieren oder graphisch zu erfolgen.

E. Temperaturberechnung in Brennkammern

1. Kohlenstaub-, Gas- und Ölfeuerungen

Die im vorigen Kapitel dargelegte Theorie liefert die Grundlage, um eine für die Praxis geeignete kurze Berechnungsmethode zu schaffen. Die Berechnung möge in der Folge unter Zugrundelegung der Endtemperatur ϑ_E und des mittleren Schwärzegrades der Flamme $A_{1,m}$ als für die Abstrahlung maßgebende Größen durchgeführt werden, wobei der Unterschied gegenüber der genauen Theorie durch einen Faktor $\mathfrak{Z}$ ausgeglichen werde. Die abgestrahlte Wärmemenge ist demnach gemäß dem Ausdruck in der eckigen Klammer in Gl. (278) mit einem Faktor 1,05 zur Berücksichtigung der Konvektion:

$$Q = \mathfrak{Z}\left[\frac{4{,}96 \cdot 1{,}05}{\frac{1}{A_{1,m}} + \frac{F_1}{F_2}\left(\frac{1}{A_{2m}} - 1\right)}\right] F_1\left(\frac{\vartheta_E + 273}{100}\right)^4 = \mathfrak{Z}\, C F_1\left(\frac{\vartheta_E + 273}{100}\right)^4 \tag{282}$$

Der Ausdruck in der eckigen Klammer werde wieder als Strahlungszahl mit C bezeichnet. F_1 ist wie früher die Oberfläche der Flamme, F_2 die Brennkammeroberfläche[1]. Vereinfachend kann angenommen werden, daß die Flamme das Brennkammervolumen zur Gänze erfüllt, d. h. es ist $F_1 = F_2$. Nur in besonderen Fällen, z. B. hoher Anordnung der Brenner über dem Aschentrichter, bei Teillast oder bei Brennkammern, wo erfahrungsgemäß nur Teildurchflutung stattfindet, kann das Flammenvolumen kleiner als das Kammervolumen angesetzt werden. Einen Anhalt gibt Zahlentafel 83.

Zur Ermittlung des mittleren Schwärzegrades über die ganze Flammenoberfläche A_{1m} hat zunächst der Verlauf der Absorptionszahl über die Flammenlänge bestimmt zu werden. Nimmt man lineare Abnahme der Teilchendurchmesser mit der Flammenlänge von r_0 auf 0 an, folgt für die Absorptionszahl der Staubstrahlung aus Gl. (262)

$$a_K = \left[\frac{273 \cdot 3}{v T\, 4 r_0 \gamma_K}\right]\left(1 - \frac{x}{L}\right)^2 \tag{283}$$

Die Berücksichtigung der Plättchengestalt bei Braunkohle findet nach S. 194 durch Multiplikation mit einem Faktor 1,25 statt.

Die Absorptionszahl a_F der Flammenstrahlung ist aus Gl. (256) zu berechnen, wobei für H die Beziehung (522) eingesetzt wird. Mit der mittleren Flammenbelastung H_m folgt

$$a_F = \frac{0{,}027}{10^5}\, 3 H_m \left(1 - \frac{x}{L}\right)^2 \tag{284}$$

Ist der Anfangswert von

$$a_K + a_F \quad \text{bei} \quad x = 0,\ a_{\max} = \frac{0{,}027 \cdot 3 H_m}{10^5} + \frac{273 \cdot 3}{v T\, 4 r_0 \gamma_K},$$

folgt für die Stelle x/L:

$$a_K + a_F = a_{\max}\left(1 - \frac{x}{L}\right)^2 \tag{285}$$

Der Schwärzegrad der Flammen- und Staubstrahlung ist, entsprechend Gl. (241), für die Begrenzungsfläche mit dem „gleichwertigen" Radius R zu berechnen:

$$A_{KF} = 1 - e^{-a_{\max}(1 - x/L)^2 R}$$

[1] Füllt in besonderen Fällen, z. B. Schmelztrichterkesseln, die Flamme etwa nur den unteren Teil der Kammer aus, wird F_2 lediglich für diesen Kammerteil berechnet und derselbe durch eine fiktive Querfläche abgeschlossen gedacht. Deren Schwärzegrad ist überschlägig gleich 1 minus jenem einer Gasstrahlung mit einer Schichtdicke gleich dem äquivalenten Radius des darüber liegenden Brennkammervolumens $\times$ 1,25 [Gl. (333), S. 214, sowie Abschnitt über Schottüberhitzer, S. 212]. Dies gilt auch bei Ölfeuerungen, wenn das Flammenvolumen die Brennkammer nicht ausfüllt. Normalerweise nimmt man aber auch hier $F_1 = F_2$.

Der gleichwertige Radius R folgt gemäß den Angaben auf S. 186 zu $R = \frac{4 V_F}{F_1}$ mit dem Flammenvolumen V_F und der Flammenoberfläche F_1 bzw., wenn die Flamme die Brennkammer erfüllt, V_B und F_2.

Mit Einschluß der Gasstrahlung ergibt sich aus Gl. (267)

$$A_{KFG} = 1 - e^{-a_{\max}(1-x/L)^2 \cdot R} + A_G e^{-a_{\max}(1-x/L)^2 \cdot R} \tag{286}$$

Es kann nun der mittlere Schwärzegrad $A_{1,m}$ für die Begrenzungsfläche der Flamme aus $\int_0^1 A_{KFG}\, d\left(\frac{x}{L}\right) = A_{1,m}$ gebildet werden. Die Durchführung ergibt

$$A_{1,m} = 1 - \frac{(1 - A_G)\sqrt{\pi} \cdot \Phi}{2\sqrt{a_{\max} \cdot R}} \tag{287}$$

wobei Φ das Gaußsche Fehlerintegral

$$\Phi = \frac{2}{\sqrt{\pi}} \int_{x=0}^{x=+\sqrt{a_{\max} \cdot R}} e^{-x^2}\, dx \tag{288}$$

bedeutet. Der Wert $A_{1,m}$ kann aus Abb. 152 entnommen werden.

Um die Rechnung zu vereinfachen, wurden die wenig veränderlichen Größen und die Zahlenwerte in der Gleichung für $a_{\max}$ (S. 198) zusammengefaßt, so daß sich ergibt:

$$a_{\max} = \frac{m}{v} + \frac{n H_m}{10^5} \tag{289}$$

Es ist m und n gemäß Zahlentafel 56 einzusetzen. Veränderlich bleibt nur das Gasvolumen v in Nm³/kg und die mittlere Flammenbelastung H_m in kcal/m³h. Bei Braunkohle wird der größere Wert r_0 durch den Faktor 1,25 bei Blättchenstruktur, welcher im Zähler erscheint, und die kleinere Wichte γ_K ungefähr kompensiert, so daß m bei Braun- und Steinkohle ungefähr gleich ist[1].

[1] Bei Gas- und Ölfeuerung ist wegen Fehlens der Staubstrahlung $m = 0$.

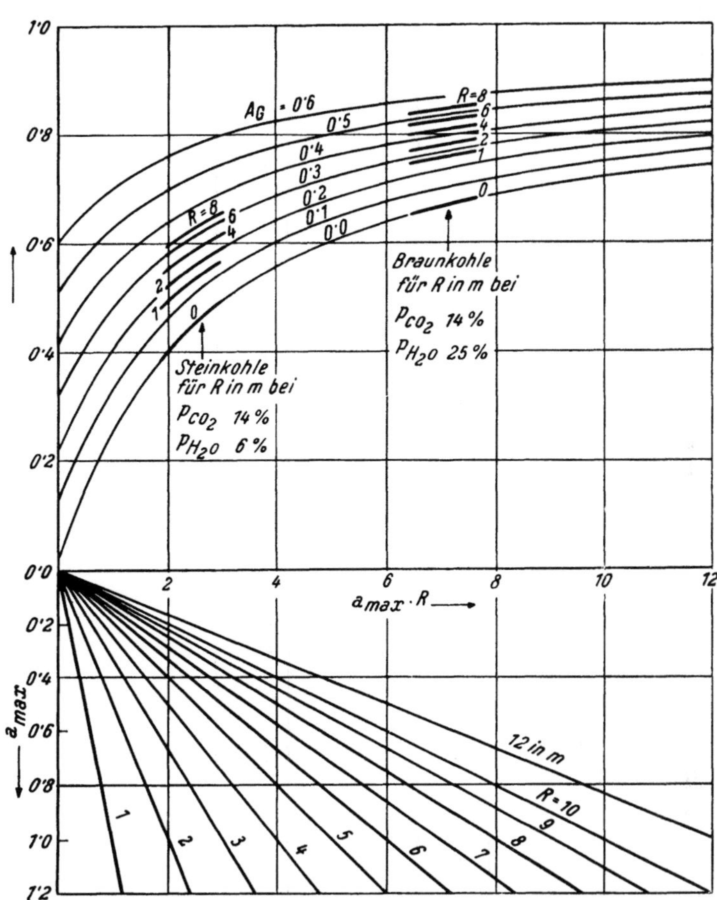

Abb. 152. Mittlerer Schwärzegrad $A'_{1,m}$ einer Begrenzungsfläche bei Kohlenstaubflammen. Es sei z. B. $a_{\max} = 0{,}8$; dann wird über den gleichwertigen Radius R der betreffenden Fläche, z. B. = 4 m (unteres Bild), sowie über A_G, z. B. = 0,3 (oberes Bild), $A'_{1m} = 0{,}65$ abgelesen. A_G ist aus Abb. 146 zu entnehmen. Man kann auch überschlägig ohne Bestimmung von A_G mit Hilfe der im oberen Bild angedeuteten Parameter R für Stein- bzw. Braunkohle ablesen. Für das Beispiel würde bei Steinkohle durch Schnitt der aus dem unteren Bild heraufgeführten Vertikalen mit der im oberen Bild verlängert gedachten Kurve $R = 4$ $A'_{1,m} = 0{,}63$ folgen

Zahlentafel 56. *Hilfswerte m und n*

		m		n
		Granulierkessel	Schmelzkammerkessel	
Steinkohle	gasreich	2,7	2,1	0,0825
Steinkohle	gasarm	2,7	2,1	0,0577
Braunkohle		2,7	—	0,0825
Heizöl		0	—	0,0825
Gasfeuerung		0	—	0,03

Die abgestrahlte Wärmemenge Q ist auch gleich der Differenz zwischen der fühlbaren Wärme der Rauchgase bei theoretischer Feuerraumtemperatur und Flammenendtemperatur. Mit dem Wärmeinhalt i_{th} in kcal/Nm³ bei ersterer und der Rauchgasmenge M in Nm³/h folgt:

$$Q = M\,(i_{th} - c_{pm}\,\vartheta_E), \tag{290}$$

woraus nach Gleichsetzung mit Gl. (282) eine Bestimmungsgleichung vierten Grades für ϑ_E folgt:

$$\mathfrak{Z}\,C\,F_1\left(\frac{\vartheta_E + 273}{100}\right)^4 = M\,(i_{th} - c_{pm}\,\vartheta_E) \tag{291}$$

Nimmt man angenähert an, daß $\mathfrak{Z}$ nur eine Funktion von $\frac{M}{F_1 C}$ und i_{th} sei, berücksichtigt ferner für c_{pm} die Temperaturabhängigkeit, kann gemäß obiger Gleichung ϑ_E unmittelbar als Funktion von $\frac{M}{F_1 C}$ und i_{th} dargestellt werden. Berechnet man daher nach

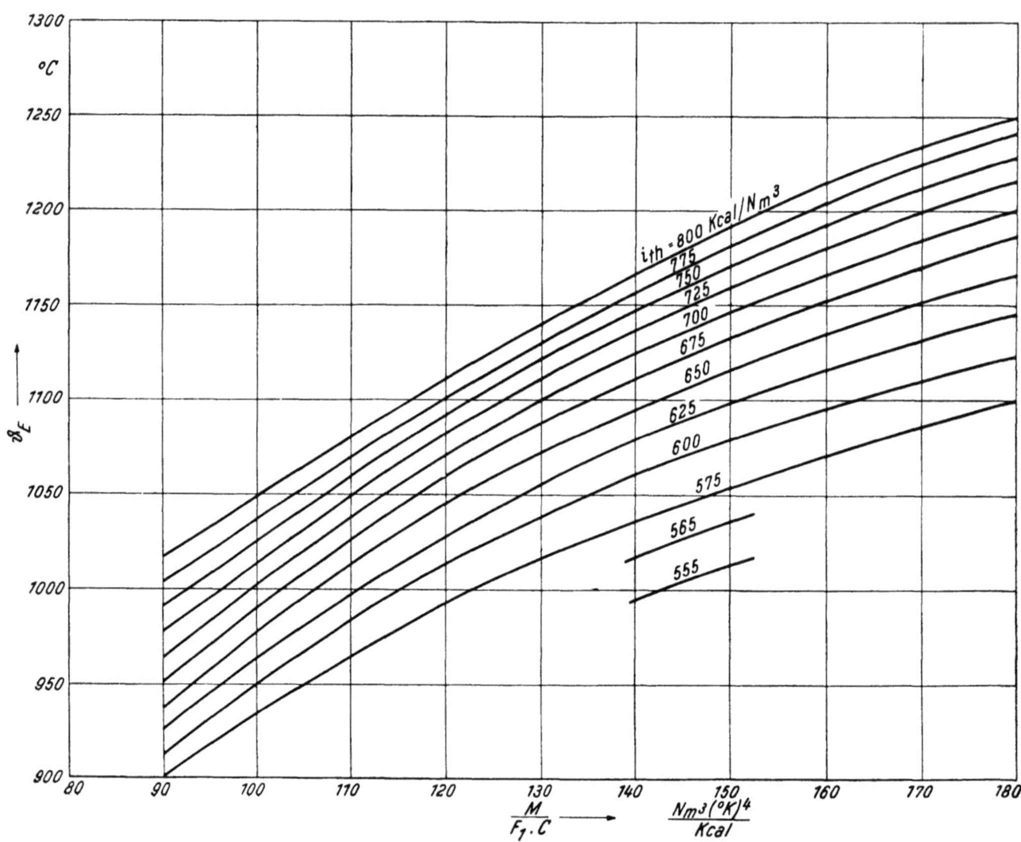

Abb. 153. Ermittlung der Flammenendtemperatur bei Kohlenstaub- und Ölfeuerungen

der genauen Theorie durch Integration der Gl. (278) die Endtemperatur ϑ_E und trägt diese in einer Tafel als Funktion von $\frac{M}{F_1 C}$ und i_{th} auf (Abb. 153), kann man ϑ_E auf einfachste Weise unmittelbar ablesen. Fallen in Extremfällen die Angaben aus Abb. 153 heraus, kann Gl. (291) Verwendung finden. Vorher muß der Faktor $\mathfrak{Z}$ für einen möglichst benachbarten noch in Abb. 153 liegenden Punkt mit Gl. (291) rückgerechnet werden.

Die Eigenstrahlung der schwarzen Rohrwandfläche wurde bisher infolge ihrer niedrigen Temperatur vernachlässigt.

Es kann jedoch der Fall vorkommen, daß dies nicht mehr zulässig ist, z. B. wenn es sich um einen Hochtemperatur-Überhitzer oder Lufterhitzer, z. B. für eine Luftturbine als Brennkammerkühlschirm handelt. Es sei dessen Oberflächentemperatur ϑ_2, die Emission $E_{2,s}$. Dann erhält man auf der linken Seite von Gl. (291) statt $\left(\frac{\vartheta_E + 273}{100}\right)^4$ den Ausdruck $\left[\left(\frac{\vartheta_E + 273}{100}\right)^4 - \left(\frac{\vartheta_2 + 273}{100}\right)^4\right]$, bzw. ist C in Gl. (291) mit einem Faktor $f = 1 - \left(\frac{\vartheta_2 + 273}{\vartheta_E + 273}\right)^4$ zu multiplizieren. In diesem Fall ist vor Beginn der Rechnung ϑ_E zu schätzen, um f berechnen zu können. Gegebenenfalls hat, wenn der geschätzte Wert unrichtig war, die Rechnung wiederholt zu werden. Besitzt nur der Anteil s der Berohrung die höhere Temperatur, ist $f = 1 - \left(\frac{\vartheta_2 + 273}{\vartheta_E + 273}\right)^4 s$.

Auch von mehreren anderen Autoren wurden Verfahren zur Temperaturberechnung in Brennkammern vorgeschlagen, so von WOHLENBERG[1], ORROK, STRÖHLEN[2], MÜNZINGER[3] u.a. Sehr eingehende Messungen von Flammentemperaturen hat SCHAPER[4] durchgeführt.

Zahlentafel 57. *Brennkammer-Temperaturen, berechnet nach verschiedenen Verfahren*

Verfahren	Endtemperaturen	
	Kessel 80 t/h	Kessel 105 t/h
Gemessen	975	1005
ORROK	619	707
WOHLENBERG	926	946
STRÖHLEN ($C = 4$)	1003	1030
LEDINEGG	980	1010

Die Messungen von SCHAPER haben an einem 80 t/h- und 105 t/h-Kessel bei Vollast Brennkammer-Austrittstemperaturen von 975 °C und 1005 °C ergeben. Führt man die Rechnung nach den folgenden Verfahren aus, zeigt Zahlentafel 57 das Ergebnis.

Es möge nun zusammenfassend der Gang der Berechnung der Feuerraumendtemperatur eines Kohlenstaubkessels dargelegt werden.

Es sei gegeben:

Dampferzeugung	80 t/h	Lufttemperatur, auf gesamte Luftmenge bezogen	280 °C
Gasmenge	100400 Nm³/h	Rohrdurchmesser	70 mm
Verbrannte Brennstoffmenge	26600 kg/h	Unterer Heizwert der Kohle H_u	= 1932 kcal/kg

Bestimmung des mittleren rechnungsmäßigen Schwärzegrades $\bar{A}_{2m}$ der Wand aus den Einzelflächen

Einzelflächen	Breite m	Höhe m	Flächeninhalt F_R m²	Rohrteilung mm	$\bar{A}_R$ (Gl. 231)	$\bar{A}_R \cdot F_R$ m²
1	5,2	11,5	59,8	130	0,83	49,6
2	.	.	.	.	.	.
.	.	.	.	.	.	.
			Summe $F_2 = 301{,}6$		Summe $\bar{A}_R F_R = 209{,}6$	

Oberfläche der Kammer	m²	$F_2 = \Sigma F_R = 301{,}6$
Mittlerer rechnerischer Schwärzegrad der Wand	—	$\bar{A}_{2m} = \frac{\Sigma F_R \cdot A_R}{F_2} = 0{,}695$ (Gl. 232)
Brennkammervolumen	m³	$V_B = 325$
Brennkammerbelastung	$\frac{\text{kcal}}{\text{m}^3\text{h}}$	$q_B = \frac{B H_u}{V_B} = 0{,}16 \cdot 10^6$
Ausnützung des Kammervolumens	—	$\varphi = 1$
Rauchgasmenge je Kilogramm Kohle	Nm³/kp	$v = 3{,}79$
Maximale Absorptionszahl der Flammen- und Staubstrahlung	$\frac{1}{\text{m}}$	$a_{\max} = \frac{m}{v} + \frac{n H_m}{10^5} = 0{,}847$ (Gl. 289)

[1] WOHLENBERG und MULLIKAN: Review of Methods of Computing Heat Absorption in Boiler Furnaces. Trans. Amer. Soc. Mech. Engrs. 1935, S. RP. 573.

[2] STRÖHLEN: Berechnung der Wärmeaufnahme bestrahlter Kühlflächen. Arch. Wärmewirtsch. 1936, S. 179.

[3] MÜNZINGER: Dampfkraft, 3. Aufl. Berlin-Göttingen-Heidelberg: Springer. 1949.

[4] SCHAPER: Temperaturverlauf, Gasmischung und Wärmeübergang in Kohlenstaubfeuerungen für Großkessel. Wärme 1944, S. 31.

Bestimmung des mittleren Schwärzegrades $A_{1,m}$ der quaderförmigen Flamme

Fläche m² $F_1 = F_2$	Gleichw. Rad m. R $R = \frac{4\,V_B}{F_1}$	Schwärzegrad $A_{1,m}$ nach Abb. 152
301,6	= 4,3	0,74

Oberfläche der Flamme	m²	F_1	= 301,6
Strahlungskonstante	$\frac{\text{kcal}}{\text{m}^2\text{h}\,(°\text{K})^4}$	C	$= \frac{5{,}21}{\frac{1}{A_{1,m}} + \left(\frac{1}{A_{2m}} - 1\right)} = 2{,}9$ [Gl. (282) mit $F_1 = F_2$]
Rauchgasmenge je Stunde	Nm³/h	M	= 100400
Kennzahl	$\frac{\text{Nm}^3\,(°\text{K})^4}{\text{kcal}}$	$\frac{M}{F_1 C}$	= 114
Wärmeinhalt bei theoretischer Feuerraumtemperatur	$\frac{\text{kcal}}{\text{Nm}^3}$	i_{th}	= 580 [S. 237, bzw. Gl. (48)]
Brennkammerendtemperatur	°C	ϑ_E	= 980 (aus Abb. 153)

2. Rostfeuerungen

Es möge eine Rostfeuerung gemäß Abb. 18 vorausgesetzt werden, bei der die Brennkammerwände mit Kühlschirmen ausgestattet sind. Der mittlere „rechnungsmäßige" Schwärzegrad der gesamten Brennkammeroberfläche ohne Rost werde A_{wm} genannt. Das Brennkammervolumen selbst sei vollkommen mit Flamme und strahlendem Gas erfüllt. Der Schwärzegrad der Gasstrahlung A_G ergibt sich aus Abb. 146, jener der Flammenstrahlung A_F aus Gl. (258), wobei zu beachten ist, daß der Teil K der gesamten Wärmeentwicklung am Rost und nur der Rest $1 - K$ [Gl. (299a)] im Kammervolumen frei wird. Es ist daher für die Begrenzungsfläche mit dem „gleichwertigen Radius" R:

$$A_F = \frac{0{,}027\,q_B\,(1 - K)\,R}{10^5} \tag{292}$$

wenn $q_B = \frac{BH_u}{V_B}$ die auf die ganze Brennstoffmenge bezogene Brennkammerbelastung ist.

Der Gesamtschwärzegrad A_{1m} setzt sich analog zu Gl. (266) aus Flammen- und Gasstrahlung wie folgt zusammen: $A_{1m} = A_G + (1 - A_G)A_F$. Gewöhnlich wird hierbei die Kammer einem Quader angeglichen, doch sind im Bedarfsfall auch andere einfache Körper möglich.

Unten ist die Kammer mit dem Rost abgeschlossen, dessen Fläche F_{RO} sei. Die glühende Kohlenschicht auf diesem hat einen Schwärzegrad, welcher praktisch bei 1 liegt, und werde daher mit diesem Wert weitergerechnet.

Die Begrenzungswände, die strahlenden Komponenten des Brennkammervolumens und der Rost stehen in gegenseitigem Wärmeaustausch. Als Folge dieses Vorganges stellt sich eine bestimmte Temperatur des Brennstoffes am Rost, Rosttemperatur ϑ_R genannt, sowie eine Rauchgasaustrittstemperatur aus der Brennkammer, ϑ_E, ein[1]. Durch Aufstellen der Gleichgewichtsbedingungen für den Wärmeumsatz der Wände, des Kammervolumens und des Rostes können die gesuchten Größen ϑ_R und ϑ_E berechnet werden.

[1] Ledinegg: Feuerraumtemperatur bei Rostfeuerungen. Wärme 1940, S. 279.

Die Eigenstrahlung des Rostes in kcal/m²h sei $E_R = 4{,}96\left(\frac{\vartheta_R + 273}{100}\right)^4$, jene des Flammenvolumens je Quadratmeter seiner Oberfläche $A_{1,m}E_{1,S}$, wobei $E_{1,S}$ aus dem Mittel aus Rosteintritts- und -austrittstemperatur $\frac{\vartheta_R + \vartheta_E}{2}$ berechnet werde, was hier immer zulässig ist. Die Rückstrahlung der Wand je Quadratmeter (Eigenstrahlung + Reflexion, kcal/m²h) sei S_w. Dann ergibt sich für den Rost

$$F_{RO}E_R - F_{RO}A_{1,m}E_{1,S} - F_{RO}(1 - A_{1,m})S_W = M\left(\frac{C_{pL}\vartheta_L \cdot L}{v} + \frac{H_u \cdot K}{v} - c_{pR}\vartheta_R\right) \quad (293)$$

Links stellt das erste Glied die Abstrahlung des Rostes mit der Fläche F_{RO}, das zweite die Zustrahlung zu demselben aus dem Flammenvolumen, das dritte die Zustrahlung von den Begrenzungswänden F_W dar. Deren Winkelverhältnis zum Rost sei φ_{WR}, so daß von den Wänden zu diesem ohne Absorption durch das Kammervolumen $S_W F_W \varphi_{WR}$ gelangen würde. Da aber das Winkelverhältnis des Rostes zu den Wänden $\varphi_{RW} = 1$ ist, folgt nach Gl. (218) $F_W \varphi_{WR} = F_{RO}$. Beim Durchgang durch das Kammervolumen wird noch der Anteil $1 - A_{1m}$ absorbiert, so daß schließlich zum Rost $F_{RO}(1 - A_{1,m})S_W$ gelangt.

Rechts steht die Differenz der mit Brennstoff und Luft zugeführten und fühlbar abgeführten Wärmemenge, wobei ϑ_L die Lufttemperatur, M die Rauchgasmenge in Nm³/h und v bzw. L die Rauchgas- bzw. die Luftmenge je kp Kohle in Nm³/kp ist.

Für das Flammenvolumen lautet die Gleichgewichtsbedingung:

$$(F_W + F_{RO})A_{1m}E_{1,S} - F_{RO}A_{1,m}E_R - F_W A_{1,m}S_W = M\left(c_{pR}\vartheta_R + \frac{H_u(1 - K)}{v} - c_{pE}\vartheta_E\right) \quad (294)$$

Das erste Glied der linken Seite bedeutet die Abstrahlung des Flammenvolumens, das zweite und dritte die Absorption desselben aus der Zustrahlung von Rost und Begrenzungsflächen. Die rechte Seite ist wieder die Differenz der mit Rauchgas und Brennstoff zugeführten und fühlbar abgeführten Wärmemenge.

Das Wärmegleichgewicht für die Begrenzungswand führt zu folgender Beziehung:

$$F_W S_W = \left[(1 - A_{1m})F_{RO}E_R + A_{1m}F_W E_{1,S} + (1 - A_{1m})\left(1 - \frac{F_{RO}}{F_W}\right)F_W S_W\right] (1 - \bar{A}_{Wm}) + F_W E_W \bar{A}_{Wm} \quad (295)$$

Links erscheint die gesamte Abstrahlung der Wand. Diese muß gleich der gesamten Zustrahlung sein, welche der Ausdruck in der eckigen Klammer angibt, multipliziert mit der „rechnungsmäßigen" Reflexionszahl der Wand $(1 - \bar{A}_{Wm})$. In der eckigen Klammer ist das erste Glied die Zustrahlung des Rostes zur Wand unter Berücksichtigung der Absorption durch das zwischenliegende Volumen, das zweite die Zustrahlung des Volumens und das dritte die Strahlung, welche die Wandflächen wieder auf sich selbst senden. Bei letzterem Glied wird davon ausgegangen, daß das Winkelverhältnis von Wand zu Rost gemäß der Bemerkung weiter oben $\varphi_{WR} = \frac{F_{RO}}{F_W}$ ist. Daher ist jenes der Wände auf sich selbst $1 - \frac{F_{RO}}{F_W}$. Unter Berücksichtigung der Absorption durch das zwischenliegende Volumen folgt schließlich der angegebene Ausdruck. Der Term $F_W E_W \bar{A}_{Wm}$ betrifft die Eigenstrahlung der „schwarzen Rohrwände". Die zugehörige Wandemission E_W kann normalerweise, analog zur Kohlenstaubfeuerung, vernachlässigt werden, so daß der letzte Term gleich 0 ist (s. S. 200).

Berechnet man aus Gl. (295) S_W und setzt dies in die Gl. (293) und (294) ein, folgt

$$F_{RO}E_R\varphi_R = M\left(\frac{C_{pL}\vartheta_L \cdot L}{v} + \frac{H_u \cdot K}{v} - c_{pR}\vartheta_R\right) \quad (296)$$

$$A_{1,m}E_{1,S}F_W\varphi_W = M\left(c_{pR}\vartheta_R + \frac{H_u(1 - K)}{v} - c_{pE}\vartheta_E\right) \quad (297)$$

wobei φ_R und φ_W der Anteil der Strahlung des Rostes und Kammervolumens ist, welcher infolge der geschilderten Wechselwirkungen von diesen tatsächlich abgegeben wird. Mit $n = \frac{E_{1,S}}{E_R}$ und $E_W = 0$ ergibt sich

$$\varphi_R = 1 - n A_{1,m} - \frac{\left[\left(1 - A_{1m}\right)\frac{F_{RO}}{F_W} + n A_{1m}\right]\left(1 - \bar{A}_{Wm}\right)\left(1 - A_{1m}\right)}{1 - \left(1 - \bar{A}_{Wm}\right)\left(1 - A_{1m}\right)\left(1 - \frac{F_{RO}}{F_W}\right)} \tag{298}$$

$$\varphi_W = 1 - \left(\frac{1}{n} - 1\right)\frac{F_{RO}}{F_W} - \frac{\left[\frac{1}{n}\left(1 - A_{1m}\right)\frac{F_{RO}}{F_W} + A_{1m}\right]\left(1 - \bar{A}_{Wm}\right)}{1 - \left(1 - \bar{A}_{Wm}\right)\left(1 - A_{1m}\right)\left(1 - \frac{F_{RO}}{F_W}\right)} \tag{299a}$$

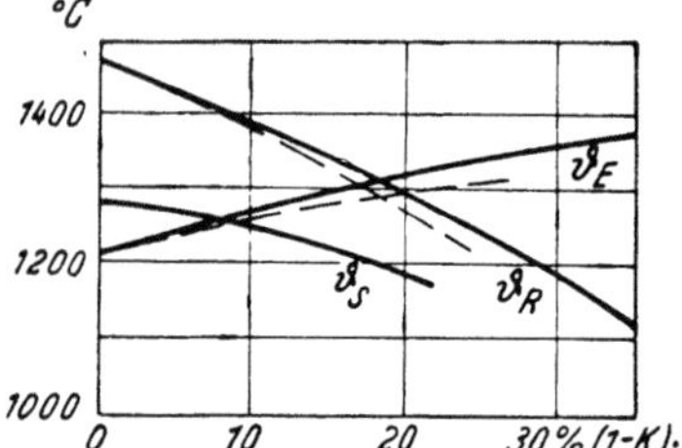

Abb. 154. Verlauf der Rost- (ϑ_R), Flammenend- (ϑ_E) und Schamottetemperatur (ϑ_S) in Abhängigkeit von der Wärmeentwicklung im Feuerraum. Voll ausgezogen: $A_{1,m} = \text{const}$; strichliert: $A_{1,m}$ veränderlich, gemäß Gl. (292)

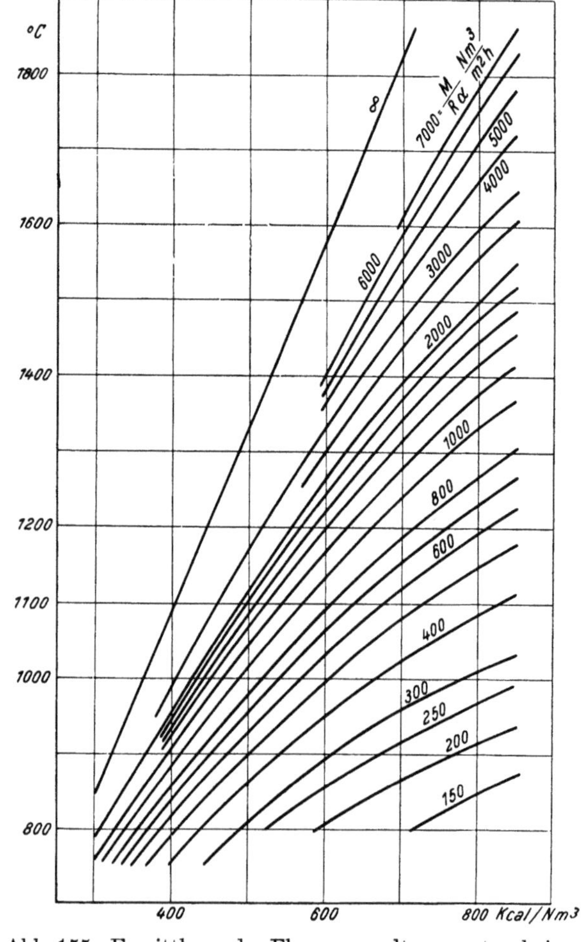

Abb. 155. Ermittlung der Flammenendtemperatur bei Rostfeuerungen. Ordinate: Flammenendtemperatur ϑ_E; Abszisse: Wärmeinhalt bei theor. Feuerraumtemperatur i_{th} [S. 127, bzw. Gl. (48)] Parameter $M/F_{RO}\alpha$

Unter Berücksichtigung der Ausdrücke für φ_R und φ_W sowie der Formeln für E_R und $E_{1,S}$ handelt es sich bei den Gl. (296), (297) um 2 gekoppelte Gleichungen 4. Grades mit ϑ_R und ϑ_E als Unbekannte. Die Lösung erfolgt am besten graphisch.

In Abb. 154 ist für ein Beispiel der Einfluß von $1 - K$ auf ϑ_E und ϑ_R gezeigt. Dieser ist für die vor allem interessierende Endtemperatur ϑ_E verhältnismäßig gering. Ist f der Gehalt an flüchtigen Bestandteilen, W die Feuchte und a der Aschengehalt, ergibt sich

$$1 - K = 1 - \frac{8100(1 - f)(1 - W - a)}{H_u} \tag{299b}$$

In dieser Gleichung wurde K als Verhältnis der Verbrennungswärme des in 1 kg Brennstoff enthaltenen fixen Kohlenstoffes zum Heizwert von 1 kg Brennstoff berechnet. Für $1 - K$ kann angenähert der Gasgehalt der Kohle gesetzt werden.

Man sieht aus Abb. 154, daß im normalen Bereich ϑ_R und ϑ_E nahe beisammen liegen. Es werde daher in der Folge $\vartheta_R = \vartheta_E$ gesetzt, wodurch die Rechnung wesentlich vereinfacht werden kann.

Es folgt dann durch Addition von Gl. (296) und (297), Einsetzen von Gl. (298) und (299a) mit $n = 1$ nach einigen Zwischenrechnungen mit $\left(\frac{\vartheta_E + 273}{100}\right)^4 \cdot 4{,}96 = E_{E,S}$

$$E_{E,S} F_{RO} \alpha = M\left(i_{th} - c_{pE}\vartheta_E\right) \tag{300}$$

wobei

$$\alpha = \frac{\bar{A}_{Wm}\left[1 + A_{1m}\left(\frac{F_W}{F_{RO}} - 1\right)\right]}{1 - \left(1 - \bar{A}_{Wm}\right)\left(1 - A_{1m}\right)\left(1 - \frac{F_{RO}}{F_W}\right)} \tag{301}$$

ist. Gl. (300) ist für die gesuchte Endtemperatur ϑ_E vom 4. Grad. Um die Lösung schnell zu ermöglichen, gestattet Abb. 155 die direkte Ablesung von ϑ_E, in Abhängigkeit von i_{th} und $\frac{M}{F_{RO}\alpha}$[1].

Die Durchführung der Rechnung ist wieder an einem Beispiel gezeigt. Es sei bei einem Kessel gemäß Abb. 18 die Endtemperatur ϑ_E zu bestimmen.

Gegeben ist:

Dampferzeugung	20 t/h	Lufttemperatur	100 °C
Gasmenge	25000 Nm^3/h	Rostbelastung	$q_R = 0{,}87 \cdot 10^6$ kcal/m^2h
Verbrannte Brennstoffmenge	2900 kp/h	Gasmenge je kp Kohle	8,6 Nm^3/kp
Unterer Heizwert der Kohle	$H_u = 6000$ kcal/kp	$1 - K = 0{,}35$	$K = 0{,}65$

Mittlerer rechnerischer Schwärzegrad der Wand (ohne Rost)	—	$\bar{A}_{Wm}$	$= \frac{\Sigma F_R \bar{A}_R}{F_W}$ Bestimmung wie $\bar{A}_{2m}$ S. 201, z. B. = 0,6
Wandfläche	m^2	F_W	= 100
Rostfläche	m^2	F_{RO}	= 20
Brennkammervolumen	m^3	V_B	= 86
Brennkammerbelastung	$\frac{kcal}{m^3 h}$	q_B	$= \frac{BH_u}{V_B} = 0{,}202 \cdot 10^6$
Flammenoberfläche	m^2	F_1	$= F_{RO} + F_W = 120$

Bestimmung des mittleren Schwärzegrades A_{1m} des z. B. an einen Quader angeglichenen Flammenvolumens

Fläche m^2 F_1	Gleichwertiger Radius R m	Schwärzegrad der Gasstrahlung nach Abb. 146 A_G	Schwärzegrad der Flammenstrahl. nach Gl. (292) A_F	Mittlerer Schwärzegrad A_{1m} des Volumens nach S. 202. $A_{1m} = A_G + (1 - A_G) A_F$
120	$\frac{4 \cdot 86}{120} = 2{,}85$	0,252	0,0546	0,293

Faktor	—	α	$= \frac{\bar{A}_{Wm}\left[1 + A_{1m}\left(\frac{F_W}{F_{RO}} - 1\right)\right]}{1 - (1 - \bar{A}_{Wm})(1 - A_{1m})\left(1 - \frac{F_{RO}}{F_W}\right)} = 1{,}86$
Kennzahl	$\frac{Nm^3}{h m^2}$	$\frac{M}{F_{RO}\alpha}$	= 673
Wärmeinhalt bei theoretischer Feuerraumtemperatur	$\frac{kcal}{Nm^3}$	i_{th}	= 720 [S. 127, bzw. Gl. (48)]
Endtemperatur	°C	ϑ_E	= 1190 (aus Abb. 155)

[1] A_F in A_{1m} kann auch jetzt näherungsweise mit $1 - k$ gemäß Gl. (229b) bzw. (292) berechnet werden. Dies folgt aus dem fast übereinstimmenden Verlauf der ausgezogenen und strichlierten Kurven ϑ_R und ϑ_E in Abb. 154.

3. Schmelzkammerfeuerungen (Zweikammersystem)

a) Vereinfachte Theorie

Bei Ausbildung des Feuerraumes nach dem Zweikammersystem besteht dieser aus der sogenannten Primärkammer und der Sekundärkammer. Erstere ist feuerseitig abgeschirmt, und zwar durch Bailey-Platten oder durch Stiftrohre, auf die eine Auftragmasse angebracht ist. In der Primärkammer müssen die Verbrennungstemperaturen so hoch liegen, daß die Schlacke flüssig werden kann. In der Sekundärkammer hingegen sollen sich die Rauchgase soweit abkühlen, daß beim Eintritt in die Berührungsheizfläche der Erweichungspunkt der Schlacke bereits unterschritten ist. In der Primärkammer fließt die sich abscheidende Schlacke dauernd in einer dünnen Schicht entlang den Wandungen herab. Infolge der schlechten Wärmeleitfähigkeit der Schlacke ist die der Brennkammer zugekehrte, kurz Innenseite genannte Oberfläche dieser Schlackenschicht heißer als die Schlackenschmelztemperatur. Die Außenseite der Schicht wird hingegen gerade Schmelztemperatur aufweisen. Anschließend ist eine feste Schlackenschicht vorhanden, die auf der eigentlichen Brennkammerauskleidung haftet und in der ein weiterer Temperaturabfall stattfindet. Die Begrenzungsrohre der Primärkammer nehmen trotz der starken Isolierung durch die Schlacke und durch den Belag immer noch erhebliche Wärmemengen infolge der intensiven Strahlung auf. Diese Wärme wird mittels Wärmeleitung durch die flüssige und feste Schlackenschicht und durch die Auftragsmasse an die Siederohre übertragen.

Bei der großen Bedeutung, die der flüssigen Schlackenschicht für die Wärmeübertragung in der Brennkammer zukommt, ist es wichtig, deren Schichtdicke zu kennen. Entsprechend der starken Temperaturänderung in dieser wird auch nach Abb. 96 die Zähigkeit stark veränderlich sein. Unter Annahme einer hyperbolischen Abhängigkeit derselben von der Temperatur gemäß Gl. (2) ergibt sich für die mittlere Schichtdicke eines Schlackenfilmes, welcher an einer unter dem Winkel α gegen die Horizontale geneigten Wand abfließt, der Ausdruck[1]

$$y'_m = 1{,}52 \sqrt[3]{\frac{G \cdot L \eta_2}{\gamma_s^2 \sin \alpha}} \tag{302}$$

Hierbei ist G die je Quadratmeter Kammeroberfläche abgeschiedene Schlackenmenge in $\text{kp/m}^2\text{s}$, L die mittlere Länge der seitlichen Wände, in Fließrichtung gemessen, η_2 die Zähigkeit der Schlacke an der Innenseite und γ_s die Wichte der flüssigen Schlacke, welche zu 2500 bis 3000 kg/m^3 eingesetzt werden kann. Benützt man Gl. (2), kann η_2 auch durch die Schlackentemperatur an der Innenseite ϑ_2 und die Schmelztemperatur ϑ_s ausgedrückt werden, wobei n eine von der Schlacke abhängige Konstante (Zahlentafel 26) ist.

$$y'_m = \left(1{,}52 \sqrt[3]{\frac{G L n}{\gamma_s^2 \sin \alpha}}\right) \frac{1}{\sqrt[3]{\vartheta_2 - \vartheta_s}} = \frac{m'}{\sqrt[3]{\vartheta_2 - \vartheta_s}} \tag{303}$$

Der Faktor m' ist eine Abkürzung für den Klammerausdruck. Für den Boden der Kammer werden G und α andere Werte aufweisen als für die seitlichen Wände. Es empfiehlt sich, in diesem Falle die weitere Rechnung unter Zugrundelegung einer rechnungsmäßigen Schichtdicke y_m durchzuführen. Diese ergibt sich aus der Bedingung gleicher Wärmeableitung der rechnungsmäßigen und der tatsächlichen Schichtdicke

$$\frac{F}{y_m} = \frac{F'}{y'_m} + \frac{F''}{y''_m}$$

mit F', F'', $F = F' + F''$ als Oberfläche der Seitenwände, des Bodens und der ganzen Kammer. y'_m, y''_m, y_m sind die zugehörigen Schichtdicken, wobei die vereinfachende An-

[1] Ledinegg: Die Verbrennungstemperatur in Schmelzkammerfeuerungen. Wärme 1943, Nr. 20. Eine Korrektur dieses Ausdruckes verdanke ich Herrn Dr. Höger, Nürnberg.

nahme gleicher Temperaturdifferenzen in diesen getroffen wurde. Aus obiger Gleichung kann der gesuchte Wert y_m ermittelt werden. Mit Gl. (303) ist

$$\frac{F}{y_m} = \left(\frac{F'}{m'} + \frac{F''}{m''}\right) \cdot \sqrt[3]{\vartheta_2 - \vartheta_s} \tag{304}$$

Die von den Begrenzungswänden rückgestrahlte, ebenso wie die nach außen abgeleitete Wärme ist bei Schmelzkammerkesseln nicht mehr proportional der Zustrahlung. Man kann daher nicht von einem „rechnungsmäßigen Schwärzegrad" der Wand ausgehen, sondern muß die Eigenstrahlung dieser berücksichtigen. Wird die Abstrahlung der Flamme unter Zugrundelegung der Austrittstemperatur aus der Primärkammer ϑ_E berechnet[1], erfolgt der Angleich an die genaue Theorie (S. 194) mittels eines Faktors $\mathfrak{z}$, welcher aus Abb. 156 zu entnehmen ist. Eine genauere Betrachtung zeigt, daß bei Schmelzkammerkesseln näherungsweise $\mathfrak{z}$ als abhängig von $\frac{H_u B}{M}$, ϑ_L, $\frac{F}{M}$ angesehen werden kann. Es folgt[2]

$$\mathfrak{z} F C \left[\left(\frac{\vartheta_E + 273}{100}\right)^4 - \left(\frac{\vartheta_2 + 273}{100}\right)^4\right] = M(i_{th} - c_p \vartheta_E) \tag{305}$$

Es ist M die Rauchgasmenge in Nm³/h, i_{th} die theoretische Feuerraumenthalpie, ϑ_L die Heißlufttemperatur und B die Brennstoffmenge.

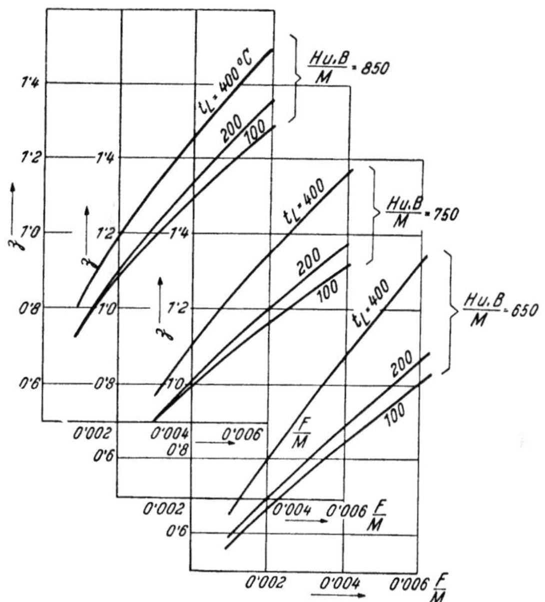

Abb. 156. Bestimmung des Faktors $\mathfrak{z}$ zur Temperaturberechnung bei Schmelzkammerfeuerungen (t_L im Text ϑ_L)

Die Oberfläche der Kammer F wird bei Schmelzkammerkesseln wegen der hohen Feuerraumbelastung gleich der Flammenoberfläche genommen. Die Strahlungszahl C ist dann entsprechend Gl. (228)

$$C = \frac{4{,}96 \cdot 1{,}05}{\frac{1}{A_{1,m}} + \frac{1}{A_2} - 1} \tag{306}$$

Es ist $A_{1,m}$ der mittlere Schwärzegrad der Flamme nach Abb. 152 bzw. Gl. (288), A_2 der wirkliche Schwärzegrad der Wand, der zu 0,8 angenommen werden kann.

In Gl. (305) ist ϑ_E und ϑ_2 unbekannt, so daß noch eine zweite Gleichung nötig ist. Diese folgt aus der Bedingung, daß die abgestrahlte Wärme durch den Schlackenfilm nach außen abgeleitet werden muß, und lautet

$$M(i_{th} - c_p \vartheta_E) = \frac{F\lambda}{y_m}(\vartheta_2 - \vartheta_s)$$

Hier ist λ die Wärmeleitzahl von flüssiger Schlacke, die etwa 1 bis 1,5 kcal/mh °C beträgt (s. S. 211). Setzt man F/y_m nach Gl. (304) mit der Abkürzung $\left(\frac{F'}{m'} + \frac{F''}{m''}\right) = \frac{F}{m}$ ein, ergibt sich

$$M(i_{th} - c_p \vartheta_E) = \frac{F\lambda}{m}(\vartheta_2 - \vartheta_s)^{4/3} \tag{307}$$

Aus den beiden Gl. (305) und (307) kann nun, beispielsweise graphisch, ϑ_E und ϑ_2 ermittelt werden.

[1] LEDINEGG: Theorie der Feuerungen mit flüssigem Schlackenabzug. Habilitationsschrift. Technische Hochschule, Wien 1944.

[2] Eine Korrektur der folgenden Formel erfolgte auf Grund einer Anregung des Herrn Dr. H. ULLRICH, Gummersbach.

b) Berücksichtigung der Strahlung durch das Rohrgitter

In manchen Fällen, insbesondere bei Teillast, spielt die Strahlung der Primärkammer durch das Rohrgitter, das sie von der Sekundärkammer trennt, eine nicht mehr zu vernachlässigende Rolle. Dann erfolgt nur mehr ein Teil der Wärmeabfuhr aus der Primärkammer über deren Oberfläche F, der restliche Teil über die freie Oberfläche R des Rohrgitters. Ist die gesamte Fläche des letzteren R_g, so folgt $R = \varphi R_g$, wobei $\varphi = \left(\frac{t-d}{t}\right)^n$ ist. Die Bedeutung von t und d ist aus Abb. 34 zu entnehmen, n ist die Zahl der im Gitter hintereinander liegenden Rohrreihen. Physikalisch betrachtet handelt es sich also hier wieder um einen strahlenden Körper, die Flamme, welcher von einer Oberfläche umgeben ist, die aber eine Öffnung von der Größe R besitzt. Um diesen Fall zu betrachten, ist das Wärmegleichgewicht dieses Systems aufzustellen, wobei die Absorption, Reflexion, Rückstrahlung und gegenseitige Bestrahlung der einzelnen strahlenden Elemente zu berücksichtigen ist. Nennt man S und S_0 in kcal/m²h die gesamte zu 1 m² der Fläche F ankommende und von dieser abgehende Strahlung, ferner E_E und E_2 die Emission des schwarzen Körpers bei der Temperatur ϑ_E und ϑ_2, gelangt man zu folgenden Ansätzen:

1. Gesamte Zustrahlung zur Öffnung R: (Q_R)

$$\mathfrak{z} A_{1,m} E_E R + S_0 \left(\frac{R}{F}\right) F (1 - A_{1,m}) = Q_R \tag{308}$$

2. Gesamte Zustrahlung zur Fläche F: $(S \cdot F)$

$$\mathfrak{z} A_{1m} E_E F + S_0 \left(1 - \frac{R}{F}\right) F\,(1 - A_{1,m}) = SF \tag{309}$$

3. Gesamte Abstrahlung der Fläche F: $(F \cdot S_0)$

$$SF(1 - A_2) + \mathfrak{z} A_2 E_2 F = F S_0 \tag{310}$$

4. Gesamte Wärmeaufnahme von F; (Q_F)

$$F(S - S_0) = Q_F \tag{311}$$

Es sind nunmehr 4 Gleichungen vorhanden, die 4 Unbekannte, und zwar Q_F, Q_R, S, S_0 haben. Die Auflösung ergibt für Q_R:

$$Q_R = \frac{\mathfrak{z} A_{1m} E_E \left[1 + \frac{R}{F}(1 - A_{1m})(1 - A_2)\right] + \mathfrak{z} E_2 A_2 (1 - A_{1m})}{1 - \left(1 - \frac{R}{F}\right)(1 - A_{1m})(1 - A_2)} \cdot R \tag{312}$$

Für Q_F erhält man

$$Q_F = \frac{\mathfrak{z} A_{1m} A_2 E_E - A_2 E_2 \mathfrak{z} \left[1 - \left(1 - \frac{R}{F}\right)(1 - A_{1m})\right]}{1 - \left(1 - \frac{R}{F}\right)(1 - A_{1m})(1 - A_2)} \cdot F \tag{313}$$

Diese beiden Ausdrücke sind die allgemeinen Beziehungen für die Wärmeabgabe eines mit Flamme erfüllten und mit einer Öffnung versehenen Raumes.

Es interessiert, festzustellen, wie sich diese Ausdrücke bei Betrachtung von Grenzfällen verhalten. Beispielsweise werde die Öffnung R gleich 0 angenommen. Der Ausdruck Q_R wird naturgemäß gleich 0, während sich für Q_F folgender Wert ergibt:

$$Q_F = \frac{\mathfrak{z}(E_E - E_2)}{\frac{1}{A_{1m}} + \frac{1}{A_2} - 1} \cdot F \tag{314}$$

Dies ist die bekannte Strahlungsformel für den Wärmeaustausch eines strahlenden Körpers mit einer ihn unmittelbar umschließenden Fläche Gl. (228).

Als zweiter Grenzfall sei angenommen, daß im Raum keine Flamme vorhanden sei, also lediglich die Fläche F zur Öffnung R strahlen möge. Dann ist $A_{1.m} = 0$ und es folgt:

$$Q_R = \frac{\mathfrak{z} E_2 A_2}{1 - \left(1 - \frac{R}{F}\right)(1 - A_2)} \cdot R \tag{315}$$

Dies ist wieder ein bekannter Ausdruck für die Strahlung eines Hohlkörpers durch eine Öffnung nach außen, d. h. für die Hohlraumstrahlung. Diese Strahlung nähert sich bekanntlich um so mehr der absolut schwarzen Strahlung bei Wandtemperatur, je kleiner das Verhältnis $\frac{R}{F}$ ist. Im Grenzfall ergibt sich in der Tat bei $\mathfrak{z} = 1$ die abgestrahlte Wärmemenge zu E_2 kcal/m²h.

Die Gl. (312) und (313) können für die praktische Verwendung vereinfacht werden. So kann angenähert in ersterer R/F in Zähler und Nenner $= 0$ gesetzt werden. Das gleiche kann auch im Nenner der Gl. (313) erfolgen, so daß sich nach einigen Zwischenrechnungen ergibt:

$$Q_R = \frac{\frac{E_E}{A_2} + E_2\left(\frac{1}{A_{1m}} - 1\right)}{\frac{1}{A_{1m}} + \frac{1}{A_2} - 1} \cdot R\mathfrak{z} \tag{316}$$

$$Q_F = \frac{E_E - E_2\left[\left(\frac{1}{A_{1m}} - 1\right)\frac{R}{F} + 1\right]}{\frac{1}{A_{1m}} + \frac{1}{A_2} - 1} \cdot F\mathfrak{z} \tag{317}$$

$Q_R + Q_F$ ist dann die gesamte, in der Primärkammer eines Schmelzkammerkessels abgegebene Wärmemenge. Es muß lediglich noch beachtet werden, daß die Sekundärkammer durch das Rohrgitter eine bestimmte Wärmemenge in die Primärkammer zurückstrahlt, wobei A_G der Schwärzegrad der Gasstrahlung in der Sekundärkammer bei der in Frage kommenden Schichtdicke ist. Unter Verwendung von Gl. (306) für C, womit auch die Konvektion berücksichtigt erscheint, folgen schließlich die Berechnungsgleichungen für ϑ_E, welche an Stelle von Gl. (305) und (307) treten:

$$\mathfrak{z} F C\left[\left(\frac{\vartheta_E + 273}{100}\right)^4 - \left(\frac{\vartheta_2 + 273}{100}\right)^4 \left\{\left(\frac{1}{A_{1m}} - 1\right)\frac{R}{F} + 1\right\}\right] = M\left(i_{th} - \frac{ZR}{M} - c_p\vartheta_E\right) \tag{318}$$

$$M\left(i_{th} - \frac{ZR}{M} - c_p\vartheta_E\right) = \frac{F\lambda}{m}(\vartheta_2 - \vartheta_s)^{4/3} \tag{319}$$

wobei

$$Z = \mathfrak{z} C\left[\frac{1}{A_2}\left(\frac{\vartheta_E + 273}{100}\right)^4 + \left(\frac{\vartheta_2 + 273}{100}\right)^4\left(\frac{1}{A_{1m}} - 1\right)\right] - A_G\, 4{,}96\left(\frac{\vartheta_E + 273}{100}\right)^4$$

ist. Die Abstrahlung durch das Rohrgitter hat demnach den gleichen Effekt wie eine Senkung der theoretischen Feuerraumtemperatur. Meist genügt es, für praktische Rechnungen den Wert Z zu schätzen und es liegt dieser etwa zwischen 250000 bis 350000 kcal/m²h. Für $R = 0$ geht Gl. (318) in (305) über.

Bei Einsetzen der c_p-Werte ist zu beachten, daß mit Rücksicht auf die hohen Verbrennungstemperaturen von 1400 bis 1800 °C die Dissoziation auch schon eine Rolle spielt. Es ist daher c_p bei der betreffenden Temperatur unter Berücksichtigung ersterer einzusetzen. Die Dissoziation ruft, da sie Wärme bindet, den gleichen Effekt hervor, als ob in der Primärkammer eine geringere Wärmeentwicklung stattgefunden hätte. Der Restbetrag wird dann in der Sekundärkammer frei.

Die Temperaturabnahme der Rauchgase in dieser durch Abstrahlung wird nach Gl. (281) gerechnet. Die sich so ergebende Austrittstemperatur aus der Sekundärkammer soll bereits so tief liegen, daß keine Schlackenschwierigkeiten auftreten.

Ist die in der Primärkammer abgeschiedene Schlackenmenge groß, hat die durch dieselbe fühlbare abgeführte Wärme berücksichtigt zu werden, was durch Einsetzen von

$$i'_{th} = i_{th} - \frac{a \cdot (c\vartheta_s + q)}{v} \tag{320}$$

statt i_{th} in Gl. (318) bzw. (305) und Gl. (319) bzw. (307), erfolgen kann.

Hier ist a der Aschengehalt der Kohle, v die Rauchgasmenge in Nm³/kg, c die spezifische und q die Schmelzwärme der Schlacke. Erstere kann zu 0,19 kcal/kg °C, letztere zu 100 kcal/kg angenommen werden.

c) Feste Schlackenschicht

An die flüssige grenzt die feste Schlackenschicht. Ihre Dicke ergibt sich aus der Bedingung, daß die aufgenommene Wärme durch die feste Schlackenschicht, durch Auftragsmasse und Rohrwand ins Kesselwasser eingeleitet werden muß. Dies führt zur Gleichung

$$M\left(i_{th} - \frac{ZR}{M} - c_p\vartheta_E\right) = \frac{F(\vartheta_S - \vartheta')}{\frac{s}{\lambda} + \frac{s_M}{\lambda_M} + \frac{s_R}{\lambda_R} + \frac{1}{\alpha_2}} \tag{321}$$

Es ist ϑ_S die Schmelztemperatur am Übergang von flüssiger und fester Schicht, ϑ' die Siedetemperatur des Wassers in den Kesselrohren, s, s_M die Schichtdicken der festen Schlackenschicht und der Auftragmasse, s_R die Wandstärke des Rohres, λ, λ_M, λ_R die zugehörigen Wärmeleitzahlen und α_2 die Wärmeübergangszahl von siedendem Wasser. Das 3. und 4. Glied kann immer vernachlässigt werden, so daß man für s erhält

$$s = \frac{F\lambda(\vartheta_S - \vartheta')}{M\left(i_{th} - \frac{ZR}{M} - c_p\vartheta_E\right)} - \frac{s_M\lambda}{\lambda_M} \tag{322}$$

Mit sinkender Last nimmt s zu, da der Nenner im ersten Term abnimmt (Abb. 157). Die Wärmedichtheit der Kammer steigt demnach, so daß auf diese Weise die Verbrennungstemperatur gegenüber Vollast nicht so stark absinkt wie bei einem Granulierkessel. Man nennt dies „Selbstregelung" der Kammer[1] (s. S. 34).

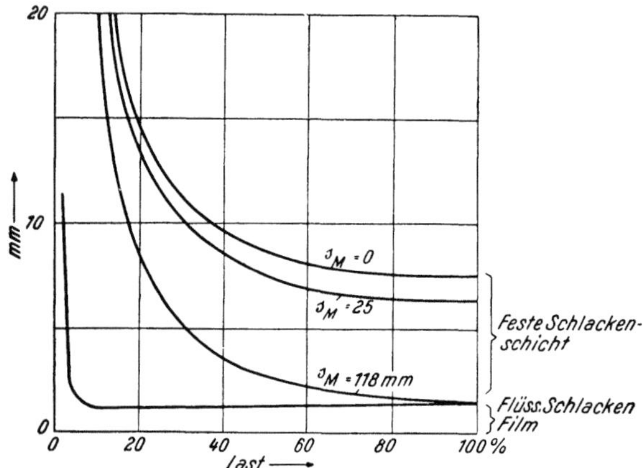

Abb. 157. Schichtdicke der flüssigen und festen Schlackenschicht eines Schmelzkammerkessels in Abhängigkeit von der Last. Die Rechnung wurde für mehrere Schichtdicken s_M der Auftragsmasse durchgeführt

Die genaue Durchrechnung des Schmelzkammerkessels ist nicht nur wegen richtiger Auslegung der Heizfläche, sondern zur Beurteilung der „Einfriergefahr" bei Teillast nötig. Das Einfrieren geht von der Abstichöffnung aus. Die Last kann höchstens soweit gesenkt werden, als dort noch ein Fließen des Schlackenstromes stattfindet.

Bei Einströmen des von den Kammerwänden herabfließenden Schlackenfilmes in die Abstichöffnung findet eine Durchmischung der Stromfäden statt und es errechnet sich die Mischtemperatur[2] zu $\vartheta_M = 0{,}7\,(\vartheta_2 - \vartheta_S) + \vartheta_S$. Beim Durchlaufen des Abstichkanales erfolgt je nach Länge und Bauart desselben eine weitere Abkühlung, welche sich ungefähr aus obiger Gleichung ergibt:

$$4\left(\frac{\vartheta_S + 273}{100}\right)^4 f_S\varphi = Ba\sigma c(\vartheta_M - \vartheta_A) \tag{323}$$

[1] Fehling: Die thermodynamischen Grundlagen der Schmelzkammerfeuerung. Feuerungstechn. 1937, S. 1.

[2] Eine Korrektur dieses Ausdruckes verdanke ich Herrn Dr. Höger, Nürnberg.

f_S ist die abstrahlende Oberfläche des Schlackenstromes im Abstichkanal, φ der Anteil der abgestrahlten Wärme, der von einer Randkühlung aufgenommen oder durch die Auslauföffnung ins Freie gelangt, B die Brennstoffmenge, a der Aschengehalt, σ der Abscheidegrad der Kammer, c die spezifische Wärme der Schlacke und ϑ_A die Schlackentemperatur an der Auslauföffnung am Ende des Abstichkanales.

Bei Teillast wird die Auslauftemperatur ϑ_A kleiner. Letzteres folgt unmittelbar aus Gl. (323) infolge der mit sinkender Last abnehmenden Brennstoffmenge. Hat sich die Auslauftemperatur auf etwa 10 °C der Schmelztemperatur ϑ_S genähert, ist damit die tiefste Dauerlast, die gefahren werden kann, erreicht. Kurzzeitig ist naturgemäß auch noch eine weitere Lastsenkung möglich.

Hat die Eignung einer Kohle für den Schmelzkammerbetrieb beurteilt zu werden, ist die Durchführung der geschilderten Rechnung zur Feststellung der tiefsten möglichen Teillast zweckmäßig. Bei „langen" Schlacken erfolgt mit sinkender Last ein allmähliches Ansteigen der Zähigkeit, während bei „kurzen" die Stockung unterhalb einer bestimmten Last plötzlich eintritt.

Die Zahlentafel 58 zeigt bei einem ausgeführten Schmelzkammerkessel für 40-t/h-Leistung bei Betrieb mit einer Kohle von $H_u = 4500$ die Temperaturen ϑ_E, ϑ_2, ϑ_M, ϑ_A bei Vollast und Halblast. Die Schmelztemperatur beträgt $\vartheta_S = 1240$ °C. Da für die Wärmeleitzahl λ der flüssigen Schlacke keine sicheren Angaben vorliegen, wurde die Rechnung für $\lambda = 0{,}5$, 1, 2, 4 kcal/mh °C durchgeführt.

Da mit dem Kessel ohne Schwierigkeiten Halblast im Dauerbetrieb gefahren werden konnte, scheidet in diesem bestimmten Fall $\lambda = 2$ und 4 kcal/mh °C aus und es kann $\lambda = 1$ kcal/mh °C als am wahrscheinlichsten angenommen werden.

Zahlentafel 58. *Flammen- und Schlackentemperaturen bei einem Schmelzkammerkessel*

Temperatur °C	Vollast				Halblast			
	Wärmeleitzahl λ $\frac{\text{kcal}}{\text{mh °C}}$				Wärmeleitzahl λ $\frac{\text{kcal}}{\text{mh °C}}$			
	0,5	1	2	4	0,5	1	2	4
Flammentemperatur Austritt Primärkammer ϑ_E	1730	1670	1636	1610	1550	1500	1470	1445
Innenwandtemperatur ϑ_2	1530	1437	1372	1325	1430	1360	1320	1285
Mischtemperatur der Schlacke ϑ_M	1426	1366	1325	1294	1361	1317	1291	1269
Schlackentemperatur an Auslauföffnung ϑ_A	1395	1335	1294	1263	1299	1255	1239	1207
Schmelztemperatur der Schlacke ϑ_S	1240	1240	1240	1240	1240	1240	1240	1240

4. Schmelztrichter- und Schmelzkammerkessel (Einkammersystem)

Die Berechnung kann wie im vorigen Kapitel durchgeführt werden, wenn die dort mit R bezeichnete Öffnung nunmehr die Abstrahlfläche nach oben, d. h. den Brennkammerquerschnitt bezeichnet. Die Kammer wird normalerweise bis zur Höhe des Flammenendes an den Seitenwänden verschlacken. Als Flamme ist hierbei der Raum einschließlich des Trichters anzunehmen, welchem eine Brennkammerbelastung von 0,6 bis $1 \cdot 10^6$ kcal/m³h entspricht.

Hat bereits die sich erstmalig an den unverschlackten Rohrwänden ansetzende Schlacke Schmelztemperatur, ist zu erwarten, daß der oben erwähnte Verschlackungszustand erreicht wird. Die Bedingung hierfür lautet:

$$\frac{M(i_{th} - c_p \vartheta_E)}{F_1 \bar{A}_{2m}} \geqq 4{,}96 \left(\frac{\vartheta_s + 273}{100}\right)^4 \tag{324}$$

Hier bedeutet F_1 die Flammenfläche, $\bar{A}_{2m}$ den „rechnungsmäßigen" Schwärzegrad der Wand [Gl. (232), bzw. Fußnote S. 143], wobei dieser für den unverschlackten Zustand zu ermitteln ist[1], ϑ_E die Brennkammertemperatur im unverschlackten Zustand laut Gl. (291), ϑ_S die Schmelztemperatur der Schlacke.

Bei der Berechnung von Einkammerkesseln muß außerdem festgestellt werden, ob die Verschlackung der Kammer nicht über den von der Flamme erfüllten Raum hochsteigt. Dies hätte zur Folge, daß im Endzustand dieses Prozesses die Kammer zur Gänze verschlackt und eine Abkühlmöglichkeit der Rauchgase bis Eintritt in die Nachheizfläche nicht mehr vorliegt. Die Bedingung, daß die Verschlackung der Heizfläche das Flammenende nicht überschreitet ist[2]

$$0{,}5\left[\frac{M(i_{th}-c_p\vartheta_E)}{F_1\bar{A}_{2m}}+A_G\,4{,}96\left(\frac{T_E}{100}\right)^4\right]\geqq 4{,}96\left(\frac{\vartheta_S+273}{100}\right)^4 \tag{325}$$

Die Brennkammertemperatur ϑ_E in °C bzw. T_E in °K ist jetzt bei verschlacktem Zustand bis Flammenende, d. h. bis Beginn des gaserfüllten Teiles der Brennkammer zu berechnen. Hierzu kann man näherungsweise wieder Gl. (291) benützen, wenn in $C = \dfrac{5{,}21}{\dfrac{1}{A_{1,m}}+\dfrac{1}{\bar{A}_{2,m}}-1}$ für $\bar{A}_{2m}=\dfrac{R}{F_1}$ gesetzt wird. Hier ist R der Brennkammerquerschnitt (freie Abstrahlungsfläche nach oben) und F_1 die Flammenoberfläche. A_G ist der mittlere Schwärzegrad der Gasstrahlung im gaserfüllten Brennkammerteil. Die Auswertung zeigt, daß die Gefahr der Totalverschlackung beim Einkammerkessel die ausführbare Kesselgröße nach oben entscheidend beschränkt.

5. Schottüberhitzer

a) Genaue Theorie

Bei einer Brennkammer mit Schottüberhitzer sind zwei Räume, Abb. 158, zu unterscheiden. Der erste ist die mit Flammen erfüllte Brennkammer, der zweite der mit Rauchgas erfüllte Schottüberhitzerraum. Sie seien durch die gedachte Fläche F_{RO} von einander getrennt. Durch diese strahle die Wärmemenge E_R (kcal/m²h) aus der Brennkammer in den Schottraum und umgekehrt aus letzterem in die Brennkammer die Wärmemenge S_R (kcal/m²h). Der resultierende Transport q von der Brennkammer in den Schottraum ist in kcal/m²h

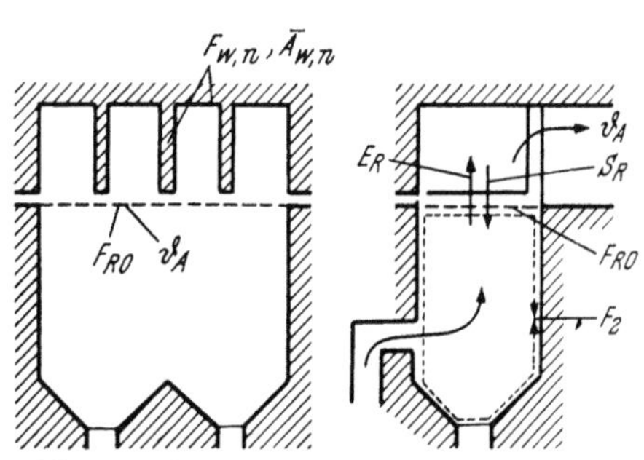

Abb. 158. Schematische Darstellung einer Brennkammer mit Schottüberhitzer

$$q_R = E_R - S_R \tag{326}$$

Man kann nun einen ideellen Schwärzegrad φ_R der Wand F_{RO} einführen, welcher durch

$$\varphi_R = \frac{E_R - S_R}{E_R} = 1 - \frac{S_R}{E_R} \tag{327}$$

definiert ist[3]. Von der Brennkammerstrahlung nimmt demnach F_{RO} je Quadratmeter die Wärmemenge $\varphi_R \cdot E_R$ auf und gibt den gleichen Betrag in den Schottraum ab. Somit schreibt sich Gl. (326) auch

$$q_R = E_R\varphi_R \tag{328}$$

Um E_R zu ermitteln, ist von der Berechnung der Brennkammer auszugehen. Der rechnerische Schwärzegrad ihrer Oberfläche $\bar{A}_{2m}$ Gl. (232) ist aus den einzelnen Wandflächen

[1] Bei bestifteten Wänden und Auftragsmasse ist im unverschlackten Zustand $\bar{A}_{2m}$ etwa 85% des Wertes unbestifteter Rohrwände.

[2] Ledinegg: Schmelzkammer-, Schmelztrichter- und Granulierkessel. BWK Bd. 4, 1952, S. 372.

[3] Ledinegg: Die Berechnung von Schottüberhitzern. Bericht 26 G_2/3 für die 5. Weltkraftkonferenz, Wien 1956.

und Schwärzegraden dieser zusammenzusetzen, wobei eine Einzelfläche auch F_{RO} mit dem weiter unten bestimmten Schwärzegrad φ_R Gl. (333) ist. Die ganze Oberfläche einschließlich F_{RO} ist F_2. Nunmehr kann nach Gl. (291) die Brennkammerendtemperatur ermittelt und aus $Q = M(i_{th} - c_{pE}\vartheta_E)$ die in der Brennkammer abgegebene Wärmemenge berechnet werden. Dann ist die je Quadratmeter Brennkammeroberfläche aufgenommene Wärmemenge $\frac{Q}{F_2}$, bzw. die Zustrahlung zur Brennkammeroberfläche, die identisch mit E_R ist:

$$E_R = \frac{Q}{F_2 \bar{A}_{2m}} \tag{329}$$

Der ideelle Schwärzegrad φ_R der Wand F_{RO} ist identisch mit dem aus Gl. (298) berechenbaren ebenfalls φ_R genannten Faktor. Ähnlich wie letzterer den Anteil der vom Rost wirklich abgegebenen Wärmemenge zur schwarzen Roststrahlung kennzeichnet, bezeichnet φ_R in Gl. (328) das Verhältnis der von F_{RO} in den Schottüberhitzer resultierend gelangenden Wärmemenge q_R zur insgesamt in der gleichen Richtung strahlenden Wärme E_R. Es kann daher Gl. (298) benützt werden, und man erhält

$$\varphi_R = 1 - A_{1m} \cdot n - \frac{(1 - A_{1m}) \left\{\left[(1 - A_{1m}) \frac{F_{RO}}{F_w} + A_{1m} \cdot n\right] (1 - \bar{A}_{wm}) + \bar{A}_{wm} \cdot m\right\}}{1 - (1 - A_{1m}) \left(1 - \frac{F_{RO}}{F_w}\right) (1 - \bar{A}_{wm})} \tag{330}$$

Gl. (298) wurde lediglich noch dahingehend erweitert, daß die Eigenstrahlung $E_w F_w \bar{A}_{wm}$ der „schwarzen" Schottheizfläche $F_w \bar{A}_{wm}$ berücksichtigt werde, wenn diese, da überhitzten Dampf führend, entsprechend heiß ist. Dies erfolgt so, daß der Ausdruck $E_w F_w \bar{A}_{wm}$ auf der rechten Seite von Gl. (295) als additiver Term erscheint. Die weitere Rechnung, die dann in der Folge zu Gl. (330) führt, ist ähnlich jener, die Gl. (298) lieferte.

Analog zu Gl. (232) ergibt sich

$$\bar{A}_{wm} = \frac{\sum_1^r F_{w,n} \bar{A}_{wn}}{F_w} \quad (r \text{ Zahl der Einzelflächen}) \tag{331}$$

Hier sind $F_{w,n}$ die einzelnen Schottflächen (Abb. 158) $\bar{A}_{w,n}$, deren rechnungsmäßiger Schwärzegrad und F_w die gesamte Schottoberfläche, jedoch ohne der Begrenzungsfläche F_{RO} zur Brennkammer. Die Schottflächen $F_{w,n}$ können Begrenzungsflächen gegen außen oder von zwei Schottabteilen sein. In ersterem Fall ist $\bar{A}_{w,n}$ aus Gl. (231), im letzteren aus

$$\bar{A}_{wn} = \frac{d}{t} \tag{332}$$

zu rechnen. Hier ist d der Rohrdurchmesser und t die Rohrteilung. Ferner bedeutet in Gl. (330)

A_{1m} Schwärzegrad der Gasstrahlung eines Schottabteiles nach Abb. 146 mit gleichwertigem Radius nach S. 186,

$n = \frac{E_{1S}}{E_R}$

E_{1S} Emission bei mittlerer Gastemperatur T_{1S} im Schottraum ($E_{1S} = 4{,}96 \left(\frac{T_{1S}}{100}\right)^4$, $T_{1S} = \frac{\vartheta_E + \vartheta_A}{2} + 273$)

ϑ_E Gaseintrittstemperatur in °C (= Brennkammerendtemperatur),

ϑ_A Gasaustrittstemperatur in °C,

E_R Zustrahlung zur Brennkammerwand, nach Gl. (329),

$m = \frac{E_w}{E_R}$

E_w Emission bei mittlerer Rohrwandtemperatur im Schottüberhitzer.

Für praktische Zwecke ist es meist ausreichend Gl. (330) in erheblich vereinfachter Form anzuschreiben

$$\varphi_R = 1 - A_{1m} \cdot P \tag{333}$$

wobei sich

$$P = n + \frac{(1 - A_{1m}) \left\{ \left[(1 - A_{1m}) \frac{F_{RO}}{F_w A_{1m}} + n \right] \cdot (1 - \bar{A}_{wm}) + \frac{\bar{A}_{wm} \cdot m}{A_{1m}} \right\}}{1 - (1 - A_{1m}) \left(1 - \frac{F_{RO}}{F_w}\right) (1 - \bar{A}_{wm})} \tag{334}$$

ergibt. Obwohl der Faktor P etwas streut, genügt es für praktische Zwecke meist mit $P = 1{,}25$ zu rechnen.

Die Abkühlung der Rauchgase im Schottüberhitzer ist gemäß Gl. (297) mit (299) zu berechnen.

Man erhält statt Gl. (297)

$$A_{1m} E_{1S} F_w \varphi_w = M (c_{pE} \vartheta_E - c_{pA} \vartheta_A) - K F_w' \Theta_m \tag{335}$$

Hier ist M die Gasmenge, c_{pE} und c_{pA} spezifische Wärmen bei ϑ_E und ϑ_A. K ist die Wärmedurchgangszahl durch Konvektion und F_w' die rauchgasberührte Schottheizfläche, die normalerweise nicht identisch mit der „projizierten" Heizfläche F_w ist. Θ_m bedeutet die Temperaturdifferenz zwischen mittlerer Rauchgastemperatur im Schottraum und mittlerer Dampftemperatur [s. Gl. (182)]. Wird wieder, wie bereits weiter oben angedeutet, die Eigenstrahlung der „schwarzen" Schottfläche berücksichtigt, folgt für φ_w statt Gl. (299)

$$\varphi_w = 1 - \left(\frac{1}{n} - 1\right) \frac{F_{RO}}{F_w} - \frac{\left[\frac{1}{n} (1 - A_{1m}) \frac{F_{RO}}{F_w} + A_{1m}\right] \cdot (1 - \bar{A}_{wm}) + \frac{m}{n} \bar{A}_{wm}}{1 - (1 - \bar{A}_{wm}) (1 - A_{1m}) \left(1 - \frac{F_{RO}}{F_w}\right)} \tag{336}$$

Setzt man Gl. (336) in Gl. (335) ein und bezeichnet zur Abkürzung den Nenner des rechten Termes in Gl. (336) mit N, folgt nach einigen Umstellungen

$$- E_R \left[F_{RO} A_{1m} + \frac{(1 - A_{1m}) (1 - \bar{A}_{wm}) F_{R0} A_{1m}}{N} \right] + E_{1S} \left[F_w A_{1m} \left(1 + \frac{F_{RO}}{F_w}\right) - \frac{A_{1m}^2 F_w (1 - \bar{A}_{wm})}{N} \right]$$
$$- \frac{E_w F_w A_{1m} \bar{A}_{wm}}{N} + F_w' K \Theta_m = M (c_{pE} \vartheta_E - c_{pA} \vartheta_A) \tag{337}$$

In dieser Gleichung bedeutet der erste Term der linken Seite die Wärmeaufnahme des Gases von der Zustrahlung aus der Brennkammer her, der zweite die Wärmeabgabe durch Eigenstrahlung des Gases, der dritte die Wärmeaufnahme infolge Eigenstrahlung der Überhitzerflächen. Der vierte Term stellt die Wärmeabgabe durch Konvektion dar.

b) Näherungsweise Theorie

In obiger Form ist Gl. (337) für praktische Anwendungen zu kompliziert. Ist näherungsweise $\bar{A}_{wm} \doteq 1$, ergibt sich

$$-(E_R - E_{1S}) F_{RO} A_{1m} + (E_{1S} - E_w) F_w A_{1m} + F_w' K \Theta_m = M (c_{pE} \vartheta_E - c_{pA} \vartheta_A) \tag{338}$$

Nimmt man bei bekannter Eintrittstemperatur ϑ_E die Austrittstemperatur ϑ_A an, kann die erforderliche Schottfläche F_w bzw. F_w' berechnet werden. Sind umgekehrt F_w bzw. F_w' und ϑ_E gegeben wäre ϑ_A durch probieren zu bestimmen, da ϑ_A auch in E_{1S} und Θ_m enthalten ist.

Gl. (338) liefert auch bei $\bar{A}_{wm} \neq 1$ eine brauchbare Näherung, wenn bei Ermittlung von F_w für die im Rauchgasstrom liegenden Schottwände nicht die „projizierte" sondern die „schwarze" Oberfläche genommen wird d. h. erstere mit $\bar{A}_{wm}$ gemäß Gl. (332) multipliziert wird.

Die Aufwärmung des Dampfes im Schottüberhitzer ist größer als der Abkühlung der Rauchgase gemäß Gl. (337) oder (338) entspricht, da noch eine Zustrahlung $Q_R = q_R F_{RO}$ aus der Brennkammer stattfindet. Diese ist gemäß Gl. (329) und Gl. (328)

$$Q_R = Q \cdot \frac{F_{RO}\varphi_R}{F_2 \bar{A}_{2m}} \tag{339}$$

Die aus der Brennkammer in den Schottüberhitzer gelangende Strahlung findet sich also, indem die Wärmeabgabe Q der Brennkammer im Verhältnis der „schwarzen Fläche" $F_{RO}\varphi_R$ zur „schwarzen Brennkammeroberfläche" $F_2\bar{A}_{2m}$ verringert wird.

Mit der Dampfmenge D und den Wärmeinhalten i_1 und i_2 des Dampfes am Eintritt und Austritt des Schottüberhitzers erhält man demnach

$$D(i_2 - i_1)/\eta_{St} = Q_R + M(c_{pE}\vartheta_E - c_{pA}\vartheta_A) \tag{340}$$

Bei vereinfachter Berechnung ist der zweite Term des rechten Seite aus Gl. (338) bei genauer Rechnung aus Gl. (337) zu ermitteln. η_{St} ist der Strahlungswirkungsgrad.

VII. Zugbedarf

A. Zugverlust und Auftrieb

1. Zugverlust in Rohrbündeln für Strömung senkrecht zur Achse

Wie bei jedem Strömungsvorgang erfolgt auch bei der Bewegung der Rauchgase in den Kesselzügen die Überwindung der hydraulischen Widerstände durch ein Druckgefälle.

Man kann dieses durch einen Überdruck am Anfang oder einen Unterdruck am Ende des Kessels erzeugen. Gewöhnlich ist letzteres der Fall. Um dann die Rauchgase am Kesselende wieder auf den Druck der Außenluft zu bringen, dient entweder die Auftriebswirkung eines Schornsteines oder die Pumpwirkung eines Saugzugventilators.

Wärmeübergang und Zugverlust sind eng miteinander verbunden und es kann ersterer nur durch Vergrößerung des letzteren erhöht werden. Die damit verbundene Verkleinerung und Verbilligung der Heizfläche kann aber lediglich soweit getrieben werden als sie nicht durch die steigenden Zugerzeugungskosten wettgemacht wird. Diese sind bei Schornsteinen die jährlichen Amortisationskosten, bei Saugventilatoren außer ersteren noch die Stromkosten. Der Zugverlust soll bei festliegender Abgastemperatur so gewählt werden, daß die Summe aus Zugerzeugungskosten und Amortisationskosten des Kessels ein Minimum aufweisen.

Dieses liegt bei Anlagen mit Schornsteinen etwa bei 20 bis 40 mm WS, bei solchen mit Saugzug bei etwa 100 bis 250 mm WS.

Hochgeschwindigkeitskessel nach MÜNZINGER[1] (s. S. 60) benötigen etwa 1000 mm WS. Solche Kessel stehen zur Gänze unter Überdruck, welche der Luftventilator erzeugt. Auf diese Weise wird Gebläseleistung gespart, denn es sind nur Volumina von Außentemperatur zu fördern. Bei Kesseln nach dem Veloxprinzip ist der Druckabfall einschließlich Gasturbine etwa 2 at (S. 57).

Kleinere Kessel erhalten vielfach, größere in der Regel Saugzug. Der Zugverlust in einem Kessel setzt sich aus jenem in der Heizfläche und in den Kesselzügen zusammen. Er entsteht durch Reibung, Querschnittsänderungen und Umlenkungen. Die Auftriebswirkung der Rauchgase im Kessel selbst vergrößert oder verringert je nach der Bauart den Zugbedarf.

[1] MÜNZINGER: Leichte Dampfantriebe. Berlin: Springer. 1937.

Der Zugverlust im Rohrbündel wurde von MÜNZINGER[1], REIHER[2], BRANDT[3], TER LINDEN[4], HOFMANN[5], PIERSON[6], HUGE[7], GRIMISON[8] u. a. untersucht. Die früher verwendeten Formeln von REIHER sind nach den neueren Ergebnissen überholt.

Tafeln zur vereinfachten Berechnung stammen von ERYTHROPEL[9].

Die Ergebnisse von BRANDT und TER LINDEN stimmen im allgemeinen gut mit den Resultaten der in großem Maßstab durchgeführten Versuche von PIERSON, HUGE, GRIMISON überein. Nach letzteren ist der Zugverlust beim Durchströmen eines Bündels einschließlich Ein- und Austrittsverluste

$$\Delta p = k z_L \xi \gamma \frac{w^2}{2g} \tag{341}$$

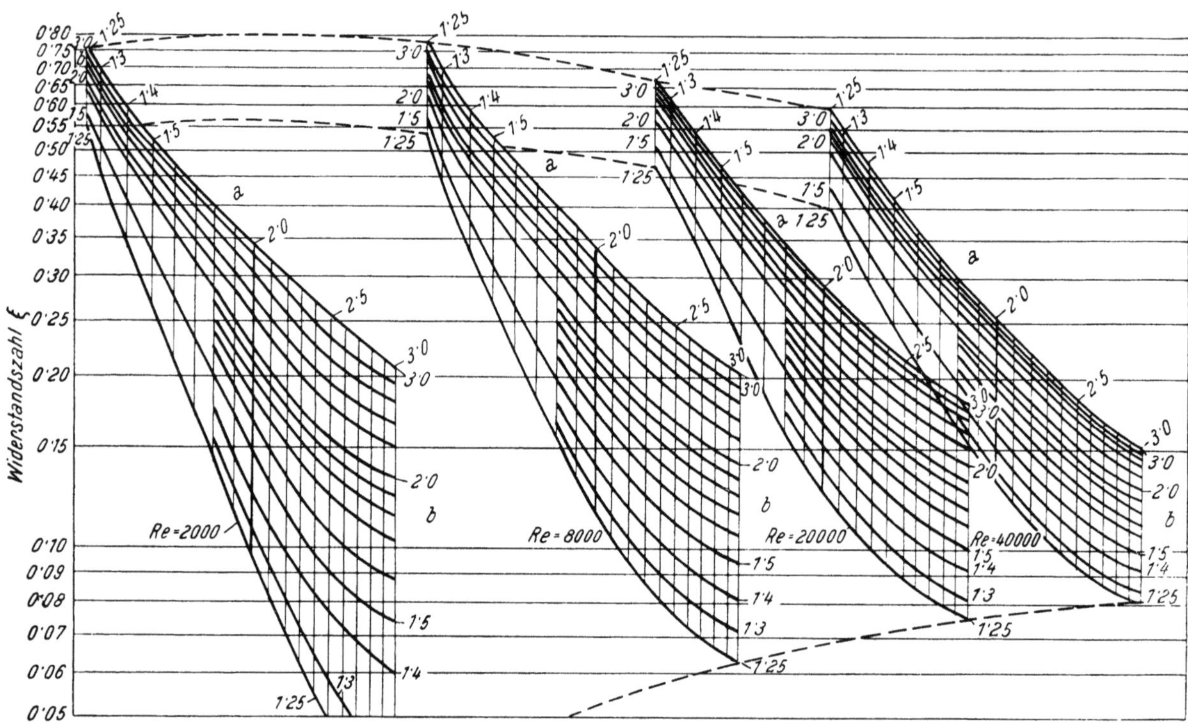

Abb. 159. Widerstandszahl ξ je Reihe bei Rohrbündeln mit fluchtender Rohranordnung und mindestens 10 Rohrreihen für verschiedene Re-Zahlen nach GRIMISON. $a = t_q/d$ (Querteilungsverhältnis), $b = t_L/d$ (Längsteilungsverhältnis). Bezüglich t_q, t_L siehe Abb. 120

Hier ist Δp der Zugverlust in kp/m², k ein Beiwert, welcher von der Zahl der hintereinander geschalteten Reihen abhängig, z_L die Zahl dieser, ξ die Widerstandszahl, γ die Wichte und w die Geschwindigkeit im engsten Querschnitt zwischen den Rohren. Die Widerstandszahl ξ hängt von der Reynoldsschen Zahl $\mathrm{Re} = \frac{w d}{\nu}$, vom Längs- und Querteilungsverhältnis t_L/d und t_q/d ab. Sie wurde von GRIMISON getrennt für fluchtende und versetzte Anordnung ermittelt und ist in Abb. 159 und 160 dargestellt. Sie gilt bei einer Rohrreihenzahl von mindestens 10.

[1] MÜNZINGER: Dampfkraft, 3. Aufl. Berlin-Göttingen-Heidelberg: Springer. 1949.
[2] REIHER: VDI-Forschungsheft 269. Berlin 1925.
[3] BRANDT und DINGLER: Der Druckverlust in senkrecht angeströmten Rohrbündeln. Wärme 1936, S. 1.
[4] TER LINDEN: Der Strömungswiderstand eines Rohrbündels. Wärme 1939, S. 319.
[5] HOFMANN: Wärmeübergang und Druckverlust bei Querströmung der Rohrbündel. VDI 1940, S. 97.
[6] PIERSON: Trans. Amer. Soc. Mech. Engrs. 1937, S. 563.
[7] HUGE: Trans. Amer. Soc. Mech. Engrs. 1937, S. 573.
[8] GRIMISON: Trans. Amer. Soc. Mech. Engrs. 1937, S. 583.
[9] ERYTHROPEL: AEG-Mitteilungen 1938, Heft 7, Das Kraftwerk, S. 11.

Den Einfluß der Reihenzahl auf k zeigt, nach Messungen von TER LINDEN, Zahlentafel 59.

In Gl. (341) ist die Geschwindigkeit w bei der Gastemperatur ϑ_G zu ermitteln. Hingegen ist die Wichte γ und die kinematische Zähigkeit ν, welche zur Berechnung von Re erforderlich ist, bei einer „Bezugstemperatur"

$$\vartheta_B = \vartheta_G - 0{,}1\,(\vartheta_G - \vartheta_W) \qquad \text{(Fluchtende Rohranordnung)}$$

$$\vartheta_B = \vartheta_G - 0{,}2\,(\vartheta_G - \vartheta_W) \qquad \text{(Versetzte Rohranordnung)}$$

zu berechnen. Hier bedeutet ϑ_W die Wandtemperatur.

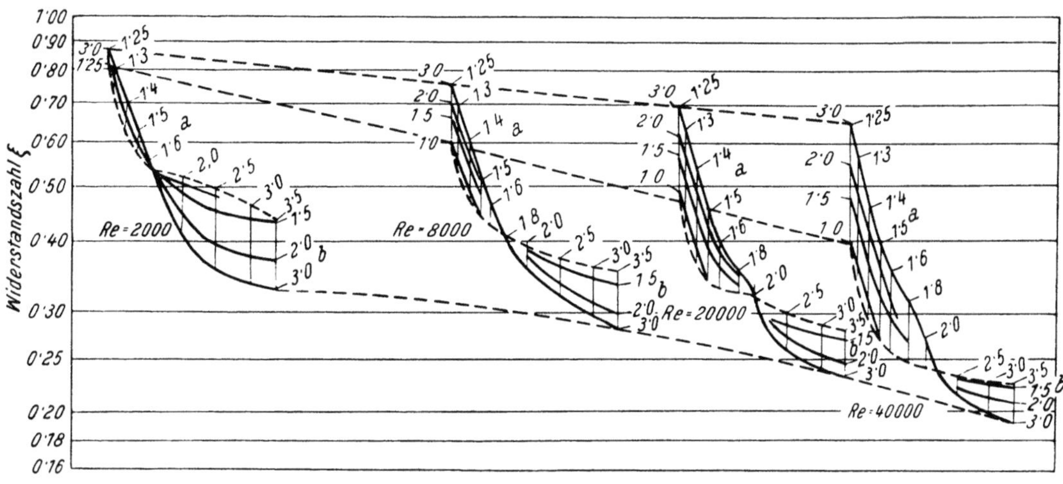

Abb. 160. Widerstandszahl ξ je Reihe bei Rohrbündeln mit versetzter Rohranordnung und mindestens 10 Rohrreihen für verschiedene Re-Zahlen nach GRIMISON. $a = t_q/d$ (Querteilungsverhältnis), $b = t_L/d$ (Längsteilungsverhältnis). Bezüglich t_q, t_L siehe Abb. 120

JAKOB hat die Versuchswerte von GRIMISON praktisch genügend genau in Formeln zusammengefaßt[1]. Auf Grund dieser wurde mit einer geringfügigen Vereinfachung Abb. 161 entworfen, welche gestattet, die Zugverluste zu entnehmen. Auch SCHACK[2] hat auf Grund der amerikanischen Versuche eine Berechnungsformel angegeben. Zahlentafel 60 ermöglicht den Vergleich verschiedener Berechnungsverfahren.

Zahlentafel 59. *Einfluß der Reihenzahl auf den Beiwert k*

Reihenzahl	Rohre	
	fluchtend	versetzt
1	1,85	1,47
2	1,34	1,33
3	1,15	1,19
4	1,08	1,09
5	1,02	1,03
6	1	1
8	1	1
10	1	1

Sind die Rohre in der Richtung der Anströmung geneigt und schließen sie mit dieser den Winkel α ein, folgt

$$\xi_\alpha = \xi_{\alpha=90}\,(\sin\alpha)^{1{,}355}$$

Rauhe Oberfläche erhöht stark die Widerstandszahl. So ergab sich bei stark verrosteten Rohren $\xi_{\text{Rauh}} = 1{,}22 \cdot \xi_{\text{Glatt}}$, bei Rohren mit aufgeklebten Reiskörnern

$$\xi_{\text{Rauh}} = 1{,}4\,\xi_{\text{Glatt}}$$

[1] JAKOB: Trans. Amer. Soc. Mech. Engrs. 1938, S. 384.
[2] SCHACK: Der industrielle Wärmeübergang, 6. Aufl. Düsseldorf: Stahleisen. 1962.

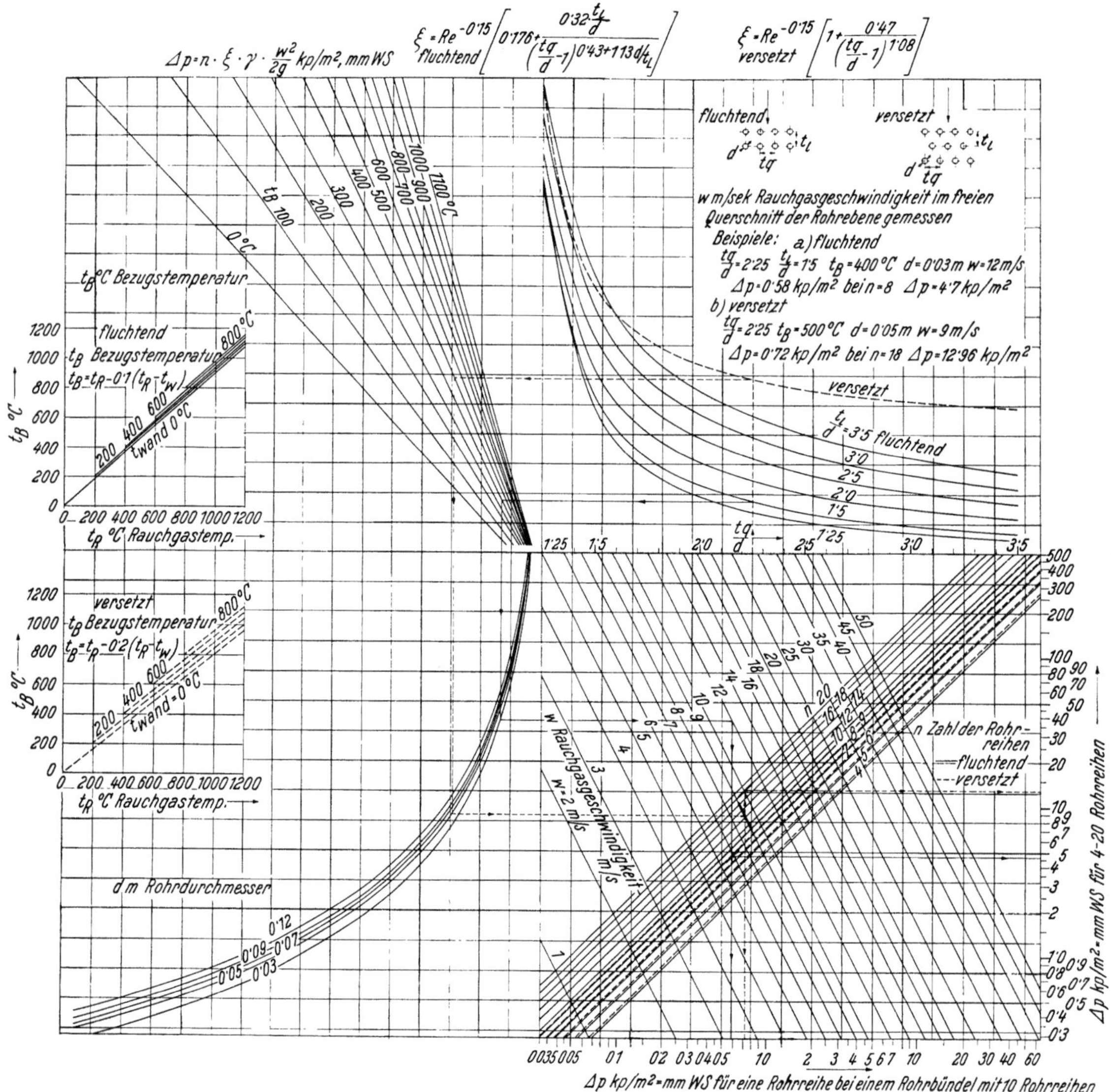

Abb. 161. Zugverlust bei fluchtender und versetzter Rohranordnung. Bezugstemperatur t_B (im Text ϑ_B), Wandtemperatur t_{WAND} (im Text ϑ_W)

Zahlentafel 60. *Vergleich verschiedener Berechnungsverfahren für 10 Rohrreihen. Zugverlust in mm WS*

Ausgangswerte: $\vartheta_{\text{GAS}} = 600\,°\text{C}$, $\vartheta_{\text{WAND}} = 200\,°\text{C}$, $d = 38$ mm Durchmesser, $w_{\text{GAS}} = 10$ m/s } Re = 4950

Längsteilungsverhältnis / Querteilungsverhältnis	2,5/2,5		3,0/1,5		1,5/3,0	
Anordnung	fluchtend	versetzt	fluchtend	versetzt	fluchtend	versetzt
Grimison	4,61	8,19	11,77	13,43	1,84	9,22
Schack	4,29	7,41	11,07	10,69	1,96	6,73
Münzinger (Dampfkraft, 2. Aufl.)	4,9	10,9	4,9	10,9	4,9	10,9
M. Jakobs, bzw. Abb. 161	4,56	8,49	11,49	12,97	2,40	7,97

2. Zugverlust in Rohrbündeln bei Strömung parallel zur Achse

Zur Berechnung des Zugverlustes Δp in kp/m² = mm WS in Rohrbündeln bei Strömung parallel zur Rohrachse kann nach MÜNZINGER die Formel von FRITSCHE als Ausgangspunkt genommen werden. Diese lautet:

$$\Delta p = \frac{9{,}38 \cdot \gamma^{0{,}852} \cdot w^{1{,}852} \cdot L}{10000\, d_H{}^{1{,}269}} \tag{342}$$

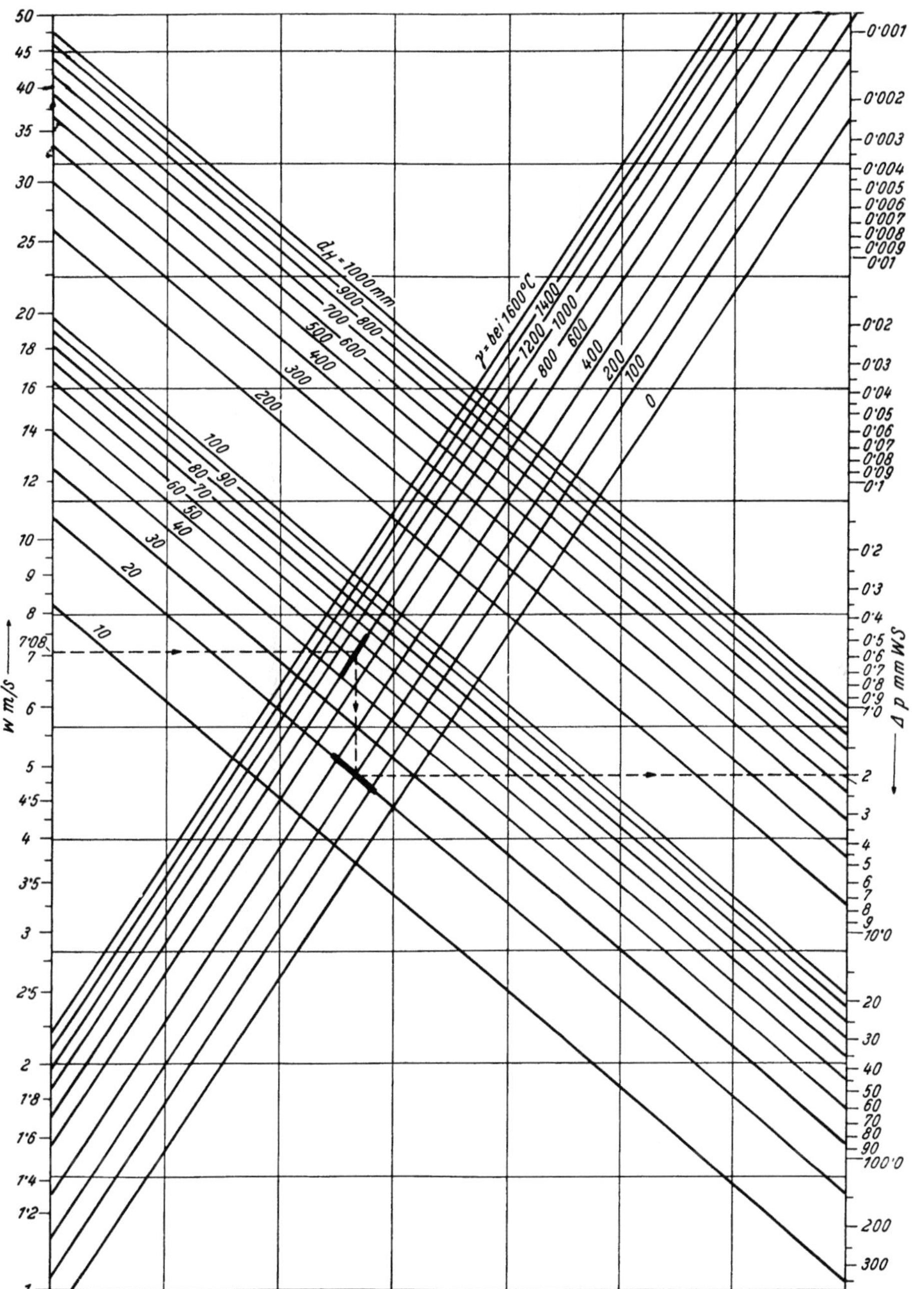

Abb. 162. Zugverlust je m Länge in Rohren, Rohrbündeln bei Strömung parallel zur Achse und in Lufterhitzertaschen. Es sind bei Rauchgas die erhaltenen Werte je nach Bauweise und Verschmutzungsgrad mit 1,8 bis 2,1, bei Luft mit 1,4 zu multiplizieren. Zum Beispiel $w = 7{,}08$ m/sec, Gastemperatur 800 °C, $d_H = 20$ mm, ergibt $\Delta p = 2$ mm WS, welcher Wert noch mit dem entsprechenden Faktor zu multiplizieren ist

Es bedeutet γ die Wichte, w die Geschwindigkeit, L die Länge und d_H der hydraulische Durchmesser des Rohrbündels. Letzterer ergibt sich aus Gl. (128). Es folgt, wenn a und b die Seitenlänge des Rauchgaszuges, z die Rohrzahl und d der Rohrdurchmesser ist:

$$d_H = \frac{4\left(ab - \frac{z d^2 \pi}{4}\right)}{z d \pi + 2(a+b)} \tag{343}$$

Die Ergebnisse von Gl. (342) sind nach Münzinger bei Luft mit 1,4, bei Rauchgasen mit 1,8 bis 2,1 zu multiplizieren.

Aus Abb. 162 kann Δp je Meter Rohrlänge nach Gl. (342) entnommen werden. Bei größeren Druckabfällen ist die Berechnung nach Gl. (426) zu kontrollieren. Eintrittsverlust, Rohrkrümmer usw. sind nach Abschnitt 5 zu berücksichtigen.

3. Zugverlust in Rohren und Kanälen

Der Zugverlust bei Strömung durch Rohre und Kanäle, wozu auch Lufterhitzerrohre und Taschen gehören, kann ebenfalls nach Gl. (342) berechnet werden. Bei Taschen ist für den hydraulischen Durchmesser $2s$ einzuführen, wenn s die lichte Weite der Schmalseite der Tasche ist. Es kann ebenfalls Abb. 162 benützt werden.

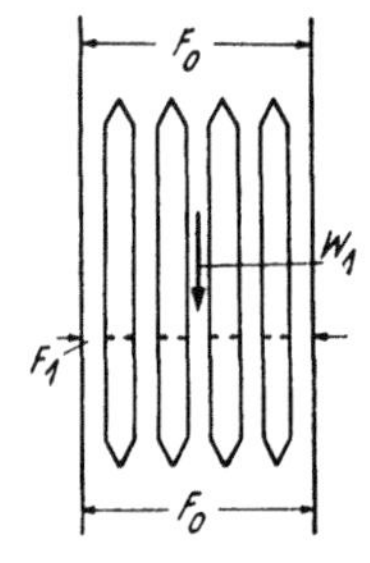

Abb. 163. Schematische Darstellung eines Taschenlufterhitzers

Nach Münzinger sind bei Anwendung auf Lufterhitzertaschen die Ergebnisse der Gl. (342), sofern es sich um Rauchgase handelt, je nach Bauweise und Verschmutzungsgrad, mit 1,8 bis 2,1, hingegen bei Luft mit 1,4 zu multiplizieren. Bei von Luft durchströmten Rohren sind die Ergebnisse der Gl. (342) auch mit 1,4 zu multiplizieren.

Ferner tritt im Lufterhitzer infolge der Querschnittsverengung durch die Taschen ein Druckabfall ein.

Ist w_1 die Geschwindigkeit in der Tasche, F_1 der Querschnitt derselben (Abb. 163), F_0 der Querschnitt des Eintritt- und Austrittstutzens und φ die Geschwindigkeitsziffer, folgt nach Gl. (345d):

$$\Delta p_1 = \frac{\gamma w_1^2}{2g}\left[\frac{1}{\varphi^2} - \frac{2F_1}{F_0} + \left(\frac{F_1}{F_0}\right)^2\right] \tag{344a}$$

Die Geschwindigkeitsziffer hängt von der Rundung des Einlaufes ab und liegt zwischen 0,99 bei guter Rundung und glatter Oberfläche und 0,84 bei eckiger Einlaufkante.

Nimmt man, da der Eintrittsquerschnitt gewöhnlich zugeschärft ist, φ zu 0,9 an und berücksichtigt, daß bei Lufterhitzern $\frac{F_1}{F_0} \doteq 0{,}4$ ist, ergibt sich schließlich

$$\Delta p_1 = \frac{\gamma w_1^2}{2g} \cdot 0{,}6 \tag{344b}$$

4. Zugverlust bei Rippenrohren

Der Zugverlust bei Rippenrohren hängt von der Bauart des Rohres ab. Beispielsweise zeigt Abb. 164 den Zugverlust für das „langrippige" Rohr (Abb. 262, A). Kurzrippige Rohre (Abb. 262, B) haben einen etwa um 25% größeren Zugverlust.

5. Zugverlust in Kesselzügen

Der Zugverlust in den Kesselzügen bzw. der Druckabfall in Luftleitungen setzt sich aus der Summe der Verluste infolge Reibung, Querschnittsänderungen und Umlenkungen zusammen.

Der Reibungsverlust Δp ist nach Gl. (342) zu bestimmen. Er spielt allerdings wegen der großen Kanalquerschnitte gewöhnlich keine Rolle.

Eine Querschnittsverengung (Abb. 165a) bedingt folgenden Druckabfall:

$$\Delta p_1 = \left[\left(\frac{w_1}{\varphi}\right)^2 - w_o{}^2\right] \frac{\gamma}{2g} \tag{345a}$$

Es ist w_0 die kleinere, w_1 die größere Geschwindigkeit, γ die Wichte und φ die Geschwindigkeitsziffer.

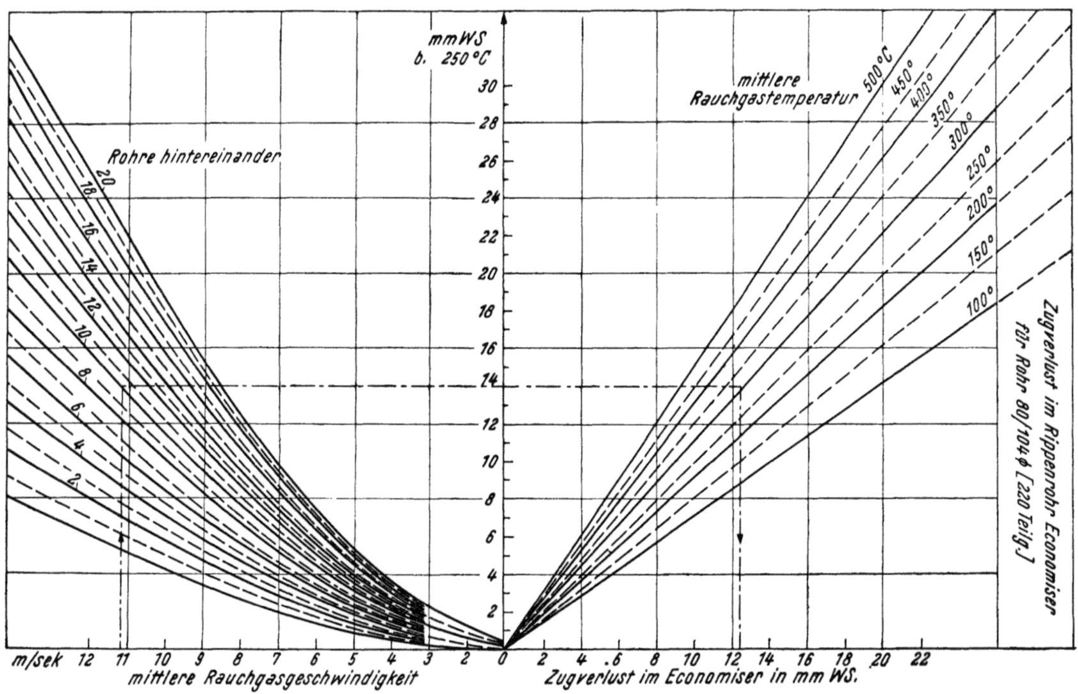

Abb. 164. Zugverlust bei Rippenrohren. Zum Beispiel $w = 11{,}2$ m/sec, 10 Rohre hintereinander, mittlere Rauchgastemperatur 300 °C, ergibt $\Delta p = 12{,}4$ mm WS

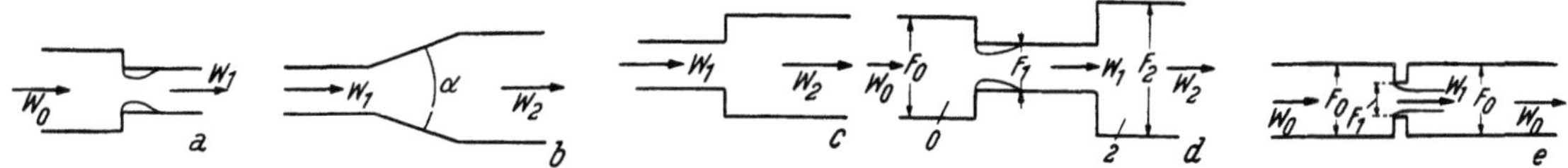

Abb. 165. Querschnittsänderung in Kanälen

a plötzliche Verengung; *b* allmähliche Erweiterung; *c* plötzliche Erweiterung; *d* Verengung und Erweiterung mit langem Zwischenstück; *e* Verengung und Erweiterung mit kurzem Zwischenstück (Blende)

Findet ein Übergang vom kleineren zum größeren Querschnitt statt, kann dieser stetig (Abb. 165b) oder unvermittelt erfolgen (Abb. 165c). In beiden Fällen erfolgt ein Druckanstieg. Dieser ist bei einem stetigen diffusorartigen Übergang

$$\Delta p_2 = -\eta (w_1^2 - w_2^2) \frac{\gamma}{2g} \tag{345b}$$

Hier ist w_1 die größere und w_2 die kleinere Geschwindigkeit. Die Zahl η liegt zwischen 0,8 und 0,9, sofern der Erweiterungswinkel α nicht über 12° liegt. Handelt es sich um eine plötzliche Erweiterung, ist

$$\Delta p_3 = -\frac{w_2 \gamma}{g} (w_1 - w_2) \tag{345c}$$

In den beiden letzten Fällen findet trotz des Druckanstieges ein Energieverlust statt. Folgt (Abb. 165d) einer Verengung eine Erweiterung des Kanales, ist dann der Druckabfall zwischen 0 und 2

$$\Delta p_4 = \Delta p_1 - \Delta p_3$$

Führt man Gl. (345a) und (345c) sowie die Kontinuitätsgleichung ein, erhält man:

$$\Delta p_4 = \frac{\gamma w_1^2}{2g}\left[\frac{1}{\varphi^2} - \frac{2F_1}{F_2} + 2\left(\frac{F_1}{F_2}\right)^2 - \left(\frac{F_1}{F_0}\right)^2\right] \tag{345d}$$

Für $F_0 = F_2$ geht diese Gleichung in Gl. (344a) über.

Ist die Kanallänge des verengten Teiles nur so kurz, daß der eingeschnürte Strahl sich nicht mehr auf den Querschnitt F_1 erweitern kann, es sich also um eine Blende handelt (Abb. 165e), ist in Gl. (345a) statt w_1/φ, w_1/α und in Gl. (345c) statt w_1, w_1/α zu setzen und man erhält für $F_0 = F_2$

$$\Delta p_5 = \frac{\gamma w_1^2}{2g}\left[\frac{1}{\alpha} - \frac{F_1}{F_0}\right]^2 \tag{345e}$$

Hier bedeutet α die Kontraktionsziffer, welche von 0,99 bei guter Rundung auf 0,61 bei eckigen Einlaufkanten sinkt.

Der Widerstand in Krümmern ergibt sich, wenn die Geschwindigkeit vor diesem w_1, in der Mitte w_2 und am Austritt w_3 ist, nach MÜNZINGER bei scharfkantigen Ecken:

$$\Delta p_K = \frac{0{,}25\,\gamma}{2g}(w_1^2 + w_3^2) \qquad (45° \text{ Umlenkung})$$

$$\Delta p_K = \frac{\gamma}{2g}(w_1^2 + w_3^2) \qquad (90° \text{ Umlenkung}) \tag{346}$$

$$\Delta p_K = \frac{\gamma}{2g}(w_1^2 + w_2^2 + w_3^2) \qquad (180° \text{ Umlenkung})$$

Durch Einbauten nach Abb. 166 kann der Widerstand erheblich verringert werden. Für diese gibt PRANDTL[1] einen Widerstandsbeiwert $\xi = 0{,}12$ an. Ähnliches gilt bei entsprechend gestaffelter Anordnung von Leitblechen lediglich in der Umgebung der inneren Ecke.

Zahlentafel 61. *Widerstandsbeiwert ξ für Krümmer gleichen Querschnittes*

r/d_i	1,5	2	3	4
90°-Bögen	0,3	0,22	0,17	0,15
180°-Bögen	0,54	0,39	0,3	0,27
Umkehrenden nach SCHMIDT	6	—	—	—

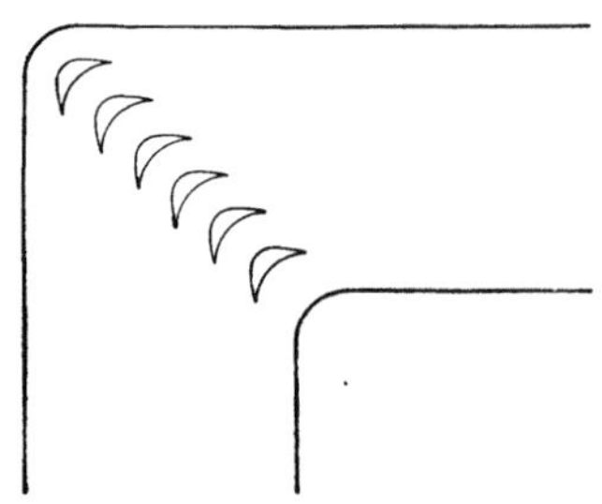

Abb. 166. Einbauten in einem Krümmer zur Verringerung des Druckabfalles

Der Widerstand von Bogenstücken mit rechteckigem Kanalquerschnitt wurde genauer von NIPPER[2] untersucht und dieser findet Widerstandsbeiwerte ξ gemäß Abb. 167. Der Druckabfall wird hierbei aus

$$\Delta p_K = \xi\,\frac{w^2\gamma}{2g} \tag{347}$$

bestimmt. Hier ist für w die Austrittsgeschwindigkeit aus dem Krümmer zu setzen.

Bei gleichbleibendem, kreisförmigem Querschnitt kann der Widerstandsbeiwert aus Zahlentafel 61 entnommen werden[3].

---

[1] ECK: Technische Strömungslehre, 6. Aufl. Berlin-Göttingen-Heidelberg: Springer. 1961.

[2] NIPPER: Forschungsarbeiten, Heft 320.

[3] ZIMMERMANN: Druckabfall in Überhitzern. Mitt. VGB Heft 95, S. 230.

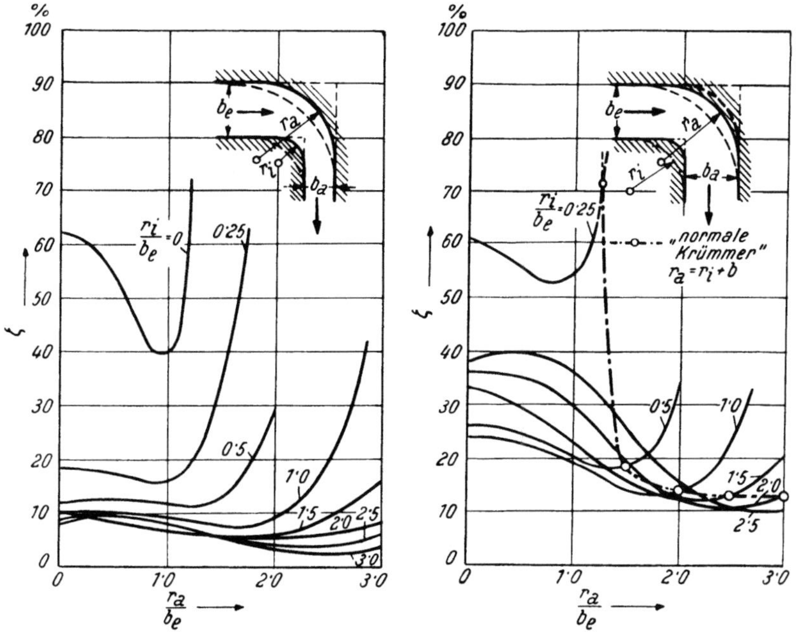

Abb. 167. Druckverlustziffern von Krümmern in Prozent, im Text in Bruchteilen von 1 nach NIPPER

6. Auftriebswirkung

Infolge des Wichteunterschiedes zwischen heißen Rauchgasen und der Außenluft nimmt der statische Druck ersterer mit abnehmender Höhe langsamer zu als jener von Luft. Aus Abb. 168 ist dies ersichtlich. Haben an der Mündung eines mit heißen Gasen gefüllten Rauchgaszuges oder Schornsteines von der Höhe H Rauchgase und Luft den gleichen Druck, so hat am Fuß der Luftdruck um $\gamma_L H$, der Rauchgasdruck um $\gamma_G H$ zugenommen. Es herrscht also am Fuß ein Unterdruck $\Delta p_u = (\gamma_L - \gamma_G) H$, welcher die Auftriebswirkung bedingt. Mit der auf 0° bezogenen Wichte γ_{OG} und γ_{OL} von Rauchgas und Luft ergibt sich

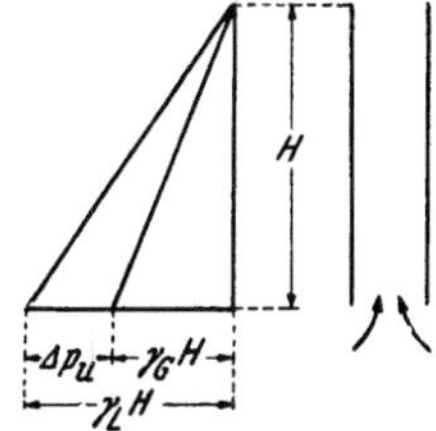

Abb. 168. Auftriebswirkung eines Rauchgaszuges

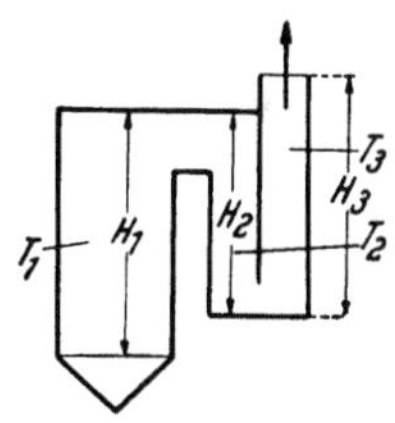

Abb. 169. Schema eines Kessels mit drei Rauchgaszügen

$$\Delta p_u = H\left(\frac{\gamma_{OL}\, 273}{T_L} - \frac{\gamma_{OG}\, 273}{T_G}\right) \tag{348a}$$

Setzt man für $\gamma_{OL} = 1{,}28$ kp/Nm³ und für $\gamma_{OG} = 1{,}32$ kp/m³ als mittleren Wert bei 760 mm Barometerstand, ferner für $T_L = (273 + 20)$°K ein, folgt:

$$\Delta p_u = H\left[1{,}2 - \frac{365}{T_G}\right] \tag{348b}$$

Ebenso wie die Strömungsverluste bei einem aufwärts strömenden Gas um den Betrag des Auftriebes zu verringern sind, haben sie bei Abwärtsströmung um diesen vermehrt zu werden. Zum Beispiel wäre die Gesamtauftriebswirkung eines Kessels mit 3 Zügen gemäß Abb. 169, wenn die mittlere Temperatur in den Zügen T_1, T_2, T_3 ist,

$$\Sigma \Delta p_u = +H_1\left(1{,}2 - \frac{365}{T_1}\right) - H_2\left(1{,}2 - \frac{365}{T_2}\right) + H_3\left(1{,}2 - \frac{365}{T_3}\right) \tag{348c}$$

Ist das Ergebnis positiv, werden die Strömungsverluste $\Sigma\Delta p$ um den errechneten Betrag vermindert, im umgekehrten Fall vermehrt, um den am Kesselende aufzubringenden Unterdruck zu erhalten. Der Gesamtzugverlust des Kessels ist dann

$$\Delta p_{\text{ges}} = \Sigma\Delta p \pm \Sigma\Delta p_u. \tag{349}$$

7. Schornstein

Falls der Zug ausschließlich durch einen Schornstein erzeugt werden soll, muß dieser an seinem Fuß mindestens einen Unterdruck haben, welcher dem berechneten Gesamtzugverlust Δp_{ges} entspricht. Hierbei muß Δp_{ges} auch den Zugverlust des Fuchses vom Kessel bis zum Schornsteinfuß enthalten. Außerdem soll noch im verfügbaren Zug eine Reserve vorhanden sein, um noch die Möglichkeit einer Regelung nach oben offen zu lassen.

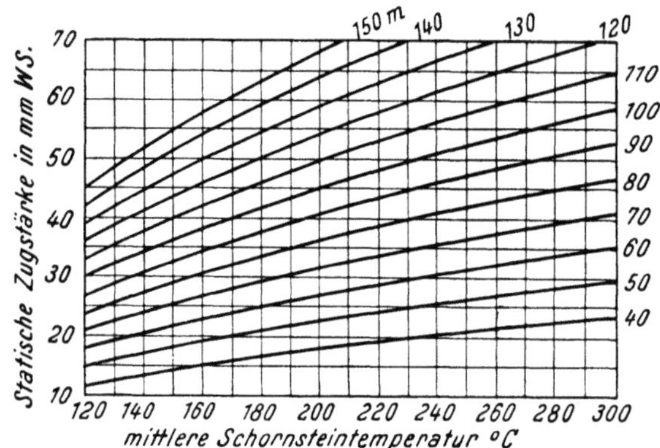

Abb. 170. Statische Zugstärke von Schornsteinen in Abhängigkeit von der mittleren Gastemperatur und Schornsteinhöhe. Wirkliche Zugstärke folgt nach Abzug der Reibungsverluste von etwa 10% der statischen Zugstärke. Bei Braunkohle ist der Zug etwa 4% höher (Wärmetechnische Tabellen von Steinmüller)

Die Auftriebswirkung des Schornsteines ergibt sich aus Gl. (348a), wobei γ_{0L} und γ_{0G} die Wichte von Luft und Rauchgas bei 0° und dem barometrischen Druck bei halber Schornsteinhöhe sind. T_L ist die Außenlufttemperatur und T_G die Gastemperatur in °K in halber Schornsteinhöhe. Letztere folgt überschlägig aus jener am Schornsteinfuß durch Abzug von 0,2 bis 0,5° je Meter, bis zur halben Schornsteinhöhe.

Angenähert folgt der erzeugte Zug bei 20 °C Außentemperatur aus Gl. (348b). Aus Abb. 170 ist der erzeugbare Zug ablesbar.

Im Schornstein treten auch Reibungsverluste, außerdem am Eintritt Umlenkverluste auf. Gewöhnlich machen diese Verluste jedoch höchstens 10% der Auftriebswirkung aus. Man kann sie durch entsprechende Abminderung der in Abb. 170 abgelesenen Werte berücksichtigen.

Die Rauchgasgeschwindigkeit wird mit etwa 4 bis 9 m/s bemessen, der erzeugbare Zug liegt zwischen 15 bis 45 mm WS.

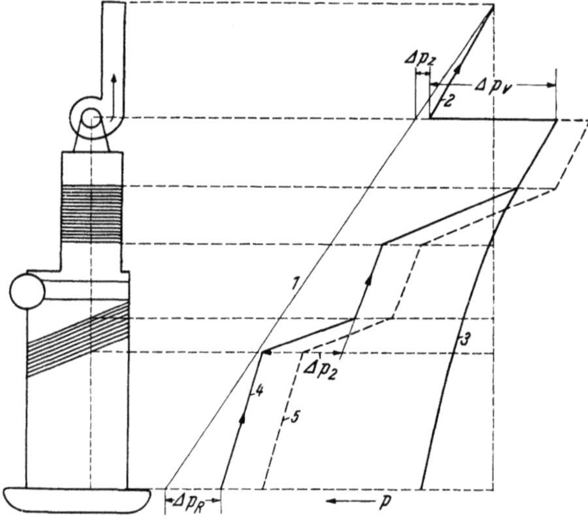

Abb. 171. Zugverlauf in einem Einzugkessel

Falls kein Schornstein vorhanden ist oder dessen Zug nicht ausreicht, werden Saugzugventilatoren verwendet.

Den Zugverlauf für Luft und Rauchgas, z. B. in einem Einzugkessel mit Schornstein und Saugzugventilator, zeigt Abb. 171.

Den absoluten Luftdruck von Oberkante Rost bis zur Schornsteinmündung zeigt *1*. An dieser ist Luft- und Rauchgasdruck gleich.

Der Druckverlauf der Rauchgase im Schornstein findet nach *2* statt, so daß Δp_z die Zugwirkung des Schornsteines darstellt. Der anschließende Ventilator erzeugt eine Druckdifferenz Δp_v, so daß demnach vor dem Ventilator ein Unterdruck $\Delta p_z + \Delta p_v$ herrscht. Ohne Strömungsverluste ergäbe sich bei Weiterschreiten nach abwärts der statische Druck *3*, dessen Verlauf der jeweiligen Rauchgastemperatur entspricht.

Dem statischen Druck überlagern sich die Strömungsverluste in den Heizflächen und Kesselzügen, wodurch man zum tatsächlichen Druckverlauf *4* gelangt. So stellt z. B. Δp_2 den Reibungsverlust im Kessel dar. Der Unterdruck über dem Rost ist Δp_R.

Die Zugerzeugung des Saugzugventilators Δp_v muß z. B. durch Drehzahlregelung so eingestellt werden, daß an allen Punkten des Kessels Unterdruck herrscht. Sonst besteht die Gefahr, daß durch Undichtheiten im Mauerwerk Rauchgase ins Kesselhaus austreten, und der Kessel qualmt. Im betrachteten Beispiel ist in diesem Sinne die Stelle knapp unter dem Kesselrohrbündel die am meisten gefährdete. Will man dort den Unterdruck vergrößern, muß durch Drehzahlerhöhung des Saugzugventilators Δp_v vergrößert werden, wodurch der Druckverlauf parallel zu sich nach *5* verschoben wird. Damit die Luftzufuhr zum Rost gegen früher unverändert bleibt, muß gleichzeitig auch eine erhöhte Drosselung der Luftmenge erfolgen.

Je kleiner die Last des Kessels ist, um so mehr wird sich der statische dem wirklichen Druckverlauf nähern.

Bei den meisten Kesseln ist die Oberkante der Brennkammer bezüglich des Qualmens der kritische Punkt. Man reguliert daher den Zug so ein, daß dort ein geringer Unterdruck herrscht. An der untersten Stelle der Brennkammer wird dann überschlägig ein solcher Unterdruck in mm WS sein, als die Brennkammer in Meter gemessen hoch ist, wie bei etwa $T_G = 273 + 1100°$ aus Gl. (348b) folgt.

Bei Überdruckkesseln ist hingegen meist in allen Randgaswegen gegen außen ein Überdruck vorhanden. Die Dichtheit wird durch Blech- oder Rohrwände gewährleistet.

B. Wärmeübergang und Zugverlust

Für die Wahl des Zugverlustes ist die Frage von Interesse, wie dieser mit dem Wärmeübergang zusammenhängt.

Die Wärmeübergangszahl α, z. B. für querdurchströmte Rohrbündel, folgt aus Gl. (133). Für eine bestimmte Heizfläche und unveränderte Temperaturen ist sie nur von der Geschwindigkeit w abhängig. Hierfür sei der Exponent 0,61

$$\alpha = c_1 w^{0{,}61}$$

Ähnliches gilt für den Zugverlust gemäß Gl. (341). Für diesen folgt:

$$\Delta p = c_2 w^2$$

Die Zusammenfassung dieser beiden Gleichungen ergibt mit einer neuen Konstanten c_3

$$\Delta p = c_3 \alpha^{3{,}3}$$

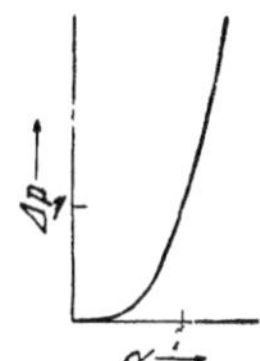

Abb. 172. Zusammenhang zwischen Wärmeübergang und Zugverlust

Abb. 172 zeigt den Verlauf dieser Funktion. Über ein bestimmtes Maß läßt sich demnach α nur mit einem außerordentlich großen Aufwand an Zugbedarf erhöhen.

Es tritt hier die Frage nach der „günstigsten Heizfläche“ auf, d. h. wie man mit dem kleinsten Heizflächenaufwand eine gegebene Wärmemenge Q übertragen kann, wobei der Zugverlust Δp, die mittlere logarithmische Temperaturdifferenz Θ und das Rauchgasgewicht je Zeiteinheit G festliegen.

Da die Untersuchung auf den Kesselbau beschränkt sei, werden zu kleine Rohrteilungen wegen Verschmutzungsgefahr und zu kleine Rohrdurchmesser aus Herstellungsrücksichten aus der Betrachtung ausgeschlossen bleiben.

Es werde ein quer angeströmtes Rohrbündel untersucht. Dieses kann fluchtende oder versetzte Rohranordnung haben. Die Strömung der Rauchgase finde in Pfeilrichtung statt (Abb. 120), innerhalb der Rohre sei Wasser oder Dampf mit einer praktisch als unendlich groß anzusehenden Wärmeübergangszahl. Die Querteilung sei t_q, die Rohrzahl je Reihe z_q, die Längsteilung t_L, die Zahl der hintereinander liegenden Reihen z_L. Die Rohrlänge werde L genannt.

Die Wärmeübergangs- und angenähert die Wärmedurchgangszahl ist gemäß Gl. (133)

$$\alpha = c\left(\frac{d w}{\nu}\right)^m \frac{\lambda}{d} = \frac{c\lambda}{\nu^m} \frac{w^m}{d^{1-m}} \qquad (350)$$

Der Zugverlust beträgt nach Gl. (341) mit $k = 1$

$$\Delta p = \frac{z_L \xi \gamma w^2}{2g} \qquad (351)$$

Die übergehende Wärme ist nach Gl. (181) mit der mittleren Temperaturdifferenz Θ und der Heizfläche F und $K \doteq \alpha$

$$Q = F\Theta\alpha$$

Setzt man $F = z_q z_L d\pi L$, folgt

$$Q = z_q z_L d\pi L\Theta\alpha \qquad (352)$$

Aus der Kontinuitätsgleichung erhält man das Rauchgasgewicht je Zeiteinheit G

$$G = z_q(t_q - d)Lw\gamma \qquad (353)$$

Eliminiert man aus Gl. (352) mittels Gl. (353) und (351) z_q und z_L, ferner mit (350) α, folgt:

$$Q = \frac{G}{(t_q - d)Lw\gamma} \cdot \frac{\Delta p\, 2g}{w^2 \xi \gamma} \cdot L d\pi\Theta \cdot \frac{c\lambda}{\nu^m} \frac{w^m}{d^{1-m}} \qquad (354)$$

Der Unterschied der Stoffwerte, welcher sich durch die verschiedenen Bezugstemperaturen beim Wärmeübergang und Zugverlust ergibt, kann für diese Untersuchung vernachlässigt werden.

Es sei nun ein zweites Rohrbündel betrachtet, welches für die gleichen Werte Q, Δp, G ausgelegt ist, jedoch andere Teilungen, Rohrdurchmesser sowie geänderte Rohranordnung, z. B. statt versetzt, fluchtend oder umgekehrt besitzt. Die geänderten Bestimmungsgrößen des zweiten Bündels werden durch Striche gekennzeichnet. Da Gl. (354) für beide Bündel gilt, folgt nach Gleichsetzen:

$$\frac{G \cdot \Delta p\, 2g \cdot \pi\Theta c\lambda d^m}{(t_q - d) w^{3-m} \gamma^2 \xi \nu^m} = \frac{G\Delta p\, 2g\pi\Theta c'\lambda d'^{m'}}{(t'_q - d')w'^{3-m'}\gamma^2\xi'\nu^{m'}}$$

Daraus kann w' berechnet und in die für das Bündel 2 angeschriebene Gl. (350)

$$\alpha' = \frac{c'\lambda}{\nu^{m'}} \frac{w'^{m'}}{d'^{1-m'}}$$

eingesetzt werden, worauf folgt:

$$\alpha' = \frac{c'\lambda}{\nu^{m'}} \left[\frac{c'\nu^{m-m'}\xi\left(\frac{t_q}{d} - 1\right) d^{1-m}}{c\xi'\left(\frac{t'_q}{d'} - 1\right) d'^{1-m'}}\right]^{\frac{m'}{3-m'}} \cdot \frac{w^{\frac{(3-m)m'}{3-m'}}}{d'^{1-m'}}$$

Bei $\alpha' > \alpha$ ist das zweite Bündel günstiger als das erste. Es wird daher α'/α gebildet, wobei α aus Gl. (350) einzusetzen ist. Man erhält

$$\frac{\alpha'}{\alpha} = \frac{c'\nu^{m-m'}}{c}\left[\frac{c'\nu^{m-m'}\xi\left(\frac{t_q}{d}-1\right)d^{1-m}}{c\xi'\left(\frac{t'_q}{d'}-1\right)d'^{1-m'}}\right]^{\frac{m'}{3-m'}} \cdot \left(\frac{d^{1-m}}{d'^{1-m'}}\right) w^{\frac{(3-m)m'}{3-m'}-m} \tag{355}$$

Es werde nun beispielsweise bei der zweiten Ausführung lediglich der Rohrdurchmesser verkleinert, während $\frac{t_q}{d} = \frac{t'_q}{d'}$, $\frac{t_L}{d} = \frac{t'_L}{d'}$ ebenso wie die Art der Rohranordnung gleich bleibe. Dann ist, wenn der geringe Einfluß der Reynoldsschen Zahl auf ξ vernachlässigt werde, $c' = c$, $m = m'$, $\xi = \xi'$ und es folgt:

$$\frac{\alpha'}{\alpha} = \left(\frac{d}{d'}\right)^{\frac{3(1-m)}{3-m}} \tag{356a}$$

oder wenn $m = 0{,}56$ ist

$$\frac{\alpha'}{\alpha} = \left(\frac{d}{d'}\right)^{0.54}$$

Ist $d' < d$ wird $\frac{\alpha'}{\alpha} > 1$, die Heizfläche des zweiten Bündels ist also kleiner. Der Rohrdurchmesser soll demnach möglichst klein gewählt werden[1].

Läßt man bei der zweiten Ausführung hingegen den Rohrdurchmesser unverändert und verkleinert lediglich die Teilung t'_q, sieht man sofort, wenn die geringen Änderungen von m, c, ξ außer acht gelassen werden, daß gleichfalls die Heizfläche kleiner wird:

$$\frac{\alpha'}{\alpha} = \left(\frac{\frac{t_q}{d}-1}{\frac{t'_q}{d}-1}\right)^{\frac{m'}{3-m'}} \tag{356b}$$

In diesem Fall wird die Zahl der nebeneinander liegenden Rohrreihen größer, jene der hintereinander liegenden kleiner, d. h. man erhält ein breites und flaches Bündel. Besonders wichtig ist die Entscheidung, ob versetzte oder fluchtende Rohranordnung bei $d = d'$ günstiger ist. Die erste Ausführung habe versetzte, die zweite mit Strich gekennzeichnete fluchtende Rohranordnung.

Es sei z. B. $\frac{t_q}{d} = 3$, $\frac{t_L}{d} = 1{,}5$, $\frac{t'_q}{d'} = 2$, $\frac{t'_L}{d'} = 2$

Die kleinsten Rohrentfernungen in beiden Fällen sind dann ungefähr gleich. Damit ergibt sich aus Abb. 159 und 160 bzw. Zahlentafel 43a und 43b bei $Re = 8000$, $m = 0{,}568$, $m' = 0{,}632$, $\xi = 0{,}34$, $\xi' = 0{,}22$. Ferner werden $d = d' = 0{,}04$ m angenommen und $\nu = 1{,}81 \cdot 10^{-4}\ \mathrm{m^2/s}$ bei 1000 °C aus einer Stoffwerte-Tabelle entnommen. Die Zahlenrechnung liefert dann gemäß Gl. (355) $\frac{\alpha'}{\alpha} = 0{,}81 \cdot w^{0.082}$

Für $w = 30$ m/s bei der versetzten Ausführung folgt dann $\frac{\alpha'}{\alpha} = 1{,}07$, d. h. die fluchtende Ausführung ist in diesem Fall günstiger als die versetzte.

Bei $w = 10$ m/s ergäbe sich $\frac{\alpha'}{\alpha} = 0{,}98$. Hier wäre bereits die versetzte Rohranordnung geringfügig besser.

[1] Kämmerer: Leistungssteigerung technischer Heizflächen mit Berücksichtigung des Zug- und Druckverlustes. Habilitationsschrift Technische Hochschule, Wien 1941.

Vergleiche von querdurchströmten mit längsdurchströmten Rohrbündeln und Rauchrohrbündeln hat KÄMMERER[1] durchgeführt. Seine Ergebnisse zeigen, daß quer durchströmte Bündel günstiger sind.

Untersuchungen über die günstigste Gestalt von Rippenrohren führte der Verfasser durch[2] (S. 339).

VIII. Wärmetechnische Berechnung von Dampfkesseln

A. Kennziffern

Der Zweck der wärmetechnischen Durchrechnung eines Dampfkessels ist, die Auslegung der Heizflächen so zu treffen, daß die geforderte Dampfleistung bei der in Frage kommenden Kohle mit dem gewünschten Wirkungsgrad erreicht wird. Gleichzeitig hat Sorge getragen zu werden, daß der vorgesehene Druckabfall im Überhitzer sowie der Zugverlust eingehalten wird.

Bei Wasserrohrkesseln dient die eigentliche Kesselheizfläche hauptsächlich zum Übertragen der Verdampfungswärme. Da letztere mit steigendem Druck abnimmt, gilt dies auch für die erforderliche Heizfläche. Je nach der Größe des Eko wird oft noch ein Teil der Wasservorwärmung in der Kesselheizfläche übertragen. Handelt es sich jedoch beim Wasservorwärmer um einen Vorverdampfer, d. h. findet dort bereits Verdampfung statt, überträgt die Kesselheizfläche weniger, als der Verdampfungswärme entspricht.

Die Kesselheizfläche kann als Auskleidung der Brennkammer, als Nachheizfläche oder als beides vorgesehen werden. Im ersteren Fall wird sie je Quadratmeter eine erheblich größere Wärmeaufnahme als im zweiten Fall haben. Daher wird auch die Dampferzeugung je Quadratmeter und Stunde, genannt Heizflächenbelastung, bei den verschiedenen Kesseltypen große Unterschiede aufweisen. Sie wird bei einem Strahlungskessel am höchsten, bei einem Kessel ohne Strahlungsheizfläche und Abgasverwertung am tiefsten liegen. Der untere Grenzwert bei Kesseln normaler Bauweise ist etwa bei 14 kp/m²h, der obere bei 180 kp/m²h. Zwischen diesen liegt bei den verschiedenen Kesseltypen die Heizflächenbelastung q. Die Kesselheizfläche wird daher gewöhnlich so ausgelegt, daß die bei der betreffenden Type übliche Belastung q gewählt und daraus die Heizfläche H aus

$$H = \frac{D}{q} \tag{357}$$

ermittelt wird. Der Heizflächenanteil von Kühlschirmen wird unter Zugrundelegung des ganzen Rohrumfanges bestimmt. D ist die Dampferzeugung in kp/h. Übliche Werte von q können aus Zahlentafel 62 entnommen werden. Dann ist die Aufgabe der wärmetechnischen Durchrechnung, bei der nun festliegenden Kesselheizfläche den Verlauf der Rauchgastemperatur zu bestimmen und die übrigen Heizflächen, wie Überhitzer, Eko und Luvo auszulegen.

Um sich ein Bild über die Dampferzeugung je Kilogramm Kohle zu machen, wird gelegentlich die „Verdampfungsziffer" D/B herangezogen, wobei B die Brennstoffmenge in kg/h ist. Früher wurden auch noch weitere Kennziffern verwendet, wie z. B. der „Anstrengungsgrad des Kessels" B/H in $\frac{\text{kg}}{\text{m}^2\text{h}}$, welcher angibt, wieviel Kilogramm Brennstoff je Quadratmeter Kesselheizfläche verfeuert wird. Auch mit der Rostfläche R wurden Kennziffern gebildet, z. B. der „Anstrengungsgrad des Rostes" B/R in $\frac{\text{kg}}{\text{m}^2\text{h}}$ und „Heizfläche zu Rostfläche" H/R.

Auch heute legt man die Rostfläche und das notwendige Brennkammervolumen durch Kennziffern fest, die jedoch auf dem Wärmeumsatz basieren. So wird die Rost-

[1] KÄMMERER: Über den Zugverlust bei Längs- und Querbestreichung von Rohrbündeln. Zeitschr. d. Österr. Ing.- u. Arch.-Vereines 1947, H. 3/4.

[2] LEDINEGG: Die günstigste Rippenrohrform für Dampfkessel-Ekonomiser. Maschinenbau u. Wärmewirtsch. 1947, S. 49.

fläche R aus der zulässigen „Rostbelastung“ q_R in kcal/m²h, Gl. (69), das Brennkammervolumen V_B aus der zulässigen „Brennkammerbelastung“ q_B, Gl. (70) berechnet. Bei Kohlenstaubfeuerungen kommt noch die Querschnittsbelastung

$$q_q = \frac{B H_u}{F_q} \tag{358}$$

hinzu, womit die Querschnittsfläche F_q einer Brennkammer festgelegt wird. Die üblichen Werte für q_R betragen $0{,}7 \cdot 10^6$ bis $1{,}5 \cdot 10^6$ kcal/m²h (S. 324), für q_B und q_q bei Kohlenstaub $0{,}13 \cdot 10^6$ bis $0{,}18 \cdot 10^6$ kcal/m³h und 1,9 bis $4 \cdot 10^6$ kcal/m²h (S. 309, 310). Die Brennkammerbelastung bei Rostfeuerungen beträgt 0,15 bis $0{,}4 \cdot 10^6$ kcal/m³h (S. 67, 323), bei Ölfeuerungen 0,18 bis $0{,}4 \cdot 10^6$ (Anhaltswert $0{,}25 \cdot 10^6$), Erdgas $0{,}18 \cdot 10^6$, Gichtgas $0{,}22 \cdot 10^6$ kcal/m³h [1]. (Bezüglich Schmelzkammer und Zyklonkessel siehe S. 37, 39.)

Zahlentafel 62. *Auslegung von Dampfkesseln*

			Druck at	D/H kp/m²h	Dampfleistung [2] t/h	Heizflächengrößen [2] m²
Großwasserraumkessel	Flammrohr	1 Fl. R.	20 [3]	25 bis (40 mit Eko)	bis 1,4	55
		2 Fl. R.	20	25 bis (40 mit Eko)	3,5	150
	Flammrohr-Rauchrohr-Doppelkessel		16	15 bis 20 (25 mit Eko)	7,5	500 bis 700
	Rauchrohr (Abhitzekessel)		15	12	1,8	bis 150
	Stehende Kessel		15	20	0,5	bis 25
	Lokomobilkessel		15	bis 20	2,5	120
Sektionalkessel	Längsliegende Trommel		10 bis 40	20 bis 50	4 bis 30	50 bis 600
	Querliegende Trommel		10 bis 125	40 bis 100	10 bis 240 [4]	2400 [4]
Steilrohrkessel	3 Trommel		8 bis 40	30 bis 50 bis 70	5 bis 300 [4]	3000 [4]
	2 Trommel		8 bis 120	50 bis 80	5 bis 300	3000
	Strahlungskessel		30 bis 160	80 bis 180	10 bis 1000 u. darüber	5000 u. darüber
Schiffskessel	Schottischer Schiffskessel		bis 15	25	2 bis 15	600
	Wasserrohrkessel		bis 50	30 bis 85	10 bis 80 u. darüber	1100
Sonderkessel	Zwangdurchlaufkessel		40 bis 350	—	20 bis 2000 u. darüber	—
	Zwangumlaufkessel		15 bis 40 bis 60 bis 160	40 bis 170	2 bis 2000 u. darüber	5000 u. darüber
	Schmidt		40 bis 100	150	20 bis 150	—
	Velox		20 bis 75	500	10 bis 150	—
	Löffler		100 bis 140	—	20 bis 150	—
Lokomotivkessel	Amerika		8 bis 25	50	35	bis 750
	Deutschland		meist 16 bis 20	60	18	310

[1] Kretschmann: Braunkohle als Brennstoff für Dampfkraftwerke. Energie 1964, Nr. 9, S. 329.

[2] Vereinzelte darüber hinausgehende Spitzenwerte sind nicht eingetragen.

[3] Die einzeln angegebenen Zahlen sind Höchstwerte.

[4] Als Zweiender doppelte Werte.

B. Normalisierung

Wählt man bei einem neu zu bauenden Kessel für Druck, Dampftemperatur und Leistung genau jene Werte, welche zufolge der örtlichen Betriebsbedingungen als am geeignetsten erscheinen, ergeben sich außerordentlich viele Variationen. Hierzu kommen weitere Veränderliche, wie Brennstoff, Feuerungstype, Speisewassertemperatur usw., so daß eine Vereinheitlichung geboten erschien. Nur so kann der Hersteller die sonst sehr hohen Konstruktionskosten senken. Dem Kesselbesteller erwächst der Vorteil kürzerer Lieferzeiten und leichterer Ersatzteilbeschaffung.

Gemäß der Technischen Richtlinien für die Auslegung von Dampfkraftwerken[1] soll Druck und Leistung nach Zahlentafel 63a und 63b gewählt werden. Die Temperatur ist von 150° beginnend in Stufen zu 25° normalisiert.

Zahlentafel 63a. *Normreihe für den Druck in at*

Unterer Druckbereich:

Druckstufen... atü = Genehmigungsdrücke	0,5	6	8	10	13	16	20	25	32

Oberer Druckbereich:

Druckstufen	atü	40	64	80		125		160
Genehmigungsdrücke	atü	42	67	87		136		175
Höchster Arbeitsdruck in der Trommel	atü	40	64	82	83	127	129	162
Druckabfall im Überhitzer % der Genehmigungsdrücke		7,1	7,5	9,1	10,3	8,8	10,3	8,6
Druck am Überhitzeraustritt	atü	37	59	74	74	115	115	147
Druckabfall in der Dampfleitung % der Genehmigungsdrücke		4,7	4,5	4,6		3,7		
Druck vor der Turbine	atü	35	56	70	70	110	110	140
Heißdampftemperatur am Überhitzeraustritt	°C	450	500	500	525	500	525	525

Zahlentafel 63b. *Normreihen für die höchste Dauerleistung in t/h*

1	1,25	1,6	2	2,5	3,2	4	5	6,5	8	10	12,5	16	20
25	32	40	50	64	80	100	125	160	200	250	320	400	500

Zahlentafel 63c. *Druck und Leistung beim Naturumlaufkessel*

Druckstufe atü	Höchste Dauerleistung t/h
160	≧ 400 bis 80
125	≧ 400 bis 50
80	200 bis 32
64	125 bis 32
40	100 bis 20

Bei der Leistungsstufe unter 32 t/h wird man gewöhnlich als obere Druck- und Temperaturgrenze 40 kp/cm² und 450 °C ansehen. Ist der Dampfbedarf nur durch Fabrikation oder Heizung bedingt, wird der gewählte Druck durch diese bestimmt. Der Leistungsstufe ab 32 t/h können Drücke bis 80 kp/cm² und Temperaturen bis 500 °C zugeordnet werden, s. Zahlentafel 63c. Bei noch größeren Leistungen ist bei Naturumlaufkesseln die

[1] Herausgegeben von der Vereinigung Deutscher Elektrizitätswerke 1952.

Druckgrenze 160 kp/cm². Bei Zwangdurchlaufkesseln besteht keine Beschränkung durch den kritischen Druck (225 kp/cm²) und werden bei großen Kesseleinheiten Drücke bis 350 kp/cm² gewählt. Mit der Dampftemperatur bleibt man meistens im Verwendbarkeitsbereich ferritischen Werkstoffes, d. h. man begrenzt erstere mit 530 °C. Bei Benützung austenitischer Stähle für die hochtemperierten Überhitzerteile werden bei einer Anzahl von Anlagen mit Erfolg Dampftemperaturen von 600 °C vereinzelt bis 650 °C benützt.

C. Rechnerische Ausmittlung eines Dampfkessels

Gewöhnlich wird, wenn ein Kessel berechnet werden soll, Dampfleistung D in kp/h, Druck p in kp/cm², Überhitzungstemperatur $\vartheta_ü$, Speisewassereintrittstemperatur ϑ_{WE} und Brennstoffart gegeben sein.

Es wird nun eine Kesseltype und Feuerungsart gewählt. Es sei dies z. B. ein Schrägrohrkessel, s. S. 13. Man beginnt die Rechnung mit der Bestimmung der Rauchgas- und Luftmengen. Anschließend werden die Einzelverluste, wie Abgas-, Unverbranntes-, Strahlungsverlust usw. gemäß den Ausführungen auf S. 135 festgesetzt, womit auch der Kesselwirkungsgrad η_K festliegt.

Die absolute Größe des Strahlungsverlustes in kcal/h ist $\sigma_{St} B H_u$, wobei B die stündliche Brennstoffmenge und H_u der untere Heizwert ist. Dieser kann entweder auf die einzelnen Heizflächen, gemäß Größe und Temperatur des zugehörigen Mauerwerkes verteilt werden oder er wird, was gewöhnlich genügt, proportional dem Wärmeumsatz der betreffenden Heizfläche gesetzt. In diesem Fall kann ein Strahlungswirkungsgrad η_{St} eingeführt werden, welcher gleich dem Verhältnis der Wärmeaufnahme der Heizfläche zur Wärmeabgabe der Rauchgase innerhalb dieser ist. Es ist dann η_{St} für alle Heizflächen konstant und kann entweder nach der später abgeleiteten Gl. (383) oder, was gewöhnlich ausreicht, nach $\eta_{St} = 1 - \sigma_{St}$, Gl. (384), berechnet werden.

Nun wird, falls kein Zwischenüberhitzer vorhanden ist und Brennstoff sowie Luft Umgebungstemperatur haben [Gl. (87)], aus

$$B = \frac{D(i_ü - i_{WE})}{\eta_K H_w} \qquad (359)$$

die stündlich zuzuführende Brennstoffmenge ermittelt, wobei $i_ü$ der Wärmeinhalt des abgegebenen Dampfes, i_{WE} jener des eingespeisten Wassers ist. Die wirklich verbrannte „rauchgasbildende" Brennstoffmenge beträgt, wenn der Verlust durch unverbrannte Gase = 0 ist [Gl. (73)]:

$$B' = (1 - \sigma_u) B \qquad (360)$$

aus welcher sich die Rauchgasmenge $M = B' v$ in Nm³/h ergibt, wenn v die Rauchgasmenge in Nm³/kp ist.

Die Luftüberschußzahl ε und damit die Rauchgasmenge M nimmt in den Kesselzügen infolge des Eindringens von Falschluft durch die Mauerwerksporen von der Brennkammer nach rückwärts zu. Entsprechend verringert sich der CO_2-Gehalt gemäß Gl. (34). Man rechnet etwa mit einer Verminderung um 1,5%, d. h. beispielsweise von 15,5% auf 14%. Die Abnahme entlang der einzelnen Heizflächen wird entsprechend aufgeteilt. Den größten Anteil an der Verschlechterung des CO_2-Gehaltes hat meist der Lufterhitzer, da vielfach bereits infolge seiner Konstruktion Undichtheiten zwischen Luft- und Rauchgasseite möglich sind. Man kann daher etwa die Hälfte der CO_2-Verschlechterung dem Luftüberhitzer zuordnen.

In der Folge können, sofern es sich um eine Rostfeuerung handelt, aus Rostbelastung q_R und Brennkammerbelastung q_B die Abmessung des Rostes und Feuerraumes bestimmt werden. Bei einer Kohlenstaubfeuerung wird die Feuerraumgröße mit Hilfe von Brennkammerbelastung q_B und Querschnittsbelastung q_q ermittelt. Die Kesselheizfläche ergibt sich aus der Heizflächenbelastung mit Hilfe von Gl. (357).

Nun kann die Brennkammer mit der Rohrausteilung der Kühlschirme aufgezeichnet werden, worauf die Berechnung der Feuerraumtemperatur ϑ_1 nach den Ausführungen auf S. 202 zu erfolgen hat. Es hat gemäß S. 101 beachtet zu werden, daß ϑ_1 möglichst tiefer als die Temperatur der tiefsten Schlackenschmelze liegt. Ist dies z. B. wegen besonders tiefer Temperaturen der Schmelze nicht möglich, hat die an die Brennkammer anschließende Konvektionsheizfläche mit besonders großer Teilung ausgeführt zu werden (bei Staubfeuerungen s. S. 104).

Liegt hinter der Brennkammer eine Konvektions-Kesselheizfläche, hat anschließend die Rauchgastemperatur ϑ_2 hinter ihr berechnet zu werden. Die Größe der Heizfläche F wurde bereits festgelegt, ebenso ist die Rauchgaseintrittstemperatur, gleich der Brennkammeraustrittstemperatur, gegeben. Die Berechnung von ϑ_2 erfolgt nach der Gl. (190), welche, hier angewendet, lautet:

$$\vartheta_2 = \frac{\vartheta_1(A-1) + 2\vartheta'}{B+1} \tag{361}$$

Hierbei ist ϑ' die Siedetemperatur und

$$A = \frac{2 M_1 c_{p1} \eta_{St}}{K F' b} \tag{362}$$

und

$$B = \frac{2 M_2 c_{p2} \eta_{St}}{K F' b} \tag{363}$$

Es ist zu beachten, daß bei ungleicher rauchgasseitiger Durchströmung, toten Ecken u. dergleichen die Heizfläche F etwas abgemindert (bis um etwa 5%), einzusetzen ist. Der wirklich durchströmte Teil sei dann F'. Ferner ist M_1 und c_{p1}, Rauchgasmenge in Nm³/h und mittlere spezifische Wärme in $\frac{\text{kcal}}{\text{Nm}^3\,{}^\circ\text{C}}$ am Eintritt, M_2, c_{p2} desgleichen am Austritt, b der logarithmische Korrekturfaktor und K die Wärmedurchgangszahl. Wegen Aschenansätzen auf den Rohren sind hierbei die K-Werte mit 0,7 bis 0,9 zu multiplizieren (S. 159).

Zur Bestimmung von c_{p2}, b und K muß zunächst ϑ_2 geschätzt werden, da die genannten Werte, wenn auch geringfügig, von letzterer Temperatur abhängen. Gegebenenfalls kann nach erfolgter Berechnung von ϑ_2 aus Gl. (361) eine Korrektur von c_{p2}, b und K stattfinden und die Rechnung wiederholt werden. Praktisch erweist sich dies jedoch fast nie als nötig.

Anschließend hat der Überhitzer berechnet zu werden, wobei seine Wärmeaufnahme unter Annahme, daß der Dampf am Eintritt 1% Feuchtigkeit enthält, sich zu

$$Q = D(i_ü - i'' + 0{,}01 \cdot r) \tag{364}$$

ergibt.

Soll der Überhitzer aus zwei Teilen bestehen, mit dazwischen geschaltetem Einspritzregler, ist die Wärmeaufnahme

$$Q = (D - E)(i_ü - i'' + 0{,}01 r) + E(i_ü - i_{WE}) \tag{365}$$

Hierbei ist E die Einspritzwassermenge, welche vor Eintritt in den Eko abgezweigt wird. Ist der Wärmeinhalt des Einspritzwassers i_{WE} sowie des Dampfes vor und nach der Einspritzung $i_{ü1}$ und $i_{ü2}$, liefert die Wärmebilanz der Einspritzstelle:

$$i_{ü1}(D - E) + i_{WE} E = i_{ü2} D \tag{366}$$

Daraus ergibt sich

$$E = \frac{D(i_{ü1} - i_{ü2})}{i_{ü1} - i_{WE}} \tag{367}$$

Die Einspritzwassermenge wird so gewählt, daß eine Kühlung des Dampfes um etwa 30 °C stattfindet (s. Abschnitt XIV, B, 4).

Die Rauchgastemperatur hinter dem Überhitzer folgt, wenn der Index 2 die Zustände vor und 3 hinter dem Überhitzer kennzeichnet, aus:

$$\frac{Q}{\eta_{St}} = M_2 c_{p2} \vartheta_2 - M_3 c_{p3} \vartheta_3 \tag{368}$$

woraus ϑ_3 sich zu

$$\vartheta_3 = \frac{M_2 c_{p2} \vartheta_2}{M_3 c_{p3}} - \frac{Q}{\eta_{St} M_3 c_{p3}} \tag{369}$$

ergibt.

Nun kann die Überhitzerfläche nach Gl. (184) ermittelt werden. Es ist

$$F' = \frac{Q}{\Theta_m \cdot K} \tag{370}$$

mit der mittleren logarithmischen Temperaturdifferenz Θ_m gemäß Gl. (183). Ist ein Dampfkühler vorhanden, kann genügend genau der gezackte Temperaturverlauf des Dampfes im Überhitzer (Abb. 173) durch die strichlierte Linie ersetzt werden. Bezüglich der Wärmedurchgangszahl K und deren Abminderung gilt das bereits weiter oben Gesagte. Die wirklich auszuführende Heizfläche F erhält gegebenenfalls gegenüber F' wegen toter Ecken usw. einen Zuschlag von 5 bis 10%.

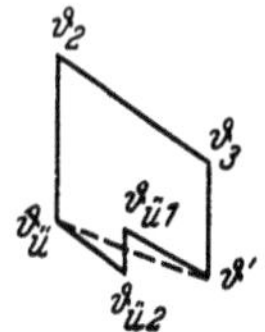

Abb. 173. Temperaturverlauf in einem Überhitzer mit Zwischenkühler

Die im Überhitzer zu wählende Dampfgeschwindigkeit soll einerseits eine genügende Kühlwirkung des Rohrmaterials gewährleisten, andererseits keinen zu großen Druckverlust bedingen. Als Richtwerte gelten nach den Angaben der VGB[1] die Werte der Zahlentafel 64, für unbeheizte Zu- und Abführungsleitungen jene der Zahlentafel 65.

Als zulässig werden die in Zahlentafel 63a angegebenen Druckabfälle angesehen, das sind 7,1 bis 10,3% des Genehmigungsdruckes.

Zahlentafel 64. *Richtwerte für die Dampfgeschwindigkeit in Überhitzerrohren*

Genehmigungsdruck in at	Austrittsgeschwindigkeit aus dem letzten Teil in m/s
125 } 500 °C	12 bis 18
80 } 450 °C	16 bis 22
40	18 bis 25

Zahlentafel 65. *Richtwerte für die Dampfgeschwindigkeiten in unbeheizten Zu- und Abführungsleitungen von Überhitzern*

Genehmigungsdruck in at	Geschwindigkeit in m/s
125	25
80	30
40	40

Da der Betriebsdruck eines Dampfkessels wegen der Sicherheitsventilspanne normalerweise 5% unter dem Genehmigungsdruck liegt, ergibt sich der Druck am Austritt aus dem Überhitzer durch Verringerung des Genehmigungsdruckes um 5% und um die Werte der Zahlentafel 63a. Als Druckabfall vom Austritt-Überhitzer bis zur Turbine werden 4,7 bis 4% des Genehmigungsdruckes angenommen, wobei dieser 42 bis 175 kp/cm² beträgt.

Ist f der Querschnitt eines Überhitzerrohres, so folgt das sekundliche Durchflußgewicht G_1 durch dasselbe zu $G_1 = \frac{fw}{v}$. Hierbei ist w die Durchflußgeschwindigkeit in m/s und v das spezifische Volumen in m³/kp. Aus $z = \frac{D}{3600 \cdot G_1}$ ergibt sich dann die Zahl der parallel zu schaltenden Rohre. Die Gesamtheit der parallel geschalteten Rohre von Sammelkammer zu Sammelkammer heißt Dampfzug. Meist besitzt ein Überhitzer mehrere Dampfzüge.

[1] Vereinigung der Großkesselbesitzer, Düsseldorf.

Der Druckabfall eines Dampfzuges Δp_D in kp/m² folgt durch Anwendung der Gl. (426), (347), (345a), (433), als Summe der Druckabfälle durch Rohrreibung, Krümmer, Geschwindigkeitshöhe plus Eintrittsverlust und Beschleunigung von Eintritts- auf Austrittsgeschwindigkeit zu:

$$\Delta p_D = \left(\frac{\lambda L}{d} + n\,\xi\right)\frac{w_m^2 \gamma_m}{2g} + \frac{1{,}5 w_E^2 \gamma_E}{2g} + \Delta p_B \tag{371}$$

Es ist λ die Rohrreibungsziffer, L die Rohrlänge zwischen Eintritts- und Austrittskammer, d der Rohrinnendurchmesser, n die Anzahl der Krümmer, ξ (Zahlentafel 61) die Widerstandszahl der Krümmer, Δp_B der Beschleunigungsverlust, w_E, w_m und γ_E, γ_m die Anfangs-, bzw. Mittelwerte für Geschwindigkeit und Wichte. Die Abhängigkeit der Rohrreibungsziffer λ von den Bestimmungsgrößen zeigt Abb. 192 und 193a, b.

Aus Gründen der Vereinfachung ist es vielfach üblich, $\lambda = \text{const} = 0{,}021$ zu setzen und dafür die Abhängigkeit von der Reynoldsschen Zahl mittels eines Faktors M zu berücksichtigen[1]. Man erhält dann, wenn Eintritts- und Beschleunigungsverlust näherungsweise zusammengefaßt werden und L, n, w_m, γ_m die betrachtete Schlange umfaßt:

$$\Delta p = \left(\frac{0{,}021\,L}{d} + n\,\xi + 2{,}5\right)\frac{w_m^2 \gamma_m}{2g} \cdot M \tag{372a}$$

Es ist[2] bei Re $\leqq 550000$ $M = 1$, bei Re > 550000 $M = 1{,}92 - \frac{\text{Re}}{6 \cdot 10^5}$. Der Druckabfall der Zu- und Abführungsleitungen ist dann hier auch bereits enthalten, nicht jedoch jener eines Dampfkühlers. Als Sicherheitszuschlag wird 25 bis 30% des Rechnungswertes angenommen.

Genauer ist es naturgemäß für jedes einzelne der hintereinander geschalteten Heizflächenrohre, Tragrohre, Sammler, Verbindungsrohre, Formstücke usw. den Druckabfall getrennt zu rechnen und die Einzelwerte zu addieren. Man kann dann Gl. (371) mit der Kontinuitätsgleichung $G_1 v_m = f w_m$ und Gl. (433) schreiben:

$$\Delta p = \frac{1}{2g}\left(\frac{G_1}{f}\right)^2 \left[\left(\frac{\lambda L}{d} + n\,\xi\right) v_m + 1{,}5 v_E + 2(v_A - v_E)\right] \cdot C \tag{372b}$$

Dann muß λ und $n\,\xi$ für jeden Teilabschnitt separat bestimmt werden. v_E, v_m, v_A sind die spezifischen Volumen für diesen, und zwar am Eintritt, im Mittel und am Austritt (Abb. 193, bzw. Zahlentafel 61). Als Zuschlag C kann für Rohre kleinen Durchmessers 1,3 für größere 1,15 gewählt werden.

Ist hinter dem Überhitzer noch eine Kesselheizfläche angeordnet, hat nun deren Rauchgas-Austrittstemperatur ϑ_4, von der Rauchgastemperatur hinter dem Überhitzer ausgehend, ähnlich wie schon für die Vorheizfläche beschrieben, bestimmt zu werden.

Ist im Sinne der Rauchgasströmung noch ein Speisewasservorwärmer und Lufterhitzer vorhanden, hat sich die Rechnung in der Folge zunächst mit letzterem zu befassen.

Die Wärmeaufnahme im Lufterhitzer ist

$$Q_L = M_L p_L (c_{pA} \vartheta_{LA} - c_{pE} \vartheta_{LE}) \tag{373}$$

wobei p_L der Anteil der durch denselben strömenden Luftmenge und ϑ_{LA} und ϑ_{LE} die Luftaustritts- und Eintrittstemperatur ist. Die Rauchgastemperatur vor dem Lufterhitzer

[1] Mitt. VGB 1948, Nr. 1.

[2] Bezüglich Re s. Abb. 212.

findet sich, wenn der Index 5 den Zustand der Rauchgase vor und 6 nach diesem kennzeichnet zu:

$$\vartheta_5 = \frac{M_6 c_{p6} \vartheta_6}{M_5 c_{p5}} + \frac{Q_L}{\eta_{St} M_5 c_{p5}} \tag{374}$$

Wärmedurchgangskoeffizient, Heizfläche und Zuschläge hierzu ergeben sich, sofern es sich um Platten oder Röhrenlufterhitzer handelt, ähnlich wie weiter oben.

Bei Ljungströmluvos ist nach den Angaben auf S. 345 zu verfahren. Die Bestimmung des notwendigen Druckes am Unterwindventilator, um die Luft durch den Luvo, die Luftleitung, den Rost in die Brennkammer zu bringen, erfolgt nach S. 215. Bei Kohlenstaubfeuerungen tritt an Stelle des Rostes die Mühle oder der Brenner.

In Luftleitungen werden Luftgeschwindigkeiten zwischen 8 und 16 m/s gewählt.

Die Wärmeaufnahme im Eko ergibt sich schließlich aus der verbliebenen Differenz zwischen ϑ_4 und ϑ_5:

$$Q_E = \eta_{St} (M_4 c_{p4} \vartheta_4 - M_5 c_{p5} \vartheta_5) \tag{375}$$

Daraus folgt der Wärmeinhalt des Speisewassers am Ekoaustritt zu

$$i_{wA} = \frac{Q_E}{D'} + i_{WE} \tag{376}$$

D' ist das den Eko durchströmende Wassergewicht in kp/h, i_{wE} der Wärmeinhalt des eintretenden und i_{WA} des austretenden Wassers.

i_{WA} kann sich höher oder niedriger als der Wärmeinhalt i' von Wasser bei Sattdampftemperatur ergeben. Im ersteren Fall handelt es sich um einen Vorverdampfer, für welchen Abb. 174 das Temperaturschaubild zeigt. Im letzteren Fall tritt keine Verdampfung ein. Handelt es sich um einen gußeisernen Rippenrohreko, soll die Differenz $i' - i_{WA}$ mindestens 20 bis 25 kcal/kp betragen.

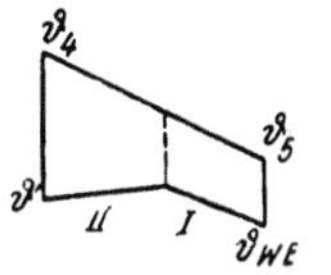

Abb. 174. Temperaturverlauf in einem Vorverdampfer

Beim Vorverdampfer muß zur Heizflächenberechnung zwischen dem Teil I, wo Vorwärmung, und dem Teil II, wo Verdampfung vorliegt, unterschieden werden. Die in beiden Teilen übertragenen Wärmemengen sind:

$$Q_I = \frac{Q_E (i' - i_{WE})}{i_{WA} - i_{WE}}; \qquad Q_{II} = \frac{Q_E (i_{WA} - i')}{i_{WA} - i_{WE}}$$

Bestimmt man die Rauchgastemperatur vor I genügend genau aus $\frac{(\vartheta_4 - \vartheta_5) Q_I}{Q} + \vartheta_5$, können die mittleren logarithmischen Temperaturdifferenzen Θ_I und Θ_{II} für Teil I und II ermittelt werden und damit die Heizfläche des ganzen Vorwärmers zu:

$$F = \left[\frac{Q_I}{\Theta_I} + \frac{Q_{II}}{\Theta_{II}}\right] \cdot \frac{1}{K} \tag{377}$$

Die Strömungsgeschwindigkeit des Wassers im Vorwärmer wird zwischen 0,6 und 1,1 m/s gewählt, woraus sich auch die Zahl der parallel zu schaltenden Rohre ergibt.

Der Druckabfall des Wassers ist nach Abschnitt IX, A, 2 zu ermitteln.

Die Ermittlung des Zugbedarfes Δp_{ges} des Kessels findet nach den Angaben auf S. 215 statt. Dieser setzt sich aus den Strömungsverlusten Δp in den Heizflächen und den Verlusten Δp_K in den Kesselzügen infolge Reibung, Umlenkung und Querschnittsänderung zusammen. Hierzu ist der Auftrieb Δp_U der Rauchgase je nach der Strömungsrichtung zu addieren oder zu subtrahieren. Es ist [Gl. (349)]

$$\Delta p_{\text{ges}} = \Delta p + \Delta p_K \pm \Delta p_U \tag{378}$$

Die ganze Berechnung ist zum besseren Verständnis nochmals in Form einer Tabelle zusammengestellt.

Allgemeine Angaben

Maximale Dampferzeugung	kp/h	D	
Genehmigungsdruck	kp/cm²	p	
Überhitzungstemperatur	°C	$\vartheta_ü$	
Speisewassereintrittstemperatur	°C	ϑ_{WE}	
Brennstoffart:			
Analyse: Kohlenstoff	—	c	
Analyse: Wasserstoff	—	h	
Analyse: Sauerstoff	—	o	
Analyse: Schwefel	—	s	
Analyse: Wasser	—	w	
Analyse: Asche	—	a	
Analyse: Flüchtige Bestandteile	—	—	
Heizwert	$\frac{\text{kcal}}{\text{kp}}$	H_u	Gl. (4), S. 111
Aschenerweichungspunkt	°C	ϑ_S	Abb. 93
Erweichungstemperatur der niedrigsten Schmelze	°C	ϑ'_S	Abb. 94 (S. 103)
Kesseltype	—	—	Zum Beispiel nach Abb. 19
Abgastemperatur	°C	ϑ_6	Wählen
Außenlufttemperatur	°C	ϑ_{LE}	Wählen
Heißlufttemperatur	°C	ϑ_{LA}	Wählen
Anteil der Luftmenge durch Luvo	—	p_L	Wählen
Luft- und Rauchgasmengen:			
Mindestluftmenge	Nm³/kp	L_{min}	Gl. (13) oder Abb. 97
Trockene Mindestgasmenge	Nm³/kp	v^{tr}_{min}	Gl. (23), S. 115
Wasserdampf	Nm³/kp	v_W	Gl. (23)
Mindestgasmenge	Nm³/kp	v_{min}	Gl. (23) oder Abb. 97
Luftmenge in der Brennkammer	Nm³/kp	L_1	$\varepsilon_1 \cdot L_{min}$
Maximaler CO_2-Gehalt	—	$(CO_2)_{max}$	Gl. (32) oder Abb. 99
Luftüberschußzahl (in folgender Tabelle eingetragen)	—	ε	Zahlentafel 33 (S. 113)
CO_2-Gehalt (in folgender Tabelle eingetragen)	—	(CO_2)	Gl. (34), S. 118
Gasmenge (in folgender Tabelle eingetragen)	Nm³/kp	v	Gl. (24) oder Abb. 97
Verteilung über den Kessel			1 | 2 | 3 | 4 | 5 | 6
Berechnung erfolgt an den Austritten:	—	ε	
1 Brennkammer, *2* Vorheizfläche, *3* Überhitzer,	—	(CO_2)	
4 Nachheizfläche, *5* Eko, 6 Luvo	Nm³/kp	v	
	Nm³/h	M	
Luftmenge bei Luftüberschußzahl ε_6	Nm³/kp	L_6	$= \varepsilon_6 L_{min}$
Verluste:			
Abgasverlust	—	σ_A	Gl. (67), S. 136
Verlust durch Unverbranntes	—	σ_u	Abb. 111 (S. 138)
Strahlungsverlust	—	σ_{St}	Zahlentafel 39a (S. 141)
Verlust durch fühlbare Wärme in der Schlacke	—	σ_W	Gl. (77)
Kesselwirkungsgrad	—	η_K	Gl. (85), (S. 143)
Brennstoffmenge	kp/h	B	Gl. (359), S. 231
Hiervon wirklich verbrannt	kp/h	B'	Gl. (360)
Auslegung Kessel-Brennkammer:			
Rostfläche	m²	R	Gl. (69), S. 137
Brennkammervolumen (bei Rost- und Kohlenstaubfeuerung)	m³	V_B	Gl. (70)
Brennkammerquerschnitt (bei Kohlenstaubfeuerungen)	m²	F_q	Gl. (358), S. 229

Kesselheizfläche	m^2	H	Zahlentafel 62 (S. 229)
Wärmeinhalt der Rauchgase bei theoretischer Feuerraumtemperatur	kcal/Nm^3	i_{th}	$= \frac{H_u}{v_1} + \frac{L_1}{v_1} [p_L \vartheta_{LA} c_{pA} + (1 - p_L) \vartheta_{LE} c_{pE}]$
Brennkammertemperatur	°C	ϑ_1	Für Rostkessel nach S. 202 Für Kohlenstaubkessel nach S. 198 Für Schmelzkammerkessel nach S. 206
Strahlungswirkungsgrad	—	η_{St}	Gl. (383) oder (384), S. 243
Wärmeaufnahme der Heizfläche in der Brennkammer	kcal/h	Q	Gl. (290), S. 200
Vorheizfläche:	m^2	F	
Wirklich durchströmter Teil der Vorheizfläche	m^2	F'	
Rohranordnung	—	—	Fluchtend oder versetzt
Querteilung	mm	t_q	
Längsteilung	mm	t_L	
Rohrdimension	mm	d	
Mittlere Rauchgastemperatur in Vorheizfläche	°C	ϑ_m	(Zunächst schätzen)
Mittlere Rauchgasgeschwindigkeit	m/s	w_m	
Wärmeübergangszahl durch Konvektion	$\frac{\text{kcal}}{\text{m}^2\,\text{h}\,°\text{C}}$	α_K	Aus Abb. 121 b (S. 159)
Wärmeübergangszahl durch Strahlung	$\frac{\text{kcal}}{\text{m}^2\,\text{h}\,°\text{C}}$	α_S	Aus Abb. 147 (S. 192)
Wärmedurchgangszahl	$\frac{\text{kcal}}{\text{m}^2\,\text{h}\,°\text{C}}$	K	Gl. (159), S. 168
Wärmedurchgangszahl, abgemindert	$\frac{\text{kcal}}{\text{m}^2\,\text{h}\,°\text{C}}$	K	(Nach S. 159)
Rauchgasaustrittstemperatur	°C	ϑ_2	Gl. (361), S. 232
Überhitzer:			
Eintrittstemperatur des Dampfes	°C	ϑ'	
Austrittstemperatur des Dampfes	°C	$\vartheta_ü$	
Wärmeaufnahme im Überhitzer	kcal/h	$Q_ü$	Gl. (364), S. 232 (ohne Einspritzkühler)
Mit Einspritzwasser-Temperaturregelung: Dampftemperatur vor Kühler	°C	$\vartheta_{ü1}$	
Mit Einspritzwasser-Temperaturregelung: Dampftemperatur nach Kühler	°C	$\vartheta_{ü2}$	
Mit Einspritzwasser-Temperaturregelung: Einspritzwassermenge	kp/h	E	Gl. (367) S. 232
Mit Einspritzwasser-Temperaturregelung: Wärmeaufnahme im Überhitzer	kcal/h	$Q_ü$	Gl. (365) (mit Einspritzkühler)
Rauchgastemperatur hinter dem Überhitzer	°C	ϑ_3	Gl. (369), S. 233
Rohranordnung	—	—	Fluchtend oder versetzt
Querteilung	mm	t_q	
Längsteilung	mm	t_L	
Rohrdimension	mm	d	
Mittlere Rauchgastemperatur	°C	ϑ_m	
Mittlere Rauchgasgeschwindigkeit	m/s	w_m	
Wärmeübergangszahl durch Konvektion	$\frac{\text{kcal}}{\text{m}^2\,\text{h}\,°\text{C}}$	α_K	Aus Abb. 121 b (S. 159)
Wärmeübergangszahl durch Strahlung	$\frac{\text{kcal}}{\text{m}^2\,\text{h}\,°\text{C}}$	α_S	Aus Abb. 147 (S. 192)
Wärmeübergangszahl des Dampfes	$\frac{\text{kcal}}{\text{m}^2\,\text{h}\,°\text{C}}$	α_D	Aus Abb. 113 (S. 151)
Wärmedurchgangszahl	$\frac{\text{kcal}}{\text{m}^2\,\text{h}\,°\text{C}}$	K	Gl. (159), S. 168
Wärmedurchgangszahl, abgemindert	$\frac{\text{kcal}}{\text{m}^2\,\text{h}\,°\text{C}}$	K	(Nach S. 159)
Mittlere Temperaturdifferenz	°C	Θ_m	Gl. (183), S. 172

Heizfläche	m^2	F'	Gl. (370), S. 233
Heizfläche mit Zuschlag	m^2	F	(Nach S. 233)
Austritts-Dampfgeschwindigkeit im Überhitzer	m/s	w_A	Zahlentafel 64 (S. 233)
Mittlere Dampfgeschwindigkeit	m/s	w_m	
Eintritts-Dampfgeschwindigkeit	m/s	w_E	
Druckabfall im Überhitzer	kp/m^2	Δp	Gl. (372a), S. 234
Druckabfall einschließlich Dampfkühler	kp/m^2	$\Delta p_ü$	S. 234
Nachheizfläche:			
Rauchgastemperatur hinter der Nachheizfläche	°C	ϑ_4	Gl. (361), S. 232
Luvo:			
Luftvorwärmer nimmt auf	kcal/h	Q_L	Gl. (373), S. 234
Rauchgastemperatur vor Luvo	°C	ϑ_5	Gl. (374)
Abgastemperatur	°C	ϑ_6	Bereits eingangs gewählt
Mittlere Rauchgastemperatur	°C	ϑ_m	
Mittlere Temperatur } der Luft	°C	ϑ_{Lm}	
Austrittstemperatur } der Luft	°C	ϑ_{LA}	Bereits eingangs gewählt
Mittlere Luftgeschwindigkeit	m/s	w_L	
Mittlere Gasgeschwindigkeit	m/s	w_m	
Wärmeübergangszahl der Luft	$\frac{\text{kcal}}{\text{m}^2\,\text{h}\,°\text{C}}$	α_L	Nach Abb. 113 (S. 151) oder direkte Ermittlung von K nach Abb. 131 (S. 176)
Wärmeübergangszahl des Gases	$\frac{\text{kcal}}{\text{m}^2\,\text{h}\,°\text{C}}$	α_G	
Wärmedurchgangszahl	$\frac{\text{kcal}}{\text{m}^2\,\text{h}\,°\text{C}}$	K	
Heizfläche des Luftvorwärmers	m^2	F'_L	Gl. (184), S. 172
Heizfläche mit Zuschlag	m^2	F_L	
Luftspalt (bei Plattenluvo)	mm	s_L	Annehmen
Gasspalt (bei Plattenluvo)	mm	s_G	
Zahl der Luftspalte (bei Plattenluvo)	—	n_L	Gl. (552), S. 344
Zahl der Gasspalte (bei Plattenluvo)	—	n_G	
Eko:			
Speisewasservorwärmer nimmt auf	kcal/h	Q_E	Gl. (375), S. 235
Speisewassermenge durch Eko	kg/h	D'	
Wärmeinhalt des Wassers Austritt Eko	kcal/kp	i_{WA}	Gl. (376)
Wassertemperatur Austritt Eko	—	ϑ_{WA}	Aus Dampftafel
Mittlere Rauchgastemperatur	°C	ϑ_m	
Mittlere Gasgeschwindigkeit	m/s	w_m	
Rohranordnung	—	—	
Querteilung	mm	t_q	
Längsteilung	mm	t_L	
Rohrdurchmesser	mm	d	
Wärmeübergangszahl durch Konvektion	$\frac{\text{kcal}}{\text{m}^2\,\text{h}\,°\text{C}}$	α_k	Abb. 130, S. 176 (Rivo) oder Abb. 121b, S. 159 (Vorverd.)
Wärmeübergangszahl durch Strahlung	$\frac{\text{kcal}}{\text{m}^2\,\text{h}\,°\text{C}}$	α_s	Abb. 147 (S. 192)
Wärmedurchgangszahl	$\frac{\text{kcal}}{\text{m}^2\,\text{h}\,°\text{C}}$	K	Bei Vorverd. Gl. (159), S. 168
Wärmedurchgangszahl, abgemindert	$\frac{\text{kcal}}{\text{m}^2\,\text{h}\,°\text{C}}$	K	
Heizfläche	m^2	F'	Gl. (184) oder Gl. (377)
Heizfläche mit Zuschlag	m^2	F	
Mittlere Wassergeschwindigkeit	m/s	w_w	
Druckabfall des Wassers	kp/m^2	Δp_s	Gl. (438), S. 263

Druckabfall der Verbindungsrohrleitungen und Armaturen	kp/m² .	Δp_v	
Gesamtdruckabfall	kp/m²	Δp	
Zugverlust in Heizflächen	kp/m²	Δp	Abb. 161 oder 162, S. 218, 219
Zugverlust in Kesselzügen	kp/m²	Δp_K	Gl. (345a) bis (347), S. 221
Auftrieb	kp/m²	Δp_u	Gl. (348b), S. 223
Gesamter Zugverlust	kp/m²	Δp_{ges}	Gl. (378), S. 235

D. Graphische Ausmittlung eines Dampfkessels

Die wärmetechnische Ausmittlung eines Dampfkessels kann auch mit Hilfe des $J\vartheta$-Diagrammes durchgeführt werden, wodurch der Zeitaufwand verringert wird. Als Ausgangspunkt sind wieder wie früher Druck, Leistung, Überhitzungstemperatur, Speisewassertemperatur und Kohlensorte gegeben. Der Verlauf von Luftüberschuß, bzw.

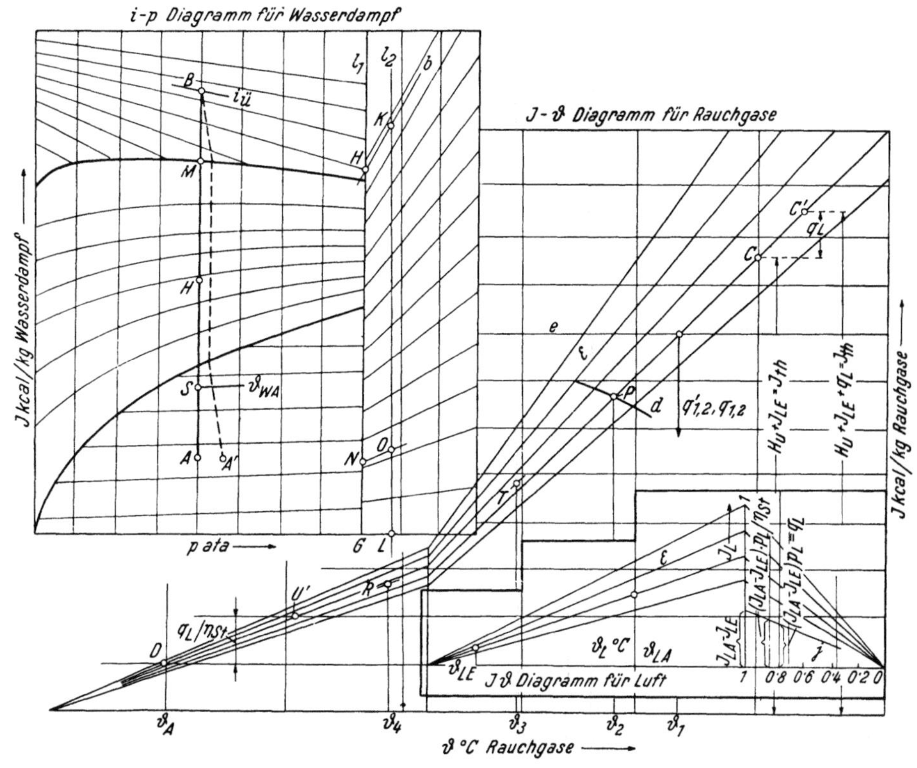

Abb. 175. Ausmittlung eines Kessels mittels des ip-$J\vartheta$-Diagrammes (ip-Diagramm lediglich für den unterkritischen Bereich eingezeichnet)

CO_2-Gehalt entlang der Kesselheizfläche wird auch hier festgesetzt, ferner die Einzelverluste σ_u, σ_{St}, σ_A, σ_w bestimmt. Damit liegt auch der Kesselwirkungsgrad fest.

In Anlehnung an Münzinger wird das $J\vartheta$-Diagramm durch ein ip-Diagramm des Dampfes ergänzt, welches in Abb. 175 links dargestellt ist. Der Dampferzeugungsvorgang erscheint in diesem Diagramm, wenn er als angenähert mit $p = \text{const}$ verlaufend angenommen wird, als vertikale Strecke AB. Die Länge derselben entspricht der je kp Dampf zuzuführenden Wärme. Soll der Druckabfall im Vorwärmer und Überhitzer berücksichtigt werden, kann dies durch eine Neigung der entsprechenden Abschnitte erfolgen, so daß dann der Verlauf nach $A'B$ stattfindet.

Die Wärmeabgabe der Rauchgase im Dampfkessel entspricht einer Abnahme ihres Wärmeinhaltes vom Wert bei theoretischer Feuerraumtemperatur J_{th} auf jenen bei Abgastemperatur J_A. Die Wärmeinhalte verstehen sich in kcal je Kilopond verbrannte Kohle.

Es werde zunächst angenommen, daß kein Lufterhitzer vorgesehen sei. Ist J_{LE} der Wärmeinhalt der Außenluft, findet sich in der Entfernung $H_u + J_{LE} = J_{th}$ von der Abszissenachse auf der entsprechenden Luftüberschußlinie der Punkt C. Wird ferner mit der Abgastemperatur ϑ_A auf der für das Kesselende maßgebenden Luftüberschußlinie der Punkt D eingetragen, verläuft die Zustandsänderung der Rauchgase von C nach D. Die Wärmeabgabe entspricht dem lotrechten Abstand $\overline{CD}$ dieser beiden Punkte. Die Wärmeaufnahme $\overline{AB}$ und die Wärmeabgabe $\overline{CD}$ sind proportional. Dies gilt auch für die einzelnen Abschnitte wie Vorwärmer, Verdampfung, Überhitzung, sofern alle auf den Wärmeumsatz bezogen gleiche Strahlungsverluste haben, was immer angenommen werden kann.

Ferner kann die gemäß den Ausführungen auf S. 198 berechnete Brennkammer-Austrittstemperatur ϑ_1 eingetragen werden. Von dieser ausgehend ist die Rauchgastemperatur vor dem Überhitzer ϑ_2 zu berechnen. Dies erfolgt entweder nach der auf S. 232 angegebenen Weise oder an Hand des $J\vartheta$-Diagrammes durch Gleichsetzen der von den Rauchgasen abgegebenen und von der Heizfläche aufgenommenen Wärmemenge. Erstere ist je Kilopond verbrannter Kohle gleich der Strecke $q_{1,2}$ von e bis zur Kurve gleichen Luftüberschusses, letztere gemäß Gl. (183) und (184) $Q = b\left(\frac{\vartheta_1 + \vartheta_2}{2} - \vartheta'\right) K F'$. Hier ist ϑ' die Sattdampftemperatur, b der logarithmische Korrekturfaktor, F' die zwischen Brennkammeraustritt und Überhitzer vorgesehene nutzbare Kesselheizfläche und K die Wärmedurchgangszahl. Diese Wärmemenge muß ebenfalls auf 1 kp verbrannte Kohle bezogen werden, was durch Division mit der tatsächlich verbrannten Brennstoffmenge B' geschieht.

Es ergibt sich mit dem Strahlungswirkungsgrad η_{St}:

$$q'_{1,2} = \frac{Q}{B' \eta_{St}} \tag{379}$$

Der Verlauf von $q'_{1,2}$ wird für einige Punkte mit angenommenen Rauchgastemperaturen ϑ_2 bestimmt, von der Geraden e nach abwärts aufgetragen und ergibt Kurve d. Ihr Schnittpunkt P mit der Luftüberschußlinie führt nach Abwärtsloten zur gesuchten Temperatur ϑ_2.

Die Zuordnung vom ip- zum $J\vartheta$-Diagramm erfolgt mittels der zwischen den beiden Diagrammen gezeichneten Fluchtlinienschar. Wird $\overline{AB}$[1] auf der beliebig angenommenen Vertikalen l_1 (Leitlinie) von $i = 0$ beginnend aufgetragen, erhält man $\overline{GH}$. Ebenso wird $\overline{CD}$ von der Abszisse ausgehend vertikal nach aufwärts aufgetragen ($\overline{KL}$), derart, daß der Endpunkt K in die durch H gelegte Fluchtlinie b zu liegen kommt. Damit ist die Leitlinie l_2 festgelegt.

Soll die Rauchgastemperatur ϑ_3 nach dem Überhitzer bestimmt werden, wird die Strecke $\overline{BM}$ in den Zirkel genommen und nach $\overline{GN}$ übertragen. Geht man entlang der durch N laufenden Fluchtlinie nach rechts, erhält man auf der Leitlinie l_2 die Strecke $\overline{LO}$. Wird diese im $J\vartheta$-Diagramm von P nach abwärts aufgetragen, gelangt man auf der betreffenden Luftüberschußlinie zu T, bzw. nach Herunterloten zur gesuchten Rauchgastemperatur ϑ_3.

Ist nach dem Überhitzer noch eine Kesselheizfläche vorhanden, ergibt sich die Rauchgastemperatur ϑ_4 hinter dieser auf die gleiche Weise, wie bei der Vorheizfläche beschrieben (Punkt R).

Nunmehr verbleibt als Wärmeabgabe im Eko der Vertikalabstand $\overline{RD}$. Die Überführung dieser Strecke aus dem $J\vartheta$-Diagramm über Leitlinie l_2, l_1 in das ip-Diagramm führt dort zu $\overline{AS}$ und damit zur Speisewassertemperatur am Ekoaustritt ϑ_{WA}.

[1] Der Querstrich bedeutet „Vertikalentfernung".

Überträgt man schließlich noch die Wärmeaufnahme der Vorheizfläche entsprechend $\overline{CP}$ ebenfalls in das ip-Diagramm, gelangt man zur Strecke MH. Die Strecken $\overline{MH}$, $\overline{HS}$, $\overline{BM}$, $\overline{SA}$ entsprechen der Wärmeaufnahme der Vorheizfläche, Nachheizfläche, des Überhitzers und Vorwärmers.

Soll bei Vorhandensein eines Lufterhitzers die Berechnung durchgeführt werden und ist dessen Durchströmgrad p_L, hat diesem je kp verbrannte Kohle eine Wärmemenge q_L

$$q_L = (J_{LA} - J_{LE}) \cdot p_L \tag{380}$$

zugeführt zu werden. J_{LE} und J_{LA} finden sich aus der Lufteintritts- und -austrittstemperatur ϑ_{LE} und ϑ_{LA} mittels des in Abb. 175 rechts unten gezeichneten $J\vartheta$-Diagrammes der Luft. Die Rauchgase geben die Wärme $\frac{q_L}{\eta_{St}}$ ab. Die Multiplikation von $(J_{LA} - J_{LE})$ mit p_L, bzw. mit $\frac{p_L}{\eta_{St}}$ erfolgt mittels der rechts vom $J_L\vartheta$-Diagramm gezeichneten Fluchtlinien. Es wird $J_{LA} - J_{LE}$ über deren Abszissenwert 1 aufgetragen. Zum Beispiel findet sich $(J_{LA} - J_{LE}) \cdot 0{,}8$ als Strecke über den Abszissenwert 0,8 bis zur Fluchtlinie j.

Wird $\frac{q_L}{\eta_{St}}$ oder angenähert q_L im $J\vartheta$-Diagramm über den Wärmeinhalt der Abgase aufgetragen und mit der Luftüberschußlinie geschnitten, gelangt man zu Punkt U', bzw. zur Rauchgastemperatur vor dem Lufterhitzer. Durch die Lufterhitzung erhöht sich der Wärmeinhalt bei theoretischer Feuerraumtemperatur um q_L, Punkt C'. Zur Wärmeausnützung im Dampfkessel, Überhitzer und Vorwärmer steht nun die Vertikalentfernung $\overline{C'U'} \doteq \overline{CD}$ zur Verfügung.

Die geschilderte Berechnungsweise läßt sich mit besonderem Vorteil bei Kesseln mit komplizierter Heizflächenanordnung anwenden. Es sei z. B. ein Strahlungskessel gemäß Abb. 176 auszumitteln. Dieser habe einen Schottüberhitzer, einen zweiteiligen Konvektionsüberhitzer, Zwischenüberhitzer, Ekonomiser und Lufterhitzer.

Es sei Kohle, Lufterhitzung, Durchströmgrad p_L des Lufterhitzers, Dampfmenge D, Druck, Überhitzungs- und Speisewassertemperatur, ebenso Anfangs- und Endzustand sowie Menge des Zwischenüberhitzerdampfes (D_z) gegeben. Ferner soll Kohlenstaubfeuerung vorgesehen werden. Der mit 1% Feuchtigkeit die Trommel verlassende Dampf soll zunächst den rauchgasseitig zuletzt liegenden Überhitzer II und anschließend den Schottüberhitzer durchlaufen, hinter welchem eine Einspritztemperaturregelung erfolgen soll. Dann gelange er in den Überhitzer I, den er mit der geforderten Endtemperatur verläßt (Wärmeinhalt i_7).

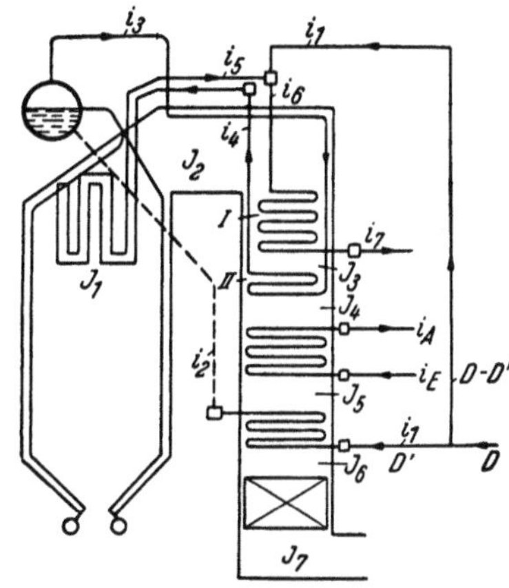

Abb. 176. Schema eines Strahlungskessels mit Schottüberhitzer

Die Aufwärmung im Überhitzer II auf i_4 und im Schottüberhitzer auf i_5 werde festgesetzt, ebenso wie die Temperaturabnahme im Kühler. Der Wärmeinhalt hinter diesem sei i_6. Damit ist auch die Aufwärmung im Überhitzer I gegeben. Das Einspritzwasser für den Kühler werde vor dem Eko entnommen.

Die benützten Bezeichnungen sind aus Abb. 176 ersichtlich. Der Zustandsverlauf im Kessel und Zwischenüberhitzer kann bereits im ip-Diagramm (Abb. 177) eingetragen werden. Es sind dies die Wärmeinhalte i_1, i_3, i_4, i_5, i_6, i_7, i_A, i_E. Durch Hinzufügen der Strecke $\Delta i_z = (i_A - i_E) \frac{D_z}{D}$ zu i_7 gelangt man zu B. Es ist demnach die Strecke $\overline{AB}$ proportional der gesamten Wärmeaufnahme des Hochdruck- und Zwischenüberhitzerdampfes. Im Zwischenüberhitzer können zu Regulierungszwecken eine oder mehrere Wassereinspritzungen erfolgen. Ist dann Q_2 die gesamte Wärmeaufnahme des Zwischenüberhitzers, ergibt $\Delta i_z = \frac{Q_2}{D}$ eine „ideelle" Enthalpiezunahme desselben.

Dem Wärmeinhalt bei theoretischer Feuerraumtemperatur im $J\vartheta$-Diagramm entspricht C'. Die Ordinate dieses Punktes ist $J_{th} = H_u + J_{LE} + q_L$, wobei q_L gemäß Gl. (380) zu berechnen ist. J_A ist der Wärmeinhalt bei Abgastemperatur (Punkt D). Durch Hinzufügen von $q_L/\eta_{St} \doteq q_L$ gelangt man zum Wärmeinhalt vor dem Luvo D'. Es wird nun $\overline{AB}$ nach $\overline{HG}$ (Leitlinie l_1) und $\overline{C'D'}$ nach $\overline{KL}$ (Leitlinie l_2) übertragen, wodurch die Zuordnung der Dampfmenge D und der Rauchgasmenge festgelegt ist. Die Lage von l_1 kann beliebig gewählt werden.

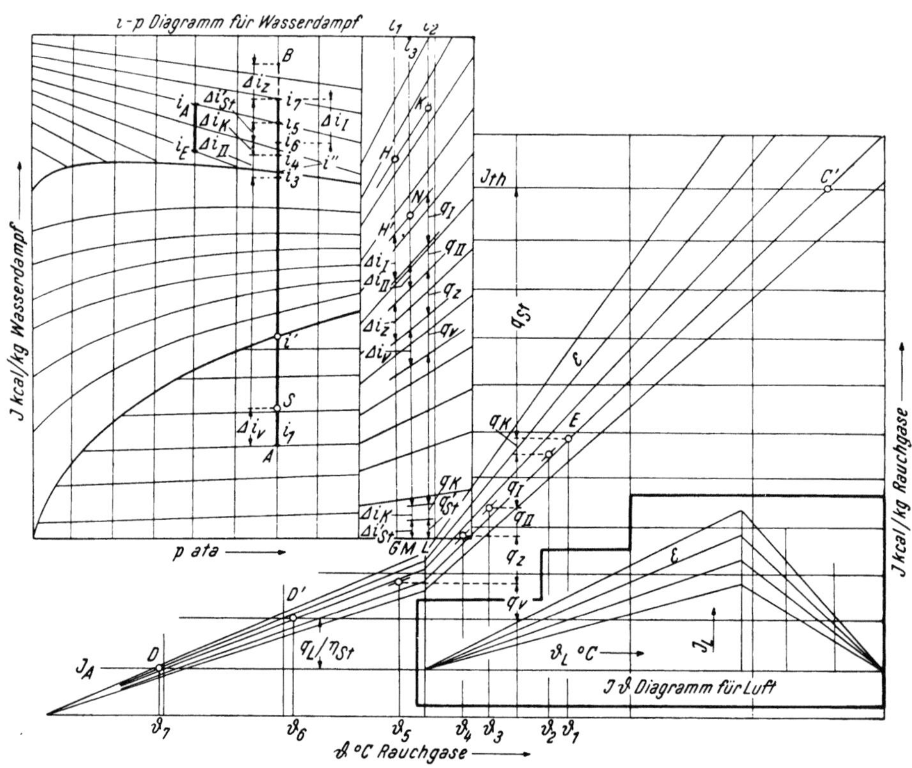

Abb. 177. Ausmittlung eines Strahlungskessels mittels des ip-$J\vartheta$-Diagrammes (ip-Diagramm lediglich für den unterkritischen Bereich eingezeichnet)

Sämtliche Heizflächen vor der Wassereinspritzung des Temperaturreglers sind jedoch von einem um die Einspritzmenge verringerten Dampfgewicht D' durchströmt. Der Reduktionsfaktor ist $\frac{i_6 - i_1}{i_5 - i_1} = \frac{D'}{D}$. Praktisch erfolgt die Reduktion so, daß $i_6 - i_1$ auf l_1 aufgetragen wird, was die Strecke $\overline{GH'}$ ergibt. Nun wird $i_5 - i_1$ in den Zirkel genommen und mit der durch H' gehenden Fluchtlinie geschnitten, was die Strecke MN, bzw. die Leitlinie l_3 liefert, welche dann für die Zuordnung der Rauchgastemperatur zu den mit der Dampfmenge D' durchströmten Heizflächen maßgebend ist.

Anschließend wird die Feuerraumtemperatur ϑ_1 berechnet und in Abb. 177 eingetragen. Die Strecke q_{St} entspricht der abgestrahlten Wärmemenge in der Brennkammer. In dieser ist auch die Wärmemenge q'_{St} inbegriffen, welche aus der Brennkammer in den Schottüberhitzer einstrahlt. Diese berechnet sich aus Gl. (339). Werden beide Seiten dieser Gleichung durch die tatsächlich verbrannte Brennstoffmenge dividiert, lautet sie $q'_{St} = q_{St} \frac{F_{RO} \varphi_R}{F_2 \overline{A}_{2m}}$. Hier ist F_{RO} die Trennfläche zwischen Brennkammer und Schottüberhitzer, φ_R der Schwärzegrad dieser nach Gl. (333), F_2 die gesamte Brennkammeroberfläche und $\overline{A}_{2m}$ der rechnungsmäßige Schwärzegrad letzterer, nach Gl. (232). Wird q'_{St} auf der

Leitlinie l_2 abgetragen und entlang einer Fluchtlinie auf l_3 übergeführt, kommt man zu $\Delta i'_{St}$.

Trägt man diesen Wert von i_5 nach abwärts auf, ist die bis i_4 verbleibende Strecke Δi_K der Anteil, welcher der Rauchgasabkühlung von ϑ_1 und ϑ_2 entspricht. Es wird nun Δi_K auf l_3 aufgetragen, mittels Fluchtlinie auf l_2 überführt, womit man q_K erhält. Dies von E nach abwärts aufgetragen und mit der ε-Linie geschnitten, führt zur Rauchgastemperatur Austritt Schottüberhitzer ϑ_2.

Der anschließende Überhitzer I wird vom Dampfgewicht D durchströmt. Es ist daher $i_7 - i_6 = \Delta i_I$ auf l_1 abzutragen, was, nach l_2 übergeführt, q_I und damit die Rauchgastemperatur ϑ_3 liefert. Der folgende Überhitzer II wird von D' durchströmt, so daß $i_4 - i_3 = \Delta i_{II}$ von l_3 überführt wird, was q_{II} liefert. Nun folgt der Zwischenüberhitzer, wobei Δi_z auf l_1 aufgetragen wird, worauf man ähnlich wie früher zu q_z gelangt.

Die Temperatur vor dem Lufterhitzer wurde bereits zu ϑ_6 ermittelt. Die verbleibende Strecke q_v wird über l_3 in das ip-Diagramm rückgeleitet, der erhaltene Wert Δi_v von A nach aufwärts aufgetragen, womit der Zustand des Wassers am Austritt Ekonomiser gefunden ist. Da S unter i' liegt, findet im Eko keine Verdampfung statt.

Nun ist der gesamte Temperaturverlauf festgelegt, und die Heizflächen[1] können gemäß Gl. (184) berechnet werden, womit die Rechnung beendigt ist. Die von den Rauchgasen abgegebenen Wärmemengen folgen durch Multiplikation der einzelnen Abschnitte q_K, q_I, q_{II}, q_z, q_v, q_L mit B'.

Der Strahlungsverlust η_{St} ist das Verhältnis der aufgenommenen zu der von den Rauchgasen abgegebenen Wärme und kann, wie schon bemerkt, für alle Heizflächen gleich angesetzt werden. Der Zusammenhang zwischen η_{St} und dem bereits festgelegten σ_{St} ist leicht zu finden. Wird auch Lufterhitzung angenommen und sei q_L die je kp verbrannter Kohle im Lufterhitzer aufgenommene Wärme, ergibt sich der Strahlungsverlust s in kcal je kp verbrannter Kohle:

$$s = (H_u + J_{LE} + q_L - J_A) \cdot (1 - \eta_{St}) \tag{381}$$

Anderseits kann s unter Berücksichtigung, daß auf 1 kp wirklich verbrannter Kohle bezogen wird, ausgedrückt werden:

$$s = \frac{H_u \sigma_{St}}{1 - \sigma_u} \tag{382}$$

Setzt man Gl. (381) und (382) gleich, folgt

$$\eta_{St} = 1 - \frac{H_u}{(1 - \sigma_u)(H_u + J_{LE} + q_L - J_A)} \cdot \sigma_{St} \tag{383}$$

Der Faktor von σ_{St} ist, falls keine Lufterhitzung vorliegt, also $q_L = 0$ ist, etwas größer als 1, sonst nähert er sich 1 oder ist sogar kleiner. Mit Rücksicht darauf, daß es sich bei σ_{St} um einen kleinen Wert handelt, kann meist geschrieben werden

$$\eta_{St} \doteq 1 - \sigma_{St} \tag{384}$$

E. Berechnung von Zwangdurchlaufkesseln

Wie beim Naturumlaufkessel sei auch beim Zwangdurchlaufkessel Leistung D, Druck p, Überhitzungs- und Speisewassertemperatur $\vartheta_{ü}$ und ϑ_1, ϑ_{WE} sowie Kohlenart gegeben.

Die Berechnung von Brennstoff-, Luft- und Gasmenge, Ermittlung der Einzelverluste und des Kesselwirkungsgrades hat auf die gleiche Weise wie auf S. 231 zu erfolgen.

[1] Jene des Schottüberhitzers ist aus Gl. (338) bzw. (337) zu rechnen, wobei $q_K B'$ gleich der rechten Seite dieser Gleichungen ist. Aus $\vartheta_1 = \vartheta_E$, $\vartheta_2 = \vartheta_A$, i_4, i_5 wird E_{1S}, E_W, Θ_m bestimmt, bzw. E_R aus Gl. (329).

Es soll nun der Temperaturverlauf gefunden werden, und möge dies unter Zugrundelegung des Schemas Abb. 178 erfolgen. Es handle sich um einen Kessel im unterkritischen Druckbereich mit Restverdampfer. Das Speisewasser durchläuft zuerst einen Eko und gelangt anschließend in die Brennkammer, wo die Verdampfung zum Großteil stattfindet. In der Folge wird es in den Restverdampfer geführt, welcher als Konvektionsheizfläche ausgebildet ist und wegen Gefährdung durch Salzabscheidung rauchgasseitig unter 800 °C liegen soll. Die Wärmeaufnahme dieser Heizfläche ist dadurch gegeben, daß das Speisewasser etwa 60 bis 70 kcal/kp unter Sattdampfwärmeinhalt am Eintritt und etwa 40 bis 70 kcal/kp über diesem am Austritt haben soll. Dann bleibt der Punkt des Verdampfungsendes auch bei Teillast innerhalb des Restverdampfers. Der Heißdampf wird nun einem Konvektionsüberhitzer zugeführt. Am Ende desselben sei zur Temperaturregulierung ein Einspritzregler vorgesehen, wo normal etwa 2 bis 3% der Speisewassermenge eingespritzt werden. Ist E die Einspritzwassermenge, folgt mit den Bezeichnungen der Abb. 178

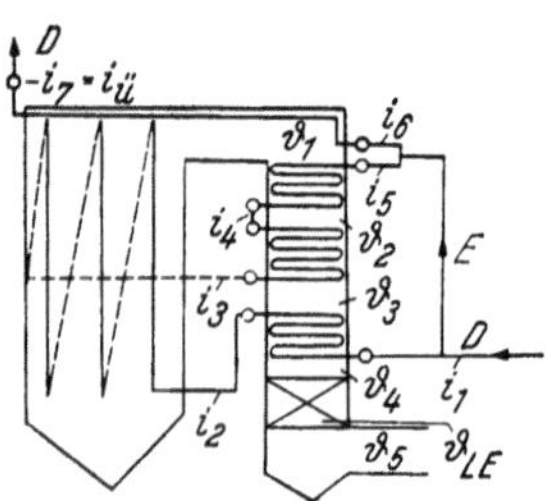
Abb. 178. Schema eines Zwangdurchlaufkessels

$$i_5 - i_6 = \frac{E}{D}(i_5 - i_1) \qquad (385)$$

Vorübergehend kann zur Regulierung $\frac{E}{D}$ bis auf etwa 0,1 bis 0,15 erhöht werden.

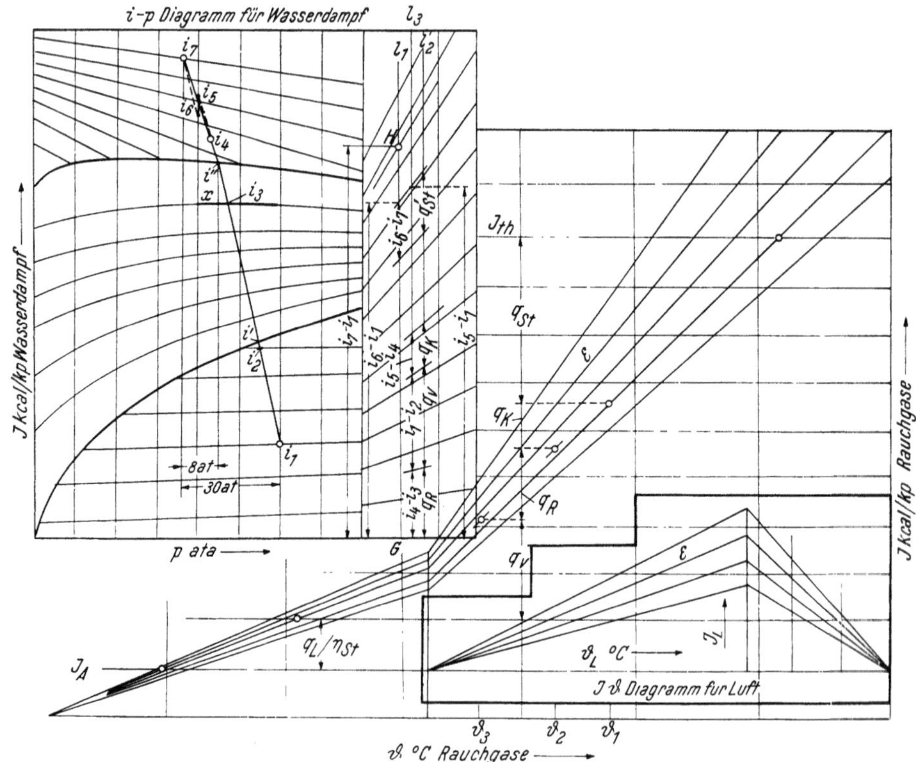

Abb. 179. Ausmittlung eines Zwangdurchlaufkessels mittels des ip-$J\vartheta$-Diagrammes

Nach dem Einspritzregler werde der Dampf in einen Strahlungsüberhitzer geführt, wo schließlich die Überhitzung auf die gewünschte Endtemperatur stattfindet.

Die weitere Ausmittlung des Kessels erfolgt am besten im ip-$J\vartheta$-Diagramm (Abb. 179).

Der Endpunkt i_7 kann im ip-Diagramm eingezeichnet werden. Man schätzt den Druckabfall des ganzen Rohrsystems mit 25 bis 35 at, womit sich der Anfangspunkt i_1 ergibt. Die Lage des Sattdampfpunktes schätzt man um etwa 8 at höher als den Enddruck.

Wird auf die Leitlinie l_1, $i_7 - i_1$ aufgetragen (Strecke $\overline{GH}$) und durch Übernahme von $J_{th} - (J_A + q_L/\eta_{St})$ aus dem $J\vartheta$-Diagramm die Leitlinie l_2 gefunden, ist die Zuordnung vom ip- zum $J\vartheta$-Diagramm für die Punkte nach dem Einspritzregler, d. h. für die volle Dampfmenge D, festgelegt. Für die Punkte vor dem Regler, d. h. einer Dampfmenge $D - E = D'$, ergibt sich die Leitlinie l_3. Sie findet sich wie früher, indem auf l_1 $i_6 - i_1$ aufgetragen und die durch den Endpunkt gezogene Fluchtlinie in der Höhe $i_5 - i_1$ geschnitten wird. Ist $\frac{E}{D} = 0{,}03$, erfolgt eine Ordinatenvergrößerung im Verhältnis 97 zu 100. Man kann jedoch auch die für Anfänger störende Benützung einer 3. Leitlinie l_3 vermeiden, wenn man im Bereich von D' die abgelesenen Werte des ip-Diagrammes mit 0,97 multipliziert und dann erst auf l_1 aufträgt. Soll umgekehrt aus l_1 in das ip-Diagramm überführt werden, sind erstere Strecken durch 0,97 zu dividieren.

Nun kann im $J\vartheta$-Diagramm die berechnete Feuerraumtemperatur ϑ_1, die Eintrittstemperatur in den Restverdampfer ϑ_2, das ist 800 °C, und die Wärmeabgabe im Lufterhitzer $q_L/\eta_{St} \doteq q_L$ (S. 242) eingetragen werden. Legt man im ip-Diagramm den gewünschten Ein -und Austrittszustand des Restverdampfers, z. B. mit $i_4 = i'' + 50$ und $i_3 = i'' - 70$ fest und überträgt $i_4 - i_3$ über Leitlinie l_3 und l_2 ins $J\vartheta$-Diagramm, erhält man die Rauchgastemperatur Ende Restverdampfer ϑ_3. Nun kann die sich ergebende Strecke q_v, welche die Wärmeabgabe im Eko darstellt, über Leitlinie l_2, l_3 ins ip-Diagramm rückgeführt werden, wodurch man zu i_2 gelangt und den Zustand des Wassers Ende Eko findet. Ferner wird q_K, d. i. die Wärmeabgabe im Konvektionsüberhitzer, über l_2, l_3 ins ip-Diagramm übergeführt, wodurch man zu i_5 gelangt, welcher Punkt eingezeichnet wird. Nun kann $(i_5 - i_6)$ aus Gl. (385) berechnet und vertikal nach abwärts aufgetragen werden. Der tatsächliche Zustandsverlauf von i_4 nach i_7 verläuft im ip-Diagramm gemäß der strichlierten Linie.

Die verbleibende Strecke $i_7 - i_6$ zeigt die Überhitzung, die im Strahlungsüberhitzer aufzubringen ist. Diese kann über l_1, l_2 in das $J\vartheta$-Diagramm übergeführt werden, wo diese Wärmemenge als q'_{St} erscheint.

Das Verhältnis $\frac{q'_{St}}{q_{St}} = n$ ergibt den Anteil des Strahlungsüberhitzers an der Gesamtwärmeaufnahme in der Brennkammer. Gleichzeitig ist n auch das Verhältnis der „schwarzen" Überhitzerheizfläche zur gesamten „schwarzen" Rohrauskleidung der Brennkammer. Ist F_2 die gesamte Brennkammeroberfläche und $\overline{A}_{2m}$ deren „rechnungsmäßiger" Schwärzegrad sowie F_R und $\overline{A}_R$ die analogen Daten des Strahlungsüberhitzers, ergibt sich demnach als vorzusehende projizierte Strahlungsüberhitzerfläche

$$F_R = \frac{n \overline{A}_{2m} F_2}{\overline{A}_R}. \tag{386}$$

Der Temperaturverlauf ist damit festgelegt. Nach Bestimmung des Wärmedurchgangskoeffizienten K findet die Heizflächenbemessung nach Gl. (184) statt, wobei sich die übergehende Wärme wieder aus q_K, q_R, q_v, q_L, multipliziert mit B', ergibt.

Die Zahl der parallel geschalteten Rohre wird so bestimmt, daß im Strahlungsteil Geschwindigkeiten von 1 bis 1,8 m/s, bezogen auf Wasser von 20 °C, gewählt werden. Nur wenn der Kessel auch mit kleinen Lasten, etwa unter 30% der Maximallast, betrieben werden soll, wählt man etwa 2 m/s, wofür dann die höheren Werte des weiter oben angegebenen Druckabfalles gelten[1]. Im Restverdampfer sind die Geschwindigkeiten, auf kaltes Wasser bezogen, kleiner, so daß sich Dampfgeschwindigkeiten von 8 bis 10 m/s ergeben. Der Überhitzer wird für mittlere Geschwindigkeiten von etwa 15 m/s ausgelegt,

[1] Die höheren Geschwindigkeitswerte werden auch bei Schmelzkammerkesseln gewählt.

immer unter Voraussetzung von Betriebsdrücken von mindestens 125 at. Als Rohrdimension wird gewöhnlich für alle Heizflächen 31,8/25 gewählt, während, falls eine Nebenheizfläche verwendet wird, das Rohr dieser die Dimension 16/10 mit einer beheizten Länge von etwa 15 bis 20 m erhält.

Der Druckabfall im Vorwärmer und Überhitzer bestimmt sich beim Zwangdurchlaufkessel auf ähnliche Weise wie beim Naturumlaufkessel [Gl. (438) und (371)]. Im Strahlungsverdampfer findet noch zum Teil Vorwärmung statt, und zwar hat dessen Heizfläche im Verhältnis $\frac{i' - i_2}{i_3 - i_2}$ verringert zu werden, um den Heizflächenteil mit reiner Vorwärmung zu finden. Der Druckabfall in kp/m^2 vom Punkt des Verdampfungsbeginnes bis zum Brennkammeraustritt findet sich für das beheizte Rohr bei sinngemäßer Anwendung der Gl. (436) mit einer geringfügigen Vernachlässigung beim Beschleunigungsverlust zu

$$\Delta p = \left(\frac{G_R}{f}\right)^2 \frac{1}{2g\bar{\gamma}_m}\left[\frac{\lambda L_D}{d} + n\,\xi + n_1\,1{,}5 + \frac{2\bar{\gamma}_m x}{\gamma''}\right] \tag{387}$$

G_R ist das Durchflußgewicht je Rohr in kg/s, f der Querschnitt eines Siederohres, L_D dessen Länge von Verdampfungsbeginn bis Austritt Brennkammer, λ die Rohrreibungszahl gemäß S. 261, d der lichte Rohrdurchmesser, n die Zahl der Krümmungen, ξ die Widerstandszahl derselben und x der Dampfgehalt Ende Brennkammer in kp/kp, der aus dem ip-Diagramm (Abb. 179) für den Punkt i_3 zu entnehmen ist. Sind n_1 Eintrittssammler oder „Flaschen", wie beim Bensonkessel üblich, vorhanden, so haben noch deren Eintrittsverluste n_1 1,5 berücksichtigt zu werden. Die Rohrlänge setzt sich dann aus der Summe der Längen von Flasche zu Flasche zusammen. Das mittlere spezifische Gewicht γ_m findet sich gemäß Gl. (424) aus

$$\bar{\gamma}_m = \frac{1}{v' + \frac{x}{2}(v'' - v')} \tag{388}$$

Im Teil mit reiner Vorwärmung kann auch Gl. (387) mit $\bar{\gamma}_m = \gamma'$ und $x = 0$ benützt werden. Als Rohrlänge L_v ist dann die Strecke vom Eintritt bis Verdampfungsbeginn einzusetzen, was auch sinngemäß für n und n_1 gilt.

Im Bensonkessel erhalten beim Strahlungsverdampfer und unterkritischen Drücken die beheizten Rohre meist Aufwärtsströmung, während die Abwärtsführung in unbeheizten Rohren erfolgt. Deren Druckabfall hat gleichfalls nach Gl. (387) berechnet zu werden, unter Berücksichtigung der sinngemäß geändert einzusetzenden Bestimmungswerte[1].

Die Auftriebswirkung infolge der Unterschiede von beheizten und unbeheizten Rohren kann gewöhnlich vernachlässigt werden.

Soll der Druckabfall genauer ermittelt werden, empfiehlt sich auch hier die Benutzung von Gl. (372b) und wird die Berechnung für alle in Serie geschalteten Heizflächenrohre, Verbindungsleitungen und Flaschen der Reihe nach getätigt. Es ist dann auch die Wärmeaufnahme der beheizten Rohrteile zu ermitteln und daraus deren Dampftemperaturen sowie v_1, v_m und v_2.

Beim Sulzerkessel kann die Ausmittlung auf ähnliche Weise, mit Hilfe des ip—$J\vartheta$-Diagrammes, erfolgen, wenn die etwas geänderte Heizflächenanordnung berücksichtigt wird. Die Strömungsgeschwindigkeiten werden hier, da im Strahlungsverdampfer die beheizten Rohre nach Bedarf aufwärts und abwärts geführt werden, höher gewählt als beim Besonkessel, so daß man mit einem Gesamtdruckabfall von etwa 80 at rechnet.

F. Berechnung von Zwangumlaufkesseln

Als Ausgangspunkt dienen Dampfmenge D (kp/h), Druck p, Überhitzungstemperatur $\vartheta_ü$ und Speisewassertemperatur ϑ_{WE}. Die wärmetechnische Durchrechnung ist grundsätzlich gleich jener beim Naturumlaufkessel und kann wieder rechnerisch oder graphisch

[1] Ohne Beschleunigungsverlust.

erfolgen. Nach Bestimmung des Temperaturverlaufes und der Heizflächengröße hat der Druckabfall des Umwälzkreislaufes bestimmt zu werden.

Zunächst wird überschlägig, an Hand der weiter unten gemachten Angaben über die Umwälzzahl, die Umwälzmenge festgelegt. Damit folgt auch zunächst ungefähr die Zahl der insgesamt parallel geschalteten Rohre bei einer mittleren Eintrittsgeschwindigkeit des Wassers von 1 bis 2 m/s sowie die Rohrlänge.

Meist wird der Kessel aus konstruktiven Gründen mehrere parallel geschaltete Rohrgruppen haben. Je Gruppe werden die Rohre gewöhnlich gleiche Länge besitzen. Nun wird die Wärmeaufnahme der einzelnen Gruppen berechnet und die Wasser-Eintrittsgeschwindigkeit in jener mit größter Wärmeaufnahme mit 1,3 bis 2 m/s gewählt. Die größeren Werte gelten bei höheren Drücken. Die übrigen Rohrgruppen erhalten eine im Verhältnis der Wärmeaufnahme je Rohr verkleinerte Eintrittsgeschwindigkeit, wobei jedoch unter 1 m/s nicht gegangen wird. Nun kann der Druckabfall der Rohrgruppe mit der größten Wärmeaufnahme, die meistens auch die größte Rohrlänge haben wird, nach den Angaben auf S. 248 ermittelt werden. Die Rohrlänge soll so gewählt werden, daß ein Druckabfall von 1 at nicht überschritten wird.

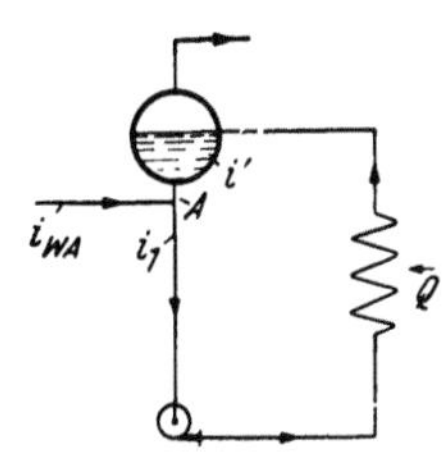

Abb. 180. Schema eines Zwangumlaufkessels

In der Folge kann die umgewälzte Wassermenge G (kp/h) genau festgelegt werden. Sind z. B. drei Rohrgruppen vorhanden, welche n_1, n_2, n_3 parallel geschaltete Rohre haben, und sind die Eintrittsgeschwindigkeiten in diesen w_1, w_2, w_3 in m/s, ist mit f als Querschnitt eines Rohres in m²

$$G = (n_1 w_1 + n_2 w_2 + n_3 w_3) f \gamma' \, 3600 \tag{389}$$

Daraus folgt die Umwälzzahl

$$u = \frac{G}{D} \tag{390}$$

Diese soll bei Drücken unter 30 at 5 bis 7, zwischen 30 at und 50 at 4 bis 6, über 50 at 3,5 bis 5,5 betragen.

Als Rohrdimension wird meist 38/32 oder 31,8/26 gewählt.

In der Verdampfer-Heizfläche findet, sofern die Speisewassertemperatur nach dem Eko ϑ_{wA} unter Sattdampftemperatur liegt, auch Vorwärmung statt. Der Wärmeinhalt i_1 des Umwälzwassers vor Eintritt in die Heizfläche ist dann kleiner als i' und findet sich aus der Wärmebilanz an der Stelle A (Abb. 180).

$$i_1 = \frac{i'(u-1)}{u} + \frac{i_{wA}}{u} \tag{391}$$

Ist die Wärmezufuhr an ein Rohr einer Rohrgruppe Q_R in kcal/h, der Durchfluß durch dieses G_R in kp/s und die Dampferzeugung in demselben D_R in kp/s, erhält man

$$Q_R/3600 = G_R(i' - i_1) + D_R r \tag{392}$$

Mit Benützung von Gl. (391) folgt:

$$D_R = \frac{Q_R}{r\,3600} - \frac{G_R(i' - i_{wA})}{u \cdot r} \tag{393}$$

Der Anteil L_D/L der Rohrlänge, wo Verdampfung stattfindet, an der gesamten Rohrlänge ist

$$\frac{L_D}{L} = 1 - \frac{G_R(i' - i_{wA})\,3600}{Q_R u} \tag{394}$$

Vorwärmung findet über einen Längenanteil

$$\frac{L_V}{L} = 1 - \frac{L_D}{L} \tag{395}$$

statt. Zur Berechnung des Druckabfalles ist das Rohrstück L_V und L_D gesondert zu betrachten.

Der Druckabfall im Rohrstück L_V ist gemäß Gl. (438)

$$\Delta p_V = \frac{1}{2g\gamma'}\left(\frac{G_R}{f}\right)^2\left[\frac{\lambda L_v}{d} + 1{,}5 + \xi n_V\right] \tag{396}$$

Jener im Rohrteil L_D ergibt sich nach Gl. (436) zu

$$\Delta p_D = \frac{1}{2g\bar{\gamma}_m}\left(\frac{G_R}{f}\right)^2\cdot\left[\frac{\lambda L_D}{d} + \xi n_D + \frac{2\bar{\gamma}_m x_R}{\gamma''}\right] \tag{397}$$

wobei nach Gl. (388)

$$\bar{\gamma}_m = \frac{1}{v' + \frac{x_R}{2}(v'' - v')} \tag{398}$$

ist, mit dem Dampfgehalt $x_R = \frac{D_R}{G_R}$. Dieser Wert ist, nur wenn die Wassergeschwindigkeiten und Wärmezufuhren in allen Rohren einander proportional sind, gleich $\frac{1}{u}$. n_v und n_D ist die Zahl der Krümmungen im Teil L_V und L_D. ξ sind die entsprechenden Widerstandszahlen, wobei, falls Krümmer mit verschiedenen Werten ξ_1, ξ_2, ... vorliegen, statt $\xi \cdot n$ sinngemäß $\xi_1 n_1 + \xi_2 n_2 + \cdots$ zu schreiben ist.

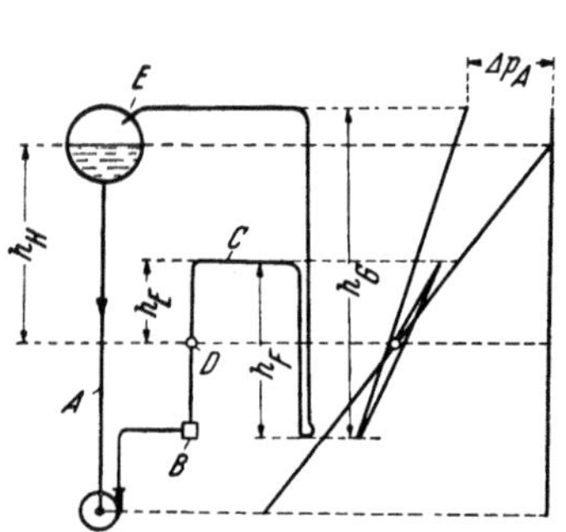

Abb. 181. Auftrieb des Dampfwassergemisches in einem Zwangumlaufkessel

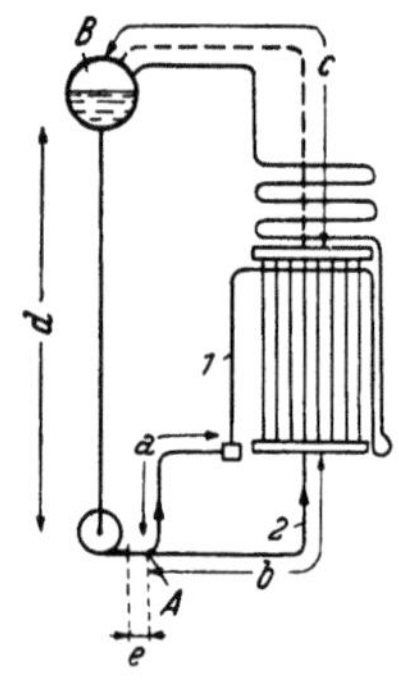

Abb. 182. Wasserzuführungs- und Gemischabführungsrohre bei Zwangumlaufkesseln

Es sei auch auf die Ausführungen auf S. 281 bzw. auf Gl. (468) verwiesen, wo für Zwangumlaufkessel die Abhängigkeit des Druckabfalles von den Ausgangswerten deutlich zum Ausdruck gebracht wird.

Ferner ist der Auftrieb der leichteren gegen die schwerere Gemischsäule zu berücksichtigen. Dies sei an einem Beispiel (Abb. 181) gezeigt. Es sei dort A die unbeheizte Saugleitung, B die Verteilerkammer und C ein beheiztes Siederohr. Der Verdampfungsbeginn sei in D, so daß $BD = L_v$ und $DE = L_D$ ist. Der durch den Unterschied der spezifischen Gewichte hervorgerufene „Auftrieb" Δp_A, welcher in diesem Beispiel treibend wirkt, findet sich, wenn in Abb. 181 rechts der statische Druckverlauf eingezeichnet wird, zu:

$$\Delta p_A = h_H\gamma' - h_E\gamma_E + h_F\gamma_F - h_G\gamma_G \tag{399}$$

Rohre mit Abwärtsströmungen erscheinen positiv, mit Aufwärtsströmung negativ. γ_E, γ_F, γ_G sind die mittleren Wichten in den Abschnitten h_E, h_F, h_G und finden sich aus den Mittelwerten der Wichte am Anfang und Ende des Rohrabschnittes.

Der gesamte Druckabfall einer Rohrgruppe ohne Drosselblenden ist demnach

$$\Delta p = \Delta p_V + \Delta p_D \pm \Delta p_A + \Delta p_S \tag{400}$$

Δp_S ist hierbei der zur betreffenden Gruppe gehörige Druckabfall der Zuleitungs- und, wenn vorhanden, Ableitungsrohre, Sammler usw., so daß dann Δp den ganzen Druckverlust von der Verzweigungsstelle A bis zur Wiedervereinigungsstelle B der einzelnen Gruppen umfaßt (Abb. 182). Beispielsweise ergeben sich nach Abb. 182 Druckabfälle Δp_S für Gruppe 1 aus der Rohrlänge a, für Gruppe 2 aus b und c. Da Δp_A sich aus Gl. (399) positiv, d. h. „treibend" ergab, ist dieser Wert in Gl. (400) negativ einzusetzen.

Wählt man die von der Umwälzpumpe zu erzeugende Druckdifferenz Δp_g des gesamten Systems mit 2,5 bis 3 at (in den Formeln in kp/m² einzusetzen) und ist der Widerstand der außen liegenden Leitung (*d*, *e* in Abb. 182) unter Einschluß eventuell vorhandener Absperrorgane Δp_R, ergibt sich die durch die Blende zu erzeugende Druckdifferenz, wenn sich die Betrachtung zunächst auf die am stärksten beheizte Gruppe bezieht, zu:

$$\Delta p_B = \Delta p_g - \Delta p_R - \Delta p \tag{401}$$

Es soll der Druckabfall der Blende Δp_B mindestens ebenso groß wie der Reibungsverlust im Rohr $\Delta p_v + \Delta p_D$ sein, um gemäß den Ausführungen auf S. 287 gleichmäßige Verteilung der Strömungsgeschwindigkeit in den parallel geschalteten Rohren zu gewährleisten. Danach wird auch entschieden, ob die Umwälzpumpe für $\Delta p_g = 2{,}5$ at oder 3 at, bzw. einen Zwischenwert auszulegen ist.

Der Druckabfall der Blende Δp_B in kg/m² ergibt sich aus dem Durchmesser d_0 derselben in Meter mittels folgender Gleichung:

$$\Delta p_B = \frac{K G_R^2 \cdot 10000}{(d_0\, 100)^4 \gamma'} \tag{402}$$

Der Beiwert K ist für die gewöhnlich ausgeführte Kurzdüse 1950, für die Langdüse 1190. Es ist mit G_R in kg/s

$$d_0\, 100 = \sqrt[4]{\frac{K G_R^2\, 10000}{\Delta p_B \gamma'}} \tag{403}$$

Ist mittels Gl. (400) Δp für die am stärksten beheizte Gruppe ermittelt, so sind die Druckabfälle $\Delta p'$, $\Delta p''$ gegebenenfalls vorhandener weiterer Gruppen ähnlich zu berechnen. Die notwendige Drosselung $\Delta p_B'$, $\Delta p_B''$ für deren Blenden ergibt sich aus

$$\Delta p + \Delta p_B = \Delta p' + \Delta p_B' = \Delta p'' + \Delta p_B'' \tag{404}$$

Damit und mittels Gl. (403) werden die Blendendurchmesser für die weiteren Gruppen ermittelt.

Zur Errechnung des Druckabfalles in den außenliegenden Leitungen mögen noch einige Angaben über die üblicherweise gewählten Geschwindigkeiten gemacht werden. Man wählt in Druckleitungen (*a*, *b* in Abb. 182) 3 bis 4 m/s, in Gemischleitungen (*c*) 10 bis 20 m/s, während in Saugleitungen (*d*) die Geschwindigkeit[1] nach dem Gesichtspunkt größtmöglicher Drucksenkungsgeschwindigkeit zu ermitteln ist.

Die Wellenleistung der Umwälzpumpe in kW findet sich zu

$$N = \frac{D \cdot u \Delta p_g \cdot v'}{3600 \cdot 102 \cdot \eta_P} \tag{405}$$

Der Pumpenwirkungsgrad η_P kann mit 0,6 bis 0,7 eingesetzt werden. D ist in kp/h, Δp_g in kp/m², v' in m³/kp einzuführen.

G. Berechnung von Löfflerkesseln

Von den gegebenen Größen D, p, $\vartheta_ü$, ϑ_{WE} ausgehend, werden wieder Luft- und Gasmengen, Kesselverluste und Brennstoffmenge berechnet. Das Verhältnis von umgewälzter zu erzeugter Dampfmenge heißt Umwälzzahl und wird durch Aufstellung der Wärmebilanz der Verdampfertrommel (Abb. 183) ermittelt. Es ergibt sich mit dem Wärmeinhalt des überhitzten Dampfes $i_ü$ und dem Wärmeinhalt des Wassers am Austritt Eko i_{WA}:

$$u = \frac{i_ü - i_{WA}}{i_ü - i''} \tag{406}$$

---

[1] Diese ist nach HOLBA: Maschinenbau u. Wärmewirtsch. 1946, S. 49, $w = 2{,}56 \sqrt{H/2{,}5}$, wobei H der geodätische Höhenunterschied zwischen dem Wasserspiegel in der Trommel und der Pumpe ist. (Siehe auch 1. Aufl. dieses Buches, S. 302 bis 304.)

Aus der Brennkammeraustrittstemperatur ϑ_1 errechnet sich die Aufwärmung des Umwälzdampfes im Strahlungsüberhitzer nach folgender Gleichung:

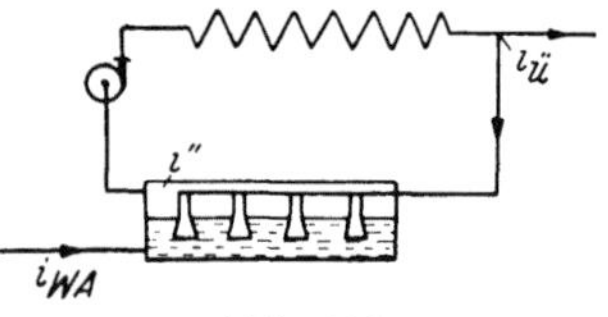

Abb. 183. Schema eines Löfflerkessels

$$B' \eta_{St} (J_{th} - J_1) = u D (i_S - i'') \tag{407}$$

Es ist hier i_S der Wärmeinhalt des Dampfes beim Austritt aus dem Strahlungsüberhitzer in kcal/kp, dessen zugehörige Temperatur aus der Dampftafel zu entnehmen ist. J_{th} ist der Wärmeinhalt der aus 1 kp Brennstoff gebildeten Rauchgase bei theoretischer Feuerraumtemperatur gemäß Gl. (48), J_1 desgleichen bei Brennkammeraustrittstemperatur in kcal/kp, η_{St} der Strahlungswirkungsgrad nach Gl. (383) bzw. (384) und B' die wirklich verbrannte Brennstoffmenge in kp/h.

Die Rauchgastemperatur ϑ_2 hinter dem Nachüberhitzer folgt, wenn J_2 der Wärmeinhalt der Rauchgase in kcal/kp dortselbst ist, aus

$$B' \eta_{St} (J_1 - J_2) = u D (i_{\ddot{u}} - i_S) \tag{408}$$

J_2 wird hieraus berechnet, woraus sich ϑ_2 ergibt.

Die Größe der Heizfläche des Nachüberhitzers, ebenso der weitere Temperaturverlauf sowie die Heizfläche von Vorwärmer und Lufterhitzer wird wie bei Naturumlaufkesseln berechnet. Als Eintrittsdampfgeschwindigkeit wird im Nachüberhitzer etwa 10 bis 12 m/s gewählt.

Nun hat im Strahlungsüberhitzer die Dampfgeschwindigkeit so ausgemittelt zu werden, daß die Wärmeübergangszahl des Dampfes α_D ausreicht, um die beim verwendeten Rohrmaterial und bei der vorliegenden Beanspruchung des Rohres durch den Innendruck noch zulässige Eisentemperatur ϑ_Z einzuhalten. Letztere beträgt meist etwa 550 °C. Ist $B' (J_{th} - J_1)$ die Abstrahlung in der Brennkammer, so ist die höchste Zustrahlung $q_{\max}$ je Quadratmeter ihrer Oberfläche

$$q_{\max} = \frac{B' (J_{th} - J_1)}{F_2 \cdot \overline{A}_{2,m}} \tag{409}$$

wobei F_2 die Brennkammeroberfläche und $\overline{A}_{2,m}$ der rechnungsmäßige Schwärzegrad dieser ist. Diese Wärmemenge wird allerdings mit dem vollen Wert nur an dem gegen das Brennkammerinnere gerichteten Wandelement des Rohres aufgenommen. Dort entsteht ein Temperatursprung von Rohraußenwand zur Rohrinnenwand von

$$\Delta \vartheta_1 \doteq \frac{q_{\max} s}{\lambda_E} \tag{410}$$

und von Rohrinnenwand zum Dampf von

$$\Delta \vartheta_2 \doteq \frac{q_{\max}}{\alpha_D} \tag{411}$$

Es ist s die Wandstärke des Rohres, λ_E die Wärmeleitfähigkeit des Rohrwerkstoffes und α_D die Wärmeübergangszahl von Dampf.

Die Gl. (410) und (411) dürfen in dieser Form angewendet werden, da die Wärmeaufnahme vom maximalen Wert $q_{\max}$ in Richtung gegen die Rohrseiten zu sofort abnimmt.

Ist ϑ_S die Dampftemperatur Ende Strahlungsüberhitzer, welche gewöhnlich zwischen 400 bis 420° liegt und die mit einem Zuschlag von etwa 15 °C wegen ungleicher Beheizung an einzelnen parallel geschalteten Rohren einzusetzen ist, gilt

$$\vartheta_Z = \Delta \vartheta_1 + \Delta \vartheta_2 + \vartheta_S \tag{412}$$

Nach Einsetzen von Gl. (410) und (411) findet sich

$$\alpha_D = \frac{q_{\max}}{\vartheta_Z - \vartheta_S - \frac{q_{\max} s}{\lambda_E}} \tag{413}$$

Aus Abb. 113 ist nach Berechnung von α_D die zugehörige Dampfaustrittsgeschwindigkeit w_D zu ermitteln, die im Strahlungsüberhitzer notwendig ist. Nachdem nun die Dampfgeschwindigkeiten im Strahlungs- und Nachüberhitzer bekannt sind, kann deren Druckabfall berechnet werden, was wie bei Überhitzern gewöhnlicher Kessel nach Gl. (371) erfolgt. Mit dem Druckabfall der außen liegenden Umwälzleitungen ergibt sich der gesamte Druckabfall, der etwa 4,0 bis 4,5 at beträgt. Die Wellenleistung der Umwälzpumpe in kW ist dann:

$$N = \frac{u D v'' \Delta p}{3600 \cdot 102 \cdot \eta_P} \qquad (414)$$

Die Druckdifferenz Δp ist in kp/m² einzusetzen, das Dampfgewicht D in kp/h, das spezifische Volumen in m³/kp. Der Pumpenwirkungsgrad η_P beträgt etwa 0,7.

H. Berechnung von Velox-Kesseln

Bei Kesseln nach dem Velox-Prinzip findet die Verbrennung unter einem Druck von 2,6 bis 3,4 ata statt. Die Kesselteile bis vor der Gasturbine stehen unter gleichem, nur um die Strömungsverluste verminderten Druck. Die Entspannung in der Gasturbine erfolgt bis auf etwa 1,1 ata, welche Pressung erforderlich ist, um die Strömungswiderstände im Eko zu überwinden. Der Gesamtdruckverlust in den Zügen und Heizflächen vor und hinter der Gasturbine beträgt 0,4 bis 0,6 at, wovon etwa 80% vor der Gasturbine aufgebraucht werden. Die Gasturbine treibt den Kompressor an. Es ist erwünscht, hierbei auch Nutzleistung zu erzielen, um den Wirkungsgrad des Gesamtprozesses zu verbessern. Erstere wird um so höher sein, je höher die Gastemperatur vor der Turbine gewählt wird. Bei 500 bis 550°, wie sie vielfach ausgeführt wurde, hat die Ladegruppe oberhalb $^3/_4$ Last einen geringen Leistungsüberschuß (bei Vollast etwa 2,5% der Nutzleistung). Nach dem Stand des Gasturbinenbaues ist es jedoch möglich, Temperaturen bis etwa 750 bis 800 °C zuzulassen, so daß nennenswerte Überschußleistungen abgegeben werden könnten. Je nach Energieab- bzw. -aufnahme der Ladegruppe $\pm N$ in kW, gemessen an der Verbindungswelle zum Motor-Generator, ist der Kesselwirkungsgrad

$$\eta_K = \frac{D(i_ü - i_{WE}) \pm N \cdot 860}{B H u} \qquad (414a)$$

Die Leistung der Ladegruppe ist $N = N_T - N_V$, wobei N_T und N_V die innere Turbinen- und Verdichterleistung ist. Die innere Leistung der Gasturbine beträgt $N_T = \frac{G \cdot \Delta i_T \cdot \eta_T}{860}$, jene des Verdichters $N_V = \frac{L \Delta i_v}{860 \cdot \eta_v}$. Es ist G die Gasmenge in kp/h, Δi_T das adiabatische Gefälle der Turbine, welches berechnet[1] oder einer i-s-Tafel[2] entnommen wird, η_T der innere Turbinenwirkungsgrad (0,8 bis 0,88), L die Luftmenge in kg/h, Δi_v das adiabatische Gefälle im Verdichter, η_V der innere Verdichterwirkungsgrad (0,75 bis 0,85). Die Ladegruppe ist mit einem Motor-Generator gekuppelt, welcher die elektrische Leistung $[N_T \eta_m - N_V/\eta_m]\, \eta_e$ ab- bzw. $[N_V/\eta_m - N_T \eta_m]/\eta_e$ aufnimmt. η_e ist hierbei der Wirkungsgrad des Motor-Generators, η_m der mechanische Wirkungsgrad von Turbine bzw. Verdichter.

Um einen Kessel nach dem Velox-Prinzip zu berechnen, ist es zweckmäßig, zunächst Verdichterdruck, Druck und Temperatur vor und Druck nach der Gasturbine anzunehmen. Damit kann auch die Temperatur nach der Gasturbine bzw. nach dem Verdichter berechnet oder aus dem i-s-Diagramm entnommen werden.

---

[1] Ströhlen: Die Ermittlung des Wärmegefälles und der Temperaturen der Adiabate für Luft und Rauchgas. BWK 1949, S. 37.

[2] Lutz und Wolf: IS-Tafel für Luft und Verbrennungsgase. Berlin: Springer. 1938.

Die folgende Rechnung hat die Aufgabe zu erfüllen, den nun festliegenden Druckabfall durch Wahl richtiger Geschwindigkeiten in der Heizfläche auszunützen, wobei diese bei 100 bis 250 m/s, im Mittel etwa 200 m/s, liegen. Gegebenenfalls bedingt dies, die eingangs getroffenen Annahmen nochmals zu korrigieren. Aus Gl. (359) ist, wenn der Wirkungsgrad $\eta_K = 0{,}91$ bis $0{,}92$ angenommen wird, die Brennstoffmenge bekannt. Die Feuerraumtemperatur wird nach den Angaben auf S. 192 berechnet, wobei die Feuerraumbelastung bei Öl bis $8 \cdot 10^6$, bei Hochofengas $6 \cdot 10^6$ kcal/m³h gewählt wird.

Anschließend ist es zweckmäßig, die Rauchgastemperatur vor dem Überhitzer aus der angenommenen Rauchgastemperatur vor der Gasturbine und der Wärmeaufnahme des Überhitzers zu berechnen. Hierbei ist die Wärmeaufnahme etwa vorhandener Verdampferschlangen, welche den Überhitzerschacht begrenzen (Abb. 51), zu berücksichtigen. Weiter kann die Wärmeaufnahme der Auskleidungsheizfläche des Umlenkstückes vor Eintritt in den Überhitzer und damit die Rauchgastemperatur-Austritt-Verdampfer gefunden werden. Da die Rauchgaseintrittstemperatur (gleich Brennkammertemperatur) in dem Verdampfer ermittelt wurde, folgt auch die in diesem zu übertragende Wärmemenge. Es können hierbei die c_p-Werte der Abb. 105 benützt werden, unter Beachtung, daß diese je Nm³ gelten, d. h. bei Bezug auf 1 kg durch etwa. 1,34 zu dividieren sind. Der Druckeinfluß braucht nicht berücksichtigt zu werden.

Nach Wahl der Strömungsgeschwindigkeit der Rauchgase und der Rohrdimension wird α_K je nach Strömungsart (senkrecht oder parallel zur Rohrachse) nach Gl. (133) [Abb. 121a, 121b] oder Gl. (123) [Abb. 113] berechnet. In ersterem Fall ist der aus den genannten Abbildungen entnommene Wert mit p^m zu multiplizieren, da der Betriebsdruck über dem Atmosphärendruck liegt, die Abb. 121a, 121b aber für Atmosphärendruck entworfen wurden. Die Wärmeübergangszahl für Strahlung α_S wird nach S. 192 berechnet. Die Berechnung der Wärmeübergangszahl auf der Wasserseite kann unter Annahme einer zehnfachen Umwälzung erfolgen. Die Wärmedurchgangszahl K folgt dann nach Gl. (159) und beträgt etwa 150 bis 200 kcal/m²h °C.

Nun kann die Heizfläche der Verdampferrohre nach Gl. (184) ermittelt werden. Als Anhalt diene, daß die Dampferzeugung, auf die beheizten Umfänge bezogen, etwa 500 kg/m²h beträgt.

Die Ermittlung des Druckverlustes im Verdampfer und Überhitzer erfolgt je, nachdem ob die Strömung senkrecht oder parallel zu den Rohren stattfindet, entweder nach Gl. (341) oder Gl. (426). Im ersteren Fall ist Abb. 161 zu benutzen und die Ergebnisse, mit p aus gleichen Gründen wie weiter oben dargelegt, zu multiplizieren. Bei Parallelströmung gilt Abb. 192, 193a, b, 211.

Die Heizfläche des Ekos hat die Wärme aufzunehmen, welche der Temperaturabnahme der Rauchgase von Austritt Gasturbine auf Abgastemperatur entspricht. Letztere wurde bereits bei Ermittlung der Einzelverluste festgesetzt und beträgt etwa 140°.

J. Ausgeführte Heizflächen

Es ist die Frage von Interesse, ob bei Betrachtung einer genügend großen Zahl von Kesseln sich bei der Auslegung der Heizflächen bestimmte allgemeine Gesetzmäßigkeiten feststellen lassen. Kann man Kennziffern finden, über welche die Heizfläche aufgetragen, nur wenig streuen, wäre obige Frage zu bejahen.

Die Aufgabe erscheint schwierig, da die Austeilung der einzelnen Heizflächen, wie Kessel, Überhitzer, Vorverdampfer, Eko und Luvo von vielen Faktoren abhängt. Betrachtet man deren spezifische Heizfläche in m² je t/h erzeugten Dampf, so hängt diese von Kesselgröße, Brennstoffart, Feuerungsart, Druck, Überhitzung, Speisewassertemperatur, ausgenütztem Zug, Bauart der Heizfläche, Lufttemperatur u. v. a. ab.

In folgender Untersuchung sei bei den Lufterhitzern aus Gründen der Einfachheit zwischen glatter, Rippen- oder Nadelheizfläche nicht unterschieden.

Mit „Eko“ sind alle Arten von Wasservorwärmern mit Rippen bezeichnet. Unter Vorverdampfer wird ein Schlangenvorwärmer verstanden, soweit dessen Heizfläche der Abb. 186 entspricht. Ist sie größer, hat der Mehrbetrag mit im Verhältnis des Wärmeübergangskoeffizienten vergrößerter Heizfläche (etwa doppelt) dem vorhandenen Eko zugezählt oder, wenn ein solcher nicht vorhanden ist, als „fiktiver Eko“ in Rechnung gestellt zu werden.

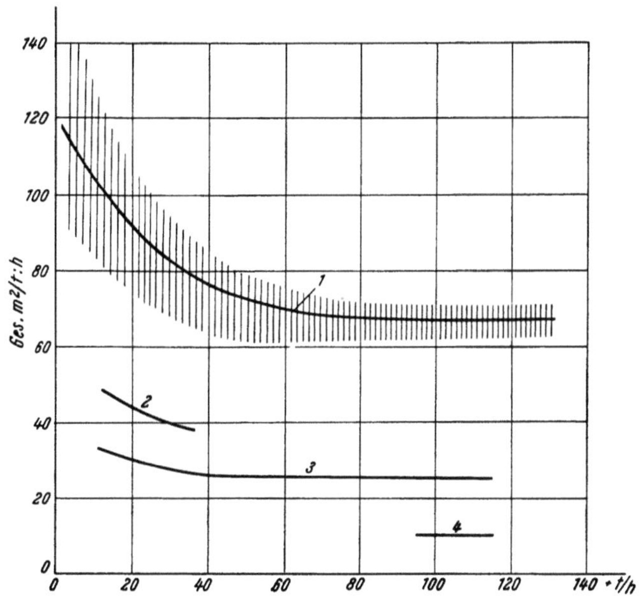

Abb. 184. Gesamtsumme der spezifischen Heizflächen

Der Zug wurde nicht in die Betrachtungen eingeführt, da die Zahl der zur Verfügung stehenden Meßergebnisse hierzu nicht ausreichend war.

Zunächst ist die Gesamtsumme der spezifischen Heizflächen eines Dampferzeugers von Interesse. Trägt man sie über der Dampferzeugung auf (Abb. 184), liegen die Werte fast ausnahmslos im schraffierten Band. Die Werte für Braunkohle und niedrigere Abgastemperaturen liegen höher als für Steinkohle und höhere Abgastemperaturen. Im Mittel gilt die ausgezogene Linie *1*. Wagner-Schiffskessel liegen im Bereich zwischen Kurve *2* und *3*. Hochbelastete Schiffskessel und Lokomotivkessel haben Abgastemperaturen von etwa 350 °C und liegen auf Kurve *3*. Die Werte eines Velox-Kessels sind auch eingetragen (Kurve *4*).

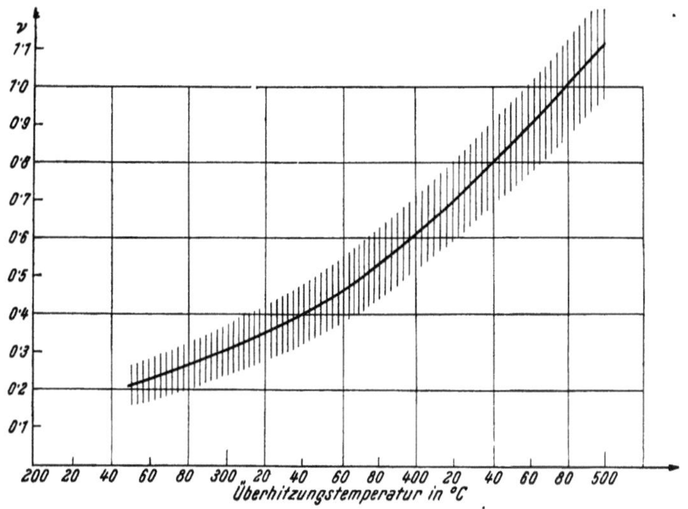

Abb. 185. Verhältnisse der Überhitzer- zur Kesselheizfläche

Das Verhältnis v Überhitzer zu Kesselheizfläche zeigt Abb. 185, wobei auf der Abszisse die Überhitzungstemperatur des Dampfes eingetragen ist. Das Band streut verhältnismäßig wenig, trotzdem die benützten Werte allen Druckstufen entnommen wurden. Für mittlere Verhältnisse gilt die ausgezogene Kurve. Bei Schottüberhitzern findet man jedoch auch erheblich tiefere Werte.

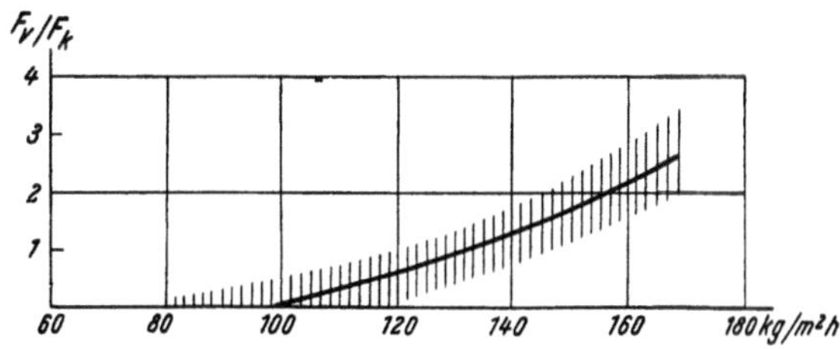

Abb. 186. Verhältnis der Vorverdampfer- zur Kesselheizfläche $F_V F_K$

Das Verhältnis der Vorverdampfer- zur Kesselheizfläche ist aus Abb. 186 ersichtlich, und zwar in Abhängigkeit der

Heizflächenbelastung in kp/m²h. Vorverdampfer, welche an Stelle von Ekos, d. h. in dem für diese üblichen Temperaturbereich vorgesehen werden, sind in dieser Abbildung nicht enthalten (s. oben).

Schließlich ist in Abb. 187 das Verhältnis der Heizfläche des Luvo zu jener von Luvo + Eko in Abhängigkeit von der Lufterhitzung dargestellt. Der obere Teil des Bandes gilt bei großen spezifischen Heizflächen des Kessels + Überhitzers + Vorverdampfers, der untere für den umgekehrten Fall. Dies ist verständlich, da bei hoher Wärmeaufnahme dieser, gemäß dem erstgenannten Fall, die Lufterhitzerheizfläche, unter Voraussetzung gleicher Lufterhitzung, einen größeren Anteil an der Eko- + Luvo-Heizfläche stellen muß.

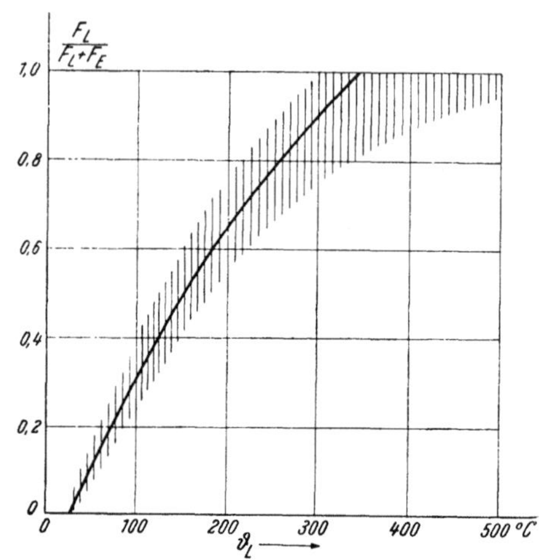

Abb. 187. Verhältnis der Luvo- zur Luvo- + Ekoheizfläche $F_L(F_L + F_E)$

Die Kurven gestatten, überschlägig die notwendigen Heizflächen eines Dampferzeugers anzugeben. Zum Beispiel sei ein Kessel für 100 t/h, 40 atü, 470 °C Überhitzungstemperatur, 250 °C Lufterhitzung, auszumitteln. Der Kessel erhält Kohlenstaubfeuerung und soll als Strahlungskessel ausgebildet werden.

Für einen solchen werde nach Zahlentafel 62 die Heizflächenbelastung mit 140 kg/m²h festgesetzt. Der Reziprokwert, multipliziert mit 1000, ergibt die spezifische Heizfläche des Kessels zu 7,2 m² : t/h. Jene des Überhitzers folgt aus Abb. 185, mit der Verhältniszahl bei 470 °C von 1 zu 7,2 m² : t/h. Für den Vorverdampfer kann aus Abb. 186 eine Verhältniszahl von 1,3 abgelesen werden, so daß dessen spezifische Heizfläche 9,4 m² : t/h ist. Die Summe von Kessel, Überhitzer und Vorwärmer ergibt 23,8 m² : t/h. Die Summe aller Heizflächen folgt aus Abb. 184 zu 67 m² : t/h. Daher verbleibt für Eko und Luvo 67 — 23,8 = 43,2 m² : t/h.

Zahlentafel 66. *Spezifische und Gesamtheizfläche eines Dampferzeugers*

	Spezifische Heizfläche m² : t/h	Wirkliche Heizfläche m²
Kessel	7,2	720
Überhitzer	7,2	720
Vorverdampfer	9,4	940
Eko	9,8	980
Luvo	33,4	3340

Die Größe des Luvos selbst folgt aus der Verhältniszahl der Abb. 187, die sich bei einer Lufttemperatur von 250 °C zu 0,77 ergibt. Der Luvo erhält 43,2 · 0,77 = 33,4 m² : t/h, der Eko 43,2 — 33,4 = 9,8 m² : t/h. Die spezifischen sowie tatsächlichen Heizflächen sind in Zahlentafel 66 zusammengestellt.

Wäre der Eko auch als Vorverdampfer ausgeführt, müßte 9,8 im Verhältnis des Wärmedurchgangskoeffizienten einer Rippen- zu einer Schlangenheizfläche, d. i. ∼1 : 2 verringert werden. Es ergäbe sich eine Heizfläche von $\frac{9,8}{2} = 4,9$ m² : t/h. Die gesamte Vorverdampfer-Heizfläche ist dann 9,4 + 4,9 = 14,3 m² : t/h.

IX. Wasserumlauf

A. Naturumlaufkessel

1. Wichte von Dampfwassergemischen

Das in den beheizten Rohren eines Dampfkessels sich bildende Dampfwassergemisch wird durch den Wichteunterschied gegenüber dem Wasser nach aufwärts gedrängt, wodurch eine Strömung entsteht, welche Wasserumlauf genannt wird. Dieser unterstützt, wenn er im gewünschten Sinne stattfindet, die Abführung der gebildeten Dampfblasen, so daß die Heizfläche stets vom Wasser gekühlt ist. Umgekehrt kann aber der Wasserumlauf auch die Dampfabfuhr hemmen, wenn er entgegen der Steigrichtung der Dampfblasen verläuft. Dann können diese, wenn sie an der Wandung haften, wie eine wärmeisolierende Schicht zwischen Heizfläche und Wasser wirken, wodurch die Rohrwand entweder durch zu hohe Erwärmung oder, wenn sich der Vorgang oftmals wiederholt, durch die dauernd wechselnden Wärmespannungen zu Schaden kommen kann.

Der Zweck einer Wasserumlaufrechnung liegt daher nicht so sehr darin, die Intensität eines im gewünschten Sinne stattfindenden Wasserumlaufes zu ermitteln, als festzustellen, ob er auch auf andere, unerwünschte Weise erfolgen kann. Allerdings erfolgt letztere Feststellung auf der Basis ersterer Rechnung.

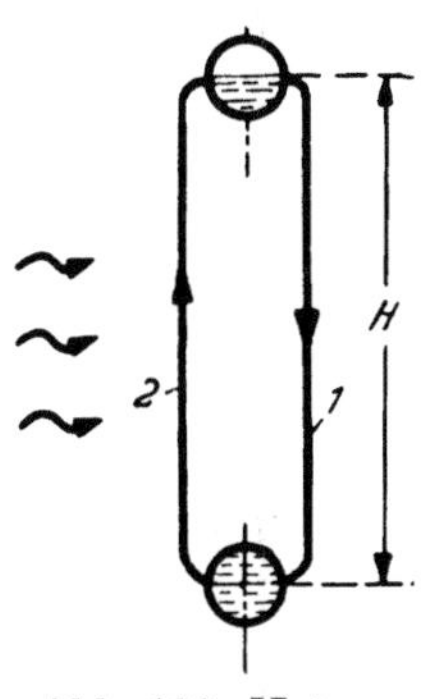

Abb. 188. Naturumlaufsystem

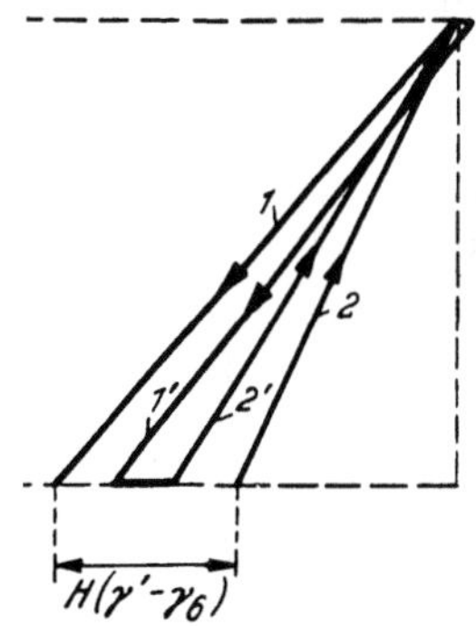

Abb. 189. Statischer und Gesamtdruckverlauf im Umlaufsystem der Abb. 188

Den einfachsten Fall eines Wasserumlaufsystems zeigt Abb. 188. Es wird durch ein beheiztes Siederohr *2* und ein unbeheiztes Fallrohr *1* mit Ober- und Untertrommel gebildet.

Die Abb. 189 zeigt den Druckverlauf im System der Abb. 188. *1* ist der statische Druckverlauf des Wassers im Fallrohr, *2* des Gemisches im Siederohr. Es verbleibt demnach, wenn H die Höhe des Systems und γ' bzw. γ_G die Wichte von Wasser und Gemisch sind, ein Differenzdruck $H(\gamma' - \gamma_G)$, welcher die Strömungsverluste des Wasserumlaufes zu decken hat. Unter Berücksichtigung dieser geht *1* in *1'* und *2* in *2'* über.

Zur Erzeugung der Eintrittsgeschwindigkeit in das Siederohr und Fallrohr ist ein Druckabfall erforderlich, welcher als horizontale Strecke oben und unten in Erscheinung tritt. Die Reibungsverluste selbst sind bei einer Fallströmung vom statischen Druckverlauf abzuziehen, bei einer Steigströmung zuzuzählen. Auf diese Weise erscheint *1'* steiler als *1* und *2'* flacher als *2*.

Aus dem Gesagten kann man erkennen, daß zur Behandlung des Wasserumlaufes zunächst die Kenntnis des statischen Druckverlaufes eines Gemisches, bzw. dessen Wichte sowie der Strömungsverluste erforderlich ist.

Zur Berechnung der Wichte des Gemisches sei ein Rohr betrachtet, worin die Dampfblasen gegenüber dem Wasser mit der Relativgeschwindigkeit w_r aufsteigen. Die Geschwindigkeit des Wassers an einer beliebigen Stelle sei w_w, der Querschnitt des Rohres f [1]. Denkt man sich das Gemisch entmischt und den Dampf in einem geschlossenen Schlauch aufsteigend, ist der übrig bleibende Querschnitt f_w von Wasser durchflossen. Schließlich sei an einer beliebigen Stelle des Rohres das sekundliche Wassergewicht W_x, das sekund-

[1] SCHULTES: Der Wasserumlauf in Steilrohrkesseln. Dissertation. Technische Hochschule Darmstadt.

liche Dampfgewicht D_x, die Wichten von Wasser und Dampf γ' und γ''. Die Kontinuitätsgleichung für W_x und D_x lautet:

$$(f - f_w)\gamma''(w_w + w_r) = D_x, \tag{415}$$

$$f_w \gamma' w_w = W_x \tag{416}$$

Nach Eliminierung von w_w und kleineren Umformungen kann das Verhältnis des Wasserquerschnittes zum Rohrquerschnitt ermittelt werden. Wenn man abkürzend für

$$\frac{D_x}{f\gamma'' w_r} = A \qquad \frac{W_x}{f\gamma' w_r} = B \tag{417}$$

setzt, ergibt sich[1]

$$\frac{f_w}{f} = \frac{\substack{-\\+\\-} A \substack{-\\+\\+} B \substack{+\\+\\+} 1}{2} \substack{\pm\\ \\ \{\pm} \sqrt{\frac{\left(\substack{+\\+\\-} A \substack{+\\+\\+} B \substack{-\\+\\+} 1\right)^2}{4} \substack{\pm\\-} B} \tag{418}$$

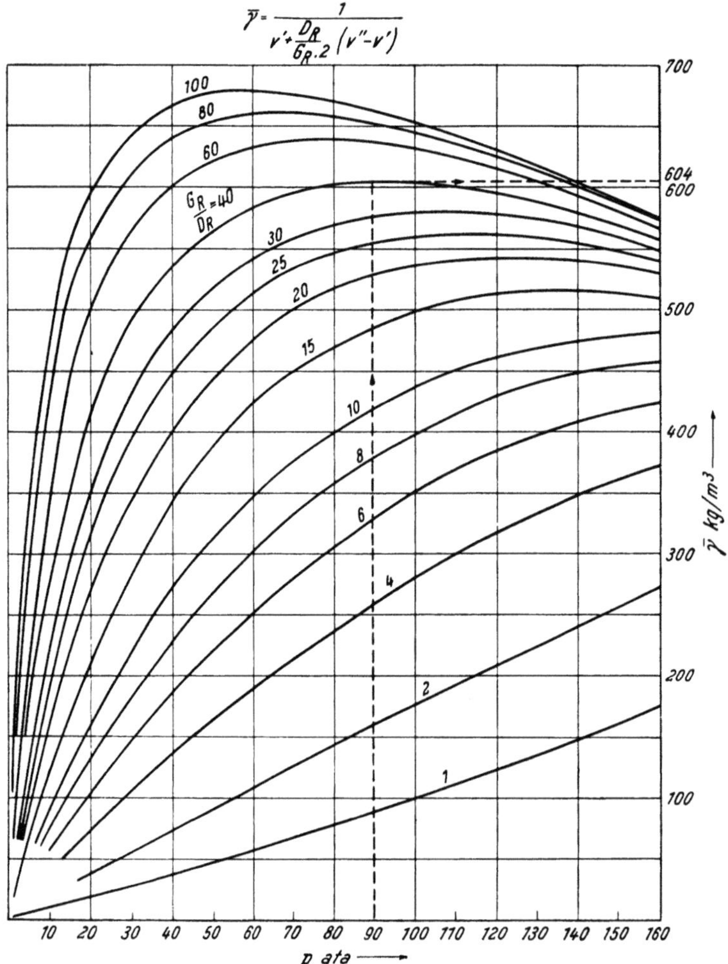

Abb. 190. Wichte $\bar{\gamma}_m$ in Abhängigkeit von Druck und G_R/D_R. Gl. (424a). Zum Beispiel $p = 90$ ata, $\frac{G_R}{D_R} = 40$, ergibt $\bar{\gamma}_m = 604$ kp/m

Die obere Reihe der Vorzeichen gilt hierbei, wenn Dampf und Wasser im Siederohr nach aufwärts strömen, die zweite Reihe, wenn Wasser und Dampf nach abwärts strömen, d. h. wenn es sich um ein beheiztes Fallrohr handelt, wobei die Wassergeschwindigkeit größer als die Relativgeschwindigkeit der Dampfblasen sein muß. Die dritte Reihe gilt, wenn das Wasser nach abwärts strömt, jedoch mit kleinerer Geschwindigkeit als die Relativgeschwindigkeit der Dampfblasen, so daß letztere aufsteigen können. Die Wichte des Dampfwasser-Gemisches in einem beliebigen Querschnitt ist dann[2]

$$\gamma = \gamma' \frac{f_w}{f} + \gamma''\left(1 - \frac{f_w}{f}\right) \tag{419}$$

Bei hohen Drücken ist angenähert die Relativgeschwindigkeit der Dampfblasen $w_r \doteq 0$. Für diesen Fall vereinfacht sich die Beziehung für γ, und man erhält wieder aus Gl. (415), (416) und (419) mit $W_x + D_x = G_R$.

$$\gamma = \frac{1}{v' + \frac{D_x}{G_R}(v'' - v')} \tag{420}$$

[1] LEDINEGG: Unstabilität der Strömung bei natürlichem und Zwangumlauf. Wärme 1938, S. 891.

[2] SEIDEL: Die Berechnung des Wasserumlaufes in Kesselrohrbündeln. Zeitschr. bayerischer Revisions-Verein 1931, S. 211.

Um den statischen Druck zu erhalten, den eine Dampf-Wasser-Gemisch-Säule in einem Siederohr auf ihre Grundfläche ausübt, ist der Wert von γ über die Rohrhöhe zu integrieren. Beginnt die Verdampfung am Rohranfang und ist die Höhe H, lautet das Integral

$$\varDelta p_{St} = \int_0^H \gamma\, dx$$

Um das Integral ausführen zu können, ist die Veränderlichkeit von γ über die Rohrhöhe zu berücksichtigen. Nimmt man gleichmäßige Wärmezufuhr über diese an, steigt die Dampfmenge D_x im Rohr linear von 0 bei $x = 0$ bis zu einem Wert D_R bei $x = H$. Setzt man, bei $w_r = 0$, Gl. (420) in das Integral unter Berücksichtigung des eben Gesagten ein und führt die Integration durch, erhält man

$$\varDelta p_{St} = \frac{H}{v_A - v'} \ln \frac{v_A}{v'} \tag{421}$$

Hier bedeutet v_A das spezifische Volumen des Gemisches am Rohraustritt und ist gemäß dem Reziprokwert von Gl. (420)

$$v_A = v' + \frac{D_R}{G_R} (v'' - v') \tag{422}$$

Man kann auch Gl. (421) mit einem mittleren spezifischen Volumen v_m schreiben

$$\varDelta p_{St} = \frac{H}{v_m} \tag{423}$$

wobei $v_m = \dfrac{v_A - v'}{\ln \cdot \dfrac{v_A}{v'}}$ ist. Vergleicht man dies mit Gl. (181), bzw. (183), sieht man, daß für v_m auch geschrieben werden kann $v_m = \dfrac{v_A + v'}{2} \mathfrak{z}$, wobei $\mathfrak{z}$ der mittlere logarithmische Korrekturkoeffizient gemäß Zahlentafel 49 ist. (Hier $\mathfrak{z}$ statt b verwendet.) Bildet man das arithmetische Mittel $\bar{v}_m = \dfrac{v_A + v'}{2}$, wobei für v_A Gl. (422) eingesetzt wird, folgt:

$$\bar{v}_m = v' + \frac{D_R}{2 G_R} (v'' - v') = \frac{1}{\gamma_m} \tag{424a}$$

Das arithmetische Mittel ergibt sich also auch, wenn im Kehrwert von Gl. (420) $D_x = \dfrac{D_R}{2}$, d. h. in halber Rohrhöhe eingesetzt wird, wobei $v_m = \bar{v}_m \mathfrak{z}$ ist.

Bei endlicher Voreilgeschwindigkeit w_r der Dampfblasen liefert das Integral $\varDelta p_{St} = \int_0^H \gamma\, dx$, wenn für γ Gl. (418) und (419) eingesetzt und wieder gleichmäßige Wärmezufuhr über die Rohrlänge angenommen wird, weitläufige Formeln. Man erhält:

$$\varDelta p_{St} = \left[\left(\mp \frac{aH}{4} \mp \frac{b}{2}\right) (\gamma' - \gamma'') \substack{+\\+} \gamma'' \pm \frac{(\gamma' - \gamma'')}{2H} \varPhi\right] \cdot H \tag{425}$$

Es ist:

$$\varPhi = \substack{+\\+} \frac{(b' + c'H)}{2c'} \sqrt{a' + 2b'H + c'H^2} \substack{-\\-} \frac{b'\sqrt{a'}}{2c'} \substack{+\\+}$$

$$\substack{+\\+} \frac{a'c' - b'^2}{2c'\sqrt{c'}} \ln \frac{b' + c'H + \sqrt{c'} \cdot \sqrt{a' + 2b'H + c'H^2}}{b' + \sqrt{a'c'}}$$

Ferner bedeutet:

$$a = \left(\frac{D_R}{f w_R \gamma''}\right) \frac{1}{H} \left(1 - \frac{\gamma''}{\gamma'}\right); \quad b = \frac{G_R}{f \gamma' w_r} \mp 1; \quad c = \left(\frac{D_R}{\gamma'' f w_r}\right) \frac{4\gamma''}{H\gamma'}; \quad d = \frac{4 G_R}{f \gamma' w_r};$$

$$a' = b^2 \pm d; \qquad b' = ab \mp \frac{c}{2}; \qquad c' = a^2$$

Die oberen Vorzeichen gelten für Steig-, die unteren für reine Fallströmung. Das Ergebnis läßt sich in der Form

$$\Delta p_{St} = H \cdot \text{Funkt.}\left(\frac{D_R}{f w_r \gamma''},\ \frac{G_R}{f w_r \gamma'},\ p\right)$$

darstellen, wobei p den Druck bedeutet.

Auch diese Berechnung ist nicht ausreichend, wenn die getroffenen Annahmen, $w_r = \text{const}$ und gleichmäßige Wärmezufuhr über der Rohrlänge, nicht zutreffen. Dies wird insbesondere bei Siedewasserreaktoren der Fall sein; dort wird das Integral $\int \gamma dx$ am besten stufenweise gebildet, indem die Rohrlänge in eine Anzahl Abschnitte geteilt wird, innerhalb welcher für Relativgeschwindigkeit W_r und Wärmezufuhr Mittelwerte genommen werden können.

Auch bei Kesseln ist bei Wasserumlaufrechnungen die Voreilgeschwindigkeit w_r zu berücksichtigen. Doch ist es normalerweise ausreichend, Gl. (423) zu benützen mit

$$v_m = \bar{v}_m \cdot \mathfrak{z} \tag{424b}$$

Bei $w_r > 0$ ist jedoch $\bar{v}_m = 1/8$ [Gl. (419, 418)], einerseits gerechnet als arithmetisches Mittel ($\bar{v}'_m$) oder andererseits in halber Rohrhöhe ($\bar{v}''_m$), nicht mehr identisch wie bei $w_r = 0$, sondern hier gilt:

$$\bar{v}'_m > \bar{v}''_m$$

Es ist demnach die Frage zu entscheiden, welches dieser beiden $\bar{v}_m$ in Gl. (424b) einzusetzen ist. Bei $\bar{v}'_m = \frac{v_A + v'}{2}$ ist v_A aus Gl. (419) bzw. (418) für $D_x = D_R$, also bei Rohrende zu ermitteln, bei $\bar{v}''_m$ jedoch bei $D_x = \frac{D_R}{2}$. Letztere Methode ist vorzuziehen und wird in der Folge verwendet, da sie eine bessere Näherung gibt. Dies sei beispielsweise bei einem Rohr von 70 mm l Durchmesser und $H = 5$ m, durch Vergleich mit der genauen Methode, Gl. (425), gezeigt. Das eintretende Wassergewicht sei $G_R = 2$ kp/s, die Dampferzeugung $D_R = 0{,}2$ kp/s, die Relativgeschwindigkeit $W_R = 0{,}4$ m/s, der Druck 64 at. Dann folgt:

v'	m³/kp	0,00133
$\bar{v}''_m$ [Gl. (418), (419)]	m³/kp	0,00245 (in halber Rohrhöhe $W_x = 1{,}9$ kp/s, $D_x = 0{,}1$ kp/s)
v_A [Gl. (418), (419)]	m³/kp	0,0038 (Rohrende $W_x = 1{,}8$ kp/s, $D_x = 0{,}2$ kp/s)
$\bar{v}'_m = \frac{v' + v_A}{2}$	m³/kp	0,002565 (aus arithmetischem Mittel)

$\mathfrak{z}$ $\left(\text{aus } \frac{v_A}{v'} = 2{,}87 \text{ und Zahlentafel 49}\right)$ 0,917

$\Delta p_{St} = H/v_m$	Gl. (425) (genaue Gleichung)	kp/m²	2192
$\Delta p_{St} = H/\bar{v}'_m$	(aus arithm. Mittel)	kp/m²	1950
$\Delta p_{St} = H/\bar{v}'_m\,\mathfrak{z}$	(aus arithm. Mittel)	kp/m²	2130
$\Delta p_{St} = H/\bar{v}''_m$	(in halber Rohrhöhe)	kp/m²	2040
$\Delta p_{St} = H/\bar{v}''_m\,\mathfrak{z}$	(in halber Rohrhöhe)	kp/m²	2220

Wie man sieht, liegt das Ergebnis in der letzten Zeile näher zu genauen Lösung als das Ergebnis in der vorvorletzten Zeile.

Die Relativgeschwindigkeit w_r der Dampfblasen hängt für vertikale Rohre vom Druck und von der Wichte des Dampfwassergemisches sowie in geringerem Maße vom Rohrdurchmesser ab. Abb. 191a und 191b zeigen auf der linken Seite die Abhängigkeit, wobei

Messungen von BEHRINGER[1], SCHURIG[2], SCHWARZ[3,4], JAROSCHEK und BRANDT[5] in einer Theorie[6] verarbeitet wurden. Diese geht davon aus, daß nur bei kleinem Dampfgehalt, also großem f_w/f von einem Aufstieg von Blasen in Wasser gesprochen werden kann. Wird

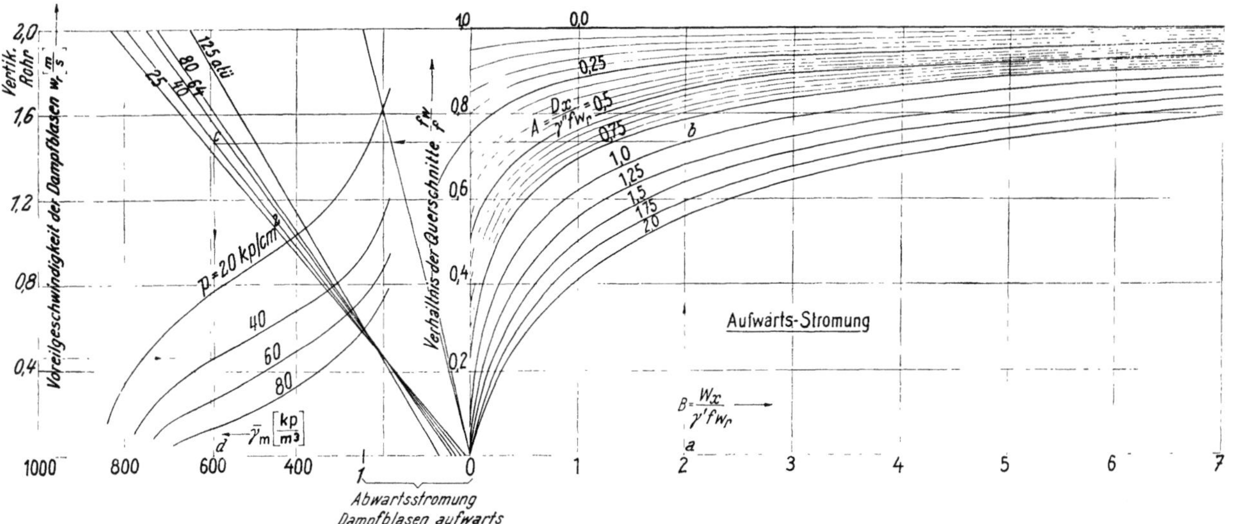

Abb. 191 a. Ermittlung der Wichte eines Dampfwassergemisches bei Aufwärtsströmung von Dampf und Wasser (Steigströmung, Ausgangsmaßstab rechts vom Nullpunkt) und bei Aufwärtsströmung des Dampfes und Abwärtsströmung des Wassers (Ausgangsmaßstab 0—1 links vom Nullpunkt). Der Linienzug $a\,b\,c\,d$ und der von $w_r = 0{,}46$ m/s über $p = 40$ kp/cm² nach d führende müssen bei richtiger Annahme von w_r zum gleichen Punkt führen. Gl. (418), (419)

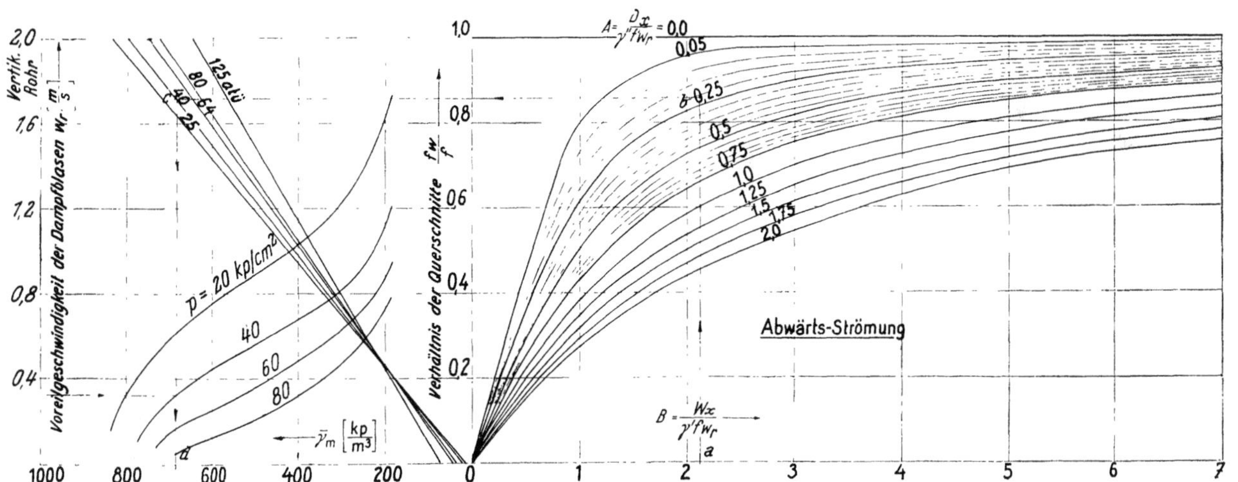

Abb. 191 b. Ermittlung der Wichte eines Dampfwassergemisches bei Abwärtsströmung von Dampf und Wasser (Fallströmung). Der Linienzug $a\,b\,c\,d$ und der von $w_r = 0{,}33$ m/s über $p = 40$ kp/cm² nach d führende müssen bei richtiger Annahme von w_r zum gleichen Punkt führen. Gl. (418), (419)

[1] BEHRINGER: Steiggeschwindigkeit von Dampfblasen in Kesselrohren. VDI Forschungsheft 365, 1934.

[2] SCHURIG: Wasserumlauf in Dampfkesseln. VDI Forschungsheft 365, 1934.

[3] SCHWARZ: Wichteverteilung, Wasser- und Dampfgeschwindigkeit in Kesselsteigrohren. VDI Forschungsheft 445.

[4] SCHWARZ: Strömungswiderstände im beheizten Verdampfer eines Benson-Kessels. Mitt. VGB 1961, S. 143.

[5] JAROSCHEK und BRANDT: Untersuchungen über den Reibungsverlust von Wasser-Dampf-Gemischen und die Voreilgeschwindigkeit des Dampfes in senkrechten Kesselrohren. BWK 1959, S. 407.

[6] LEDINEGG: Dampfvoreilgeschwindigkeit und Druckabfall bei Dampf-Wassergemischen. Zeitschr. f. techn. Überwachung 1964.

f_w/f hingegen kleiner, der Dampfdurchsatz also größer, handelt es sich umgekehrt um Wassertropfen im Dampf, wobei an der Rohroberfläche ein Wasserfilm verbleibt. In horizontalen Rohren findet eine sehr schnelle Entmischung von Dampf und Wasser statt und eilt ersterer auch hier dem Wasser vor, wie die Messungen von SCHWARZ zeigen. Die Ursache hierfür liegt darin, daß der gleiche Druckabfall auf Dampf und Wasser wirkt, wobei dies für ersteren eine größere Geschwindigkeit ergibt. SCHWARZ fand in seinem Versuchsmodell, welches bezüglich der Strömungsgeschwindigkeiten etwa einem Naturumlaufkessel entspricht, bei $\gamma_m < 500$ im horizontalen Rohr etwa die gleichen Voreilgeschwindigkeiten wie im vertikalen. Naturgemäß wird dies mit abnehmender Wassergeschwindigkeit immer weniger zutreffen und schließlich, im horizontalen Rohr bei ruhendem Wasser auch der Dampf nicht strömen.

Bei schrägen Rohren ist ebenfalls mit schneller Entmischung zu rechnen, wobei nunmehr die aufsteigenden Dampfblasen nicht vom Wasser allein, sondern auch von der Rohrwand eine Widerstandskraft erfahren. Dies läßt die Wichte größer erscheinen als in einem vertikalen Rohr mit gleichem Höhenunterschied. Eine Berücksichtigung kann bei Wasserumlaufrechnungen näherungsweise so erfolgen, daß als statische Druckdifferenz eines schrägen Rohres statt $\gamma_m \cdot H$ der Ausdruck $[\gamma_m + (\gamma' - \gamma_m) \cdot \varphi] \cdot H$ genommen wird, mit $\varphi \doteq 0{,}5$.

Die rechnerische Ermittlung der Wichte nach Gl. (418) und (419) ist umständlich, um so mehr, als w_r selbst wieder von der Wichte abhängt und daher zunächst geschätzt werden muß. Es wurde daher Abb. 191a und 191b entworfen[1]. Aus ersterer kann die Wichte entnommen werden, wenn Dampfblasen und Wasser nach aufwärts oder Dampfblasen nach aufwärts und Wasser nach abwärts, aus letzterer, wenn beide nach abwärts strömen. Es haben zu diesem Zweck die Kennziffern $\frac{W_x}{\gamma' f w_r}$ und $\frac{D_x}{\gamma'' f w_r}$ in halber Rohrhöhe zunächst unter Schätzung von w_r gebildet zu werden und man gelangt dann nach Umfahrung des Diagrammes zu einem vorläufigen $\overline{\gamma}_m$. Die zweite von rechts oben nach links unten verlaufende Kurvenschar auf der linken Bildseite gestattet die Kontrolle, ob die anfangs erfolgte Schätzung von w_r richtig war. Ist dies nicht der Fall, hat das Verfahren mit verbessertem w_r wiederholt zu werden.

Das Ergebnis kann, wenn erforderlich, gemäß (424b) durch Division von $\overline{\gamma}_m = \frac{1}{\overline{v}_m}$ mit $\mathfrak{z}$ verbessert werden. Hierzu muß, wegen Ermittlung von $\frac{v_A}{v'}$, was für Zahlentafel 49 nötig ist, auch v_A gebildet werden, was näherungsweise aus $v_A = 2\overline{v}_m - v'$ erfolgen kann[2]. Oft genügt es aber $\mathfrak{z} \doteq 1$ zu setzen.

2. Strömungsverluste

Zur Berechnung des Druckabfalles in einem beheizten Rohr, in welches am Anfang Wasser von Siedetemperatur eintreten möge, wird von der für flüssige und gasförmige Stoffe gültigen Gleichung

$$\Delta p_R = \frac{\lambda L}{d} \cdot \frac{w^2 \gamma}{2g} \tag{426}$$

ausgegangen. Es ist Δp_R der Druckabfall entlang der Rohrlänge L, w die Strömungsgeschwindigkeit, γ die Wichte und d der Rohrdurchmesser. Die Rohrreibungszahl λ ist, je nachdem es sich um ein glattes oder rauhes Rohr handelt, verschieden.

Bekanntlich besitzt jede turbulente Strömung eine laminare Grenzschicht. Liegen die Wanderhebungen noch innerhalb der laminaren Schicht, gilt die Wandung hydraulisch als glatt, auch wenn sie dem Augenschein nach rauh wäre. Treten jedoch die Erhebungen aus der laminaren Schicht hervor, wird die Wand hydraulisch rauh, die Strömung praktisch zur Gänze turbulent. Die Grenzgeschwindigkeit, ab welcher die Wand als glatt, bzw.

[1] LEDINEGG und KÜGLER: Zur Berechnung des Wasserumlaufes in Kühlschirmen. Maschinenbau u. Wärmewirtsch. 1946, S. 23.

[2] In der Folge wird einfachheitshalber statt $\overline{v}''_m$ wieder $\overline{v}_m$ geschrieben.

rauh wirkt, kann aus Abb. 192 entnommen werden[1]. Die Rohrreibungszahl für glatte Wände hängt nur von Re ab[2] und ist in Abb. 193a dargestellt. Jene für rauhe Wände zeigt Abb. 193b, abhängig von dem Rohrdurchmesser und einem „spezifischen Rauhigkeitsfaktor" λ_1, welcher einen Maßstab für die Art der Rauhigkeit darstellt. Es ist z. B. λ_1 für

Rohre aus korrosionsfreiem Stahl	0,0633
Gerade Betonrohre	0,0815
Schwarzblechrohre nach fünfjährigem Betrieb	0,0862
Überhitzer- oder Verdampferrohre, rauh	bis 0,09
Neue Gußeisenrohre	0,1198
Gußeisenrohre in Stadthauptleitungen	0,1535
Gußeisenrohre, alt, verkrustet	0,3285

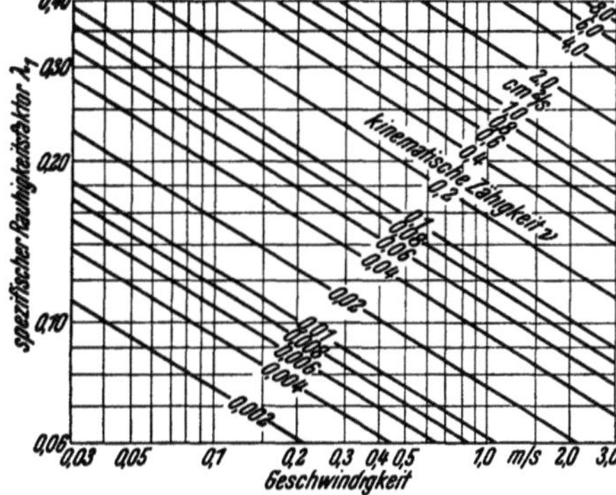

Abb. 192. Geschwindigkeit, oberhalb welcher ein Rohr hydraulisch rauh, bzw. unterhalb hydraulisch glatt erscheint nach JAESCHKE

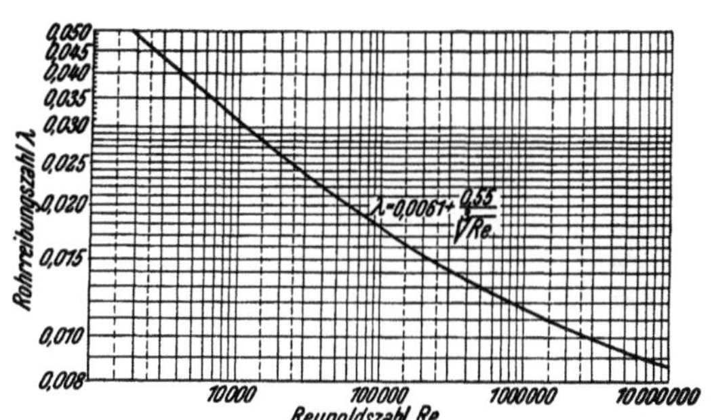

Abb. 193 a. Rohrreibungszahl λ für glatte Rohre (Reynoldssche Zahl, Abb. 212b, S. 282)

Ist die Wichte γ veränderlich, muß in Gl. (426) vom Differential der Rohrlänge dL ausgegangen werden:

$$d\Delta p_R = \frac{\lambda}{d}\,\frac{w^2\gamma}{2g}\,dL \qquad (427)$$

Wird hier noch mit der Kontinuitätsgleichung $\frac{G}{\gamma f} = w$ umgeformt, folgt nach Integration mit der Rohrlänge L

$$\Delta p_R = \frac{\lambda G_R^2}{2gf^2d}\int_0^L \frac{dL}{\gamma} \qquad (428)$$

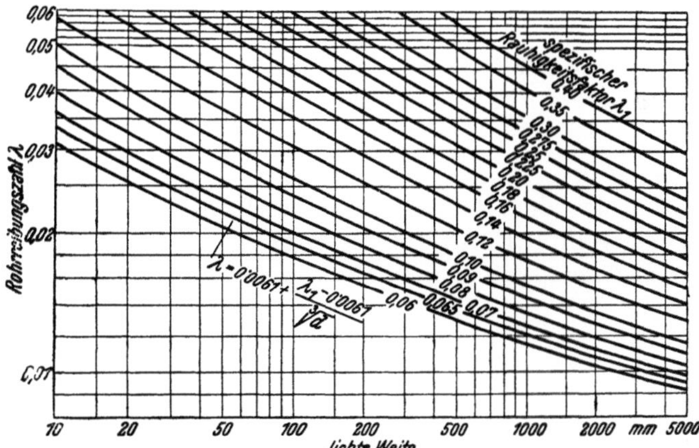

Abb. 193 b. Rohrreibungszahl λ für rauhe Rohre

Betrachtet man zunächst die Verhältnisse bei $w_r = 0$, setzt für γ Gl. (420) ein und nimmt wieder lineare Zunahme der Dampfmenge von 0 zu Beginn auf D_R am Ende des Rohres an, erhält man nach Durchführung der Integration

$$\Delta p_R = \frac{\lambda G_R^2 L}{2gdf^2}\left[v' + \frac{D_R}{2G_R}(v'' - v')\right] = \frac{\lambda G_R^2 L}{2gdf^2\bar{\gamma}_m} \qquad (429\,a)$$

[1] JAESCHKE: Neues amerikanisches Berechnungsverfahren für den Druckabfall in Rohrleitungen. VDI 1950, S. 237.

[2] lg Re kann aus Abb. 212 (S. 282) entnommen werden.

Es erscheint der Druckabfall wieder von $\bar{\gamma}_m$, das ist des spezifischen Gewichtes in halber Rohrhöhe, abhängig. Handelt es sich wie im vorliegenden Fall um Dampfwassergemische, zeigen Messungen[1], daß der Druckabfall größer als in einem homogenen Gemisch gleicher Dichte ist, und zwar etwa um das 2,3fache. Bei Dampfwassergemischen ist demnach die aus Abb. 193 ermittelte Rohrreibungszahl λ mit 2,3 zu multiplizieren. Dies leitet sich daraus ab, daß die Strömung an der Wand in Form eines Wasserfilmes, im Rohrinnern als Wassernebel im Dampf stattfindet[2].

Bezüglich $\bar{\gamma}_m$ gilt, wie für den statischen Druck, bei $w_r = 0$, [Gl. (420)], Abb. 190

$$\bar{\gamma}_m = \frac{1}{v' + \frac{D_R}{2 G_R}(v'' - v')} \tag{429b}$$

und bei $w_r > 0$ [Gl. (419)], Abb. 191a, b

$$\bar{\gamma}_m = (\gamma' - \gamma'') \frac{f_w}{f} + \gamma'' \tag{429c}$$

$\frac{f_w}{f}$ folgt aus Gl. (418) mit der Dampf- und Wassermenge in halber Rohrhöhe, wobei dort $A = \frac{D_R}{f\gamma'' w_r}$, $B = \frac{G_R - D_R/2}{f\gamma' w_r}$ einzusetzen ist.

In den Rohrkrümmern tritt gleichfalls ein Verlust auf, welcher, wenn diese über die ganze Rohrlänge verteilt sind, aus

$$\Delta p_K = \frac{\xi}{2g} w_m^2 \bar{\gamma}_m \tag{430}$$

folgt. w_m bedeutet die Geschwindigkeit in Rohrmitte. Der Beiwert ξ setzt sich aus den Beiwerten der einzelnen Krümmer zusammen: $\xi = \Sigma \xi_n$. Die Werte ξ_n sind aus Zahlentafel 61 zu entnehmen. Nach Einführung der Kontinuitätsgleichung kann auch geschrieben werden:

$$\Delta p_K = \frac{\xi}{2g} \frac{G_R^2}{f^2 \bar{\gamma}_m} \tag{431}$$

wobei $\bar{\gamma}_m$, je nachdem w_r null ist oder nicht, entsprechend einzuführen ist.

Am Rohreintritt ist die Geschwindigkeitshöhe und der Eintrittsverlust aufzubringen. Dem entspricht ein Druckabfall

$$\Delta p_E = \frac{1{,}5}{2g} \frac{G_R^2}{f^2 \gamma'} \tag{432}$$

Zufolge der Verdampfung im Rohr ist die Austrittsgeschwindigkeit des Gemisches größer als die Eintrittsgeschwindigkeit des Wassers. Es muß daher zur Beschleunigung der Strömung ein Druckabfall aufgebracht werden. Dieser folgt aus dem Impulssatz:

$$f \cdot \Delta p_B = \frac{G_R}{g}(w_2 - w_1) \tag{433}$$

Hierbei ist w_1 die Eintritts- und w_2 die Austrittsgeschwindigkeit aus dem Rohr. Die Geschwindigkeit am Rohrende ist, wenn die Wichte nach Gl. (420) gerechnet wird, $w_2 = \frac{G_R}{f}\left[v' + \frac{D_R}{G_R}(v'' - v')\right]$. Die Eintrittsgeschwindigkeit ist $w_1 = \frac{G_R v'}{f}$

Dies in Gl. (433) eingesetzt, liefert:

$$\Delta p_B = \frac{G_R D_R (v'' - v')}{f^2 g} \tag{434}$$

Die gesamten Strömungsverluste Δp_S sind dann

$$\Delta p_S = \Delta p_R + \Delta p_K + \Delta p_E + \Delta p_B \tag{435}$$

[1] Siehe Fußnoten [1] bis [5] auf Seite 259.

[2] Siehe Fußnote[6] auf S. 259.

Setzt man die Gl. (429), (431), (432), (434) ein, folgt:

$$\Delta p_S = \frac{G_R^2}{2gf^2}\left[\frac{1}{\bar{\gamma}_m}\left(\frac{\lambda L}{d} + \xi\right) + \frac{1{,}5}{\gamma'} + \frac{2D_R(v'' - v')}{G_R}\right] \tag{436}$$

Die Gleichung gilt, je nachdem $\bar{\gamma}_m$ eingesetzt wird, für $w_r \gtreqless 0$. Das Beschleunigungsglied wurde allerdings für $w_r = 0$ berechnet, doch ist der daraus resultierende Fehler praktisch Null.

Für manche Zwecke genügt es, durch Multiplikation des Rohrreibungsverlustes mit einem Faktor n, der größer ist als 1, diesen mit den übrigen Verlusten gemeinsam darzustellen. Dann ist:

$$\Delta p_S = \frac{G_R^2 \lambda L \cdot n}{2gdf^2\bar{\gamma}_m} \tag{437}$$

Der Druckabfall kann für $n = 1$ aus Abb. 211 auf S. 280 direkt entnommen werden.

Findet keine Verdampfung statt, lautet Gl. (436)

$$\Delta p_S = \frac{G_R^2}{2gf^2\gamma'}\left[\frac{\lambda L}{d} + \xi + 1{,}5\right] \tag{438}$$

3. Gesamtdruckdifferenz im Rohr

Die gesamte Druckdifferenz in einem lotrechten oder schrägen Siederohr der Höhe H und der Länge L zwischen Eintritt und Austritt setzt sich aus dem statischen Differenzdruck und den Strömungsverlusten zusammen. Es folgt

$$\Delta p = \Delta p_{St} \pm \Delta p_S = H\left[\frac{\bar{\gamma}_m}{\mathfrak{z}} \pm \frac{n\lambda L G_R^2}{2gdf^2 H\bar{\gamma}_m}\right] \tag{439}$$

Das positive Vorzeichen gilt bei Steig-, das negative bei Fallströmung. Es ist für eine Wasserumlaufrechnung aufschlußreich, Gl. (439) in Kurvenform darzustellen (Abb. 194). Eine solche Kurve sei als Kennlinie bezeichnet. Auf der Abszisse ist das eintretende Wassergewicht G_R, auf der Ordinate die Druckdifferenz Δp aufgetragen. Die Kurve gilt für eine bestimmte Dampfmenge D_R am Rohrende.

Links vom Nullpunkt seien Fallströmungen, rechts Steigströmungen dargestellt.

Den statischen Druckverlauf $H\bar{\gamma}_m/\mathfrak{z}$ zeigt *2*. Für große Wassermengen strebt dieser rechts und links dem Grenzwert $H\gamma'$ zu. Den Gesamtdruckverlauf gemäß Gl. (439) stellt, nach Zuzählung des Strömungsverlustes für das Steigrohr und Abzug für das Fallrohr, *1* dar.

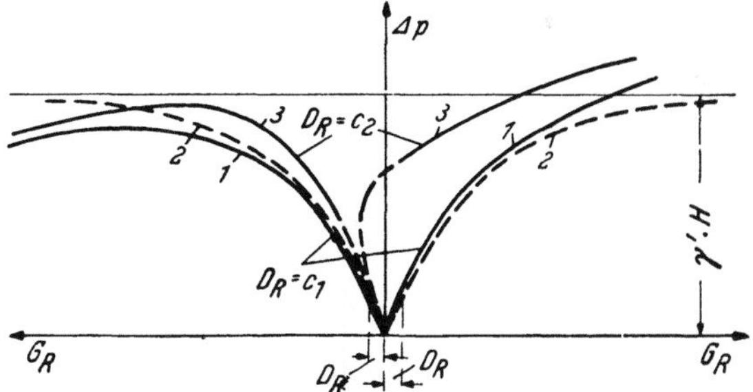

Abb. 194. Kennlinien für Steigrohre (rechts) und Fallrohre (links)

Während die Kennlinie für das Steigrohr ständig ansteigt, hat sie für das Fallrohr einen Höchstwert und nimmt dann wieder ab. Dieser Höchstwert ist für die Umlaufverhältnisse von großer Bedeutung.

Da die Eintrittswassermenge G_R nicht kleiner als die erzeugte Dampfmenge D_R werden kann, haben Werte $G_R < D_R$ keine physikalische Bedeutung.

Nunmehr möge die Dampferzeugung soweit verringert werden, so daß die Dampfmenge $D_R \leqq f \cdot \gamma'' \cdot w_r \cdot 2$ wird (Kurve *3*). Jetzt zeigt die Kennlinie eine rückkehrende Schleife und es bedeutet dies, daß in deren Gebiet[1] der Fall einer Dampfströmung nach aufwärts und Wasserströmung nach abwärts eintritt. Hierzu gehört in Gl. (418) die dritte Vorzeichenreihe. Das $\{\pm$-Zeichen vor der Wurzel zeigt, daß hier zu jedem G_R zwei Lösungen

[1] D. h. links von der Ordinatenachse.

existieren, was durch die rückkehrende Schleife bedingt ist. Auch diese Kurve hat nur physikalische Bedeutung im Gebiet $G_R \geqq D_R$[1]. Man findet die Grenzdampfmenge D_R', unterhalb der eine Schleife auftritt, aus Gl. (418). Es muß (z. B. bei oberster Vorzeichenreihe) bei $B = 0$ die Möglichkeit von zwei Lösungen durch Nullwerden des Wurzelausdruckes ausgeschaltet werden. Man erhält dann $A = 1$ oder, mit Berücksichtigung von $D_x = D_R'/2$ den Ausdruck $D_R' = F\gamma'' w_r 2$. Je kleiner die wirkliche Dampfmenge gegenüber der Grenzdampfmenge D_R' ist, desto größer wird die Schleife. Damit sie aus dem physikalisch bedeutungslosen Gebiet $G_R = D_R$ herausragt, muß D_R unterhalb $D_R'' = \frac{v'' \cdot D_R'}{v'' + 2\sqrt{v''v'} + v'}$ liegen.

4. Wasserumlauf im Kühlschirm

a) Berechnung des Wasserumlaufes in einem Kühlschirm

Den einfachsten Fall eines Wasserumlaufsystems stellt ein Kühlschirm dar, wie er z. B. in Abb. 195 dargestellt ist. Dieser besteht aus einer Anzahl paralleler beheizter Siederohre, welche oben und unten in je einer Sammelkammer eingeschweißt sind. Von der oberen Kammer wird das Dampfwassergemisch in unbeheizten Steigrohren zur Trommel abgeführt. Die Einmündung möge um den Überhub H_1 höher als der Wasserspiegel erfolgen. Die gleichfalls unbeheizten Fallrohre führen von der Trommel zur unteren Sammelkammer. Der Querschnitt eines Siederohres sei f_1, die Anzahl dieser n_1. Die analogen Werte der Steigrohre sind f_2, n_2, der Fallrohre f_3, n_3.

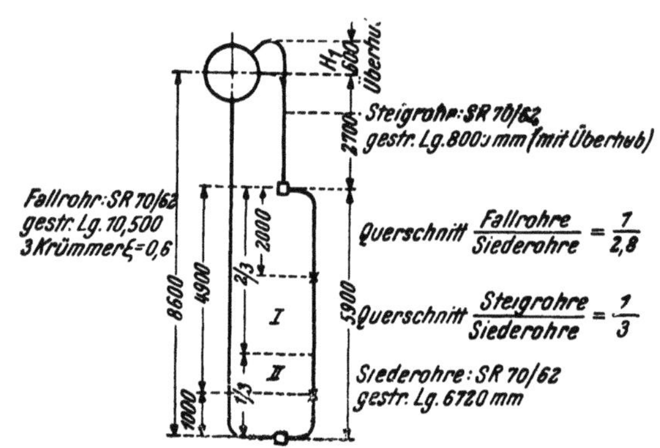

Abb. 195. Kühlschirm mit Steig- und Fallrohren (die Maße 2000 und 1000 sind abgerundet)

Zur Ermittlung des Wasserumlaufes wird (Abb. 196) zunächst die gesamte Druckdifferenz Δp_1 der Wassersäule eines Siederohres, d. h. zwischen oberer und unterer Sammelkammer berechnet und über $n_1 G_R$ aufgetragen, was Kurve *1* ergibt. G_R ist hierbei die je Rohr eintretende Wassermenge in kg/s.

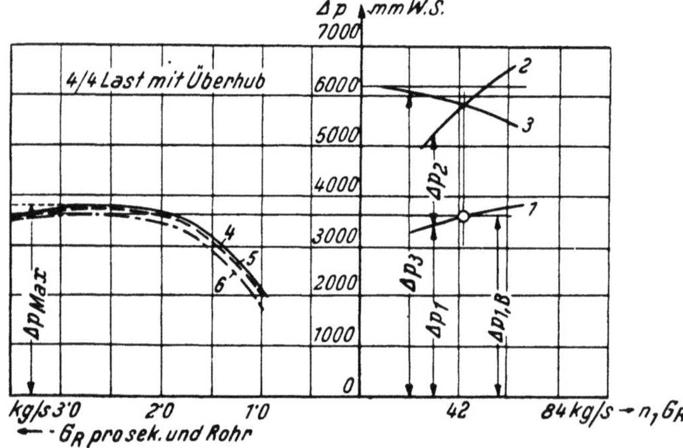

Abb. 196. Ermittlung des Wasserumlaufes und Stabilitätsprüfung eines Kühlschirmes

Ähnlich wird bezüglich der Druckdifferenz Δp_2 im Steigrohr verfahren. Da dieses nicht beheizt ist, wird es entlang seiner ganzen Länge von einer gleichbleibenden Dampf- und Wassermenge durchströmt. Erstere ist je Steigrohr $\frac{D_R n_1}{n_2}$, letztere $(G_R - D_R)\frac{n_1}{n_2}$. Die Druckdifferenz Δp_2 wird anschließend an Δp_1 wieder über der gesamten umlaufenden Wassermenge aufgetragen, so daß man Kurve *2* erhält.

[1] Im Gegensatz zu Abb. 191 ist in den Abb. 194ff. auf der Abszisse statt B, G_R aufgetragen. Der Kurvenverlauf ist im physikalisch ausgeschlossenen Bereich willkürlich eingezeichnet.

Die Druckdifferenz im Fallrohr findet sich schließlich nach der sinngemäß anzuwendenden Gl. (439), wobei statt $\bar{\gamma}_m$, γ' sowie $\mathfrak{z} = 1$ einzusetzen ist. Man erhält dann Kurve *3*, die ebenfalls über die gesamte umlaufende Wassermenge aufgetragen wird.

Die gesuchte Lösung liegt dort, wo die Druckdifferenz des Siede- plus Steigrohres gleich jener des Fallrohres ist. Dies ist im Schnittpunkt von *2* und *3* der Fall, die zugehörige Wassermenge G_0 sei der gesuchte Wert. Die Umwälzzahl des Systems ist dann $u = \frac{G_0}{D_R n_1}$, die Druckdifferenz des Siederohres Δp_{1B}.

Infolge Unterkühlung des Umwälzwassers wird die Verdampfung im Siederohr nicht unmittelbar nach der unteren Kammer beginnen. Falls nötig, kann dies gemäß S. 276 berücksichtigt werden. Schließlich hat in schrägen Rohrteilen die Möglichkeit einer Entmischung des Gemisches beachtet zu werden, wodurch dort die Wichte fast bis γ' steigen kann.

b) Unstabilität der Strömung

Bedingung für Unstabilität. Besteht die Möglichkeit, daß die Steigströmung in einem oder mehreren Rohren umschlägt, d. h. diese zu Fallrohren werden, während alle übrigen die ursprüngliche Strömung beibehalten, spricht man von Unstabilität.

Anschließend soll untersucht werden, unter welchen Bedingungen diese eintreten kann. Hierzu werde die Kennlinie eines Siederohres bei Fallströmung berechnet und auf der linken Seite der Abb. 196 aufgetragen. Die Druckdifferenz $\Delta p_1 = \Delta p_{St} - \Delta p_S$ wird aus der Gl. (439) berechnet und über der Wassermenge G_R je Rohr aufgetragen. Es ergibt sich Kurve *4* mit dem für eine Fallströmung charakteristischen Maximum $\Delta p_{\max}$. Ist die bereits früher ermittelte Druckdifferenz der Siederohre des Kühlschirmes bei ungestörtem normalen Verlauf Δp_{1B}, ist offenbar eine Fallströmung unmöglich, wenn

$$\Delta p_{1B} > \Delta p_{\max} \tag{440a}$$

ist. In diesem Falle ist nämlich die tatsächliche Druckdifferenz Δp_{1B} größer als jene, bei welcher eine Fallströmung noch bestehen kann.

Ist dagegen

$$\Delta p_{1B} < \Delta p_{\max} \tag{440b}$$

wird die Fallrohrkennlinie von einer in Höhe von $\Delta p_{1\,B}$ gezogenen Horizontalen in 2 Punkten geschnitten, und eine Fallströmung ist möglich (Abb. 196). Der Umlauf kann unstabil werden. Dies bedeutet, daß in einem solchen Kühlschirm, in welchem zwar ursprünglich eine Aufwärtsströmung aller Siederohre vorlag, durch einen einmaligen Impuls eines oder mehrere derselben zu Fallrohren werden können[1].

Rückläufige Wasserströmung ist häufig die Ursache von Schäden an Kühlschirmrohren. Strömt jedoch in diesen das Wasser überall ordnungsmäßig nach aufwärts, wird, falls kein Kesselstein vorhanden ist, kaum durch Übertemperatur des Rohrmaterials eine Gefährdung eintreten können. (Außer bei Filmverdampfung, S. 153)

Die dargelegte Berechnung gestattet die klare Beurteilung, ob in einem bestimmten Fall im Kühlschirm Rückströmen möglich ist oder nicht. Sie setzt aber voraus, daß alle Rohre gleichmäßig beheizt sind, gleichen Strömungswiderstand haben und daß in den Sammelkammern, zwischen denen die Kühlschirmrohre eingebaut sind, in axialer Richtung keine Druckänderungen auftreten.

Diese Voraussetzungen werden teils aus betrieblichen, teils aus konstruktiven Gründen nie ganz zutreffen. Der Einfluß der Abweichungen ist daher zu untersuchen.

Ungleiche Beheizung der Rohre eines Kühlschirmes. Die Beheizung kann sowohl von Rohr zu Rohr verschieden sein, als auch in axialer Richtung bei demselben Rohr Unterschiede aufweisen. Zunächst sei der erste Fall betrachtet. Die Unterschiede in der Be-

[1] Die Überlegungen gelten streng bei großer Siederohrzahl.

heizung treten auf infolge der verschiedenen Lage der Rohre, z. B. in der Mitte oder in der Ecke der Brennkammer, infolge Verschiedenheit der Flammentemperaturen, verschiedener Verschlackung usw. Diese Unterschiede können leicht 50% und mehr des Mittelwertes betragen. An Hand von Abb. 197 erkennt man, daß die Kennlinie für das weniger beheizte Rohr *2* höher liegt als für Rohr *1*, das einer mittleren Beheizung entspricht. Entspricht der vorliegende Druckabfall Δp_{1B} der Geraden *3*, so ist *1* rückströmsicher, während *2* zu einem Fallrohr werden kann.

Es muß also der Wert $\Delta p_{\max}$ nicht für die mittlere, sondern für die niedrigstmögliche Beheizung des untersuchten Rohres bestimmt werden.

Ungleiche Beheizung in Längsrichtung des Rohres. Ist ein Kühlschirmrohr im oberen Teil wesentlich schwächer beheizt als im unteren, neigt es erfahrungsgemäß mehr zur Strömungsumkehr. Zur Untersuchung muß die Fall-Kennlinie aus zwei Teilen entsprechend den zwei Beheizungsstufen zusammengesetzt werden (Abb. 198).

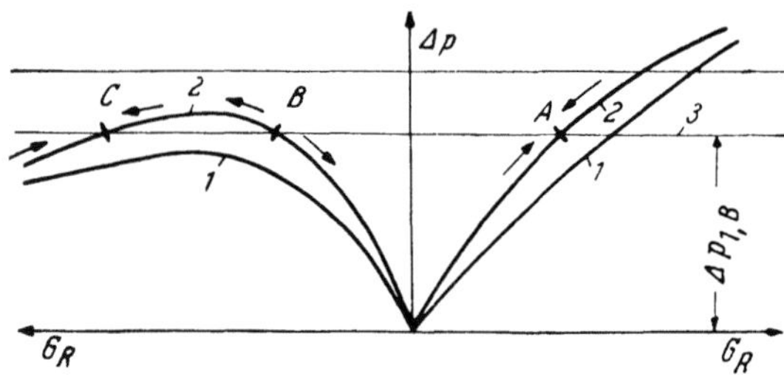

Abb. 197. Kennlinien bei verschiedener Beheizung von Rohren, sowie stabile und unstabile Punkte

Abb. 198. Fallrohrkennnlinie von H', darübergesetzt von H'' sowie von H bei mittlerer Beheizung (strichliert)

Bildet sich bei Fallströmung im oberen Rohrteil eine Dampfmenge D_R'' und im unteren Teil D_R', so ist die gesamte Dampferzeugung $D_R' + D_R''$. Die mittleren Dampferzeugungen jeweils in halber Höhe des oberen und unteren Rohrabschnittes sind dann $D_x'' = \frac{D_R''}{2}$ und $D_x' = D_R'' + \frac{D_R'}{2}$.

Die Druckdifferenzen $\Delta p''$ bzw. $\Delta p'$ sind mit der Höhe H'', H' des oberen bzw. unteren Rohrabschnittes zu rechnen.

Da die Lage der Höchstwerte von $\Delta p'$ und $\Delta p''$ nicht bei gleichem G_R liegt, ist angenähert:

$$\Delta p_{\max} = \Delta p'_{\max} + \Delta p''_{\max} \tag{441}$$

Der so berechnete Wert $\Delta p_{\max}$ liegt höher, als wenn dieser unter Zugrundelegung einer mittleren Beheizung ermittelt worden wäre. Es zeigt also auch die Rechnung, daß ein nach unten zunehmend beheiztes Rohr eher zu einem Fallrohr wird als ein gleichmäßig beheiztes. Das umgekehrte ist der Fall, wenn die Beheizung nach unten abnehmend ist.

Ungleicher Strömungswiderstand. Je größer der Strömungswiderstand in einem Rohr ist, um so tiefer liegt für dieses $\Delta p_{\max}$. In Abb. 199 ist *1* eine Kennlinie unter Annahme eines kleinen, *2* eines größeren Widerstandes. Demnach wird in einem Kühlschirm, in dem Rohre mit verschiedenen Widerständen parallelgeschaltet sind, jenes eher zu einem Fallrohr werden, das den kleineren Strömungswiderstand hat.

Wird der Strömungswiderstand in allen Rohren gleichmäßig erhöht, so sinkt der Höchstwert aller Kennlinien. Die Strömung wird sicherer gegen Umkehr; von diesem Mittel wird manchmal Gebrauch gemacht, um die Strömung durch Einbau von Drosselstopfen am unteren Ende der Kühlschirmrohre zu stabilisieren.

Ungleiche Druckdifferenzen. Es kann vorkommen, daß in den Sammelkammern des Kühlschirmes in axialer Richtung Druckunterschiede vorhanden sind. Diese können infolge zu kleiner Sammlerquerschnitte und damit zu hoher axialer Strömungsgeschwindigkeit, ungünstiger Einmündung der Fallrohre oder durch starkes örtliches Entschlämmen auftreten. Verringert sich dadurch für bestimmte Siederohre die Druckdifferenz gegenüber der mittleren, sinkt für diese die waagrechte Linie von Stellung *3* in Stellung *4* (Abb. 199). Die Strömung wird also anfälliger gegen Umkehr.

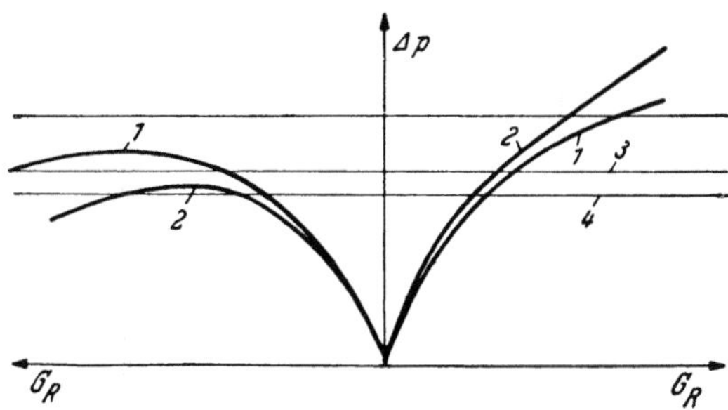

Abb. 199. Kennlinie bei ungleichem Strömungswiderstand in Rohren

Alle diese Verhältnisse, wie ungleiche Beheizung, ungleiche Strömungswiderstände, ungleiche Druckdifferenzen, müssen in der Rechnung berücksichtigt werden. Wenn man dies tut, erhält man wichtige Hinweise über die Sicherheit des Wasserumlaufes im projektierten Kühlschirm.

Einfluß der Last auf die Unstabilität. Es ist die Frage von Wichtigkeit, für welche Last die Berechnung des Wasserumlaufes erfolgen und der Wert $\Delta p_{1.B}$ mit $\Delta p_{\max}$ verglichen werden soll. Bekannt ist, daß der Wasserumlauf mit sinkender Last labiler wird, denn der Auftrieb der gebildeten Dampfmenge reicht bei Vollast meist aus, das Aufwärtsströmen zu sichern. Allerdings sind auch Fälle bekannt, wo das Gegenteil eintritt, wie die stellenweise beobachtete Erscheinung des Alkalitätsschwundes[1] bei Vollast zeigt.

Mit sinkender Last nimmt die Beheizung ab, ist aber in den durch den normalen Betrieb gegebenen Grenzen (100 bis 20%) immer so hoch, daß bei gestörtem Wasserumlauf Überhitzungen des Rohrwerkstoffes entstehen können.

Die Frage ist am besten von Fall zu Fall zu klären, indem die Berechnung für die niedrigste und die höchste Last durchgeführt wird.

c) Stabile und unstabile Punkte

Betrachtet man den Verlauf einer Kennlinie, z. B. Abb. 197, sieht man, daß im Steigrohrast ein Betriebspunkt A, im Fallrohrast bei Unstabilität zwei Betriebspunkte B, C möglich sind. Es tritt die Frage auf, welcher von den beiden letzteren bevorzugt auftritt.

Eine nähere Untersuchung zeigt, daß nur der äußere Schnittpunkt C stabil ist, d. h. nach einer kleinen Störung die Strömung wieder dahin zurückgeht. Bei B ist dies nicht der Fall. Nach einer Störung springt die Strömung entweder auf den Zustand C über oder sie kehrt sich um.

d) Beispiel zur Berechnung der Umlaufmengen

Ausgangswerte. Es möge nun die Reihenfolge der Berechnung der Umlaufmengen mit Hilfe der Abb. 191 gezeigt werden. Es sei ein Kühlsystem nach Abb. 195 gegeben, bestehend aus n_1 beheizten Siederohren, welche oben und unten in horizontalen Kammern eingeschweißt sind. Von der oberen Kammer führen n_2 unbeheizte Steigrohre in die Trommel.

Die Mündungsstelle sei über dem mittleren Wasserstand angeordnet. Die n_3 Fallrohre sind von der Trommel zur unteren Sammelkammer geführt. Der Druck und die Beheizung je Rohr sei gegeben. Dem entspricht eine Dampferzeugung je Rohr von D_R kg/s.

Es ist nunmehr die Druckdifferenz vom Siederohr, Steig- und Fallrohr für mehrere probeweise angenommene Umlaufmengen zu berechnen.

Druckdifferenz im Siederohr. In Zahlentafel 67 ist das Berechnungsschema für ein Siederohr gezeigt. In Spalte 1 werden die probeweise angenommenen Umlaufzahlen eingetragen. Spalte 2 gilt für das sekundliche Dampfgewicht in halber Rohrhöhe. Durch Multiplikation des Dampfgewichtes am Rohrende, also D_R mit der Umwälzzahl erhält man das

[1] SCHULZ: Dampfkesselschäden durch Werkstoffüberhitzung. VDI 1941, S. 177.

eintretende Wassergewicht G_R (Spalte 3). Die Multiplikation mit der Siederohrzahl liefert die Gesamtumlaufmenge G (3'). Das Wassergewicht in halber Rohrhöhe folgt aus der Differenz von G_R und D_x (Spalte 4). Nun können bereits die beiden Kennziffern $B = \frac{W_x}{w_r F \gamma'}$, $A = \frac{D_x}{w_r F \gamma''}$ mit einem zunächst geschätzten w_r berechnet werden (Spalte 5 und 6). Aus der Abb. 191 a ergibt sich damit die Wichte, wobei gegebenenfalls durch mehrmalige Wiederholung (Iteration) die ursprünglich geschätzte Relativgeschwindigkeit w_r mit der sich ergebenden in Übereinstimmung zu bringen ist (Spalte 7). Es folgt (Spalte 8) die statische Druckdifferenz

$$\Delta p_{St} = \frac{H \bar{\gamma}_m}{\mathfrak{z}} \tag{442}$$

wobei $\mathfrak{z}$ der Korrekturfaktor ist. (Siehe S. 257)

Der Rohrreibungsverlust wird nach Gl. (437)

$$\Delta p_R = \frac{\lambda}{2g} \frac{G_R^2 L n}{d \bar{\gamma}_m f^2} \tag{443}$$

berechnet. Die Rohrreibungszahl λ wird gemäß den Bemerkungen auf S. 262 mit 2,3 multipliziert. (Gilt für Siederohr und Steigrohr.) Der Faktor n berücksichtigt Krümmungen im Rohr (Spalte 9). Der Eintrittsverlust ist: [Gl. (432)]

$$\Delta p_E = \frac{\xi G_R^2}{2 g f^2 \gamma'} \tag{444}$$

Zahlentafel 67. *Berechnung der Umlaufmenge im Siederohr*

1	2	3	3'	4	5	6	7	8	9	10	11	12
u	$\frac{D_R}{2} = D_x$	G_R	$n_1 \cdot G_R = G$	W_x	B	A	$\bar{\gamma}_m$	$\Delta p_{St} = \frac{H \bar{\gamma}_m}{\mathfrak{z}}$	Δp_R	Δp_E	Δp_B	$h \bar{\gamma}_m / \mathfrak{z} + + \Sigma \Delta p$
—	kp/s	kp/s	kp/s	kp/s	—	—	kp/m³	kp/m²	kp/m²	kp/m²	kp/m²	kp/m²

wobei für diesen der Widerstandsbeiwert $\xi = 1{,}5$ gesetzt wird (Spalte 10). Der Beschleunigungsverlust wird nach Gl. (434) berechnet. Es folgt Spalte 11:

$$\Delta p_B = \frac{G_R D_R (v'' - v')}{g f^2} \tag{445}$$

In Spalte 12 soll schließlich die Gesamtdruckdifferenz, d. h. die Summe der Strömungsverluste und der statischen Druckdifferenz eingetragen werden. In Abb. 196 ist ein beispielweises Ergebnis in Abhängigkeit von der Gesamtumlaufmenge (Kurve *1*) aufgetragen.

Druckdifferenz im Steigrohr. Zahlentafel 68 zeigt das ähnliche Rechnungsschema für das Steigrohr. Das Verhältnis der Zahl der Steigrohre zu den Siederohren sei 1 : 3. Dann kommt in Spalte 1 die Umwälzzahl[1], in Spalte 2 die Dampfmenge je Steigrohr, welche (da die gesamte Dampfmenge unten in das Rohr eintritt und in demselben nicht zunimmt)

Zahlentafel 68. *Berechnung der Umlaufmengen im Steigrohr*

1	2	3	3'	4	5	6	7	8	9	10
u	D_x	G_R	$n_2 G_R = G$	$G_R - D_x = W_x$	B	A	$\bar{\gamma}_m$	$\frac{H \cdot \bar{\gamma}_m}{\mathfrak{z}}$	Δp_S	$H \bar{\gamma}_m / \mathfrak{z} + \Delta p_S$
—	kp/s	kp/s	kp/s	kp/s	m/s	m/s	kp/m³	kp/m²	kp/m²	kp/m²

[1] Die probeweise angenommenen Umwälzzahlen u sowie das Gesamtgewicht G haben in jeder Zeile der Zahlentafeln 67, 68, 69 den gleichen Zahlenwert.

mit ihrem vollen Wert, D_x = 3mal der Dampferzeugung im Siederohr, einzusetzen ist. Das Gemischgewicht G_R je Steigrohr (Spalte 3) ist das Dreifache der entsprechenden Werte im Siederohr. 3′ gibt das gesamte Umwälzgewicht an. Anschließend kann die Wassermenge je Rohr in halber Höhe W_x eingetragen werden (Spalte 4). Spalte 5, 6 dienen wie früher zur Ermittlung der Wichte, Spalte 7. Die statische Druckdifferenz ergibt sich unter Berücksichtigung des Überhubes durch Multiplikation von γ_m mit der Höhendifferenz zwischen Einmündungsstelle des Steigrohres in die Obertrommel und oberer Sammelkammer (Spalte 8). Die Zusammenfassung der Gleichung für Δp_R, Δp_E und Δp_K ergibt Δp_S (Spalte 9). Ein Beschleunigungsverlust tritt hier nicht auf. Die Summe der Druckdifferenz von Siederohr und Steigrohr kommt in Spalte 10. Die erhaltenen Werte mögen in Abb. 196 aufgetragen werden und führen zur Kurve *2*.

Druckdifferenz im Fallrohr. Die Zahlentafel 69 zeigt das Rechnungsschema für das Fallrohr. Es wird in Spalte 1 die Umwälzzahl[1], in 2 das sekundliche Wassergewicht je Rohr, in 2′ das gesamte Umlaufgewicht, in 3 die statische Druckdifferenz zwischen Wasserspiegel und unterer Kammer eingetragen. Die nach einer Parabel verlaufenden Zahlenwerte für die gesamten Strömungsverluste sind Δp_S (Spalte 4). Da es sich um eine Abwärtsströmung handelt, sind die Strömungsverluste von der statischen Druckdifferenz abzuziehen (Spalte 5). Die Parabel sei in Abb. 196 als Kurve *3* wieder über der gesamten umlaufenden Wassermenge eingetragen.

Zahlentafel 69. *Berechnung der Umlaufmenge im Fallrohr*

1	2	2′	3	4	5
u	G_R kp/s	G kp/s	$H \cdot \gamma'$ kp/m²	Δp_S kp/m²	$H\gamma' - \Delta p_S$ kp/m²

Ermittlung der Umlaufmengen und Strömungsgeschwindigkeiten. Der Schnittpunkt von Kurve *2* und *3* liefert die gesuchte Lösung.

e) Beispiel zur Überprüfung der Stabilität

Ausgangswerte. Die Ermittlung der Differenzdrücke eines beheizten Siederohres bei Fallströmung erfolgt auf ähnliche Weise wie bei Steigströmung.

Für das nachfolgende Rechenschema, welche den Kühlschirm des vorigen Beispieles betrifft, wurde angenommen, daß das am schwächsten beheizte Rohr z. B. nur 80% der mittleren Wärmezufuhr erhalte. Die Wärme soll außerdem in axialer Richtung nicht gleichmäßig zugeführt werden, sondern zur Hälfte in den oberen zwei Dritteln und zur Hälfte im unteren Drittel der Rohrlänge, Abb. 195. Dies wird bei einer Rostfeuerung mit guter Annäherung zutreffen. Die gesamte, nach unten abgeführte Dampferzeugung in einem Rohr wäre also bei Fallströmung 80% des Wertes bei Steigströmung. Die Dampfmengen D'_x und D_x'' in halber Höhe des Teiles *I* und *II* sind 20% und 60% des Wertes bei Steigströmung.

Berücksichtigung des Verdampfungsverzuges. Die Rechnung muß separat für den Rohrabschnitt *I* und *II* durchgeführt und die Resultate addiert werden. Ferner ist zu berücksichtigen, daß beim Abwärtsströmen infolge der Zunahme des hydrostatischen Druckes ein Teil des gebildeten Dampfes wieder kondensiert. Insbesondere bei Teillast kann dieser Einfluß erheblich sein. Ist die Zunahme der Flüssigkeitswärme zwischen Anfang und Mitte eines vertikalen Rohres Δi, die Verdampfungswärme r und das nach abwärts fließende Wassergewicht G_R, so ergibt sich für die in diesem Abschnitt kondensierte Dampfmenge genügend genau der Ausdruck, s. Gl. (453),

$$D_K = \frac{\Delta i G_R}{r} \tag{446}$$

[1] Siehe Fußnote S. 268.

Druckdifferenz im Siederohr bei Fallströmung. Das Rechnungsschema zeigt Zahlentafel 70 für die Abschnitte *I* und *II*. In Spalte 1 sei die Dampferzeugung des Rohrabschnittes in halber Höhe ohne Berücksichtigung der Kondensation, in Spalte 2 die angenommenen Gemischgewichte eingetragen. In Spalte 3 kommt das kondensierte Dampfgewicht, in Spalte 4 die wirklich vorhandene mittlere Dampfmenge. Es folgt das Wassergewicht in halber Höhe (Spalte 5). Nun können die Kennziffern $B = \frac{W_x}{F\gamma' w_r}$ und $A = \frac{D_x}{F\gamma'' w_r}$ berechnet und in Abb. 191b die Wichte nach entsprechender Iteration abgelesen werden. Die statische Druckdifferenz folgt in Spalte 9. Die Strömungsverluste durch Reibung, Beschleunigung und Eintrittsverlust werden in Spalte 10 bis 12 zusammengestellt und nach den gleichen Formeln wie bei Abwärtsströmung im Siederohr berechnet. Um die gesamte Druckdifferenz zu erhalten, müssen, da es sich um eine Abwärtsströmung handelt, die Strömungsverluste vom statischen Druck subtrahiert werden (Spalte 13).

Nach dem gleichen Schema wird auch der Druckverlust im Rohrabschnitt *II* ermittelt. Die gesamte Druckdifferenz ergibt sich als Summe der Spaltenwerte 13 von Abschnitt *I* und *II*. Die berechneten Werte wurden beispielsweise in Abb. 196, links, aufgetragen und ergeben Kurve *4*.

Zahlentafel 70. *Berechnung der Fallströmung im Siederohr*

1	2	3	4	5	6	7	8	9	10	11	12	13
D'_x	G_R	D_K	$D_x = D'_x - D_K$	W_x	B	A	$\bar{\gamma}_m$	$H\bar{\gamma}_m/\delta$	Δp_R	Δp_B	Δp_E	$H\bar{\gamma}_m/\delta - \Delta p_S$
kp/s	kp/s	kp/s	kp/s	kp/s	m/s	m/s	kp/m³	kp/m²	kp/m²	kp/m²	kp/m²	kp/m²

Stabilitätskriterium und Einfluß vereinfachender Annahmen. Da das Maximum der Kurve *4* (Abb. 196) $\Delta p_{\max} > \Delta p_{1,B}$ ist, besteht also im untersuchten Kühlschirm die Möglichkeit einer Unstabilität.

Um den Einfluß der angenommenen Minderbeheizung sowie der ungleichen Wärmezufuhr in axialer Richtung zu zeigen, wurden noch die Kurven *5* und *6* eingezeichnet. Kurve *5* gilt, falls die Beheizungsintensität wie früher zu 80% des Mittelwertes angenommen wird, die Beheizung in axialer Richtung, aber gleichmäßig stattfindet. Kurve *6* ist ausschließlich unter Annahme 100%iger Beheizung des Rohres sowie gleichmäßiger Wärmezufuhr in axialer Richtung berechnet. Wie man sieht, würden diese Annahmen bei Kurve *5* eine geringere Neigung zur Unstabilität, bei Kurve *6* überhaupt stabile Verhältnisse vortäuschen.

f) Verhalten von Kühlschirmen unter verschiedenen Betriebsbedingungen

Teillast. Sollen die Stabilitätsverhältnisse auch bei Teillast untersucht werden, ist die Wasserumlaufrechnung für diese durchzuführen und die Gesamtdruckdifferenz $\Delta p_{1,B}$ sowie das Maximum der Fallrohr-Kennlinie zu ermitteln. Erstere zeigt für ein Beispiel, Abb. 200, Kurve *1* in Abhängigkeit von der Last. Kurve *2* ergibt hingegen den Verlauf des Maximums der Fallkennlinie. Aus dem Verlauf der Kurven ist zu ersehen, daß Unstabilität im gesamten Lastbereich vorliegt.

Verkleinerung des Überhubes. In der Folge wurde untersucht, welche Maßnahmen zu treffen sind, um Stabilität herbeizuführen. Die Verhältnisse können beeinflußt werden durch Veränderung der Zahl der Steig- und Fallrohre oder durch Verkleinerung des Überhubes. Zum Beispiel werde letztere Maßnahme ins Auge gefaßt und die Mündung der Steigrohre in die Höhe des Wasserspiegels versetzt. Die Wirkung dieser Maßnahme zeigt Kurve *3*. Die Kurve der Gesamtdruckdifferenz liegt höher als früher, aber noch immer unter der Kennlinie von *2*, der Kühlschirm ist also noch immer unstabil.

Einbau von Drosselblenden. Das wirksamste Mittel, um die Stabilitätsverhältnisse zu verbessern, ist der Einbau von Drosselblenden am unteren Siederohrende. Dadurch wird zwar die Strömungsgeschwindigkeit im Siederohr verringert, die Druckdifferenz aber dort erhöht. Andererseits wird die Fallrohr-Kennlinie erwünschterweise stark nach unten gedrückt, da die Blende bei Fallströmung von Dampfwassergemisch durchströmt würde. Dadurch entsteht ein starker Druckverlust, der sich nach der etwas umgeformten (Gl. (402) wie folgt ergibt:

$$\Delta p_V = \frac{G_R^2 \xi_B}{2 g \gamma f_0^2} \tag{447}$$

Bei Steigströmung ist für γ die Wichte von Wasser, bei Fallströmung jene des Dampfwassergemisches am unteren Rohrende einzusetzen. Ferner ist f_0 der Blendenquerschnitt, ξ_B ein Beiwert.

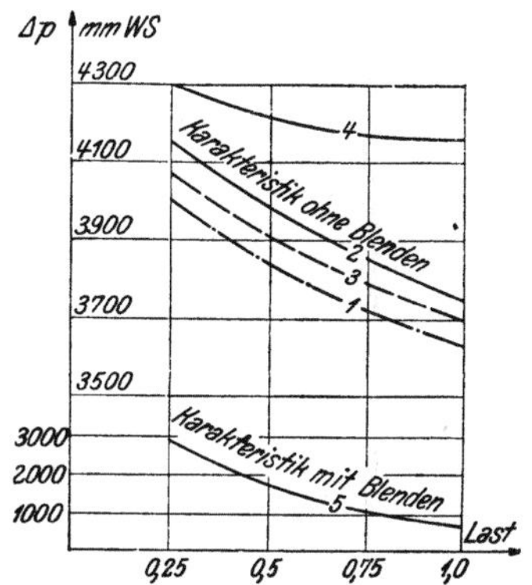

Abb. 200. Verhalten von Kühlschirmen bei veränderlicher Last

1 Druckdifferenz der Siederohre } mit Überhub
2 Maximum der Fall-Kennlinie } ohne Blenden
3 Druckdifferenz der Siederohre } ohne Überhub
2 Maximum der Fall-Kennlinie } ohne Blenden
4 Druckdifferenz der Siederohre } ohne Überhub
5 Maximum der Fall-Kennlinie } mit Blenden

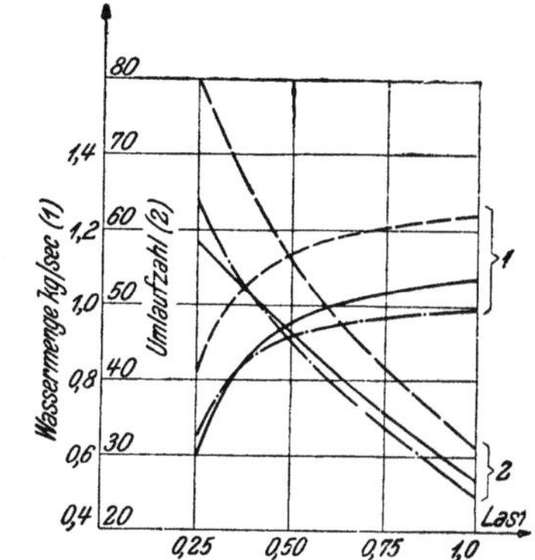

Abb. 201. Wassermenge (1) und Umlaufzahl (2) in Abhängigkeit der Last

——— mit Überhub } ohne Blenden
— — — ohne Überhub } ohne Blenden
—·—·— ohne Überhub mit Blenden

Der Strömungsverlust Δp_V ist bei Steigströmung zur gesamten Druckdifferenz zu addieren, bei Fallströmung von dieser zu subtrahieren. Wird nach diesen Gesichtspunkten die Rechnung des früheren Beispieles nochmals unter Zugrundelegung einer Blende durchgeführt, erhält man nunmehr bei einem Kühlschirm ohne Überhub für die Gesamtdruckdifferenz $\Delta p_{1,B}$ in Abb. 200 die Kurve *4*. Die Maxima der Fall-Kennlinie $\Delta p_{\max}$ werden stark nach unten gedrückt und durch die Kurve *5* dargestellt. Wie man sieht, ist im ganzen Lastbereich *4* erheblich höher als *5*. Durch den Einbau der Blenden wird daher eine starke Stabilisierung des Systems erreicht. Natürlich greift man zu diesem Mittel nur, wenn andere konstruktive Maßnahmen nicht zum Ziele führen, da der Einbau der Blenden gewisse betriebliche Nachteile mit sich bringen kann. Üblich sind Drosselungen der Querschnitte 1 : 6 bis 1 : 12.

Einfluß der Maßnahmen zur Stabilisierung auf die Umwälzmenge. Es ist interessant, für die drei verschiedenen Kühlschirme den Verlauf von Umlaufzahl und Wassermenge in Abhängigkeit von der Last zu verfolgen. Es mögen in Abb. 201 die stark ausgezogenen Kurven den Fall mit Überhub darstellen, die strichliert ausgezogenen jenen ohne Überhub und die strichpunktierten den Fall ohne Überhub und mit Blende.

Wie man sieht, verkleinert der Überhub die Umlaufmengen insbesondere bei Teillasten erheblich. Die drosselnde Wirkung der Blenden, die bei Vollast stärker ins Gewicht fällt, geht mit sinkender Last zurück.

Es könnte daher befürchtet werden, daß bei sehr niedrigen Lasten die Wirkung der Blenden nicht ausreicht. Dies ist jedoch meist ohne Bedeutung, da auch die Beheizung entsprechend abgenommen hat.

g) Anfahren von Kühlschirmen

Unstabilität beim Anfahren. Beim Anfahren sind auch „Teillastverhältnisse" im Sinne einer geringen Dampfbildung infolge der gleichzeitig stattfindenden Drucksteigerung des Kessels möglich, jedoch zum Unterschied gegen früher bei starker Beheizung.

Dies ergibt bezüglich Unstabilität besondere Verhältnisse, die in den Anfahrvorschriften berücksichtigt werden müssen. Insbesondere soll die Dampfabgabe des Kessels möglichst frühzeitig und reichlich einsetzen, was auch für die Kühlung des Überhitzers günstig ist. Bei Nichtbeachtung letzterer Vorschrift kann bei Kühlschirmen unter gewissen Bedingungen auch ein anderer unerwünschter Zustand eintreten, und zwar ein sogenannter verkehrter Wasserumlauf.

Verkehrter Wasserumlauf. Bei einem verkehrten Wasserumlauf wird durch die Steig- und Siederohre eine Wasserströmung nach unten stattfinden, trotzdem die Siederohre beheizt sind. Zu einer Dampfbildung braucht es aber dabei in letzteren (infolge der Zunahme des hydrostatischen Druckes nach unten) nicht zu kommen. Bei der Aufwärtsströmung im Fallrohr tritt dann eine Drucksenkung und damit eine Verdampfung ein, welche den Umlauf unter Umständen sehr intensiv gestalten kann.

Der verkehrte Umlauf ist naturgemäß nur möglich, wenn die Steigrohre unterhalb des Wasserspiegels in die Trommel münden. Durch Drosselblenden wird er nicht verhindert.

Zahlentafel 71 zeigt die Ergebnisse einer Berechnung, welche für ein Beispiel die mögliche Intensität eines verkehrten Wasserumlaufes ermittelt, und zwar wenn in den Siederohren gerade noch keine Dampfbildung eintritt. Die erste Spalte gibt den Druck, die zweite die nach abwärts je Siederohr strömende Wassermenge, die dritte die „verhinderte" Dampfbildung an. Daraus erkennt man, wie groß die Dampfbildung allein auf Grund der zugeführten Wärme, bei Fehlen der Abwärtsströmung wäre. D_K nimmt allerdings mit steigendem Druck stark ab.

Zahlentafel 71. *Verkehrter Wasserumlauf*

p kp/cm²	G_R kp/s	D_K kp/s
2	1,48	0,029
4	1,30	0,0186
8	0,98	0,0096
16	0,61	0,00393
32	0,33	0,00156
64	0,21	0,00070

Wenn bei einmal entstandenem verkehrtem Umlauf im Verlauf des Anfahrens der Kesseldruck weiter ansteigt, ohne daß die Beheizung verringert wird, beginnt im Siederohr Dampfbildung einzutreten, welche den verkehrten Umlauf hemmen und ihn nach einiger Zeit in den normalen Umlauf überführen wird. Diese Übergangsperiode kann gefährlich werden, wie immer, wenn Abwärtsströmung mit Dampfbildung vorliegt.

Damit ein verkehrter Umlauf überhaupt entstehen kann, müssen allerdings sowohl bestimmte konstruktive wie betriebliche Verhältnisse vorliegen, so daß diese Gefahr weder bei jedem Kessel noch bei jedem Anfahrvorgang besteht. So kann z. B. beim Anfahren durch plötzliche Drucksenkung infolge beginnender Dampfabgabe Dampfbildung in den Fallrohren entstehen. Bei ungünstiger Gestalt letzterer könnte dann der Auftrieb des in den Fallrohren gebildeten Dampfes jenen in den Siederohren übertreffen und einen verkehrten Umlauf einleiten.

h) Kühlschirme mit Kurzschlußrohren

Auch kompliziertere Umlaufsysteme, wie z. B. Kühlschirme mit Kurzschlußrohren (Abb. 202) können grundsätzlich auf die geschilderte Weise berechnet werden.

Um die Umlaufberechnung durchzuführen, wird von Abb. 203a ausgegangen. Es wird wieder der Druckverlauf über der durch die Fallrohre F nach abwärts gelangenden

Umlaufmenge G_F aufgetragen. Der Druckverlauf im Siederohr bei einer Rücklaufmenge $G_K = 0$ ergebe sich gemäß *1*. Darüber wird jener des Steigrohres aufgetragen, so daß man zu *2* gelangt. *3* ist der Druckverlauf des Fallrohres F. Nun wird die Rechnung für einige angenommene Kurzschlußmengen G_K', G_K'', G_K''' wiederholt. Der jeweilige Durchsatz durch die Siederohre ist dann $G_F + G_K'$, $G_F + G_K''$, $G_F + G_K'''$. Die Druckverläufe in diesen sind *1'*, *1''*, *1'''* und finden sich, indem *1* um G_K', G_K'', G_K''' nach links verschoben wird. Darüber ist die Druckdifferenz des Steigrohres, welche als Differenzstrecke zwischen *2* und *1* bereits vorliegt, aufzutragen, z. B. über Q' die Strecke $RS = Q'P'$. Man kommt

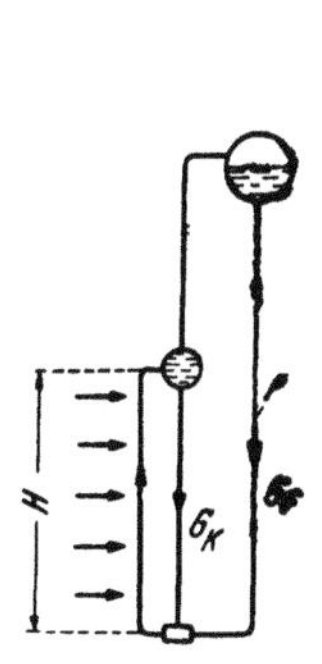

Abb. 202. Umlaufsystem mit Kurzschlußrohren

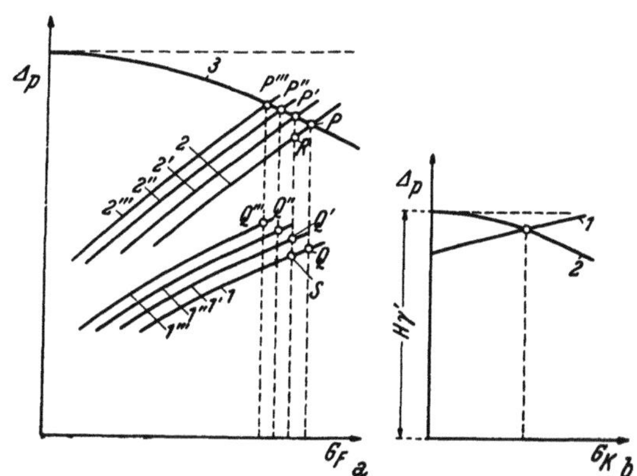

Abb. 203. Ermittlung des Wasserumlaufes bei Kühlschirmen mit Kurzschlußrohren
a Umlauf im gesamten System
b Umlauf in den Siede- und Kurzschlußrohren

dann zu *2'*, *2''*, *2'''*, wodurch sich die Punkte P', P'', P''' als mögliche Betriebspunkte ergeben. Die dazugehörigen Druckdifferenzen im Siederohr sind die Ordinaten der Punkte Q, Q', Q'', Q'''. Zeichnet man diese in ein neues Diagramm über der Kurzschlußwassermenge G_K ein, gelangt man in Abb. 203b zu Kurve *1*. Andererseits wird die Druckdifferenz der Abwärtsströmung in den Kurzschlußrohren über G_K aufgetragen und liefert die Kurve *2*. Diese nimmt bei $G_K = 0$ den Wert $\gamma' \cdot H$ an, wenn H der Höhenunterschied zwischen oberer und unterer Sammelkammer ist. Der Schnittpunkt von *1* und *2* liefert schließlich den gesuchten Betriebspunkt. Ist dieser ermittelt, erfolgt die Überprüfung der Stabilität ebenso wie für den normalen Kühlschirm.

Die Auslegung von Kühlschirmen mit Kurzschlußrohren erfordert besondere Sorgfalt, da zwei gegenwirkende Forderungen zu erfüllen sind: Einerseits soll die Druckdifferenz zwischen oberer und unterer Sammelkammer möglichst groß sein, um Unstabilität in den Siederohren zu vermeiden, andererseits jedoch klein sein, damit G_K tatsächlich nach abwärts strömt.

Bei praktischen Ausführungen ist der Querschnitt der Kurzschluß-, Steig- und Fallrohre etwa 26%, 33 bis 50%, 12 bis 14% jenes der Siederohre.

i) Schäden bei Kühlschirmen

Die häufigste Ursache von Schäden bei Kühlschirmen ist Kesselsteinansatz. Dieser ist jedoch öfter nicht ausschließlich die Folge ungeeigneter Wasseraufbereitung, sondern auch gestörten Umlaufes, wodurch örtlich über dem Mittelwert liegende Konzentrationen des Kesselwassers möglich sind.

Unstabilität des Umlaufes, sei es im Betrieb oder beim Anfahren, wird in allen jenen Fällen als Ursache von Schäden anzusehen sein, wo ein Kesselsteinbelag fehlt oder nur so gering ist, daß er allein zur Erklärung einer unzulässigen Temperatursteigerung der Rohrwand nicht ausreicht. Ist Filmverdampfung möglich, wäre diese als Ursache anzunehmen.

Bezeichnend für das Auftreten der Unstabilität sind folgende Beobachtungen an Kühlschirmen eines Kessels. Diese zeigten Schäden, und es wurden zur Verbesserung des Umlaufes am Eintritt der Siederohre Drosselblenden eingebaut. Nach einiger Zeit traten trotzdem wieder Schäden auf. Die Untersuchung zeigte, daß sich diese auf solche Rohre beschränkten, bei denen infolge ungenügender Befestigung die Drosselblenden in die Sammelkammer herabgefallen waren, welche also ungehinderten Wassereintritt hatten. Die Erklärung dieser im ersten Augenblick erstaunlichen Erscheinung liefert die Tatsache, daß die Strömung mit Blenden einen so tiefen Wert Δp_{max} besitzt, daß dort Unstabilität ausgeschlossen ist (Abb. 199), im Gegensatz zu der Strömung ohne Blenden.

Die Bedingungen für das Eintreten der Unstabilität sind bei höheren Drücken eher gegeben als bei niedrigeren.

Kleine Wassergeschwindigkeiten können vor allem dann schädlich sein, wenn gleichzeitig Entmischungserscheinungen auftreten, da dadurch die Auftriebswirkung vermindert wird.

Auch unrichtige Ausbildung von Steig- und Fallrohren kann zu Schadensbildungen beitragen. Vor allem ist hier unrichtiger Querschnitt dieser zu nennen. Man führt gewöhnlich bei normalen Kühlschirmen den Steigrohrquerschnitt 33 bis 50% und den Fallrohrquerschnitt 25 bis 40% des Siederohrquerschnittes aus. Zur Vermeidung wesentlicher Axialströmungen in den Sammelkammern sollen die Steig- und Fallrohre über der ganzen Sammlerlänge angeschlossen werden. Die Steig- und Fallrohre sollen in der Sammelkammer, nicht in der Querschnittsebene der Siederohre einmünden, um Saug- und Druckwirkungen auf die Siederohrströmung zu vermeiden. Auch ein stirnseitiger Anschluß von Fallrohren kann ähnliche Effekte hervorrufen. Der Querschnitt der Kammer soll nicht zu knapp sein. Das Abschlämmen der unteren Sammelkammer kann durch Saugwirkungen Umlaufstörungen hervorbringen und ist daher im Betrieb zu vermeiden.

Auch Korrosionswirkungen durch das Kesselwasser ebenso wie durch Rauchgase sind an Schäden schuldtragend.

Oft treten auch örtlich starke Wärmeentwicklungen, wie z. B. Stichflammen auf, die kaum allein, aber zusammen mit anderen Faktoren eine Schadensbildung hervorrufen können. In vielen Fällen kann man eine einzige Ursache überhaupt nicht verantwortlich machen, da sie allein den Schaden nicht hätte verursachen können. Erst durch das Zusammenwirken mehrerer Umstände tritt dieser auf. Weiteres über Werkstoffschäden S. 365.

5. Wasserumlauf im Zweitrommel-Kessel

a) Die größtmögliche Fallrohrzahl

Ein Zweitrommel-Kessel besitzt eine Ober- und Untertrommel, welche durch ein Rohrbündel verbunden sind. Dieses kann teilweise oder zur Gänze beheizt sein, wobei die Beheizungsintensität der näher zur Feuerung liegenden Rohre größer ist. Meist liegt auch zwischen dem vorderen und rückwärtigen Rohrbündel ein Überhitzer, so daß dadurch die Beheizungsintensität noch stärker gestaffelt wird. Öfter besitzen solche Kessel auch unbeheizte Fallrohre mit größerem Durchmesser als die Siederohre.

Sind keine eigenen Fallrohre vorhanden, findet der Wasserumlauf im Zweitrommel-Kessel so statt, daß sich in den weniger beheizten Rohrgruppen Fallströmung, in den stärker beheizten Steigströmung einstellt.

Es tritt nun die Frage auf, wie weit sich das Fallrohrfeld erstrecken kann. Die am stärksten beheizten Rohre dieses Feldes sind, wie die Erfahrung zeigt, gleichzeitig die am meisten gefährdeten, denn dort kann am ehesten bei Haften von Dampfblasen eine Überhitzung des Rohrmaterials entstehen.

Die Bestimmung der größtmöglichen Fallrohrzahl sei an einem allgemeinen Beispiel gezeigt. Es sei ein Rohrbündel (Abb. 204) gegeben[1], das aus sechs verschieden beheizten

[1] Ledinegg: Der Wasserumlauf in Steilrohr- und Strahlungskesseln. Wärme 1943, S. 111.

Rohrreihen besteht. Die Rohrzahlen in sämtlichen Reihen sind gleich. Die Kennlinien der sechs Reihen zeigt Abb. 205. Alle sind auf die gleiche Höhendifferenz zu beziehen, z. B. von der höchsten Rohrlochreihe der Obertrommel zur tiefsten der Untertrommel. Es wäre demnach, wenn etwa das Rohr *2* in Abb. 204 betrachtet wird, dessen Kennlinie um $\gamma'(h_u + h_o)$ parallel zu sich nach oben zu verschieben. Die Bedeutung von h_o und h_u folgt aus Abb. 204.

Wird die am schwächsten beheizte sechste Rohrreihe probeweise als Fallrohrreihe angenommen, so ergeben sich die Betriebspunkte A_6 und B_1 bis B_5, und zwar in jener Höhe Δp_1, in welcher gleichzeitig die Kontinuitätsgleichung erfüllt ist. Diese lautet:

$$G_{F6} = G_{S5} + G_{S4} + G_{S3} + G_{S2} + G_{S1} \tag{448}$$

G_S und G_F sind die sekundlichen Durchflußgewichte der Steig- und Fallströmung je Rohr, die Zahl im Index bezieht sich auf die Reihe. Nimmt man an, daß die Wassergeschwindigkeit in den Fallrohren stets so groß ist, daß der dort gebildete Dampf nach abwärts gelangt, so kommt dieser erst über die Steigrohre nach aufwärts zur Obertrommel. Der Einfluß

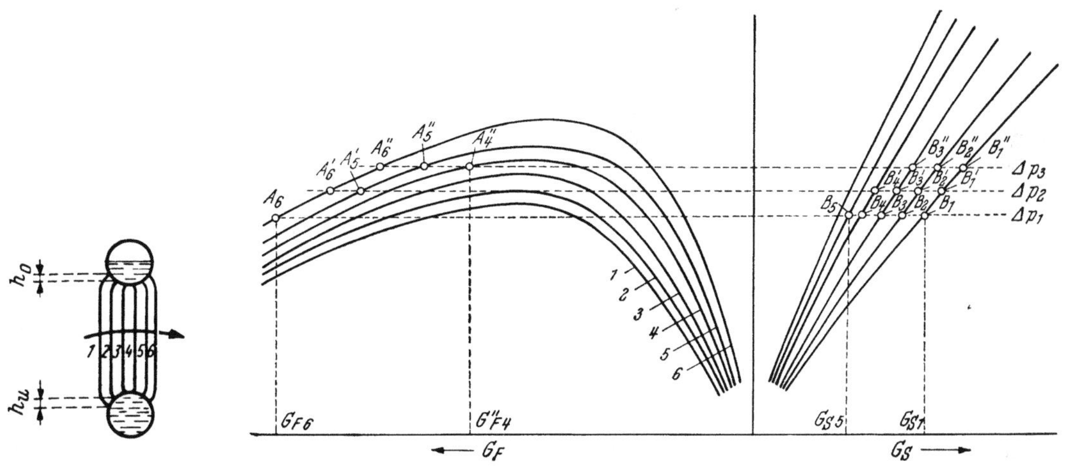

Abb. 204. Schema eines Zweitrommel-Steilrohrkessels

Abb. 205. Bestimmung der größtmöglichen Fallrohrzahl bei einem Zweitrommel-Steilrohrkessel

dieser Dampfmenge auf die Steigrohrcharakteristik sei hier vernachlässigt, was in praktischen Fällen fast immer möglich ist. Naturgemäß kann weder G_S noch G_F kleiner als die Dampferzeugung im betreffenden Rohr werden, was dadurch zum Ausdruck kommt, daß die Kurven in Abb. 205 vor dem Nullpunkt enden.

Hat als nächste Annahme die sechste und fünfte Rohrreihe Abwärtsströmung, so ergeben sich als Betriebspunkte A_5', A_6' und B_1' bis B_4'. Das zugehörige Δp_2 ist höher geworden, es nimmt bei gleicher Belastung mit steigender Fallrohrzahl zu.

Hier lautet die Kontinuitätsgleichung:

$$G_{F6}' + G_{F5}' = G_{S4}' + G_{S3}' + G_{S2}' + G_{S1}' \tag{449}$$

Wird auch die vierte Reihe zu Fallrohren, so findet man immer unter Beachtung der Kontinuitätsgleichung A_4'' bis A_6'' und B_1'' bis B_3'' als Betriebspunkte. Die Druckdifferenz ist Δp_3. Hiermit ist die größtmögliche Zahl von Fallrohren erreicht: eine Fallströmung auch nur in einem Teil der Rohrreihe *3* ist nicht mehr möglich, da bereits Δp_3 höher als das Maximum der Fallkennlinie von *3* liegt.

Es sind auch Druckdifferenzen möglich, die zwischen Δp_1 und Δp_2 bzw. Δp_2 und Δp_3 liegen. Dann sind in der betreffenden Rohrreihe nur ein Teil Fallrohre, der Rest Steigrohre.

Es könnte ebenfalls der Fall vorkommen, daß der Druckabfall Δp_3 noch unter dem Maximum der Fallkennlinie *3* liegt. Dann können auch noch Rohre der Reihe *3* Fallrohre werden, bis Δp_3 so weit gestiegen ist, daß die in dieser Höhe gelegte Horizontale die Fallkennlinie *3* gerade bei A_3'' tangiert (Abb. 206). Die Kontinuitätsgleichung lautet dann, wenn x die Fallrohrzahl der Reihe *3* (als Bruchteil der Rohrzahl dieser Reihe) ist:

$$G_{F6}'' + G_{F5}'' + G_{F4}'' + x G_{F3}'' = G_{S3}''(1 - x) + G_{S2}'' + G_{S1}'' \tag{450}$$

Damit ist für diesen Fall die größtmögliche Fallrohrzahl als Summe der Rohrzahlen der Reihen *6*, *5*, *4* und *3* mit dem Anteil x berechnet.

Aus Vorstehendem können folgende Schlüsse gezogen werden:

Die Zahl der Lösungen einer Wasserumlaufrechnung ist gleich der möglichen Fallrohrzahl.

Die Fallrohrzahl ist aus physikalischen Gründen nach oben begrenzt.

Die Druckdifferenz nimmt bei unveränderter Beheizung mit zunehmender Fallrohrzahl zu.

Die Umlaufmenge je Rohr nimmt mit zunehmender Fallrohrzahl in Fallrohren ab, in Steigrohren zu.

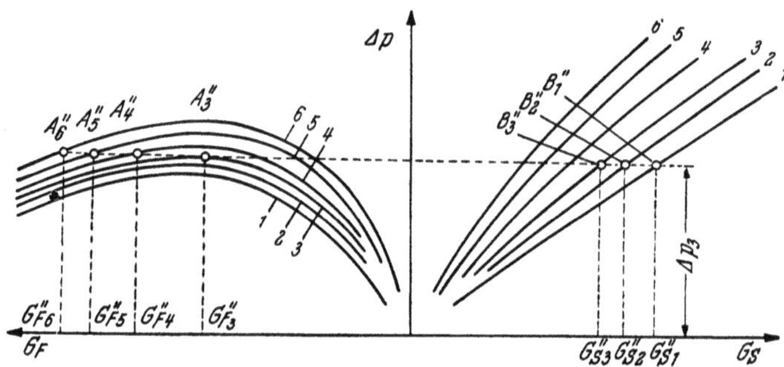

Abb. 206. Größtmögliche Fallrohrzahl, falls in Reihe 3 ein Teil der Rohre Steig-, der Rest Fallströmung aufweist

b) Berücksichtigung des Verdampfungsverzuges

Der Verlauf der Kennlinie wurde bisher ohne Berücksichtigung des Verdampfungsverzuges und der Möglichkeit einer Unterkühlung des Wassers am Rohreintritt gegenüber Sattdampftemperatur infolge kälteren Speisewassers behandelt. Ist letzteres der Fall, ist die Dampferzeugung für ein bestimmtes Rohr trotz gleichbleibender Beheizung von der Umwälzwassermenge abhängig. Ferner beginnt die Dampferzeugung nicht an der Stelle des Rohres, wo die Beheizung einsetzt, sondern später.

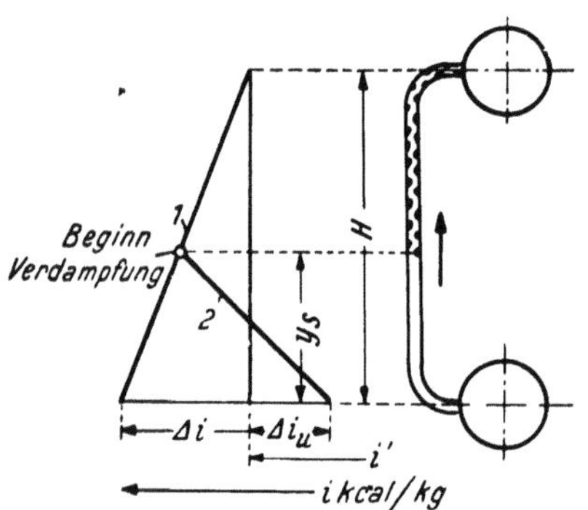

Abb. 207. Verdampfungsbeginn in einem Steigrohr

Abb. 207 zeigt die Verhältnisse. H ist beispielsweise die Höhe eines Siederohres. Der Anstieg der Flüssigkeitswärme i' von Wasser infolge der Zunahme des hydrostatischen Druckes wird durch die Gerade *1* dargestellt. Für die Höhe H sei die Zunahme Δi. Dieser Wert kann der Dampftafel entnommen werden.

Der Unterschied des tatsächlichen Wärmeinhaltes des Wassers in der Untertrommel gegenüber i' sei Δi_u.

Die Zunahme des Wärmeinhaltes des aufwärts strömenden Wassers durch die längs der Vertikalprojektion des Rohres gleichmäßig angenommene Beheizung Q_R in kcal/s wird durch die Gerade *2* dargestellt. Deren Winkel gegen die Horizontale wird um so kleiner, je kleiner das sekundliche Wassergewicht G_R ist. Nach der Strecke y_s beginnt Verdampfung.

Durch einfache Rechnung ergibt sich:

$$y_S = \frac{\Delta i + \Delta i_u}{\frac{Q_R}{H G_R} + \frac{\Delta i}{H}} \tag{451}$$

Für ein Fallrohr erhält man, wenn y_s wieder in der Strömungsrichtung gemessen wird und Δi_o die Unterkühlung des Wassers in der Obertrommel ist:

$$y_F = \frac{\Delta i_0}{\frac{Q_R}{H G_R} - \frac{\Delta i}{H}} \tag{452}$$

Die im Rohr gebildete Dampfmenge ist bei einem Fallrohr genügend genau:

$$D_{RF} = \frac{Q_R}{r} - \frac{(\Delta i_0 + \Delta i) G_R}{r} \tag{453}$$

und bei einem Steigrohr

$$D_{Rs} = \frac{Q_R}{r} - \frac{\Delta i_u G_R}{r} \tag{454}$$

Die Formeln zeigen, daß insbesondere bei schwach beheizten Rohren die Dampferzeugung bei größerer Unterkühlung Δi_o bzw. Δi_u stark mit zunehmender Wassermenge G_R abnimmt. Die Dampferzeugung kann auch Null oder negativ werden, was Unterkühlung des austretenden Wassers bedeutet.

Die Druckdifferenz Δp zwischen Ober- und Untertrommel setzt sich demnach aus einem Teil zusammen, der bei Steig- bzw. Fallströmung von einer Wassersäule mit der Länge y_s oder y_F herrührt, und einem Teil, der von einer Dampfwassergemischsäule mit der Dampferzeugung D_{RS} bzw. D_{RF} und der Länge $H - y_s$ bzw. $H - y_F$ verursacht wird.

In den Gl. (451) und (452) ist noch die Größe der Unterkühlung Δi_u bzw. Δi_o zu klären. Es ist $\Delta i_o = 0$, wenn das Speisewasser in die Obertrommel mit Sattdampftemperatur eintritt oder im Dampfraum durch Berührung mit dem Dampf auf Sattdampftemperatur erwärmt wird. Mündet dagegen das Speisewasser mit einer Temperatur $\vartheta_{WA} < \vartheta'$ in den Wasserraum der Obertrommel und nimmt man gleichmäßig Durchmischung mit dem Kesselwasser an, folgt

$$\Delta i_o = \frac{i' - i_{WA}}{u} \tag{455}$$

Hierbei ist i_{WA} der Wärmeinhalt des Wassers bei der Temperatur ϑ_{WA} und u die Umlaufzahl des ganzen Kessels.

Die Unterkühlung Δi_u ergibt sich zu:

$$\Delta i_u = \Delta i_o - \frac{Q}{G} \tag{456}$$

Es bedeutet Q die insgesamt dem Fallrohrbündel zugeführte Wärme in kcal/h, G die gesamte umlaufende Wassermenge in kg/h. In Kühlschirmen ist meist $\Delta i_u = 0$.

Ist der zweite Term in Gl. (456) größer als Δi_o, wird Δi_u negativ, es handelt sich also um keine Unterkühlung mehr, sondern um eine Erwärmung über die Sattdampftemperatur der Obertrommel. Es kann Δi_u aber hierbei höchstens den Wert $-\Delta i$ erreichen. Dies bedeutet dann, daß das Wasser in den Fallrohren gerade bis zu der dem Druck in der Untertrommel zugeordneten Siedetemperatur aufgewärmt wird. Damit liegt auch der zulässige Grenzwert für die Beheizung der Fallrohre von Steilrohrkesseln fest. Normale Bauarten erfüllen bei niedrigen Drücken gewöhnlich diese Bedingung.

Bei noch stärkerer Beheizung bilden die Fallrohre Dampf, der in die Untertrommel mitgenommen wird und durch die in der höchsten Stelle abgehenden Steigrohre abgeführt werden muß. Die gebildete Dampfmenge in kg/h ist in diesem Fall ähnlich Gl. (453), die für das Einzelrohr galt:

$$D_F = \frac{Q}{r} - \frac{G}{r}(\Delta i_o + \Delta i) \tag{457}$$

Der Verdampfungsverzug Δi bzw. auf 1 m Höhenunterschied bezogen $\frac{\Delta i}{H}$, ist bei höheren Drücken klein. Man erhält Werte aus Zahlentafel 72. Bei höheren Drücken kann daher bei Wasserumlaufrechnungen angenähert $\Delta i = 0$ gesetzt werden. Soll die Berechnung eines Wasserumlaufes mit Berücksichtigung von Verdampfungsverzug und Unterkühlung erfolgen, hat zunächst die Umwälzzahl u geschätzt zu werden, woraus auch $G = u \cdot D$ folgt, wenn D die gegebene Dampferzeugung des Kessels ist. Δi_o, Δi_u bzw. gegebenenfalls D_F kann nun nach Gl. (455), (456), (457) berechnet werden.

Zahlentafel 72

p	$\frac{\Delta_i}{H}$
1 ata	2,0 kcal/kpm
10 ata	0,4 kcal/kpm
100 ata	0,064 kcal/kpm

Man kann den Umlauf zunächst auch überschlägig berechnen. Bei Zweitrommel-Kesseln genügt es, das Bündel in zwei Systeme zu teilen, und zwar ein vorderes mit Steigströmung und ein rückwärtiges mit Fallströmung. Liegt ein Überhitzer zwischen den zwei Bündeln, ist die Trennung von selbst gegeben.

Für die genauere Berechnung unterteilt man das System in Gruppen ungefähr gleich beheizter Rohre. Als solche kann man z. B. jede Rohrreihe ansehen. Nun haben die Charakteristiken dieser gezeichnet zu werden. Zum Unterschied von Abb. 205 ist jetzt jeder einzelnen Charakteristik wegen der Gl. (453) und (454) keine konstante Dampfmenge mehr zugeordnet. Man erhält dann beispielsweise ein Bild gemäß Abb. 208.

Der Kessel habe sechs Rohrgruppen *1* bis *6*. Erstere sei am stärksten, letztere am schwächsten beheizt.

Es werden auf der Steig- und Fallseite nur die Kennlinien eingetragen, die man voraussichtlich benötigt. So ist z. B. für *6* die Kennlinie nur für Fallströmung gezeichnet, da in

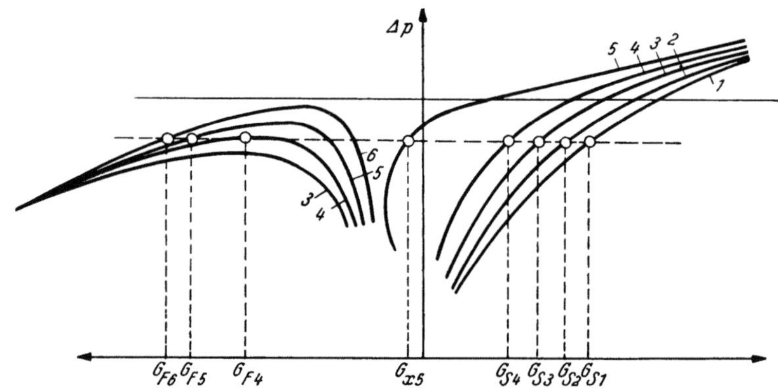

Abb. 208. Größtmögliche Fallrohrzahl bei Berücksichtigung des Verdampferverzuges

der letzten Rohrreihe ausschließlich diese in Frage kommt. Die Kennlinie ***5*** habe an der Steigseite eine Schleife, also einen Bereich, wo Aufwärtsströmung der Dampfblasen bei Abwärtsströmung des Wassers auftritt.

Man kann nun, wie auf S. 277 bereits beschrieben, versuchen, Δp probeweise z. B. in Höhe des Scheitels von *4* zu legen. Ist die Zahl der Rohre in den Rohrgruppen *1* bis *6* Z_1 bis Z_6 und das Wassergewicht je Rohr G_1 bis G_6 mit dem Index F bzw. S je nach Fall- oder Steigströmung, lautet die Kontinuitätsgleichung

$$Z_6 G_{F6} + Z_5 G_{F5} + x Z_4 G_{F4} = Z_4(1 - x) G_{S4} + Z_3 G_{S3} + Z_2 G_{S2} + Z_1 G_{S1} \tag{458}$$

Hier ist x der Fallrohranteil der vierten Reihe. In der Rohrreihe *5* kann sich statt G_{F5} auch G_{x5} (Abb. 208) einstellen. Die Rechnung muß mit beiden Werten durchgeführt werden. Aus Gl. (458) wird nun x berechnet. Ergibt sich $1 > x > 0$, ist damit die Rechnung beendet und die maximal mögliche Fallrohrzahl gefunden. Ergäbe sich jedoch $x > 1$, muß die Rechnung mit einem kleineren, bei $x < 0$ mit größerem $\varDelta p$ wiederholt werden. Schließlich kann die Umlaufzahl u ermittelt und festgestellt werden, ob die anfangs erfolgte Schätzung ungefähr zutraf. Gegebenenfalls ist die Rechnung zu wiederholen.

Um die Umlaufverhältnisse bei ausgeführten störungsanfälligen Steilrohrkesseln zu stabilisieren, wird gelegentlich auf den Einbau von Blenden zurückgegriffen. Diese werden in die Rohre, die Steigströmung haben sollen, am unteren Ende eingebaut, und es wird etwa $^1/_6$ bis $^1/_{12}$ ihres lichten Querschnittes abgedeckt.

c) Stagnation von Strömungen

Bei niedriger Last kann es vorkommen, daß die Strömung in Rohren mit Überhub infolge zu geringen Auftriebes aufhört. Das hat Steigerung der Konzentration im betroffenen Rohr und erhöhte Kesselsteinbildung zur Folge. Es sei z.B. zu untersuchen, bei welcher Last im Rohr *1* der Abb. 209 der Wasserumlauf aufhört. In diesem Falle ist die in das Rohr eintretende Wassermenge gleich der aus ihm austretenden Dampfmenge, die Dampf-Wasser-Gemisch-Säule steht gerade bis zur Höhe H'. Um $\bar{\gamma}_m$ zu berechnen, kann in Gl. (418) und (419) infolge der Kleinheit der Wassermenge $W_x \doteq 0$ eingesetzt werden. Es ergibt sich dann die Druckdifferenz der Gemischsäule von der Höhe H'

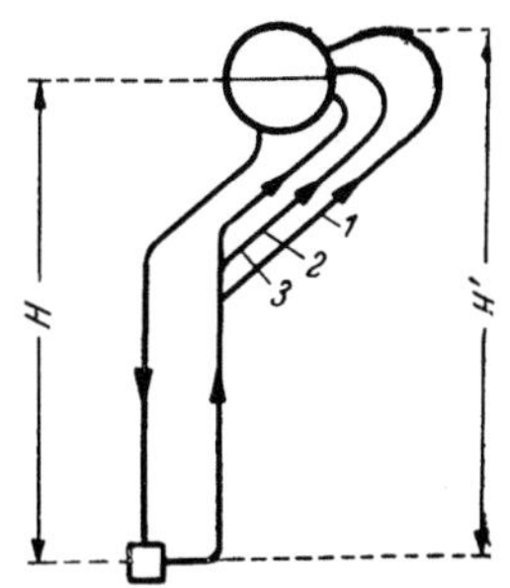

Abb. 209. Schema eines Eintrommel-Steilrohrkessels

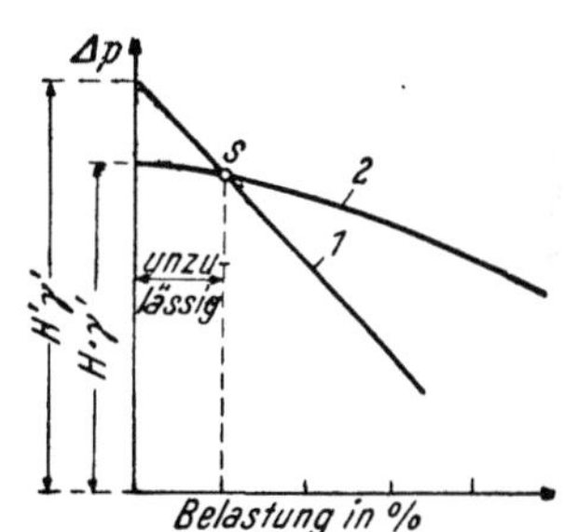

Abb. 210. Bestimmung der Last, ab welcher der Hubumlauf im Rohr *1* der Abb. 209 aufhört

$$\varDelta p = \left[\left(1 - \frac{D_R}{2f\gamma'' w_r}\right)(\gamma' - \gamma'') + \gamma''\right] \cdot H' \tag{459}$$

$\varDelta p$ hängt also linear von der Dampferzeugung D_R ab, wie Gerade *1* in Abb. 210 zeigt. Aus der für mehrere Lasten durchgeführten Wasserumlaufrechnung des ganzen Kessels wird die Druckdifferenz zwischen Ober- und Untertrommel $\varDelta p_{1B}$ berechnet und durch Kurve *2* dargestellt.

Der Schnittpunkt S gibt die Last an, bis zu der noch Umlauf im Rohr stattfindet.

Bei Kesseln mit Überhub ist also die Teillast bis zu dem so ermittelten Wert zu beschränken.

B. Zwanglaufkessel

1. Allgemeine Beziehungen zur Berechnung des Druckabfalles

Bei Zwanglaufkesseln wird die Strömung des Wassers und Dampfes im Rohrsystem durch einen künstlich mittels einer Pumpe erzeugten Überdruck aufrechterhalten. Der Auftrieb spielt hier normalerweise nur eine untergeordnete Rolle.

Die hier zu behandelnden Fragen betreffen den Druckabfall der Strömung und die Möglichkeit des Auftretens von Störungen derselben.

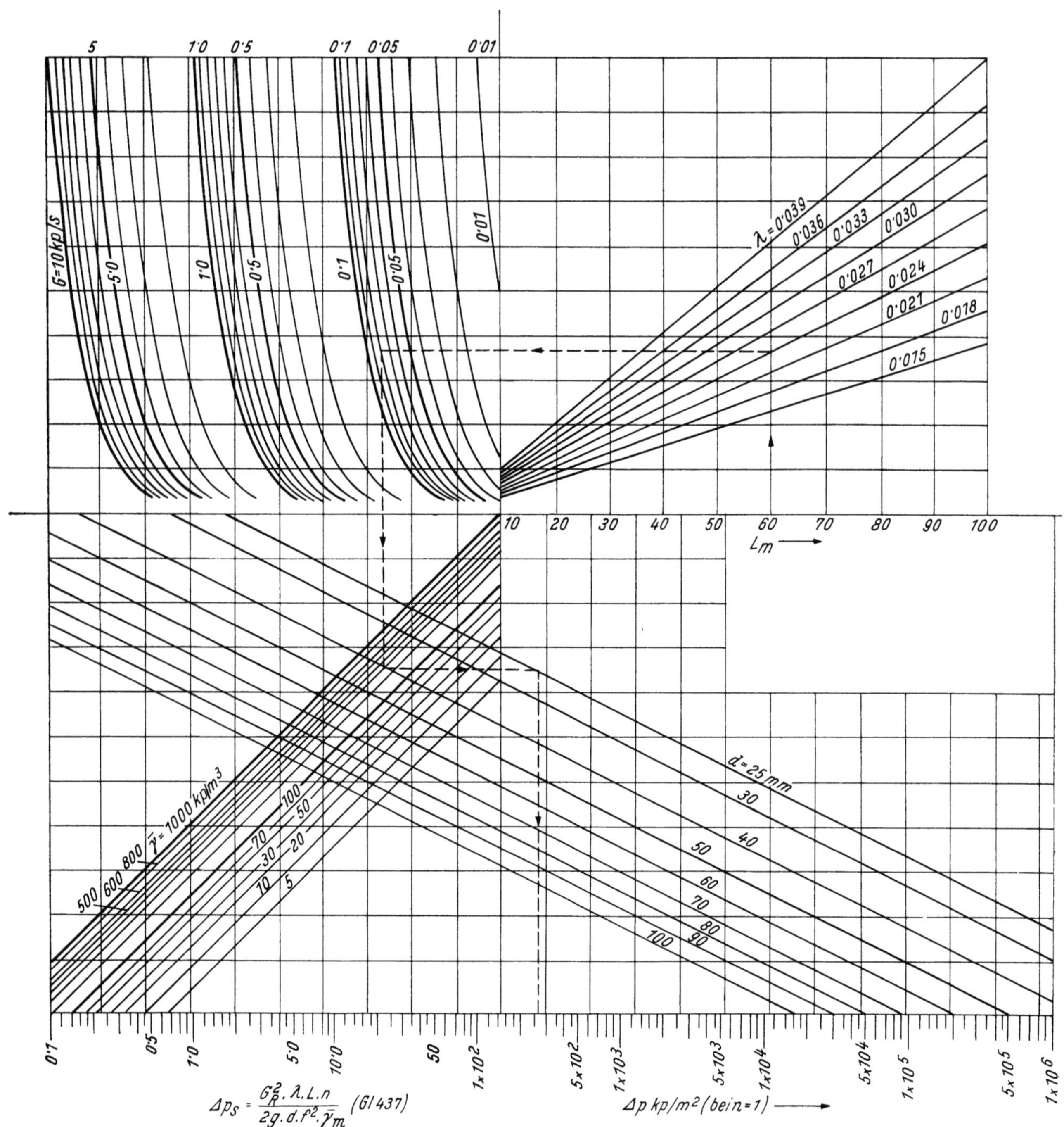

$$\Delta p_s = \frac{G_R^2 \cdot \lambda \cdot L \cdot n}{2g \cdot d \cdot f^2 \cdot \bar{\gamma}_m} \quad (Gl\,437)$$

Abb. 211. Druckabfall in Rohren

Ermittlung des Druckabfalles aus Rohrlänge L in m, Rohrreibungszahl λ (Abb. 192, 193a, b, S. 261); Durchströmgewicht G, Wichte (bei Dampfwassergemisch und $w_r = 0$, Abb. 190, bei $w_r \neq 0$, Abb. 191a, b), Rohrdurchmesser d. Zum Beispiel $L = 60$ m, $\lambda = 0{,}024$, $G = 0{,}08$ kp/s, $\bar{\gamma} = 300$ kp/m³, $d = 25$ mm ergibt $\Delta p = 270$ kp/m² (für Verlustbeiwert $n = 1$)

Der Druckabfall kann in Analogie zu jenem bei Naturumlaufkesseln berechnet werden. Betrachtet man eine gleichmäßig beheizte Rohrschlange und ist die Speisewassereintrittstemperatur ϑ_{WE} tiefer als die Sattdampftemperatur ϑ', beginnt die Verdampfung erst nach einer Rohrstrecke a, die sich aus

$$a = \frac{G_R \Delta i_0 L}{Q_R} \tag{460}$$

ergibt. Hier ist G_R die Durchsatzmenge in kp/s, Q_R die Beheizung des Rohres in kcal/s, Δi_0 die Unterkühlung gegenüber dem Wärmeinhalt bei Sattdampftemperatur in kcal/kp und L die Gesamtrohrlänge. Die Sattdampftemperatur versteht sich bei dem Druck am Rohrende. Der Einfluß des Druckabfalles im Rohr selbst ist gering und wird später behandelt. Das erzeugte Dampfgewicht je Rohr ist in kp/s:

$$D_R = \frac{Q_R - G_R \Delta i_0}{r} \tag{461}$$

Der Druckabfall im Teil a setzt sich aus Eintritts-, Krümmungs- und Reibungsverlust zusammen. Es ist hierfür die Gl. (438) zu verwenden. Im Verdampfungsteil $(L - a)$ treten Krümmungs-, Beschleunigungs- und Reibungsverluste auf. Die Gl. (436) ist hier maßgebend, jedoch ohne Eintrittsverlust $\frac{1,5}{\gamma'}$, da dieser bereits in Gl. (438) enthalten ist.

Zur Ermittlung der Wichte $\bar{\gamma}_m$ des Dampf-Wasser-Gemisches wird die Relativgeschwindigkeit $w_r = 0$ gesetzt. Dies ist bei dem gewöhnlich verwendeten engen Rohrdurchmesser und hohem Betriebsdruck zulässig. Außerdem ist die Neigung einer Schlange über der Rohrlänge vielfach wechselnd und daher umständlich rechnerisch zu erfassen. Die Wichte wird daher nach Gl. (429a) gerechnet und kann aus Abb. 190 entnommen werden.

Es ergibt sich demnach der Druckverlust des Vorwärme- und Verdampfungsteiles zufolge der Strömungswiderstände

$$\Delta p_S = \frac{G_R^2}{2 g f^2} \left[\frac{1}{\gamma'} \left(\frac{\lambda a}{d} + \xi_a + 1,5 \right) + \frac{1}{\bar{\gamma}_m} \left(\frac{\lambda (L - a)}{d} + \xi_{L-a} \right) + \frac{2 D_R (v'' - v')}{G_R} \right] \tag{462}$$

Es ist G_R das sekundliche Durchflußgewicht je Rohr, f dessen Querschnitt, D_R die Dampferzeugung je Rohr, ξ_a und ξ_{L-a} der Beiwert der Krümmungsverluste im Teil a und $(L - a)$. Statt $\frac{G_R^2}{2 g f^2}$ kann, wenn w_E die Eintrittsgeschwindigkeit ist, auch $\frac{w_E^2 \gamma'^2}{2 g}$ geschrieben werden.

Für viele Zwecke genügt es, gemäß Gl. (437) die übrigen Verluste durch einen Beiwert n zum Rohrreibungsverlust zu berücksichtigen. Dann kann Δp aus Abb. 211 und 212 bzw. Abb. 193 entnommen werden.

2. Druckverlust bei Zwangumlaufkesseln

Soll bei Zwangumlaufkesseln neben dem Druckverlust der Heizfläche Δp_S nach Gl. (462) noch die Wirkung des Auftriebes berücksichtigt werden, erfolgt die Rechnung nach den Angaben auf S. 246 durch Zuschlag oder Abzug des Auftriebswertes Δp_A.

Um die Gesamtdruckdifferenz, die von der Umwälzpumpe zu überwinden ist, zu berechnen, hat noch nach Gl. (401) der Druckabfall der Blenden Δp_B sowie jener der außenliegenden Leitungen Δp_R zugeschlagen zu werden.

Zwecks Ermittlung der Einflüsse, die am Druckabfall der Heizfläche von Zwangumlaufkesseln hauptbestimmend sind, wurde dieser in der Folge unter der vereinfachenden Annahme gleicher Rohrlänge für alle Schlangen untersucht.

Führt man die Kontinuitätsgleichung $w_E \gamma' = w_m \bar{\gamma}_m$ in Gl. (437) ein, folgt, wenn mit Sattdampftemperatur am Rohreintritt gerechnet wird und die Verluste durch Krümmungen, Beschleunigung usw. durch einen Faktor n berücksichtigt werden:

$$\Delta p_S = \frac{\lambda L w_E^2 \bar{\gamma}'^2 n}{2 g d \gamma_m} \tag{463}$$

Hierbei ist w_E die Eintrittsgeschwindigkeit des Wassers in die Heizfläche und γ' die Wichte des Wassers bei Sattdampftemperatur. Die mittlere Wichte $\overline{\gamma}_m$ errechnet sich aus Gl. (429a)

$$\frac{1}{\overline{\gamma}_m} = v' + \frac{v'' - v'}{2u} \tag{464}$$

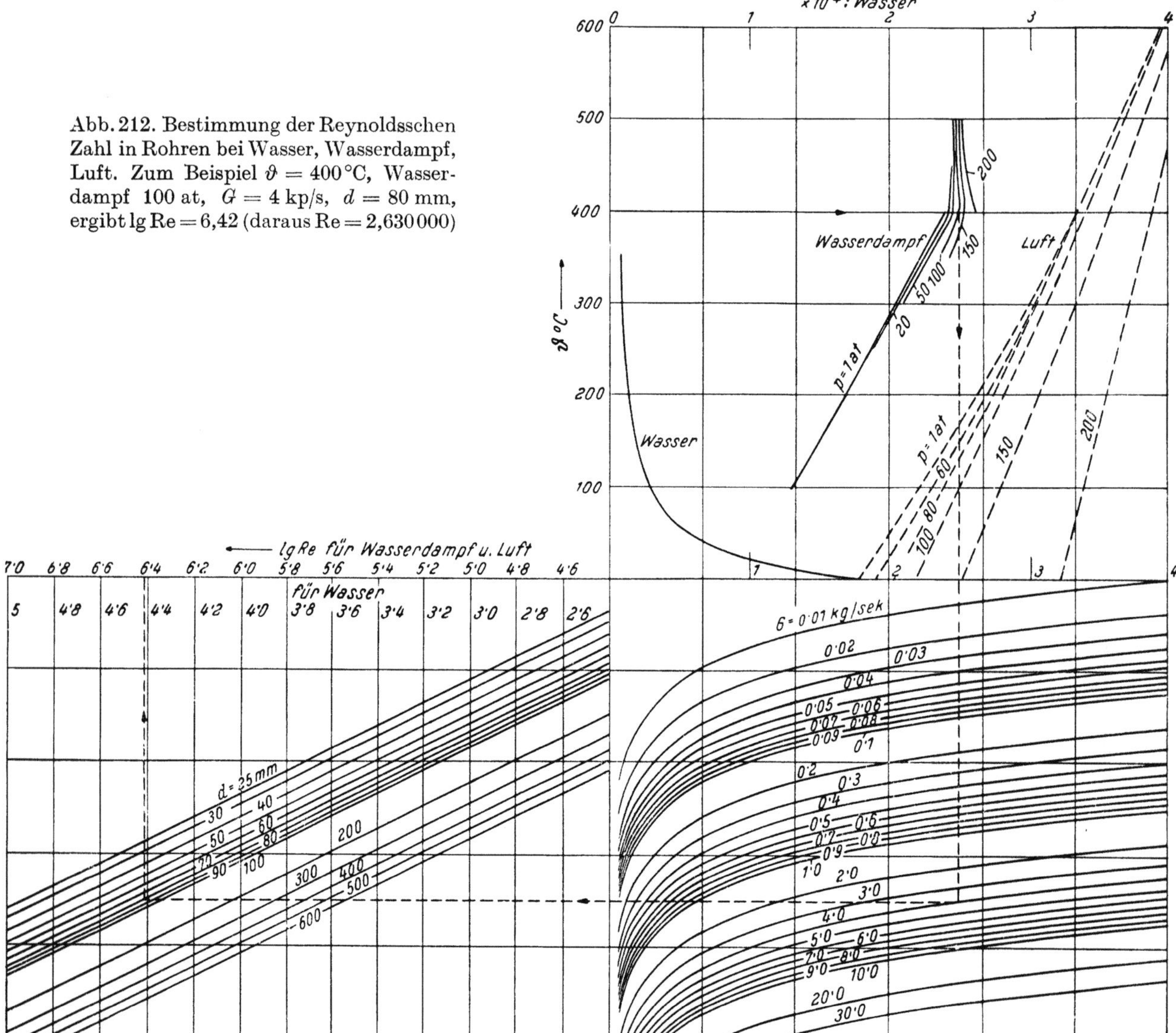

Abb. 212. Bestimmung der Reynoldsschen Zahl in Rohren bei Wasser, Wasserdampf, Luft. Zum Beispiel $\vartheta = 400\,°C$, Wasserdampf 100 at, $G = 4$ kp/s, $d = 80$ mm, ergibt lg Re = 6,42 (daraus Re = 2,630000)

wobei $u = G/D$ die Umwälzzahl ist, mit G als umgewälztes Gesamtwassergewicht und D als Dampferzeugung (beide in kp/s). Sind z Schlangen parallel geschaltet, folgt mit dem Rohrquerschnitt f und der Rohrzahl z:

$$u = \frac{G}{D} = \frac{w_E \gamma' f z}{D} \tag{465}$$

Andererseits kann die Gesamtheizfläche aus folgender Gleichung berechnet werden, wenn H die Kesselheizfläche und L die Rohrlänge ist

$$H = z d \pi L \sigma \tag{466}$$

wobei σ das Verhältnis Außen- zu Innendurchmesser d bedeutet.

Setzt man z aus Gl. (466) in Gl. (465) ein, folgt

$$u = \frac{w_E \gamma' f}{D} \frac{H}{d \pi L \sigma} \tag{467}$$

Wird daraus die Rohrlänge L errechnet und in Gl. (463) eingesetzt, ergibt sich schließlich mit $f = d^2\pi/4$

$$\Delta p_S = \frac{n \lambda w_E^3 \gamma'^3 \cdot 3600}{8 g \sigma u \cdot q} \left(v' + \frac{v'' - v'}{2u}\right) \tag{468}$$

Hierbei wurde die Heizflächenbelastung des Kessels in kp/m²h, $3600 \cdot D/H = q$, eingeführt. Man ersieht aus dieser Gleichung, daß der Druckabfall in einem Zwangumlaufkessel von der Wahl des Rohrdurchmessers praktisch unabhängig ist. Lediglich durch den Rohrreibungskoeffizienten λ kommt ein geringfügiger Durchmessereinfluß herein. Für sonst gleiche Verhältnisse wird der Druckabfall mit steigendem Druck kleiner. Wichtig ist, daß der Druckabfall von der dritten Potenz der Eintrittsgeschwindigkeit des Wassers abhängt. Steigende Umwälzzahlen und Heizflächenbelastungen verringern denselben. Der Druckabfall der Blenden ist in Gl. (468) nicht enthalten. Multipliziert man beide Seiten von Gl. (468) mit u, steht links $u \cdot \Delta p_S$, welcher Wert dem Verhältnis von Umwälzpumpenleistung zu Kesselleistung proportional ist. Das Bestreben des Konstrukteurs hat sich auf möglichste Verringerung desselben zu richten.

3. Stabilität der Strömung bei Zwanglaufkesseln

a) Stabilitätsbedingung

Bei Zwanglaufkesseln, worunter solche sowohl mit Zwangumlauf als -durchlauf zu verstehen sind, können Störungen der Strömung vorkommen. Ein Rohrbündel bestehe aus einer Anzahl gleich langer und beheizter parallel geschalteter Rohre, die zwischen zwei Sammelkammern geschaltet sind und durch welches Wasser gepumpt werde. Im normalen Betriebsfall ist infolge der gleichen Druckdifferenz und Wärmezufuhr sämtlicher Rohre auch die Strömung in diesen gleichmäßig.

Nimmt jedoch der Wasserdurchfluß aus einem zufälligen Grund in einem der parallel geschalteten Rohre um ein geringes ab, wird, sofern die Eintrittstemperatur des Wassers unter der Sattdampftemperatur lag, in diesem eine vermehrte Dampfentwicklung erfolgen. Dies kann eine Steigerung des Druckabfalles zur Folge haben, der wieder die Durchflußmenge verringert usw., so daß dieser Vorgang sich selbst weitertreibend zu immer kleineren Durchflußmengen führt bis schließlich ein neuer Gleichgewichtszustand eintritt. Die Kühlung in diesem Rohr ist nun verschlechtert, wodurch es gefährdet wird. Die Bedingungen, unter denen solche „Unstabilitäten“ auftreten, mögen untersucht werden.

Der Druckabfall in einem Rohr ergibt sich aus Gl. (462) mit Gl. (429a), wenn am Eintritt zusätzlich das Vorhandensein einer Drosselblende, wie bei Zwangumlaufkesseln üblich, angenommen wird, zu

$$\Delta p_S = \frac{G_R^2}{2 g f^2} \left\{ v' \left[\frac{\lambda a}{d} + \xi_a + \left(\frac{f}{f_0}\right)^2 \xi_B\right] + \left[v' + \frac{D_R (v'' - v')}{2 G_R}\right] \cdot \left[\frac{\lambda (L-a)}{d} + \xi_{L-a}\right] + \frac{2 D_R (v'' - v')}{G_R} \right\} \tag{469}$$

Es wurde für den Blendenwiderstand Gl. (447) eingeführt. Für scharfkantige Blenden ist $\xi_B = 2{,}4$. Ist keine Blende vorhanden, wird $f_o = f$ und $\xi_B = 1{,}5$. Die Widerstandsziffern der Rohrkrümmer ξ_a und ξ_{L-a} sind proportional der Anzahl der Krümmer im betreffenden Rohrabschnitt und damit der Länge derselben. Sie können demnach durch Vergrößerung von λ Berücksichtigung finden. Führt man für a Gl. (460) und für D_R Gl. (461) ein, folgt nach einigen kleinen Umformungen

$$\Delta p_S = \frac{G_R^2 v' \lambda L}{2 g f^2 d}\left[\frac{d}{\lambda L}\left(\frac{f}{f_o}\right)^2 \xi_B + 1\right]$$
$$+ \frac{(Q_R - G_R \Delta i_o)(v'' - v')}{2 g r f^2} \cdot \left[G_R\left(\frac{\lambda L}{2d} + 2\right) - \frac{\lambda G_R^2 \Delta i_o L}{2 d Q_R}\right] \tag{470}$$

Der Druckabfall ist nunmehr in Abhängigkeit von der in einer Sekunde zugeführten Wärmemenge Q_R, der Unterkühlung Δi_o und dem sekundlichen Wassergewicht G_R dargestellt. Diese Abhängigkeit ist in Abb. 213 in Kurvenform aufgezeichnet und gilt für eine bestimmte Wärmezufuhr Q_R, während jeder Kurve ein verschiedener Wärmeinhalt des eintretenden Wassers i_1 zugeordnet ist. Bei $i_1 = i'$, also $\Delta i = 0$, ist der Verlauf nach a, also stetig steigend. Bei kleiner werdendem i_1 gelangt man zu einem Grenzwert, wo die Kurve einen Wendepunkt besitzt (b). Wird i_1 noch kleiner, erhält man Kurve c, also mit einem Höchst- und Tiefstwert. Die letzte Kurve zeigt das typische Bild einer unstabilen Strömung, da einer bestimmten vorhandenen Druckdifferenz drei Wassermengen zugeordnet sind und im Betrieb sich beliebig einstellen können. Die Bedingung für das Auftreten von Unstabilität ist demnach gemäß Abb. 213 das Auftreten von Höchst- und Tiefstwerten oder im Grenzfall eines Wendepunktes, worauf zuerst SCHNACKENBERG[1] hingewiesen hat. Mathematisch ausgedrückt, lautet dies nach SCHNACKENBERG:

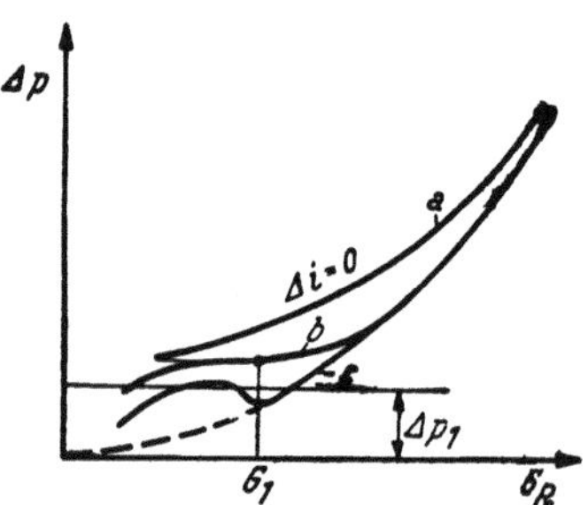

Abb. 213. Druckabfall in einem beheizten Rohr bei verschiedenen Unterkühlungen am Eintritt

$$\frac{d\Delta p_S}{d G_R} = 0 \tag{471}$$

Führt man mit Gl. (470) die entsprechende Differentiation durch, setzt gleich null und ordnet nach G_R, ergibt sich hiefür eine quadratische Gleichung entsprechend den zwei Extremen, die die Kurve hat. Man erhält:

$$G_R^2 - \left\{\frac{4 d Q_R}{3\lambda \Delta i_o L}\left(\frac{\lambda L}{d} + 2\right) - \frac{4 v' r Q_R}{(v'' - v')\, 3 \Delta i_o^2}\left[\frac{d}{\lambda L}\left(\frac{f}{f_o}\right)^2 \xi_B + 1\right]\right\} G_R$$
$$+ \frac{Q_R^2\, 2d}{3\lambda \Delta i_o^2 L}\left(\frac{\lambda L}{2d} + 2\right) = 0 \tag{472}$$

oder, wenn man die Abkürzungen m und n einführt:

$$G^2_R - m G_R + n = 0 \tag{473}$$

Die Lösung dieser quadratischen Gleichung lautet:

$$G_{R1,2} = \frac{m}{2} \pm \sqrt{\frac{m^2}{4} - n} \tag{474}$$

Für eine stabile Strömung ist der Wurzelausdruck imaginär, im Grenzfall Null und für unstabile Strömung reell. Im Sinne der gestellten Aufgabe interessiert die Bedingung,

[1] SCHNACKENBERG: Die Wasserverteilung in Zwanglaufheizflächen. Wärme 1937, S. 481.

unter welcher eine Strömung gerade unstabil wird. Diese erhält man, wenn der Wurzelausdruck in Gl. (474) Null wird. Es ergibt sich dann

$$\frac{m^2}{4} = n \tag{475}$$

oder nach Einführung der Werte für m und n und Auflösung nach Δi_0 die gesuchte Bedingung

$$\Delta i_0 = \Delta i_G = \frac{\frac{v' r}{v'' - v'} \cdot \left[\left(\frac{f}{f_0}\right)^2 \xi_B + \frac{\lambda L}{d}\right]}{\frac{\lambda L}{d} + 2 - \frac{6}{4}\sqrt{\frac{2}{3}\frac{\lambda L}{d}\left(\frac{\lambda L}{2d} + 2\right)}} \tag{476}$$

Damit besonders gekennzeichnet wird, daß der berechnete Wert Δi_0 einen Grenzwert darstellt, ist derselbe mit einem Index G versehen.

Im Ausführungsfall eines Dampferzeugers liegt eine bestimmte Eintrittstemperatur des Wassers und damit ein Wert Δi_0 vor, andererseits ist aus Gl. (476) ein Wert Δi_G errechenbar. Als Bedingung für das unstabile Verhalten der Strömung gilt dann:

$$\Delta i_0 > \Delta i_G. \tag{477}$$

Gleichzeitig muß die wirklich vorhandene Druckdifferenz Δp_1 (Abb. 213) derart liegen, daß die unstabile Kurve in drei Punkten geschnitten wird. Setzt man G_{R1} und G_{R2} aus Gl. (474) in Gl. (470) ein, erhält man zwei Werte für Δp_S. Nur wenn Δp_1 innerhalb dieser liegt, kann die Unstabilität zur Auswirkung kommen. Es ist jedoch zweckmäßig, die Auslegung des Kessels so zu treffen, daß Unstabilität grundsätzlich ausgeschlossen ist, d. h. Gl. (476) als Kriterium verwendet wird.

Um die Benutzung der Gl. (476) zu erleichtern, wurde sie in Abb. 214 als Kurvenschar, und zwar bei Fehlen einer Eintrittsblende, d. h. $f/f_0 = 1$ aufgetragen. Auf der Abszisse ist der Wert $\frac{\lambda L}{2gd}$, auf der Ordinate der Wert Δi_G aufgetragen. Die Kurven gelten für verschiedene Werte $\frac{v'' r}{v'' - v'}$, statt welcher jedoch gleich der entsprechende Druck aufscheint. Wie man sieht, steigt die Unstabilitätsgefahr mit fallendem Druck.

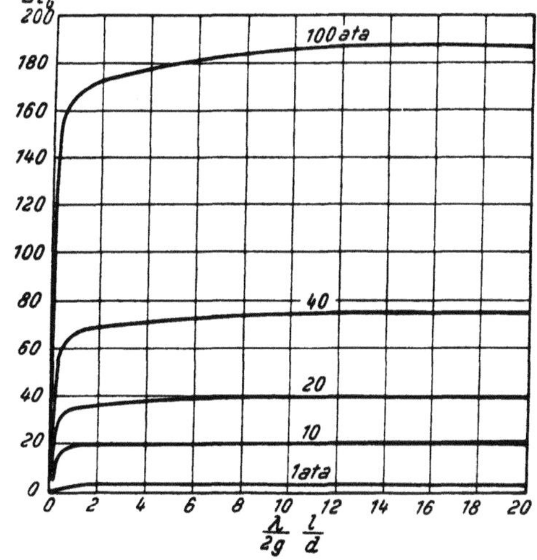

Abb. 214. Grenzunterkühlung bei Unstabilitätsbeginn

Der Einfluß des in vorliegender Ableitung berücksichtigten Beschleunigungsverlustes ist sehr gering. Hätte man die Ableitung unter Vernachlässigung dieses durchgeführt, ergäbe sich statt Gl. (476) mit Drosselblende:

$$\Delta i_G = \frac{v' r\, 7{,}46}{v'' - v'}\left[1 + \frac{d \xi_B}{\lambda L}\left(\frac{f}{f_0}\right)^2\right] \tag{478}$$

Ist keine Drosselblende vorhanden und wird auch der Eintrittsverlust vernachlässigt, verbleibt:

$$\Delta i_G = \frac{v' r\, 7{,}46}{v'' - v'} \tag{479}$$

Dieser Ausdruck gibt im einfachsten Fall, d. h. Fehlens der Blenden an, welche Unterkühlung Δi_G in einer beheizten Schlange noch zulässig ist, damit Stabilität vorliegt.

Die Wassermenge G_1 bei gerade beginnender Unstabilität, also bei $\Delta i_o = \Delta i_G$ oder in Abb. 213 beim Wendepunkt der Kurve b, folgt aus Gl. (474) zu

$$G_1 = \frac{m}{2} \tag{480}$$

Wird wieder hier sowie in der Folge der Beschleunigungsverlust vernachlässigt, was sich durch Wegfall der Ziffer 2 neben $\frac{\lambda L}{d}$, bzw. $\frac{\lambda L}{2d}$ in Gl. (472) äußert, folgt:

$$G_1 = \frac{4\,Q_R}{6\Delta i_G} - \frac{4\,v' r Q_R}{(v'' - v')\,6\Delta i_G{}^2}\left[\frac{d}{\lambda L}\left(\frac{f}{f_0}\right)^2 \xi_B + 1\right] \tag{481}$$

b) Beeinflussung der Stabilität durch den Druckabfall im Rohr

Für die Werte v', v'', r werden gewöhnlich die „Nennwerte", das sind jene am Ende des Rohres, eingesetzt. Dies ist immer zulässig, wenn der Druckabfall im Rohr klein im Verhältnis zum Betriebsdruck ist.

Andernfalls muß der Druckabfall im Rohr Berücksichtigung finden. Dies sei an Hand der Abb. 215 dargelegt. Es sei dort *1* der Verlauf des Wärmeinhaltes i' entlang der Rohrlänge, welcher infolge des Druckabfalles abnimmt. Der Nennwert i'_N liegt am Rohrende vor. Das Wasser tritt gegenüber i'_N um Δi_o unterkühlt in die Schlange ein und erwärmt sich infolge der Wärmezufuhr gemäß *2*. Im Schnittpunkt P von *1* und *2* beginnt die Verdampfung. Ohne Berücksichtigung des Druckabfalles im Rohr würde *1* horizontal verlaufen. Will man auch dann den Verdampfungsbeginn nach der gleichen Rohrlänge erhalten, muß Δi_o auf $\Delta i'_o$ vergrößert werden. Der letztere Wert ist also ein Rechnungswert, mit dem anstatt der wirklichen Unterkühlung am Eintritt gerechnet werden muß, um den Druckabfall bei Untersuchung der Stabilität zu berücksichtigen. Aus Abb. 215 kann leicht gezeigt werden, daß sich für $\Delta i'_o$ folgende Beziehung ergibt:

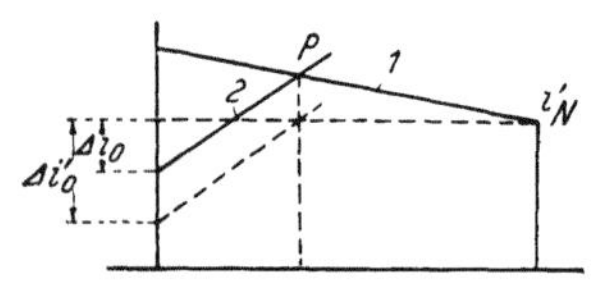

Abb. 215. Beeinflussung der Unstabilität durch den Druckabfall im Rohr

$$\Delta i'_o = \Delta i_o \left(\frac{\dfrac{\Delta i_S\,\Delta p_S}{\Delta i_o} + 1}{\dfrac{\Delta i_S\,\Delta p_S G_R}{Q_R} + 1}\right) \tag{482}$$

Hier bedeutet $\Delta i'_o$ die „äquivalente Unterkühlung", die an die Stelle der wirklichen Unterkühlung Δi_o tritt. Ferner ist Δi_S die Zunahme der Flüssigkeitswärme in kcal/at, Δp_S der Druckabfall im Rohr ausschließlich Blende in at, G_R das Durchflußgewicht in kp/s und Q_R die Wärmezufuhr je Rohr in kcal/s. Es ist jetzt die Unstabilitätsbedingung

$$\Delta i'_o > \Delta i_G \tag{483}$$

Da der Klammerausdruck in Gl. (482) größer als 1 ist, vergrößert der Druckabfall im Rohr das Unstabilitätsfeld. Für übliche Druckbereiche ausgeführter Anlagen ist jedoch meist genügend genau

$$\Delta i'_o \doteq \Delta i_o \tag{484}$$

Die Frage des Einflusses des Druckabfalles wurde auf andere Weise von MAAS[1] untersucht.

---

[1] MAAS: Wasserumlauf und Betriebssicherheit bei Zwangumlaufkesseln. Wärme 1941, S. 1.

c) Stabilisierungsmaßnahmen bei Zwanglaufkesseln und Vorverdampfern

Zur Gewährleistung der Stabilität der Strömung werden beim Bensonkessel in der Brennkammer die beheizten Rohre steigend ausgeführt, um die unterstützende Wirkung des Auftriebes auszunützen. Außerdem wird durch zahlreiche Zwischensammler die mögliche Unterkühlung je Rohrabschnitt, insbesondere mit Rücksicht auf die Anfahrverhältnisse, verkleinert[1]. Beim Sulzerkessel wird auf die unterstützende Wirkung des Auftriebes verzichtet, dafür aber der Rohrquerschnitt im Vorwärmeteil gegenüber dem Verdampfungsteil verringert. Dadurch besitzt ersterer „Blendenwirkung" und wirkt stabilisierend. Außerdem sei auf die sonstigen stabilisierenden Maßnahmen, wie Ventile, einschaltbare Bypassleitungen, die auf S. 283 erwähnt wurden, verwiesen.

Bei den Zwangumlaufkesseln werden zur Stabilisierung durchwegs Blenden benützt. Übliche Werte für den Lochdurchmesser der Blende sind etwa ein Drittel des Rohrdurchmessers. Allerdings ist die Unterkühlung des Umwälzwassers am Eintritt in die Schlange meist nur gering, da das Speisewasser sich mit einer vielfachen Umwälzwassermenge mischt, so daß es zu einer Unstabilität nicht kommen kann, selbst wenn keine Blenden benutzt werden.

Erfahrungsgemäß sind aber Blenden bei Zwangumlaufkesseln trotzdem nötig. Einerseits liegt dies an den Verhältnissen beim Anfahren, andererseits ist zu beachten, daß die einzelnen parallel geschalteten Schlangen bei ausgeführten Kesseln nicht als gleichmäßig beheizt anzusehen sind. Im Gegenteil muß mit Beheizungsunterschieden von 100 bis 200% der mittleren Beheizung gerechnet werden.

Auch bei Vorverdampfern kann leicht Unstabilität vorkommen. Falls diese Gefahr besteht, ist entweder eine Mischstelle knapp vor Verdampfungsbeginn vorzusehen oder der Einbau von Blenden erforderlich.

d) Zusätzliche Untersuchungen zur Stabilität bei Zwanglaufkesseln

Stabilität bei ungleicher Beheizung im Zwanglaufkessel. Da bisher immer unter der Annahme gleicher Beheizung der parallel geschalteten Schlangen gerechnet wurde, tritt nun die Frage auf, wie weit allein durch Beheizungsunterschiede solche Strömungsunterschiede hervorgerufen werden können, daß eine Gefährdung einzelner Rohre eintritt.

Es ist demnach für einen bestimmten gegebenen Druckabfall Δp zu untersuchen, wie Beheizungsintensität und Durchflußmenge zusammenhängen.

In folgendem soll mittels der folgenden Kennziffer Z die Sicherheit des Strömungszustandes beurteilt werden:

$$Z = \frac{G_R}{Q_R} \frac{dQ_R}{dG_R} \tag{485}$$

Diese gibt an, in welchem Verhältnis eine relative Änderung der Beheizung zur entsprechenden relativen Änderung des Durchflußgewichtes steht. Je größer die Abnahme des Durchflußgewichtes G_R bei einer bestimmten Zunahme der Beheizung Q_R wird, um so ungünstiger ist die Strömung im Hinblick auf Stabilität und um so kleiner ist der Absolutwert von Z. Dieser liegt bei stabiler Strömung zwischen 0 und $-\infty$, der Zahlenwert ist negativ.

Der Druckabfall zwischen zwei Sammelkammern eines Zwanglaufkessels wird wieder nach Gl. (470) errechnet.

Der Einfluß des Beschleunigungsverlustes sei gemäß den früheren Ausführungen vernachlässigt. Dagegen werde ein eventueller Höhenunterschied zwischen Eintritts- und Austrittskammer berücksichtigt.

[1] Blenden wurden bei Schiffskesseln verwendet. (Siehe Fußnote[1], S. 43.)

Zur Berechnung des davon herrührenden statischen Druckes benützt man $\overline{\gamma}_m$ nach Gl. (424), wenn das Rohr vom Punkt des Verdampfungsbeginnes als steigend angenommen wird:

$$H\overline{\gamma}_m = \frac{H}{v' + \frac{D_R(v'' - v')}{2G_R}} \tag{486}$$

Es folgt demnach für den Gesamtdruckabfall Δp mit Gl. (470), wenn in dieser der Beschleunigungsverlust $\left(2, \text{ neben } \frac{\lambda L}{2d}\right)$ vernachlässigt wird, sowie mit Gl. (486), wobei in letztere Gl. (461) eingesetzt wird:

$$\Delta p = \frac{G_R^2 \xi_B}{f_0^2 \gamma' 2g} + \frac{\lambda}{2gdf^2}\left[Lv' G_R^2 + \frac{Q_R L(v'' - v')}{2r}\left(G_R - \frac{2\Delta i_0 G_R^2}{Q_R} + \frac{\Delta i_0^2 G_R^3}{Q_R^2}\right)\right]$$
$$+ \frac{H}{v' + \frac{(Q_R - \Delta i_0 G_R)(v'' - v')}{r\, 2G_R}} \tag{487}$$

Trägt man für eine bestimmte vorgegebene Druckdifferenz Δp diese Gleichung in einem Koordinatensystem auf, so ergeben sich die Kurven der Abb. 216 (wenn zunächst $H = 0$ angenommen wird). Die Kurve a gilt für $\Delta i_0 = 0$, also bei einer Eintrittstemperatur gleich Sattdampftemperatur. Bei Kurve b sei $\Delta i_0 = \Delta i_G$. Diese hat bei B einen Wendepunkt, dort ist also $Z = 0$. Die Kurve c gilt schließlich für ein noch größeres Δi_0, also für unstabilen Verlauf, der sich auch im G_R—Q_R-Diagramm widerspiegelt.

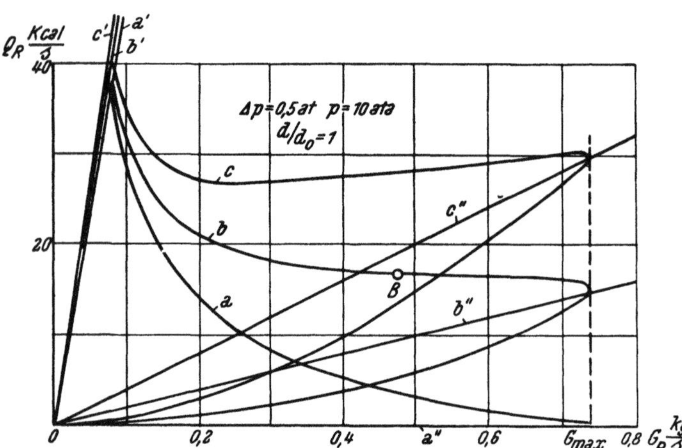

Abb. 216. Abhängigkeit der Durchsatzmenge G_R von der Beheizungsintensität bei verschiedenen Unterkühlungen und konstantem Druckabfall

Von den dargestellten Kurven hat allerdings nur ein Teil reale Bedeutung, und zwar der zwischen den zwei Grenzfällen liegende, die einerseits durch einen so großen Wasserdurchsatz gekennzeichnet sind, daß keine Dampfbildung mehr eintritt, und andererseits durch einen so kleinen, daß am Rohrende das ganze Wasser verdampft. Im ersteren Fall gilt $Q_R = G_R \cdot \Delta i_0$; diese Gerade ist in Abb. 216 für die drei benutzten Δi_0-Werte durch die Linien a'', b'', c'' dargestellt. Verdampft hingegen das ganze Wasser, folgt $Q_R = G_R(\Delta i_0 + r)$. Die entsprechenden Geraden sind mit a', b', c' bezeichnet. Der Teil der Kurven a, b, c, welcher reale Bedeutung hat, liegt demnach im keilförmigen Raum zwischen den entsprechenden zwei Grenzgeraden.

Der Größtwert von G_R, genannt G_{max}, ist durch jene Flüssigkeitsmenge gegeben, die bei Nullwerden der Dampfbildung und konstant gehaltener Druckdifferenz Δp noch durch das Rohr strömen kann. G_{max} ergibt sich, wenn in Gl. (487), immer noch unter Voraussetzung von $H = 0$, $Q_R = G_R \Delta i_0$ eingesetzt wird. Nach einigen Umformungen folgt dann:

$$G_{max}^2 = \frac{\Delta p\, 2gdf^2}{\lambda L v'\left(1 + \frac{\xi_B d f^2}{\lambda L f_0^2}\right)} \tag{488}$$

Nun soll die Kennziffer Z gemäß Gl. (485) zur Beurteilung der Stabilität berechnet werden. Zur Durchführung ist es zweckmäßig, zunächst den Differentialquotienten von $\frac{d}{d G_R}\left(\frac{Q_R}{G_R}\right)$ zu bilden. Man erhält mit Beachtung von Gl. (485)

$$Z = 1 + \frac{G_R^2}{Q_R} \frac{d}{d G_R}\left(\frac{Q_R}{G_R}\right) \tag{489}$$

Führt man in Gl. (487) nach entsprechendem Ordnen die Differentiation $\frac{d}{d G_R}\left(\frac{Q_R}{G_R}\right)$ durch, wobei Δp und Δi_o konstant sind, setzt in Gl. (489) ein und substituiert Δp mit Gl. (487), erhält man nach einigen Zwischenrechnungen:

$$Z = -\left\{\frac{2\left[y + \frac{1}{y} - 2 + \frac{2 r v'}{\Delta i_o (v'' - v')}\right] + \frac{2 r v'}{(v'' - v')\Delta i_o} \cdot \frac{2 d \xi_B}{L \lambda}\left(\frac{f}{f_o}\right)^2}{y - \frac{1}{y} - K \cdot y} - 1\right\} \tag{490}$$

Zur Abkürzung wurde eingeführt

$$\left.\begin{aligned} y &= \frac{Q_R}{G_R \Delta i_o} \\ K &= \frac{8 g d f^2 r^2}{G_R^2 \lambda L v''^2 \cdot \left(\frac{2 r v'}{v''} - \Delta i_o + y \Delta i_o\right)^2} \cdot H \end{aligned}\right\} \tag{491}$$

Der letzte Ausdruck gibt den Einfluß eines statischen Höhenunterschiedes auf Z wieder. Nimmt H zu, wird auch der Absolutwert von Z größer, d. h. die Strömung stabiler. Das Umgekehrte gilt, wenn es sich um eine abwärtsgerichtete Strömung handelt, da dann das Vorzeichen von K wechselt. Ferner nimmt die Stabilität zu, wenn man die Blende verengt, d. h. $\frac{f}{f_o}$ größer macht, sowie wenn Δi_o verkleinert wird. Da im Betriebspunkt G_R, Q_R und Δi_o bekannt sind, kann somit mit Gl. (490) die Stabilität der Strömung beurteilt und ihre Empfindlichkeit gegen Beheizungsänderungen festgestellt werden.

Je nach Wahl von y gilt Gl. (490) zur Stabilitätsbeurteilung von Zwangdurchlaufkesseln bei Rohrsystemen ohne Überhitzung und von Zwangumlaufkesseln. Wenn man bei letzteren die Kennziffer Z aus ausgeführten Anlagen mit üblichen Blenden rückrechnet, ergeben sich hierfür Werte von etwa -2. Dies bedeutet ungefähr, daß einer Zunahme der Beheizung um 2% eine Abnahme der Wassermenge um 1% entspricht. Je kleiner der Zahlenwert von Z ist, um so größer ist die verhältnismäßige Verringerung der Wassermenge bei einer bestimmten Beheizungszunahme. Bei $Z = 0$ ist schließlich keine Stabilität der Strömung mehr vorhanden. Setzt man in Gl. (490) $Z = 0$, so führt dann die Rechnung bei $H = 0$ zu der bereits durch Gl. (478) zum Ausdruck gebrachten Stabilitätsbedingung. Es kann also $Z = 0$ nur dann vorliegen, wenn gleichzeitig $\Delta i_o = \Delta i_G$ wird, d. h. auch Gl. (471) gilt.

X. Speicherfähigkeit von Dampfkesseln

A. Einfluß der Laständerung

Ändert sich die Dampfentnahme bei einem Kessel, muß die Feuerung und Speisung dem neuen Betriebspunkt entsprechend eingestellt werden, bis wieder Gleichgewicht zwischen Wärmezu- und -abfuhr herrscht. Bei einer idealen Regelung müßten die zu regelnden Größen unmittelbar und trägheitslos den Entnahmeschwankungen folgen. In

Wirklichkeit ist dies nicht möglich, da sowohl die Tatsache einer erfolgten Laständerung nur mit einer gewissen Verzögerung an den Meßinstrumenten festgestellt werden kann als auch die Auswirkung des Regeleingriffes eine bestimmte Zeitspanne in Anspruch nimmt. Vor allem ist hier die Art der Feuerung maßgebend.

Die Zeit vom Einstellen eines neuen Sollzustandes am Regulierschalter bis zur wirklichen Erzeugung der zugehörigen Dampfmenge hängt aber nicht ausschließlich von der Feuerung ab. Auch das Mauerwerk und die Rohrwände müssen bei Belastungsänderung auf ein neues Temperaturniveau gebracht werden, wozu eine gewisse Zeit nötig ist. Einen Maßstab hierfür liefert nach Rosin der Begriff der Elastizität. Danach ist diese die je Minute erzielte, in Prozent der höchsten Dauerleistung ausgedrückte Zunahme der Dampferzeugung. Beim Vergleich der Ergebnisse wird der jeweilige Ausgangswert der Dampferzeugung berücksichtigt.

Die Fahrweise, bei welcher entsprechend eines vorher festgelegten Planes die Dampferzeugung erfolgt, heißt Programmbetrieb.

Beim sogenannten Frequenzbetrieb erfolgt die Laständerung unvorhergesehen. Erst bis eine solche am Kessel zur Auswirkung kommt, wird gewöhnlich nachgeregelt. Doch gestatten moderne Impulsgeber auch die Regelung direkt vom Lastzustand der Turbine oder des Generators abzuleiten. Infolge des auf alle Fälle bestehenden Nacheilens der Regulierung wird demnach bei Belastungsänderungen Wärmezufuhr und Dampfentnahme nicht im Gleichgewicht sein. Die Differenz muß aus den Speichermassen des Kessels gedeckt werden, wobei gleichzeitig eine Druckänderung stattfinden wird. Abb. 217 zeigt einen solchen Vorgang. Linienzug *1* ist die Dampfentnahme, *2* die Dampferzeugung aus der Feuerungsleistung. Die Zeitspanne $z_1 - z_0$ vergeht, bis die Tatsache der Belastungssteigerung festgestellt, die Feuerung auf den neuen Zustand eingestellt wird und sich als Mehrdampferzeugung auszuwirken beginnt. Der Fehlbetrag an Dampf in der Zeit z_2 bis z_0 wird durch Dampferzeugung aus dem Wasserinhalt des Kessels bei gleichzeitiger Drucksenkung gedeckt. Der Druck sinkt hierbei von p_1 auf p_2 ab. Um den Druck wieder auf p_1 zu bringen, muß die Dampfbildung aus dem Brennstoff vorübergehend erhöht werden, bis die abgegebene Speicherwärme wieder ersetzt ist.

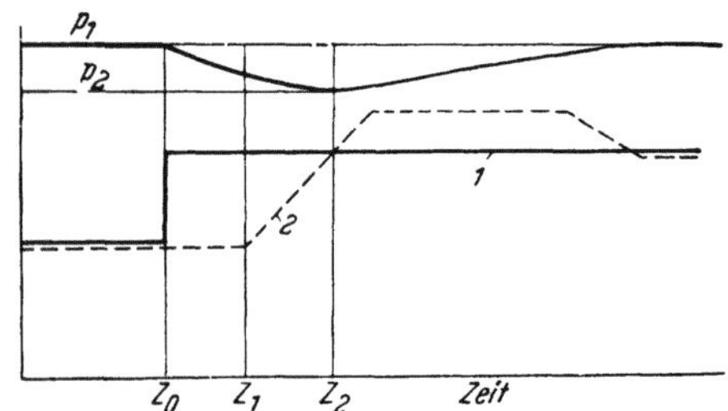

Abb. 217. Vorgänge bei einer plötzlichen Steigerung der Dampfentnahme

Die Speicherfähigkeit des Kessels ist demnach ein wichtiges Hilfsmittel der Betriebsführung. Ist die Speicherfähigkeit zu klein, muß sie auf andere Weise, z. B. durch separat aufgestellte Speicher, vergrößert werden.

Vielfach folgt einem Belastungsanstieg wieder ein Abfall, dann wieder ein Anstieg usw., so daß ein dauerndes Nachregeln erforderlich wäre. Da dies die Güte der Verbrennung beeinträchtigt, ist in einem solchen Fall zu untersuchen, ob nicht der Betrieb so geführt werden kann, daß die Feuerung auf einen Mittelwert eingestellt bleibt und die Spitzen aus dem Speichervermögen des Kessels bestritten werden. Ist die Dauer der Spitze kürzer als die durch die Elastizität gegebene Nacheilzeit, hat dies auf alle Fälle zu erfolgen.

B. Berechnung der Speicherfähigkeit

Es tritt daher die Frage nach der Speicherfähigkeit des Kessels auf. Dies ist gleichbedeutend mit der Berechnung der Dampfmenge in Kilogramm, die der Kessel bei einer bestimmten Drucksenkung, z. B. 1% des Betriebsdruckes, abgeben kann. Ist also aus dem Entnahmediagramm die Größe einer Spitze in Kilogramm bekannt und soll die Feuerleistung unverändert bleiben, kann dann berechnet werden, welche Druckabsenkung nötig ist, um erstere zu decken. Ergibt sich die Drucksenkung als zu groß, hat die Speicherfähigkeit vergrößert zu werden. Nicht nur der Absolutbetrag der Druckabsenkung ist von Wichtigkeit, sondern auch die Druckabsenkung je Zeiteinheit, die ebenfalls einen bestimmten Wert nicht überschreiten darf, um Wasserumlaufstörungen zu vermeiden.

Zur Berechnung der Speicherfähigkeit hat man vom Wasserinhalt und Stahlgewicht der Druckteile des Kessels auszugehen. Besitzt der Wasserinhalt im Kessel überall Siedetemperatur und ist die Stahl- und Wassertemperatur gleich, ist die bei Senkung des Druckes um dp bzw. der Wassertemperatur um $d\vartheta$ freiwerdende Wärmemenge $d\vartheta(Gc + G_E c_E)$, wenn G und G_E das Wasser und Stahlgewicht und c und c_E die entsprechenden spezifischen Wärmen sind. Diese Wärmemenge dient zur Verdampfung einer Menge dG, so daß man erhält:

$$dG = \frac{(cG + c_E G_E)\,d\vartheta}{r} \tag{492}$$

Treten große Druckänderungen vor und nach der Entladung auf, wie z. B. bei Ruthspeichern, muß obige Differentialgleichung integriert werden, um die Vorgänge zu überblicken[1].

Bei Dampfkesseln sind die Druckabsenkungen nur gering, so daß die Differentialgleichung geschrieben werden kann:

$$\Delta G = \frac{G(i_1' - i_2') + c_E G_E(\vartheta_1 - \vartheta_2)}{r} \tag{493}$$

Es ist ΔG das gebildete Dampfgewicht, G das Wassergewicht vor der Entladung und i_1', i_2' die Wärmeinhalte von Wasser bei Siedetemperatur vor und nach der Druckabsenkung, ϑ_1 und ϑ_2 die zugehörigen Siedetemperaturen und r die Verdampfungswärme für den Mittelwert des Druckes vor und nach der Entladung.

Zur praktischen Durchführung der Berechnung muß das Wassergewicht G bekannt sein. Dieses hat für Kesselteile, welche Dampfwassergemisch führen, wie z. B. die Siederohre, unter Berücksichtigung des Dampfgehaltes in diesen zu erfolgen. Für genauere Rechnungen muß daher eine Wasserumlaufrechnung vorliegen. Man kann nach ROSAHL[2] für praktische Zwecke genügend genau so vorgehen, daß das Wassergewicht G_G der gemischführenden Teile aus deren Volumen V_G durch Multiplikation mit einem Wasseranteilfaktor φ bestimmt wird:

$$G_G = V_G \varphi \gamma_1' \tag{494}$$

Der Faktor φ kann aus Abb. 218 entnommen werden.

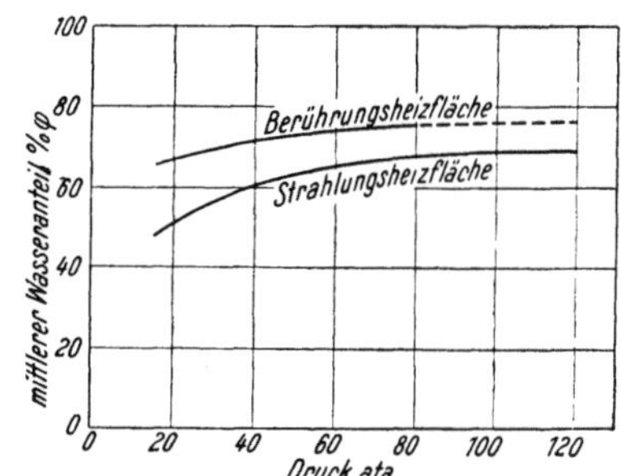

Abb. 218. Mittlerer Wasseranteil im Dampfwassergemisch nach ROSAHL

Außerdem hat bei der Rechnung gegebenenfalls Berücksichtigung zu finden, daß gewisse Kesselpartien mit Wasser von niedrigerer als Siedetemperatur gefüllt sind. Dies kann z. B. bei der Dampftrommel der Fall sein, wenn die Speisetemperatur unter Siedetemperatur liegt, oder bei unbeheizten Fallrohren und der Untertrommel, wo noch zusätzlich der hydrostatische Druck der Wassersäule bis zur Obertrommel darauf lastet. Es wird daher bei einsetzender Drucksenkung nur jener Wasserteil sofort Dampf bilden, welcher Siedetemperatur hat, und die übrigen erst nach einer weiteren Drucksenkung. Dies zeigt Abb. 219, wo *1* die Speicherdampfmenge zeigt, falls das ganze Wasservolumen überall Sattdampftemperatur hätte und keine Dampfblasen beinhalten würde, während *2* die wirklichen Verhältnisse bei Maximallast darstellt. Den ersteren Fall nennt ROSAHL „Idealen Speicherbetrieb".

[1] KNOPF: Beitrag zur Theorie des Dampfspeichers von Dr. RUTHS. Dissertation Technische Hochschule Dresden.

[2] ROSAHL: Belastungsstöße und Speicherfähigkeit in Dampfkraftbetrieben. Dresden: Vulkan-Verlag.

Es ist die Feststellung von Interesse, wie lange ein Kessel bei Zugrundelegung eines üblichen Wertes für den Druckabfall von z. B. 3% des Betriebsdruckes nur durch Inanspruchnahme der Speicherfähigkeit die Vollastdampfmenge liefern kann. Bei Strahlungskesseln üblicher Ausführung liegt dieser Wert bei 6 bis 8 Sekunden, bei Flammrohrkesseln über 80 Sekunden.

Dividiert man die Speicherdampfmenge je Prozent Druckabfall durch die stündliche maximale Dampferzeugung des Kessels, gelangt man nach ROSAHL zum Begriff der „relativen Speicherfähigkeit“ g. Es ist in $\frac{\text{kg}}{\%} : \frac{t}{h}$

$$g = \frac{\Delta G_{(3\%)}}{3D}$$

Um den Einfluß der Unterkühlung des Kesselwassers, welche beim ersten Prozent Druckabsenkung stärker als bei den folgenden in Erscheinung tritt, zu verringern, berechnete ROSAHL die Speicherdampfmenge für 3% Druckabsenkung und dividierte durch 3.

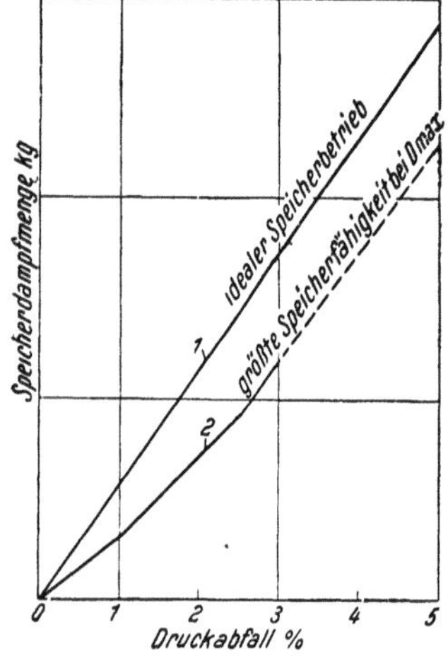

Abb. 219. Speicherfähigkeit von Kesseln nach ROSAHL

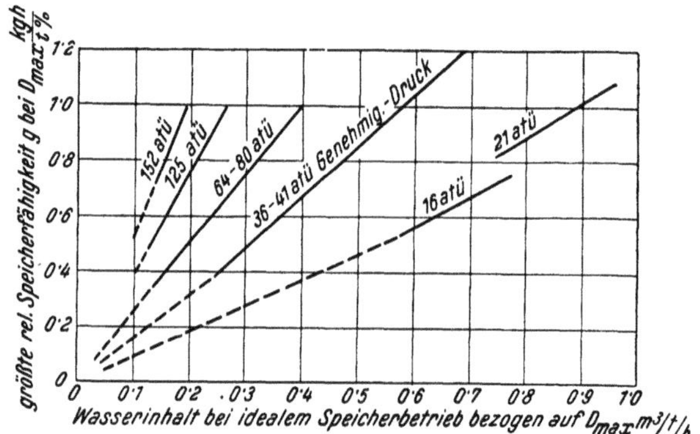

Abb. 220. Relative Speicherfähigkeit von Kesseln nach ROSAHL

Er ermittelte g für zahlreiche Anlagen und trug die Ergebnisse in einem Schaubild (Abb. 220) über dem Wasservolumen bei idealem Speicherbetrieb, welcher auf die maximale Dampferzeugung bezogen wurde, auf. Mit dem Druck als Parameter erhält man eine Kurvenschar mit wenig streuenden Betriebspunkten.

Man ist damit in der Lage, mit kleinem Zeitaufwand die Speicherdampfmenge ΔG zu bestimmen, wenn das Wasservolumen wie folgt ermittelt wurde.

Das Wasservolumen V kann man aus dem in der Trommel und im Rohrsystem vorhandenen zusammensetzen. Letzteres kann nach ROSAHL aus der Heizfläche H berechnet werden, wobei Sammelkammern, Fallrohre usw. durch einen Faktor a berücksichtigt werden. Es ergibt sich

$$V = V_T + \frac{a H d_i^2}{4 d_a} \tag{495}$$

Zahlentafel 73. *Faktor a zur Errechnung des Wasserinhaltes*

Druck atü	Faktor a —
20	1,35
40	1,4
80	1,6
100	1,8

Es bedeutet V_T das Wasservolumen in der Trommel, H die Heizfläche, d_i, d_a den inneren und äußeren Rohrdurchmesser und a einen Faktor, der sich für Naturumlaufkessel in Abhängigkeit vom Druck nach Zahlentafel 73 ergibt.

Anhaltswerte für die relative Speicherfähigkeit g gemäß den von Rosahl nachgerechneten Kesseln sind:

Zwangumlaufkessel	0,37 bis 0,56 $\frac{\text{kg}}{\%} : \frac{t}{h}$
Kessel für Grundlastwerke	0,5 ,, 0,6 $\frac{\text{kg}}{\%} : \frac{t}{h}$
Kessel für starke Entnahme-schwankungen (Bergwerke)	0,54 ,, 1,22 $\frac{\text{kg}}{\%} : \frac{t}{h}$

Um die Speicherfähigkeit eines Kessels bzw. dessen relative Speicherfähigkeit zu vergrößern, ist nach Abb. 220 Druck und Wasservolumen zu vergrößern. Die durch letztere Maßnahme bedingte Erhöhung des Baustoffaufwandes ist nach Rosahl am ehesten im Mitteldruckgebiet bei etwa 40 at tragbar. Speicherkessel sollen niedrige Heizflächenbelastung, große Siederohre und Trommeldurchmesser und die Speisewassertemperatur nicht unter der Siedetemperatur haben.

C. Zulässige Drucksenkungsgeschwindigkeit

1. Naturumlaufkessel

Wie schon erwähnt, ist bei Dampfkesseln nicht nur die Größe der Druckschwankungen, sondern auch die Drucksenkungsgeschwindigkeit $\frac{dp}{dt}$ beschränkt. Der Grund liegt darin, daß bei schroffer Druckabsenkung in bestimmten Teilen des Kessels unerwünscht Verdampfung auftreten kann, was die Möglichkeit von Betriebsstörungen schafft. Dies kann bei Naturumlaufkesseln bei den Fallrohren der Fall sein. Eine dort vor sich gehende Verdampfung stört den Wasserumlauf[1] und kann Schäden zur Folge haben.

Die folgenden Rechnungen setzen den ungünstigeren Fall voraus, daß in den von der Trommel abgehenden Leitungen das Wasser Siedetemperatur besitzt.

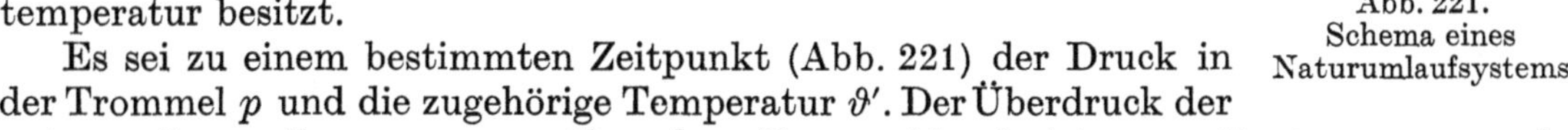

Abb. 221. Schema eines Naturumlaufsystems

Es sei zu einem bestimmten Zeitpunkt (Abb. 221) der Druck in der Trommel p und die zugehörige Temperatur ϑ'. Der Überdruck der unteren Sammelkammer gegenüber dem Trommeldruck ist angenähert, wenn von den Reibungsverlusten abgesehen wird,

$$\Delta p = H\gamma'. \tag{496}$$

Die Zeit, welche das Wasser benötigt, um von der Obertrommel über die Fallrohre in die untere Sammelkammer zu gelangen, beträgt, wenn L die Länge der Fallrohre und w_F die Strömungsgeschwindigkeit in denselben ist,

$$\Delta t = \frac{L}{w_F} \tag{497}$$

Die Temperatur des Wassers in der unteren Sammelkammer hat im betrachteten Zeitpunkt immer den Wert, welcher in der Obertrommel um das Zeitintervall Δt früher war. Sinkt nun bei einem einsetzenden Belastungsstoß der Druck im Kessel in der Zeit Δt um mehr als Δp ab, tritt im Fallrohr Verdampfung ein. Die kritische Druckabsenkungsgeschwindigkeit ist demnach mit Benützung von Gl. (496) und (497):

$$\frac{\Delta p}{\Delta t} = \frac{H\gamma' w_F}{L} \tag{498}$$

[1] Peters: Stetigkeit des Wasserumlaufes bei fallendem Kesseldruck. Wärme 1940, S. 453.

Setzt man $\Delta p = 10000\ \mathrm{kp/m^2} = 1\ \mathrm{at}$, ergibt sich die Mindestzeit Δt_M, in welcher diese Druckabsenkung stattfinden darf, zu:

$$\Delta t_M = \frac{L \cdot 10000}{H\gamma' w_F} \qquad (499)$$

Nimmt man $\frac{L}{H} = 2$, $\gamma' = 800\ \mathrm{kg/m^3}$ und $w_F = 1\ \mathrm{m/s}$ an, folgt $\Delta t = 25\ \mathrm{s/at}$. Dies wäre für diesen Fall die kleinste zulässige Zeit für die Druckabsenkung um 1 at.

2. Zwangumlaufkessel

Bei Zwangumlaufkesseln gibt es bei zu schneller Druckabsenkung zwei kritische Stellen, wo Verdampfungsgefahr vorliegt. Die eine ist der Saugstutzen der Umwälzpumpe[1] und die zweite die Blenden.

Eine Dampfbildung in ersterem hat ein Abreißen der Förderung der Umwälzpumpe und damit Gefährdung der Rohre zur Folge. Findet eine Dampfbildung an den Blenden statt, kann dort Kesselsteinansatz und dadurch im Lauf der Zeit Verengung stattfinden. Auch hier besteht eine Gefahr für die angeschlossenen Rohre. Die Dampfbildung an der Blende kann, bezogen auf die kleine Blendenoberfläche, sehr intensiv sein, so daß Steinbildung dort verständlich ist, auch wenn das Rohr selbst steinfrei bleibt.

XI. Der notwendige Dampfraum

A. Zulässige Dampfraumbelastung

Tritt der Dampf aus der Trommel feucht aus, d. h. nimmt er etwas Kesselwasser mit, birgt dies verschiedene Gefahren für den Betrieb. Die im Wasser gelösten Bestandteile können sich im Überhitzer und in der Turbine absetzen. In ersterem Falle besteht wegen des festen Belages die Gefahr einer Erhitzung des Rohrmaterials. In letzterem tritt ein Rückgang von Schluckfähigkeit und Wirkungsgrad der Turbine auf.

Plötzlich mitgerissene Wassermengen (Spucken des Kessels) senken schroff die Überhitzertemperatur. Derartige Temperaturänderungen sind nicht nur für die Flanschen oder Dampfleitungen ungünstig, sondern können auch in der Turbine Anstreifen rotierender Teile bedingen. Gelangt Wasser bis zur Turbine, kann dies für die Beschaufelung verheerende Folgen haben.

Dampffeuchtigkeit kann auf verschiedene Ursachen zurückgeführt werden. Diese sind Sprühen und Spritzen des Wassers und Dampf-Wasser-Gemisches in der Trommel, ferner Schaumbildung in dieser und unzweckmäßige Gestalt des Dampfentnahmerohres. Stärkeres plötzliches Wassermitreißen entsteht gewöhnlich infolge Ansteigens des Wasserspiegels. Letzteres kann seine Ursache im Überspeisen oder in plötzlicher verstärkter Dampfbildung im Kesselsystem haben. Dadurch wird Wasser aus den Kesselrohren verdrängt und in die Trommel gedrückt.

Als Maß für die Belastbarkeit eines Dampfraumes kann man die Zeit ansehen, welche der aus dem Wasserspiegel austretende Dampf benötigt, um zum Entnahmerohr zu gelangen. Je größer diese Zeit ist, um so eher besteht die Möglichkeit, daß der aufsteigende Schaum vor Eintritt in die Entnahme zerreißt oder Wasserteilchen sich ab-

[1] HOLBA: Bestimmung der Zulaufrohrlichtweite bei Umwälzpumpen von Zwanglaufkesseln. Maschinenbau u. Wärmewirtsch. 1946, S. 49.

scheiden. Die Zeit, die der Dampf zum Durchströmen des Dampfraumes benötigt, ist [s. z. B. Gl. (515)]

$$t = \frac{V_D}{M} \tag{500}$$

Hier ist V_D das Dampfraumvolumen und M das Volumen des erzeugten Dampfes je Zeiteinheit.

Man kann obige Gleichung auch schreiben

$$B = \frac{1}{t} = \frac{M}{V_D} \tag{501}$$

und nennt B die „Dampfraumbelastung". Es ist üblich, M in m^3/h einzuführen, so daß B die Dimension $1/h$ hat. Ist der zulässige Wert B bekannt, kann daraus das notwendige Dampfraumvolumen bestimmt werden. Hierbei darf aber die weiter oben erwähnte Möglichkeit des Spiegelanstieges in der Trommel nicht außer acht gelassen werden. Man kann bei plötzlichem Anstieg der Last von 0 auf 100% annehmen, daß etwa 20% des Wasserinhaltes der Siederohre in die Trommel gedrückt werden.

Die zulässige Dampfraumbelastung hängt vom Kesseldruck, Konzentration, Art der Verunreinigung des Kesselwassers, Art der Rohreinführung in den Dampfraum und Grad der Ausnützung desselben ab.

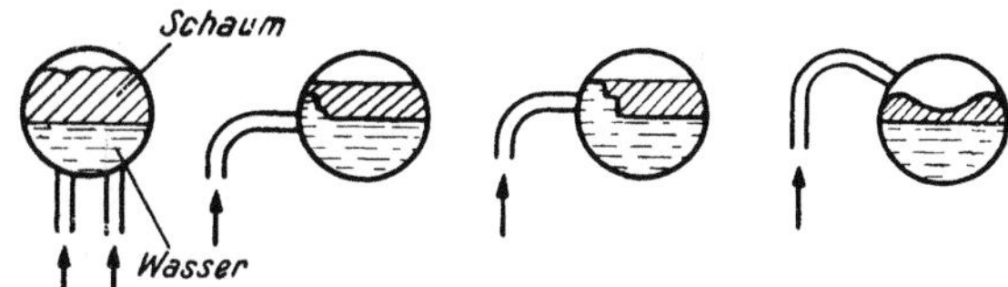

Abb. 222. Verschiedene Möglichkeiten der Einmündung des Dampfwassergemisches in die Obertrommel

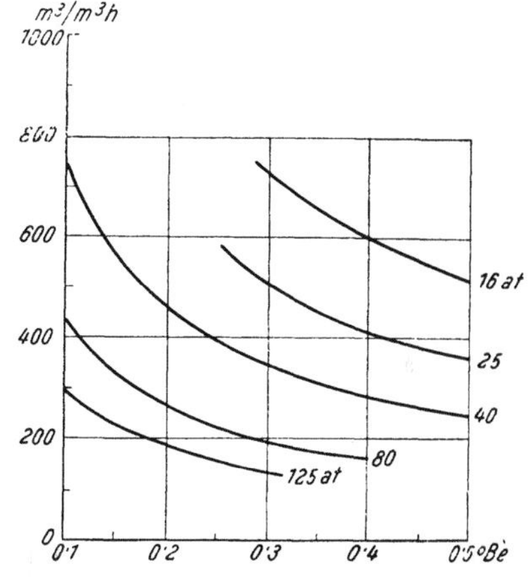

Abb. 223. Zulässige Dampfraumbelastung, abhängig von Salzkonzentration und Betriebsdruck

Zahlentafel 74. *Zulässige Dampfraumbelastung*

Fall	1	2	3	4
Dampfraumbelastung in m^3/m^3h	1200	1400	2500	7000

Das Dampfwassergemisch kann bei einem Kessel auf die in Abb. 222 gezeigten Weisen in die Trommel eingeführt werden. Nach Versuchen von Vorkauf und Selekin[1,2], welche mit verschiedenen Dampfkesselmodellen durchgeführt wurden, ergaben sich als zulässige Dampfraumbelastung für die vier dargestellten Fälle die in die Zahlentafel 74 eingetragenen Werte.

Diese Versuche wurden bei 1 ata sowie mit hoher Kesselwasserkonzentration durchgeführt. Die Zahlenwerte dieser Tabelle sind hierbei lediglich als Relativwerte gegeneinander aufzufassen und zeigen den Einfluß der Anschlußart der Wasserrohre.

Der Einfluß der im Kesselwasser gelösten Salze und Laugen wirkt in dem Sinne, daß mit steigender Konzentration die zulässige Dampfraumbelastung abnimmt (Abb. 223). Dies gilt bis zum Erreichen einer bestimmten Grenzkonzentration, ab welcher praktisch keine weitere Absenkung der zulässigen Dampfraumbelastung stattfindet. Die Grenz-

[1] Vorkauf: Das Mitreißen von Wasser aus dem Dampfkessel. VDI-Forschungsheft Nr. 341.

[2] Selekin: Das Mitreißen von Wasser aus dem Dampfkessel. Arch. Wärmewirtsch. 1931, S. 119.

konzentration liegt für die einzelnen Bestandteile verschieden hoch. Am kleinsten ist sie bei NaOH.

Bei Anwesenheit der gewöhnlich im Kesselwasser vorhandenen Laugen und Salze wird die Höhe der zulässigen Dampfraumbelastung stets durch die Schaumbildung begrenzt. Nur bei Kondensat kann Sprühen oder Spritzen die Belastungsgrenze bestimmen. Die Anwesenheit von organischen Stoffen, wie Öl, kann die Schaumfähigkeit stark erhöhen. Das gleiche gilt bei Anwesenheit kolloidal gelöster Teilchen, wobei sich eine Größe dieser von etwa 10^{-4} bis 10^{-6} mm als besonders ungünstig zeigt[1].

Durch Prallbleche kann B erhöht werden.

Zur Abscheidung der Feuchtigkeit werden auch vielfach Abscheider mit Prall- und Fliehkraftwirkung angewendet[2]. Diese sind in der Trommel untergebracht, und zwar entweder bei der Dampfentnahme oder bei Einführung des Siederohres zur Trennung des Dampfwassergemisches.

Entspricht die Konzentration des Kesselwassers den Richtlinien, welche auf S. 308 angeführt sind, kann die zulässige Dampfraumbelastung mit etwa 300 m³/m³h gewählt werden. Bei Verwendung von Abscheidezyklonen in der Dampftrommel wird statt der Dampfraumbelastung auch der Begriff „Breitenleistung" benützt, d. i. die Dampferzeugung in t/h je m Trommellänge. Als obere Werte hierfür werden 35 t/hm u. darüber angegeben[3].

B. Salzgehalt im Dampf

Ursprünglich führte man den Salzgehalt im Dampf stets auf mitgerissenes Wasser zurück. Diese Annahme erwies sich aber nur für niedrige Drücke als zutreffend, während bei hohen Drücken der Dampf, auch bei ganz niedrigen Dampfraumbelastungen, wo Wassermitreißen ausgeschlossen war, einen bestimmten Salzgehalt zeigte. Zuerst wurde die Erklärung in einem Verdunstungsvorgang des Salzes gesucht, wonach dem im Wasser gelösten Anteil ein bestimmter Partialdruck des gleichen Stoffes im Dampf aus Gründen des thermodynamischen Gleichgewichtes zugeordnet sein soll. Nach Koch[4] liefert die Rechnung für diesen Fall Partialdrücke des Salzes im Dampf, die ungleich tiefer liegen, als wirklich beobachtet wurde. Dagegen zeigte es sich nach Spillner[5], daß Hochdruckdampf für verschiedene Salze eine echte Lösungsfähigkeit, allerdings in viel geringerem Maße als Wasser, besitzt. Dies wurde durch die Messungen von Styrikowitsch[6] bestätigt. So löst Sattdampf von 180 kp/cm² etwa 90 mg/kp NaCl, 200 kp/cm² 200 mg/kp und 280 kp/cm² 440 mg/kp. Ist der Dampf überhitzt, gelten etwa die halben Werte. Bei Na_2SO_4 liegen die Werte für überhitzten Dampf von $p > 220$ kp/cm² etwa bei 0,1 mg/kp. Bei $CaSO_4$ liegt ein Minimum der Lösungsfähigkeit bei etwa 500 °C vor und beträgt dieses bei 220 kp/cm² etwa 0,0023 mg/kp, und bei 300 kp/cm² etwa 0,005 mg/kp. Diese Lösungsfähigkeiten des Dampfes gelten über festen Bodenkörpern[7].

Im Kesselwasser ist die Konzentration der Salze jedoch relativ niedrig und herrscht in diesem Fall Proportionalität zwischen den gelösten Mengen der Dampf- und Flüssigkeitsphase, wie Abb. 224 für einige Salze zeigt. Dies gilt nach Styrikowitsch bis in die Nähe der Lösungssättigung.

---

1 Eignung von Speisewasseranlagen im Dampfkesselbetrieb. Berlin: VDI-Verlag.

2 Stegemann: Besonderheiten aus der Betriebsführung amerikanischer Dampfkraftwerke. Mitt. VGB 1951, S. 215.

3 Babcock-Handbuch 1957.

4 Koch: Verdampfen von Kesselsalzen. Wärme 1938, S. 219.

5 Spillner: Hochgespannter Dampf als Lösungsmittel. Chem. Fabr. 1940, S. 405.

6 Arch. Energiewirtsch. 1957, S. 571.

7 Hömig: Physikochemische Grundlagen der Speisewasserchemie. Essen: Vulkan-Verlag. 1963.

Versuche, die sich auf die Löslichkeit der Kieselsäure (SiO_2) beziehen, führte SAUER[1] durch. Aus Zahlentafel 75 ist die Löslichkeit dieser ersichtlich, sofern sie als ausschließlicher Bestandteil im Kesselwasser erscheint. Die Löslichkeit der Kieselsäure im Dampf wird durch Beimischungen von NaCl, Na_2SO_4, P_2O_5, NaOH herabgesetzt. Bei niedrigeren Drücken vermindert sie sich stark.

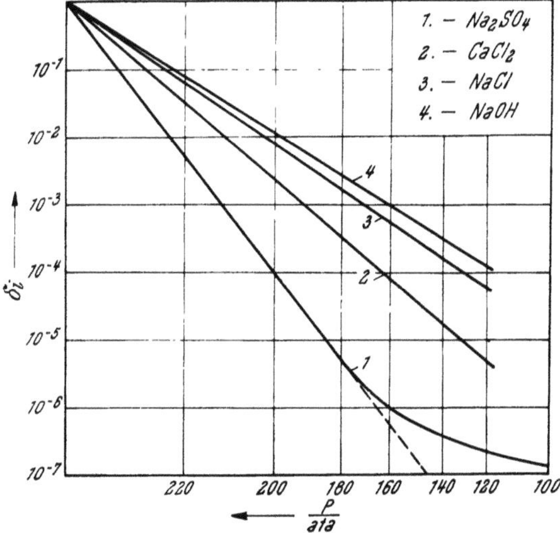

Abb. 224. Verhältnis der Lösungsfähigkeit von Dampf zu jener von Wasser in Abhängigkeit vom Druck für verschiedene Stoffe (nach STYRIKOWITSCH)[2]

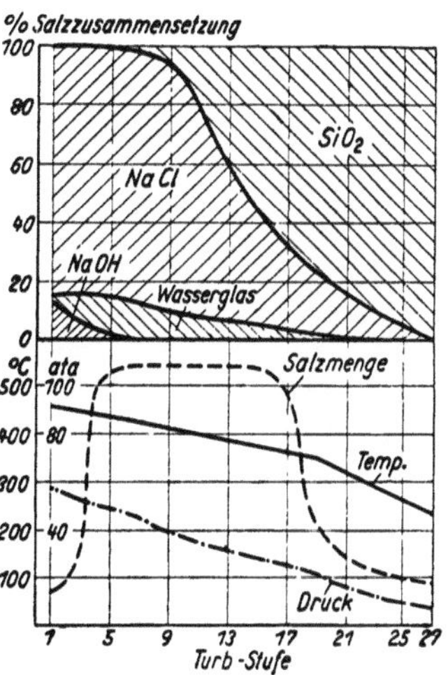

Abb. 225. Salzablagerung auf den Schaufeln einer Gegendruckturbine, 120 atü, 500°

Salze, die vom Dampf gelöst werden, scheiden sich vor allem in der Turbine ab. Die Verteilung der Ansätze in einer Hochdruckturbine zeigt Abb. 225[3]. Die Expansion fand von 60 at auf 8 at statt, bei einem Temperaturabfall von 450 auf 240°. Weitere Versuche stammen von TIETZ[4], welcher den Salzgehalt im Dampf auf Salzstaub zurückführt. Dieser entsteht bei Verdampfen von Wasser und hierbei „Zerstäuben" des Salzes an Flächen mit Übertemperaturen von 20 bis 40 °C. Solche Übertemperaturen können intermittierend die Wände der Siederohre eines Naturumlaufkessels oder des Restverdampfers eines Bensonkessels usw. annehmen. Tatsächlich bestehen beide Vorgänge, nämlich das Lösen von Salz sowie das Zerstäuben, nebeneinander. Letzterer Vorgang unterstützt ersteren, da zerstäubtes Salz leichter in Lösung geht.

Zahlentafel 75. *Lösungsfähigkeit von Dampf für SiO_2 bei Fehlen von Beimengungen im Kesselwasser bei 150 at*

Gehalt in mg/l an SiO_2	
des Kesselwassers	des Dampfes
25	0,43
100	0,9
200	1,8

In den Vereinigten Staaten werden vielfach zur Dampfreinigung Rieseleinbauten im Dampfraum der Trommel eingebaut, entlang welcher der Sattdampf strömt[5]. Gleichzeitig fließt längs dieser das Speisewasser herab. Es wird hierbei mit Recht angenommen, daß der niedrige Salzgehalt des Speisewassers herabsetzend auf jenen des Dampfes wirkt.

Nach SELLIN[6] wurde ein wesentlicher Erfolg durch Verringerung des Salzgehaltes an der Wasseroberfläche der Trommel erzielt. Hierbei findet die Speisung durch horizontale,

[1] SPLITTGERBER: Die Flüchtigkeit der Kieselsäure. Arch. Wärmewirtsch. 1941, S. 66.
[2] Siehe Fußnote [7], S. 296.
[3] Eignung von Speisewasser-Aufbereitungsanlagen im Dampfkesselbetrieb. Berlin: VDI-Verlag.
[4] TIETZ: Zerstäubung von im Kesselwasser gelösten Salzen. Mitt. VGB 1950, S. 124.
[5] Siehe Fußnote [2], S. 296.
[6] SELLIN: Wasseraufbereitung oder Verdampfer in Dampfkraftwerken. VDI 1944, S. 333.

ungefähr in Spiegelhöhe in der Nähe der Trommelachse mündende Rohre statt, so daß in der Nähe des Spiegels die Konzentration tiefer als im Mittel ist. Ein weiteres Mittel ist die Stufenverdampfung (s. nächster Abschnitt). Oft erweist sich einfach die Senkung des Wasserspiegels bereits als sehr wirksam.

In diesem Zusammenhang mögen auch die mit Hide Out bezeichneten Erscheinungen erwähnt werden. Hierbei zeigt sich, daß bei Naturumlaufkesseln mit steigender Last oder steigendem Druck die Konzentration bestimmter Salze im Kesselwasser (z. B. Na_3PO_4) merklich abnimmt. Wird wieder der ursprüngliche Zustand eingestellt, nimmt auch die Salzkonzentration den anfänglichen Wert an. Hierzu wird als Erklärung entweder eine chemische Reaktion zwischen Rohrwand und Phosphat herangezogen, die bei steigender Wandtemperatur ersteres chemisch bindet[1] oder angenommen, daß im Kesselwasser in Wandnähe infolge Überhitzung mit steigender Last die Lösungsfähigkeit abnimmt, wodurch sich an der Wand eine feste Salzphase bilden kann[2]. Hierzu kommt noch die an und für sich bei Lösungen stattfindende Salzanreicherung in der Grenzschichte.

C. Abschlämmen und Absalzen

Um die Eindickung in der Trommel entsprechend niedriger zu halten, wird das Kesselwasser entschlämmt. Dies kann periodisch oder, wie gewöhnlich bei Großkesseln, kontinuierlich erfolgen. Die in letzterem Fall abzuschlämmende Wassermenge x als Bruchteil der erzeugten Dampfmenge folgt aus einer einfachen Mengenbilanz zu

$$x = \frac{a - b}{A - a} \tag{502}$$

Es bedeutet a, b, A die Salzgehalte des Speisewassers, des Dampfkondensates und des Kesselwassers in mg/l. Ist bei niedrigen Drücken $b = 0$, erhält man

$$x = \frac{1}{\frac{A}{a} - 1} \tag{503}$$

Je nach dem Anteil im Kesselwasser findet die Entschlämmung oder Entsalzung nach dem Salzgehalt, der Alkalität oder dem SiO_2-Gehalt statt. Letzteres kommt bei hohen Drücken in Frage, wenn der SiO_2-Gehalt im Kesselwasser höher als 5 bis 10 mg/l ist.

Durch Stufenverdampfung kann man bei gleicher Dampfqualität und Konzentration der Absalzmenge diese selbst verringern. Hier besteht der Kessel aus zwei wasserseitig getrennten Systemen, wobei die Absalzmenge des ersten in das zweite gelangt[3]. Sie ist gleichzeitig die Speisung für das zweite System. Die endgültige Absalzung ins Freie erfolgt aus letzterem. Während im normalen Falle der ganze Kesselinhalt die Endkonzentration aufweist, ist dies bei Stufenverdampfung nur für das zweite System der Fall.

Auch bei Verwendung nur einer Obertrommel kann Stufenverdampfung durch Einbau entsprechender Lenkwände verwendet werden[4].

Bei Zwangdurchlaufkesseln ist die Konzentration des Speisewassers besonders niedrig zu halten. So verläßt beim Bensonkessel etwa 15 bis 50% der mit der Speisung hereingebrachten Salzmenge den Kessel beim Überhitzer, während sich der Rest in den Kesselrohren, vor allem des Restverdampfers, abscheidet. Heute wird durch Vollentsalzung vollkommen salzfreies Speisewasser angestrebt[5].

[1] Mitt. VGB 1956, S. 409.
[2] Mitt. VGB 1962, S. 347.
[3] Höger: Stufenverdampfung. Wärme 1944, S. 122.
[4] Cleve: Das Schäumen der Dampfkessel. BWK 1949, S. 209.
[5] Werner, Tietz und List: Bensonkesselschäden. Mitt. VGB 1948, Nr. 4, S. 1.

XII. Chemische Aufbereitung des Speisewassers

A. Die Härtebildner im Wasser

Die Härtebildner sind Salze, welche im Rohwasser in gelöster Form enthalten sind. Durch die Verdampfung tritt beim Kesselbetrieb eine Eindickung dieser ein, bis die Löslichkeitsgrenze, welche bei den höheren Betriebstemperaturen ebenfalls geändert ist, überschritten wird. Die Härtebildner fallen entweder in Flocken bzw. als Schlamm aus oder sie bilden an den Wänden Kristallkeime, welche in der Folge zur Kesselsteinbildung führen. Das Ziel der Speisewasserbehandlung liegt darin, die Härtebildner entweder in eine lösliche Form zu bringen oder sie auszufällen bzw. wenn dies nicht ganz möglich ist, deren Absetzung in Schlammform zu ermöglichen.

Die Härte des Wassers setzt sich aus der Karbonathärte und aus der Nichtkarbonathärte zusammen. Erstere wird aus Bikarbonaten und Karbonaten von Kalzium und Magnesium gebildet: $Ca(HCO_3)_2$, $Mg(HCO_3)_2$, $CaCO_3$, $MgCO_3$. Da die Karbonate im Gegensatz zu den Bikarbonaten in Wasser nur sehr wenig löslich sind, werden letztere den Hauptanteil der Karbonathärte liefern. Durch Kochen bei 100 °C werden die Bikarbonate zerlegt und in die schwer löslichen Karbonate übergeführt, welche hierbei bis zur Löslichkeitsgrenze ausfallen. Diese „Thermische Enthärtung" ist ein wichtiges Hilfsmittel der Speisewasseraufbereitung.

Die Nichtkarbonathärte beinhaltet Sulfate, Chloride und Silikate von Kalzium und Magnesium: $CaSO_4$, $MgSO_4$, $CaCl_2$, $MgCl_2$, $CaSiO_3$, $MgSiO_3$.

Diese Bestandteile werden durch Erwärmung nicht beeinflußt.

Die Härte wird mittels Graden gemessen. Ein deutscher Härtegrad (°d) wird durch einen Gehalt von 10 mg CaO je Liter Wasser definiert, ein französischer durch 10 mg/l $CaCO_3$, ein englischer durch 14,3 mg/l $CaCO_3$.

Bei Anwesenheit anderer Härtebildner erfolgt die Umrechnung im Verhältnis der Molekulargewichte. Es soll z.B. ermittelt werden, wieviel mg/l $CaSO_4$ einem Grad d entsprechen. Das Molekulargewicht von $CaSO_4$ ist 136, jenes von CaO 56. Es entsprechen dann $136/56 \cdot 10 = 24{,}3$ mg/l $CaSO_4$ einem Grad Härte.

Vor der Enthärtung haben die groben Verunreinigungen aus dem Wasser entfernt zu werden. Deren Beseitigung erfolgt durch Filterung, Absetzung oder Flockung.

Im kolloidalen Zustand befindliche Verunreinigungen sind Öl und organische Bestandteile.

Die Entölung kann erfolgen:

1. In Absetzbecken oder Ölabscheidern. Die Reinigung kann bis zu einem Restgehalt von etwa 5 mg/l erfolgen. Für Niederdruckanlagen ist dies ausreichend.
2. In Aktivkohlefiltern, wobei die Vorschaltung einer Vorreinigung zweckmäßig ist.
3. Chemisch, durch Flockung, z. B. mit Aluminiumhydrat, wobei eine Reinigung bis auf 0,5 mg/l erreichbar ist.

Die Kieselsäure kann im Wasser gelöst oder kolloidal vorhanden sein. Bei Zusatz von Na_3PO_4 ist sie ungefährlich, da sie in eine lösliche Form übergeführt wird, die eine hohe Löslichkeitsgrenze hat. Dagegen ist die Kieselsäure wegen des Turbinenbetriebes äußerst störend und muß entfernt werden (S. 297).

Als Verfahren hierfür kommt der Zusatz von Zinksalzen, Eisensulfaten, MgO + NaOH[1] MgO und Kalk, Natriumaluminat und Magnesiumchlorid, MgO + CaO (Magnohydrat) in Frage. Statt diesen mit Fällungsmitteln arbeitenden Verfahren wird auch vielfach Ionenaustausch verwendet. Als Austauschmassen dienen Lewatit, M 500, M 600, Permutit ES, Nalcite u. a. m.[2]

[1] Eignung von Speisewasseranlagen im Dampfkesselbetrieb. Berlin: VDI-Verlag. 1940.

[2] SPLITTGERBER und ULRICH: Wasseraufbereitung im Dampfkesselbetrieb. Berlin-Göttingen-Heidelberg: Springer. 1963.

B. Enthärtungsverfahren

1. Übersicht

Die Speisewasseraufbereitung kann physikalisch durch Verdampfer, Umformer u. dergleichen oder chemisch erfolgen.

In letzterem Fall kommen hauptsächlich die Fällverfahren oder die Ionenaustauschverfahren in Frage. Bei den Fällverfahren werden die Härtebildner durch Zusätze aus der löslichen entweder in eine unlösliche Form übergeführt, wobei sie ausflocken, oder in eine sehr leicht lösliche Form, wodurch sie unschädlich werden. Beim Ionenaustausch werden Kationen- und Anionenaustauscher verwendet. Dadurch können entweder schwer lösbare in leicht lösbare Salze übergeführt werden oder es kommt zu einem Teil- bzw. Gesamtaustausch der Salze des Speisewassers (Teil- bzw. Vollentsalzung).

2. Fällverfahren

Die wichtigsten Zusätze sind beim Fällverfahren:

Kalk — Soda,
Ätznatron — Soda,
Sodazusatz in Verbindung mit Entkarbonisieren durch Kochen,
Phosphatzusatz,
Kesselwasserrückführung mit Phosphatzusatz u. a.

Als Beispiel werde das Kalk-Soda-Verfahren näher betrachtet. Die Reaktionen ver laufen folgendermaßen:

Karbonathärte:

$$Ca(HCO_3)_2 + Ca(OH)_2 = 2\,CaCO_3 + 2\,H_2O \qquad (504)$$

Nichtkarbonathärte:

$$CaSO_4 + Na_2CO_3 = Na_2SO_4 + CaCO_3 \qquad (505)$$

Die Reaktionen der weiteren Härtebildner verlaufen, sofern sie analogen Aufbau haben, ähnlich. Der im Überschuß vorhandene Kalk verbindet sich mit der Soda gemäß

$$Ca(OH)_2 + Na_2CO_3 = CaCO_3 + 2\,NaOH \qquad (506)$$

Die Reaktion entfernt die Karbonathärte, ohne hierfür einen Salzgehalt einzutauschen. Lediglich die Entfernung des Kalküberschusses bedingt nach Gl. (506) eine geringe Bildung von Na(OH), welches im Wasser verbleibt.

Die Nicht-Karbonathärtebildner werden dagegen nach Gl. (505) nicht ausgefällt, sondern in die lösliche Form Na_2SO_4 gebracht, wodurch der Salzgehalt des Wassers erhöht wird.

Den Aufbau eines Kalk-Soda-Reinigers zeigt Abb. 226. Das Rohwasser tritt bei *1* ein und wird bei *2* in drei Teilströme aufgeteilt, derart, daß das Mengenverhältnis dieser bei allen Belastungen gleich bleibt. Dieses Verhältnis wird je nach der Härte des Rohwassers eingestellt und so lange unverändert gelassen, als die Härte gleich bleibt.

Der Teilstrom *3* gelangt in den Kalksättiger *4* und von hier mit Kalk gesättigt in den Klärbehälter *5*. Dem Teilstrom *6* wird in einer Dosiervorrichtung *7* Soda zugemischt und wird dieser ebenfalls dem Klärbehälter zugeführt. Der Teilstrom *8* führt die größte Wassermenge. Er wird in einem Mischvorwärmer mittels Dampfzusatz auf etwa 100 °C erwärmt und dem Klärbehälter zugeleitet.

Im abwärts führenden Mischrohr desselben sollen sich die drei Ströme mischen. Anschließend soll bei langsamer Aufwärtsströmung Reaktion und Klärung erfolgen.

Hierbei findet eine Ausflockung der ausgeschiedenen Karbonate statt. Nun wird das gereinigte Wasser über Filter *9*, welcher als Filtermasse z. B. einkristallinen Kies oder Magnomasse enthält, meist noch einem Entgaser zugeführt, wo gewöhnlich thermisch, d. h. durch Erwärmung auf Siedetemperatur, das Ausscheiden gelöster Gase stattfindet. Anschließend wird das Wasser in einem üblicherweise unmittelbar mit dem Entgaser zusammengebauten Reinwasserbehälter gespeichert, von wo es zum Kessel gelangt.

Der Kalksättiger arbeitet mit kaltem Wasser, da die Lösungsfähigkeit von $Ca(OH)_2$ mit steigender Temperatur abnimmt. Sein Volumen wird gleich dem dreifachen stündlichen Durchsatzvolumen bemessen, die Aufstieggeschwindigkeit des Wassers mit 0,5 bis 1 mm/s. Die Wassertemperatur im Klärbehälter liegt infolge der aus Kalksättiger- und Sodadosiervorrichtung zugesetzten kalten Teilströme unter 100 °C. Bei Kalk-Soda-Reinigern führt man das Volumen des Klärbehälters gleich dem zwei- bis dreifachen Durchsatzvolumen aus, wobei die erstere Zahl bei etwa 95 °C, die letztere bei 65 °C Betriebstemperatur gilt. Die Aufstieggeschwindigkeit wird mit 0,3 bis 0,5 mm/s gewählt, mit den größeren Werten bei höheren Temperaturen. Die Reinigung des Wassers kann bei hohen Temperaturen bis auf etwa 0,6° d erfolgen.

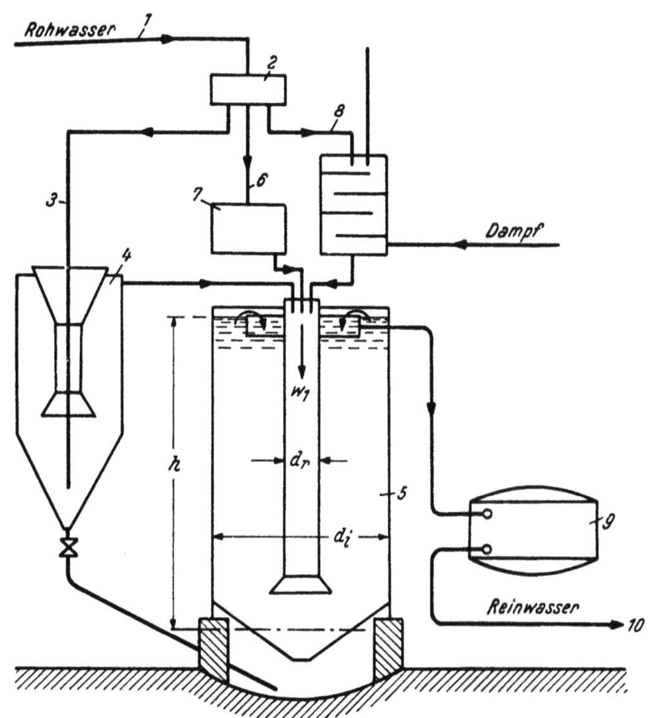

Abb. 226. Schema einer Kalk-Soda-Wasserreinigung

1 Rohwasserzulauf; *2* Wasserverteiler; *3* Leitung zum Kalksättiger; *4* Kalksättiger; *5* Klärbehälter; *6* Leitung zum Sodazuteiler; *7* Sodazuteiler; *8* Leitung zum Kaskadenvorwärmer; *9* Filter; *10* Weichwasserablauf

Bei Verwendung von Kontaktkörpern und guter Mischung kann die Reaktionszeit außerordentlich (5 bis 10 Minuten) verringert werden.

Der Vorteil des Fällverfahrens liegt in der weitgehenden Anfällung der Karbonathärte und dadurch geringem Salzgehalt des Reinwassers, der Nachteil in der Notwendigkeit einer dauernden Überwachung des Rohwassers, um bei Härteschwankungen die Dosiereinrichtungen neu einzustellen. Diese Eigenschaften teilt der Kalk-Soda-Reiniger, welcher hierbei als Beispiel etwas eingehender beschrieben wurde, mit allen nach dem Fällverfahren arbeitenden Systemen.

Beim Ätznatron-Soda-Verfahren wird statt Kalk Ätznatron zum Ausfällen der Karbonathärte verwendet.

Einen Teil der zum Ausfällen nötigen Chemikalien kann auch direkt das Kesselwasser liefern, da in diesem NaOH und teilweise Na_2CO_3 eingedickt sind. Man führt in diesem Falle das Abschlämmwasser zum Teil direkt in den Reiniger zurück.

Wenn man die Karbonathärte lediglich durch Kochen ausfällt, was aber nicht zur Gänze möglich ist, entfällt der Kalk- oder Natronlaugezusatz, und es genügt die Soda-Zufuhr.

Eine weitgehendere Enthärtung als mit Soda allein ist nach HALL durch Zusatz von Trinatriumphosphat, $Na_3PO_4 \cdot 10\,H_2O$, möglich, wodurch die Resthärte im Reinwasser bis auf 0,1 °d gesenkt werden kann. Diese Enthärtung gestattet, infolge Beeinflussung der chemischen Gleichgewichtszustände im Kessel die Kesselsteinbildung überhaupt zu vermeiden, da eventuell vorhandene Härtebildner in Schlammform ausgeschieden werden. Hierzu ist erforderlich, daß im Kesselwasser ein Phosphatüberschuß von 20 bis 30 mg/l eingehalten wird. Der Prozeß erfolgt nach

$$3\,Ca(HCO_3)_2 + 2\,Na_3PO_4 = Ca(PO_4)_2 + 6\,NaHCO_3$$
$$3\,CaSO_4 + 2\,Na_3PO_4 = Ca_3(PO_4)_2 + 3\,Na_2SO_4$$

Der Nachteil dieser Enthärtung liegt in der Begünstigung des Schäumens durch die Anwesenheit von Phosphat sowie in seinem höheren Preis. Daher wird gewöhnlich Phosphat nur zur Nachenthärtung verwendet, während die Vorenthärtung auf eine der früher beschriebenen Weisen erfolgt (Abb. 227). Der Phosphatbedarf beträgt 50 bis 60 mg/l $Na_3PO_4 \cdot 10\,H_2O$ je Grad Härte bzw. bei Nachenthärtung je Grad Resthärte.

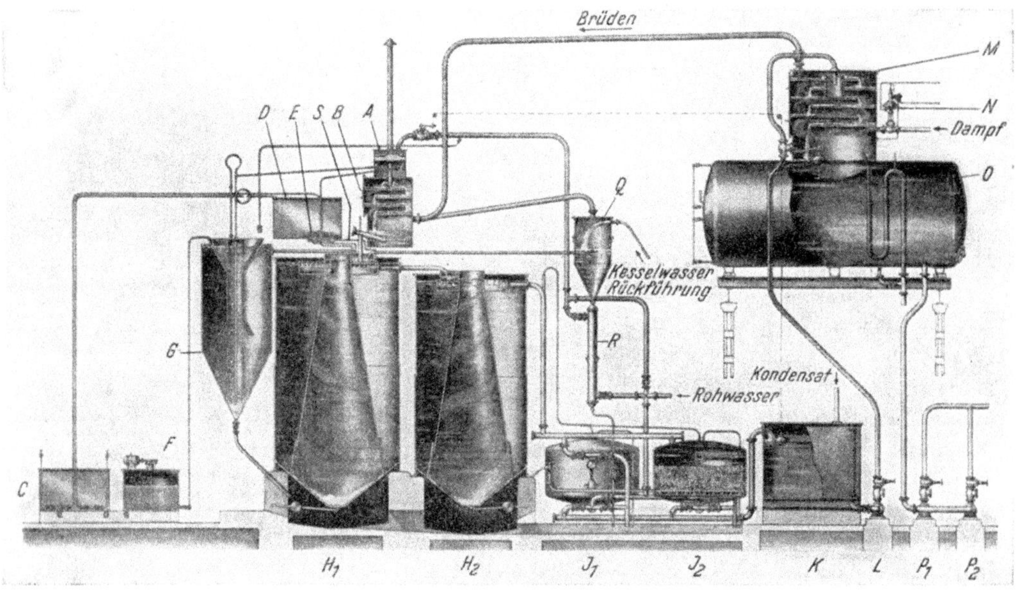

Abb. 227. Kalk-Soda-Speisewasserreinigung mit Kesselwasserrückführung, Nachenthärtung mit Trinatriumphosphat sowie Entgasung

A Wasserverteiler; *B* Kaskadenvorwärmer; *C* Laugenaufbereitung; *D* Laugenvorratsbehälter; *E* Laugenzuteilvorrichtung; *F* Kalkaufbereitung; *G* Kalksättiger; H_1 Vorklärbehälter, H_2 Nachklärbehälter; J_1, J_2 Filter; *K* Zwischenbehälter; *L* Pumpe; *M* Entgaser; *N* Dampfregler; *O* Speisewasserbehälter; P_1, P_2 Pumpen; *Q* Entspanner für rückgeführtes Kesselwasser; *R* Röhrenwärmeaustauscher; *S* Trinatriumphosphat-Zusatz (Steinmüller, Gummersbach)

3. Ionenaustauschverfahren

a) Na-Kationenaustauscher (Neutralaustausch)

Bei den mit Basenaustausch arbeitenden Wasserreinigungsverfahren wird das Kalzium und Magnesium der Härtebildner durch Natrium ausgetauscht. Dadurch werden diese in eine sehr lösliche Form übergeführt, in welcher sie im Speisewasser verbleiben. Sie erhöhen allerdings den Salzgehalt des letzteren.

Der Austauschvorgang findet in Filtern statt, durch welche das zu reinigende Wasser geführt wird. Dies erscheint als großer Vorteil des Verfahrens, da jedwede Dosierung entfällt und der Aufbau ebenso wie die Betriebsweise vereinfacht wird.

Beim Filtermaterial kann es sich entweder um anorganische Stoffe handeln, wie Natrium- und Neopermutit, Invertit, Filtrolit oder um organische, wie Wofatit, Wasserstoffpermutit, Lewatit, Dowex, Amberlite, Duolite, Nalcite u. a. m. Die erreichbare Endhärte beträgt bei Basenaustauschern 0 °d. Der Aufbau von Natriumpermutit ist $Na_2O \cdot Al_2O_3 \cdot 2\,SiO_2 \cdot 6\,H_2O$. Je Liter Filtermasse können hier etwa 4 bis 12 g CaO umgewandelt werden, während z. B. Dowex 50 eine nutzbare Volumkapazität von 39 und Amberlite JR-150 sogar 75 erreicht.

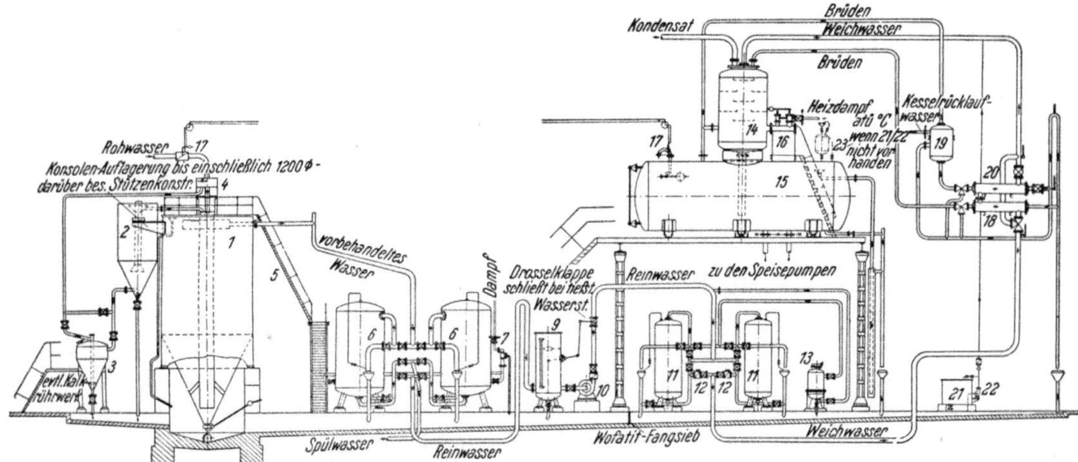

Abb. 228. Kalk-Wofatit-Wasserreinigung mit Entgasung

1 Klärbehälter; *2* Kalksättiger; *3* Kalkvorlage; *4* Wasserverteiler; *5* Treppe; *6* Filter; *7* Dampfstrahlluftsauger zum Spülen der Filter; *9* Zwischenbehälter; *10* Pumpen; *11* Wofatitfilter; *12* Wassermesser; *13* Salzlösebehälter; *14* Entgaser; *15* Speisewasserbehälter; *16* Dampfregler; *17* Zuflußregler; *18* Brüdenkondensator; *19* Entspanner; *20* Laugenkühler; *21, 22* Trinatriumphosphat-Behälter und Dosierpumpe, bzw. wenn nicht vorhanden, *23* Dosiervorrichtung (Steinmüller, Gummersbach)

Der Na-Kationenaustausch (Kationen-Neutralaustausch) findet, wenn der Filterstoff mit *P* bezeichnet wird, nach folgender Formel statt:

$$\begin{aligned} Ca(HCO_3)_2 + 2\,Na\mathbf{P} &= 2\,NaHCO_3 + Ca\mathbf{P}_2 \\ CaSO_4 + 2\,Na\mathbf{P} &= Na_2SO_4 + Ca\mathbf{P}_2 \end{aligned} \tag{507}$$

Nach einer bestimmten Betriebszeit ist die Filtermasse so mit Ca angereichert, daß die weitere Aufnahmefähigkeit erschöpft ist. Nun wird das Filter vom Rohwasserstrom abgeschaltet und etwa 1 Stunde mit Kochsalzlösung gespült, d. h. regeneriert. Hierbei nimmt das Permutit aus dem Kochsalz wieder Natrium nach der Gleichung

$$Ca\mathbf{P}_2 + 2\,NaCl = 2\,Na\mathbf{P} + CaCl_2 \tag{508}$$

auf.

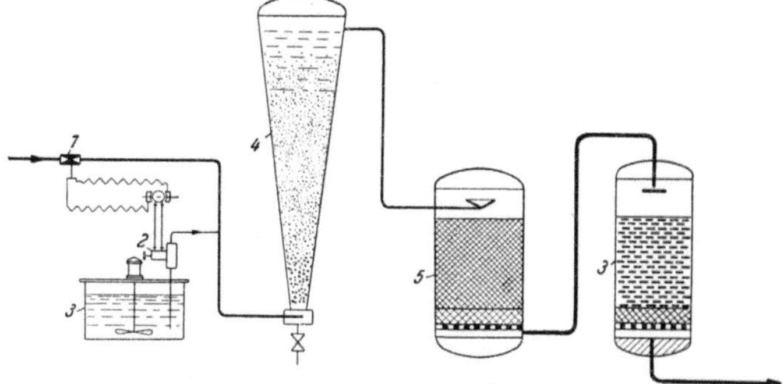

Abb. 229. Wapurit-Verfahren (Basenaustauscher) mit Wigran-Anlage (Kalkvorenthärtung)

1 Automatische Steuerung der Zuteilpumpe; *2* Kalkmilchzuteilpumpe; *3* Natrium-Austauschfilter; *4* Kalk-Schnellreaktor; *5* Hochschicht-Kiesfilter (Babcock & Wilcox, Oberhausen)

Zur Regenerierung ist je Kubikmeter Wasser und Grad Enthärtung 50 bis 70 g NaCl erforderlich. Die Geschwindigkeit im Filter beträgt etwa 10 bis 20 m/h bzw. unter Berücksichtigung der Verengung durch die Filtermasse etwa 30% mehr. Es werden jedoch auch höhere Geschwindigkeiten von 40 bis 50 m/h gewählt.

Um bei hohen Härtegraden des Rohwassers den Salzgehalt im Speisewasser nach der Reinigung zu senken, wird vielfach eine Kalkung vorgeschaltet, welche die Karbonathärte ausfällt. Der Salzgehalt von permutiertem Wasser ist jedoch erst ab etwa 6° Rohwasserhärte größer als eines mit Fällungsverfahren gereinigten Wassers.

In Abb. 228 ist beispielsweise schematisch eine Reinigungsanlage mit Wofatitfiltern und vorgeschalteter Kalkung dargestellt. Der Aufbau mit anderen Filtern ist analog. Auch in Abb. 229 ist eine Vorkalkung vorgesehen (Wapurit-Verfahren mit vorgeschalteter Wigran-Anlage). Die Ausscheidung der Nichtkarbonathärte erfolgt in einem Basenaustauscher, dem Wapuritfilter.

b) H-Kationenaustauscher

Beim Wasserstoffaustauscher A erfolgt der Enthärtungsprozeß nach

$$2\,HA + Ca(HCO_3)_2 = CaA_2 + 2\,H_2O + 2\,CO_2 \qquad (509)$$

$$2\,HA + CaSO_4 = CaA_2 + H_2SO_4 \qquad (510)$$

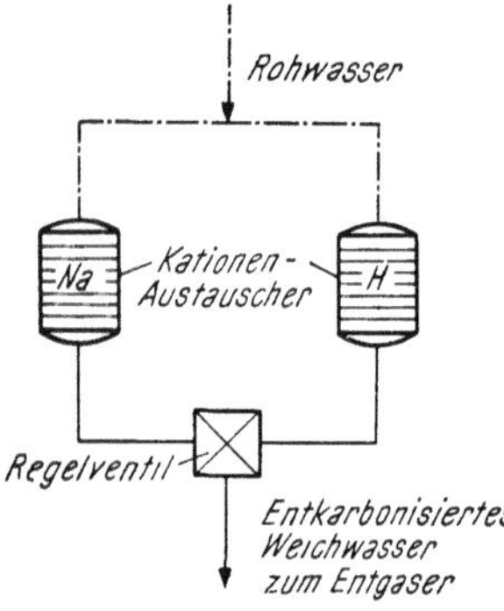

Abb. 230. Schaltschema einer Teilstrom-Enthärtungsanlage[1]

Wie ersichtlich, verbleibt infolge der Umsetzung der Nichtkarbonathärte Schwefelsäure im Speisewasser, die durch Lauge abgestumpft werden muß. Es kann auch statt dessen das Wasser mit solchem aus einer Na-Permutit-Anlage stammenden gemischt werden (Teilstromverfahren), Abb. 230.

Die Regeneration findet mit Säuren statt.

Verwendet man zur Wiederbelebung des Wasserstoffaustauschers Kochsalz und Schwefelsäure, kann man wie früher teilentsalzter Speisewasser ähnlich wie bei Vorschaltung einer Vorkalkung erzielen.

$$\begin{aligned} Ca(HCO_3)_2 + H_2Na_2A_4 &= CaNa_2A_4 + 2\,H_2O + 2\,CO_2 \qquad (511)\\ CaCO_4 + CaNa_2A_4 &= Ca_2A_4 + Na_2SO_4 \end{aligned}$$

Die Regeneration findet wie folgt statt:

$$\begin{aligned} H_2SO_4 + Ca_2A_4 &= H_2CaA_4 + CaSO_4\\ 2\,NaCl + H_2CaA_4 &= H_2Na_2A_4 + CaCl_2 \qquad (512) \end{aligned}$$

Dieses Verfahren hat sich für Hochdruckkessel bewährt. Ein Phosphatzusatz nach der Enthärtung ist aus Sicherheitsgründen erwünscht.

c) OH-Anionenaustauscher

Die weiter oben genannten Austauscher kommen nicht nur für den normalen Austausch von Ca und Mg mit Natrium bzw. Wasserstoff in Frage, sondern auch für einen solchen der Hydroxylgruppe OH. In letzterem Fall ist eine Vollentsalzung des Speisewassers möglich, und zwar durch Hintereinanderschalten eines H-Austauschers und eines OH-Austauschers. Soll z. B. $CaSO_4$ ohne verbleibenden Salzgehalt ausgeschieden werden, findet im H-Austauscher der bereits erwähnte Prozeß, Gl. (510), statt. Im folgenden OH-Austauscher wird H_2SO_4 in Wasser verwandelt.

$$H_2SO_4 + 2\,(OH)A = SO_4A_2 + 2\,H_2O \qquad (513)$$

Die Regeneration des ersten Filters erfolgt mit HCl, des zweiten mit NaOH. Auch die Kieselsäure wird im OH-Austauscher entfernt. Dies erfolgt durch Abgabe des OH-Iones der Austauschmasse gegen ein SiO_2-Ion. Nach einer Vollentsalzungsanlage wird, um noch verbliebene Salze von Säureresten zu entfernen, ein Sicherheitsfilter geschaltet. Günstig

[1] VGB: Fachkunde für den Dampfkraftwerksbetrieb, Dampferzeugung 2. Essen: Vulkan-Verlag. 1963.

ist hier ein Mischbettfilter, in welchem H-Kationen- mit OH-Anionen-Austauschmasse vermischt ist. Zur Regeneration ist eine Trennung der beiden Massen erforderlich. Erleichtern wird dies, wenn einer der beiden Massen ein Stoff mit magnetischen Eigenschaften beigemischt ist. Einen Überblick über die verschiedenen Enthärtungsverfahren unter Einschluß einer Nachenthärtung durch Trinatriumphosphat gibt Zahlentafel 76.

Zahlentafel 76. *Die Anwendung der verschiedenen Enthärtungsverfahren*[1]

Verfahren	Anwendung	Enthärtungstemperatur °C	Erreichbare Härte für die Vorenthärtung °d	Zusätze, Vorenthärtung		Nachbehandlung mit $Na_3PO_4 \cdot 10H_2O$	
				Art	Menge g/m³	Menge g/m³	Resthärte °d
Kalk-Soda-Trinatriumphosphat	für karbonatreiche Wässer höherer Härte	20 60 90	3 bis 4 2 bis 3 0,6	CaO Na_2CO_3	$10 \cdot (K + Mg + c)$ $18{,}9 \cdot N$	65	< 0,1
Kalk-Trinatriumphosphat mit Rückführung	Wenn neben reichlichem „*K*" verschwindend kleines „*N*" ($N < 2° d$)	90	je nach „N"	CaO	$10 \cdot (K + Mg + c)$	annähernd 50 · N	< 0,1
Ätznatron-Trinatriumphosphat	Wenn „*K*" + „*Mg*" etwa gleich „*N*"	90	0,5	NaOH	$14{,}3 \cdot (K + Mg + c)$	60	< 0,1
Ätznatron-Soda-Trinatriumphosphat	Wenn $N - (K + Mg)$ positive Zahl ergibt	90	0,5	NaOH Na_2CO_3	$14{,}3 \cdot (K + Mg + c)$ $18{,}9 \cdot (N - K - Mg)$	60	< 0,1
Soda-Trinatriumphosphat mit Rückführung	Wenn „*K*" klein neben höherer „*N*" bei mäßiger Mg-Härte	90	0,5	Na_2CO_3	$8{,}9 \cdot N + 18{,}9 \cdot \frac{100 - Sp}{Sp} \cdot (K + Mg + c)$	70	< 0,1
Trinatriumphosphat mit Rückführung	Gei Gesamthärte kleiner als 15°*d* u. großem Anteil an „*K*"	90	0,1	—	—	annähernd $40 \cdot N + V$; V = Verlust beim Abschlämmen mit 30 bis 50 g einsetzen	< 0,1
Basenaustauscher	Bei mittelharten Wässern mit nicht zu hohem „*K*"	Allgemein nicht über 40°C mit Spezial-Füllmasse bis 75°C	0,1	NaCl	Je nach Austauschfähigkeit der Füllmasse; meist 50 bis 70 g NaCl für 1° *d* und 1 m³ Rohwasser (zur Regenerierung)	10 bis 15	< 0,1

Es bedeuten: K = Karbonathärte; N = Nichtkarbonathärte; Mg = Magnesiahärte; c = Härteäquivalent der freien Kohlensäure = $0{,}127 \cdot CO_2$, wenn CO_2 in mg/l eingesetzt wird. Sp = Sodaspaltung in Abhängigkeit vom Kesseldruck, z. B. bei 30 at = 90% Spaltung. Bei Reinigungstemperaturen größer als 80°C kann c vernachlässigt werden. Auf die nach Formeln errechneten Zusätze kommen im allgemeinen noch folgende Zuschläge: Für Kalk 30 g/m³, für Soda 40 bis 70 g/m³, für Ätznatron 30 g/m³.

[1] Babcockwerke, Oberhausen: Die chemische Überwachung der Speisewasseraufbereitung.

C. Anforderungen an Speise- und Kesselwasser

Die laufenden chemischen Untersuchungen haben sich auf das Kesselwasser und Speisewasser zu erstrecken. Nachstehende Proben kommen in Frage:

1. Dichte

Diese ist ein Maß für den Salzgehalt im Kesselwasser und wird in mg/l oder in °Bé angegeben. Zahlentafel 77 gibt für verschiedene Stoffe an, wieviel mg/l einem °Bé bei 15°C entsprechen. Die Messung erfolgt mit der Baumèspindel oder durch Bestimmung des Abdampfrückstandes. Außerdem kann der Salzgehalt durch die elektrische Leitfähigkeit in μS/cm (Mikrosiemens je Zentimeter) gemessen werden.

Zahlentafel 77. *Konzentration in mg/l °Bé*

NaCl	10000 mg/l
Na_2SO_4	8000 mg/l
Na_2CO_3	7000 mg/l
NaOH	6000 mg/l

2. Alkalität

Die Alkalität wird bei Speisewasser aus Destillat oder Kondensat durch den p_H-Wert ausgedrückt. Dieser ist ein Maß für die Wasserstoffionenkonzentration je Liter Wasser. Letztere beträgt bei 23°C für neutrales Wasser 10^{-7}, und der Exponent wird als p_H-Wert bezeichnet. Es wäre demnach für neutrales Wasser $p_H = 7$, für saures kleiner, für alkalisches größer als 7. Der p_H-Wert hängt von der Temperatur nach Abb. 231 ab.

Handelt es sich um Kesselwasser, kann die Alkalität durch Titration mit Salzsäure bestimmt werden, wobei Phenolphthaleinlösung und Methylorangelösung als Farbindikatoren dienen. Es wird ein Zehntel Normalsalzsäure, d.h. von einer Konzentration von 3,55 g/l benützt. Das Meßgefäß hat 0,1 l. Dann entspricht 1 cm³ Verbrauch einem Gehalt von 40 mg/l NaOH oder 84 mg/l $NaHCO_3$ in der Probe und ist mit einem mval/l identisch. Der Säureverbrauch in Kubikzentimetern bis zum ersten Umschlag ist ein Maß für die vorhandene Lauge oder der Hälfte der Karbonate und wird p genannt. Der Gesamtverbrauch bis zum zweiten Umschlag, also unter Einrechnung von p, kennzeichnet den Gehalt an Bikarbonaten und wird mit m bezeichnet. Es sind folgende Fälle möglich:

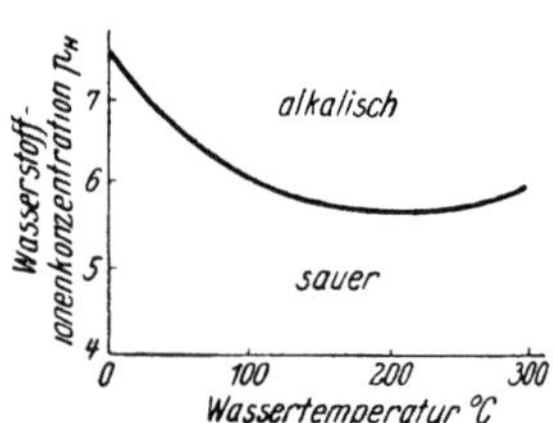

Abb. 231. p_H-Wert von Kondensat in Abhängigkeit von der Temperatur

$p = 0$, bei Anwesenheit von m. In der Probe sind nur Bikarbonate. Deren Menge in mg/l ist $NaHCO_3 = 84 \cdot m$. (In °d $NaHCO_3 = 2{,}8 \cdot m$.) Die Analyse gestattet nur die Bestimmung der Karbonate, Bikarbonate und Hydrate. Diese können mit Ca, Mg, Na verbunden sein, doch gibt darüber die Analyse keinen Aufschluß. Hier und in der Folge wird das Ergebnis auf Na bezogen.

$p = m$. Es ist nur Lauge vorhanden. Die Laugenmenge in mg/l ist $NaOH = 40 \cdot p$. (In °d $NaOH = 2{,}8 \cdot p$.)

$p = m/2$. Es sind nur Karbonate vorhanden (Soda). Die Menge beträgt in mg/l $Na_2CO_3 = p \cdot 106$. (In °d $Na_2CO_3 = p \cdot 5{,}6$.)

$2p < m$. Es ist nur Karbonat und Bikarbonat vorhanden. Es folgt in mg/l
$Na_2CO_3 = p \cdot 106$. (In °d $Na_2CO_3 = p \cdot 5{,}6$.)
$NaHC_3 = (m - 2p) \cdot 84$. (In °d $NaHCO_3 = 2{,}8[m - 2p]$.)

$2p > m$. Es ist nur Lauge und Karbonat vorhanden. Man erhält in mg/l
$NaOH = (2p - m) \cdot 40$. (In °d $NaOH = 2{,}8[2p - m]$.)
$Na_2CO_3 = (m - p) \cdot 106$. (In °d $Na_2CO_3 = 5{,}6 \cdot [w - p]$.)

Bei Kesselwasser drückte man früher die Alkalität durch die Natronzahl NZ oder später durch Alkalitätszahl AZ aus. Um Korrosionsangriffe und Kesselsteinansätze zu vermeiden, sollen bestimmte Werte nicht unterschritten werden. Heute wird der p-Wert direkt, d. h. im mval/l[1] verwendet, da dieser sowieso die Grundlage zur Errechnung der Alkalitätszahl ist.

Zahlentafel 78. *Speisewasser für Wasserrohrkessel*

	Durchlaufkessel und Einspritzwasser für Heißdampfkühler	Umlaufkessel 20 atü	40 atü	64 atü	
		Bei lokalen Wärmedurchgängen > $2 \cdot 10^5$ kcal/m² · h sind die Richtwerte für Kesseldrücke oberhalb 80 atü anzuwenden			80 atü und höher
Allgemeine Anforderungen	klar und farblos				
Sauerstoff mg O_2/l	max. 0,03 (auch beim An- und Abfahren); im Dauerbetrieb <0,02				
Härte mval/l	n. n.	< 0,02	< 0,01	< 0,01	n. n.
Gesamt-Eisen mg Fe/l	< 0,02	möglichst < 0,05			< 0,03
Kupfer mg Cu/l	< 0,005	< 0,01			< 0,005
Gesamtkohlensäure mg CO_2/l ($CO_2 + HCO_3' + CO_3''$) als CO_2 gerechnet	< 1	möglichst < 20 mg/l			< 1
pH bei 20 °C Rücksichtnahme auf Speisepumpen und Vorwärmer erforderlich	7 bis 9,5 nur flüchtige Alkalisierungsmittel	7 bis 9,5			7 bis 9,5 möglichst nur flüchtige Alkalisierungsmittel
Kieselsäure mg SiO_2/l	im Dauerbetrieb < 0,02	wenn *ohne* Abschlämmung gefahren werden soll, im Dauerbetrieb max. 0,02; andernfalls sind nur die Richtwerte für Kesselwasser zu beachten			
Leitfähigkeit bei 20 °C µS/cm nach stark saurem Kationenaustauscher und CO_2-Entfernung gemessen	im Dauerbetrieb < 0,2	wenn *ohne* Abschlämmung gefahren werden soll, im Dauerbetrieb max. 0,3; andernfalls sind nur die Richtwerte für Kesselwasser zu beachten			
Permanganatzahl mg $KMnO_4$/l	möglichst < 5	möglichst < 10			möglichst < 5
Öl mg/l	< 0,3	möglichst < 1		< 0,5	< 0,5

[1] 1 mval = Atom- bzw. Molekulargewicht des Iones in mg dividiert durch seine Wertigkeit, z. B.:

	Atomgewicht	Wertigkeit	Äquivalentgewicht in mg von 1 m val.
Wasserstoff bzw. Wasserstoffion	1	1	1
Natrium bzw. Natriumion	23	1	23
Kalium bzw. Kaliumion	40	1	40
Chlor bzw. Chloridion	35,5	1	35,5
Kalzium bzw. Kalziumion	40	2	20
Sulfation (SO_4^{--})	96	2	48
Karbonation (CO_3^{--})	60	2	30
Hydrogenkarbonation (HCO_3^-)	61	1	61
Phosphation (PO_4^{---})	95	3	31,7
Sauerstoff O	16	2	8

Über die einzuhaltenden Werte der Dichte, Alkalität der Kieselsäure, des Phosphates, des Sauerstoffes, sowie sonstigen Beimengungen gibt für das Speisewasser Zahlentafel 78, für das Kesselwasser Zahlentafel 79 Auskunft. Die Anforderungen, die an den Dampf zu stellen sind, können aus Zahlentafel 80 ersehen werden[1].

Zahlentafel 79. *Kesselwasser für Wasserrohrkessel*

Zur Beachtung: Bei lokalen Wärmedurchgängen $> 2 \cdot 10^5$ kcal/m² · h wird bei allen Druckstufen die Anwendung der Richtwerte für 160 atü empfohlen (außer für SiO_2!)

Druck atü	20	40	64	80	125	160
p-Wert mval/l	<10	<6	<3	Zusatz von Alkalihydroxyden möglichst unterlassen <1	$<0{,}3$	$<0{,}1$
Kieselsäure mg SiO_2/l wenn der SiO_2-Gehalt des Dampfes $<0{,}02$ mg/kp sein soll	aus dem p-Wert zu berechnen mit den Formeln $<(70 + 7 \cdot p)$	$<(30 + 3 \cdot p)$	<10	<4	$<1{,}2$	$<0{,}4$
Phosphat mg P_2O_5/l kann bei sicherer Vermeidung von Härteeinbrüchen (z. B. durch Kondensatentsalzung) auch ganz weggelassen werden	<25	<10	<10	<3		
Leitfähigkeit bei 20 °C µS/cm nach Neutralisation mit HCl gegen Phenolphthalein gemessen	<8000 ($D < 0{,}4$° Bé)	<5000 ($D < 0{,}25$°Bé)	<2500	<1500	<250	<50

Zahlentafel 80. *Dampf für Turbinenbetrieb*

Leitfähigkeit bei 20 °C in der kondensierten Probe hinter stark saurem Kationenaustauscher und nach CO_2-Entfernung gemessen	im Dauerbetrieb $\leqq 0{,}3$ µS/cm im Durchlaufkesselbetrieb ist mit Rücksicht auf die Anforderungen an das Speisewasser dieser Kessel auch für den Dampf $\leqq 0{,}2$ µS/cm zufordern
Kieselsäure	im Dauerbetrieb $<0{,}02$ mg SiO_2/kp
Gesamt-Eisen	im Dauerbetrieb $<0{,}02$ mg Fe/kp
Natrium + Kalium	im Dauerbetrieb $<0{,}01$ mg/kp

D. Kesselstein

Mängel in der Wasseraufbereitung führen zu Korrosionen und Kesselsteinbildung. Die Wärmeleitzahl verschiedener Kesselsteine zeigt Zahlentafel 81.

Die Temperaturerhöhung $\Delta\vartheta$ einer Rohrwand durch eine Kesselsteinschichte von der Dicke s_K ergibt sich bei der Wärmeaufnahme Q in kcal/m²h und der Wärmeleitzahl λ des Steines zu

$$\Delta\vartheta = \frac{Q s_K}{\lambda}$$

[1] VGB: Fachkunde für den Dampfkraftwerksbetrieb. Essen: Vulkan-Verlag. 1963.

Es folgt z. B. für eine Wärmebelastung von 150000 kcal/m²h, wie sie etwa Brennkammerrohre haben, und für $s_K = 1$ mm, eine Temperaturerhöhung der Rohrwand gemäß Zahlentafel 82.

Da zur Ermittlung der höchsten Rohrwandtemperatur noch die Siedetemperatur sowie die Temperaturdifferenz von Rohrinnenwand zu Wasser und von Rohraußenwand

Zahlentafel 81. *Wärmeleitzahl λ verschiedener Kesselsteine*

Kesselstein	Wärmeleitzahl kcal/m h °C
Reiner Karbonatstein	∼6
Sulfat-Karbonat-Steine	0,5 bis 2
Silikat-Steine	0,2 bis 0,5
Ölansinterungen	0,1

Zahlentafel 82. *Temperaturerhöhung einer Rohrwand durch Kesselstein*

λ	$\Delta\vartheta$
0,1	1500
0,2	750
0,4	375
0,8	188
1,6	94

zu Innenwand zuzuschlagen sind, ersieht man bei hochbelasteten Rohren aus Zahlentafel 82 die Gefährlichkeit schon geringer Ansätze. Außerdem wird durch Kesselsteinansätze die Abgastemperatur erhöht.

XIII. Theorie der Feuerungen

A. Kohlenstaubfeuerungen

1. Brennkammerbelastung und Aufenthaltszeit

Um den Belastungsgrad der Brennkammer einer Feuerung zu kennzeichnen, dient der Begriff der „Brennkammerbelastung“ q_B, Gl. (70).

Die Flamme selbst erfüllt normalerweise nicht das ganze Kammervolumen. Allerdings ist anzustreben, daß das Verhältnis Flammen- zu Kammervolumen φ möglichst groß ist, um damit die für die Verbrennung zur Verfügung stehende Zeit zu vergrößern. Bezieht man die verfeuerte Brennstoffmenge auf das Flammenvolumen, gelangt man zur Flammenbelastung H_m. Es ist mit dem Brennkammervolumen V_B

$$H_m = \frac{BH_u}{V_B\varphi} \tag{514}$$

Übliche Werte für die Brennkammerbelastung sind aus Zahlentafel 83 ersichtlich. Ebenso sind dort Mittelwerte für φ, welche hauptsächlich von den Strömungsverhältnissen abhängen, angeführt. Nach dem derzeitigen Stand wählt man für Granulier-Kessel bei

Zahlentafel 83.
Brennkammerbelastung und Verhältnis: Flammen- zu Brennkammervolumen

	Brennkammerbelastung in kcal/m³h	φ
Eckenfeuerung	130000 bis 250000	0,8 bis 1[1]
Stirnwandwirbelbrenner	140000 bis 190000	0,65 bis 0,85
Stirnwandmühlenbrenner	130000 bis 180000	0,6 bis 0,8

[1] Zur Berechnung der Brennkammertemperatur bei Vollast kann $\varphi = 1$ gesetzt werden. Weitere Angaben über φ s. S. 198. Bei Schmelzkammerkessel $\varphi = 1$, s. S. 207. Bei Ölfeuerungen ist $\varphi \doteq 0{,}5 \div 1$.

Steinkohle 160000 bis 180000, bei Braunkohle 130000 bis 150000 kcal/m³h[1]. Die höheren Werte gelten bei Dampfleistungen < 50 t/h, die tieferen bei 150 t/h u. a.

Die Brennkammerbelastung ist hauptsächlich deswegen im Feuerungsbau ein wichtiger Begriff, da in ihr implizite die Aufenthaltszeit t_A der Rauchgase im Feuerraum, enthalten ist. Ist V das sekundäre Volumen dieser und φV_B das wirklich durchströmte Brennkammervolumen, folgt

$$t_A = \frac{V_B \varphi}{V} \tag{515}$$

Führt man $V = \frac{B \cdot v \cdot T}{3600 \cdot 273}$ und $q_B = \frac{B \cdot H_u}{V_B}$ ein, wobei B die Brennstoffmenge in kp/h, v das Rauchgasvolumen je Kilopond Brennstoff in Nm³/kp und T die mittlere Feuerraumtemperatur in °K ist, berücksichtigt ferner durch einen Beiwert m die Sichterwirkung der Kammer durch die Sinkgeschwindigkeit der Staubteilchen (Aufwärtsströmung der Flamme $m > 1$, Abwärtsströmung der Flamme $m < 1$) folgt

$$t_A = \frac{H_u \cdot 3600 \cdot 273 \cdot m \cdot \varphi}{q_B v T} \tag{516}$$

Die Formel zeigt, daß diese Zeit um so größer ist, je kleiner die Brennkammerbelastung q_B und je niedriger die Temperatur T ist. Der Wert $\frac{H_u}{v}$ hängt hauptsächlich vom Luftüberschuß ab. Verkleinert man diesen, erhöht sich gleichfalls die Brennzeit. Im selben Sinne wirkt möglichste Ausnutzung des Kammervolumens, d. h. möglichste Angleichung von φ an 1. Handelt es sich um Druckverbrennung, wie z. B. beim Velox-Kessel, ist statt v der Wert $v\ 1{,}03/p$ einzusetzen, wobei p der Verbrennungsdruck in ata ist.

Um über die „Sichtwirkung" der Kammer, ausgedrückt durch den Faktor m, Klarheit zu gewinnen, werde angenommen, daß Kammer und Flamme dieselbe Länge haben, so daß der Flammenquerschnitt $F\varphi$ sei. Der Flammengeschwindigkeit ist dann $\frac{w}{\varphi}$. Ist der Mittelwert der Sinkgeschwindigkeit über die Flammenlänge w_S, folgt für die absolute Geschwindigkeit der Kohlenstaubteilchen

$$w_A = \frac{w}{\varphi} \pm w_S \tag{517}$$

Das positive Zeichen gilt bei Abwärts-, das negative bei Aufwärtsströmung.

Rechnet man unter Zugrundelegung normaler Verhältnisse den ersten Term in Gl. (517) aus, ergibt sich ~ 4 m/s. Die mittlere Sinkgeschwindigkeit w_S ist z. B. für einen Anfangdurchmesser des Teilchens von 0,2 mm und bei einer Brennkammertemperatur von 1250 °C[2] 0,15 m/s. Es ist dann bei Aufwärtsströmen die Aufenthaltszeit mit $\frac{4}{4 - 0{,}15} = 1{,}04$, bei Abwärtsströmung mit $\sim 0{,}96$ zu multiplizieren.

Die Sichterwirkung kann demnach normalerweise vernachlässigt bzw. $m = 1$ gesetzt werden.

Aus Abb. 232 können die verfügbaren Aufenthaltszeiten für verschiedene Brennkammerbelastungen und Luftüberschußzahlen entnommen werden.

Sind im Flammenquerschnitt starke Temperaturunterschiede vorhanden, tritt an den heißeren Flammenstellen eine zusätzliche Auftriebswirkung auf. Es verringert sich dadurch bei Aufwärtsströmung die Aufenthaltszeit des Staubes bzw. erhöht sie sich bei Abwärtsströmung.

Eine weitere Kennziffer, die zur Bemessung des Querschnittes F der Kammer einen Anhalt liefert, ist die Querschnittsbelastung nach Gl. (358). Dieser Wert wird bei Kohlenstaubfeuerung gemäß den Angaben auf S. 229, von $1{,}9 \cdot 10^6$ bis $4 \cdot 10^6$ kcal/m²h gewählt, wobei die höheren Werte für größere Kessel gelten. Bei Öl- und Gasfeuerungen werden ähnliche Werte benützt.

---

[1] Weitere Angaben für Gas und Öl siehe S. 229.

[2] GUMZ: Theorie und Berechnung der Kohlenstaubfeuerungen. Berlin: Springer. 1939.

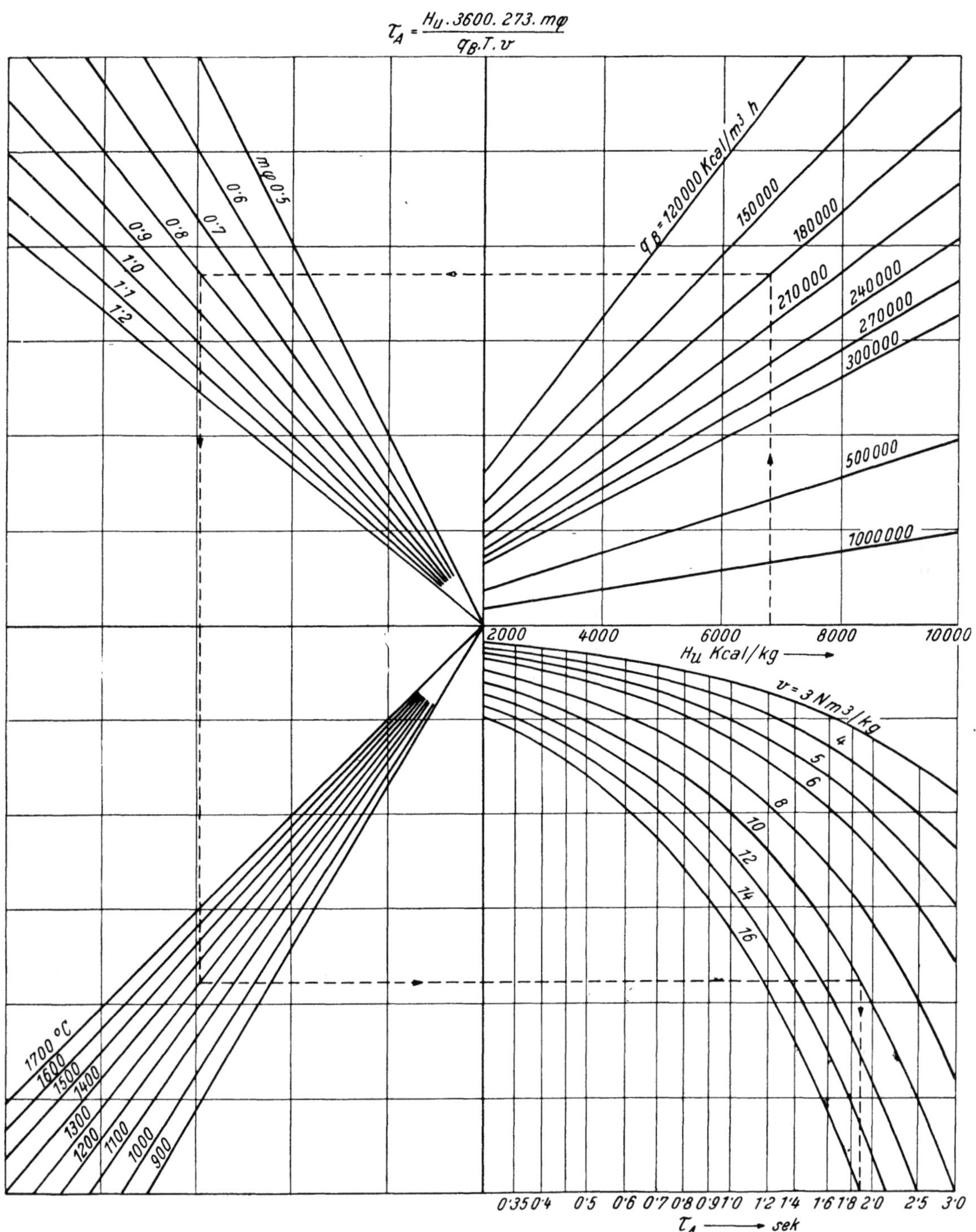

Abb. 232. Aufenthaltszeit des Kohlenstaubes in der Brennkammer, abhängig vom Heizwert, Brennkammerbelastung; Volumausnützungsziffer φ, Sichtungsfaktor m, Temperatur, Rauchgasvolumen je kg Kohle. Beträgt der Druck in der Kammer p statt 1 ata, ist das Ergebnis mit $p/1{,}03$ zu multiplizieren. Zum Beispiel H_u = 6800 kcal/kp, $q_B = 180\,000$ kcal/mh, $m \cdot \varphi = 0{,}8$, Temperatur 1300 °C, $v = 10$ Nm³/kp ergibt $t_A = 1{,}88$ s bei 1 ata

2. Wärmeentwicklung längs der Flammenlänge

Nähere Untersuchungen zeigen, daß die Wärmeentwicklung längs der Flamme stark veränderlich ist, so daß der weiter oben entwickelte Begriff der Flammenbelastung lediglich einen Mittelwert darstellt. Der Verlauf der Wärmeentwicklung wird durch die Geschwindigkeit bedingt, mit welcher die Flammenfront ins Staubteilchen eindringt. Es werde zunächst die einfachste Annahme, nämlich, daß diese Geschwindigkeit während der ganzen Dauer der Verbrennung konstant bleibe, getroffen. Ferner sei die Korngestalt kugelförmig und die Korngröße aller Teilchen zu Beginn gleich, d. h. handelt es sich um „Gleichkorn", ist die Zahl der je Stunde zugeführten Teilchen $\frac{B}{\frac{4 r_o^3 \pi}{3} \gamma_K}$. Es ist B die Brennstoffmenge in kp/h, r_o der Teilchenradius und γ_K die Wichte der Kohle. Hat nach der Zeit t der Radius von r_o auf r abgenommen und ist die ganze Verbrennungszeit t_v, folgt:

$$\frac{r}{r_o} = 1 - \frac{t}{t_v} \tag{518}$$

Die zum Zeitpunkt t noch verfügbare Wärmemenge ist in kcal/h

$$Q = B H_u \left(\frac{r}{r_o}\right)^3 \tag{519}$$

Es folgt mit Gl. (518)

$$\frac{Q}{B H_u} = \left(\frac{r}{r_o}\right)^3 = \left(1 - \frac{t}{t_v}\right)^3 = \omega \tag{520}$$

wenn mit ω der Anteil der zum Zeitpunkt t verfügbaren Wärme zur insgesamt zugeführten bezeichnet wird. Nimmt man für die axiale Strömung der Flamme eine mittlere Geschwindigkeit an, kann auch

$$\frac{Q}{B H_u} = \left(1 - \frac{x}{L}\right)^3 \tag{521}$$

geschrieben werden, wo x der in der Strömungsrichtung in der Zeit t zurückgelegte Weg und L die Flammenlänge bedeutet. Den Verlauf dieser Funktion zeigt Kurve *1* in Abb. 234.

Die Wärmeentwicklung zwischen den Stellen x und $x + dx$, d. h. im Volumen $F \cdot dx$, ist dQ, wobei F den Querschnitt der Flamme bedeutet. Es ist dann $H = -\frac{dQ}{F dx}$ die Wärmebelastung an der Stelle x. Bildet man diesen Ausdruck durch Differentiation von Gl. (521), folgt:

$$H = \frac{3 B H_u}{L F}\left(1 - \frac{x}{L}\right)^2 = 3 H_m \left(1 - \frac{x}{L}\right)^2 \tag{522}$$

Da der Ausdruck $\frac{B H_u}{L F}$ die mittlere Flammenbelastung darstellt, wurde hierfür die bereits früher benützte Bezeichnung H_m eingeführt. Die Belastung am Flammenanfang, für $x = 0$, ist demnach das Dreifache des Mittelwertes.

In Wirklichkeit ist kein Gleichkorn vorhanden, sondern die Korngröße liegt zwischen einem Größtwert und Null. Dadurch würde der Verlauf von H, verglichen mit Gl. (522), anfangs steiler, am Ende flacher werden. Den umgekehrten Effekt zeitigt die quadratische Abhängigkeit der Brennzeit vom Kornhalbmesser gemäß Gl. (540). Für viele Zwecke ist daher Gl. (522) ausreichend.

Diesbezügliche Rechnungen führte Rosin[1] durch, wobei er von Kornverteilungskurven ausging, welche in Abb. 233 dargestellt sind. Die Kornverteilungskurven *I* entsprechen hierbei der auf S. 75 hierfür angegebenen Beziehung. Das Ergebnis zeigt Abb. 234, Kurve *2*, *3*, *4*, *5*. Der Maßstab der einzelnen Kurven ist so gewählt, daß die verfügbare

[1] Rosin und Fehling: Die Feuerungsleistung. Arch. Wärmewirtsch. Bd. 11, Nr. 4.

Wärme am Flammenanfang bei allen gleich groß erscheint. Die Mahlfeinheit sei durch den Rückstand auf dem Sieb Nr. 0,09 gekennzeichnet. Je weiter sie getrieben ist, desto schroffer ist der Verlauf.

Man sieht aus Abb. 234, daß es unwirtschaftlich wäre, die Kammer so groß zu bemessen, um auch den größten Teilchen die vollständige Verbrennung zu ermöglichen. Läßt man z. B. einen Verlust an Unverbranntem von nur 2% zu, kann bereits die Kammer bei 15% Rückstand auf dem Sieb Nr. 0,09 auf 60% des früher notwendigen Wertes verkleinert werden.

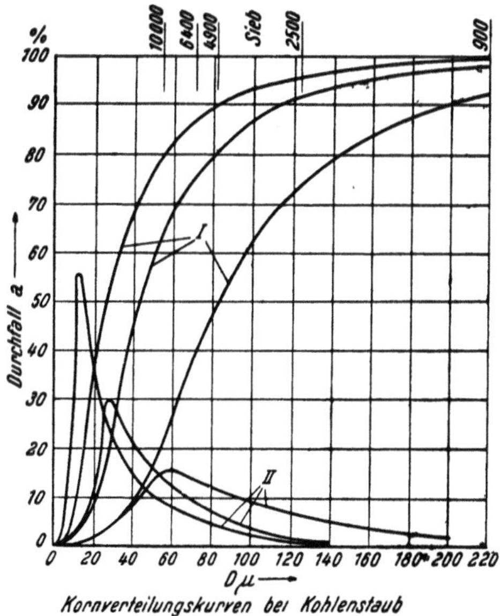

Abb. 233. Kornverteilungskurven (I) und Korngewichtsanteil je Durchmessereinheit (II). Die Kurven I und II gelten für Rückstände von 10, 20, 50% auf dem Sieb Nr. 0,09 nach FEHLING

Abb. 234. Abnahme des Unverbrannten im Brennstoff (Ordinate) entlang der Flammenlänge

Am Kammerende wird eine bestimmte Korngröße gerade ganz ausbrennen. Diese hängt vom zugelassenen Ausbrandverlust und der Mahlfeinheit ab. Ihre Verbrennungszeit darf dann nicht größer sein als die verfügbare Aufenthaltszeit t_A gemäß Gl. (516). Es werde nun die gerade ausbrennende Korngröße ermittelt.

Aus der Ordinate der Kornverteilungskurven I (Abb. 233) kann, wenn von 1 kg ausgegangen wird, der Gewichtsanteil a entnommen werden, dessen Teilchendurchmesser zwischen 0 und D liegen. Da zwischen D und $D + dD$ das Gewicht da liegt, ist $\frac{da}{dD} = b$ der Gewichtsanteil je Durchmessereinheit. Führt man die Differentiation durch, gelangt man zu den Kurven II. Wird z. B. der Durchmesser in μ gemessen, gibt die Ordinate von II angenähert das zwischen $D - \frac{1}{2}\mu\text{m}$ und $D + \frac{1}{2}\mu\text{m}$ liegende Korngewicht an.

Es sei nun die früher getroffene Annahme, daß die Teilchen einer Kornverteilungslinie alle gleiche Brenngeschwindigkeit haben, nicht beibehalten. Es werde vielmehr nach Gl. (540) eine quadratische Abhängigkeit zwischen Staubdurchmesser und Verbrennungszeit vorausgesetzt. Wenn also ein Teilchen mit dem ursprünglichen Durchmesser D_0 eben ausbrennt, so hat der ursprüngliche Durchmesser D eines größeren Teilchens auf $\sqrt{D^2 - D_0^2}$ abgenommen.

Die Zahl Z der Staubteilchen innerhalb der Spanne $D + \frac{1}{2}\mu\text{m}$, $D - \frac{1}{2}\mu\text{m}$ ergibt sich zu

$$Z = \frac{b}{\frac{D^3 \pi}{6} \gamma_K} \tag{523}$$

b ist gemäß der Kornverteilungslinie der Gewichtsanteil des Staubes je µm, D der Staubdurchmesser, γ_K die Wichte der Kohle. Die Teilchen sind kugelförmig gedacht. Das nach dem Ausbrand des Teilchens mit dem Durchmesser D_0 verbleibende Gewicht U sämtlicher Teilchen eines Kilogramms ist

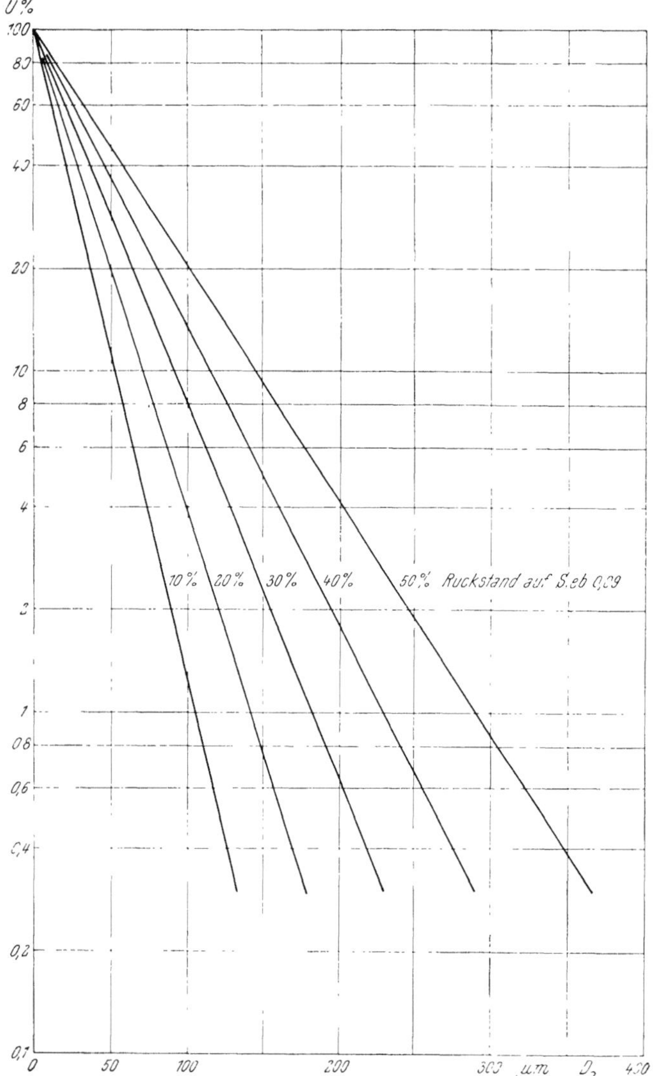

Abb. 235. Staubdurchmesser, welcher am Brennkammerende eben ausbrennt, in Abhängigkeit vom dort vorhandenen Unverbrannten und der Mahlfeinheit

$$U = \int_{D=D_0}^{D=D_m} \left(Z \frac{D^3 \pi}{6} \gamma_K\right) \frac{(D^2 - D_0^2)^{3/2}}{D^3}\, dD \tag{524}$$

bzw. mit Gl. (523)

$$U = \int_{D=D_0}^{D=D_{max}} b \frac{(D^2 - D_0^2)^{3/2}}{D^3}\, dD \tag{525}$$

Mit Hilfe der von Rosin angegebenen Kornverteilungslinie ist das Integral graphisch lösbar. Das Ergebnis der Rechnung zeigt Abb. 235 [1]. Bei verschiedenen Rückständen auf dem Normalsieb Nr. 0,09 ist in Abhängigkeit vom zugelassenen Ausbrandverlust U der eben ausbrennende Staubdurchmesser D_0 aufgetragen. Mit diesem Staubdurchmesser bzw. Halbmesser r_0 hat die Verbrennungszeit [Gl. (540)] gerechnet zu werden.

Ist die Kohle stark aschenhaltig, entsteht am Ende der Brennkammer noch ein zusätzlicher Verlust, da Reste an Brennbarem von der Schlacke umschlossen bleiben und überhaupt, auch bei beliebig großer Kammer, nicht ausbrennen können. Diesen Verlust kann man je nach dem Aschengehalt zusätzlich mit 0 bis 3% veranschlagen.

3. Verbrennungszeit von Kohlenstaub

Die Berechnung der Verbrennungszeit des Kohlenstaubkornes selbst ist schon Gegenstand mehrfacher Untersuchungen gewesen. Erstmalig wurde die Frage theoretisch von W. Nusselt [2] behandelt. Weitere Untersuchungen stammen von Gumz [3], Mache [4] und Traustel [5].

[1] Ledinegg: Bestimmungsgrößen für die Brennkammerbelastung bei Kohlenstaub-, Öl- und Gasfeuerungen. Mitt. VGB 1965, Nr. 98.

[2] Nusselt: Der Verbrennungsvorgang in der Kohlenstaubfeuerung. VDI 1924, S. 124.

[3] Gumz: Theorie und Berechnung der Kohlenstaubfeuerungen. Berlin: Springer. 1939.

[4] Mache: Die Verbrennung von Kohlenstaubteilchen in turbulent bewegter Luft. Österr. Ing.-Arch. 1946, S. 77.

[5] Traustel: Die Verbrennung in der Schwebe. Feuerungstechn. 1941, S. 1, 25, 49.

Auf Grund von Versuchen leitet Rosin[1] die Formel

$$t_v = 239 r_o^{1,8} \tag{526}$$

ab, wobei r_o in Millimeter einzusetzen ist.

Um die Tatsache der Verbrennung auch bei Luftüberschußzahlen 1 bzw. kleiner als 1 zu erklären, betrachtet Traustel den Vorgang unter der Annahme, daß bei reaktionsfähigen Brennstoffen an der Stauboberfläche CO_2 nicht bestehen kann, sondern sofort zu CO reduziert wird. Daher wird (Abb. 236) CO_2 zur Stauboberfläche und CO von dieser diffundieren. Der gleichfalls in Richtung zur Stauboberfläche diffundierende Sauerstoff kommt nicht bis zu dieser, da er vorher mit dem entgegenwandernden CO unter Bildung einer Flammenfront reagiert. Letztere umgibt das Teilchen konzentrisch in einem Abstand s_i. In einer Schicht von der Dicke s_a außerhalb der Flammenfront findet eine Diffusion von CO_2 nach außen und von O_2 gegen die Flammenfront zu statt. Von dieser ausgehend, erfolgt demnach eine CO_2-Diffusion nach außen und innen.

Zahlentafel 84.
Diffusionszahlen bei 0° und 760 mm Hg

Diffusion von	in H_2 σ_o m²/h	in Luft σ_o m²/h	in CO_2 σ_o m²/h
Kohlensäure	0,196	0,0511	—
Sauerstoff	0,244	0,0640	0,0647
Methylalkohol	0,180	0,0476	0,0317
Wasser	0,247	0,0754	0,0475
Wasserstoff	—	—	0,194
Ammoniak	—	0,0716	—

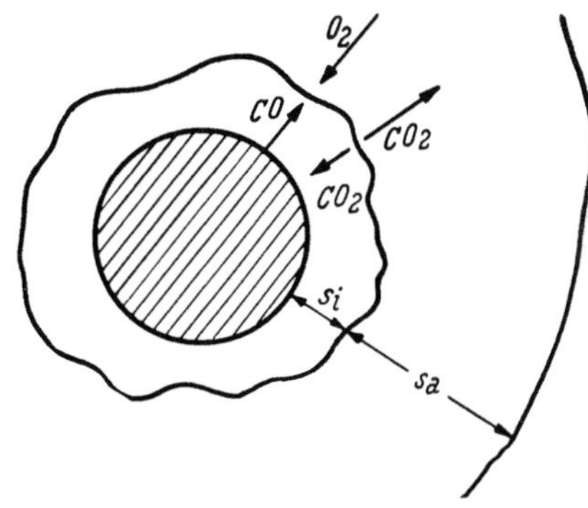

Abb. 236.
Verbrennungsvorgang nach Traustel

Bei raktionsträgeren Brennstoffen verringert sich die Entfernung von der Stauboberfläche zur Flammenfront, um im Grenzfalle mit dieser zusammenzufallen.

Die Reaktion an der Kohlenoberfläche ist

$$CO_2 + C = 2CO \tag{527a}$$

jene in der Flammenfront

$$2CO + O_2 = 2CO_2 \tag{527b}$$

Überblickt man zusammenfassend die erwähnten Theorien, so kann man feststellen, daß jene von Nusselt und Mache den Nachteil aufweisen, bei $\varepsilon = 1$ zu versagen. Sie erfassen demnach den Mechanismus der Verbrennung nicht vollständig. Traustel geht hier einen Schritt weiter, führt aber die Untersuchungen mehr quantitativ durch. Alle Theorien gehen von der wirklichkeitsfernen Annahme des Gleichkornes aus.

Den Konstrukteur interessiert die Zeit, welche die kleineren Teilchen des Gemisches zum Verbrennen brauchen, nur wenig. Maßgebend ist die Verbrennungszeit des gröberen Kornes, denn nach diesem wird die Brennkammer bemessen. Infolge der fast schlagartig erfolgenden Verbrennung der feinen Teile zu Beginn der Flamme, erfolgt der größte Teil der Verbrennung der gröberen Körner praktisch unter dem Luftüberschuß, den die Flamme am Ende hat. Betrachtet man z. B. die Versuche von Schaper[2], so sieht man in der Tat, daß der CO_2-Gehalt über der ganzen Flammenlänge fast gleich jenen am

[1] Rosin: Arch. Wärmewirtsch. 1925, S. 143.

[2] Schaper: Temperaturverteilung, Gasmischung und Wärmeübergang in Kohlenstaubfeuerungen für Großkessel. Wärme 1944, S. 31, 49.

Flammenende ist. Das zeigt Zahlentafel 85, wobei die Meßebene *I* im Brennerquerschnitt der Eckenfeuerung, *IV* am Flammenende, *II* und *III* dazwischen liegen.

Zahlentafel 85. *Meßwerte von Schaper über den Verbrennungsverlauf in der Flamme*

Meßebene	80 t/h Kessel			100 t/h Kessel
	(CO_2)	(O_2)	(CO)	(CO_2)
I	12,9	4	4,7	13
II	13,4	4,4	3,2	10
III	16,5	1,8	2,04	15,3
IV	16,8	1,5	1,83	15,3

Es wird daraus die Berechtigung abgeleitet, die Brennzeit der gröberen Teilchen, auf die es nur ankommt, durchwegs unter Zugrundelegung des Luftüberschusses am Flammenende zu berechnen.

Die Annahme von Traustel über den Verbrennungsvorgang werde dahingehend geändert, daß der Anmarschweg des O_2 nicht identisch einer Schichtdicke s_a sei, sondern die Anlieferung aus dem unbegrenzten Raum erfolge.

Für Stofftransporte durch Diffusion gilt das Diffusionsgesetz von Fick

$$M' = -\sigma F \frac{\partial K}{\partial x} \tag{528}$$

Es ist M' das diffundierte Volumen in m³/h, $\sigma = \sigma_0 \left(\frac{T}{273}\right)^2 \cdot \frac{760}{p}$ die Diffusionszahl, wobei σ_0 jene bei 0° und 760 mm Hg und p der Druck in mm Hg ist. Ferner bedeutet F die Fläche, durch welche die Diffusion stattfindet und $\frac{\partial K}{\partial x}$ das Konzentrationsgefälle. K hat die Dimension m³/m³, demnach der ganze Differentialquotient $\frac{1}{m}$. In Zahlentafel 84 sind die Diffusionszahlen σ_0 mehrerer Gase angegeben.

Der Stofftransport eines Mediums zu einer kugelförmigen Oberfläche ist nach Gl. (528) mit dem Konzentrationsgefälle $\frac{dK}{dx}$ sowie unter Einführung des Stofftransports in Nm³/h

$$M = \frac{\sigma_0 T\, 4x^2\pi}{273} \cdot \frac{dK}{dx} \tag{529}$$

Es ist M die Menge in Nm³/h, welche durch eine in der Entfernung x vom Mittelpunkt liegende Kontrollkugelfläche wandert und K die Konzentration in m³/m³.

Die Integration der Gl. (529) ergibt mit der Integrationskonstanten C

$$-\frac{M}{4\pi x} = \frac{\sigma_0 T}{273} \cdot K + C \tag{530}$$

C bestimmt sich aus der Bedingung, daß bei $x = r$, $K = 0$ sei. Setzt man noch bei $x = R$, $K = K_o$, folgt:

$$M = \frac{\sigma_0 T\, 4\pi r K_0}{273\left(1 - \frac{r}{R}\right)} \tag{531a}$$

Findet der Vorgang in einem unendlich großen Raum statt, ist $R = \infty$ und

$$M = \frac{\sigma_0 T\, 4\pi r K_0}{273} \tag{531b}$$

Hier wurde vorausgesetzt, daß das Medium die Kugel starr umgibt. Der ähnliche Vorgang des Wärmeüberganges ergäbe im starren Medium eine Wärmeübergangszahl $\alpha = \frac{\lambda}{r}$, im strömenden $\alpha = \frac{\lambda}{r} \cdot 0{,}847 \cdot \mathrm{Re}^{0{,}15}$. Diese Gleichung gilt für $\mathrm{Re} > 0{,}1$. Bei Diffusionsvorgängen tritt an Stelle der Wärmeübergangszahl $\alpha \left[\frac{\mathrm{Kcal}}{\mathrm{m}^2 h\,°\mathrm{C}}\right]$ die Stoffaustauschzahl $\beta \left[\frac{\mathrm{m}^3}{\mathrm{m}^2\mathrm{h}}\right]$. Ihr Zusammenhang mit α ist bei Strömungsvorgängen nach Ten Bosch

$\frac{\alpha}{\beta} = c_p \gamma f(\mathrm{Pr}, \mathrm{Le})$, wobei Pr die Prandtlsche und $\mathrm{Le} = \frac{a}{\sigma}$ die Lewissche Kennziffer ist. Unter Voraussetzung voller Ähnlichkeit ist $f(\mathrm{Pr}, \mathrm{Le}) = 1$ und $\frac{\alpha}{\beta} = c_p \gamma$. Soll der Stoffaustausch mit Hilfe der Stoffaustauschzahl β ausgedrückt werden, gilt für den vorliegenden Fall in m³/h: $M' = \beta 4 r^2 \pi K_o$. Wird für das strömende Medium die Beziehung $\frac{\alpha}{\beta} = c_p \gamma$ vorausgesetzt, folgt $\beta = \frac{\alpha}{c_p \gamma} = \frac{\lambda \cdot 0{,}847\,\mathrm{Re}^{0{,}15}}{r c_p \gamma}$ oder in m³/h $M' = \beta K_o 4 r^2 \pi = \frac{\lambda \cdot 0{,}847 \cdot \mathrm{Re}^{0{,}15}\, 4 r \pi \sigma K_o}{c_p \gamma \cdot \sigma} = \left(\frac{a}{\sigma}\right) 0{,}847\,\mathrm{Re}^{0{,}15}\, 4 r \pi \sigma K_o$ bzw. in Nm³/h und bei $p = 760$ mm Hg, $M = \frac{\sigma_o T\, 4 r \pi K_o \cdot 0{,}847\,\mathrm{Re}^{0{,}15} \cdot \mathrm{Le}}{273}$, anstatt Gl. (532). Es ist für Diffusion von O_2 in Luft bei 0, 1000, 1500 °C Le = 1, 0,68, 0,63. Bei Diffusion von CO_2 in Luft ist für die gleichen Temperaturen Le = 1,28, 0,87, 0,8. Es möge als Mittelwert 0,7 eingeführt werden. Bei Re = 1, 0,1, 0,01 erhält man für $0{,}847 \cdot \mathrm{Re}^{0{,}15}$ 0,847, 0,6, 0,425, während bei noch kleineren Re der Ausdruck wieder gegen 1 ansteigt, da dann der Vorgang mehr dem starren Medium entspricht. Da im Lauf des Verbrennungsvorganges bei üblichen Mahlfeinheiten Re von etwa 0,1 auf 0 abnimmt, möge für $0{,}847\,\mathrm{Re}^{0{,}15}$ als Mittelwert 0,7 angenommen werden. Man kann dann $\xi = 0{,}847\,\mathrm{Re}^{0{,}15} \cdot \mathrm{Le} = 0{,}5$ setzen. Unter besonderen Bedingungen, wie z. B. Einblasung des Kohlenstaubes mit großer Relativgeschwindigkeit, großer Teilchengröße usw. kann jedoch ξ auch höher liegen.

Es werden nun, nach Multiplikation mit ξ, die Gl. (531a) und (531b) näherungsweise benützt, um den CO_2-Transport von der Flammenfläche zur Stauboberfläche sowie den O_2-Transport aus der Umgebung zur Flammenfläche zu berechnen. Ersterer ist, wenn der Radius des Staubteilchens mit r, jener der Flammenfläche mit R bezeichnet wird, in Nm³/h

$$M_{CO_2} = \frac{\sigma_o T\, 4 \pi r K_{CO_2} \cdot \xi}{273 \left(1 - \frac{r}{R}\right)} \tag{531c}$$

K_{CO_2} ist die Konzentration von CO_2 an der Flammenfläche. Jene an der Stauboberfläche wird, wenn es sich um maximal reaktionsfähige Brennstoffe handelt, zu O angenommen. Bei reaktionsträgeren Brennstoffen besteht nach TRAUSTEL an deren Oberfläche CO_2, es erscheint statt K_{CO_2} ein kleinerer Differenzbetrag.

Die Diffusion des O_2 zur Flammenfläche erfolgt aus dem Raum. Sie werde angenähert mit der gleichen Diffusionskonstanten σ_o ermittelt. Wendet man Gl. (531b) an, beachtet, daß der innere Radius jetzt R ist, folgt:

$$M_{O_2} = \frac{\sigma_o T\, 4 \pi R K_{O_2} \cdot \xi}{273} \tag{531d}$$

Es sei nochmals erwähnt, daß vom gesamten gebildeten CO_2 von der Flammenfläche ausgehend die Hälfte nach innen und die andere Hälfte nach außen wandert. Da $M_{CO_2} = M_{O_2}$ ist, folgt aus dieser Beziehung nach Einsetzen der Gl. (531c) und (531d) und einfachen Umformungen

$$\frac{R}{r} = \frac{K_{CO_2}}{K_{O_2}} + 1 \tag{532}$$

Nunmehr kann dieser Ausdruck in Gl. (531c) eingesetzt werden, und man erhält:

$$M_{CO_2} = \frac{\sigma_o T\, 4 \pi r}{273} (K_{CO_2} + K_{O_2}) \xi \tag{533}$$

Die stöchiometrische Gleichung $C + CO_2 = 2CO$ ergibt, daß 12 kg C 22,4 Nm³ CO_2 zum Vergasen benötigen bzw. 1 kg C 1,86 Nm³ CO_2. Wird im Zeitelement dt ein CO_2-Volumen $M_{CO_2}\,dt$ angeliefert, kann dann der entsprechende Kohlenstoffabbau im Staubteilchen folgendermaßen ermittelt werden:

$$M_{CO_2} dt = -4 r^2 \pi dr \gamma_K \cdot 1{,}86 \tag{534}$$

γ_K ist die Wichte der Kohle. Setzt man Gl. (533) ein, folgt, wenn die Zeit in Sekunden gemessen wird:

$$\xi \cdot \frac{T \sigma_0 dt}{273} (K_{CO_2} + K_{O_2}) = -r\gamma_K \cdot 1{,}86 \cdot 3600\, dr \tag{535}$$

Die Konzentration in der Flammenfläche ist $K_{CO_2} = 0{,}21$. Bei reaktionsträgen Brennstoffen erscheint statt dessen, wie bereits erwähnt, ein kleinerer Differenzbetrag $0{,}21 \cdot \varphi$, wobei φ zwischen 1 und 0 liegt. Ferner ist K_{O_2} nach früheren Ausführungen aus dem Luftüberschuß am Flammenende zu rechnen. Man erhält

$$K_{O_2} = \frac{(\varepsilon - 1) L_{\min} 0{,}21}{v} \tag{536}$$

wobei $L_{\min}$ die Mindestluftmenge in Nm^3/kg und v das Rauchgasvolumen in Nm^3/h ist. Für $\varepsilon = 1$ ist $K_{O_2} = 0$. Setzt man Gl. (536) und Gl. (535) ein, folgt:

$$\xi \cdot \frac{T \sigma_0 dt}{273} \left[0{,}21 \cdot \varphi + \frac{(\varepsilon - 1) L_{\min} \cdot 0{,}21}{v}\right] = -r\gamma_K \cdot 1{,}86 \cdot 3600 \cdot dr \tag{537}$$

Die Integration liefert:

$$\xi \frac{T \sigma_0 t}{273} \left[0{,}21 \cdot \varphi + \frac{(\varepsilon - 1) L_{\min} \cdot 0{,}21}{v}\right] = -\frac{r^2}{2} \gamma_K\, 1{,}86 \cdot 3600 + C \tag{538}$$

Die Integrationskonstante wird aus der Anfangsbedingung $r = r_o$ für $t = 0$ bestimmt. Setzt man anschließend $r = 0$, folgt die Verbrennungszeit t_v zu:

$$t_v = \frac{r_o^2 \gamma_K \cdot 1{,}86 \cdot 3600 \cdot 273}{\sigma_0 \cdot T\left[0{,}21 \cdot \varphi + \frac{(\varepsilon - 1) L_{\min} \cdot 0{,}21}{v}\right] 2\xi} \tag{539}$$

Für r_o ist der eben ausbrennende Kornhalbmesser nach der Ausführungen auf S. 314 einzusetzen. Nimmt man gemäß Zahlentafel 84 $\sigma_o \doteq 0{,}05\ m^2/h$, faßt die Zahlenwerte zusammen, folgt die Verbrennungszeit in Sekunden zu:

$$t_v = \frac{36{,}8 \cdot 10^6 r_o^2 \gamma_K f}{T\left[0{,}21\varphi + \frac{(\varepsilon - 1) L_{\min} \cdot 0{,}21}{v}\right] 2\xi} \tag{540}$$

Kohlensorte bei den Versuchen von AUDIBERT	Feuchtigkeit %	Asche %	Flüchtige Bestandteile %	Fester Kohlenstaub %
A Steinkohle	15	9,8	42,65	32.55
B Steinkohle	2,37	28,12	29,19	40,34
C Steinkohle	2,6	13,4	32,4	51,6
D Steinkohle	2,5	14,1	22,1	61,3
E Steinkohle	1,5	15,7	19,5	63,3
F 50% Kohle *E* und 50% Anthrazit	—	—	—	—
H 40% Kohle *E* und 60% Koks	—	—	—	—
Anthrazit	4,87	16,22	6,5	72,41

Diese hängt demnach vom Quadrat der Kornhalbmesser ab, ist proportional der Wichte der Kohle und umgekehrt proportional der Verbrennungstemperatur. Die Abhängigkeit vom Luftüberschuß liefert der Nenner. Der Klammerausdruck in diesem ist, wenn im

Mittel für $\varphi = {}^2/_3$ angenommen wird, 0,14 bei $\varepsilon = 1$ und 0,35 bei $\varepsilon = \infty$. Die Wichte γ_K liegt für Braunkohle bei 1200 kg/m³, für Steinkohle bei 1400 kg/m³. Ferner kann $\xi = 0{,}5$ und $\varphi = {}^2/_3$ gesetzt werden. Der Druck hat auf die Verbrennungszeit keinen Einfluß, während f den Einfluß des Gasgehaltes zeigt.

Der Einfluß eines zunehmenden Gasgehaltes äußert sich ebenfalls in Verkürzung der Zündzeit.

Wie weit die folgende Entgasung die Verbrennungszeit beeinflußt, ist ohne genaue Versuche nicht ohne weiteres angebbar. Jedenfalls konnte festgestellt werden, daß gasarme Brennstoffe eine feinere Ausmahlung bedingen, wie aus S. 76 ersichtlich ist. Es wird daher der Einfluß des Gehaltes an flüchtigen Bestandteilen f_1 in % auf die Verbrennungszeit proportional $f = (100 - f_1)/(100 - f_2)$ gesetzt, wobei der Gl. 540 $f_2 = 45\%$ zugrunde liegt. [Bei Koks Gasgehalt der Ausgangskohle einsetzen.]

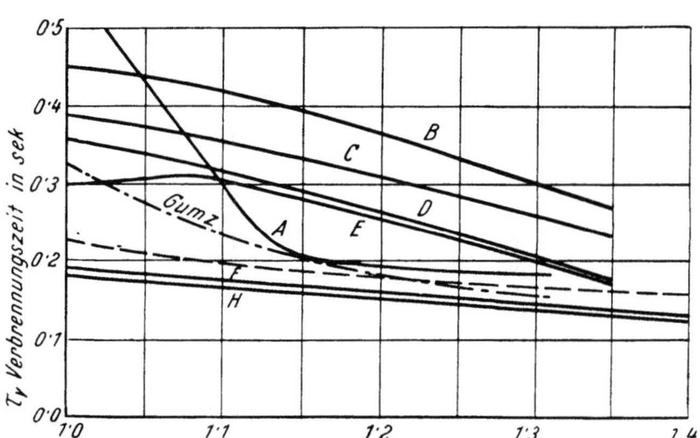

Abb. 237. Verbrennungszeit nach Versuchen von Audibert, nach Gumz (berechnet) und nach Gl. (540), in Abhängigkeit von derLuftüberschußzahl ε und bei einem Korndurchmesser von 0,065 mm. A, B, C, D, E, F, H nach Audibert, strichpunktiert nach Gumz bei $\vartheta = 1550\,°C$, strichliert nach Gl. (540) bei $\vartheta = 1550\,°C$, $H_u = 600$ kcal/kp, $\gamma_K = 1400$ k/pm³

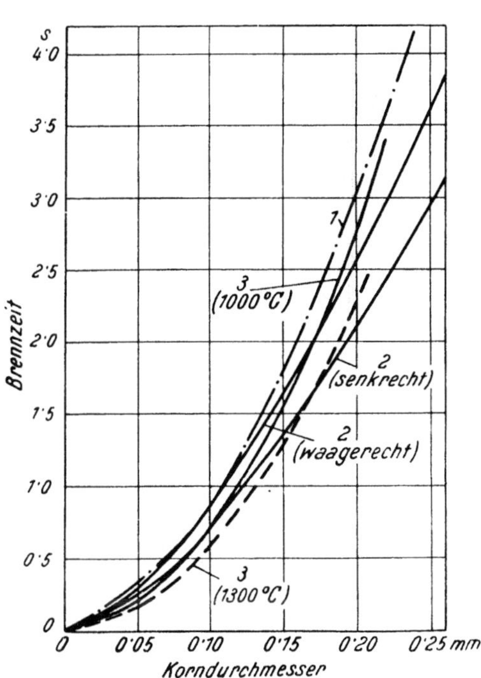

Abb. 238. Brennzeit von Braunkohle; *1* nach Rosin, *2* nach Gumz bei senkrechter und waagrechter Flammenführung ($\gamma_K = 1350$ kp/m³, $\vartheta = 1300°$, $\varepsilon = 1$), *3* nach Gl. (540) ($\gamma_K = 1350$ kp/m³, $\vartheta = 1300°$ und $1000°$, $\varepsilon = 1$)

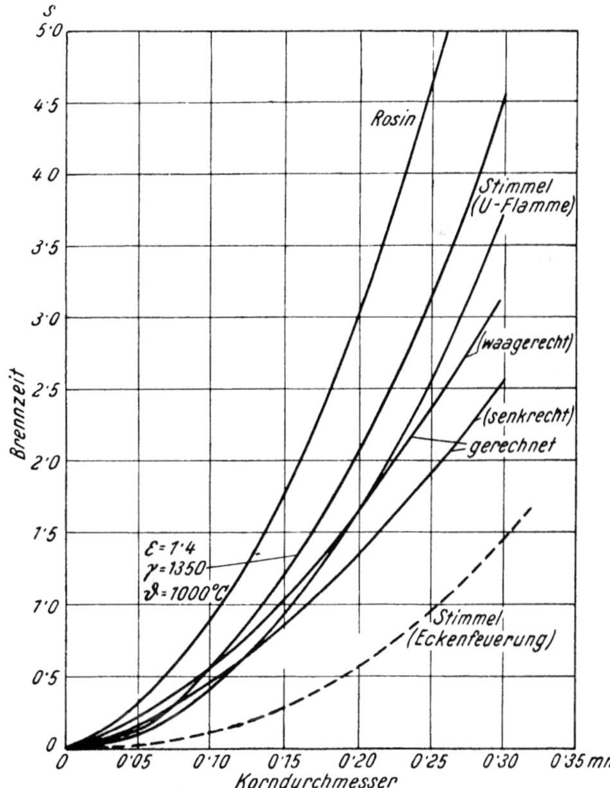

Abb. 239. Brennzeit von Kohlenstaub. Rechtes Kurvenende, von oben: nach Rosin ($\varepsilon = 1$); nach Gl. (540) mit $\varepsilon = 1{,}4$, $\gamma_K = 1350$ kp/m³, $\vartheta = 1000°$; Versuche von Stimmel (U-Flamme), praktisch die gleiche Kurve ergibt Gl. (540) mit $\varepsilon = 1{,}4$, $\gamma_K = 1350$, $\vartheta = 1300°$; Gumz waagrechte Flamme; Gumz senkrechte Flamme; Versuche von Stimmel (Eckenfeuerung)

Der Aschengehalt beeinflußt die Verbrennungszeit nur wenig. Es ist jedoch denkbar, daß in höheren Temperaturbereichen ein aus dem Aschengehalt an der Stauboberfläche sich bildender flüssiger Schlackenfilm den Ablauf der Verbrennung hemmt. So könnte z. B. der Verlauf der Meßwerte von AUDIBERT[1] (Abb. 237) erklärt werden, wo die Kurve der Verbrennungszeit für Brennstoff A mit abnehmendem Luftüberschuß plötzlich stark ansteigt. Bei anderen Kohlen zeigt sich nur ein relativ geringer Einfluß des Luftüberschusses, wie es Gl. (540) fordert.

Die Versuche von ROSIN, die zu der von ihm aufgestellten Gl. (526) führten, wurden mit Braunkohle bei kleinem Luftüberschuß getätigt. In Abb. 238 ist außer der Brennzeit nach ROSIN[2], Kurve *1*, und nach GUMZ, Kurven *2*, jene nach Gl. (540), Kurven *3* eingezeichnet. Diese ist für $\varphi = {}^2/_3$ dargestellt. Die Kurven *2* und *3* sind für $\varepsilon = 1$ ausgemittelt.

In Abb. 239 wurden Ergebnisse nach STIMMEL[3] dargestellt, Kurve *1*, und gleichfalls die Berechnung nach GUMZ und nach Gl. (540) eingetragen. Diese gelten sämtlich für höhere Luftüberschußzahlen. Der große Unterschied in der Verbrennungszeit, welcher sich nach STIMMEL zwischen Ecken- und Frontalfeuerung ergibt, steht nicht in Übereinstimmung mit der Praxis, wonach die Brennkammerbelastung im erstgenannten Fall um höchstens 20% höher als im letztgenannnten gewählt wird. Ein wesentlicher Unterschied zwischen Staub- und Luftgeschwindigkeit ist auch bei der Eckenfeuerung nur in der Höhe der Brennebene möglich. Nach Übergang in die axiale Strömung in der Brennkammer verliert sich der Unterschied.

Die Ergebnisse zeigen, daß Gl. (540) die Versuchsergebnisse, soweit sie zu Vergleichen herangezogen werden können, befriedigend wiedergibt. Die Formel kann dank ihres einfachen Aufbaues leicht in der Praxis benützt werden.

4. Zündzeit von Kohlenstaub

Neben der Verbrennungszeit spielt die Zündzeit gewöhnlich nur eine geringe Rolle. Allerdings sind es manchmal gerade die Zündverhältnisse, welche den Betrieb behindern oder ihn unmöglich machen.

Die Zündung der eingeblasenen Kohlenstaubwolke erfolgt durch Zustrahlung aus der Flamme sowie von gegebenenfalls vorhandenen Schamotteflächen. Durch solche kann oft die Zündung sehr verbessert werden. Das wirksamste Mittel jedoch, um schnelle Zündungen zu erzielen, sind hohe Lufttemperaturen, da dadurch unmittelbar nach der Mischung von Luft und Staub letzterer erwärmt wird. Wird hierbei die Zündtemperatur erreicht, S. 106, erfolgt bereits auf diese Weise die Zündung. Theoretische Untersuchungen dieses Vorganges, welche von mehreren Seiten durchgeführt wurden, bestätigen diese Ausführung. So zeigt Abb. 240 Zündzeiten bei verschiedenen Lufttemperaturen[4]. Es wurde die Rechnung für Brennkammern ohne und mit Schamottemauerwerk durchgeführt. Im letzteren Falle ist dieses in Form eines „Zündgürtels" einseitig und beiderseitig der Brenner angeordnet. Man sieht ferner den günstigen Einfluß eines durch den Brenner erzeugten Dralles. Infolge der bauschigen Ausbildung des Strahles, d. h. kleinerer mittlerer Axialgeschwindigkeiten, erfolgt die Zündung bereits nach einem kürzeren Wege.

Abb. 241 zeigt die Zündzeit nach GUMZ. Man ersieht auch hier den günstigen Einfluß hoher Luftvorwärmung auf die Verringerung der Zündzeit. Im selben Sinne wie eine hohe Lufterhitzung wirkt eine Rücksaugung heißer Flammengase durch den eintretenden Primärluft-Staubstrahl. Dieser Vorgang soll durch die Brennerkonstruktion unterstützt werden (Abb. 83). In diesem Sinne ist das Einblasen der Hauptmasse der Sekundärluft als Umhüllung des Primärluft-Staubstrahles ungünstig.

[1] AUDIBERT: Etude expérimentale de la combustion de charbon pulvérisé. Revue de l'Industrie Minérale 1924, S. 1. Auszug Arch. Wärmewirtsch. 1925, S. 81.

[2] Um die Zündzeit zu berücksichtigen, wurden nur 80% der berechneten Werte eingezeichnet.

[3] STIMMEL: Die Wirtschaftlichkeit der Braunkohlenstaubfeuerungen in Abhängigkeit der Mahlfeinheit. Dissertation Technische Hochschule Dresden 1932.

[4] LEDINEGG: Temperaturverteilung in strömenden und strahlenden Gasen. Dissertation Technische Hochschule Wien 1933.

5. Begrenzungen der Brennkammerbelastung

Die gesamte notwendige Aufenthaltszeit t_A des Kornes in der Kammer eines Kohlenstaubkessels setzt sich aus Zünd- plus Verbrennungszeit zusammen. Die Berechnung von t_v erfolgt nach Gl. (540) mit Mr_o bzw. D_0 nach Abb. 235. Mit Berücksichtigung des nötigen Zündvolumens ist $t_A \cong 1{,}2\ t_v$. Damit kann nach Gl. (516) die höchstmögliche Brennkammerbelastung errechnet werden. Eine zweite Beschränkung, welcher die Brennkammerbelastung bei Granulierkesseln unterliegt, ist durch die Verschlackungsgefahr gegeben. Die diesbezüglichen Unterlagen wurden auf S. 103 und S. 198 gebracht.

Sind schließlich in der Kammer bereits Verschlackungen vorhanden, muß auch deren Temperatur unter der Schmelztemperatur der Schlacke liegen, da sonst die Gefahr einer fortschreitenden Verschlackung vorliegt.

Liegt eine Brennkammer bereits vor, ist zu beachten, daß φ gemäß Zahlentafel 83 immer nur einen Anhalt über das strömungsmäßig mögliche größte Ausbreitungsvolumen der Flamme in der Kammer gibt. Ob sie dieses ausnützt, hängt von der Mahlfeinheit und Belastung ab. Der tatsächlich vorliegende Wert φ wird daher bei Teillast oder bei besonders feiner Ausmahlung kleiner als in Zahlentafel 83 angegeben sein.

6. Trocknung der Kohle

Bei feuchten Kohlen kann die Zündzeit unzulässig durch die zum Trocknen erforderliche Zeit verlängert werden. Die Trocknung wird daher bei feuchten Brennstoffen außerhalb der Brennkammer durchgeführt, und zwar entweder in der Mühle als Mahltrocknung oder in eigenen rauchgas- oder dampfbeheizten Trocknern.

Es werde nun die zum Trocknen erforderliche Wärme berechnet, wenn

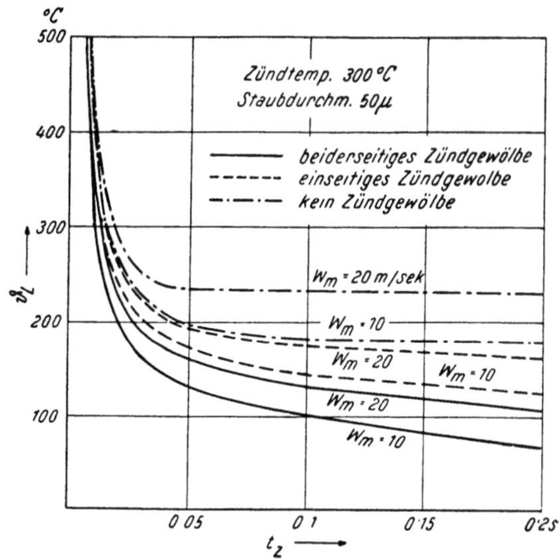

Abb. 240. Zündzeit von Kohlenstaub (Einfluß eines Zündgewölbes sowie Wirbelung der Flamme. Bei stärkerer Wirbelung ist die mittlere Axialgeschwindigkeit w_m kleiner)

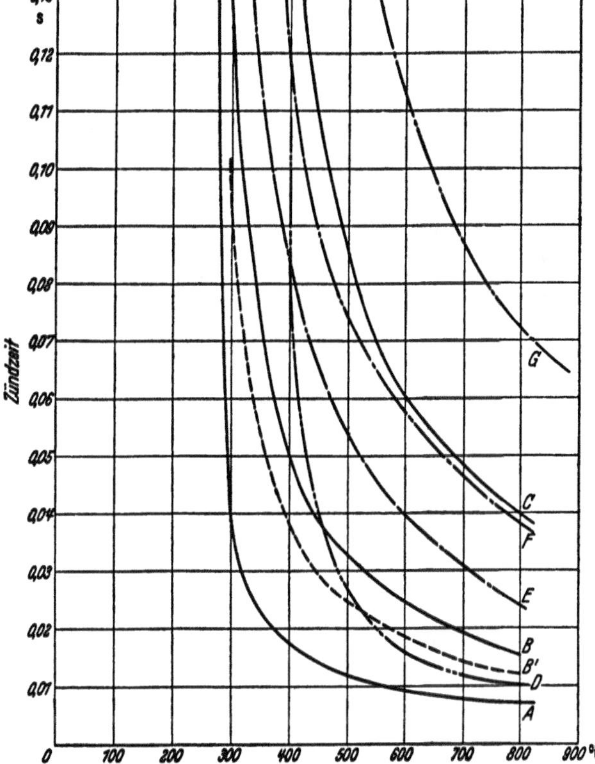

Abb. 241. Zündzeit von Kohlenstaub in Abhängigkeit der Lufttemperatur (Einfluß von Brennstoffart, Zündtemperatur ϑ_2, Feuchtigkeit, Wärmezufuhr, Korndurchmesser) *A* Kohle, $\vartheta_2 = 280°$, $d = 0{,}05$ mm; *B* $\vartheta_2 = 280°$, $d = 0{,}1$ mm; *C* $\vartheta_2 = 280°$, $d = 0{,}2$ mm; *D* Koks $\vartheta_2 = 400°$, $d = 0{,}1$ mm; *E*, *F*, *G* Kohle, $\vartheta_2 = 280°$, $d = 0{,}1$ mm und 10, 20, 50% Wassergehalt; *B'* Kohle *B* unter Einschluß der Anstrahlung aus der Flamme nach GUMZ

die Feuchtigkeit der Rohkohle ω_1 und der getrockneten Kohle ω_2 sei. In 1 kg Rohkohle sind ω_1 kg/kg Wasser und $1 - \omega_1$ kg/kg Trockensubstanz enthalten.

Nach der Trocknung ist wieder die Trocknungssubstanz $1 - \omega_1$ und W_2 kg je kg Rohkohle Wasser vorhanden.

Der anteilmäßige Wassergehalt ist dann

$$\omega_2 = \frac{W_2}{1 - \omega_1 + W_2} \tag{541}$$

woraus sich

$$W_2 = \frac{(1 - \omega_1)\omega_2}{1 - \omega_2} \tag{542}$$

ergibt. Je 1 kg Rohkohle wird folgende Wassermenge ausgetrieben:

$$F = \omega_1 - W_2 = \frac{\omega_1 - \omega_2}{1 - \omega_2} \tag{543}$$

Das Gewichtsverhältnis der getrockneten Kohle zur Rohkohle ist

$$\frac{1 - F}{1} = \frac{1 - \omega_1}{1 - \omega_2} \tag{544}$$

Sollen B kg/h Rohkohle getrocknet werden, ist die Wassermenge $F \cdot B$ zu verdampfen und gleichzeitig die verbleibende Kohlenmenge $B(1 - F)$ auf Trocknungstemperatur zu bringen. Der Wärmeaufwand ist

$$Q = \frac{(i'' - i_E)\,B(\omega_1 - \omega_2)}{1 - \omega_2} + \frac{B(1 - \omega_1)\,c(\vartheta - \vartheta_E)}{1 - \omega_2} \tag{545}$$

Es ist i'' der Wärmeinhalt des ausgetriebenen Wassers, welche mit 638 kcal/kg eingesetzt werden kann, i_E der Wärmeinhalt des Wassers bei der Rohkohlentemperatur, ϑ die Trocknungstemperatur und c die spezifische Wärme der Kohle, welche etwa 0,2 kcal/°C kg ist.

Die Trocknung wird soweit getrieben, als es mit Rücksicht auf die Mahlbarkeit erforderlich ist. Dies ist für Steinkohle etwa $\omega_2 = 0{,}1$ bis 0,05, für Braunkohle $\omega_2 = 0{,}2$ bis 0,3.

Bei Mahltrocknung liefert die zum Heraustragen und Sichten des Staubes ohnedies erforderliche Durchsatzluft die Trocknungswärme. Die erforderliche Luftmenge M_L folgt dann aus:

$$\frac{Q}{\eta_{St}} = M_L(c_{pL}\vartheta_L - c_p\vartheta) \tag{546}$$

Q ist aus Gl. (545) zu errechnen, η_{St} kennzeichnet Wärmeverluste durch Strahlung in Zuleitungen und Mühle und beträgt etwa 0,9, ϑ_L ist die Heißlufttemperatur, ϑ die Mahltemperatur, c_{pL} und c_p die zugehörigen spezifischen Wärmen. Die Mahltemperatur liegt bei 80 bis 150°C. Aus Gl. (546) kann die Luftmenge M_L errechnet werden und wird bei feuchten Kohlen, insbesondere Braunkohlen, oft einen erheblichen Prozentsatz der Verbrennungsluftmenge ausmachen. Wenn die Lufttemperatur zum Trocknen nicht ausreicht, wird Rauchgasrücksaugung aus der Brennkammer angewendet. Dies ist auch dann zweckmäßig, wenn die Lufttemperatur aus Gründen der Senkung der Feuerraumtemperatur von Haus aus beschränkt wurde. Das Einführen von Rauchgas ist auch zur Einhaltung eines bestimmten CO_2-Gehaltes im Mahlsystem, als Schutz gegen Explosionen, besonders bei Braunkohle wichtig. Dies ist vor allem bei Mahlanlagen mit indirekter Einblasung zu beachten, da hier die großen Volumina der Rohrleitungen, Zyklone usw. den explosionsfähigen Raum stark vergrößern. Schließlich können auch die Rauchgase nach Austritt aus dem Kessel zum Trocknen verwendet werden. Dadurch ist die Einsparung von Nachheizfläche und die Erreichung tieferer Abgastemperaturen möglich (s. Fußnote 2, S. 76).

B. Rostfeuerungen

1. Feuerraum- und Rostbelastung

Der Begriff der Feuerraumbelastung, welcher bei Kohlenstaubfeuerungen eine wichtige Rolle spielt, wird auch bei der Rostfeuerung verwendet. Hier gibt diese auf analoge Weise einen Anhalt über die Zeit, die den am Rost gebildeten Gasen zum Aufenthalt in der Kammer zur Verfügung steht und beträgt 0,15 bis $0{,}4 \cdot 10^6$ kcal/m³h (S. 67, 229).

Außerdem kommt der Begriff der Rostbelastung gemäß Gl. (69) hinzu. (Siehe auch Zahlentafel 86.)

2. Wanderrost

a) Aufenthaltszeit am Rost

Der Begriff der Rostbelastung q_R kennzeichnet die der Kohle für die Verbrennung zur Verfügung stehende Zeit. Um dies darzulegen, werde ein Wanderrost gemäß Abb. 242 betrachtet. Die durch den Schichtregler eingestellte Schichthöhe der eingebrachten Kohle sei s, die Rostbreite und Länge b und L, die Rostgeschwindigkeit w. Die mittlere Geschwindigkeit des Brennstoffbettes ist nicht gleich w, sondern etwas kleiner, was durch einen Faktor ξ berücksichtigt werde. Der Unterschied ist vor allem durch die Wirkung des Pendelstaues bedingt, der in dem von ihm beeinflußten Bereich bremsend wirkt. Die Wirkung des Staues kann bis auf etwa 2 m Entfernung reichen. Das eingeführte Kohlengewicht ist mit der Wichte der Kohlenschüttung γ_K:

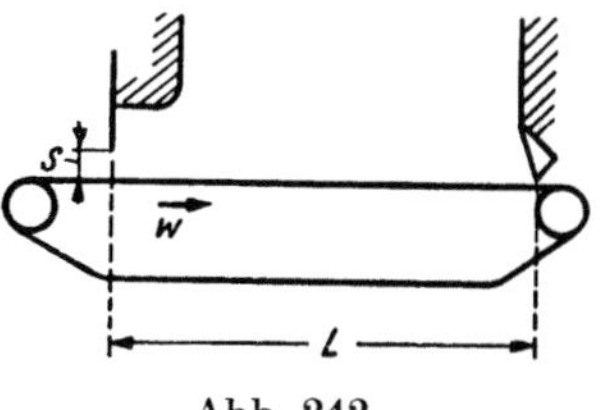

Abb. 242. Schema eines Wanderrostes

$$B = s b w \gamma_K \tag{547}$$

Die Aufenthaltszeit t_A findet sich zu

$$t_A = \frac{L}{\xi w} \tag{548}$$

Setzt man w aus dieser Gleichung in Gl. (547) ein, berücksichtigt, daß die Rostfläche $R = b \cdot L$ ist, folgt:

$$t_A = \frac{s R \gamma_K}{B \xi} = \frac{s \gamma_K H_u}{\xi \cdot q_R} \tag{549}$$

Es ergibt sich demnach die Aufenthaltszeit nur abhängig von R bzw. von q_R, nicht jedoch von Länge und Breite des Rostes. Bei einem gegebenen Rost und einer bestimmten Kohlenmenge kann t_A durch Vergrößerung der Schichthöhe s erhöht werden. Beim Vorschub- und Schürrost wird die Vorschubgeschwindigkeit des Brennstoffbettes von Zone zu Zone verringert, um die infolge Abbrand kleiner gewordene Schichtdicke auf den ursprünglichen Wert zu bringen. Eine diesbezügliche Rechnung zeigt, daß dies dem Effekt nach gleichbedeutend mit einem Wert $\xi = 0{,}45$ bis $0{,}55$ in Gl. (549) ist.

b) Einfluß des Pendelstauers

Außerdem spielt noch der Einfluß des Pendelstauers bzw. des Faktors ξ, eine Rolle. Dieser ist bei offenem Pendelstauer 1. Bei Einsatz desselben ist ξ kleiner als 1, und zwar um so mehr, je kürzer die Rostlänge ist, da dann die Wirkweite des Pendelstauers im

Verhältnis zur Rostlänge größer wird. Dies erklärt die Tatsache, daß die Praxis für schlecht brennende Brennstoffe bei einer bestimmten Rostfläche kürzere Rostlängen bevorzugt, bei normalen Brennstoffen hingegen die Rostlänge möglichst groß macht, da dies den Rostpreis herabsetzt. Aber auch bei Rosten für Feinkohlen, die kurze Brennzeiten benötigen, wählt man kurze Rostlängen, um den schützenden Einfluß der aufgestauten Schlacke über einen möglichst großen Teil der Rostfläche wirken zu lassen. Zahlentafel 86 zeigt übliche Werte für Rostbelastung und Rostlänge[1].

Zahlentafel 86. *Rostbelastung und Rostlänge*

	Belastung $\times 10^6$ kcal/m²h	Rostlänge L m
Magernuß	1,0 bis 1,3	5 bis 6
Magerfein	0,7 bis 0,9	4,8 bis 5,8
Eßnuß	1,0 bis 1,3	5,2 bis 6,2
Eßfein	0,8 bis 1	5 bis 6
Fettnuß	1,1 bis 1,35	5,5 bis 6,6
Fettfein	1,0 bis 1,2	5,3 bis 6,4
Gasnuß	1,1 bis 1,35	5,8 bis 7
Gasfein	1,0 bis 1,2	5,6 bis 6,8

Die zu wählende Belastung ist in erster Linie durch die Flugkoks- und Rückstandverluste bestimmt. Deren Ermittlung wurde auf S. 137 dargelegt.

c) Zustandsänderungen längs des Rostes

Die Verteilung der Wärmeentwicklung über den Rost könnte grundsätzlich ebenso wie bei der Kohlenstaubfeuerung abgeleitet werden. Unter Voraussetzung konstanter Abbrandgeschwindigkeit und Gleichkorn würde auch hier für die in der Entfernung x vom Rostanfang vorliegende Rostbelastung, Gl. (522), gelten, wenn statt H_m die mittlere Rostbelastung q_R eingesetzt wird und L die Rostlänge darstellt. Bei Mischkorn würde sich ebenfalls ein anfangs steilerer und am Ende flacherer Verlauf ergeben.

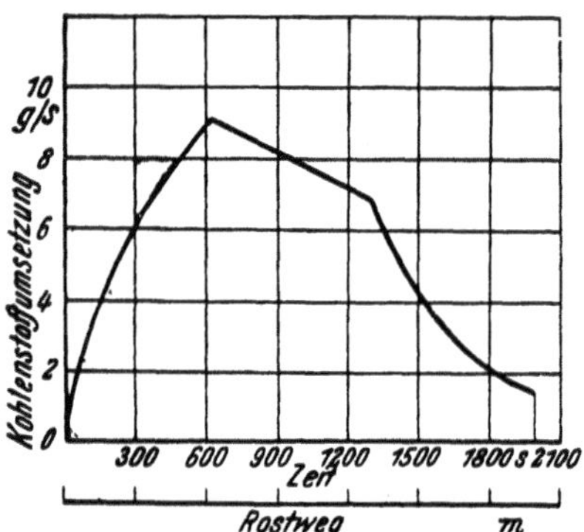

Abb. 243. Kohlenstoffumsetzung am Wanderrost nach Werkmeister

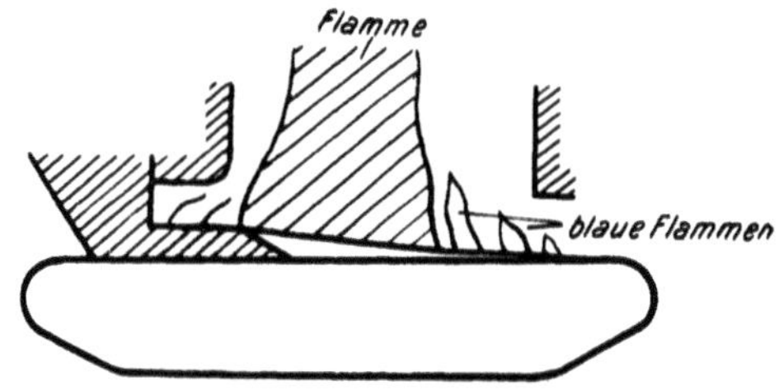

Abb. 244. Zündung, Entgasung und Vergasung am Wanderrost

Die tatsächlichen Verhältnisse liegen jedoch hier infolge des Einflusses der Zündung, Entgasung und Luftzufuhr erheblich anders. Abb. 243 zeigt nach Werkmeister[2] die Kohlenstoffumsetzung in kg/s m², wie sie ungefähr auf einem Wanderrost ohne Zoneneinteilung erfolgen würde. Die Versuche von Werkmeister wurden allerdings auf einem Planrost durchgeführt, wobei eine Brennstoffschichte aufgebracht und deren Abbrand, bei Durchblasen einer konstanten Luftmenge, beobachtet wurde.

Die Umsetzung beginnt sofort nach der Zündung, steigt zunächst steil an, erreicht einen in Form eines Knickes ausgeprägten Höchstwert und nimmt nach einem zweiten Knick wieder steil ab.

Loschge führt die Gestalt der Verbindungslinie zwischen den beiden Knicken, die sogenannte „gestörte Strecke", auf Luftmangel, welcher durch die begrenzte Liefermenge

[1] Beck: Betriebseignung von Wanderrosten. Arch. Wärmewirtsch. 1939, S. 301.
[2] Werkmeister: Dissertation Hannover 1932.

des Ventilators bei der Versuchsanlage gegeben war, zurück. Es wäre also mit der dargestellten Kurve nicht die höchstmögliche Kohlenstoffumsetzung erreicht.

Die Reihenfolge der Einzelvorgänge auf dem Rost zeigt Abb. 244. Nach der Trocknung und Zündung folgt die Entgasung, d. h. die Austreibung der flüchtigen Bestandteile, und schließlich die Vergasung. Die hauptsächliche Flammen- und Gasbildung findet in der Entgasungszone statt. Über der Vergasungszone ist nur geringe bläuliche Flammenbildung zu beobachten, d. h. es erfolgt hauptsächlich Verbrennung von CO.

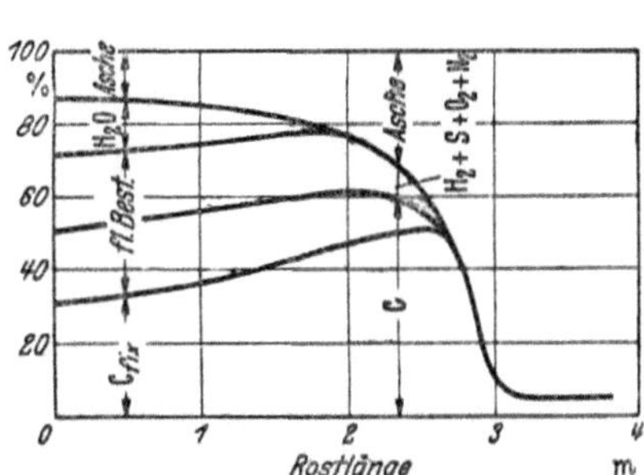

Abb. 245. Zusammensetzung der Brennstoffschicht am Wanderrost während der Verbrennung nach MEIER

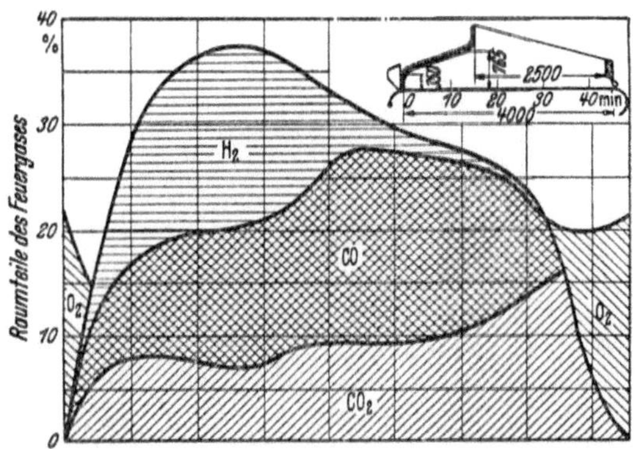

Abb. 246. Analyse der Verbrennungsgase (Volumenprozente) eines Wanderrostes knapp oberhalb der Brennbahn (Eßnußkohle 4, 130 mm Schichthöhe, 120 kp/m² h Rostleistung, 10% CO_2 am Kesselende) nach WERKMEISTER

Die deutliche Ausprägung einer Entgasungs- und Vergasungszone zeigt sich auch aus der chemischen Analyse des Brennstoffes auf dem Rost (Abb. 245) und der Verbrennungsprodukte über dem Rost (Abb. 246) nach Versuchen von MEIER[1] und WERKMEISTER. Die Versuche wurden mit einem zonenlos betriebenen Wanderrost getätigt. Man sieht, daß in der Vergasungszone der Brennstoff nur mehr aus Koks, die Verbrennungsprodukte außer aus N_2 aus CO und CO_2 bestehen.

Stellt man den Druck des Unterwindes unter dem Rost von Stelle zu Stelle verschieden ein, derart, daß über dem Rost überall der gleiche Luftüberschuß vorhanden ist, bezeichnet man dies als „luftgesteuerte Verbrennung". Zum Beispiel zeigt Abb. 247 den hierzu nötigen Druckverlauf. Dieser könnte praktisch nur durch eine Vielzahl von Zonen erreicht werden. In Wirklichkeit ist diese Kurve infolge der beschränkten Zonenzahl eine Treppenlinie.

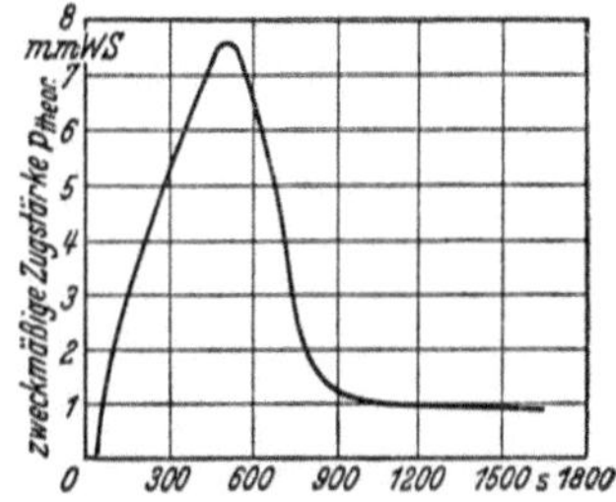

Abb. 247. Zugstärke bei „luftgesteuerter Verbrennung" nach WERKMEISTER

d) Mischung im Feuerraum und Sekundärluft

Die am Rost gebildeten brennbaren Gase sind mit der noch vorhandenen Luft keineswegs gut gemischt. Die einzelnen Komponenten treten in Strähnen aus und, es ist die Aufgabe des Feuerraumes, ersteren Gelegenheit zur Mischung zu geben, um so die Verbrennung zu ermöglichen. Die notwendige Mischzeit liefert den weitaus größten Anteil an der gesamten notwendigen Aufenthaltszeit in der Kammer.

Sowohl die vorher stattfindende Wandlung, welche den Vorgang der Gasbildung umfaßt, als die erst nach der Mischung mögliche Verbrennung beanspruchen nach MARCARD im Verhältnis hierzu nur ganz kurze Zeiten[2].

[1] MEIER: Untersuchungen über die Verbrennungsvorgänge bei Verfeuerung oberbayrischer Pechkohlen in einer Wanderrostfeuerung. Dissertation München 1935.

[2] MARCARD: Die Verbrennung als Strömungsvorgang. Wärme 1937, S. 257.

Es ist demnach das Augenmerk hauptsächlich auf Maßnahmen zur Verbesserung der Mischung zu richten. Solche sind:

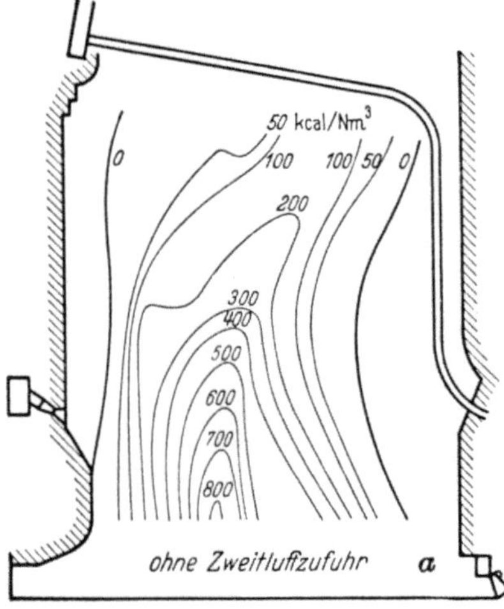

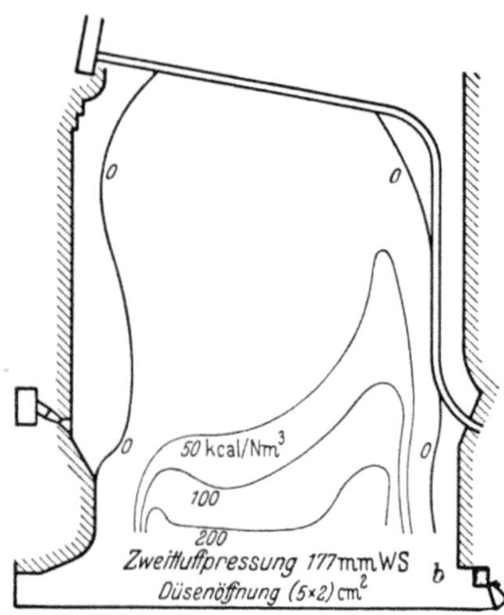

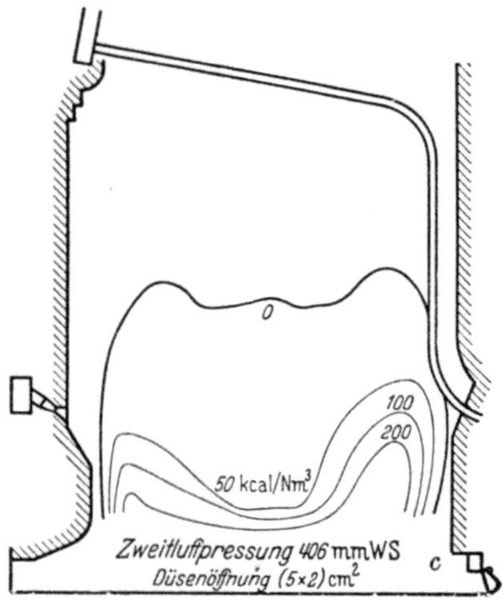

Abb. 248. Heizwert der Flammengase, bzw. Ausbrand in der Brennkammer mit und ohne Zweitluft nach MAYER

α) Wirbel- oder Sekundärluft,

β) Strömungsführung unter möglichster Ausnutzung des Kammervolumens zur Erhöhung der Aufenthaltszeit,

γ) Möglichst gute Verteilung der Luft bereits am Rost, um die Dicke der nebeneinanderlaufenden Gas- und Luftsträhnen klein zu halten.

Zu α) Die Verteilung der brennbaren Gase in einer Kammer zeigt Abb. 248a, wenn keine Sekundärluft verwendet wird, und Abb. 248b und c bei Verwendung dieser[1]. Die Vermischung erfolgt durch Makroturbulenz. Um dem Sekundärluftstrahl die nötige Eindringtiefe zu verleihen, muß seine Geschwindigkeit entsprechend gewählt werden, wofür Abb. 249 einen Anhalt gibt[2]. Üblicherweise rechnet man mit einer Geschwindigkeit von 50 bis 60 m/s und einer Menge von 10% der Verbrennungsluft. Die Teilung der über dem Zündgewölbe angeordneten Düsen ist etwa 200 mm. Der Sekundärluftstrahl wird gegen das Rostende gerichtet. Es ist nach GUMZ günstiger, als Sekundärluft heiße statt kalte Luft zu verwenden.

Die Sekundärluft soll nicht nur die Mischung verbessern, sondern auch jenen Stellen der Flamme die nötige Luft liefern, welche diese durch den Rost nicht erhalten können. Beispielsweise findet im Bereich der ersten Zone eine starke Entgasung bei großem Luftbedarf der Entgasungsprodukte statt. Trotzdem wird dort in Hinblick auf die Zündung die Luftzufuhr gedrosselt. Den Fehlbetrag hat die Sekundärluft zu ersetzen.

Zu β) Hierzu gehört vor allem das Vermeiden von ungenügend durchströmten Stellen in der Kammer. Das ganze Volumen soll möglichst gleichmäßig ausgenützt sein.

Zu γ) Die Mischung zweier benachbarter Strähnen erfolgt durch Mikroturbulenz[3] und Diffusion. Der notwendige Mischweg hängt von der Reynoldsschen Zahl ab. Wird die Strähnendicke mit d bezeichnet, ist die Mischung bei Weglängen von 35 bis $50d$ beendet, sofern das Massenverhältnis der Strahlen $1:1$ bis $^1/_2:1$ beträgt und die Reynoldszahl über

[1] MAYER: Die Wirkung der Zweitluft in der Wanderrostfeuerung. Zeitschr. bayerischer Revisions-Verein 1938, S. 31, 98, 107, 120, 125, 137, 143.

[2] GUMZ: Kurzes Handbuch der Brennstoff- und Feuerungstechnik. Berlin: Springer. 1942.

[3] FRITSCH: Physikalische Theorie der Verbrennung. Wärme 1937, S. 749.

etwa 10000 liegt. Bei kleineren Re nimmt die Mischlänge stark zu[1]. Die große Mischlänge verlangt daher kleine Strähnendicken und damit die Notwendigkeit gleichmäßiger Luftverteilung bereits am Rost.

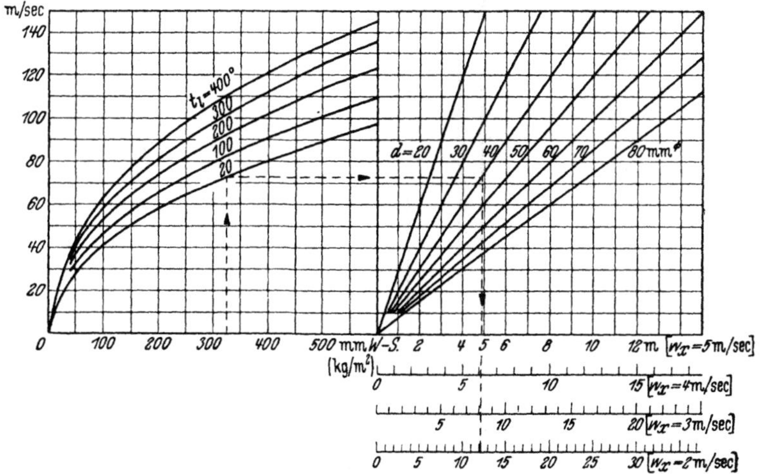

Abb. 249. Einfluß von Druck vor der Düse, Temperatur, Düsendurchmesser auf die Reichweite (gekennzeichnet durch die Endgeschwindigkeit w_x) eines Sekundärluftstrahles nach GUMZ. Zum Beispiel Druck vor Düse 325 mm WS, $t_L = 20\,°C$, Düsendurchmesser $d = 40$ mm, ergibt 6,1 m Reichweite (bei einer Endgeschwindigkeit $w_x = 4$ m/sec)

e) Schichthöhe

Bei größerer Schichthöhe ist die Wärmebelastung der Brennbahn größer, allerdings auch die Kühlwirkung durch die dann nötige größere Luftmenge besser. Die Gegenüberstellung führt meist zu einem Bestwert der Schichthöhe bei etwa 100 bis 120 mm.

Wie die Abb. 246 zeigt, sind oberhalb des Rostes große Mengen brennbarer Gase, d. h. Ent- und Vergasungsprodukte vorhanden. Die Bildung erfolgt bereits innerhalb der Kohlenschichte, teils durch direkte Verbrennung zu CO, teils durch Reduktion des bereits gebildeten CO_2.

Versuche zeigen, daß bei 100 bis 120 mm Schichthöhe der CO_2-Gehalt einen Höchstwert hat, so daß auch im Hinblick darauf dies die günstigste Schichthöhe wäre. Die Lage dieses Höchstwertes ist von der Belastung unabhängig.

Zahlentafel 87. *Schichthöhe in Abhängigkeit der Korngröße*

Korngröße mm	Schichthöhe cm
6/6	7 bis 12
20/10	10 bis 15
50/30	15 bis 22

Die Gasströmung ist im Brennstoff nach einem Weg von etwa 3- bis 4mal der Korngröße vergleichmäßigt. Im Hinblick darauf wird bei grobkörnigen Brennstoffen die Schichthöhe größer als bei feinkörnigen gehalten. Einen Anhalt z. B. für nicht backende Eßkohle[2] gibt Zahlentafel 87.

f) Erforderliche Luftpressung

Der Unterwinddruck, welcher bei Zonenwanderrosten notwendig ist, setzt sich aus den Widerständen der Brennstoffschichte Δp_1, des Rostbelages Δp_2, der Luftkästen und Einbauten Δp_3 und der Zonenregulierklappen Δp_4 zusammen. Der Widerstand von Schüttungen wurde von FEHLING[3] behandelt. Bei Rosten ist hier noch ein starker zusätz-

[1] Siehe Fußnote [1], S. 326.

[2] SCHULZE: Versuche über die Wahl der günstigsten Schichthöhe bei Verfeuerung von Kohle verschiedener Körnung. Wärme 1941, S. 405.

[3] FEHLING: Der Strömungswiderstand ruhender Schüttungen. Feuerungstechn. 1939, S. 33.

licher Einfluß infolge Verschlackungen, Anbackungen usw. vorhanden. Δp_1 liegt zwischen 5 bis 10 mm WS. Der Widerstand des Rostbelages findet sich aus:

$$\Delta p_2 = \frac{w^2}{2g} \gamma \xi, \tag{550}$$

wobei w die Geschwindigkeit zwischen den Rostspalten der am höchsten belasteten Zone, γ die Wichte der Luft und $\xi = 1{,}5$ ein Geschwindigkeitsbeiwert ist. Wäre z. B. bei einem Wanderrost die Wärmeentwicklung der höchstbelasteten Zonen $2 \cdot 10^6$ kcal/h, entspricht dem bei Kohle von $H_u = 6000$ kcal/kg, einer Luftüberschußzahl von $\varepsilon = 1{,}4$, einer Lufttemperatur von 100 °C eine Geschwindigkeit von 1,17 m/s vor Eintritt in die Roststäbe. Bei einer freien Rostfläche von 11,8% folgt eine Geschwindigkeit im Rostspalt von $w = 10$ m/s. Dann ergibt Gl. (550) etwa 7 mm WS.

Der Widerstand Δp_3 hängt von der Bauweise des Rostes ab und kann aus erforderlichen Geschwindigkeitshöhen und Umlenkverlusten leicht berechnet werden. Es ist hier vor allem zu beachten, daß der Übergang der Luft von den Luftkästen in die Zonenkästen über die Rostbreite verteilt gleichmäßig erfolgt, da sonst ein unregelmäßiger Abstand entsteht. Die gestellte Forderung kann durch entsprechende Bemessung der Austrittsquerschnitte aus den Luftkästen erfüllt werden. Als Anhalt diene, daß die Geschwindigkeit im Austrittsquerschnitt etwa das 3- bis 3,5fache der Axialgeschwindigkeit am Anfang des Luftkastens sein soll.

Die Drosselung in den Klappen Δp_4 dient zur Einstellung der gewünschten Luftzufuhr zum Luftkasten.

Als Gesamtwiderstand $\Delta p_1 + \Delta p_2 + \Delta p_3 + \Delta p_4$ nimmt man etwa 80 mm WS an.

g) Zündung

Der Vorgang der Zündung der eingebrachten Kohle und die Maßnahmen zur Verbesserung dieser sind auf S. 65, 68 besprochen.

Einen Anhalt über die notwendige Zustrahlung aus dem Feuerraum, um die Zündung zu gewährleisten, geben Untersuchungen von DUNNINGHAM[1] mit englischen Kohlen. Demnach folgt, daß 1 m² Rostfläche in der Zündzone zur sicheren Zündung je nach dem Gasgehalt eine Zustrahlung von 15000 bis 30000 kcal/m²h benötigt.

XIV. Einzelteile im Dampfkesselbau

A. Trommeln, Rohre, Kammern

1. Zahlenangaben für Trommeln, Rohre, Kammern

Die wichtigsten Bauelemente von Wasserrohrkesseln sind Trommeln, Rohre und Kammern.

Bei Trommeln kann man bis etwa 25 atü Betriebsdruck die Längsnaht und bis etwa 40 atü die Rundnaht durch Nietung herstellen. In der Regel erfolgt jedoch die Verbindung durch elektrische Schweißung. Die Wassergasschweißung wurde durch die elektrische Schweißung vollständig verdrängt. Ferner können nahtlose Schüsse verwendet werden, die aus dem Vollen geschmiedet oder gewalzt (nach RÖCKNER) sind. Die Böden können bis 40 atü angenietet, sonst angeschweißt oder durch Kümpeln hergestellt werden. Auch

[1] Englische Forschung über Verbrennung auf dem Wanderrost. Arch. Wärmewirtsch. 1939, S. 183.

hier ist die elektrische Schweißung die häufigste Ausführungsart. In Abb. 250 ist eine Mannesmann-Trommel, und zwar mit durchgehender bzw. unterschiedlicher Wandstärke und angeschweißten Böden dargestellt. Die Außendurchmesser werden von 600 bis 2200 mm in Intervallen von 100 mm hergestellt. Hierbei liegt die Wandstärke zwischen 10 und 125 mm. Die größte Schußlänge für offene Trommeln mit 2 Längsnähten liegt bei Wandstärken < 55 mm bei 11 800. Mit steigender Wandstärke nimmt die Schußlänge bis auf 5400 mm bei $s = 125$ mm ab. Eine Trommel kann natürlich mehrere durch Rundschweißung verbundene Schüsse besitzen.

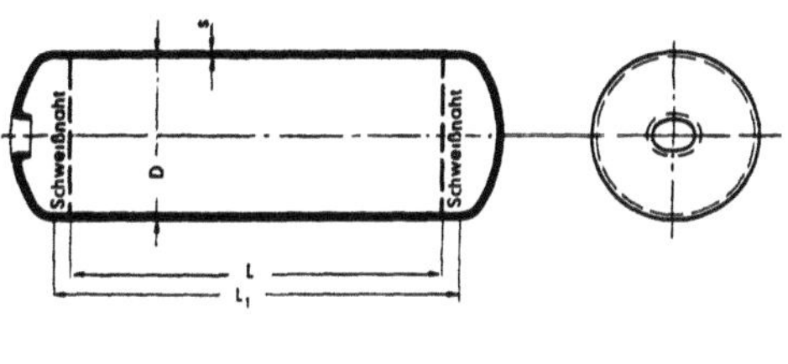

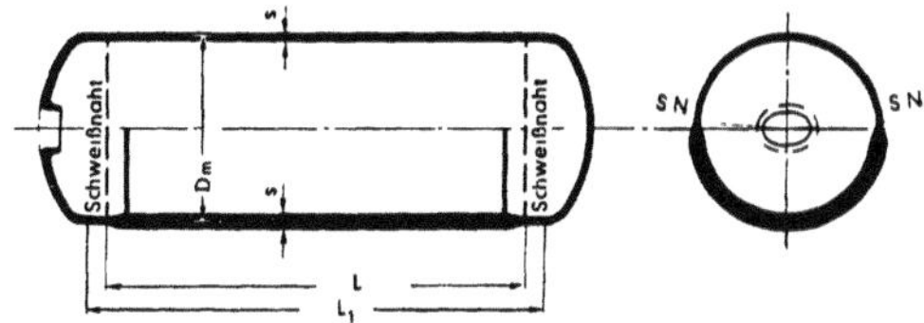

Abb. 250. Kesseltrommeln mit angeschweißten Böden (nach Mannesmann)[1]

Die Hauptforderung, die an Kesselbaustoffe gestellt wird, ist die nach guter Schmelzschweißbarkeit. Diese wird bei üblichen Mangangehalten von 0,4 bis 0,5% erfüllt, sofern der Kohlenstoffgehalt 0,2% nicht übersteigt. Geschweißte Trommeln werden bis zu Wandstärken von 125 mm geliefert. Nahtlose Trommeln konnten ohne Schwierigkeiten für Wandstärken bis 200 mm hergestellt werden. Bei geschweißten Trommeln sind zylindrische Längen bis 15 m und darüber ausführbar.

Die Dimensionen von nahtlosen Flußstahlrohren nach DIN 2448 sind aus Zahlentafel 88 ersichtlich. Die für Kesselrohre zu benützenden Dimensionen sind umrandet. Die Lieferbedingungen für Kesselrohre sind in DIN 17 175 festgelegt.

Gerade und gewellte Vierkantkammern für Teilkammerkessel sind laut DIN 2907 normalisiert. Die wichtigsten Dimensionen sind auf S. 11 und 330 angegeben. Einen ovalen Rohrlochverschluß nach DIN 2908 zeigt Abb. 18.

Zahlentafel 88. *Außendurchmesser und Normalwandstärke von Siederohren nach DIN 2448 in mm*

Dimensionen von Kesselrohren sind ganz, von Sammlern halb umrandet

AD	NW	AD	NW	AD	NW	AD	NW
10,2	1,6	48,3	2,6	139,7	4	368	8
13,5	1,8	51	2,6	152,4	4,5	406,4	8,8
16	1,8	57	2,9	159	4,5	419	10
17,2	1,8	60,3	2,9	165,1	4,5	457,2	10
20	2	63,5	2,9	168,3	4,5	508	11
21,3	2	70	2,9	177,8	5	558,8	12,5
25	2	76,1	2,9	193,7	5,4		
26,9	2,3	82,5	3,2	219,1	5,9		
30	2,6	88,9	3,2	244,5	6,3		
31,8	2,6	101,6	3,6	267	6,3		
33,7	2,6	108	3,6	273	6,3		
38	2,6	114,3	3,6	298,5	7,1		
42,4	2,6	127	4	323,9	7,1		
44,5	2,6	133	4	355,6	8		

Die lichten Weiten der ovalen Verschlüsse und die Außendurchmesser der zugeordneten Rohre sind aus Zahlentafel 89 ersichtlich.

Runde Verschlüsse sind in DIN 2909 festgelegt.

[1] Mannesmann Grobblecherzeugnisse, Düsseldorf 1961.

Vierkantrohre für Sammelkammern sind in DIN 2906 genormt (Zahlentafel 90 und 91). Bezüglich runder Sammler s. Zahlentafel 92.

Zahlentafel 89.
Zugehörige Rohraußendurchmesser zu elliptischen Öffnungen

Verschluß, lichte Weite	Außendurchmesser der zugeordneten Rohre
87 × 103	70
106 × 122	101,6

Zahlentafel 91.
Maße von Vierkantkammern nach DIN 2906

Lichte Weite von rechteckigen Kammern	Wanddicke mit Intervallen von 2 mm
110 × 125	12 bis 30
115 × *140*	12 bis 30
140 × 165	14 bis 40
140 × 190	14 bis 44
170 × 210	16 bis 60

Zahlentafel 90.
Maße von Vierkantkammern nach DIN 2906

Lichte Weite von quadratischen Kammern	Wanddicke mit Intervallen von 2 mm
100 × 100	12 bis 26
118 × 118	12 bis 30
130 × 130	12 bis 34
140 × *140*	12 bis 40
152 × 152	14 bis 44
178 × 178	16 bis 50

Zahlentafel 92. *Maße von runden Sammlern*

Außendurchmesser von runden Sammlern	Wanddicke (bis 32 mm Intervall 2 mm, ab 35 mm Intervall 5 mm)
159	16 bis 30
219,1	16 bis 40
267	16 bis 45
323,9	16 bis 50
368	16 bis 55
419	16 bis 60
508	16 bis 60

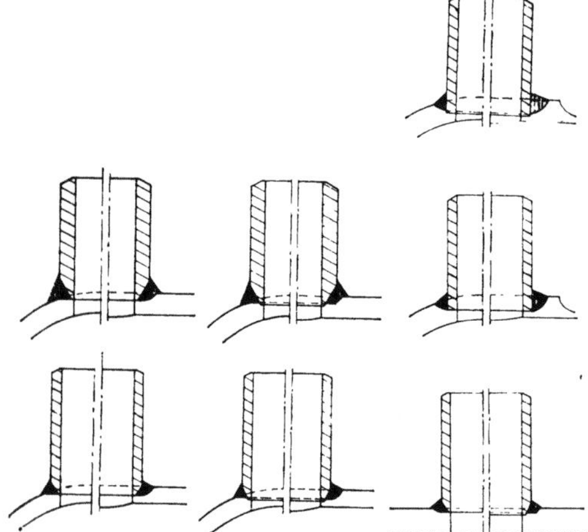

Die für Teilkammern festgelegten Maße sind in Zahlentafel 90 und 91 *kursiv* gesetzt. Das Kammerende kann bis 40 atü mittels Einschweißböden, über diesen Druck mit Vorschweißböden geschlossen oder zugekümpelt werden. Einschweißnippel für Kesselrohre in Sammelkammern haben die gleichen Außendurchmesser wie Kesselrohre und sind in Zahlentafel 88 eingerandet. Die Wandstärke liegt zwischen 3 und 4 mm.

Der Anschluß der verschiedenen von der Trommel ausgehenden äußeren Rohrleitungen erfolgt durch Stutzenrohre oder Nippel, Abb. 251.

Abb. 251. Verbindung von Sammler und Nippel[1]

2. Walzverbindung

Das Einwalzen ist bei niedrigen Drücken die am meisten gebräuchliche Verbindung zwischen Rohren und Trommeln oder Kammern. Bei höheren Drücken erfolgt der Anschluß durch Schweißung.

[1] Henseler: Wesentliche Faktoren bei der Fertigung und Prüfung neuzeitl. Hochdruck-Dampfkessel, Energie, 15. Jahrg. 1963, Nr. 1, S. 5.

Die einzuwalzenden Rohrenden sollen bezüglich Vorbereitung und Toleranzen den in der WKV Norm 2899 oder in Werksnormen festgesetzten Bedingungen entsprechen. Die Einwalzenden sind bei einer Trommelwandstärke s auf eine Länge $s + 40$ mm auszuglühen, anschließend durch Abstrahlen, Feilen oder Schleifen blank zu machen, wobei die Bearbeitungsgüte dem Schlichten zu entsprechen hat. Die Enden müssen vor Rost durch Einfetten geschützt werden. Die Rohrenden sollen mindestens auf einer Länge von $2s$ gerade sein, bevor eine eventuelle Rohrkrümmung einsetzt.

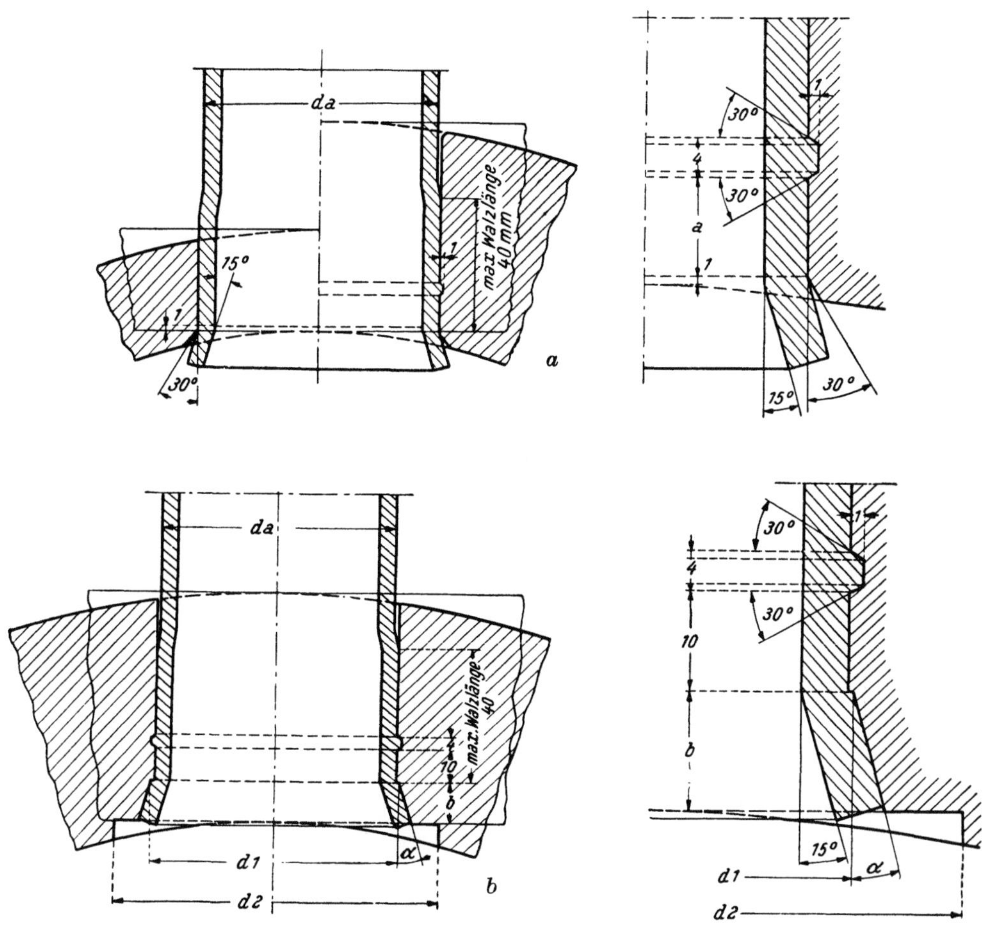

Abb. 252. Walzverbindungen
a mit Bördel; *b* mit Schulterbördel

Die Haftaufweitung beträgt bei Rohren bis 38 mm Durchmesser 20 bis 25%, bei größeren Rohren bis 35% der Rohrwandstärke. Auch bei größerer Wandstärke der Trommel führt man die Walzlänge, gerechnet von Innenkante Trommel, nicht über 40 mm aus. Die innen überstehenden Rohrenden werden umgebördelt, Abb. 252.

Walzverbindungen können mit Bördel bzw. mit Schulterbördel ausgeführt werden. Bei letzterer müssen Walzrillen vorgesehen werden, bei ersterer nur, wenn die Einwalzlänge kürzer als die Trommelwandstärke ist. Die Entfernung der Walzrillen von den Lochrändern soll 7 mm nicht unterschreiten. Gewöhnlich genügt eine Rille. Sie darf keine scharfen Kanten haben, ist 4 mm lang und 1 mm tief. Aus Zahlentafel 93 können Anhaltswerte über Walzverbindungen entnommen werden.

Zahlentafel 93. *Angaben über Walzverbindungen*

Außendurchmesser des Rohres d_a		31,8	38	44,5	51	57	70	82,5	101,6
Zulässige Rohrtoleranz		±0,1	±0,3	±0,3	±0,3	±0,3	±0,4	±0,4	±0,5
Rohrüberstand bei Abb. 339a		7	7	8	8	8	10	12	12
Zulässige Rohrlochtoleranz	von	32	38,5	45,0	51,5	57,5	70,8	83,3	102,5
	bis	32,2	38,8	45,3	51,8	57,8	71,2	83,7	103
Maximale Walzlänge		30	30	30	40	40	40	40	40
Maße bei Abb. 339b	d_1	33,5	39,5	46,1	52,6	59	72,5	85,5	105
	d_2	48	54	65	71	81	95	108	128
	b	10	10	10	10	12	12	12	14
	α	12	12	12	12	14	14	14	14

3. Trommeleinbauten

Die Trommeleinbauten verfolgen den Zweck, den Wasserspiegel zu beruhigen, Spritzen und Schaumbildung zu vermindern sowie den Dampf zu entwässern und zu entsalzen (S. 295, 297).

Die Speisung erfolgt meist in eine in der Trommel der Länge nach eingebaute Speiserinne. Diese soll, falls dies nicht sowieso durch entsprechende Einführung der Vorverdampferrohre erfolgt, die Verteilung des Speisewassers über die ganze Trommellänge begünstigen, eine Mischung von Speise- und Umwälzwasser bewirken und durch kaltes Speisewasser bedingte Temperaturschwankungen von Walzstellen und Nietreihen fernhalten.

Laut gesetzlicher Vorschrift hat der Anschluß der Speiseleitungen an die Trommel über ein Absperr- und Rückschlagventil zu erfolgen. Ersteres sitzt unmittelbar an der Trommel.

B. Überhitzer

1. Allgemeine Angaben

Im Überhitzer wird die Überhitzungswärme zugeführt. Übliche Werte für die Dampftemperaturen sind aus Zahlentafel 63a zu entnehmen.

Darüber hinaus laufen Bestrebungen, die Überhitzungstemperatur noch weiter zu steigern. In Einzelfällen kamen Temperaturen bis 600° und darüber in Anwendung.

Der Überhitzer besteht aus einer Anzahl parallel geschalteter beheizter Rohre, die von einem Sammler, welcher auch die Dampftrommel sein kann, ausgehen, unter Umständen mehrmals zwischengesammelt werden und schließlich im Heißdampfsammler enden. Die zwischen den einzelnen Sammlern liegenden Rohrgruppen heißen Dampfzüge. Ein Überhitzer besitzt 1 bis 4 Dampfzüge.

Je nach der Einbauart im Kessel gibt es Konvektionsüberhitzer und Strahlungsüberhitzer. Ersterer liegt im Rauchgaszug hinter der Brennkammer, letzterer wie ein Kühlschirm in der Brennkammer. Eine Mittelstellung nehmen die Schottüberhitzer ein, die meist unmittelbar an die Brennkammer anschließen.

2. Konvektions- und Schottenüberhitzer

Der Konvektionsüberhitzer kann in liegender oder hängender Bauweise ausgeführt werden. In Abb. 32 ist ein liegender Überhitzer für einen Zwangdurchlaufkessel dargestellt (Rechter Teil des fallenden Rauchgaszuges). Jede Rohrschlange ist in einer Ebene gewickelt, die parallel zur Rauchgasströmung liegt. Der Dampf gelangt zunächst in die Tragrohre, anschließend in die Überhitzerschlangen, die im Gegenstrom durchströmt werden.

Bei kleinen Teilkammerkesseln wird der Überhitzer auf Querträger abgestützt oder mittels Gußhaken aufgehängt (Abb. 253) bzw. zum Teil auch direkt von Kesselrohren getragen (Abb. 18). Bei größeren Teilkammer- und Strahlungskesseln wurde früher vielfach der Überhitzer auf Laschen aus feuerfestem Material aufgehängt. Ihre Temperatur ist wegen der Abstrahlmöglichkeit bis um 250 °C tiefer als jene des umgebenden Rauchgases.

Heute wird der Überhitzer in der Regel auf dampfdurchströmte Rohre aufgehängt, wie z. B. Abb. 32 und Abb. 43a zeigt.

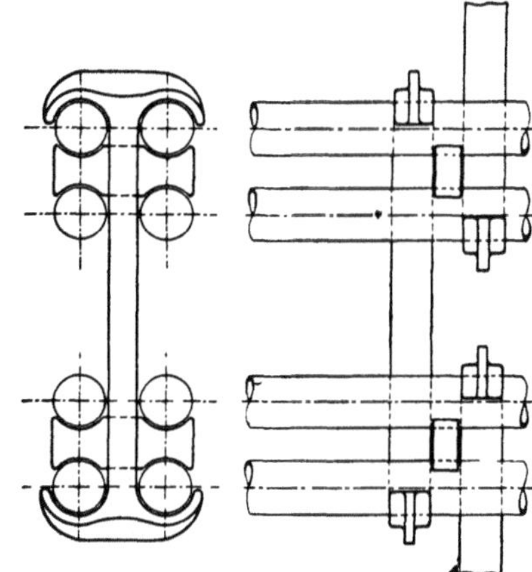

Abb. 253. Chromgußhaken für Überhitzeraufhängung nach ENGLER

Der Vorteil der liegenden Überhitzeranordnung liegt in der guten Be- und Entwässerbarkeit beim Anfahren, der Nachteil in der leichteren Aschenansatzbildung auf den horizontalen Rohren und der schwierigen Aufhängung.

Ein hängender Überhitzer ist in Abb. 27, 28, 29 und 30a dargestellt. Als Vorteil dieser Bauweise erscheint die einfache Aufhängung und die leichte Selbstreinigung von Aschenansätzen. Nachteilig ist die schwierige Entwässerung, was besonders beim Anfahren von Bedeutung ist. Daher ist diese Überhitzerbauart mehr am Platz, wo mit längeren Betriebsperioden zu rechnen ist, während im umgekehrten Fall die liegende Bauart vorzuziehen ist.

Die Teilung der Rohre wird je nach der Gefahr von Aschenansätzen 70 bis 200 mm gewählt. In besonderen Fällen wird die Rohrteilung noch größer ausgeführt bzw. der erste Teil als Schottenüberhitzer (Abb. 29, 30a, 30b) ausgebildet. Die Entfernung der einzelnen Rohrebenen beträgt dann 800 bis 1800 mm (s. S. 24). Die Rohrgruppen, welche die einzelnen Rohrebenen bilden, werden meist parallel geschaltet. Jede einzelne Rohrebene oder „Schottwand“ besteht aus einer Anzahl parallel geschalteter mäanderförmig gewickelter Rohre, deren Mittenentfernung etwa 50 mm beträgt (Abb. 29, 30a, 30b).

3. Strahlungsüberhitzer

Strahlungsüberhitzer werden meist nur in Betracht gezogen, wenn besonders hohe Überhitzungstemperaturen verlangt sind, und zwar als Vorüberhitzer. Die Endüberhitzung findet dann in einem Konvektionsüberhitzer statt. In Abb. 28 ist die obere vordere Wand sowie die schräge Decke der Brennkammer als Strahlungsüberhitzer ausgeführt. Sie werden meist bei hohen Drücken wegen der guten Kühlfähigkeit von Hochdruckdampf angewendet.

Während ein Konvektionsüberhitzer mit sinkender Last abnehmende Überhitzungstemperaturen liefert, und zwar um so mehr, in je tieferem Rauchgastemperaturgebiet er eingebaut ist, zeigt sich beim Strahlungsüberhitzer das Gegenteil.

Der Zusammenbau beider bietet den Vorteil einer praktisch konstanten Dampftemperatur über ein großes Lastgebiet (kompensierter Überhitzer). Als großer Nachteil des Strahlungsüberhitzers erscheint die Schwierigkeit der Kühlung beim Anfahren.

4. Temperaturregelung

Die Überhitzungstemperatur ändert sich nicht nur mit der Last, sondern sie hängt auch vom CO_2-Gehalt, der Kohlensorte, der Einstellung der Feuerung und der Speisewassertemperatur ab. Mit sinkendem CO_2-Gehalt nimmt bei konstanter Dampferzeugung die Überhitzung im Strahlungsüberhitzer ab, im Konvektionsüberhitzer zu. Die Verringerung des Heizwertes der verfeuerten Kohle sowie eine Verkürzung der Kohlenstaubflamme zeitigt den gleichen Effekt. Eine Verringerung der Speisewassertemperatur nötigt bei konstanter Dampferzeugung, die Feuerung zu verstärken. In diesem Falle steigt die Überhitzung sowohl im Strahlungsüberhitzer als auch im Konvektionsüberhitzer.

Aus diesen Gründen sind besonders Maßnahmen zur Konstanthaltung der Überhitzung, wenigstens im höheren Lastbereich, erforderlich. Diese bestehen meist darin,

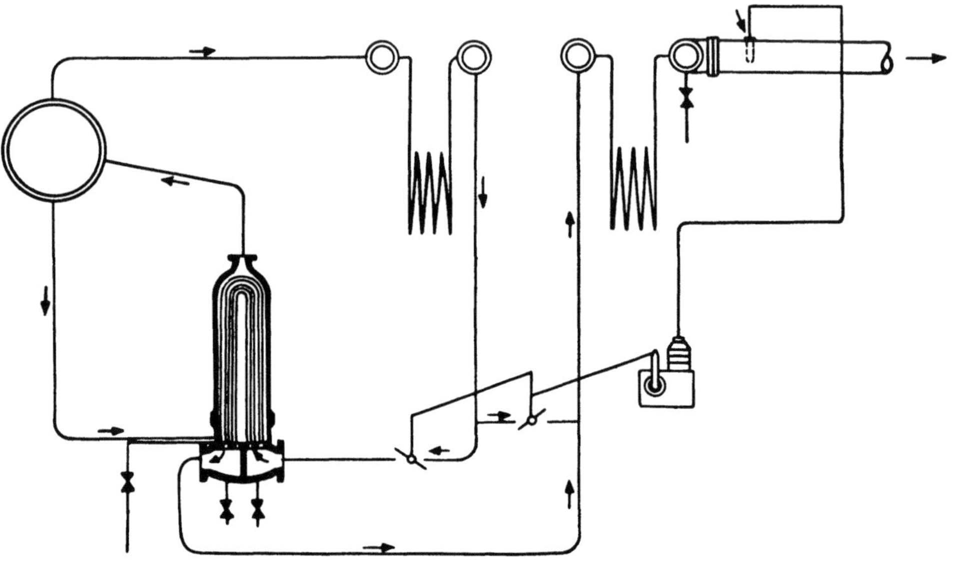

Abb. 254. Heißdampfregler in Zwischenanordnung, Oberflächenkühler mit Kesselwasserumlauf (J. Thompson, Wolverhampton, England)

daß der Überhitzer, bezogen auf Vollast, überdimensioniert wird. Der Wärmeüberschuß wird entweder durch Kühler aufgenommen, oder es wird die rauchgasseitige Durchströmung des Überhitzers durch Öffnung eines Beipasses verringert. Schließlich kann bei Kohlenstaubfeuerung eine Regelung auch durch Neigungsänderung der Kohlenstaubbrenner stattfinden.

Bei Kühlung des Dampfes erfolgt diese in Oberflächenkühlern, wobei als Kühlmedium Speise- oder Kesselwasser dient, oder in Einspritzkühlern mit Speisewasser als Kühlmittel. Der Kühler wird gewöhnlich zwischen Vor- und Nachüberhitzer eingeschaltet. Eine Schaltung nach dem Überhitzer kommt nur für kleinere Ausführungen und niedrige Temperaturen in Frage. Abb. 254 zeigt einen zwischengeschalteten Oberflächenkühler. Als Kühlmittel dient Kesselwasser, die Regelung erfolgt automatisch oder von Hand aus durch Öffnung eines Beipasses in der Dampfleitung. Vielfach wird der Kühler auch direkt in die Trommel eingebaut. Verwendet man Speisewasser als Kühlmittel, kann man damit in einem Oberflächenkühler, der von Sattdampf durchströmt wird und zwischen Dampftrommel und Überhitzereintritt liegt, Dampf kondensieren. Die Kondensatmenge hängt bei dieser amerikanischen Ausführung von dem im Beipaß regulierbaren Speisewasserdurchsatz ab. Das Kondensat verdampft im Überhitzer, wodurch die Dampftemperatur geregelt wird. Bei einem ähnlichen System wird nach Doležal ein vom Speisewasser durchflossener kleiner Kondensator dampfseitig mit der Trommel verbunden. Durch ein Überströmrohr mit Überlauf wird der Überschuß an gebildetem Kondensat in die Dampftrommel rückgeführt, während die zur Regulierung erforderliche Menge über ein Regelventil dem Heißdampf zugemischt wird. Der Vorteil dieser Anordnungen ist, daß es sich beim Einspritzwasser um absolutes Kondensat handelt.

Für große Leistungen werden vorwiegend Einspritzkühler verwendet, welche fast immer zwischen Vor- und Nachüberhitzer geschaltet sind, um das Ansteigen der Endtemperatur über einen Höchstwert zu verhindern. Die Kühlspanne beträgt bei Maximallast etwa 30 °C, die Eintrittstemperatur in den Nachüberhitzer soll mindestens 30 bis 40 °C über der Sattdampftemperatur liegen.

Eine rauchgasseitige Temperaturregelung mittels Klappen zeigt Abb. 28 und 32.

5. Anfahren von Überhitzern

Da der Überhitzer beim Anfahren noch nicht von Dampf durchströmt ist, sind besondere Vorkehrungen zu seiner Kühlung nötig. Diese kann erfolgen:

a) Durch Füllen mit Wasser; b) mittels Durchpumpen von Speisewasser; c) durch Umwälzen von Kesselwasser mit einer Umwälzpumpe; d) durch Dampfablassen.

Zu a) Bei der Kühlung durch Füllen mit Wasser (Abb. 255a) hat die Möglichkeit einer natürlichen Zirkulation mittels der Leitung *b* geschaffen zu werden. Beim Anfahren sind die Ventile *c*, *d* offen, im normalen Betrieb geschlossen. Fände keine Nachlieferung von Kesselwasser statt, kann, da die Verdampfung im Überhitzer meist früher als im Kessel einsetzt, dieser ausdampfen oder infolge örtlicher Dampfbildung seine Wasserfüllung in die Kesseltrommel schieben. Ein Verzicht auf die Zirkulation ist daher nur bei sehr geschützter Lage des Überhitzers möglich.

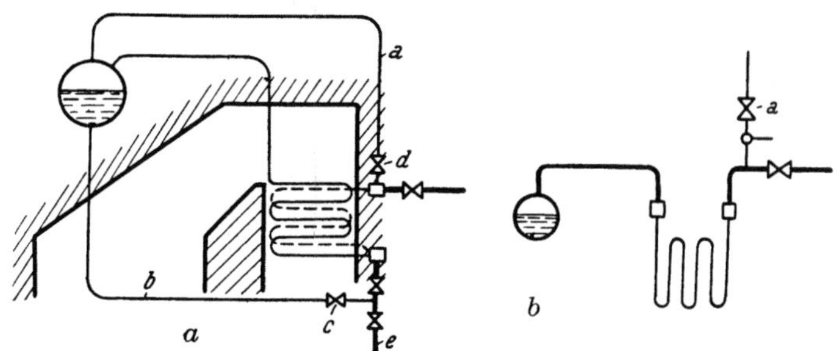

Abb. 255. Kühlung beim Anfahren von Überhitzern
a mittels Füllen von Wasser; *b* mittels Dampfablassen

Die Dampfüberströmrohre *a* in Abb. 255a sind auf etwa 5 m/s Geschwindigkeit des im Überhitzer erzeugten Dampfes, bezogen auf normalen Betriebsdruck, zu bemessen. Vor dem Anschluß des Kessels an das Dampfnetz wird der Überhitzer entwässert, wobei tunlichst das Feuer zurückzunehmen ist.

Zu b) Das Durchpumpen von Speisewasser hat den Nachteil, daß die eingeführte Menge abgeschlämmt werden muß. Außerdem ist nicht die Gewähr einer gleichmäßigen Durchströmung der Rohre gegeben.

Zu c) Letztere Bemerkung gilt auch hier. Die Umwälzpumpe ist außerdem eine zusätzliche Komplikation. Die Anwendung dieses Verfahrens erfolgt vereinzelt bei Großkesseln.

Zu d) Hier wird gewöhnlich der Überhitzer zunächst mit Wasser gefüllt. Beim Erreichen eines Druckes von 2 bis 3 atü wird dieser entwässert und anschließend über eine Anfahrleitung (Abb. 255b) Dampf abgelassen. Das Drosselventil *a* wird so eingestellt, daß die Temperatur des abgehenden Dampfes nicht über 400 °C ansteigt. Der austretende Dampf kann ins Freie geleitet oder in einen Speisewasserbehälter niedergeschlagen werden. Der Nachteil dieser Anfahrmethode liegt in der Anfahrverzögerung infolge der Dampfabgabe und bei Dampfableitung ins Freie in Wärme- und Kondensatverlusten.

Am häufigsten werden die unter a) und d) genannten Systeme angewendet.

6. Dampfverteilung

Die Dampfaustrittsgeschwindigkeit aus den Überhitzerrohren wird nach S. 233 gewählt. Bei der Wahl der axialen Geschwindigkeit in den Zu- und Abführungssammlern hat beachtet zu werden, daß dort die Dampfentnahme durch die Heizflächenrohre eine

Druckänderung in axialer Richtung bedingt[1]. Diese ist, wenn w die Eintrittsgeschwindigkeit und γ die Wichte bedeutet, ungefähr $\frac{\gamma w^2}{2g}$. Ist der Druckabfall in den Rohren Δp_R, sieht man aus Abb. 256, daß z. B. die Anordnung a eine ungünstigere Strömungsverteilung bedingen wird als b. Besonders ungünstig ist c, da sogar ein Rücksaugen beim ersten Rohr eintreten kann. Bei der Anordnung d entsteht bei den mittleren Rohren eine zusätzliche Druckwirkung am Eintritt und eine Saugwirkung am Austritt.

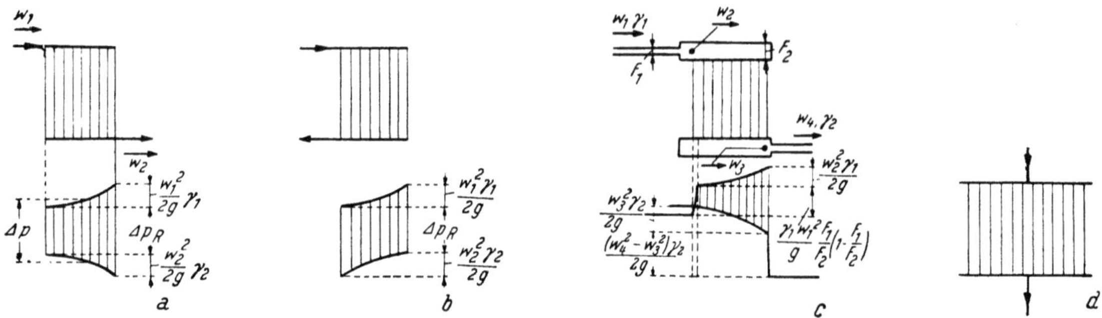

Abb. 256. Verschiedene Zu- und Ableitungen sowie Druckverteilungen bei Sammlern. Bei c rechnet sich der Druckanstieg beim Übergang von F_1 auf F_2 nach Gl. (345c)

Um trotz der dargelegten Verhältnisse eine gleichmäßige Durchströmung der Überhitzerrohre zu erreichen, soll ungefähr die Bedingung

$$\frac{w^2}{2g}\,\gamma\,10 < \Delta p_R \qquad (551)$$

eingehalten werden. Die Geschwindigkeit w in den Kammern wählt man etwa zu 15 bis 20 m/s.

Die Rauchgastemperatur vor Überhitzern beträgt etwa 700 bis 1000 °C, die mittlere Rauchgasgeschwindigkeit in denselben gewöhnlich 5 bis 15 m/s, der Zugverlust 5 bis 15 mm WS, die Wärmeübergangszahl K 30 bis 70 kcal/m²h °C.

Um die Überhitzerheizfläche im Betrieb rein zu halten, sind Rußbläser vorzusehen.

7. Schäden an Überhitzern

Schäden an Überhitzern können aus folgenden Gründen entstehen:

Werkstoffehler,
im Verhältnis zur Beheizung zu kleine Dampfgeschwindigkeit,
ungleiche Verteilung der Dampfströmung,
Überbeanspruchung beim Anfahren durch mangelhafte Kühlung,
Übertemperatur bei Belastungsschwankungen,
Übertemperatur durch Verlagerung des Wärmeangriffes infolge von Schlackenansätzen,
Übertemperatur durch Anwesenheit von Kesselstein bzw. Salzansätzen,
Übertemperatur durch Nachverbrennung im Überhitzer.

Bei Temperaturen über 600 °C entsteht eine Zerstörung des C-Stahles durch Dampfspaltung (S. 365). Der Prozeß schreitet etwa in 600 h um 1 mm senkrecht zur Rohrinnenfläche fort. Der Fortgang wird durch Chloride und Alkalien beschleunigt, durch legiertes Material erheblich verzögert. Der Bruch erfolgt meist interkristallin. Sind jedoch außer

[1] Siehe auch Föttinger: Strömung in Dampfkesselanlagen. Mitt. VGB 1939, H. 73, S. 167.
Winter: Beitrag zum hydraulischen Verzweigungsproblem. Österr. Ing.-Arch. 1955, S. 299, und 1956, S. 317.

hohen Temperaturen auch Wärmespannungen, z. B. infolge Temperaturwechsel, vorhanden, kann der Bruch transkristallin erfolgen.

Wird die Zeitstandsfestigkeit überschritten, tritt ein Kriechen des Rohres, Beulenbildung und schließlich Bruch ein.

Weiter kann ein Durchbiegen und Werfen der Rohre eintreten. Über weitere Schäden s. S. 365.

8. Zwischenüberhitzer

Zwischenüberhitzer dienen dazu, um Dampf, der bereits in der Turbine Arbeit geleistet und sich hierbei abgekühlt hat, nochmals zu erhitzen. Dies erfolgt meist bei Drücken von 25 bis 60 atü auf Temperaturen von 450 bis 530 °C, in Einzelfällen darüber.

Die Zwischenüberhitzung erfolgt durch Beheizung mit Frischdampf, kondensierendem Frischdampf oder Rauchgasen.

Im letzteren Fall wird der Dampf in den Kessel rückgeführt. Seltener wird ein eigener Zwischenüberhitzerkessel vorgesehen.

In Abb. 30b, 32, 35 und 43a ist ein mit Rauchgas-Zwischenüberhitzer ausgestatteter Kessel dargestellt.

Die Regelung von Zwischenüberhitzern kann auf ähnliche Weise wie von Überhitzern erfolgen. So zeigt Abb. 44a, *C* eine rauchgasseitige Regelung. Oft wird die vergleichmäßigende Wirkung von Wärmetauschern zwischen Hochdruck- und Zwischenüberhitzerdampf auf die Endtemperatur verwendet, was insbesondere bei Zwangdurchlaufkesseln zweckmäßig ist. Ein solcher Tauscher kann entweder als außerhalb des Kessels liegende Heizfläche ausgeführt sein (Abb. 44a, *A*) oder unmittelbar mit dem Überhitzer zusammengebaut werden (Trifluxanordnung s. S. 49 und Abb. 44a, *B*, 46a). Die Hochdruckdampfmenge, welche die gesamten Tauscher durchströmt, kann mittels Beipaß regelbar sein.

C. Speisewasservorwärmer

1. Allgemeine Angaben

Die Aufgabe des Speisewasservorwärmers ist, die Rauchgasabkühlung hinter der Verdampfungsheizfläche fortzusetzen. Hierzu ist derselbe infolge seiner wasserseitig gegenüber dem Verdampfer tieferen Temperatur und seiner billigeren Heizfläche besonders geeignet.

Die Wasservorwärmer werden mit Rippen- oder Nadelrohren oder mit glatten Rohren ausgeführt. Erstere bestehen meistens aus Gußeisen, letztere aus Stahlschlangen. Rippenrohrvorwärmer werden kurz als Rivo bezeichnet, Stahlrohrvorwärmer auch als Vorverdampfer.

In gußeisernen Rivos darf eine Verdampfung des Wassers nicht stattfinden. Es könnte sonst bei vorübergehendem Haften einer Dampfblase eine Erhitzung des Werkstoffes eintreten, dem nach anschließendem Weiterwandern der Blase eine plötzliche Abkühlung folgen würde. Die so entstehenden Wärmespannungen könnten zu einem Bruch des Rohres führen. Aus diesem Grund soll die Wassertemperatur am Rivoaustritt immer mindestens 25 °C unter der Sattdampftemperatur liegen.

Bei Vorverdampfern darf jedoch die Siedetemperatur erreicht und auch Verdampfung zugelassen werden. Es ist bei Wasserrohrkesseln üblich, diese mit etwa 15% zu begrenzen. Unter bestimmten Umständen kann hier die Strömung „unstabil" werden, d. h. in unregelmäßigem Wechsel die Durchsatzmenge durch die einzelnen Schlangen stark schwanken. Es haben dann die Ausführungen auf S. 283 beachtet zu werden. Manchmal ist am Eintritt der Einbau von Drosselblenden zur Vergleichmäßigung erforderlich. Vor Beginn der Vorverdampfungszone ist aus Stabilitätsgründen eine Mischung des Wassers durch Anordnung von Sammlern günstig.

2. Rippenrohrvorwärmer

Das Rivorohr besteht aus einem Kernrohr, welches rund (Abb. 257), elliptisch (Abb. 258), als Zwillings- oder Drillingsrohr usw. ausgebildet sein kann. Auf diesem sitzen viereckige oder runde Rippen, die es ganz oder zum Teil umschließen. Ein Beispiel für ersteren Fall ist Abb. 257, für letzteren Abb. 258. Beim Nadeleko sind die Rippen noch zusätzlich vielfach unterteilt (Abb. 259). Allen Systemen sind die viereckigen Endflanschen gemeinsam, an welchen die einzelnen Rohre zusammengelegt und zu einem Block vereinigt werden. Zur Verhinderung von Falschlufteintritt wird die Stoßkante der Flanschen gegeneinander mittels eines Asbestzopfes abgedichtet.

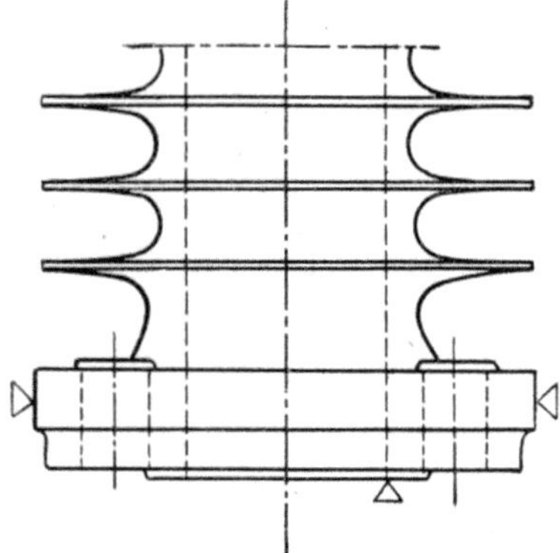

Abb. 257. Gußeisernes Ekorohr (Stierle, Mannheim)

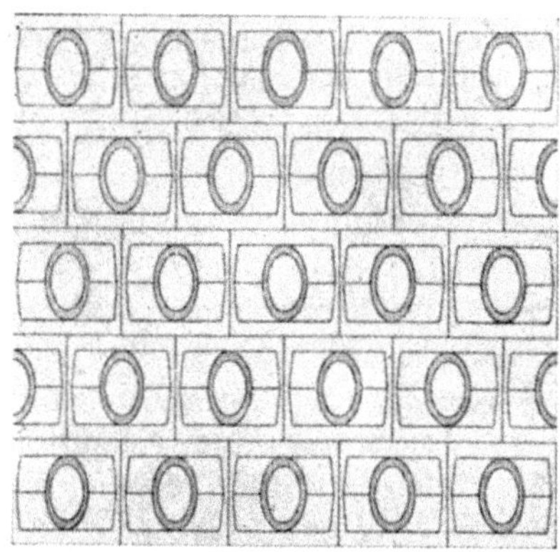

Abb. 258. Ekonomiser mit elliptischem Kernrohr, seitlichen Rippen, die gegen die Mitte zu verdickt sind, und versetzter Rohranordnung (VEW, Ekonomiser „Rekord“)

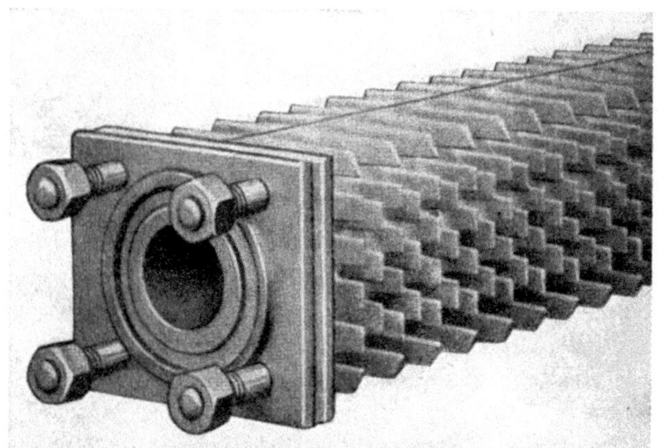

Abb. 259. Nadelekonomiserrohr (Kleinewefers, Krefeld)

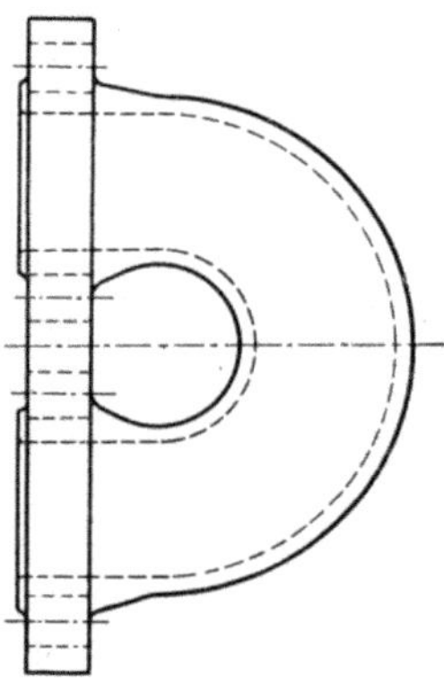

Abb. 260. Gußeiserner Ekokrümmer

Zahlentafel 94. *Anhaltswerte über Rippenrohre*

Rohrlänge	mm	1500 bis 3000 (Intervalle 500 mm)
Endflansch	,,	150 bis 220
Lichter Durchmesser des Kernrohres	,,	60 bis 85
Wandstärke des Kernrohres	,,	8 bis 10
Höhe der Rippen	,,	25 bis 50
Stärke der Rippe { an der Spitze	,,	3
Stärke der Rippe { am Fuß	,,	7 bis 12
Rippenteilung	,,	20 bis 30
Rauchgasgeschwindigkeit	m/s	6 bis 10
Wassergeschwindigkeit	m/s	0,6 bis 1,2.

Die wasserseitige Verbindung der Rohre untereinander erfolgt durch Krümmer (Abb. 260). Einen zusammengebauten Ekoblock zeigt Abb. 261. Das Bild läßt auch die vorzusehenden Armaturen, wie Temperaturmeßstellen, Wasserablaß- und Sicherheitsventil mit Entlüftungsmöglichkeit, erkennen. Letzteres soll bei 1,25fachem Kessel-Konzessionsdruck bzw., wo dies weniger als 10 at Überschreitung ergäbe, bei höchstens 10 at Überschreitung abblasen.

Abb. 261. Zusammengebauter Ekoblock (Babcock & Wilcox, Oberhausen)

Den Einbau eines Ekos im Kessel zeigen Abb. 22, 23, 24. Die Anordnung eines Leerzuges erfolgt heute nur bei Braunkohle, um Verkrustungen zu vermeiden. In der Verbindungsleitung zum Kessel ist unmittelbar an diesem ein Absperrventil und anschließend ein Rückschlagventil anzuordnen.

Die Wasserführung im Eko findet am besten von unten nach oben statt. Die Zahl der parallel geschalteten Rohre ergibt sich aus der Wassergeschwindigkeit, die 0,6 bis 1,2 m/s betragen kann, die Zahl der

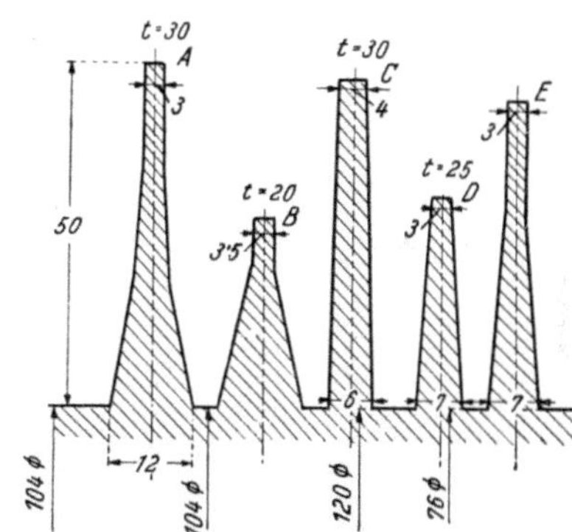

Abb. 262. Übliche Querschnittsformen von Ekorippen (*A* bis *D*) und Bestrippe (*E*)

horizontal nebeneinander liegenden Rohre aus der Rauchgasgeschwindigkeit, die meist bei 6 bis 10 m/s liegt. Zahlentafel 94 gibt Anhaltswerte über ausgeführte Rippenrohre.

Die zulässige höchste Rauchgastemperatur ist für langrippige Bauarten 450 °C, für kurzrippige 600 °C. Rivos werden bis zu Drücken von 80 atü angewendet.

Die verwendeten Rippenquerschnitte sind ziemlich mannigfaltig. In Abb. 262 sind eine Reihe von Formen dargestellt.

3. Günstigste Ausbildung von Rippenrohren

Für den Konstrukteur ist von Interesse, wie das Rippenrohr ausgebildet werden soll, damit das Gesamtgewicht des Blocks ein Minimum wird.

Die Untersuchung muß von einem bestimmten Fall ausgehen, wobei bei allen Vergleichsausführungen Rauchgasmenge, Zugverlust des Ekoblockes und Wärmeaufnahme konstant bleiben. Ferner wird angenommen, daß die Rippe aus Gußrücksichten an keiner Stelle eine kleinere Wandstärke als 3 mm erhalten darf. Die Rippenform, von welcher ausgegangen werde, zeigt Abb. 263. Der Einfluß von Veränderung der Rippenhöhe und des Kernrohrdurchmessers ist aus Abb. 264 zu ersehen. Das Blockgewicht, worunter das Gesamtgewicht einschließlich Endflanschen und Krümmern verstanden wird, nimmt mit abnehmendem Kerndurchmesser ab und hat bei einer Rippenhöhe von etwa 45 mm ein Minimum.

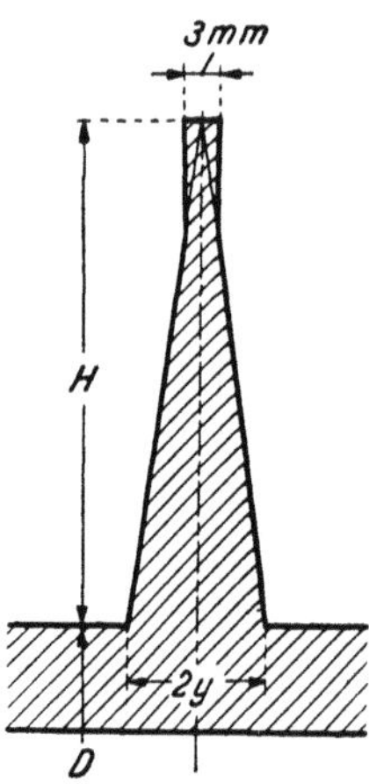

Abb. 263. Untersuchte Rippenform

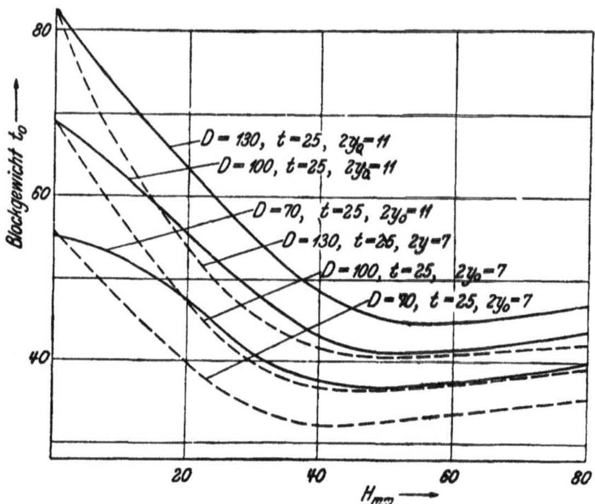

Abb. 264. Blockgewicht eines Ekos bei einer Fußdicke der Rippe von 11 mm (voll ausgezogen) und 7 mm (strichliert) für veränderliche Rippenhöhe und verschiedene Rohrdurchmesser

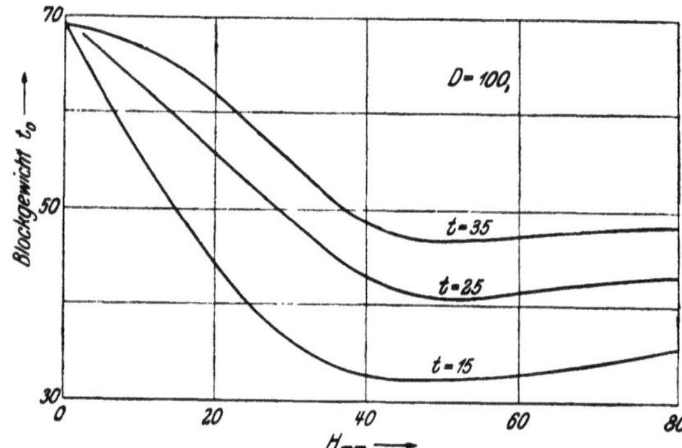

Abb. 265. Blockgewicht eines Ekos bei veränderlicher Rippenhöhe und verschiedenen Rippenteilungen (Rohrdurchmesser 100 mm, Fußdicke der Rippe 11 mm)

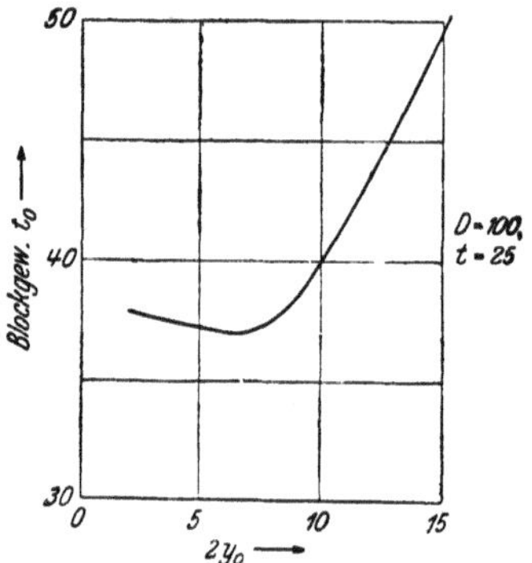

Abb. 266. Blockgewicht eines Ekos bei veränderlicher Fußdicke, einer Teilung von 25 mm und einem Rohrdurchmesser von 100 mm

Mit abnehmender Rippenteilung nimmt das Blockgewicht ebenfalls ab (Abb. 265). Schließlich wurde der Einfluß der Fußdicke untersucht (Abb. 266), was zu einem Bestwert dieser bei 7 mm führt. Diese „Bestrippe" zeigt Abb. 262, Bild *E*. Begrenzt man den Außendurchmesser des Kernrohres aus Festigkeitsgründen mit 70 mm, die Rippenteilung wegen Verschmutzung mit 20 mm und führt die Fußdicke der Rippe 7 mm aus, gelangt man zum praktisch ausführbaren Mindestblockgewicht. Wäre dieses 100%, so ist das Gewicht eines Ekos mit Rippen nach Abb. 262 *A* 144%, *B* 135%, *C* 162% und *D* 126% [1].

[1] Ledinegg: Die günstigste Rippenrohrform für Dampfkessel-Ekonomiser. Maschinenbau u. Wärmewirtsch. 1947, S. 49.

Der Verlauf der Kurven in Abb. 264 und 265 zeigt, daß eine Vergrößerung der Rippenhöhe über 45 mm das Gewicht nur geringfügig erhöht. Daraus folgt, daß die quadratische Rippenform besser als die runde ist. Bei ersterer ist in der Diagonale der Rippenquerschnitt nur wenig ungünstiger als bei der runden Rippe, dagegen die Heizfläche bei gleichem Raumbedarf erheblich größer.

Zum Reinhalten der Heizfläche werden meist Rußbläser vorgesehen. Ein solcher besteht gewöhnlich aus einem Düsenrohr, welches parallel zu sich in der Längsrichtung der Rippenrohre verschoben wird. Auf diese Weise werden sämtliche Rohrgassen der ganzen Länge nach bestrichen.

4. Schäden an Rippenrohrvorwärmern

Um Wasser-Temperaturschwankungen oder Dampfbildung im Eko zu vermeiden, soll immer das Wasser-Brennstoff-Verhältnis richtig eingestellt sein. Eine Abnahme des CO_2-Gehaltes bei gleichbleibender Last bedingt einen Anstieg der Aufwärmespanne, mit sinkender Last nimmt diese ab.

Während des Anfahrens ist der Eko mit Wasser gefüllt. Um Verdampfung zu vermeiden, wird, wenn kein Rauchgasumgehungskanal vorhanden ist, nötigenfalls langsam durchgespeist.

Abb. 267. Taupunkt von Rauchgasen (Wärmetechnische Arbeitsmappe). Bei Anwesenheit von Schwefel kann der Taupunkt um 10 bis 60° ansteigen (letzterer Wert bei S-Gehalt über 2%)

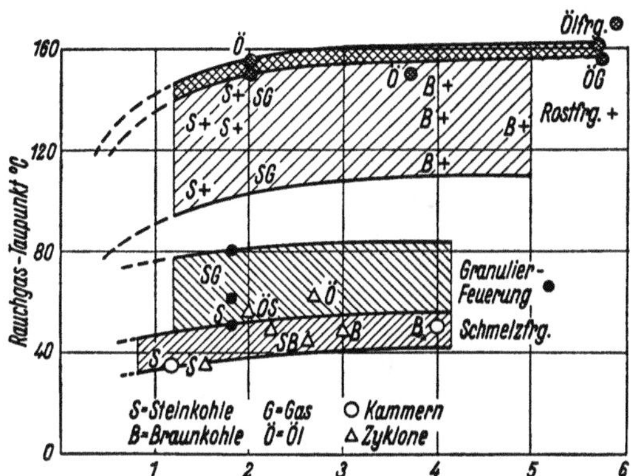

Abb. 268. Taupunkt von Rauchgasen bei Öl-, Gas- und Kohlenfeuerungen in Abhängigkeit vom Schwefelgehalt[1]

Am Eko können hauptsächlich folgende Schäden auftreten:

Rauchgasseitige Korrosionen, Schäden infolge Wassermangel oder Dampfbildung. Schäden infolge Kesselsteinbildung. Rauchgasexplosionen. Wasserseitige Korrosionen. Schäden durch Wasser- und Kondensationsschläge.

Die rauchgasseitigen Korrosionen entstehen vor allem, wenn der Taupunkt der Rauchgase bei der betreffenden Heizflächentemperatur unterschritten wird. Aus Abb. 267 sind die Taupunkte von Rauchgasen verschiedener Brennstoffe zu entnehmen. Der Taupunkt wird durch Schwefel in den Rauchgasen stark erhöht, wie Abb. 268 zeigt. Nach Glaubitz[2]

[1] Glaubitz: Betriebserfahrungen mit öl- und gasgefeuerten Kesseln. Energie 1961, Nr. 11, S. 493.

[2] Glaubitz: Betriebserfahrungen mit öl- und gasgefeuerten Kesseln. Energie 1961, Nr. 11, S. 496, 498.

kann, besonders bei Ölfeuerungen, der auf diese Weise erhöhte Taupunkt durch niedrige Luftüberschüsse wieder vermindert werden, wie Abb. 269 zeigt. Bei $(O_2) = 0{,}2\%$, d. h. $\varepsilon = 1{,}01$ ist der Einfluß des Schwefels gänzlich verschwunden. Daher werden heute Ölfeuerungen mit Luftüberschüssen nahe bei 1 betrieben.

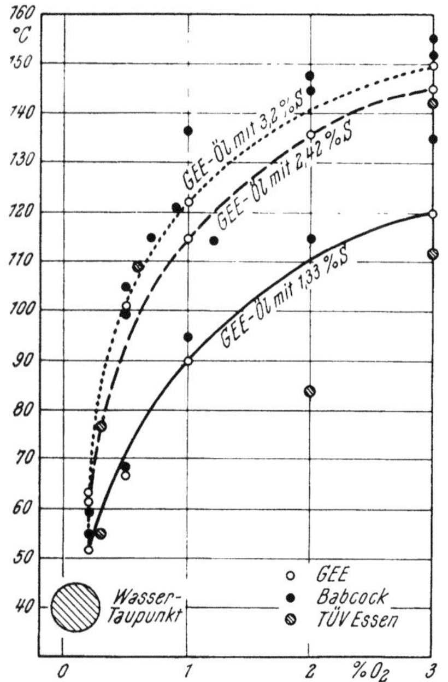

Abb. 269. Taupunkt bei Ölfeuerungen in Abhängigkeit vom Sauerstoffgehalt[1]

Rauchgasexplosionen können durch Ansammlungen von Schwelgas in toten Ecken entstehen, wenn sich durch Luftzutritt ein explosibles Gemisch bildet. Es müssen daher in der Rauchgasführung tote Ecken vermieden werden. Unverbrannte Gase sollen am Austritt aus der Brennkammer nicht mehr vorhanden sein. Falschlufteintritt ist zu verhindern. Zur Sicherheit können Explosionsklappen vorgesehen werden, die im Fall einer Explosion sich leicht öffnen und den Gasen den Austritt ins Freie ermöglichen. Solche werden zweckmäßig auch an anderen Stellen des Kessels, wo Ansammlungen explosiver Gemische möglich sind, z. B. in Brennkammern, unterhalb der Kesseldecke usw. angeordnet.

5. Vorverdampfer

Der Vorverdampfer besteht aus horizontalen Schlangenrohren, welche vielfach im Verdampfungsgebiet eine Neigung von etwa einem halben Grad nach aufwärts erhalten, um das Haften von Dampfblasen zu vermeiden. Die verwendeten Rohraußendurchmesser sind 31,8, 38, 44,5, 51. Die Wassergeschwindigkeit wird mit 0,8 bis 1 m/s gewählt, woraus die Zahl der parallel geschalteten Rohre folgt. In Abb. 28, 30a, 30b sind Vorverdampfer dargestellt.

Um bei einseitiger Verlegung des Vorverdampfers durch Flugasche keine ungleichmäßige Aufwärmung des Wassers in den einzelnen Schlangen zu erhalten, wird oft auch eine Kompensationsschaltung angewendet. Bei dieser wird z. B. der untere vordere Ekoteil in Serie mit dem oberen rückwärtigen Teil und umgekehrt geschaltet (Abb. 29).

Der Vorverdampfer gilt als Kesselheizfläche. Es braucht daher nicht zwischen ersterem und der Trommel das gesetzlich vorgeschriebene Absperr- und Rückschlagventil vorgesehen zu werden, sondern diese beiden Armaturen können vor dem Vorverdampfer, jedoch hinter dem Eko, Aufstellung finden. Es dürfen demnach die Austrittsrohre aus dem Vorverdampfer direkt an die Kesseltrommel angeschlossen werden, unter Verzicht auf Zwischenschaltung eines Sammlers.

Die Abstützung des Vorverdampfers erfolgt über Gußklötze auf luftgekühlte Träger, oder er wird auf wasser- oder dampfdurchströmte Rohre aufgehängt.

Liegt ein Teil des Vorverdampfers oder lediglich die Überströmrohre zur Trommel rauchgasseitig vor dem Überhitzer, hat die Berechnung dieses Rohrstückes festigkeitsmäßig wie ein Überhitzerrohr für 400 °C durchgeführt zu werden.

Die Rauchgasgeschwindigkeiten im Vorverdampfer liegen gewöhnlich zwischen 6 bis 12 m/s. Die Höhe des Rohrbündels soll mit 1,2 m begrenzt werden, um die Wirksamkeit des Rußbläserstrahles nicht zu beeinträchtigen. Ist das Rohrbündel höher, ist Unterteilung zu empfehlen.

[1] Glaubitz: Betriebserfahrungen mit öl- und gasgefeuerten Kesseln. Energie 1961, Nr. 11, S. 496, 498.

D. Lufterhitzer

1. Allgemeine Angaben

Der Lufterhitzer, kurz „Luvo“ genannt, dient zur Aufwärmung der Verbrennungsluft, wobei gleichzeitig die Abgasausnützung durch die billige Luvo-Heizfläche erfolgt. (Gewicht von Kesselheizfläche etwa 28 kg/m², von Luvoheizfläche etwa 11 kg/m².)

Übliche Lufterhitzungstemperaturen sind:

Rostfeuerung	Steinkohle	bis 100 °C
	Braunkohle	80 bis 150 °C
Kohlenstaubfeuerung	Steinkohle	250 °C (Magerfeinkohle in Einzelfällen bis 600 °C)
	Braunkohle	350 bis 400 °C

Die Lufterhitzer werden sowohl nach dem Regenerativ- als nach dem Rekuperativsystem ausgeführt. Im letzteren Fall besteht die Heizfläche aus Blechplatten (Platten- oder Taschenluvo) oder aus Rohren (Röhrenluvo) mit rundem oder stromlinienförmigem Querschnitt. Diese können aus Stahl oder aus Gußeisen ausgeführt werden, und zwar glatt oder mit Rippen bzw. Nadeln. Letztere befinden sich dann sowohl auf der Luft- wie auf der Rauchgasseite.

2. Rekuperativlufterhitzer

Die Ausführung eines Taschenluvo zeigt Abb. 270. Er besteht aus einer entsprechenden Anzahl nebeneinander liegender Blechplatten von 1,5 bis 2 mm Dicke, welche Kanäle bilden, durch die nebeneinander liegend Luft (horizontal) und Rauchgas (vertikal) durchgeleitet wird. Je zwei Platten sind an jeweils gegenüberliegenden Enden dachartig gekantet und elektrisch zusammengeschweißt, wodurch die „Taschen“ bzw. die Luft- und Gaskanäle entstehen. Die seitlichen Endbleche sind bis 6 mm stark und durch Profileisen verstärkt. Der erste Kanal neben jedem der beiden Endbleche wird immer von Luft beaufschlagt, so daß bei n Gaskanälen $n + 1$ Luftkanäle vorhanden sind. Das ganze Element ist durch Zugeisen, welche verschraubt werden, versteift. Die Kanalbreite wird durch eingelegte Rohrstücke gewahrt. Die Heizfläche F eines Elementes liegt etwa zwischen 50 und 250 m², die Breite s_L der Luftspalten zwischen 15 und 25 mm, jene der Gasspalten s_G zwischen 20 und 30 mm. Die Länge L kann bis zu 3 m betragen.

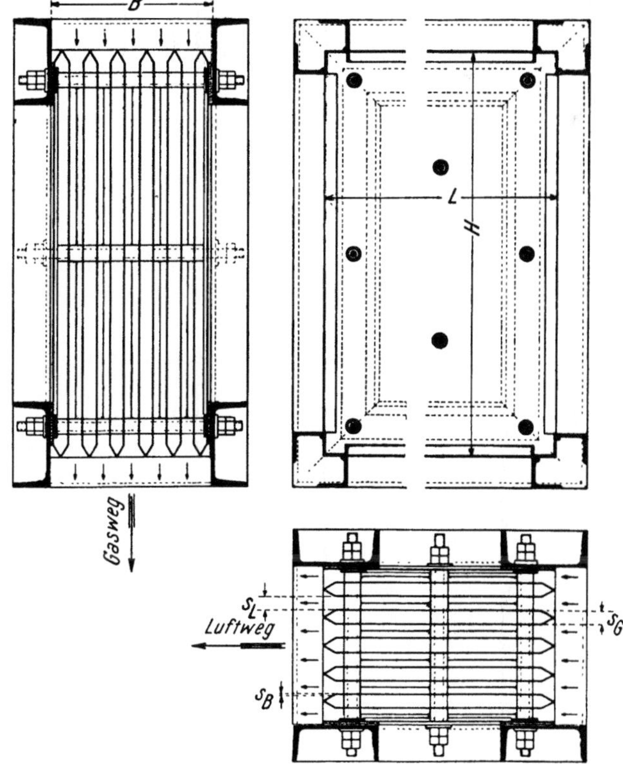

Abb. 270. Taschenlufterhitzer (Babcock & Wilcox, Oberhausen)

Läßt sich die erforderliche Heizfläche nicht in einem Element unterbringen, werden nach Maßgabe der einzuhaltenden Luft- und Gasgeschwindigkeiten mehrere übereinander oder nebeneinander aufgestellt (Abb. 27). Man kann bis zu drei Elemente unmittelbar aufeinander stellen. Eine eventuelle nächste Gruppe empfiehlt sich getrennt abzustützen und einen Zwischenraum für Rußbläser zwischen den beiden Gruppen freizuhalten. Luftseitig sind die Elemente durch Umlenkstutzen verbunden. Der Einbau von Leitblechen zur Widerstandsverminderung in diesen ist empfehlenswert.

Bei Rauchgastemperaturen über 400 °C wird legiertes Material verwendet. An den Stellen niedrigster Blechtemperatur, insbesondere beim Lufteintritt, kann der Taupunkt der Rauchgase unterschritten werden, was zu Korrosionen bzw. Zerstörung des Bleches führen kann. Wo diese Gefahr besteht, wird daher Luftrücksaugung angewendet, um die Eintrittstemperatur der Luft zu heben.

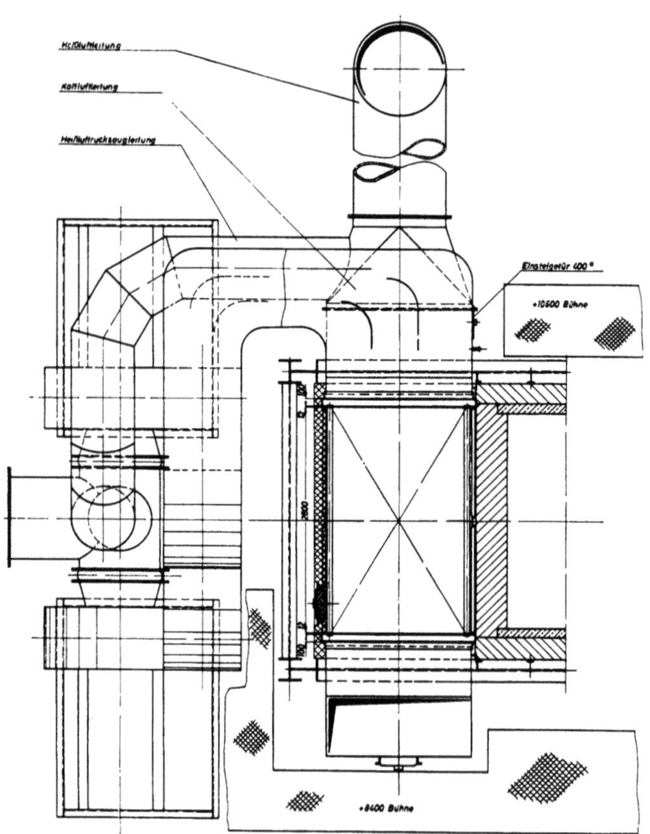

Abb. 271. Röhrenlufterhitzer mit querliegenden Rohren (Grundriß) (Babcock & Wilcox, Oberhausen)

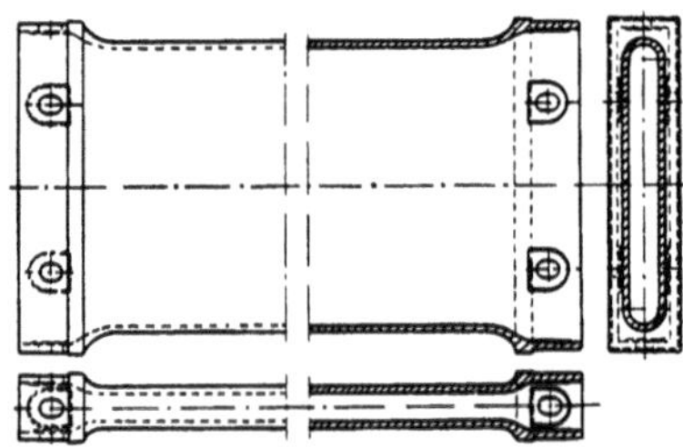

Abb. 272. Gußeisernes Lufterhitzerrohr (Babcock & Wilcox, Oberhausen)

Die Reinhaltung der Heizfläche erfolgt meist durch Rahmenrußbläser. Bei diesen wird ein Düsenrohr parallel zu sich längs der Rauchgaskanäle geführt. Deren Anzahl stimmt mit der Düsenzahl überein.

Soll ein Luvoelement ausgemittelt werden (Abb. 270), sind aus der wärmetechnischen Berechnung die Gasmenge M_G in m³/s, die Luftmenge M_L in m³/s, die Heizfläche je Element F in m², die mittlere Gas- und Luftgeschwindigkeit W_G und W_L in m/s gegeben. Diese werden etwa 6 bis 12 m/s betragen. Nimmt man die Blechstärke s_B sowie die Breite des Luft- und Gasspaltes s_L und s_G, alle in Metern, an, kann die Breite B, Höhe H, Länge L sowie die Zahl der Gasspalten n berechnet werden.

Es ergibt sich:

$$\left.\begin{aligned} n &= \frac{2 M_L M_G}{w_L w_G s_L s_G F} - 1 \\ L &= \frac{M_G}{w_G s_G \left[\frac{2 M_L M_G}{w_L w_G s_L s_G F} - 1\right]} \\ H &= \frac{w_G s_G F}{2 M_G} \\ B &= (S_G + S_L + 2 S_B) \cdot n + 2 S_B + S_L \end{aligned}\right\} \qquad (552)$$

Beim Lufterhitzer, Bauart MÜNZINGER, werden die Umlenkstutzen zum Teil oder bei genügender Blechlänge ganz vermieden, die Umlenkung erfolgt direkt in den Kanälen.

Röhrenluvos mit Stahlrohren können horizontal oder vertikal liegen. Den Grundriß einer Ausführung mit horizontalen Rohren zeigt Abb. 271. Bei größeren Rohrlängen, insbesondere bei stehender Ausführung, ist der Differenzdehnung zwischen Mantel und Rohren infolge deren verschiedener Temperatur durch Einbau von Dehnungselementen Rechnung zu tragen.

Die Ausführungsform eines Gußluvorohres zeigt Abb. 272. Oft werden auch die Wände innen und außen mit Rippen oder Rippenteilstücken (Nadeln) versehen. Der Rohrquerschnitt wird manchmal auch stromlinienförmig gestaltet.

Gußeiserne Luvos (Abb. 30a) werden vor allem bei hohen und tiefen Gastemperaturen verwendet, und zwar in ersterem Fall wegen der größeren Widerstandsfähigkeit gegen Temperatureinflüsse und in letzterem wegen der höheren Korrosionsbeständigkeit. So findet man öfter bei ausgeführten Lufterhitzern die im höchsten und niedrigsten Rauchgastemperaturgebiet angeordneten Elemente aus Gußeisen, die dazwischen liegenden als Taschenlufterhitzer aus Blech ausgeführt (Abb. 32). Auf diese Weise wird die teurere Gußheizfläche auf das unbedingt notwendige Ausmaß beschränkt.

3. Schäden an Luvos

An Lufterhitzern können folgende Schäden auftreten:

Korrosionen infolge Taupunktunterschreitung. Verbiegen, Werfen und Verzundern bei zu hohen Temperaturen.

Die Folgen davon sind:

Undichtheit und Erhöhung des Abgasverlustes. Gewisse Undichtheiten sind jedoch aus konstruktionsbedingten Gründen immer vorhanden, und man rechnet daher im Luvo mit einem CO_2-Abfall von etwa $^1/_2$ bis 1 Volumprozent, also z. B. von 14% auf 13,5 bzw. 13% CO_2.

4. Regenerativlufterhitzer

Nach dem Regenerativprinzip arbeitet der Ljungströmlufterhitzer (Abb. 273).

Die Heizfläche ist hier in Form von leicht gewellten Blechen von 0,5 mm Wandstärke in einem Rotor untergebracht. Dieser rotiert mit etwa 3 bis 5 U/min. Die eine Seite ist parallel zur Achse von Rauchgasen, die andere auf ähnliche Weise im Gegenstrom von Luft durchströmt. Die Heizflächenbleche wandern mit dem Rotor zunächst durch die von den Rauchgasen durchströmte Zone, werden aufgewärmt, gelangen anschließend in die Luftzone, wo sie wieder abgekühlt werden usw. Auf diese Weise wird die Wärme den Rauchgasen entzogen, im Blech gespeichert und dann der Luft zugeführt, die sich hierbei erhitzt. Damit nicht zwischen der Luft- und Rauchgasseite ein unerwünschtes Überströmen eintritt, sind zwischen beiden Zonen Dichtbleche angeordnet. Sie folgen der Kontur des Rotorquerschnittes, überdecken ein Segment und sind labyrinthdichtungsähnlich ausgeführt. Allerdings ist unvermeidlich, daß der Rotor selbst, beim Übertritt aus der Luft- in die Rauchgaszone, die jeweils zwischen den Blechen befindliche Luft in die Rauchgaszone einbringt. Analog werden auch Rauchgase in die Luft und umgekehrt eingeschoben. Es handelt sich hier jedoch nur um geringe Mengen. Um auch diese zu verringern, dient das Schleusluftgebläse. Hierbei wird die in den Rauchgasstrom eingeschobene Luft mittels eines radialen Schlitzes vor Durchmischung mit dem Rauchgas abgesaugt und in dem gerade den Rauchgasstrom verlassenden Rotorsegment rückgefördert. Dadurch wird der Übertritt von Luft in Rauchgas und umgekehrt eingeschränkt. Die trotzdem und durch Lässigkeit der radialen Dichtbleche in den Rauchgasstrom übertretende Luftmenge bewirkt eine Verringerung des CO_2-Gehaltes der Rauchgase um etwa 1 Vol.-% CO_2.

Der Rotor kann je nach den örtlichen Verhältnissen stehend, wie in Abb. 273 dargestellt, oder liegend aufgestellt werden. Der Kraftbedarf zum Antrieb beträgt etwa 0,5 bis 3 PS. Der Durchmesser des Rotors wird bis zu 5,5 m, die Höhe bis 1,5 m, die Heizfläche je Element von 227 m² bis 5450 m² ausgeführt. Auch Ausführungen von Ljungströmvorwärmern mit 2 Rotoren in einem Gehäuse sind üblich, um Heißluft in 2 Temperaturlagen zu erhalten, Abb. 32.

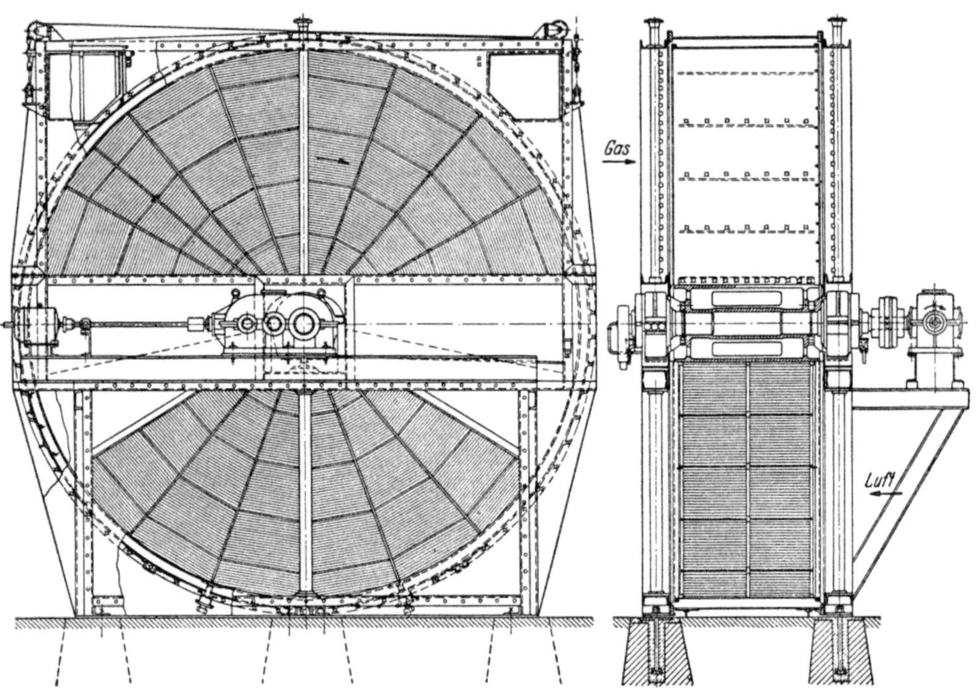

Abb. 273. Stehender Ljungströmlufterhitzer (Kraftanlagen A. G., Heidelberg)

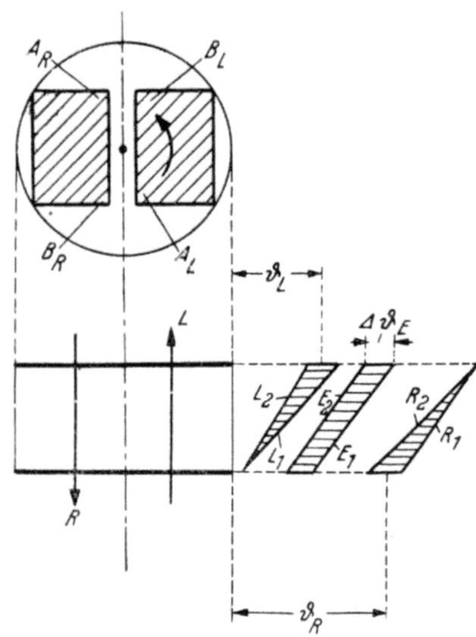

Abb. 274. Schema eines Ljungströmlufterhitzers mit Temperaturverlauf in Rauchgas, Luft und Blech

Das Sauberhalten der Heizflächen und Kanäle erfolgt durch einen Vieldüsenrußbläser, welcher unbeweglich radial eingebaut ist. Durch die Drehung kommen immer neue Partien des Rotors in den Bereich der Bläserstrahlen.

In Abb. 274 sind die Temperaturverhältnisse während einer Umdrehung des Rotors genauer dargestellt. Der schraffierte Teil im Aufriß links und rechts von der Mittellinie zeigt den rauchgas- und luftdurchströmten Rotorteil, dessen Anteile an der Gesamtheizfläche x_R und x_L seien. Im Augenblick des Eintretens in den Luftstrom verläuft die Blechtemperatur nach E_1, kühlt sich während des Durchlaufens der Luftzone um $\Delta\vartheta_E$ ab, so daß im Augenblick des Verlassens dieser die Temperaturlinie nach E_2 gerückt ist. Die Luft, welche am Beginn der Luftzone bei A_L in den Rotor eintritt, wird sich demnach am höchsten, und zwar gemäß L_1 erwärmen, jene bei B_L eintretende am geringsten, und zwar nach L_2. Die mittlere Aufwärmung erfolgt demnach auf ϑ_L. Rauchgasseitig sind die Vorgänge ähnlich.

Die niedrigste Abgastemperatur werden die bei A_R eintretenden Rauchgase haben, Linie R_2, die höchste die bei B_R eintretenden, Linie R_1. Die mittlere Abgastemperatur sei ϑ_R.

Der Wärmeübergang von Rauchgas an Blech und von Blech an Luft erfolgt zwar zeitlich phasenverschoben, kann aber trotzdem wie bei einer normale Rekuperator-Heizfläche gerechnet werden. Ist F die gesamt doppelseitig gerechnete Blechheizfläche, $F_R = F x_R$ der rauchgasseitig und $F_L = F x_L$ der luftseitig gelegene Teil, ist nach sinngemäßer Anwendung von Gl. (155) und (158), bei Vernachlässigung der Wärmeleitung sowie des Einflusses der periodischen Schwankung der Blechtemperatur, die übertragene Wärmemenge:

$$Q = \frac{F_R \Theta}{\frac{F_R}{F_L \alpha_L} + \frac{1}{\alpha_R}} \tag{553}$$

Hier sind α_L und α_R die Wärmeübergangszahlen für Luft und Rauchgas und Θ die mittlere logarithmische Temperaturdifferenz zwischen Rauchgasen und Luft. Mit Einführung der Werte x_R, x_L folgt:

$$Q = \frac{F \Theta}{\frac{1}{\alpha_R x_R} + \frac{1}{\alpha_L x_L}} \tag{554}$$

Sowohl die Wärmeübergangszahl α_R als α_L sind nach folgender Beziehung zu ermitteln[1]:

$$\alpha_R = 212 L^{-0,05} (w p)^{0,5} (\gamma c_p \lambda)^{0,5} \tag{555}$$

Es ist L die Rotorhöhe in m, w die Geschwindigkeit in m/s, p der absolute Druck in kg/cm², γ die Wichte, c_p die spezifische Wärme und λ die Wärmeleitzahl. Die Formel gilt für eine Spaltweite von 4 mm. Der Ausdruck $(\gamma c_p \lambda)^{0,5}$ nimmt geringfügig mit sinkender Temperatur zu und beträgt im Mittel etwa 0,075. Die Geschwindigkeit wird mit 4 bis 9 m/s gewählt. Die mittlere Kanalbreite zwischen den Blechen beträgt etwa 3 bis 4 mm. Dann ergibt sich α_R und α_L ungefähr zu 30 kcal/m²h °C und der Ausdruck $\frac{1}{\frac{1}{\alpha_R x_R} + \frac{1}{\alpha_L x_L}}$ etwa zu 10 bis 12 kcal/m²h °C.

Es kann dann nach Gl. (554) die notwendige Heizfläche F berechnet werden. Nun ist noch die Bedingung zu erfüllen, daß das Heizflächenblech in der Lage ist, die zugeführte Wärmemenge zu speichern. Das stündlich zur Verfügung stehende Speichergewicht ist $s_E \gamma_E n\, 60\, F/2$, wobei s_E die Stärke des Bleches, γ_E die Wichte des Eisens und n die Drehzahl in U/min bedeutet. Dann ist, wenn c_E die spezifische Wärme von Eisen und $\Delta \vartheta_E$ die zulässige Schwankung der Eisentemperatur bedeutet, die zu etwa 10 °C angenommen wird:

$$Q = s_E \gamma_E n\, 30\, c_E \Delta \vartheta_E F \tag{556}$$

Aus dieser Gleichung kann, wenn S_E, wie schon angegeben, zu etwa 0,5 mm gewählt wird, die erforderliche Drehzahl n berechnet werden.

In obiger Rechnung ist nicht der axiale Wärmefluß im Rotor vom wärmeren zum kälteren Ende berücksichtigt. Er verringert die Leistungsfähigkeit des Luvos, doch kann dieser Einfluß normalerweise vernachlässigt werden.

Die Vorteile des Ljungströmluvo liegen im geringen Platzbedarf (etwa ein Fünftel jenes vom Plattenluvo), geringem Gewicht, Unempfindlichkeit gegen Korrosionen, seine Nachteile im Undichtheitsverlust, der größeren Zusetzgefahr infolge der engen Spalten, der Notwendigkeit einer gewissen Wartung und des Eindringens von Asche in die Luftkanäle.

[1] LOSCHGE: Die Dampfkessel, 8. Aufl. Berlin: Springer. 1937.

E. Kesselgerüst

1. Allgemeine Angaben

Das Kesselgerüst nimmt die abzustützenden Lasten des Kessels auf und überträgt sie auf das Fundament. Ferner soll es einen Halt für die Einmauerung und Wärmeisolierung bieten und schließlich bereits bei der Montage die Möglichkeit des Aufziehens der Kesselteile und des Abstützens dieser geben. Daher wird bei jeder Kesselmontage das Gerüst als erstes aufgestellt. Anschließend sollen die Stiegen und Laufbühnen montiert werden, um eine gute Zugänglichkeit von Anbeginn zu ermöglichen.

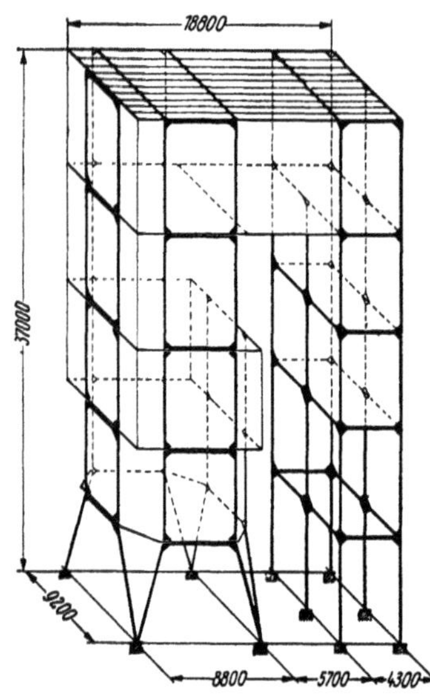

Abb. 275. Kesselgerüst in Schweißkonstruktion[1]

Entsprechend diesen Aufgaben besteht ein Kesselgerüst gewöhnlich aus Ecksäulen, welche durch Längs- und Querträger mit entsprechend versteiften Ecken zu Rahmen verbunden sind. An dieses System können weitere Säulen, z. B. die Ecksäulen für die Nachheizfläche, angeschlossen sein.

Die Ecksäulen gehen entweder unmittelbar von der Eisenbeton-Fundamentplatte aus (Abb. 27), deren Ausdehnung gewöhnlich dem Grundriß des ganzen Kessels entspricht, oder es werden Eisenbetonstützen bzw. Rahmen bis zur Heizerstandshöhe geführt (Abb. 14). Oft wird das über Heizerstand liegende Gerüst auf einen eigenen Tragrost gestellt, welcher in Stahlrahmenkonstruktion ausgeführt ist (Abb. 28).

Zwischen Säulen und Trägern werden weitere Profileisen ⊏ oder I, Nr. 16 bis 22, eingezogen, welche die eigentliche Mauerwerksverankerung bilden. Die Horizontalteilung dieser wird etwa 1800 mm, die Vertikalteilung etwa 2000 mm ausgeführt.

In Abb. 276 ist das Gerüst eines Strahlungskessels dargestellt, während Abb. 275 schematisch ein Gerüst in gewichtssparender Rahmenbauweise für einen Kessel 200 t/h Leistung zeigt[2].

Die Gerüstteile können entweder vor dem Mauerwerk stehen oder ummauert sein. Dies soll jedoch höchstens an drei Seiten erfolgen, damit wenigstens über die vierte eine Kühlung möglich ist. Vor das Kesselsystem werden die Gerüstsäulen immer dann gesetzt, wenn es sich bei ersterem um eine freitragende oben aufgehängte Bauweise handelt, Abb. 30a, 30b. Die Gerüstteile sind, wenn sie eingemauert werden, vor Erwärmung zu schützen, indem gegen innen zu, vor dem Profil, eine Wärmeisolierung vorgesehen wird. Sonst können außerordentlich hohe Wärmespannungen auftreten. Beispielsweise wird bei einem I, Nr. 30, von 6,5 m Länge, welches auf 115 °C erwärmt und dessen Dehnung behindert wird, die Knickkraft bereits erreicht. Es sind daher Übertemperaturen von mehr als 80 °C zu vermeiden, oder es ist Luftkühlung vorzusehen. Dies ist auch bei vollkommen ummauerten Trägern, wie sie als Unterstützung für Mauerwerk oder Heizflächen vorkommen, nötig. Vielfach müssen auch Träger zur Abstützung einer Heizfläche durch einen Rauchgaszug geführt werden. In diesem Falle ist der Träger außen zu isolieren und mit Luftkühlung zu versehen. Die Luftkühlung kann durch Anschluß an die Saugseite des Unterwindventilators oder in untergeordneten Fällen mit Hilfe der Schornsteinwirkung angesetzter vertikaler Rohre von etwa 2 m Höhe erfolgen.

---

[1] Pich und Diederichs: Neue Wege im Kesselgerüstbau. BWK 1955, Bd. 7, Nr. 5.

[2] Pich und Diederichs: BWK 1955, S. 212.

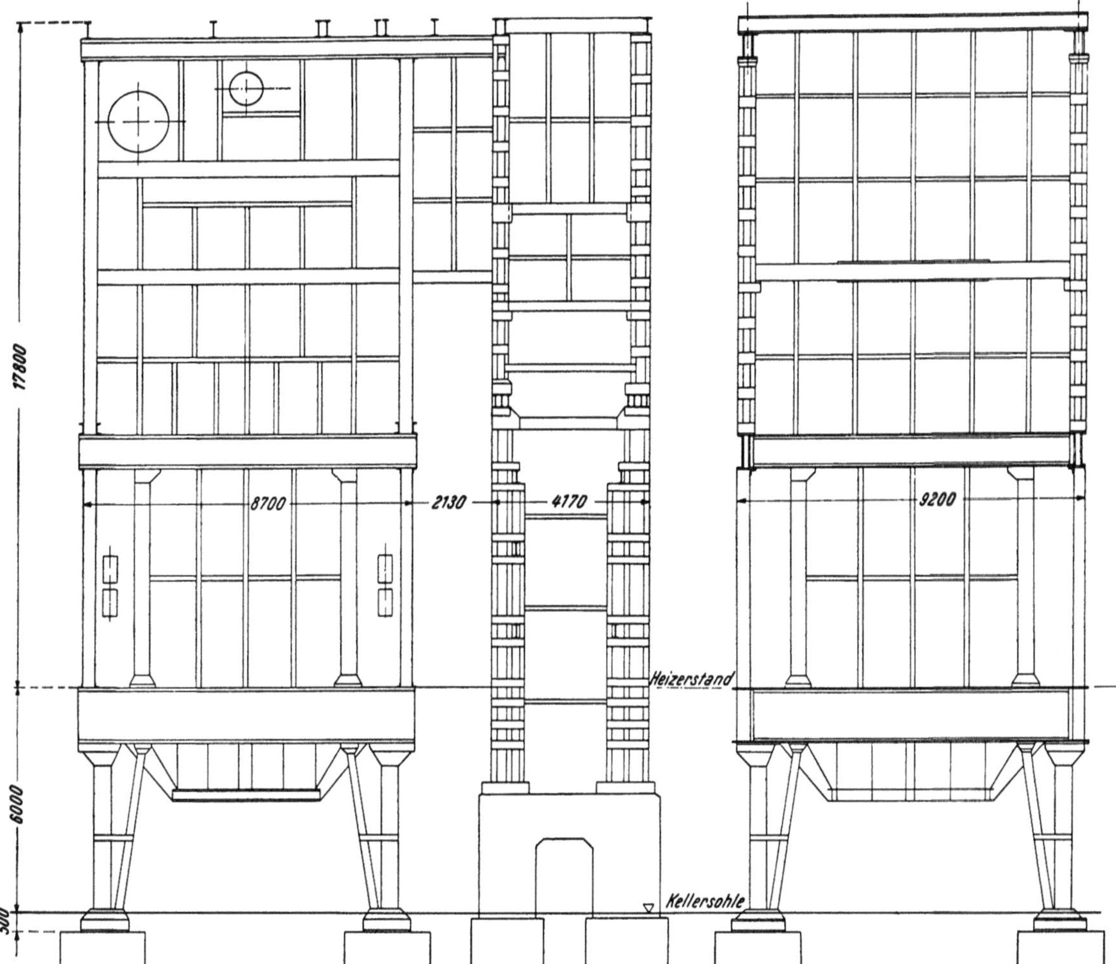

Abb. 276. Kesselgerüst eines Strahlungskessels für 125 t/h Dampfleistung mit Kohlenstaubfeuerung

2. Berechnung des Gerüstes

Um die Berechnung der im Gerüst auftretenden Spannungen durchzuführen, müssen zunächst die Lasten ermittelt werden. Dies sind die Gewichte aller abgestützten Kesselteile mit Wasserfüllung, soweit es dem Betriebszustand entspricht, ferner jene des getragenen Mauerwerkes. Schlackentrichter werden als zur Hälfte gefüllt angenommen. Zu dem Eigengewicht der Bühnen und Decken ist eine Verkehrslast von 250 kg/m² zuzuschlagen. Die Wichten können gemäß Zahlentafel 95a eingesetzt werden.

Das Gerüstgewicht G in kg kann schätzungsweise nach der Faustformel $G = V \times$ (50 bis 60) berechnet werden, wenn V das Kesselvolumen innerhalb des Gerüstes in m³ ist. Bei kleineren Anlagen entspricht das Gerüstgewicht in t der stündlichen Dampferzeugung in t/h. Als Werkstoff für das Gerüst kommt St 00.12, Handelsbaustahl, und St 37.12 in Frage. Sofern der betreffende Bauteil kalt liegt, können die in Zahlentafel 95b angeführten Spannungen in kg/cm² zugelassen werden.

Zahlentafel 95a. *Wichten von Kesselmauerwerk*

	Wichte in kg/m³
Schamotte (Feuerraum)	2000
Schamotte (Nachheizfläche)	1800
Hängedecken mit Gußträgern	2200
Ziegelmauer	1800
Kieselgurmauer	500
Diatomitmauer	300
Schlackenwollematratzen	300
Schlacke	1000
Flugasche	300

Zahlentafel 95b. *Zulässige Beanspruchungen*

Beanspruchung kg/cm²	St 00.12		Handelsbaustahl		St 37.12	
	1	2	1	2	1	2
Zug	1000	1000	1200	1400	1200	1400
Schub	800	800	960	1120	960	1120

Die unter 1 angegebenen Werte gelten ohne, die unter 2 mit Berücksichtigung der Verkehrslast.

Erwärmen sich die Bauteile, nimmt man niedrigere zulässige Spannungen an. Man kann bei Handelsbaustahl, ohne Berücksichtigung der Verkehrslast, etwa Zug- und Biegungsspannungen gemäß Zahlentafel 96 zulassen.

Zahlentafel 96. *Zulässige Beanspruchungen bei Erwärmung in kg/cm²*

Tragrost-Ecksäulen	1200
Säulen bei Blechverkleidung	1100
Säulen, dreiseitig eingemauert	1000
Kesseldeckenträger	700 bis 1000
Träger im Mauerwerk	650
Hängedeckenträger	500 bis 600

Zur Durchführung der statischen Berechnung haben zunächst die Auflagerdrücke der Lasten auf dem Hauptrahmensystem bestimmt zu werden. Anschließend berechnet man die Biegungsmomente nach den Rahmenformeln[1] und anschließend die Spannungen in den zunächst angenommenen Profilen. Bei kleineren Gerüsten ist es nicht erforderlich, die Rahmenformeln zu verwenden, sondern es können die Verbindungen von Trägern und Säulen als Gelenke aufgefaßt werden.

In der Folge werden für die wichtigsten Anwendungsfälle die Rahmenformeln nach KLEINLOGEL angeführt. Es seien, bei Belastung mittels einer gleichmäßig verteilten Last q in kg/cm, J_1, J_2, J_3 die Trägheitsmomente, wie in Abb. 277a eingezeichnet. Es sind zunächst die Hilfsgrößen

$$K_1 = \frac{J_3 h}{J_1 L}, \quad K_2 = \frac{J_3 h}{J_2 L}, \quad R_1 = 2(3K_1 + 1), \quad R_2 = 2(1 + 3K_2), \quad R_3 = 2(K_1 + K_2)$$

$$N = (6K_1K_2 + R_3)(K_1 + 1 + K_2) + 12K_1K_2$$

$$n_{1,1} = \frac{R_2R_3 - 9K_2^2}{3N}, \quad n_{2,1} = n_{1,2} = \frac{9K_1K_2 - R_3}{3N}, \quad n_{2,2} = \frac{R_1R_3 - 9K_1^2}{3N}$$

$$n_{1,3} = \frac{K_1R_2 - K_2}{N}, \quad n_{2,3} = \frac{R_1K_2 - K_1}{N}$$

$$x_1 = \frac{qL^2}{4}(n_{1,1} + n_{2,1}), \quad x_2 = \frac{qL^2}{4}(n_{1,2} + n_{2,2}), \quad x_3 = \frac{qL^2}{4}(n_{1,3} + n_{2,3})$$

und dann die Momente und Reaktionen zu berechnen:

$$M_B = -x_1, \quad M_C = -x_2, \quad M_A = x_3 - x_1, \quad M_D = x_3 - x_2$$

$$M_{\max} = \frac{qL^2}{8} + \frac{M_B + M_C}{2}, \quad H_A = H_D = \frac{x_3}{h}, \quad V_D = \frac{qL}{2} - \frac{x_1 - x_2}{L}$$

$$V_A = \frac{qL}{2} + \frac{x_1 - x_2}{L}$$

[1] KLEINLOGEL: Rahmenformeln. Berlin: W. Ernst. Mehrteilige Rahmen. Berlin: W. Ernst.

Bei einer Einzellast P (Abb. 277b) folgt:

$$K = \frac{J_2 h}{J_1 L}, \quad N_1 = K + 2, \quad N_2 = 6K + 1, \quad \alpha = \frac{a}{L}, \quad \beta = \frac{b}{L}$$

$$\begin{matrix} M_A = \\ M_D = \end{matrix} \frac{Pab}{L}\left[\frac{1}{2N_1} \mp \frac{\beta - \alpha}{2N_2}\right], \quad \begin{matrix} M_B = \\ M_C = \end{matrix} -\frac{Pab}{L}\left[\frac{1}{N_1} \pm \frac{\beta - \alpha}{2N_2}\right]$$

$$M_P = \frac{Pab}{L} + \beta M_B + \alpha M, \quad V_A = P\beta\left[1 + \frac{\alpha(\beta - \alpha)}{N_2}\right], \quad V_D = P - V_A$$

$$H_A = H_D = \frac{3Pab}{2LhN_1}$$

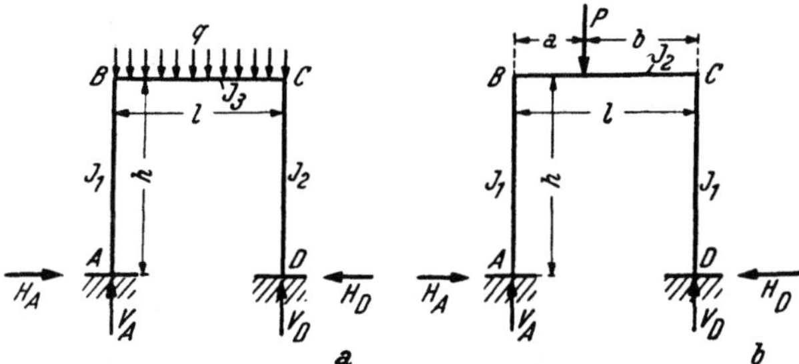

Abb. 277. Rahmen *a* mit gleichmäßiger Belastung; *b* mit Einzellast

Ist ein geschlossener Rahmen vorhanden (Abb. 278a), ergibt sich bei gleichmäßig verteilter Last, wobei S_1, S_2, S_2' und S_3 Stabkräfte sind:

$$k_1 = \frac{J_3}{J_1}, \quad k_2 = \frac{J_3 h}{J_2 L}, \quad K_1 = 2k_2 + 3, \quad K_2 = 3k_1 + 2k_2, \quad R_1 = 3k_2 + 1, \quad R_2 = k_1 + 3k_2$$

$$N_1 = K_1 K_2 - k_2^2, \quad N_2 = 1 + k_1 + 6k_2$$

$$M_A = M_D = \frac{qL^2 k_2}{4N_1}, \quad M_B = M_C = -\frac{qL^2 K_2}{4N_1}, \quad M_{\max} = \frac{qL^2}{8} + M_B$$

$$S_1 = -S_3 = \frac{-M_A + M_B}{h}, \quad S_2 = S_2' = \frac{qL}{2}, \quad V_A = V_D = \frac{qL}{2}$$

Abb. 278. Geschlossener Rahmen *a* mit gleichmäßiger Belastung; *b* mit Einzellast

Bei einer Einzelkraft P (Abb. 278b) folgt:

$$\alpha = \frac{a}{L}, \quad \beta = \frac{b}{L}, \quad \mathfrak{L} = Pa\beta(1 + \beta), \quad \mathfrak{R} = Pb\alpha(1 + \alpha)$$

$$\mathfrak{L} + \mathfrak{R} = \frac{3Pab}{L}, \quad \mathfrak{L} - \mathfrak{R} = P(b - a)\alpha\beta, \quad \mathfrak{M}_r = Pb, \quad \mathfrak{M}_L = Pa$$

$$\mathfrak{k}_1 = \frac{J_3}{J_1}, \quad \mathfrak{k}_2 = \frac{J_3 h}{J_2 L}, \quad K_1 = 2\mathfrak{k}_2 + 3, \quad K_2 = 3\mathfrak{k}_1 + 2\mathfrak{k}_2, \quad N_1 = K_1 K_2 - \mathfrak{k}_2^2$$

$$N_2 = 1 + \mathfrak{k}_1 + 6\mathfrak{k}_2$$

$$\begin{matrix} M_A = \\ M_D = \end{matrix} \frac{(\mathfrak{L} + \mathfrak{R})\mathfrak{k}_2}{2N_1} \mp \frac{\mathfrak{L} - \mathfrak{R}}{2N_2}, \quad \begin{matrix} M_B = \\ M_C = \end{matrix} \frac{-(\mathfrak{L} + \mathfrak{R})\mathfrak{k}_2}{2N_1} \mp \frac{(\mathfrak{L} - \mathfrak{R})}{2N_2}$$

$$S_1 = -S_3 = \frac{-M_A + M_B}{h}, \quad S_2 = S_2' = \pm\frac{\mathfrak{L} - \mathfrak{R}}{LN_2}, \quad V_A = \frac{\mathfrak{M}_r}{L}, \quad V_D = \frac{\mathfrak{M}_L}{L}$$

$$M_P = P\beta a + \frac{b}{L} M_B + \frac{a M_c}{L}$$

Handelt es sich um einen zusammengesetzten Rahmen, z. B. nach Abb. 279, wird das System $BCDE$ mit der Kraft P als geschlossener Rahmen, ferner $ABEF$ mit P' als offener Rahmen gerechnet. Das Moment, welches von P stammend sich auf $ABEF$ auswirkt, kann vernachlässigt werden, da es klein ist und versteifend wirkt. Bei den Druckkräften auf die Stiele AB und EF müssen naturgemäß P und P' Berücksichtigung finden.

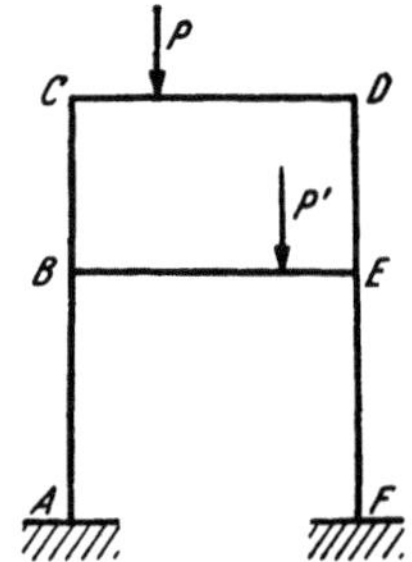

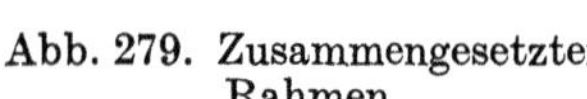

Abb. 279. Zusammengesetzter Rahmen

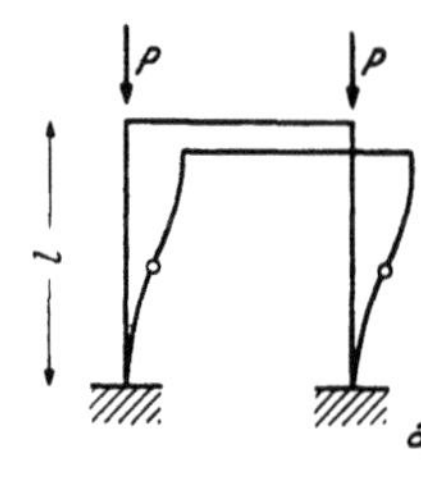

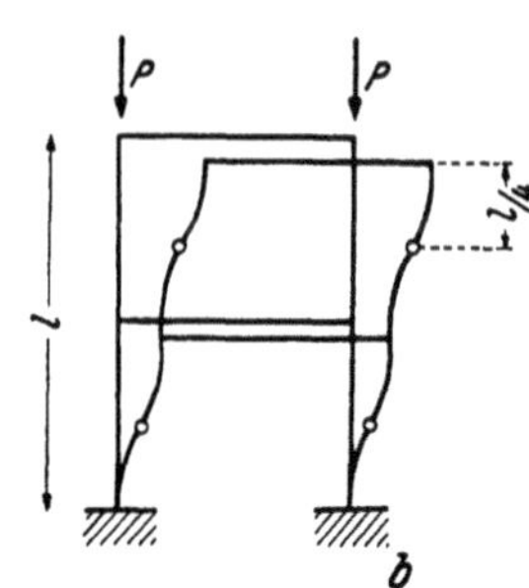

Abb. 280. Knickung
a eines einfachen Rahmens; *b* eines zusammengesetzten Rahmens

Die Berechnung der Säulen hat auf Knickung zu erfolgen. Hier ist die Frage der einzusetzenden Knicklänge zu untersuchen, da die Verhältnisse infolge der zahlreichen Längs- und Querverstrebungen schwierig zu überblicken sind.

Kann man das Haupttragsystem als einfachen Rahmen auffassen (Abb. 280a) und ist das Trägheitsmoment des oberen Trägers genügend groß, zeigt die Abbildung das Deformationsbild. Da die Wendepunkte sich wie Gelenke verhalten, ist dann als Knicklänge die doppelte Entfernung von der Einspannstelle zum Wendepunkt, d. i. L, einzusetzen. Nun ist einerseits der Querträger nicht unendlich steif, andererseits doch immer zusätzliche Quer- und Längsversteifungen vorhanden, so daß empfohlen wird, als Knicklänge L zu belassen.

Besitzt der Rahmen einen Zwischenriegel nach Abb. 280b, stellt sich bei großer Steifigkeit der beiden Querträger die gezeichnete Verformung ein. Als Knicklänge würde $2 \cdot \frac{L}{4} = \frac{L}{2}$ einzusetzen sein. Es empfiehlt sich jedoch, hier mit einer Knicklänge von etwa $0{,}6 \cdot L$ zu rechnen.

Zug- und Druckspannungen werden nach

$$\sigma = \frac{P}{F} \tag{557}$$

Biegespannungen nach

$$\sigma_B = \frac{M}{W} \tag{558}$$

Schubspannungen nach

$$\tau = \frac{P}{f} \tag{559}$$

berechnet. Es ist σ, σ_B, τ die zulässige Zug-, Biege-, Schubspannung, P die Kraft, F bzw. f der Nettoquerschnitt, M das Biegungsmoment, W das Widerstandsmoment. Treten geschweißte Verbindungen auf, ist für die Schweißstelle die zulässige Spannung auf 80% herabzusetzen. Die Bemessung der Schweißnaht kann nach DIN 4100 erfolgen.

Zahlentafel 97. *Werte ω für die Knickberechnung für St 00.12 und St 37.12*

λ	ω
0	1
50	1,17
100	2,36
150	5,32
200	9,46

Bei Knickung erfolgt die Berechnung nach

$$\sigma = \frac{P\omega}{F} \tag{560}$$

σ darf den bei Druck zulässigen Wert nicht überschreiten, während der Wert ω vom Schlankheitsgrad λ nach Zahlentafel 97 abhängt.

Hierbei ist $\lambda = \frac{L}{i}$, wobei L die Knicklänge und i den kleinsten Trägheitsradius des Profiles bedeutet. Dieser wieder ist definiert durch die Beziehung $i = \sqrt{\frac{J}{F}}$, wenn J das kleinste Trägheitsmoment und F den Querschnitt bezeichnet.

Säulen mit $\lambda > 150$ sind unzulässig.

Tritt schließlich der häufige Fall einer gleichzeitigen Knick- und Biegebeanspruchung ein und ist wieder σ die zulässige Druckspannung, folgt nach DIN 1050:

$$\sigma = \frac{P\omega}{F} + \frac{M}{W}$$

Die Bezeichnungen in dieser Gleichung sind die gleichen wie weiter oben.

F. Einmauerung

1. Eigenschaften des Baumaterials

Nach beendeter Montage und durchgeführter Druckprobe wird der Kessel eingemauert. Ist die innere Rauchgasführung bereits durch Rohrwände, Membranwände oder dgl. begrenzt, tritt oft an die Stelle der Einmauerung eine Wärmeisolierung mit außen abschließender Blechverschalung.

Der Zweck der Einmauerung besteht in der Führung der Rauchgase, der Wärmeisolierung nach außen, der Verhinderung des Falschlufteintrittes und seltener der Abstützung bestimmter Teile, sofern dies nicht bereits durch das Gerüst erfolgt.

Die Einmauerung muß zur Erfüllung der geschilderten Zwecke feuerfest, widerstandsfähig gegen Schlackenangriff, wärmeisolierend, standfest und luftdicht sein. Alle fünf Forderungen können jedoch nicht vom gleichen Material erfüllt werden. Den beiden ersteren Forderungen entspricht die Schamotte, der dritten Isoliermasse, an Stelle welcher auch ein Luftspalt treten kann, und der vierten und fünften Ziegelmauerwerk oder Blechverschalungen im Zusammenhang mit dem Gerüst. Die Wärmeleitzahl der Schamotte beträgt 1 bis 1,4 kcal/mh °C, jene von Isoliersteinen 0,1 bis 0,3 kcal/mh °C und die von Ziegelmauerwerk 0,35 bis 0,45 kcal/mh °C. Die Stärke von Ziegelmauerwerk mit Mörtelfuge ist 250, 380, 510 mm, entsprechend der Ziegeldimension von $250 \times 120 \times 65$.

Die Dicke des Schamottemauerwerkes ist 140 bis 250 mm, der Isolierschicht 60 bis 120 mm, des Luftspaltes 100 bis 200 mm. Die ganze Mauerdicke beträgt 500 bis 800 mm.

Der Beginn der Erweichung der Schamotte wird mittels Segerkegel bestimmt. Steine für Kesseleinmauerungen sollen Werte Segerkegel (SK) 26/28 (Einsinktemperatur 1585 °C) besitzen[1]. Das hierfür vorgesehene Anwendungsgebiet liegt jedoch unter 800 °C. Im Temperaturbereich zwischen 1100 °C und 1350 °C kommen Segerkegel 28/30 bis 33/34 (1635 bis 1755 °C) in Frage, bei noch höheren Temperaturen Segerkegel 34. Die Wahl innerhalb der genannten Grenzen hängt noch von der Schlackengefährdung und der Temperatur-Wechselbeanspruchung ab.

Als Druckfeuerbeständigkeit wird die Temperatur bezeichnet, bei welcher ein Zusammensinken der Probe bei einer Druckbelastung von 2 kp/cm^2 erfolgt. Diese ist eine wichtige Kennzeichnung des Verhaltens eines Steines und soll nicht unter 1330 °C liegen.

Weitere Kennzeichnungen des Steines sind die Temperaturwechselbeständigkeit, Raumbeständigkeit, Porösität, Verschlackungsbeständigkeit, Wärmeleitfähigkeit, Luftdurchlässigkeit und Kaltdruckfestigkeit[1].

Die Kaltdruckfestigkeit soll für Mauern 130 bis 150 kp/cm^2, für Hängedecken 100 kg/cm^2 betragen. Zulässige Druckspannungen für Mauerziegel können aus Zahlentafel 98 entnommen werden.

[1] Rasch: Dampfkesseleinmauerungen. Energie 1955, S. 125, 208, 283, 335, 383, und 1956, S. 9, 43, 86.

Die Luftdurchlässigkeit einer Mauer wird nach der Gleichung

$$M = \frac{\varepsilon F \Delta p}{s} \tag{561}$$

berechnet. Es ist M die Undichtheitsmenge in m^3/h, F die Oberfläche der Mauer in m^2, Δp die Druckdifferenz in mm/WS, s die Mauerstärke in cm und ε eine Konstante, welche stark von der Art der Ziegel und Mauerung abhängt (Zahlentafel 99). So ergibt sich

Zahlentafel 98. *Zulässige Druckspannungen für Mauerwerk in kp/cm²*

Mauerziegel. porig	3 bis 6
„ II. Kl.	7
„ I. Kl.	10
Hartbrandziegel	18
Klinker	35

Zahlentafel 99. *Konstante* ε *in* $\frac{cm \cdot m^3}{m^2\, mm\, WS \cdot h}$

Steine mit Mörtel gemauert	12 bis 18
Trockene, nicht rissige Mörtelfuge	7 bis 13
Silikatstein	0,1 bis 0,3

z. B. bei einem Kessel für 10 t/h Dampferzeugung mit einer Mauerblockhöhe von 12 m, einer Tiefe von 10 m und einer Breite von 4 m, einer mittleren Druckdifferenz von 14 mm/WS, einer mittleren Wandstärke von 50 cm, bei $\varepsilon = 15$, eine Falschluftmenge von 1850 m^3/h, was ungefähr 10% der gesamten Rauchgasmenge ist.

Die Steine werden in Abhängigkeit vom prozentuellen Tonerdegehalt (Al_2O_3) in VGB-Gütegruppen 0 bis VI eingeteilt. Wird diese niederer, verringert sich auch der Segerkegel. Für ungeschützte Steine im Feuerraum kommt die Gütegruppe 0 bis II, bei niedrigeren Temperaturen auch III in Frage. Für geschützte Teile des Feuerraumes wird IV, für den 2. und 3. Zug V und VI genommen. Die ungefähre Zusammensetzung der Schamotte ist $Al_2O_3 \cdot 2SiO_2$. Saure Steine enthalten 75 bis 95% SiO_2, basische 30 bis 42% Al_2O_3.

Für saure Schlacken sind auch saure Steine (Quarzschamotte) zu verwenden. Bei neutralen Schlacken kommen sie bis 1400 °C ebenfalls in Frage. Bei höheren Temperaturen ebenso wie bei basischen Schlacken sind basische Steine zu benutzen.

Dringt Schlacke, welche Flußmittel, wie CaO, MgO, Fe_2O_3 besitzt, durch Poren in die Schamotte ein, kann der Schmelzpunkt stark herabgesetzt werden. Der Gehalt an Flußmitteln in der Schamotte soll möglichst klein sein und 5% nicht überschreiten. Der Gehalt an Fe_2O_3 soll nicht mehr als 3% betragen.

Hohe Schmelzpunkte besitzt Sillimanit, $Al_2O_3 \cdot SiO_2$, und Mullit, $3Al_2O_3 \cdot 2SiO_2$.

2. Ausführung der Einmauerung

Bei Ausführung des Mauerwerkes hat die Dehnungsmöglichkeit der inneren Schamottewände beachtet zu werden. Der lineare Ausdehnungskoeffizient von Schamotte ist etwa ein Drittel jenes von Eisen. Nur bei kleinen Feuerungswänden werden die Schamottewände direkt mit dem Hintermauerwerk eingebunden. Bei größeren Ausführungen erhält die Schamottewand vertikale (Abb. 281) und horizontale Dehnungsfugen (Abb. 282). In letzterem Falle muß der betreffende Wandabschnitt durch Konsolen, welche am Gerüst oder seltener im Hintermauerwerk abgestützt sind, getragen werden. Die Weite einer Fuge beträgt etwa $^1/_2$ bis 1% der Länge des Mauerabschnittes. Das Eindringen von Asche in erstere hat verhindert zu werden, was z. B. bei horizontalen Fugen durch Abschrägung gegen das Kesselinnere erfolgen kann.

In Abb. 282 wird die Schamottewand durch Stahlkonsolen, welche am Gerüst befestigt sind, getragen. Anschließend folgt ein Luftspalt, dann eine Isolierschicht und schließlich Ziegelmauerwerk. Die Kühlschirmrohre werden ebenfalls an der Konsole gehalten. Falls Fallrohre vorhanden sind, werden sie gewöhnlich im erwähnten Luftspalt geführt.

Die Schamottewand selbst wird in horizontalen und vertikalen Abständen von etwa 2 m durch Ankereisen mit dem Gerüst verbunden.

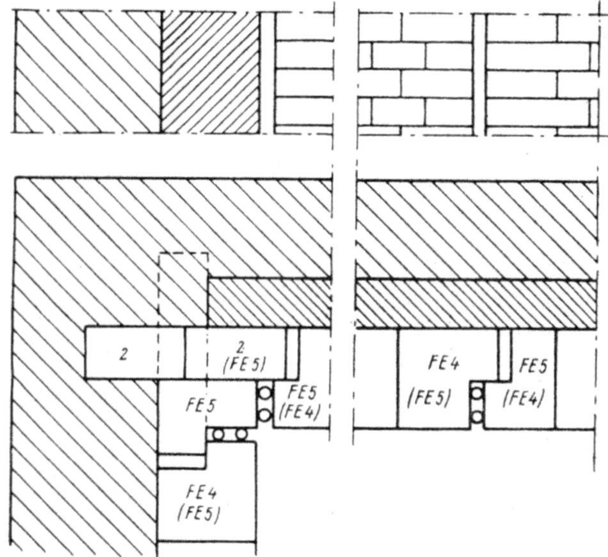

Abb. 281. Senkrechte Dehnfugen bei Mauerwerk [1]

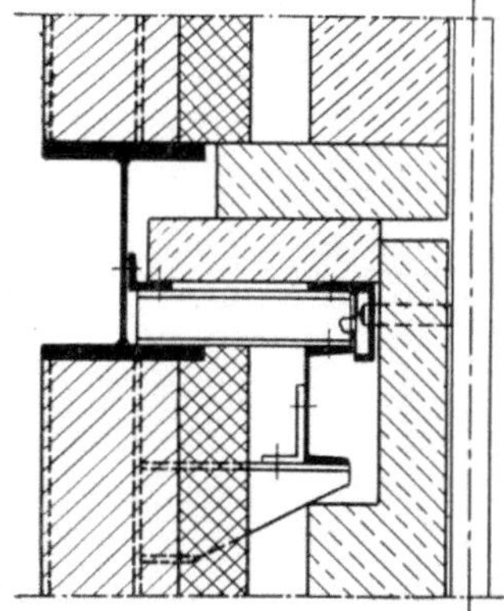

Abb. 282. Abfangung einer 250 mm Schamottewand und Rohrhalterung nach DIN E 2932

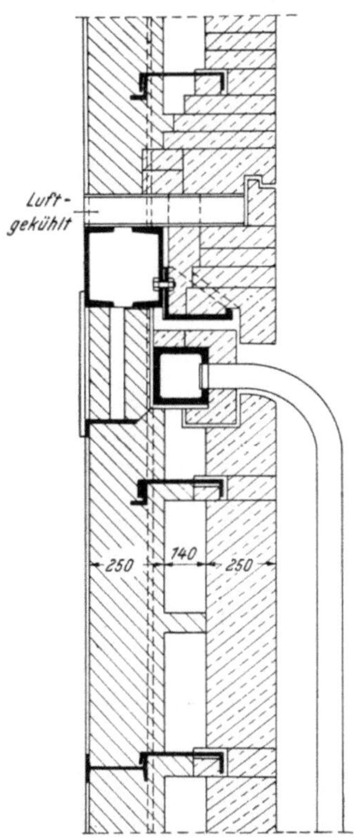

Abb. 283. Sammelkammer und horizontale Dehnfuge (Walther & Cie., Köln)

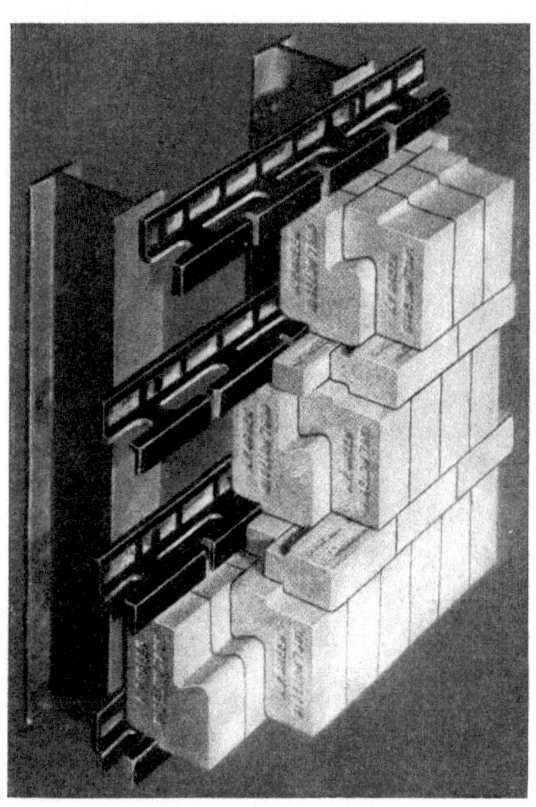

Abb. 284. Bigelow-Wand

[1] Betriebstechnische Merkblätter, Dez. 1955, Bl. 54. München: Franzis-Verlag.

Wenn in Höhe einer horizontalen Fuge gleichzeitig eine Sammelkammer angeordnet wird, zeigt Abb. 283 eine Ausführungsform.

Eine noch weitgehendere Aufteilung und Halterung der Schamottewand wird z. B. durch die Ausführungen von BIGELOW nach Abb. 284 erreicht. Hier ist jede Formsteinreihe in Gußträgern eingehängt. Bei der Detrick-Wandkonstruktion sind ebenfalls sämtliche Formsteine aufgefädelt, und zwar auf vertikalen Gußträgern.

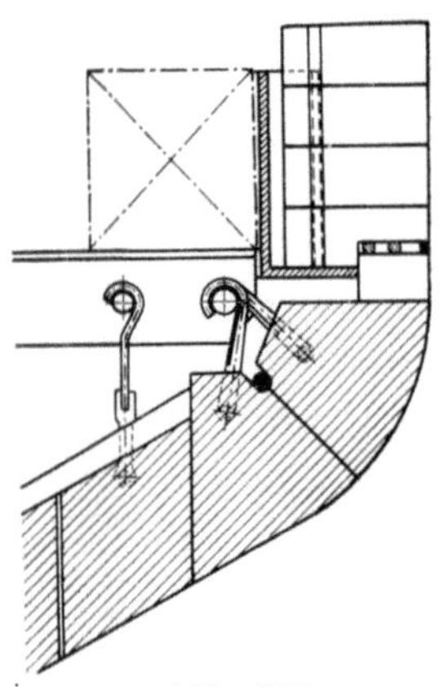

Abb. 285. Babcock-Hängedecke[1]

Hängedecken werden gleichfalls entweder an Gußträgern aufgefädelt oder es wird wegen des leichteren Ausbaues jeder Stein einzeln durch einen Haken gehalten, Abb. 285. Bei kleinen Kesseln können auch, sofern die Spannweite 2 m nicht überschreitet, für die Deckenkonstruktion Gewölbe verwendet werden. Zur Aufnahme der Stützkräfte sind dann Zugeisen vorzusehen.

Bei großen Einheiten ging die Entwicklung in der Richtung, das Gewicht der Mauerwerkmassen zu verringern. Dies führte zu Leichtbauweisen, wo, durch enge Rohrleitung ermöglicht, die Schamottedicke verringert und die weitere Wärmedämmung lediglich durch Isolierstoffe durchgeführt wird.

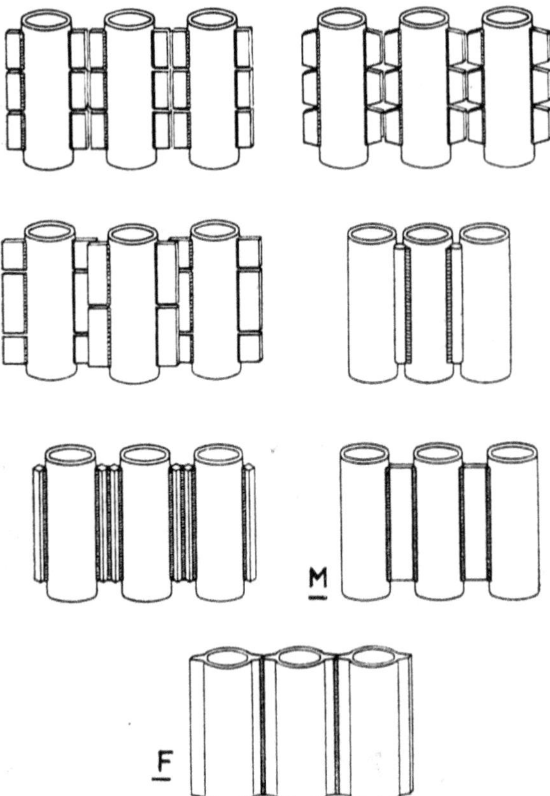

Abb. 286. Gasdichte Rohrwände mit Membran (M) und Flossenwänden (F)[2]

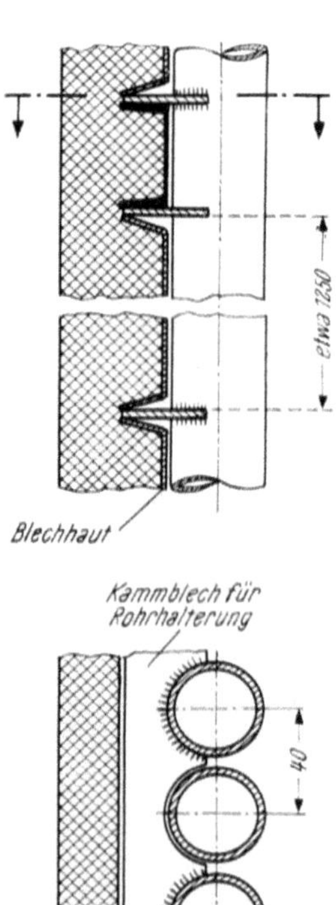

Abb. 287. Beispiel für die Ausbildung einer unmittelbar hinter den Rohren liegenden Blechverschalung[3]

[1] RASCH: Dampfkesseleinmauerungen. Energie 1955, Nr. 10.

[2] ROSAHL: Die Flossenwand, ein neues Bauelement für den modernen Hochleistungs-Dampferzeuger. Mitt. VGB 1963, Heft 83, S. 113.

[3] FRANK: Entwicklung zum mauerwerkfreien Kessel. Mitt. VGB 1963, Heft 83, S. 108, 109.

Den Abschluß bildet eine Blechverschalung (Abb. 28, 29). Isoliersteine bzw. -stoffe haben ein spezifisches Gewicht unter 0,56 kg/dm^3 und gehören hierzu Schaumsteine, Schlacken- und Basaltwolle. Als Füllmassen unter 300 °C dienen Schlackengranulat, Bimskies u. a.

Vielfach wurde in der Brennkammer durch Flossen, Abb. 282 und weiter durch Schweißen der Fugen, die Feuereinwirkung auf die Isolierung gänzlich aufgehoben, so daß hinter solchen Rohrwänden keine Schamotte mehr erforderlich ist. In Abb. 286 M, F sind gasdichte Rohrwände dargestellt. Bei diesen und ähnlichen Bauweisen ist Isolierung und Rohrwand ein gewöhnlich oben am Gerüst aufgehängtes Element, so daß eine gemeinsame Dehnung des ganzen Systems nach unten möglich ist, Abb. 30a, 30b.

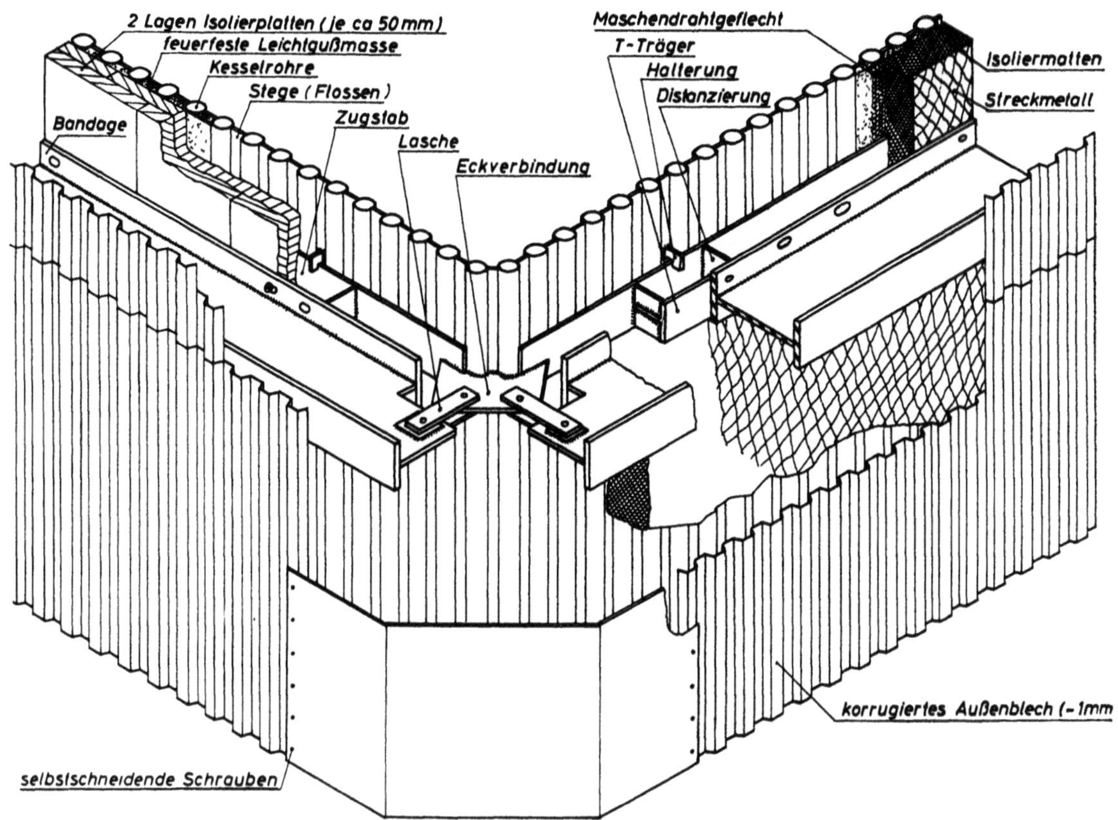

Abb. 288. Feuerraumecke bei vollständig geschweißten Flossenrohrwänden[1]

Der konstruktive Aufbau einer Feuerraumecke mit geschweißten Flossenrohren, ihrer Abstützung sowie Mattenisolation zeigt Abb. 288. In Abb. 287 ist eine andere Bauweise dargestellt, bei welcher die Rohre zwar eine enge Teilung besitzen, aber nicht miteinander verschweißt sind. Die Gasdichtheit wird durch eine unmittelbar hinter den Rohren angeordnete Blechwand bewirkt. Gegen außen ist diese noch mit einer Wärmeisolierung versehen.

In allen Fällen, wo in den Kesselzügen gegenüber der Außenluft ein höherer Druck herrscht, dringen heiße Rauchgase in die Poren der Steine ein, was insbesondere bei Brennkammermauern zu baldiger Zerstörung führt. Man nennt einen solchen Zustand „Stauhitze". Es soll daher an allen Stellen des Kessels der Innendruck unter dem Außendruck liegen, außer es ist eine dichte Blechverschalung vorhanden.

[1] Frank: Entwicklung zum mauerwerkfreien Kessel. Mitt. VGB 1963, Heft 83, S. 108, 109.

Die Dicke des Mauerwerkes bzw. der Isolationsschicht soll so gewählt werden, daß die Außentemperatur des Mauerwerkes 60 °C nicht übersteigt. Die Wärme wird von diesem durch Konvektion und Strahlung an die Umgebung übertragen. Der Wärmeübergangskoeffizient der Wand an Luft beträgt etwa 14 bis 16 kcal/m²h °C, wobei der Strahlungsanteil etwa 35% ausmacht.

G. Montage, Druckprobe

Der Zusammenbau der in der Werkstätte möglichst weitgehend fertiggestellten Teile des Kessels erfolgt während der Montage. Nur Kleinkessel und teilweise Schiffskessel werden in der Werkstätte fertig zusammengebaut. Vor Beginn der Montage soll das Kesselhaus bereits fertiggestellt sein. Ferner müssen die Fundamente des Kessels vorliegen und auf Maßrichtigkeit überprüft worden sein. Die Montage erfolgt in folgender Reihenfolge:

Gerüst, Stiegen, Trommeln, Sammelkammern, Rohre, Überhitzer, Eko und Luvo, Druckprobe, Einmauerung, äußere Rohrleitungen, Armaturen.

Nach beendeter Montage findet ein Ausheizen und Trocknen des Mauerwerkes statt. Anschließend folgt die Inbetriebsetzung. Man rechnet bei Wasserrohrkesseln je nach der Größe mit einer Dauer der Montage von 3 bis 6 Monaten.

Bezüglich der Druckprobe des Kessels gilt gemäß der DKV (Dampfkesselverordnung) folgende Vorschrift:

Der Wasserdruck erfolgt mit folgenden Versuchsdrücken in kg/cm²:

a) Bei Druckgefäßen (Dampfkesseln, Dampfgefäßen, Rauchgasvorwärmern und Überhitzern) in der Regel 1,3 p[1], mindestens aber eine Atmosphäre Mehrdruck;

b) bei Dampfkesseln und Dampfgefäßen, die im Innern nicht ausreichend besichtigt werden können, 1,5 p, mindestens aber eine Atmosphäre Mehrdruck;

c) bei Dampfkesseln, die nur aus nahtlosen oder geschweißten Trommeln oder Sammlern und daran befestigten Rohren bestehen, 1,2 p, auch wenn sie im Innern nicht ausreichend besichtigt werden können. Dies gilt auch für Dampfkessel mit eingenieteten Böden.

Bei Zwangsdurchlaufkesseln gilt gemäß den deutschen Vorschriften der Zusatz, daß der Prüfdruck mindestens das 1,1fache des Speisewassereintrittsdruckes, welcher bei höchster Dauerleistung vorliegt, betragen muß. Am Kesselende soll hierbei der Genehmigungsdruck herrschen, auf welchen auch die Sicherheitsventile eingestellt sind und der das 1,1fache des Betriebsdruckes ist.

H. Kesselausrüstung und Hilfseinrichtungen

1. Grobe Armatur

Unter der groben Armatur versteht man Einsteigtüren, Klappen, Entaschungs- und Entschlackungseinrichtungen, Gußteile für Zuglenkwände u. dgl. Auch Rußbläser seien hier erwähnt. Die Einsteigtüren dienen zum Einsteigen und Besichtigen der Rauchgaszüge des Kessels und sollen mindestens bei rechteckiger Form mit 45 × 45 cm, bei runder mit 60 cm Durchmesser ausgeführt sein. Bei Kohlenstaub-, Öl- oder Gasfeuerung sind Explosionsklappen in den Rauchgaszügen vorzusehen.

Klappen bzw. Rauchgasschieber dienen zur Zugregulierung, Überhitzungs-Temperaturregelung und zur Absperrung des Kessels vom Fuchskanal. Hier sind auch sogenannte

[1] Nach Angleichung an den ISO Boiler Code 1,25 *p*.

Zugsperren zweckmäßig, die im Wesen aus zwei hintereinander liegenden Schiebern bestehen, wobei ihr Zwischenraum mit der Außenluft in Verbindung steht. Auf diese Weise wird bei geschlossenem Schieber eine Fortdauer der Zugwirkung am abgestellten Kessel und somit eine vorzeitige Abkühlung verhindert. Normale Schieber sind hingegen im geschlossenen Zustand immer undicht.

Auch in Luftkanälen werden zur Regulierung der Luftpressung Klappen weitgehend angewendet.

Entaschungs- und Entschlackungseinrichtungen sind bereits auf S. 68, 89 behandelt.

2. Rußbläser

Rußbläser wurden bereits an mehreren Stellen erwähnt. Hier sei noch zusätzlich angeführt, daß das Blasen durch Dampf, Preßluft oder Sandstrahl erfolgen kann. Die erste Art ist die weitaus häufigste. Im höheren Temperaturbereich werden ausfahrbare Stoßbläser verwendet. Diese sind drehbar, so daß der aus der Düse austretende Strahl einen Kegelmantel beschreibt. Es gibt auch Bläser mit von Hand beliebig einstellbarer Strahlrichtung. Die Wirkweite ist etwa 5 m, falls im Düsenkopf Lavaldüsen angeordnet sind.

Im niedrigeren Temperaturgebiet werden Langrohrbläser benützt, die zahlreiche kleine Düsen besitzen. Sie sind entweder fix eingebaut oder erhalten eine drehende oder schraubenförmige Bewegung. Ihre Wirktiefe im Rohrbündel ist etwa 1,2 m. Im Eko und Luvo werden bewegliche Rahmenbläser verwendet. Bei Dampfbläsern ist auf gute Entwässerung vor jeder Inbetriebsetzung besonderes Augenmerk zu richten.

3. Feine Armatur

Die feine Armatur umfaßt alle Absperr-, Entwässerungs-, Entlüftungsventile, Dampfschieber, Rückschlagventile, Sicherheitsventile, Wasserstandseinrichtungen, Manometer u. dgl.

Laut Dampfkesselverordnung benötigt ein Dampfkessel ein Manometer und zwei (Schiffskessel drei) Wasserstandsvorrichtungen. Von diesen muß eine (bei Schiffskesseln zwei) als Wasserstandsglas ausgebildet sein. Sind Wasserstandsträger, das sind vorgezogene Rohre, vorgesehen, an denen beide Wasserstandsvorrichtungen angeschlossen sind, hat deren lichter Durchmesser mindestens 80 mm zu betragen. Verbindungsrohre einzelner Wasserstandsvorrichtungen mit dem Kessel müssen, sofern sie gerade sind, einen Mindestdurchmesser von 25 mm, wenn gebogen, von 30 mm aufweisen. (Bei Schiffskesseln je nach Kesselgröße 35 bis 45 mm.)

Die direkt anzeigenden Wasserstandsvorrichtungen haben bei niedrigeren Drücken eine Glasschaueinrichtung. Bei höheren Drücken verwendet man unterteilte Gläser oder an Stelle von Glas Glimmerplatten. Der Apparat wird durchleuchtet und ist so anzuordnen, daß der Wasserstand immer vom Heizerstand beobachtet werden kann.

Indirekt anzeigende Wasserstände sind z. B. der Siemens-Wasserstand, Igema-Wasserstand, Klappenwasserstand von Löffler, Wasserstandswaage von Pfleiderer u. v. a.

Ferner sind laut Gesetz mindestens zwei Sicherheitsventile vorzusehen, deren Querschnitt f in Quadratmillimeter, wie folgt, zu bestimmen ist:

$$f = 15 F \sqrt{\frac{1000}{p \gamma}} \qquad (562)$$

Es ist F die Kesselheizfläche in Quadratmeter, γ die Wichte des Dampfes in kg/m^3, p der Konzessionsdruck in atü. Für Heizflächenbelastungen über 30 kg/m^{2}h ergibt obige Formel zu kleine Querschnitte. Es finden dann Hochhubsicherheitsventile Verwendung, deren Hub $h \geqq d/4$ ist, wenn d den Ventildurchmesser bedeutet.

Für solche folgt:

$$f = \frac{3,7 \cdot D}{p}, \quad \text{wenn } h/d = 0,25 \text{ bis } 0,33, \text{ und } f = \frac{3,3 \cdot D}{p}, \quad \text{wenn } h/d \geqq 0,33 \text{ ist}^1.$$

D bedeutet die Dampferzeugung in kg/h, soll aber mindestens betragen: $30F$ bei Wasserrohrkesseln, $20F$ bei Großwasserraumkesseln, $15F$ bei Abhitzekesseln. Der lichte Ventildurchmesser soll 25 bis 100 mm, das Belastungsgewicht maximal 60 kg betragen.

4. Meßinstrumente, Automatik

Die gesetzlich vorgeschriebenen Meßinstrumente reichen bei einem größeren Kessel zur Betriebsführung nicht aus.

Daher besitzt ein solcher noch eine Reihe weiterer Instrumente. Vor allem werden Temperaturmeßgeräte für Speisewassereintritt und -austritt sowie für den Heißdampf vorgesehen. Ferner wird gewöhnlich ein CO_2- oder besser ein O_2-Messer zur Kontrolle der Verbrennung, ein Dampf- und ein Speisewasser-Mengenmesser zur Feststellung der erzeugten Dampfmenge sowie der gespeisten Wassermenge verwendet. Auch Rauchgas- und Lufttemperaturen werden zweckmäßigerweise gemessen. Oft sind eines oder mehrere dieser Geräte mit einem Farbschreiber verbunden, so daß die wichtigsten Betriebsgrößen später kontrollierbar sind. Zähler gestatten, den Verbrauch über beliebige Zeiträume abzulesen. Sind Kohlenstaubmühlen vorhanden, hat deren Mahltemperatur und Leistungsaufnahme angezeigt zu werden.

Die ganzen Meßinstrumente sind meist in einer Schalttafel, gemeinsam mit Manometer und heruntergezogenem Wasserstand, eingebaut und finden entweder vor dem Kessel oder in einer eigenen Schaltwarte Aufstellung.

Gewöhnlich werden in der Schalttafel auch alle Bedienungshebel zur Fernbetätigung der Kesselhilfsmaschinen und sonstigen Einrichtungen mit den Rückmeldeeinrichtungen eingebaut. Mittels letzterer kann man den jeweils eingestellten Betriebszustand erkennen, z. B. bei einem Ventilator die Drehzahl oder bei einer Klappe den Einstellwinkel usw. Die Einleitung des Regelvorganges erfolgt durch Stellen eines Schalters auf „Mehr" oder „Weniger". In der Mittelstellung des Schalters bleibt der bestehende Zustand erhalten.

Bei kleinen Anlagen wird auf eine elektrische Fernbetätigung vielfach verzichtet. Die Regelung der betreffenden Hilfsmaschinen oder sonstigen Einrichtungen erfolgt dann direkt durch Verstellung an Ort und Stelle. Durch Seilzüge, heruntergezogene Wellen usw. soll auch hier die Bedienung zentralisiert und so erleichtert werden.

Bei großen Anlagen wird der Betrieb oft automatisiert. Durch die exaktere und schnellere Regulierung werden dadurch die Druckschwankungen verringert und alle Regelgrößen genauer am Sollwert gehalten als bei Handregelung, so daß im Dauerbetrieb eine Automatik eine Wirkungsgradverbesserung bringt. Die Speisewassermenge und die Heißdampftemperatur werden bei einer großen Zahl von Kesseln automatisch geregelt. Bei der Vollautomatik wird außerdem in Abhängigkeit von der entnommenen Dampfmenge bzw. vom Dampfdruck, hinter dem Überhitzer Brennstoffmenge, Luftmenge sowie die Zugverhältnisse eingestellt.

5. Kesselhilfsmaschinen

Außer den mit der Feuerung in Verbindung stehenden Einrichtungen, wie Mühlen bei Kohlenstaubfeuerungen, Rostantrieb u. dgl., besitzt der Kessel an Hilfsmaschinen die Speisepumpen, ferner, je nach Notwendigkeit, Unterwind-, Sekundärluft- und Saugzugventilatoren. Auch eine Rauchgasentstaubung, die elektrisch oder mechanisch arbeiten

---

[1] Gemäß dem ISO Boiler Code liegt der Zahlenwert zwischen 21 (kein Hochhub, $p < 8$ kg/cm²) und 4,15 (Hochhub, $p > 8$ kg/cm², $D > 4,5$ t/h).

kann, wird, besonders bei größeren Kohlenstaubkesseln, meist vorgesehen. Die Entaschung benötigt bei größeren Anlagen eigene maschinelle Anlagen.

Bezüglich der vorzusehenden Speiseeinrichtungen besagt die Dampfkesselverordnung, daß mindestens zwei solche vorhanden sein müssen, die nicht von der gleichen Antriebsvorrichtung abhängen.

Die Förderleistung jeder Pumpe soll der 1,5fachen (in Deutschland 1,6fachen bzw. 1,25fachen, wenn die angeschlossenen Dampferzeuger zusammen mehr als 30 t/h Leistung oder automatische Speisewasserregelung besitzen) Normalleistung[1] des Kessels entsprechen. Sind mehrere Kessel gemeinsam in Betrieb, können sie wie ein Kessel behandelt werden. Sind mehr als zwei Pumpen vorhanden, können sie so bemessen werden, daß bei Ausfall der größten die restlichen noch imstande sind, eine Wassermenge entsprechend der 1,5fachen Normalleistung zu speisen.

Bei Zwangdurchlaufkesseln braucht nach den deutschen Vorschriften die Pumpenleistung nur der Kesselleistung zu entsprechen.

XV. Werkstoff

A. Einteilung des Werkstoffes

Der hauptsächlich im Dampfkesselbau verwendete Werkstoff ist der Stahl. Als Stahl bezeichnet man jedes ohne Nachbehandlung schmiedbare Eisen. Der im flüssigen Zustand gewonnene Stahl wird als Flußstahl bezeichnet.

Die für die Kessel notwendigen Werkstoffe werden unterschieden:

a) In Werkstoffe, welche direkt dem Dampfdruck ausgesetzt sind und daher typische Dampfkesselbleche oder Rohre sind;

b) in Baustahl, welcher nicht unter Druck steht und für Gerüste, Tragkonstruktionen, Aufhängekonstruktionen u. dgl. Verwendung findet.

Die Kennzeichnung eines gewöhnlichen Stahles erfolgt bei der ÖNORM durch die Bezeichnung „St“, ferner durch die Angabe der Mindestzugfestigkeit in kg/mm² und durch einen Buchstaben.

Bei der systematischen Kennzeichnung metallischer Werkstoffe in den DIN-Normen wird je nach Notwendigkeit von der Zusammensetzung, Erschmelzungsart, Sondereigenschaften, Festigkeit u. a. m. ausgegangen. So bedeutet z. B. C25 einen unlegierten Stahl mit 0,25% C-Gehalt[1]. Bei legierten Stählen verzichtet man auf den Buchstaben C, gibt jedoch außer dem C-Gehalt jenen der Legierungsbestandteile an (DIN 17006).

Das betreffende Legierungselement wird mit einem Faktor multipliziert angegeben. Dieser ist bei Co, Cr, Mn, Ni, Si 4, bei Al, Be, Cu, Mo, Nb, Pb, Ta, Ti, V, W, Zr 10 und bei C, N, P, S 100. Zum Beispiel bedeutet 10CrNi7232 einen Cr-Ni-Stahl mit 0,1% C, 18% Cr und 8 Ni. Im allgemeinen wird jedoch die Legierungskennzahl nur für die wichtigsten Zusatzelemente angegeben. Ferner wird eine nach einem Punkt geschriebene Ziffer benützt (Punkt 1 bis Punkt 9). Diese ist die Kennziffer über die Art des Gewährleistungsumfanges (DIN 17006, Blatt 3).

Handelt es sich um hochlegierte Stähle, wird ein X vorausgesetzt. Dieses bedeutet gleichzeitig, daß nunmehr der Multiplikationsfaktor für alle Bestandteile 1 ist. Lediglich für den Kohlenstoffstahl bleibt 100 bestehen. Zum Beispiel wäre die DIN-Bezeichnung für nichtrostenden Stahl mit 0,10% C, 18% Cr und 8% Ni ··· X10CrNi188.

[1] Nach den deutschen Dampfkesselbestimmungen statt „Normalleistung“ Gesamtdampfleistung.

B. Beanspruchungsarten

Die mechanischen Beanspruchungen, denen die Konstruktionsteile im Dampfkesselbau unterliegen, lösen Zug-, Druck-, Biege- und Schubspannungen aus. Diese sind der Rechnung zugänglich.

Außerdem kommen Einflüsse hinzu, welche durch die hohen Betriebstemperaturen, ferner durch Korrosion und Erosion sowohl wasserseitig als auch rauchgasseitig bedingt sind. Auch kann der Werkstoff im Laufe der Zeit wesentliche Veränderungen in seinen Festigkeitseigenschaften erleiden, wobei vielfach unrichtige Behandlung in der Werkstätte die Ursache ist. Ferner entstehen durch Wärmespannungen zusätzliche Beanspruchungen. Meistens treten diese Einflüsse kombiniert auf. Den geschilderten Einflüssen wird soweit als möglich bereits bei der Bemessung der unter Druck stehenden Teile durch gesetzliche Vorschriften Rechnung getragen. Diese sind in den Werkstoff- und Bauvorschriften für die Herstellung von Dampfkesseln festgelegt.

Den wichtigsten Hinweis über die Festigkeitseigenschaften des Werkstoffes gibt der Zugversuch. Dieser gestattet u. a. die Ermittlung der Proportionalitätsgrenze, der Streckgrenze, der 0,2-Grenze, der Zugfestigkeit und der Bruchdehnung. Die 0,2-Grenze wird dann verwendet, wenn keine ausgeprägte Streckgrenze beim Zugversuch auftritt, was im höheren Temperaturgebiet immer der Fall ist. Als 0,2-Grenze wird hierbei jene Spannung angesehen, welche nach Entlastung eine bleibende Dehnung des Probestabes von 0,2% zur Folge hat.

C. Zeitstandfestigkeit

In der Dampftechnik ist einer der wichtigsten Einflüsse auf die Festigkeit jener durch die Temperatur. Die Zugfestigkeit von Stahl nimmt wie bekannt mit steigender Temperatur zunächst langsam und über etwa 400 °C stark ab. Die Streckgrenze sinkt sofort. Während sich bei niedrigen Temperaturen noch eine ausgeprägte Streckgrenze zeigt, verschwindet diese bei höheren Temperaturen. Ferner kommt hier die Zeitdehngrenze und die Zeitstandfestigkeit hinzu. Normalerweise ist die Bemessungsgrundlage eines beanspruchten Maschinenteiles die Streckgrenze. Ab 350 °C tritt an ihre Stelle die Warmstreckgrenze bzw. die 100000 h/Zeitstandfestigkeit. Als Warmstreckgrenze nach DIN 50.112 gilt der Knick in der Spannungsdehnungskurve. Prägt sich dieser nicht deutlich genug aus, tritt an Stelle der Warmstreckgrenze die 0,2-Grenze. Diese ist diejenige Spannung, welche beim Zugversuch, nach Entlastung eine bleibende Dehnung von 0,2% hinterläßt. Bei weiterer Steigerung der Temperatur gäbe die 0,2-Grenze zu hohe Werte. Daher gilt ab dort als Bemessungsgrundlage die Zeitstandfestigkeit nach DIN 50.118 und 50.119. Diese ist jene ruhende Last, welche nach einer bestimmten Zeit z.B. 100000 h den Bruch der Probe bewirkt ($\sigma_{B/100000}$). Daneben ist auch die Zeitdehngrenze zu beachten. Diese ist jene Spannung, die nach einer bestimmten Zeit z. B. 100000 h eine

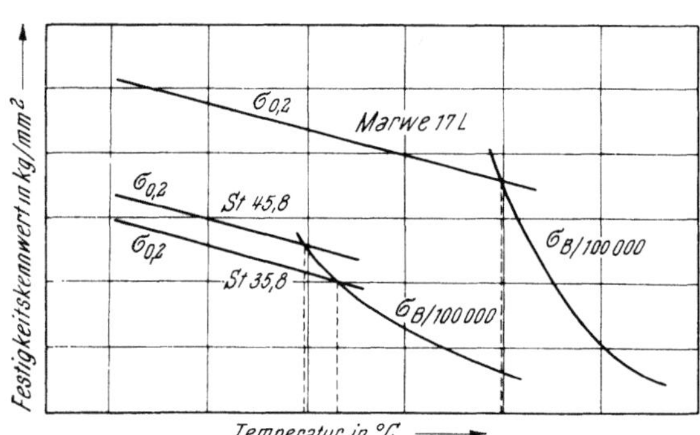

Abb. 289. Warmstreckgrenze $\sigma_{0,2}$ und Zeitstandfestigkeit $\sigma_{B/100000}$ für verschiedene Stähle in Abhängigkeit von der Temperatur[1]

[1] Mannesmann AG. 1963: Erzeugnisse aus warmfesten Stählen, S. 8.

bestimmte bleibende Dehnung von z. B. 1% bewirkt ($\sigma_1/_{100\,000}$). Die beiden letzteren Festigkeiten werden durch Langzeitversuche gefunden. Die Temperaturgrenze, ab welcher die Zeitstandfestigkeit maßgebend ist, ergibt sich aus dem Schnittpunkt dieser und der 0,2-Grenze in einem Festigkeitstemperaturschaubild, Abb. 289. Bei der Anwendung der Zeitstandfestigkeit ist ein jeweils vorgeschriebener Sicherheitsbeiwert vorgesehen. Gleichzeitig soll aber, z. B. bei Rohren, auch die Zeitdehngrenze $\sigma_1/_{100\,000}$ nicht überschritten werden. Liegt dieser Wert tiefer als Zeitstandfestigkeit : Sicherheitsbeiwert, ist derselbe maßgebend. Ferner ist bei Rohren noch nachzuprüfen, ob bei einer um 15°C höheren Temperatur noch mindestens einfache Sicherheit gegen die Zeitstandfestigkeit vorliegt. Von den nun vorliegenden drei Werten ist der kleinste maßgebend (s. XVI, S. 373).

Früher wurde die Bemessung bei höheren Temperaturen gemäß der DVM-Dauerstandsfestigkeit durchgeführt. Diese galt als erreicht, wenn die Dehnungsgeschwindigkeit von der 25. bis 35. Versuchsstunde den Wert von $\frac{1}{1000}$ %/h nicht überschritt. Eine weitere zusätzliche Bedingung war, daß die bleibende Dehnung nach der 45. Versuchsstunde nicht 0,2% übersteigen sollte. Hier handelte es sich um einen Kurzversuch, doch zeigte sich, daß dies zur Vorhersage des Verhaltens eines Stahles über mehrere 1000 Betriebsstunden nicht ausreichend ist.

Die Zeitstandfestigkeit mit einer Versuchsdauer von über 100000 h, gibt eine Sicherheit über eine Betriebszeit von 11 bis 12 Jahren. Es können auch kürzere Zeitabschnitte zur Beurteilung der Probe z. B. 10000 h verwendet werden, dann handelt es sich um $\sigma_B/_{10\,000}$ und wird diese z. B. der Bemessung von feuerfesten Stählen zugrunde gelegt.

Die Verwendbarkeit eines Werkstoffes hängt nicht nur von günstigen Festigkeitseigenschaften bei hoher Temperatur ab, sondern er soll hierbei eine entsprechende Widerstandsfähigkeit gegen Oxydation aufweisen. Dies ist bei unlegierten und niedrig legierten Stählen bei Temperaturen bis 550°C der Fall. Austenitische Stähle können mit Temperaturen über 600°C betrieben werden. Eine wesentliche Verbesserung der Zundereigenschaften kann erst durch Zulegierung von Chrom über 6% erreicht werden. Sind in der Rauchgasatmosphäre Stoffe wie Schwefeldioxyd, Schwefeltrioxyd, Alkalien oder Vanadiumpentoxyd, so unterbinden diese die Ausbildung einer schützenden Oxydschicht und führen zu starken Verzunderungen. Diese Beimengungen beeinträchtigen daher die Anwendbarkeit auch der höher legierten Stähle bei hohen Temperaturen.

Nicht nur die Temperatur verändert das Gefüge von Stahl, sondern auch die Zeit, allerdings ohne Temperatureinfluß nur unter bestimmten Bedingungen.

Wird ein Stahl durch Beanspruchung über die Streckgrenze infolge Zug oder Druck verformt, erhöht sich die Zugfestigkeit und Streckgrenze, während die Bruchdehnung kleiner wird. Aber auch Versprödung ist möglich, was als „Altern" bezeichnet wird. Dies tritt allerdings nicht sofort auf, sondern kann sich erst nach Jahren zeigen.

Kaltverformung des Werkstoffes tritt bei der Kesselherstellung ziemlich oft auf, insbesondere beim Rollen von Kesseltrommeln, beim Einwalzen usw. Falls hierbei nicht geeigneter Werkstoff verwendet wird, versprödet dieser im Laufe der Zeit mehr und mehr, was schließlich zu Rißbildungen führen kann. Die Versprödung bzw. das Altern des Materiales ist durch die Kerbschlagprobe nachweisbar. So ist z. B. bei normalem Kesselblech, welches gereckt wurde, nach 1000 Tagen die Kerbzähigkeit von 12 mkg/cm² auf 3, also auf ein Viertel des ursprünglichen Wertes, abgesunken.

Diese Eigenschaft des Werkstoffes muß beachtet werden und es hat insbesondere dort, wo Kaltverformungen in Frage kommen, alterungsbeständiges Material gewählt zu werden, welches durch Vergüten jeder Stahlsorte herstellbar ist.

Durch anschließendes Erwärmen nach der Reckung auf etwa 300°C wird das Altern sehr beschleunigt.

Falls die Reckung bei sogenannter Blauwärme, das ist zwischen 200 bis 300°C, erfolgt, tritt die Alterung unmittelbar, nachdem das Material wieder auf Raumtemperatur abgekühlt ist, auf. Eine Verringerung der Dehnung findet jedoch sofort nach der Reckung statt.

Diese Erscheinung wird mit Blaubrüchigkeit bezeichnet. Werkstattarbeiten sollen daher nicht bei Blauwärme erfolgen. Bei Kesselmaterial erfolgt das Recken zwar für gewöhnlich im kalten Zustand. Die Betriebstemperatur liegt jedoch für so hergestellte Kesselteile gewöhnlich zwischen 200 und 300 °C, so daß bei nicht alterungsbeständigem Material mit einer beschleunigten Alterung zu rechnen ist.

Eine Veränderung des Gefüges von Stahl kann auch durch Erwärmung kaltverformten Materials auf höhere Temperaturen, etwa 650 bis 850 °C, stattfinden. In diesem Falle wird die entsprechende Materialveränderung Rekristallisation genannt. In nebenstehender Tabelle ist die Art der Alterung zusammengestellt. Bei den neuzeitlichen Werkstoffen im Kesselbau treten mit dem Altern zusammenhängende Erscheinungen kaum mehr auf.

Materialbehandlung	Folgeerscheinung
Kaltes Verformen	Langsame Alterung
Kaltes Verformen und anschließende Erwärmung auf 300 °C	schnellere Alterung
Verformung bei 200 bis 300 °C	sofortige Alterung (künstliche Alterung)
Kaltes Verformen und anschließende Erwärmung auf 650 bis 850 °C	Rekristallisation

D. Zunderbeständigkeit

Unter Zunderbeständigkeit versteht man die Widerstandsfähigkeit des Werkstoffes gegen Verzunderung bei hohen Temperaturen. Als Maß für die Zunderbeständigkeit wird der Gewichtsverlust des Werkstoffes in Gramm pro Quadratmeter und Stunde angegeben.

Als hitzebeständig gilt ein Stahl, wenn er oberhalb von 600 °C bei gasförmigen Angriffsmitteln seine notwendigen Eigenschaften nicht verliert. Ein Stahl gilt in einem gegebenem Medium der Temperatur X noch als zunderbeständig, wenn das Gewicht der verzunderten Stahlmenge im Durchschnitt 1 g/m²h nicht überschreitet. Gleichzeitig soll bei einer Temperatur von $X + 50°$ 2 g/m²h nicht überschritten werden. Hierbei beträgt die Versuchsdauer 120 Stunden.

Je nach dem ob sich eine gasdichte Schutzschicht bildet oder nicht, ist die Zundergeschwindigkeit der Quadratwurzel aus der Beanspruchungsdauer oder direkt der Beanspruchungsdauer proportional. Die Zunderfestigkeit wird durch Zusatz von Chrom, Nickel, Aluminium, Titan und Silizium erhöht.

Hitzebeständige Stähle haben erst über 800 bis 1000 °C einen merklichen Zunderverlust. Ein Zunderverlust von 1 g/m²h bedeutet in einem Jahr eine Wandstärkenabnahme von 1,14 mm.

E. Spannungsrißkorrosion

Dies tritt bei Werkstoffen auf, welche unter Zugspannung stehen und wo infolge des Vorhandenseins eines Elektrolyten örtliche Potentialdifferenzen entstehen können. Hierbei tritt Rißbildung ohne eine sichtbare Querschnittverminderung auf. Der Riß zeigt einen interkristallinen Verlauf. Um diese Korrosionserscheinungen zu verringern, ist möglichst reines Speisewasser erforderlich. Ähnliche Wirkungen hat auch die Laugensprödigkeit, welche unter dem Einfluß von laugenhaltigen Wasser auf gerecktem Werkstoff entsteht.

F. Legierungsbestandteile

Die hauptsächlichen Legierungsbestandteile bei Kesselmaterialien sind Chrom, Molybdän, Nickel und Mangan. Der Einfluß des Kohlenstoffes, welcher in Stahl vorhanden ist, wirkt in dem Sinne, daß steigender Gehalt die Festigkeit und Streckgrenze erhöht, die Dehnung und Kerbzähigkeit jedoch vermindert. Bis 2% Kohlenstoffgehalt ist der Stahl schmiedbar.

Chrom erhöht die Zunder- und Rostbeständigkeit, Molybdän und Vanadium die Zeitstandsfestigkeit und die Warmfestigkeit. Molybdän ist im Bereich um 500 °C zur Erhöhung der Zeitstandsfestigkeit das wichtigste und wirtschaftlichste Legierungselement. Bei höheren Temperaturen tritt zur Erhöhung der Zeitstandsfestigkeit Titan hinzu. Nickel erhöht außer der Zähigkeit die Streckgrenze im Verhältnis zur Festigkeit. Gleichzeitig wird durch Nickelzusatz die Schutzwirkung gegenüber Korrosion verbessert. Gemeinsam mit Chrom werden die Eigenschaften der Nickelstähle erheblich verbessert. Mangan bewirkt bei steigendem Zusatz höhere Zugfestigkeit und Streckgrenze, verringert jedoch gleichzeitig die Dehnung.

Es kann im allgemeinen gesagt werden, daß für den Kesselbau bis zu Drücken von 50 und 80 atü bzw. bei Heißdampf bis 400 bis 450 °C, je nach der Art des betreffenden Kesselteiles, Flußstähle genommen werden können. Darüber hinaus ist legierter Stahl zu verwenden.

G. Art der Schäden bei Dampfkesselmaterial

Die Schäden, die bei Dampfkesseln auftreten, können im Stillstand (Stillstandkorrosionen) und während des Betriebes entstehen. Gewöhnlich sind die druckführenden Teile betroffen. Die Ursache der Schäden sind Werkstoffehler, Wassermangel, Kesselsteinbildung, Konstruktions- und Bearbeitungsfehler, mechanische und thermische Überbeanspruchungen, unsachgemäße Bedienung, Erosionen und Korrosionen. Oft sind die Gründe eines Schadens schwer feststellbar, da gleichzeitig mehrere Ursachen daran beteiligt waren. Das wichtigste und Schäden am meisten ausgesetzte Element des Wasserrohrkessels ist das Rohr. Hier sind vor allem die Schäden, welche durch Übertemperaturen und Korrosionen entstehen, zu besprechen. Werkstoffüberhitzung und Korrosionswirkung durch Dampfspaltung bedingt entweder örtlich begrenzte Wandstärkenschwächung, oft begleitet von Narbenkorrosionen, Beulenbildung, Rissen usw., oder verformungslose Risse bzw. Rißfelder ohne Verformung der Rißränder[1]. Beulenbildung entsteht oft auch nur durch Überschreitung der Zeitstandsfestigkeit. Bei Vorhandensein von Dampfspaltung liegt gewöhnlich interkristalline Gefügeauswaschung vor. Die Dampfspaltung kann im Betrieb durch die gleichzeitig erfolgende Wasserstoffbildung chemisch nachgewiesen werden. Ist an der Korrosionsstelle ein Eisenoxyduloxydbelag vorhanden (Fe_3O_4), waren gleichzeitig höhere Wandtemperaturen vorhanden.

Die Fe_3O_4-Bildung findet infolge der Wechselwirkung Dampf-Eisen in jedem Rohr statt, sofern Temperaturen über 300 °C (stärker über 425 °C) vorliegen. Doch entsteht dadurch eine dichte Schutzschicht, die das Weiterschreiten der Korrosion verhindert. Erst wenn die Schutzschicht zerstört oder unwirksam wird, findet ein Weiterschreiten der Korrosion statt. Dies kann bei Anwesenheit von CO_2, NaOH und O_2 erfolgen. Im ersten Fall kann sich Eisenkarbonat, im zweiten Ferrat bilden. Bei Sauerstoffzutritt tritt in allen Fällen eine weiterschreitende Fe_3O_4-Bildung, bei starkem O_2-Anbot gleichzeitig eine teilweise Reduktion des Fe_3O_4 zu Fe_2O_3 ein[2]. Entstand das Fe_2O_3 aus dem immer

[1] SCHULZ: Dampfkesselschäden durch Werkstoffüberhitzung. VDI 1941, S. 171.

[2] WERNER, TIETZ und LIST: Bensonkesselschäden. Mitt. VGB 1948, Nr. 4, S. 1.

magnetischen Fe_3O_4, ist es auch magnetisch. Dies ist nicht der Fall, wenn es sich bei niedrigeren Temperaturen bzw. Stillstand durch Rosten gebildet hat. Auch durch hohe Temperaturen und starke Temperaturschwankungen, wie sie z. B. in den Endpaketen des Strahlungsverdampfers eines Bensonkessels auftreten, kann die Schutzschicht leiden und die Korrosion weiterschreiten.

Kommt die Fe_3O_4-Bildung nicht zum Stillstand, führt dies bei Temperaturen über 425 °C zu narbenförmigen Korrosionen oder einzelnen Rissen. Ist außer Fe_3O_4 auch FeO nachweisbar, deutet dies auf Wandtemperaturen über 570 °C.

Die Fe_3O_4-Bildung ist durch einen schwarzen Belag erkenntlich. Hier braucht keine Beulenbildung zu erfolgen, insbesondere, wenn die Korrosionswirkung bei der Schadensentstehung im Vordergrund steht. Höhere Werkstofftemperaturen können auch metallographisch nachgewiesen werden.

Die Bruchstellen finden sich manchmal auch an Stellen großer Spannungsanhäufung, wobei ebenfalls von der Herstellung herrührende Spannungen die Schadensursache sein können[3]. Hier ist meistens ein weiteres korrodierendes Mittel vorhanden, etwa konzentrierte Lauge, z. B. infolge von ungewollter Konzentrationserhöhung (z. B. bei Nietlochrissen). Die Brüche mit zusätzlicher Einwirkung der Lauge, insbesondere bei schwacher Konzentration derselben, sind meist interkristallin[1].

Bei verformungslosen Brüchen sind vielfach auf- und abschwellende Wärmespannungen die Ursache. Hier ist der Rißverlauf gewöhnlich transkristallin. Rißfelder, welche durch stark wechselnde Wärmespannungen ohne Laugeneinwirkungen verursacht wurden, haben große Ähnlichkeit mit Brüchen, welche durch Überschreiten der Schwingungsfestigkeit entstanden sind und können auch darauf zurückgeführt werden, wenn die Spannungswechselzahl entsprechend hoch ist[2]. Dies ist z. B. stets der Fall bei pulsierender Dampferzeugung in Rohren, wo durch Erhitzung des Rohrmaterials und anschließender Abkühlung durch das Wasser in ständiger Folge Wärmespannungen auf- und abgebaut werden. Ist Entkohlung des Eisens oder Fe_3O_4-Bildung nachweisbar, sind gleichzeitig Temperaturen über 425 °C aufgetreten.

Korrosionen durch O_2 und CO_2 sind nicht temperaturbedingt, sondern werden durch hohe Temperaturen nur gefördert. Erstere Korrosionen sind punktförmig (Lochfraß), letztere flächenförmig.

H. Werkstoffeigenschaften

Die Flußstahlqualitäten, welche für den Kesselbau, d. h. für druckführende Teile des Kessels, in Frage kommen, sind in Österreich in den „Werkstoffvorschriften für Dampfkessel", in Deutschland in den „Dampfkessel-Bestimmungen" festgelegt. Zahlenwerte über die Zusammensetzung der in Frage kommenden Stähle für Bleche zeigt Zahlentafel 100, während die Festigkeitseigenschaften in Zahlentafel 101 aufscheinen. Diese Stähle dienen zur Herstellung von Trommeln, Preßstücken, Böden und sonstigen Schmiedestücken[3].

Für Rohrabmessungen kommt DIN 2448 in Frage. Zahlentafel 102 zeigt die Werkstoffzusammensetzung, Zahlentafel 103 die Festigkeitseigenschaften bei warmfesten Stählen und Zahlentafel 104 sowie Zahlentafel 105 das gleiche bei hochwarmfesten Stählen für Rohre[4].

---

[1] Holzhauer: Ermüdungsfestigkeit von Kesselbaustoffen und ihre Beeinflussung durch chemische Einwirkung. Berlin: VDI-Verlag.

[2] Eisler: Über die zulässigen Spannungen und den Probedruck im Dampfkesselbau. Maschinenbau u. Wärmewirtsch. 1949, S. 49.

[3] Sämtliche Festigkeitsangaben in den Zahlentafeln 100 bis 111 c gelten in kp/mm².

[4] Mannesmann: Erzeugnisse aus warmfesten Stählen. Phoenix-Rheinrohr-AG.: Stähle für Dampferzeugungsanlagen.

Zahlentafel 100. *Bleche und geschweißte Trommeln*[1]

Kurzname nach DIN 17006	Chemische Zusammensetzung in % C	Si	Mn	P (höchstens)	S (höchstens)	Cr	Mo	Zugfestigkeit kp/mm²	Streckgrenze bei 20 °C für die Dicken in mm ≦16	>16≦40	>40≦60
			unlegierte Stähle								
H I	≦0,16	≦0,35	≧0,40	0,050	0,050	—	—	35 bis 45	23	22	21
H II	≦0,20	≦0,35	≧0,50	0,050	0,050	—	—	41 bis 50	26	25	24
H III	≦0,22	≦0,35	≧0,55	0,050	0,050	—	—	44 bis 53	28	27	26
H IV	≦0,26	≦0,35	≧0,60	0,050	0,050	—	—	47 bis 56	29	28	27
			legierte Stähle								
17 Mn 4	0,14/0,20	0,20/0,40	0,90/1,20	0,050	0,050	< 0,3	—	47 bis 56	29	28	28
19 Mn 5	0,17/0,23	0,40/0,60	1,00/1,30	0,050	0,050	< 0,3	—	52 bis 62	33	32	32
15 Mo 3	0,12/0,20	0,15/0,35	0,50/0,70	0,040	0,040	< 0,3	0,25/0,35	44 bis 53	28	27	27
13 CrMo 44	0,10/0,18	0,15/0,35	0,40/0,70	0,040	0,040	0,70/1,0	0,40/0,50	44 bis 56	31	30	30

Zahlentafel 101. *Bleche und geschweißte Trommeln*

Kurzname nach DIN 17006	Warmstreckgrenze (oben); 1% Zeitdehngrenze (links) (100000 h); Zeitstandsfestigkeit (rechts) (100000 h); bei … kp/mm² mindestens: 200 °C	250 °C	300 °C	350 °C	400 °C	450 °C	500 °C	520 °C	550 °C	600 °C
H I	18	17	14	12	10	8	—	—	—	—
	—	—	—	—	9 12,5	4,5 6,5	2,1 3,3	1,7 2,6	—	—
H II	21	19	16	14	12	10	—	—	—	—
	—	—	—	—	9 12,5	4,5 6,5	2,1 3,3	1,7 2,6	—	—
H III	23	21	18	16	14	12	—	—	—	—
	—	—	—	—	9 12,5	4,5 6,5	2,1 3,3	1,7 2,6	—	—
H IV	24	22	19	17	15	13	—	—	—	—
	—	—	—	—	9 12,5	4,5 6,5	2,1 3,3	1,7 2,6	—	—
17 Mn 4	25	23	21	18	16	14	—	—	—	—
	—	—	—	—	13 17	6,5 8,5	3 4	2,1 2,8	—	—
19 Mn 5	27	25	23	21	18	16	—	—	—	—
	—	—	—	—	13 17	6,5 8,5	3 4	2,1 2,8	—	—
15 Mo 3	25	23	20	18	17	16	14	—	—	—
	—	—	—	—	—	16 22	10 12	7 8,4	2,5 3,7	—
13 CrMo 44	28	26	24	22	21	20	18	—	—	—
	—	—	—	—	—	20 27	12 17	8,3 11,4	3,7 5	1 2

[1] Sämtliche Festigkeitsangaben in den Zahlentafeln 100 bis 111 c gelten in kp/mm².

Zahlentafel 102. *Warmfeste Rohre*

Kurzname nach DIN 17006	Chemische Zusammensetzung in %							Zug-festig-keit kp/mm²	Streck-grenze bei 20 °C
	C	Si	Mn	P	S	Cr	Mo		
St 35.8	≦0,17	≦0,35	≧0,40	0,050	0,050	—	—	35 bis 45	24
St 45.8	≦0,22	0,10/0,35	≧0,45	0,050	0,050	—	—	45 bis 55	26
15 Mo 3	0,12/0,20	0,15/0,35	0,50/0,80	0,040	0,040	—	0,25/0,35	45 bis 55	29
13 CrMo 44	0,10/0,18	0,15/0,35	0,40/0,70	0,040	0,040	0,7/1,0	0,40/0,50	45 bis 58	30
10 CrMo 910	≦0,15	0,15/0,50	0,40/0,60	0,040	0,040	2,0/2,5	0,9/1,1	45 bis 60	27

Zahlentafel 103. *Warmfeste Rohre*

Kurzname nach DIN 17006	Warmstreckgrenze (oben)										
	1% Zeitdehngrenze (links) (100000 h)						Zeitstandsfestigkeit (rechts) (100000 h)				
	bei										
	200 °C	250 °C	300 °C	350 °C	400 °C	450 °C	500 °C	520 °C	550 °C	600 °C	620 °C
St 35.8	19	17	14	12	11	9	—	—	—	—	—
	—	—	—	—	9 12,5	4,5 6,5	2,1 3,3	1,7 2,6	—	—	—
St 45.8	21	19	16	14	13	11	—	—	—	—	—
	—	—	—	—	9 12,5	4,5 6,5	2,1 3,3	1,7 2,6	—	—	—
15 Mo 3	26	24	21	19	18	17	15	—	—	—	—
	—	—	—	—	—	16 22	10 12	7 8,4	(2,5)(3,7)*	—	—
13 CrMo 44	28	26	24	22	21	20	18	—	—	—	—
	—	—	—	—	—	20 27	12 17	8,3 11,4	3,7 5	(1) (2)	—
10 CrMo 910	25	24	23	22	21	20	19	—	—	—	—
	—	—	—	—	—	—	10,5 15	8,4 11,5	5,5 7,5	(2,8) (4)	(2,3) (3,3)

* Bei Einklammerung soll der Stahl bei der betreffenden Temperatur in Dauerbetrieb nicht verwendet werden.

Zahlentafel 104. *Hochwarmfeste Rohre*

Kurzname nach DIN 17006	Chemische Zusammensetzung in %									Zug-festig-keit kp/mm²	Streck-grenze kp/mm²
	C	Si	Mn	Cr	Ni	Mo	V	Nb	N_2		
X 20 CrMoV 121	0,17/0,23	0,10/0,50	0,30/0,80	11,0/12,5	0,30/0,80	0,80/1,20	0,25/0,35	—	—	70 bis 85	50
X 8 CrNiNb 1613*	<0,10	0,30/0,60	1,0/1,5	15,0/17,0	12,0/14,0	—	—	max. 1,2	—	52 bis 70	20
X 8 CrNiMo VNb 1613*	0,10	0,30/0,60	1,0/1,5	15,5/17,5	12,5/14,5	1,1/1,5	0,60/0,85	max. 1,2	0,10	55 bis 75	26
X 8 CrNiMo Nb 1616*	0,10	0,30/0,60	1,0/1,5	15,5/17,5	15,5/17,5	1,6/2,0	—	max. 1,2	—	54 bis 70	22

* Austenitischer Stahl.

Zahlentafel 105. *Hochwarmfeste Rohre*

Kurzname nach DIN 17006	0,2 Dehngrenze (oben) $\sigma_1/100000$ (links) | $\sigma_B/100000$ (rechts) bei								
	200 °C	300 °C	400 °C	450 °C	500 °C	550 °C	600 °C	650 °C	700 °C
X 20 CrMoV 121	44	40	36	33	27	—	—	—	—
	—	—	—	— 35	— 24	— 14,5	— 5,5	—	—
X 8 CrNiNb 1613*	—	—	—	—	12	—	11,5	—	—
	—	—	—	—	16,5 26,0	11,5 17,0	8,0 11,0	5,5 7,0	3,0 4,0
X 8 CrNiMoVNb 1613*	—	—	17	—	16	16	15	—	—
	—	—	—	—	—	16,0 22,0	12,0 16,0	7,5 10,0	—
X 8 CrNiMoNb 1616*	—	—	—	—	14	14	13,5	—	—
	—	—	—	—	18,0 27,0	13,0 19,0	9,5 13,0	6,5 8,5	4,0 5,5

* Austenitischer Stahl.

Zahlentafel 106. *Nahtlose Sammler* [1]

Kurzname nach DIN 17006	Chemische Zusammensetzung in % C	Si	Mn	P (höchstens)	S (höchstens)	Cr	Mo	Zugfestigkeit kp/mm²	Streckgrenze bei 20 °C
St 35.8	≦0,17	≦0,35	≦0,40	0,050	0,050	≦0,30	—	35 bis 48	24
St 45.8	≦0,22	0,10/0,35	≦0,45	0,050	0,050	≦0,30	—	45 bis 55	26
17 Mn 4	0,14/0,20	0,20/0,40	0,90/1,20	0,050	0,050	≦0,30	—	47 bis 56	28
19 Mn 5	0,17/0,23	0,40/0,60	1,00/1,30	0,050	0,050	≦0,30	—	52 bis 62	32
15 Mo 3	0,12/0,20	0,15/0,35	0,50/0,80	0,040	0,040	≦0,30	0,25/0,35	45 bis 58	29
13 CrMo 4 4	0,10/0,18	0,15/0,35	0,40/0,70	0,040	0,040	0,70/1,00	0,40/0,50	45 bis 60	30
10 CrMo 9 10	≦0,15	0,15/0,50	0,40/0,60	0,040	0,040	2,00/2,50	0,90/1,10	45 bis 60	27

Werkstoffzusammensetzung und Festigkeitswerte bei Stählen für nahtlose Sammler sind in Zahlentafel 106 und 107 ersichtlich.

Stähle für Schrauben und Muttern zeigt Zahlentafel 108 und 109 [2]. Als Werkstoff für Muttern wird der nach der Tabelle jeweils nächstniedere Stahl verwendet. Werkstoffe für Flanschen sind in Zahlentafel 110 a, b zusammengestellt [3]. Schließlich zeigen die Zahlentafeln 111 a, b [4] und 111 c [5] hitzebeständige Werkstoffe z. B. für Tragkonstruktionen, verwendungsfähig bis 1100 °C.

[1] Auch X 8 CrNiNb 1613, X 8 CrNiMoNb 1616 aus Zahlentafeln 104 und 105 sowie andere kommen in Frage.

[2] DIN 17240.

[3] Stradtmann: Stahlrohr-Handbuch. Essen: Vulkan-Verlag. 1961.

[4] Phoenix-Rheinrohr AG.: Hitzebeständige Stähle 1962.

[5] Gebr. Böhler & Co. 1963.

Zahlentafel 107. *Nahtlose Sammler*

Kurzname nach DIN 17006	Warmstreckgrenze (oben) 1% Zeitdehngrenze (links) (100000 h) bei 200 °C	250 °C	300 °C	350 °C	400 °C	450 °C kp/mm² mindestens	500 °C	Zeitstandsfestigkeit (rechts) (100000 h) 520 °C	550 °C	600 °C	620 °C
St35.8	19	17	14	12	11	9	(7) *	—	—	—	—
	—	—	—	—	9 12,5	4,5 6,5	2,1 3,3	1,7 2,6	—	—	—
St45.8	21	19	16	14	13	11	(9)	—	—	—	—
	—	—	—	—	9 12,5	4,5 6,5	2,1 3,3	1,7 2,6	—	—	—
17Mn4	25	23	21	18	16	14	(10)	—	—	—	—
	—	—	—	—	13 17	6,5 8,5	3 4	2,1 2,8	—	—	—
19Mn5	27	25	23	21	18	16	(12)	—	—	—	—
	—	—	—	—	13 17	6,5 8,5	3 4	2,1 2,8	—	—	—
15Mo3	26	24	21	19	18	17	15	—	—	—	—
	—	—	—	—	—	15 22	8 10,5	5,4 7,1	(2,2) (3,2)	—	—
13CrMo44	28	26	24	22	21	20	18	—	—	—	—
	—	—	—	—	—	20 27	12 17	8,3 11,4	3,7 5	(1) (2)	—
10CrMo9 10	25	24	23	22	21	20	19	—	—	—	—
	—	—	—	—	—	—	10,5 15	8,4 11,5	5,5 7,5	(2,8) (4)	(2,3) (3,3)

* Siehe Fußnote Zahlentafel 103.

Zahlentafel 108. *Warmfeste Stähle für Schrauben*

Kurzname nach DIN 17006	Chemische Zusammensetzung in % C	Si	Mn	P (höchstens)	S (höchstens)	Cr	Mo	Ni	V	Zugfestigkeit bei 20 °C kp/mm²	Streckgrenze bei 20 °C
C35	0,32/0,40	0,15/0,35	0,40/0,70	0,045	0,045	≦0,50				50 bis 60	28
Ck35	0,32/0,40	0,15/0,35	0,40/0,70	0,035	0,035	≦0,50				50 bis 60	28
C45	0,42/0,50	0,15/0,35	0,50/0,80	0,045	0,045					60 bis 72	36
Ck45	0,42/0,50	0,15/0,35	0,50/0,80	0,035	0,035					60 bis 72	36
24CrMo5	0,20/0,28	0,15/0,35	0,50/0,80	0,035	0,035	0,90/1,2	0,20/0,30	≦0,60		60 bis 75	45
24CrMoV5 5	0,20/0,28	0,15/0,35	0,30/0,60	0,035	0,035	1,2/1,5	0,50/0,60	≦0,60	0,15/0,25	70 bis 85	55
21CrMoV5 11	0,17/0,25	0,30/0,60	0,30/0,50	0,035	0,035	1,2/1,5	1,0/1,2	≦0,60	0,25/0,35	70 bis 85	55
X22CrMoV12 1 (X22CrMoWV 12 1)											
X8CrNiMoBNb 1616K											

Zahlentafel 109. *Warmfeste Stähle für Schrauben*

Kurzname nach DIN 17006	Warmstreckgrenze (oben)							
	1% Zeitdehngrenze (links) (100000 h)				Zeitstandsfestigkeit (rechts) (100000 h)			
	200 °C	250 °C	300 °C	350 °C	400 °C	450 °C	500 °C	550 °C
C 35	22	21	19	17	15	—	—	—
	—	—	—	15,4 22,1	10 14	5 7	2,2 3,4	—
Ck 35	22	21	19	17	15	—	—	—
	—	—	—	15,4 22,1	10 14	5 7	2,2 3,4	—
C 45	29	27	25	22	19	—	—	—
	—	—	—	15,4 22,1	10 14	5 7	2,2 3,4	—
Ck 45	29	27	25	22	19	—	—	—
	—	—	—	15,4 22,1	10 14	5 7	2,2 3,4	—
24 CrMo 5	42	40	37	34	31	28	24	—
	—	—	—	—	—	17,4 23	10 12	2,5 3,7
24 CrMoV 5 5	50	48	46	44	41	38	35	—
	—	—	—	—	—	24,4 32,8	13,1 18,7	5,6 7,5
21 CrMoV 5 11	52	51	49	47	44	41	38	—
	—	—	—	—	—	28,2 35,6	16,9 21,6	6,6 9,4

Zahlentafel 110 a. *Stähle für Flanschen*

Kurzname nach DIN 17006	Chemische Zusammensetzung in %								Zugfestigkeit kp/mm²
	C	Si	Mn	P	S	Cr	Mo	V	
Ck 22	0,18/0,25	0,15/0,35	0,3/0,6	≦0,035	≦0,035	—	—	—	45 bis 55
Ck 35	0,32/0,4	0,15/0,35	0,4/0,7	≦0,035	≦0,035	—	—	—	55 bis 65
15 Mo 3	0,12/0,2	0,15/0,35	0,5/0,7	0,04	0,04	—	0,25/0,35	—	44 bis 53
13 CrMo 44	0,1/0,18	0,15/0,35	0,4/0,7	0,04	0,04	0,7/1,0	0,4/0,5	—	44 bis 56
10 CrMo 9 10	≦0,15	0,15/0,5	0,4/0,6	0,04	0,04	2,0/2,5	0,9/1,1	—	50 bis 65
10 CrSiMoV 7	≦0,12	1,0	0,4/0,6	0,035	0,035	1,6/2,0	0,25/0,35	0,25/0,35	50 bis 65

Zahlentafel 110b. *Stähle für Flanschen* (Werkstoffe wie bei Zahlentafel 110a)

Streckgrenze bei 20 °C	Warmstreckgrenze (oben) 1% Zeitdehngrenze (links) (100000 h)					Zeitstandsfestigkeit (rechts) (100000 h)					Verw.-Temp. bis etwa °C
	200 °C	250 °C	300 °C	350 °C	400 °C	450 °C	500 °C	550 °C	600 °C	620 °C	
25	21	20	17	14	11	—	—	—	—	—	450
—	—	—	—	—	8 11	4 6	1,5 2	—	—	—	
29	24	23	22	19	15	—	—	—	—	—	450
—	—	—	—	—	9 12	5 7	2 3	—	—	—	
27	24	22	20	19	17	14,2	11	—	—	—	525
—	—	—	—	—	—	16 22	10 12	(2,5) (3,7)	—	—	
29	27	26	25	23	21	19	16,5	—	—	—	550
—	—	—	—	—	—	20 27	12 17	3,7 5	(1) (2)	—	
26	23	22,5	22	21	20	19	17,5	—	—	—	580
—	—	—	—	—	—	—	10,5 15	5,5 7,5	(2,8) (4)	(2,3) (3,3)	
29	22	21,5	21	20,5	20	18,5	16	—	—	—	600
—	—	—	—	—	—	—	10 16	5 7	(2,5) (3,5)	—	

Zahlentafel 111a. *Hitzebeständige Stähle*[1]

DIN-Bezeichnung	Chemische Zusammensetzung in % C	Si	Mn	Cr	Ni	Al	Sonst.	Zugfestigkeit kp/mm²
8 MnTi 4 5	≦0,10	0,15/0,40	1,0/1,2	—	—	—	Ti	35 bis 45
8 SiTi 4 6	≦0,10	0,7/1,1	≦1,0	—	—	—	Ti	38 bis 48
X 10 CrAl 7	≦0,12	0,5/1,0	≦1,0	6,0/ 7,0	—	0,50/1,0	—	45 bis 60
X 10 CrAl 13	≦0,12	0,9/1,4	≦1,0	12,0/14,0	—	0,70/1,2	—	50 bis 65
X 10 CrAl 18	≦0,12	0,7/1,2	≦1,0	17,0/19,0	—	0,70/1,2	—	50 bis 65
X 20 CrNiSi 25 4	0,15/0,25	0,8/1,3	≦2,0	24,0/26,0	3,5/ 5,5	—	—	60 bis 75
X 10 CrAl 24	≦0,12	1,2/1,5	≦1,0	23,0/25,0	—	1,2 /1,7	—	50 bis 65
X 12 CrNiTi 18 9	≦0,15	≦1,0	≦2,0	17,0/19,0	9,0/11,0	—	Ti	50 bis 75
X 15 CrNiSi 20 12	≦0,20	1,8/2,3	≦2,0	19,0/21,0	11,0/13,0	—	—	60 bis 75
X 15 CrNiSi 25 20	≦0,20	1,8/2,3	≦2,0	24,0/26,0	19,0/21,0	—	—	60 bis 75

Zahlentafel 111b. *Hitzebeständige Stähle.*[1] (Werkstoffe wie bei Zahlentafel 111a)

Streckgrenze kp/mm² (mind.)	Zeitstandsfestigkeit in kp/mm² bei °C 600		700		800		900		1000		Verwendbar in Luft bis etwa °C
	nach Stunden 10^4	10^5	10^4	10^5	10^4	10^5	10^4	10^5	10^4	10^5	
21	—	—	—	—	—	—	—	—	—	—	570
20	3,5	1,8	—	—	—	—	—	—	—	—	620
25	2,5	—	0,8	—	0,3	—	—	—	—	—	800
30	2,5	—	0,8	—	0,3	—	0,15	—	—	—	950
30	2,2	—	0,7	—	0,3	—	0,15	—	0,07	—	1050
40	—	—	—	—	—	—	—	—	—	—	1100
30	2,2	—	0,7	—	0,3	-	0,15	—	0,07	—	1200
25	11	6,5	4,5	2	1,8	0,6	—	—	—	—	800
30	11	7,0	3,5	1,8	1,5	0,5	0,5	—	—	—	1050
30	11	7,0	3,5	1,8	1,5	0,5	0,5	—	—	—	1200

[1] Phoenix-Rheinrohr: Stähle für Dampferzeugungsanlagen.

Zahlentafel 111 c. *Hitzebeständige Stähle*[1]

Erzeugnis	Böhler Marke Antitherm	Streckgrenze kp/mm² mind.	Zugfestigkeit kp/mm²	1% Zeitdehngrenze 1000 Stunden mindestens 600	700	800	900	1000	1100	hitzebeständig bis °C
Walz- und Schmiedestahl	FB8	25	45 bis 60	2,0	0,5	0,1	—	—	—	800
	FB9	30	50 bis 65	3,5	1,0	0,4	0,15	—	—	950
	FB10	30	50 bis 65	—	—	0,4	0,15	0,07	—	1050
	FB12	30	50 bis 65	—	—	0,4	0,15	0,07	(0,03)	1200
	FA	40	60 bis 75	—	—	0,3	0,1	0,04	(0,02)	1100
	F	25	50 bis 75	10,0	3,0	1,5	—	—	—	800
	FF	30	60 bis 75	10,0	4,5	2,0	0,9	0,4	—	1050
	FFB	30	60 bis 75	—	—	2,0	0,9	0,4	0,15	1200
	FFB400	27	55 bis 75	—	—	2,0	0,9	0,4	0,12	1100
Stahlguß	FB8G	—	50 bis 75	2,7	0,8	0,3	—	—	—	800
	FB10G	—	50 bis 80	3,0	1,0	0,4	0,15	(0,05)	—	950
	FAG	—	50 bis 80	—	—	0,7	0,3	0,1	(0,04)	1100
	FG	—	45 bis 65	9,0	3,0	1,5	—	—	—	800
	FFG	—	45 bis 65	9,0	4,0	1,7	0,7	0,3	—	1000
	FFBG	—	45 bis 65	—	—	2,3	1,1	0,5	0,12	1200
	FFBGN	—	45 bis 65	—	—	2,7	1,3	0,6	0,15	1200

[1] Gebr. Böhler & Co 1963.

XVI. Festigkeitsberechnung von Dampfkesseln[1]

A. Nahtlose Flußstahlrohre

1. Beanspruchungen

Nahtlose Flußstahlrohre für Dampfkessel, unter welchen Begriff auch Rohre für Überhitzer, Vorverdampfer, runde Sammler, Verbindungsleitungen usw. fallen, können, je nach Zweck und Betriebsverhältnissen Beanspruchungen durch Innendruck, durch Eigengewicht oder sonstige Lasten und schließlich auch durch behinderte Wärmedehnungen erfahren.

2. Berechnung dickwandiger Rohre

Bei Berechnung der Beanspruchung auf Innendruck ist zu unterscheiden, ob es sich um ein dickwandiges oder dünnwandiges Rohr handelt.

Bei dickwandigen Gefäßen spielt es bei der Wandstärkenbemessung eine Rolle, nach welcher der bekannten Festigkeitshypothesen die Vergleichsspannung, die einen zulässigen Wert nicht übersteigen soll, errechnet wurde. Am besten hat sich für spröde Werkstoffe, z. B. Gußeisen, im Zuggebiet die Hauptspannungshypothese oder die Hauptdehnungshypothese (Bach), für zähe Werkstoffe, wie Stahl, Formstahl usw. die Hypothese der

[1] Der vollausgezogene Randstreifen am linken Seitenrand bedeutet, daß der nebenstehende Text den österreichischen Werkstoff- und Bauvorschriften für die Herstellung von Dampfkesseln, Bundesgesetzblatt vom 2. Dezember 1949, der strichlierte, daß der Text den Dampfkesselbestimmungen (Entwurf 1906) des Deutschen Dampfkessel- und Druckgefäßausschusses (DDA) entspricht (Köln: Verlag Heymanns 1961).

Bezüglich der österreichischen Vorschriften sei erwähnt, daß sie seit 1948 durch zahlreiche Ausnahmeerlässe ergänzt wurden und daher nur mehr als eine Art Rahmenvorschrift angesehen werden können. Nach Mitteilung des Bundesministeriums für Handel und Wiederaufbau besteht die Absicht, die genannte Vorschrift an jene des ISO Boiler Code möglichst anzugleichen.

größten elastischen Gestaltänderungsarbeit bewährt. Nach dieser ist[1] der größte zulässige Druck in einem dickwandigen Gefäß, wenn von der Vergleichspannung σ an der inneren Faser ausgegangen wird und r_a, r_i den äußeren bzw. inneren Rohrdurchmesser bedeuten:

$$p = \frac{\sigma\left[\left(\frac{r_a}{r_i}\right)^2 - 1\right]}{\left(\frac{r_a}{r_i}\right)^2 \cdot \sqrt{3}} \tag{563}$$

Bei weiterer Druckerhöhung wird an der Innenfaser zuerst die Fließgrenze erreicht. Steigt der Druck noch weiter an, wird diese Spannung, ohne weiter zu steigen, sich über den Querschnitt ausbreiten, bis sie an allen Stellen desselben vorliegt. In Analogie zu diesem „vollplastischen Zustand" kann man auch die zulässige Vergleichsspannung über den Querschnitt konstant annehmen, in welchem Fall der Druck betragen darf:

$$p = \frac{\sigma\left[\left(\frac{r_a}{r_i}\right)^2 - 1\right]}{\frac{r_a}{r_i} \cdot \sqrt{3}} \tag{564}$$

Würde man gemäß der Hauptspannungshypothese die größte Zugspannung als Vergleichsspannung einsetzen, ergäbe sich für p

$$p = \frac{\sigma\left[\left(\frac{r_a}{r_i}\right)^2 - 1\right]}{\left(\frac{r_a}{r_i}\right)^2 + 1} \tag{565}$$

Nach der Hauptdehnungshypothese folgt

$$p = \frac{\sigma\left[\left(\frac{r_a}{r_i}\right)^2 - 1\right]}{0{,}4 + 1{,}3\left(\frac{r_a}{r_i}\right)^2} \tag{566}$$

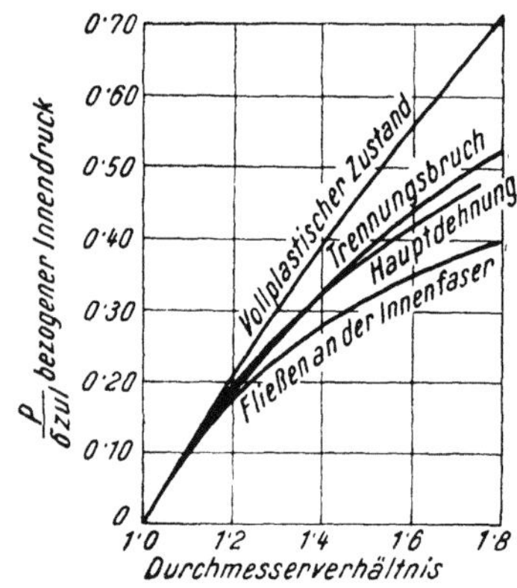

Abb. 290. Möglicher Innendruck (dargestellt als „bezogener Innendruck" $\frac{p}{\sigma_{zul}}$) in einem Rohr bei verschiedenen Festigkeitshypothesen nach SIEBEL, SCHWAIGERER, KOPF
Oberste Kurve: Vollplastischer Zustand
Zweite Kurve: Hauptspannungshypothese
Dritte Kurve: Hauptdehnungshypothese
Vierte Kurve: Hypothese der größten elastischen Gestaltsänderungsarbeit

Nimmt man für σ die zulässige Spannung an und berechnet $\frac{p}{\sigma}$ aus den Gl. (563) bis (566), ergeben sich die Kurven Abb. 290. Die kleinsten Wandstärken liefert die Rechnung nach Gl. (564).

3. Berechnung dünnwandiger Rohre

Bei dünnwandigen Rohren kann man die Tangentialspannung in einer Schnittebene parallel zur Achse angenähert als konstant annehmen. Wird die Gleichgewichtsbedingung gemäß Abb. 291 für eine Rohrhälfte von 1 cm Länge angesetzt, folgt

$$p d_i = 2 s \sigma \tag{567}$$

Daraus ergibt sich die Tangentialspannung zu

$$\sigma = \frac{p d_i}{2 s} \tag{568}$$

[1] SIEBEL, SCHWAIGERER und KOPF: Berechnung dickwandiger Hohlzylinder. Wärme 1942, S. 440.

Infolge des Bodendruckes entsteht auch eine Axialspannung, welche sich aus der Gleichgewichtsbedingung in einer Schnittebene senkrecht zur Achse ergibt:

$$\frac{d_i^2 \pi}{4} p = s d_i \pi \sigma_A \tag{569}$$

Hieraus folgt:

$$\sigma_A = \frac{d_i p}{4s} \tag{570}$$

Es stellt sich also die Tangentialspannung als doppelt so groß als die Axialspannung heraus.

Für die Wandstärke folgt[1] gemäß DIN 2413 bei Temperaturen $< 120°$

$$s = \frac{d_a p}{200 \cdot v \frac{K}{S}} + c \tag{571}$$

bzw. bei 110° bis 600 °C [Ableitung wie bei Gl. (574)]

$$s = \frac{d_a p}{200\, v \frac{K}{S} + p} + c \tag{572}$$

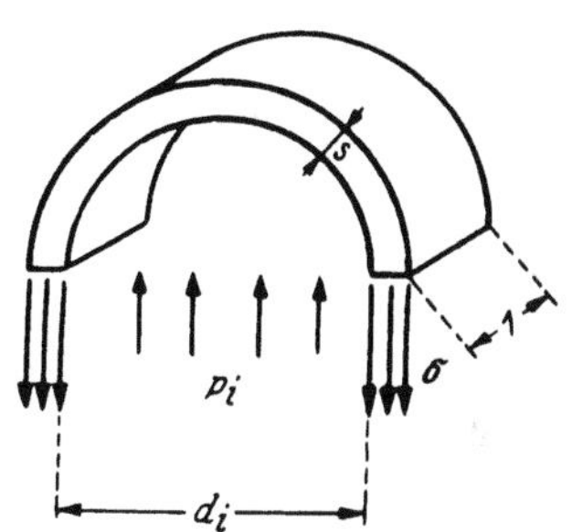

Abb. 291. Gleichgewicht an einer Rohrhälfte

Hier ist:

s Wanddicke in mm,

d_a Rohraußendurchmesser in mm,

p höchster Betriebsdruck in kp/cm²,

K Werkstoffkennwert,
in (571) Streckgrenze (höchstens 15 kp/mm²),
in (572) Warmstreckgrenze bzw. Zeitstandsfestigkeit $\sigma_{B100\,000}$, je nachdem, welcher Wert tiefer liegt, in kp/mm², Zahlentafel 102 bis 105,

S Sicherheitsbeiwert,
in (571) 1,7 bis 2 (mit oder ohne Abnahme),
in (572) 1,6 bis 1,8 (mit oder ohne Abnahme) bzw. unter Benützung von $\sigma_{B100\,000}$ 1,5 (nur mit Abnahme),

$c = c_1 + c_2$. Für Zuschlag c_1 wird 8,5 bis 22% des ersten Termes der rechten Seite von Gl. (571) bzw. (572) genommen, und zwar zur Berücksichtigung zulässiger Wanddickenunterschreitungen zwischen 8 bis 18%. Für c_2 wird maximal 1 mm für Korrosion eingesetzt,

v Wertigkeit (ohne Schweißnaht = 1, sonst: 0,7, einseitige-, 0,8 doppelseitige Schweißnaht, 0,9 desgleichen mit Prüfanforderungen).

Eine Auswahl verwendbarer Werkstoffe ist aus Zahlentafel 102 bis 105 ersichtlich.

4. Berechnung dünnwandiger Kesselrohre nach den Werkstoff- und Bauvorschriften

Die Werkstoff- und Bauvorschriften gehen zur Berechnung der Wandstärke von Siederohren für Dampfkessel nicht von Gl. (568) aus, sondern nehmen, um den tatsächlichen Spannungsverlauf besser Rechnung zu tragen, den Innendruck als auf den mittleren Rohrdurchmesser wirkend an. Aus

$$(d_a - s) p = \sigma s\, 2 \tag{573}$$

folgt dann

$$s = \frac{d_a}{\frac{2\sigma}{p} + 1} \tag{574}$$

[1] Es wird Gl. (568), jedoch mit d_a statt d_i verwendet.

oder in der Schreibweise der Werkstoff- und Bauvorschriften mit einem Sicherheitsfaktor φ

$$s = \frac{d_a}{\left(\frac{200}{p} \frac{K}{S_F} + 1\right) \varphi} \tag{575}$$

wobei s und d_a in mm, die „Berechnungsfestigkeit" K in kp/mm² und der größte Betriebsüberdruck p in kp/cm² einzusetzen ist. Der Faktor φ ist nach den österreichischen Werkstoff- und Bauvorschriften

0,9 bis zu Außendurchmessern von 133 mm,
0,88 bei Außendurchmessern über 133 bis 318 mm,
0,85 bei Außendurchmessern über 318 mm.

Der Sicherheitsfaktor S_F wird mit 1,5 angenommen. Als Berechnungstemperatur ist für unbeheizte Wasserrohre die Sattdampftemperatur, für beheizte eine Temperatur von mindestens 50 °C über der Sattdampftemperatur einzusetzen. Für Überhitzerrohre wird bei Berührungsüberhitzern eine Temperatur von 50 °C und bei Strahlungsüberhitzern von 75 °C über der Heißdampftemperatur zugrunde gelegt.

Nach dem österreichischen Dampfkesselgesetz ist für K[1] die Warmstreckgrenze bzw. ab 400° die DVM Dauerstandfestigkeit zugrunde zu legen.

Nach den Vorschriften der Dampfkesselbestimmungen des DDA rechnet sich die Wandstärke in mm wie folgt:

$$s = \frac{d_a \cdot p}{200 \frac{K}{S} \cdot v + p} \tag{576}$$

wobei für p der höchstzulässige Betriebsdruck in atü einzusetzen ist. Die Wertigkeit der Schweißnaht v kann mit 1 angenommen werden. (Bei längsgeschweißten Rohren mit Zustimmung des Sachverständigen.) K ist der Festigkeitskennwert des Werkstoffes in kp/mm² und ist nach Zahlentafel 103 einzusetzen. d_a ist der Außendurchmesser in mm.

Der Sicherheitswert S beträgt

1,5 bei innerem Überdruck,
1,8 bei äußerem Überdruck mit Gütenachweis für den Werkstoff,
2,2 desgleichen ohne Gütenachweis.

Für die Berechnungstemperatur gilt:

Für beheizte Kesselrohre

50 °C über der Sattdampftemperatur bei Übertragung der Wärme durch Strahlung,
25 °C über der Sattdampftemperatur bei Übertragung der Wärme durch Berührung.

Für Überhitzerrohre

35 °C über der Heißdampftemperatur bei Berührungsüberhitzern,
50 °C über der Heißdampftemperatur bei Überhitzern, bei denen die Wärmeübertragung überwiegend durch Strahlung erfolgt.

Die Mindestwandstärke von Rohren nach DIN 2448 ist aus Zahlentafel 88 ersichtlich.

[1] Werte für K nach den österreichischen Vorschriften (kp/mm²):

Zugfestigkeit des Werkstoffes	Temperatur °C						
	20	200	300	350	400	450	475
35—45	23	19	15	13	9	5	4
45—55	26	21	17	15	10	6	4

5. Beanspruchung durch Eigengewicht

Eine Überprüfung der Beanspruchung von Rohren infolge Eigengewicht oder sonstigen Lasten kommt gegebenenfalls in Frage. Meistens wird es sich hier um Biegespannungen horizontal oder schräg verlegter Rohre handeln.

6. Wärmespannung

Wärmespannungen können unter Umständen hohe Werte erreichen. Sie werden bei Kesselrohren durch behinderte Wärmedehnung

a) einzelner Rohre oder Rohrgruppen,

b) im Rohr selbst infolge von Temperaturunterschieden entlang des Umfanges,

c) im Rohr infolge von Temperaturunterschieden zwischen äußerem und innerem Durchmesser hervorgerufen.

Zu a) Sind in einem Rohrbündel (Abb. 292) n_1 Rohre um $\Delta\vartheta^\circ$ höher temperiert als die restliche Anzahl n_2, entstehen Wärmespannungen. Die heißeren Rohre können sich nicht entsprechend ihrer Aufwärmung dehnen, während die kälteren zu einer Dehnung gezwungen werden. Die resultierende Dehnung aller Rohre sei gleich. Ist x der unbehinderte Dehnweg von n_1 heißen Rohren, folgt mit dem Wärmeausdehnungskoeffizienten α und der Rohrlänge L: $x = \alpha\Delta\vartheta \cdot L$. Der wirkliche Dehnungsweg ist jedoch x_1, und es entsteht dann in den n_1 Rohren eine Druckspannung

$$\sigma_1 = -\frac{(x - x_1)E}{L} \tag{577}$$

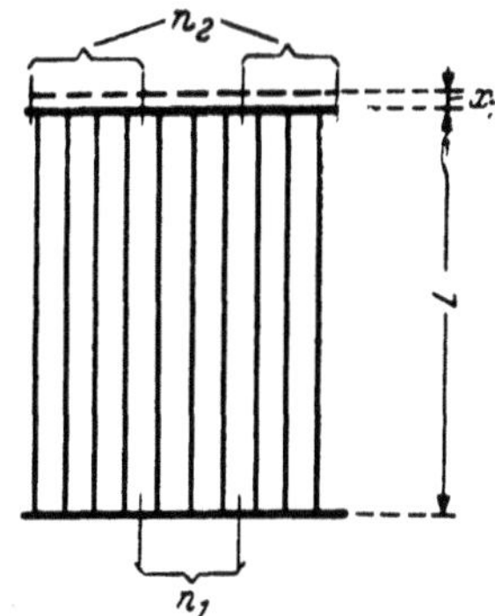

Abb. 292. Rohrbündel

In den n_2 kälteren Rohren ist eine Zugspannung

$$\sigma_2 = \frac{x_1 E}{L} \tag{578}$$

Die von den heißeren und kälteren Rohren hervorgerufenen elastischen Kräfte müssen gleich sein, woraus mit dem Rohrquerschnitt f folgt:

$$-\sigma_1 n_1 f = \sigma_2 n_2 f \tag{579}$$

Eliminiert man aus den Gl. (577) und (578) x_1 und setzt für x die weiter oben angegebenen Wärmedehnungsgleichungen ein, folgt mit Gl. (579)

$$\sigma_1 = -\frac{\alpha\Delta\vartheta n_2 E}{n_1 + n_2} \qquad \sigma_2 = \frac{\alpha\Delta\vartheta n_1 E}{n_1 + n_2} \tag{580}$$

Diese Spannungen sind am größten, wenn nur ganz wenige oder fast alle Rohre eine Übertemperatur haben. Dann ist $-\sigma_1 = \sigma_2 \doteq \alpha\Delta\vartheta E$. Hier ruft ein Temperaturunterschied von 100 °C mit $\alpha = 1{,}1 \cdot 10^{-5}$ für Stahl eine Spannung von 2300 kp/cm² hervor. Sind die Rohre gebogen ausgeführt, werden bei Temperaturunterschieden die auftretenden Spannungen unter Umständen erheblich kleiner sein. Bezüglich der Berechnung solcher Fälle sei auf das Buch von Jürgensonn[1], „Elastizität und Festigkeit im Rohrleitungsbau", verwiesen.

Zu b) Verfolgt man die Wärmezustrahlung an ein Kühlschirmrohr entlang des Umfanges, ist erstere meist sehr veränderlich. Die höchste Zustrahlung erhält die direkt dem

[1] Jürgensonn: Elastizität und Festigkeit im Rohrleitungsbau, 2. Aufl. Berlin-Göttingen-Heidelberg: Springer. 1953.

Feuer zugekehrte Erzeugende. Die gegenüberliegende Erzeugende kann je nach der Rohrteilung eine Zustrahlung von 0 bei dichtliegenden Rohren bis fast zum Höchstwert der Vorderseite bei großer Teilung erhalten. Die Wandtemperaturen über dem Umfang sind nach den Gl. (410) und (411) zu ermitteln, wenn die Wärmeleitung in tangentialer Richtung infolge ihres kleinen Einflusses vernachlässigt bleibt und statt q_{max} die jeweilige Zustrahlung q an der betreffenden Stelle des Umfanges eingesetzt wird.

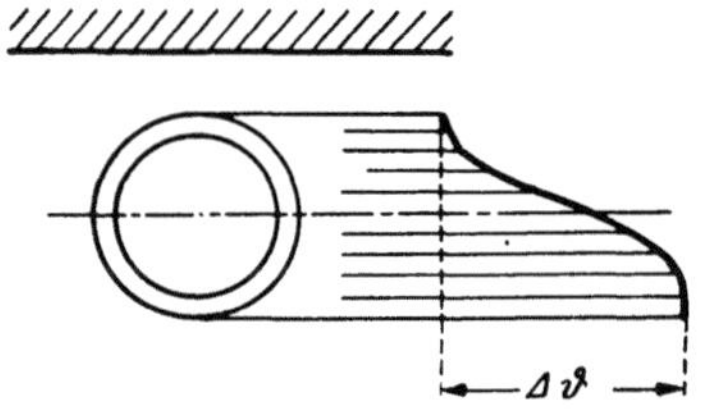

Abb. 293. Temperaturverteilung über den Rohrquerschnitt

Wenn das Rohr, etwa infolge vorhandener Halterungen, den entsprechenden Wärmespannungen nicht durch Krümmen nachgeben kann, folgt für die Spannung

$$\sigma = \pm \frac{\alpha \Delta \vartheta E}{2} \tag{581}$$

Die Formel leitet sich nach ähnlichen Gesichtspunkten wie jene im vorherigen Abschnitt ab und gilt, sofern ein beliebiger, jedoch spiegelbildlich symmetrischer Temperaturverlauf, wie Abb. 293 zeigt, vorliegt. Für $\Delta \vartheta$ ist die Differenz der höchsten und tiefsten mittleren Wandtemperatur einzusetzen.

Zu c) Zwischen Rohraußen- und Rohrinnenwand ist eine Temperaturdifferenz vorhanden, welche angenähert nach Gl. (410), genauer nach Gl. (151), zu rechnen ist. Diese ruft Wärmespannungen hervor, welche von LORENZ[1] untersucht wurden. Dieser erhält für die Druckspannung an der Außenfaser

$$\sigma_1 = \frac{m+1}{m-1} \alpha G \Delta \vartheta \left(\frac{2}{\beta^2 - 1} - \frac{1}{\ln \beta}\right) \tag{582}$$

und für die Zugspannung an der Innenfaser

$$\sigma_2 = \frac{m+1}{m-1} \alpha G \Delta \vartheta \left(\frac{2\beta^2}{\beta^2 - 1} - \frac{1}{\ln \beta}\right) \tag{583}$$

In diesen Gleichungen bedeutet m die Querkontraktionsziffer, α den Wärmeausdehnungskoeffizienten, G den Schubmodul, $\Delta \vartheta$ die Temperaturdifferenz zwischen Außen- und Innenwand und β das Verhältnis von Außen- und Innendurchmesser. Zum Beispiel ergibt sich mit $m = 3{,}33$, $G = 800\,000$ kp/cm², $\alpha = 1{,}1 \cdot 10^{-5}$, $\beta = 1{,}1$, bei $\Delta \vartheta = 100$ °C die Druckspannung

$$\sigma_1 = -1586 \text{ kp/cm}^2$$

und die Zugspannung

$$\sigma_2 = 1688 \text{ kp/cm}^2$$

Mit zunehmender Wandstärke wird $\Delta \vartheta$ und damit die Zugspannung σ_2 gemäß Gl. (583) größer, die Zugspannung durch den Innendruck $\sigma_i = \frac{p d_i}{2s}$ kleiner. Die Summe $\sigma_g = \sigma_i + \sigma_2$ erreicht daher bei einer gewissen Wandstärke einen Tiefstwert, so daß zu große Wandstärken eher schädlich als nützlich sind. Auf Grund dieser Erkenntnis wird auch die Wandstärke für beheizte Kesselrohre von den Werkstoff- und Bauvorschriften mit 6 mm beschränkt.

7. Plastische Verformungen

Obwohl die Wärmespannungen sich rechnungsmäßig oft als überraschend hoch ergeben, darf deren Gefährlichkeit nicht überschätzt werden, sofern kein sprödes Material vorliegt. Sie können bei zähem Werkstoff, wie Stahl, die Fließgrenze nicht überschreiten bzw. sinken auf den Wert der Dauerstandsfestigkeit ab, auch wenn diese ursprünglich

[1] LORENZ: Temperaturspannungen in Hohlzylindern. VDI 1907, S. 743.

überschritten wurde. Allerdings wird nach dem Erkalten vielfach eine entgegengesetzt gerichtete Spannung zurückbleiben.

Im Gegensatz zu Wärmespannungen wird etwa der Innendruck eine ständig wirkende Spannung hervorrufen, die bei Übersteigen des zulässigen Wertes eine dauernd fortschreitende Dehnung bis zum schließlichen Bruch bedingt.

An Hand der Abb. 294 sei dies näher dargelegt. Es sei in einem beheizten Rohr *1* die Tangentialspannung durch Innendruck σ_i, *2* die Wärmespannung σ_w infolge der Temperaturdifferenz von Innen- und Außenwand, *3* die Summe beider. Liegt bei der Betriebstemperatur die Dauerstandfestigkeit bei σ_D, wird infolge Kriechens des Materials die Summenspannung einen Verlauf nach *5* annehmen, wobei der Größtwert durch die Dauerstandfestigkeit begrenzt ist. Die durch Wärmespannungen σ_w allein auf einen Querschnitt hervorgerufene Kraft muß in ihrer Summe 0 sein, d. h. es ist $\int_0^s \sigma_w dx = 0$. Daher wird die Fläche oberhalb von *1* bis *5* gleich der unterhalb *1* liegenden sein müssen (schräg schraffiert).

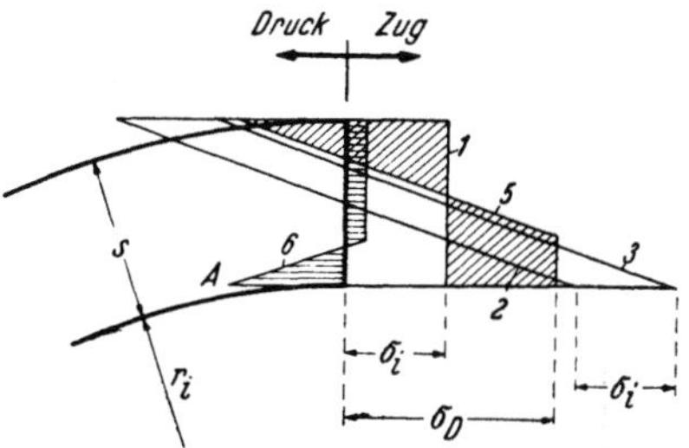

Abb. 294. Tangentialspannungen infolge Wärmedehnungen und Innendruck in einem Rohr

Wird nach Abstellen das Rohr kalt und drucklos, hat der Werkstoff das Bestreben, von der Linie *5* ausgehend den Spannungszustand im umgekehrten Sinne aufzubauen, welcher bei Beginn des Vorganges in Form von Linie *3* hätte entstehen sollen. Es müssen demnach die Abszissen von *3* und *5* subtrahiert werden, was zum Spannungsverlauf *6* führt, welcher demnach am Ende des Vorganges verbleibt. Das Rohr ist also nach Betriebsschluß nicht mehr spannungslos. Die Restspannungen (z. B. Spitze in *A*) sind dann gefährlich, wenn sie die Höhe der Streckgrenze erreichen oder überschreiten, da nur in diesem Falle jede neuerliche Inbetriebnahme wieder einen weiteren Kriechvorgang bedingt.

8. Berechnung von Heißdampf- und Speisewasserrohrleitungen

Die Berechnung der Wandstärke erfolgt, sofern nicht Abschnitt 4 anzuwenden ist, nach Gl. (572)[1]. In DIN 2443 sind für verschiedene Werkstoffe, laut Zahlentafel 103, verschiedene Drücke und Temperaturen die Wandstärken angegeben.

B. Zylindrische Dampfkesselwandungen

Die Berechnung erfolgt ähnlich wie für dünnwandige Rohre, es müssen jedoch die zusätzlichen Einflüsse infolge von Nietung, Schweißung und durch Rohrlochfelder berücksichtigt werden.

1. Berechnung nach den Werkstoff- und Bauvorschriften

Danach ergibt sich in Anlehnung an Gl. (568) die Wandstärke eines zylindrischen Druckgefäßes zu

$$s = \frac{D p x}{200 K_z v} + 1 \tag{584}$$

[1] Richtlinien für den Bau und die Berechnung von Heißdampfrohrleitungen. Herausgegeben von der VGB. 1957.

Es ist s die Blechdicke in Millimeter, D der größte Innendurchmesser in Millimeter, p der Konzessionsdruck in kg/cm², K_z die Berechnungsfestigkeit in kp/mm², x der Sicherheitsfaktor und v der Gütegrad, welcher kleiner als 1 ist und für die schwächste Stelle, welche eine Nietnaht, Schweißnaht oder Rohrlochreihe sein kann, berechnet wird (s. S. 380, 381). Die Berechnungsfestigkeit K_z ist für Flußstahl gemäß

Blechsorte	
	I mit 36 kp/mm²
	II mit 41 ,,
	III mit 44 ,,
	IV mit 47 ,,

einzusetzen. Der Sicherheitsfaktor beträgt:

$x = 4{,}75$ bei überlappt oder einseitig gelaschten Nietnähten; $x = 4{,}25$ bei einreihig doppelt gelaschten Nähten, bei zweireihigen, deren eine Lasche nur einseitig genietet ist, sowie bei geschweißten Nähten. (Stumpfgeschweißte Nähte dürfen mit $x = 4$ bewertet werden.) $x = 4$ bei mehrreihig doppelt gelaschten Nähten sowie nahtlosen Schüssen.

Bei nahtlosen oder geschweißten Kesseltrommeln, die keiner unmittelbaren Beheizung ausgesetzt sind, kann statt des Wertes $\frac{K_z}{x}$ ein Wert k benützt werden. Dieser muß gegen die Warmstreckgrenze des Werkstoffes oder Schweißgutes eine Mindestsicherheit von 1,5 haben. Erstere ist bei Sattdampftemperatur, zuzüglich 20 °C, mindestens jedoch bei 300 °C, zu ermitteln.

Nach den Vorschriften des DDA beträgt die erforderliche Wanddicke:

$$s = \frac{D_i p}{\frac{200}{\beta} \cdot \frac{K}{S} v - p} + c \quad \text{oder} \quad \frac{D_a p}{\frac{200}{\beta} \cdot \frac{K}{S} v + p} + c \tag{585}$$

Darin bedeutet D_i oder D_a Innen- oder Außendurchmesser in mm, p den höchstzulässigen Betriebsdruck in atü, s die Wanddicke in mm, K Festigkeitskennwert des Werkstoffes (nach Zahlentafel 101) in kp/mm², v ein Verschwächungsbeiwert [bei Schweißnähten bis 0,8 (s. B 3), bei Nietnähten das Verhältnis des geschwächten zum ungeschwächten Blechquerschnitt (s. B 2)], S Sicherheitsbeiwert. Dieser ist:

1,5 bei nahtlosen Trommeln und Schüssen,
1,65 bei doppelgelaschten Nietnähten,
1,8 bei überlappten oder einseitig gelaschten Nietnähten.

Der Abnützungszuschlag c beträgt 1 mm (über $s = 30$ mm entfällt er), der Zahlenwert β ist $= 1$, bei $\frac{D_a}{D_i} \leqq 1{,}6$ und linear ansteigend bis 1,10, bei $\frac{D_a}{D_i} > 1{,}6$ bis $\leqq 20$.

2. Gütezahl für Nietungen

Hat eine Nietung die Teilung t sowie den Lochdurchmesser d und handelt es sich um eine einreihige oder mehrreihige Naht mit gleicher Teilung in den einzelnen Reihen, ist für den Längsquerschnitt [analog Gl. (586 b)]

$$v = \frac{t - d}{t} \tag{586 a}$$

In dem Umfangsquerschnitt gilt, wenn für t die Teilung in der Umfangsrichtung eingesetzt wird, der zweifache Wert [analog Gl. (587)].

Ist bei mehrreihigen Nietungen die Teilung der Nähte am Laschenrand größer als jene der übrigen, kann unter Umständen die Gütezahl der vom Laschenrand gezählten zweiten Reihe niedriger sein als die der ersten. Diesbezüglich s. Gl. (606).

3. Gütezahl für Schweißnähte

Die Durchführung der Schweißung hat nach den jeweiligen Vorschriften zu erfolgen. Für eine Gütezahl $> 0{,}5$ gelten Sonderbestimmungen. Normalerweise dürfen Schweißnähte bis zu einer Gütezahl $= 0{,}7$ (Deutschland 0,8) bewertet werden. Darüber hinaus ist eine behördliche Genehmigung erforderlich.

4. Gütezahl für Rohrlochreihen

Diese können versetzt oder fluchtend angeordnet sein (Abb. 295). Bei fluchtender Anordnung kann die größere Spannung entweder im Längssteg $t_l - d$ oder im Umfangssteg $t_u - d$ auftreten. Im ersteren Fall ist

$$v = \frac{t_l - d}{t_l} \qquad (586\,\text{b})$$

im letzteren unter Berücksichtigung der halben Spannung in axialer Richtung in ungeschwächtem Blech

$$v = \frac{2\,(t_u - d)}{t_u} \qquad (587)$$

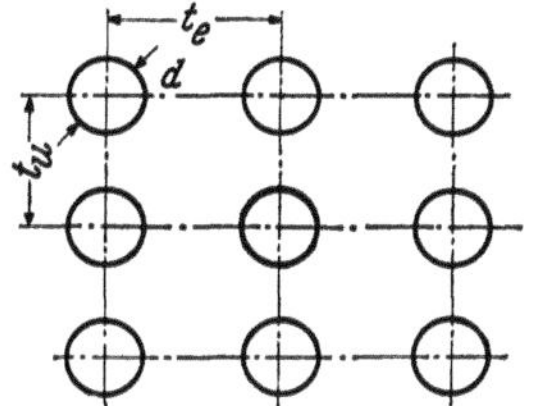

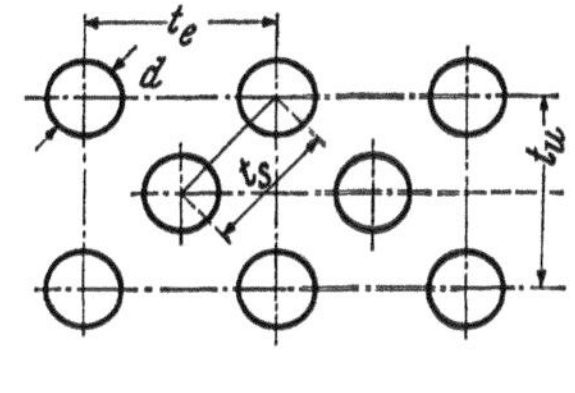

Abb. 295. Fluchtende und versetzte Rohranordnung

Bei versetzter Anordnung kann wieder die größte Spannung im Längssteg $t_l - d$, im Umfangssteg $t_u - d$ oder im schrägen Steg $t_s - d$ auftreten. Die Spannung im schrägen Steg wurde von Siebel[1] näher untersucht. Nennt man diese σ_m und die Tangential-

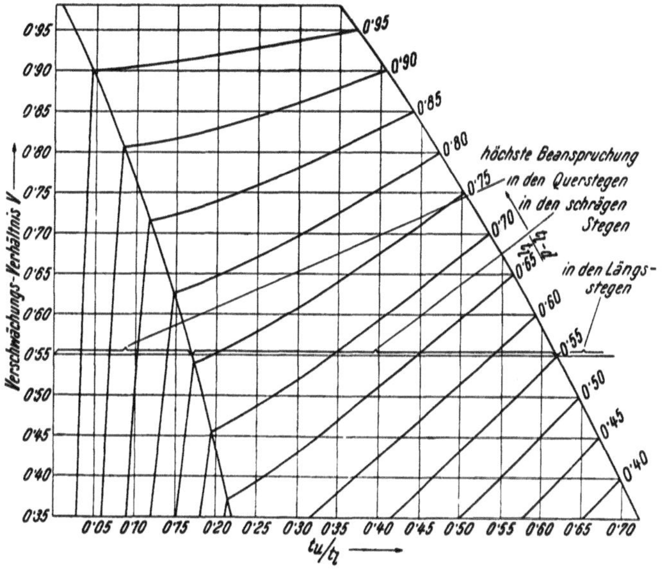

Abb. 296. Ermittlung des Verschwächungsverhältnisses (Gütegrad) bei Trommeln mit Lochfeldern nach Siebel

Zahlentafel 112. *Bedingung für Gleichheit der Spannung im Längs- und schrägen Steg*

$\frac{t_l - d}{t_l}$	$\frac{t_u}{t_l}$
0,8	0,47
0,7	0,53
0,6	0,59

spannung im ungeschwächten Blech σ, liefert die Theorie, daß das Güteverhältnis $v = \frac{\sigma}{\sigma_m}$ sich lediglich als Funktion der beiden Kennziffern $\frac{t_l - d}{t_l}$ und $\frac{t_u}{t_l}$ darstellen läßt.

In Abb. 296 ist nach Siebel die Auswertung der Funktion erfolgt, und es kann die Gütezahl v direkt entnommen werden. Das Bild zeigt auch, ob die größte Beanspruchung im Längs-, Schräg- oder Quersteg auftritt. Es ist meist erwünscht, die Umfangsteilung des Lochfeldes aus konstruktiven Gründen möglichst klein zu halten. Diese kann so weit verringert werden, bis die Spannung im Längssteg und im schrägen Steg gleich ist. Die

[1] Siebel: Berechnung von Kesseltrommeln mit versetzten Lochreihen. Wärme 1941, S. 53.

Zahlentafel 112 zeigt, welche Mindestwerte $\frac{t_u}{t_l}$ für bestimmte $\frac{t_l - d}{t_l}$ dann möglich sind. Bezüglich anderer Lochausteilungen wie, z. B. ungleiche Teilungen in der Längsrichtung, ungleiche Teilungen in der Umfangsrichtung und mehrere andere, wird auf die DDA-Vorschriften, Teil 3, Berechnung S. 68ff., verwiesen.

5. Spannungsspitzen

Die dargelegte Berechnungsweise der Spannung in Stegen erfaßt nur deren Mittelwert im verfügbaren Querschnitt. In Lochnähe findet jedoch ein Spannungsanstieg statt. Mit den mittleren Spannungen σ_{ml} und σ_{mu} im Längs- und Umfangssteg liefert die Theorie[1,2]

$$\begin{aligned} \sigma_{1l} &= 3\sigma_{ml} - \sigma_{mu} \\ \sigma_{1u} &= 3\sigma_{mu} - \sigma_{ml} \end{aligned} \tag{588}$$

Es ist σ_{1l} und σ_{1u} die Höchstspannung im Längs- und Umfangssteg am Lochrand.

Allein durch die Wirkung des Loches wird demnach am Lochrand die Stegspannung auf etwa das 2,5fache ihres Wertes erhöht. Außerdem ist bei Nieten der Lochleibungsdruck, bei Rohren der Walzdruck vorhanden, welche gleichfalls Spannungen in der Umgebung des Loches erzeugen, die meist die Streckgrenze erreichen.

Allen diesen Umständen trägt der Sicherheitsfaktor in Gl. (584) bzw. (585) sowie die Forderung nach einer entsprechend hohen Dehnung des Werkstoffes Rechnung.

6. Biegebeanspruchung von Trommeln

Durch das Eigengewicht, das Gewicht des angeschlossenen Rohrsystems und die Wasserfüllung sind längere Trommeln oft nicht unerheblichen Biegebeanspruchungen ausgesetzt, die je nach der Bauweise des Kessels aus dem Biegungsmoment und dem Widerstandsmoment W der Trommel nach Abzug der Lochquerschnitte ermittelt werden können.

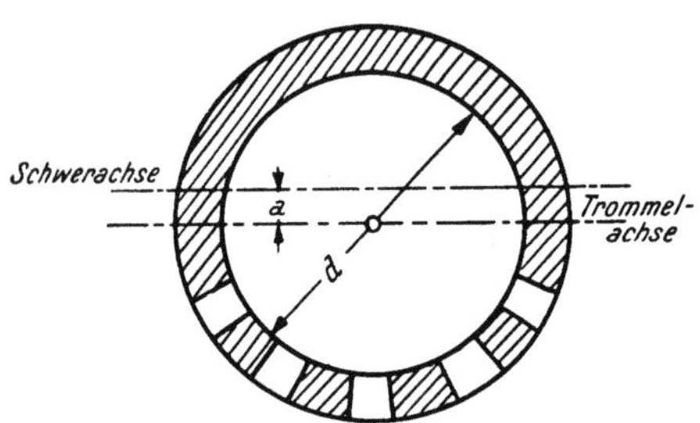

Abb. 297. Querschnitt durch eine Trommel

Wenn die Schwerachse des Trommelquerschnittes infolge der Rohrlöcher nicht mit dem Mittelpunkt desselben übereinstimmt, entsteht infolge des Bodendruckes ein weiteres Biegemoment, woraus sich mit den Bezeichnungen der Abb. 297 Biegespannungen σ_b nach folgender Formel ergeben:

$$\frac{d^2\pi}{4} pa = W_x \sigma_b \tag{589}$$

W_x ist das Widerstandsmoment um die Schwerachse. Es darf dann die Summe der axialen Spannungen nicht größer als die Tangentialspannung sein.

7. Nietverbindungen

Im Dampfkesselbau wird angenommen, daß die Nieten die Kraft durch Reibungsschluß zwischen den Blechen übertragen. Laut Werkstoff- und Bauvorschriften wird hierbei der Gleitwiderstand $K_n = 7\ \text{kp/mm}^2$ angenommen, sofern der Nietwerkstoff $38\ \text{kp/mm}^2$ Festigkeit hat. Bei höherer Festigkeit erhöht sich der Gleitwiderstand im Verhältnis von $K_n/38$.

[1] Kirsch: VDI 1898, S. 798.

[2] Siebel und Kopf: Beanspruchung in gelochten Platten. VDI Forschungsheft Nr. 369, 1934.

Die zu verwendenden Niet- und Lochdurchmesser sind im DIN-Blatt 123 festgelegt. Die einfachste Nietnaht ist die einreihige Überlappungsnietung (Abb. 298).

Man kann zur Berechnung aus dem Kesselschuß einen Ring von der Breite t (mm) und dem Innendurchmesser D (mm) herausgreifen. Die dort infolge des Innendruckes p (kp/cm²) auftretende Tangentialkraft K errechnet sich aus der Gleichgewichtsbedingung einer Ringhälfte zu

$$2K = t \cdot D \cdot \frac{p}{100} \tag{590}$$

Andererseits muß K durch einen Niet mit dem Querschnitt $\frac{d^2\pi}{4}$ mittels des Gleitwiderstandes K_n (kp/mm²) übertragen werden:

$$K = \frac{d^2\pi}{4} K_n \tag{591}$$

Aus Gl. (590) und (591) ergibt sich in mm:

$$d = \sqrt{\frac{tDp\,2}{K_n \pi 100}} \tag{592}$$

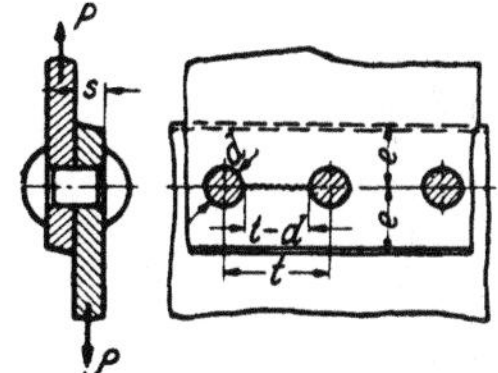

Abb. 298. Einreihige Überlappungsnietung

Normalerweise geht man jedoch bei Berechnung einer Nietung nicht von t, sondern von der Gütezahl $v = \frac{t-d}{t}$ aus. Diese wird bei den in Frage kommenden Nietdurchmessern von 20 bis 26 mm etwa 0,56 betragen. Führt man v statt t in Gl. (592) ein, folgt:

$$d = \frac{2Dp}{(1-v)\pi K_n\,100} \tag{593}$$

Nach Wahl von v und Festsetzung von K_n (normalerweise 7 kp/mm²) kann der Nietdurchmesser und anschließend mit v und d die Teilung berechnet werden.

Außerdem sollen nach Aussum die in Zahlentafel 113 angegebenen Beziehungen erfüllt sein:

Zahlentafel 113. *Zahlentafel für Nietungen*

	d mm	t mm	e mm	e_1 mm	s_1 mm	Abb.	d mm	$v_{\text{NORM.}}$	norm. K_n kp/mm²
Einreihige Überlappungsnietung	$\geqq \sqrt{50s} - 4$	$\leqq 2d + 8$	$1{,}5d$	—	—	298	20 bis 26	0,56	7
Zweireihige Überlappungsnietung	$\geqq \sqrt{50s} - 4$	$\leqq 2{,}6d + 15$	$1{,}5d$	$0{,}6 \cdot t$	—	299	14 bis 32	0,7	6,5
Einreihige Doppellaschennietung	$\geqq \sqrt{50s} - 5$	$\leqq 2{,}6d + 10$	$1{,}5d$	—	$^2/_3 \cdot s$	300	14 bis 32	0,67	6
Zweireihige Doppellaschennietung	$\geqq \sqrt{50s} - 6$	$\leqq 3{,}5d + 15$	$1{,}5d$	$0{,}5 \cdot t$	$^2/_3 \cdot s$	301	14 bis 32	0,75	5,75
Dreireihige Doppellaschennietung[1] (erste Nietreihe 2t)	$\geqq \sqrt{50s} - 7$	$\leqq 3d + 10$	$1{,}5d$	$0{,}38 \cdot t$	$0{,}8 \cdot s$	303	14 bis 38	0,85	5,5

Für die zweireihige Überlappungsnietung (Abb. 299) folgt mit ähnlichen Überlegungen wie früher

$$d = \frac{Dp}{\pi(1-v)K_n\,100} \tag{594}$$

Bezüglich der weiteren Abmessungen kann hier und in der Folge Zahlentafel 113 benützt werden.

[1] Gilt auch bei der $2^1/_2$-Reihennietung.

Bei den Doppellaschennietungen erhält man

einreihig nach Abb. 300
$$d = \frac{Dp}{\pi(1-v)K_n 100} \tag{595}$$

zweireihig nach Abb. 301
$$d = \frac{Dp}{\pi(1-v)K_n 200} \tag{596}$$

dreireihig nach Abb. 302
$$d = \frac{Dp}{\pi(1-v)K_n 250} \tag{597}$$

dreireihig nach Abb. 303
$$d = \frac{Dp}{\pi(1-v)K_n 300} \tag{598}$$

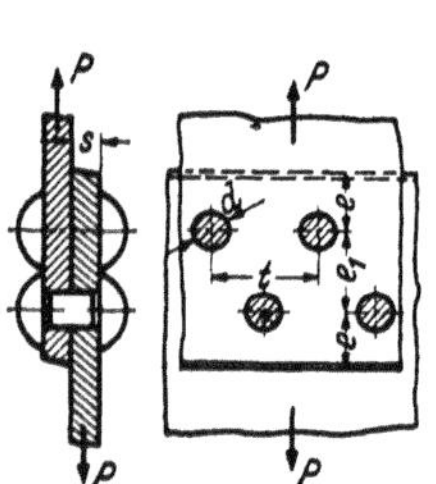

Abb. 299. Zweireihige Überlappungsnietung

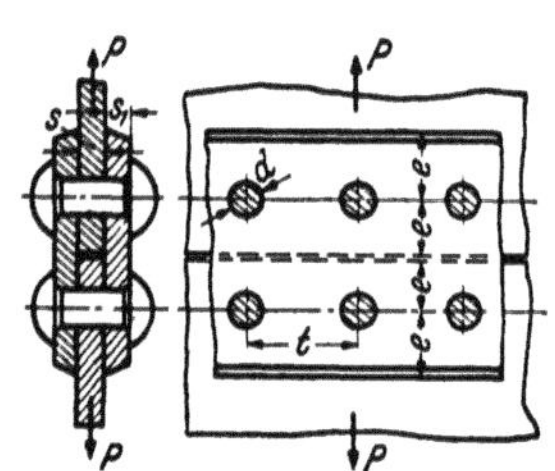

Abb. 300. Einreihige Doppellaschennietung

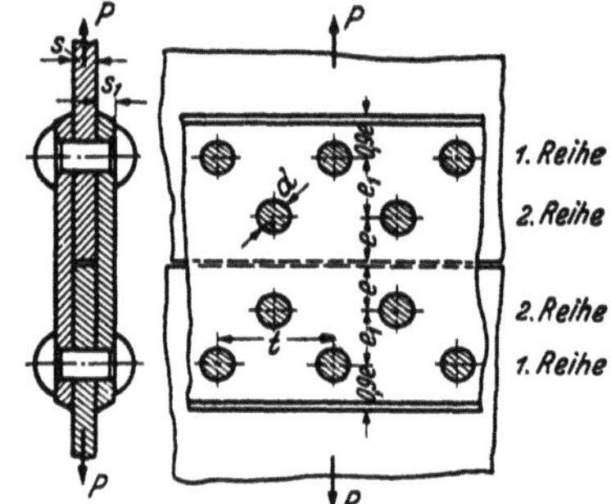

Abb. 301. Zweireihige Doppellaschennietung

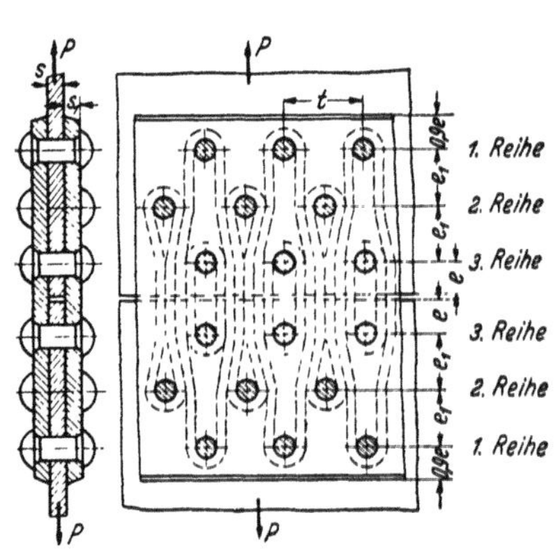

Abb. 302. Dreireihige Doppellaschennietung

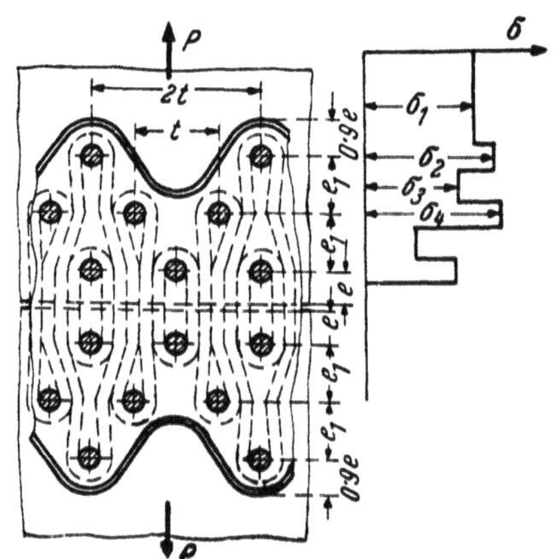

Abb. 303. Zweieinhalbreihige Doppellaschennietung

Bei zweireihigen und dreireihigen Doppellaschennietungen ist, sofern die einzelnen Lochreihen gleiche Teilung besitzen, das Güteverhältnis v für die erste Reihe am kleinsten, und zwar $v_1 = \frac{t-d}{t}$. Für die nächste Reihe ist es größer, da die erste Nietreihe bereits aus dem Blech eine bestimmte Zugkraft in die Laschen abgeleitet hat. Eine solche Nietnaht erscheint ungünstig, denn das Kesselblech muß auf Grund des kleinsten Güteverhältnisses v_1 bemessen werden. Führt man eine Nietung nach Abb. 303 aus, wobei die Teilung der ersten Naht verdoppelt ist, wird v_1 erwünschterweise größer. Allerdings sinkt gleichzeitig, da die erste Naht weniger überträgt, das Güteverhältnis v_2 der nächsten Reihe. Wird hierbei $v_1 = v_2$, findet die beste Ausnützung des Bleches statt. Ist $v_2 < v_1$, muß die Bemessung unter Zugrundelegung von v_2 erfolgen.

Den Spannungsverlauf im Blech zeigt gleichfalls Abb. 303.

Ist $\sigma_1 = \frac{pD}{200(s-1)}$ die Spannung im ungelochten Blech (Druck in kp/cm², Spannung in kp/mm², Maße in mm), folgt im Steg der ersten Reihe:

$$\sigma_2 = \frac{2t}{2t-d} \cdot \sigma_1 \tag{599}$$

Bei Betrachtung einer Blechbreite von $2t$ trägt in der ersten Reihe eine doppelschnittige Niete. Sie übernimmt, wenn f ihr Querschnitt ist, eine Kraft $2fK_n$, wodurch hinter ihr eine Spannungsverminderung im Blech auf σ_3 folgt. Als tragend wird die Wandstärke $(s-1)$ angenommen. Man erhält:

$$\sigma_3 = \sigma_1 - \frac{2fK_n}{2t(s-1)} \tag{600}$$

In der zweiten Reihe tritt wieder im Steg ein Spannungsanstieg gemäß

$$\sigma_4 = \frac{t}{t-d}\,\sigma_3 = \frac{t}{t-d}\left(\sigma_1 - \frac{2fK_n}{2t(s-1)}\right) \tag{601}$$

auf.

Es ist

$$v_1 = \frac{\sigma_1}{\sigma_2} = \frac{2t-d}{2t} \tag{602}$$

ferner

$$v_2 = \frac{\sigma_1}{\sigma_4} = \frac{t-d}{t\left(1 - \frac{fK_n}{t(s-1)\sigma_1}\right)} \tag{603}$$

oder, wenn die oben angegebene Beziehung für σ_1 eingeführt wird,

$$v_2 = \frac{t-d}{t\left(1 - \frac{fK_n\,200}{tpD}\right)} \tag{604}$$

Bei den Doppellaschennietverbindungen hat beachtet zu werden, daß die Kanten der oberen und unteren Lasche nicht fluchten, sondern wenigstens um das Maß s gegeneinander versetzt sind. Es soll dadurch vermieden werden, daß gegebenenfalls Schwächungen des Bleches durch das Verstemmen gegenüberliegender Kanten auftreten.

Daher wird auch vielfach die Lochreihenzahl der unteren Lasche um 1 größer als der oberen ausgeführt. Man kommt so zu den $1^1/_2$, $2^1/_2$, $3^1/_2$ Doppellaschennietungen.

Abb. 304 zeigt die Stoßstelle einer $2^1/_2$ Doppellaschen-Längsnaht mit einer dreireihigen Überlappungsnietung für die Rundnaht.

Um nicht im Punkt A eine undichte Stelle zu erhalten, werden die beiden Blechschüsse über eine gewisse Länge zusammengeschweißt. Früher wurde diese Abdichtung so ausgeführt, daß die obere Lasche am Ende zugeschärft und in die Rundnaht eingeschoben wurde. Sowohl die Nietköpfe als auch sämtliche Blechkanten müssen verstemmt werden.

Die Gütezahl v_2 der zweiten Reihe ist hier gemäß Gl. (604) mit 100 statt 200 im Nenner zu rechnen.

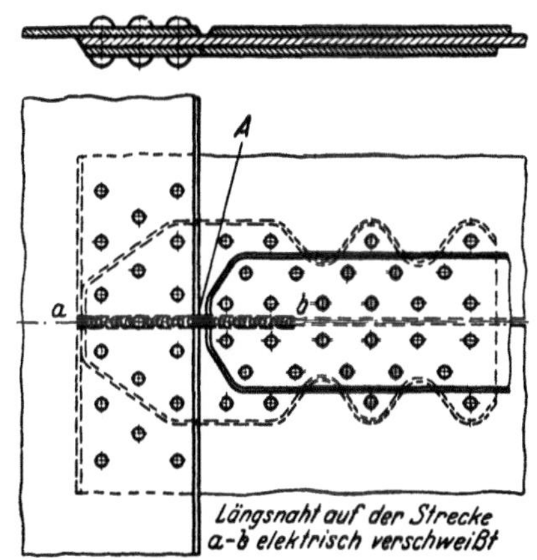

Abb. 304. Stoßstelle einer Längs- und Rundnietnaht nach LOSCHGE

8. Stutzenanschlüsse

Die Trommel wird nicht nur durch die Lochfelder der Nietung oder der Siederohre verschwächt, sondern auch durch Öffnungen für Stutzen, welche zum Anschluß der Dampfleitung, der Sicherheitsventile, der Überdachleitung usw. dienen. Um unzulässige Spannungen am Lochrand zu vermeiden, muß dieser verstärkt werden, was durch aufgeschweißte Ringe oder Platten nach Abb. 307 und 308 geschehen kann. Versteifungen mit Platten, wo lediglich eine Schweißverbindung am äußeren Umfang ersterer die Verbindung mit dem Mantel herstellt, sind nur wenig wirksam.

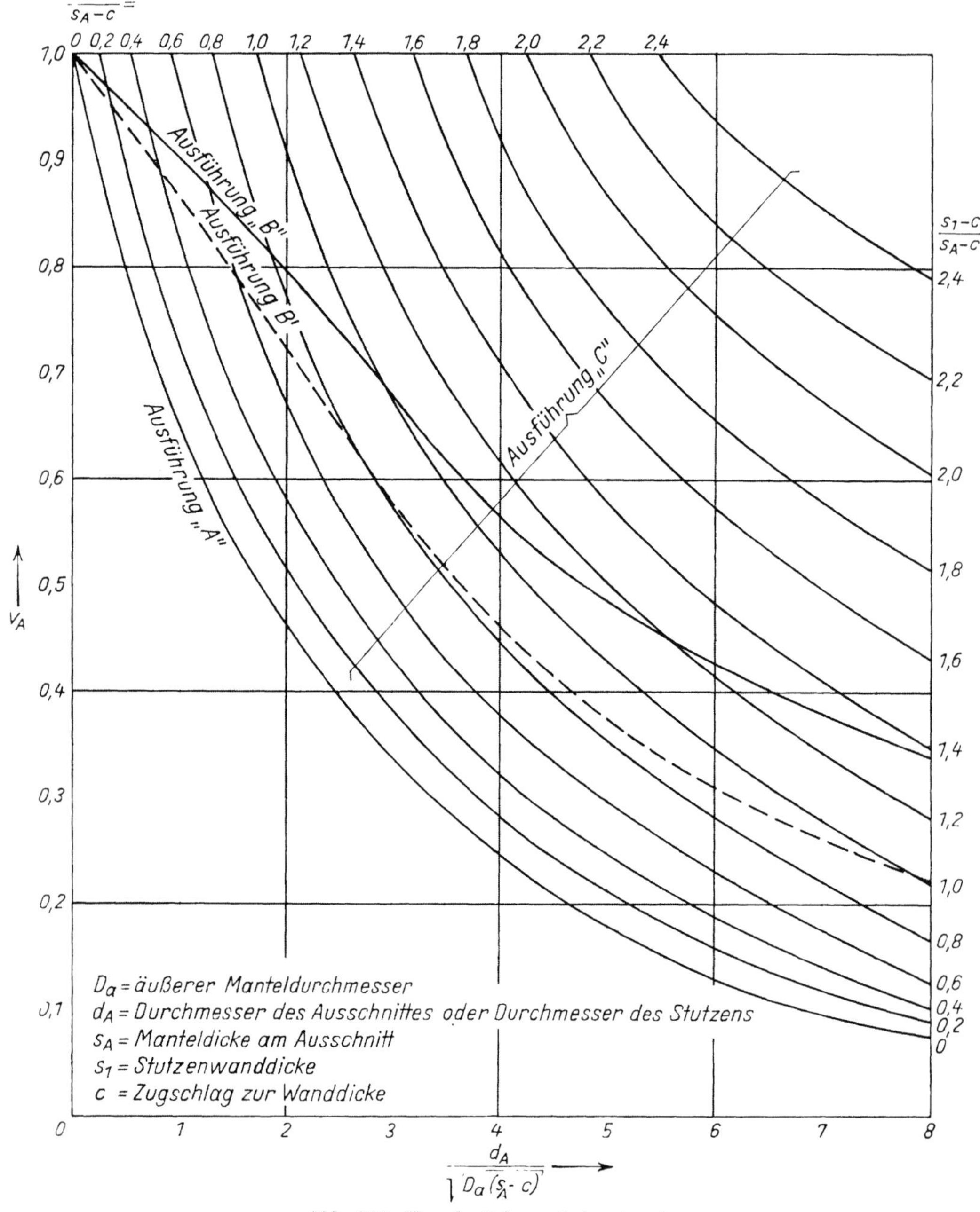

Abb. 305. Verschwächungsbeiwert v_A[1]

[1] AD Merkblatt B 9, Ausgabe Januar 1960.

Die Spannungserhöhung im Blech wird durch einen Verschwächungsbeiwert v_A berücksichtigt, welcher z. B. in Gl. (571), (572), (584) oder (585) an Stelle von v tritt. Ist jedoch ein Stutzen im Bereich einer Naht angeordnet, hat in den genannten Gleichungen v durch vv_A ersetzt zu werden. In Abb. 305 ist der Faktor v_A dargestellt[1]. Die Bezeichnungen sind den Abb. 306 bis 309 zu entnehmen. In Abb. 305 wird unter Ausführung „A" Abb. 306 und 307, unter „B" Abb. 309 (linke Hälfte), unter B′ Abb. 309

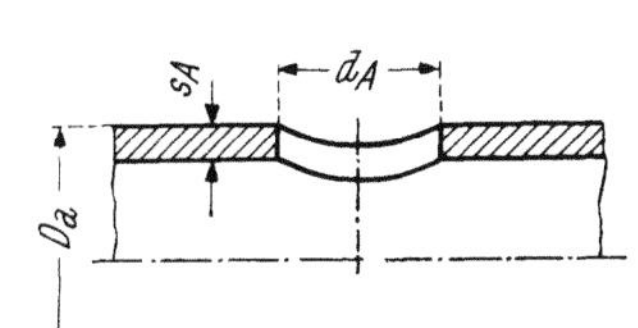

Abb. 306. Unverstärkter Ausschnitt im Zylinder[1]

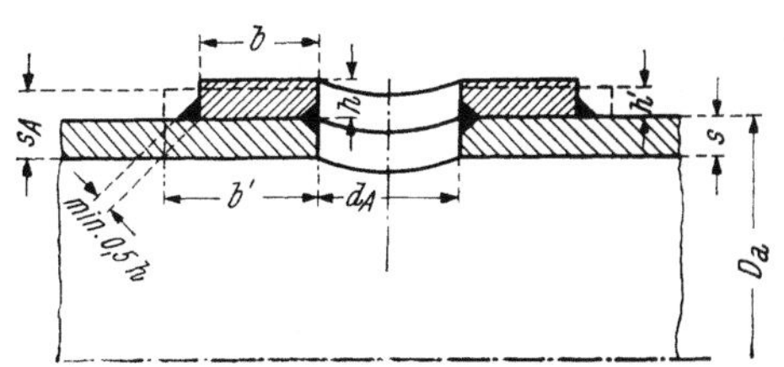

Abb. 307. Scheibenförmig verstärkter Ausschnitt[1]

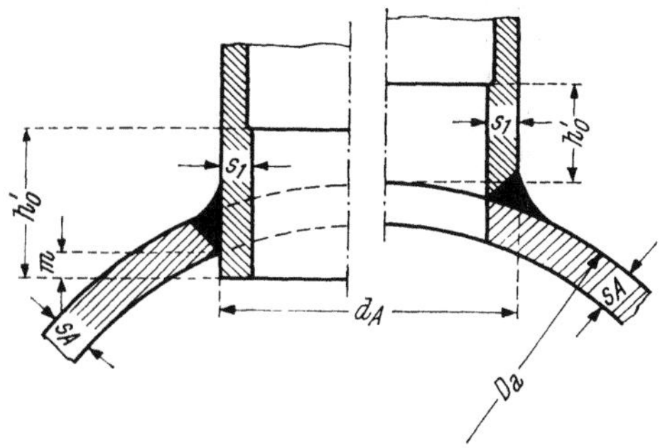

Abb. 308. Rohrförmig verstärkter Ausschnitt[1]

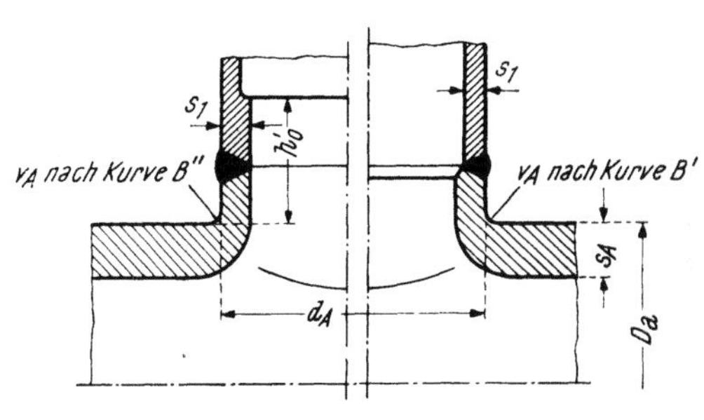

Abb. 309. Ausgehalster Ausschnitt[1]

(rechte Hälfte) und unter „C" Abb. 308 verstanden. Damit die versteifende Wirkung in den aufgezählten Fällen wirklich vorliegt, sind einige Bedingungen einzuhalten. So muß bei der Versteifung gemäß Abb. 307 die größte Breite b' mindestens folgender Beziehung entsprechen:

$$b' = \sqrt{D_a \cdot (S_A - c)} \tag{605}$$

wobei S_A die Wandstärke (einschließlich Verstärkung) ist, die sich bei Anwendung von Gl. (571), (572) oder (584), (585) mit v_A statt v ergibt. Die weiteren Bezeichnungen folgen aus der Abbildung. Ferner ist c der Wandstärkenzuschlag in den Gl. (571), (572), (584), (585). Bei Versteifung nach Abb. 308 ist die Mindesthöhe des Stutzens h_0'

$$h_0' = \sqrt{d_A (S_1 - c)} \tag{606}$$

S_1 darf nicht kleiner als dem Druck entsprechend bemessen werden. Wird jedoch $h_0 < h_0'$ ausgeführt, hat S_1 im Verhältnis h_0'/h_0 vergrößert zu werden. Handelt es sich um Aushalsungen gemäß Abb. 309, gilt für h_0' auch Gl. (606) (linke Seite des Bildes). Die Wandstärke soll der Bedingung

$$S_1 \geqq S_A \frac{d_A}{D_a} \tag{607}$$

entsprechen, die Ablesung erfolgt nach Kurve „B". Ist S_1 kleiner, als sich aus Gl. (607) ergäbe (rechte Seite in Abb. 309), gilt in Abb. 305 der Bereich zwischen „B" und B'. Bis $d_A/D_a \leqq 0{,}4$ kann jedoch trotzdem „B" benützt werden, während für $d_A/D_a = 1$ die Kurve B' gilt. Der Bereich von 0,4 bis 1 wird durch entsprechende Interpolation zwischen B'' und B' erfaßt.

[1] AD Merkblatt B 9, Ausgabe Januar 1960.

C. Gewölbte Kesselböden für inneren Überdruck

Diese werden entweder an den Trommelschuß angeschweißt oder bei niedrigeren Drücken auch angenietet. Die Berechnung erfolgt nach den Werkstoff- und Bauvorschriften und gilt sowohl für Vollböden ohne und mit Öffnungen (Abb. 310a und b) als auch für Mannlochböden (Abb. 310c).

Die Berechnungsvorschriften gelten für tiefgewölbte Böden aus Flußstahl, deren Höhe H mindestens das 0,18fache des Bodendurchmessers D beträgt. Die Böden müssen nach einer Ellipse oder nach einem Korbbogen geformt sein, wobei der Wölbungsdurchmesser R nicht größer als der äußere Bodendurchmesser D und der Krempenhalbmesser r nicht kleiner als $^1/_{10} D$ sein darf.

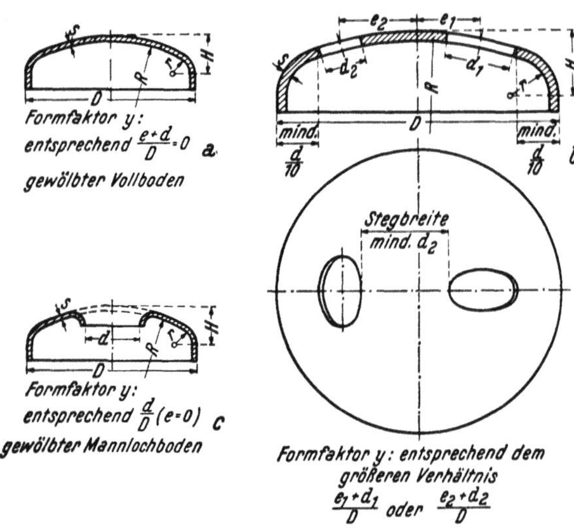

Abb. 310. Vollboden a, Boden mit Öffnungen b und Mannlochboden c

Die Wanddicke ist nach folgender Formel zu berechnen:

$$s = \frac{D p y}{200 \frac{\sigma_{0,2}}{S_F}} + c \qquad (608)$$

Es ist s die Wandstärke in Millimeter, p der größte Betriebsdruck in kp/cm², D der äußere Bodendurchmesser in Millimeter, y ein Formfaktor, welcher aus Zahlentafel 114 zu entnehmen ist, S_F ein Sicherheitsfaktor, der mit 1,1 eingesetzt werden kann, c ein Zuschlag, der für Vollböden 2,5 mm, für Mannlochböden 3,5 mm beträgt (Böden mit Öffnungen, deren große Achse größer als 200 mm ist, erhalten auch 3,5 mm Zuschlag) und $\sigma_{0,2}$ die Warmstreckgrenze bei Wandtemperatur[1]. Liegt diese unter 300 °C, hat gemäß den österreichischen Bauvorschriften die Warmstreckgrenze bei 300 °C eingesetzt zu werden. Bei Flußstählen sind als Warmstreckgrenze bei 300° und 350° die Werte gemäß Fußnote[2] zu benützen; bei höheren Temperaturen und Sonderstählen die jeweils gewährleisteten Werte.

In der Zahlentafel 114 wird zur Berechnung des Formfaktors y der Ausdruck $\frac{e+d}{D}$ verwendet. Hier ist e der Abstand zwischen Mitte Boden und Mitte Ausschnitt an der äußeren Bodenoberfläche und d der Öffnungsdurchmesser, welcher das größte Verhältnis $\frac{e+d}{D}$ ergibt. Nach den DDA ist folgende Formel zu verwenden.

$$s = \frac{D p \beta}{400 \frac{K}{S}} + c \qquad (609)$$

Als Wandtemperatur ist mindestens 250 °C einzusetzen, bei von Feuergasen berührter Wand die Dampftemperatur + 50 °C. Der Sicherheitsbeiwert S beträgt bei Landkessel 1,4. Der Berechnungsbeiwert β ist abhängig von H/D und der Bodenform lt. Zahlentafel 115. Der Zuschlag c beträgt bis $s = 30$ mm 2 mm, darüber 1 mm. K ist der Festigkeits-

[1] Diese wird nach den österreichischen Vorschriften als „mittlere auf Grund der Kesselbetriebsverhältnisse anzunehmende Wandtemperatur" definiert.

[2] Warmstreckgrenze (kp/mm²) der Blechsorte I, II, III, IV bei 300 °C: 14, 16, 17, 19, bei 350 °C: 12, 13, 14, 16.

kennwert des Werkstoffes in kp/mm² und nach Zahlentafel 101 einzusetzen. Die Höhe des zylindrischen Bordes muß, ausgenommen bei Halbkugelböden, $\geqq 3{,}5 \times s$ sein, braucht jedoch 150 mm nicht zu übersteigen. Der Ausschnittsdurchmesser wird, sofern er außermittig liegt, in der Verbindungslinie von Bodenmittelpunkt zu Ausschnittsmittelpunkt gemessen. Bei mittiger Lage ist d der größte Ausschnittsdurchmesser.

Zahlentafel 114. *Formfaktor y*

Verhältnis der Bodenhöhe zum äußeren Bodendurchmesser H/D	Formfaktor y							
	Vollböden	Böden mit Ausschnitten (Mannlochböden)						
	$\frac{e+d}{D} = 0$	$= 0{,}1$	$= 0{,}2$	$= 0{,}3$	$= 0{,}4$	$= 0{,}5$	$= 0{,}6$	$= 0{,}7$
0,20	2,00	2,06	2,2	2,4	2,6	2,75	2,9	3,1
0,25	1,30	1,50	1,65	1,85	2,05	2,20	2,40	2,60
0,50	0,68	0,85	1,05	1,20	1,40	1,60	1,75	1,95

Zahlentafel 115. *Berechnungswert β*

Bodenform	Verhältnis H/D	$d/\sqrt{D\,s} =$						
		0,0	0,5	1,0	2,0	3,0	4,0	5,0
		für Vollböden	für Mannlochböden mit Bördelrand bzw. Böden mit unverstärkten Ausschnitten (d = Ausschnittdurchmesser)					
Klöpperboden $R = D$	∼0,20	2,9	2,9	2,9	3,7	4,6	5,5	6,5
Tiefgewölbter Boden $R = 0{,}8\,D$	∼0,25	2,0	2,0	2,3	3,2	4,1	5,0	5,9
Halbkugelboden	0,50	1,1	1,2	1,6	2,2	3,0	3,7	4,35

D. Gewölbte Böden bei äußerem Überdruck

Die Berechnung erfolgt wie bei der Beanspruchung durch inneren Überdruck. Sie sind mit dem 1,4fachen der dabei erforderlichen Wanddicke anzuführen. Der Sicherheitsbeiwert S beträgt hier mindestens 1,8.

E. Flammrohrböden

Die Berechnung der Bodenwandstärke erfolgt nach

$$s = \frac{p \cdot R}{200\,\sigma_{zul}} \qquad (610)$$

wobei s die Wandstärke, R der innere Wölbungshalbmesser in mm sind. σ_{zul} ist bei Verwendung von Blechsorte I mit 7,5 kp/mm² einzusetzen, bei Blechsorte II kann die Wandstärke im Verhältnis von 36/41 verringert werden.

Nach den DDA rechnet sich bei flachgewölbten Böden mit $R \geqq D$

$$s = \frac{p \cdot R}{200\,\frac{K}{S}} + c \qquad (611)$$

K in kp/mm² ist nach Zahlentafel 101 einzusetzen, wobei die Berechnungstemperatur mindestens 250 °C beträgt. S wird mit 1,8 bei flachgewölbten Böden eingesetzt, c beträgt 1 mm bei $s \leqq 30$ mm.

F. Glatte Vierkantrohre

In einer Vierkantkammer treten im Querschnitt parallel zur Achse infolge des Innendruckes p Biegespannungen und Zugspannungen auf. Würde man die Seite als starr eingespannten Balken ansehen, ergäbe sich das Biegemoment in der Ecke doppelt so groß als jenes in der Mitte. Auch im wirklichen Belastungszustand wird das Moment in der Ecke das größere sein. Trotzdem nehmen die Werkstoff- und Bauvorschriften den gefährlichen Querschnitt in der Mitte bei A (Abb. 311) an, da einerseits dort eine Schwächung durch Lochreihen vorhanden ist, andererseits die Ecke durch die vorhandene Krümmung als ausreichend versteift gelten kann.

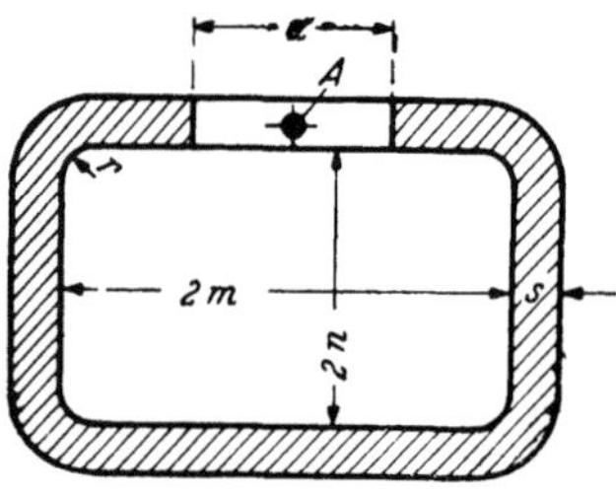

Abb. 311. Querschnitt durch eine Vierkantkammer

Dies erscheint gegeben, wenn die Bedingung $r > \frac{s}{3} > 8$ mm erfüllt ist, wobei r der innere Radius in der Ecke und s die Wandstärke ist.

Die Berechnung von s erfolgt nach der in den Werkstoff- und Bauvorschriften aufscheinenden Formel

$$s = \frac{pn}{200\sigma\varphi} + \sqrt{\frac{6Mp}{\varphi' \, 100\sigma}} \tag{612}$$

Es bedeutet:

- p der Druck in kp/cm²,
- n, m die halbe Seitenlänge der Kammer gemäß Abb. 311 in mm,
- φ bzw. φ' Gütezahl gemäß Zahlentafel 116,
- M Biegemoment gemäß Gl. (613) bzw. Gl. (614), (Nach DDA Z genannt),
- σ Streckgrenze bzw. Dauerstandsfestigkeit, mit Sicherheitsfaktor von 1,1 [1].

M ist das Biegemoment bei einem Innendruck von 1 kp/mm² und folgt aus der Rahmentheorie für Seitenmitte:

$$M = \frac{m^3 + n^3}{3(m+n)} - \frac{m^2}{2} \tag{613}$$

Zahlentafel 116.
Gütezahl φ' abhängig von d_Q und $\varphi = \frac{t - d_L}{t}$
In rechter Kolonne wird der Bohrungsdurchmesser d_L in Längsrichtung gemessen

Bohrungsdurchmesser d_Q (in Querrichtung gemessen)	Gütezahl φ'
$d_Q < m$	$\varphi' = \frac{t - d_L}{t}$
$m < d_Q < 1{,}3m$	$\varphi' = \frac{t - \frac{2}{3} d_L}{t}$
$d_Q > 1{,}3m$	$\varphi' = \frac{t - \frac{1}{3} d_L}{t}$

Ist die Bohrungsreihe um c aus der Mitte verschoben, ergibt sich

$$M = \frac{m^3 + n^3}{3(m+n)} - \frac{m^2 - c^2}{2} \tag{614}$$

Das Biegemoment wurde hierbei für eine Rohrscheibe von 1 mm Dicke berechnet.

[1] Nach den österreichischen Vorschriften ist σ in kp/mm² für die Blechsorten I bis IV:

Sorte	Temperatur °C 300	340	380	420	460
I	14	12,5	9,5	6,5	4,5
II	16	13,5	11,2	8,8	6,3
III	17	14,5	12,2	9,7	6,7
IV	19	16,7	13,6	10,5	7,0

Der sich für M bzw. Z ergebende Wert ist unabhängig vom Vorzeichen immer positiv in Gl. (612) bzw. (615) einzuführen.

Bei versetzter Bohrung nach Abb. 312 ergibt sich das Biegungsmoment im schrägen Steg durch Multiplikation des Momentes in Seitenmitte gemäß Gl. (613) mit $\cos \cdot \alpha$. Für die Ermittlung der Gütezahl ist dann statt t, t_1 einzuführen. Die Stegbreite zwischen zwei Bohrungen ist mit 20% der Teilung nach unten begrenzt.

Die Abmessungen von Vierkantrohren nach DIN 2906 zeigt Zahlentafel 89. Die Berechnung nach DDA-Vorschriften erfolgt bei Vierkantkammern nach etwas geänderten Formeln. Die Wandstärke s ergibt sich zu

$$s = \frac{p \cdot n}{200 \frac{K}{S} v} + \sqrt{\frac{4{,}5 Z p}{100 \frac{K}{S} v'}} \tag{615}$$

wobei K der Festigkeitskennwert kp/mm² nach Zahlentafel 117, S der Sicherheitsbeiwert $= 1{,}35$ ist. Als Berechnungstemperatur sind mindestens 250 °C einzusetzen, bei nicht be-

Zahlentafel 117. *Festigkeitskennwerte K für unlegierten Stahl bei Vierkantrohren*

Markenbezeichnung	Berechnungstemperatur °C				
	250	300	350	400	450
	Festigkeitskennwert K in kg/mm²				
St 35	16	14	12	9	5
St 41	18	16	14	10	6
St 44	19	17	15	11	7

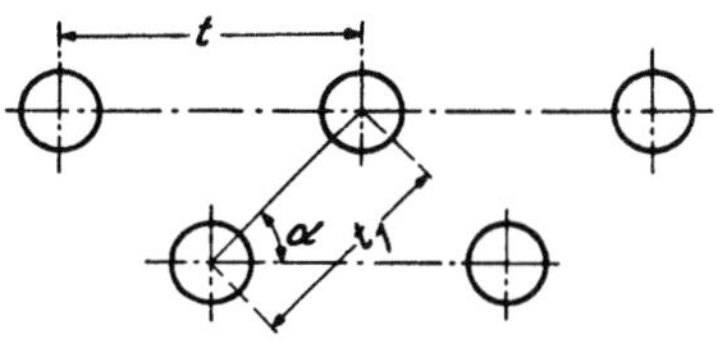

Abb. 312. Versetzte Bohrungen bei Vierkantkammern

feuerter Wand die Dampftemperatur, bei Heißdampfsammlern die Dampftemperatur + 15 °C, bei gegen Feuergase abgedeckter Wand die Dampftemperatur + 20 °C, bei von Feuergasen befeuerter Wand die Dampftemperatur + 50 °C.

Z hat die gleiche Bedeutung wie M bei den österreichischen Vorschriften [Gl. (613) und Gl. (614)].

Der Verschwächungsbeiwert in den Bohrungsreihen bei Zugbeanspruchung ist v, desgleichen v' bei Biegebeanspruchung, wobei diese wie folgt zu ermitteln sind[1]:

$$v = \frac{t - d_L}{t}$$

$$v' = v \quad \text{bei} \quad d_Q < 0{,}6\ \text{m}$$

$$v' = (t - 0{,}6\ \text{m})/t \quad \text{bei} \quad d_Q \geqq 0{,}6\ \text{m}$$

G. Vierkantrohre für Teilkammerkessel

Vierkantrohre als Bauelement für Teilkammerkessel werden sowohl gewellt als auch ungewellt verwendet (Abb. 15). Die für diesen Zweck normalerweise benützte Dimension ist 115 × 140 mm oder 140 × 140 mm lichte Weite.

Hierbei ist als Werkstoff Blechsorte III mit 41 kp/cm² Mindestfestigkeit vorausgesetzt.

Laut Werkstoff- und Bauvorschriften ändert sich bei Werkstoffen mit anderer Festigkeit die Wandstärke im Verhältnis $\sqrt{\frac{41}{K_z}}$.

Die Stegbreite zwischen zwei Verschluß- oder Rohrlöchern darf nicht kleiner als ein Viertel der Rohrmittenentfernung sein. In der genannten Vorschrift ist für gewellte Vierkantkammern eine Bemessungstabelle angegeben.

[1] Bedeutung von d_L, d_Q wie in Zahlentafel 116.

Nach den DDA-Vorschriften hat zur Bestimmung der Wandstärke Zahlentafel 118 benützt zu werden, sofern St 44 zugrunde liegt.

Zahlentafel 118. *Wanddicke von Vierkantrohren für gewellte Teilkammern*

(Die eingeklammerten Werte dienen lediglich als Umrechnungswerte bei Stählen mit kleinerer Festigkeit als St 44)

Lichte Weite der gebohrten Seite in mm	Höchstzulässiger Betriebsdruck in atü						
	16	20	25	32	42	67	84
	Wanddicken in mm						
110	(8,5)	(9,6)	(10,9)	(12,3)	14	18,3	21,2
120	(9,5)	(10,5)	(11,8)	(13,5)	15,5	20	23,3
130	(10,5)	(11,5)	(12,7)	14,5	16,7	21,5	25
140	(11,4)	(12,5)	(13,8)	15,5	17,8	23,3	27
150	(12)	(13,5)	15	17	19,2	—	—
155	(12,6)	14	15,5	17,5	20	—	—

Bei Verwendung anderer Stähle mit der Warmstreckgrenze K in kp/mm² sind die angegebenen Wandstärken mit folgenden Faktoren zu multiplizieren:

250 °C	300 °C	350 °C	400 °C
$\sqrt{19/K}$	$\sqrt{17/K}$	$\sqrt{15/K}$	$\sqrt{11/K}$

Die Berechnungstemperatur ist gleich der entsprechenden Sattdampftemperatur + 50 °C. Die Mindestwandstärke der Kammer ist 14 mm. Die in der Zahlentafel 118 angegebenen Werte gelten auch für ungewellte Teilkammern, sofern die Rohrdurchmesser nicht größer und die Rohrlochabstände nicht kleiner als nach DIN 2907 gewählt werden.

H. Berechnung der Wanddicken von Dampfkesselflammrohren unter äußerem Überdruck

Als Flammrohre werden gewöhnlich Wellrohre gemäß den in Abb. 4 dargestellten Systemen verwendet. Die Wandstärke wird bei Wellrohren nach folgender Formel berechnet:

$$S = \frac{p \cdot d}{1200} + 2 \text{ mm} \tag{616}$$

wobei p der größte Betriebsdruck in kp/cm² und d der kleinste innere Flammrohrdurchmesser in mm ist. In obiger Formel ist als Werkstoff die Blechsorte I vorausgesetzt. Die Blechstärke soll nicht kleiner als 7 mm sein.

Für glatte Rohre gilt folgende Formel:

$$s = \frac{pd}{2400}\left(1 + \sqrt{1 + \frac{aL}{p(L+d)}}\right) + 2 \tag{617}$$

wobei L die Länge des Flammrohres bzw. die größte Entfernung zwischen zwei wirksamen Versteifungen in mm und a ein Zahlenwert ist, der bei liegenden Flammrohren mit 100 bei überlappter Längsnaht und mit 80 bei gelaschter oder geschweißter Längsnaht einzusetzen ist.

Nach den DDA-Vorschriften beträgt der höchstzulässige Betriebsdruck p in atü bei zylindrischen Mänteln und glatten Flammrohren

$$p = 100\,\frac{K}{S}\cdot\frac{2(s-1)}{d}\cdot\frac{1+0{,}1\,\dfrac{d}{L}}{1+0{,}03\,\dfrac{d}{s-1}\cdot\dfrac{u}{1+5\,\dfrac{d}{L}}} \qquad (618)$$

und bei gewellten Flammrohren

$$p = 100\,\frac{K}{S}\cdot\frac{2F}{b\cdot d}\cdot\frac{1+0{,}1\,\dfrac{d}{L}}{1+\dfrac{Fwd}{800I}\cdot\dfrac{u}{1+5\cdot\dfrac{d}{L}\left(\dfrac{s-1}{w}\right)^3}} \qquad (619)$$

In diesen Formeln bedeutet in mm:

s die Wanddicke,

d den mittleren Durchmesser (des gewellten Rohres),

b die Wellenteilung (Entfernung von Wellental zu Wellental),

w die Wellentiefe (Differenz vom äußeren Halbmesser bei Wellenberg und inneren Halbmesser bei Wellental),

L die Rohrlänge bzw. die Entfernung zweier wirksamer Versteifungen,

F den Flächeninhalt eines Längsschnittes von der Breite b und der Wanddicke $(s-1)$ in mm^2 (Zahlentafel 119),

I das Trägheitsmoment eines Längsschnittes von der Breite b und der Wanddicke $(s-1)$ in mm^4 (Zahlentafel 119),

u die Unrundheit des Rohres (für Wellrohre 1% und bei neuen glatten Rohren 1,5%),

K den Festigkeitskennwert des Werkstoffes (Zahlentafel 101) in kp/mm^2,

S den Sicherheitsbeiwert bei liegenden Flammrohren (2,5),
stehenden ,, (2,0).

Als Berechnungstemperatur ist einzusetzen:

bei glatten Rohren: Sattdampftemperatur + $4s$ (mm) + 30 °C,
bei Wellrohren: Sattdampftemperatur + $3s$ (mm) + 30 °C.

Zahlentafel 119. *Trägheitsmomente und Querschnittsfläche bei Flammrohren*

(Zahlenwert bei I mit 10^4, bei F mit 10^2 zu multiplizieren)

	Bauart Fox						Bauart Morison	
$w \rightarrow$	50		75		75		50	
$b \rightarrow$	151		151		200		202	
$s-1$ mm	I $10^4\,mm^4$	F $10^2\,mm^2$	I $10^4\,mm^4$	F $10^2\,mm^2$	I $10^4\,mm^4$	F $10^2\,mm^2$	I $10^4\,mm^4$	F $10^2\,mm^2$
9	30	15,5	100,0	19,4	—	—	40,6	20,2
11	33,7	19	115,0	23,6	143,8	27,6	45,6	24,3
13	35,7	22,5	125,7	27,5	167,3	32,1	49,2	28,5
15	37,6	25,6	134,2	31,1	180,2	36,7	52,0	32,6
17	39,5	28,7	141,5	34,7	189,4	41,2	54,3	36,6
19	41,3	31,6	147,9	38,1	196,2	45,6	55,7	40,7

J. Berechnung der Stärke ebener Wände

a) Ebene Platten

Nach den folgenden Formeln werden unter Druck stehende ebene Kesselböden und Platten berechnet, wie sie bei Feuerbüchskesseln (Abb. 12) und Rauchrohrkesseln (Abb. 5) vorkommen.

Die Wandstärke rechnet sich bei regelmäßiger Austeilung von Ankern und Stehbolzen aus (s in mm)

$$s = c\sqrt{p(a^2 + b^2)} \qquad (620)$$

wobei p der höchstzulässige Betriebsdruck in kp/cm², a die Längs- und b die Querteilung der Anker und Stehbolzen in mm ist.

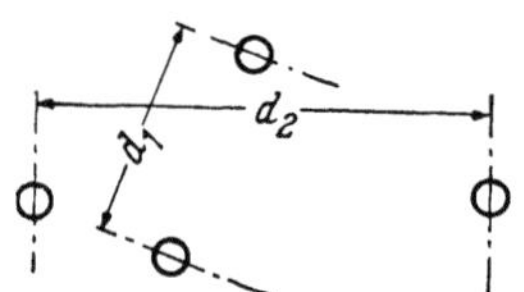

Abb. 313. Unregelmäßige Verankerung einer ebenen Platte

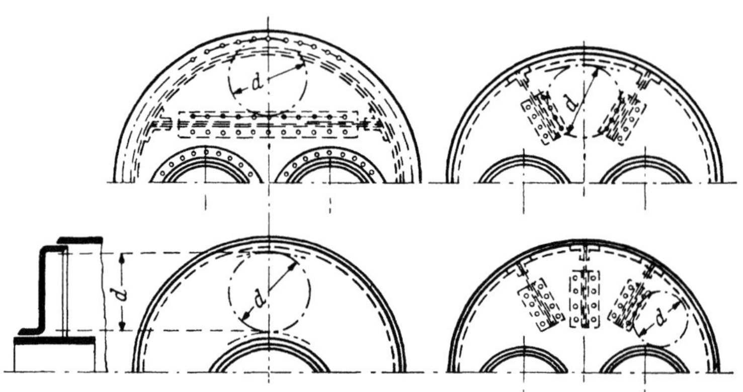

Abb. 314. Versteifungen von ebenen Böden

Die Konstante c ist zu wählen:

$c = 0{,}017$ bei Platten, in welche die Stehbolzen oder Anker eingeschraubt und vernietet sind und welche von den Heizgasen und vom Wasser berührt werden,

$c = 0{,}015$ wenn solche Platten nicht von den Heizgasen berührt werden,

$c = 0{,}014$ bei Platten, welche durch Ankerrohre versteift sind.

Bei unregelmäßiger Verankerung gilt mit den Bezeichnungen der Abb. 313:

$$s = \frac{c}{2}(d_1 + d_2)\sqrt{p} \qquad (621)$$

Findet die Versteifung der Wand durch Eckanker gemäß Abb. 314 statt, so rechnet sich

$$s = 0{,}017\,d\sqrt{p} \qquad (622)$$

wobei d der Durchmesser des größten Kreises in mm nach Abb. 314 ist.

Die angeführten Formeln gelten bei Verwendung der Blechsorte I; wird die Sorte II verwendet, so verkleinert sich die errechnete Wandstärke mit dem Wert $\sqrt{\frac{36}{41}} = 0{,}94$.

b) Rechteckige Platten

Rechteckige Platten, die am Umfang befestigt sind, erhalten die Wandstärke

$$s = 0{,}053\,b\sqrt{\frac{p}{\sigma\left[1 + \left(\frac{b}{a}\right)^2\right]}} \qquad (623)$$

wobei a die größere und b die kleinere Rechteckseite in mm ist. Die zulässige Zugspannung σ in kp/mm² darf nicht größer als ein Viertel der Zugfestigkeit sein.

c) Rohrplatten

Die Berechnung des innerhalb eines Rohrbündels liegenden Teiles von Rohrplatten bei Heizrohrkesseln erfolgt bei Vorhandensein von Ankern oder mit Gewinde versehenen Ankerrohren nach den Formeln (620) und (621), wobei folgende Bestimmung einzuhalten ist:

Wegen guter Einwalzmöglichkeit soll $s \geqq 5 + d/8$ sein, wobei diese Gleichung für $d = 38$ bis 100 mm gilt.

Wenn keine besondere Verankerung vorhanden ist, so darf die auf 1 cm Lochumfang bezogene Zugkraft

$$K = \frac{p \cdot F}{d\pi} = 40 \text{ kp/cm}$$

nicht überschreiten, wobei F in cm² die schraffierte Fläche in Abb. 315 und d den Lochdurchmesser in cm bedeutet. K beträgt 40 kp/cm, erhöht sich auf 50 kp/cm bei einseitiger und auf 70 kp/cm bei zweiseitiger Umbördelung. [Nach den DDA siehe Gl. (639)].

Die Biegebeanspruchung innerhalb der Fläche F wird wie folgt überprüft:

$$\sigma_B = \frac{p}{360\left(1 - 0{,}7\,\frac{d}{e}\right)\left(\frac{s}{e}\right)^2} \text{ kp/cm}^2 \tag{624}$$

e wird aus Abb. 315 nach der Beziehung $e = \frac{\overline{op} + \overline{pq}}{2}$ mm berechnet. d ist der Lochdurchmesser in mm.

σ_B kp/mm² soll gegen die Zugfestigkeit mindestens eine Sicherheit von 4,5 aufweisen.

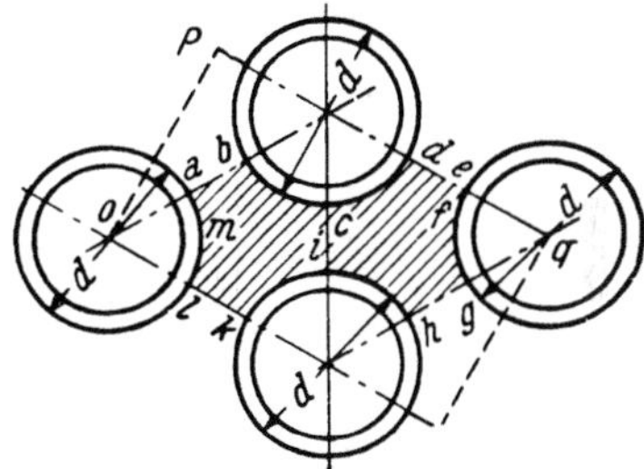

Abb. 315. Rohranordnung in einer ebenen Platte

d) Rohrplatten mit Druckbeanspruchung

Bei Feuerbüchsen, deren Decke nicht durch Anker mit dem Kesselmantel verbunden ist, sondern durch Bügel oder Deckenträger unterstützt ist (Abb. 12), tritt die durch den Dampfdruck auf die Decke wirkende Kraft auch im Rohrfeld als zusätzliche Druckspannung in Erscheinung. Die Wandstärke errechnet sich dann:

$$s = \frac{p \cdot w \cdot b}{1900(b - d)} \text{ mm} \tag{625}$$

hierin bedeutet p = kp/cm² den Druck, d mm den Lochdurchmesser, w mm die Tiefe der Feuerbüchse und b mm den horizontalen Rohrabstand.

e) Ebene Kesselböden

Die Blechdicke von gekrempten ebenen Kesselböden ohne Verankerung ergibt sich mit Abb. 316 zu

$$s = \sqrt{\frac{3p}{800 K_z}}\left[d - r\left(1 + \frac{2r}{d}\right)\right] \text{ mm} \tag{626}$$

Alle Abmessungen sind in mm einzusetzen.

Der Krempenhalbmesser r soll nicht kleiner als $\frac{d}{15}$ sein. K_z ist die Zugfestigkeit des Materials in kp/mm².

Nach den Vorschriften des DDA sind für die wichtigsten Fälle folgende Berechnungsformeln für die Wandstärke maßgebend:

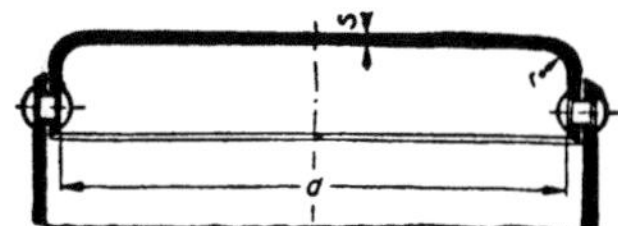

Abb. 316. Gekrempter ebener Boden

a) kreisförmige Platten:

$$s = C D_b \sqrt{\frac{p}{100 \frac{K}{S}}} + c \qquad (627)$$

b) rechteckige oder elliptische Platten:

$$s = C \cdot b \cdot y \sqrt{\frac{p}{100 \frac{K}{S}}} + c \qquad (628)$$

c) ebene Platten, die durch Stehbolzen, Rundanker oder Ankerrohre gleichmäßig versteift sind:

$$s = C \sqrt{\frac{p(a^2 + b^2)}{100 \frac{K}{S}}} + c \qquad (629)$$

bei ungleichmäßiger Versteifung, Abb. 313:

$$s = C \frac{d_1 + d_2}{2} \sqrt{\frac{p}{100 \frac{K}{S}}} + c \qquad (630)$$

d) ebene Platten, die durch Eckanker und Träger versteift sind, und ebene Platten zwischen Anker und Rohrfeldern:

$$s = C d_e \sqrt{\frac{p}{100 \frac{K}{S}}} + c \qquad (631)$$

In diesen Formeln bedeutet

s Wandstärke mm,

p Höchstzulässigen Betriebsüberdruck kp/cm^2,

K Festigkeitskennwert des Werkstoffes (Zahlentafel 101) kp/mm^2 bei der Berechnungstemperatur.
Für die Berechnungstemperatur ist bei nicht befeuerter Wand die Dampftemperatur einzusetzen. Hierzu kommt bei indirekter bzw. direkter Befeuerung ein Zuschlag von 20° bzw. 50 °C. Mindestens ist jedoch mit 250 °C zu rechnen.

S Sicherheitskennwert wird bei Landkesseln und Stahl mit 1,5, bei Stahlguß mit 1,8 eingesetzt.

D_b Innerer Durchmesser eines ebenen gekrempten Bodens mm.

b Kleinere Seite des Rechteckes oder die kleine Achse der Ellipse mm [Gl. (628)].

y Verhältniswert abhängig von b/a, wobei a die größere Seite (Achse) des Rechteckes (Ellipse) bedeutet.

Verhältniswert y für	Verhältnis b/a				
	1	0,75	0,5	0,25	$\leqq 0{,}1$
Rechteck	1,10	1,26	1,40	1,52	1,56
Ellipse	1,00	1,15	1,30	—	—

a Längsteilung der Anker oder Stehbolzen in mm [Gl. (629)].

b Querteilung der Anker oder Stehbolzen in mm [Gl. (629)].

d_e Durchmesser des größten Kreises, der auf einer ebenen Platte innerhalb von mindestens 3 Befestigungsstellen beschrieben werden kann (Abb. 314).

C Berechnungsbeiwert. Dieser ist wie folgt einzusetzen

Gl. (627) und (628)	0,35	für geschmiedete oder ausgedrehte Böden,
		für ebene gekrempte Böden,
		für eingespannte Platten,
	0,45	für frei aufliegende Platten,
Gl. (629) und (630)	0,45,	
Gl. (621)	0,45,	

c Wanddickenzuschlag bei Landkessel 0 mm.

Der Krempenhalbmesser hat mindestens zu betragen bei äußerem Bodendurchmesser:

bis	500 mm	30 mm,
,,	1600 mm	40 mm,
über	1900 mm	50 mm.

K. Die Berechnung der Schrauben und Verschraubungen

Bei Berechnung der Schrauben, welche an Dampfkesseln Verwendung finden, hat zunächst die Gesamtkraft P bestimmt zu werden.

Handelt es sich um eine kreisrunde gleichmäßige Anordnung von n Schrauben, ist die Kraft je Schraube $P_1 = P/n$.

Bei rechteckigen oder ovalen Platten errechnet sich die größte Schraubenkraft zu

$$P_1 = \frac{Pe}{2\pi r} \tag{632}$$

Es bedeutet r in mm den Abstand der am nächsten zum Schwerpunkt der Platte liegenden Schraube von diesem und e die Schraubenteilung in mm.

Die Art der Berechnung der Gesamtkraft P hängt von der Konstruktion des Kessels ab, wobei versteifende Elemente berücksichtigt werden können.

Für Durchmesser kleiner als 60 mm beträgt der Kerndurchmesser

$$d = \sqrt{\frac{1{,}05 \cdot x \cdot P_1}{\varphi K_s}} + 5{,}5 \tag{633}$$

Für Durchmesser größer als 60 mm ergibt sich

$$d = \sqrt{\frac{1{,}27 \cdot x \cdot P_1}{\varphi K_s}} \tag{634}$$

In dieser Formel bedeutet:

P_1 größte Schraubenkraft in kp,
K_s Berechnungsstreckgrenze (Zahlentafel 120, erste Zeile),
x Sicherheitsbeiwert (unlegierter Flußstahl 2,5, Sonderwerkstoff 2),
φ ein Beiwert. Dieser wird gewählt

0,5 bei roher Ausführung von Schrauben, Muttern, Schraubensitzen, Dichtflächen. Kesseldruck nicht über 8 atü, Temperatur bis 200 °C.

0,75 bei guter Ausführung der Schrauben, Muttern, bearbeiteten Dichtflächen, Temperaturen bis 300 °C.

1 bei guter Ausführung von Schrauben, Muttern, gut bearbeiteten Dichtflächen und Schraubensitzen, Temperaturen bis 300 °C. Ist in letzterem Falle die Temperatur über 300 °C, ist φ nach folgender Formel zu ermitteln:

$$\varphi = 1 - 0{,}04 \left(\frac{\vartheta - 300}{20}\right)$$

Die Ermittlung des Kerndurchmessers in mm erfolgt nach den DDA gemäß folgender Formel:

$$d_s = Z \sqrt{\frac{P_s}{K}} + c \tag{635}$$

$$Z = 1{,}13 \sqrt{\frac{S}{\varphi}}$$

Hier ist

K Festigkeitskennwert in kp/mm² nach Zahlentafel 120 (Siehe auch Zahlentafeln 108, 109)

P_s Belastung einer Schraube kp,

S Sicherheitswert = 2,3 (gegen Betriebsdruck),

φ = 1 bei genauer Bearbeitung der Schrauben und Dichtfläche,
= 0,75 bei üblicher Ausführung.

Nach den DDA beträgt der Konstruktionszuschlag

c 3 mm bei Dehnschrauben und
6 mm bei Starrschrauben.

Zahlentafel 120. *Werkstoffkennwerte für Schrauben*

t °C	Zugfestigkeit kp/mm² bei Raumtemperatur						
	bis 40	40 bis 45	45 bis 50	50 bis 55	55 bis 60	60 bis 70	70 bis 85
	Festigkeitskennwert K (kp/mm²)						
20	22	23	26	28	31	34	40
200	22	23	26	28	31	34	40
250	20	21	23	25	28	31	36
300	18	18	21	22	25	27	32
350	15	16	18	20	22	24	28

L. Anker und Stehbolzen

Gemäß den Werkstoff- und Bauvorschriften gelten für diese folgende zulässige Spannungen:

bei eingeschweißten Ankern und Stehbolzen aus Flußstahl 6 kp/mm²

bei geschweißten Ankern und Stehbolzen aus Flußstahl 4,5 kp/mm²

Ankerrohre haben mit Gewinde eingezogen und aufgewalzt zu werden (Abb. 7).

Bei Eckankern (Abb. 314) soll die Länge möglichst groß sein. Werden sie bei Flammrohrkesseln angewendet, sollen aus Wärmedehnungsgründen die Nieten, welche Anker und Stirnplatte verbinden, nicht weniger als 200 mm vom Flammrohrumfang abstehen. Die Vergrößerung der Zugkraft in einem Eckanker gegenüber jener in einem Längsanker hat bei der Querschnittsbemessung Berücksichtigung zu finden.

Bei Berechnung der Längskräfte in Ankern kann die unterstützende Wirkung anderer Kesselteile, wie z. B. des Mantels usw. berücksichtigt werden.

Werden ebene Stirnwände durch Aufnietung von I-Trägern u. dgl. versteift (Abb. 314), so sollen diese ihre Belastung möglichst unmittelbar auf den Kesselmantel übertragen.

Bei Versteifung feuerberührter ebener Flächen durch Stehbolzen soll der Stehbolzenabstand im allgemeinen nicht größer als 200 mm sein.

Die Belastung eines Ankers beträgt nach den Vorschriften des DDA

$$P = \frac{F \cdot p}{100} \quad \text{in kp} \tag{636}$$

Es bedeutet:

F die auf ein Rohr entfallende Plattenfläche in mm²,

P den Betriebsdruck in atü.

Der erforderliche Querschnitt errechnet sich bei Ankern und vollen Stehbolzen zu

$$f_1 = \frac{P}{\frac{K}{S}} \tag{637}$$

Bei Ankerrohren bzw. gebohrten Stehbolzen gilt mit den Durchmessern d_a und d_i

$$f_1 = (d_a^2 - d_i^2)\,\frac{\pi}{4} = \frac{P}{\frac{K}{S}} \tag{638}$$

Damit eine ausreichende Sicherheit gegen das Herausziehen von eingewalzten Rohren vorliegt, dürfen die zulässigen Belastungswerte der Stützfläche nicht höher sein, als in Zahlentafel 121 angegeben.

Als Stützfläche ist einzusetzen (nach den österreichischen Vorschriften, siehe S. 395).

$$f_2 = (d_a - d_i)\,l_0 \tag{639}$$

maximal jedoch

$$f_{2\,max} = 0{,}1 \cdot d_a \cdot l_0 \tag{640}$$

Hier bedeutet l_0 die Walzlänge in mm. Der Festigkeitskennwert K folgt aus der Zahlentafel 122.

Zahlentafel 121. *Zulässige Beanspruchung der Stützfläche*

Art der Walzverbindungen	Zulässige Beanspruchung der Stützfläche in kp/mm²
glatt	$\frac{P}{f_2} \leqq 15$
mit Rille	$\frac{P}{f_2} \leqq 30$
mit Bördel	$\frac{P}{f_2} \leqq 40$

Zahlentafel 122. *Festigkeitskennwert K bei unlegiertem und unvergütetem Stahl*

Stahlsorte	Festigkeitskennwert K in kp/mm² bei Berechnungstemperaturen von					
	20°	100°	200°	250°	300°	350°
St 35*	23	22	19	17	14	(12)***
St 45*	26	24	21	19	16	(14)
St 37-2** St 37-3**	20	19	16	15	12	(10)
St 42-2** St 42-3**	23	21	18	17	14	(12)

* Rohre (DIN 1629).
** Stab- und Formstahl (DIN 17100).
*** In diesem Bereich sollen Stähle ohne gewährleistete Warmfestigkeitseigenschaften nicht mehr verwendet werden.

Als Berechnungstemperatur gilt ohne Feuerberührung die Dampftemperatur, mit Feuerberührung desgleichen mit 50° Zuschlag. Die einzusetzende Temperatur soll jedoch nicht unter 250 °C liegen. Der Sicherheitswert S ergibt sich aus folgender Zahlentafel:

bei Ankern, Stehbolzen und Ankerrohren für den vollen Querschnitt $S = 1{,}5$
bei eingeschraubten Ankern, Stehbolzen und Ankerrohren für den Gewindekern $S = 2{,}0$
bei eingeschweißten Rohren, Ankerrohren und Ankern mit Abnahmezeugnis A oder B, DIN 50049 $S = 1{,}65$
bei eingeschweißten Rohren und Ankerrohren ohne Abnahmezeugnis A oder B, DIN 50049 $S = 2{,}0$

M. Bügel oder Deckenträger für Feuerbüchsendecken

Die Berechnung der Deckenträger erfolgt gemäß den Werkstoff- und Bauvorschriften bzw. dem DDA wie für einen freiaufliegenden Balken. Bezüglich der näheren Einzelheiten sei auf die genannten Vorschriften verwiesen.

XVII. Reaktoren

1. Bausteine der Materie

Die Physik kennt eine Anzahl von Elementarteilchen, die makroskopisch als Masse oder Strahlung in Erscheinung treten. Um wieviel die fortschreitende Forschung deren Zahl vergrößern oder reduzieren wird, kann nicht vorausgesagt werden.

Charakteristisch für die Teilchen sind deren Ruhemasse, Ladung, Spin und Lebensdauer. Zahlentafel 123 zeigt eine Zusammenstellung.

Für die Reaktortechnik sind vor allem das Neutron, Proton, Photon und Elektron von Interesse. In Zahlentafel 124 sind diese nochmals zusammengestellt. Einige wichtige Atomkerne sind dort gleichfalls angeführt.

Zahlentafel 123. *Elementarteilchen*

Gruppe	Name	Abkürzung	Ruhmasse	Ladung	Spin[1]	Lebensdauer
Nullteilchen	Photon	γ	0	0	1	stabil
	Neutrino		0	0	1/2	stabil
	Antineutrino		0	0	1/2	stabil
Leptonen	Positron	e^+	m_0	$+e$	1/2	stabil
	Elektron	e^-	m_0	$-e$	1/2	stabil
Leichte	Myon		$207 m_0$	$\pm e$	1/2	$2 \cdot 10^{-6}$ s
			$273 m_0$	$\pm e$	0	$2{,}5 \cdot 10^{-8}$ s
Mesonen	Pion		$264 m_0$	0	0	10^{-14} s
Schwere Mesonen	Tauon u. a.		$965 m_0$	$\pm e$, 0	0	10^{-8} s
Nukleonen	Proton	p	$1836 m_0$	$+e$	1/2	stabil
	Antiproton	p^-	$1836 m_0$	$-e$	1/2	stabil
	Neutron	n	$1839 m_0$	0	1/2	13 min
	Antineutron	n'	$1839 m_0$	0	1/2	13 min
Hyperonen			2100 bis $2600 m_0$	$\pm e$, 0	1/2	10^{-10} s

Zahlentafel 124. *Eigenschaften einiger Elementarteilchen*

Bezeichnung	Symbol	A	Z	Massenwert ME	Masse g	Massenäquivalent MeV
Elektron	$-e, \beta$	0	-1	$5{,}49 \cdot 10^{-4}$	$0{,}91 \cdot 10^{-27}$	0,5109
Neutron	n	1	0	1,008981	$1{,}675 \cdot 10^{-24}$	$0{,}939 \cdot 10^3$
Proton	$_1H^1$, p	1	1	1,007592	$1{,}672 \cdot 10^{-24}$	$0{,}938 \cdot 10^3$
Heliumkern	$_2He^4$, α	4	2	4,00276	$6{,}643 \cdot 10^{-24}$	$3{,}75 \cdot 10^3$
1 ME (Masseneinheit)	—	—	—	1,00000	$1{,}6597 \cdot 10^{-24}$	$0{,}9311 \cdot 10^3$
Quant	γ	0	0	—	—	—

[1] Bei Reduktion auf die Einheit $h/2\pi$ (h = Plancksches Wirkungsquantum).

Man sieht, daß die α-Strahlung durch He-Kerne, die β-Strahlung durch Elektronen, die γ-Strahlung durch Photonen erzeugt wird. Da ein He-Kern aus 2 Neutronen und 2 Protonen besteht, besitzt er eine Massenzahl 4 ($\cong$ 4 atomare Masseneinheiten) und eine Ladungszahl 2 (2 Elementarladungen). Dies wird durch die Schreibweise $_2He^4$ zum Ausdruck gebracht.

Die Anzahl von Atomen in einem g-Atom eines Körpers wird durch die Loschmidtsche Zahl $L = 6{,}023 \cdot 10^{23}$ bestimmt. Ist das Atomgewicht A, sind also je g $6{,}023 \cdot 10^{23}/A$ Atome vorhanden. Da 1 cm³ des Körpers bei einer Dichte ϱ eine Masse von ϱ Gramm enthält, ist die Atomzahl N je cm³

$$N = \frac{6{,}023 \cdot 10^{23} \cdot \varrho}{A} \tag{641}$$

Bei Molekülen ist N die Zahl derselben, wenn für A das Molekulargewicht eingesetzt wird.

Die Atome verschiedener oder gleicher Stoffe können sich zu Atomgruppen oder Molekülen vereinigen. Durch chemische Prozesse können Atome und Moleküle umgruppiert werden. Dieser Vorgang wird durch Veränderungen in der Elektronenhülle bedingt.

Ferner kann sich im Atomkern selbst bei gleichbleibender Protonenzahl die Neutronenzahl ändern. Da erstere die chemischen Eigenschaften des Elementes bedingt, bedeutet dies die Bildung eines neuen Atoms, mit unveränderten chemischen Eigenschaften, aber geänderter Dichte des neuen Stoffes. Es handelt sich um eine Isotopenbildung, bei welcher die Ladungszahl Z gleich blieb, jedoch die Massenzahl A sich ändert.

Ändert sich aber außerdem die Zahl der Protonen, d. h. die Ladungszahl Z, so entsteht ein neues Element, man hat eine Elementumwandlung durchgeführt.

2. Massendefekt

Die Tatsache, daß ein Atom aus Bausteinen, nämlich den Protonen, Neutronen und Elektronen zusammengesetzt ist, legt es nahe, seine beobachtete Masse mit der Summe der Massen der Bestandteile zu vergleichen. Diese beiden Massen sind jedoch nicht genau gleich, da beim Spalten des Kernes in seine Einzelbestandteile eine Energie, nämlich die Bindungsenergie, zuzuführen ist, deren Massenäquivalent die Differenz deckt. Es gilt, wenn M die beobachtete Masse, m_p, m_n, m_e die Masse eines Protons, Neutrons und Elektrons sowie D die erwähnte Massendifferenz, alles in atomaren Masseneinheiten, bedeuten:

$$M = Z(m_p + m_e) + (A - Z)m_n - D \tag{642}$$

D wird mit Massendefekt bezeichnet. Ferner ist Z die Ladungszahl, die mit der Protonenzahl je Kern identisch ist. Den gleichen Wert hat die Zahl der Elektronen. A bedeutet die Massenzahl und stellt die Summe der Protonen- und Neutronenzahl dar. $(A - Z)$ ist also die Neutronenzahl.

3. Bindungsenergie der Kerne

Aus Gl. (642) wird der Massendefekt D für Kerne verschiedener Elemente berechnet, Zahlentafel 125 zeigt die Ergebnisse.

Die entsprechende Bindungsenergie je Kernbaustein (Nukleon) folgt aus dem Einsteinschen Gesetz $E = mc^2$, wobei E die Energie, m die Masse und c die Lichtgeschwindigkeit ist. Diese Beziehung ergibt demnach das Energieäquivalent

Zahlentafel 125. *Massendefekt verschiedener Elemente*

	Massendefekt in 10^{-3} ME D	Massendefekt bezogen auf Massenzahl in 10^{-3} ME D/A
$_1H^2$ (Wasserstoff)	2,4	1,2
$_2He^3$ (Helium)	8,4	2,8
$_2He^4$ (Helium)	30,3	7,58
$_3Li^7$ (Lithium)	42	6
$_8O^{16}$ (Sauerstoff	136,6	8,54
$_{26}Fe^{56}$ (Eisen)	523	9,34
$_{36}Kr^{84}$ (Krypton)	783	9,32
$_{50}Sn^{118}$ (Zinn)	1075	9,1
$_{83}Bi^{209}$ (Wismut)	1747	8,36
$_{92}U^{238}$ (Uran)	1908	8,02

der Masse. Wenn man dieses für die atomare Masseneinheit (Masse $= 1{,}66 \cdot 10^{-24}$ g, $c = 3 \cdot 10^{10}$ cm/s) berechnet, ergibt sich

$$E = mc^2 = 1{,}66 \cdot 10^{-24} \cdot 9 \cdot 10^{20} = 1{,}49 \cdot 10^{-3} \text{ erg} \tag{643}$$

Rechnet man diesen Energiebetrag von erg in MeV (Megaelektronen-Volt) nach Zahlentafel 126 um, folgt $E = 931$ MeV.

Zahlentafel 126. *Energie-Umrechnungen*

	ME	g	MeV	erg	kWh	kcal
1 ME	1	$1{,}660 \cdot 10^{-24}$	$9{,}311 \cdot 10^{2}$	$1{,}492 \cdot 10^{-3}$	$4{,}144 \cdot 10^{-17}$	$3{,}565 \cdot 10^{-14}$
1 g	$6{,}025 \cdot 10^{23}$	1	$5{,}610 \cdot 10^{26}$	$8{,}988 \cdot 10^{20}$	$2{,}497 \cdot 10^{7}$	$2{,}148 \cdot 10^{10}$
1 MeV	$1{,}074 \cdot 10^{-3}$	$1{,}783 \cdot 10^{-27}$	1	$1{,}602 \cdot 10^{-6}$	$4{,}450 \cdot 10^{-20}$	$3{,}829 \cdot 10^{-17}$
1 erg	$6{,}703 \cdot 10^{2}$	$1{,}113 \cdot 10^{-21}$	$6{,}242 \cdot 10^{5}$	1	$2{,}778 \cdot 10^{-14}$	$2{,}390 \cdot 10^{-11}$
1 kWh	$2{,}413 \cdot 10^{16}$	$4{,}006 \cdot 10^{-8}$	$2{,}247 \cdot 10^{19}$	$3{,}600 \cdot 10^{13}$	1	$8{,}598 \cdot 10^{2}$
1 kcal	$2{,}807 \cdot 10^{13}$	$4{,}655 \cdot 10^{-11}$	$2{,}612 \cdot 10^{16}$	$4{,}184 \cdot 10^{10}$	$1{,}163 \cdot 10^{-3}$	1

Zahlentafel 126 gibt die Umrechnung der wichtigsten in Kerntechnik, Physik und Technik üblichen Energieeinheiten an.

Die Bindungsenergie je Nukleon in MeV folgt aus Gl. (642) zu

$$BE = \frac{931 \cdot [Z(m_p + m_e) + (A - Z)m_n - M]}{A} \tag{644}$$

und ergibt sich im Mittel zu etwa 8 MeV.

4. Spaltung und Fusion

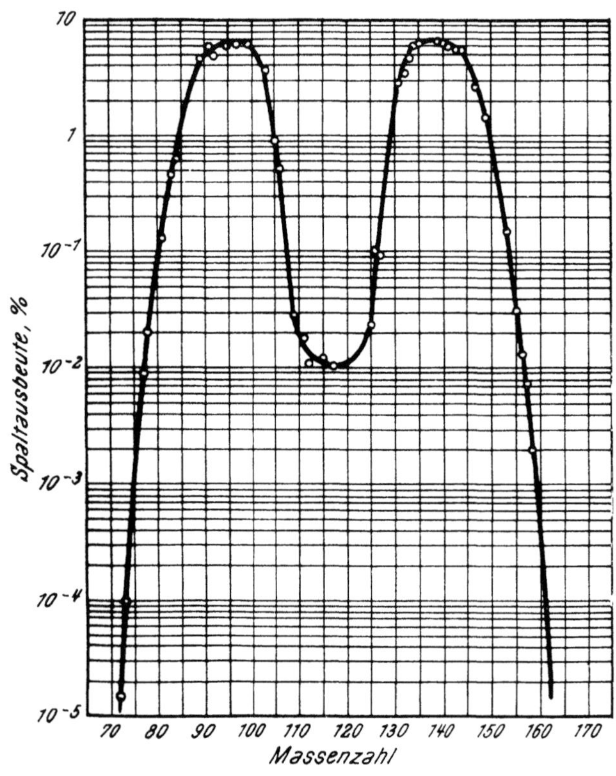

Abb. 317. Verteilung der entstehenden Spaltprodukte in Abhängigkeit der Massenzahl

Da die Bindungsenergie den Werten der Spalte D/A in Zahlentafel 125 proportional ist, sieht man, daß sie für leichte Kerne am niedrigsten liegt, bei mittelschweren ein Maximum erreicht und für schwere Kerne wieder absinkt. Die mittelschweren Kerne mit der größten Bindungsenergie werden am stabilsten sein. Eine Kernspaltung wird daher von schweren zu mittelschweren Kernen führen, d. h. ein schwerer Kern wird zu zwei mittelschweren zerfallen. Bei einem Fusionsprozeß wird das umgekehrte eintreten. Aus leichten Kernen werden sich schwerere bilden.

Die Häufigkeit der bei der Spaltung entstehenden mittelschweren Kernpaare zeigt Abb. 317. Dieses ist für Spaltung von ${}_{92}U^{235}$ entwickelt, das jeweils entstehende mittelschwere Kernpaar liegt auf den beiden äußeren oder inneren Schnittpunkten einer Horizontale mit der Kurve. Die Summe der Massenzahlen der Spaltproduktpaare ist 234, da sie aus dem

Zusammenstoß eines Neutrons mit der Massenzahl 1 und des Urans mit der Massenzahl 235 entstanden, wobei die Summe 236 ist. Hiervon sind die nach der Spaltung im Mittel entstehenden 2 neuen Neutronen, zusammen mit der Massenzahl 2, abzuziehen, worauf sich das genannte Spaltproduktpaar mit 234 ergibt.

5. Energieentbindung bei Spaltung

Als Beispiel für eine Spaltreaktion werde folgender Prozeß betrachtet[1]:

$$_{92}U^{235} + {_0n^1} \rightarrow {_{92}U^{236}} \rightarrow {_{42}Mo^{95}} + {_{57}La^{139}} + 2\,{_0n^1}$$

Aus dem Zusammenstoß des $_{92}U^{235}$ mit einem Neutron entsteht ein unstabiles Uranisotop $_{92}U^{236}$, welches sich in Molybdän und Lanthan spaltet, wobei 2 Neutronen frei werden. Setzt man die genauen Atomgewichte in ME ein, so erhält man vor dem Prozeß:

$_{92}U^{235}$	235,124 ME
$_0n^1$	1,00898 ME
Summe	236,133 ME

Nach dem Prozeß ergibt sich:

$_{42}Mo^{95}$	94,945 ME
$_{57}La^{139}$	138,955 ME
$2\,{_0n^1}$	2,01796 ME
Summe	235,918 ME

Die Differenz der oberen und unteren Summe ist der Massendefekt und beträgt $236{,}133 - 235{,}918 = 0{,}215$ ME. Das Energieäquivalent ist nach S. 402 $0{,}215 \cdot 931 = 198$ MeV.

Im Mittel entstehen bei einer Kernspaltung 195 MeV, die sich gemäß Zahlentafel 127 aufteilen.

Die kinetische Energie der Spaltprodukte wird, da diese im Spaltstoff verbleiben, in diesem frei. Ferner setzt sich die Energie der prompten γ-Strahlung sowie im stationären Zustand jene der β- und γ-Zerfallsenergie, die verzögert entsteht, in Wärme um. Ein Teil dieser Umsetzung erfolgt, sofern es vorhanden ist, im thermischen Schild. Dies ist eine Stahlplatte, die den Reaktorkern zum Zweck der Absorption der genannten Strahlung umgibt. Die Energie der Spaltneutronen wird fast zur Gänze im Bremsstoff frei und erwärmt diesen. Die Neutrinoenergie schließlich wird aus dem Reaktor herausgetragen, da die Neutrinos in diesem nicht absorbiert werden. Als im Reaktor frei werdende Energie ist also der Betrag von 184 MeV in Rechnung zu stellen.

Zahlentafel 127. *Aufteilung der Spaltungsenergie*

Kinetische Energie der Spaltfragmente	162 MeV
β-Zerfallsenergie	5 „
γ-Zerfallsenergie	5 „
Neutrinoenergie	11 „
Energie der Spaltneutronen	6 „
Energie der prompten γ-Strahlung	6 „
Gesamte Energie	195 MeV

Wie schon erwähnt, können mittelschwere Elemente auch durch Fusion von leichteren entstehen. Diesbezügliche mögliche Reaktionen sind z. B.:

$$_1d^2 + {_1d^2} = {_2He^3} + {_0n^1} + 3{,}25 \text{ MeV}$$

$$_1Tr^3 + {_1p^1} = {_2He^4} + \gamma + 19{,}7 \text{ MeV}$$

$$_3Li^6 + {_1d^2} = 2\,{_2He^4} + 22{,}4 \text{ MeV}$$

[1] GLASSTONE und EDLUND: Kernreaktortheorie. Wien: Springer. 1961.

6. Die Kettenreaktion

Dadurch, daß zur Spaltung eines U^{235}-Kernes nur 1 Neutron nötig ist, hierbei aber 2 bis 3 neue entstehen, ist eine von selbst weiterlaufende Kettenreaktion möglich. Wird Sorge getragen, daß von den jeweils neu gebildeten Neutronen immer nur eines für die Fortführung des Prozesses dient, d. h. vom Spaltstoff absorbiert wird, die restlichen jedoch anderweitig verschwinden, handelt es sich um eine „gesteuerte Kettenreaktion" mit, zeitlich gesehen, gleichbleibender Intensität. Wird der Prozeß jedoch jeweils von mehr als einem Neutron weitergetragen, steigt die Intensität schnell an, der Vorgang ist analog jenem in einer Atombombe und wird „ungesteuerte Kettenreaktion" genannt.

In Abb. 318 sind beide dargestellt. Man erkennt links bei der gesteuerten Kettenreaktion den Spaltvorgang, wobei als Spaltprodukte 2 mittelschwere Kerne sowie z. B. 3 Neutronen gebildet werden. Die Energie dieser liegt im Mittel je Neutron bei 2 MeV,

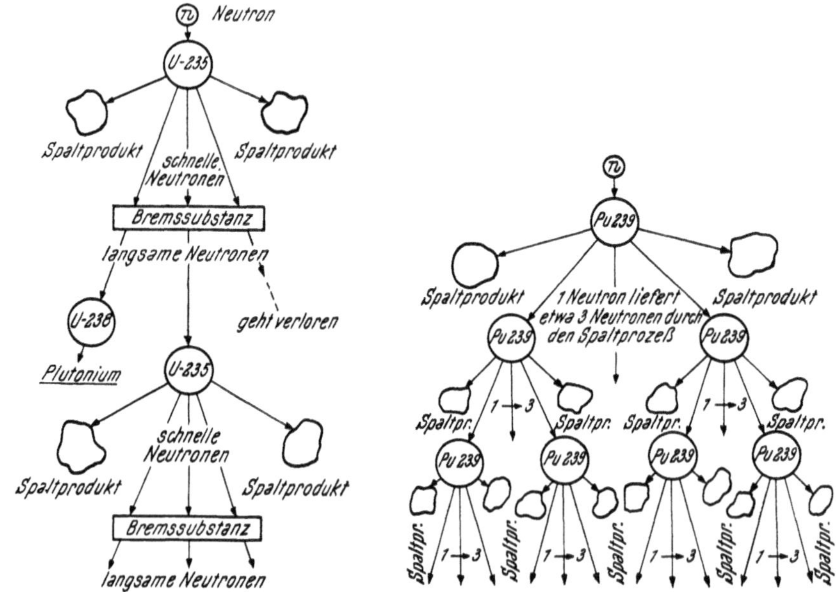

Abb. 318. Gesteuerte (links) und ungesteuerte (rechts) Kettenreaktion[1]

also sehr hoch. In diesem Zustand ist ihre „Bereitschaft", eine Reaktion mit einem neuen U-Kern einzugehen, nur sehr gering, d. h. ihr Wirkungsquerschnitt (Abschnitt 11) ist klein. Mit sinkender Energie wird er größer. Daher werden die Spaltneutronen in einem „Bremsstoff" durch elastische Stöße mit den Kernen desselben gebremst. Dies ist auch im Schema dargestellt. Sofern das Uran als Natururan vorliegt, besteht es nur zu 0,725% aus dem spaltbaren $_{29}U^{235}$, dagegen zu etwa 99,3% aus dem nicht spaltbaren $_{92}U^{238}$. Wird dagegen angereichertes Uran verwendet, kann der Anteil an $_{92}U^{235}$ beliebig hoch gewählt werden, bei entsprechender Verringerung des $_{92}U^{238}$-Anteiles. Beim linken Bild sei nur eine mäßige oder gar keine Anreicherung angenommen. Eines der drei sich abbremsenden Neutronen kann daher auch, wie das Bild zeigt, von einem $_{92}U^{238}$-Kern eingefangen werden, was zu Plutoniumbildung führt (s. S. 405). Doch ist auch ein Neutroneneinfang durch andere Stoffe, z. B. Konstruktionsmaterial, möglich, ebenso wie der absichtliche Einfang durch den Werkstoff der Regelstäbe. Schließlich können Neutronen den Reaktor auch durch seine Oberfläche verlassen. Dies ist im Bild bei einem Neutron dargestellt, ebenso wie schließlich das verbleibende die Kettenreaktion weiterführt.

[1] Hahn: Die Kettenreaktion des Uran und ihre Bedeutung. VDI 1948, Bd. 90, Nr. 1, S. 13.

Im rechten Bild, welches die ungesteuerte Kettenreaktion zeigt, ist hoch angereichertes $_{92}U^{235}$ vorausgesetzt. Die beim ersten Spaltvorgang gebildeten Spaltneutronen müssen nicht erst abgebremst werden, damit ihr Wirkungsquerschnitt vergrößert wird. Die $_{92}U^{235}$-Kerne sind jetzt so reichlich vorhanden, daß auf alle Fälle neuerliche Reaktionen eintreten. Ist deren Zahl größer als 1, ergibt jede weitere Reaktionsfolge eine Zunahme der Spaltungen, die in kurzer Zeit sehr hohe Werte erreicht und so die große Energieentfaltung der Atombombe bedingt.

7. Spaltstoffe

Außer dem bereits genannten $_{92}U^{235}$ gibt es noch weitere Spaltstoffe, und zwar $_{92}U^{233}$ sowie Plutonium ($_{94}Pu^{239}$). Während $_{92}U^{235}$ als Naturprodukt, wie bereits erwähnt, in der Konzentration von 0,725% im Uranerz vorkommt, entstehen die zwei anderen Spaltstoffe durch den Brütvorgang im Reaktor selbst.

Ist $_{92}U^{238}$ der Einwirkung von Neutronen ausgesetzt, findet nachstehender Prozeß statt:

$$_{92}U^{238} + {}_0n^1 = {}_{92}U^{239} + \gamma$$

Das gebildete $_{92}U^{239}$ ist nicht stabil, sondern geht durch zweimaligen β-Zerfall zunächst in Neptunium $_{93}Np^{239}$ und dann in Plutonium $_{94}Pu^{239}$ über.

$$_{92}U^{239} \xrightarrow{\beta} {}_{93}Np^{239} \xrightarrow{\beta} {}_{94}Pu^{239}$$

Ist also in einem Reaktor $_{92}U^{238}$ vorhanden, etwa dadurch, daß die Spaltstoffstäbe aus Natururan bzw. mehr oder weniger angereichertem Uran hergestellt sind, entsteht aus der nicht spaltbaren Isotope $_{92}U^{238}$ ein Spaltstoff. Der Vorgang heißt „Brüten". Der Brutstoff kann auch als Hülle den Reaktor umgeben. In dem Maße, als beim Reaktorbetrieb Spaltstoff verbraucht wird, entsteht auf diese Weise neuer Spaltstoff in Form von Pu.

Ein Reaktor kann auch lediglich zum Zweck der Pu-Herstellung gebaut sein. Ein analoger Vorgang geht bei der Entstehung des $_{92}U^{232}$ vor sich. Hier ist der Ausgangsstoff $_{90}Th^{232}$. Zunächst entsteht unter Neutroneneinwirkung:

$$_{90}Th^{232} + {}_0n^1 = {}_{90}Th^{233} + \gamma$$

Dieses verwandelt sich durch zweimaligen β-Zerfall zunächst in Protaktinium $_{91}Pa^{233}$ und schließlich in die Uranisotope $_{92}U^{233}$:

$$_{90}Th^{233} \xrightarrow{\beta} {}_{91}Pa^{233} \xrightarrow{\beta} {}_{92}U^{233}$$

Der Wert, welcher angibt, wieviel neue spaltbare Kerne je Absorptionsvorgang im Spaltstoff entstehen, heißt Konversionsfaktor (s. S. 440). Gewöhnlich ist er < 1. Durch besondere Anordnungen sind aber Konversionsfaktoren $\geqq 1$ erreichbar, in welchem Fall aus dem nicht spaltbaren Ausgangsisotop mehr Spaltstoff entsteht, als verbraucht wurde. Dadurch beschränkt sich der Betriebsstoffverbrauch nicht nur auf den kostspieligen Spaltstoff, sondern es können auch $_{92}U^{238}$ und $_{90}Th^{233}$ nach Umwandlung Verwendung finden.

8. Spaltstoffverbrauch

Von entscheidendem Interesse im Hinblick auf die Wirtschaftlichkeit des Reaktorbetriebes ist der Spaltstoffverbrauch. Die folgenden Rechnungen sollen zunächst nur einen Überblick über das Problem geben, im Abschnitt 29 wird nochmals eingehender darauf zurückgekehrt.

Würde 1 g vollkommen zerstrahlen, ist nach S. 401 die frei werdende Energie

$$E = mc^2 = 1 \cdot (3 \cdot 10^{10})^2 = 9 \cdot 10^{20} \text{ erg/g}$$

Nach Zahlentafel 126 sind dies $25 \cdot 10^6$ kWh/g $= 1{,}04 \cdot 10^3$ MW ϑ/g. Um die Energie zu berechnen, die aus 1 g $_{92}U^{235}$ frei wird, möge zunächst die Zahl der Atome in der betrachteten Masse ermittelt werden.

Diese ist, gemäß S. 401, $\frac{6{,}023 \cdot 10^{23}}{235} = 2{,}56 \cdot 10^{21}$. Mit der je Spaltung frei werdenden Energie von 184 MeV (S. 403) sowie dem Umrechnungsfaktor gemäß Zahlentafel 126 auf kWh folgt

$$2{,}56 \cdot 10^{21} \cdot 184 \cdot 4{,}45 \cdot 10^{-20} = 21 \cdot 10^3 \text{ kWh/g}$$

Diese Ziffer ist jedoch tatsächlich niedriger, da nicht jeder Einfang eines Neutrons durch den U^{235}-Kern zu einer Spaltung führt. Etwa 16% der Einfänge bedingen lediglich die Bildung eines nichtspaltbaren Isotops $_{92}U^{236}$, und nur 84% werden gespalten (s. Abschnitt 19d). Die wirklich frei werdende Energie ist also

$$21 \cdot 10^3 \cdot 0{,}84 = 17{,}7 \cdot 10^3 \text{ kWh/g} = 0{,}74 \text{ MW } \vartheta/\text{g}$$

Von einer Füllung können jedoch nur 5 bis 20% dieses Wertes abgearbeitet werden, da sonst der Reaktor nicht mehr kritisch ist. Erstere muß dann, vor eventueller Wiederverwendung, „entgiftet", d. h. von den mittelschweren Spaltprodukten chemisch getrennt und frisch verarbeitet werden.

Im Natururan sind 0,725% U^{235} enthalten. Demnach wäre die entsprechende Energieerzeugung, wenn sie nur durch U^{235} bestritten würde, $0{,}74 \cdot 0{,}00725 = 0{,}00537$ MWϑ/g oder, auf 1 t bezogen, 5370 MWϑ/t, oder bei 10% Abbrand 537 MWϑ/t. Diese Ziffer berücksichtigt allerdings nicht den ständigen Nachschub, den der Spaltstoff durch die Plutoniumbildung erhält. Durch diese wird bei gleicher Belastung die aus $U^{235} + Pu^{238}$ bestehende Gesamtspaltstoffmenge entweder nur langsam abnehmen, überhaupt gleichbleiben oder sogar zunehmen, je nachdem, ob der Konversionsfaktor kleiner, gleich oder größer als 1 ist. Daher wird hier die Arbeitsfähigkeit einer Füllung weniger durch Abnahme der Gesamtspaltstoffmenge bedingt sein als durch andere Gründe. Diese sind „Vergiftung des Spaltstoffes" sowie mechanische, chemische und metallurgische Veränderungen. Infolgedessen rechnet man derzeit lediglich mit einer Arbeitsfähigkeit von etwa 3000 bis 3500 MWϑ/t, das sind 0,003 bis 0,0035 MWϑ/g. Die obere, allerdings nur ideelle Grenze der Arbeitsfähigkeit wäre eine ungefähr gleiche Ziffer wie bei U^{235}, wenn bei einem Konversionsfaktor = 1 sich das gesamte U^{238} in Pu verwandeln würde.

Zahlentafel 128. *Thermische Arbeitsfähigkeit von 1 g*

1 g Stoff	Thermische Arbeitsfähigkeit je g in	
	MWϑ	kcal
1 g Masse	$1{,}04 \cdot 10^3$	$21{,}5 \cdot 10^9$
U^{235} (bei 100% Abbrand)	0,74	$15{,}2 \cdot 10^6$
U_{NAT}	$0{,}3 \cdot 10^{-2}$	$62 \cdot 10^3$
Kohle ($H_u = 6000$)	$0{,}29 \cdot 10^{-6}$	6,0

Nimmt man schließlich zu Vergleichszwecken noch eine Kohle mit einem Heizwert von z. B. $H_u = 6000$ kcal/kg hinzu, gibt Zahlentafel 128 eine Gegenüberstellung nuklearer und fossiler Brennstoffe.

Um in einem Großkraftwerk 100000 kW mit einer jährlichen Vollaststundenzahl von 5000 h zu erzeugen, ist bei einem Wärmeaufwand von 2880 kcal/kWh ein jährlicher Wärmeaufwand von $100000 \cdot 5000 \cdot 2880 = 14{,}4 \cdot 10^{11}$ kcal/a erforderlich. Dies erfordert bei Kohle eine Brennstoffmenge von $\frac{14{,}4 \cdot 10^{11}}{6 \cdot 10^6} = 2{,}4 \cdot 10^5$ t/a

$$\text{bei } U_{NAT} \frac{14{,}4 \cdot 10^{11}}{62 \cdot 10^3 \cdot 10^6} = 23{,}2 \text{ t/a und bei } U^{235} \frac{14{,}4 \cdot 10^{11}}{15{,}2 \cdot 10^6 \cdot 10^3} = 95 \text{ kp/a}$$

bzw. bei 10% Abbrand 950 kp/a.

9. Der Multiplikationsfaktor

Wie bereits Abb. 318 zeigte, erleiden bei der gesteuerten Kernreaktion die je Spaltung gebildeten Neutronen verschiedene Verluste bevor das übriggebliebene die nächste Spaltung herbeiführt. Da der gleiche Vorgang sich immer wiederholt, bleibt die Energieentwicklung je Zeiteinheit konstant. Die Vorgänge, die zwischen einer Spaltung und der nächstfolgenden stattfinden, mögen nun untersucht werden. Es werde von einem Neutron ausgegangen, welches nach Treffen eines Spaltstoffkernes die Reaktion auslöst, wobei neben den zwei neugebildeten mittelschweren Kernen noch ν Neutronen frei werden, Zahlentafel 129. Schnelle Neutronen können, sofern sie Energien über 10^6 MeV haben, auch im U^{238} Spaltungen in beschränktem Ausmaß hervorrufen. Dadurch steigt die vorhandene Neutronenzahl auf $\varepsilon \cdot \nu$, wobei ε Schnellspaltfaktor genannt wird und etwa zwischen 1 und 1,06 liegt. Letzterer Wert gilt für Natururan, ersterer für hoch angereicherten Spaltstoff. Im Zuge der nun folgenden Abbremsung der Neutronen im Bremsstoff sinkt ihre Energie, wodurch sie in ein Gebiet gelangen, wo sie besonders dem Einfang durch U^{238} ausgesetzt sind, was letzten Endes zur Pu-Bildung führt (s. S. 404 und 405). Dies kommt dadurch zum Ausdruck, daß der Einfangquerschnitt (S. 410) des U^{238} für Neutronen in diesem Energiebereich zahlreiche einander folgende Spitzenwerte zeigt. Aus diesem Energiegebiet möge der Anteil p herausgelangen, der genannte Wert wird Resonanz-Entgangswahrscheinlichkeit genannt. Die Zahl der Neutronen beträgt jetzt $\varepsilon \cdot \nu \cdot p$. Gleichzeitig wird ein Teil der Neutronen, da die Neutronenausbreitung den Diffusionsgesetzen folgt, den Reaktor an seiner Oberfläche verlassen (Strahlungsverlust nach außen). Der verbleibende Anteil sei $P_1 \cdot \varepsilon\nu p$, wenn mit P_1 das Verhältnis der nach dem Strahlungsverlust verbliebenen zu den vorher vorhandenen Neutronen bezeichnet wird. Letztere sind nunmehr so verlangsamt, daß sie thermische Energie erreicht haben, d. i. jene Energie, die der Umgebungstemperatur entspricht (S. 418). Bei 300 °K sind dies 0,025 eV, wozu eine wahrscheinlichste Teilchengeschwindigkeit von 2200 m/s gehört. Auch in diesem Energiebereich werden die Neutronen einen Oberflächenverlust nach außen erleiden, der durch den Faktor P_2 gekennzeichnet werden möge, so daß nunmehr an thermischen Neutronen $\varepsilon \cdot \nu \cdot p \cdot P_1 \cdot P_2$ vorhanden sind. Die nächste Verlustquelle, die auftritt, ist Absorption durch den Bremsstoff und durch Konstruktionsteile, die im Reaktor eingebaut sind. Dies wird durch einen Faktor f berücksichtigt, der „thermischer Ausnützungsgrad" heißt. Ein analoger Verlust im höheren Energiebereich mußte nicht angenommen werden, da der Einfangquerschnitt für schnelle Neutronen nur sehr klein ist. Jetzt sind $\varepsilon \cdot \nu \cdot p \cdot P_1 \cdot P_2 \cdot f$ Neutronen vorhanden. Die anschließende Absorption durch das Uran führt jedoch nur bei dem Anteil a der Neutronen zu einer Spaltung. Der Rest wird entweder im U^{238} absorbiert oder bei Absorption im U^{235} von diesem nicht gespalten. Am Ende des Vorganges hat also die Neutronenzahl auf $\varepsilon \cdot \nu \cdot p \cdot P_1 \cdot P_2 \cdot f \cdot a$ abgenommen. Soll der Vorgang stationär weitergehen, muß dieser Wert mindestens 1 sein, so daß sich ergibt:

Zahlentafel 129. *Zahl der je Spaltung primär entstehenden Neutronen*

Spaltstoff	$_{92}U^{233}$	$_{92}U^{235}$	$_{94}Pu^{239}$	U_{NAT}
ν	2,54	2,46	2,88	2,47

$$\varepsilon \cdot \nu \cdot p \cdot P_1 \cdot P_2 \cdot f \cdot a = 1 \tag{645}$$

Wird dies bei einer bestimmten Reaktorgröße erfüllt, heißt diese „kritische Größe" und der Betriebszustand ist „kritisch".

Das Erreichen dieses Zustandes wird wesentlich durch die Neutronenverluste nach außen beeinflußt, d. h. durch $P_1 \cdot P_2$. Je größer das Volumen eines Reaktors ist, um so kleiner wird sein Verhältnis Oberfläche : Volumen und damit um so kleiner der spezifische Oberflächenverlust (Zahl der nach außen tretenden Neutronen : Zahl der Spaltungen).

Dies bedeutet, daß bei einem unendlich großen Reaktor $P_1 P_2 = 1$ ist. Es wird daher

$$\varepsilon \cdot \nu \cdot p \cdot f \cdot a = k_\infty \tag{646}$$

der Multiplikationsfaktor für den unendlich großen Reaktor genannt, während

$$k_\infty \cdot P_1 \cdot P_2 = k \tag{647}$$

der Multiplikationsfaktor für den wirklichen Reaktor ist. Ist $k > 1$, nimmt die Zahl der Spaltungen mit der Zeit zu, der Reaktor „geht durch". Bei $k = 1$ tritt stationärer Zustand ein, bei $k < 1$ kommt die Kettenreaktion zum Stillstand. Es wird daher der Wert $(k - 1)/k = k_\varrho$ als Reaktivität bezeichnet.

Da mit zunehmender Betriebszeit die Neutronenverluste im Reaktor wegen Spaltstoffabbrand und Vergiftung zunehmen, muß zu Beginn der Betriebsperiode eine Reserve vorliegen, d. h. $k_{ex} > 0$ sein. Dieser Überschuß muß durch Trimm- bzw. Regulierstäbe kompensiert werden. Diese enthalten vor allem einen besonders neutronenabsorbierenden Werkstoff, z. B. Bor oder Kadmium, und werden, falls hohe Absorption erwünscht ist, in den Reaktor eingefahren. Mit zunehmender Vergiftung durch Spaltungsrückstände werden sie zurückgezogen derart, daß immer die Bedingung für Kritizität, Gl. (645), erfüllt ist. Eine weitere Funktion der genannten Stäbe ist die Regulierung und das sofortige Abstellen des Reaktors im Gefahrfall.

10. Laständerung der Reaktoren

Für den Reaktorbetrieb und den Entwurf der Regeleinrichtung ist die Frage wichtig, wie sich die vorhandene Zahl thermischer Neutronen je Kubikzentimeter mit der Zeit ändert, wenn ein Über- oder Unterschuß an Reaktivität vorliegt. Es werde, zunächst einfachheitshalber, mit einer mittleren Lebensdauer T (Generationsdauer) je Neutron als der Zeit von Spaltung eines U^{235}-Kernes bis zu der durch diesen hervorgerufenen nächsten Spaltung gerechnet. In diesem Zeitabschnitt werden $n \cdot (k - 1)$ Neutronen im Überschuß gebildet. Bei Division durch die Generationszeit T (s. S. 418) erhält man demnach die Zahl des Überschusses je Zeiteinheit, so daß folgt

$$\frac{dn}{dt} = \frac{n(k - 1)}{T} \tag{648}$$

Die Integration ergibt mit $n = n_0$ zur Zeit $t = 0$

$$n = n_0 e^{\frac{k-1}{T} \cdot t} \tag{649}$$

Die Generationszeit hängt von den Reaktorbaustoffen ab und beträgt größenordnungsmäßig 0,001 s, ist also sehr klein. Damit ergeben bereits geringe positive Zahlenwerte $k - 1 = k_{ex}$ ein starkes Ansteigen der Neutronenzahl. So ist z. B. bei $k_{ex} = 0{,}01$ die Neutronenzahl bereits nach 0,1 s auf das e-fache, nach 1 s auf das $2 \cdot 10^4$-fache angestiegen. Es ist ohne weiteres einleuchtend, daß bei diesen schnellen Schwankungen der Neutronenzahl bei nur geringen Änderungen der Reaktivität eine Regulierung fast unmöglich erscheint.

In Wirklichkeit liegen jedoch die Verhältnisse wesentlich günstiger, da es außer dem „prompten Neutron" mit der oben angeführten kurzen Generationszeit noch verschiedene Gruppen „verzögerter Neutronen" gibt. Erstere werden aus U^{235}-Kernen gebildet, die nach erfolgtem Neutroneneinfang sofort (prompt) zerfallen, während bei letzteren der Zerfall je nach der Gruppe erst nach einer bestimmten Zeitspanne T_1, T_2, T_i erfolgt. Der Anteil β der verzögerten Neutronen ist allerdings klein und beträgt im Mittel $\beta = 0{,}007$. Die Verzögerungszeit ist jedoch erheblich und liegt im Mittel bei $T_v = 10$ s. Es erscheint einleuchtend, daß bei einem plötzlichen Anstieg der Reaktivität von 0 auf einen Wert

$k_\varrho < \beta$ der Lastanstieg gegenüber früher langsamer erfolgt, da die verzögerten Neutronen verspätet zum Einsatz gelangen. Ist jedoch $k_\varrho > \beta$, so kommt ein gewisser Überschuß an prompten Neutronen zur Wirkung, und der Lastanstieg erfolgt schnell. Wird also bei Regelvorgängen die Reaktivität $k_\varrho < \beta$ gehalten, können Laständerungen gut beherrscht werden. Daher wird auch als Einheit für die Reaktivität der Ausdruck

$$\frac{k_\varrho}{\beta} = 1 \tag{650}$$

benützt und 1 Dollar = 100 Cents genannt. Soll z. B. eine Reaktivität von 5 Cent vorliegen, ergibt sich

$$k_\varrho = \beta \cdot 0{,}05 = 0{,}007 \cdot 0{,}05 = 0{,}35 \cdot 10^{-3}$$

Die Berechnung der thermischen Neutronenzahl n mit Berücksichtigung der verzögerten Neutronen führt, wenn mit n die Zahl der prompten Neutronen je Kubikzentimeter und mit C jene der verzögerten je Kubikzentimeter bezeichnet wird, zu folgenden zwei Differentialgleichungen:

$$\left.\begin{aligned} \frac{dn}{dt} &= [k(1-\beta)-1]\frac{n}{T} + \frac{C}{T_v} \\ \frac{dC}{dt} &= -\frac{C}{T_v} + \frac{k\beta n}{T} \end{aligned}\right\} \tag{651}$$

Die obere Gleichung bringt zum Ausdruck, daß sich die Zahl der prompten Neutronen während der Generationszeit T nur mehr um $[k(1-\beta)-1] \cdot n$ vermehrt hat. Die Vermehrung je Zeiteinheit ergibt sich durch Division mit T. Außerdem beendigen $\frac{C}{T_v}$ Neutronen je Zeiteinheit ihren verzögerten Zustand, wenn T_v die Verzögerungszeit ist. Die untere Gleichung ist eine Bilanz der verzögerten Neutronen und besagt, daß die Änderung ihrer Anzahl gleich der Differenz des Zu- und Abganges, immer auf die Zeiteinheit bezogen, ist. Mit der Überschußreaktivität $k_{ex} = k - 1$ ergibt die Integration der Gl. (651) mit einigen Näherungen[1]

$$\frac{n}{n_0} = \frac{k\beta}{k\beta - k_{ex}}\, e^{\frac{k_{ex}}{T_v(k\beta - k_{ex})}\cdot t} - \frac{k_{ex}}{k\beta - k_{ex}} \cdot e^{-\frac{\beta k - k_{ex}}{Tk}\cdot t} \tag{652}$$

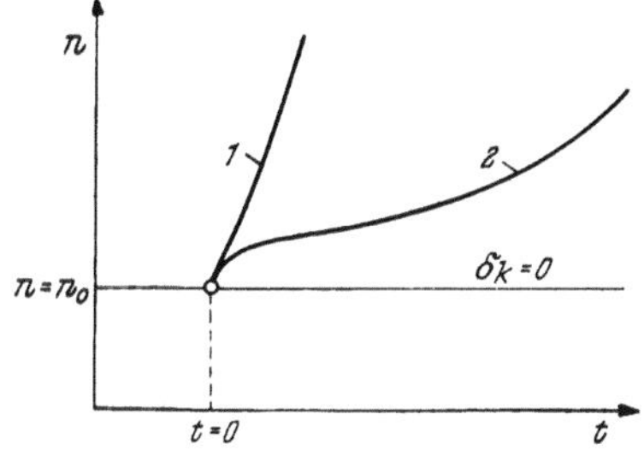

Abb. 319. Zunahme der Neutronenzahl in Abhängigkeit von der Zeit
1 ohne Berücksichtigung der verzögerten Neutronen; *2* mit Berücksichtigung der verzögerten Neutronen

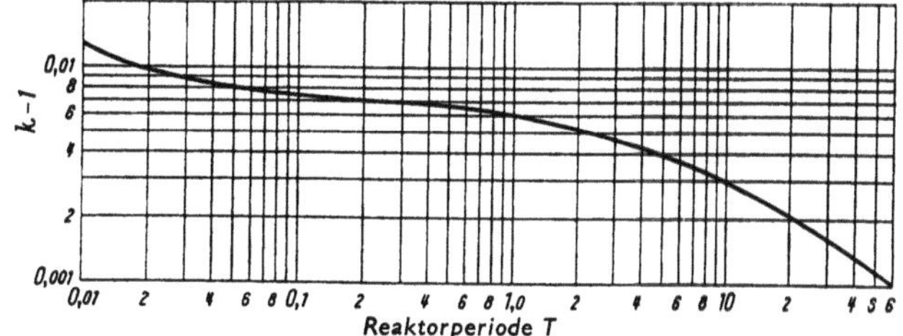

Abb. 320. Abhängigkeit der Reaktorperiode T_R von der Überschußreaktivität $k-1$[2]

Bei Vorhandensein einer bestimmten Überschußreaktivität $k - 1$ ergibt Gl. (652) einen viel langsameren Anstieg als Gl. (649), welche die verzögerten Neutronen nicht berücksichtigte. Dies zeigt auch Abb. 319, wobei *1* ohne, *2* mit Berücksichtigung der verzögerten Neutronen gilt.

---

[1] R. Schmidt: Nutzenergie aus Atomkernen. Berlin: W. de Gruyter. 1959.

[2] Bagge: Physik und Technik der Kernreaktoren. VDI 1949, Bd. 101, r. 14, S. 549.

In diesem Zusammenhang wurde auch der Begriff „Reaktorperiode" eingeführt. Dies ist jene Zeit T_R, die erforderlich ist, damit die Neutronenzahl auf das e-fache des Anfangswertes zunimmt. Gemäß Gl. (649) wäre sie

$$T_R = \frac{T}{k_{ex}} \tag{653}$$

Wird sie jedoch aus Gl. (652) berechnet, indem die linke Seite $= e$ und $t = T_R$ gesetzt wird, ergibt die Auswertung einen Verlauf gemäß Abb. 320. Man erkennt hier den Einfluß einer plötzlichen Überschußreaktivität k_{ex}, deren Zahlenwerte auf der Ordinate aufgetragen sind, auf die Reaktorperiode T_R. Während bei kleiner Überschußreaktivität k_{ex} die Reaktorperiode noch groß ist, wird ein schneller Abfall derselben sichtbar, wenn k_{ex} die Größenordnung von β erreicht. Die Wirkung der verzögerten Neutronen tritt dann immer mehr in den Hintergrund. Bei ausgeführten Reaktoren sollen Reaktorperioden von 10 s nicht unterschritten werden. Sollte diese auf 1 s zurückgehen, tritt die Notabschaltung in Tätigkeit.

11. Wirkungsquerschnitte

Wenn ein Neutron genügend nahe an einem Kern vorüberstreicht, wird es zwischen beiden zu einer Wirkung kommen. Diese kann in Ablenkung des Neutron von seiner Bahn oder in Absorption desselben bestehen. In ersterem Fall handelt es sich um einen „Streuvorgang", im letzteren um einen „Absorptionsvorgang". Legt man mit dem Mittelpunkt im Kern eine Kreisfläche um diesen, derart, daß deren Radius die mittlere Entfernung bedeutet, ab welcher die Wirkung eintritt, so ist damit der „Wirkungsquerschnitt" definiert. Er wird in Quadratzentimetern bzw. wegen seiner Kleinheit in barn $b = 10^{-24}$ cm^2 gemessen. Je nach Art der Wirkung bezeichnet man z. B. mit

σ_s = Streuquerschnitt
σ_a = Absorptionsquerschnitt
σ_f = Spaltquerschnitt,
σ_c = Einfangquerschnitt
σ_t = Totaler Querschnitt

Sind je Kubikzentimeter N Kerne vorhanden, so ergibt z. B. das Produkt $\sigma_a \cdot N = \Sigma_a$ die Zahl der Absorptionsvorgänge in $\frac{\text{cm}^2}{\text{cm}^3}$, d. h. cm^{-1} Σ_a wird makroskopischer Absorptionsquerschnitt genannt, analog Σ_s und Σ_f makroskopischer Streu- und Spaltquerschnitt. Multipliziert man z. B. Σ_a mit der Zahl n der Neutronen je Kubikzentimeter, ist $\Sigma_a \cdot \text{n}\,[\text{cm}^{-4}]$ die Zahl der Absorptionsvorgänge je Kubikzentimeter und Zentimeter Weglänge der Neutronen. Multipliziert man noch mit der Neutronengeschwindigkeit w, d. h. deren Weg je Sekunde, ergibt sich nun die Zahl Z der Absorptionsvorgänge je Kubikzentimeter und Sekunde. Diese ist also

$$Z = \Sigma_a \, n \cdot w \left[\frac{1}{\text{cm}^3\,\text{s}}\right] \tag{654}$$

Setzt man statt Σ_a Wirkungsquerschnitte für andere Vorgänge, z. B. Σ_s oder Σ_f, ergibt sich die Zahl der Streu- bzw. Spaltvorgänge je Kubikzentimeter und Sekunde.

12. Neutronenfluß

Das Produkt aus Neutronenzahl und mittlerer Geschwindigkeit des Neutrons $\Phi = n \cdot w \left[\frac{1}{\text{cm}^3} \cdot \frac{\text{cm}}{\text{s}}\right] = [\text{cm}^{-2} \cdot \text{s}^{-1}]$ heißt Neutronenfluß und ist ein wichtiger Begriff. Die Richtungen der Geschwindigkeiten sind hierbei nicht etwa parallel zueinander, sondern, im Sinne des Gasgleichgewichtes, beliebig im Raum verteilt. Gewöhnlich werden zur Flußbildung nicht alle in 1 cm³ vorhandenen Neutronen herangezogen, sondern solche, die energetisch, d. h. geschwindigkeitsmäßig, naheliegen, zusammengefaßt. So ist z. B. der thermische Fluß Φ_{th} das Produkt der Anzahl thermischer Neutronen in 1 cm³ mit der thermischen Geschwindigkeit w_{th}. Es ist also

$$\Phi_{th} = n_{th} \cdot w_{th} \tag{655}$$

Zahlentafel 130. *Eigenschaften verschiedener Stoffe*

Z	Stoff	Atom- bzw. Molekular-gewicht	Dichte (g/cm³) Gase im Normal-zustand	Kerne/cm³ · 10^{24}	Mikroskopischer thermischer Wirkungs-querschnitt (barn)		Makroskopischer thermischer Wirkungs-querschnitt (cm^{-1})	
					σ_a	σ_s	Σ_a	Σ_s
1	H	1,008	$8{,}9 \cdot 10^{-5}$	$5{,}3 \cdot 10^{-5}$	0,33	38	$1{,}6 \cdot 10^{-5}$	0,0018
	H_2O	18,016	1,00	0,0335	0,66	78	0,022	2,6
	D_2O	20,030	1,10	0,0331	0,00113	18	$3{,}66 \cdot 10^{-5}$	0,59
2	He	4,003	$17{,}8 \cdot 10^{-5}$	$2{,}6 \cdot 10^{-5}$	0,0068	0,8	$1{,}6 \cdot 10^{-7}$	$1{,}9 \cdot 10^{-5}$
4	Be	9,013	1,85	0,1236	0,01	7,1	0,0012	0,88
5	B	10,82	2,45	0,1364	755	4	103	0,546
6	C	12,011	1,60	0,0803	0,003	4,8	$2{,}7 \cdot 10^{-4}$	0,4
11	Na	22,991	0,971	0,0254	0,5	4,0	0,0128	0,1
19	K	39,100	0,87	0,0134	1,97	1,5	0,026	0,020
26	Fe	55,85	7,86	0,0848	2,53	11	0,215	0,933
40	Zr	91,22	6,4	0,0423	0,18	8	0,0072	0,34
48	Cd	112,41	8,65	0,0464	3315	7	154	0,325
92	U_{NAT}	238,07	18,9	0,04783	7,7	8,3	0,364	0,397
	UO_2	270,07	10	0,0223	7,7	16,7	0,169	0,372
94	Pu	239	19,74	0,0498	1026 [σ_f = 746] *	9,6	51,3	0,478
92	U	235	18,9	0,0485	689 [σ_f = 582] *	10	33,5	0,485

* Siehe auch Zahlentafel 136.

Ebenso kann eine andere Energiegruppe, z. B. gekennzeichnet durch die Zahl der Neutronen je Energieeinheit $n(E)$, herangezogen und deren Fluß bestimmt werden:

$$\Phi(E) = n(E) \cdot w \tag{656}$$

Hier hat der Fluß die Dimension [$cm^{-2}\,s^{-1}$ Energieeinheit^{-1}]. Soll nunmehr z. B. die Zahl der Absorptionen je Energieeinheit berechnet werden, ist $\Phi(E)$ mit dem makroskopischen Absorptionsquerschnitt Σ_a zu multiplizieren, der allerdings auch eine Funktion von E ist. Die Zahl der Absorptionen folgt aus Gl. (654) zu

$$Z_E = \Sigma_a \cdot \Phi(E)\ [\mathrm{cm^{-3}\,s^{-1}\ Energieeinheit^{-1}}] \tag{657}$$

Entsprechend ist die Zahl der Absorptionen im thermischen Bereich:

$$Z_{th} = \Sigma_a \cdot \Phi_{th}\ [\mathrm{cm^{-3}\,s^{-1}}] \tag{658}$$

In Zahlentafel 130 sind mikroskopische und makroskopische Wirkungsquerschnitte einiger interessierender Stoffe im thermischen Bereich gezeigt.

Normalerweise nehmen die Wirkungsquerschnitte mit zunehmender Energie ab. In gewissen beschränkten Energieintervallen tritt jedoch oft eine spitzenartige Steigerung insbesondere des Absorptionsquerschnittes auf, was als Resonanzspitze bezeichnet wird. Eine solche ist oft mehrfach hintereinander vorhanden. Dies zeigt Abb. 321, wo die Ab-

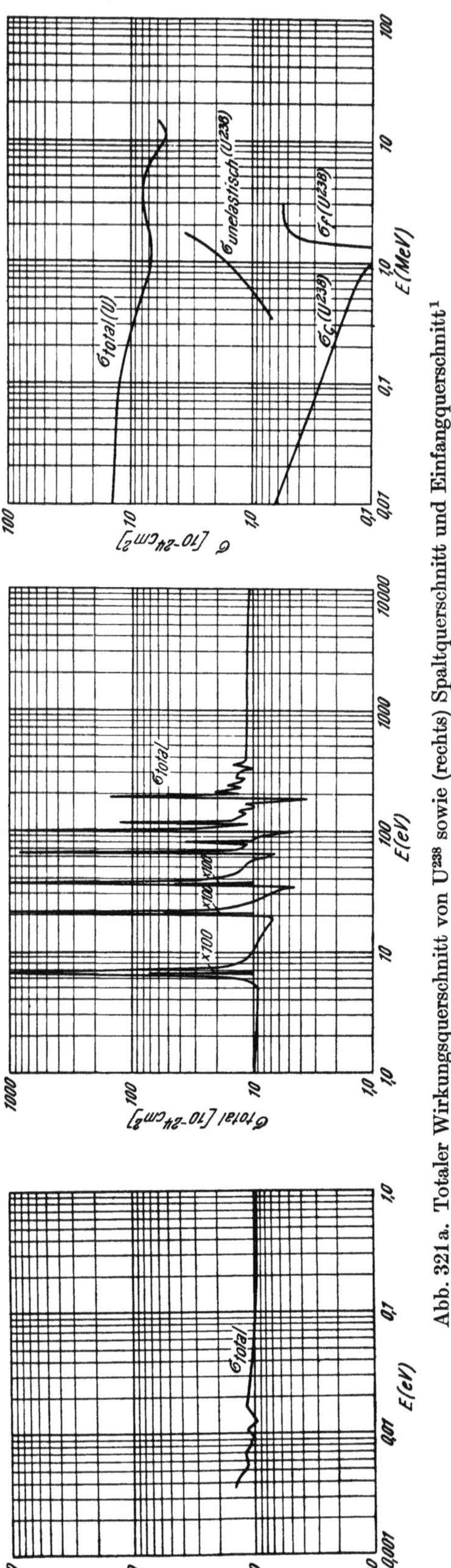

Abb. 321 a. Totaler Wirkungsquerschnitt von U^{238} sowie (rechts) Spaltquerschnitt und Einfangquerschnitt[1]

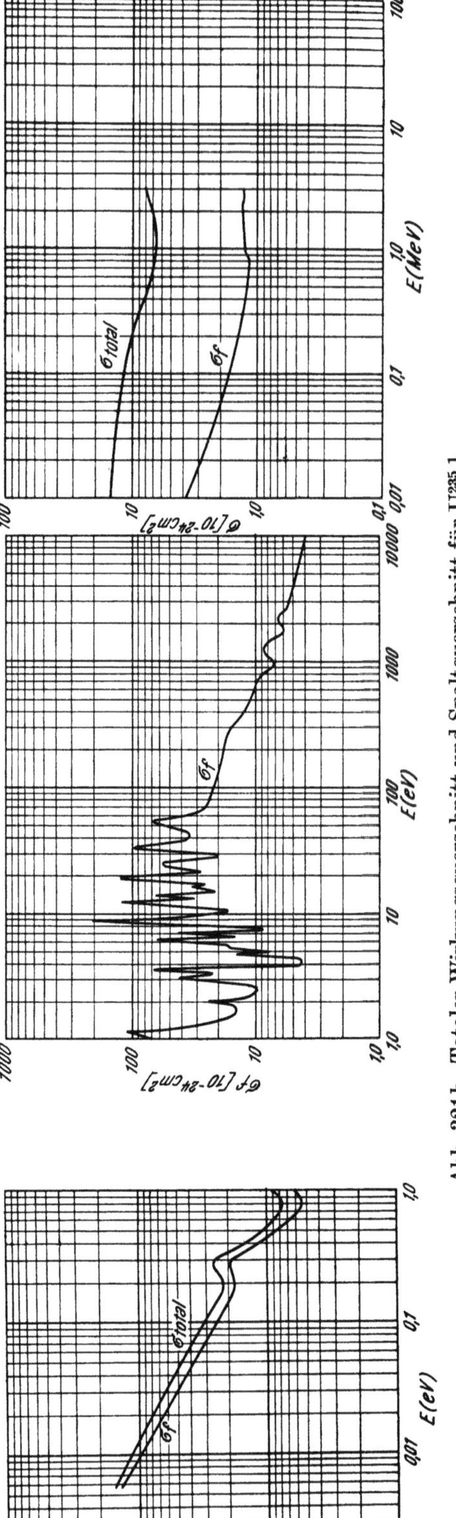

Abb. 321 b. Totaler Wirkungsquerschnitt und Spaltquerschnitt für U^{235} [1]

[1] HÖCKER: Wirkungsquerschnitte an spaltbarer Substanz. Atomkernenergie, Mai 1956, S. 161.

sorptions- und Spaltquerschnitte von U^{235}, P_u^{239} und von U^{238} dargestellt sind. Bei letzterem Stoff sieht man, daß im Energiebereich über 1 MeV auch Spaltung möglich ist. In niedrigerem Energiebereich erkennt man zahlreiche Resonanzspitzen, welche bei U^{238} durch Neutroneneinfang zu P_u^{239}-Bildung führen. Jene Neutronen, die beim Abbremsen nicht in solche Resonanzintervalle fallen, entgehen dem Einfang und stehen dann für den folgenden Spaltprozeß zur Verfügung.

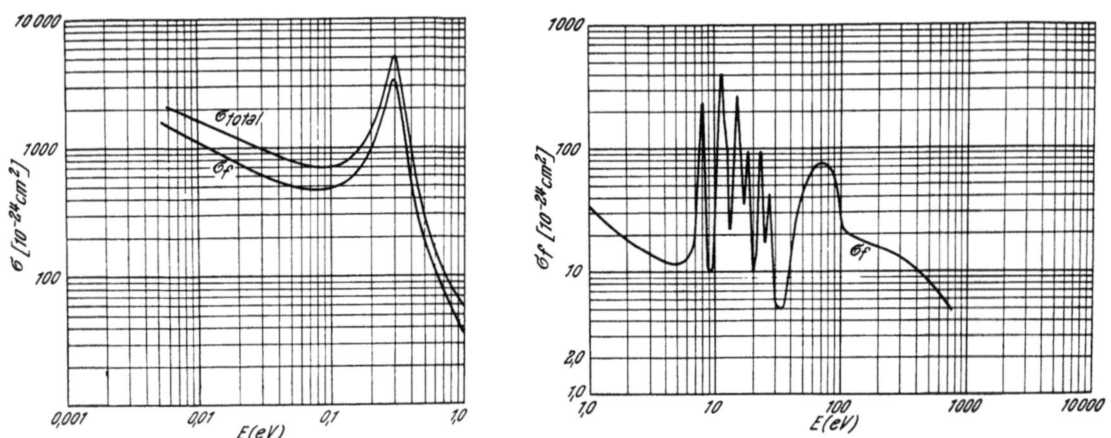

Abb. 321c. Totaler Wirkungsquerschnitt und Spaltquerschnitt für Pu^{239} [1]

13. Freie Weglänge

Bewegen sich n Neutronen in der Richtung x, so wird bei 1 cm Weglänge die Anzahl $\Sigma_a \cdot n$ absorbiert. Auf der Weglänge d_x werden daher $\Sigma_a n dx$ absorbiert, und dies muß der Abnahme der Neutronenzahl $-dn$ gleich sein. Es ist also

$$-dn = \Sigma_a n dx \tag{659}$$

Waren zu Anfang n_0 Neutronen vorhanden, ergibt dies nach Integration:

$$n = n_0 \cdot e^{-\Sigma_a x} \tag{660}$$

Die Neutronenzahl nimmt also mit fortschreitendem Weg nach einer Exponentialfunktion ab.

Es wird nun die Frage nach dem mittleren Weg gestellt, welchen das Neutron zurücklegt, bevor es absorbiert wird. Die zwischen x und $x + dx$ absorbierten Neutronen ergeben sich, wenn Gl. (660) in (659) eingesetzt wird, zu

$$-dn = \Sigma_a n_0 e^{-\Sigma_a x} dx \tag{661}$$

Diese differentielle Neutronenzahl hat also die Entfernung x zurückgelegt, bis sie absorbiert wurde. Das Mittel der „x"-Werte ergibt sich, wenn λ_a die freie mittlere Weglänge ist, welche die Neutronen als Gesamtheit zurücklegen, wie folgt:

$$-\int_{n_0}^{0} x dn = -\lambda_a \int_{n_0}^{0} dn \tag{662}$$

Setzt man hier Gl. (661) ein, erhält man

$$\int_{0}^{\infty} x \, \Sigma_a \, n_0 e^{-\Sigma_a x} \, dx = \lambda_a n_0 \tag{663}$$

[1] Höcker: Wirkungsquerschnitte an spaltbarer Substanz. Atomkernenergie, Mai 1956, S. 161.

Die Integration liefert

$$\lambda_a = \frac{1}{\Sigma_a} \tag{664}$$

Die gesuchte mittlere freie Weglänge ist also der Kehrwert des Absorptionsquerschnittes.

Setzt man statt Σ_a Σ_s ein, so erhält man die mittlere Weglänge zwischen zwei Stößen zu

$$\lambda_s = \frac{1}{\Sigma_s} \tag{665}$$

14. Diffusion

Das Verhalten der Neutronenwolke in einem Reaktor ist ähnlich jener eines idealen Gases. Ebenso wie dieses breiten sich die Neutronen im Reaktorkern durch Diffusion aus. Ihre Bewegung wird also durch die Diffusionsgleichung bestimmt, wobei an Stelle der Stoffkonzentration der Neutronenfluß Φ tritt, welcher auch der Neutronenkonzentration (Neutronen je Kubikzentimeter) proportional ist.

Zur Aufstellung der Diffusionsgleichung betrachtet man die Summe der einer Volumeneinheit je Zeiteinheit zukommenden bzw. von ihr abgehenden Neutronen. Diese ist gleich der Änderung der Neutronenzahl je Volumen- und Zeiteinheit. Man erhält bei Anwendung dieser Betrachtung auf thermische Neutronen:

$$D \cdot \Delta \Phi - \Sigma_a \Phi + S = \frac{\partial n}{\partial t} \tag{666}$$

Der erste Term stellt die durch die Oberfläche der Volumseinheit je Zeiteinheit wandernden thermischen Neutronen dar. D ist die Diffusionskonstante für thermische Neutronen, wofür die Diffusionstheorie

$$D = \frac{1}{3\Sigma_s} \tag{667 a}$$

liefert. Der Laplacesche Operator Δ ist das Symbol für eine Differentialoperation. In rechtwinkeligen Koordinaten ist, z. B. auf Φ angewendet:

$$\Delta \Phi = \frac{\partial^2 \Phi}{\partial x^2} + \frac{\partial^2 \Phi}{\partial y^2} + \frac{\partial^2 \Phi}{\partial z^2} \tag{667 b}$$

Für Zylinderkoordinaten mit r, z, Θ folgt

$$\Delta \Phi = \frac{\partial^2 \Phi}{\partial r^2} + \frac{1}{r}\frac{\partial \Phi}{\partial r} + \frac{1}{r^2}\frac{\partial^2 \Phi}{\partial \Theta^2} + \frac{\partial^2 \Phi}{\partial z^2} \tag{667 c}$$

und für Kugelkoordinaten mit r, Θ und φ:

$$\Delta \Phi = \frac{\partial^2 \Phi}{\partial r^2} + \frac{2}{r}\frac{\partial \Phi}{\partial r} + \frac{1}{r^2 \sin\Theta}\frac{\partial}{\partial \Theta}\left(\sin\Theta \frac{\partial \Phi}{\partial \Theta}\right) + \frac{1}{r^2 \sin^2\Theta}\frac{\partial^2 \Phi}{\partial \varphi^2} \tag{667 d}$$

Der Operator kann auch

$$\Delta \Phi = \operatorname{div} \operatorname{grad} \Phi = \Delta^2 \Phi$$

geschrieben werden.

Der zweite Term von Gl. (666) ermittelt die je Volums- und Zeiteinheit absorbierten Neutronen, wobei Gl. (658) Benutzung fand.

Der dritte Term umfaßt, wieder auf Volum- und Zeiteinheit bezogen, jene Neutronen, die im Zuge der Abbremsung gerade thermisch werden. Sie entstanden ursprünglich nach dem Spaltvorgang als schnelle Neutronen und erlitten bis zum Thermischwerden die in Abschnitt 9 geschilderten Verluste.

Die Summe der auf der linken Seite von Gl. (666) stehenden Einflüsse verursacht in der Zeiteinheit eine Änderung der Zahl der in der Volumseinheit vorhandenen Neutronen, was der Term auf der rechten Seite zum Ausdruck bringt.

Die Gl. (666) werde nun auf einen einfachen Fall angewendet, um damit zur Definition einiger Grundbegriffe zu gelangen. Es sei ein unendlich ausgedehnter Körper gegeben, welcher gegenüber thermischen Neutronen die Diffusionskonstante D und den Absorptionsquerschnitt Σ_a hat. Im Inneren desselben sei eine punktförmige Neutronenquelle situiert, die aus Einfachheitsgründen 1 thermisches Neutron je Zeiteinheit emittiert. Es sei die Frage nach dem Flußverlauf Φ, abhängig von der Entfernung r von der Quelle, gestellt.

Da der Zustand stationär ist, ist $\frac{\partial n}{\partial t} = 0$. Außerhalb der Quelle sollen keine thermischen Neutronen entstehen, daher ist $S = 0$.

Bei Anwendung von Kugelkoordinaten brauchen infolge allseitiger Symmetrie in Gl. (667d) nur die ersten zwei Terme berücksichtigt zu werden. Da auf diese Weise nur mehr eine unabhängige Veränderliche, nämlich r, vorliegt, geht Gl. (666) in eine gewöhnliche Differentialgleichung über, und man erhält

$$\frac{d^2\Phi}{dr^2} + \frac{2}{r}\frac{d\Phi}{dr} - \frac{\Sigma a}{D}\Phi = 0 \tag{668}$$

Setzt man zur Abkürzung

$$k = \sqrt{\frac{\Sigma_a}{D}} \tag{669}$$

folgt als Lösung

$$\Phi = \frac{e^{-kr}}{4\pi D r} \tag{670}$$

Hierbei wurde als Randbedingung benützt, daß durch eine Kugelfläche mit der Quelle im Mittelpunkt und dem als klein angenommenen Radius r_0, wie weiter oben erwähnt, je Zeiteinheit 1 Neutron diffundiert. Allgemein ist nach den Diffusionsgesetzen die durch die Flächeneinheit je Zeiteinheit diffundierende Neutronenzahl

$$z = -D \operatorname{grad} \Phi \tag{671}$$

Angewendet auf die Kugelfläche folgt

$$z_0 = -D 4 r_0^2 \pi \left(\frac{d\Phi}{dr}\right)_{r=r_0} = 1 \tag{672}$$

Dies führt, wenn $r_0 \to 0$ geht, zu obiger Lösung. Der die Quelle umgebende Körper absorbiert die gesamten von ihr ausgehenden Neutronen, das sind im obigen Beispiel 1 Neutron je Zeiteinheit.

15. Diffusionslänge

Im Beispiel des Abschnitts 13 war die Frage von Interesse, welche Strecke die Neutronen im Mittel zurücklegen, bis sie absorbiert werden. Tatsächlich ist diese Strecke ein Zickzackweg, da auch gleichzeitig Streuung erfolgt. Nunmehr soll berechnet werden, wie weit die Neutronen im Mittel, am Ende dieses Zickzackweges direkt gemessen, von der Quelle entfernt sind bzw. werde das Quadrat der Entfernung von der Quelle berechnet. Da nach Gl. (658) die Volumseinheit $\Phi \cdot \Sigma_a$ absorbiert, folgt für das Volumelement dv der Wert $\Phi \Sigma_a dv$. Wird dieser Wert zwecks Mittelwertbildung im geschilderten Sinn mit r^2 multipliziert und das gesuchte mittlere Entfernungsquadrat mit $\bar{r}^2$ bezeichnet, folgt

$$\int_0^\infty r^2 \Phi \Sigma_a \cdot dv = \bar{r}^2 \int_0^\infty \Phi \Sigma_a \cdot dv \tag{673}$$

Setzt man für Φ Gl. (670), für $dv = 4 r^2 \pi dr$ ein und beachtet, daß das rechte Integral in Gl. (673) $= 1$ ist, da nur soviel Neutronen absorbiert werden können, als die Quelle abgibt, erhält man

$$\bar{r}^2 = \frac{6}{k^2} = 6 L^2 \tag{674}$$

Der Reziprokwert von k hat eine wichtige Bedeutung und wird Diffusionslänge L genannt. Das Quadrat der Entfernung, welche die Neutronen im Mittel zurücklegten, ist demnach gleich 6mal dem Quadrat der Diffusionslänge. Letztere kann auch nach Gl. (669) bzw. (667a) wie folgt geschrieben werden:

$$L^2 = \frac{D}{\Sigma_a} = \frac{1}{3\Sigma_a\Sigma_s} \tag{675}$$

16. Diffusionskonstante

Die mittlere freie Weglänge λ_s, die ein Neutron zwischen zwei Stößen zurücklegt, ergab sich gemäß Gl. (665). Dies leitete sich aus der einfachen Diffusionstheorie ab. Die Transporttheorie erfaßt die Bewegung der Neutronen exakter. Gemäß dieser ergibt sich die mittlere Weglänge, die zum Unterschied nun λ_{Tr} genannt werde, zu

$$\lambda_{Tr} = \frac{1}{\Sigma\left(1 - \frac{2}{3A}\right)\left(1 - \frac{4}{5}\frac{\Sigma_a}{\Sigma} + \frac{\Sigma_a}{\Sigma}\frac{\frac{2}{3A}}{1 - \frac{2}{3A}} + \cdots\right)} \tag{676}$$

Hier ist $\Sigma = \Sigma_a + \Sigma_s$ der totale Wirkungsquerschnitt und A das Atomgewicht des Moderators. Für den reziproken Wert von λ_{Tr} gilt gemäß Gl. (665)

$$\Sigma_{tr} = \frac{1}{\lambda_{Tr}} \tag{677}$$

Ist, wie dies in guten Moderatoren immer der Fall ist, $\Sigma_a \ll \Sigma$, geht Gl. (676) über in

$$\lambda_{tr} = \frac{1}{\Sigma_s\left(1 - \frac{2}{3A}\right)} \tag{678}$$

Ist schließlich A groß, handelt es sich also um einen Moderator mit schweren Kernen, ist der Klammerausdruck im Nenner $\doteq 1$, und vorstehende Gleichung wird identisch mit Gl. (665). Während der Fehler, gerechnet mit Gl. (665), bei Kohlenstoff mit $A = 12$ noch geringfügig ist, wird er bei Wasserstoff mit $A = 1$ bereits erheblich. Dies hat bei allen Ausdrücken beachtet zu werden, wo $\Sigma_s = \frac{1}{\lambda_s}$ benützt wird. So gilt z. B. für die Diffusionskonstante analog zu Gl. (667a) der Wert

$$D = \frac{1}{3\Sigma_{Tr}} \tag{679}$$

bzw. für das Quadrat der Diffusionslänge gemäß Gl. (675)

$$L^2 = \frac{1}{3\Sigma_a\Sigma_{Tr}} \tag{680}$$

17. Energieabnahme beim Bremsvorgang

Wie schon mehrmals erwähnt, werden die unmittelbar nach der Spaltung gebildeten schnellen Neutronen durch elastische Stöße gegen die Moderatorkerne verlangsamt. Dies findet so lange statt, bis sie thermische Geschwindigkeit erreicht haben. In diesem Zustand verbleiben sie so lange, bis sie der Absorption durch einen Spaltstoff- oder Moderatorkern unterliegen. Während der Bremsung im Moderator geht die ursprünglich vorhandene kinetische Energie der Neutronen in kinetische Energie der Kerne, d. h. in Wärme, über und muß durch Kühlung abgeführt werden. Dies ist etwa 3% des Gesamtwärmeumsatzes.

Es werde nun der Ablauf des Bremsvorganges und die dazu erforderliche Zeit untersucht.

Die Energie eines Neutrons beim Entstehen sei E_0 und werde durch z Stöße auf E herabgemindert. Vor einem dieser Stöße sei die Energie E_1, nach diesem E_2. Nach den Gesetzen des elastischen Stoßes ist das Verhältnis von E_1/E_2 im Mittel immer gleich und unabhängig von der absoluten Größe von E_1. Wenn man daher E_1/E_2 z-mal mit sich multipliziert oder $(E_1/E_2)^z$ schreibt, muß dies gleich dem Verhältnis der Entstehungs- zur Endenergie E_0/E sein. Es gilt also

$$\frac{E_0}{E} = \left(\frac{E_1}{E_2}\right)^z \tag{681}$$

Daraus folgt

$$z = \frac{\ln \frac{E_0}{E}}{\ln \frac{E_1}{E_2}} = \frac{\ln \frac{E_0}{E}}{\xi} \tag{682}$$

Der Ausdruck im Nenner wird „mittlerer logarithmischer Energieverlust" genannt und mit ξ bezeichnet. Er ist für einen bestimmten Moderator eine charakteristische Größe [s. auch Gl. (695)].

Eine differentielle Änderung von E bedingt folgende differentielle Änderung von z

$$dz = -\frac{dE}{E} \cdot \frac{1}{\xi} \tag{683}$$

Andererseits gibt Σ_s gemäß den Ausführungen im Abschnitt 11 die Zahl der Stöße je Zentimeter Weglänge an, welche ein Neutron im Moderator erleidet. Daher ist die Zahl der Stöße je Wegelement dx

$$dz = \Sigma_s dx \tag{684}$$

Setzt man Gl. (683) und (684) gleich, folgt als Differentialgleichung für die Energie in Abhängigkeit des Neutronenweges:

$$\xi E \Sigma_s dx = -dE \tag{685}$$

Will man jedoch den Vorgang in Abhängigkeit von der Zeit darstellen, ist $dx = w dt$ einzuführen, wobei w die jeweilige Geschwindigkeit des Neutrons ist. Diese kann durch seine Energie mittels $E = \frac{mw^2}{2}$ eliminiert werden, wenn m die Neutronenmasse bezeichnet. Dann geht Gl. (685) über in

$$\xi E \Sigma_s \sqrt{\frac{2E}{m}}\, dt = -dE \tag{686}$$

Die Integration liefert für die Zeitspanne t_1', die zur Herabminderung der Anfangsenergie E_0 auf thermische Energie E_{th} nötig ist (Bremszeit), mit einem Mittelwert $\overline{\Sigma}_s$:

$$t_1' = \frac{\sqrt{2m}}{\xi \overline{\Sigma}_s}\left(\frac{1}{\sqrt{E_{th}}} - \frac{1}{\sqrt{E_0}}\right) \tag{687}$$

Anschließend soll die Zeitspanne t_2' (Diffusionszeit) berechnet werden, welche das Neutron in thermischem Zustand verbleibt, sofern es nur mit Moderatorwerkstoff in Berührung kommt. Der zugehörige Weg λ_a folgt aus Gl. (664).

Mit der thermischen Geschwindigkeit w_{th} erhält man für

$$t_2' = \frac{\lambda_a}{w_{th}} = \frac{1}{\Sigma_a w_{th}} \tag{688}$$

Da Austrittsverluste nach außen nicht berücksichtigt wurden, ergibt sich die gesamte Lebensdauer des Neutrons in einem unendlich ausgedehnten Moderator zu

$$T' = t_1' + t_2' \tag{689}$$

Bei endlichen Dimensionen ist sie

$$T'_E = T/'k_\infty \tag{690}$$

Dieser Wert ist nicht mit der Generationszeit T, Abschnitt 10, identisch. Zur Berechnung dieser müßte für Σ_a in Gl. (688) eine mittlere Absorptionsziffer [s. Abschn. 28, Gl. (774)] eingesetzt werden, welche auch den Spaltstoff berücksichtigt. Das gleiche gilt für $\xi \Sigma_s$ in Gl. (687). Setzt man $E_0 = 2$ MeV $= 3{,}2 \cdot 10^{-6}$ erg, $E_{th} = 0{,}025$ eV $= 0{,}04 \cdot 10^{-12}$ erg, $m = 1{,}66 \times 10^{-24}$ g, $w_{th} = 2{,}2 \cdot 10^5$ cm/s ein, so zeigt Zahlentafel 131 die Brems- und Diffusionszeiten für verschiedene Moderatoren. Wie man sieht, sind die Bremszeiten gegenüber den Diffusionszeiten verschwindend klein.

Zahlentafel 131. *Bremszeit und Diffusionszeit*

Moderator	$\bar{\lambda}_s = 1/\bar{\Sigma}_s$ (cm)	Bremszeit (s)	Diffusionszeit (s)
Wasser	1,1	10^{-5}	$2{,}1 \cdot 10^{-4}$
Schweres Wasser	2,6	$4{,}6 \cdot 10^{-5}$	0,15
Beryllium	1,6	$7{,}0 \cdot 10^{-5}$	$4{,}3 \cdot 10^{-3}$
Kohlenstoff	2,6	$1{,}5 \cdot 10^{-4}$	$1{,}2 \cdot 10^{-2}$

18. Die Abbremsung als Stoßvorgang

Die Erkenntnis, daß das Abbremsen ein Stoßvorgang ist, gestattet diesen Vorgang mittels der aus der Mechanik bekannten Stoßgesetze zu erfassen. Hierbei sind grundsätzlich zwei Annahmen möglich. Die eine setzt voraus, daß der Kern vor dem Stoß in Ruhe ist und nur das Neutron sich bewegt. Ein ruhender Beobachter würde den Vorgang so sehen, und man nennt daher diese Annahme das Laborsystem. Die andere Annahme betrachtet den Schwerpunkt des Systems Kern—Neutron als in Ruhe befindlich. Vor dem Stoß bewegen sich also Neutronen und Kern auf den ruhenden Schwerpunkt zu, nach dem Stoß von ihm weg. Dies wird Schwerpunktsystem genannt. Da die Relativgeschwindigkeit zwischen den beiden sich stoßenden Partnern in beiden Fällen gleich ist, lassen sich die Ergebnisse aus dem Laborsystem ohne weiteres in das Schwerpunktsystem transformieren und umgekehrt.

Im Hinblick auf die Ausführungen des vorigen Kapitels ist das Verhältnis der Energien vor und nach dem Stoß E_1/E_2 von Interesse, und zwar, da es sich um zu beobachtende Werte handelt, im Laborsystem. Der Wert E_1/E_2 ist eine Funktion vom Atomgewicht des Kernes A, wobei jenes des Neutrons 1 gesetzt wurde und, da der Stoß im allgemeinen schräg erfolgen wird, des Winkels Ψ zwischen der ursprünglichen Bewegungsrichtung des Neutrons und jener nach dem Stoß. Dem Winkel Ψ des Laborsystems ist ein entsprechender Winkel Θ des Schwerpunktsystems zugeordnet. Führt man diesen anstatt Ψ ein, lautet die Funktion

$$E_1/E_2 = \frac{(A+1)^2}{A^2 + 2A\cos\Theta + 1} \tag{691}$$

Handelt es sich im besonderen um einen streifenden Stoß, findet keine Ablenkung des Neutrons statt, daher ist $\Theta = 0$. Obige Gleichung liefert $E_1/E_2 = 1$, d. h. das Neutron wurde überhaupt nicht abgebremst. Erfolgt dagegen ein zentraler Stoß mit $\Theta = \pi$ folgt

$$\frac{E_1}{E_2} = \left(\frac{A+1}{A-1}\right)^2 = \frac{1}{\alpha} \tag{692}$$

mit der Abkürzung α. Die Bremswirkung des Moderators ist um so besser, je größer E_1/E_2 wird. Dies ist dann der Fall, je kleiner A wird. Erreicht schließlich A den kleinstmöglichen Wert, d. h. 1, besteht also der Moderator aus Wasserstoff, wird bei zentralem Stoß $\frac{E_1}{E_2} = \infty$, d. h. $\frac{E_2}{E_1} = 0$. Die Abbremsung des Neutrons findet dann mit einem einzigen Stoß von der Energie E_1 auf 0 statt. Im allgemeinen wird jedoch der Stoß nicht zentral erfolgen, sondern es muß jeder Richtung, gekennzeichnet durch Θ, die gleiche Wahrscheinlichkeit zugebilligt und über alle Möglichkeiten gemittelt werden. Gemäß den Ausführungen in Abschnitt 17 wird der mittlere logarithmische Energieverlust $\xi = \ln \frac{E_1}{E_2}$ benötigt, so daß der Mittelung dieser Ausdruck zugrunde zu legen ist. Man erhält dann

$$\left(\ln \frac{E_1}{E_2}\right)_m = \frac{1}{4\pi} \int_0^{4\pi} \ln \frac{E_1}{E_2} \, dw \tag{693}$$

Hier ist w der räumliche Winkel, welcher maximal 4π betragen kann. Da er auf der Oberfläche der Einheitskugel aufscheint, ist sein Differential

$$d\omega = 2\pi \sin \Theta \, d\Theta \tag{694}$$

Setzt man dies und Gl. (691) in Gl. (693) ein und führt die Integration durch, ergibt sich, wenn die mit α bezeichnete Abkürzung nach Gl. (692) benützt wird,

$$\left(\ln \frac{E_1}{E_2}\right)_m = 1 + \frac{\alpha}{1-\alpha} \ln \alpha = \xi \tag{695}$$

Handelt es sich um Wasserstoff, ist $\alpha = 0$. In Gl. (698) erscheint dann ein unbestimmter Ausdruck, woraus $\xi = 1$ folgt. Ist $A > 10$, kann Gl. (695) durch die einfachere Näherungsformel

$$\xi = \frac{2}{A + {}^2/_3} \tag{696}$$

ersetzt werden. Der mittlere logarithmische Energieverlust wird also um so kleiner, je größer A ist.

Wie z. B. Gl. (685) zeigt, kommt ξ vielfach als Faktor im Produkt $\xi\Sigma_s$ vor. Man nennt dieses die Bremskraftzahl; sie bringt die Moderierfähigkeit eines Stoffes deutlich zum Ausdruck. Ein günstiger, d. h. hoher Wert derselben ist aber wertlos, wenn der Moderator gleichzeitig auch hohe Absorptionseigenschaften zeigt. Durch Berechnung des Ausdruckes $\frac{\xi\Sigma_s}{\Sigma_a}$ kann man auch letztere berücksichtigen. Der genannte Wert wird Moderierverhältnis genannt. Je größer dieses ist, um so besser wird der Stoff als Moderator geeignet sein. In Zahlentafel 132 sind für eine Anzahl von Stoffen u. a. die Werte von ξ, $\Sigma_s\xi$ und $\Sigma_s\xi/\Sigma_a$ zusammengestellt.

Zahlentafel 132. *Moderierverhalten verschiedener Stoffe*

	σ_s barn	Σ_s* cm^{-1}	σ_a barn	Σ_a* cm^{-1}	ξ	$\xi\Sigma_s$ cm^{-1}	$\xi\Sigma_s/\Sigma_a$
Wasserstoff	38	0,0018	0,33	$1{,}6 \cdot 10^{-5}$	1	0,0018	110
Helium	0,8	$1{,}9 \cdot 10^{-5}$	0,0068	$1{,}6 \cdot 10^{-7}$	0,425	$8{,}1 \cdot 10^{-6}$	51
Beryllium	7,1	0,88	0,01	0,0012	0,209	0,18	150
Graphit	4,8	0,4	0,003	$2{,}7 \cdot 10^{-4}$	0,158	0,063	240
Sauerstoff	4,2	$2{,}03 \cdot 10^{-4}$	0,0002	$9{,}7 \cdot 10^{-9}$	0,12	$2{,}4 \cdot 10^{-5}$	2500
Natrium	4	0,1	0,5	0,0128	0,0874	0,0085	0,67
Zirkon	8	0,34	0,18	0,0072	0,0218	0,0074	0,98
Wismut	9	0,25	0,032	$9 \cdot 10^{-4}$	0,00956	0,0024	2,7
CO_2	13,2	$3{,}2 \cdot 10^{-4}$	0,0036	$8{,}7 \cdot 10^{-8}$	0,134	$4{,}3 \cdot 10^{-5}$	490
Luft	8,7	$2{,}1 \cdot 10^{-4}$	1,48	$3{,}58 \cdot 10^{-5}$	0,134	$2{,}8 \cdot 10^{-5}$	0,79
H_2O	78	2,6	0,66	0,022	0,955	2,5	110
D_2O	18	0,599	0,00113	$3{,}66 \cdot 10^{-5}$	0,585	0,35	9500

* Für Gase bei 20 °C und 1 kp/cm².

Naturgemäß ist die moderierende Wirkung je Kubikzentimeter und damit $\xi\Sigma_s$ bei festen Stoffen und Flüssigkeiten viel höher als bei Gasen, da die Zahl der Kerne je Kubikzentimeter entsprechend höher ist. Hier liegt H_2O am höchsten. Dagegen wird dieses in bezug auf das Moderierverhältnis $\xi\Sigma_s/\xi_a$ von mehreren Stoffen, vor allem D_2O, übertroffen. Auch Graphit ist günstiger.

Bei Gemischen wird ξ aus

$$\xi = \frac{\Sigma_{s1}\xi_1 + \Sigma_{s2}\xi_2 + \Sigma_{si}\xi_i}{\Sigma_{s1} + \Sigma_{s2} + \Sigma_{si}} \tag{697}$$

berechnet, wenn Σ_{si} und ξ_i die Werte der Komponenten sind.

19. Die Komponenten der 6-Faktoren-Formel

Die Feststellung der zu erwartenden Reaktivität eines Reaktors bei einer vorliegenden oder projektierten Spaltstoffanordnung gehört bei einer Reaktorberechnung zu den wichtigsten Schritten. Man ermittelt hierzu den Multiplikationsfaktor für den unendlich großen Reaktor k_∞ nach Gl. (646) sowie den Neutronen-Austrittsverlust $P = P_1 \cdot P_2$. Der effektive Multiplikationsfaktor k ergab sich aus Gl. (647).

Nunmehr mögen die Faktoren, aus denen k_∞ gebildet ist, näher untersucht werden. Diese sind gemäß Gl. (646) der Schnellspaltfaktor ε, die Resonanzentgangs-Wahrscheinlichkeit p, der thermische Ausnützungsgrad f und das Produkt $\nu \cdot a$, welches Ausnützungsfaktor η genannt wird.

a) Schnellspaltfaktor

Dieser kennzeichnet die neben der Spaltung des U^{235} zusätzlich im hohen Neutronen-Energiebereich erfolgenden geringfügigen Spaltungen von U^{238} (s. auch S. 413 und Abb. 321). Über die Berechnung von ε gibt es ausführliche Theorien. Da dieser Faktor jedoch nur um ein geringes größer als 1 ist, werde hier nicht näher auf letztere eingegangen.

Sie liefern als Ergebnis für Natururan Reaktoren $\varepsilon = 1{,}01$ bis $1{,}06$, wobei die höheren Werte für größere, die niederen für kleinere Uranstabdurchmesser gelten. Mit zunehmender Anreicherung nähert sich ε dem Wert 1.

b) Resonanz-Entgangswahrscheinlichkeit

Homogener Reaktor. Sie ist nur bei schwach oder nicht angereichertem Spaltstoff von Bedeutung, da sie durch die Resonanz-Absorptionsspitzen des U^{238} hervorgerufen werden (s. S. 411 und Abb. 321). Diese treten nur in engen Energieintervallen ΔE, innerhalb des gesamten Energiebereiches, in dem die Abbremsung erfolgt, ein.

Fände im Intervall ΔE keine Absorption, sondern nur Streuung statt, würden hiervon in sinngemäßer Anwendung von Gl. (657) $\Phi_1(E)\Delta E \cdot \Sigma_s$ Neutronen erfaßt. Hier ist $\Phi_1(E)$ der Fluß je Energieeinheit (Abschnitt 12) und Σ_s der makroskopische Streuquerschnitt (Abschnitt 11). Vorstehender Ausdruck gibt also die Zahl der Neutronen an, die je Zeiteinheit und Raumeinheit aus dem Energieintervall ΔE austreten, und ist dies gleichzeitig auch die Zahl der in das Energieintervall eintretenden Neutronen. (Diese ist unabhängig davon, ob im Intervall auch eine Absorption erfolgt oder nicht.) Im Fall des Stattfindens dieser werden insgesamt $\Phi_2(E)\Delta E(\Sigma_s + \Sigma_a)$ Neutronen aus dem Energieintervall herausgebracht, wobei Σ_a der Absorptionsquerschnitt ist. Die Zahl der in ΔE ein- und austretenden Neutronen muß gleich sein. Daraus folgt

$$\Phi_1(E)\Delta E \cdot \Sigma_s = \Phi_2(E)\Delta E(\Sigma_s + \Sigma_a) \tag{698}$$

oder

$$\frac{\Phi_2(E)}{\Phi_1(E)} = \frac{\Sigma_s}{\Sigma_s + \Sigma_a} \tag{699}$$

Innerhalb des Bereiches ΔE tritt also, verglichen mit dem Zustand bei Nichtvorhandensein einer Absorption, durch diese eine Senkung des Flusses auf $\Phi_2(E)$ ein. Außerhalb von ΔE ist jedoch $\Sigma_a \doteq 0$ und der Flußverlauf in diesen Bereichen ungestört. Man kann daher, wenn man die Energieabnahme eines Neutrons in Abhängigkeit von seinem Weg untersucht, von Gl. (685) ausgehen, wobei die gestörten Intervalle ΔE gegenüber dem Gesamtenergieintervall $E_0 - E_{th}$ keine Rolle spielen. Anders ist es mit Gl. (659), welche die Neutronenabsorption während des gleichen Vorganges beschreibt. Diese findet nur in den Bereichen ΔE statt. Also muß die rechte Seite der Gl. (659) noch im Verhältnis der Flußabsenkung, d. h. gemäß Gl. (699) verringert werden. Gl. (659) geht demnach über in

$$-\,dn = \frac{\Sigma_s}{\Sigma_s + \Sigma_a} \cdot n \Sigma_a dx \tag{700}$$

Wird dx mit Gl. (685) eliminiert, ergibt sich

$$\frac{dE}{E\xi} = \frac{dn(\Sigma_s + \Sigma_a)}{\Sigma_a n} \tag{701}$$

Ist die Zahl der Neutronen vor Durchlaufen der einander folgenden Resonanzintervalle n_1 und die Energie E_I und nachher n_2 und E_{II}, folgt nach Integration

$$\frac{n_2}{n_1} = e^{-\frac{1}{\xi}\int\limits_{E_{II}}^{E_I} \frac{\Sigma_a}{\Sigma_a + \Sigma_s} \cdot \frac{dE}{E}} \tag{702}$$

Der erhaltene Ausdruck ist bereits die Resonanzentgangs-Wahrscheinlichkeit

$$p = \frac{n_2}{n_1} \tag{703}$$

Sie ist das Verhältnis der Neutronenzahl nach der Absorption zu jener vorher. Es ist üblich, Gl. (702) noch etwas umzuformen. Man nimmt hierbei an, daß an der Absorption lediglich das Uran (U^{238}) beteiligt ist, ebenso wie am Bremsvorgang hauptsächlich der Moderator. Wird hier und in der Folge immer mit dem Index 1 Uran (hier U^{238}) und mit 2 der Bremsstoff bezeichnet, folgt bei Beachtung der Definition des makroskopischen Wirkungsquerschnittes, Abschnitt 11:

$$\frac{\Sigma_a}{\Sigma_a + \Sigma_s} = \frac{N_1 \sigma_{a1}}{\Sigma_{s2}} \cdot \frac{\Sigma_{s2}}{\Sigma_{s2} + \Sigma_{a1}} \tag{704}$$

Der Ausdruck $\sigma_{a1} \cdot \frac{\Sigma_{s2}}{\Sigma_{s2} + \Sigma_{a1}}$ wird „effektiver Absorptionskoeffizient" $(\sigma_a)_{eff}$ bezeichnet. Die Zahl der U-Kerne N_1 je Kubikzentimeter ist konstant, ebenso die Veränderlichkeit von Σ_{s2} mit der Energie gering. Man kann also für Gl. (702) mit Gl. (703) und (704) schreiben

$$p = e^{-\frac{N_1}{\xi \Sigma_{s2}} \int\limits_{E_{II}}^{E_I} (\sigma_a)_{eff} \frac{dE}{E}} \tag{705}$$

Der Wert des auftretenden Integrals, welches „Resonanzintegral" heißt, kann durch Messung bestimmt werden. Die Ergebnisse lassen sich in folgender Näherungsformel darstellen [in barn; bei Einsetzen in Gl. (705) mit 10^{-24} multiplizieren]

$$\int (\sigma_a)_{eff} \frac{dE}{E} = 3{,}9 \left(\frac{\Sigma_{s2} \cdot 10^{24}}{N_1}\right)^{0{,}415} \tag{706}$$

Die Formel gilt, sofern Spaltstoff und Moderator homogen gemischt sind.

Heterogener Reaktor. Man kann die Resonanzentgangs-Wahrscheinlichkeit nach einem Vorschlag von Fermi erhöhen, wenn man die beiden Komponenten, ohne Änderung ihres Gewichtsverhältnisses, schichtet, d. h. den Spaltstoff in Form von Blechen oder Stäben einlegt, die dann in entsprechender Zahl gitterförmig im Moderator verteilt werden. Man erhält so den heterogenen Reaktor. Das Volumen eines Stabes bzw. Bleches sei dann

V_1, die Zahl Kerne je Kubikzentimeter U^{238} N_1. Das Volumen des den Stab umschließenden Moderatoranteiles sei V_2, die Kernzahl je Kubikzentimeter Moderator N_2. Will man Gl. (705) für den heterogenen Reaktor anwenden, braucht nur beachtet zu werden, daß in dieser im Exponenten das Verhältnis der Kernzahl des U^{238} zu jener des Moderators steht, da $\frac{N_1}{\Sigma_{s2}} = \frac{N_1}{N_2 \sigma_{s2}}$ ist. Soll das gleiche Verhältnis auch beim heterogenen Reaktor aufscheinen, ist statt $(N_1/N_2)_{\mathrm{HOM}}$ der analoge Ausdruck $\left(\frac{N_1}{N_2}\right)_{\mathrm{HET}} \frac{V_1}{V_2}$ zu setzen. Der Index soll, lediglich hier, erinnern, daß es sich beim homogenen Reaktor bei N_1 und N_2 um Kernzahlen je Kubikzentimeter Gemisch, beim heterogenen desgleichen je Kubikzentimeter reinen Stoff 1 oder 2 handelt. Außerdem ist hier zu beachten, daß der mittlere Fluß im Spalststoffstab Φ_{1m} tiefer liegen wird als im Moderator Φ_{2m}, da ersterer wie eine Senke wirkt, die Neutronen absorbiert. Der analoge Ausdruck wird also tatsächlich $\left(\frac{N_1}{N_2}\right)_{\mathrm{HET}} \frac{V_1 \Phi_{1m}}{V_2 \Phi_{2m}}$ sein. Daher folgt p für den heterogenen Reaktor zu

$$p = e^{-\frac{N_1 V_1 \Phi_{1m}}{\xi \Sigma_{s2} V_2 \Phi_{2m}} \cdot \int (\sigma_a)_{eff} \frac{dE}{E}} \tag{707}$$

Hier gilt für das Resonanzintegral der empirische Ausdruck (in barn)

$$\int (\sigma_a)_{eff} \frac{dE}{E} = 9{,}25 + 24{,}7 \cdot \frac{s}{M} \tag{708}$$

Zahlentafel 133. *Moderatoren im Resonanzbereich*

	Σ_{s2} cm^{-1}	k_2 cm^{-1}
Wasser	0,241	0,583
Schweres Wasser	0,0313	0,155
Beryllium	0,0276	0,237
Berylliumoxyd	0,015	0,138
Graphit	0,0108	0,1075

Es ist s die Oberfläche des Stabes in Quadratzentimetern und M seine Masse in Gramm. Für Σ_{s2} kann im Resonanzbereich Zahlentafel 133 benützt werden[1].

In Gl. (707) kann bei Überschlagsrechnungen für $\Phi_{1m}/\Phi_{2m} \sim 1$ gesetzt werden. Soll dieser Wert jedoch genauer ermittelt werden, ist auf die Diffusionsgleichung, Gl. (666), zurückzugreifen und diese für den stationären Zustand auf Moderator und Uranstab anzuwenden. Diese Betrachtung erstreckt sich dann nur auf das Energieintervall, in dem Resonanzabsorption stattfindet; für Absorptions- und Streuquerschnitte in Uran und Moderator sind entsprechende, in diesem Energiebereich gemittelte Werte einzusetzen, auf die kurz eingegangen sei.

Im Moderator sind für den Streuquerschnitt Σ_{s2} die gemittelten Werte bereits in Zahlentafel 133 angegeben.

Der Absorptionsquerschnitt Σ_{a2} im Moderator ist jedoch ein fiktiver Wert, da dort keine Absorption erfolgt, sondern nur ein Neutronenabgang durch Streuung dieser aus dem Resonanzbereich.

Hierzu sind z Stöße, gemäß Gl. (682) erforderlich. Es muß daher der Streuquerschnitt Σ_{s2} durch z dividiert werden, um den fiktiven Wert Σ_{a2} zu erhalten. Es ist mit Gl. (682):

$$\Sigma_{a2} = \frac{\xi \Sigma_{s2}}{\ln \frac{E_I}{E_{II}}} \tag{709}$$

Hier ist E_I und E_{II} die Energie vor und nach dem Resonanzbereich. Zahlenwerte für $\ln E_I/E_{II}$ gibt Zahlentafel 134.

Der mittlere Absorptionsquerschnitt Σ_{a1} im Uranstab ist durch Mittelung mit Hilfe des Resonanzintegrals [Gl. (708)] nach folgender Formel zu berechnen:

$$\Sigma_{a1} = \frac{N_1 \int\limits_{E_{II}}^{E_I} (\sigma_a)_{eff} \cdot \frac{dE}{E}}{\ln \frac{E_I}{E_{II}}} \tag{710}$$

[1] GLASSTONE und EDLUND: Kernreaktortheorie, S. 230. Wien: Springer. 1961.

Der Streuquerschnitt Σ_{s1} im Uran hat ähnliche Werte wie im Moderator.

Wird in der auf den Moderator angewendeten Diffusionsgleichung (666) der Quellterm S konstant gesetzt, d. h. angenommen, daß innerhalb seines Volumens gleichmäßig Neutronen in das Energieintervall der Resonanzabsorption eintreten, ergibt die Lösung den Fluß im Moderator, der gegen den Spaltstoffstab abnehmend ist, Abb. 322. Eine ähnliche Rechnung für den Spaltstoffstab zeigt, daß in diesem der Fluß bis zur Erreichung eines Mindestwertes weiter abnimmt.

In Abb. 322 ist auch Φ_{1m} und Φ_{2m} eingetragen. Ohne im Rahmen dieser Ausführungen die Berechnung genauer darzulegen, sei das Ergebnis angeführt.

Zahlentafel 134.
Spaltstoffe im Resonanzbereich

	U-Metall	U_3O_8	UO_2
$\ln\left(\frac{E_I}{E_{II}}\right)$	2,6	2,89	2,77
k_1 cm^{-1}	0,42	—	—

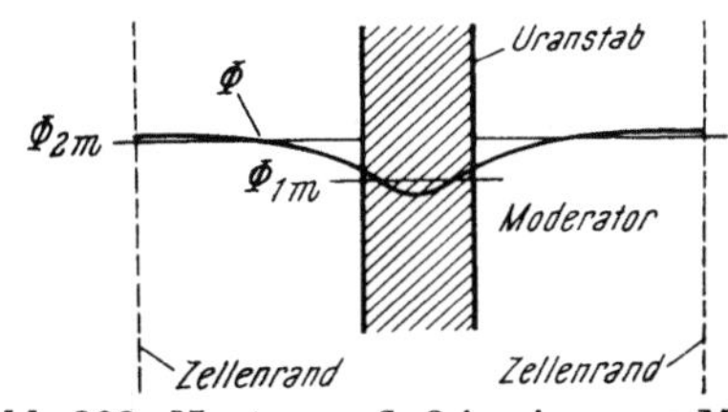

Abb. 322. Neutronenfluß in einer aus Moderator und Uranstab gebildeten Zelle
Φ_{1m} Mittelwert im Uranstab; Φ_{2m} Mittelwert Moderator

Zahlentafel 135. *Faktoren E und F*[1]
(eng schraffiert: Spaltstoff; weit schraffiert: Moderator; nicht schraffiert: Kühlkanal)

	F	E
Platte	$k_1 R_1 \operatorname{cth} k_1 R_1$	$k_2 (R_2 - R_1) \operatorname{cth} k_2 (R_2 - R_1)$
Zylinder	$\frac{k_1 R_1}{2} \frac{I_0(k_1 R_1)}{I_1(k_1 R_1)}$	$\frac{k_2(R_2^2 - R_1^2)}{2 R_1} \left[\frac{I_0(k_2 R_1) K_1(k_2 R_2) + K_0(k_2 R_1) I_1(k_2 R_2)}{I_1(k_2 R_2) K_1(k_2 R_1) - K_1(k_2 R_2) I_1(k_2 R_1)}\right]$
	I_0 Modifizierte Bessel-Funktion erster Art nullter Ordnung I_1 Modifizierte Bessel-Funktion erster Art erster Ordnung	K_0 Modifizierte Bessel-Funktion zweiter Art nullter Ordnung K_1 Modifizierte Bessel-Funktion zweiter Art erster Ordnung
Zylinder mit Kühlkanälen	$\frac{k_1 R_1}{2} \frac{I_0(k_1 R_1)}{I_1(k_1 R_1)}$	$\frac{k_2^2 R_2^2}{2} \left[\frac{R_2^2}{R_2^2 - R_3^2} \ln \frac{R_2}{R_3} - \frac{3}{4} + \frac{R_3^2}{4 R_2^2}\right]$ (für $k_2 R_2 < 0{,}4$)
Kugel	$\frac{k_1^2 R_1^2}{3} \frac{th\, k_1 R_1}{k_1 R_1 - th\, k_1 R_1}$	$\frac{k_2^2 (R_2^3 - R_1^3)}{3 R_1} \left[\frac{1 - k_2 R_2 \operatorname{cth} k_2 (R_2 - R_1)}{1 - k_2^2 R_2 R_1 - k_2 (R_2 - R_1) \operatorname{cth} k_2 (R_2 - R_1)}\right]$

[1] SCHMIDT: Nutzenergie aus Atomkernen, S. 175, 176. Berlin: W. de Gruyter. 1959.

Man erhält für die Resonanzentgangswahrscheinlichkeit p, die an Stelle von Gl. (707) tritt:

$$p = e^{-\frac{f}{1-f}}$$

wobei f aus folgender Gleichung folgt

$$\frac{1}{f} = 1 + \frac{V_2 \Sigma_{a2}}{V_1 \Sigma_{a1}} \cdot F + E - 1 \tag{711}$$

Der Wert F enthält nur Stoffwerte des Urans, E nur des Moderators. Ferner enthält F Funktionen der geometrischen Abmessungen des Spaltstoffstabes, E solche der Moderatorzelle.

Zahlentafel 135 gibt die Funktionen E und F für verschiedene Geometrien wieder. Es ist

$$\left.\begin{aligned} k_1^2 &= \frac{1}{L_1^2} = 3 \cdot \Sigma_{s1}\left(1 - \frac{2}{3A_1}\right) \cdot \Sigma_{a1} \\ k_2^2 &= \frac{1}{L_2^2} = 3 \cdot \Sigma_{s2}\left(1 - \frac{2}{3A_2}\right) \cdot \Sigma_{a2} \end{aligned}\right\} \tag{712}$$

Hier wurde K_1^2, K_2^2 gemäß Gl. (669), (679), (680), (677), (678) eingesetzt [s. auch Gl. (709), (710) und Zahlentafel 133 und 134]. Mit Zahlentafel 135 ist natürlich nur ein geringer Teil der Ausführungsmöglichkeiten erfaßt. Bilden z. B. eine Anzahl nebeneinander angeordneter Platten einen Spaltstoffstab, wobei zwischen den Platten Kühlmittel, z. B. Wasser, fließt, welches Moderatoreigenschaften hat, ist das Stabvolumen als homogenes Gemisch von Spaltstoff und Wasser anzusehen. Statt der Spaltstoffoberfläche s in Gl. (708) ist eine kleinere „effektive Oberfläche" S_{eff} einzusetzen[1].

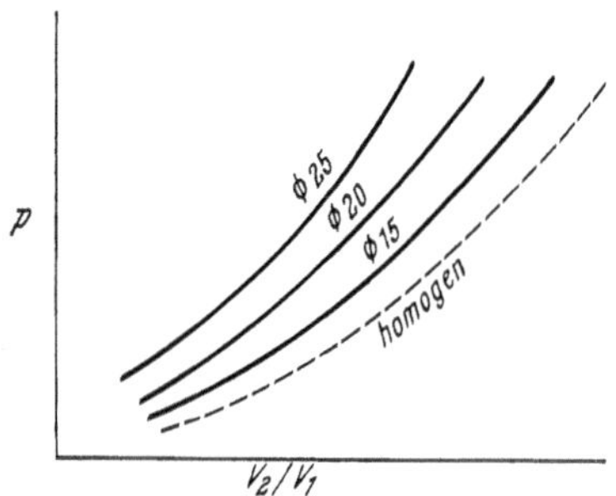

Abb. 323. Resonanzentgangswahrscheinlichkeit im Abhängigkeit vom Volumverhältnis Moderator zu Spaltstoff

Gl. (708) erfaßt nur einen geringen Teil der für verschiedene Fälle aufgestellten empirischen Gleichungen; für Sonderfälle sei ebenso wie bezüglich S_{eff} auf die einschlägige Literatur verwiesen[2].

In Abb. 323 ist p in Abhängigkeit des Volumverhältnisses V_2/V_1 aufgetragen. Man sieht, daß p um so größer ist, je größer der Moderatoranteil wird. Bei konstantem V_2/V_1 wird p mit steigendem Spaltstoff-Stabdurchmesser größer. Am ungünstigsten ist die homogene Mischung von Uran und Moderator.

c) Thermischer Ausnützungsgrad f

Homogener Reaktor. Dieser gibt das Verhältnis der Absorption durch das Uran zu jener durch Uran und Moderator. Da die Neutronen nach Passieren des Resonanzgebietes den thermischen Zustand erreicht haben, betrifft dieser Vorgang nur thermische Neutronen. Entsprechend der Definition ergibt sich für ein homogenes Gemisch von Moderator und Gesamturan (einschließlich chemisch im U gebundener sonstiger Stoffe)

$$f = \frac{\Sigma_{a,1}}{\Sigma_{a,1} + \Sigma_{a,2}} \tag{713}$$

Zum Verständnis denkt man sich diese Gleichung im Zähler und Nenner mit Φ_{th} multipliziert. Dann steht im Zähler die Zahl der je Kubikzentimeter und Sekunde vom Gesamturan absorbierten thermischen Neutronen, wobei Σ_{a1} dessen Absorptionsquerschnitt für

[1] Riezler und Walcher: Kerntechnik, S. 478. Stuttgart: Teubner. 1958.
[2] Riezler und Walcher: Kerntechnik, S. 482. Stuttgart: Teubner. 1958.

thermische Neutronen ist[1]. Der Nenner ist analog, wobei noch der Moderatorterm hinzukommt, mit dem Absorptionsquerschnitt für thermische Neutronen Σ_{a2}.

Heterogener Reaktor. Handelt es sich um einen heterogenen Reaktor, hat über das jeweilige Volumen von Spaltstoff bzw. Moderator integriert zu werden. Man erhält

$$f = \frac{\Sigma_{a1} \int^{V_1} \Phi_{th}(r)\, dv}{\Sigma_{a1} \int^{V_1} \Phi_{th}(r)\, dv + \Sigma_{a2} \int^{V_2} \Phi_{th}(r)\, dv} \tag{714}$$

Die Integration des thermischen Flusses über das Spaltstoffvolumen V_1 bzw. das Moderatorvolumen V_2 führt zu Mittelwerten $\Phi_{th,1}$ bzw. $\Phi_{th,2}$ über die betreffenden Volumina, so daß man auch schreiben kann:

$$f = \frac{\Sigma_{a1} V_1 \Phi_{th1}}{\Sigma_{a1} V_1 \Phi_{th1} + \Sigma_{a2} V_2 \Phi_{th2}} = \frac{\Sigma_{a1}}{\Sigma_{a1} + \Sigma_{a2} \frac{V_2}{V_1} \left(\frac{\Phi_{th2}}{\Phi_{th1}}\right)} \tag{715}$$

Die Berechnung kann nach obiger Gleichung ohne weiteres erfolgen, falls das Flußverhältnis $\frac{\Phi_{th2}}{\Phi_{th1}}$ bekannt ist. In grober Näherung kann dieses 1,5 gesetzt werden. Die genauere Ermittlung hat vom thermischen Flußverlauf auszugehen und führt für f zu einer Beziehung, die vollkommen analog zu Gl. (711) ist. Es sind dort lediglich für Σ_{a1} und Σ_{a2} die Absorptionsquerschnitte, für Σ_{s1} und Σ_{s2} die Streuquerschnitte in Spalt- und Bremsstoff bei thermischer Energie zu setzen. Die Zahlenwerte für den Moderator sind aus Zahlentafel 132, jene für den Spaltstoff aus Zahlentafel 136 zu berechnen[2]. Den Verlauf von f für einen heterogenen Reaktor zeigt Abb. 324. Man sieht, daß, entgegengesetzt zu p, mit größerem Volumverhältnis V_2/V_1 der Wert f kleiner wird, da das Moderatorvolumen mehr absorbiert. Ferner vergrößert ein abnehmender Spaltstoff-Stabdurchmesser den thermischen Ausnützungsgrad f. Beim homogenen Reaktor ist f am größten.

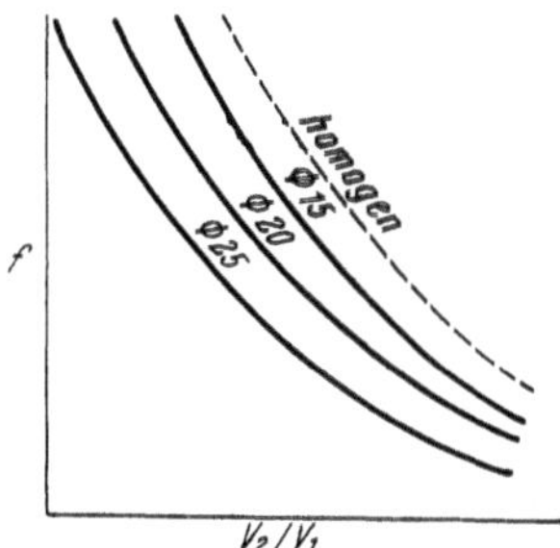

Abb. 324. Thermische Nutzung in Abhängigkeit vom Volumverhältnis Moderator zu Spaltstoff

Besonders wichtig ist das Produkt $p \cdot f$. Die Ausführung soll so erfolgen, daß dieses bei einem gegebenen Spaltstoffgewicht einen Größtwert erreicht.

Bei einem homogenen Reaktor mit Natururan zeigt sich allerdings, daß $p \cdot f$ zu klein ist, um ein Kritischwerden zu ermöglichen. Ein solcher muß also immer angereicherten Spaltstoff verwenden.

Erst die Trennung von Uran und Moderator, d. h. die heterogene Ausführung, führt auch bei Natururan zu einem ausreichend großen Produkt $p \cdot f$. Der Reaktor besteht dann aus platten- oder zylinderförmigen Spaltstoffstäben, deren jeder vom Moderator umgeben ist und wodurch eine Vielzahl von Zellen gebildet wird.

Hier hat eine entsprechende Berechnung des Produktes $p \cdot f$, z. B. für ein bestimmtes V_2/V_1, den jeweiligen Bestwert des Stabdurchmessers und damit der Zellenteilung zu liefern.

---

[1] Σ_{a1} sinngemäß nach Fußnote[2] auf S. 425 zu berechnen mit den Kernzahlen N_1^{235}, N_1^{238}, N^x je cm³ Uran-Moderatorgemisch. N^x betrifft lediglich eventuelle chemisch an U gebundene Kerne.

[2] Zum Beispiel $\Sigma_{a1} = (\sigma_f^{235} + \sigma_c^{235}) N_1^{235} + \sigma_c^{238} \cdot N_1^{238} + \sigma_a^x N^x$
N_1^{235} Zahl der U^{235} Kerne im Uranstab, je cm³
N_1^{238} Zahl der U^{238} Kerne im Uranstab, je cm³.
σ_a^x, N^x Mikroskopischer Einfangquerschnitt und Zahl eventueller sonstiger Kerne im Uranstab, je cm³ [Chemischgebunden, legiert sowie Hüllenwerkstoff].

d) Ausnützungsfaktor des Spaltstoffes η

Wie schon auf S. 407 ausgeführt wurde, entstehen je Spaltvorgang ν Neutronen, wobei letzterer Wert gemäß Zahlentafel 129 vom Spaltstoff abhängt. ν liegt im Mittel etwa bei 2,42. Im Gesamturan werden die ankommenden thermischen Neutronen absorbiert, was nicht nur zu Spaltung führt, sondern auch lediglich Umwandlungsprozesse verursacht. Man nennt das Verhältnis der Zahl der einen Spaltprozeß verursachenden Neutronen zu den insgesamt vom Uran absorbierten a. Das Produkt $a \cdot \nu = \eta$ wird der Ausnützungsfaktor des Spaltstoffes genannt. Gemäß Definition ergibt sich für a

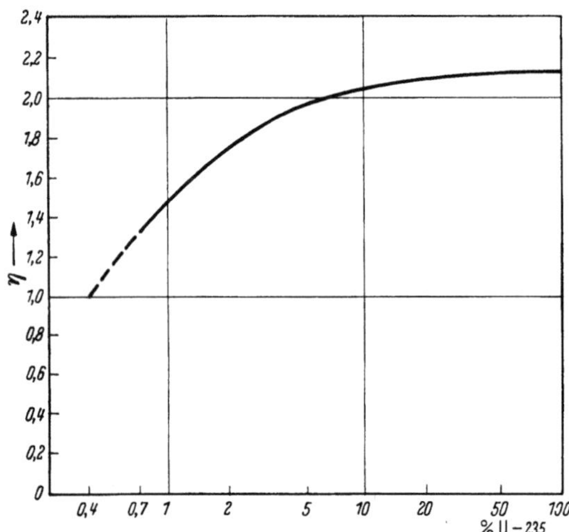

Abb. 325. Thermische Spaltungsausbeute η in Abhängigkeit vom Anreicherungsverhältnis[1]

$$a = \frac{\Sigma_f^{235}}{\Sigma_f^{235} + \Sigma_c^{235} + \Sigma_a^{238} + \Sigma_a^x} = \frac{\Sigma_f^{235}}{\Sigma_{a1}} \tag{716}$$

wobei Σ_f^{235} der makroskopische Spaltquerschnitt des U^{235}, Σ_c^{235} desgleichen der nicht zur Spaltung führende makroskopische Einfangquerschnitt und Σ_a^{238} der zu P_u-Bildung führende Absorptionsquerschnitt des U^{238} ist. Σ_a^x betrifft sonstige mit dem Uran, im Sinne der Fußnoten auf S. 425 verbundene Stoffe. Denkt man sich die makroskopischen durch die mikroskopischen Wirkungsquerschnitte gemäß Abschnitt 11 ersetzt und beide Seiten mit ν multipliziert, folgt für Gl. (716) mit $\Sigma_a^x = 0$:

$$\eta = \frac{\sigma_f^{235} \cdot \nu}{\sigma_f^{235} + \sigma_c^{235} + \frac{1-x}{x} \cdot \sigma_a^{238}} \tag{717}$$

η hängt also vom Anreicherungsverhältnis $\frac{N^{235}}{N^{235} + N^{238}} = x$ ab. Dies zeigt Abb. 325. Für Natururan ist $x = 0{,}00726$, für reinen Spaltstoff $x = 1$. In ersterem Falle ist $\eta = 1{,}3$, in letzterem $\eta = 2{,}1$. Hierbei wurden die mikroskopischen Wirkungsquerschnitte gemäß Zahlentafel 136 eingesetzt.

Zahlentafel 136. *Thermische Wirkungsquerschnitte von Uran und Pu in barn*

	σ_f Spaltung	σ_c Einfang ohne Spaltung	$\sigma_a = \sigma_f + \sigma_c$ Absorption	σ_s Streuung
U^{235}	582	107	689	10
U^{238}	0	2,74	2,74	8,3
Natururan	4,2	3,5	7,7	8,3
Pu^{239}	746	280	1026	9,6
U^{233}	585	533	1118	8,3

e) Zusammenfassung

Wie bereits in Abschnitt 9 eingehend angeführt, setzen sich die einzelnen Faktoren ε, p, f, η gemäß Gl. (646) zu[2]

$$k_\infty = \varepsilon \cdot p \cdot f \cdot \eta \tag{718}$$

[1] MIALKI: Kernverfahrenstechnik, S. 155. Berlin-Göttingen-Heidelberg: Springer. 1958.

[2] Handelt es sich um leicht angereicherte wassermoderierte Reaktoren, sollen auch die Spaltprozesse durch Resonanzabsorption im U^{235}, vor Thermischwerdung der Neutronen, berücksichtigt werden. Dies wird in Gl. (718) durch einen weiteren Faktor B, der etwas größer als 1 ist, ermöglicht. (GLASSTONE und SESONSKE: Nuclear Reactor Engineering, S. 200. Toronto-New York-London: Van Nostrand. 1962.)

zusammen. Soll der Reaktor betriebsfähig werden, muß dieser Wert größer als 1 sein, da außerdem noch die Austrittsverluste $P_1 \cdot P_2$ gemäß Gl. (647) zu decken sind.

Wie beispielsweise die einzelnen Faktoren bei einem Reaktor mit Natururan und einem mit angereichertem Uran als Brennstoff liegen, zeigt Zahlentafel 137.

Bei den beiden erstgenannten ist k_∞ mit 1,06 bzw. 1,072 nur wenig über 1. Der Austrittsverlust muß also klein bleiben, um das Erreichen des kritischen Zustandes zu ermöglichen. Beim letztgenannten ist, infolge der starken Anreicherung, $k_\infty = 1{,}65$. Hier ist für Austrittsverluste erheblich mehr Spielraum. Umgibt man einen solchen Reaktor mit brutfähigem Material, z. B. Thorium, können die austretenden Neutronen, statt nicht ausnützbare Wärme zu erzeugen, noch zur Herstellung von Spaltstoff dienen.

Zahlentafel 137.
Verhalten drei verschiedener Reaktoren

	U_{Nat} Graphit	U_{Nat} D_2O	$U_{20\,\%}$ mit H_2O
η	1,308	1,336	2,04
ε	1,022	1,029	1,002
p	0,908	0,836	0,94
f	0,876	0,932	0,86
k_∞	1,06	1,072	1,65

20. Die Bremsdichte

Während des Abbremsvorganges, der vereinfachenderweise ohne gleichzeitige Absorption stattfinden möge, seien in 1 cm³ Moderatorvolumen im betrachteten Augenblick n Neutronen vorhanden. Entsprechend der Zeit, die jedes einzelne dem Abbremsvorgang bereits unterworfen war, werden sie verschiedene Energien haben. Diese können von der Anfangsenergie bei der Entstehung (etwa $2 \cdot 10^6$ eV) bis zur Energie im thermischen Zustand (etwa 0,025 eV) liegen.

Der Fluß je Energieeinheit $\Phi(E)$ [s. Gl. (656)] wird aus der Anzahl jener Neutronen gebildet, deren Energieintervall eine Energieeinheit beträgt und deren mittlere Energie E ist. Ebenso kann man von einem Fluß je Zeiteinheit $\Phi(t)$ sprechen. Diesen erzeugen Neutronen, welche, von ihrer Entstehung an gerechnet, eine Existenzdauer haben, die zwischen $t - \frac{1}{2}$ und $t + \frac{1}{2}$ Zeiteinheiten liegt. Der Fluß $d\Phi$, der von den innerhalb eines differentiellen Energie- oder Zeitintervalls befindlichen Neutronen ausgeht, ist dann

$$d\Phi = -\Phi(E)dE = \Phi(t)dt \tag{719}$$

Das Minuszeichen berücksichtigt, daß mit zunehmender Zeit die Energie abnimmt. Die gesamte Lebensdauer eines Neutrons wurde bereits (Abschnitt 17) mit T bezeichnet. Hiervon verbringt es die Zeit t_1 als schnelles, t_2 als thermisches Neutron. Man kann sich nun, zwecks einfacherer gedanklicher Erfassung, vorstellen, daß die n im Kubikzentimeter vorhandenen Neutronen nicht gleichmäßig über die Zeit T verteilt mit der Verzögerung beginnen, sondern alle gleichzeitig, zum Zeitpunkt $t = 0$. Nach der Zeit t_1 sind dann alle thermisch geworden, nach der Zeit t_2 werden alle absorbiert. Im gleichen Zeitpunkt entstehen aber wieder n neue Neutronen, und der Vorgang beginnt von vorne. Durch diese „Ordnung“ des Vorganges wird am makroskopischen Effekt nichts geändert. Nach Ablauf der Zeit t hat ein Neutron der geordneten Schar die Energie E. Die zugehörige Geschwindigkeit ist w. Würde die Schar die ganze Generationszeit T in diesem Zustand verbleiben, wäre der Fluß nw. Da dieser Zustand aber nur die Zeit dt besteht, ist der auf die Zeit T bezogene Anteil, wenn innerhalb von T keine Absorption erfolgt

$$d\Phi = nw\,\frac{dt}{T} \tag{720}$$

Hier gibt der Ausdruck $\frac{n}{T} = q$ die Zahl der Neutronen an, die je Zeiteinheit in 1 cm³ eine untere Energiegrenze[1] unterschreiten. q wird mit Bremsdichte bezeichnet, die

[1] Diese ist die Energie zur Zeit t.

Dimension ist $cm^{-3}s^{-1}$. Die Verbindung von Gl. (719) und (720) ergibt:

$$d\Phi = qwdt = \Phi(t)dt = -\Phi(E)dE \tag{721}$$

Daraus folgt

$$\Phi(t) = q \cdot w \tag{722}$$

Der Fluß je Zeiteinheit nimmt demnach mit zunehmender Geschwindigkeit bzw. Energie der Neutronen zu.

Aus Gl. (721) folgt ebenfalls:

$$\Phi(E) = -qw \frac{dt}{dE} \tag{723}$$

Setzt man hier Gl. (685) ein, erhält man mit $dx = wdt$

$$\Phi(E) = \frac{q}{E\Sigma_s\xi} \tag{724}$$

Der Fluß je Energieeinheit ist also umgekehrt proportional der Energie E. Der Fluß der Neutronen, die innerhalb eines bestimmten Zeit- oder Energieintervalls liegen, ist

$$\Phi = \int d\Phi$$

Beabsichtigt man z. B., den schnellen Fluß als einzige Gruppe anzusehen, ist hier für $d\Phi$ der rechte Term von Gl. (721) einzuführen, und es folgt mit Gl. (724):

$$\Phi_I = -\int_{E_0}^{E_{th}} \frac{qdE}{E\Sigma_s\xi}$$

Die Integration wird von der Anfangsenergie E_0 bei $t = 0$ bis zur thermischen Energie E_{th}, bei $t = t_1$ durchgeführt. Werden für Σ_s und ξ Mittelwerte angenommen, folgt

$$\Phi_I = \frac{q}{\Sigma_s\xi} \ln \frac{E_0}{E_{th}} \tag{725}$$

Der thermische Fluß Φ_{II} folgt gleichfalls aus $\int d\Phi$, wobei es jetzt zweckmäßig ist, für $d\Phi$ den zweiten Term von Gl. (721) zu substituieren. Es folgt

$$\Phi_{II} = \int_{t_1}^{T} q \cdot wdt \tag{726}$$

Die Integration hat von t_1 bis T oder, was dasselbe ist, von 0 bis t_2 (t_1, t_2 Lebensdauer im Moderator-Spaltstoffgemisch der schnellen und thermischen Neutronen) stattzufinden. Mit $w = w_{th}$ erhält man

$$\Phi_{II} = qw_{th} \cdot t_2 \tag{727}$$

Mit Gl. (688) folgt schließlich, wenn Σ_a auf das Moderator-Spaltstoffgemisch bezogen wird:

$$\Phi_{II} = q/\Sigma_a \tag{728}$$

Der thermische Fluß ist demnach gleich der Bremsdichte dividiert durch den Absorptionsquerschnitt.

21. Das Fermialter

Mit Gl. (666) wurde eine Beziehung aufgestellt, die gestattet, die örtlich und zeitlich veränderliche Zahl n gleichartiger Neutronen je Kubikzentimeter zu berechnen. Die erwähnte Gleichung wird für ein nicht absorbierendes Medium ($\Sigma_a = 0$), in welchem außerdem keine neuen Neutronen entstehen sollen ($S = 0$), angewandt, und zwar für die auf die Zeiteinheit bezogene Neutronenzahl $n(t)$. Man erhält

$$D \Delta \Phi(t) = \frac{\partial n(t)}{\partial t} \tag{729}$$

Hier kann, wenn beachtet wird, daß $\Phi(t) = n(t) \cdot w$ ist und Gl. (722) Benützung findet, geschrieben werden:

$$D \cdot w \Delta q = \frac{\partial q}{\partial t} \tag{730}$$

Hier kann w vor dem Laplaceschen Operator gesetzt werden, da dieser eine reine Ortfunktion ist und w über den ganzen Raum den gleichen Wert hat. Mit $\frac{\partial q}{\partial E} \frac{\partial E}{\partial t} = \frac{\partial q}{\partial t}$ und aus Gl. (685) mit $\frac{\partial E}{\partial t} = -E \Sigma_s \xi w$ folgt

$$\Delta q = -\frac{\partial q}{\partial E} \frac{E \Sigma_s \xi}{D} \tag{731}$$

Man definiert nun als Fermialter τ den Ausdruck

$$\tau = -\int_{E_0}^{E} \frac{D}{\Sigma_s \xi} \frac{dE}{E} \tag{732}$$

Dieses hat die Dimension einer Fläche. Die Integration kann durchgeführt werden, wenn z. B. der Verlauf von D und Σ_s in Abhängigkeit von E bekannt ist. E ist die Energie zur Zeit t, E_0 die Anfangsenergie eines Neutrons. Nimmt man für D und Σ_s Mittelwerte, liefert die Integration

$$\tau = \frac{D}{\Sigma_s \xi} \ln \frac{E_0}{E} \tag{733}$$

Ist $E = E_0$, wird $\tau = 0$. Mit abnehmendem E nimmt das Alter τ zu. Schnelle Neutronen werden daher ein kleines, thermische ein großes τ haben. Zahlentafel 138 stellt τ_{th} für verschiedene Stoffe dar.

Differenziert man Gl. (732) und setzt dies in Gl. (731) ein, wobei die totalen durch partielle Differentialquotienten ersetzt werden können, folgt

$$\Delta q = \frac{\partial q}{\partial \tau} \tag{734}$$

Diese partielle Differentialgleichung heißt Fermialtergleichung und liefert nach Integration $q = q(x, y, z, \tau)$. Sie gibt an, wie die Bremsdichte q der Neutronen vom Ort und Fermialter τ abhängt. Unter Bremsdichte wird die Neutronenzahl verstanden, die je Kubikzentimeter und Sekunde im Zuge der Abbremsung die Energie E unterschreitet, wobei E und τ gemäß Gl. (733) zusammenhängen. (Siehe Abschnitt 21.)

Zahlentafel **138.** *Fermialter von thermischen Neutronen*

Moderator	Fermialter τ_{th} (cm^2)
H_2O	33
D_2O	120
Graphit	350
Be	98
BeO	143

Wendet man z. B. Gl. (734) auf einen unendlich ausgedehnten Moderator an, in welchem bei $r = 0$ eine punktförmige Quelle liege, welche n_0 Neutronen je Sekunde aussenden möge, ergibt die Integration

$$q = \frac{n_0 e^{-r^2/4\tau}}{(4\pi\tau)^{3/2}} \tag{735}$$

Abb. 326 zeigt den Verlauf dieser Funktion. Sie ist für ein kleines $\tau = \tau_1$, das hochenergetischen Neutronen entspricht, und ein großes $\tau = \tau_2$, das thermische Neutronen kennzeichnet, dargestellt. Man sieht, daß die Bremsdichte der hochenergetischen Neutronen noch in der Umgebung der Quelle konzentriert ist, jene der thermischen Neutronen jedoch im Gegensatz hierzu ein breites Feld umfaßt.

22. Analogie zwischen Fermialter und Diffusionslänge

In Abb. 326 wurde die örtliche Verteilung der Bremsdichte dargestellt, wenn die schnellen Neutronen in einer punktförmigen Quelle entstehen. Nunmehr möge berechnet werden, wie weit sie im Mittel in dem die Quelle umgebenden Raum mit zunehmendem Alter eindringen. Zu diesem Zweck wird das Integral über das quadratische Bremsdichtemoment wie folgt gebildet:

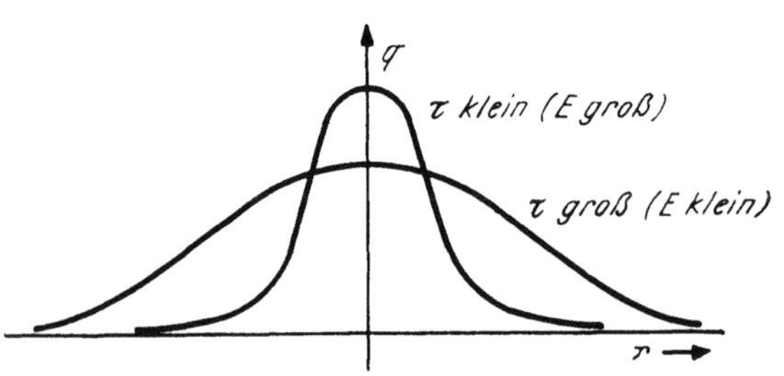

Abb. 326. Bremsdichte für ein kleines bzw. großes Neutronenalter[1]

$$\int_0^\infty r^2 q(r, \tau)\, dv = \overline{r^2} \int_0^\infty q(r, \tau)\, dv \tag{736}$$

Die rechte Seite obiger Gleichung liefert das Produkt des Entfernungsquadrates $\overline{r^2}$, welches die mittlere Erstreckung des Vorganges kennzeichnet, mit dem Integral der Bremsdichte über den ganzen Raum. Dieses ist identisch mit der Zahl n_0 der Neutronen, welche die Quelle emittiert. Wird für q Gl. (735) eingesetzt, folgt weiter:

$$n_0 \cdot \overline{r^2} = \int_0^\infty r^2 n_0 \frac{e^{-r^2/4\tau}}{(4\pi\tau)^{3/2}}\, 4r^2\pi\, dr \tag{737}$$

Die Integration ergibt

$$\overline{r^2} = 6\,\tau \tag{738}$$

Demnach ist das Quadrat der mittleren Entfernung des Ausbreitungsraumes gleich dem sechsfachen Fermialter. Bei Bremsung bis zum thermischen Zustand beträgt das Fermialter τ_{th}. Der Ausdruck $\sqrt{\tau_{th}}$ heißt Verlangsamungslänge. Wird Gl. (674) in Erinnerung gerufen, so lieferte sie ein ähnliches Ergebnis wie Gl. (738). Dort war das Quadrat der mittleren Entfernung des Ausbreitungsraumes thermischer Neutronen gleich dem sechsfachen Quadrat der Diffusionslänge L. Das Fermialter τ und das Quadrat der Diffusionslänge L^2 sind demnach verwandte Begriffe. Beide kennzeichnen eine Ausbreitungsfläche, und zwar erstere für schnelle, letztere für langsame Neutronen. Daher ist die Summe M^2 beider ein Maß für die Gesamtausbreitung bis zur Absorption. M wird als Wanderungslänge bezeichnet, und es ist

$$M^2 = \tau_{th} + L^2$$

Die Verwandtschaft von L^2 und τ geht soweit, daß sich die Formel für τ gemäß Gl. (733) aus jener für L^2 gemäß Gl. (680) ableiten läßt, wenn sie für schnelle Neutronen interpretiert wird. Wird in letzterer für Σ_{tr} der entsprechende Mittelwert für den schnellen Energiebereich und für Σ_a der „fiktive" Absorptionskoeffizient $\Sigma_{a\,2}$ analog Gl. (709) eingesetzt, folgt

$$L^2 = \frac{1}{3\Sigma_{tr}\,\Sigma_a} = \frac{\ln \frac{E_0}{E}}{3\Sigma_{tr}\,\Sigma_s\,\xi} \tag{739}$$

Ferner ist gemäß Gl. (679) $\frac{1}{3\Sigma_{tr}} = D$, so daß damit Gl. (739) identisch mit Gl. (733) wird. Das Quadrat der Diffusionslänge schneller Neutronen ist also gleichbedeutend mit dem Fermialter τ, d. h. bei Anwendung auf schnelle Neutronen ist

$$\tau = \frac{D}{\Sigma_a} \tag{739a}$$

[1] Glasstone und Edlund: Kernreaktortheorie, S. 156. Wien: Springer. 1961.

23. Kritische Größe eines Reaktors auf Grund der Fermialtertheorie

Um das Verhalten eines Reaktors möglichst allgemein zu erfassen, wird von der Diffusionsgleichung für thermische Neutronen und von der Altersgleichung ausgegangen. Erstere lautet in Anlehnung an Gl. (666):

$$D\Delta\Phi(r, t) - \Sigma_a\Phi(r, t) + pq(r, \tau_{th}, t) = \frac{1}{w_{th}}\frac{\partial\Phi(r, t)}{\partial t} \tag{740}$$

Der erste Term links bedeutet den thermischen Neutronenverlust je Kubikzentimeter und Sekunde. Der Fluß ist hierbei eine Funktion des Ortes, gekennzeichnet durch r sowie der Zeit t, da der Vorgang in diesem allgemeinen Ansatz als unstationär angenommen wird. Der zweite Ausdruck kennzeichnet die Absorption der thermischen Neutronen durch Uran und Moderator. Der dritte stellt die Neutronenzufuhr, mittels der Bremsdichte q, dar. Durch Multiplikation mit p wird der Verlust beim Durchgang durch das Resonanzgebiet berücksichtigt. Die Bremsdichte $q(r, \tau_{th}, t)$ ist, wie angedeutet, eine Funktion des Ortes r, der Zeit t, und die Bremsung erfolgt bis auf thermische Energie, gekennzeichnet durch das Fermialter τ_{th}. Die rechte Seite ergibt die Änderung der Neutronenzahl $n(r, t)$ je Kubikzentimeter und Sekunde, wobei Gl. (655) benützt wurde.

Die Altersgleichung (734) lautet:

$$\Delta q(r, \tau, t) = \frac{\partial q(r, \tau, t)}{\partial\tau} \tag{741}$$

Hier wird zum Ausdruck gebracht, daß die Bremsdichte eine Funktion von r, t und vom Fermialter τ ist. Da sie das Gebiet von $\tau = 0$ bis $\tau = \tau_{th}$ umfaßt, beschreibt sie also das Verhalten der schnellen Neutronen.

Um die genannten Gleichungen zu lösen, sind noch Nebenbedingungen erforderlich. Die erste besagt, daß die Zahl der je Kubikzentimeter und Sekunde erzeugten schnellen Neutronen bei Berücksichtigung der Verluste gleich sein muß der von Uran und Moderator absorbierten thermischen Neutronen. Es ist also

$$q(r, o, t) = \frac{k_\infty}{p} \cdot \Sigma_a \cdot \Phi(r, t) \tag{742}$$

Der linke Ausdruck ist die Bremsdichte an der Stelle r und zur Zeit t beim Fermialter $\tau = 0$, d. h. vor Beginn der Bremsung. Rechts wird die Zahl der absorbierten thermischen Neutronen mit k_∞ multipliziert, um die Oberflächenverluste zu berücksichtigen, und durch p dividiert, um dem Resonanzverlust Rechnung zu tragen.

Die zweite Nebenbedingung besagt, daß Fluß Φ und Bremsdichte q an der „extrapolierten" Reaktoroberfläche verschwinden. Man erhält

$$\Phi_{R=\text{Oberfl.}} = 0; \qquad q_{R=\text{Oberfl.}} = 0 \tag{743}$$

Der Fluß wird nämlich, gemäß den Ergebnissen der Diffusionstheorie, nicht an der wirklichen Oberfläche eines Reaktors gleich Null, sondern an einer fiktiven, welche um den kleinen Betrag (Extrapolationslänge)

$$a = \frac{0{,}71}{\Sigma_{tr}} \tag{744}$$

nach außen verschoben ist. Wäre also z. B. der geometrische Radius eines kugelförmigen Reaktors R_1, so hätten alle Berechnungen, die den Flußverlauf zum Ziel haben, einen Radius $R = R_1 + \frac{0{,}71}{\Sigma_{tr}}$ zugrunde zu legen.

Es übersteigt den hier gesetzten Rahmen, im einzelnen anzuführen, wie die Lösung der Gl. (740) und (741) mit den Nebenbedingungen (742) und (743) erfolgt, daher sei auf die entsprechende Literatur verwiesen[1]. Erwähnt sei lediglich, daß zunächst Gl. (741) durch einen Produktansatz gelöst wird:

$$q(r, T, t) = R(r) \cdot \Theta(\tau) \cdot T(t) \tag{745}$$

Hier ist R nur eine Funktion von r, Θ von τ und T von t. Dies führt nach Einsetzen von Gl. (745) in Gl. (741) für R zu einer Differentialgleichung

$$\Delta R(r) + B^2 R(r) = 0 \tag{746}$$

Da die Bremsdichte und der thermische Fluß gemäß Gl. (728) proportional sind, kann für den kritischen Zustand, also bei Übergang in stationäre Verhältnisse, für Gl. (746) auch

$$\Delta \Phi(r) + B^2 \Phi(r) = 0 \tag{747}$$

geschrieben werden. B^2 ist eine Konstante, die „Flußwölbung" heißt und sich aus obiger Differentialgleichung bei Heranziehung der ersten Randbedingung (743) ergibt und von der Gestalt des Reaktors gemäß Zahlentafel 139 abhängt.

Die weitere Rechnung, die unter Heranziehung von Gl. (742) und (740) erfolgt, liefert schließlich als Bedingung für das Kritischwerden eines Reaktors:

$$\frac{k_\infty \cdot e^{-B^2 \tau_{th}}}{1 + L^2 B^2} = 1 \tag{748}$$

Soll z. B. mit dieser Gleichung überprüft werden, ob ein vorliegender Reaktor mit gegebenen Abmessungen kritisch ist, wird k_∞ aus Gl. (646), L^2 aus Gl. (680), τ_{th} aus Gl. (733) berechnet[2] sowie B^2 aus der passenden Formel der Zahlentafel 139 entnommen. Wird die Gleichung erfüllt, ist der Reaktor gerade kritisch, wird der linke Ausdruck jedoch größer oder kleiner als 1, ist ersterer über- bzw. unterkritisch.

Zahlentafel 139.
Flußwölbung für verschiedene Geometrien

Geometrie	Flußwölbung B^2
unendliche Platte	$\left(\frac{\pi}{H}\right)^2$
Quader	$\left(\frac{\pi}{a}\right)^2 + \left(\frac{\pi}{b}\right)^2 + \left(\frac{\pi}{c}\right)^2$
endlicher Zylinder	$\left(\frac{2{,}405}{R}\right)^2 + \left(\frac{\pi}{H}\right)^2$
Kugel	$\left(\frac{\pi}{R}\right)^2$

Soll jedoch der Reaktor bemessen werden, d. h. sind seine geometrischen Abmessungen noch unbekannt, findet die Ermittlung von k_∞, L^2 und τ_{th} ebenfalls wie früher statt. Der Ausdruck für B^2 gemäß Zahlentafel 139 wird jedoch in Gl. (748) eingesetzt, wobei sich eine transzendente Gleichung mit der Abmessung als Unbekannte ergibt, die durch Probieren zu lösen ist. Handelt es sich z. B. um einen kugelförmigen Reaktor und ist der Radius einschließlich extrapolierter Länge R, folgt nach Zahlentafel 139 $B^2 = (\pi/R)^2$. Dies in Gl. (748) eingesetzt, ergibt

$$\frac{k_\infty e^{-\left(\frac{\pi}{R}\right)^2 \tau_{th}}}{1 + L^2 \left(\frac{\pi}{R}\right)^2} = 1 \tag{749}$$

Die Auflösung dieser Gleichung nach R ergibt den Radius einschließlich Extrapolationslänge für kritische Verhältnisse. Der wirkliche Radius R_1 ist um die extrapolierte Länge a gemäß Gl. (744) zu verkleinern.

Die kritische Gl. (748) kann für kleine Werte von B^2, d. h. für Reaktoren großer Abmessung, vereinfacht werden, wenn folgende Näherung benützt wird:

$$e^{-B^2 \tau_{th}} = (1 + B^2 \tau_{th})^{-1} \tag{750}$$

[1] Z. B. Glasstone und Edlund: Kernreaktortheorie. Wien: Springer. 1961.

[2] Angaben für τ_{th} auch auf Zahlentafel 138.

Dies eingesetzt, liefert

$$\frac{k_\infty}{(1 + L^2B^2)\,(1 + \tau B^2)} = 1 \tag{751}$$

Multipliziert man den Nenner aus und vernachlässigt das Glied mit B^4, ergibt sich mit Benützung der Wanderungsfläche $M^2 = L^2 + \tau$ gemäß Abschnitt 22:

$$\frac{k_\infty}{1 + B^2M^2} = 1 \tag{752}$$

Die kritischen Gl. (748) bzw. (751) und (752) stellen sich als Produkt von k_∞ mit einem Faktor dar, der gemäß Gl. (647) identisch mit den Faktoren $P_1 P_2$ für die Neutronenverluste nach außen ist. Bei Benützung von Gl. (748) ist

$$P_1 \cdot P_2 = \frac{e^{-B^2\tau_{th}}}{1 + L^2B^2} \tag{753}$$

wobei die schnellen Neutronen den Anteil

$$P_1 = e^{-B^2\tau_{th}} \tag{754}$$

und die thermischen

$$P_2 = \frac{1}{1 + L^2B^2} \tag{755}$$

beitragen.

24. Näherungsweise Ermittlung der kritischen Größe

Man kommt auch auf sehr einfache Art zu einer Beziehung für die kritische Größe. Man wendet hierzu die Diffusionsgleichung (666) auf den stationären Zustand an und denkt sich zunächst die ganzen Oberflächenverluste als nur im thermischen Zustand der Neutronen entstanden. Der Quellterm q hat also nicht nur die Neutronen zu umfassen, welche im thermischen Zustand vom Uran und Moderator absorbiert werden (was durch $\Sigma_a \Phi_{th}$ dargestellt ist), sondern auch jene, die den gesamten Oberflächenverlust ausmachen. Es ist also bei $P_1 P_2 k_\infty = 1$

$$q = k_\infty \Sigma_a \Phi_{th} \tag{756}$$

Die Diffusionsgleichung lautet nunmehr:

$$D \Delta \Phi_{th} - \Sigma_a \Phi_{th} + k_\infty \Sigma_a \Phi_{th} = 0 \tag{757}$$

Mit Benützung der Diffusionslänge $L^2 = D/\Sigma_a$ gemäß Gl. (675) kann für Gl. (757) auch geschrieben werden

$$\Delta \Phi_{th} + \frac{k_\infty - 1}{L^2} \cdot \Phi_{th} = 0 \tag{758}$$

Da diese Gleichung auch die Oberflächenverluste im Gebiete der schnellen Neutronen erfassen soll, ist es naheliegend, die Diffusionslänge L durch die Wanderungslänge M zu ersetzen. Der Vergleich von Gl. (758) mit Gl. (747) zeigt, daß diese den gleichen Aufbau haben, so daß die Faktoren von Φ im zweiten Term gleichgesetzt werden können. Es ergibt sich

$$\frac{k_\infty - 1}{M^2} = B^2$$

oder durch Umstellen die schon angeführte Gl. (752).

25. Berücksichtigung des Reflektors

Da der Oberflächenverlust eine entscheidende Rolle bei der Neutronenökonomie spielt, sind Maßnahmen von Interesse, ihn herabzusetzen, falls man die austretenden Neutronen nicht in einem Brutgürtel ausnützen will. Der Oberflächenverlust kann dadurch herabgesetzt werden, daß man den Reaktorkern mit einem Material umgibt, welches der Neutronendiffusion einen großen Widerstand entgegensetzt, d. h. einen möglichst kleinen Diffusionskoeffizienten D hat und Reflektor genannt wird. Hierfür kommen alle als Moderator verwendeten Werkstoffe, wie z. B. Graphit, H_2O, D_2O, Beryllium, in Frage.

Mit Hilfe der Diffusionstheorie kann der sogenannte Reflexionsgewinn δ berechnet werden, welcher angibt, um welche Länge die ohne Reflektor berechneten kritischen Reaktorabmessungen verkleinert werden dürfen, falls ein Reflektor verwendet wird. Es ist angenähert

$$\delta = \frac{D_K}{D_R} \cdot L_R \tag{759}$$

D_K und D_R bedeutet die Diffusionskonstante des Reaktorkernes und des Reflektors sowie L_R die Diffusionslänge des letzteren.

Ferner ergibt sich, daß eine Vergrößerung der Reflektordicke s über die zweifache Diffusionslänge L_R keinen weiteren Gewinn bringt, da damit bereits angenähert derselbe Effekt wie bei einem unendlich dicken Reflektor erzielt wird. Normalerweise wird die Reflektordicke $s \cong L_R$ ausgeführt.

Hier handelt es sich naturgemäß um eine näherungsweise Berechnung. Genauer werden die Verhältnisse durch die Zweigruppentheorie erfaßt, auf die im Abschnitt 26 zurückgekommen wird. Soll die Ermittlung der kritischen Größe eines Reaktors mit Berücksichtigung des Reflektors auf die geschilderte näherungsweise Art stattfinden, hat zunächst die Abmessung des Reaktors, einschließlich Interpolationslänge [Gl. (744)], etwa mit Hilfe von Gl. (748) berechnet zu werden. Um die geometrischen Abmessungen zu erhalten, hat die Interpolationslänge und bei Vorhandensein eines Reflektors auch δ gemäß Gl. (759) abgezogen zu werden und ergibt nunmehr die Abmessungen des Reaktorkernes. Dieser wird mit dem Reflektor umhüllt, dessen Dicke mit (1 bis 2) $\cdot L_R$ gewählt wird.

Damit ist die Reaktorabschirmung erst zu einem Teil beendet. Insbesondere die intensive γ-Strahlung wird durch den Reflektor kaum behindert. Diese sowie die noch vorhandene Neutronenstrahlung wird durch eine 2 bis 3 m dicke Schwerbetonschicht oder auch Wasserschicht aufgefangen, die den Reaktor außen umgibt (biologischer Schild). Zum Schutz vor unzulässiger Erwärmung durch die absorbierte Energie wird vor dem biologischen Schild vielfach eine Stahlplatte, genannt thermischer Schild, von 15 bis 20 cm Dicke eingebaut. Sie kann auch noch innerhalb des Reaktorbehälters liegen und im Reaktorkühlsystem eingeschlossen sein.

26. Zweigruppentheorie

Bei der Zweigruppendiffusionstheorie werden die Neutronen in zwei Gruppen eingeteilt. Die erste faßt alle Neutronen mit Energien oberhalb der thermischen, die zweite jene mit thermischer Energie zusammen.

Es gibt auch eine Drei-, Vier- und n-Gruppentheorie. Immer umfaßt die unterste Gruppe die thermischen Neutronen, der darüber liegende Energiebereich wird dann in 2-, 3- oder $n-1$ Gruppen eingeteilt. Die Ansätze sind analog der Zweigruppentheorie und werde in der Folge diese behandelt.

Hierbei wird wieder von der Diffusionsgleichung (666) ausgegangen und diese für den stationären Zustand angewendet. Dies erfolgt, falls ein Reflektor vorhanden ist, separat für diesen und den Kern. Die entsprechenden Indexe seien K und R. Außerdem muß die Anwendung getrennt für die schnelle Gruppe, Index I, und die thermische, Index II, erfolgen. Man erhält also mit Reflektor 4, ohne diesen 2 Diffusionsgleichungen.

Es ergibt sich für den Kern

$$D_{IK} \Delta \Phi_{IK} - \Sigma_{IK} \Phi_{IK} + \frac{k_\infty}{p} \Sigma_{IIK} \Phi_{IIK} = 0 \tag{760}$$

$$D_{IIK} \Delta \Phi_{IIK} - \Sigma_{IIK} \Phi_{IIK} + \Sigma_{IK} \cdot p \Phi_{IK} = 0 \tag{761a}$$

Der erste Term von Gl. (760) stellt die durch den Oberflächenverlust aus dem schnellen Energiebereich abgeleiteten Neutronen dar, der zweite Term gibt die aus dem schnellen Bereich abgeführten Neutronen an. Dies erfolgt einerseits durch Bremsung aus dem schnellen Gebiet in den thermischen Zustand. Der Vorgang kann durch einen fiktiven Absorptionsquerschnitt

$$\Sigma'_{IK} = \frac{(\Sigma_s \xi)_{IK}}{\ln \frac{E_0}{E_{th}}} \tag{761b}$$

dessen Aufbau analog Gl. (709) ist und der eigentlich ein Streuquerschnitt ist, dargestellt werden. Andererseits müssen die Neutronen das Resonanzgebiet des U^{238} durchlaufen, so daß, wenn p die Resonanzentgangs-Wahrscheinlichkeit bedeutet, genügend genau gesetzt werden kann[1]

$$\Sigma_{IK} = \frac{\Sigma'_{IK}}{p} \tag{762}$$

Der dritte Term von Gl. (760) bringt zum Ausdruck, daß von den im thermischen Gebiet durch Uran und Reflektor absorbierten Neutronen $\Sigma_{IIK}\Phi_{IIK}$ das $\frac{k_\infty}{p}$-fache entstehen muß, damit der Oberflächen- und Resonanzverlust gedeckt werden kann. Die Überlegung ist ähnlich jener, die bei Ableitung von Gl. (742) benützt wurde.

In Gl. (761a) bedeutet der erste Term die infolge der Oberflächenverluste abgeführten thermischen Neutronen. Der zweite Term umfaßt die Neutronenabsorption durch Uran und Moderator, und der dritte Term gibt die aus dem schnellen in das thermische Energiegebiet eintretende Neutronenzahl an.

Die Gleichungen für den Reflektor sind analog. Lediglich in jener für schnelle Neutronen entfällt der dritte Term, da im Reflektorbereich keine Neubildung schneller Neutronen erfolgt. Es ist

$$D_{IR}\Delta\Phi_{IR} - \Sigma'_{IR}\Phi_{IR} = 0 \tag{763}$$

$$D_{IIR}\Delta\Phi_{IIR} - \Sigma_{IIR}\Phi_{IIR} + \Sigma'_{IR}\Phi_{IR} = 0 \tag{764}$$

Außerdem gelten die Nebenbedingungen, daß an der Grenzfläche zwischen Kern und Reflektor die Flüsse und Neutronenstromdichten gleich sein müssen. Erstere Bedingung führt zu:

$$\Phi_{IK} = \Phi_{IR}; \quad \Phi_{IIK} = \Phi_{IIR} \quad \text{(an Grenzfläche anzuwenden)}$$

Die zweite Bedingung benützt die aus der Diffusionstheorie sich ergebende Beziehung $J = D \operatorname{grad} \Phi$ für die Neutronenstromdichte [$\text{cm}^{-2}\text{s}^{-1}$]. Man erhält

$$D_{IK} \operatorname{grad} \Phi_{IK} = D_{IR} \operatorname{grad} \Phi_{IR}; \quad D_{IIK} \operatorname{grad} \Phi_{IIK} = D_{IIR} \operatorname{grad} \Phi_{IIR}$$

(an Grenzfläche anzuwenden)

Hat der untersuchte Reaktor keinen Reflektor, führt die Lösung der Gl. (760) und (761a) mit den entsprechenden Nebenbedingungen zu einer Beziehung, die vollkommen mit Gl. (751) identisch ist. Hierbei ist in dieser zu setzen:

$$L^2 = \frac{D_{IIK}}{\Sigma_{IIK}} = L_K^2; \quad \tau = \frac{D_{IK}}{\Sigma_{IK}} = \tau_K$$

Die rechte Gleichung wäre bei Nichtberücksichtigung der Resonanzentgangs-Wahrscheinlichkeit, d. h. bei $p = 1$, mit Gl. (739a) identisch. In vorliegendem Fall haben jedoch die Ausführungen zu Gl. (762) beachtet zu werden, wonach $\Sigma_{IK} = \Sigma'_{IK}/p$ ist.

[1] RIEZLER und WALCHER: Kernenergie, S. 459. Stuttgart: Teubner. 1958.

Wesentlich komplizierter stellen sich die Ergebnisse dar, wenn die Rechnung mit Reflektor durchgeführt wird. Hier müssen zunächst einige Hilfsfunktionen definiert werden. Es ist

$$\left.\begin{aligned} \mu^2 &= \frac{1}{2}\left[-\left(\frac{1}{\tau_K}+\frac{1}{L_K^2}\right)+\sqrt{\left(\frac{1}{\tau_K}+\frac{1}{L_K^2}\right)^2+\frac{4(k_\infty-1)}{\tau_K L_K^2}}\right] \\ \nu^2 &= -\frac{1}{2}\left[-\left(\frac{1}{\tau_K}+\frac{1}{L_K^2}\right)-\sqrt{\left(\frac{1}{\tau_K}+\frac{1}{L_K^2}\right)^2+\frac{4(k_\infty-1)}{\tau_K L_K^2}}\right] \end{aligned}\right\} \tag{765}$$

$$S_1 = \frac{D_{IK}}{\tau_K D_{IIK}} \cdot \frac{p}{\frac{1}{L_K^2}+\mu^2}$$

$$S_2 = \frac{D_{IK}}{\tau_K D_{IIK}} \cdot \frac{p}{\frac{1}{L^2}-\nu^2} \tag{766}$$

$$S_3 = \frac{\Sigma'_{IR}}{D_{IIR}} \cdot \frac{1}{\frac{1}{L_R^2}-\frac{1}{\tau_R}}$$

Ferner gilt für die verschiedenen Geometrien Zahlentafel 140.

Zahlentafel 140. *Hilfsfunktionen bei der Zweigruppentheorie*

	X	Y	Z_1	Z_2
Unendliche Platte	$\cos \mu x$	$\mathrm{ch}\, \nu x$	$\mathrm{sh}\, \frac{1}{\sqrt{\tau_R}} \cdot \left(\frac{1}{2}H+T-x\right)$	$\mathrm{sh}\, \frac{1}{L_R}\left(\frac{1}{2}H+T-x\right)$
Kugel	$\frac{\sin \mu r}{r}$	$\frac{\mathrm{sh}\, \nu r}{r}$	$\frac{\mathrm{sh}\, \frac{1}{\sqrt{\tau_R}}(R+T-r)}{r}$	$\frac{\mathrm{sh}\, \frac{1}{L_R}(R+T-r)}{r}$
Unendlicher Zylinder	$J_0(\mu r)$	$I_0(\nu r)$	$I_0\left(\frac{r}{\sqrt{\tau_R}}\right) - \frac{I_0\left[\frac{1}{\sqrt{\tau_R}}(R+T)\right]}{K_0\left[\frac{1}{\sqrt{\tau_R}}(R+T)\right]} \cdot K_0\left(\frac{r}{\sqrt{\tau_R}}\right)$	$I_0\left(\frac{r}{L_R}\right) - \frac{I_0\left[\frac{1}{L_R}(R+T)\right]}{K_0\left[\frac{1}{L_R}(R+T)\right]} \cdot K_0\left(\frac{r}{L_R}\right)$

Dort bedeutet:

x, r	laufende Koordinaten von Reaktorachse bzw. Mittelpunkt gerechnet
J_0 ( )	Besselfunktion erster Art, nullter Ordnung[1]
I_0 ( )	modifizierte Besselfunktion erster Art, nullter Ordnung
K_0 ( )	,, ,, zweiter ,, ,, ,,
sh	Sinus Hyperbolicus
ch	Cosinus Hyperbolicus
H	gesamte Dicke des Kernes bei Begrenzung durch zwei unendliche Platten
T	Dicke des Reflektors inkl. Extrapolationslänge, Gl. (744).
R	Radius des Kernes bei Kugelform und zylindrischem Reaktor
$\tau_K = \frac{D_{IK}}{\Sigma_{IK}}$, $\tau_R = \frac{D_{IR}}{\Sigma'_{IR}}$	Fermialter in Kern und Reflektor [Σ'_{IR} analog Gl. (761a), auf Reflektor angewendet]
$L_K^2 = \frac{D_{IIK}}{\Sigma_{IIK}}$, $L_R^2 = \frac{D_{IIR}}{\Sigma_{IIR}}$	Diffusionslänge in Kern und Reflektor
X', Y', Z_1', Z_2'	Ableitungen der Funktionen X, Y, Z_1, Z_2 [1]

[1] Siehe z. B. JAHNKE und EMDE: Funktionentafeln mit Formeln und Kurven, 5. Aufl. Leipzig 1952.

Sowohl die erst- als auch die letztgenannten Funktionen sind in der Folge für die Grenzfläche Kern—Reflektor anzuwenden. Bei der unendlichen Platte wäre also $x = \frac{H}{2}$, bei Kugel und Zylinder $r = R$ einzusetzen. Die gesuchte Bedingung für Kritischwerden eines Reaktors mit Reflektor nach der Zweigruppentheorie lautet nun[1]:

$$\left(D_{IK}\frac{X'}{X} - D_{IR}\frac{Z_1'}{Z_1}\right)\cdot\left(S_2 D_{IIK}\frac{Y'}{Y} - S_3 D_{IIR}\frac{Z_1'}{Z_1} - (S_2 - S_3) D_{IIR}\frac{Z_2'}{Z_2}\right) -$$

$$-\left(D_{IK}\frac{Y'}{Y} - D_{IR}\frac{Z_1'}{Z_1}\right)\cdot\left(S_1 D_{IIK}\frac{X'}{X} - S_3 D_{IIR}\frac{Z_1'}{Z_1} - (S_1 - S_3) D_{IIR}\frac{Z_2'}{Z_2}\right) = 0 \qquad (767)$$

Die Handhabung dieser Gleichung erfolgt auf die Weise, daß zunächst das Volumverhältnis von Moderator zu Uran ebenso wie die Konzentration des letzteren probeweise festgesetzt wird. Damit ist k_∞, L_K^2, L_R^2, τ_K, τ_R festgelegt, und es kann μ^2, ν^2, S_1, S_2, S_3 berechnet werden. Nun wird der kritische Wert $\frac{H}{2}$ oder R geschätzt und damit $X\,Y\,Z_1 Z_2$ sowie $Y' X' Z_1' Z_2'$ berechnet. Werden alle diese Werte in Gl. (767) eingesetzt, liefert die Berechnung einen Zahlenwert $= 0$, wenn die Schätzung von $\frac{H}{2}$ oder R genau richtig war. Gewöhnlich wird dies jedoch nicht der Fall sein, und Gl. (767) wird einen Wert $\neq 0$ ergeben. In diesem Fall muß die Schätzung von $\frac{H}{2}$ oder R nochmals erfolgen bzw. so oft, bis Gl. (767) tatsächlich Null ergibt.

Ein anderer Weg ist, $\frac{H}{2}$ bzw. R konstant zu halten und die Konzentration des Spaltstoffes, d. h. k_∞, L_K^2, L_R^2, τ_K, τ_R, schrittweise zu ändern, bis nach Ausrechnung der weiteren Beziehungen Gl. (767) zu Null wird.

Die Diffusionsgleichungen (760), (761a), (763), (764) führen auch zu Flußverteilung im Reaktor. Das Ergebnis zeigt Abb. 327.

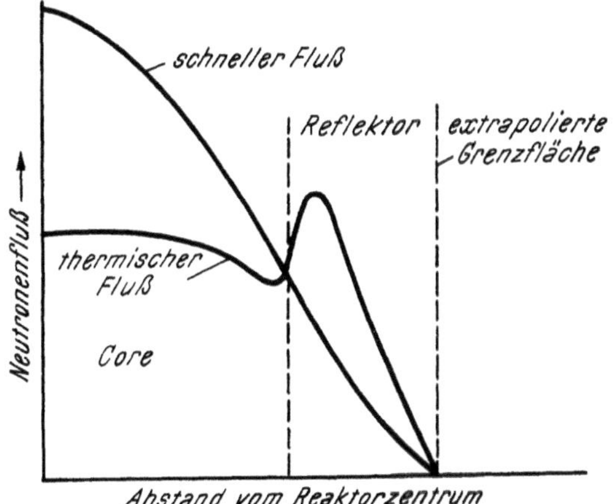

Abb. 327. Flußverlauf für schnelle und thermische Neutronen im Reaktorkern und Reflektor

Danach nimmt der schnelle Neutronenfluß im Reaktorkern und im Reflektor radial ständig ab, bis er an der extrapolierten Grenzfläche Null wird.

Der thermische Fluß zeigt hingegen im Reflektor wieder einen Anstieg, bevor er auf Null absinkt. Dies ist auf das Thermischwerden der schnellen Neutronen im Reflektor zurückzuführen.

27. Bestwertbestimmung

Hat man für eine bestimmte Reaktortype mit einem festgelegten Brennstoff-Moderator-Verhältnis entweder nach Gl. (748) bzw. (751), (752) oder (767) die kritische Größe bestimmt, kann auch leicht die erforderliche Spaltstoffmenge berechnet werden. Gewöhnlich wird man jedoch die Rechnung noch einige Male für andere Brennstoff-Moderator-Verhältnisse sowie für andere Zellenanordnungen wiederholen, hierbei immer auch die notwendige Spaltstoffmenge ermittelt, bis man zu einem Mindestwert für diese kommt. Dies wäre dann der Reaktor mit dem kleinsten Brennstoffaufwand.

Diese Rechnung würde jedoch nicht genügen, da der Reaktor ohne Reserve infolge Vergiftung und Brennstoffabbrand ausgelegt wäre und so nur eine kurze Betriebszeit

[1] Glasstone und Edlund: Kernreaktortheorie, S. 208. Wien: Springer. 1961.

gestatten würde. Er muß daher mit der wirklichen Brennstoffüllung einen Multiplikationsfaktor k haben, der erheblich über 1 liegt und der durch die Trimmstäbe im Betriebszustand auf 1 zurückgeführt wird. Diese werden gewöhnlich von einer Seite in den Reaktor eingeschoben und verändern, als starke Neutronenabsorber, stark den Verlauf des Flusses, Abb. 328. Hier zeigt *1* den thermischen Fluß eines stark vergifteten Reaktors, d. h. mit ganz herausgezogenen Trimmstäben, und *2* einen solchen mit frischer Füllung, d. h. ganz eingefahrenen Stäben. Soll in beiden Fällen die Leistung gleich sein, muß das Integral über das Kernvolumen, welches die Zahl der Spaltungen je Zeiteinheit angibt, $\int^{v} \Sigma_f \, \Phi dv$ gleich sein, ob nun der Flußverlauf gemäß *1* oder *2* zugrunde gelegt wird.

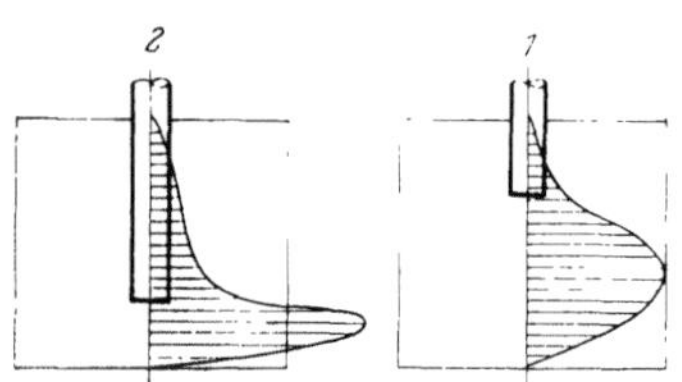

Abb. 328. Einfluß der Regelstabstellung auf den Flußverlauf[1]
1 Spaltstoff verbraucht
2 Spaltstoff frisch

Bei thermischen Reaktoren wird die Überschußreaktivität $k - 1$ bei Druck- und Siedewasserreaktoren etwa 0,12 bis 0,18, bei gasgekühlten 0,04 bis 0,06 gewählt. Bei schnellen Reaktoren ist dieser Wert nur etwa 0,01 bis 0,02. Dies ist hier deswegen möglich, da der Einfang durch die Konstruktionselemente sowie durch die Vergiftungsprodukte wesentlich geringer ist als im ersteren Fall. Bei thermischen Reaktoren teilt sich die anfängliche Überschußreaktivität etwa wie folgt auf:

Xenium- und Samariumvergiftung	0,017 bis 0,050
Negativer Temperaturkoeffizient	0,014 bis 0,045
Verbrauch an Spaltstoff	0,01 bis 0,1
Leerfaktor (nur bei Siedewasserreaktoren)	0,02

Um den gemäß obigem Hinweis gewünschten Reaktivitätsüberschuß tatsächlich zu erhalten, wird man nach Ermittlung der kritischen Größe das Spaltstoff-Moderator-Verhältnis oder die Reaktorabmessungen entsprechend erhöhen. Bei thermischen Leistungsreaktoren wird die Ladung mit U^{235}-Spaltstoff gegenüber dem kritischen Wert bis auf das 6fache, mit Bruthüllen bis auf das 20fache erhöht. Bei schnellen Reaktoren ist dieser Faktor jedoch 1 bis 1,2. Die einzelnen Faktoren der Gl. (646), insbesondere f und p, müssen unter Zugrundelegung der wirklichen Beladung endgültig berechnet werden.

28. Wirkungsquerschnitte bei Reaktoren

Die Wirkungsquerschnitte der verschiedenen bei Reaktoren in Verwendung stehenden Stoffe wurden bereits im Abschnitt 11 behandelt. Erstere sind, wie gezeigt wurde, energieabhängig, so daß unterschieden werden muß zwischen den Werten für thermische Neutronen und den Mittelwerten für schnellere Neutronengruppen. Diese müssen z. B. bei der Zweigruppentheorie über das ganze Gebiet von Entstehungsenergie bis thermischer Energie gemittelt werden.

Außerdem muß man die Wirkungsquerschnitte der einzelnen Stoffe unter Berücksichtigung des Flusses in diesen zusammensetzen. So wird der „mittlere“ Streuquerschnitt Σ_s mittels folgender Beziehung berechnet:

$$\Sigma_s = \frac{\Sigma_{s1} V_1 \Phi_1 + \Sigma_{s2} V_2 \Phi_2 + \Sigma_{s3} V_3 \Phi_3}{V_1 \Phi_1 + V_2 \Phi_2 + V_3 \Phi_3} \tag{768}$$

Hier bedeuten die Indexe 1 den Spaltstoff, 2 den Moderator und 3 Sonstiges, worunter Kühlmittelkanäle u. dgl. zu verstehen sind. Da die einzelnen Streuquerschnitte nur wenig

[1] Illies: Kernenergie f. Schiffsantriebe. VDI-Z., Bd. 101, Nr. 32, S. 1472, Nov. 1959.

voneinander verschieden sind, andererseits das Volumen V_2 des Moderators im Vergleich zu allen anderen groß ist, wird gewöhnlich

$$\Sigma_s \doteq \Sigma_{s2} \tag{769}$$

gesetzt. Beim Absorptionsquerschnitt sind jedoch in den einzelnen Stoffen große Unterschiede, so daß diese Vereinfachung nicht zulässig ist. Hier gilt

$$\Sigma_a = \frac{\Sigma_{a1} V_1 \Phi_1 + \Sigma_{a2} V_2 \Phi_2 + \Sigma_{a3} V_3 \Phi_3}{V_1 \Phi_1 + V_2 \Phi_2 + V_3 \Phi_3} \tag{770}$$

Andererseits folgt aus Gl. (715), wenn auch das Volumen 3 Berücksichtigung findet,

$$f = \frac{\Sigma_{a1} V_1 \Phi_1}{\Sigma_{a1} V_1 \Phi_1 + \Sigma_{a2} V_2 \Phi_2 + \Sigma_{a3} V_3 \Phi_3} \tag{771}$$

Durch Umstellen folgt:

$$\frac{f}{1-f} = \frac{\Sigma_{a1} V_1 \Phi_1}{\Sigma_{a2} V_2 \Phi_2 + \Sigma_{a3} V_3 \Phi_3} \tag{772}$$

Vernachlässigt man in Gl. (770) und (772) die Terme mit Σ_{a3}, setzt angenähert $\Phi_2 = \Phi_3$ und führt Gl. (772) in Gl. (770) ein, folgt

$$\Sigma_a = \frac{\Sigma_{a2}}{1-f} \cdot \frac{1}{\frac{V_1 \Phi_1}{V_2 \Phi_2} + \frac{V_2 + V_3}{V_2}} \tag{773}$$

Gewöhnlich kann, da $\frac{V_1 \Phi_1}{V_2 \Phi_2} \ll \frac{V_2 + V_3}{V_2}$ ist, ersterer Term vernachlässigt werden. Wenn auch $V_3 \ll V_2$ ist, folgt

$$\Sigma_a \doteq \frac{\Sigma_{a2}}{1-f} \tag{774}$$

Damit ergibt sich die Diffusionslänge gemäß Gl. (680) zu

$$L = L_2 \cdot \sqrt{1-f} \tag{775}$$

Die Diffusionslänge des Reaktorkernes folgt demnach durch Multiplikation der Diffusionslänge des Moderators mit $\sqrt{1-f}$, sofern die getroffenen Vernachlässigungen gestattet sind. Sonst hat bei Ermittlung von L Gl. (770) mit (680) unmittelbar Verwendung zu finden.

Die dargelegten Überlegungen gelten vor allem für thermische Neutronen. Bei schnellen Neutronen kann näherungsweise das Fermialter τ gleich jenem für den Moderator ermittelten gesetzt oder bei Kenntnis der entsprechenden Mittelwerte auf Gl. (733) zurückgegriffen werden, s. Zahlentafel 138. Für genauere Rechnungen müssen Versuchsunterlagen benützt werden, wo die Anordnung Berücksichtigung findet[1].

29. Spaltstoffverbrauch und Brüten

Während des Betriebes eines Reaktors tritt ein Verbrauch des Spaltstoffes auf. Ist jedoch gleichzeitig ein brutfähiger Stoff wie U^{238} oder Th^{232} vorhanden, wird dieser, wie in Abschnitt 7 bereits ausgeführt, in Spaltstoff umgewandelt, wodurch eine Ergänzung der ursprünglichen Bestände erfolgt. Diese kann unter Umständen so weitgehend sein, daß der gesamte Verbrauch bzw. auch mehr als dieser neu erzeugt wird.

Nur wenn kein brutfähiger Stoff vorhanden ist, wird der Spaltstoffverbrauch proportional der erzeugten Energie sein.

---

[1] SCHMIDT: Nutzenergie aus Atomkernen, Band I, S. 189. Berlin 1959.

Es werde nun ein Reaktor betrachtet, welcher als Spaltstoff z. B. U^{235} und als Brutstoff U^{238} enthält, so daß also Plutoniumbildung erfolgen wird. Der Verbrauch an U^{235} je Zeiteinheit errechnet sich in Anlehnung an Gl. (658) wie folgt

$$\frac{dN^{235}}{dt} = -\sigma_a^{235} N^{235} \Phi \tag{776}$$

N^{235} stellt die Anzahl der Atome von U^{235} je Kubikzentimeter dar, $\sigma_a^{235} = \sigma_f^{235} + \sigma_c^{235}$ seinen mikroskopischen Einfangquerschnitt. Der thermische Fluß wird mit Φ bezeichnet. Die Integration liefert

$$N^{235} = N_0^{235} e^{-\sigma_a^{235} \Phi t} \tag{777}$$

Die Plutoniumbildung je Zeiteinheit ist etwas komplizierter darzustellen, da sich nicht nur Pu^{239} bildet, sondern daraus durch Bestrahlung weitere Isotopen desselben. Zunächst entsteht das nicht spaltbare Pu^{240} und daraus das spaltbare Pu^{241}. Die beiden letztgenannten Stoffe bilden sich jedoch erst nach längerer Betriebszeit und auch da in relativ geringen Mengen. Man erhält

$$\frac{dN^{239}}{dt} = \Phi\,(\sigma_f^{235} \cdot N^{235}\nu^{235} + \sigma_f^{239} N^{239}\nu^{239} + \sigma_f^{241} N^{241}\nu^{241})\,\varepsilon(1-p)e^{-B^2\tau} + \sigma_a^{238} N^{238}\Phi - (\sigma_f^{239} + \sigma_c^{239}) N^{239}\Phi \tag{778}$$

Der erste Term obiger Gleichung umfaßt die Pu-Bildung durch den Einfangvorgang schneller Neutronen im U^{238}. Diese werden aus den Spaltstoffen U^{235}, Pu^{239} und Pu^{241} gebildet. So entstehen z. B. beim Spalten des U^{235} in 1 cm³ $\sigma_f^{235} N^{235} \Phi \nu^{235} \varepsilon$ schnelle Neutronen (Abschnitt 9). Dies mit $e^{-B^2\tau}$ multipliziert [Gl. (754)] gibt die Neutronenzahl an, die nach Berücksichtigung der Oberflächenverluste im schnellen Energiebereich übrigbleibt. Hiervon wird der Teil $(1-p)$ im Resonanzgebiet absorbiert und in Pu überführt. Hierbei ist p die Resonanzentgangs-Wahrscheinlichkeit (Abschnitt 19b).

Der zweite Term in Gl. (778) bezeichnet die Neutronenabsorption und damit Pu-Bildung im thermischen Bereich. Der dritte, negative Term gibt schließlich die Zahl der Pu^{239}-Kerne an, die, aus dem bereits gebildeten Pu^{239} heraus, wieder zerstört werden. Dies erfolgt durch Spaltung und durch Überführung in die höheren Isotope Pu^{240} mit dem diesbezüglichen Einfangquerschnitt σ_c^{239}.

Die Zahl der gemäß Gl. (778) je Zeiteinheit gebildeten Pu^{239}-Kerne kann zur Zahl der je Zeiteinheit verbrauchten U^{235}-Kerne [gemäß Gl. (776)] ins Verhältnis gesetzt werden. Bildet man dieses für Betriebsbeginn, d. h. zur Zeit $t = 0$, nennt man es Konversionsfaktor C. Wird also Gl. (778) durch Gl. (776) dividiert und gleichzeitig, wegen $t = 0$, N^{239} und N^{241} gleich Null gesetzt, ferner N^{235} und N^{238} für den gleichen Zeitpunkt mit dem Index 0 versehen, folgt:

$$C = \frac{\sigma_f^{235}\nu^{235}\varepsilon(1-p)e^{-B^2\tau}}{\sigma_a^{235}} + \frac{\sigma_a^{238} N_0^{238}}{\sigma_a^{235} N_0^{235}} \tag{779}$$

Je größer $\frac{N_0^{238}}{N_0^{235}}$ ist, um so größer ist der Konversionsfaktor. Für Natururan wird er am höchsten sein und bei $C = 0{,}8$ liegen. Er kann jedoch auch über diesen Wert gehoben werden, wenn der Reaktorkern eine Umhüllung aus brutfähigem Material erhält, so daß die Oberflächenverluste zur Pu-Erzeugung herangezogen werden. Sind diese P, so wird von den in 1 cm³ gebildeten schnellen Neutronen $\sigma_f^{235} N^{235} \Phi \nu^{235} \varepsilon$ der Anteil $(1-p)$ wie früher durch das U^{238} und der Anteil $p(1-P)$ durch Nutzbarmachung der Oberflächenverluste in Pu^{239} verwandelt. Hierbei wurde vereinfachend die Annahme getroffen, daß die Oberflächenverluste P_1 hinter dem Resonanzgebiet und P_2 anschließend nach Erreichen der thermischen Energie auftreten, so daß $P_1 P_2 = P$ ist [s. Gl. (754), (755)]. Man erhält:

$$C = \frac{\sigma_f^{235}\nu^{235}\varepsilon}{\sigma_a^{235}}\,[1 - p + p(1-P)] + \frac{\sigma_a^{238} N_0^{238}}{\sigma_a^{235} N_0^{235}}$$

Dies liefert:

$$C = \frac{\sigma_f^{235}\nu^{235}\varepsilon}{\sigma_a^{235}}\,[1 - Pp] + \frac{\sigma_a^{238} N_0^{238}}{\sigma_a^{235} N_0^{235}} \tag{780}$$

Handelt es sich um einen hochangereicherten Reaktor, ist $N_0^{238} = 0$ und $p = 1$. Der Faktor vor der eckigen Klammer ist dann $\eta \cdot \varepsilon$ [Gl. (717)] und wird etwa 2,1 betragen. Mit einem Oberflächenverlust von $P \doteq 0{,}5$ folgt dann $C \cong 1{,}05$. (Einfangquerschnitte s. Zahlentafel **136**.)

In der Folge werde wieder auf Gl. (778) zurückgegriffen. Der erste Term derselben liefert nur einen geringen Beitrag zum Gesamtergebnis, da der Faktor $(1 - p)$ klein ist. Es kann daher zur Vereinfachung die Summe der Spaltstoffkerne, die sich sowieso mit der Zeit nicht stark ändern, durch die Zahl der ursprünglich vorhandenen Kerne N_0^{235} mit den Stoffwerten desselben ersetzt werden. Im dritten Term werde $\sigma_f^{239} + \sigma_c^{239}$ durch σ_f^{239} ersetzt, um die letztlich erfolgende Pu^{241}-Bildung durch höhere Pu^{239}-Erzeugung zu berücksichtigen. Schließlich ist N^{238} normalerweise nur wenig veränderlich und wird durch N_0^{238} ersetzt. Dann ergibt sich mit Gl. (779)

$$\frac{dN^{239}}{dt} = C\Phi\sigma_a^{235} N_0^{235} - \Phi\sigma_f^{239} N^{239} \tag{781}$$

Die Integration liefert

$$N^{239} = \frac{C\sigma_a^{235} N_0^{235}}{\sigma_f^{239}} \left(1 - e^{-\sigma_f^{239}\Phi t}\right) \tag{782}$$

Die gesamte Spaltstoffmenge zur Zeit t ist $N = N^{235} + N^{239}$ bzw., wenn sie auf die ursprünglich vorhandene Menge N_0^{235} bezogen wird (bezogene Spaltstoffmenge),

$$\varphi = \frac{N^{235} + N^{239}}{N_0^{235}} \tag{783}$$

Dieser Wert ergibt sich, wenn hier Gl. (777) und (782) eingesetzt werden, zu

$$\varphi = e^{-\sigma_a^{235}\Phi t} + \frac{C\sigma_a^{235}}{\sigma_f^{239}} \left(1 - e^{-\sigma_f^{239}\Phi t}\right) \tag{784}$$

Die bezogene Spaltstoffmenge nimmt zunächst bis zu einem Mindestwert ab, steigt dann an und strebt asymptotisch einem konstanten Endwert zu.

Die Wärmeerzeugung von Anfang bis zur Zeit t_1 ergibt sich aus der bis dahin erfolgten Zahl von Spaltungen multipliziert mit der Wärmeentwicklung je Spaltung. Diese ist in kcal ausgedrückt (Zahlentafel 126 und Abschnitt 5) $K = 3{,}829 \cdot 184 \cdot 10^{-17} = 7{,}05 \cdot 10^{-15}$ kcal. Man erhält demnach für die gesamte Wärmeerzeugung je Kubikzentimeter

$$Q = K\Phi \int_0^{t_1} \left(N^{235}\,\sigma_f^{235} + N^{239}\sigma_f^{239}\right) dt \tag{785}$$

Der Fluß Φ wird hierbei, ebenso wie bei den vorausgehenden Gleichungen, als von der Zeit unabhängig angesehen. Die Integration ergibt mit Gl. (777) und (782)

$$Q = K\,N_0^{235} \left\{\frac{\sigma_f^{235}}{\sigma_a^{235}} \left(1 - e^{-\sigma_a^{235}\Phi t_1}\right) - \frac{\sigma_a^{235} \cdot C}{\sigma_f^{239}} \left(1 - e^{-\sigma_f^{239}\Phi t_1}\right) + \sigma_a C\Phi t_1\right\} \tag{786}$$

Will man die Wärmeentwicklung statt in $\frac{\text{kcal}}{\text{cm}^3}$ auf 1 t Uran beziehen, also in $\frac{MW\vartheta}{t}$ angeben, wie es vielfach üblich ist, beträgt der Faktor $K = 1{,}86 \cdot 10^{-17}$.

Soll nunmehr für einen bestimmten Reaktor berechnet werden, nach welcher Zeit t_1 eine bei U_{NAT} erfahrungsgemäß mögliche Wärmeentwicklung von z. B. $Q = 3000$ MWϑ/t stattfindet, hat Gl. (786) benützt zu werden, und es ergibt sich durch Probieren Φt_1 bzw. nach Annahme des Flusses t_1. Wird der erhaltene Wert Φt_1 in Gl. (784) eingesetzt, folgt die bezogene Spaltstoffmenge φ nach Ablauf von t_1.

Um einen schnellen Überblick zu gewinnen, möge, obwohl es sich dann nur mehr um eine grobe Näherung handelt, in Gl. (786) $\sigma_a^{235} \doteq \sigma_f^{239}$ gesetzt werden (689 barn gegenüber 746 barn, Zahlentafel 136). Dann folgt nach Einführung von Gl. (784)

$$Q = K N_0^{235} \left\{\frac{(1-\varphi)\left(\frac{\sigma_f^{235}}{\sigma_a^{235}} - C\right)}{1 - C} + C \ln\frac{1 - C}{\varphi - C}\right\} \tag{787}$$

Entwickelt man den Term mit dem Logarithmus nach

$$\ln x = \frac{2(x-1)}{x+1}$$

was bis etwa $x = 2$ ausreichend genau ist, und berücksichtigt ferner, daß $K N_0^{235} = Q'$ die Wärmeentwicklung ist, welche der ursprünglich vorhandene Spaltstoff erzeugen würde, wenn er je Kubikzentimeter (mit $K = 7{,}05 \cdot 10^{-15}$) bzw. je t (mit $K = 1{,}82 \cdot 10^{-17}$) zur Gänze spalten würde, folgt mit $\Psi = \frac{Q}{Q'}$

$$\Psi = (1-\varphi)\left(\frac{\frac{\sigma_f^{235}}{\sigma_a^{235}} - C}{1-C} + \frac{2C}{1+\varphi-2C}\right) \tag{788}$$

Soll z. B. die Spaltung bis auf eine bezogene Spaltstoffmenge von $\varphi = 0{,}90$ erfolgen und ist $C = 0{,}8$, folgt $\Psi = 0{,}55$. Nimmt also die bezogene Spaltstoffmenge von 1 auf 0,9, d. h. nur um 10% ab, wird bereits eine Energie von 55% von Q' frei. Betrachtet man 1 t Natururan, so wären damit, nach Abschnitt 8, wenn der U^{235}-Anteil zur Gänze gespalten würde, $Q' = \frac{5370}{0{,}84} = 6400\ \mathrm{MW}\vartheta/\mathrm{t}$[1] erzielbar. In obigem Beispiel ist also die freiwerdende Energiemenge $Q = 0{,}55 \cdot Q' = 0{,}55 \cdot 6400 = 3500\ \mathrm{MW}\vartheta/\mathrm{t}$[2].

30. Die Wärmeabfuhr

Jeder Spaltvorgang im Reaktor bedingt eine bestimmte Wärmeentwicklung. Ermittelt man daher die Summe der Spaltvorgänge je Zeit und Volumeneinheit Z, so ist hierzu die Wärmeentwicklung je Zeit und Volumeneinheit proportional. Erstere ergeben sich bei homogener Anordnung aus

$$Z = \Phi \Sigma_f \tag{789}$$

wobei Φ der thermische Fluß in $\mathrm{cm}^{-2}\,\mathrm{s}^{-1}$ und Σ_f der makroskopische Spaltquerschnitt in cm^{-1} ist. Analog folgt bei einer heterogenen Ausführung, wenn auf 1 cm^3 Gesamt-Kernvolumen bezogen wird:

$$Z = \Sigma_{1f} \Phi_1 \cdot \frac{V_1}{V_1 + V_2} \tag{790}$$

Hier ist Σ_{1f} der makroskopische Spaltquerschnitt des Brennstoffstabes, V_1 sein Volumen und Φ_1 der mittlere thermische Fluß dortselbst. V_2 ist das Reflektorvolumen, zu welchem Kühlkanäle u. dgl. zuzuschlagen sind. Bezieht man die Zahl der Spaltungen auf das Spaltstoffstab-Volumen allein, entfällt in Gl. (790) das Volumverhältnis. Gewöhnlich ist nicht Φ_1 gegeben, sondern der mittlere Fluß Φ, der sich aus Φ_1 und dem mittleren Fluß im Reflektor Φ_2 zu $\Phi = \frac{\Phi_1 V_1 + \Phi_2 V_2}{V_1 + V_2}$ berechnet. Daraus folgt

$$\Phi_1 = \frac{\Phi(V_1 + V_2)}{V_1 + V_2\left(\frac{\Phi_2}{\Phi_1}\right)} \tag{791}$$

Der Wert $\frac{\Phi_2}{\Phi_1}$ kann aus Gl. (715) ermittelt oder näherungsweise $= 1{,}5$ gesetzt werden.

Die Wärmeentwicklung in $\mathrm{kcal/cm^3 s}$ folgt aus

$$Q = Z \cdot K, \tag{792}$$

wobei gemäß Abschnitt 29 $K = 7{,}05 \cdot 10^{-15}$ ist. Wollte man die Wärmeentwicklung in der im Kesselbau üblichen Dimension $\mathrm{kcal/m^3h}$ erhalten, ist $K = 2{,}54 \cdot 10^{-5}$. Im Reaktorbau ist vielfach die Dimension kW/l gebräuchlich. Dann ist $K = 2{,}95 \cdot 10^{-11}$.

[1] $0{,}84 = \frac{\sigma_f^{235}}{\sigma_a^{235}}$.

[2] Siehe auch JANITSCHEK: Zusammenhänge zwischen Abbrand von U^{235}, der $\mathrm{MW}\vartheta$-Zahl und der Temperatur. Atomkernenergie 1962, S. 258.

Setzt man Gl. (789) oder (790) in Gl. (792) ein, ersieht man die bereits erwähnte Proportionalität zwischen thermischem Fluß und Wärmeentwicklung. Da ersterer im Reaktor von einem Maximalwert gegen die Ränder zu abnimmt, s. Abb. 327, wird dies auch für die Wärmeentwicklung Q gelten. Setzt man hingegen für Φ den über das Reaktorvolumen genommenen Mittelwert Φ_m ein, erhält man auch für Q den analogen Wert Q_m. Es hängt Q_m und Φ_m mittels des Formfaktors $\mathcal{F}$ von den Maximalwerten $Q_{\max}$ bzw. $\Phi_{\max}$ ab:

$$\Phi_m = \mathcal{F} \cdot \Phi_{\max}; \qquad Q_m = \mathcal{F} Q_{\max} \tag{793}$$

Der Formfaktor wird von der Gestalt des Reaktors, der Anwesenheit eines Reflektors, der Spaltstoffverteilung und Gruppierung u. v. a. bestimmt werden. Maßnahmen zur Flußvergleichmäßigung (Glättung) werden $\mathcal{F}$ erhöhen. Dazu gehört z. B., die Spaltstoffdichte am Rand des Reaktorkernes höher zu halten als im mittleren Teil oder Brennstoffelemente nach bestimmten Betriebsintervallen, schrittweise gegen die Mitte umzusetzen, wobei die neuen Elemente am Rand eingebracht werden. Die analoge Zahl ausgebrannter Elemente wird dann aus der Mitte entfernt.

Es werde nun, z. B. für einen zylindrischen Reaktor mit gleichmäßiger Spaltstoffdichte, $\mathcal{F}$ berechnet. Der Flußverlauf zeigt hier für verschiedene Reaktorformen Funktionen gemäß Zahlentafel 141. Sie weichen, sofern verschieden, von der einfachen trigonometrischen Funktion nur wenig ab. Für folgende Berechnungen ist ausreichend der Flußverlauf in achsialer und radialer Richtung gemäß nachstehenden Gleichungen anzunehmen:

$$\begin{aligned} \Phi_A &= \Phi_{\max} \sin\,(2x + L - H)\,\frac{\pi}{2L} \\ \Phi_R &= \Phi_A \cos \frac{r\pi}{L'} \end{aligned} \tag{794}$$

um so mehr, als der wirkliche Verlauf infolge Vergiftung, Regelstabstellung usw. noch zusätzlich erheblich verzerrt ist. Der Reaktorkern sei zylindrisch (Abb. 329), der diesen umgebende Reflektor ist nicht eingezeichnet.

Zahlentafel 141.
Thermischer Fluß im Reaktor (ohne Reflektor)
Koordinaten x, y, z, r vom Mittelpunkt aus gerechnet

Geometrie	Funktion
unendliche Platte H = Dicke derselben	$\Phi/\Phi_{\max} = \cos \frac{\pi}{2}\left(\frac{2x}{H}\right)$
a, b, c Kantenlängen eines rechtwinkeligen Parallelepiped	$\Phi/\Phi_{\max} = \cos \frac{\pi}{2}\left(\frac{2x}{a}\right)$ $\Phi/\Phi_{\max} = \cos \frac{\pi}{2}\left(\frac{2y}{b}\right)$ $\Phi/\Phi_{\max} = \cos \frac{\pi}{2}\left(\frac{2z}{c}\right)$
Kugel R = Radius	$\Phi/\Phi_{\max} = \frac{\sin \pi \cdot r/R}{\pi \cdot r/R}$
endlicher Zylinder R = Radius H = Höhe	$\Phi/\Phi_{\max} = J_0(2{,}405 \cdot r/R)$ $\Phi/\Phi_{\max} = \cos \frac{\pi}{2}\left(\frac{2z}{H}\right)$

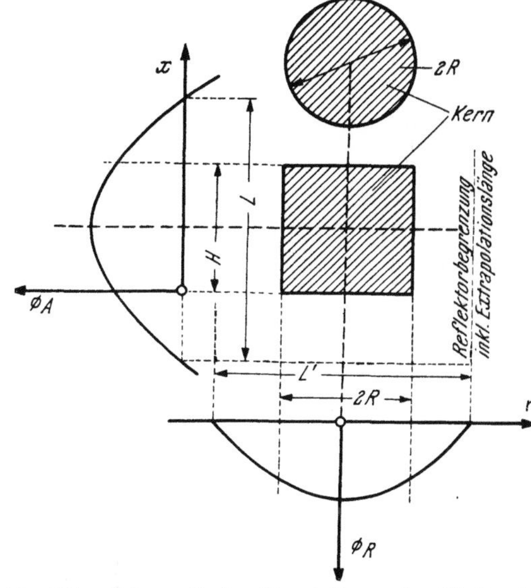

Abb. 329. Schematische Darstellung des Flußverlaufes in einem zylindrischen Reaktorkern (schraffiert). Der umgebende Reflektor ist nicht eingezeichnet.
Φ_A Flußverlauf in der Achse (der Flußverlauf wird im Kernbereich durch eine trigonometrische Funktion angeglichen)
Φ_R radialer Flußverlauf in einem beliebigen Querschnitt

Bei der oberen Gleichung sei der Koordinatenursprung, Abb. 329, am unteren Ende des Reaktorkernes, d. h. beim Kühlmitteleintritt, angenommen. Bei der unteren liege er in der Achse. Ferner sei x die Länge in Achsrichtung, r desgleichen in radialer Richtung. Es bedeutet Φ_A den Fluß in der Achse, $\Phi_{\max}$ dessen Höchstwert. Φ_R ist der Fluß an einer beliebigen Querschnittsstelle mit der Achsentfernung r, wobei dessen Maximalwert Φ_A in der Achse liegt. Die Ausdehnung des Reaktorkernes sei, gemessen vom Koordinatenursprung, H und $R \cdot L$ bzw. L' sind die halben Wellenlängen der sin- bzw. cos-Funktion. Ein Reflektor wird durch entsprechende Wahl $H < L$ und $R < \frac{L'}{2}$ berücksichtigt. Wäre der Fluß im ganzen Reaktorvolumen konstant, ergäbe sich $L' = L = \infty$. Ist kein Reflektor vorhanden, ist $\frac{L'}{2}$ und $\frac{L}{2}$ um die extrapolierte Länge a (Gl. 744) größer als R und $\frac{H}{2}$, d. h. $\frac{L'}{2} = R + a$; $\frac{L}{2} = \frac{H}{2} + a$. Berechnet man nach $\Phi_m = \frac{1}{V} \int^{V} \Phi dv$ den über das Volumen gemittelten Fluß Φ_m, folgt mit Gl. (794) der Formfaktor[1]

$$\mathcal{F} = \frac{\Phi_M}{\Phi_{\max}} = 16 \left(\frac{L'}{2\pi R}\right)^2 \cdot \frac{L}{\pi H} \cdot \left(\frac{R\pi}{L'} \sin \frac{R\pi}{L'} + \cos \frac{R\pi}{L'} - 1\right) \cos \frac{\pi}{2} \cdot \left(1 - \frac{H}{L}\right) \quad (795)$$

Ist kein Reflektor vorhanden und wird die extrapolierte Länge a vernachlässigt, kann $L' = 2R$ und $L = H$ gesetzt werden, und man erhält

$$\mathcal{F} = 0{,}295$$

Der Höchstwert, nämlich $\mathcal{F} = 1$, ergäbe sich, wenn der Fluß im ganzen Reaktorvolumen konstant wäre.

Die gemäß Gl. (792) entstehende Wärme wird durch ein Kühlmittel, welches gasförmig oder flüssig sein kann, abgeführt. Erstere entsteht etwa zu 94% im Brennstoff, zu 4% im Moderator, zu 1,8% im Reflektor und zu 0,2% in der Abschirmung. Das Kühlmittel, welches durch den Reaktor strömt, muß also etwa 98%, d. h. praktisch die ganze entstehende Wärme aufnehmen, wobei es sich entsprechend aufwärmt.

Der spezifische Kühlmittelstrom je Zeit und Kernquerschnitteinheit sei M. Diese wird im einfachsten Fall von der Achsentfernung unabhängig, d. h. an allen Stellen des Gesamtquerschnittes gleich sein. Dies bedingt jedoch eine zu starke Kühlung am Rand, wo die Wärmeentwicklung bereits zu gering ist, d. h. Unwirtschaftlichkeit. Insbesondere bei gasgekühlten Reaktoren wird daher M mit zunehmender Achsentfernung verringert, was z. B. durch entsprechende Wahl des Querschnittes der Kühlmittelkanäle leicht erreichbar ist.

Es werde nun der in der Achse liegende spezifische Kühlmittelstrom betrachtet. Ist die spezifische Wärmeentwicklung[2] in der Achse Q_A, erfolgt beim Fortschreiten des Kühlmittels in der Achsrichtung um dx mit der spezifischen Wärme C eine differentielle Aufwärmung

$$d\Delta_1 = \frac{Q_A\, dx}{M C} \quad (796)$$

Die Aufwärmung ist also

$$\Delta_1 = \int_0^x \frac{Q_A\, dx}{M C} \quad (797)$$

und ergibt sich, wenn die Veränderlichkeit von Q_A mit x bekannt ist, als Funktion von x. Da Φ_A und Q_A einander proportional sind, kann Q_A nach der oberen Gl. (794) berechnet werden:

$$Q_A = Q_{\max} \sin \frac{\pi}{2L} (2x + L - H) \quad (798)$$

[1] Mit der Reflektordicke s ist $L = H + 2s + 2a$, $L' = (R + s + a)\, 2$.

[2] Bezogen auf die Kernvolumen- und Zeiteinheit.

Dies in (797) eingesetzt und integriert, ergibt:

$$\Delta_1 = \frac{Q_{\max} L}{M C \pi} \left\{ \cos \frac{(L-H)\pi}{2L} - \cos\left(x + \frac{L-H}{2}\right) \frac{\pi}{L} \right\} \tag{799}$$

Damit die Wärme von der Oberfläche der Spaltstoffelemente in das Kühlmittel gelangen kann, ist eine weitere Temperaturdifferenz genannt Δ_2 erforderlich. Durch Division der Oberfläche der Spaltstoffelemente mit dem Reaktorkernvolumen erhält man die „spezifische Oberfläche" U. Mit der Wärmeübergangszahl α folgt

$$\Delta_2 = \frac{Q_A}{U \alpha} \tag{800}$$

Die Gleichung kann auch verwendet werden, wenn es sich um eine Rippenrohrfläche handelt. Es ist dann U die spezifische Oberfläche[1] der Kernrohre und $\alpha = \frac{F_R}{F_K} \alpha_R \cdot \eta$. Hier bedeutet F_R die ganze Oberfläche des Rippenrohres[2], F_K jene des Kernrohres[2], η den Rippenwirkungsgrad [Gl. (193)] und α_R die Wärmeübergangszahl an die Rippenrohre. Gl. (800) liefert dann die Temperaturdifferenz zwischen Rippenfuß und Kühlmittel.

Schließlich muß die Wärme aus dem Inneren des Spaltstoffelementes an die Oberfläche gebracht werden. Hierbei wird angenommen, daß die Wärmeentwicklung im ganzen Volumen des Spaltstoffstabes gleichmäßig stattfindet. Es folgt dann durch Anwendung der Fourierschen Wärmeleitungsgleichung für plattenförmige Stäbe:

$$\Delta_3 = \frac{a^2}{8\lambda} \frac{V_g}{V_1} \cdot Q_A \tag{801}$$

Es ist a die Dicke der Platte, λ die Wärmeleitzahl des Brennstoffes, Q_A die spezifische Wärmeentwicklung, V_g das Kernvolumen und V_1 das Brennstoffvolumen. Bei zylindrischen Stäben mit dem Durchmesser d ergibt sich

$$\Delta_3 = \frac{d^2}{16\lambda} \frac{V_g}{V_1} \cdot Q_A \tag{802}$$

Die Höchsttemperatur im Zentrum eines in der Reaktorachse gelegenen Stabes ist demnach mit der Eintrittstemperatur ϑ_E des Kühlmittels

$$\vartheta = \vartheta_E + \Delta_1 + \Delta_2 + \Delta_3 \tag{803}$$

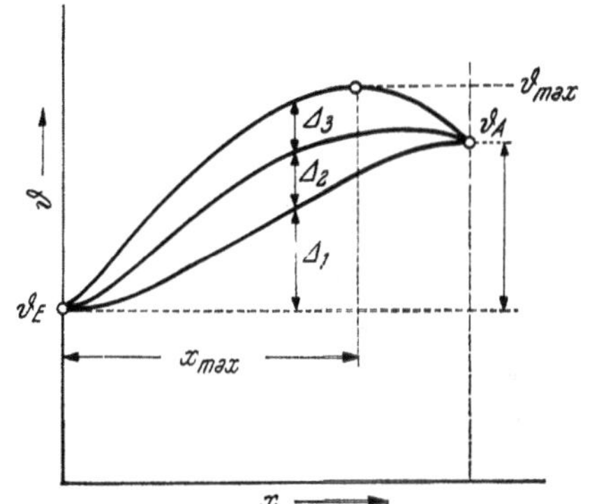

Abb. 330. Verlauf der Kühlmittel-Übertemperatur Δ_1, der Temperaturdifferenz Oberfläche-Kühlmittel Δ_2 und der Temperaturdifferenz Stabinnen-Staboberfläche Δ_3 in der Reaktorachse

Setzt man hier Gl. (799), (800) und (801) bzw. (802) mit (798) ein, folgt ϑ als Funktion von x, wobei in (801) bzw. (802) der Faktor von Q_A mit n bezeichnet wird:

$$\vartheta = Q_{\max} \left[\frac{L}{M C \pi} \left\{ \cos \frac{(L-H)\pi}{2L} - \cos\left[\left(x + \frac{L-H}{2}\right) \frac{\pi}{L}\right]\right\} + \left(\frac{1}{U\alpha} + n\right) \cdot \sin\left[\left(x + \frac{L-H}{2}\right) \cdot \frac{\pi}{L}\right]\right] + \vartheta_E \tag{804}$$

In Abb. 330 ist der Verlauf dieser Funktion dargestellt und ersieht man, daß die maximale Stabinnentemperatur nicht an der Kühlmittel-Austrittsseite liegt, sondern vorher. Sie nähert sich jedoch letzterer um so mehr, je flacher der Flußverlauf, d. h. je größer L ist.

---

[1] Durchgehend, jedoch ohne Rippen gerechnet.

[2] Je m Rohrlänge. F_K wie bei Fußnote[1] zu rechnen.

Durch Differenzieren und Nullsetzen von Gl. (804) ergibt sich die Stelle höchster Temperatur $x_{\max}$ zu

$$x_{\max} = \frac{L}{\pi} \operatorname{arctg}\left[-\frac{\pi M}{L} C\left(\frac{1}{U\varkappa} + n\right)\right] - \frac{L-H}{2} \tag{805}$$

Der arctg des Klammerausdruckes kann nur, da dieser negativ ist, zwischen $\frac{\pi}{2}$ und π liegen. Wäre z. B. M sehr groß, ergäbe sich der arctg zu $\frac{\pi}{2}$ und $x_{\max} = \frac{H}{2}$. Das Temperaturmaximum liegt dann in Reaktormitte.

Die Stelle höchster Staboberflächentemperatur, die im Hinblick auf den Hüllenwerkstoff von Interesse ist, folgt ebenfalls aus Gl. (805), wenn $n = 0$ gesetzt wird. Setzt man $x_{\max}$ in Gl. (804) ein, ergibt sich $\vartheta_{\max}$. Das Einsetzen in Gl. (799), (800) und (801) oder (802) liefert hingegen bei Beachtung von Gl. (798) die Temperaturdifferenz $\Delta_{1\max}, \Delta_{2\max}, \Delta_{3\max}$ an der Stelle höchster Stabinnentemperatur. Analog folgt bei $n = 0$, $\Delta_{1\max}$ und $\Delta_{2\max}$ an der Stelle höchster Hüllentemperatur.

Die vorstehend ermittelten Höchsttemperaturen sind Idealwerte, welche zahlreiche aus Herstellung, Betrieb und Konstruktion sich ergebende zusätzliche Einflüsse nicht berücksichtigen. Dem wird durch Faktoren Rechnung getragen, die in ihrer Gesamtheit einen entscheidenden Einfluß haben können. Diese sind:

f_1	Unterschied zwischen rechnungsmäßigem und wirklichem Flußhöchstwert, z. B. durch Einfluß der Regelstäbe (Abb. 328). (Wirkung auf Δ_1, Δ_2, Δ_3).
f_2	Flußerhöhung im Moderator und Senkung im Spaltstoff gegenüber einem Mittelwert (Abb. 322) (Wirkung auf $\Delta_1 \Delta_2 \Delta_3$).
f_v	Einfluß einer ungleichmäßigen Kühlmittelverteilung auf die Kühlmittel-Temperaturerhöhung Δ_1.
f_α	Einfluß desgleichen auf die Temperaturdifferenz Δ_2.
R_1, R_2	,, der Kanaltoleranzen auf Δ_1 und Δ_2.
R_3	,, einer Exzentrizität der Spaltstoffüllung auf Δ_1, Δ_2, Δ_3.
R_4, R_5, R_6	,, von Toleranzen in der Abmessung der Spaltstoffstäbe auf Δ_1, Δ_2, Δ_3.
R_7	,, von ungleicher Konzentration des Spaltstoffes auf Δ_1, Δ_2, Δ_3.
R_8	,, infolge ungenauer Erfassung der Wärmeleitzahl des Spaltstoffes auf Δ_3.
R_9, R_{10}	,, konstruktiver Maßnahmen (Unterschiede in Kanalgestaltung) auf Δ_1 und Δ_2.

Die Höchsttemperaturen ergeben sich nunmehr wie folgt[1]:

$$\begin{aligned} \Delta'_{1\max} &= \Delta_{1\max} \quad f_1 f_2 f_v R_1 R_3 R_4 R_7 R_9, \\ \Delta'_{2\max} &= \Delta_{2\max} \quad f_1 f_2 f_\alpha R_2 R_3 R_5 R_7 R_{10}, \\ \Delta'_{3\max} &= \Delta_{3\max} \quad f_1 f_2 R_3 R_6 R_7 R_8. \end{aligned} \tag{806}$$

Die Abschätzung der angeführten Faktoren muß an Hand eines vorliegenden Entwurfes erfolgen. Als Anhalt kann für das Produkt der Faktoren in der Reihenfolge der drei Gleichungen (1,8 bis 2,4), (1,7 bis 3,1) und (1,6 bis 2,1) genommen werden[2].

Die Leistung eines Reaktors und damit $Q_{\max}$ und $\Phi_{\max}$ kann man so lange steigern, bis eine maßgebende Größe als erste ihren höchstzulässigen Wert erreicht. Bei gasgekühlten Reaktoren wird diese Grenzgröße gewöhnlich die Stabinnentemperatur sein, die den für den Spaltstoff zulässigen Wert nicht überschreiten darf. Handelt es sich hierbei z. B. um metallisches Uran, beträgt die zulässige Temperatur etwa 600 °C, da bei 668 °D eine Umwandlung der α- in die β-Phase stattfindet, womit eine Volumsänderung verbunden ist.

---

[1] Clauss: Zur Berechnung von Kühlkanalfaktoren bei Brennelementen. Atomkernenergie 1960, S. 41 und 128.

[2] Kleinere Werte bei Gas-, größere bei Wasserkühlung. Hier beträgt der Faktor für den rechnungsmäßigen Wärmefluß durch die Brennstoffhülle im Hinblick auf Filmverdampfung etwa 2,1.

Weitere diesbezügliche Angaben sind auf S. 451 zu finden. Gleichzeitig wird auch die höchste Oberflächentemperatur des Stabes eine Rolle spielen, da diese den für den Hüllenwerkstoff zulässigen Wert nicht überschreiten darf.

Bei Druckwasserreaktoren wird die Hüllentemperatur als Grenzgröße angesehen. Erstere darf nur geringfügig oder überhaupt nicht die Siedetemperatur des Wassers bei Reaktordruck überschreiten. Ebenso muß das Gebiet der Filmverdampfung (S. 152) vermieden werden.

Bei Siedewasserreaktoren treten gewöhnlich nicht Temperaturen als Grenzgrößen auf, sondern der sogenannte Leerfaktor, d. h. der von Dampf erfüllte Teil des Reaktorkernvolumens, dividiert durch das gesamte Reaktorkernvolumen. Dieser setzt die Reaktivität herab, und zwar bei 10% Dampfgehalt um etwa 1%. Um bei plötzlichen Laständerungen nicht in den Bereich der prompten Neutronen zu kommen, begrenzt man daher den Leerfaktor mit etwa 20%. Auch hier hat die Filmverdampfung beachtet zu werden.

Bei Reaktoren mit Kühlung durch flüssiges Metall wie Na, Bi tritt als Grenzgröße viel eher als die Spaltstofftemperatur die erodierende Wirkung durch die Strömungsgeschwindigkeit des Kühlmittels auf. Man begrenzt also letztere bei NaOH mit 7,5 m/s, bei Bi mit 3 m/s. Überall tritt als Grenzgröße auch die reaktivitätsvermindernde Wirkung der Vergiftungsprodukte Xenium und Samarium (Abschnitt 32) auf.

Die genannten, keineswegs vollständig angeführten Grenzgrößen ergeben auch die Leistungsdichten, mit denen der Betrieb bei den verschiedenen Typen möglich ist. Dies zeigt Zahlentafel 142, wo die Wärmeentwicklung je Liter bzw. je Kubikmeter Reaktorkernvolumen angeführt ist.

Zahlentafel 142. *Leistungsdichten in Dampfkesselbrennkammern und Reaktoren*

Leistungsdichten	kW/l	kcal/m³h
Brennkammer Velox-Dampfkessel	12	$10 \cdot 10^6$
Brennkammer Normal-Dampfkessel	0,18	$0{,}16 \cdot 10^6$
Graphit-Reaktor	0,5 bis 1	0,43 bis $0{,}86 \cdot 10^6$
Druckwasser	20 bis 70 bis 200	17 bis 60 bis 170
Siedewasser	20 bis 30	17 bis $26 \cdot 10^6$
Flüssigmetall	200	$170 \cdot 10^6$
Schneller Reaktor	500 bis 1000	430 bis $860 \cdot 10^6$

Auch Brennkammern von Dampferzeugern sind zum Vergleich angegeben. Von den Reaktoren hat jener mit Gaskühlung die kleinste, jener mit Flüssigmetallkühlung die größte Leistungsdichte. Eine Sonderstellung nehmen homogene Reaktoren ein, wo der Spaltstoff in einem flüssigen Kühlmittel gelöst oder suspendiert ist (z. B. U^{235} in Bi oder Uranylsulfat in D_2O) und mit diesem umläuft.

Die Aufwärmung der Flüssigkeit in einem solchen Reaktor in Achsnähe kann nach $\Delta_1 = \int_0^x \frac{Q_A F\,dx}{M \cdot C}$ ermittelt werden, sonstige Übertemperaturen kommen nicht vor. Hier bedeutet M die ganze Durchflußmenge, F den Strömungsquerschnitt, der, sofern nicht achsparallele Wände vorliegen, eine Funktion von x ist. Die Abkühlung der Flüssigkeit erfolgt in außerhalb des Reaktors liegenden Heizflächen. Hier sind im Kern hohe Leistungsdichten möglich, besonders, wenn außerdem das Moderatorvolumen bei schnellen Reaktoren entfällt.

31. Der Leistungsaufwand zur Kühlung

Bei den meisten Reaktortypen wird das Kühlmittel nach dem Reaktor durch einen Wärmetauscher oder Dampfkessel geführt, wo es die im Reaktor aufgenommene Wärme an ein Arbeitsmittel (Dampf, Luft) abgibt. Anschließend gelangt das Kühlmittel abgekühlt wieder in den Reaktor, so daß ein Kreislauf vorliegt. Um ihn aufrechtzuerhalten, ist eine Druckdifferenz Δp [kp/m²] erforderlich, die eine Umwälzpumpe aufbringt. Der Leistungsaufwand für diese ist in kW:

$$N_p = \frac{\Delta p \cdot V}{102 \cdot \eta_p} \tag{807}$$

Hier bedeutet V das umgewälzte Volumen in m³/s und η_p den Pumpenwirkungsgrad. Setzt man N_p ins Verhältnis zur möglichen Stromlieferung N der Reaktoranlage, so ist anzustreben, den Wert $\varepsilon = \frac{Np}{N}$ möglichst zu verringern. Dies wird durch entsprechende Wahl der Strömungsgeschwindigkeit des Kühlmittels, des Umwälzvolumens, der Kanalquerschnitte, durch Anwendung von Kühlrippen u. dgl. erreicht.

Eine Zunahme der Leistungsdichte setzt den Wert ε herauf. Eine diesbezügliche Rechnung liefert den Zusammenhang zwischen der Leistungsdichte, dem Reaktorvolumen und dem Wert ε für verschiedene Kühlmittel; Abb. 331 zeigt die Zusammenhänge[1]. Danach gestatten, wie auch Zahlentafel 142 zeigt, Gase als Kühlmittel die niedrigsten, Flüssigkeiten die höchsten Leistungsdichten. Gase unter höherem Druck sind günstiger als unter niedrigerem. Um bei gasförmigen Kühlmitteln die in Zahlentafel 142 angegebenen Leistungsdichten von etwa $0{,}8 \cdot 10^6$ kcal/m³h zu erreichen, ist ein relativ hoher Aufwand von $\varepsilon = 0{,}1$ erforderlich. Durch Flußglättung und Anpassung der Strömungsgeschwindigkeit an den Flußverlauf sind allerdings wesentliche Einsparungen, etwa bis $\varepsilon = 0{,}02$, möglich. Immer wird jedoch die erreichbare Leistungsdichte von ε, d. h. vom Umwälzaufwand, begrenzt. Bei flüssiggekühlten Reaktoren hingegen ist ε im üblichen Energiedichtebereich niedrig, und die Lastbegrenzung erfolgt durch die anderen bereits besprochenen Faktoren.

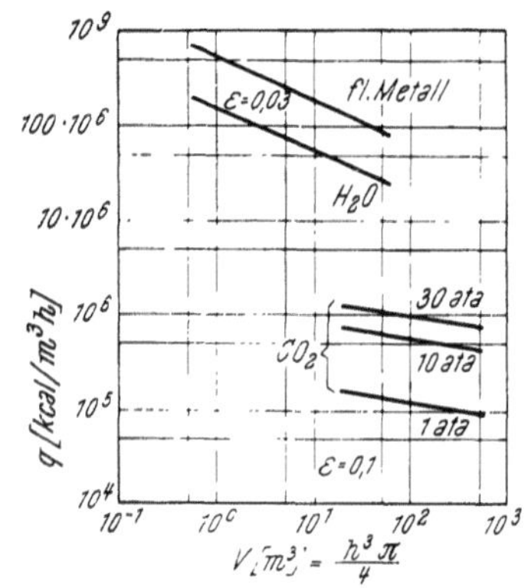

Abb. 331.
Zulässige Wärmebelastung q in Abhängigkeit des Reaktorkernvolumens für verschiedene Kühlmittel

32. Vergiftung

Die während des Betriebes gemäß Abb. 317 entstehenden Spaltprodukte sind zum Teil gasförmig, zum Teil fest. Sie haben, bei heterogenen Reaktoren, die Tendenz, durch Diffusion an die Oberfläche des Spaltstoffstabes zu gelangen. Um in der weiteren Folge ihren Übertritt an das Kühlmittel zu verhindern, ist der Stab mit einer Hülle versehen. Diese hat eine Wandstärke von etwa 0,5 mm und ist aus einem Werkstoff mit möglichst geringer Neutronenabsorption hergestellt. Hierfür kommen Magnox (Mg—Al-Legierung), Be, Zr und nichtrostender Stahl in Frage. Auch Hartgraphit, dann allerdings in größerer Schichtdicke, findet Verwendung. Die gebildeten Spaltprodukte sind vielfach unstabile Isotope, welche erst nach mehrmaligen Umwandlungen ihre Endform erreichen. (Auch durch die Neutronenstrahlung finden Umwandlungen statt.) Manche Spaltprodukte haben besonders große Absorptionsquerschnitte für Neutroneneinfang und gefährden die Neutronenökonomie. Solche sind z. B. Xenon (Xe^{135}) und Samarium (Sm^{149}). Während des Betriebes ist jedoch ihre Anreicherung dadurch beschränkt, daß Neubildung und Abbau sich ab einer bestimmten Konzentration die Waage halten. Da der Abbau zum Teil durch die Neutronenstrahlung bedingt ist, wird bei Ausfall dieser, d. h. bei Abstellen des Reaktors, noch ein weiterer Anstieg erfolgen und erst nach einiger Zeit wegen Ausbleibens der Neubildungen wieder abklingen. Dies stellt für Xe Abb. 332 dar. Man sieht das Erreichen des Gleichgewichtszustandes nach einer gewissen Betriebszeit und die Bildung

[1] LEDINEGG: Wärmebelastung in Reaktoren. Atomkernenergie 1959, S. 14.

des sogenannten „Xe-Berges“ nach Abstellen. Wenn nicht genügend Überschußreaktivität vorhanden ist, erscheint ein Anfahren kurz nach Abstellen ausgeschlossen. Die erforderliche Überschußreaktivität, um die im stationären Zustand vorliegende Vergiftung zu kompensieren, ist etwa 3 bis 5%. Den Vorgang der Xe-Bildung zeigt folgende Gleichung:

$${}_{52}Te^{135} \xrightarrow[1\,\text{Min}]{\beta} {}_{53}J^{135} \xrightarrow[6{,}7\,\text{h}]{\beta} {}_{54}Xe^{135} \xrightarrow[9{,}2\,\text{h}]{\beta} {}_{55}Cs^{135} \rightarrow$$

Es bildet sich demnach zunächst Tellur, das sich praktisch sofort in Jod verwandelt. Dieses geht dann mit einer Halbwertzeit von 6,7 h in Xenon über, welches mit einer Halbwertzeit von 9,2 h zerfällt.

Die Jodbildung (entstehende Kernzahl je Kubikzentimeter und Sekunde) erfolgt gemäß nachstehender Beziehung:

$$\frac{dN_J}{dt} = 0{,}056\,\Sigma_f \Phi - \frac{N_J}{T_J} \tag{808}$$

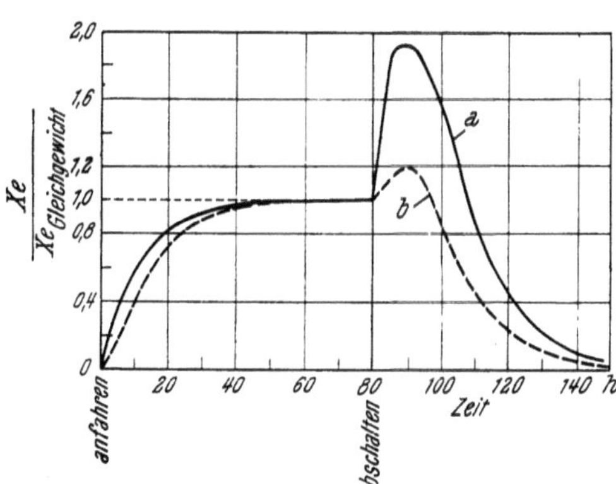

Abb. 332. Xenon-Vergiftung im stationären Betrieb und nach Abstellen eines Reaktors[1]
a Neutronenfluß $3{,}10^{13}$ N/cm² s
b Neutronenfluß $1{,}10^{13}$ N/cm² s

Im ersten Term rechts bedeutet Σ_f den Spaltquerschnitt des U^{235}, Φ den thermischen Neutronenfluß, demnach $\Sigma_f \Phi$ die Zahl der Spaltungen des U^{235} [Gl. (789)]. Der Faktor 0,056 ist der Anteil des hierbei gebildeten Jodes. Der zweite Term beschreibt die Anzahl der sich umwandelnden Jodkerne, wobei T_J die mittlere Lebensdauer dieser, $\frac{1}{T_J}$ daher die Umwandlungsrate je Sekunde beträgt und Zerfallskonstante heißt. Die gewöhnlich angegebene „Halbwertszeit“ $T_{H,J}$ hängt mit der „mittleren Lebensdauer“ T_J allgemein nach $T_J \ln 2 = T_J\, 0{,}7 = T_{HJ}$ zusammen.

Die Zahl der Jodkerne im Gleichgewichtszustand folgt aus Gl. (808) mit $\frac{dN_J}{dt} = 0$ zu

$$N_{Jo} = 0{,}056 \cdot T_J \Sigma_f \Phi \tag{809}$$

Diese wandeln sich zur Gänze in Xe um, so daß man für die Bildung des letzteren je Kubikzentimeter und Sekunde erhält:

$$\frac{dN_X}{dt} = \frac{N_{Jo}}{T_J} + 0{,}003\,\Sigma_f \Phi - \frac{N_X}{T_X} - N_X \sigma_X \Phi \tag{810}$$

Zum ersten Term auf der rechten Seite, der wie erwähnt die Xe-Bildung aus J umfaßt, kommt ein zweiter Term, welcher den Anteil der direkten Xe-Bildung unmittelbar aus der Spaltung darstellt. Der dritte Term bedeutet den Xe-Abgang durch β-Zerfall auf Grund der mittleren Lebensdauer T_X dieser Isotope. Der letzte Term ergibt die Zahl der durch Neutroneneinfang umgewandelten Xe-Kerne. N_X ist die Zahl dieser je Kubikzentimeter, σ_X der Einfangsquerschnitt für diesen Prozeß. Der Gleichgewichtszustand folgt mit $\frac{dN_X}{dt} = 0$ und Gl. (810) zu

$$N_{XO} = \frac{0{,}059\,\Sigma_f \Phi}{\frac{1}{T_X} + \sigma_X \Phi} \tag{811}$$

Damit kann leicht der Neutronenverlust je Kubikzentimeter und Sekunde errechnet werden, welcher durch Xe im stationären Zustand verursacht wird. Er beträgt

$$N_V = N_{OX}\, \sigma_X \Phi = \Sigma_X \Phi \tag{812}$$

[1] Illies: Kernenergie für Schiffsantriebe. VDI-Z., Bd. 101, Nr. 32, S. 1471, Nov. 1959.

Die Xe-Spitze nach dem Abstellen folgt aus Gl. (810), wenn für $\Phi = 0$ gesetzt sowie beachtet wird, daß nunmehr der erste Term veränderlich ist, d. h. die nun mit der Zeit abnehmende Jodmenge darstellt. Letztere folgt aus Gl. (808) mit $\Phi = 0$ zu

$$N_J = N_{J0} e^{-\frac{t}{T_J}} \tag{813}$$

Setzt man also in Gl. (810) statt N_{J_0} den Wert N_J gemäß Gl. (813) sowie $\Phi = 0$ ein, folgt

$$\frac{dN_X}{dt} = \frac{N_{J0}}{T_J} e^{-\frac{t}{T_J}} - \frac{N_X}{T_X} \tag{814}$$

Der Maximalwert ergibt sich mit $\frac{dN_X}{dt} = 0$ und Gl. (809) zu

$$N_{X,\max} = 0{,}056\, T_X e^{-t_{\max}/T_J} \Sigma_f \Phi \tag{815}$$

wobei noch $t_{\max}$ bei $N_{X,\max}$ durch Integration von Gl. (814) zu ermitteln wäre. Näherungsweise ist jedoch $t_{\max} \sim T_J$. Bildet man $N_{X,\max}/N_{X0}$, erhält man den Faktor, mit welchem die stationäre Xe-Konzentration zu multiplizieren ist, um die Spitze zu erhalten. Es ist mit Gl. (811)

$$\frac{N_{X\max}}{N_{X0}} = 0{,}95 \cdot e^{-\frac{t_{\max}}{T_J}} \cdot (1 + \sigma_X T_X \Phi) \tag{816}$$

Mit $\sigma_X = 3{,}5 \cdot 10^{-18}\,\text{cm}^2$, $\Phi = 5 \cdot 10^{13}\,\text{cm}^{-2}\text{s}^{-1}$, $T_X = 13{,}1 \cdot 3600\,\text{s}$, $t_{\max}/T_J \sim 1$ ergibt sich $N_{X\max}/N_{X0} = 3{,}2$. Wie Gl. (816) zeigt, nimmt der Xe-Faktor mit dem Fluß Φ zu und beginnt oberhalb $\Phi = 10^{13}$ eine Rolle zu spielen.

33. Konstruktion

Die Aufbauelemente des Atomreaktors sind der Spaltstoff (Brennstoff), der Bremsstoff (Moderator), der Reflektor, der Baustoff für Gehäuse, Tragkonstruktionen usw., die Abschirmung, das Kühlmittel, Regeleinrichtungen und schließlich die Energieabgabe. Die im Spaltstoff stattfindende Kernreaktion erzeugt Wärme und bedingt eine Ausstrahlung energiereicher Neutronen, die im Bremsstoff gebremst wurden (thermische oder langsame Reaktoren). Wird eine Bremsung nicht durchgeführt, muß der Spaltstoff hochkonzentriert vorliegen (schneller Reaktor). Die im Spaltstoff erzeugte Wärme muß durch das Kühlmittel abgeleitet werden. Dieses kann dann entweder als Heizmittel für einen Dampfkessel oder ein Gasturbinenaggregat dienen (gas-wasser-flüssigkeitsgekühlte Reaktoren), oder das Kühlmittel verdampft direkt im Reaktor, wobei Arbeitsdampf geliefert wird (Siedewasserreaktor). Der Reaktorkern ist meist von einem Stoff geringer Neutronendurchlässigkeit, dem Reflektor, umschlossen. Der ganze Reaktor wird vom biologischen Schild umgeben sein, welcher gewöhnlich aus Schwerbeton, eventuell mit Stahlschild (thermischer Schild) besteht, um die vom Reaktor kommende Neutronen- und γ-Strahlung weitgehend zu absorbieren. Der Reaktor soll eine Reaktivitätsreserve haben, um die im Laufe des Betriebes auftretenden zusätzlichen Verluste auszugleichen. Daher ist bei Betriebsbeginn eine Überschußreaktivität vorhanden, die durch neutronenabsorbierende Trimmstäbe zu kompensieren ist. Sie ragen in den Reaktorkern. Eine weitere Einwärtsbewegung verringert, eine Auswärtsbewegung vergrößert die Reaktivität des Reaktors. Ähnlich sind auch die Regulierstäbe ausgeführt, die die Einstellung der gewünschten Last gestatten.

Der Reaktor dient vielerlei Zwecken. So gibt es Forschungsreaktoren, Materialprüfungsreaktoren, Reaktoren für chemische Zwecke, z. B. Plutoniumerzeugung, und Leistungsreaktoren.

Von einem Forschungsreaktor wird meist nur eine kleine Leistung verlangt, dagegen aber die Möglichkeit, die einschlägigen Versuchsarbeiten möglichst leicht durchführen zu können, wozu auch seine Aufstellung in besiedeltem Gebiet gehört. Ein hoher Fluß ist für den Materialprüfungsreaktor erwünscht. Bei Reaktoren zur Erzeugung von Plutonium soll der Umwandlungsfaktor vom Ausgangsmaterial in Spaltmaterial möglichst hoch, am besten über 1 liegen. Die Kühlmitteltemperatur darf bei allen diesen Reaktoren niedrig sein und wird im allgemeinen 100 °C nicht überschreiten. Anders ist es beim Leistungsreaktor. Hier muß im Interesse eines guten thermischen Wirkungsgrades der angeschlossenen Wärmekraftanlage die Kühlmitteltemperatur weit über 100 °C liegen, damit Dampf hohen Druckes mit entsprechender Überhitzungstemperatur erzeugbar ist. Um die Betriebskosten niedrig zu halten, wird auch bei einem solchen Reaktor ein hoher Umwandlungsfaktor für Brützwecke erwünscht sein. Dagegen spielt die Höhe des Neutronenflusses keine unmittelbare Rolle.

Sind Spaltstoff, Bremsstoff und Kühlstoff voneinander getrennt, so handelt es sich um einen heterogenen Reaktor. Sind dagegen alle zu einer Mischung vereinigt, wie z. B. Lösung von Uran in Flüssigkeiten, spricht man von homogenen Reaktoren.

Wird das Brüten direkt im Reaktorkern getätigt, handelt es sich um Eingebietreaktoren. Besitzt dagegen der Reaktor eine eigene Bruthülle, in welcher das zu brütende Material, also z. B. Th^{232}, U^{238} eingebracht ist, nennt man ihn Zweigebiet-Reaktor. .

Die meisten Ansprüche hat der Leistungsreaktor zu befriedigen. Man verlangt eine hohe Belastbarkeit desselben, d. i. eine hohe Wärmeentwicklung in kcal/m^{3}h, um die investierte Uranmenge gut auszunützen. Die Notwendigkeit einer hohen Kühlmitteltemperatur wurde bereits erwähnt. Der Leistungsaufwand für die Reaktorhilfsmaschinen muß in erträglichen Grenzen sein. Seine Betriebskosten sollen niedrig liegen. Zu diesem Zweck soll er sowohl in der Anschaffung billig sein als auch einen guten Ausbrand des Spaltstoffes erzielen bzw. durch Brüten automatisch neuen Spaltstoff erzeugen.

Die Werkstoffe, die Verwendung finden, sind für die Brennelemente Natururan, angereichertes Uran, die Uranisotope $_{92}U^{233}$ sowie Plutonium $_{94}Pu^{239}$. Natururan besteht nur zu 0,725% aus dem eigentlichen Spaltstoff $_{92}U^{235}$, der Rest ist $_{92}U^{238}$, welches allerdings durch „Brüten" in den damit künstlich hergestellten Spaltstoff $_{92}Pu^{239}$ überführbar ist. Auf ähnliche Weise, nämlich durch Brüten von Thorium $_{90}Th^{232}$, entsteht $_{92}U^{233}$. Das Uran (Schmelztemperatur 1130 °C) kann in metallischer Form Verwendung finden, doch ist dann die Temperatur mit etwa 600 °C beschränkt, da bei 668 °C eine Umwandlung von der α- in die β-Phase mit Struktur- und Volumsänderung stattfindet. Ferner werden Legierungen des Urans mit Al, Mg, Be, Zr, Th, Mo, Cr, Si, Fe verwendet. Wesentlich höhere Temperaturen als metallisches Uran gestatten seine Oxyde und Karbide. So hat z. B. Uranoxyd UO_2 einen Schmelzpunkt von 2880 °C, erhöht aber die Resonanzabsorption. Urankarbid UC_2 hat einen Schmelzpunkt von 2700 °C und gestattet eine Elementhöchsttemperatur von etwa 2000 °C.

Das Hüllenmaterial für die Spaltstoffstäbe soll korrosionsfest, widerstandsfähig gegen Diffusion und temperaturunempfindlich sein. Vielfach begrenzt die zulässige Hüllentemperatur das erreichbare Temperaturniveau. Hüllenstoffe sind Al, Zr, Be, Magnox (nichtoxydierbare Mg—Al-Legierung), Mg—Be-Legierungen, nichtrostender Stahl und Graphit. Sie sollen geringe Neutronenabsorption aufweisen, was bei allen, mit Ausnahme des nichtrostenden Stahles, der Fall ist. Dieser wird daher nur in Zusammenhang mit angereichertem Brennstoff verwendet. Magnox ist das bei den englischen Reaktoren durchwegs verwendete Material, verträgt aber nur maximal 450 °C. Die höchsten Temperaturen sind mit Graphithüllen möglich.

Als Moderatorstoffe finden Graphit (C), Be, BeO, H_2O, D_2O sowie Kohlenwasserstoffe Verwendung. Graphit hat gute Moderiereigenschaften und keine hohe Neutronenabsorption. Es wird bei den englischen Reaktortypen durchlaufend verwendet. Be ist teuer, seine Verwendung ist daher beschränkt. H_2O ist zwar ein guter Moderator, doch muß der Spaltstoff angereichert werden. Dies ist bei D_2O (Kanadische Reaktoren) nicht erforderlich. Die gleichen Gesichtspunkte wie für Moderatoren gelten auch für Reflektoren.

Kühlmittel sind gasförmige Stoffe bei Drücken bis 20 kp/cm², und zwar Luft, N_2, CO_2, He und Flüssigkeiten wie H_2O, D_2O, Kohlenwasserstoffe und flüssige Metalle, z. B. Na, K, Wismut.

Die Trimm- und Regelstäbe bestehen aus starken Neutronenabsorbern, z. B. Bor, Hafnium, Cadmium.

Die Werkstoffe für das biologische Schild sind Fe, Pb, Beton und Schwerbeton.

Die bisher in Betrieb befindlichen Leistungsreaktoren, s. Zahlentafel 143, gehören hauptsächlich der Magnoxtype (England), der Druck- und Siedewassertype (USA) mit Wasser bzw. mit C als Moderator (UdSSR) an. Die derzeit in Bau befindlichen Reaktoren liegen konstruktionsmäßig zum Großteil auf gleicher Linie.

Nunmehr mögen die wichtigsten Reaktortypen kurz beschrieben werden.

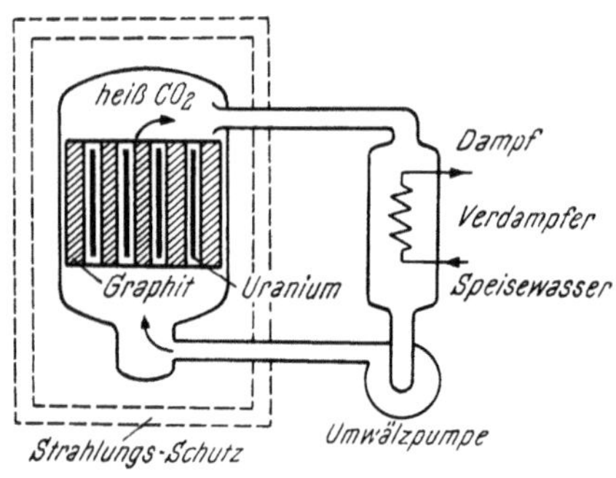

Abb. 333.
Gasgekühlter graphitmoderierter Reaktor

a) Gasgekühlte Reaktoren

Der gasgekühlte Leistungsreaktor[1], Abb. 333, wird in großem Stile ausgeführt. Ein solcher Reaktor besteht aus einem Druckgefäß, in welchem ein Bremsstoff, z. B. Graphit [mehrfach auch D_2O], angeordnet ist und wo in Kanälen die Spaltstoffstäbe eingeführt

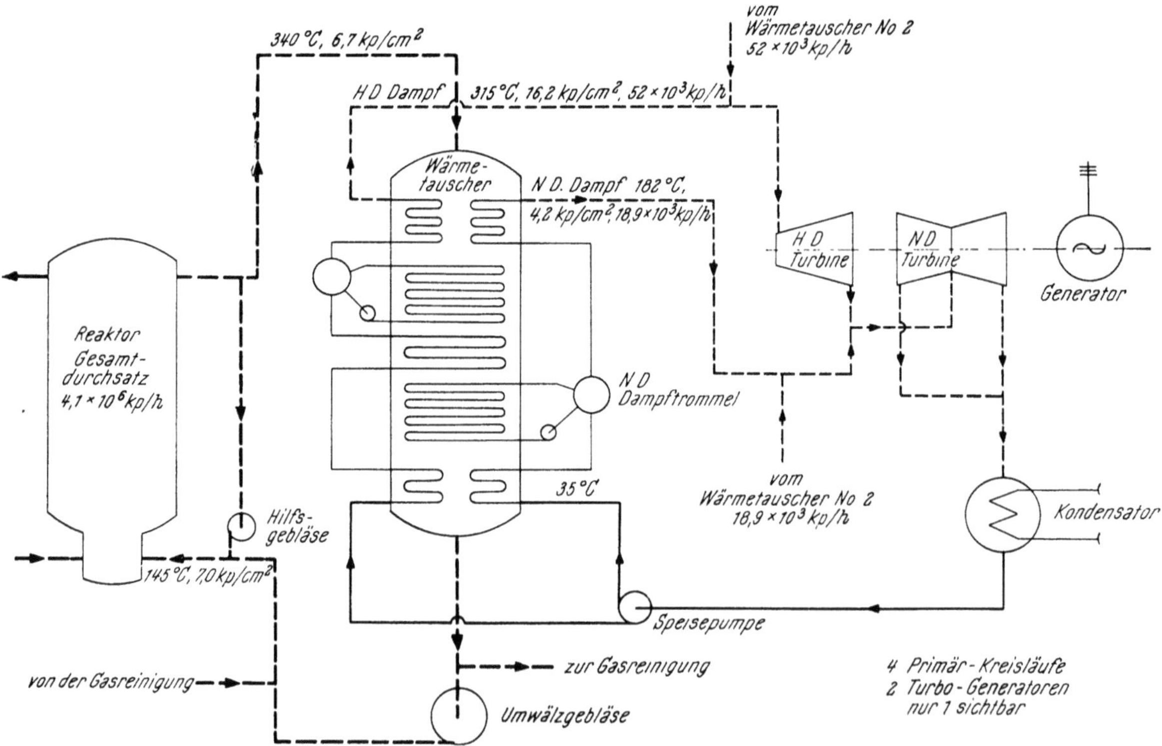

Abb. 334. Schaltschema Reaktor Calder Hall

werden. Das Kühlmittel, meist CO_2-Gas, steht unter Druck und wird durch Umwälzpumpen in Zirkulation gehalten. Nach Austritt aus dem Reaktor wird es mittels Wärmetauschern wieder abgekühlt. Diese erzeugen sekundärseitig Dampf, der in Dampfturbinen verarbeitet wird.

[1] Gilli: Gasgekühlte Leistungsreaktoren. Österr. Ing.-Zeitschr. Jg. 5, 1962, H. 1.

Im Wärmetauscher erkennt man den Dampfkessel konventioneller Anlagen, während der Reaktor an Stelle der Feuerung tritt. Der Wunsch, eine bestimmte Höchsttemperatur im Spaltstoffmaterial nicht zu überschreiten, führt zu verhältnismäßig niedrigen Höchsttemperaturen für das Kühlmittel, welche etwa bis 400 °C liegen. Dadurch muß auch der angeschlossene Dampfprozeß gewisse Modifikationen erfahren.

Bei den englischen Reaktoren der Magnoxtype wurde der Weg beschritten, zwei Druckstufen zu verwenden. Die erste liefert etwa 70%, die zweite etwa 30% der Gesamtdampfmenge. Abb. 334 zeigt das Schema einer solchen Anlage. Man erkennt den Zwangsumlaufkessel für die höhere Druckstufe mit einem angeschlossenen Überhitzer, der den Dampf für die Turbine liefert. Gasseitig nach diesem ist der Niederdruckkessel vorgesehen, welcher Dampf für eine niedrigere Turbinenstufe erzeugt. Dadurch ist eine starke Abkühlung des Umwälzgases möglich, was geringere Umwälzpumpenleistungen bedingt.

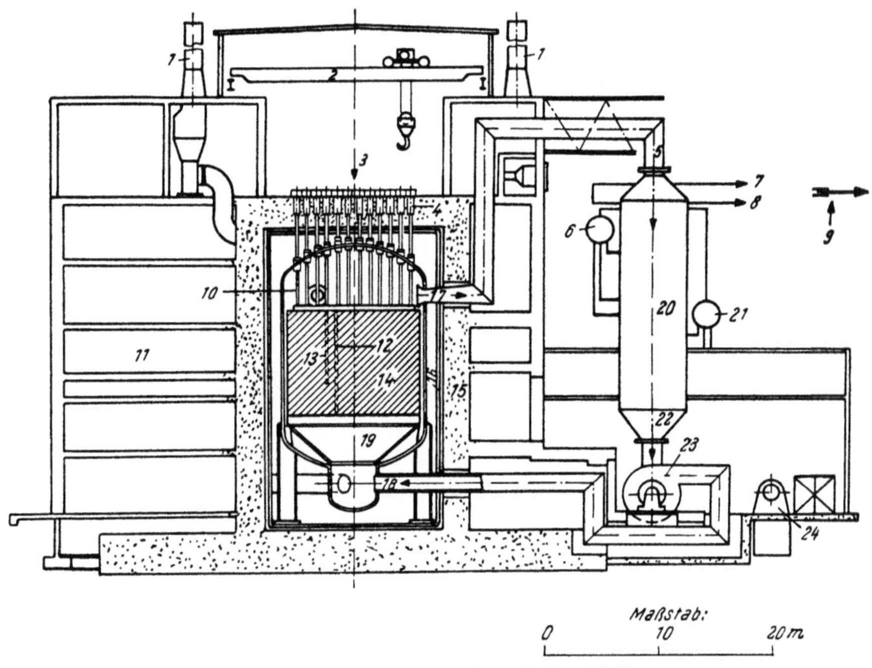

Abb. 335. Reaktoranlage Calder Hall

1 Schornstein für die Kühlluft
2 Laufkran, der den Reaktor bestreicht
3 Beschick-Bühne
4 Beschick-Röhren für Brennstoff und Regulierstäbe
5 Heißgaseintritt in den Wärmetauscher
6 Trommel für den Dampf mit 14 ata
7 Dampf mit 14 ata
8 Dampf mit 3,6 ata
9 Dampfleitungen zu den konventionellen Dampfturbinen
10 Regulierstäbe
11 Regulier- und Schaltblock
12 Uranstäbe
13 Regulierstab
14 Graphitmoderator
15 Biologische Schutzschicht
16 Thermische Schutzschicht
17 Heißgasleitung
18 Leitung für das kühle Gas
19 Druckbehälter
20 Wärmetauscher
21 Trommel für den Dampf mit 3,6 ata
22 Gasaustritt aus Wärmetauscher
23 Elektrisch angetriebenes Gebläse
24 Motorgeneratorsatz (Ward-Leonard)

Die erste Großausführung der Magnoxtype war die Reaktoranlage Calder Hall. Sie hat vier Reaktoren, die in der Zeit von 1956 bis 1959 in Betrieb kamen. Jeder Reaktor, Abb. 335, besteht aus einem zylindrischen Druckbehälter von 51 mm Wandstärke und 11,3 m Durchmesser, in welchem auf einem Rost der Graphitkörper aufgebaut ist. Der Rost ist über Stützen, die bis zum Boden des Druckbehälters reichen und hier von Säulen abgelöst werden, so abgestützt, daß sein Gewicht nicht zu zusätzlichen Spannungen im Mantel führt. Die Wärmedehnung des Systems mußte gleichfalls in der Lagerung entsprechend berücksichtigt werden. Der Reaktor war für eine Wärmeleistung von

Zahlentafel 143. *In Betrieb und Bau befindliche Kernkraftwerke* (nach WIESENACK[1])

Land	Bezeichnung[2]	Reaktorbauart	Aufstellungsort	Jahr der Inbetriebnahme	Elektrische Leistung in MW
Belgien	BR-3	Druckwasser		1962	11,5
Tschechoslowakei		Gasgekühlter Reaktor (D_2O)	Trnava	in Bau	150
Bundesrepublik Deutschland		Siedewasser	Kahl/Main	1960	15
	AVR	Gasgekühlter Hochtemperatur-Reaktor	Jülich	in Bau	15
	MZFR	Mehrzweckforschungs-Reaktor (D_2O)	Karlsruhe	in Bau	50
		Siedewasser	Gundremmingen	in Bau	237
DDR		Druckwasser	Rheinsberg	in Bau	70
Frankreich	G1	Gasgekühlter Reaktor (CO_2)	Marcoule	1956	5
	G2			1958	30
	G3			1959	30
	EDF1		Chinon	1962	60
	EDF2			in Bau	170
	EDF3			in Bau	375
	EL 4	Gasgekühlter Reaktor (D_2O)	Brennilis	in Bau	80
	SENA	Druckwasser	Chooz	in Bau	242
Großbritannien	Magnox-Typ	Gasgekühlter Reaktor (CO_2)	Calder Hall	1956	180
			Chapelcross	1958	180
			Berkeley	1961	275
			Bradwell	1961	300
			Hunterstone	in Bau	320
			Hinkley Point	in Bau	500
			Trawafynydd	in Bau	500
			Dungeness	in Bau	500
			Sizewell	in Bau	580
			Oldbury	in Bau	550
			Wylfa Head	in Bau	1000
		Schneller Brüter	Dounreay	1959	15
	AGR	Gasgekühlter Hochtemperatur-Reaktor	Windscale	1962	28
Italien	SENN	Siedewasser	Garigliano	in Bau	150
	SIMEA	Gasgekühlter Reaktor (CO_2)	Latina	in Bau	200
	SELNI	Druckwasser	Trino Vercellese	in Bau	270
Japan		Siedewasser	Tokai Mura	in Bau	12,5
		Gasgekühlt	Tokai Mura	in Bau	159
Kanada	NPD	Druck-D_2O	Rolphton	1962	20
	CANDU	Druck-D_2O	Douglas Point	in Bau	220
Norwegen		Siede-D_2O	Halden	1959	(10 als Heizdampf)
Schweden	R3/Adam	Druck-D_2O	Agesta	in Bau	10 + (55 als Heizdampf)
Schweiz		Gasgekühlter Reaktor (D_2O)	Luzern	in Bau	8

[1] WIESENACK, VDI 1963, S. 166.

Fortsetzung der Zahlentafel 143

Land	Bezeichnung[2]	Reaktorbauart	Aufstellungsort	Jahr der Inbetriebnahme	Elektrische Leistung in MW
UdSSR		Wassergekühlt, Graphitmoderiert	Obninsk	1954	5
		Druckwasser	Voronezh	in Bau	210
		Wassergekühlt, Graphitmoderiert	Beloyarsk (Ural)	in Bau	200 (400?)
	BN-5	Schneller Brüter	Obninsk	1959	5
USA		Druckwasser	Shippingport	1957	66 bis 100
		Siedewasser	Dresden, Ill.	1959	184
	Yankee	Druckwasser	Rowe, Mass.	1960	155
		Druckwasser	Indian Point	1962	275
	Fermi	Schneller Brüter	Lagoona Beach	1962	100
	HNPF	Na-Graphit	Hallam	1962	75
	OMRE	Organisch moderiert	Piqua	1962	11,4
		Siedewasser	Elk River	1962	22
	Pathfinder	Siedewasser	Sioux Falls	in Bau	66
		Druckwasser	Saxton	1962	5
	CVTR	Druck-D_2O	Parr Shoals	in Bau	17
		Siedewasser	Humboldt Bay	in Bau	60 bis 70
	BONUS	Siedewasser	Puerto Rico	in Bau	16
		Siedewasser	Big Rock Point	1962	50
	HTGR	Gasgekühlt	Peach Bottom	in Bau	40

[2] Bezeichnung nur eingetragen, wenn Kraftwerke unter diesem Kurznamen bekannt sind.

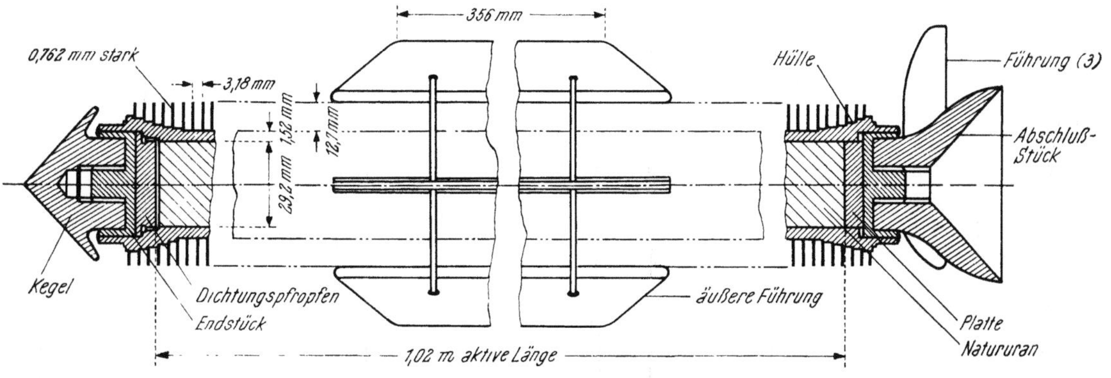

Abb. 336. Brennstoffelement Reaktor Calder Hall[1]

180×16^6 kcal/h gebaut, liefert aber 225×10^6 kcal/h. Die Eintrittstemperatur des Kühlmittels ist 140 °C, die Austrittstemperatur 336 °C. Die Reaktorstäbe, Abb. 336, bestehen aus natürlichem Uran, welche in eine Hülle mit spiralförmigen Rippen aus Magnox eingeschoben sind. Das Kühlgas, dessen Druck etwa 7 kp/cm² beträgt, strömt demnach um die Uranstäbe spiralig kreisend nach aufwärts. Der Durchmesser des Uranstabes ist 29,2 mm, die Dicke der Magnoxhülle 1,5 mm, der Außendurchmesser der Rippe 54 mm, der Durchmesser des Kanals, vom Zentrum nach außen abnehmend, 106 bis 92 mm. Das Auswechseln der Stäbe erfolgt durch eine Lade- bzw. Entlademaschine, welche am Bedienungspodest oberhalb des Reaktors beweglich angeordnet ist. Um die Ladung bzw. die Entladung vorzunehmen, muß dieser Reaktor drucklos gemacht werden. Zu jedem Reaktor gehören vier Wärmetauscher und zwei Turbinen von je 27000 kW.

[1] International Atomic Energy Agency: Directory of Nuclear Reactors, Vol. I, S. 126, 1959.

Zwischen je zwei Reaktoren ist die Turbinehalle angeordnet. Der Schornstein über dem Reaktorgebäude führt Kühlluft, welche außerhalb des Reaktors zur Kühlung der Betonabschirmung dient.

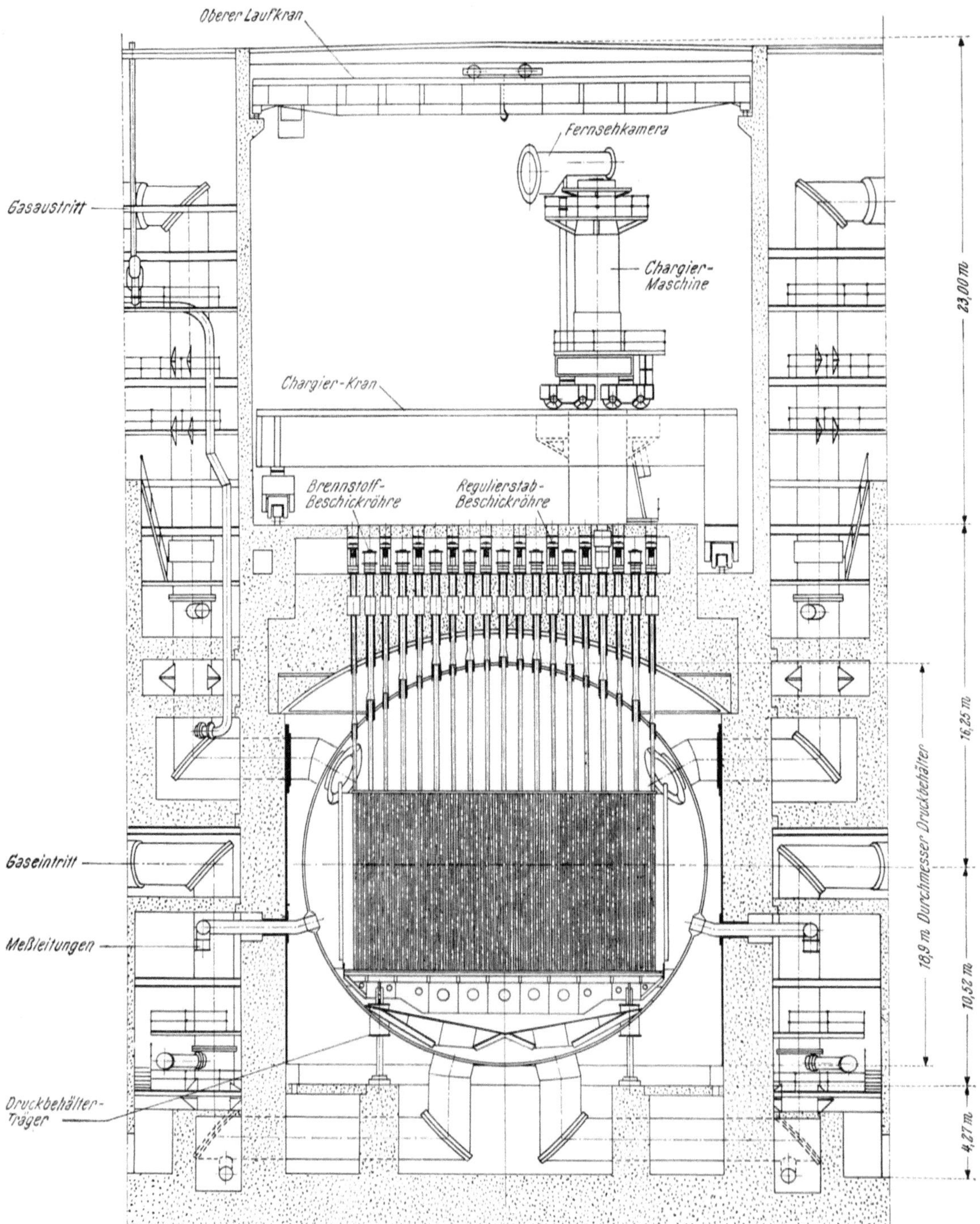

Abb. 337. Vertikalschnitt Reaktor Dungeness[1]

Die weitere Entwicklung dieser Reaktortype zeigt Abb. 337. Hier ist das Druckgefäß in der festigkeitsmäßig günstigeren Kugelform ausgebildet. Solche Anlagen wurden in

[1] International Atomic Energy Agency: Directory of Nuclear Reactors, Vol. IV, S. 263, 1962.

England an zahlreichen Stellen errichtet, s. Zahlentafel 143. Zum Beispiel ist Hunterstone für eine Wärmeleistung von 460×10^6 kcal/m³h je Reaktor bei einem Kugeldurchmesser von 21,34 mm ausgelegt. Als Kühlmittel ist wieder CO_2 vorgesehen. Der Kühldruck ist gegenüber Calder Hall etwas erhöht und beträgt 10,5 kp/cm². Auch die Lade- und Entladeeinrichtung ist wesentlich verbessert. Es ist nicht mehr Drucklosmachen des Reaktors zur Durchführung dieses Prozesses notwendig. Der Austausch der Elemente erfolgt durch Chargiermaschinen von unten. Von oben findet die Regulierung und ein eventuelles Eingreifen bei Klemmungen der Beschickung statt. Die Art der Anordnung ist jedoch nicht in allen Anlagen gleich. Die Brennelemente werden mit steilgängigen Spiralrippen aus Magnox versehen. Durch 4 Längsrippen werden 4 achsparallele Zonen geschaffen, Abb. 338, wodurch der Wärmeübergang verbessert und eine Führung ermöglicht wird. Der Uranzylinder wird auch als Hohlzylinder mit etwa 40 mm Durchmesser ausgeführt, wodurch die höchste Innentemperatur herabgesetzt wird. Die Strömungsgeschwindigkeit des Gases beträgt etwa 20 m/s, wobei Wärmeübergangszahlen von 400 bis 600 kcal/m²h, auf die Gesamtoberfläche bezogen, auftreten. Der Reaktorkern ist öfter von einer Hülle aus warmfestem Stahl umgeben, während den Druck die Kugelhülle aufnimmt. Ihre Wandstärke ist bei Hunterstone 76 mm gegenüber 51 mm bei Calder Hall. Andere Anlagen haben 101 mm Wandstärke (Dungeness). Die Höchstleistung der Dampferzeuger ist bisher 330 t Dampf/h je Einheit (Anlage Sizewell).

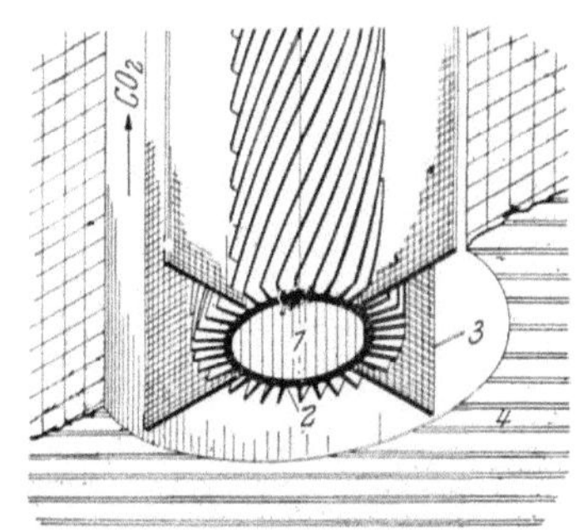

Abb. 338. Spaltstoffelement mit spiralförmigen kleineren Rippen sowie 4 Segmentunterteilungen[1]

1 Zylinder aus metallischem Natururan
2 Magnoxhülse mit schraubenförmigen Kühlrippen
3 Längsrippen aus Magnox
4 Graphitblöcke (Moderator)

In Abb. 339 ist einer der 4 je Reaktor vorhandenen Dampferzeuger der Anlage Dungeness für etwa 310 t/h Dampferzeugung und Naturumlauf dargestellt. Die Rohre sind mit kleiner Teilung als Flossenrohre bzw. Rippenrohre ausgeführt. Infolge des sehr geringen Staubgehaltes im CO_2 sind Außenflächenverschmutzungen nicht zu befürchten. Auf die gasberührte Heizfläche bezogen (einschließlich Rippen), wird mit Wärmeübergangszahlen von 150 bis 350 kcal/m²h °C bei einem Rippenverhältnis [Gesamtoberfläche : Kernrohroberfläche] von 3,5 bis 6,5 gerechnet. Man erhält so auf das ganze Druckgefäß bezogene Wärmeübertragungen von 130000 kcal/m³h (Calder Hall) bis 250000 bis 300000 kcal/m³h bei neueren Anlagen.

Eine Zusammenstellung englischer, französischer und sonstiger gasgekühlter Reaktoranlagen zeigt Zahlentafel 144. Man sieht hier deutlich die Entwicklungstendenzen: steigende Drücke und Temperaturen des Umwälzgases, ebenso wie des im Dampferzeuger

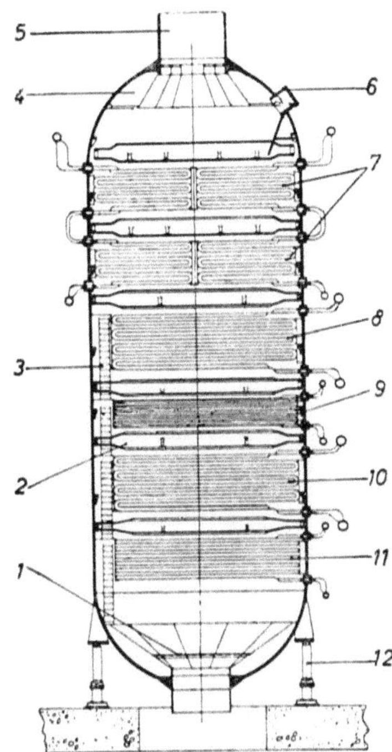

Abb. 339. Dampferzeuger für 309 t Dampfleistung (Reaktoranlage Dungeness)[1]

1 Schutzgitter
2 Heizflächentragkonstruktion
3 Einstiegleiter
4 Diffusor
5 CO_2-Eintritt (19,2 ata, 410 °C)
6 Mannloch
7 HD-, ND- und Zwischenüberhitzer
8 HD-Verdampfungsheizfläche
9 HD-Vorwärmer
10 ND-Verdampfungsheizfläche
11 HD- und ND-Vorwärmer
12 Pendelstütze

[1] GILLI: Fortschritte und Entwicklungstendenzen im Bau von gasgekühlten Leistungsreaktoren des graphitmoderierten Natururantyps. Elektrotechnik und Maschinenbau, 79. Jahrg. Heft 21, S. 538 und 545, 1962.

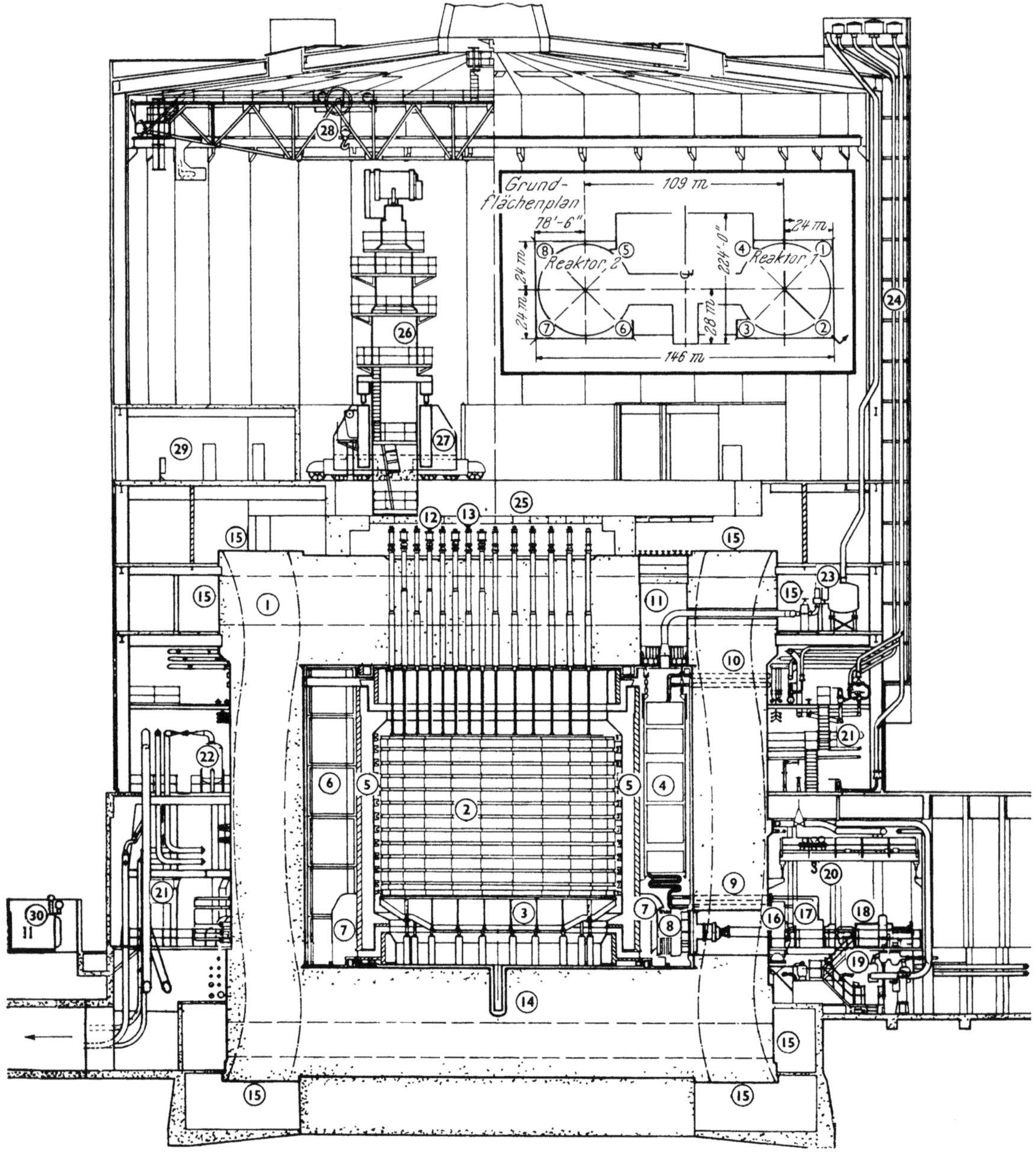

Abb. 340. Reaktoranlage Oldbury in Betonbauweise[1]

1 Betondruckbehälter
2 Graphitkern
3 Tragrost
4 Kessel
5 Kesselabschirmung
6 Kesselende
7 Gasaustrittsleitung
8 Gasumwälzung
9 Speisewassereintritt (Kessel)
10 HD- und ND-Dampfeintritt
11 Kesselfüllschlitz
12 Beschickungsröhre
13 Kontrollröhre
14 Abfallraum
15 Druckbehälterträger
16 Schutztüre für Gasumwälzung
17 Umwälzmotor
18 Gas-Umwälzturbine
19 Behelfe für Gasumwälzung
20 25-t-Kran für Umwälzantriebe
21 Dampf- und Speisewasser-Rohrleitungen
22 Anfahrkessel
23 Sicherheitsventile und Filter
24 Entlüftungsanlage
25 Beschickungsfläche
26 Beschickungsvorrichtung
27 Beschickungsmaschine
28 Chargier-Kran (25 t)
29 Schaltraum
30 Transformatoren

[1] Nuclear Engineering, Nr. 78, S. 446, Nov. 1962.

Zahlentafel 144. *Gasgekühlte Reaktoren* [Spaltstoff Natururan, Moderator Graphit]

Anlage	Land	Inbetriebnahme (Vollast)	Nettoleistung je Reaktor (MW_e)	Zahl der Reaktoren	Zahl der Dampferzeuger je Reaktor	Zahl der Turbinen je Reaktor	Druckgefäß (Zyl zylindrisch, K kugelförmig, VB vorgesp. Beton)	Wasserumlauf im Dampferzeuger (Zw Zwangsumlauf, N Naturumlauf)	Elektrischer Eigenbedarf (% der elektrischen Bruttoleistung)	Wärmeentwicklung je Reaktor 10^6 kcal/h	CO_2 Druck kp/cm² Reaktorein- und Austritt	CO_2 Eintritts-Temperatur	CO_2 Austritts-Temperatur	Dampf Stufe I Druck	Dampf Stufe I Temperatur	Dampf Stufe II Druck	Dampf Stufe II Temperatur
Calder Hall A + B	Großbritannien	56/59	45	4	4	2	Zyl	Zw	16,7	194	7,03/6,7	145	340	16,2	315	4,2	182
Chapelcross	Großbritannien	59/60	45	4	4	2	Zyl	Zw	16,7	194	7,03/6,7	145	340	16,2	315	4,2	182
G2/G3 Marcoule	Frankreich	59/60	37	2	4	1	VB	N	20	172	15/ 14,5	150	354	10,3	334	2	171
Berkeley	Großbritannien	62	137,5	2	8	2	Zyl	Zw	14	476	9,8/ 9,5	160	345	22,6	322	5,4	322
Bradwell	Großbritannien	62	150	2	6	3	K	Zw	13	460	10,3/10	180	390	54,6	374	15	374
EDF-1, Chinon	Frankreich	63	60	1	1(120)**	1	Zyl	N	17	258	25 /24,1	142	345	21	330	4	216
Hunterston A	Schottland	64	160	2	8	3	K	Zw	10	460	10,5/10,2	204	395	41	371	10,5	349
Hinkley Point A	Großbritannien	63/64	250	2	6	3	K	Zw	12,6	820	13 /12,6	177	371	45	365	12	349
EDF 2, Chinon	Frankreich	63	170	1	4(96) **	2	K	N	15	680	25 /24	198	365	32,6	340	26,1	340
Latina	Italien	63	200	1	6	3	K	Zw	13	606	13,8/13,4	180	390	52	374	13,7	374
Trawsfyndd	Großbritannien	63/64	250	2	6	2	K	Zw	13,8	748	16,9/16,4	202	390	65,1	380	20,5	360
Tokai Mura	Japan	65	158	1	4	2	K	Zw	4,8	502	14,3/13,6	203	392	60,6	375	17,6	360
Dungeness	Großbritannien	65	275	2	4	2	K	N	3,5	717	20 /19,5	250	410	100	393	38,7	391
Sizewell	Großbritannien	65/66	290	2	4	1	K	Zw	9,5	920	20 /—	220	410	48	395	18	395
EDF 3, Chinon	Frankreich	65	≧375	1	8(192)**	2	VB	N	3	1180	26 /—	240	410	52	400	52	400
Oldbury	Großbritannien	66	280	2	1	1	VB	N		780	26 /—	250	410	94	395	49	395
Wylfa A 1	Großbritannien	68	590	2	1	2	VB	Zw	11,4	1610	28,4/27,5	247	414	46	401	—	—
Wylfa A 2	Großbritannien	69	590	1	1	2	VB										
EL-4 * ***	Frankreich	65	78,5	1	1	1	—	—	—	215	14,5	260	500	81,5	485	—	—
Bohunice *	ČSSR	65	150	1	3	3	Zyl	Zw	—	507	68/59	100	427	28,3	400	2	180
Tarapur	Indien	67	150	2													
Brasilien	Brasilien	67	300	1													
EDF-4, Finistére	Frankreich	67	480	1							30,5	220	400	34,4	390	—	—
Hinkley Point B	Großbritannien	—	500	2													
Hunterston B	Schottland	69	—	2													

* Schwerwasser moderiert ** Zahl der Dampferzeugerelemente *** Zum Teil angereichert 1,5 %/Natururan

gebildeten Hoch- und Niederdruckdampfes. Die Leistung je Reaktor wurde, verglichen mit Calder Hall, auf das mehr als 5fache gesteigert. Die Gesamtwirkungsgrade erhöhten sich von etwa 20 auf 34%. Wenn auch durch Verwendung von legiertem Stahl anstatt Kohlenstoffstahl und durch weitere Erhöhung der Wandstärke des Druckgefäßes, über 100 mm, noch gewisse Leistungssteigerungen möglich sind, so nähert man sich hier doch einer Grenze. Eine neue Bauweise gestattet aber wieder, diese hinauszuschieben: das Druckgefäß aus vorgespanntem Beton zu bauen. Dieses übt demnach nicht nur die Funktion eines biologischen Schildes aus, sondern ist auch druckfest. Dieser Weg wurde, wie Zahlentafel 144 zeigt, bei mehreren englischen und französischen Anlagen beschritten.

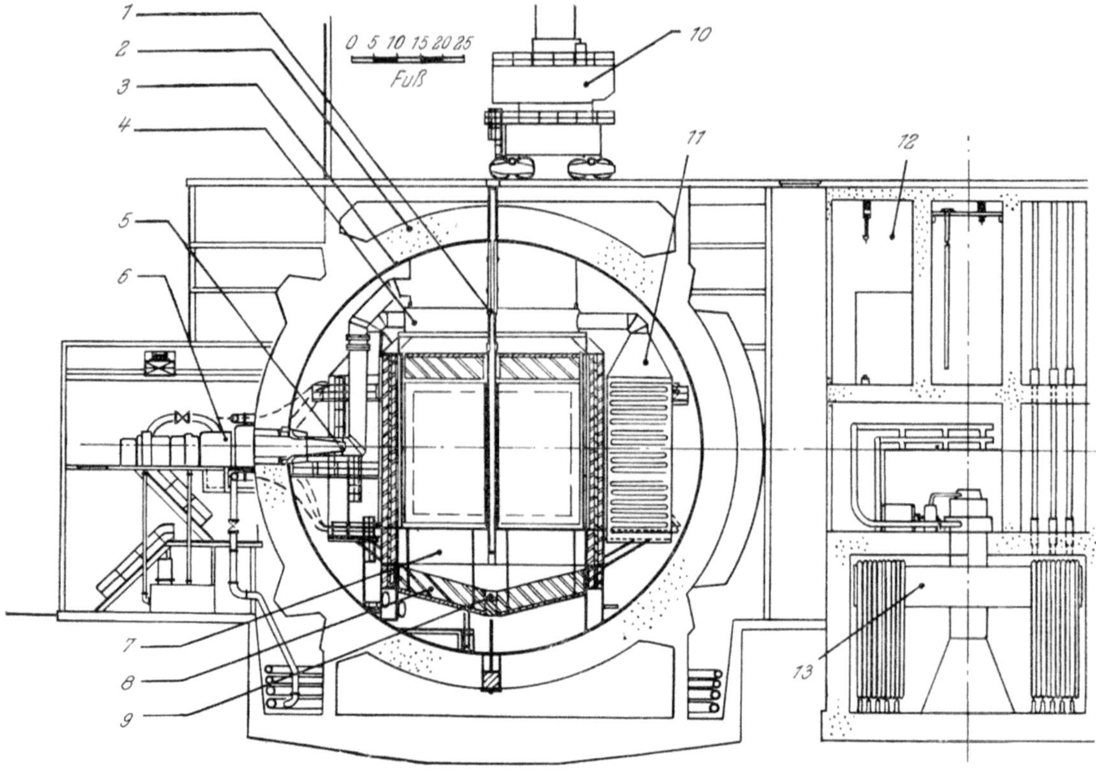

Abb. 341. Reaktordruckgehäuse in Betonbauweise und Kugelform[1]

1 Brennstoffladeröhre
2 Druckbehälter
3 Thermischer Schild
4 Sammelkammer
5 Umwälzung
6 Umwälzturbine
7 Rost
8 Abschirmung
9 Abfallraum
10 Brennstoffladevorrichtung
11 Wärmetauscher
12 Bedienungsraum
13 Getriebe

Zum Beispiel hat der zylindrische Druckbehälter der Anlage Oldbury bei 32,6 m Außendurchmesser eine Wandstärke von 4,6 m. Dieser Reaktor ist in Abb. 340 gezeigt. Man sieht die Kanäle für die Zugkabel im Mantel. Die tangentiellen Kabel liegen in ähnlichen Kanälen. Der obere und untere Boden ist durch horizontale Kabel bewehrt. An der Innenseite liegt ein gegen das Gas zu wärmeisolierter Stahlbehälter, der die Gasdichtheit des Systems gewährleistet. An seiner Außenseite ist dieser gekühlt.

Hier wurde innerhalb des Betondruckkörpers nicht nur der Reaktor selbst, sondern auch der Dampferzeuger sowie das Umwälzgebläse eingebaut. Die Dampferzeugerrohre sind um den Reaktor ringförmig angeordnet und durch einen inneren Schild von der Strahlung des letzteren geschützt. Dieser besteht aus Stahl zur Absorbierung der γ-Strahlung und aus Graphit zur Bremsung der schnellen Neutronen, um radiolytische

[1] Nuclear Engineering, Nr. 83, S. 120, April 1963.

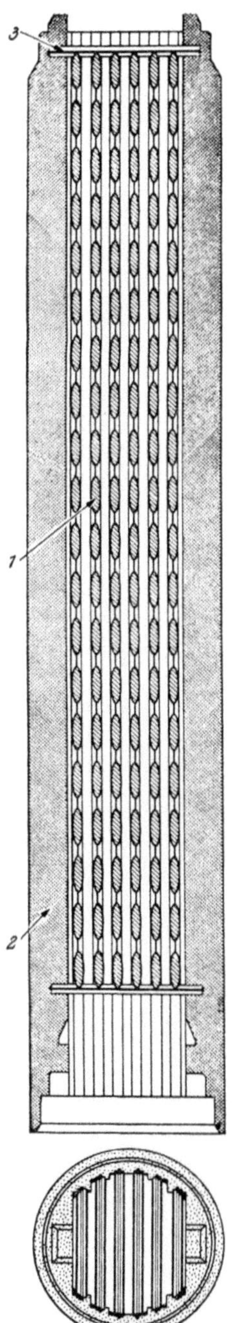

Abb. 342. Brennelemente für fortschrittliche gasgekühlte Reaktoren[1]

1 UO_2-Tabletten in Hülsen aus nichtrostendem Stahl
2 Graphitrohr; *3* Haltering

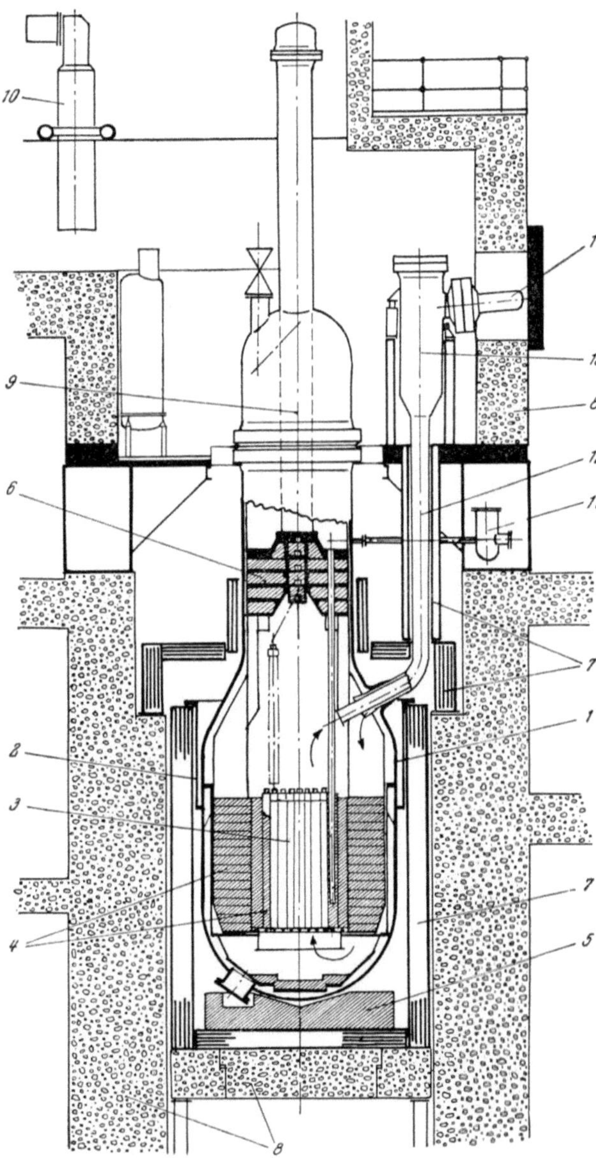

Abb. 343. Dragon-Hochtemperaturreaktor[2]

1 Reaktor-Druckgefäß
2 Aufhängung des Druckgefäßes
3 Spaltstoffelemente
4 äußerer und innerer Reflektor (Graphitblöcke)
5 Abschirmung
6 innerer thermischer Schild (Stahl und Graphit; gasgekühlt)
7 äußerer thermischer Schild (Stahl; wassergekühlt)
8 Betonschild
9 Lade- und Entlademaschine
10 Lade- und Entladeflasche
11 Regelstabgetriebe
12 sechs konzentrische Heliumleitungen
13 sechs Dampferzeuger (primäre Wärmetauscher)
14 Heliumumwälzgebläse

---

[1] P. V. GILLI: Gasgekühlte Leistungsreaktoren. Öst. Ing. Zeitschr., Jahrg. 5, Heft 1, S. 9, 1962.
[2] P. V. GILLI: Gasgekühlte Leistungsreaktoren. Öst. Ing. Zeitschr., Jahrg. 5, Heft 1, S. 10, 1962.

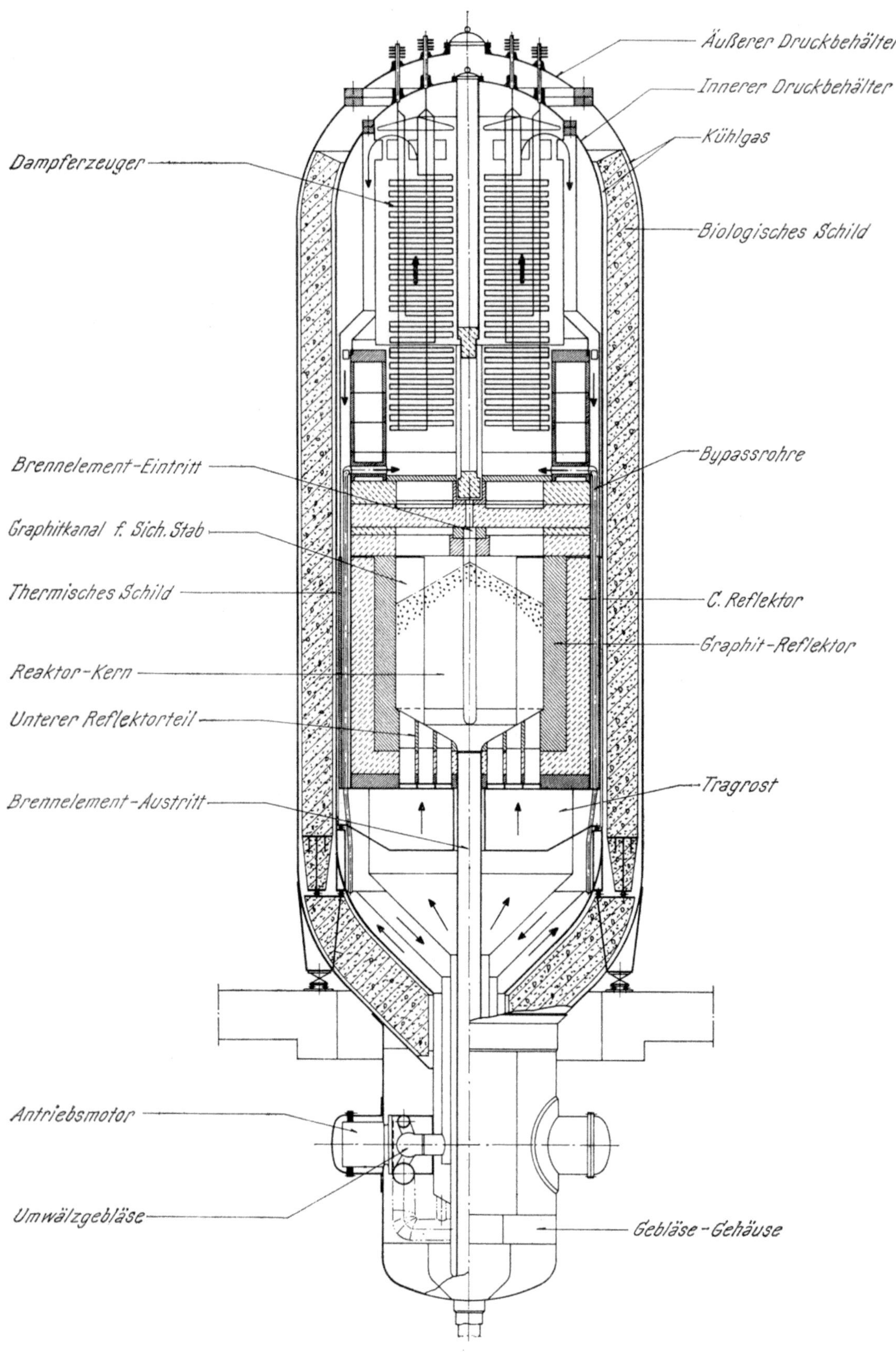

Abb. 344. Hochtemperatur-Reaktor in Jülich bei Aachen[1]

[1] International Atomic Energy Agency: Directory of Nuclear Reactors, Vol. IV, S. 274, 275, 1962.

Korrosion im Dampferzeuger zu vermeiden. In Abb. 341 ist ein ähnlicher Reaktor, jedoch mit kugelförmigem Spannbeton-Druckkörper dargestellt.

Die Weiterentwicklung des gasgekühlten Reaktors strebt dahin, die Gastemperatur über 400 °C zu steigern, um höhere Dampfdrücke zu ermöglichen. Zu diesem Zweck muß das metallische Uran durch UO_2 ersetzt werden. Dies bedingt aber wieder aus kernphysikalischen Gründen eine Anreicherung des Urans. Man gelangt so zu den fortschrittlichen graphitmoderierten Typen. Die beispielsweise Brennelementausführung eines solchen Reaktors zeigt Abb. 342.

Die Hülsen aus nichtrostendem Stahl, welche das UO_2 umschließen, erhalten elliptischen Querschnitt. Die so gebildeten Elemente werden quer zur Gasströmung angeordnet und sind innerhalb eines Graphitrohres gelagert. Eine entsprechende Anzahl derartiger parallel geschalteter Graphitrohre bildet den Reaktorkern. Solche Elemente sind allerdings nur bis Gastemperaturen von 550 °C möglich, da darüber hinaus das Graphit eine Reduktion von CO_2 zu CO bewirkt. Bei Überschreiten dieser Temperaturgrenze ist daher die Verwendung von Helium erforderlich. Gelangt man in Temperaturgebiete von 650 bis 700 °C, bieten auch die Hülsen aus nichtrostendem Stahl oder sonstigen feuerfesten Legierungen keine Sicherheit mehr. Hier ging man dazu über, die Hülse durch Hartgraphit zu ersetzen. Das Brennelement besteht aus Uran-Karbidtabletten, die in Graphit eingebettet sind. Ein eigentlicher Moderator ist nicht mehr erforderlich, das Kühlgas strömt zwischen den nebeneinander liegenden Elementen. Solche Elemente haben eine günstige Neutronökonomie, so daß auch in diesem Zusammenhang Brütung von U 238 oder Thorium mit Erfolg möglich ist. Auf dieser Grundlage wurde das Dragon-Projekt der OECD entwickelt, Abb. 343, welches mit einer Leistung von 20 MW in Südengland errichtet wurde. Das Kühlgas ist Helium von 20 at und erwärmt sich im Reaktor von 350 auf 750 °C. Der Reaktorkern beinhaltet die bereits geschilderten Brennelemente und wird von unten nach oben durchströmt. Eine außen liegende Helium-Umwälzpumpe fördert das Helium durch einen Zwangsumlauf-Dampferzeuger. Anschließend wird das abgekühlte Helium wieder in das Reaktordruckgefäß rückgeführt, wo es den Reflektor von oben nach unten durchströmt. Danach gelangt das Helium wieder in den Kern. Die Lademaschine ist im Reaktor-Druckgefäß oberhalb des Kernes angeordnet.

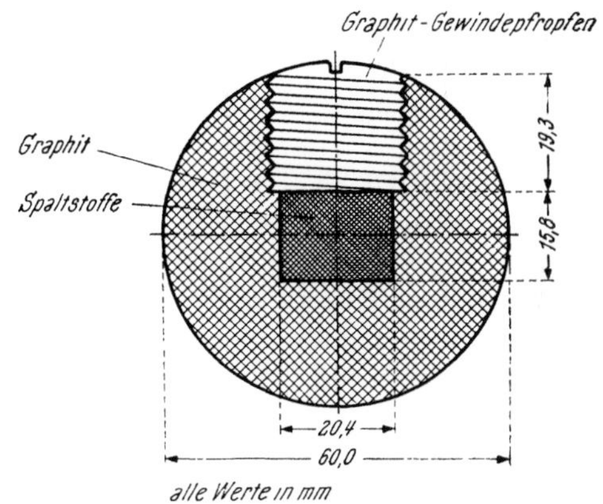

Abb. 345. Kugelförmiges Brennelement für Hochtemperatur-Reaktor in Jülich[1]

Es liegt nahe, bei den Brennelementen die Stabform zu verlassen, welche stets mit der Notwendigkeit relativ komplizierter Lademaschinen verbunden ist. Beim gasgekühlten Hochtemperatur-Reaktor von BBC-Krupp in Jülich bei Aachen werden, Abb. 344, kugelförmige Elemente verwendet. Diese stellen die Füllmasse des Kernes dar (Kugelhaufen-Reaktor). Die Entnahme der ausgebrannten Elemente erfolgt unten durch eine entsprechende Schleußeneinrichtung, die Zufuhr neuer durch Aufbringen von oben.

In diesem Reaktor ist Kern, Reflektor, Dampferzeuger und Umwälzgebläse in einem einzigen Druckbehälter vereinigt. Als Umwälzgas wird ein Helium-Neongemisch von 10 at und 850 °C Austrittstemperatur benützt. Der Dampfkessel erzeugt 55,5 t/h von 75 atü und 505 °C. Abb. 345 stellt ein Brennelement dar.

Die Graphithülle der Kugeln kann allerdings die gebildeten Spaltgase nicht zurückhalten. Es ist daher eine in einem Teilstrom liegende Gasreinigungsanlage parallel geschaltet, welche die Vergiftungsprodukte ausscheidet. Der Vorteil der Kugelform liegt

[1] International Atomic Energy Agency: Directory of Nuclear Reactors, Vol. IV, S. 274, 275, 1962.

in der günstigen Wärmeableitung, der Nachteil in der unregelmäßigen Anordnung der Kühlgasströme. Besonders nachteilig wäre ein Zusammenbacken von Kugeln, doch haben sich diesbezüglich Befürchtungen als grundlos erwiesen. Die Regelung erfolgt einerseits durch Regelstäbe, die im Moderator liegen, andererseits durch Variieren der Anzahl der eingebrachten Kugeln.

Die Möglichkeit der Verwendung von Gasturbinenanlagen statt Dampfanlagen im Zusammenhang mit gasgekühlten Reaktoren in geschlossenem Kreislauf sei erwähnt.

b) Druckwasserreaktoren

Bei diesen dient Druckwasser, welches von einer Umwälzpumpe umgewälzt und mittels eines Druckhaltegefäßes auf einem bestimmten statischen Druck gehalten wird, als Kühlmedium, Abb. 346. Dieser Druck muß, um nennenswerte Verdampfung im System zu verhindern, etwa gleich dem Siededruck sein, welcher zur höchsten auftretenden Wassertemperatur im Reaktor gehört. Mittels eines Wärmetauschers wird die im Reaktor aufgenommene Wärme an ein sekundäres Kreislaufsystem zur Dampferzeugung übertragen. Die Ausführung bedingt ein großes Reaktordruckgefäß, das entsprechend dem Wasserdruck ausgelegt werden muß, siehe Zahlentafel 145.

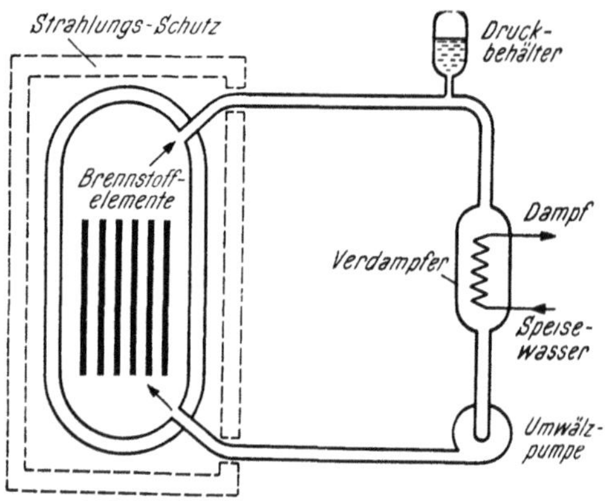

Abb. 346. Schema eines Druckwasserreaktors

Abb. 347 zeigt das Druckgefäß mit den Einbauten beim Druckwasserreaktor Shippingport 2, der für 435×10^6 kcal/h bemessen ist. Der Eintritt des Wassers erfolgt von unten und es wird über ein Verteilblech dem Reaktorkern zugeleitet. Dieser besteht aus dem eigentlichen, zu 93% angereicherten Kern und der Bruthülle aus natürlichem Uran. Das System wird vom Wasser in 2 Zügen durchströmt. Den ganzen Reaktorinnenteil trägt ein Korb, der gleichzeitig die Wirkung einer Abschirmung hat. Die Spaltstoffelemente selbst sind aus einer Anzahl nebeneinander liegender, etwa 1,7 mm dicker Platten, die mit etwa 3 mm Zwischenraum zu im Querschnitt quadratischen Elementen zusammengefaßt sind, errichtet, Abb. 348. Die Regulierung erfolgt durch im Querschnitt kreuzförmige Regelstäbe von oben, das Einbringen der Spaltstoffstäbe durch eigene Öffnungen gleichfalls vom oberen Boden des Reaktorgefäßes. Die amerikanische Reaktorentwicklung legt auf den wassergekühlten Reaktor das Schwergewicht. Hier liegen mit den Kraftwerken Shippingport und dem Yankee-Kraftwerk schon mehrjährige günstige Erfahrungen vor. Im Kraftwerk Indian Point der Consolidates Edison Co., New York, wurde ein zusätzlicher ölgefeuerter Dampfüberhitzer eingebaut, um den Wirkungsgrad zu verbessern.

Das Prinzip des Druckwasserreaktors kann auch so realisiert werden, daß der Druckbehälter in eine große Anzahl von Einzelbehältern bzw. besser gesagt Rohren aufgelöst wird, wodurch Schwierigkeiten in der Herstellung und im Betrieb großer Behälter entfallen (Druckrohrtype). Dieser Weg wurde beim Reaktor im russischen Kraftwerk bei Moskau realisiert.

Die Druckrohr-Spaltstoffelemente sind parallel geschaltet und im Bremsstoff, in diesem Falle Graphit, eingebracht. Das Druckwasser durchströmt erstere, die austretenden erwärmten Wasserströme werden in einem Sammler vereinigt, von dem aus das Druckwasser über einen Wärmetauscher, wo der Nutzdampf erzeugt wird, und eine Umwälzpumpe zum Eintrittssammler zurückgebracht wird. Wie bei allen Druckwasserreaktoren ist ein Druckhaltebehälter, der den Druck des Systems bestimmt, vorgesehen. Die Ausführung ist beim Siedewasserreaktor ähnlich, es sei auf die dortigen Abb. 353 bis 355 verwiesen.

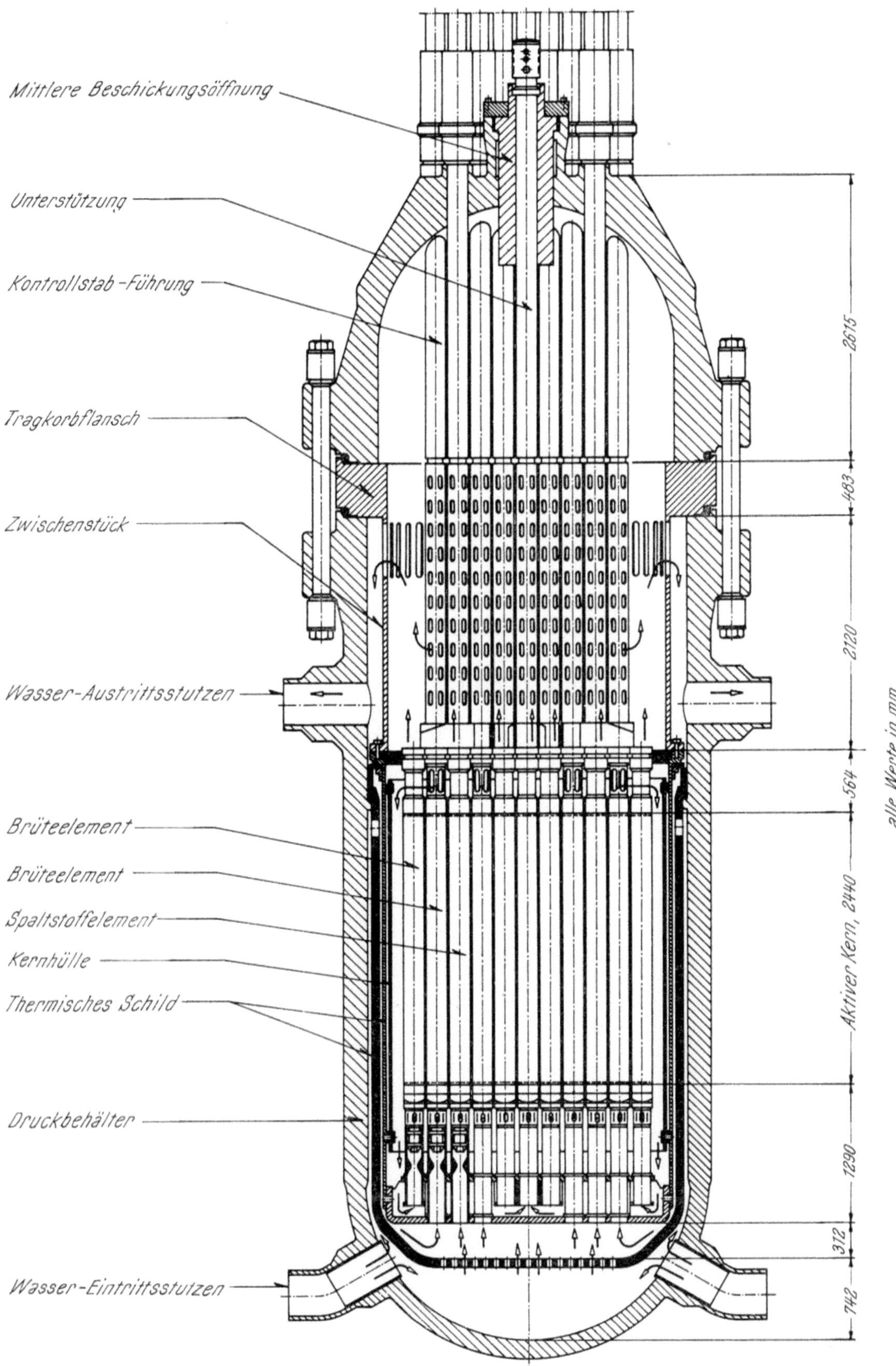

Abb. 347. Vertikalschnitt des Druckwasserreaktors Shippingport-2

Auch der kanadische Druckwasserreaktor, CANDU, welcher mit D_2O-Kühlung und -Bremsung arbeitet, löst den druckführenden Teil in zahlreiche Einzelrohre auf. Der Spaltstoff besteht hier aus natürlichem Uran, gesintert als UO_2. Da die Bremswirkung eines kühleren Mediums günstiger ist als die eines heißen, wird der Bremsstoff durch eine eigene Kühlung auf eine Temperatur von nur 48 bis 50 °C gehalten, während die Temperatur des Kühlmittels von 249 °C am Eintritt auf 293 °C am Austritt ansteigt. Die eigentlichen Druckrohre sind außen von konzentrischen Rohren umgeben, welche durch den drucklosen Behälter für das Bremsmittel geführt werden. Zwischen den beiden konzentrischen Rohren bleibt ein Luftspalt als Wärmeisolation zwischen dem heißeren Innenrohr und dem kälteren Moderatorrohr.

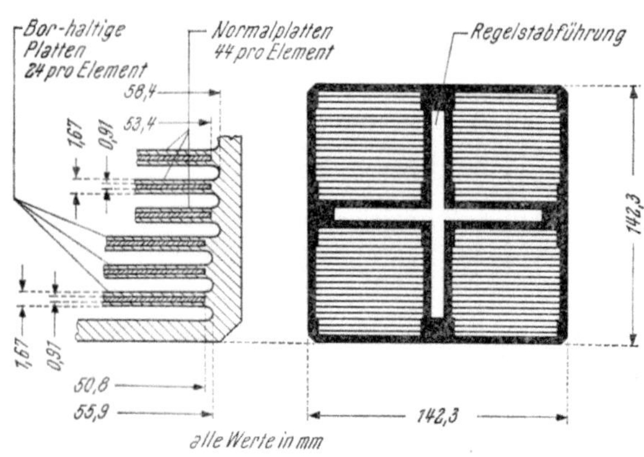

Abb. 348. Spaltstoffelement für Druckwasserreaktor[1]

Auch homogene Spaltstoffanordnungen kann man als Druckwasserreaktoren ausführen. Der Spaltstoff besteht z. B. aus Uranylsulfat, welches in D_2O gelöst ist, um im Kreislauf vom Reaktor über einen Wärmetauscher, Umwälzpumpe, zurück zum Reaktor zu strömen. Letzterer ist lediglich ein Druckgefäß, welches groß genug ist, daß die durchströmende Flüssigkeit kritisch wird, wobei sie sich erwärmt. Eine Regulierung findet durch Veränderung der Konzentration des umlaufenden Mediums statt. Günstig erscheint bei diesem Reaktor das Wegfallen des schwierigen Stabauswechselns und die Möglichkeit sehr hoher Wärmeleistungen. Andererseits birgt der umgewälzte Spaltstoff (UO_2SO_4) ernste Korrosionsgefahren. Die hohe Radioaktivität der umlaufenden Mittel verlangt überall absolute Dichtheit, was insbesondere für die Umwälzpumpen gilt.

In Wirklichkeit erfordert dieses auf den ersten Blick einfache Reaktorsystem zahlreiche Zusatzeinrichtungen zur Reinhaltung des Wassers und Rekombination gebildeter Zersetzungsprodukte, die es schließlich auch zu einem komplizierten Gebilde werden lassen.

Zahlentafel 145. *Druckwasserreaktoren*

Bezeichnung	Land	Inbetriebsetzung	Anreicherung %	MW_e	Max. Prim. Druck at	Eintrittstemp. °C	Austrittstemp. °C	Zahl der Kreisläufe	Sekund. Dampfdruck at	Sekund. Dampf-Temp. °C	Gesamtwirkungsgrad %
Yankee	USA	60	4,1	185	147	254	286	4	35	252	29,1
Rheinsberg	DDR	60	1,5	70	100	250	267	—	30	—	26,5
Mol BR 3	Belgien	62	3,7	10,7	140	255	268	1	36,9	244	—
Indian Point	USA	62	100	275	106	247	264	4	26	538	ölgef. Überhitz.
Shippingport	USA	63	90	60	126	253	267	3	38,8	247	26
Trino Vercellese	Italien	64	3,25	272	140	266	297	4	32	sat.	28,7
Chooz	F	66	3,23	266	141	267	300	4	31,5	237	29,4
San Onofre	USA	66	4	395	144	289	314	3	47,6	—	31,7
Zorita	Spanien	67	3,15	153	147	287	316	1	45,2	254	30
Haddam Neck	USA	67	—	490	140	284	310	4	48,3	260	31,4
Malibu	USA	—	—	462	140	287	310	4	47,5	210	33
Obninsk b. Moskau APS	USSR	54	5	5	100	190	300	1	12	278	16,5
WHER Voronezh	USSR	A. 63 B. 65	1,5 2,5	A. 210 B. 360	100 100	250	275	3	29	229	26
Troitsk Sib.	USSR	58—60	nat.	6×100	—	—	223	—	6,2	185	—

[1] International Atomic Energy Agency: Directory of Nuclear Reactors, Vol. IV, S. 22, 1962.

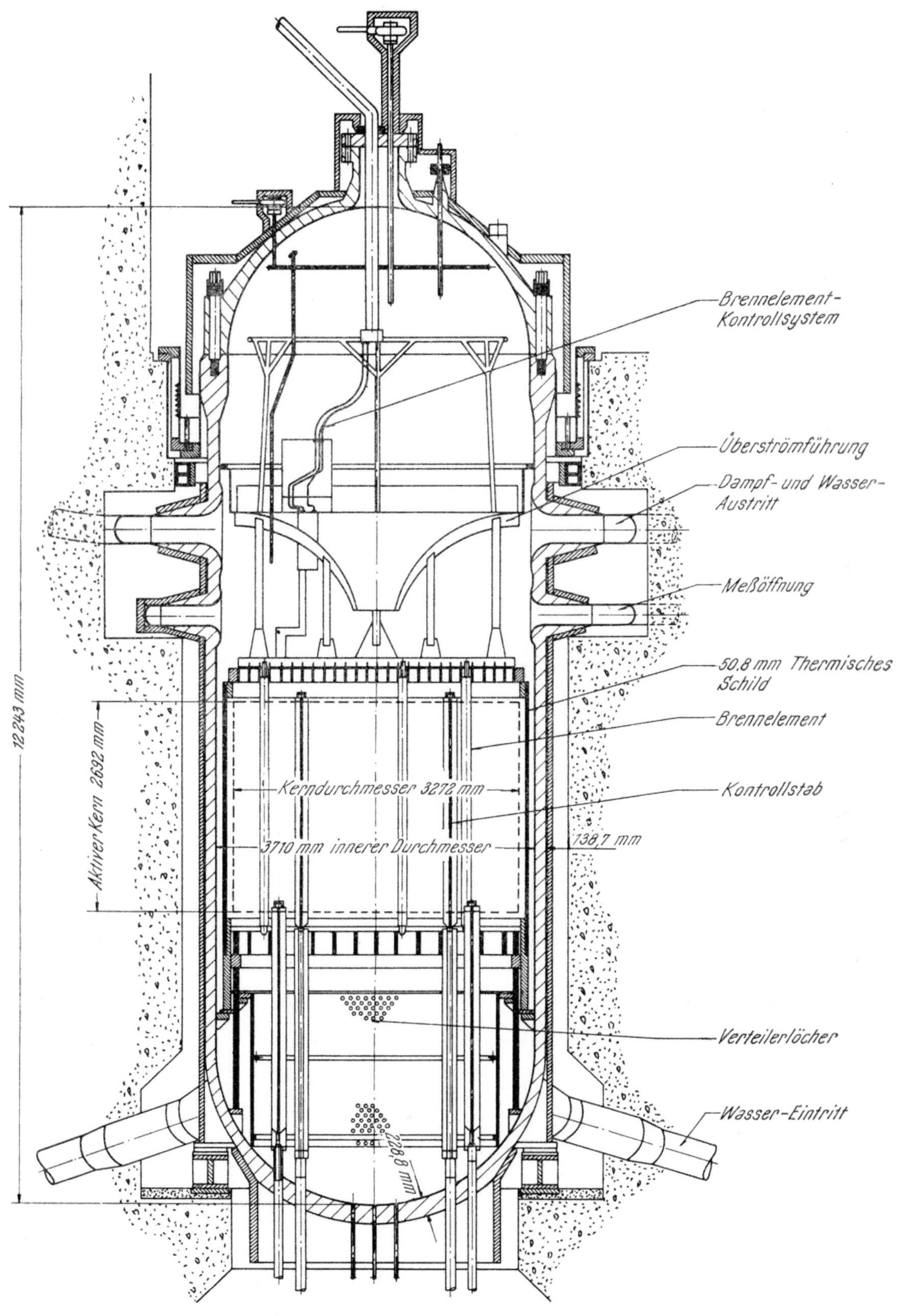

Abb. 349. Vertikalschnitt des Siedewasserreaktors Dresden, USA[1]

[1] International Atomic Energy Agency: Directory of Nuclear Reactors, Vol. IV, S. 93, 95, 1962.

Zahlentafel 146. *Siedewasserreaktoren*

Bezeichnung	Land	Inbetriebsetzung	Anreicherung %	Leistung MW_e	Separate Trommel	Umlaufart	Prim. Druck kp/m²	Sek. Druck kp/m²	Bauart
EBWR	USA	1960	1,4/90	5	Nein	Zw. U.	42,2		Direkt (20% Stromerz.)
VBWR	USA	1960	2/5	12,5	„	Zw. U.	71		„
Dresden	USA	1960	1,5	193	Ja	Zw. U.	68	33,4	Zusatzdampf
KAHL (Main)	BRD	1961	2,6	16	Nein	Zw. U.	70	47	Prim. + Sek. System
Elk River R.	USA	1962	93	22	„	Zw. U.	66	49	Prim. + Sek. System*
Humboldt Bay	USA	1962	2,6	70	„	Nat. U.	72		Direkt
Pathfinder	USA	1962	2,2/93	66	„	Zw. U.	38 (441 °C)		„
Big Rock Point	USA	1962	3,2	50	Ja	Zw. U.	73		„
Bonus	USA	1963	2,4/ 3,25	17,3	Nein	Zw. U.	63 (482 °C)		„
Beloyarsk	UdSSR	1962	1,5	100	Ja	Zw. U.	150 (510 °C)	100	Prim. + Sek. System
Ulyanovsk	UdSSR	—	1,5	50	Nein	Nat. U.	100		Direkt
JPDR	Japan	1963	2,5	12,5	„	Zw. U.	61		„
Grundremmingen	BRD	1966	2,17	237	nein	Zw. Ü.	70	34,5	Zusatzdampf
Tarapur	Indien	1968	2,23	2×190	—	—	71	—	Zusatzdampf
Garigliano	Italien	1964	2,1/1,6	162	ja	Zw. Ü.	71	34	—
Doodeward	Holland	1968	2,4	47,8	—	—	70	—	—
Bodega Bay	USA	1967	2,02	313	—	—	76	—	—
La Crosse	USA	1966	3,63	50	—	—	91	—	—
Nine Mile Point	USA	1968	—	500	—	—	71	—	—
Oyster Creak	USA	1967	2,1	515	—	—	70	—	—

* Mit ölgefeuertem Überhitzer.

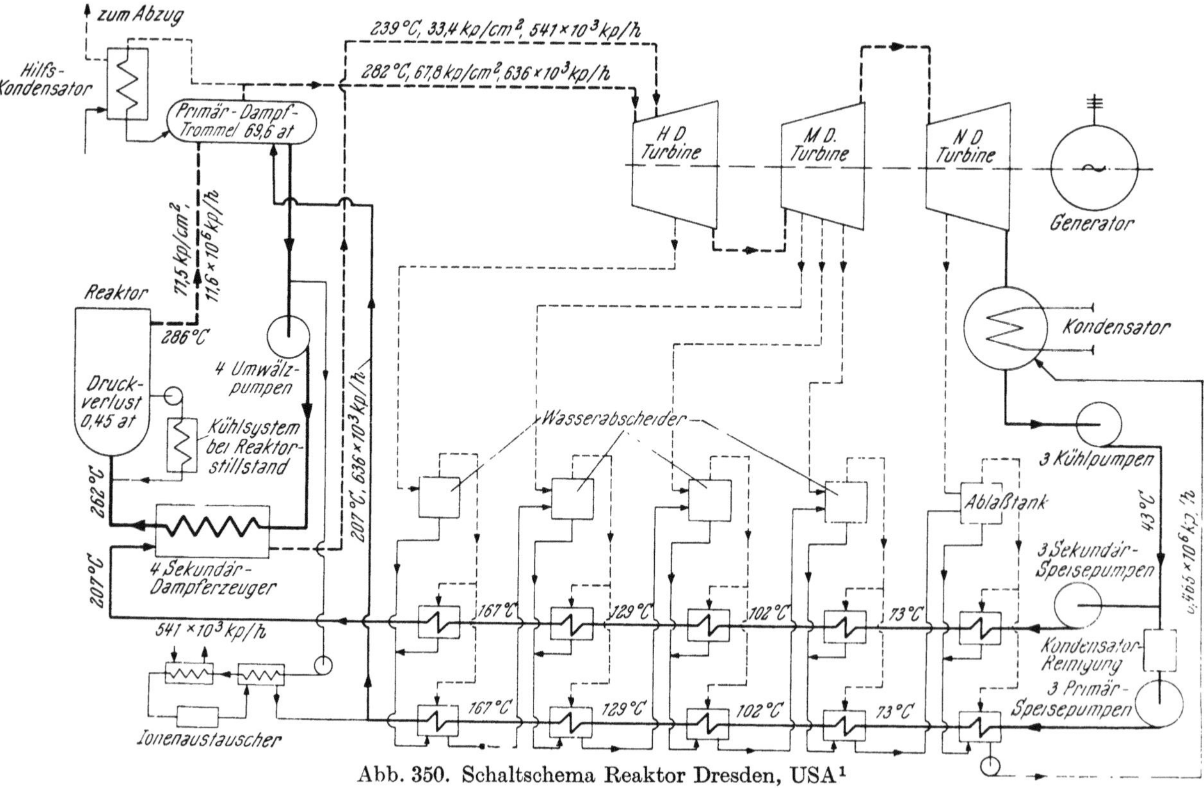

Abb. 350. Schaltschema Reaktor Dresden, USA[1]

[1] International Atomic Energy Agency: Directory of Nuclear Reactors, Vol. IV, S. 93, 95, 1962.

c) Siedewasserreaktoren

Der Siedewasserreaktor stellt die eleganteste Lösung des Reaktorproblems dar, da in ihm Dampfkessel und Reaktor zu einem Aggregat vereinigt sind. Man kann ihn wieder in heterogener oder homogener Bauart ausführen. Abb. 349 zeigt eine Ausführung nach ersterem System, und zwar den Reaktor für 626 MW thermische Leistung der Dresden Nuclear Power Station in Grundy Country, Illinois, USA, s. auch Zahlentafel 146 (s. S. 468). Man

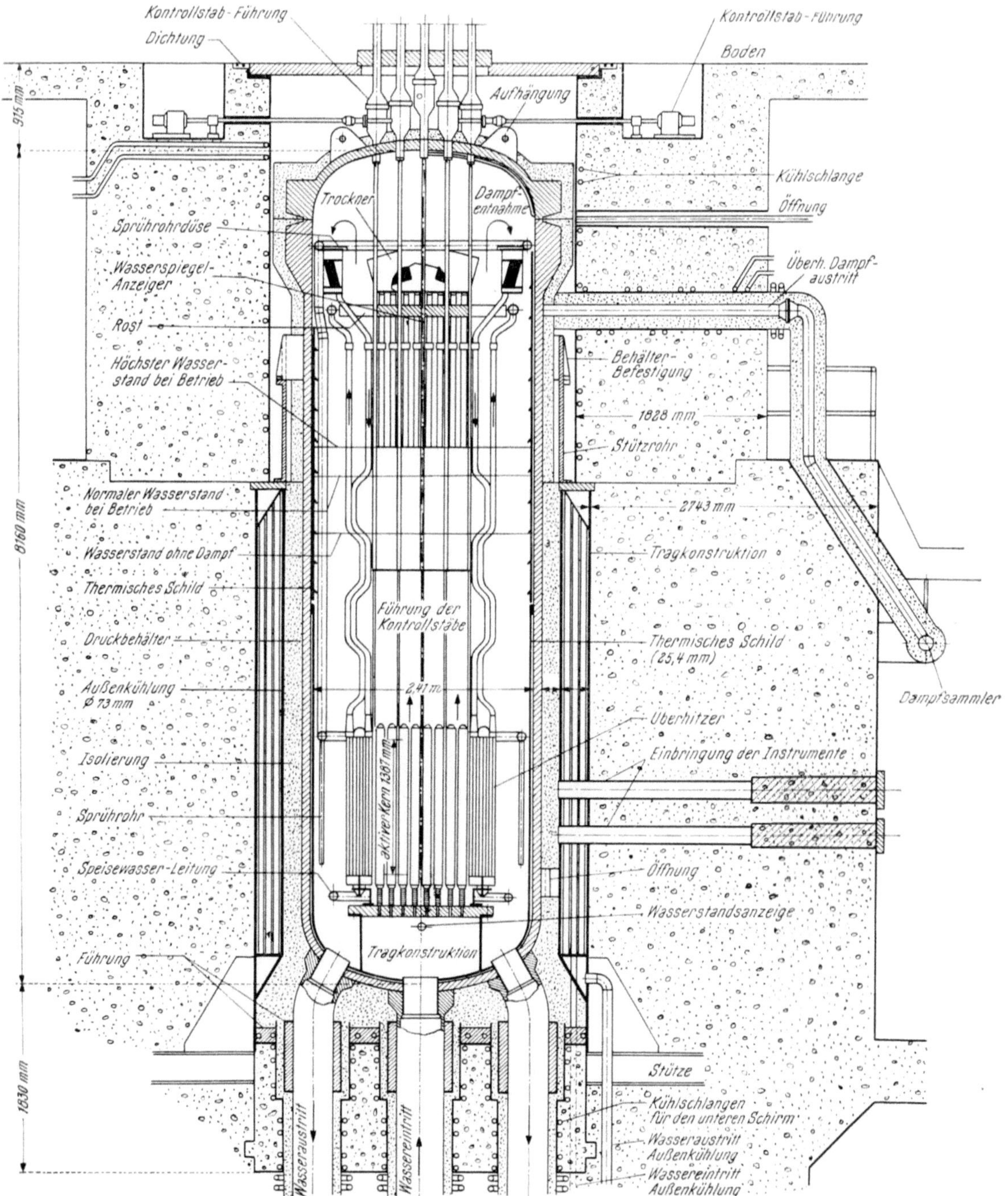

Abb. 351a. Vertikalschnitt eines Siedewasserreaktors mit Dampfüberhitzer im Kern (Bonus-Reaktor)[1]

[1] International Atomic Energy Agency: Directory of Nuclear Reactors, Vol. IV, S. 128, 12 P., 1962.

erkennt die Spaltstoffstäbe, welche unterhalb des Wasserspiegels im Wasserraum angeordnet sind. Gewöhnlich ist das Wasser selbst der Moderator. Der Reaktor besitzt hier eine Dampftrommel zur Wasserabscheidung, Abb. 350, an die auch die Leitungen zu den

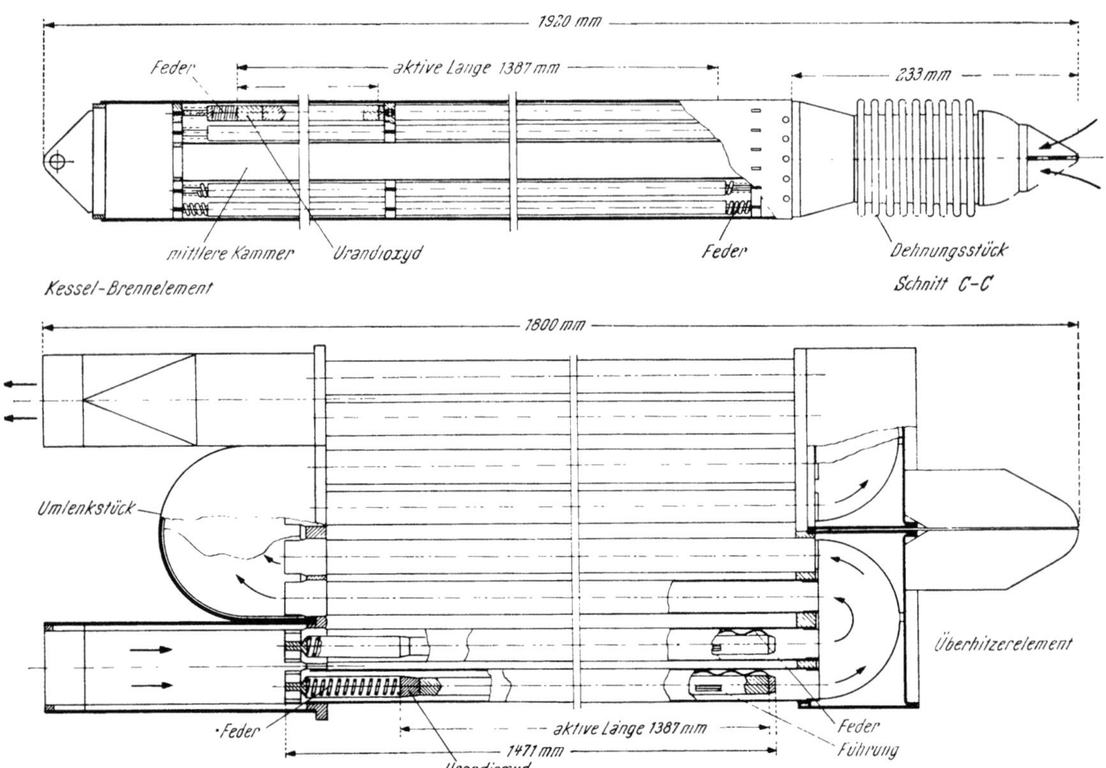

Abb. 351 b. Brennelemente für den Kessel (oben) und Brennelemente für den Überhitzer (unten)[1]

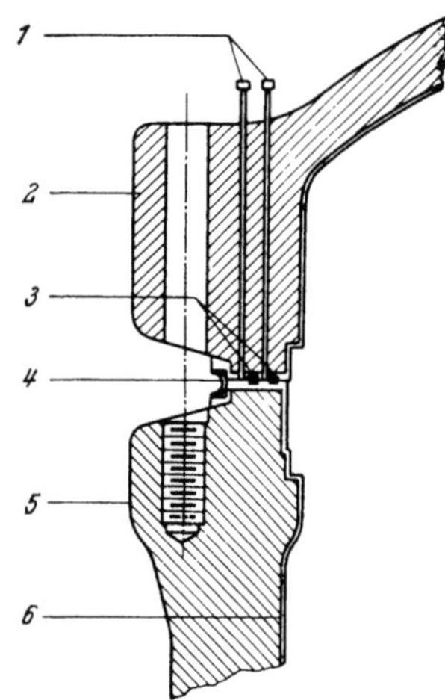

Abb. 352. Verbindung des oberen Bodens mit dem Mantel in einem Siedewasserreaktor sowie Anordnung der Dichtungen[2]
1 Dichtungen; *2* oberer Flansch; *3* selbstdichtender Metall O-Ring; *4* Dichtring; *5* Behälterflansch; *6* Plattierung

Umwälzpumpen für den Zwangsumlauf anschließen. Bei Versagen dieser findet die Wärmeabfuhr über einen Hilfskondensator statt. Außerdem ist ein kleineres Kühlsystem mit Umwälzpumpe vorhanden, das die nach dem Abstellen freiwerdende Wärme abführt (etwa 2% der Vollastleistung). Schließlich zirkuliert ein Teil des Reaktorwassers ständig durch eine Reinigungsanlage. Die Dampfturbine ist direkt angeschlossen. Das Kondensat wird auf die bei Kraftwerken übliche Weise in den Reaktor zurückgespeist. Infolge des Mitreißens von Wasser kann mit dem Dampf radioaktiver Stoff in die Turbine gelangen. Daher ist auch diese in die biologische Abschirmung einzuschließen.

Die Regelstäbe werden bei den verschiedenen Ausführungen von unten in den Reaktor eingebracht. Das Uran im Kern ist gewöhnlich, sofern es sich um leichtes Wasser als Betriebsstoff handelt, leicht [1,5 bis 3%] angereichert, doch werden bei einigen Anlagen auch hohe Anreicherungen verwendet. Bei D_2O reicht natürliches Uran aus.

Der Umlauf durch den Reaktorkern kann mit natürlicher Zirkulation erfolgen, oder bei größeren Leistungen

[1] International Atomic Energy Agency: Directory of Nuclear Reactors, Vol. IV, S. 128, 129, 1962.
[2] Nuclear Engineering, Okt. 1960, S. 469.

mit Zwangsumlauf. Abb. 351a und b zeigt die Konstruktion eines Siedewasserreaktors, und zwar jenen der Boiling Nuclears Superheates Power Station Puerto Rico, bei welchem der Dampf nach nochmaliger Rückführung in den Kern auf 482 °C überhitzt wird. Man erkennt die Eintritts- und Austrittsrohre für das Umlaufwasser, welche unten angeordnet sind. Oben ist die Dampfentnahme vorgesehen. Die Leistung beträgt 50 MW, der Betriebsdruck ist 63 kp/cm².

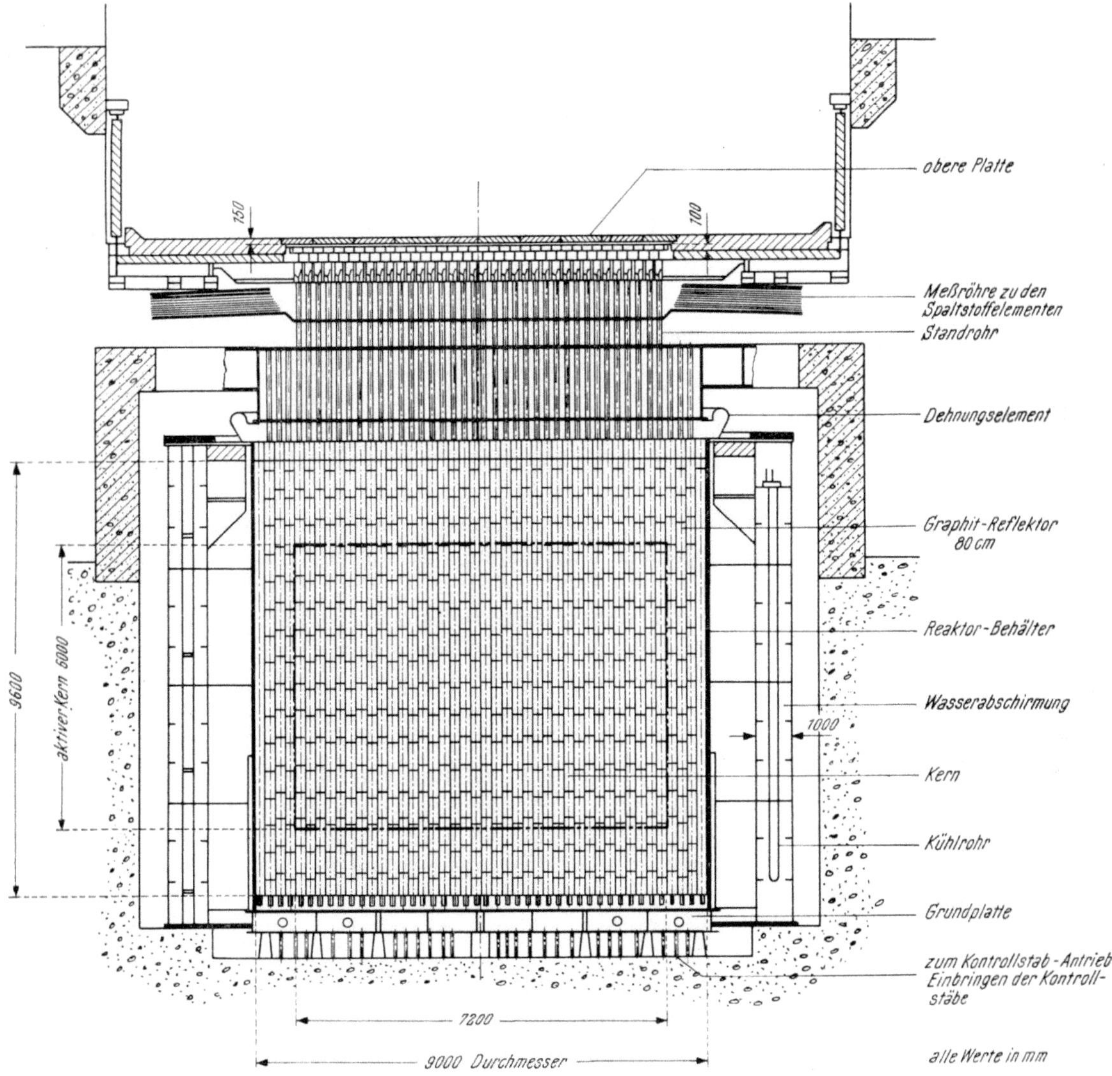

Abb. 353. Vertikalschnitt Reaktor Beloyarsk[1]

Die Abdichtung des Deckels bei Druck- und Siedewasserreaktoren findet, Abb. 352, durch 2 konzentrische, selbstdichtende O-förmige Dichtungen mit druckseitigen Bohrungen statt. Eine Undichtheit der inneren Dichtung wird durch Leckagebohrungen aufgezeigt. Die Vorteile des Siedewasserreaktors liegen in der Einfachheit und im besseren Wirkungsgrad gegenüber dem Druckwasserreaktor, da der Turbinen-Eintrittsdruck fast gleich dem Reaktordruck sein kann. Ferner hat ersterer größere inhärente Sicherheit, d. h. Beschränkung der Reaktivität bei Überlastung durch die Art der Konstruktion, z. B. hier durch Dampfblasenbildung.

[1] International Atomic Energy Agency: Directory of Nuclear Reactors, Vol. IV, S. 135, 137, 1962.

Bei starken Laständerungen oder schroffen Drucksenkungen kann allerdings beim Siedewasserreaktor eine sogenannte Pulsationsinstabilität, das ist eine sich selbst aufschaukelnde Schwingung der Leistung bzw. des Druckes, auftreten.

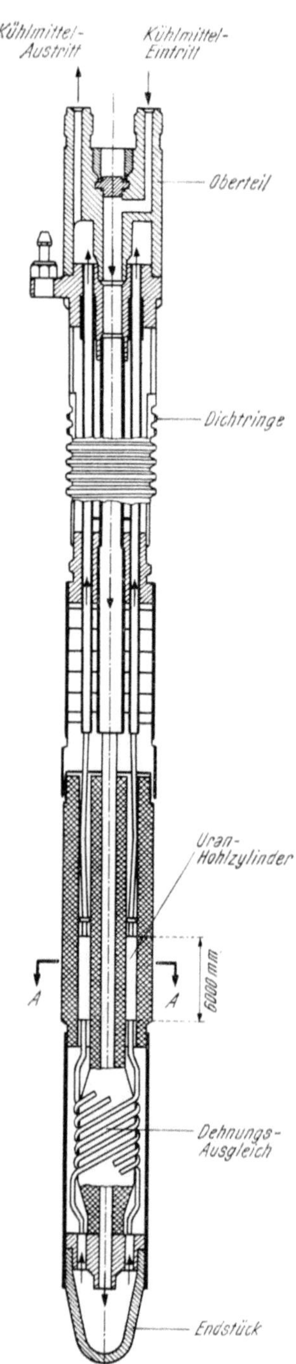

Der gewöhnliche Siedewasserreaktor hat bei Lastschwankungen nur eine geringe Stabilität. Nimmt z. B. die Dampfentnahme zu, steigt auch der Dampfblasenanteil im Reaktorkern, und zwar wegen gleichzeitiger Drucksenkungen, mehr, als dem neuen stationären Zustand entspräche. Dadurch geht unerwünschterweise die Reaktivität zurück. Dies muß durch Verschiebung der Regulierstäbe überkompensiert werden, wodurch leicht ein Pendeln entstehen kann. Um dies zu verhindern, wurden bei Siedewasserreaktoren sogenannte Zweikreislaufsysteme ausgeführt.

Ein solches zeigt Abb. 350, bei welcher das Umwälzwasser über eine Heizfläche Zusatzdampf niedrigeren Druckes erzeugt (Dresden Power Station). Wie jedoch Zahlentafel 146 zeigt, kommt man bei den meisten Anlagen ohne solche Einrichtungen aus.

Ebenso wie beim Druckwasserreaktor kann man auch hier den Druckbehälter durch viele Einzelrohre ersetzen. Die Ural Atomic Power Station ist auf diese Weise ausgeführt, Abb. 353. Die Spaltstoffstäbe sind als Röhren, wie bei der ersten Atomkraftstation der UdSSR, ausgebildet, durch die das verdampfende Wasser als Kühlmittel durchfließt. Die Röhren sind in einem Graphitkörper als Moderator eingeführt, Abb. 354. Das Wasser fließt im Zwangsumlauf durch das System, Abb. 355. Die Dampfabscheidung erfolgt in einer Trommel *a*. Der erzeugte Primärdampf wird in einen Wärmetauscher *b* geführt, wo, ähnlich wie beim Schmidtkessel, Sekundärdampf bei Kondensation des Primärdampfes entsteht. Ersterer wird nach Rückführung in den Reaktor in Elementen *c* überhitzt und gelangt anschließend zur Turbine *d*. Das von der Kondensation rückkehrende Kondensat wird über einen weiteren Wärmetauscher *e* in den Sekundär-Dampferzeuger *b* gespeist.

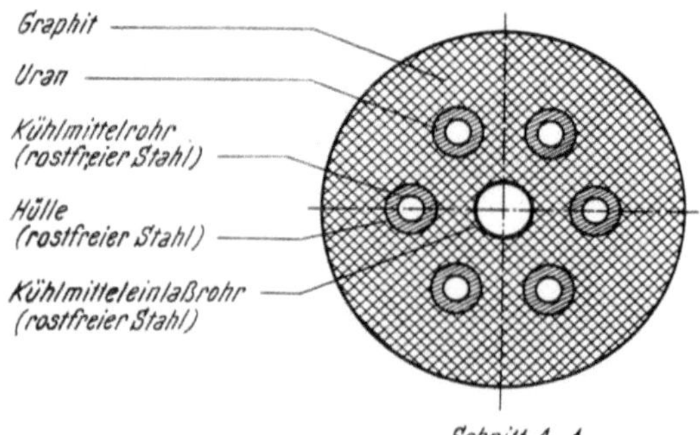

Abb. 354. Brennelement-System beim Reaktor Beloyarsk

Der Zweck des Wärmetauschers *e* ist, Belastungsschwankungen zu erleichtern. Soll z. B. ein Lastanstieg stattfinden, wird die umgewälzte Wassermenge verringert. Dadurch sinkt deren Eintrittstemperatur in den Reaktor, was eine Erhöhung der Reaktivität bedingt.

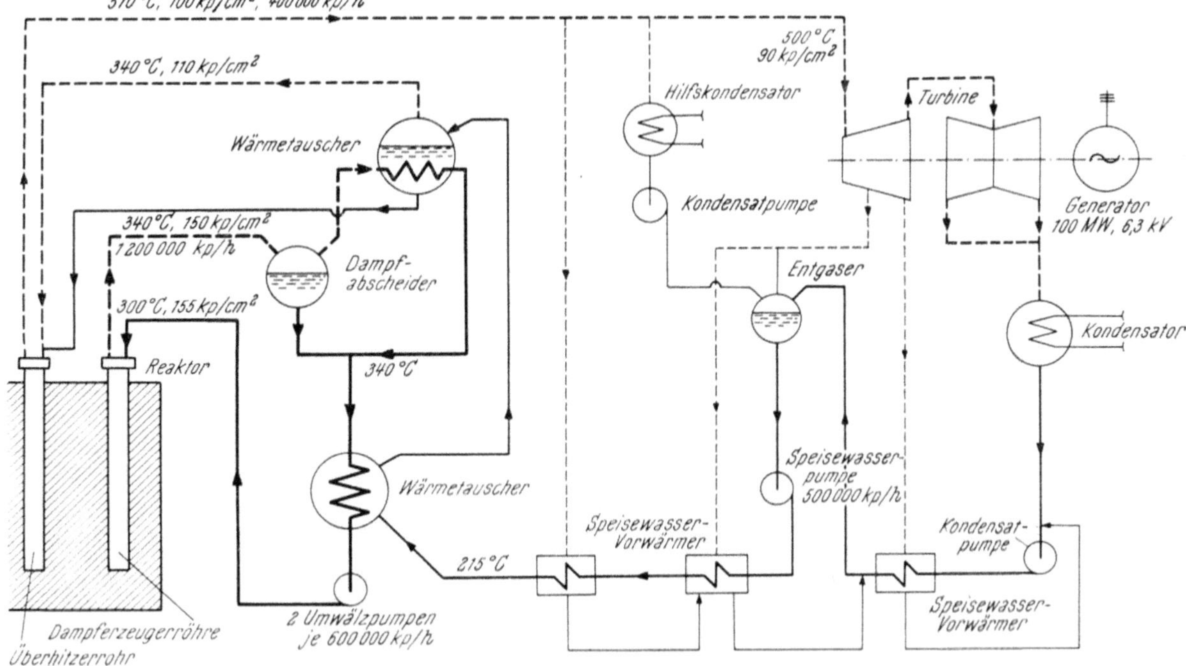

Abb. 355. Schaltschema Reaktor Beloyarsk[1]

d) Reaktoren mit flüssigem Metall und sonstige Typen

Hier sind sowohl heterogene als auch homogene Systeme möglich, wobei erstere als Kühlmittel flüssiges Metall, vor allem Na und Ka, verwenden. Doch kann auch der Spaltstoff in flüssigem Metall, wie z. B. Bi, gelöst vorliegen bzw. der Brennstoff in Form einer Suspension in flüssigem Metall eingebracht sein. Als flüssiges Metall kann auch Blei, Zinnlegierung u. dgl. Verwendung finden. Wegen der Viskosität ist die maximale Konzentration auf etwa 10% beschränkt. Die Bruthülle kann bei diesen Konstruktionen sowohl aus Suspensionen in flüssigen Metallen als auch aus Aufschlämmungen in Wasser bestehen.

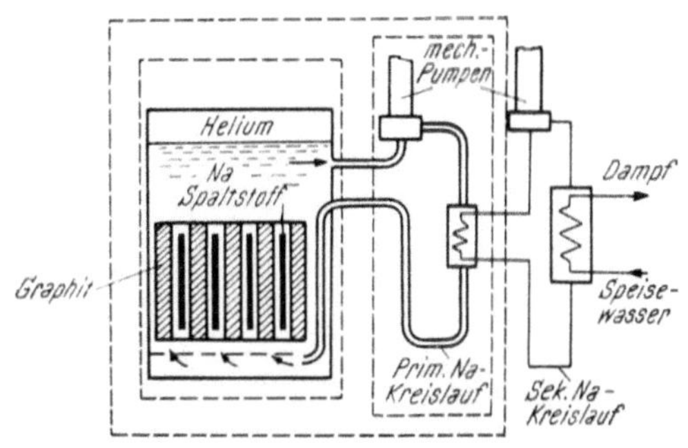

Abb. 356. Heterogener langsamer Reaktor mit Natriumkühlung (SRE, Sodium Reactor Experiment)

Bei heterogenen langsamen Reaktoren mit Na-Kühlung, Abb. 356, füllt dieses den Tank, in dem der Reaktorkern untergebracht ist. Die Wärme wird über einen Na-Na-Wärmetauscher an einen zweiten Na-Kreislauf abgegeben, da Na durch n-Bestrahlung sehr aktiv wird. Eine solche Anlage ist beispielsweise das „Sodium Reactor Experiment" in Santa Susana, California, USA. Im Primärkreislauf, welcher den Reaktor durchströmt, erwärmt sich das Na von 260 auf 515 °C. Der Reaktor steht am Eintritt unter einem Überdruck von nur 0,4 kp/cm², am Austritt unter 0,2 kp/cm². Die Umwälzpumpe erhöht den Na-Druck auf 1,3 kp/cm². Im Sekundärkreislauf sind die Na-Temperaturen 227 °C am Eintritt und 482 °C am Austritt. Tertiär wird schließlich Dampf von 42 kp/cm² und 440 °C erzeugt. Die Leistung beträgt 6 MWel. Das Uran ist zu 93% angereichert. Der Moderator ist Graphit, welcher mit Zirkoniumblech umhüllt ist, da sonst ein Eindringen von Na in die Poren des Graphits erfolgen würde. Die Zirkoniumhülle umschließt den

[1] International Atomic Energy Agency: Directory of Nuclear Reactors, Vol. IV, S. 135, 137, 1962.

Graphit nicht absolut gasdicht, sondern gestattet eine Verbindung zum Heliumpolster oberhalb des Na, damit eventuell gebildete Gase abgeleitet werden können. Die Spaltstoffelemente sind mit rostfreiem Stahl ummantelt, wobei der Zwischenraum zwischen Hülle und Spaltstoff mit NaK ausgefüllt ist, um die Wärmeableitung zu verbessern. Die Betätigung der Regel- und Sicherheitsstäbe erfolgt von oben, ebenso findet auch das Auswechseln der Spaltstoffstäbe von oben aus statt.

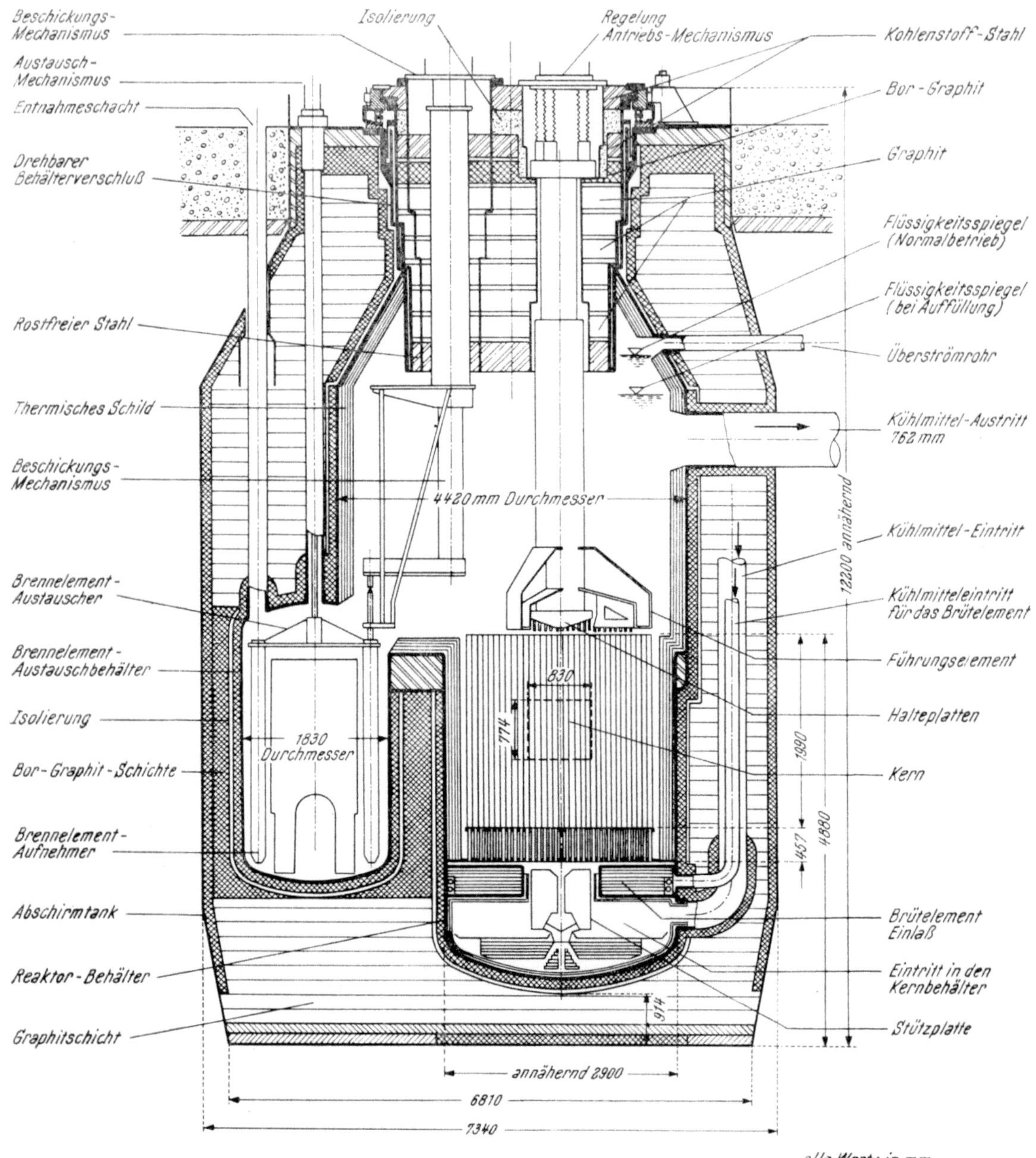

Abb. 357. Vertikalschnitt Reaktor Enrico Fermi[1]

Den Aufbau eines schnellen Brutreaktors (Enrico Fermi Atomic Power Plant) zeigt Abb. 357. Die Wärmeleistung beträgt 200 MW. Man erkennt den Na-Behälter, in welchem der Reaktorkern mit Bruthülle untergebracht ist. Der links neben dem Reaktorkern

[1] International Atomic Energy Agency: Directory of Nuclear Reactors. Vol. IV. S. 123, 1962.

liegende zylindrische Behälter dient zur Lagerung von Spaltstoffelementen; auch die Vorrichtung, mit der das Auswechseln und Einführen der Elemente unterhalb des Flüssigkeitsspiegels des Na stattfindet, ist ersichtlich. Der Spaltstoff ist zu 25,6% angereichert, die Bruthülle besteht aus Uran verminderter Konzentration (0,36%). Besonders auffallend ist bei allen schnellen Brutreaktoren der über 1 liegende Konversionsfaktor (Abschnitt 29). Bei der geschilderten Anlage beträgt er 1,16.

Bei schnellen Reaktoren haben die Neutronen bei Erreichen einer Energie zwischen 0,1 bis 0,3 MeV die Hälfte der gesamten Reaktionen durchgeführt, während bei langsamen Reaktoren dies erst bei 0,03 eV der Fall ist. Da der Wirkungsquerschnitt für den n-γ-Einfang mit steigender Neutronenenergie stärker abfällt als der Wirkungsquerschnitt für Spaltung, resultieren hieraus niedrigere Neutronenverluste bei schnellen Reaktoren und man kann z. B. bei letzteren auch durchwegs korrosionsbeständigen Stahl verwenden, statt Mg bzw. Al oder Zirkonium. So sind bei schnellen Reaktoren auch nicht Absorber, wie z. B. Bor oder Kadmium, zur Regulierung zweckmäßig, sondern man verändert die um den Kern gruppierte Uranmenge. Auch die Vergiftungen durch die Spaltprodukte wirken sich bei schnellen Reaktoren nicht in dem Maß wie bei thermischen aus, so daß schnelle Reaktoren nur für einen viel kleineren Reaktivitätsüberschuß, wie thermische Reaktoren, ausgeführt werden können (s. S. 438). Dadurch wird die Gefahr, daß die Anlage prompt überkritisch wird, vermindert. Die außergewöhnlich kurze Lebensdauer der prompten Neutronen bei schnellen Reaktoren ($\sim 10^{-7}$ s gegenüber 1 ms bei thermischen Reaktoren) würde eine mechanische Kontrollvorrichtung überhaupt nicht zum Einsatz kommen lassen. Daher ist es erwünscht, daß schnelle Reaktoren einen möglichst großen negativen Temperaturkoeffizienten der Reaktivität haben. Dieser kommt einerseits durch die thermische Ausdehnung des Materials und andererseits durch die Doppler-Verbreiterung der Neutronenabsorptionslinien des Urans zustande. Die Belastbarkeiten schneller Reaktoren sind wegen Fehlens des platzbeanspruchenden Moderators hoch (s. Zahlentafel 142).

Die Korrosion, die Stahl in flüssigem Na erfährt, äußert sich durch Lösen und Abtransport des Werkstoffes. Die Ablagerung findet in kühleren Partien statt. Man ordnet daher sogenannte Kühlfallen an, bei denen das Kühlmittel abgekühlt wird und sich Beimengungen in einem Filter aus Stahlwolle absetzen.

Wie bereits erwähnt, sind die Einfangquerschnitte für schnelle Neutronen klein. Daher muß bei Konstruktion des Neutronen-Strahlungsschildes zuerst eine Abbremsung ersterer in einem Moderator erfolgen, hinter dem erst ein Absorber für thermische Neutronen, z. B. Graphit mit Bor, geschaltet ist.

Bei diesem und anderen Na-Reaktoren wird gewöhnlich der ganze den Reaktor mit Bedienungseinrichtungen, Wärmetauschern u. dgl. umfassende Teil von einer Stahlkugelhülle umgeben, welche so bemessen ist, daß sie dem bei Verbrennung des Na mit dem in der Halbkugel vorhandenen Sauerstoff entstehenden Überdruck standhält.

Nach einem ähnlichen Prinzip ist auch der Reaktor des englischen Kraftwerkes Dounray ausgeführt, bei welchem ebenfalls die Reaktoranlage mit Primärtauschern und Hilfsmaschinen in einer Stahlkugel untergebracht wird. Der Hauptvorteil der Na-gekühlten Reaktoren besteht in der Möglichkeit hoher Dampfdrücke und einer hohen Überhitzungstemperatur bei fast drucklosem Reaktor.

Ähnliche Vorteile lassen auch organisch moderierte Reaktoren erwarten. Diese gestatten ebenfalls, bei mäßigen Drücken im Reaktor, überhitzten Dampf bis etwa 300 °C zu erzeugen. Die Moderatorflüssigkeit (Terphenyl, gleichzeitig Kühlmittel) ist jedoch infolge der Strahlungswirkung einem Zerfall (Polymerisation) unterworfen, welcher etwa 11 kg je elektrisch erzeugten MW ϑ beträgt. Ein solcher Reaktor wurde in Piqua, Ohio, errichtet und leistet thermisch 45,5 MW. Überhitzer, Dampfkessel, Umwälzpumpe und Reaktor sind im Kreislauf des organischen Kühlmittels nacheinander geschaltet. Der erzeugte Dampf hat 31 kp/cm² bei 288 °C Überhitzungstemperatur.

e) Ausblick auf die Zukunft

Die bisher ausgeführten Kraftwerksreaktoren sind zumeist gasgekühlte Reaktoren oder Druck- bzw. Siedewasserreaktoren. Sie wurden zu einer hohen Vollkommenheit gebracht und können als absolut betriebssicher bezeichnet werden. Die Gesamtbetriebskosten eines Atomkraftwerkes, insbesondere der Druck- und Siedewassertype, sind ab einer Größe von etwa 400 MW_e nicht größer als die eines herkömmlichen Werkes. Trotzdem bleiben noch Wünsche offen. Diese betreffen die relativ niedrigen erreichbaren Dampfdrücke und Temperaturen, wodurch der Gesamtwirkungsgrad gegenüber einem üblichen Kraftwerk tiefer liegt. Weiters ist die Brenndauer des Natur-Uran mit 3000 bis 3500 MW ϑ/t relativ gering und es wäre eine stärkere Konversion des vorhandenen U^{238} erwünscht. Ferner ist es oft unerwünscht, bei den Druck- und Siedewassertypen angereichertes Uran verwenden zu müssen[1].

Diesen Nachteilen sollen die im nächsten Zeitraum bis etwa 1970 gebauten Typen entgegentreten. Dies sind die fortgeschrittenen, gasgekühlten Reaktoren, s. S. 463, die in England den Magnox-Reaktor ablösen. Weiters sind Bauarten, die durch Verwendung von D_2O als Moderator höheren Ausbrand zu erreichen gestatten, wobei natürliches Uran Verwendung finden kann, zu erwähnen (S. 466). Höhere Betriebstemperaturen werden hier entweder durch Gaskühlung erreicht, oder man strebt bei Wasserkühlung überkritische Drücke an, wobei der Verdampfung in einem Zuge die Überhitzung folgt. Solche Reaktoren, die als fortgeschrittene Konverter bezeichnet werden, gestatten Konversionsfaktoren von etwa 0,8 bis 0,9.

Man nimmt an, daß dann nach dem genannten Zeitpunkt mehr und mehr schnelle Reaktoren in Einsatz kommen werden, s. S. 474. Diese haben Konversionsfaktoren über 1, da sowohl die nicht nutzbare Neutronenabsorption sehr klein als auch die Zahl der je Spaltung entstehenden Neutronen größer als bei langsamen Reaktoren ist. Doch muß hier angereicherter Spaltstoff Verwendung finden.

---

[1] W. Finkelnburg: Stand und Aussichten der Entwicklung von Kraftwerksreaktoren. Vortrag, Technische Hochschule Wien 1966.

Namenverzeichnis

Sachverzeichnis

5000/26/65

Anhang

$J\vartheta$-ip-Diagramme für Rauchgas und Wasserdampf

$J\vartheta$-ip-Diagramm für Rauchgas
und Wasserdampf

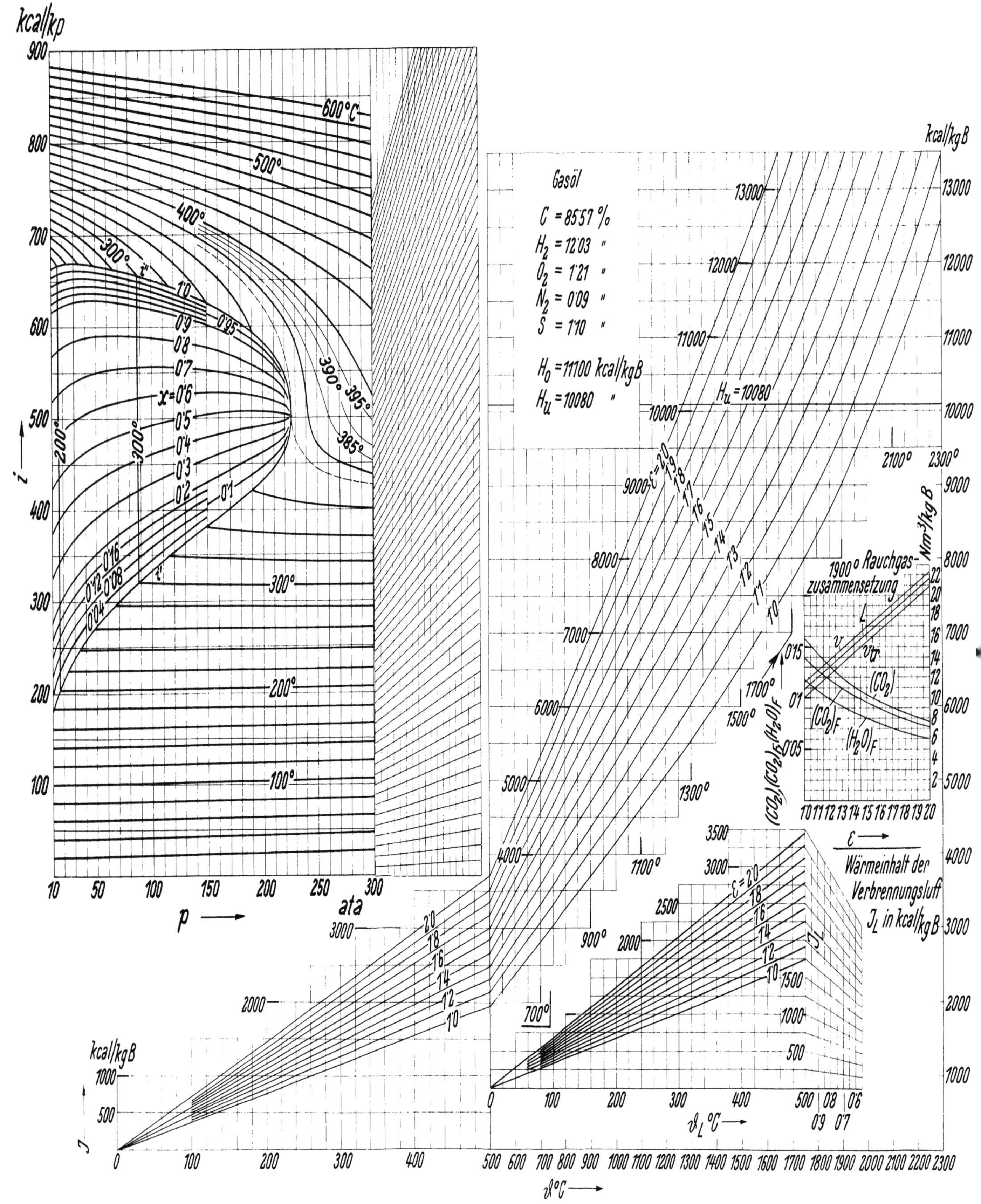

Jϑ-ip-Diagramm für Rauchgas und Wasserdampf (H_u 10 080 kcal/kg Heizöl) (*Jϑ*-Diagramm teilweise nach Unterlagen der SSW)

$J\vartheta$-ip-Diagramm für Rauchgas
und Wasserdampf

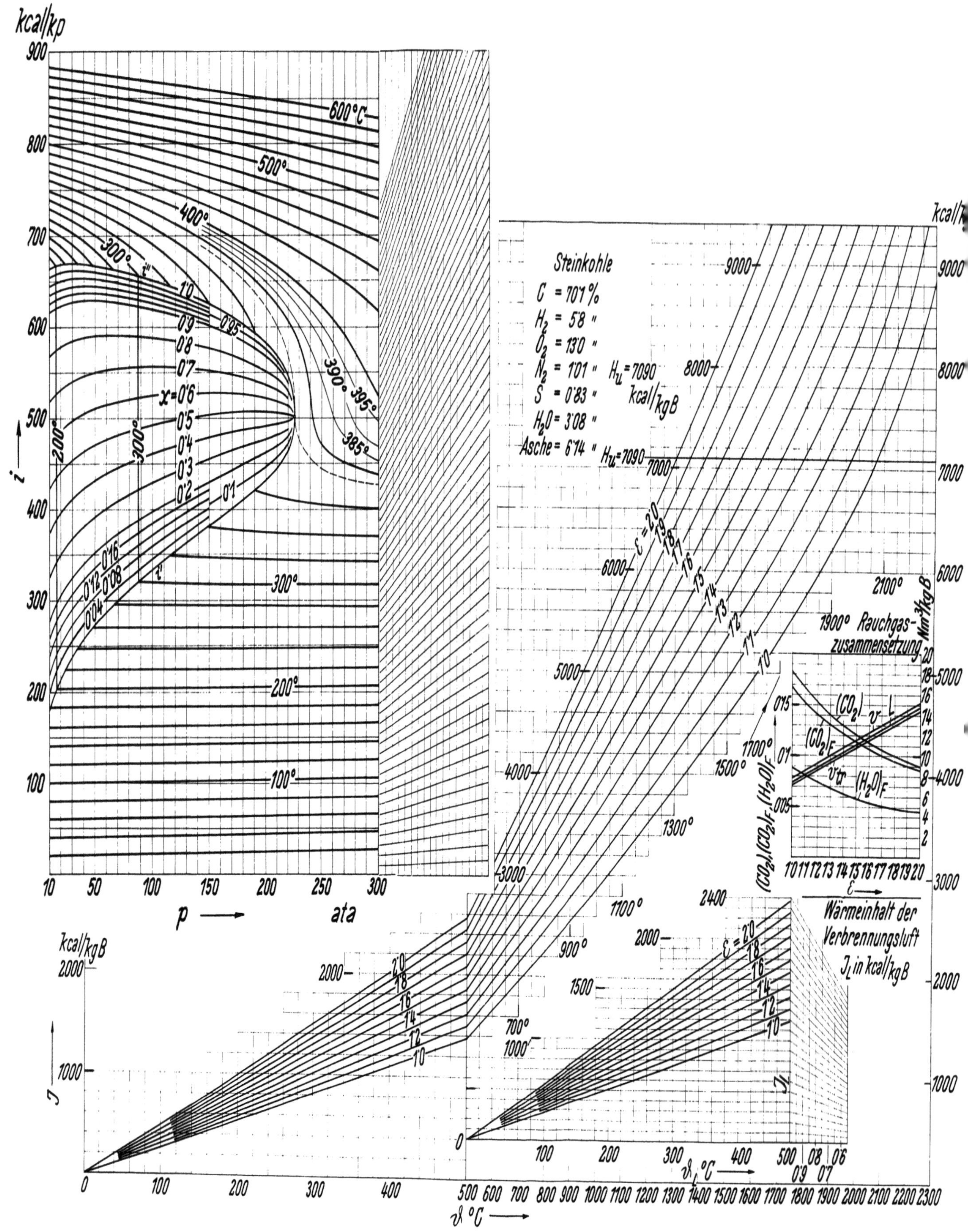

$J\vartheta$-ip-Diagramm für Rauchgas und Wasserdampf (H_u 7090 kcal/kg Steinkohle) ($J\vartheta$-Diagramm teilweise nach Unterlagen der SSW)

$J\vartheta$-ip-Diagramm für Rauchgas und Wasserdampf

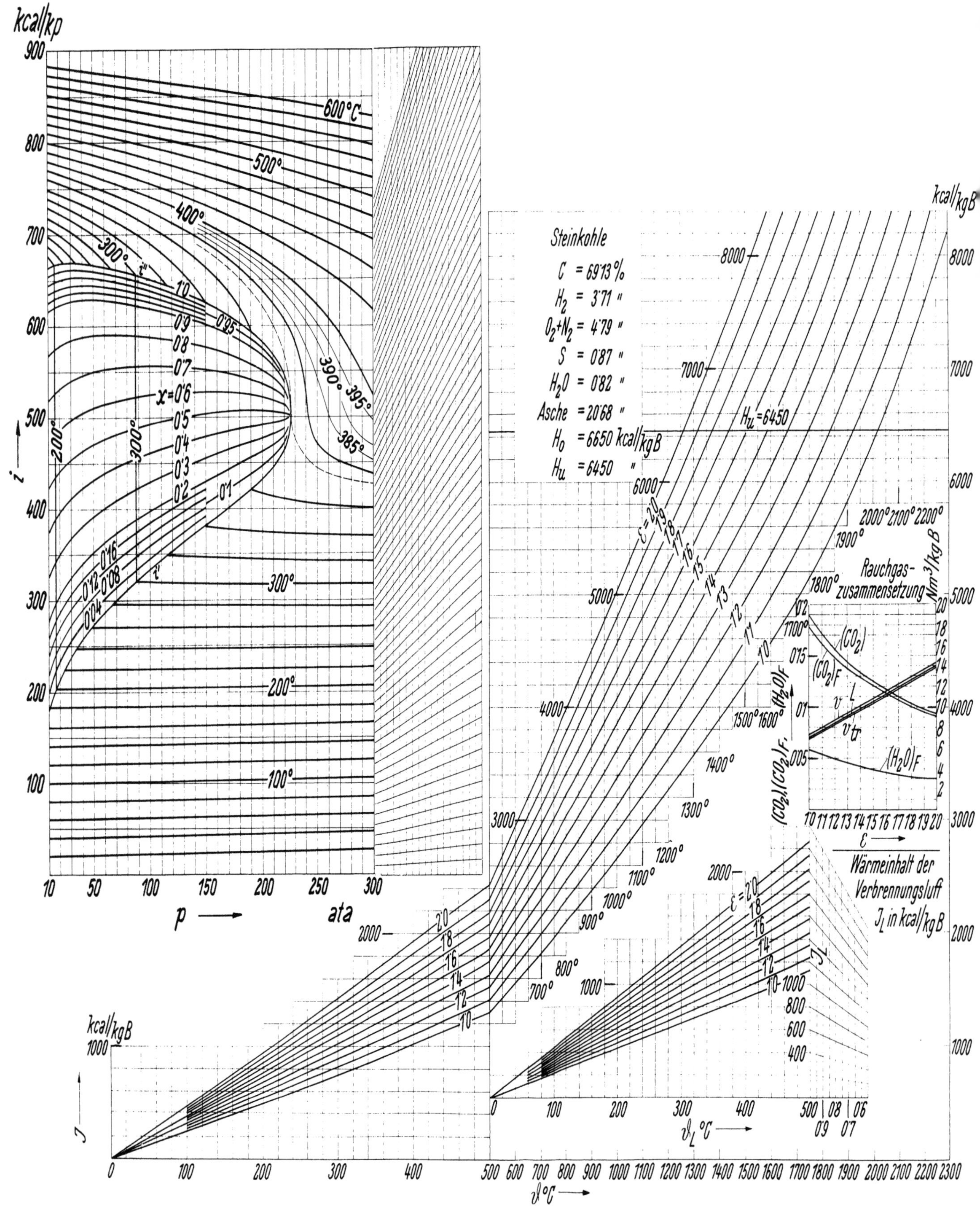

$J\vartheta$-ip-Diagramm für Rauchgas und Wasserdampf (H_u 6450 kcal/kg Steinkohle) ($J\vartheta$-Diagramm teilweise nach Unterlagen der SSW)

$J\vartheta$-ip-Diagramm für Rauchgas
und Wasserdampf

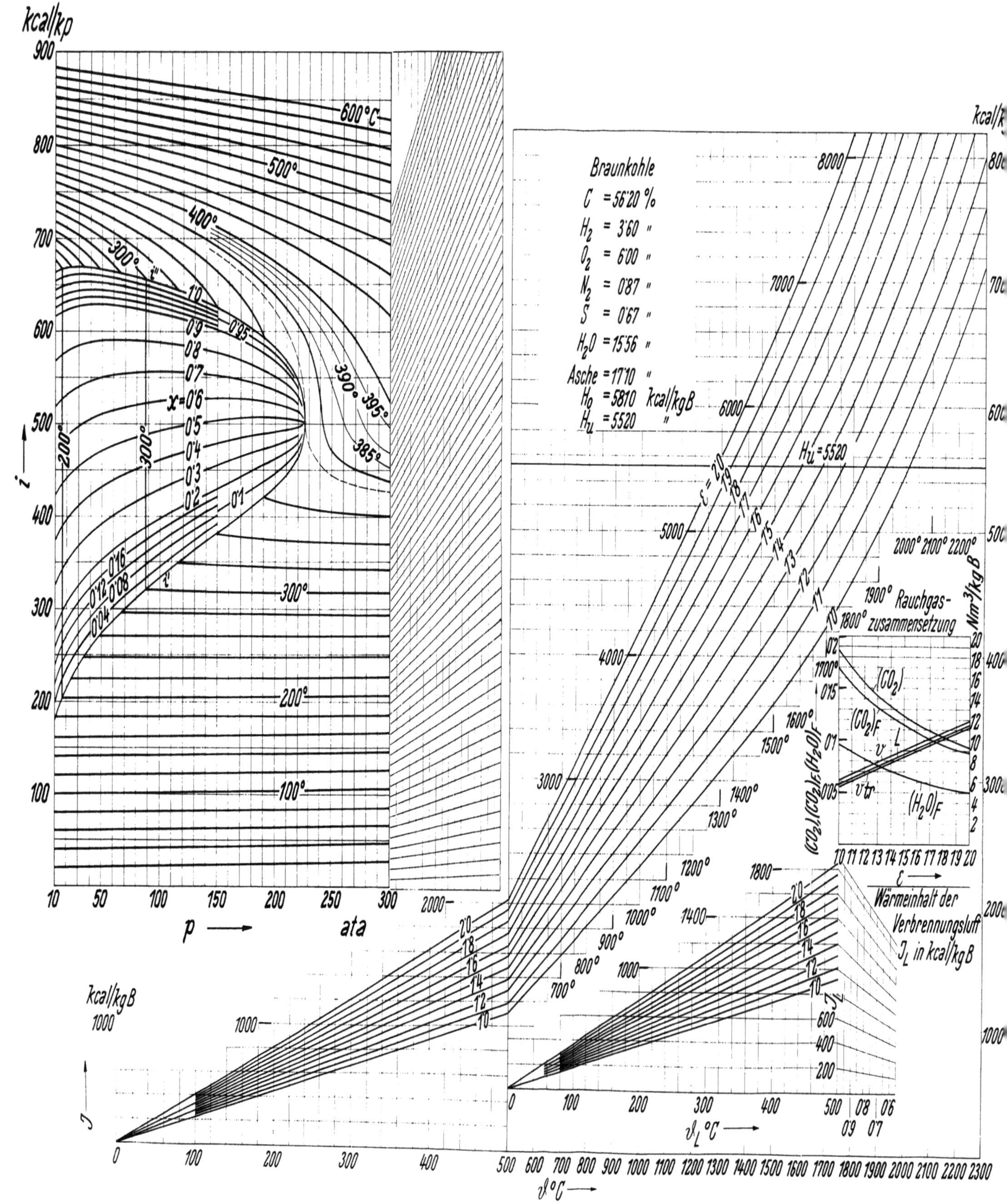

Jϑ-ip-Diagramm für Rauchgas und Wasserdampf (H_u 5520 kcal/kg Braunkohle) (*Jϑ*-Diagramm teilweise nach Unterlagen der SSW)

$J\vartheta$-ip-Diagramm für Rauchgas
und Wasserdampf

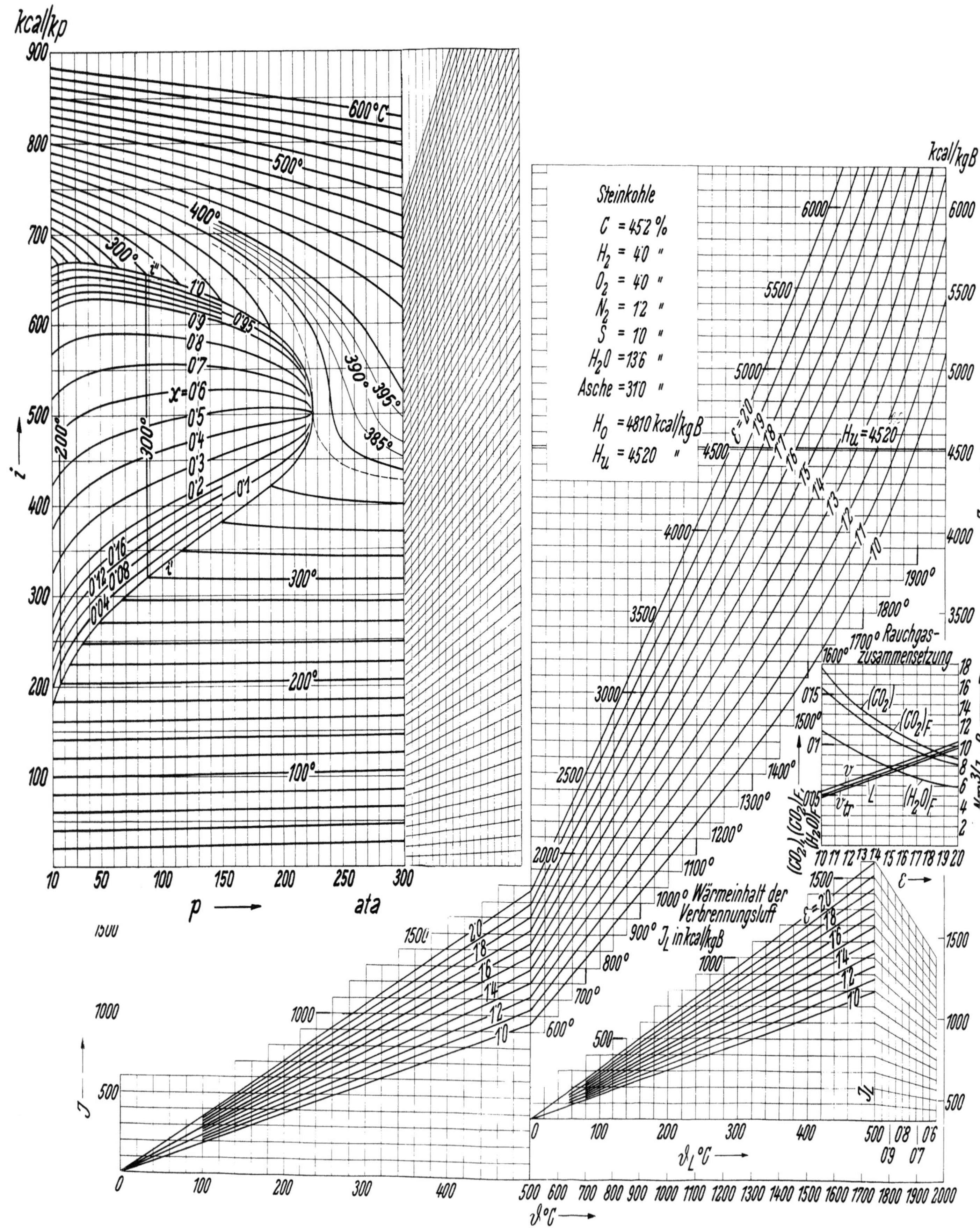

$J\vartheta$-ip-Diagramm für Rauchgas und Wasserdampf (H_u 4520 kcal/kg Braunkohle) ($J\vartheta$-Diagramm teilweise nach Unterlagen der SSW)

$J\vartheta$-ip-Diagramm für Rauchgas
und Wasserdampf

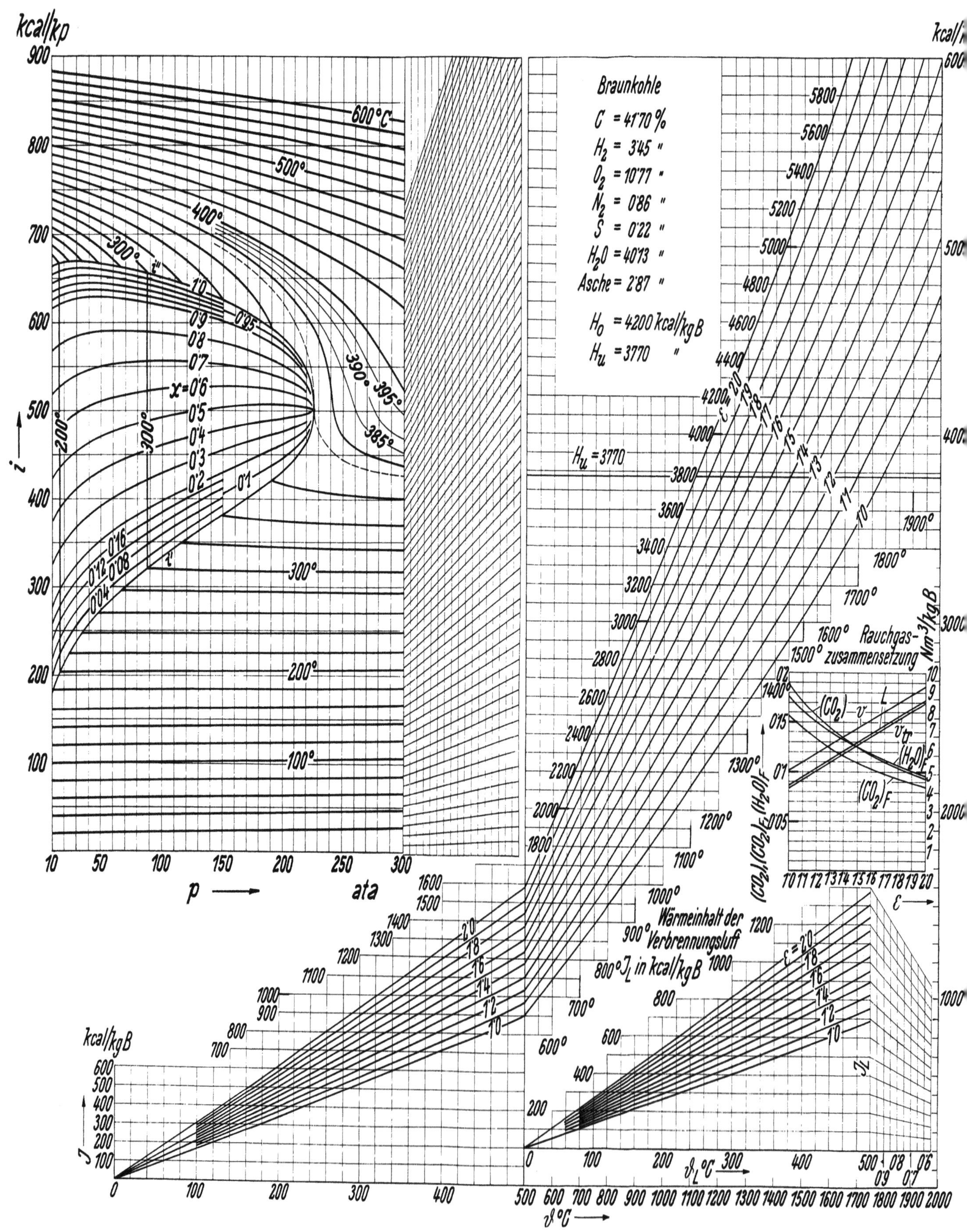

$J\vartheta$-ip-Diagramm für Rauchgas und Wasserdampf (H_u 3770 kcal/kg Braunkohle)

$J\vartheta$-ip-Diagramm für Rauchgas und Wasserdampf

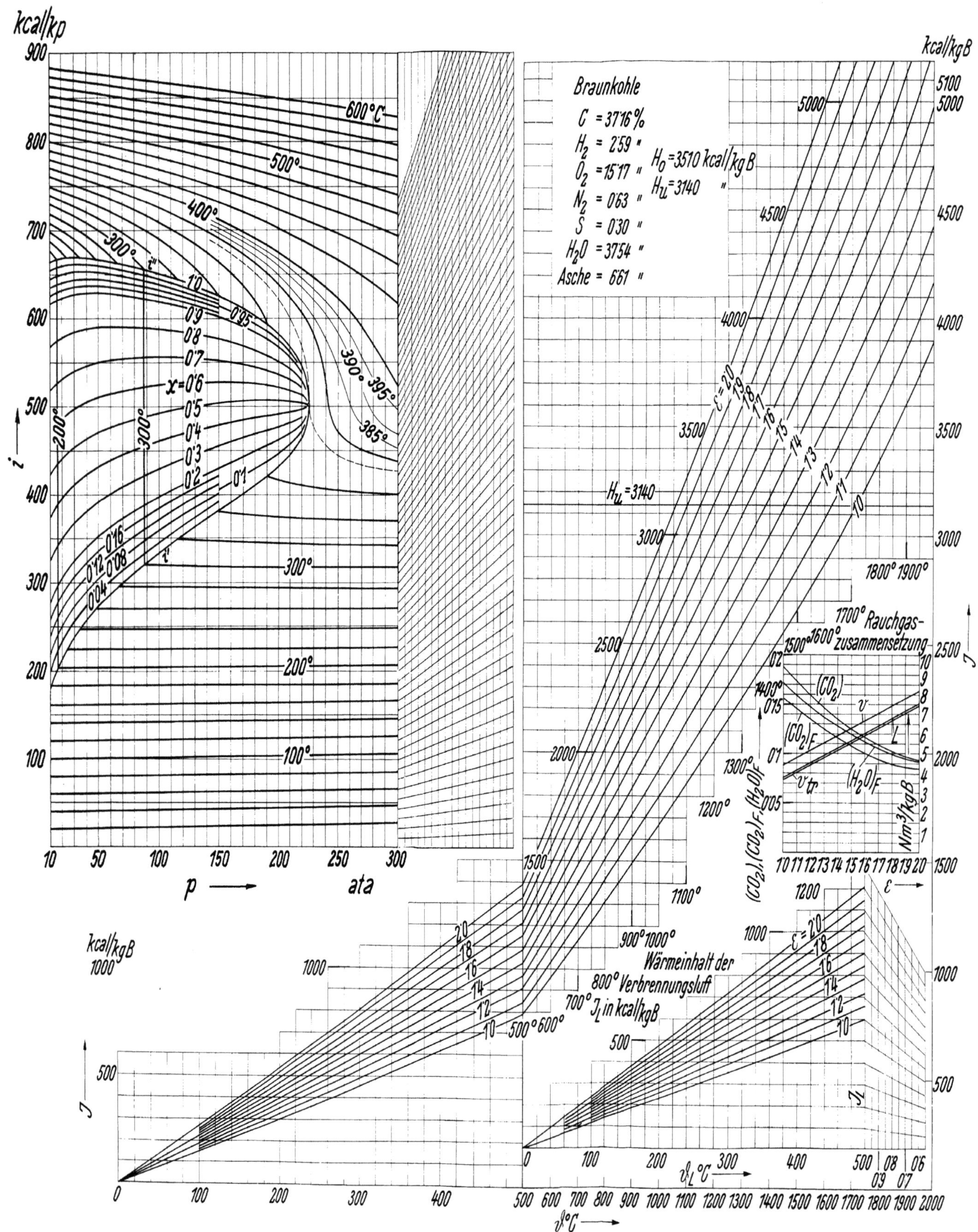

$J\vartheta$-ip-Diagramm für Rauchgas und Wasserdampf (H_u 3140 kcal/kg Braunkohle)

Springer-Verlag / Wien · New York

$J\vartheta$-ip-Diagramm für Rauchgas und Wasserdampf

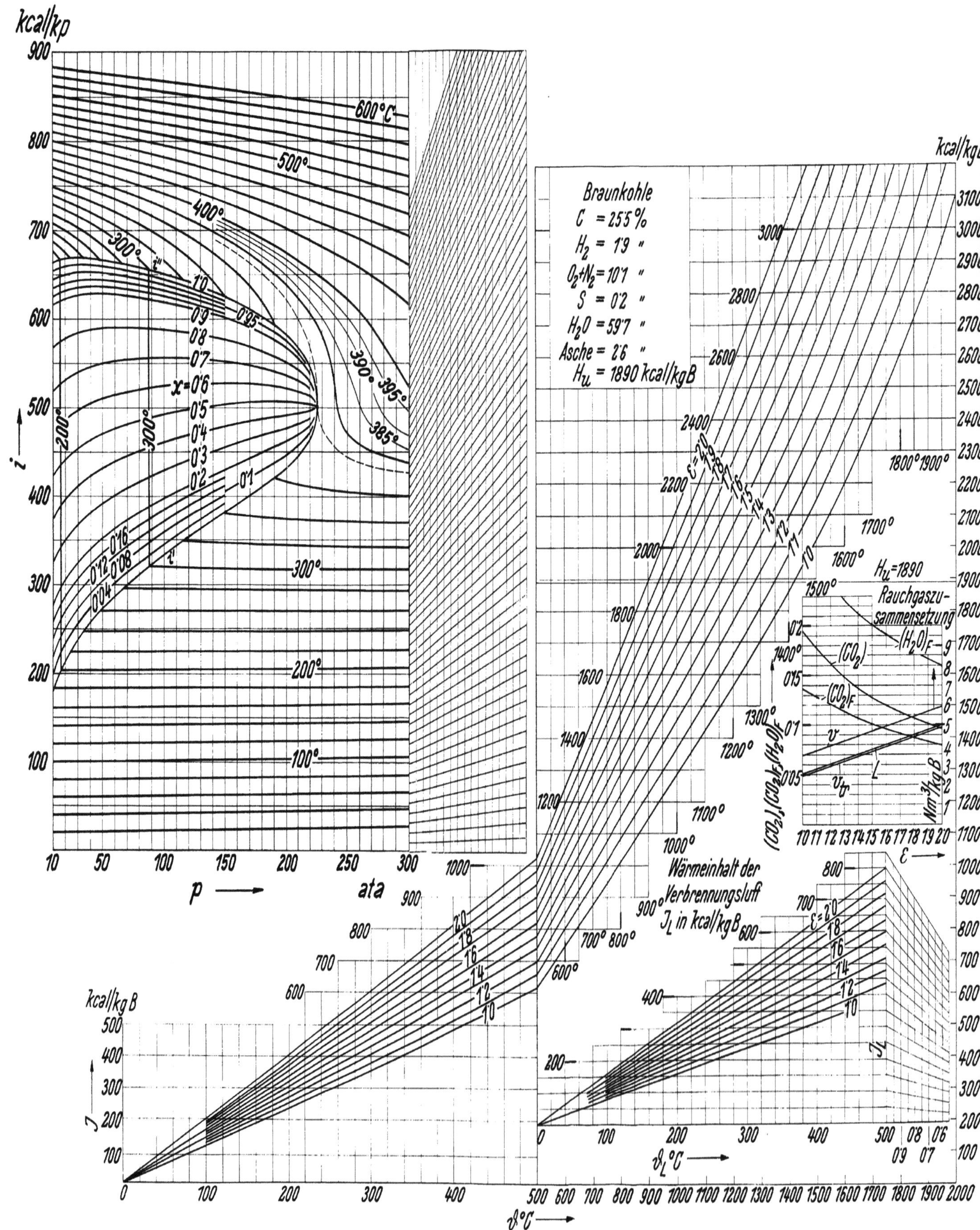

*J*ϑ-*ip*-Diagramm für Rauchgas und Wasserdampf (H_u 1890 kcal/kg Braunkohle) (*J*ϑ-Diagramm teilweise nach Unterlagen der SSW)

MIX
Papier aus verantwortungsvollen Quellen
Paper from responsible sources
FSC® C105338

If you have any concerns about our products,
you can contact us on
ProductSafety@springernature.com

In case Publisher is established outside the EU,
the EU authorized representative is:
Springer Nature Customer Service Center GmbH
Europaplatz 3, 69115 Heidelberg, Germany

Printed by Libri Plureos GmbH
in Hamburg, Germany